现代完井工程

（第三版）

万仁溥　编著

石油工业出版社

内 容 提 要

本书论述了现代完井工程的新概念、新思路，并系统地提出了完井工程的定义、理论基础、工程内容和系统程序。是一本系统完整的完井工程专著。本书共分十一章。第一章主要叙述与完井工程相关的油田地质、油藏工程和采油工程等完井工程基础知识；第二章叙述了射孔完井、裸眼完井、衬管筛管完井三大类完井方式；第三章介绍了油管及生产套管尺寸的选定方法，现代完井工程的做法是先选油管→生产套管→技术套管→表层套管，阐述其理论根据；第四、五、六、七章叙述了完井液、射孔液、生产套管及注水泥射孔、完井的试井评价等方面的新技术和优化；第八章叙述投产前的各项预处理，如何解除油层伤害；第九章给出了常用的完井管柱，特别是给出了高压、高产油气井的管柱，还介绍国外完井管柱发展趋势；第十章重点讲述了高压高产、防腐蚀的井口装置；第十一章讲述了油气井腐蚀机理、防腐实例及防腐措施。

本书可供从事油田钻井、采油、井下作业和油田开发设计技术人员应用，也可供石油院校教学参考。

图书在版编目（CIP）数据

现代完井工程/万仁溥编著．—3版．
北京：石油工业出版社，2000．7
ISBN 978-7-5021-6364-8

Ⅰ．现…
Ⅱ．万…
Ⅲ．完井
Ⅳ．TE257

中国版本图书馆CIP数据核字（2007）第186159号

出版发行：石油工业出版社
（北京安定门外安华里2区1号　100011）
网　址：www.petropub.cn
发行部：（010）64210392
经　销：全国新华书店
印　刷：石油工业出版社印刷厂

2008年6月第3版　2009年9月第6次印刷
787×1092毫米　开本：1/16　印张：41.5
字数：1062千字　印数：12001—17100册

定价：120.00元
（如出现印装质量问题，我社发行部负责调换）

《现代完井工程》（第三版）编委会

《现代完井工程》（第三版）编写及审定人员

总论

编写人： 万仁溥

第一章　完井工程基础

编写人： 康毅力　熊友明　王　平　万仁溥

审定人： 万仁溥　李　塑

第二章　完井方式选择

编写人： 董恩环　万仁溥　熊友明　申瑞臣　王开龙　王　平　潘迎德　孙东平

审定人： 万仁溥、董恩环

第三章　油管及生产套管尺寸选定

编写人： 熊友明　万仁溥　陈宪侃　李颖川　弓　麟　刘尚奇

审定人： 万仁溥　陈宪侃

第四章　完井液与射孔液

编写人： 罗平亚　王永清　李海涛

审定人： 李章亚　熊友明

第五章　生产套管设计及注水泥

编写人： 施太和　杨远光　李章亚　刘绘新

审定人： 刘同斌　李章亚　万仁溥

第六章　射　　孔

编写人： 王永清　李章亚　李海涛

审定人： 李章亚　刘同斌

第七章　完井储层伤害评价

编写人： 庄惠农　王永清　段永刚　陈　伟

审定人： 陈宪侃　庄惠农

第八章　完井投产措施

编写人： 赵金洲　郭建春　李　垄　李勇明　陈红军　宋艾玲　邓　燕
张　杰　廖红伟

审定人： 刘同斌　黄盛崇　陈宪侃

第九章　完 井 管 柱

编写人： 冯永泉　王浦潭　唐　庚　王永清　冯兴武　陈文秋

审定人： 黄盛崇　万仁溥

第十章　井 口 装 置

编写人： 王浦潭　雷江西　唐　庚

审定人： 黄盛崇　冯永泉

第十一章　油气井的腐蚀与防腐

编写人： 施太和　张　智　何更生　杨川东　杨　涛

审定人： 刘同斌　李章亚　董恩环

《现代完井工程》序言

完井是油田开发工程中的重要环节。完井设计水平的高低和完井施工质量的优劣对油井生产能否达到预期指标和油田开发的经济效益有决定性的影响。

早在甘肃玉门油矿开发初期，我国的石油工作者就执着地追求改进完井技术。先后在井身结构、注水泥技术、裸眼完成、衬管完成、下封隔器及采用子弹式射孔枪射孔完成等方面做了大量探索性的工作，使我国石油工业早期在完井技术方面有了一个较高的起点。

20 世纪 60 年代初期开发大庆油田，全面采用了成型药柱射孔弹完井技术，带动了聚能射孔弹、有枪身射孔、无枪身射孔、磁定位技术的全面发展。由于分层注水、分层采油的需要，封隔器技术也有了很大发展。随后在开发渤海湾周围各油田过程中，钻遇的地层和开发的油气藏类型越来越复杂，还发现不少油田出砂严重，因而在防砂方面采用了化学防砂、绕丝筛管砾石充填、滤砂管防砂。而后又在西北长庆油田特低渗透率油层开发中为防止油层伤害，开展了岩心分析和敏感性分析试验。在四川气田酸性气井完井中也采取了有效措施。与此同时，在套管设计、注水泥技术以及在射孔枪、射孔弹性能检测、井下射孔引爆和地面检测、用高速摄影研究射孔过程等方面也做了大量工作。这些围绕保护油层和提高完井质量的工作，都推动了完井技术的进一步发展。

然而，回顾这期间的完井技术，仍感失之于简单，对于完井技术的基本要求："解放油层"还没有完全落实。只做到了可以对付简单的油气藏，还不能完全有效地对付复杂的油气藏。

改革开放和"科学技术是第一生产力"观念的确立，推动了石油科学技术的迅猛发展，也使完井技术有了巨大的进步。对油气层伤害及其敏感性的研究使完井工程的注意力上溯到钻井阶段，应根据储层矿物组分和孔隙压力选择合理的钻井液、完井液及射孔液。对于地应力的研究更使完井工程的注意力向前延伸到开发井网的方位选择，以照顾到对储层的注气、注气和压裂作业造成的裂缝发展方向对油田采收率的影响。为实现解放油层，用最小的压差取得合理的油气产量，加强了射孔技术的研究，开发了各种射孔软件，并建立了射孔器材全面质量保证体系和检测中心，使射孔弹穿透深度达到 700mm。采用现代试井技术已经成为检查油井完善程度的常规手段。节点分析技术、油管尺寸与生产套管尺寸选择和人工举升井的研究，把产液从储层到井口当作一个整体对待，不但考虑到生产的初期，而且贯穿考虑到生产的后期。不但在垂直井和定向井的完井技术有很大进步，而且塔里木盆地塔中 4 油田开发中，在水平井完井方面也创造了日产油长期稳定在一千吨水平的好成绩。可以说，我们今天应用的完井技术已经不仅仅是下套管、注水泥、射孔完井，而是贯穿油田开发全过程的系统工程，是从编制油田开发方案到每项工程设计和每个施工环节及油田开发项目管理中，都应该予以高度重视的十分重要的问题。

每钻一口井必须齐全、完整、准确地取得各项资料和数据是大庆会战的优良传统。从做好完井工程的角度来说，则要求在打评价井阶段就齐全、完整、准确地取得完井所需的各项资料和数据，以保证油田开发项目的成功。因此，一个成功的勘探项目必然是在打评价井阶段就肯投入充分的勘探资金，为下一步的开发（包括完井工程）取得所需要的高质量的、齐全的资料和数据；反过来说，在钻评价井的过程中舍不得花钱为开发取得高质量的、齐全的资料和数据，就不能认为是成功的勘探项目。从这个意义上说，勘探项目的钻评价井阶段是包括勘探、开发各学科的协同。勘探、开发的经济效益是依靠多学科的协同才能取得的。每个参与者都需要学会在协同中工作。

这本书从理论上总结了完井工程的实践经验，形成了完井工程系统，并提出了当今完井工程的新概念和新做法，反映了我国完井技术水平及其技术发展。

这本书可能有一个不足之处，就是对于油、气井的腐蚀问题只提到了酸性气井，而初步涉及在几个油田中发生的套管腐蚀问题。对于地层水和细菌所造成的套管腐蚀，还可以在采油操作中通过水质处理加以解决；对于大地电流所造成的套管腐蚀，则只有从完井工程上着手才能有效地加以解决，这一点还需要在今后的实践中完善我们的认识。

李天相

一九九五年九月

第三版前言

《现代完井工程》(第一版)自从1996年出版问世以来，1999年进行了第二版修订。至第三版修订出版为止前后经历了12年。在这段日子里，我国石油勘探有了新的突破，油田开发有了新的提高，同时也遇到新的挑战，也对完井工程提出新的要求。为此，对《现代完井工程》进行第三版的修订，以适应油田勘探开发的需求。

完井工程是油气井建井的重要组成部分，是油田开发实施的基础。完井工程的目标是保证油气井正常安全生产，和延长油气井寿命。过去我国的完井工程长期运用传统的模式，远远不能适应形势的需要，因而提出完井工程要革新。后经多年总结国内外的经验教训，终于提出“现代完井工程”新概念。即以油田地质和油藏工程为基础，应用节点分析(Nodal Analysis)方法，将钻井、完井、采油有机地结合起来，形成一个完整的完井工程系统。“现代完井工程”这些年来所发挥的作用就是对传统完井工程的扬弃，倡导现代完井工程的新概念、新思路。现在《现代完井工程》已经不是仅仅解决理论问题，通过多年的实践，此书已经成为油气井完井指南和制定完井方案依据及石油院校的教科书。实践证明，该书是符合客观实际的，具有科学性、操作性和实用性。是全世界第一本完井工程系统专著。

近年来，我国油田勘探不断发现新领域，油田开发有了显著进步。但当前油田勘探开发中，深井、超深井不断增多，高压、高产天然气井投产，有的还含有高浓度的 H_2S，CO_2 等腐蚀气体；压力强敏感性地层；严重垮塌地层；出细粉砂地层等。水平井正大面积推广，有的要钻分支水平井，大位移井，大面积泄油井(MRC)；深井及超深井的稠油，重力泄油井(SAGD)；以及欠平衡井，煤层气和储气库井的完井。油气井完井遭遇了新的挑战，而现有的完井技术工具装备很难适应新的形势的发展和要求。在当前形势下，引进国外完井技术、工具和设备的决策是完全必要的，这对加速油气田开发是有利的，但从长远观点来说，我们不能这样一直引进下去。我国是石油大国，虽然有了先进的完井工程理论，也必须有匹配的完井技术、工具和设备。当然，我们清楚地知道，国外专业完井技术公司都有数十年的历史，并设有研究设计和重大项目机构，还有机械制造和化工厂，以及技术服务机构和技术队伍。他们的新技术都是多年长期研究的成果，这是我们在短期内所无法做到的，但是我们可以有长远规划，从引进消化吸收入手，逐步建立起“自主创新”的中国完井工程系统，为今后的油气田开发服务。这是完井工程界所盼望的。

第三版修订不仅增加了近年来发展的新技术，还介绍了完井工程当今发展的趋势，扩展了完井工程的视野，这对我国完井工程技术发展技术进步和现场应用都是有裨益的。第三版修订的要点为：一是由原来重点是油井完井，增加了气井完井，油气井并重；第二是增加了不同类型井的完井方式，如水平分支井、大位移井、MRC井、煤层气井、欠平衡井等完井方式；三是将完井管柱单独成章，强调完井管柱的重要性及做法；四是增加油气井腐蚀及防腐内容一章，强调防腐是完井工程中重要组成部分。

《现代完井工程》第三版修订，各位专家撰稿做了大量认真细致调研和资料收集。反复推敲、研究分析，多次修改，采取预审与终审相结合，大大提高了稿件的质量。撰稿时还有不少单位和个人提供了不少宝贵资料。修订中得到中国石油天然气集团公司领导、勘探与生产分公司、西南石油大学、中国石油勘探开发研究院廊坊分院和采油所以及石油工业出版社大力支持和帮助。在此致以最诚挚的谢意。

油田勘探开发形势蒸蒸日上，日新月异，科学技术在进步，完井工程技术也在发展提高和创新。《现代完井工程》已经进行了第三版修订，希望今后能继续修订下去，不断更新和发展。本书的著者，不少年事已高，恐已无能为力了。今后的修订任务看来只能寄希望于后生了。

本书的著者虽然认真负责，尽了最大的努力，但总难免会有不到位的地方，或出现某些差错，希望读者不吝批评和指正。

2008 年 5 月 28 日

目　　录

总　　论

完井（Well Completion）工程的概念随着科学技术的发展在不断充实、完善和更新。勘探井和油田开发井都需要完井，也都涉及完井工程问题。本书主要是论述油田开发的完井工程，其中某些方面也可供勘探井完井参考。

美国、前苏联和我国过去的完井工程的概念一般都认为是钻井工程的最后一道工序，即钻完目的层后下套管、注水泥固井（或包括射孔）完井。但近年来，石油工作者在不少领域中应用了新工艺、新技术，为此加深了油气层层内的微观认识，而采取了保护油层的措施。与此同时，采用了不同方式完井，从而提高了油气井完善程度。由于这两个方面的技术进步，其结果是提高了油气井的单井产量。完井工程已经不仅仅是下套管注水泥固井，而是与油气井产能的提高息息相关，这是现代完井工程的新概念，从而拓宽了完井范畴。但是现代完井工程定义是什么？究竟包括哪些内容？它与钻井工程和采油工程的关系是什么？这在国内、外至今尚无系统的概念和明确的定义。本书拟系统论述完井工程的定义、内容以及其与钻井工程和采油工程之间的关系，以使完井工程更加科学化、系统化，更具有实用性和操作性。

1. 完井工程定义

完井工程是衔接钻井和采油工程而又相对独立的工程，是从钻开油层开始，到下套管注水泥固井、射孔、下生产管柱、排液，直至投产的一项系统工程。

2. 完井工程的理论基础

1）通过对油气层的研究以及对油气层潜在伤害的评价，要求从钻开油层开始到投产每一道工序都要保护油气层，尽可能减少对储层的伤害，形成油气层与井筒之间的良好连通，以保证油气层发挥其最大产能。

2）通过节点分析，充分利用油气层能量，优化压力系统，并根据油藏工程和油田开发全过程特点以及开发过程中所采取的各项措施，来选择完井方式及方法和先选定油管直径，再选定生产套管直径，然后推算套管程序，为科学地开发油田提供必要的条件。

3. 完井工程的内容

（1）岩心分析及敏感性评价

根据勘探预探井或评价井所取的岩心，进行系统的岩心分析和敏感性评价，并根据实验分析的结果，提出对钻开油气层的钻井液、射孔液，增产措施的压裂液、酸液，以及井下作业的压井液等的基本技术要求。

岩心分析及敏感性评价项目如下。

1）岩心分析：常规分析、薄片鉴定、X射线衍射（XRD）、电镜扫描（SEM）。

2）敏感性评价：水敏、速敏、酸敏、碱敏、盐敏和应力敏。

（2）钻开油层的钻井液

钻井液的选择，主要是考虑如何防止钻井液的滤液和固相物质侵入油层而造成油层伤害，同时又考虑到安全钻进的问题，如钻遇高压层、低压层、漏失层、岩盐层、石膏层和裂缝发育层时的钻井液，根据测井资料、岩心分析、敏感性评价数据和实践经验去选择钻井液类型、配方及外加剂。

(3) 完井方式及方法

根据油田地质特点及油田开发方式和井别，按砂岩、碳酸盐岩、盐岩、火成岩和变质岩等岩性去选择完井方式。完井方式基本分为两大类，即裸眼完井和套管射孔完井。裸眼完井又有不同的方法，如裸眼、割缝衬管、绕丝筛管砾石充填；射孔完井也有不同的方法，如套管射孔、尾管（包括套管回接）射孔、套管内绕丝筛管砾石充填等方法。

(4) 油管及生产套管尺寸的选定

根据节点分析（Nodal Analysis）即压力系统分析，进行油层—井筒—地面管线敏感性分析。油管敏感性分析则是根据油层压力、产量、产液量、流体的黏度、增产措施和开采方式等方面的综合分析去选定油管直径，然后根据油管尺寸去选定生产套管尺寸。过去传统的作法是先选定生产套管尺寸，然后再确定油管尺寸。现代完井工程不再采用过去传统概念和做法，而是建立了用油管尺寸去确定生产套管尺寸的新思路和新方法。

套管系统设计本应包括表层套管、技术套管与生产套管，但这里仅仅论述了生产套管设计，至于表层套管和技术套管，它有专门的设计要求，应按钻井工程要求进行设计，这里就不涉及了。

(5) 生产套管设计

以下述井别、井类型、井深、油气层物理性质、流体性质、地应力及工程措施等方面的资料，作为套管设计基础依据。

1) 井别：油井、气井或注蒸汽采油井、注水井、注气井（含 CO_2）或注汽井。

2) 井类型：直井、水平井和水平分支井。

3) 井深：浅井、中深井、深井和超深井。

4) 油层压力及油层温度。

5) 地下水性质、pH 值、矿化度以及对套管的腐蚀程度。

6) 天然气中是否含 H_2O 或 CO_2 等腐蚀性气体。

7) 油层破裂压力梯度，压裂、酸化增产措施的最高压力。

8) 地应力走向、方位及大小。

9) 注蒸汽时的压力、温度。

10) 盐岩层的蠕动。

11) 注水开发后的压力变化及油层间窜通状况。

12) 油层出砂情况及出砂砂粒粒径。

根据选定的完井方式，再依据上述因素，选择套管的钢级、强度、壁厚以及连接螺纹类型和螺纹密封脂的类型，以及上扣的扭矩等。若用衬管完成，则要设计悬挂深度及方式。对于注蒸汽井，则要考虑到套管受热时套管螺纹承受的拉力和螺纹的密封性，以及预应力完成。对于定向井、水平井，同样应考虑套管弯曲、套管螺纹承受的拉力和螺纹的密封问题。

(6) 注水泥设计

应依据不同类型的井，如油井、气井、注水井、注气井和注蒸汽井等对水泥性能和返高的要求，油气层压力状况如高压区、低压区、漏失带及裂缝状况，以及注水开发调整井的油层压力变化和油层流体的流动状况，注蒸汽热采井对水泥耐温要求，腐蚀气体如 H_2S、CO_2 及高矿化度的地下水对水泥腐蚀的问题，气井、注气井、注蒸汽井注水泥时要求水泥返至地面长井段固井问题，来选择一次性注水泥、分段注水泥或套管外封隔器注水泥等方式及选择水泥浆配方，从而搞好注水泥设计。

（7）固井质量评价

这里所指的是对固井注水泥后的质量评价，检查套管外水泥是否封固好，有无窜槽和混浆段及返高状况。当前常用的方法为声幅测井测水泥封固第一界面的状况，而用声波变密度测井测水泥封固第二界面的方法，江汉测井研究所研究成功的超声波测井仪（UCT－1），由于超声波具有高穿透性，对传播介质变化有极高的灵敏度，是一种较好的固井质量评价仪器，但目前尚未普遍推广使用。

（8）射孔及完井液选择

根据射孔敏感性分析，确定射孔孔密、孔径、相位。然后根据油层渗透率、原油物性及油层伤害情况选择射孔枪及射孔弹类型，并根据油层压力高低、渗透率高低和油气物性选择射孔方式，如电缆射孔、油管传输射孔、模块式射孔和负压射孔。与此同时，还要选择与油层粘土矿物和油藏流体匹配的射孔液及完井液。

（9）完井伤害评价

完井投产后，通过试井测试表皮系数，这是当前检查油层伤害的主要方法。通过对表皮系数的分析研究，找出油层伤害的原因，以便解除或减少对油层的伤害。

（10）完井生产管柱

当前国内已发展了油、气井生产管柱，还有特殊生产管柱，可大致分为下述几种类型：

1）永久型管柱。投产前在油层上部下入永久型封隔器，而从封隔器下面的工作筒中插入各种功能工具，如分注、分采、分层测试等工具，该管柱可以进行冲砂、注水泥塞、小型酸化等作业。

2）气举管柱。如预计该井在不太长的时间内就会由自喷生产转气举采油，在投产时即将气举管柱及配套井下工具（单管或双管）一次下入井内。油井自喷生产不正常，即能转气举采油，但这种管柱因气举阀长期在井内闲置易产生腐蚀，待启用时已失灵，只有自喷转气举采油期短，才会使用此管柱。

3）防腐、防蜡、防垢、防结盐等管柱。当油层气中或天然气中含 H_2S 或 CO_2，油层水或边底水的矿化度很高时，一般都在油层顶部下入封隔器，将油、套管隔开，在环形空间充填保护液，或向套管环形空间定期注入防腐液，以保护套管不受腐蚀。防蜡、防垢、防结盐等管柱与防腐管柱基本相同，只是注入防蜡、防垢或防结盐等化学剂，上述各项管柱都要在环形空间与油管建立循环通道。

此外，海上油井、深井或超深井、天然气井、高产井和特殊地理环境井如泄洪区、地震高发区等，要求在距井口下面100～200m（海上油井要求在海平面以下100m左右）装有井下安全阀，以防井喷事故。

（11）井口装置

井口装置是油气流从井下流到地面的总闸门，不仅起开关井的作用，还控制油气流走向和大小，而且要承受高压和抗腐蚀确保安全。对于高压、大产量油井，特别对高压高产天然气（或含 H_2S）井更为重要，一般不能用铸钢组装式井口装置。多采用整体锻造井口装置。

（12）投产措施

根据油层伤害程度及油气层类型，采用不同的投产措施。投产措施往往采用抽汲、N_2 气举、气化水或泡沫来助排，必要时采用盐酸、土酸酸浸或高能气体压裂等方法解堵，有的井则必须采取酸化、压裂措施后才能投产。

上述完井工程定义、理论基础、内容和操作程序等，构成了完井工程系统。如前所述，完井工程是衔接钻井工程和采油工程，但又是自身相对独立的一门新兴工程。但此工程（或称工程系统）并非工作系统，而是从油田开发的宏观出发，立足于油藏工程，近、远期结合，按完井工程系统的要求，将钻井、完井、采油工程有机地联系起来，而不是用完井工程去代替钻井和采油工程，还需要钻井、完井、采油工程搞好各自的工作。在高科技时代的今天，各项工程都是互相渗透而又共同发展的。当前提出完井工程概念和形成完井工程系统，其目的如下：

1）尽可能减少对油气层的伤害，使油气层自然产能能更好地发挥。

2）提供必要条件来调节生产压差，扩大泄油面积，提高油层导流能力从而提高单井产量。

3）有利于提高储量的动用程度。

4）为采用不同的采油工艺技术措施提供必要的条件。

5）有利于保护套管、油管，减缓套管及油管腐蚀，减少井下作业工作量，延长油气井寿命。

6）近期与远期相结合，尽可能做到低投入和减少的操作费用，有利于提高综合经济效益。

4. 完井工程系统设计程序

完井工程的系统设计程序如下：

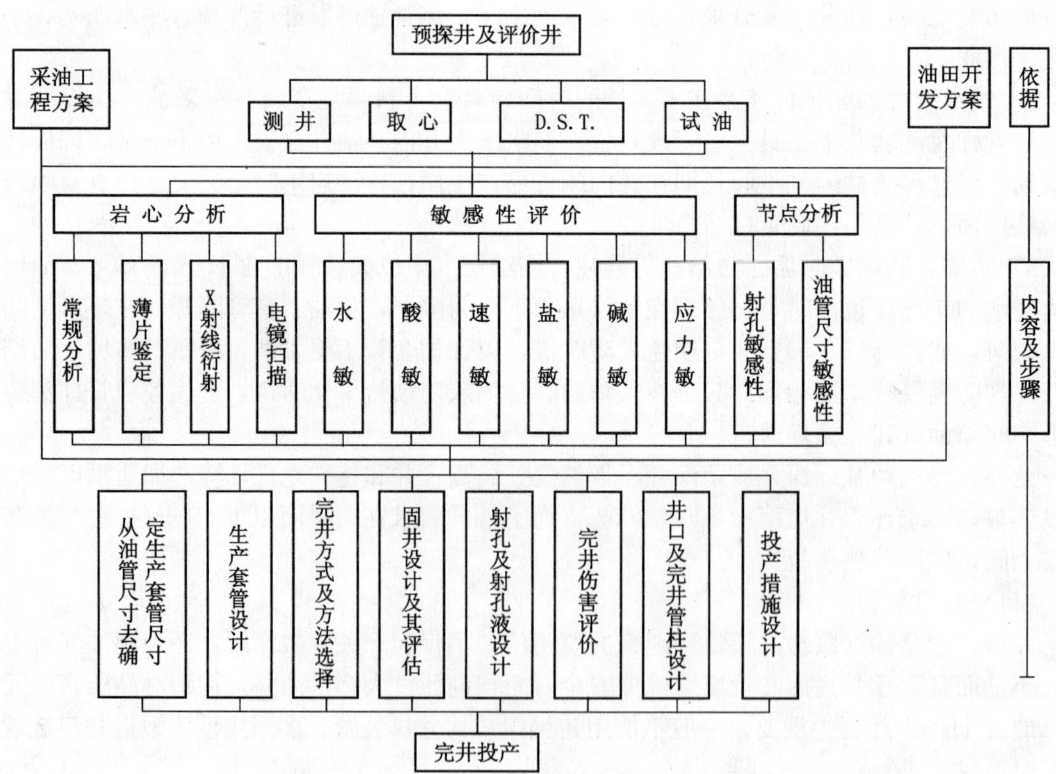

第一章　完井工程基础

完井工程是从钻开油气层到固井、完井，直至投产的一项系统工程。完井工程基础是指与完井有关的油气藏地质和油气藏工程以及采油（气）工程理论。其中油气藏地质和油气藏工程部分包括油气藏类型、油气藏结构、岩性、流体性质、孔隙结构和渗流特征，这是选择完井方式和防止储层伤害的理论依据。采油（气）工程部分包括不同类别的井（如油井、气井、注水井、注气井、注汽井、水平井）、不同的开采方式（如多层系同井合采、分层开采、自喷转人工举升开采、注蒸汽开采）和油气田开发过程所需进行的不同技术措施等（如压裂、酸化、防砂、堵水、排水采气）对选择完井方式、选择套管尺寸和强度、固井水泥返高及耐高温、延长油气生产井和注入井服役寿命等要求。

第一节　油气藏地质和油气藏工程依据

一、油气藏类型

油气在单一圈闭中的聚集称为油气藏，一个油气藏具有同一压力系统和统一的油气水界面。从开发地质的角度来说，油气藏是由几何形态及其边界条件、储集及渗流特性和流体性质这三个独立的因素组合而成的，缺乏其中任何一个因素就构不成油气藏。

1. 根据油气层储渗特征的分类

按照油气储集空间和流体流动主要通道的不同，可将油气藏划分为九种类型（表1—1），下面介绍常见几种油气藏类型。

表1—1　储层类型及储集/渗流空间体系分类

序号	类型	储集空间发育程度，%			裂缝相对孔隙度，%			裂缝/基块渗透率比
		孔隙	溶洞	裂缝	大裂缝	中裂缝	小裂缝	
1	孔隙型	＞75	＜25	＜5	0	0	100	≤1
2	裂缝孔隙型	＞50	＜25	＞5	25	25	50	≥10
3	微裂缝孔隙型	50～95	＜25	＜25	0	0	90	≥3
4	裂缝型	＜25	＜25	＞50	30	30	40	∞
5	孔隙裂缝型	25～75	＜25	25～75	40	40	20	≥10
6	溶洞裂缝型	＜25	25～75	25～75	50	40	10	∞
7	溶洞型，裂缝溶洞型	＜25	＞75	5～25	50	40	10	∞
8	缝洞孔复合型	25～75	25～75	5～50	33	30	40	≥10
9	似孔隙型	＞50	＜1	≈50	0	0	100	1

（1）孔隙型油气藏

以粒间孔隙为储油气空间和渗流通道，故也称为孔隙性渗流，如砂岩油气藏、砾岩油气藏、生物碎屑灰岩油气藏、鲕粒灰岩油气藏。

（2）裂缝型油气藏

天然裂缝既是主要的储油气空间，又是渗流通道。可能不存在原生孔隙或有孔隙而不连通、不渗透。裂缝孔隙度一般不超过6%，如致密碳酸盐岩油气藏、变质岩油气藏、泥页岩气藏。

（3）裂缝孔隙型油气藏

以粒间孔隙为主要储集空间，以裂缝为主要渗流通道，称为双孔单渗介质渗流，其裂缝往往延伸较远而孔隙的渗透率却很低。我国任丘的碳酸盐岩油藏、美国的斯普拉柏雷油藏均属此类油藏。

（4）孔隙裂缝型油藏

粒间孔隙和裂缝都是储集空间，又都是渗流通道，亦称为双孔双渗介质渗流，其裂缝发育而延伸不远，储层基块孔隙度较低。

（5）缝洞孔复合型油藏

溶洞、孔洞、孔隙和裂缝既是储集空间，又是渗流通道。储集层均属可溶性盐类岩石，以次生孔隙为主，也称为三重介质油气藏。

2. 根据油气藏几何形态的分类

油气藏按几何形态可分为块状、层状、断块和透镜状4类。

（1）块状油气藏

油气藏的油气层有效厚度大（大于10m），油藏可以有气顶和底水，气藏可以有底水。油气藏具有统一的水动力系统和良好的连通性，底水具有一定的补给能力。在选择完井方式时要考虑油藏有无气顶、底水，气藏要考虑底水是否活跃等。一般采用射孔完井或裸眼完井方式。

（2）层状油气藏

此类油气藏多属背斜圈闭，构造完整，具有统一的油气水界面。油气层在纵向上分层性好，层数多。各单层的有效厚度小，单层厚度5～10m为厚层状，1～5m为中厚层状，小于1m为薄层状，层间渗透率差异较大。油藏的边水驱动能量较弱，在注水开发过程中应充分应用分层注水、分层压裂、分层堵水等工艺，调整注采剖面，提高注水效率，故一般采用射孔完井方式。我国大庆萨尔图油田、胜利胜坨油田、长庆马岭油田均属此类油藏。

（3）断块油气藏

油气藏断裂十分发育，构造被切割成为许多大小不等的断块。有些断块面积小于0.5km²，纵向上含油层系多，含油井段长。每个断块甚至同一断块内，不同油组不但有不同的油水界面，而且油气的富集程度、油层物理性质、天然驱动能量大小差异都较大。其中封闭型的断块，初期依靠弹性能量开采，后期宜采用选择性的点状注水。开启型的断块宜采用边缘或边外注水。由于这类油藏油层层系多，层间差异大，一般采用射孔完井方式。我国胜利东辛油田、中原文明寨油田均属此类油藏。

（4）透镜状油气藏

砂体几何形态的地质描述一般以长宽比划分。长宽比小于或等于3的砂体称为透镜体，透镜体呈零星分布，大面积为尖灭区。透镜体相互交错叠合时，含油气井段纵向上就出现多个油气层。

3. 根据油气藏储集流体性质的分类

一般按油气藏所产流体分为天然气藏、凝析气藏、挥发性油藏、常规油藏、高凝油藏和稠油油藏。

4. 根据油气藏主要开发地质特征的分类

王乃举等（1999）根据中国陆相油藏的主要开发地质特征及开发方式，将中国陆相油藏划分为10大类：1）多层砂岩油藏；2）气顶砂岩油藏；3）低渗透砂岩油藏；4）复杂断块砂岩油藏；5）砂砾岩油藏；6）裂缝性潜山基岩油气藏；7）常规稠油油藏；8）热采稠油油藏；9）高凝油油藏；10）凝析油气藏。

二、油气藏流体性质

1. 原油

原油是由各种烃类、卟啉化合物、沥青、少量硫及其他非烃类物质构成，故其物理和化学性质变化相当大。原油的重要物理性质包括密度、黏度、凝固点等，应考虑地面（标准状态）和油层两种状况。

（1）密度

密度是单位体积内所含物质的质量，以ρ表示，物理制单位为“g/cm^3”，SI制为“kg/m^3”，压力为0.101MPa，温度为20℃时的密度被规定为石油和液体石油产品的标准密度，以ρ^{20}表示。

我国规定工程标准状况为温度20℃、压力为0.101MPa。所谓地面性质即为标准状况下的性质。

美国常用API度表示石油的密度，换算关系如下：

$$
{}^{\circ}API=\frac{141.5}{60℉（15.6℃）时的密度}-131.5 \tag{1—1}
$$

随密度增加，API度反而减小。

（2）黏度

黏度是指液体（或气体）分子之间做相对运动时所产生的摩擦力。SI制黏度的单位是“Pa·s”，油藏工程中常用“mPa·s”，原油的黏度变化范围很宽。我国根据黏度将原油划分为常规油和稠油两大类，将油层温度下的脱气原油黏度小于50mPa·s者称为常规油，大于50mPa·s者称为稠油。进一步地，稠油又有自身的划分标准。

稠油是沥青基原油，我国通称稠油，是按黏度而言。国际上通称重油，是按相对密度而言。我国和国际上都是以黏度作为主要指标，以相对密度为辅助指标，稠油实际上就是重油，只是称呼不同而已，由于各国稠油成因不尽相同，因而划分标准时也略有差异。我国划分标准见表1—2，由联合国培训研究署（UNITAR）推荐的重质原油及沥青分类标准见表1—3。

表1—2　中国稠油分类

稠油分类			主要指标	辅助指标	开采方式
名称	级别		黏度，mPa·s	相对密度	
普通稠油	Ⅰ	Ⅰ—1	50～150①	>0.9200	常规或注蒸汽
		Ⅰ—2	150①～10000	>0.9200	注蒸汽
特稠油	Ⅱ		10000～50000	>0.9500	注蒸汽
超稠油（天然沥青）	Ⅲ		>50000	>0.9800	注蒸汽

①指在标准状况下的黏度，其他指油层温度下的脱气油黏度。

表 1—3 UNITAR 推荐的重质原油及沥青分类标准

分类	第一指标	第二指标	
	黏度①，mPa·s	密度（60℉），g/cm³	密度（60℉），°API
重油	100～10000	0.934～1.0	20～10
沥青	＞10000	＞1.0	＜10

①指在油层温度下的脱气油黏度。

普通稠油中级别Ⅰ—1 类大都可用注水开发，如胜利孤岛、孤东、埕东、胜坨等油田；级别Ⅰ—2 类应采用注蒸汽开发。

特稠油、超稠油（级别Ⅱ、Ⅲ类）都必须采用注蒸汽开发，如辽河高升、曙光、欢喜岭油田，新疆克拉玛依油田九—6、7、8 等区，胜利单家寺、乐安油田和河南井楼油田等。

稠油油藏的储层大多属泥质胶结的中粗粒砂岩、砂砾岩，胶结疏松，易出砂。

(3) 凝固点

在一定的试验条件下，原油冷却至某一温度，当流面倾斜 45°角经 1min 仍不流动，这个最高温度点则为凝固点。凝固点高的原油富含石蜡。

我国原油凝固点大于 25℃的约占 90%，其中 15%大于 30℃，还有不少凝固点大于 40℃。辽河沈阳油田原油凝固点平均为 55℃，最高达 67℃。我国将原油凝固点大于 40℃的油藏定为高凝油油藏。辽河沈阳油田高凝固点原油是世界上罕见的，高凝油油田的开发关键是原油的流温必须高于凝固点，才能维持正常生产。

2. 天然气

天然气在油气田呈几种状态存在，包括伴随原油产出的溶解气、油藏气顶产出的游离气、气藏中的游离气和地层水中的溶解气。

天然气的成分主要是甲烷，还含少量的乙烷、丙烷、丁烷、戊烷和较重的烃类。非烃气体包括 N_2、CO_2、H_2S、He 等。

若地层水中溶解有 CO_2，当压力降低时，可引起 CO_2 分压的降低，导致 $CaCO_3$ 垢的形成。

H_2S 是天然气的常见成分，特别是以碳酸盐岩为储层的油气藏，一般均含有不同数量的 H_2S 气体。根据非烃气体的类型及含量的气藏分类见表 1—4（引自 SY/T6168—1995 气藏分类）。如我国川东北罗家寨高含硫气藏、普光特高含硫气藏（H_2S 含量 150.0～264g/m³）。当含有一定量的 H_2S 和 CO_2 酸性气体时，它会危及操作人员的安全，对钻井完井、油套管防腐设计、井口装置、天然气处理及输运都应有特殊的要求。

表 1—4 根据非烃气体含量的气藏分类

类型	亚类/分类指标						
含硫化氢气藏	亚类	微含硫气藏	低含硫气藏	中含硫气藏	高含硫气藏	特高含硫气藏	硫化氢气藏
	H_2S，g/cm³	＜0.02	0.02～5.0	5.0～30.0	30.0～150.0	150.0～770.0	≥770.0
	H_2S，%	＜0.0013	0.0013～0.3	0.3～2.0	2.0～10.0	10.0～50.0	≥50.0
含二氧化碳气藏	亚类	微 CO_2 气藏	低含 CO_2 气藏	中含 CO_2 气藏	高含 CO_2 气藏	特高含 CO_2 气藏	CO_2 气藏
	CO_2，%	＜0.01	0.01～2.0	2.0～10.0	10.0～50.0	50.0～70.0	≥70.0
含氮气气藏	亚类	微 N_2 气藏	低含 N_2 气藏	中含 N_2 气藏	高含 N_2 气藏	特高含 N_2 气藏	N_2 气藏
	NO_2，%	＜2.0	2.0～5.0	5.0～10.0	10.0～50.0	50.0～70.0	≥70.0

3. 地层水

地层水是天然存在于岩石中，并且在钻井以前一直存在的水。油田水是指任何与油气藏伴生的水，这些水有某些突出的化学特征。原生水是至少在地质时期的大部分时间中已经同大气失去接触的化石水。地层水的物理性质主要是密度、黏度、压缩性等，因这些性质随压力温度变化较原油小，一般查图表确定。所以地层水的化学性质显得更为重要，所含盐类主要由 K^+、Na^+、Ca^{2+}、Mg^{2+} 和 Cl^-、SO_4^{2-}、CO_3^{2-} 和 HCO_3^- 等离子组成。总含盐量一般以 mg/L 为单位，也称总矿化度（TDS）。

（1）地层水的组成及性质

油田水中含有各种可溶的无机和有机化合物，经常存在的主要元素是钾、钠、钙、镁、氯以及碳酸根、碳酸氢根和硫酸根。油田水中的离子通常以如下的浓度存在：

$10^3\sim10^5$ mg/L	$K^+ + Na^+$、Cl^-
$10^3\sim10^4$ mg/L	Ca^{2+}、Mg^{2+}、$SO_4{}^{2-}$、$CO_3{}^{2-}$、$HCO_3{}^-$
$10^1\sim10^3$ mg/L	K^+、Na^+、Sr^{2+}
$10^0\sim10^2$ mg/L	Al^{3+}、B、Fe^{2+}、Li^+
10^{-3} mg/L（多数油田水）	Cr、Cu、Mn、Ni、Sn、Ti、Zr
10^{-3} mg/L（某些油田水）	Be、Co、Ga、Ge、Pb、V、W、Zn

阳离子中的 Ca^{2+} 可形成 $CaCO_3$ 或 $CaSO_4$ 垢，Ba^{2+}、Sr^{2+} 也可形成硫酸盐垢，如长庆马岭油田的油管结垢、大庆油田聚合物驱采油井油管中硫酸钡垢。Cl^- 含量高表明腐蚀性大，完井的生产管柱应考虑防垢、防腐的问题。

与完井工程有关的地层水性质主要包括 pH 值、总矿化度等。

1）pH 值。地层水的 pH 值受碳酸氢盐体系的控制，碳酸钙和铁的化合物的溶解度在很大程度上取决于 pH 值。pH 值越高，结垢趋势就越大。pH 值低，结垢趋势减小，但腐蚀性增大，大多数油田水的 pH 值在 4～9 之间。在实验室储存期间，多数油田水的 pH 值升高，原因是碳酸氢根离子离解成为碳酸根离子。

2）总矿化度。通过水分析报告中给出的阳离子、阴离子的浓度总数计算。高矿化度水（如中原油田地层水矿化度达 30×10^4 mg/L）腐蚀性强，套管伤害严重，在生产过程中油管结盐常堵死油管。

根据水中溶解盐类的不同组合，可将水型划分为四种基本类型，进一步细分为组、亚组和类。一般工程上仅描述属于哪一种类型。表 1—5 列出每类的特性系数，亦即划分标准。

表 1—5　原生水型的特性系数及地层水分类

水　型	以毫克当量百分数表示的浓度比		
	$\frac{Na^+}{Cl^-}$	$\frac{Na^+ - Cl^-}{SO_4^{2-}}$	$\frac{Cl^- - Na^+}{Mg^{2+}}$
氯化钙型	<1	<0	>1
氯化镁型	<1	<0	<1
碳酸氢钠型	>1	>1	<0
硫酸钠型	>1	<1	<0

（2）地层水分析的应用

地层水与油、气、岩石共生，具有相同或相似的演化历史，因此在完井工程中水分析资料具有重要的价值。应用如下：

1）水的化学组成分析，可帮助判别出水来源及可能的产水量，对于气基流体钻开目的层的钻井设计十分关键。

2）根据地层水的性质配制实验流体，评价储层敏感性和工作液的伤害程度。

3）测地层水电阻率 R_w，可根据测井数据求取油、气饱和度，准确识别油气层。

4）判断结垢类型及趋势，研究其与钻井完井液、射孔液、压井液、压裂液、酸液等的配伍性。

5）配制保护储层的完井液。

三、油气层特性及层间差异

毫无疑问，油气藏类型是决定完井方式的主要依据。但在具体油气藏完井设计时，还必须综合考虑油气层特性的诸多方面，如油气层岩性、渗透率及层间渗透率的差异、油气藏压力及层间压力的差异、流体空间分布及层间流体性质的差异，以及有无气顶，有无边、底水等。

1. 储层岩性

目前最重要并且分布最广的储集岩是各类砂岩、砾岩、石灰岩、白云岩，此外还有少量的火山岩、变质岩、泥岩、煤岩等。要从产层中高效地采出油气，必须研究储层性质，使钻井、完井工艺能够最大限度地发挥油气藏的潜力。

（1）碎屑岩

碎屑岩主要包括各种砂岩、砂砾岩、砾岩、粉砂岩、泥质粉砂岩等，它们是我国目前最重要的储集岩类型。碎屑岩的物质成分主要由颗粒和胶结物两部分组成。其胶结物主要为硅质、钙质、粘土矿物，有时为原油或沥青胶结。粘土矿物类型多，含量变化范围宽（3%～25%），其性质易受外来流体的影响，是造成各种作业过程中储层伤害的主要因素。而且，我国砂岩油气藏多为层状，压力系数变化范围大，以中—低渗透层为主，在开发中采用多层同井合采、分层注水、增产措施等。因此，多数采用套管（或尾管）射孔完井，极少数采用裸眼或割缝衬管完井。

（2）碳酸盐岩

碳酸盐岩主要是石灰岩和白云岩。碳酸盐岩在我国约占沉积岩总面积的55%，特别在西南和中南地区很发育，且时代愈老碳酸盐岩所占比例越大。据估计世界石油储量的一半左右在碳酸盐岩中。我国除华北的碳酸盐岩古潜山油藏外，大部分碳酸盐岩主要作为天然气储层，如四川盆地侏罗系大安寨介屑灰岩气藏、川东石炭系鲕粒灰岩气藏和陕甘宁盆地中部古风化壳碳酸盐岩气藏。

碳酸盐岩在很多方面不同于砂岩。它们主要由动物和植物（藻类）的遗体组成，并且几乎是存在和生长在同一地点。碳酸盐矿物易被水溶解，所以在沉积之后的成岩作用过程中被溶解和重结晶是常见的。碳酸盐岩比砂岩脆得多，裂缝、溶洞较发育，裂缝和溶洞的储渗作用也相对重要。

碳酸盐岩大多坚硬、致密，储渗空间为孔隙、裂缝和孔洞，也可能存在底水、气顶，开采过程中大多数井都要采取酸化、酸压或压裂等增产措施。对于孔隙性的碳酸盐岩如川中磨溪雷一¹气藏，渗透率 $0.88\times10^{-3}\mu m^2$，孔隙度 8.35%，其完井方式可按砂岩油层来对待，可以采用酸化、前置液酸压或加砂压裂。裂缝性古潜山碳酸盐岩可用裸眼完井，如华北任丘古潜山油藏，但近年来国内外趋于套管射孔完成，这样有利于控制底水和进行增产措施。近年来采用水平井开发碳酸盐岩油气藏已成为一种必然发展趋势，如川中磨溪雷一[1]气藏水平井开发效果良好，塔里木塔河油田、哈萨克斯坦肯基亚克盐下油气藏也在大力应用水平井开发。

（3）其他岩石类型

除碎屑岩和碳酸盐岩之外，其他岩类储层有岩浆岩、变质岩、泥页岩和煤岩等。我国及国外均发现了这种类型的油气藏，对其研究不可忽视。岩浆岩及变质岩油气藏大都为古潜山油气藏，岩石本身是致密的，存在裂缝或孔洞等，这类油气藏大多采取将不整合面的风化壳钻开后裸眼完井，如辽河东胜堡油田的斜长角闪岩、混合花岗岩等以及胜利、辽河油田片麻岩，克拉玛依油田板岩，江苏油田玄武岩，辽河油田安山岩等，当然这类油藏也可射孔完成。

2. *储层物性*

储层物性是评价储集和渗流能力的基本参数。孔隙类型、喉道类型及孔隙—喉道的配合关系与储集能力密切相关，它们是多孔介质（岩石）的重要组成部分。物性与孔隙结构研究对于钻井、完井液设计，完井方式的选择及开发方案的制定均有十分重要的意义。

（1）孔隙度

岩石的孔隙度是衡量岩石储集流体能力的参数。对碎屑岩而言，孔隙度与渗透率关系密切，相关性显著。决定碎屑岩孔隙度的主要因素是沉积作用和成岩作用。具体说来包括碎屑颗粒的大小以及分选程度好坏、压实及压溶作用、胶结作用、溶解及破裂作用。从我国的砂岩储油层来看，良好的储层主要是中粒砂岩和细粒砂岩。胶结物含量增加，常使孔隙度降低，泥质胶结的砂岩孔隙度又比碳酸盐矿物胶结的砂岩要高。

碳酸盐岩油气层，除生物格架碳酸盐岩外，颗粒碳酸盐岩的孔隙发育情况与砂岩相似，亦受颗粒大小、分选、形状及胶结物含量等因素的影响。白云岩中这些性质与孔隙度相关性不明显。

裂隙（缝）孔隙度一般很低，范围 0.01%～6%，很少超过 6%。碳酸盐岩的孔隙仍然是储集油气的主要空间，而裂缝则主要形成渗流通道。

表 1—6 为我国碎屑岩类储集层油田开发储层分类推荐标准。

表 1—6　碎屑岩类储集层油田开发分类推荐标准

名　称	孔隙度，%	名　称	渗透率，$10^{-3}\mu m^2$
特高孔隙度	＞30	特高渗透率	＞2000
高孔隙度	25～30	高渗透率	500～2000
中孔隙度	15～25	中渗透率	50～500
低孔隙度	10～15	低渗透率	10～50
特低孔隙度	＜10	特低渗透率	⩽10

（2）渗透率及其层间差异

影响孔隙度的地质因素也直接影响孔隙系统的绝对渗透率。渗透率同孔隙度、粒径、分选、排列方式、胶结物类型及地应力大小、方位有密切关系。

我国以往将储层划分为特高渗透率、高渗透率、中渗透率、低渗透率和特低渗透率 5 种类型。近年来随着我国非常可观的低渗透难动用石油储量的发现及开发技术进步，已经把低渗透的上限从原来的 $100\times10^{-3}\mu m^2$ 调整为 $50\times10^{-3}\mu m^2$。四川盆地、鄂尔多斯盆地致密砂岩和致密碳酸盐岩油气藏的勘探开发，要求对非常规储层有一个分类方案供对比使用。参考国外和已开发气田实际，给出了表 1—7、表 1—8 的划分方案供参考。

表 1—7　根据储层物性的气藏分类（SY/T6168—1995）

名　称	有效渗透率① $10^{-3}\mu m^2$	绝对渗透率 $10^{-3}\mu m^2$	孔隙度 %
高渗气藏	＞50	＞300	＞20
中渗气藏	10～50	20～300	15～20
低渗气藏	0.1～10	1～20	10～15
致密气藏	≤0.1	≤1	≤10

①有效渗透率为通过试井资料求取值；绝对渗透率通过岩心分析获得。

表 1—8　根据储层基块渗透率的气藏分类（Elkins，1980）

类　型	名　称	渗透率①，$10^{-3}\mu m^2$
常规气藏		＞1.0
非常规气藏	近致密	0.1～1.0
	致密	0.005～0.1
	很致密	0.001～0.005
	超致密	＜0.001

①渗透率指模拟原地条件下的气测值，储层类型划分依据岩样渗透率分布累积曲线的中值。

在选择完井方式中，渗透率是重要指标。国外仅对渗透率做出高的和低的较粗略的划分，即把 $10\times10^{-3}\mu m^2$ 作为孔隙型油层高渗透和低渗透的区分标准，把 $100\times10^{-3}\mu m^2$ 作为裂缝型油层高渗透和低渗透的区分标准。国外将原地条件下储层气测渗透率小于 $0.1\times10^{-3}\mu m^2$ 的气藏称为致密气藏（Tight Reservoir）。高渗透油气层的油气井产量较高，油气入井流速快，选择完井方式时需考虑这一特点。

一般使用渗透率变异系数、渗透率级差和非均质系数（也称突进系数）来描述层内和层间的渗透率非均质程度。

渗透率变异系数：$K_v=\sigma/K_a$，K_v 在 0～1 之间变化，K_v 值越接近于 1，非均质越强。

渗透率级差：$K_b=K_{max}/K_{min}$，K_b 越大，非均质越强。

非均质系数：$K_k=K_{max}/K_a$，K_k 越大，非均质越强。

式中　σ——渗透率的均方差，应考虑厚度加权值；

K_a——单层或层系的平均渗透率，应考虑厚度加权值；

K_{max}——单层或层系的最大渗透率，应考虑厚度加权值；

K_{min}——单层或层系的最小渗透率，应考虑厚度加权值。

层间渗透率差异在砂岩层状油气藏中是常见的。我国层状油藏层间渗透率差异有的可以达到几十倍，甚至上百倍。在选择完井方式中，国外对层间渗透率差异的划分原则是，若各分层之间的渗透率变化范围不超过下面 6 个等级中的一个：1）$K>1\mu m^2$；2）$K=0.5\sim1\mu m^2$；3）$K=0.1\sim0.5\mu m^2$；4）$K=0.05\sim0.1\mu m^2$；5）$K=0.01\sim0.05\mu m^2$；6）$K<0.01\mu m^2$，被认为层间渗透率差异不大，可以同井合采，否则需按两套层系开发布井。例如，我国大庆油田同一开发层系的层间渗透率级差不超过 5。对层间渗透率差异的处理办法一般是在完井后对相对低渗透层进行改造（压裂或酸化），然后同井合采。若渗透率差异太

大，用压裂改造也无法调节时，只好按两套层系开采。

（3）饱和度

确定油气藏流体饱和度的方法有测井法和岩心分析法。测井法能够获得流体饱和度，但不能代替岩心分析法。在钻井取心时取心流体（油、气、水）可能侵入岩心，当岩心取至地面后温度压力变化也会改变岩心的原始的饱和状态。一般认为，使用油基钻井液密闭取心时，岩心的水饱和度变化很小，可以代表油气藏原始水饱和度。

近年关于流体饱和度分析取得了的一些新认识。以我国四川盆地、鄂尔多斯盆地致密砂岩气藏为例，原来通过水基钻井液取心及测井获得的致密砂岩气层含水饱和度高达40%～70%，然而采用油基钻井液密闭取心测得的含水饱和度仅为15%～25%。川东北普光气田飞仙关组气藏密闭取心，156块样品分析最小水饱和度仅1.4%，平均8.09%，水饱和度$S_{wi}\leqslant 5\%$的岩样超过20%。

3. 油气层压力及层间压力差异

油气层压力指孔隙和裂缝中流体的压力，它是油气藏能量的反映，是推动流体在储层中运动的动力。明确各油气层的压力、分清不同压力系统是正确完井设计、有效利用油气藏能量、合理开发的前提。

油气层压力可通过井底压力计实测法、试井法和作图法来确定。

一般用压力梯度和压力系数来表示地层压力的高低。压力梯度是指同一油气藏中海拔高程差所对应的压力变化值，单位MPa/100m。一个油气田内可以出现多个压力系统，一个油气藏必处于同一个压力系统内。油气藏投入开发后，由于渗透率、补充能量、工程措施差异会使相邻油气层的压力发生变化。

油气藏原始地层压力与同一深度静水柱压力的比值称为压力系数α。实际工作中，计算静水柱压力时，地层水密度常取为1.0g/cm^3。国外对油气层压力的划分是：压力系数$\alpha>1.0$为异常高压油气层；压力系数$\alpha=1.0$为正常压力油气层；压力系数$\alpha<1.0$为异常低压油气层。我国将压力系数$\alpha=0.9\sim1.2$的油气层称为正常压力油气层，压力系数$\alpha>1.2$时为异常高压油气层，压力系数$\alpha<0.9$时为异常低压油气层。

在选择完井方式时，对层间压力差异的划分是，若各分层之间的压力变化范围不超出下面4个等级中的一个：1）$\alpha<0.9$；2）$\alpha=0.9\sim1.1$；3）$\alpha=1.1\sim1.3$；4）$\alpha=1.3\sim1.8$；5）$\alpha>1.8$，则被认为层间压力差异不大。

国内对层间压力差异尚无一个公认的量化标准。在处理层间压力差异的矛盾时，一般可采用双油管分采，单管下封隔器分层，对自喷、气举、电动潜油泵、螺杆泵等连续排油的采油方式的条件下，在高压层装井下油嘴将高压层的流压经过井下油嘴降至与低压层流压接近等三种方法。如果用这些办法均无法调整层间矛盾，则只能分两套层系布井。层间主要矛盾还是在于层间压力的差异。

4. 流体性质及其层间差异

由于水的物理化学性质受溶解物质、温度和压力的影响较小，所以主要考虑原油性质。原油的黏度、密度、凝固点与所含的胶质、沥青质和含蜡量有关，而且也受温度、压力的影响。如前所述，油田地质上已根据原油的黏度、密度和凝固点将油藏分类。若层间的原油性质属同一类型，可认为层间原油性质差异不大，否则应划分为不同的含油层系，完井时应采取层段分隔或按不同的层系开采。

第二节　岩心分析技术

一、完井工程对岩心分析的要求

岩心是通过钻井取自地下的岩石样品。岩心代表了地下岩石，所以岩心分析是获取地下岩石信息十分重要的手段。岩心分析的样品可以是规则的圆柱体、井壁取心柱塞或钻屑，视分析项目的内容而定。经验表明，钻屑的代表性很差，通常使用规则的岩心柱塞。这样多个项目可以进行配套实验，利于找出岩石各种性质间的内在联系。

完井工程中的岩心分析主要包括如下内容：常规物性分析、岩相学分析、孔隙结构分析、敏感性分析及配伍性评价，见表1—9。

表1—9　完井工程岩心分析的内容

分析项目	总项目数	必做内容		选择内容	
		项目数	分析项目	项目数	分析项目
常规物性分析	12	4	（1）气体渗透率 （2）孔隙度 （3）饱和度 （4）粒度	8	（1）油气水饱和度（密闭取心） （2）碳酸盐含量 （3）岩石视密度 （4）相对渗透率 （5）垂直渗透率 （6）原地渗透率和孔隙度 （7）全尺寸岩心物性分析 （8）润湿性
岩相学分析	10	4	（1）薄片 （2）X射线衍射（XRD） （3）扫描电镜（SEM） （4）电子探针或能谱	5	（1）重矿物分析和鉴定 （2）阴极发光 （3）红外光谱 （4）热分析 （5）荧光分析
孔隙结构分析	5	3	（1）铸体薄片图像分析 （2）压汞法毛细管压力曲线 （3）扫描电镜（SEM）	2	（1）X射线CT扫描 （2）核磁共振（NMR）技术
敏感性分析及配伍性分析	18	8	（1）煤油速敏 （2）地层水速敏 （3）水敏 （4）盐敏 （5）碱敏 （6）酸敏 （7）流体配伍性评价 （8）应力敏感性	10	（1）钻井液伤害评价 （2）正、反向流动实验 （3）体积流量评价实验 （4）顺序接触流体评价实验 （5）阳离子交换实验 （6）膨胀率实验 （7）酸溶失量实验 （8）酸浸泡实验 （9）毛细管自吸实验 （10）温度敏感性

物性分析必做项目要求取样间距为3～10块/m，选择分析项目间距可以加大。物性分析是油层物理的基本内容，本书不作专门介绍。

岩相学分析是必做项目。要求在了解岩心宏观描述、常规物性、普通薄片观察的基础上进行。内容及要求如下：铸体薄片的样品应能包括储层中所有岩石性质的极端情况，间距平均为1～2块/m，必要时可加密；X射线衍射（XRD）和电镜扫描（SEM）分析样品密度大约为铸体薄片的1/3～1/2，对油气层要加密取样，水层仅进行控制性分析。此外还要对夹层开展XRD和SEM分析，间距为5～20m一个样。

孔隙结构分析特别是毛细管压力曲线测定，样品的选择应在物性和薄片观察后进行。对一个油组，每个渗透率级别至少应有3～5条毛细管压力曲线，最后可根据物性分布，求取该油组的平均毛细管压力曲线。

敏感性及配伍性评价实验是必做项目。每个油组一个渗透率级别至少有3块样品方能了解某项敏感性。选择分析项目视研究内容而定。

从完井设计及井眼稳定性出发，还应分析泥页岩、不稳定夹层的组成及与工作液作用后的性质变化，研究手段基本同表1—9。对于泥页岩还要补充理化性能分析实验内容。

对于裂缝性储层，要对岩心裂缝进行详尽描述，并结合常规测井、成像测井、岩石力学强度测井、试井、试采等手段对裂缝分布、发育情况以及未来对油气生产的影响开展综合研究。

二、岩心分析内容及应用

如前所述，岩心分析主要包括常规物性分析、岩相学分析、孔隙结构分析、敏感性分析及配伍性评价等。由于常规物性分析是必做的基础内容，本书不再作专门介绍。敏感性分析及配伍性评价在第四节中详细介绍。因此，本节主要简介岩相学分析和孔隙结构分析内容。

1. 岩相学分析技术

岩相学分析中用得最多的是铸体薄片、X射线衍射和电镜扫描，有时也包括电子探针分析。

(1) 铸体薄片

用铸体薄片技术可以较准确地测定岩石的孔隙结构、面孔率、裂缝率、裂缝密度、宽度和孔喉配位数等。铸体薄片结合普通偏光薄片、阴极发光薄片和荧光薄片以及薄片染色技术，可以测定骨架颗粒、基质、胶结物及其他敏感性矿物的类型和产状，并能描述孔隙类型及成因，估计岩石的强度及结构稳定性，这对于在完井过程中保护油层防砂设计、酸化设计非常重要。

(2) X射线衍射（XRD）

X射线衍射是鉴定晶质矿物应用最广泛而有效的一项技术，对细分散的粘土矿物及其内部结构的分析有独到之处。利用X射线衍射仪进行XRD物相分析可以分别确定各类粘土矿物，包括在成岩作用中形成的一些间层粘土矿物。XRD不仅可以确定间层矿物的类型，还可以确定间层矿物中蒙皂石所占的比例，如伊/蒙间层矿物中蒙皂石的比例占多少。此外，还可以进一步确定粘土矿物的结构类型。总之，使用XRD分析，对确定粘土矿物的绝对含量、粘土矿物类型及相对含量非常重要，这也正是完井过程中实施油气层保护所需的基本参数。对于油管、射孔孔眼结垢类型、腐蚀产物分析也有帮助。

(3) 电镜扫描分析（SEM）

敏感性类型和伤害程度是与敏感性矿物的成分、含量和产状分布密切相关的。前述的

XRD在认识敏感性矿物的成分和含量方面有它独到的作用（表1—10），但是在认识敏感性矿物的大小、产状、孔隙形状、喉道大小、颗粒表面和孔喉壁的结构等方面，则是电镜扫描的特色功能，而且分析直观、快速和有效。此外，利用SEM还能观察岩石与外来流体接触后的孔喉堵塞情况。如果再配合能谱仪，还能进行元素分析，比如对与油气层伤害有关的铁离子鉴定等。因此，SEM分析结果也是在完井过程中实施保护油气层所需要的重要资料。

表1—10 主要粘土矿物及其在扫描电镜下的特征

构造类型	族	矿物	化学式	d_{001} 10^{-1}nm	单体形态	集合体形态
1∶1	高岭石	高岭石 地开石	Al_4（Si_4O_{10}）$(OH)_8$	7.1～7.2，3.58	假六方板状，鳞片状，板条状	书页状，蠕虫状，手风琴状，塔晶
	埃洛石	埃洛石	Al_4（Si_4O_{10}）$(OH)_8$	10.05	针管状	细微棒状，巢状
2∶1	蒙皂石	蒙皂石 皂石	R_x（AlMg）$_2$（Si_4O_{10}）$(OH)_2\cdot 4H_2O$	Na～12.99 Ca～15.50	弯片状，皱皮鳞片状	蜂窝状，絮团状
	伊利石	伊利石 海绿石 蛭石	$KAl((AlSi_3)O_{10})$ $(OH)_2\cdot mH_2O$	10	鳞片状，碎片状，毛发状	蜂窝状，丝缕状
2∶1∶1	绿泥石	各种绿泥石	FeMgAl的层状硅酸盐，同形置换普遍	14，7.14，4.72，3.55	薄片状，鳞片状，针叶片状	玫瑰花状，绒球状，叠片状
2∶1∶1 层链状	海泡石	山软木	Mg_2Al_2（Si_8O_{20}）$(OH)_2$ $(OH_2)_4\cdot m$（H_2O）$_4$	10.40，3.14，2.59	棕丝状	丝状，纤维状

近年来环境扫描电镜（ESEM）已用于储层伤害研究，观察粘土矿物的膨胀过程、聚合物在孔喉中的微观网架结构等。环境扫描电镜能够在湿式状态下观察样品，这是其最显著的优势。

（4）电子探针分析

电子探针X射线显微分析是运用高速细电子束作为荧光X射线的激发源进行显微X射线光谱分析的一种技术。电子束细得像针一样，因此可以作样品的微区分析，而且穿透样品1～3μm，可以不破坏样品测量微区的化学成分。可以提供细微矿物的成分、晶体结构、成岩环境、储层伤害类型及程度的方面的信息。

2. 孔隙结构分析

孔隙结构分析主要基于前述的铸体薄片和孔隙铸体分析，并结合岩心毛细管压力曲线测定，从而确定孔隙类型、孔隙直径、喉道大小及分布规律。这对于研究地层微粒在岩石孔隙中的运移规律、研究外来固相堵塞油气层的机理，钻开油气层的屏蔽暂堵完井液、射孔液、压井液、水力压裂中的滤失控制、注水固相控制、调剖堵水剂等设计是非常重要的。

从以上分析可知，完井工程与油气田开发有着密切的关系，如表1—11所示。

表1—11 常规物性及岩相学分析所获信息及应用

主要分析项目	所获的主要信息	应用要点
1）常规物性分析（孔、渗、饱测定及筛析粒度）	孔隙度、渗透率、碎屑岩颗粒的粒度分布	1）油气层评价、储量计算、开发方案设计 2）完井方法的选择、完井液设计、优化射孔完井、砾石充填最佳砾石尺寸的选择

续表

主要分析项目	所获的主要信息	应用要点
2）孔喉结构分析（铸体薄片及孔隙铸体分析、毛细管压力曲线测定、核磁共振分析）	孔隙类型、孔隙结构几何参数及分布；喉道的类型、喉道几何参数及分布等	1）油气层评价、储量计算、开发动态分析 2）潜在伤害评价，制定保护油气层技术方案 3）屏蔽暂堵钻井完井液、射孔液、压井液、修井液等的设计
3）薄片分析（普通偏光薄片、铸体薄片、荧光薄片和阴极发光薄片）	岩石结构及构造、骨架颗粒的成分、基质成分及分布、胶结物类型及分布、孔隙特征、敏感性矿物的类型、含量、产状等	1）油气层评价、岩石学特性，潜在伤害评价 2）制定保护油气层技术方案 3）完井液的设计 4）岩石固结程度及强度的评估
4）电镜扫描分析（含环境扫描电镜分析）	孔喉特征分析、岩石结构分析、粘土矿物产状和类型分析	1）油气层评价、岩石学特性，潜在伤害评价 2）完井液设计及保护油气层技术方案的设计
5）X射线衍射分析	粘土矿物的绝对含量、粘土矿物类型及相对含量、层间比、有序性	1）潜在伤害评价 2）完井液及保护油气层技术方案的设计
6）电子探针分析（电子探针波谱及能谱）	矿物成分鉴定、晶体结构分析	1）潜在伤害评价 2）完井液及保护油气层技术方案的设计

3. 粘土矿物分析

油气层中粘土矿物的组成、含量、产状和分布特征不仅直接影响到储集性质和产能大小，而且也是决定油气层敏感性的最主要因素。在完井作业中，必须结合油气层中粘土矿物的特点，设计完井方式、完井液和完井投产措施，以避免或减少储层伤害。在分析粘土矿物的潜在伤害时，重点应集中在粘土矿物的产状和种类上。产状不同、组成不同，对油气层产生的影响也不同。

（1）不同类型粘土矿物的潜在伤害

在粘土矿物诸多物理化学性质中，其微粒性即比表面、阳离子交换容量及亲水性对油气层潜在伤害和保护措施具有重要意义。不同的粘土矿物所导致的伤害类型和伤害程度实质上反映了粘土矿物之间的物理化学性质的差异。常见的粘土矿物种类有：

1）蒙皂石。蒙皂石常出现在埋藏深度较浅的储层中，以薄膜形式贴附在碎屑颗粒表面或在孔隙喉道中形成桥接式胶结。当含量较高时，还可呈现各种形态的集合体充填于孔隙中。蒙皂石的强亲水性和高的阳离子交换容量决定了具有强烈的水敏性。特别是富含钠的蒙皂石，遇水后体积可膨胀600％～1000％。显然，这种吸水膨胀可引起严重的孔喉堵塞和地层结构的破坏。

2）高岭石。高岭石作为储层中最常见的粘土矿物，在不同的物理化学环境下，可以转变成其他粘土矿物。常呈树叶状和蠕虫状充填于孔隙中。由于高岭石集合体内各晶片之间的结合力很弱，且与碎屑颗粒的附着力也很差，在高速流体的剪切应力作用下，很容易随孔隙流体运移堵塞孔喉，具有较强的速敏性。

3）伊利石。伊利石是形态变化最多的粘土矿物，随储层深度增加，其含量也增加。常见的鳞片状伊利石以骨架颗粒薄膜产出，而毛发状、纤维状伊利石则在孔隙中搭桥生长，交错分布。前者可能在孔喉处形成堵塞，而后者则主要增加孔隙通道的迂曲度、降低储层的渗透性。

4）绿泥石。绿泥石常出现在深埋藏的地层中，或以柳叶状垂直于骨架颗粒生长（包壳状），或以绒球状集合体、玫瑰花状集合体充填于孔隙中。富含铁的绿泥石具有较强的酸敏性。在对储层进行酸化作业时，绿泥石可能被酸溶解而释放出铁离子，在富氧的条件下与其它组分化合生成粒度大于孔喉的氢氧化铁胶体沉淀。

此外，常见的还有伊利石/蒙皂石和绿泥石/蒙皂石间层矿物，其特征和伤害程度取决于它们的含量及间层比。

（2）粘土矿物产状对储层伤害的影响

与骨架颗粒同时沉积的原生粘土常以薄层纹状或团块形式存在于砂岩中，由于这些粘土与孔隙流体接触面小，因此，所产生的储层伤害也小。而在成岩过程中通过化学沉淀和早期粘土矿物演变而成的自生粘土矿物，由于完全暴露在孔隙流体中，优先与进入地层的流体发生各种物理化学反应，从而导致严重的储层伤害。大量研究表明，在很多情况下，从储层伤害的角度出发，粘土矿物的产状比其成分的影响还要大。

砂岩储层的粘土矿物分碎屑成因和自生成因两大类型。碎屑成因的粘土是与颗粒同时沉积的，或沉积后由生物活动引入的。常见的产状如图 1—1 所示，当埋藏较浅时岩石固结程度差，易于发生微粒运移、出砂。酸化时若粘土溶蚀严重，岩石的结构遭受破坏，容易诱发出砂。与淡水接触，粘土纹层的膨胀会使孔隙缩小、微裂缝闭合。

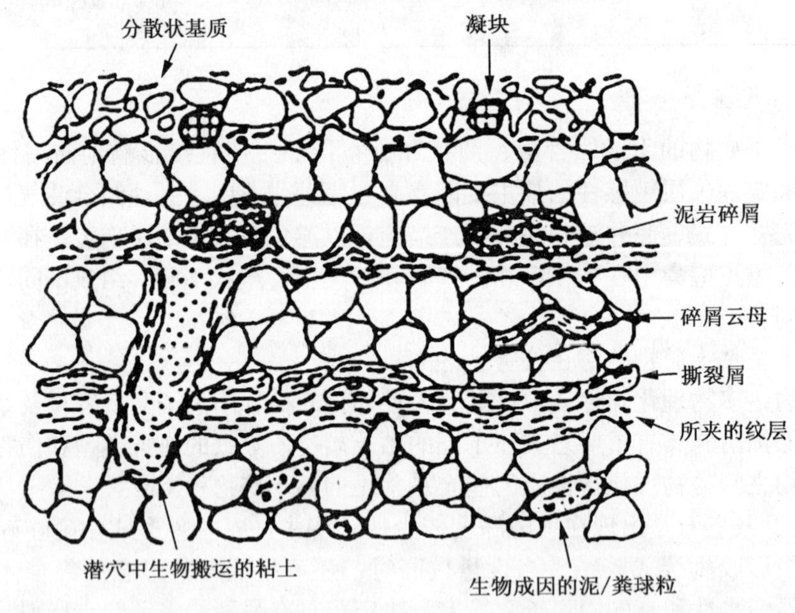

图 1—1　砂岩中碎屑粘土的产状

砂岩储层最常见的是自生粘土矿物。根据粘土矿物集合体与颗粒和孔隙的空间关系，并考虑对储层物性和敏感性的影响，将自生粘土矿物产状归结为七类（图 1—2）。

1）栉壳式。视粘土矿物集合体包覆颗粒的程度分孔隙衬边和包壳式两种。粘土矿物叶片垂直于颗粒表面生长，表面积大，又处于流体通道部位，呈这种产状以蒙皂石、绿泥石为主。流体流经它时阻力大，因此极易受高速流体的冲击，然后破裂形成微粒随流体而运移，若被酸蚀后，形成 Fe（OH）$_3$胶凝体和 SiO_2凝胶体，堵塞孔喉。

2）薄膜式。粘土矿物平行于骨架颗粒排列，呈部分或全包覆颗粒状，这种产状以蒙皂石和伊利石为主。流体流经它时阻力小，一般不易产生微粒运移，但这类粘土易产生水化膨

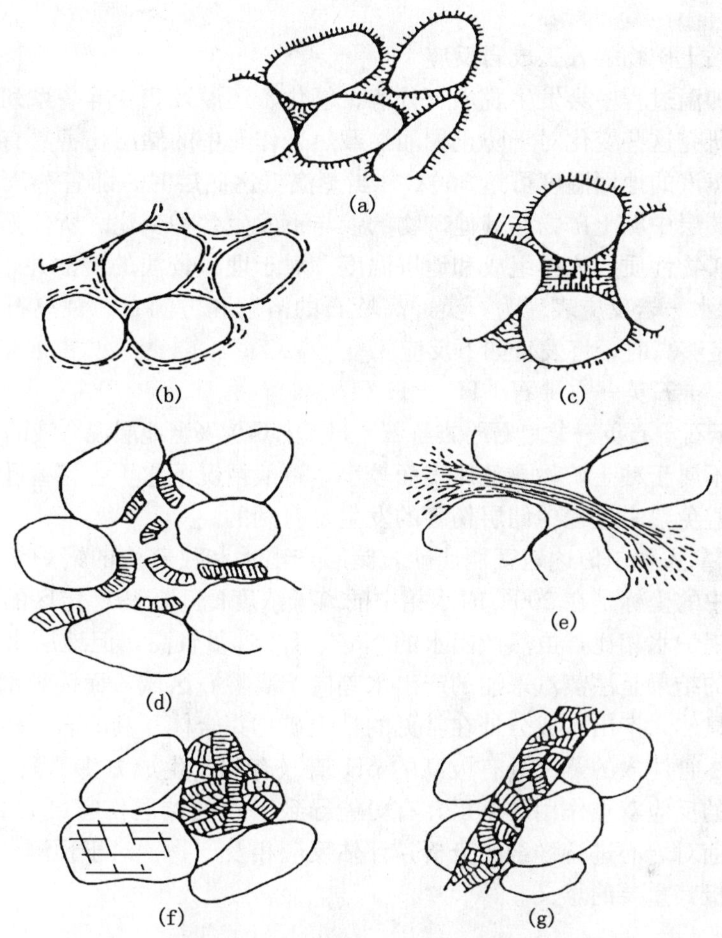

图 1—2　砂岩中自生粘土矿物产状

(a) 栉壳式；(b) 薄膜式；(c) 桥接式；(d) 分散质点式；
(e) 帚状撒开式；(f) 颗粒交代式；(g) 裂缝充填式

胀，缩小孔喉。微孔隙发育时，甚至引起水锁伤害。

3）桥接式。由毛发状、纤维状的矿物（如伊利石）搭桥于颗粒之间，流体极易将它冲碎，造成微粒运移。或者由栉壳式的蒙皂石、伊/蒙间层矿物、绿/蒙间层矿物发展而来，有时会在孔喉变窄处相互搭接，此时水化膨胀和水锁伤害潜力很高。

4）分散质点式。粘土充填在骨架颗粒之间的孔隙中，呈分散状，粘土粒间微孔隙发育。高岭石、绿泥石常呈这种产状，极易在高速流体作用下发生微粒运移。

5）帚状撒开式。黑云母、白云母水化膨胀、溶蚀、分散，在端部可以形成高岭石、绿泥石、伊利石、伊/蒙间层矿物、蛭石等，这些微粒易于释放，进入孔隙流动系统，发生微粒运移和膨胀伤害。

6）颗粒交代式。长石或不稳定的岩屑在成岩作用过程中向粘土矿物转化，如长石的高岭石化、黑云母的绿泥石化、喷出岩屑的蒙皂石化等。与前面几种产状相比，敏感性伤害要弱得多，只是在酸化中表现略明显。

7）裂缝充填式。在裂缝性砂岩、变质岩和岩浆岩储层中，蒙皂石、高岭石、绿泥石、伊利石等粘土矿物的裂缝部分充填、完全充填常见，它们可引起各种与粘土矿物有关的敏感性伤害。

(3) 高温下粘土矿物的人工成岩反应

粘土矿物在加温过程中会发生脱水、分解、氧化、还原及相变等一系列复杂的化学、物理—化学变化。研究这些变化对于防止稠油油藏热采作业中的储层伤害具有重要意义。在热采作业中，注入蒸汽的地面温度可达360℃。当蒸汽抵达储层时，随着蒸汽的冷凝并与地层水混合，将导致储层中粘土矿物在其他矿物的参与下发生各种变化。所伴随的潜在地层伤害主要取决于地层矿物性质、流体组成和地层温度，对于埋藏较浅的稠油井，在温度为200～250℃时，主要的水—岩反应表现为石英、高岭石的溶解和方沸石、蒙皂石的生成。当地层混合液的pH值足够高时，将发生如下反应：

高岭石 + Na^+ + 石英→方沸石 + H^+ + H_2O

高岭石 + 白云石 + 石英→蒙皂石 + 方解石 + H_2O + CO_2（当地层混合液的pH值较低时）

由于方沸石不属于粘土矿物，且比表面较小，一般情况下它不会堵塞孔喉。因此，上述第一个反应对于避免热采过程中储层伤害的发生是有利的。

图1—3为加拿大阿尔伯达地区稠油砂岩储层产出水和注蒸汽的锅炉水（含饱和汽）的组成范围。相图中的坐标是在200℃时水相中的离子浓度比，矿物稳定区的条件是石英完全呈饱和状态。与锅炉水相比，虽然产出水的 Na^+、K^+ 含量较高，但地层水向酸性方向变化更快，因此，总的结果是注蒸汽采油的产出水趋向于高岭石区域，而锅炉水则落入长石和方沸石稳定区域。显然，产出水成分处在常见的粘土矿物集合体—高岭石、伊利石和蒙皂石三相区。这表明，尽管注入的蒸汽具有极高的pH值（有利于生成方沸石），但由于地层水的稀释和矿物之间的反应双重作用的结果，有可能导致潜在的储层伤害最大的蒙皂石的形成。所以，在注蒸汽前对岩心进行详细的分析、评估反应相及产物，对于预测、防止或尽可能减小储层伤害具有极其重要的意义。

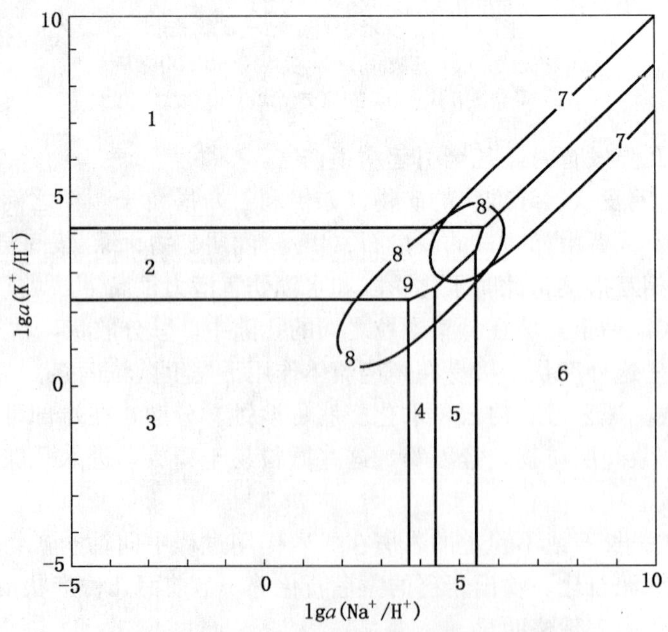

图1—3　在200℃时的地层水化学性质与粘土矿物稳定性的关系

1—钾长石；2—伊利石；3—高岭石；4—钠蒙皂石；5—钠云母；6—方沸石；7—锅炉水；8—产出水；9—油层矿物；a—离子摩尔浓度比

4. 粒度分析

粒度分析是指确定岩石中不同大小颗粒的含量。它不仅广泛应用于研究沉积岩的成因和沉积环境、储集层岩石分类和评价，而且粒度参数还是疏松、弱胶结储层砾石充填完井设计的一个重要工程参数和油田开发中判断储层均质性的一个重要依据。

测定岩石粒度的实验室方法主要有筛析法、沉降法、薄片图像统计法和激光衍射法。各种方法都有其优点和局限，实际工作中，选择哪种方法主要取决于被分析样品的粒级范围和实验室的技术水平。

筛析法是最常用的粒度分析测定方法。筛析前，首先把样品进行清洗、烘干和颗粒分解处理。然后放入一组不同尺寸筛子的筛子中，把这组筛子放置于声波震筛机或机械振筛机上，经振动筛析后，称量每个筛子中的颗粒质量，从而得出样品的粒度分析数据。筛析法的分析范围一般从 4mm 的细砾至 0.0372mm 的粉砂。

图 1—4 为辽河油田第三系储层的粒度分析结果。所用筛网级别为 50、60、70、80、100、120、140、170、230、325 和 400 目。岩样的主要粒度分布为 0.3～0.06mm，根据粒度分布的主峰区间可确定该岩样为中粒砂岩。

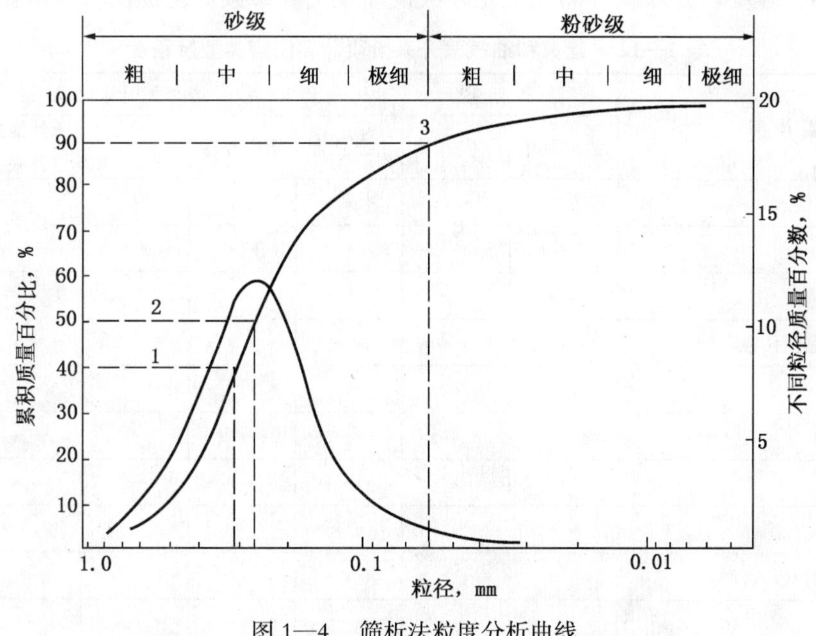

图 1—4 筛析法粒度分析曲线

1—D_{40}；2—D_{50}；3—D_{90}

砾石充填完井设计所需参数可从图 1－4 上获取。根据累积质量（纵坐标）为 40%、50%和 90%所对应的粒径值（横坐标）可得 D_{40}、D_{50} 和 D_{90} 分别为 0.31mm、0.26mm、0.061mm，其中的 D_{50} 为粒度中值，代表了粒度分布的集中趋势；而岩样的均质系数 C 为 D_{40}/D_{90}，即$C=5.080$。

第三节　储层流体敏感性及工作液伤害评价

储层敏感性评价主要是通过岩心流动实验，考察储层岩心与各种外来流体接触后所发生的各种物理—化学作用对岩石性质，主要是对渗透率的影响程度。对于与储层敏感性密切相关的岩石矿物物理化学性质，还必须通过其他方法进行测定，以便在全面、充分认识储层性质的基础上，通过室内伤害评价实验，优选出与油气层配伍的工作液，为完井工程设计和实施提供必要的参数和依据。

一、储层伤害概述

绝大多数油气层，总是或多或少地含有敏感性矿物，它们一般粒径很小（<20μm），往往分布在孔隙表面和喉道处，处于与外来流体优先接触的位置。由于敏感性矿物的物理和化学稳定区间狭小，在完井作业中，当各种外来流体（入井液）侵入油气层后，最容易与其所含流体、矿物作用，其结果是降低油气天然生产能力或注入能力，即发生油气层伤害。伤害程度可用油气层渗透率的下降幅度来表示。

储层伤害类型包括物理作用伤害、化学作用伤害、生物作用伤害和热力作用伤害等 4 大类。在其中任何大类下还可以分出亚类和具体因素。实践证明，在钻井、完井、增产措施、修井作业、注水和采油等过程中，都可能发生不同类型和程度的储层伤害（表 1—12）。而且，多数伤害是永久性的和不可逆的，因此，油气层一旦受到伤害往往难以消除，必须以“预防为主，补救为辅”的原则对待伤害问题。通过油气层敏感性评价，找出油气层发生敏感的条件及伤害程度，为以保护油气层完井液设计及工程参数优化提供科学依据。

表 1—12　建井和油气藏开采阶段储层伤害类型及程度

伤害因素	建井阶段		油气藏开采阶段				
	钻井固井	完井	井下作业	增产改造	试井	天然能量开采	补充能量开采
钻井液固相颗粒侵入	* * * *	* *	* * *	—	*	—	—
微粒运移	* * *	* * * *	* * *	* * * *	* * * *	* * *	* * * *
粘土矿物膨胀	* * * *	* *	* * *	—	—	—	* *
乳化堵塞/水相圈闭伤害	* * *	* * * *	* *	* * * *	*	* * * *	* * * *
润湿性反转	* *	* * *	* * *	* * * *	—	—	* * * *
相对渗透率下降	* * *	* * *	* * * *	* * *	—	* *	—
有机垢	*	*	* * *	* * * *	—	* * * *	—
无机垢	* *	* * *	* * * *	*	—	* * *	* * *
入井流体固相颗粒侵入	—	* * * *	* * *	* * *	—	—	* * * *
二次矿物沉淀	—	—	—	* * * *	—	—	* * *
细菌侵入伤害	* *	* *	* *	—	—	* *	* * * *
出砂	—	* * *	*	* * * *	—	* * *	* *

注：“*”代表严重性程度；“—”代表无伤害。

二、速敏评价实验

1. 速敏概念和实验目的

油气层的速敏性是指在钻井、采油、增产作业和注水等作业或生产过程中，当流体在油气层中流动时，引起油气层中微粒运移并堵塞喉道造成油气层渗透率下降的现象。对于特定的油气层，微粒运移造成的伤害主要与油气层中流体的流动速度有关，因此速敏评价实验之目的在于：1）找出由于流速作用导致微粒运移从而发生伤害的临界流速，以及找出由速度敏感引起的油气层伤害程度。2）为后续的水敏、盐敏、碱敏和酸敏等4种实验及其他的各种伤害评价实验确定合理的实验流速提供依据。一般来说，由速敏实验求出临界流速后，可将其他各类评价实验的实验流速定为0.8倍临界流速，因此速敏评价实验必须要先于其他实验。3）为确定合理的注采速度提供科学依据。

2. 实验程序及结果分析

参照《储层敏感性流动实验评价方法》(SY/T 5358—2002)，以不同的注入速度向岩心中注入实验流体（煤油或地层水），并测定各个注入速度下岩心的渗透率，从注入速度与渗透率的变化关系上，判断油气层岩心对流速的敏感性，并找出渗透率明显下降的临界流速。如果流量 Q_{i-1} 对应的渗透率 K_{i-1} 与流量 Q_i 对应的渗透率 K_i 满足下式：

$$\frac{K_{i-1}-K_i}{K_{i-1}}\times 100\% \geqslant 5\% \tag{1—2}$$

说明已发生速度敏感，流量 Q_{i-1} 即为临界流量。速度敏感程度评价指标见表1—13。

表1—13 速敏伤害程度评价指标

渗透率伤害率，%	$D_k \leqslant 5$	$5 < D_k \leqslant 30$	$30 < D_k \leqslant 50$	$50 < D_k \leqslant 70$	$D_k > 70$
伤害程度	无	弱	中等偏弱	中等偏强	强

表1—13中速敏伤害程度的计算见式（1—3）：

$$D_k = \frac{K_{max}-K_{min}}{K_{max}}\times 100\% \tag{1—3}$$

式中 D_k——速敏性引起的渗透率伤害率；

K_{max}——临界流速前岩样渗透率点中的最大值，$10^{-3}\mu m^2$；

K_{min}——临界流速后岩样渗透率点中的最小值，$10^{-3}\mu m^2$。

图1—5和图1—6为南阳下二门油田第三系油层岩心的煤油速敏和盐水速敏曲线，K_∞ 表示原始气测渗透率，临界流量分别为3.0mL/min和0.4mL/min。

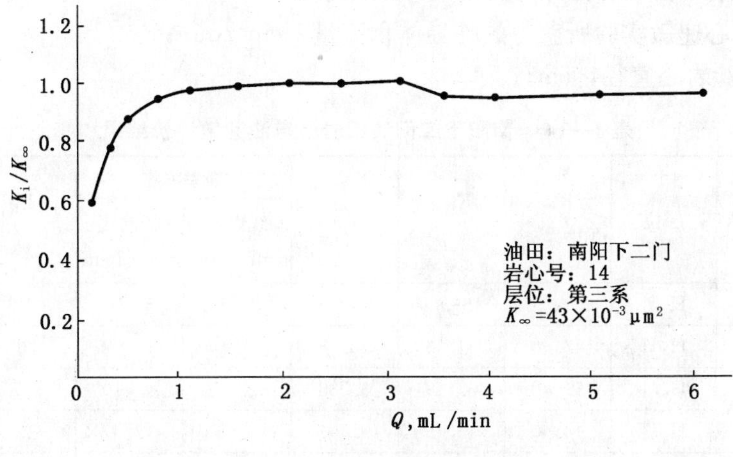

图1—5 煤油速敏实验曲线

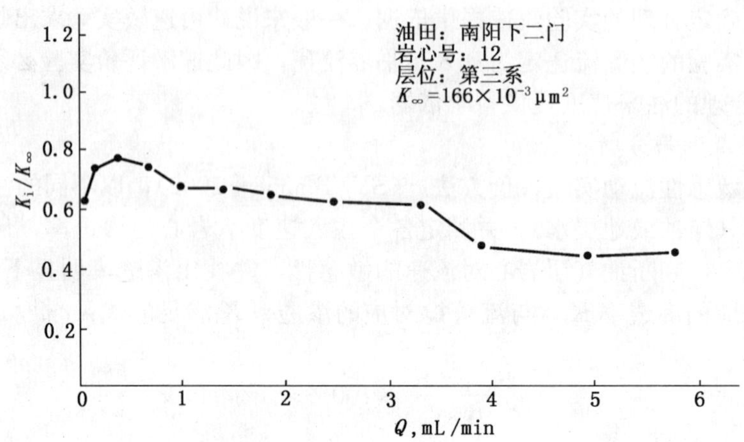

图 1—6　盐水（地层水）速敏实验曲线

表 1—14 为代表该层的 10 块样品的评价结果。用煤油实验的临界流量为 0.5～3.5mL/min，而用地层盐水实验的临界流量为 0.1～0.5mL/min，并且煤油的速敏伤害程度明显低于盐水的速敏伤害程度。这是因为油层岩石的润湿性为弱亲水—亲水，当流体为盐水时，地层微粒很容易被润湿相（盐水）带走而造成微粒的运移并伤害渗透率；而当流体为煤油时，煤油是非润湿相，只有当煤油的流速达到一个较高值，并对地层微粒产生机械剪切破坏作用时，微粒才可发生运移。这就导致了煤油和盐水速敏实验得到不同的结果。这也说明，在采油过程中所允许的油流速度可以比注水作业中的水驱速度高。表 1—14 中的径向流临界速度是根据岩心线性流动实验所获得的临界速度转换而来的，可以直接用于现场生产。

转换公式为：

$$\frac{Q}{h}=\frac{1.152r_wQ_c}{D^2} \tag{1—4}$$

式中　Q——油层临界产量或注入量，m^3/d；

h——油层有效厚度，m；

r_w——井眼半径（射孔井为孔眼端部距井中心距离），cm；

Q_c——岩心速敏实验所获得的临界体积流量，cm^3/min；

D——实验岩心直径，cm。

表 1—14　南阳下二门油田岩心煤油速敏评价结果

井序号	岩心编号	层位	K_∞ $10^{-3}\mu m^2$	K_{max} $10^{-3}\mu m^2$	K_{min} $10^{-3}\mu m^2$	临界流量		D_k %	速敏程度
						线性流 mL/min	径向流 $m^3/(d\cdot m)$		
1	11	H_3Ⅵ	176.0	158.0	70.5	1.5	5.50	55	中等偏强
	14	H_3Ⅵ	43.0	43.3	40.8	3.0	10.9	6	弱
	20	H_3Ⅵ	5.40	6.19	3.88	2.5	9.10	37	中等偏弱
2	81	H_3Ⅶ	14.0	13.5	9.97	3.5	12.7	26	弱
	115	H_3Ⅶ	100.0	100.0	50.9	0.5	1.80	49	中等偏弱

续表

井号	岩心编号	层位	K_∞ $10^{-3}\mu m^2$	K_{max} $10^{-3}\mu m^2$	K_{min} $10^{-3}\mu m^2$	临界流量		D_k %	速敏程度
						线性流 mL/min	径向流 $m^3/(d\cdot m)$		
3	12	H_3Ⅵ	166.0	136.0	73.8	0.4	1.80	46	中等偏弱
	15	H_3Ⅵ	93.0	93.0	62.7	0.1	0.36	33	中等偏弱
	20	H_3Ⅶ	4.55	3.82	1.62	0.1	0.36	58	中等偏强
4	82	H_3Ⅵ	44.0	42.3	14.9	0.25	0.91	65	中等偏强
5	150	H_3Ⅶ	80.9	77.5	39.9	0.25	0.91	49	中等偏弱

要注意的是对于采油井，要用煤油作为实验流体，要求先经过干燥，再用白土除去其中的极性物质，然后用G5砂心漏斗过滤。对于注水井，应使用经过过滤处理的地层水（或模拟地层水）作为实验流体。

三、水敏评价实验

1. 水敏概念及实验目的

油气层中的粘土矿物在原始的地层条件下与一定矿化度的相接触，当淡水进入储层时，某些粘土矿物就会发生膨胀、分散、运移，从而减小或堵塞储层孔隙和喉道，造成渗透率降低。油气层的这种遇淡水后渗透率降低的现象，称为水敏。水敏实验的目的是了解粘土矿物遇淡水后的膨胀、分散、运移过程，找出发生水敏的条件及水敏引起的油气层伤害程度，为各类完井液的设计提供依据。

2. 实验程序及结果分析

参照《储层敏感性流动实验评价方法》（SY/T 5358—2002）：1）先用地层水测定岩心的渗透率 K_f；2）再用次地层水（50%地层水矿化度的实验流体）测定岩心的渗透率；3）用蒸馏水（一般为去离子水）测定岩心的渗透率 K_w；4）正向测地层水渗透率；5）反向测地层水渗透率。确定淡水引起岩心中粘土矿物的水化膨胀及造成的伤害程度，了解正向、反向地层水作用恢复率。评价指标见表1—15。计算公式如下：

$$I_w=\frac{K_f-K_w}{K_f}\times 100\% \tag{1—5}$$

式中 I_w——水敏指数；

K_f——地层水测定岩样渗透率平均值，$10^{-3}\mu m^2$；

K_w——蒸馏水测定岩样渗透率，$10^{-3}\mu m^2$。

表1—15 水敏程度评价指标

水敏指数，%	$I_w\leqslant 5$	$5<I_w\leqslant 30$	$30<I_w\leqslant 50$	$50<I_w\leqslant 70$	$70<I_w\leqslant 90$	$I_w>90$
水敏程度	无	弱	中等偏弱	中等偏强	强	极强

表1—16是松辽盆地南部低渗透油田白垩系油层岩心的水敏实验结果，图1—7为典型实验曲线，为弱—中等水敏性。在分别浸泡20～24h后，正向地层水、反向地层水测渗透率，仅有部分恢复，说明发生了微粒分散/运移伤害。

表 1—16　松辽盆地南部油田水敏性评价结果

样　号	井　号	层　位	K_f $10^{-3}\mu m^2$	K_{sf} $10^{-3}\mu m^2$	K_w $10^{-3}\mu m^2$	I_w %	水敏程度
DB15 - 10B	DB15	青二段	7.750	7.003	5.459	29.6	弱
DB16 - 3	DB16		1.839	1.904	1.764	4.1	无
DB18 - 2B	DB18	青一段	0.423	0.399	0.41	3.1	无
DB20 - 3A	DB20		2.524	2.497	2.231	11.6	弱
DB16 - 28B	DB16	泉四段	0.210	0.161	0.14	33.3	中偏弱
DB17 - 24B	DB17		0.074	0.065	0.025	66.2	中偏强

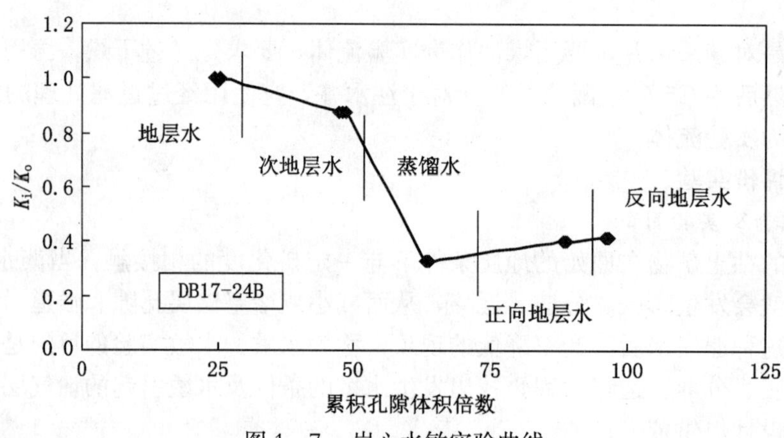

图 1—7　岩心水敏实验曲线

四、盐敏评价实验

1. 盐敏概念及实验目的

在钻井、完井及其他作业中，各种工作液具有不同的矿化度，有的低于地层水矿化度，有的高于地层水矿化度。当高于地层水矿化度的工作液滤液进入油气层后，可能引起粘土矿物的收缩、失稳、脱落，当低于地层水矿化度的工作液滤液进入油气层后，则可能引起粘土的膨胀和分散，这些都将导致孔隙空间和喉道的缩小及堵塞，引起渗透率的下降从而伤害油气层。因此，盐敏评价实验的目的是找出盐敏发生的临界矿化度，以及由盐敏引起的油气层伤害程度，为各类工作液的设计提供依据。

2. 实验程序及结果分析

通过向岩心注入不同矿化度的盐水（按地层水的化学组成配制）并测定各矿化度下岩心对盐水的渗透率，根据渗透率随矿化度的变化来评价盐敏伤害程度，找出盐敏伤害发生的条件。根据实际情况，一般要作升高矿化度和降低矿化度两种盐敏评价实验。对于升高矿化度的盐敏评价实验，第一级盐水为地层水，将盐水按一定的浓度差逐级升高矿化度，直至找出临界矿化度 C_{c2} 或达到工作液的最高矿化度为止。对于降低矿化度的盐敏评价实验，第一级盐水仍为地层水，将盐水按一定的浓度差逐级降低矿化度，直至注入液的矿化度接近零为止，求出的临界矿化度为 C_{c1}。

如果矿化度 C_{i-1} 对应的渗透率 K_{i-1} 与矿化度 C_i 对应的渗透率 K_i 之间满足下述关系：

$$\frac{K_{i-1}-K_i}{K_{i-1}}\times100\%\geqslant5\% \tag{1—6}$$

说明已发生盐敏，并且矿化度 C_{i-1} 即为临界矿化度 C_c。按此标准，在升高矿化度实验时可以确定临界最高矿化度 C_{c2}，而在降低矿化度实验时可以确定临界最低矿化度 C_{c1} 从而确定出避免发生盐敏伤害的完井液有效矿化度区间。伤害程度的计算方法同式（1—3），评价指标见表 1—15。

图 1—8 和表 1—17 为吐哈丘陵油田侏罗系油层代表性岩心降低矿化度的盐敏实验结果。可以看出，当盐水矿化度逐级递减时，岩心渗透率逐渐降低，这是由于岩心中的粘土矿物遇淡水膨胀而缩小孔喉尺寸以及粘土矿物膨胀后分散脱落并堵塞小喉道所致，当矿化度降至蒸馏水后，再测恢复至地层水矿化度的岩心渗透率，其值远小于初始地层水的岩心渗透率。表明降低矿化度的盐敏伤害是不可逆的。

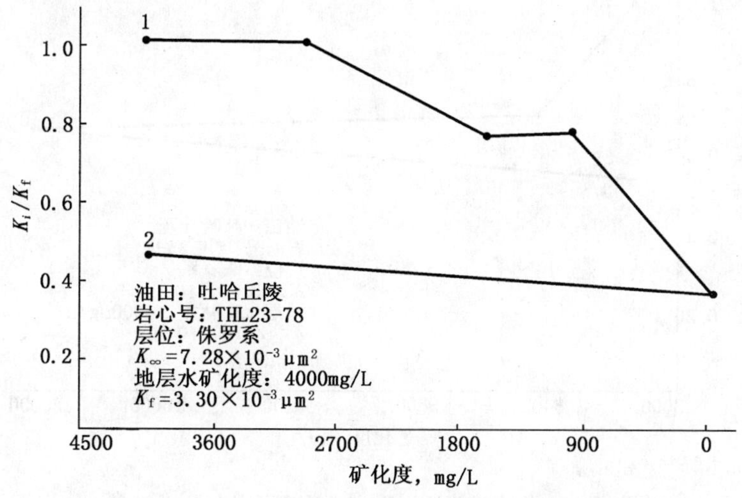

图 1—8 吐哈丘陵油田降低矿化度的盐敏实验曲线

1—矿化度逐级降低实验；2—恢复至地层水矿化度实验

表 1—17 吐哈丘陵油田降低矿化度盐敏实验结果

井号	样号	层位	K_∞ $10^{-3}\mu m^2$	矿化度，10^4mg/L	0.4	0.3	0.15	0.1	0	0.4
陵 23	23－18	E_{s1}	16.2	K_i，$10^{-3}\mu m^2$	3.77	3.44	2.89	2.04	1.01	1.43
				伤害程度，%	—	8.75	23.34	45.89	73.21	62.07
陵 22	22－30	E_{s2}	2.36	K_i，$10^{-3}\mu m^2$	0.75	0.68	0.66	0.62	0.35	0.46
				伤害程度，%	—	9.60	11.60	18.00	53.47	38.93
陵 7	7－27	E_{s3}	9.34	K_i，$10^{-3}\mu m^2$	2.32	2.28	1.95	1.85	0.39	0.78
				伤害程度，%	—	2.15	16.31	20.60	84.16	66.59
陵 23	23－78	E_{s2}	7.28	K_i，$10^{-3}\mu m^2$	3.30	3.37	2.47	2.66	1.26	1.51
				伤害程度，%	—	－2.12	25.15	19.39	61.82	54.24
陵 12	12－16	E_{s2}	2.07	K_i，$10^{-3}\mu m^2$	0.47	0.40	0.32	0.32	0.13	0.16
				伤害程度，%	—	16.25	33.12	33.33	73.21	85.61
陵 12	12－9	E_{s2}	3.73	K_i，$10^{-3}\mu m^2$	1.19	0.98	0.75	0.47	0.21	0.36
				伤害程度，%	17.48	36.98	60.67	82.77		69.66

图 1—9 和表 1—18 是吐哈丘陵油田升高矿化度的盐敏实验结果，可以看出，当矿化度逐级递增时，岩心渗透率也逐渐降低，这是由于粘土矿物发生收缩并分散而堵塞喉道所致。当矿化度升至实验的最高值后，再测恢复至地层水矿化度的岩心渗透率，渗透率值不但得不到恢复，而且还有继续降低的趋势。表明破坏粘土微结构稳定性的盐敏伤害是不可逆的。盐敏评价方法增加了升高矿化度的盐敏评价过程，适用于大部分油气层。但对部分地层水矿化度很高的油气层，由于工作液的矿化度一般不会超过地层水的矿化度，因此可以视实际情况不选择矿化度升高的盐敏性评价实验。

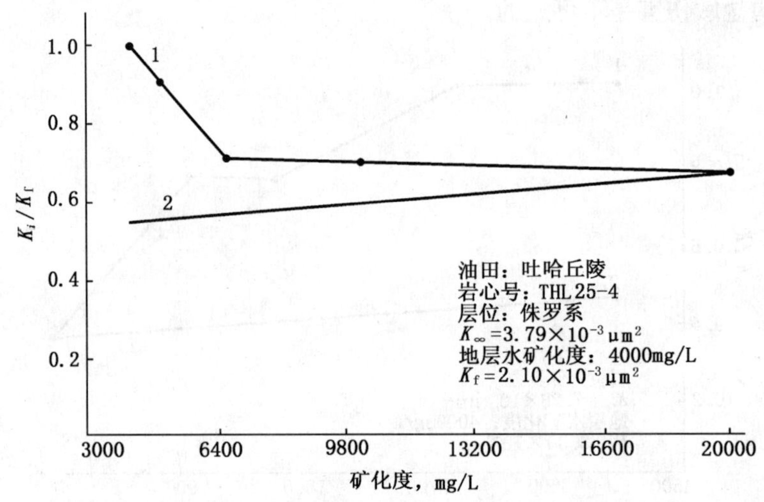

图 1—9 吐哈丘陵油田升高矿化度的盐敏实验曲线

1—矿化度逐级升高实验；2—恢复至地层水矿化度实验

表 1—18 吐哈丘陵油田升高矿化度盐敏实验结果

井号	样号	层位	K_∞ $10^{-3}\mu m^2$	矿化度，10^4mg/L	0.4	0.5	0.7	1	2	0.4
陵 25	25－4	Es_1	3.79	K_i，$10^{-3}\mu m^2$	2.1	1.92	1.50	1.48	1.43	1.11
				伤害程度，%	—	8.57	28.57	29.52	31.90	47.14
陵 23	23－101	Es_2	1.87	K_i，$10^{-3}\mu m^2$	0.56	0.44	0.40	0.42	0.40	0.25
				伤害程度，%	—	20.50	28.59	24.64	27.87	54.50
陵 22	22－51	Es_3	0.92	K_i，$10^{-3}\mu m^2$	0.22	0.19	0.13	0.12	0.14	0.10
				伤害程度，%	—	11.47	42.66	44.49	37.62	54.17
陵 7	7－21	Es_2	15.3	K_i，$10^{-3}\mu m^2$	3.52	2.49	2.04	1.89	1.84	1.62
				伤害程度，%	—	29.26	42.05	46.31	47.73	53.98
陵 23	23－65	Es_2	6.63	K_i，$10^{-3}\mu m^2$	2.84	2.38	1.88	1.88	2.01	1.52
				伤害程度，%	—	16.19	33.80	33.80	21.32	46.48
陵 12	12－13	Es_3	2.96	K_i，$10^{-3}\mu m^2$	2.07	0.62	0.48	0.54	0.53	0.48
				伤害程度，%	—	69.90	29.81	74.16	74.49	77.05

五、碱敏评价实验

1. 碱敏概念及实验目的

地层水 pH 值一般为 4～9，而大多数钻井完井液和水泥浆的 pH 值在 8～12 之间，当高 pH 值流体进入油气层后，将造成油气层中粘土矿物和硅质胶结物的结构破坏（主要是粘土矿物和胶结物溶解后释放微粒），从而造成油气层的堵塞伤害。此外，大量氢氧根与某些二价阳离子结合会生成不溶物，也会造成油气层的堵塞伤害。因此，碱敏评价实验之目的是找出碱敏发生的条件，主要是临界 pH 值，以及由碱敏引起的油气层伤害程度，为各类工作液的设计提供依据。

2. 实验程序及结果分析

通过注入不同 pH 值的地层水并测定其渗透率，根据渗透率的变化来评价碱敏伤害程度，找出碱敏伤害发生的条件。评价方法如下：1）不同 pH 值盐水的制备，根据实际情况，一般要从地层水的 pH 值开始，逐级升高 pH 值，最后一级盐水的 pH 值可定为 12～13；2）将选好的岩心抽真空饱和第一级盐水，并浸泡 20～24h，在低于临界流速的条件下，用第一级盐水测出岩心稳定的渗透率 K_1；3）注入 10 倍孔隙体积的第二级盐水，浸泡 20～24h，在低于临界流速的条件下，用第二级盐水测出岩心稳定的渗透率 K_2；4）改变注入盐水的级别，重复第 3）步，直至测出最后一级盐水处理后的岩心稳定渗透率 K_n。

如果 $i-1$ 级 pH 值盐水的渗透率 K_{i-1}，与第 i 级 pH 值盐水的渗透率 K_i 之间满足式（1—6）的条件，说明已发生碱敏，则 $i-1$ 级 pH 值即为临界 pH 值。伤害程度的计算方法与式（1—3）相同，评价指标同表 1—13。

图 1—10 为塔里木东河塘油田岩心的碱敏评价曲线。表 1—19 为该油层三块岩心的评价结果。由实验可见，随着 pH 值升高，岩心渗透率降低。当最后将 pH 值恢复至地层水的 8.55 后，岩心渗透率基本不变，相反有的还进一步降低。表明碱敏伤害同样是不可逆的。

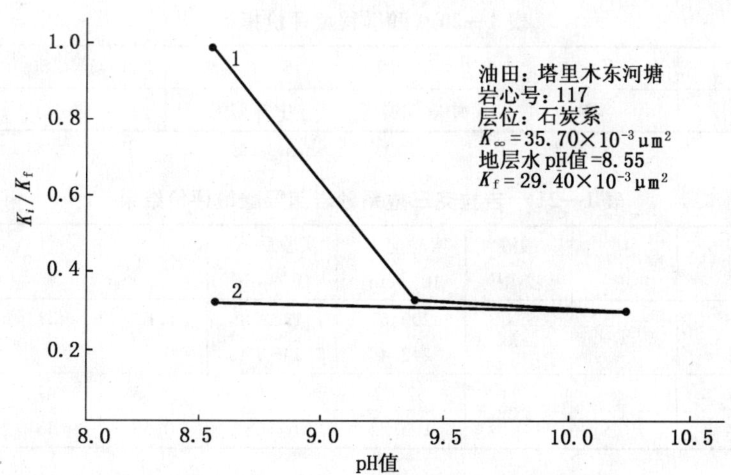

图 1—10　塔里木东河塘油田岩心碱敏实验评价曲线

1—pH 值升高实验；2—pH 值恢复实验

表 1—19　塔里木东河塘油田石炭系砂岩储层碱敏实验结果

井　号	岩心编号	层　位	K_∞ $10^{-3}\mu m^2$	K_i，$10^{-3}\mu m^2$（伤害程度）			
				pH值=8.55	pH值=9.41	pH值=10.24	pH值=10.55
河东1	117	C	35.70	29.40	9.58 (67.4%)	8.68 (70.5%)	9.47 (67.8%)
	123	C	21.20	11.30	7.99 (29.3%)	6.90 (38.9%)	5.22 (53.8%)
	171	C	22.30	15.10	12.90 (14.6%)	10.30 (31.8%)	10.30 (31.8%)

六、酸敏评价实验

1. 酸敏概念及实验目的

酸化、酸压是油气田广泛采用的解堵和增产措施。酸液进入油气层后，一方面改善油气层的渗透率，另一方面又与油气层中的矿物及地层流体反应产生沉淀并堵塞油气层的孔喉。油气层的酸敏性是指油气层与酸作用后引起的渗透率降低的现象。因此，酸敏实验的目的是研究各种酸液对岩石渗透率的伤害程度，其本质是研究酸液与油气层的配伍性，为油气层基质酸化时确定合理的酸液配方提供依据。

2. 实验程序及结果分析

酸敏实验包括原酸（一定浓度的盐酸、氢氟酸、土酸）和残酸（可用原酸与另一块岩心反应后制备）的敏感实验，具体做法是：1）用地层水测基础渗透率 K_1（正向）；2）反向注入0.5～1.0倍孔隙体积的酸液，关闭阀门反应1～3h；3）用地层水正向测出恢复渗透率 K_2。

改进的实验方法为：1）用地层水测基础渗透率，再用煤油测出酸作用前的渗透率 K_1（正向）；2）反向注入0.5～1.0倍孔隙体积的酸液；3）用煤油正向测出恢复渗透率 K_2，用实验所测的两个渗透率 K_1 和 K_2，并计算伤害率（即酸敏指数 I_a）来评价酸敏程度，见表1—20。表1—21为吉拉克三叠系砂岩储层酸敏评价结果。

表 1—20　酸敏程度评价指标

酸敏指数，%	$I_a \approx 0$	$0 < I_a \leqslant 15$	$15 < I_a \leqslant 30$	$30 < I_a \leqslant 50$	$I_a > 50$
酸敏程度	弱	中等偏弱	中等偏强	强	极强

表 1—21　吉拉克三叠系砂岩储层酸敏评价结果

井　号	样　号	层　位	酸液类型	实验前 K_1 $10^{-3}\mu m^2$	实验后 K_2 $10^{-3}\mu m^2$	K_2/K_1	I_a，%	酸敏程度
轮南55	118	T	盐酸	200.57	126.78	0.63	37	强
	179			242.49	240.04	0.99	1	中等偏弱
轮南57	96	T	土酸	82.62	43.64	0.53	47	强
	104			103.83	67.68	0.65	35	强

综上所述，上述五敏实验是评价和诊断油气层伤害的重要的手段之一。一般说来，对每一个区块，都应做五敏实验，参照表1—22进行完井过程中保护油气层技术方案的制定，并指导作业。

表 1—22　储层五敏实验结果的应用

实验项目	实验结果及其应用
1）速敏实验（包括油速敏和水速敏）	1）确定其他几种敏感性实验（水敏，盐敏，酸敏，碱敏）的实验流速 2）确定油气井不发生速敏伤害的临界流量 Q_{∞} 3）确定注水井不发生速敏伤害的临界注入量 Q_{cw}，如果 Q_{cw} 太小，不能满足配注要求，应考虑增注措施，或加入粘土稳定剂和防膨剂 4）确定各类工作液允许的最大密度 ρ_{max}
2）水敏实验	1）如无水敏，则进入储层的工作液之矿化度只要小于地层水矿化度即可，不作严格要求 2）如果有水敏，则必须控制工作液的矿化度大于 C_{c1} 3）如果水敏性较强，在工作液中要考虑使用粘土稳定剂和防膨剂
3）盐敏实验（升高矿化度、降低矿化度）	1）各类工作液都必须控制其矿化度在两个临界矿化度之间，即 C_{c1} ＜工作液矿化度 ＜ C_{c2} 2）如果是注水开发的油田，当注入水的矿化度比 C_{c1} 要小时，为了避免发生水敏伤害，一定要在注入水中加入合适的粘土稳定剂，或对注水井进行周期性的粘土稳定剂处理
4）碱敏实验	1）对于进入储层的各类工作液都必须控制其 pH 值在临界 pH 值以下 2）如果是强碱敏地层，由于无法控制水泥浆在临界 pH 值之下，为防止油气层伤害，建议采用屏蔽暂堵技术 3）对于存在碱敏性的地层，要避免使用强碱性工作液
5）酸敏实验	1）为基质酸化之酸液配方设计提供科学的依据 2）为确定合理的解堵方法和增产措施提供依据

七、钻井完井液伤害评价实验

在正压差条件下的钻开油气层，钻井完井液不可避免地要进入油气层，如果完井液与地层不配伍的话，其固相和液相的侵入必然要造成储层伤害。因此，完井工程中，除了评价上述五种储层敏感性之外，还应该了解完井液对储层的伤害情况，这对于钻井完井作业尤为重要。因此，完井液评价实验的目的就是要了解现场用完井液与岩心接触后对储层的伤害程度，从而评价完井液及优选配方。当需要时，还可专门评价完井液中的处理剂及钻井液滤液对储层的伤害。

1. 钻井完井液静态伤害实验

在恒定压力下，让钻井完井液与岩心接触一定时间，测定岩心与钻井完井液接触前后的渗透率值，即可评价钻井完井液的伤害程度。该项实验可在岩心上游端面加一圆环（不锈钢空心圆柱体）完成。事实上，钻井完井液静态伤害实验主要模拟了钻井过程中钻井完井液对地层浸泡的影响，其实验程序如下：1）正向测定岩心的地层水渗透率 K_f；2）正向油（气）驱水并正向测定岩心束缚水状态下的油（气）相渗透率 K_o（K_g）；3）反向完井液滤失，要求压差保持为 3.5MPa，直至上游端流出滤液为止；4）正向驱替完井液，直至下流端排出液全部是油（气）为止；5）正向测定岩心伤害后的油（气）相渗透率 K_{op}（K_{gp}）。

在实验过程中，要求流体流动速度不大于临界流速。

2. 钻井完井液动态伤害实验

钻井完井液动态伤害实验实质是模拟井筒流体在井眼环空的静、动态滤失以及剪切作用对储层岩心产生的固、液两相伤害。典型的动态伤害评价装置示意图如图 1—11 所示。整个装置主要由柱塞泵、岩心夹持器、加温加压系统、计量系统等部分构成。

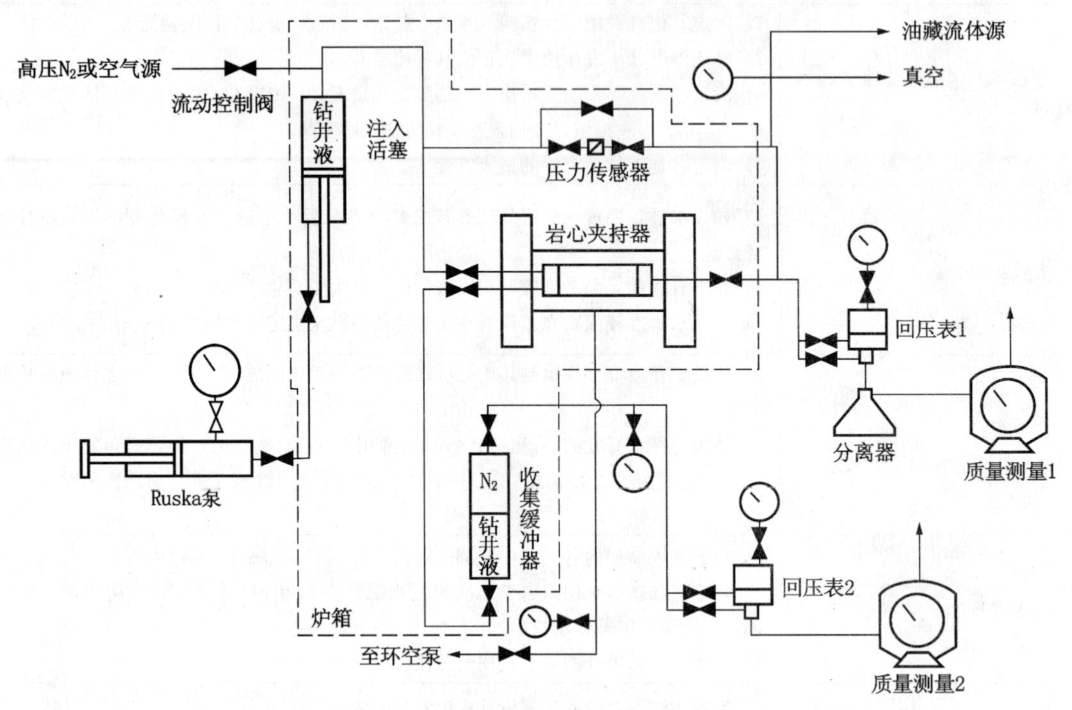

图 1—11　钻井完井液伤害动态评价仪系统

其实验程序简述如下：1）正向测定岩心的地层水渗透率 K_f；2）正向油驱水并正向测定岩心束缚水状态下的油（气）相渗透率 K_o（K_g）；3）在动态条件下，让完井液反向接触岩心，模拟的动态条件为：压差 3.5MPa、温度为实际地层温度、岩心端面流速控制在临界流速的50%，时间为1～2h；4）正向驱替完井液，直至下流端排出液全部是油（气）为止；5）正向测定岩心伤害后的油（气）相渗透率。在整个实验过程中，要求流体流动速度不大于临界流速。

3. 钻井完井液侵入深度与伤害程度评价实验

上述两种实验均是只对钻井完井液伤害程度进行评价，而钻井过程中完井液对地层的侵入是一个渐进过程，侵入带（剖面）是不规则的。从井眼至地层深部地层流体的分布为冲洗带、过渡带、扩散带和原状地层，而每个带由于完井液侵入量不同、固相和液相的侵入深度也不同，其伤害程度也就不同。因此，钻井完井液侵入深度与伤害程度评价实验一方面考察了伤害程度随侵入深度的变化关系，为优化射孔时穿透深度设计或评价提供依据；另一方面，也为建立矿场测井和试井评价与实验室评价之间的相互转换关系奠定基础。

由西南石油大学开发研制的高温高压长岩心多点伤害评价系统主体装置如图 1—12 所示。最高工作温度为 150℃、最高围限压力为 50MPa，实验用岩心最大长度为 100cm、直径 2.54cm。沿岩心轴向分布有间距为 3～6cm 的压力和电阻率测点共 16 个。通过岩心电阻率测定，可精确确定滤液侵入深度以及原始地层流体饱和度的变化；通过压力测定，可精确获得渗透率变化，从而评价伤害程度。该系统采用计算机实时监控并显示以及数据回放两种数据采集、处理和输出格式，既可模拟动态伤害，也可模拟静态浸泡或两种影响的共同作用。

实验程序与前述的两种实验程序基本相似。

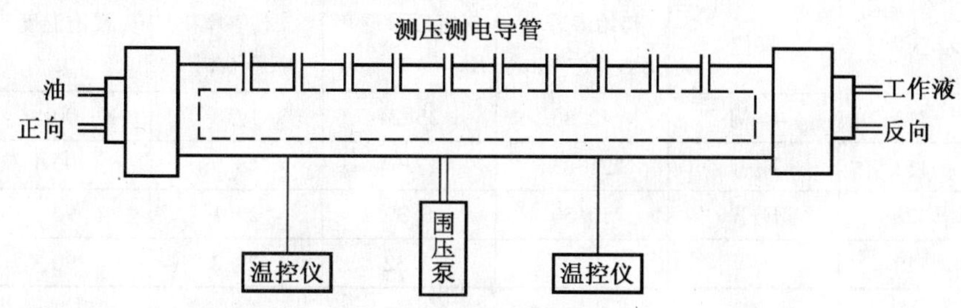

图 1—12　高温高压长岩心多点伤害评价实验装置

该实验除了获得完井液侵入深度、伤害深度、伤害程度及其相互之间的关系等结果外，还可以根据式（1—7）获得伤害后岩心渗透率平均值。从伤害前后地层流体流动的宏观尺度考虑，当测量条件与井下一致时，该渗透率值可以与试井评价获得的渗透率值相比较。

$$\overline{K}=\frac{1}{\frac{L_1}{L}\cdot\frac{1}{K_1}+\frac{L_2}{L}\cdot\frac{1}{K_2}+\cdots+\frac{L_i}{L}\cdot\frac{1}{K_i}} \tag{1—7}$$

值得指出的是，该评价系统还广泛应用于注水、三次采油等实验评价。

4. 实验结果分析及评价标准

表 1—23 为南阳下二门油田第三系砂岩油层 4 块岩心完井液静、动态伤害实验结果。工作液体系为模拟现场完井液配方。

表 1—23　南阳下二门油田完井液静、动态伤害实验结果

井号	岩心编号	层位	初始渗透率 K_o，$10^{-3}\mu m^2$	伤害后渗透率 K_{op}，$10^{-3}\mu m^2$	伤害率 %	实验条件				
						压差 MPa	剪率 s^{-1}	时间 h	温度 ℃	滤液 mL
泌 118	147	H_3 Ⅴ	1.66	0.58	65.1	3.5	180	1	90	6.7
泌 191	377	H_3 Ⅳ	11.5	2.43	78.9	3.5	180	1	90	4.2
下 16	265	H_3 Ⅵ	6.93	4.95	28.6	3.5	0	1	90	0.5
下 16	262	H_3 Ⅵ	36.4	27.7	27.7	3.5	0	1	90	0.8

根据伤害前后油相渗透率比值可以计算伤害程度（表 1—24）。由此可见，完井液对该油层伤害较大，静态时为中等偏弱，动态时为中等偏强。这种伤害包括固相颗粒侵入、水敏（因系水基完井液）及处理剂等伤害在内的综合效应。为了考察完井液滤液的伤害，又做了 4 块岩心的滤液静态伤害实验，结果如表 1—25 所示。显然，本区完井液固相侵入伤害程度大于滤液伤害程度，动态大于静态伤害。总的说来，该体系不宜用来钻开油气层，除非采取特殊措施，如应用屏蔽暂堵技术或欠平衡钻开技术。

表 1—24　完井液伤害实验评价指标

伤害率 D_k,%	$D_k\leqslant5$	$5<D_k\leqslant30$	$30<D_k\leqslant50$	$50<D_k\leqslant70$	$D_k>70$
伤害程度	无	弱	中等偏弱	中等偏强	强

表 1—25　南阳下二门油田完井液滤液伤害实验结果

井号	岩心编号	层位	初始渗透率 K_o，$10^{-3}\mu m^2$	伤害后渗透率 K_{op}，$10^{-3}\mu m^2$	伤害率 %	浸泡温度 ℃	浸泡时间 h
下 16	313	H_3Ⅶ	42.86	35.24	17.8	90	24
泌 118	152	H_3Ⅶ	21.63	17.54	18.9	90	24
泌 191	328	H_3Ⅳ	10.50	8.39	20.1	90	24
泌 118	119		4.38	3.32	24.2	90	24

表 1—26 为我国吐哈鄯善油田侏罗系油层岩心钻井液滤液侵入深度与伤害程度实验结果，数据处理结果如图 1—13 和图 1—14 所示。

表 1—26　吐哈鄯善油田钻井液滤液侵入深度与伤害程度实验数据

测点	1	2	3	4	5	6	7	8	9	10	11
距离，cm	3	6	9	12	15	18	21	24	27	30	33
ϕ,%	10.28	10.54	10.68	10.38	11.76	11.92	9.72	9.24	10.00	11.86	11.77
S_{wi},%	28.15	29.33	28.17	26.64	25.77	25.01	29.81	30.55	22.37	23.05	34.76
K_{o1}，$10^{-3}\mu m^2$	5.52	5.58	5.29	5.50	6.03	6.35	6.18	6.06	5.95	6.26	6.38
R_{t1}，Ω·m	272.3	258.4	277.7	286.0	294.9	301.3	264.1	236.7	331.5	319.4	310.8
R_{t2}，Ω·m	25.60	33.59	52.76	79.79	132.3	205.5	239.0	236.7	331.5	319.4	310.8
K_{o2}，$10^{-3}\mu m^2$	1.126	1.534	1.793	2.393	3.401	4.731	5.500	5.866	5.95	6.26	6.38
R_{t2}/R_{t1}	0.094	0.130	0.190	0.279	0.450	0.682	0.905	1.00	1.00	1.00	1.00
K_{o2}/K_{o1}	0.204	0.275	0.339	0.435	0.564	0.745	0.890	0.968	1.00	1.00	1.00

注：电阻率、渗透率、孔隙度的重复测量误差分别为 3%、1%、0.3%。

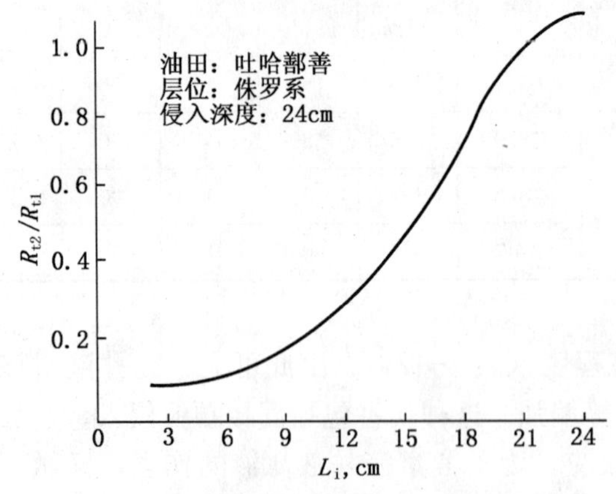

图 1—13　钻井液滤液侵入深度与电阻率关系曲线

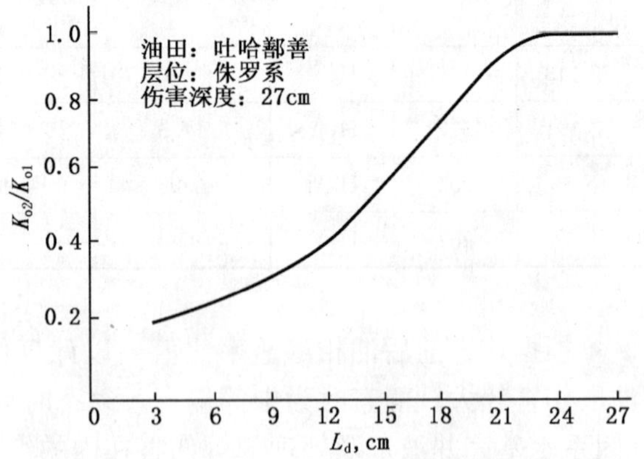

油田：吐哈鄯善
层位：侏罗系
伤害深度：27cm

图 1—14　钻井液滤液伤害深度与渗透率关系曲线

从中可以得出四点认识：1）滤液侵入深度为 24cm，而伤害深度为 27cm，两者之比为 0.89，分析伤害深度大于侵入深度的原因，乃离子扩散产生岩心盐敏伤害所致，即高矿化度的滤液侵入含低矿化度地层水岩心时发生的渗透率下降现象。2）滤液侵入是一个舌进过程，侵入滤液总量为岩心孔隙总体积的 1/3，但侵入深度却达岩心总长度 2/3 的位置，此外，越靠近岩心上游段，电阻率降低幅度越大，说明滤液侵入量越多。3）滤液伤害程度明显与伤害深度有关，滤液侵入量越多、伤害程度也越大；渗透率恢复率随侵入深度也逐渐增大。4）滤液侵入深度与滤液侵入量、滤液伤害深度与伤害程度呈幂函数关系变化，进一步结合矿场测井与试井评价，可以确定井下储层伤害范围及大小，从而指导完井作业。

八、其他评价实验

其他伤害评价方法还有体积流量评价实验、系列流体评价实验、离心法测毛细管压力快速评价工作液及正反向流动实验、润湿性实验、相对渗透率曲线等实验，各实验的目的及用途见表1—27。

表1—27　其他油气层伤害评价方法

实验项目	实验目的及用途
正反向流动实验	观察岩心中微粒受流体流动方向的影响及运移产生的渗透率伤害情况
体积流量评价实验	在低于临界流速的情况下，用大量的工作液流过岩心，考察岩心胶结的稳定性 用注入水做实验可评价油层岩心对注入水量的敏感性
系列流体评价实验	了解油气层岩心按实际工程施工顺序与各种外来工作液接触后所造成的总的伤害及其程度
阳离子交换实验	通过油层岩石的阳离子交换容量测量，确定粘土矿物水化膨胀的相对严重程度。为油层伤害机理研究及防止油层伤害的完井措施提供依据
酸液评价实验	按酸化施工注液工序向岩心注入酸液，在室内预先评价和筛选保护油气层的酸液配方
润湿性评价实验	通过测定注入工作液前后油气层岩石的润湿性，观察工作液对油气层岩石润湿性的改变情况
相对渗透率曲线评价实验	测定油气层岩石的相对渗透率曲线，观察相圈闭伤害的程度；或测定注入工作液前后油气层岩石的相对渗透率曲线，观察工作液对油气层岩石相对渗透率的改变及由此发生的伤害程度
毛管自吸实验	测定不同初始含水饱和度下，工作液滤液和实验流体自吸动力学规律，评价潜在水相圈闭伤害程度，提出预防措施
膨胀率评价实验	测定工作液进入岩心后的膨胀率，评价工作液与油气层岩石（特别是粘土矿物）的配伍性
离心机法毛管压力快速评价实验	用离心法测定工作液进入油气层岩心前后毛细管压力的变化情况，快速评价油气层的伤害

综上所述，油气层伤害的室内评价结果可以为各个作业环节保护油气层技术方案的制定提供依据。也就是说，从钻开油气层开始到油田开发全过程中的每一个作业环节的油气层保护技术方案的确定都要利用室内评价结果。

随着技术的不断进步，油气层伤害的室内评价技术也在向前发展，目前已形成了如下几个发展方向：1）全模拟实验，模拟井下实际工况，如温度、压力（回压、地层压力）、各向异性、油气层伤害评价。2）多点渗透率仪的应用，由短岩心向长岩心发展。3）小尺寸岩心向大尺寸岩心发展。4）实验的自动化，广泛引入计算机数据采集。5）计算机数学模拟与室内物理模拟的结合。

第四节　储层应力敏感性分析

一般意义上的储层敏感性评价指的是储层矿物与流体作用的结果。而应力敏感性则考察在施加一定的有效应力时，岩样的物性参数随有效应力变化而改变的性质。它反映了岩石孔隙几何形状、裂缝壁面形态、岩石力学性质等对应力变化的响应。应力敏感性与钻井完井液滤失及井漏、水力压裂（酸压）中压裂液的滤失、测试及开采中裂缝闭合等有密切关系。应力敏感性伤害通常又叠加在其他伤害因素上，如中途测试和完井测试中，既有速敏伤害问题，也可能有应力敏感伤害问题。

一、应力敏感性实验评价

应力敏感性有双层含义：1）标准状况下物性与地层条件下（原地条件，in-situ）物性测定值的差异；2）原地应力改变时，物性（包括裂缝宽度）随应力而改变的特性。对于孔隙型储层而言，岩性疏松的高渗层和物性极差的致密层，应力敏感性显著；裂缝性储层对应力变化非常敏感。

1. 实验目的和程序

目的有三个：1）准确地评价储层，通过模拟地层条件测定孔隙度可以将常规孔隙度值转换成原地条件下的值，用于储量计算；2）求出岩心在地层条件下的渗透率，便于建立岩心渗透率 K_c与测试有效渗透率 K_e的关系，对认识 K_e和地层电阻率的关系也有帮助；3）为确定合理的生产压差服务。

测定应力敏感性使用岩心夹持器的围压最大值应不低于 60MPa。一般用干岩样的做气测渗透率实验。标准岩样的直径为 25. 4mm 或 38. 1mm。要分别测出基块和裂缝岩样的有效应力一物性参数关系。具体评价方法如下：1）选择实验岩心，测量长度、直径等；2）选择有效应力实验点 2. 5MPa、5. 0MPa、10MPa…40MPa、60MPa；3）在CMS-300全自动岩心测试装置（或其他高压渗透率仪）上，测量各实验应力值下的渗透率和孔隙度。

2. 应力敏感性评价指标

目前国内常用的应力敏感实验方法和评价指标主要分为三种：1）行业标准法（SY/T5358—2002)；2）应力敏感性系数法；3）基于原地应力（Stress in situ，也称就地应力）渗透率伤害率法。下面分别讨论三种实验方法及其评价指标。

（1）石油行业标准法

在 2002 年发布的“储层敏感性流动实验评价方法（SY/T5358—2002)”中，给出了应力敏感性实验方法和评价指标。该方法系统的阐述了实验条件、实验步骤和实验数据处理评价。

行业标准中对渗透率伤害系数给出了明确的定义，其计算公式如下：

$$D_{kp}=(K_i-K_{i+1})/(K_i\,|p_{i+1}-p_i|) \tag{1—8}$$

式中 D_{kp}——渗透率伤害系数，MPa^{-1}；

K_i，K_{i+1}——第 i，$i+1$ 个有效应力下的岩样渗透率，$10^{-3}\mu m^2$；

p_i，p_{i+1}——第 i，$i+1$ 个有效应力值，MPa。表示有效应力每增加单位应力时，岩样单位渗透率的缩小的比率。

渗透率伤害率的计算：

$$D_k=(K_1-K_{min})/K_1\times 100\% \tag{1—9}$$

式中 D_k——渗透率伤害率；

K_1——第一个应力点对应的岩样渗透率，$10^{-3}\mu m^2$；

K_{min}——达到临界应力后岩样渗透率的最小值，$10^{-3}\mu m^2$。

行业标准法存在下列不足：1）规定的有效应力测点最大为 20MPa，对于一般储层来说，还未达到原地有效应力，而在油田的钻井、完井及开发过程中，工程师最关注的是有效应力在原地有效应力附近波动时的储层渗透率变化情况。2）把渗透率伤害系数的最大值所对应的应力值作为临界应力（图 1—15），而考虑大多数油气藏的实际情况，储层的有效应力远大于临界应力，使得临界应力的定义对于实际应用没有明显的工程意义。3）最大有效应力测点的选择受到实验人员的主观影响和实验仪器额定压力的限制，那么对于同一块岩心所得到的渗透率伤害率就不统一，给工程的实际应用带来不必要的麻烦。

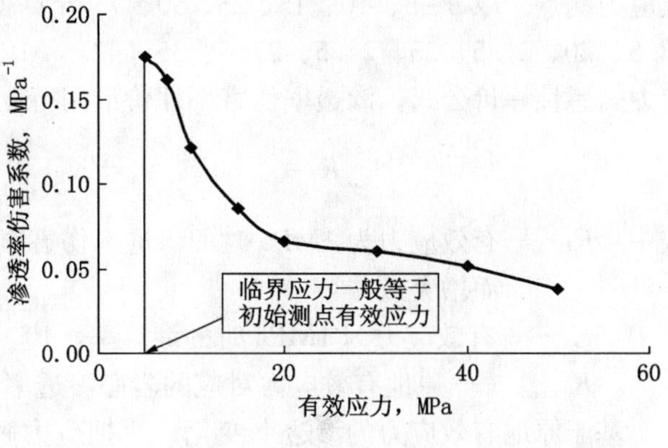

图 1—15 渗透率伤害系数与有效应力的关系

（2）应力敏感系数法

应力敏感性系数法（Jones and Owens，1980；康毅力，1998）是通过公式（1—10）对所测的实验数据进行处理，得到岩心的应力敏感性系数，评价岩样的应力敏感程度。

$$S_s = \left[1 - \left(\frac{K}{K_0}\right)^{1/3}\right] / \lg\frac{\sigma}{\sigma_0} \quad (1—10)$$

式中 S_s——应力敏感系数；

σ——有效应力，MPa；

K——对应有效应力点的渗透率，$10^{-3}\mu m^2$；

σ_0——初始测点的有效应力，MPa；

K_0——初始测点的渗透率，$10^{-3}\mu m^2$。

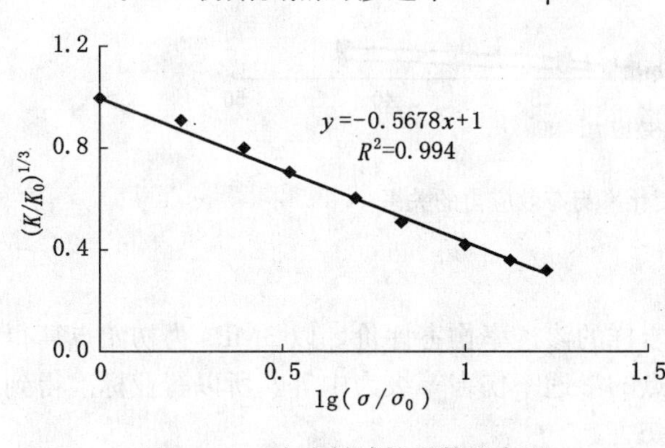

图 1—16 应力敏感性系数拟合图

对公式（1—10）进行数学转换得到公式（1—11）。如以 $\left(\frac{K}{K_0}\right)^{1/3}$ 为纵坐标，以 $\lg\frac{\sigma}{\sigma_0}$ 为横坐标，理论上实验点应成一直线，其斜率即为应力敏感系数 S_s，实际测定数据整理则需要线性回归。然后将它们拟合直线，斜率的绝对值即为应力敏感性系数，如图 1—16 所示。

$$[K/K_0]^{1/3} = 1 - S_s \lg\frac{\sigma}{\sigma_0} \quad (1—11)$$

用于拟合直线的有效应力测点既有小于原地应力点，又包括大于原地应力的点，符合数据处理的要求。应力敏感性系数是由实验得到的全部数据进行拟合得到，每一岩样对应一个应力敏感性系数，其值是唯一的。但其在物理意义上不如渗透率伤害率直观，易于理解。

（3）基于原地有效应力的应力敏感性评价

把有效应力测点的选择集中在原地有效应力附近，按油气藏孔隙压力增减百分比来确定有效应力测点。例如，对于平均上覆岩层密度 2.50g/cm^3，取地层压力梯度为 1.50MPa/100m，2000m 深的地层压力为 30MPa，原地有效应力为 20MPa，用 $20\pm30\times\beta\%$ 来确定有效应力测点。取 β=5、10、15、25、50、75 计算得的有效应力测点为 5、12.5、15.5、17、18.5、20、21.5、23、24.5、27.5、35、42.5 MPa，式（1—12）即为基于原地有效应力的应力敏感性评价公式，渗透率伤害率评价沿用行业标准中的评价指标。

$$R_I=|(K_{in-stiu}-K_I)|/K_{in-stiu}\times100\% \qquad (1—12)$$

式中 R_I——有效应力为 1MPa 时的渗透率伤害率（值为负表示渗透率随有效孔隙压力增加而增大）；

K_I——有效应力为 1MPa 时的渗透率，$10^{-3}\mu m^2$；

$K_{in-stiu}$——原地有效应力对应的岩心渗透率，$10^{-3}\mu m^2$。

基于原地有效应力的渗透率变化计算把应力敏感性评价分为两段（图 1—17）。当有效应力自原地应力逐渐降低时，表示正压作业或流体注入时，孔隙压力增大造成储层有效应力降低，从而渗透率变大；有效应力自原地应力逐渐增高时，表示随着油气藏的开采，孔隙压力降低导致储层有效应力增加，从而渗透率降低。把应力敏感性评价与油气藏的开采实际结合起来，有利于储层应力伤害程度的正确评价和工程的实际应用。

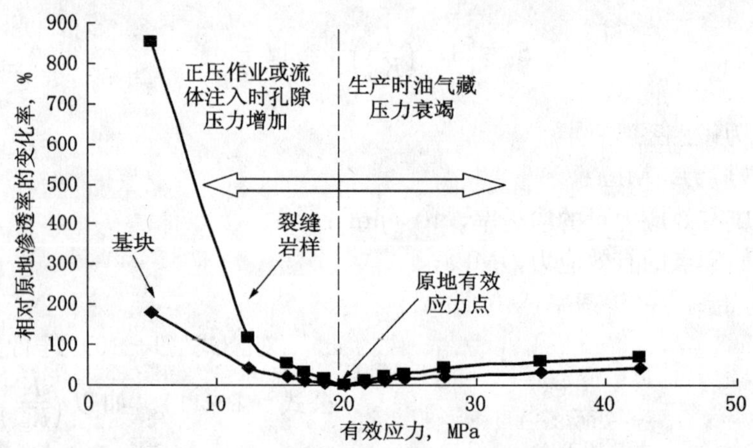

图 1—17 渗透率变化率与有效应力的关系

3. 不同应力敏感性评价方法的对比

表 1—28 是根据不同评价指标得到某一岩样的渗透率伤害评价，以 3MPa 为初始点算得的渗透率伤害等级为强，以原地应力为初始点的渗透率伤害等级为中等，所以行业标准得到的评价结果夸大了有效应力对储层渗透率的伤害。

表 1—28 不同指标的渗透率伤害评价结果

评价方法	应力敏感性系数法 S_s	行业标准伤害率法 $(K_3-K_{20})/K_3$	行业标准伤害率法 $(K_3-K_{35})/K_3$	基于原地应力的伤害率法 $(K_{20}-K_{35})/K_{20}$
算例	0.54	0.83	0.92	0.55
评价等级	中等偏强	强	强	中等偏强

续表

评价方法	应力敏感性系数法 S_s	行业标准伤害率法 $(K_3-K_{20})/K_3$	行业标准伤害率法 $(K_3-K_{35})/K_3$	基于原地应力的伤害率法 $(K_{20}-K_{35})/K_{20}$
评价标准	$D_k \leqslant 0.30$，弱；$0.30<D_k \leqslant 0.50$，中等偏弱；$0.50<D_k \leqslant 0.70$，中等偏强；$D_k>0.70$，强 $S_s \leqslant 0.30$，弱；$0.30<S_s \leqslant 0.50$，中等偏弱；$0.50<S_s \leqslant 0.70$，中等偏强；$0.70<S_s \leqslant 1.0$，强；$S_s>1.0$，极强			

注：K_i表示iMPa时的岩样渗透率，原地有效应力为20MPa，地层压力衰竭50%后有效应力增为35 MPa。

表1—29是一岩样分别按式（1—9）、（1—12）计算的渗透率伤害率和伤害等级评价。结果表明：按初始测点计算的渗透率伤害等级为中等偏强—强，而按原地有效应力为基准点计算的渗透率伤害等级为弱—中等偏弱。对于川中致密砂岩油层、致密砂岩气层、松辽盆地低渗透油层70余块样品的分析表明，应力敏感性系数与基于原地应力的当地层压力衰竭50%时的渗透率伤害率呈线性关系，且二者量值非常接近（图1—18）。因此使用应力敏感性系数可以表征一块岩样的应力敏感性特征，还可以像孔隙度、渗透率那样求层位、区块的平均值，进行对比。故推荐使用应力敏感系数法来评价储层的应力敏感性，评价标准见表1—30。

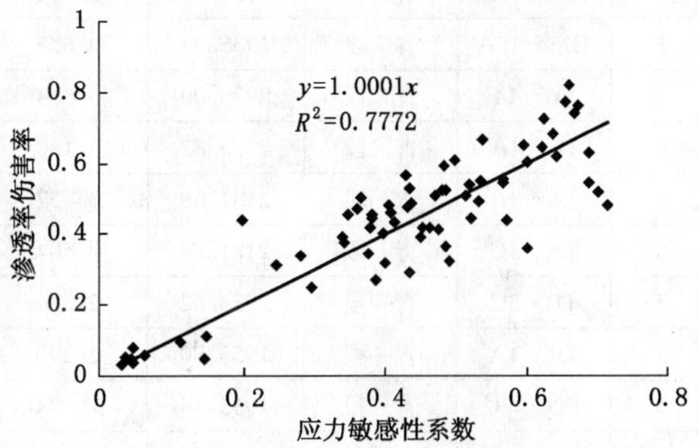

图1—18　应力敏感系数和基于原地应力渗透率伤害率的线性关系

表1—29　某一岩样不同评价指标体系的应力敏感性伤害程度对比

$20+30\times\beta\%$，MPa	20.0	21.5	23.0	24.5	27.5	35.0	42.5
初始测点（3MPa）计算D_k，%	64.5	66.3	68.0	69.5	72.0	76.6	79.7
伤害等级	中偏强	中偏强	中偏强	中偏强	强	强	强
原地应力（20MPa）计算R_I，%	—	5.3	10.0	14.1	21.1	34.1	43.0
伤害等级	—	弱	弱	弱	弱	中偏弱	中偏弱

注：该储层的原地平均有效应力为20MPa，地层压力30MPa。

表1—30　应力敏感程度评价指标

应力敏感系数S_s	$S_s \leqslant 0.05$	$0.05<S_s \leqslant 0.30$	$0.30<S_s \leqslant 0.50$	$0.50<S_s \leqslant 0.70$	$0.70<S_s \leqslant 1.0$	$S_s>1.0$
敏感程度	无	弱	中偏弱	中偏强	强	极强

二、低渗透砂岩油层的应力敏感性

松辽盆地南部低渗透油层为例，储层为细粒—中粒岩屑长石砂岩，孔隙度平均10.73%。渗透率（0.04～434）$\times10^{-3}\mu m^2$，平均$8.55\times10^{-3}\mu m^2$。岩心裂缝比较发育，所以既要研究基块（Matrix Block，Matrix，也称基质、基质岩块）岩样的应力敏感性，也要评价裂缝的应力敏感性。实验结果如表 1—31 和图 1—19 所示。基块应力敏感系数 0.03～0.30，评价结果总体为无—弱应力敏感。泉四段稍强于青二段和青一段。泉四段表现出的弱应力敏感，与岩心观察到的个别岩心硬度较大相吻合。

表 1—31　松辽盆地南部基块应力敏感性评价

序号	样号	层位	深度，m	渗透率，$10^{-3}\mu m^2$			S_s	评价
				3MPa	20MPa	30MPa		
1	D5-6A	姚家组	1638.38	94.60	87.00	82.80	0.05	无
2	D15-17A	青二段	2035.34	0.622	0.559	0.540	0.05	无
3	D6-14	青二段	2035.00	0.604	0.544	0.529	0.05	无
4	D6-4A	青二段	2033.82	3.180	2.960	2.880	0.03	无
5	D8-3A	青一段	2181.68	0.437	0.392	0.378	0.05	无
6	D8-3C	青一段	2181.68	0.504	0.434	0.414	0.06	弱
7	D2-3C	青一段	1953.62	2.320	2.060	2.010	0.05	无
8	D2-4A	青一段	1953.80	2.290	2.130	2.050	0.04	无
9	D20-7C	青一段	1955.14	32.400	28.10	22.80	0.20	弱
10	D6-23E	泉四段	2249.10	0.065	0.032	0.023	0.28	弱
11	D16-43B	泉四段	2261.66	0.105	0.045	0.037	0.30	弱
12	D7-18B	泉四段	2027.78	1.800	1.350	1.250	0.11	弱
13	D17-30B	泉四段	2031.58	0.533	0.370	0.339	0.15	弱

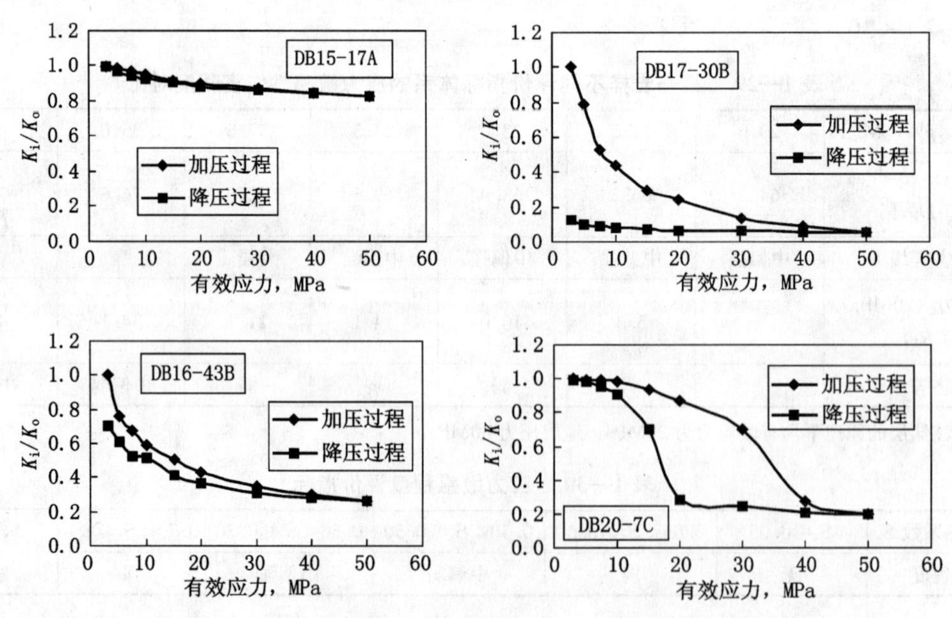

图 1—19　松辽盆地南部基块应力敏感性评价实验曲线

裂缝的应力敏感性实验结果如表 1—32 和图 1—20、图 1—21 所示。天然裂缝岩心的应力敏感程度为中等偏强，人工造缝的岩心的应力敏感程度为中偏强—强。人工造缝的岩心的应力敏感程度略强于天然裂缝岩心的应力敏感程度。与基块的应力敏感相比，裂缝的存在使应力敏感性显著增加。

表 1—32　松辽盆地南部裂缝应力敏感性评价

序号	样号	层位	深度，m	渗透率，$10^{-3}\mu m^2$			S_s	评价	备注
				3MPa	20MPa	30MPa			
1	DB2－1	青一段	2065.34	63.50	2.960	1.640	0.69	中偏强	天然缝
2	DB22－5C	青一段	2066.04	7.840	1.320	0.794	0.53	中偏强	
3	DB17－15A	泉四段	2027.28	28.70	3.780	2.500	0.52	中偏强	
4	D5－17A	青二段	2035.34	1340.0	255.0	153.0	0.52	中偏强	人工缝
5	DB16－14	青二段	2035.00	103.00	3.820	2.310	0.72	强	
6	D8－3C	青一段	2181.68	166.00	19.30	4.080	0.66	中偏强	
7	DB16－23E	泉四段	2249.10	879.00	185.00	80.300	0.54	中偏强	

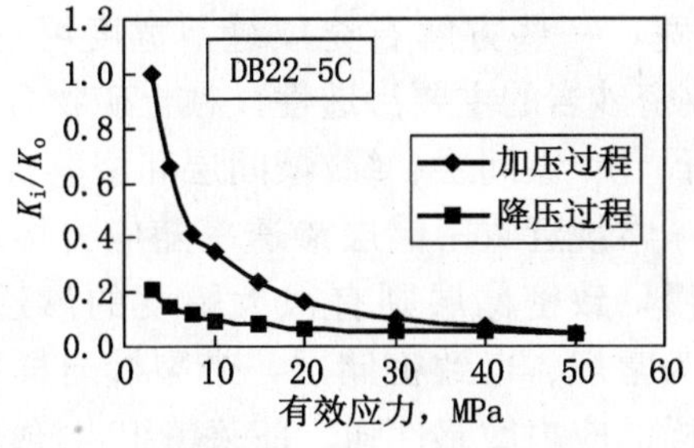

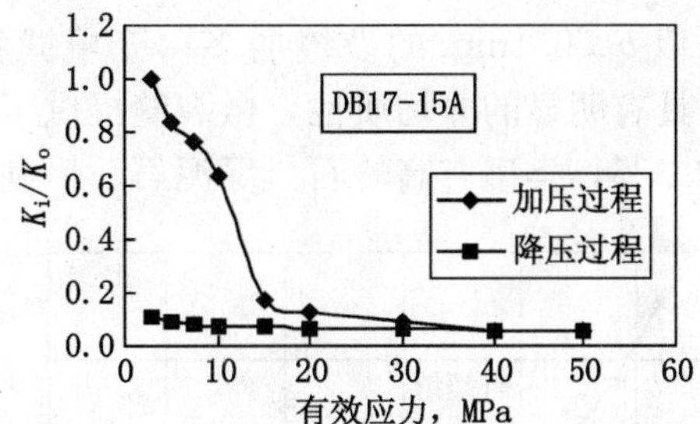

图 1—20　松辽盆地南部天然裂缝应力敏感性评价实验曲线

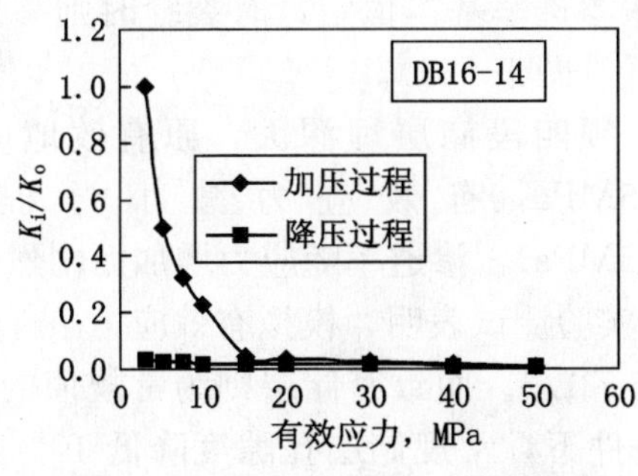

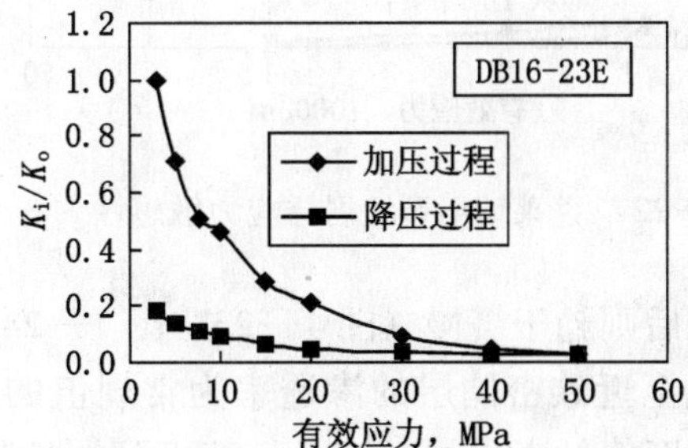

图 1—21　松辽盆地南部人工裂缝应力敏感性实验曲线

对于四川盆地川中公山庙油田沙溪庙组和凉高山组油藏，储层为致密砂岩类型，孔隙度范围 0.25%～5.16%，渗透率（0.0012～0.1340）$\times 10^{-3}\mu m^2$，岩性为细粒岩屑石英砂岩、岩屑长石石英砂岩。应力敏感性评价指出，基块应力敏感系数为 0.35～0.49，为中偏弱；裂缝岩样为 0.57～0.88，中偏强—强程度。对于吐哈、青海、南阳、中原、长庆等低渗透油层的研究也有类似认识，低渗透砂岩油藏基块渗透率越低，应力敏感性增强，但总体表现为弱—中偏弱；而裂缝岩样为中偏强—强应力敏感。

三、致密砂岩气层的应力敏感性

原地条件下气测渗透率小于$0.1\times10^{-3}\mu m^2$的砂岩气藏称为致密砂岩气藏。岩石致密的原因有两个：1）埋藏深度大，压实作用和胶结作用强烈；2）岩石的颗粒细，且填隙物量大。前者形成低孔性致密砂岩，后者形成多孔性致密砂岩，如粉砂岩储层。依据砂体的几何形态，考虑增产措施的效果，又将砂体分成透镜状砂体和席状砂体。世界致密砂岩天然气开发活动主要在美国落基山盆地、得克萨斯盆地，加拿大阿尔伯达盆地、中国四川盆地和鄂尔多斯盆地。下面以四川盆地、鄂尔多斯盆地和美国的落基山盆地为例，说明致密砂岩气层的应力敏感性特征。

1. 四川盆地常规—致密砂岩气层应力敏感性

四川盆地西部气层埋深250～5500m，包括侏罗系蓬莱镇组、沙溪庙组、千佛崖组、上三叠统须家河组。地层压力多为异常高压，呈现多个压力系统，压力梯度为1.15～2.05MPa/100m。岩性以细砂岩、中砂岩为主，蓬莱镇组上部为常规储层，中部为近致密储层，下部为致密储层，沙溪庙和须家河组储层以致密—很致密为主，并有相当部分的超致密储层，毛细管压力中值常规储层小于1.5MPa，近致密储层为1.5～3.0MPa，致密层为10～20MPa，很致密层为30～50MPa。无论产状如何，未充填缝的宽度由$b<0.1$mm至0.1～0.5mm，以$b<0.1$mm的裂缝居多；充填缝较宽，一些方解石充填缝，宽度可达数毫米。裂缝发育具有明显的非均质性，微裂缝提供了致密砂岩的主要渗透性。粘土矿物含量平均为3.7%～7.3%，类型有高岭石、绿泥石、伊利石、伊/蒙间层、绿/蒙间层和蒙皂石。

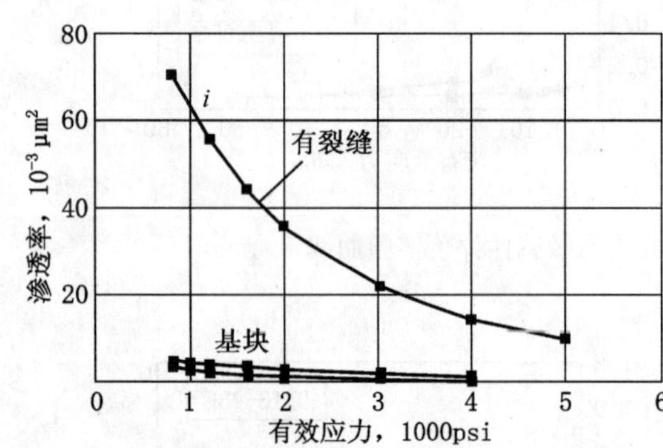

图1—22　蓬莱镇组裂缝岩样应力敏感性

常规近致密储层渗透率随应力增加而下降缓慢，致密储层则有很大幅度的渗透率下降。同为常规、近致密储层，带裂缝岩样要比基块岩样的应力敏感性强。蓬莱镇组岩样埋藏较浅，原有效应力在6.9～13.8MPa，应力增加过程实际上是模拟压实作用。当地层压力降低时，基块渗透率基本恒定，有裂缝时则渗透率明显降低（图1—22）。

须四段储层埋深大，原有效地应力约为25.5MPa，有效应力减小过程（$\sigma_i<25.5$MPa），渗透率随应力增加而剧烈下降，越过该点之后则趋于缓慢（图1—23、图1—24）。实验测试表明，模拟有效应力条件时，基块岩样常规至近致密储层的渗透率为常规值的4/5～1/3。而致密储层则为常规值的1/5～1/20。孔隙度值的变化相对较小，校正到原地层条件下，常规储层孔隙度降低10%左右，致密砂岩可降低10%～25%。

表1—33反映，常规—近致密砂岩气层基块应力敏感性系数为0.03～0.33，总体为弱程度，含有裂缝后应力敏感系数增加至0.40～0.52，属中偏弱程度。须四段典型致密砂岩基块应力敏感系数0.70～0.85，含有裂缝后达到0.74～1.16，应力敏感程度由强增至极强变化。裂缝出现使岩样敏感程度基本上提高一倍。

对川中香溪群（相当于川西须家河组）40余块致密砂岩气层样品分析指出，基块岩样应力敏感系数0.37～0.69，平均0.48；裂缝样0.381～0.704，平均0.65。前者中偏弱，后者中偏强。致密砂岩基块渗透率越低，应力敏感性越强。

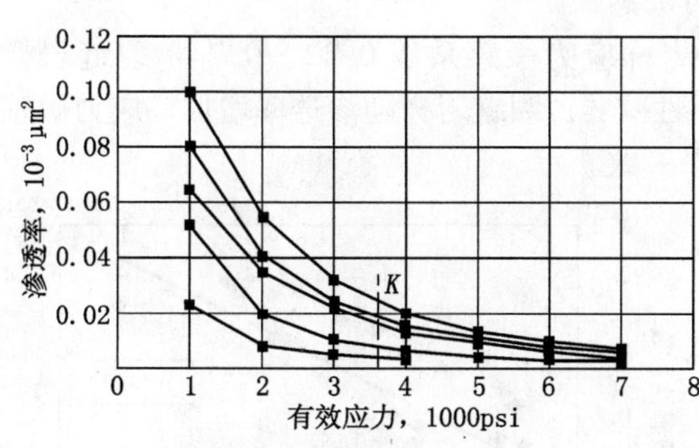

图 1—23　须四段致密砂岩基块岩样应力敏感性

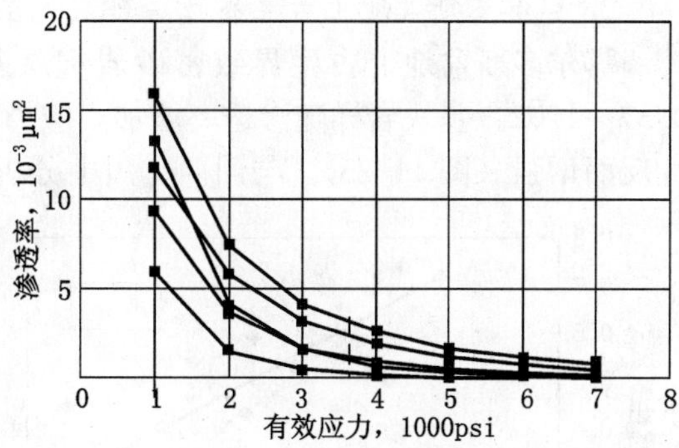

图 1—24　须四段致密砂岩基块岩样应力敏感性

表 1—33　川西低渗—致密碎屑岩储层的应力敏感性评价

序号	样号	渗透率，$10^{-3}\mu m^2$				S_s	评价	备注
		5.52MPa	6.9MPa	13.8MPa	27.6MPa			
1	0-12	5.150		4.990		0.03	无	J_3p 基块
2	2-23	6.080		3.970		0.33	中偏弱	
3	2-28	32.00		25.20		0.19	弱	
4	2-36	0.618		0.519		0.14	弱	
5	2-37	0.705		0.564		0.18	弱	
6	2-38	12.10		11.15		0.07	弱	
7	2-36	69.66		34.73		0.52	中偏强	J_3p 人工缝
8	2-37	4.402		2.618		0.40	中偏弱	
9	5-7		5.11×10^{-2}		5.84×10^{-3}	0.85	强	T_3x^4 基块
10	5-36		2.25×10^{-2}		3.17×10^{-2}	0.80	强	
11	5-53		8.09×10^{-2}		1.47×10^{-2}	0.72	强	
12	5-54		7.99×10^{-2}		1.51×10^{-2}	0.71	强	
13	5-65		1.01×10^{-1}		1.59×10^{-2}	0.76	强	
14	5-69		6.42×10^{-2}		1.23×10^{-2}	0.70	强	
15	5-7		6.0500		0.170	1.16	极强	T_3x^4 人工缝
16	5-53		13.469		0.681	1.02	极强	
17	5-54		16.010		2.552	0.74	强	
18	5-65		12.023		1.896	0.76	强	
19	5-69		9.5630		0.879	0.91	强	

裂缝性致密砂岩极强的应力敏感性，是钻井中易出现井喷井漏的本质原因，当正压差增大时，有效应力减小，岩石的裂缝宽度增大，从而导致井漏。对致密气层的测试必须控制合理的压差，并且在进行测试资料解释时必须考虑压力变化对有效渗透率的影响。

2. 鄂尔多斯盆地上古生界致密砂岩气层应力敏感性

鄂尔多斯盆地上古生界致密砂岩气层基块岩样应力敏感系数 0.22～0.74，裂缝岩样 0.37～1.02。基块岩样随渗透率增加，应力敏感性减弱。裂缝岩样随渗透率增加，应力敏感性反而增强（图 1—25）。与川西、川中分析结果一致。

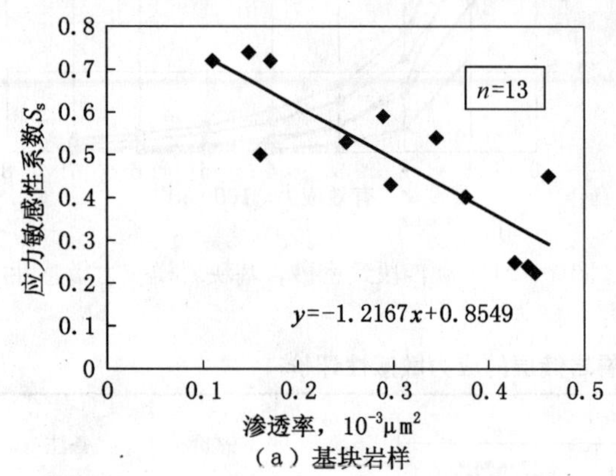

（a）基块岩样

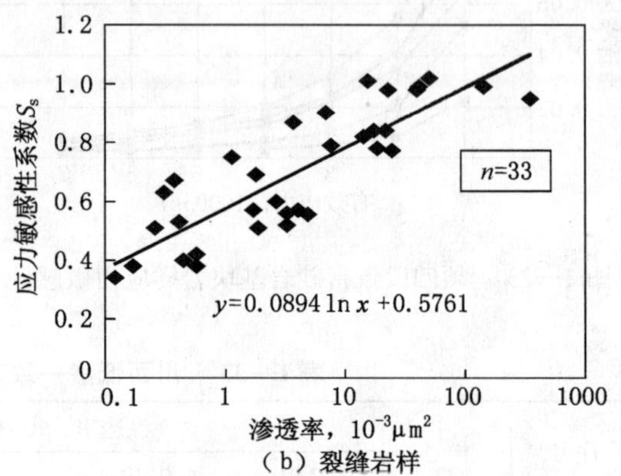

（b）裂缝岩样

图 1—25　致密砂岩应力敏感系数与气测渗透率关系

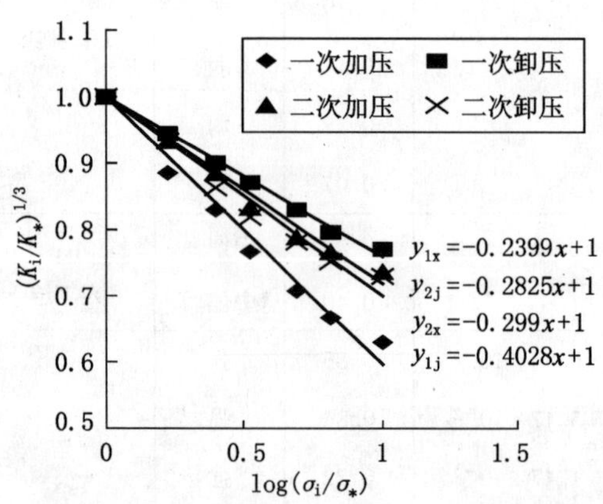

图 1—26　岩样重复加压卸压应力敏感性

对岩心反复加压卸压，并测量有效应力点对应的渗透率，结果表明，一次加压过程应力敏感程度为较强，此后的加压、卸压过程应力敏感程度为逐渐减弱（图 1—26）。随着加减压次数的增加，岩心的塑性变形趋于完善，因此岩心内微裂缝闭合与张开、孔喉的收缩与舒张逐渐与有效应力的变化相一致，宏观表现为随着加减压次数的增加，应力敏感程度减弱。有效应力变化势必会导致孔喉和裂缝闭合，显著降低气层渗透率。气藏开发中控制合理的压差、保持压力平稳对气井产量是非常重要的。

含水岩样应力敏感系数基本都大于 0.5，说明水的存在加剧了岩样的应力敏感程度（表 1—34）。同组岩样（物性相近）含水饱和度越高，应力敏感性越强，这是由于随着岩样含水饱和度的增大，气体渗流的实际通道减小，或者因为水的存在使岩石在压力作用下发生了物理化学变化，降低了岩石的抗压强度，因此岩样的应力敏感程度增强。含水饱和度和有效应力综合作用会进一步加剧伤害程度。

3. 北美落基山地区致密砂岩气层应力敏感性

致密砂岩气层主要为白垩系低孔性致密砂岩，岩样孔隙度一般 5%～16%，渗透率（0.05～2.0）$\times 10^{-3}\mu m^2$。应力敏感系数随基块渗透率增加而降低，边缘组（Frontier Group）平均 0.50 左右，梅萨弗德组和棉花谷组（Mesaverde Group and Cotton Valley Group）平均在 0.30 左右。加拿大斯皮里特河组（Spirit River Group）致密砂岩介于二者之间（图 1—27，图 1—28）。

表 1—34　含水致密砂岩应力敏感评价结果

岩样号	层位	测量前 S_w,%	气相渗透率，$10^{-3}\mu m^2$					测量后 S_w %	应力敏感性系数 S_s	评价
			2.5MPa#	3MPa	10MPa	30MPa	40MPa			
D16－6B	盒 2＋3	14.98	0.205	0.139	0.0755	0.0307	0.0235	14.61	0.38	中偏弱
D16－6C		21.43	0.427	0.284	0.113	0.0400	0.0296	21.43	0.48	中偏弱
D16－6A		53.24	0.360	0.109	0.0469	0.0124	0.009	50.93	0.51	中偏强
D1－17－2	盒 1	15.45	0.414	0.340	0.161	0.0456	0.0342	15.45	0.53	中偏强
D1－17－3		28.04	0.440	0.364	0.150	0.0378	0.0283	27.63	0.57	中偏强
D1－18－2		46.44	0.440	0.354	0.137	0.0338	0.0260	46.18	0.59	中偏强
D15－47B	山 2	9.30	0.344	0.135	0.0532	0.0073	0.0036	9.30	0.56	中偏强
D15－47C		20.10	0.236	0.115	0.0405	0.0055	0.0032	20.09	0.62	中偏强
D15－47A		43.46	0.319	0.105	0.0399	0.0032	0.0025	43.13	0.64	中偏强
D15－69A	山 1	13.50	0.329	0.112	0.0394	0.0066	0.0030	13.50	0.61	中偏强
D15－68A		26.98	0.633	0.211	0.0659	0.0083	0.0043	26.89	0.65	中偏强
D15－69B		45.41	0.207	0.046	0.0037	0.0001	0.00008	45.34	0.92	强

注："#"表示在围压为 2.50 MPa 时干岩样（$S_w=0$）的气测渗透率。

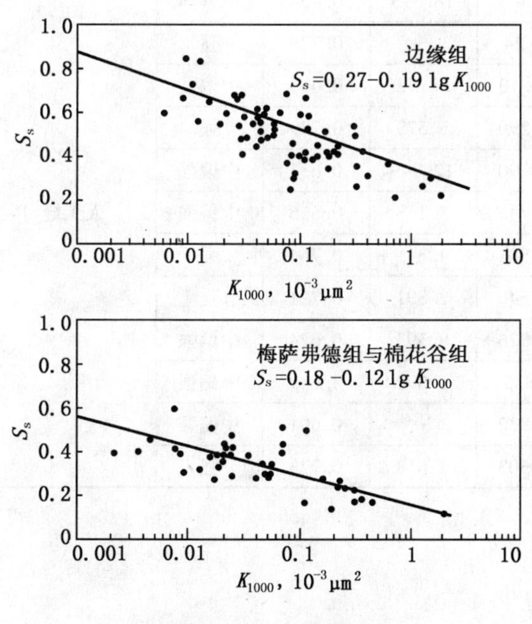

图 1—27　北美典型致密砂岩应力敏感系数与渗透率关系

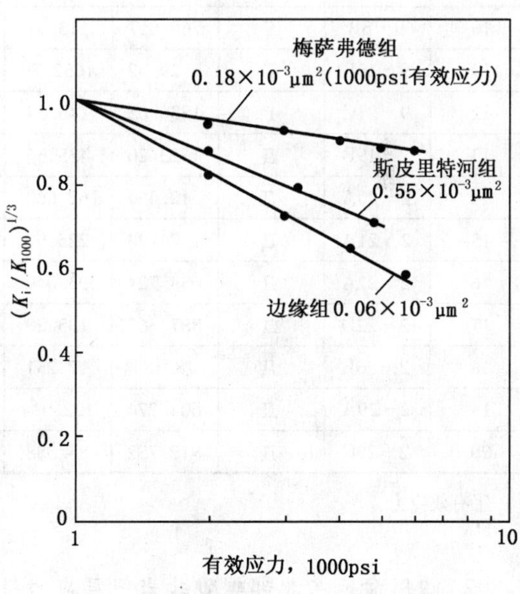

图 1—28　渗透率立方根与有效应力对数关系

四、碳酸盐岩油气层的应力敏感性

1. 哈萨克斯坦扎纳若尔碳酸盐岩油层应力敏感性

扎纳若尔油田范围内广泛沉积了古生界下石炭统到第四系的地层，储层为石炭系碳酸盐岩，划分两套含油层系，即 KT－Ⅰ、KT－Ⅱ。油藏岩性为巨厚的浅海碳酸盐岩，以灰岩为主，夹少量白云岩，储集空间以次生溶蚀孔隙为主，发育一定的微裂缝。KT－Ⅰ层为带凝析气顶的饱和油气藏，KT－Ⅱ层北区为带凝析气顶的未饱和油气藏，KT－Ⅱ层南区为未饱和油藏。油气藏具有统一的油气、油水界面，边底水不活跃。储层平均孔隙度为10.6%～13.7%，平均渗透率为（13.1～138）$\times 10^{-3}\mu m^2$。实验表明，该区碳酸盐岩储层基块应力敏感程度无—微弱，可以忽略不计；而含有天然裂缝岩样的应力敏感程度中等；人工缝则表现为中等偏强—强，应力敏感性系数一般不超过0.80（表1—35）。

表1—35　扎纳若尔油田储层的应力敏感系数

序号	样号	层位	渗透率，$10^{-3}\mu m^2$				S_s	评价	备注
			2.5MPa①	10MPa	20MPa	40MPa			
1	9－2B	Г	46.219	44.033	43.099	41.275	0.026	无	基块
2	9－6B	Г	26.490	25.6077	22.271	23.392	0.034	无	
3	9－9C	Г	308.80	316.04	302.74	285.84	0.013	无	
4	9－12A	Г	7.531	7.3436	7.051	6.9336	0.022	无	
5	9－17B	Г	0.328	0.2945	0.2824	0.2643	0.060	弱	
6	2－13A	B	19.260	9.726	4.130	1.553	0.435	中偏弱	天然缝
7	2－15	B	15.638	3.200	1.122	0.433	0.613	中偏强	
8	2－4B	B	16864.1	3903.5	917.1	318.06	0.627	中偏强	人工缝
9	2－10B	B	185.697	76.432	42.465	18.875	0.434	中偏弱	
10	9－5B	Г	760.817	113.91	34.24	—	0.723	强	
11	9－15B	Г	3729.02	1052.70	311.13	58.72	0.633	中偏强	
12	9－21C	Г	1830.03	145.34	34.290	5.375	0.789	强	
13	2－19B	Д	1623.20	435.56	102.90	12.949	0.633	中偏强	
14	2－20A	Д	312.560	62.660	18.743	3.158	0.666	中偏强	
15	2－21A	Д	1871.24	225.99	41.501	4.841	0.764	强	
16	2－22A	Д	654.724	93.049	24.540	2.891	0.721	强	
17	2－22D	Д	887.367	135.20	39.326	8.593	0.674	中偏强	
18	2－26B	Д	78.184	17.251	6.835	1.392	0.619	中偏强	
19	2－29A	Д	604.274	122.914	37.832	—	0.691	中偏强	
20	2－29C	Д	812.752	85.388	18.503	1.818	0.773	强	

①有效应力。

2. 四川盆地东北部碳酸盐岩气层应力敏感性

岩性主要为灰色灰质白云岩、深灰色灰质白云岩、灰色白云岩、灰色溶孔白云岩。孔隙度一般为0.1%～15%。飞仙关组孔渗性异常好，孔隙度最大22.59%，渗透率高达$1640\times 10^{-3}\mu m^2$。应力敏感性实验评价结果见表1—36和表1—37。基块应力敏感程度为无—弱，少部分达到中偏弱程度。天然裂缝岩心和人工缝的岩心的应力敏感程度大多为中等偏弱—中偏强，敏感系数0.41～0.75。只有个别人工缝岩心的敏感程度为强，且人工缝的岩心的应力敏感程度整体上略强于天然裂缝岩心的应力敏感程度。与基块的应力敏感相比，裂缝的存在使应力敏感性增加。

表 1—36　四川盆地东北部碳酸盐岩基块应力敏感性评价

序号	样号	层位	深度，m	渗透率，$10^{-3}\mu m^2$			S_s	评价
				3MPa	20MPa	30MPa		
1	S1－6A	T_2l	2742.06～2749.4	0.135	0.033	0.0197	0.467	中等偏弱
2	H1－01A	T_1j	4483.61	0.0279	0.0205	0.0190	0.117	弱
3	H1－02A	T_1j	4484.11	0.5210	0.4830	0.4650	0.035	无
4	H1－02C	T_1j	4484.11	0.5620	0.5460	0.5360	0.015	无
5	H1－12C	T_1j	4519.69	0.0697	0.0402	0.0327	0.230	弱
6	P1－10A1	T_1f	5298.50	3.9700	1.2100	0.6380	0.437	中偏弱
7	P1－10A2	T_1f	5298.50	2.0600	0.5120	0.2920	0.468	中偏弱
8	P1－16A	T_1f	5422.05	0.5450	0.1150	0.0712	0.481	中偏弱
9	P1－17C	T_1f	5422.65	6.1000	2.5500	1.7500	0.342	中偏弱
10	P1－23B1	T_1f	5427.55	1.3000	0.9020	0.7840	0.154	弱
11	P1－24A2	T_1f	5427.90	0.6430	0.6430	0.2470	0.269	弱
12	P2－2	T_1f	5090.86～5094.63	427.0	360.0	353.0	0.065	弱
13	P2－3	T_1f		587.0	407.0	357.0	0.157	弱
14	P2－6	T_1f		487.0	454.0	445.0	0.029	无
15	P2－7	T_1f		208.0	181.0	170.0	0.0638	弱
16	P2－8	T_1f		1.770	1.440	1.380	0.0782	弱
17	P2－18A	T_1f		1020.0	913.0	875.0	0.0534	弱
18	P2－19	T_1f		1090.0	1040.0	1010.0	0.0270	无
19	P2－20	T_1f		428.0	366.0	342.0	0.0753	弱
20	P2－24B	T_1f		840.0	711.0	654.0	0.0843	弱
21	P2－29	T_1f		597.0	578.0	566.0	0.0236	无
22	P2－37A	P_2ch	5094.63～5104.43	0.0519	0.0195	0.00959	0.3769	中偏弱

表 1—37　四川盆地东北部碳酸盐岩裂缝应力敏感性评价

序号	样号	层位	深度，m	渗透率，$10^{-3}\mu m^2$			S_s	评价	备注
				3MPa	20MPa	30MPa			
1	S1－1B	T_21	2742.06～2749.40	532	157	90.6	0.428	中偏弱	人工缝
2	S1－4A	T_21		84	13.2	7.48	0.526	中偏强	人工缝
3	S1－9A	T_21		1030	357	179	0.414	中偏弱	人工缝
4	H1－06A	T_1j	4500.57	1.5200	0.1480	0.0771	0.628	中偏强	天然缝
5	H1－10C	T_1j	4514.12	0.5740	0.1200	0.0726	0.491	中偏弱	天然缝
6	H1－07A	T_1j	4505.82	277.00	58.1000	33.5000	0.512	中偏强	人工缝
7	H1－08C	T_1j	4507.22	41.500	3.6600	2.0100	0.645	中偏强	人工缝
8	H1－11C	T_1j	4517.02	12.800	0.7760	0.3460	0.705	强	人工缝
9	H1－16C	T_1j	4525.02	6.0700	0.2360	0.1000	0.755	强	人工缝
10	P1－11A	T_1f	5300.90	3.9800	0.9950	0.6630	0.455	中偏弱	天然缝

续表

序号	样号	层位	深度，m	渗透率，$10^{-3}\mu m^2$			S_s	评价	备注
				3MPa	20MPa	30MPa			
11	P1－12C	T_1f	5292.90	11.7000	3.7300	2.1100	0.429	中偏弱	天然缝
12	P1－14B	T_1f	5304.22	132.0000	35.1000	27.0000	0.421	中偏弱	天然缝
13	P1－18C	T_1f	5423.15	120.0000	31.2000	11.9000	0.491	中偏弱	天然缝
14	P1－19B	T_1f	5425.10	5.8800	1.5800	0.9950	0.457	中偏弱	天然缝
15	P1－19C	T_1f	5425.10	72.0000	12.3000	8.2500	0.477	中偏弱	天然缝
16	P1－20B	T_1f	5426.55	4.5800	1.2000	0.7120	0.447	中偏弱	天然缝

3. *碳酸盐岩油气层应力敏感性变化规律*

两区块碳酸盐岩储层岩石基块岩样的物性参数（k、ϕ）的差异对应力敏感性系数有一定影响。整体上讲高孔高渗基块岩样的应力敏感性系数（平均值 $S_s=0.056$）略微低于低孔低渗岩样的应力敏感性系数（平均值 $S_s=0.219$）。基块岩样的应力敏感性系数平均值为$S_s=0.145$，应力敏感程度为弱（图1—29）。

天然缝岩样与人工缝岩样的应力敏感性系数有较大的差异。人工缝岩样的应力敏感系数大多在0.61之上，而天然缝的应力敏感系数大多集中在0.40左右。人工缝岩样的应力敏感系数平均值 $S_s=0.669$，应力敏感程度中等偏强；天然缝岩样应力敏感系数平均值 $S_s=0.471$，应力敏感程度均为中等偏弱（图1—30）。分析产生此实验现象的原因是，天然裂缝在裂缝形成后的漫长时间里，会被充填、扭曲、溶蚀和发生变形，不像人工缝表面那么平直、规则，因此，在受应力变化时，天然裂缝伤害程度要弱于人工裂缝。

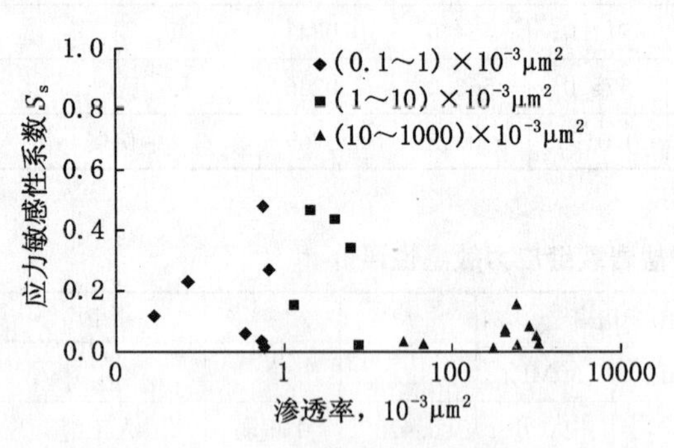

图1—29 碳酸盐岩储层基块岩样 S_s 与渗透率关系

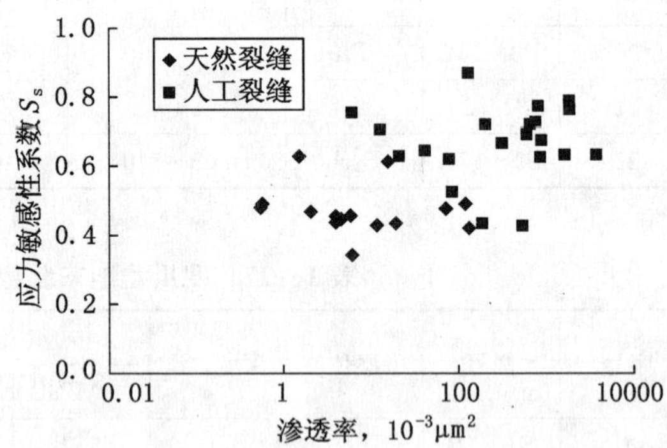

图1—30 碳酸盐岩储层裂缝岩样 S_s 与渗透率的关系

第五节 地应力与岩石力学参数

在地层中钻一口井以后，井眼周围岩石的应力状态和岩石力学性质与完井工程有着密切的关系，这不仅关系到一口井怎么完井，也关系到完井后某些工程措施的设计和实施。因此，研究地应力，特别是研究钻井后由于应力集中所引起的井眼周围岩石的应力状态变化就显得非常重要。

本节拟从地应力的基本概念出发，着重论述井眼周围岩石的应力状态（着眼于井壁岩石的坚固程度和井眼的力学稳定性），最后简要论述地应力与完井工程的关系。

一、地应力的基本概念

作用在地壳内岩体上的各种相互平衡的外力使岩体内部产生内力，它的效应是引起岩体形变。这种内力就是地应力。它是岩体内部相邻质点间沿分界面的相互作用力，以作用在单位面积上的力来量度。地应力可分解为两个部分，作用在界面法线方向的称为正应力，以 σ 来代表；沿界面方向的称为剪应力，以 τ 来代表，见图 1—31。

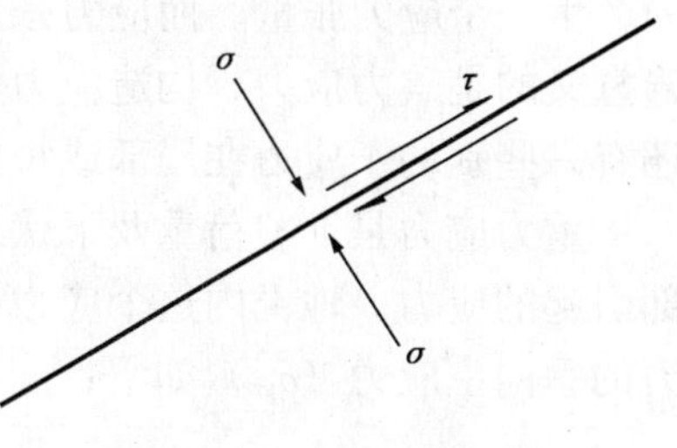

图 1—31　正应力 σ 与剪应力 τ

研究地应力的时候必须把正应力和剪应力都包含进去，否则是不全面的，许多现象就无法得到理解。指向界面的正应力为压应力，离开界面方向的正应力为张应力。由于地壳内部压应力占绝对优势，为了方便，地质力学中定义压应力为正值。这与材料力学及一般工程力学中相反。

相互平衡的诸外力作用在岩体上时，岩体内部任意点上都有地应力产生，它们同时产生同时消失。不同空间方位的应力（正应力和剪应力）都各不相同，如图 1—32 中 A、B 所代表的两个界面上的应力 $\sigma_a \neq \sigma_b$，$\tau_a \neq \tau_b$。然而通过同一点不同方向各界面的应力值相互之间有一定的关系，组成一个整体。这个整体称为地应力张量，也可通俗地称为地应力状态。在地应力张量内总有 3 个相互直交的平面上只有正应力而没有剪应力。这 3 个面称为主平面，其法线方向称为主方向，它们所承受的正应力称为主应力。图 1—33 表示地应力张量的 3 个主应力，它们相互垂直。

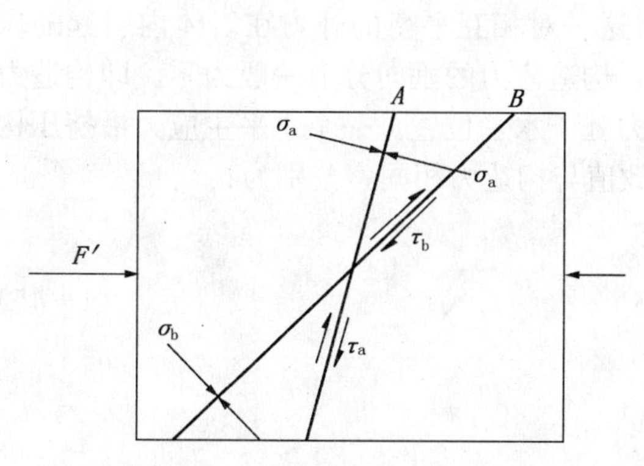

图 1—32　不同方向界面应力值的差异

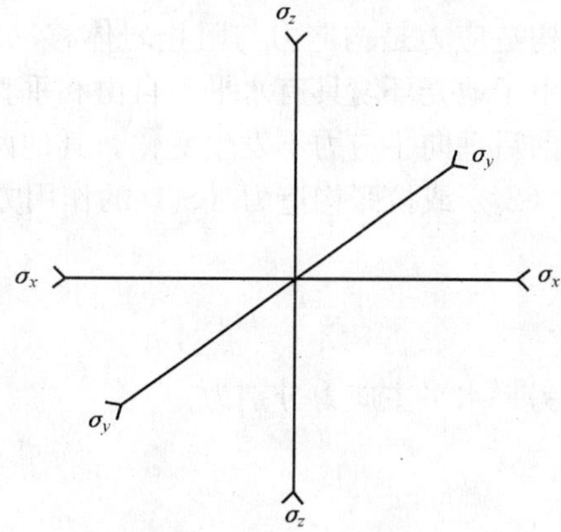

图 1—33　地应力张量的 3 个主应力

习惯上将代数值最大的主应力称为最大主应力，以 σ_1 代表；代数值处中间的称为中间主应力，以 σ_2 代表；代数值最小的称为最小主应力，以 σ_3 代表。以 3 个主方向为坐标，那么 3 个主应力值就可以简明地描述这个地应力张量。知道了 3 个主应力值，则任意方向界面上的正应力和剪应力都是定值，是可以计算的。

地应力张量与特定界面上的地应力是分属于不同层次、性质完全不同的两种事物。由于地应力张量往往被简称为地应力，很容易在同一名称下把这两种性质不同的事物混淆起来，从而引入误区。因此在遇到地应力这个词时，必须准确判断它是指地应力张量，还是指特定界面上的地应力。地应力张量全面地反映岩体的地应力状态。

地壳内岩体上承受着多对互相平衡的作用力，每对相互平衡的作用力（外力）都在岩体内产生一个应力张量。而应力张量都是由6个子应力分量组成。这些子应力中最重要最具普遍意义的是重力应力、构造应力和流体压力。有时温度变化所引起的热应力也有重要意义。还有一些别的子应力在局部或短期内有重要意义。

重力应力是上覆荷重及下伏地层阻止岩体下落的反作用这一对相互平衡的外力在岩体内部引起的应力。地壳内这个应力有极大的数值，这与地表不同，实验室内很难模拟。重力应力的垂向主应力（σ_{gz}）如下：

$$\sigma_{gz}=\rho_r gh \tag{1—13}$$

式中 ρ_r——上覆岩层平均密度；

h——埋深；

g——重力加速度。

由于地层在水平方向都是受限制的，水平主应力（σ_{gh}）与垂向应力（σ_{gz}）有下列关系：

$$\sigma_{gh}=\sigma_{gx}=\sigma_{gy}=\sigma_{gz}\left(\frac{\nu}{1-\nu}\right)^{1/n} \tag{1—14}$$

式中 ν——岩石的泊松比。

由于岩体承压时间以地质年代计，所以采用实验室所求得的泊松比时应进行蠕变校正。式中n为与岩石非线性压缩有关的系数，一般岩石为0.67。地下岩石承受的压力很大，所以压缩作用的非线性是必须考虑的。

构造应力是构造力与阻止岩体移动的抵抗力这一对相互平衡的外力在岩体内引起的应力。由于地壳环境具有水平不自由和垂直自由性，构造应力的垂向分力一般为零。即构造力作用前后垂向主应力不发生变化。其他两个主应力处于水平位置。一个水平主应力沿挤压构造力（S_c）或拉张构造力（S_t）的作用方向，其数值与构造力相同，分别为：

$$\sigma_{cx}=S_c$$

$$\sigma_{tx}=S_t \tag{1—15}$$

另一水平主应力分别为：

$$\sigma_{cy}=\sigma_{cx}\nu^{1/n}$$

$$\sigma_{ty}=\sigma_{tx}\nu^{1/n} \tag{1—16}$$

两个水平主应力具有相同的符号。各式中S代表构造力；下标c表示压性，t表示张性；x和y分别表示方向。

有时构造力是力偶，它与阻止岩体转动的反作用力偶是相互平衡的，其联合作用的结果是在岩体内部引起构造应力。这时构造应力张量的两个水平主应力的符号是相反的（一正一负）。可以看出构造应力张量的类型是按水平主应力的符号来划分的。

含油岩层的孔隙中都含有流体，流体都具有一定的压力。流体压力实质上是由重力对流体的作用引起的应力，它是一个球应力，即在任何方向上的正应力值相等。静止流体的内部不存在剪应力，因此可以取任意的坐标，3个主应力值都相等。正常静水压力系统中流体压力（p）为：

$$p = \rho_f \cdot h \cdot g \tag{1—17}$$

式中　ρ_f——从浅到深的流体平均密度。

在封闭环境中流体压力可以高于此值，少数情况下也可以低于此值。如果偏离此值较多即称为异常压力。

流体压力作用在岩体骨架上，趋向于把孔缝撑开，抵消岩体骨架所承受的压应力。决定岩体永久形变的是岩石骨架应力与流体压力之差值。这个差值一般称为有效应力。为了叙述方便，除特别注明外，下文所讨论的地应力都指有效地应力。在油田开发过程中地应力较少变化，而流体压力则往往能较快变化，而有效地应力则随之改变。

温度改变可以在岩体中产生热应力。在漫长的地质历史中，热应力能传导出去而逐渐消失。但在石油工程施工的短时间内热应力来不及传导出去，如果温度变化较大，则热应力在完井工程中能起重要作用。热应力也是一个应力张量，除决定于温度变化及岩石热力学性质外，还与所处环境自由与不自由的方向有关。

地应力则是所有以上各种子应力的代数和。地应力基本特点之一是总有一个主应力处于垂直（或接近垂直）的位置。另外两个主应力在水平方向，而且与构造应力的两个主应力方向一致。

在近地表环境中，岩体所处的自由与不自由的方向会随地形而改变，这会影响重力水平主应力的数值，也会使构造主应力偏离垂直或水平方向，从而影响地应力的数值，并使地应力的主应力略微偏离垂直和水平方向。在接近地表处且地形起伏剧烈时，这种影响较大，愈向深处影响愈小。由于大多数油藏埋藏较深，所以地形对地应力的影响很微弱。

地应力的另一个基本特征是绝大多数情况下 3 个主应力都是压应力（正值），其数值可以很大，只有在极少数情况下可以有一个主应力是负值（张应力）。这也与一般工程力学中所遇到的情况不同。

地应力的类型是按最大、中间、最小主应力的方位来划分的。换一种说法，是以最大、中间、最小主应力中那一个处于垂直位置来分类的。最大主应力处于垂直位置的为Ⅰ类，又可分为两个亚类。最小主应力为正值（压应力）的称为Ⅰa 类，如图 1—34 所示，在它控制下发育的是正断层，倾角很大。最小主应力为负值的称为Ⅰb 类，在它控制下发育张裂缝或正断层。地应力的最小主应力在垂直位置的称为Ⅱ类，在它控制下发育逆断层，倾角很小。中间主应力取垂直方位的称为Ⅲ类，在它控制下发育平移断层或与平移断层相同性质的剪裂缝，近于直立。

地应力张量在空间上的变化称为地应力的分布。从地应力的构成上可以看出地应力张量的分布是很复杂的。任一子应力张量的任一主应力有变化，地应力张量都会随之变化。重力应力的垂向主应力随深度增加，其水平主应力不仅与深度有关，也与岩石泊松比有关。不同性质的构造应力两个水平主应力的符号（正负）和数值都不同，并随着构造力传播中的衰减而横向变化。一般构造应力还随深度而有所增加。它与岩石性质也有一定关系。流体压力也在空间上有变化。总之，地应力的一个或几个主应力的值在纵向或横向上或快或慢地变化着。例如在不同岩性的互层中相邻地层，如果泊松比相差较大，则两层中地应力的水平主应力会有较大差别。所以，在盆地内少数空间点上测得的地应力值并不能简单地代表全区。

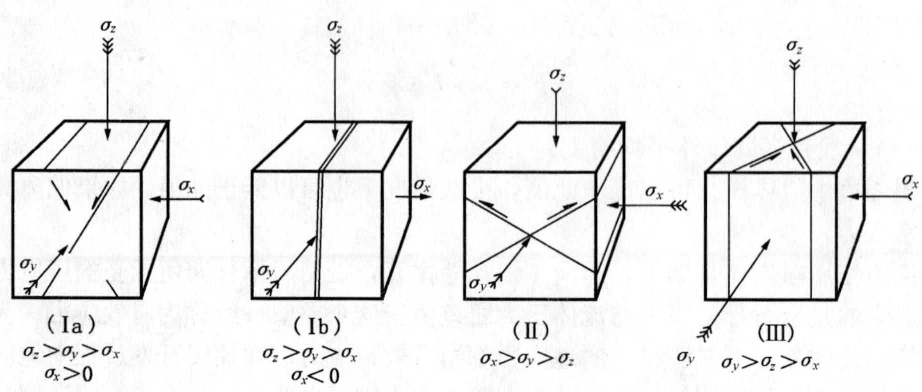

图 1—34　地应力类型示意图

每种子应力都会使岩石产生弹性形变。但是否产生永久形变以及产生什么样的永久形变则是总应力（指有效地应力）决定的。永久形变是应力消失后不能复原的形变，包括断裂及塑性形变。岩石永久形变与地应力的关系要从两个层次上分别进行研究。这两个层次是界面地应力与地应力张量。

就界面地应力的层次上研究，永久形变产生于地应力超过抵抗变形的力的界面上。这种抵抗力包括两个部分：一部分与内聚力有关；另一部分为内摩擦。与内聚力有关的抵抗力反映为 3 个强度。

1. 抗张强度

当某个界面上张应力超过此值时，岩石沿着这个界面发生张性断裂，相当于破坏包络线与横坐标的交点，见图 1—35 中的 *A* 点所示。

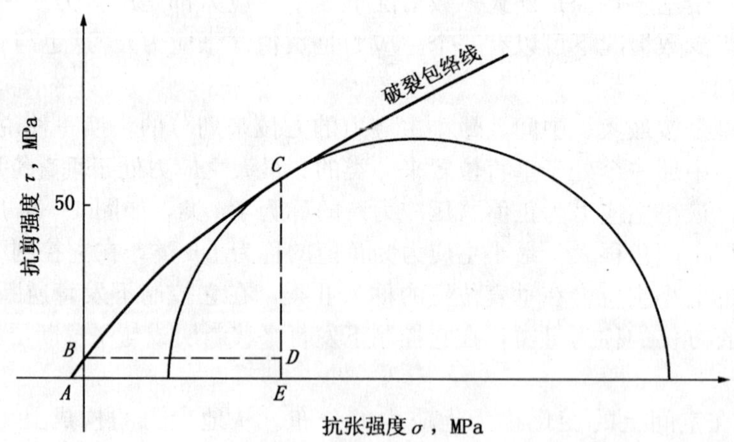

图 1—35　摩尔圆解与破坏包络线

2. 抗剪强度

当某个界面上正应力为零时剪应力超过此值，岩石就会发生剪破裂，相当于破坏包络线与纵坐标的交点，见图 1—35 中的 *B* 点所示。

3. 屈服强度

当某个界面上剪应力超过此值后沿界面发生微观位移而不影响岩石内聚力，从而发生塑性形变。

随界面的正应力而增加的抵抗力相当于摩擦力，称为内摩擦，反映为破坏包络线向右上方上升，见图 1—35。但屈服条件受正应力的影响很小。

以上是内在的永久变形条件，这方面取得的数据是可以直接用到地下和井下岩石的变形问题上的，当然要考虑到温度等其他条件对岩石物性的影响。

然而从这个层次上看不出永久变形为什么发生于这一个界面而不发生于另一个界面，也看不出同一岩石为什么在一种情况下较易断裂，而另一种情况下要有更大的剪应力才能断开。这些问题必须从地应力张量的层次上进行观察，即观察地应力张量达到那些条件才能发生永久形变。要观察在特定的地应力张量下那一个界面首先达到永久变形条件，达到的是那一种永久变形条件。

较好的方法是在摩尔图解上研究这个层次的问题。破坏包络线较全面地反映了岩石的破裂条件，其上每一个点都代表了达到破裂条件时该界面上的剪应力值和正应力值，如图 1—35 中 C 点的应力值。包括最小主应力和最大主应力在内的摩尔圆则表示出了在特定应力张量中剪应力值较大的和正应力值较小的那些界面。将二者放在一起比较，就很容易看出特定的应力状态下是否会发生破裂；最大主应力增加到什么程度，最小主应力降到什么程度才能发生破裂；破裂应发生在那一界面上；破裂面上的应力值是多少。

材料试验中往往以施加的外力来表征岩石强度，这不是上面所说的内在形变条件，实质上是用形变时的应力张量来表征形变条件。例如单轴压缩（或单轴拉伸）试验中用断裂时的轴向压力（或拉力）来表征岩石强度。这时轴向（x 向）所加的力是一个主应力，另外两个主应力（y、z 向）为零。在加有一定围压条件下进行单轴加载试验时，y、z 方向的主应力为围压，这时所得到的“岩石强度”是不同于不加围压时的。这样所得到的“岩石强度”是在上述应力张量下的形变条件，见图 1—36 中较小圆。

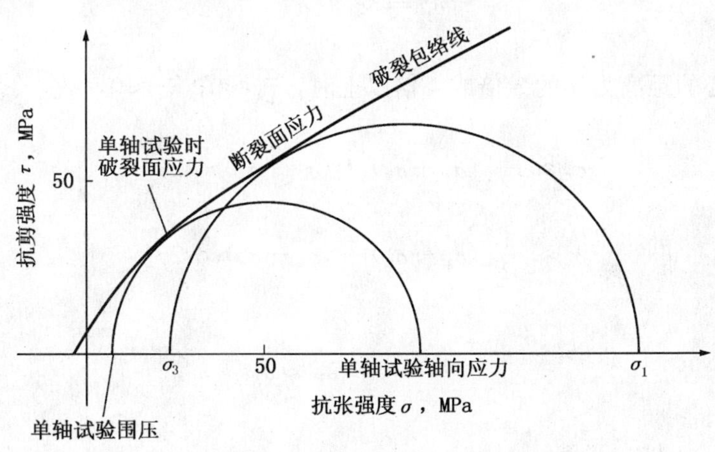

图 1—36　单轴试验破裂条件与地下岩石破裂条件的差别

地下岩体承受的应力张量与试验条件相差极大，即 y、z 方向的主应力（图 1—36 中 σ_3）远高于试验条件，x 方向所能承受的压力当然远远不同（图 1—36 中 σ_1）。所以将室内试验取得的“岩石强度”数据用到地下时必须充分注意应力张量的差别。

二、井壁岩石的应力状态

钻井后，由于应力集中的影响，井壁岩石的应力状态发生了很大的变化。

由于应力集中，井壁及其邻近范围内岩石所承受的应力除决定于地应力外，还受到井筒的影响。对井壁及其邻近范围的某一岩体来说，其应力张量的主应力之一处于垂直方向，其数值与地应力的垂向主应力相等。也就是说垂向主应力是不受井筒影响的。但两个水平主应力则受到井筒的显著影响，近似于平板上圆孔周围的应力状态。两个水平主应力分别处于井筒的法线方向和切线方向。前者称为法向主应力（σ_r），后者称为切向主应力（σ_t）。其数值除与地应力的两个水平主应力（σ_x，σ_y）有关外，还与井筒半径（a），岩体与井筒中心的距离（r）及岩体在井壁上的位置有关。设以 σ_x 的方向为零方位，则 r 与 σ_x 的夹角 θ 可以表征岩体在井壁上的位置。σ_r 与 σ_t 的值如下：

$$\sigma_r=\frac{1}{2}(\sigma_x+\sigma_y)(1-\frac{a^2}{r^2})+\frac{1}{2}(\sigma_x-\sigma_y)(1-\frac{a^2}{r^2})(1-\frac{3a^4}{r^4})\cos 2\theta \quad (1—18)$$

$$\sigma_t=\frac{1}{2}(\sigma_x+\sigma_y)(1+\frac{a^2}{r^2})-\frac{1}{2}(\sigma_x-\sigma_y)(1+\frac{3a^4}{r^4})\cos 2\theta \quad (1—19)$$

对于井壁上任一点因 $r=a$，故

$$\sigma_r=0$$

$$\sigma_t=(\sigma_x+\sigma_y)-2(\sigma_x-\sigma_y)\cos 2\theta$$

当 $r=a$ 且 $\theta=0$ 时

$$\sigma_t=3\sigma_y-\sigma_x$$

当 $r=a$ 且 $\theta=\pi/2$ 时

$$\sigma_t=3\sigma_x-\sigma_y$$

当岩体与井筒中心的距离为 a 的 3 倍或 4 倍以上时，$\frac{a^2}{r^2}\approx 0$，$\frac{a^4}{r^4}\approx 0$，故

$$\sigma_r\approx\frac{1}{2}[(\sigma_x+\sigma_y)+(\sigma_x-\sigma_y)\cos 2\theta]$$

$$\sigma_t\approx\frac{1}{2}[(\sigma_x+\sigma_y)-(\sigma_x-\sigma_y)\cos 2\theta]$$

在 $\theta=0$ 处

$$\sigma_r\approx\sigma_x \qquad \sigma_t\approx\sigma_y$$

在 $\theta=\frac{\pi}{2}$ 处

$$\sigma_r\approx\sigma_y \qquad \sigma_t\approx\sigma_x$$

可见在距井筒中心为井的半径的 4 倍以上时，岩石所承受的应力已接近地应力状态。

井壁及邻近岩体是否处于稳定状态取决于岩体所承受的应力张量是否达到了岩石的永久变形条件（塑性变形条件或破裂条件）。

按上段所述，如果井壁岩石所受的最大张应力超过岩石的抗张强度，则会发生张性断裂或张性破坏，其具体表现在井壁岩石不坚固，造成油（气）层出砂。如果井壁岩石所受的最大剪应力超过岩石的抗剪强度，则会发生剪切破坏，其具体表现为井眼的不稳定。

1. 井壁岩石的坚固程度

油层出砂是由于井壁岩石结构被破坏所引起的。井壁岩石的应力状态和岩石的抗张强度（主要受岩石的胶结强度影响）是油层出砂的内因。开采过程中生产压差的大小及油层流体压力的变化是油层出砂的外因。此外，油层流体（原油）的性质及是否含水和含水率的大小也是影响油层出砂的因素。

在热采井中，热应力会叠加在井壁岩石的应力上，但由于热应力的影响尚无比较成熟的理论与方法，所以在论述井壁岩石的坚固程度时，没有考虑热应力的影响。此外，原油性质及含水对井壁岩石坚固程度的影响尚处于探索之中，因此本节也暂不考虑。

根据参考文献［58］的研究成果，垂直井井壁岩石所受的最大切向应力由下式表达：

$$\sigma_t = 2\left[\frac{\nu}{1-\nu}(10^{-6}\rho g H - p_s) + (p_s - p_{wf})\right] \tag{1—20}$$

根据岩石破坏理论，当岩石的抗压强度小于最大切向应力 σ_t 时，井壁岩石不坚固，将会引起岩石结构的破坏而出骨架砂。因此，垂直井井壁岩石是否坚固。判别式为：

$$C \geqslant 2\left[\frac{\nu}{1-\nu}(10^{-6}\rho g H - p_s) + (p_s - p_{wf})\right] \tag{1—21}$$

式中 σ_t——井壁岩石的最大切向应力，MPa；

C——地层岩石的抗压强度，MPa；

ν——岩石的泊松比，小数；

ρ——上覆岩层的平均密度，kg/m^3；

g——重力加速度，m/s^2；

H——油层深度，m；

p_s——油层流体压力，MPa；

p_{wf}——油井生产时的井底流压，MPa。

如果式（1—21）成立（即 $C \geqslant \sigma_t$），则表明在上述生产压差（$p_s - p_{wf}$）下，井壁岩石是坚固的，不会引起岩石结构的破坏，也就不会出骨架砂，可以选择不防砂的完井方式。反之，油层胶结强度低，井壁岩石的最大切向应力超过岩石的抗压强度引起岩石结构的破坏，油层会出骨架砂，需要采取防砂完井方式。

水平井井壁岩石所受的最大切向应力 σ_t 可由下式表达：

$$\sigma_t = \frac{3-4\nu}{1-\nu}(10^{-6}\rho g H - p_s) + 2(p_s - p) \tag{1—22}$$

各参数符号意义同上。对比式（1—21）和式（1—22）可以看出，由于岩石的泊松比一般在0.15～0.4之间，故 $(3-4\nu)/(1-\nu) > 2\nu/(1-\nu)$，因此在相同埋深处水平井井壁岩石所承受的切向应力要比垂直井的大。所以，在同样埋深处垂直井不出砂的地层，打水平井就不一定不出砂。同理，水平井井壁岩石的坚固程度判别式为：

$$C \geqslant \frac{3-4\nu}{1-\nu}(10^{-6}\rho g H - p_s) + 2(p_s - p_{wf}) \tag{1—23}$$

对于其他角度的定向斜井，其井壁岩石的坚固程度评价可参考文献［57］。

2. 井眼的力学稳定性

井眼的稳定性受化学和力学稳定性的综合影响。化学稳定性指油层是否含有膨胀性强容易坍塌的粘土夹层、石膏层和盐岩层。这些夹层在开采过程中遇水后极易膨胀和发生塑性蠕动，从而导致油层失去支撑而垮塌。对钻井过程中的井眼稳定性问题或化学稳定性问题，由于只发生在特殊地层，且由于它的复杂性和多变性，本节均不拟论述。因而本节重点论述生产过程中井眼的力学稳定性问题，研究在生产过程中井壁岩石所受的剪应力与岩石抗剪强度的关系，从而为选择是否支撑井壁的完井方式提供依据。

不考虑热应力的影响，按照忽略中间主应力的 Mohr－Coulumb 剪切破坏理论，作用在井壁岩石最大剪切应力平面上的剪切应力和有效法向应力为：

$$\tau_{max} = (\sigma_1 - \sigma_3)/2$$

$$\bar{\sigma}_N = (\sigma_1 + \sigma_3)/2 - p_s \tag{1—24}$$

式中 τ_{max}——最大剪切应力，MPa；

$\bar{\sigma}_N$——作用在最大剪切应力平面上的有效法向应力，MPa；

σ_1——作用在井壁岩石上的最大主应力，MPa；

σ_3——作用在井壁岩石上的最小主应力，MPa；

p_s——地层孔隙压力，MPa。

根据考虑中间主应力的 Von. Mises 剪切破坏理论，可以计算作用在井壁岩石上的剪切应力均方根（广义剪应力）和有效法向应力：

$$J_2^{0.5} = \sqrt{1/6[(\sigma_1 - \sigma_2)^2 + (\sigma_2 - \sigma_3)^2 + (\sigma_3 - \sigma_1)^2]} \tag{1—25}$$

$$\bar{J}_1 = \frac{1}{3}(\sigma_1 + \sigma_2 + \sigma_3) - p_s$$

式中 $J_2^{0.5}$——剪切应力均方根，MPa；

$\bar{J}_1$——有效法向应力，MPa；

σ_2——中间主应力，MPa。

公式中的其他符号意义同上。下面简介两种稳定性判据。

Bradley 井眼周围应力计算方法如下：

1）根据原水平方向地应力 σ_{T1}、σ_{T2} 和原垂向地应力 σ_0，井眼的倾斜角 γ，井眼的方位角 φ，将原地应力转换为井轴直角坐标系统中的 3 个法向应力（正应力），及 3 个剪切应力。

$$\sigma_x = (\sigma_{T1}\cos^2\varphi + \sigma_{T2}\sin^2\varphi)\cos^2\gamma + \sigma_0\sin^2\gamma$$

$$\sigma_y = (\sigma_{T1}\sin^2\varphi + \sigma_{T2}\cos^2\varphi)$$

$$\sigma_{zz} = (\sigma_{T1}\cos^2\varphi + \sigma_{T2}\sin^2\varphi)\sin^2\gamma + \sigma_0\cos^2\gamma$$

$$\tau_{yz} = 0.5(\sigma_{T2} - \sigma_{T1})\sin(2\varphi)\sin\gamma$$

$$\tau_{xz} = 0.5(\sigma_{T1}\cos^2\varphi + \sigma_{T2}\sin^2\varphi - \sigma_0)\sin(2\gamma)$$

$$\tau_{xy} = 0.5(\sigma_{T2} - \sigma_{T1})\sin(2\varphi)\cos\gamma$$

2）根据井轴直角坐标系中的 3 个法向应力（正应力）和剪切应力，将它们转换为井眼圆柱体坐标系中的 3 个法向应力（正应力）σ_r、σ_θ、σ_z 和剪切应力 $\tau_{r\theta}$、τ_{rz}、$\tau_{\theta z}$。

$$\sigma_r = p_w$$

$$\sigma_\theta = (\sigma_x + \sigma_y - p_w) - 2(\sigma_x - \sigma_y)\cos(2\theta) - 4\tau_{xy}\sin(2\theta)$$

$$\sigma_z = \sigma_{zz} - 2\mu(\sigma_x - \sigma_y)\cos(2\theta) - 4\mu\tau_{xy}\sin(2\theta)$$

$$\tau_{r\theta} = \tau_{rz} = 0$$

$$\tau_{\theta z} = 2(\tau_{yz}\cos\theta - \tau_{xz}\sin\theta)$$

3）根据井眼圆柱体坐标系中的法向应力（正应力）和剪切应力，计算其主应力。

$$\sigma_1 = \sigma_r = p_w$$

$$\sigma_{2,3} = \frac{1}{2}(\sigma_\theta + \sigma_z) \pm \frac{1}{2}\left[(\sigma_\theta - \sigma_z)^2 + 4\tau_{\theta z}^2\right]^{1/2}$$

计算后按其大小重新安排标码。σ_1 代表最大主应力，σ_3 代表最小主应力，σ_2 代表中间主应力。

最后根据直线型剪切强度公式，计算井壁岩石的剪切强度，即：

$$[\tau] = C_h + \bar{\sigma}_n \tan\phi \tag{1—26}$$

$$C_h = \frac{1}{2}\sqrt{\sigma_c \sigma_t}$$

$$\phi = 90° - \arccos\frac{\sigma_c - \sigma_t}{\sigma_c + \sigma_t}$$

式中 $[\tau]$——油层岩石的剪切强度，MPa；

C_h——油层岩石的内聚力，MPa；

ϕ——油层岩石的内摩擦角，(°)；

σ_c——油层岩石的单轴抗压强度，MPa；

σ_t——油层岩石的单轴抗拉强度，MPa；

$\bar{\sigma}_N$——由式（1—24）算出的有效法向应力，MPa。

式（1—26）表明，只要已知油层岩石的单轴抗压强度 σ_c 和抗拉强度 σ_t，便可算出油层岩石的剪切强度 $[\tau]$。若由式（1—26）算出的油层岩石剪切强度大于由式（1—24）算出的井壁岩石之最大剪切应力，即 $[\tau] > \tau_{max}$，表明：不会发生井眼的力学不稳定；反之，将会发生井眼的力学不稳定，即有可能发生井眼坍塌，因而不能采用裸眼完井方式。

若是根据 Von. Mises 剪切破坏理论，计算井壁岩石应力状态，则可根据直线型剪切强度均方根公式，计算井壁岩石的剪切强度均方根，即：

$$[J_2^{0.5}] = \alpha + \bar{J}_1 \tan\beta \tag{1—27}$$

$$\alpha = \frac{3C_h}{(9 + 12\tan^2\phi)^{0.5}}$$

$$\tan\beta = \frac{3\tan\phi}{(9 + 12\tan^2\phi)^{0.5}}$$

式中 $[J_2^{0.5}]$——油层岩石的剪切强度均方根，MPa；

α——岩石材质常数，MPa；

β——岩石材质常数；

$\bar{J}$——由式（1—25）算出的有效法向应力。

若由式（1—27）算出的剪切强度均方根 $[J_2^{0.5}]$ 大于由式（1—25）算出的剪切应力均方根 $J_2^{0.5}$，则表明不会发生力学上的不稳定，反之将会发生井眼的力学不稳定。

三、地应力与完井工程的关系

完井方式的选择（参见第二章）和完井工程的设计要考虑油气井生产过程的长期行为，地应力分布（特别是井眼周围的应力状态）与完井工程的关系主要体现在如下几个方面。

1. 地应力为完井方式优选和完井工程设计提供依据

钻井后由于井眼周围应力集中的作用，使井眼周围的应力状态发生了巨大的改变，完全不同于原地应力，特别是井壁岩石在生产过程中所受的最大切向应力和最大剪应力直接与井壁岩石的破坏有关。一般来讲，井壁岩石是否破坏与井眼的稳定性相关，从而决定是否采取支撑井壁的完井方式；而井壁岩石是否发生张性破坏则与井壁岩石的坚固程度相关，对砂岩地层来讲，就是决定是否采取防砂完井的前提。因此，井眼周围的应力状态直接影响完井方式的选定（详细内容参见第二章）。此外，井眼周围的应力状态还直接影响套管的设计（参见第五章）和水力压裂及酸压设计（参见第八章）。

2. 地应力状态决定水力压裂及酸压所产生的裂缝形态

对Ⅰ类地应力地层，垂向应力为最大主应力，水力压裂产生的裂缝与最小主应力方向垂直，这类地层压裂或酸压产生的裂缝总是垂直缝。反之，对Ⅱ类地应力地层，垂向应力为最小主应力，水力压裂产生的裂缝与最小主应力方向垂直，这类地层压裂或酸压产生的裂缝总是水平缝。因此，地应力状态及类型决定压裂或酸压产生的裂缝形状，也就直接影响到压裂设计。

第六节　采油工程技术依据

一、注水

我国的砂岩油田主要是陆相沉积。其特点是层系多、薄互层多，低渗透油层占有不小的比例，油层压力普遍偏低，因而油田大多采用早期注水开发，而且是多套层系同井开采，所以多采用分层注水的工艺技术。由于注水贯穿于油田开发的全过程，而且注水压力接近油层破裂压力，特别是深井低渗透油层其注水压力较高，因此应根据油水井的节点分析确定合理的注水压力值，完井方式只能是套管射孔完井，还必须有良好的固井质量。要求各油层之间，以及油层与隔层之间封隔好，在油田注水开发过程中不渗不窜，不仅能做到各注水层分隔开，同时应考虑油层套管强度和螺纹密封性，以保证注水井在长期承受高压下正常工作。

二、压裂、酸化

我国低渗透砂岩地层大多要注水开发和压裂增产，又因为层系多要采取分层压裂。在从油管注入压裂液时，由于排量大摩阻高，因而施工压力高。有时采用加大油管尺寸的办法来减少油管摩阻，从而降低施工压力。凡是进行压裂措施的油、气、水井都必须采用套管射孔完成，若施工压力高，要加大油管尺寸，则应考虑油套管尺寸匹配。至于碳酸盐岩地层，不论是裂缝性还是孔隙性地层，大多需要常规酸化投产，这类井有时采用裸眼完成，若油层层段太长，或有气顶、底水，要进行酸压措施，则必须采用套管射孔完成。凡要进行压裂酸化的油气井，在做套管设计时，应考虑施工的高压来进行套管强度计算及考虑到螺纹的密封性。

三、气顶、底水和边水控制

不论砂岩还是碳酸盐岩块状油气田大都存在气顶、底水或边水控制问题，有的油藏可能同时存在气顶、底水或边水，或者仅有气顶、底水或边水，完井时必须充分考虑如何发挥气顶、底水或边水的有利作用，同时又要能有效地控制其不利因素。

完井方式不宜选择裸眼完成，只能采用套管射孔完成，同时要选择好射孔部位，以便控制气顶气、底水或边水侵入油井中。

四、调整井

调整井是油田开发中、后期，为了调整井网或者是油水井损坏不能利用，为完善井网重钻的油、水井。这类井与原来钻开发井有很大的不同，主要表现在油水井压力系统、层间压力和油层含油饱和度都已发生很大变化，有的夹层或油层已坍塌，更重要的是井下液体处于流动状态，这给固井造成很大的困难。因此，对调整井固井时，周围的注水井应停注，或油井关井，或在套管柱带上套管外封隔器，将高压流动层卡掉。

五、注蒸汽热采

稠油，特别是特稠油和超稠油，因地下原油黏度高，几乎不能流动，用常规方法无法开采，必须采用热采。当前世界各国主要使用注蒸汽热采。蒸汽注入压力和温度视油层深度而定，同时由于稠油黏度高，流动阻力大，故宜选择大直径（≥7in）套管和大直径油管（≥3in），同时考虑套管在高温下的伸长，应采用预应力套管完井并考虑套管螺纹的密封性，此外要用耐高温水泥固井并返至地面。必要时还可采用水平井重力泄油方式开采。

六、防砂

根据油层井壁岩石的坚固程度及试油资料，若判定油层生产时会出砂，则应选择防砂完井方式。一般情况下，厚油层、无气顶、无底水时，可采用裸眼或套管射孔完井防砂。薄层或薄互层则应采用套管射孔完井防砂。可根据油层厚度、出砂程度和砂粒直径的大小选择不同的防砂方法。防砂井最好下178mm（7in）以上的套管，既可减缓油流入井速度，又可在砾石充填防砂时增加防砂厚度以提高防砂效果。

七、防腐、防垢

硫化氢（H_2S）或二氧化碳（CO_2）是腐蚀性气体，对套管、油管及井下工具都有很强烈的腐蚀或氢脆作用。气井的天然气中或油井的伴生气中往往含有H_2S或CO_2气体，对这类油、气井完井，应采用抗腐蚀性钢材的套管、油管及井下工具，同时，在油气层顶部以上下入永久性封隔器及配套管柱，防止腐蚀性气体进入油套管环形空间，必要时还在环形空间中替入保护液，或从环形空间注入防腐液，以保护油管、套管及井下工具。

有的油田地层水矿化度很高，如中原油田的地层水即高达（20～30）$\times 10^4$mg/L，塔里木东河塘油田地层水矿化度达（20～26）$\times 10^4$mg/L。这些高矿化度地层水对油套管腐蚀严重，有时还可能在油管内壁结垢、结盐，在完井时除采取上述防腐措施外，往往从环形空间向油管中注入防垢等化学剂。

八、注天然气及其他气体

注气主要指凝析气田循环注气或三次采油中注N_2、CO_2或其他气体。不论注哪一种气体，因其密度小，气柱压力小，因而注气压力都比较高。套管要长期在高压下工作，在完井时只能选用套管射孔完井，还必须考虑套管强度、套管螺纹的气密性，注气井固井水泥要加防气窜剂还要返至地面，并下永久封隔器至油（气）层顶部以保护套管。管柱应带不压井井下工具，即油管在不压井的情况下可提到油层以上压井，以免压井液伤害油（气）层。

九、垂直或复合式裂缝及高倾角层状油层

新疆克拉玛依东疆火烧山、石西及小拐油田大多为垂直或复合式裂缝油层，这种类型油藏，压力系数普遍偏低，若采用常规方式完井，固井注水泥时易造成水泥大量漏失，不仅未封住油层，而且造成油层深部的严重伤害。这类油层的完井应考虑将技术套管下至油层顶部固井后，再钻开油层，下割缝衬管完井；或采用套管外封隔器将油层分隔成若干层段。此类裂缝发育的油井，不宜用压裂投产，因压裂液在裂缝中滤失太大，难以形成压力场而将油层压开裂缝，即使采用大排量、大砂量也难以形成长裂缝以沟通其他裂缝，个别油田的实践已证明这个论点。对于此类裂缝性油层，大多采用水平井完井，利用水平井段穿越裂缝，水平段长度将大大长于压裂裂缝长度，美国奥斯汀白垩系垂直裂缝地层都是利用水平井去穿越多条裂缝，取得明显的开发效果。

至于高倾角层状油藏，不宜用直井完井，因钻直井只能钻遇少数油层，有时仅能钻遇一两个油层。若用定向井完井，则钻穿油层数多及油层总厚度大，若用水平井完井，则效果明显高于定向井和直井。胜利埕东油田的石炭系与二叠系地层不整合面为 60°，为陡角裂缝多套层状油层，采用定向井和水平井完井，大大提高了单井产量。

十、层状油层

层状油层是陆相油层沉积特点之一，即砂岩沉积后，接着是泥岩沉积，从而形成层状油层。层状油层有一定厚度，有的则是薄互夹层。层状油层一般都应采用直井完井，油层有一定厚度，达到水平井开采的条件也可用水平井完井，但薄互油层只能采用直井完井；不论层状油层或薄互油层都应采取套管射孔完成，因为泥岩夹层易坍塌，特别是注水开发的油田，若注入水进入泥岩层会引起粘土膨胀或滑移，更加剧了泥岩的坍塌。采用套管射孔完成，仅射开油层，可以同井多层合采或分层段开采，并可分层注水，实施注水开发油田。

十一、块状油层

块状油层是指大面积的厚油层，油层中几乎没有泥岩隔层，块状油层既有砂岩油层（如辽河高升油田Ⅲ区），又有碳酸盐岩油藏（如华北任丘古潜山油田）。块状油层既有稀油，也有稠油，可以钻直井完井，若有气顶、底水即应采用套管射孔完成。辽河高升稠油油田裸眼完成，因有气顶，油井生产后气窜影响正常生产。华北任丘碳酸盐岩油田裸眼完成，因有底水，生产一段时间后，底水锥进，含水上升很快。块状油层也可采用水平井完井，并根据油藏具体情况，选择套管射孔完成或裸眼割缝衬管完成（最好是割缝衬管加套管外封隔器完成）。

十二、裂缝性油藏

包括碳酸盐岩、变质岩或火成岩的古潜山油藏，大多数为块状有时也有层状油藏，油层大都为裂缝性或裂缝及孔隙性双重介质，有时也有底水和气顶。对于层状油藏，应钻穿油层，采用套管射孔完成。至于块状油藏，可将技术套管下至油层顶部，再钻开风化壳后裸眼完井。但裸眼完井有许多问题难以解决，如控制底水、气顶和进行酸化及堵水等措施，为此，目前大多数块状油层也多采用套管射孔完成。

十三、层间压力差大的同井合采

多套层系同井合采时，就应认真考虑其完井方式。首先应考虑的是各层系间压力、产量差异，若差异不大，则可同井合采，若差异大，特别是层间压力差异大，因层间干扰大，高压层的油将向低压层倒灌，多套层系开采的产量反而低于单套层系的产量，在这种情况下，即应按单套层系开采，但有时单套层系的储量丰度又不足以单独开采，此时只能采用同井双

管采油，每根油管开采一套层系，以消除层间干扰，保证两套层系都能正常生产（图1—37）。

双管采油虽然解决了层间干扰的问题，但其使用有局限性。因双管采油时，两根油管柱所有的层系，自喷期不一定是同期的，可能其中一套层系先停喷，则双管采油即变成单管采油井了。为了保持双管采油的产量，一般的做法是双管的下部都带有气举阀，一旦双管中一管生产不正常或停喷，立即转气举采油接替。其他人工举升方式都不适用于双管采油。双管采油虽然有其优越性，但由于井下工具复杂，井口要使用双管采油树，特别是必须有供气举采油的天然气资源，供气流程及设备，因而采用此方式受到一定的限制。若不具备这些条件，只好采用单管井各开采一套层系。

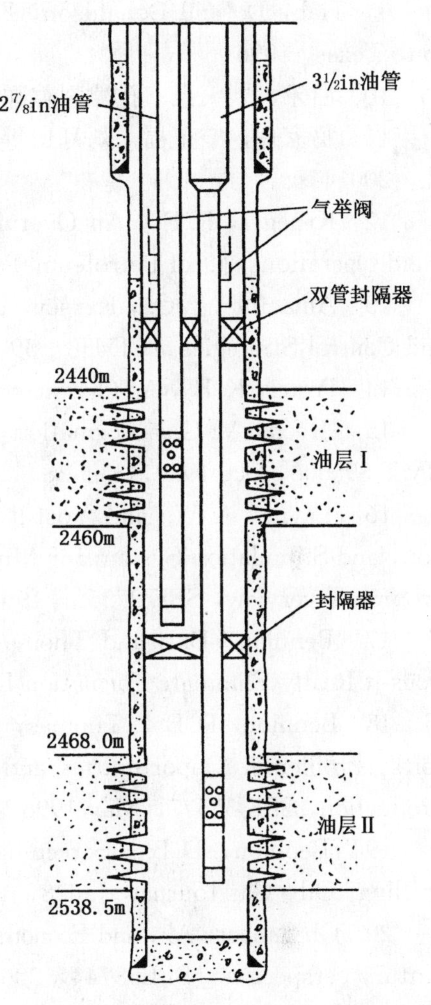

图1—37 双管气举采油管柱图

十四、水平井

水平井应用从20世纪90年代以来发展迅速，已在不同条件和各种类型油藏中广泛使用。不仅用于单井生产和找剩余油，而且用于整个油田的开发。至于水平井的完井，可根据油藏具体条件及油田开发的要求，选择裸眼、裸眼衬管、套管射孔完井。当前，大多是技术套管完井后，钻完水平段后完井。最后，生产套管回接完井。确保安全生产。

水平井目前已不是单支水平井，而是发展了分支水平井、多底井等多种形式，如在一口水平井的水平段中或直井段中再分出几支水平井去开采几个层系，这样可以提高单井产量，同时减少建井成本。多分支井完井难度较大，可能一分支为套管射孔完井，另1－2支为衬管完井，其他分支只能裸眼完井了。

参考文献

1 М.И. 马克西莫夫，魏智，何庆森译．油田开发地质基础（第二版）．北京：石油工业出版社，1980

2 P.A. 迪基著，吴振鑫，闵豫等译．石油开发地质学（第二版）．北京：石油工业出版社，1984

3 裘怿楠，陈子琪主编．油藏描述．北京：石油工业出版社，1996

4 金毓荪主编．采油地质工程（第二版）．北京：石油工业出版社，2003

5 唐泽尧主编．气田开发地质．北京：石油工业出版社，1997

6 吴元燕，徐龙，张昌明等编．油气储层地质．北京：石油工业出版社，1996

7 王允诚编著．油气储层评价．北京：石油工业出版社，1999

8 陈颙，黄庭芳．岩石物理学．北京：北京大学出版社，2001

9　Tiab, D. and Donaldson, E. C., Petrophysics, Gulf Publishing Company, Houston, Texas, 1996

10　白矛，刘天泉．孔隙裂隙弹性理论及应用导论．北京：石油工业出版社，1999

11　葛家理，宁正福，刘月田等编著．现代油藏渗流力学原理．北京：石油工业出版社，2001

12　Krueger, R. F., An Overview of Formation Damage and Well Productivity in Oil Field Operations, J. of Petroleum Tech., Feb., 1986

13　Amaefule, J. O., Kersey, D. G. et al, Advances in Formation Damage Assessment and Control Strategies, CIM88-39-65, 1988

14　Porter, K. E., An Overview of Formation Damage, J. of Petroleum Tech, Aug. 1989

15　Reed, M. G., Formation Damage Prevention During Drilling and Completion, NMT 890006, Oct. 1989, 33-38

16　Layne, A. W. and Yost Ⅱ, A. B., Development of Advanced Drilling, Completion, and Stimulation System for Minimum Formation Damage and Improved Efficiency: A Program Overview, SPE 27353, 1994

17　Bennion, D. B. and Thoma, F. B., Underbalanced Drilling of Horizontal Wells: Does it Really Eliminate Formation Damage? SPE 27352, 1994

18　Bennion, D. B., Thomas, F. B. and Bietz, R. F., Low Permeability Gas Reservoirs: Problems, Opportunities and Solutions for Drilling, Completion, Stimulation and Production, SPE 35577, May 1996

19　Bennion, D. B., Screening Criteria Help Select Formations for Underbalanced Drilling, Oil&Gas Journal, Jan. 8, 1996

20　Ghalambor, Ali, and Economides, M. J., Formation damage abatement: a quarter-century perspective, SPE58744, 2000

21　罗平亚．中国石油天然气总公司院士文集（罗平亚集）．北京：中国大百科全书出版社，1997

22　张绍槐，罗平亚等编著．保护储集层技术．北京：石油工业出版社，1993

23　万仁溥等编著．现代完井工程（第二版）．北京：石油工业出版社，2000

24　李克向主编．保护油气层钻井完井技术．北京：石油工业出版社，1993

25　徐同台，洪培云，潘世奎主编．水平井钻井液与完井液．北京：石油工业出版社，1999

26　樊世忠编著．钻井完井液与保护油气层技术．徐州：中国矿业大学出版社，2002

27　罗英俊主编．开发生产过程中的油气层保护技术．北京：石油工业出版社，1996

28　徐同台，赵敏，熊友明等编著．保护油气层技术（第二版）．北京：石油工业出版社，2003

29　罗平亚，康毅力，孟英峰．我国储层保护技术实现跨越式发展．天然气工业，2006，26（1）：84～87

30　康毅力，罗平亚．粘土矿物对砂岩储层伤害的影响——回顾与展望．钻井液与完井液，2000，17（5）：36～40

31　康毅力，罗平亚，焦棣等．川西致密含气砂岩的粘土矿物与潜在地层伤害．西南石

油学院学报.1998，20（4）：1～5

32 康毅力，罗平亚，杨勇等.川西致密砂岩气层的工程地质特征与保护对策.西南石油学院学报.1999，21（1）：1～5

33 康毅力，罗平亚，焦棣等.川西致密含气砂岩钻井完井地层伤害控制战略.天然气工业，1999，19（4）：46～50

34 康毅力，罗平亚，徐进等.川西致密砂岩气层保护技术——进展与挑战.西南石油学院学报，2000，22（3）：1～5

35 Kang Yili，Luo Pingya，Xu Jin and Xu Xinghua，Employing both Damage Control and Stimulation：A Way to Successful Development for Tight gas Sandstone Reservoirs，Paper SPE 64707 presented at the SPE international Oil and Gas Conference and Exhibition in China held in Beijing，China，7～10 November 2000

36 康毅力，张浩等.大牛地气田致密砂岩储层应力敏感性综合研究.天然气地球科学，2006，17（3）：335～338

37 张浩，康毅力等.岩石组分和裂缝对致密砂岩应力敏感性的影响.天然气工业，2004，24（7）：55～57

38 张浩，康毅力等.有效应力和温度对致密砂岩渗透率的影响.天然气工业，2004，24（增刊）

39 张浩，康毅力等.致密砂岩油气储层岩石变形理论与应力敏感性.天然气地球科学，2004，15（5）：482～486

40 张浩，康毅力等.鄂尔多斯盆地北部致密砂岩气藏应力敏感性实验评价.低渗透油气田，2005，10（1）：17～20

41 张浩，康毅力等.鄂尔多斯盆地北部致密砂岩粘土微结构与流体敏感性.钻井液与完井液，2005，22（6）：22～25

42 兰林，康毅力等.低渗—致密砂岩储层应力敏感性评价方法探讨.钻井液与完井液，2005，22（3）：1～4

43 兰林，康毅力等.基于原地有效应力的储层应力敏感性评价.天然气工业，2006，26（增刊A)：125～127

44 何健，康毅力等.孔隙型与裂缝——孔隙型碳酸盐岩储层应力敏感性研究.钻采工艺，2005，28（2）：84～86，93

45 何健，康毅力等.川渝地区碳酸盐岩气层钻井碱敏性实验研究.天然气工业，2005，25（8）：60～61

46 杨建，康毅力等.钻井完井液伤害对致密砂岩应力敏感性的强化作用.天然气工业，2006，26（8）：60～62

47 杨建，康毅力等.富含铁致密砂岩储层的酸敏性评价——以川中地区上三叠统须家河组气藏为例.油气地质与采收率，2006，13（6）：70～72

48 杨建，康毅力等.流体 pH 值对致密砂岩储层渗透率的影响.天然气工业，2005，25（10）：33～35

49 高波，康毅力等.特低渗透砂岩储层盐敏实验及应用.钻井液与完井液，2005，22（4）：49～51

50 高波，康毅力等.特低渗透砂岩油层速敏特性实验研究.低渗透油气田，2004，9

(3)：13～16

51　游利军，康毅力等．含水饱和度和有效应力对致密砂岩有效渗透率的影响．天然气工业，2004，24（12）：105～107

52　游利军，康毅力等．考虑裂缝和水饱和度的致密砂岩应力敏感性．中国石油大学学报，2006，30（2）：59～63

53　游利军，康毅力等．致密砂岩气藏水相圈闭伤害实验研究及应用．钻井液与完井液，2006，23（2）：4～7

54　游利军，康毅力等．致密砂岩含水饱和度建立新方法——毛管自吸法．西南石油学院学报，2004，26（6）：28～31

55　游利军，康毅力等．致密砂岩气层毛管自吸作用研究．天然气工业，2004，24（增刊）：90～92

56　王永恒，康毅力等．水平井钻井完井液伤害实验评价技术新进展．钻井液与完井液，2006，23（1）：72～75

57　熊友明等．产层岩石坚固程度判断指标“C”公式及其应用．西南石油学院学报，1994

第二章　完井方式选择

完井方式选择是完井工程的重要组成部分。目前完井方式有多种类型，但都有其各自的适用条件和局限性。只有根据油气藏类型和油气层的特性去选择最合适的完井方式，才能有效地开发油气田，延长油气井寿命和提高其经济效益。合理的完井方式应该根据油田开发方案的要求，做到充分发挥各油层段的潜力，油井管柱既能满足油井自喷采油的需要，又要考虑到后期人工举升采油的要求，同时还要为一些必要的井下作业措施创造良好条件，完井方式力求满足以下要求：

1）油、气层和井筒之间应保持最佳的连通条件，油、气层所受的伤害最小；

2）油、气层和井筒之间应具有尽可能大的渗流面积，油、气入井的阻力最小；

3）应能有效地封隔油、气、水层，防止气窜或水窜，防止层间的相互干扰；

4）应能有效地控制油层出砂，防止井壁坍塌，确保油井长期生产；

5）完井后所下油井管柱既能适应自喷采油的需要，又要考虑到与后期人工举升采油相适应；

6）应具备进行分层注水、注气、分层压裂、酸化以及堵水、调剖等井下作业措施的条件；

7）稠油开采能达到注蒸汽热采的要求；

8）油田开发后期具备侧钻的条件；

9）水平井具备钻分支水平井的条件；

10）应能有效防止 H_2S、CO_2，高矿化度盐水等腐蚀；

11）能抗盐岩层、盐膏层的蠕动；

12）施工工艺简便，经济效益好。

第一节　直井（斜直井）和定向井完井方式

目前国内外最常见的完井方式大致分为三种类型。

1）套管（尾管）射孔完井；

2）裸眼完井；

3）割缝衬管完井，又可细分为套管底部带割缝衬管完井和裸眼内下入割缝衬管完井。

由于现有的各种完井方式都有其各自适用的条件和局限性，因此，了解各种完井方式的特点是十分重要的。

一、射孔完井方式

射孔完井是国内外最为广泛和最主要使用的一种完井方式。其中包括套管射孔完井、尾管射孔完井和尾管回接射孔完井。

1. 套管射孔完井

套管射孔完井是钻穿油层直至设计井深，然后下油层套管至油层底部注水泥固井，最后射孔，射孔弹射穿油层套管、水泥环并穿透油层某一深度，建立起油流的通道。如图 2—1

所示。

套管射孔完井既可选择性地射开不同压力、不同物性的油层，以避免层间干扰，还可避开夹层水、底水和气顶，避开夹层的坍塌，具备实施分层注、采和选择性压裂或酸化等分层作业的条件。

2. 尾管射孔完井

尾管射孔完井是在钻头钻至油层顶界后，下技术套管注水泥固井，然后用小一级的钻头钻穿油层至设计井深，用钻具将尾管送下并悬挂在技术套管上。尾管和技术套管的重合段一般不小于 50m。再对尾管注水泥固井，然后射孔。如图 2—2 所示。

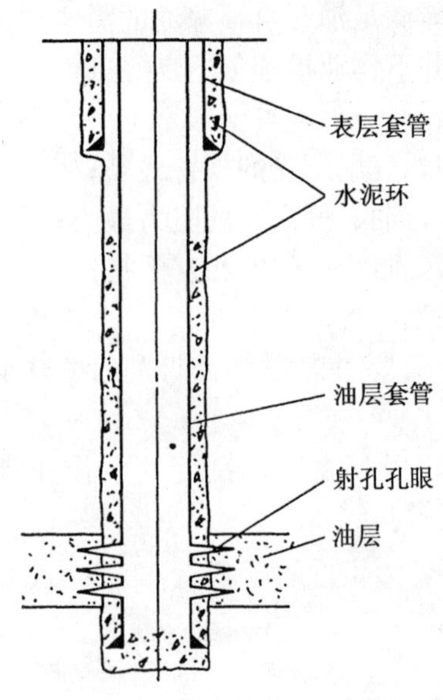

图 2—1 套管射孔完井示意图

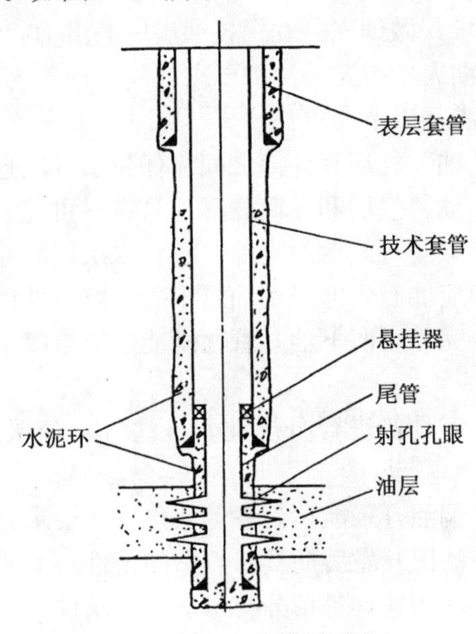

图 2—2 尾管射孔完井示意图

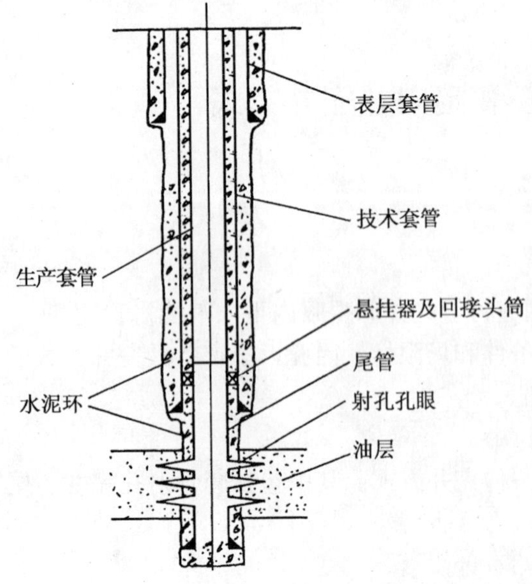

图 2—3 尾管回接射孔完井

尾管射孔完井由于在钻开油层以前上部地层已被技术套管封固，因此，可以采用与油层相配伍的钻井液以平衡压力、低平衡压力的方法钻开油层，有利于保护油层。此外，这种完井方式可以减少套管重量和油井水泥的用量，从而降低完井成本，目前较深的油、气井大多采用此方法完井。

3. 尾管回接射孔完井

尾管射孔完井，只适用于中低压油气井使用。此完井方式，油管管柱若不下封隔器，或下入封隔器失灵时，技术套管实际起到生产套管的作用，难以承受高压油气的压力。

当前，深井、超深井、高压、超高压油气井都采用套管与尾管回接完井。下完尾管，先对油气层部位注水泥固井，然后下生产套管与尾管回接，在常压下，从尾管上部的技术套管与生产套管环空注水泥返至地面，再在尾管射孔完井。保证了油层部位和油层上部全井筒的固井质量，做到油气井安全生产（若尾管为筛管，也按此程序进行，而无须射孔）。尾管回接射孔完井如图 2—3 所示。

射孔完井对多数油藏都能适用，其具体的使用条件见表 2—13。

二、裸眼完井方式

油层全部裸露的井筒（直井或水平井）称为裸眼完井，裸眼完井方式有两种完井工序。

1）钻头钻至油层顶界附近后，下技术套管注水泥固井。水泥浆上返至预定的设计高度后，再从技术套管中下入直径较小的钻头，钻穿水泥塞，钻开油层至设计井深完井。如图 2—4 所示。

有的厚油层适合于裸眼完成，但上部有气顶或顶界邻近又有水层时，也可以将技术套管下过油气界面，使其封隔油层的上部分，然后裸眼完井。必要时再射开其中的含油段，国外称为复合型完井方式，如图 2—5 所示。

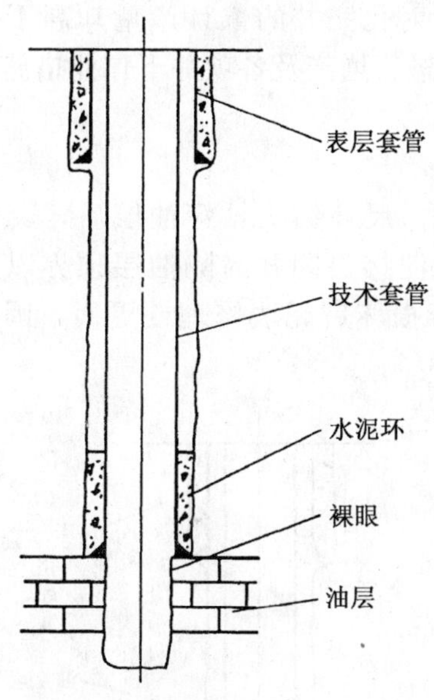

图 2—4　先期裸眼完井示意图

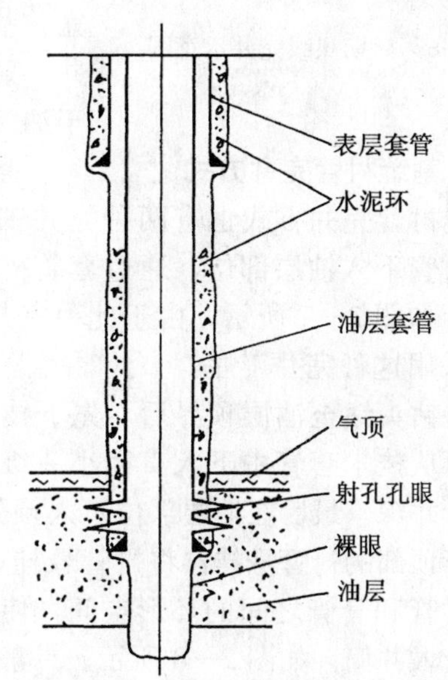

图 2—5　复合型完井方式示意图

2）不更换钻头，直接钻穿油层至设计井深，然后下技术套管至油层顶界附近，注水泥固井。固井时，为防止水泥浆伤害套管鞋以下的油层，通常在油层段垫砂或者替入低失水、高黏度的钻井液，以防水泥浆下沉。或者在套管下部安装套管外封隔器和注水泥接头，以承托环空的水泥浆，防止其下沉，这种完井工序钻井可以用一套钻具钻完目的层，但钻完目的层，再补下技术套管固井，又要钻掉水泥塞，重新通井，工序复杂，时间长，对油层伤害严重，往往造成地层坍塌，一般情况下不采用。见图 2—6 所示。

裸眼完井的最主要特点是油层完全裸露，因而油层具有最大的渗流面积。这种井称为水动力学完善井，其产能较高。裸眼完井虽然完善程度高，但使用局限很大。砂岩油、气层，中、低渗透层大多需要压裂改造，裸眼完井则无法进行。同时，砂岩中大都有泥页岩夹层，遇水多易坍塌而堵塞井筒。碳酸盐岩油气层，包括裂缝性油、气层，如 20 世

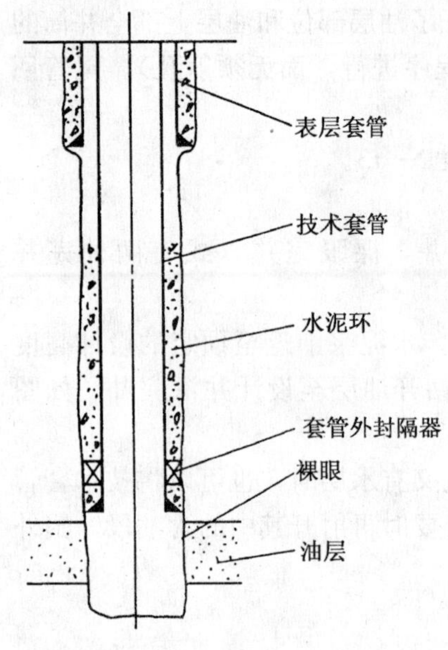

图 2—6　后期裸眼完井示意图

纪 70 年代中东的不少油田，我国华北任丘油田雾迷山的古潜山油藏，四川气田等大多使用裸眼完井。后因裸眼完井难以进行增产措施和控制底水锥进和堵水，以及射孔技术的进步，现多转变为套管射孔完成。水平井开展初期，20 世纪 80 年代初美国奥斯汀的白垩系碳酸盐岩垂直裂缝地层的水平井大多为裸眼完井，其他国家的一些水平井也有用裸眼完井，但 20 世纪 80 年代后期大多为割缝衬管或带管外封隔器的割缝衬管所代替。特别是当前水平井段加长或钻分支水平井，用裸眼完井就更少了，因为裸眼完井井筒坍塌问题难以解决，因此，裸眼井筒中，大多下入割缝衬管或钻孔管完井。裸眼完井适用的地质条件见表 2—13。

一般来说，在同一油气藏内，裸眼完井的初期日产量较高，但生产一段时间后，套管射孔完井的日产量与裸眼完井基本持平，最后射孔完井的累计产量却高于裸眼完井。射孔完井有利于进行增产及各项井下作业措施，有助于油气田稳产。

三、割缝衬管完井方式

割缝衬管完井方式也有两种完井工序。一是用同一尺寸钻头钻穿油层后，套管柱下端连接衬管下入油层部位，通过套管外封隔器和注水泥接头固井封隔油层顶界以上的环形空间。如图 2—7 所示。由于此种完井方式井下衬管损坏后无法修理或更换，因此，一般都不采用这种完井工序。

二是钻头钻至油层顶界后，先下技术套管注水泥固井，再从技术套管中下入直径小一级的钻头钻穿油层至设计井深。最后在油层部位下入预先割缝的衬管，依靠衬管顶部的衬管悬挂器将衬管悬挂在技术套管上，并密封衬管和套管之间的环形空间，使油气通过衬管的割缝流入井筒。如图 2—8 所示。一般都采用这种完井工序。

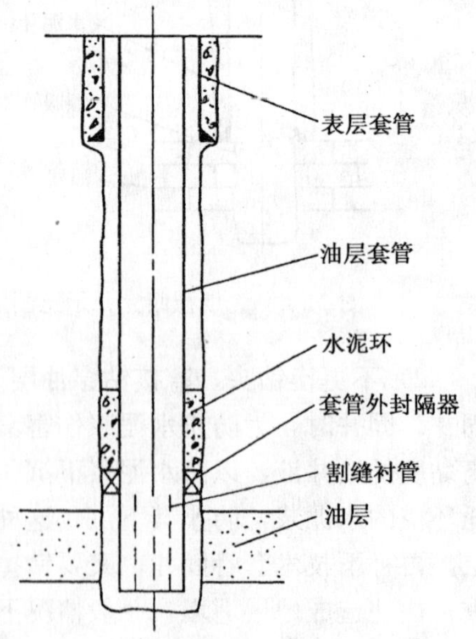

图 2—7　割缝衬管完井示意图

这种完井工序油层不会遭受固井水泥浆的伤害，可以采用与油层相配伍的钻井液或其他保护油层的钻井技术钻开油层，当割缝衬管发生磨损或失效时也可以起出修理或更换。

割缝衬管的防砂机理是允许一定大小的能被原油携带至地面的细小砂粒通过，而把较大的砂粒阻挡在衬管外面，大砂粒在衬管外形成“砂桥”，达到防砂的目的。如图 2—9 所示。

由于“砂桥”处流速较高，小砂粒不能停留在其中。砂粒的这种自然分选使“砂桥”具有较好的流通能力，同时又起到保护井壁骨架砂的作用。割缝缝眼的形状和尺寸应根据骨架砂粒度来确定。

1. 缝眼的形状

缝眼的剖面应呈梯形，如图 2—10 所示。梯形两斜边的夹角与衬管的承压大小及流通量有关，一般为 12°左右。梯形大的底边应为衬管内表面，小的底边应为衬管外表面。这种缝眼的形状可以避免砂粒卡死在缝眼内而堵塞衬管。

2. 缝口宽度

梯形缝眼小底边的宽度称为缝口宽度。割缝衬管防砂的关键就在于如何正确地确定缝口宽度。根据实验研究，砂粒在缝眼外形成“砂桥”的条件是：缝口宽度不大于砂粒直径的两倍，即

$$e \leqslant 2D_{10} \tag{2—1}$$

此处 e 代表缝口宽度，D_{10} 代表在产层砂粒度组成累积曲线上，占累积质量为 10%所对应的砂粒直径。这就表明：占砂样总质量为 90%的细小砂粒允许通过缝眼，而占砂样总质量为 10%的大直径承载骨架砂不能通过，被阻挡在衬管外面形成具有较高渗透率的“砂桥”。

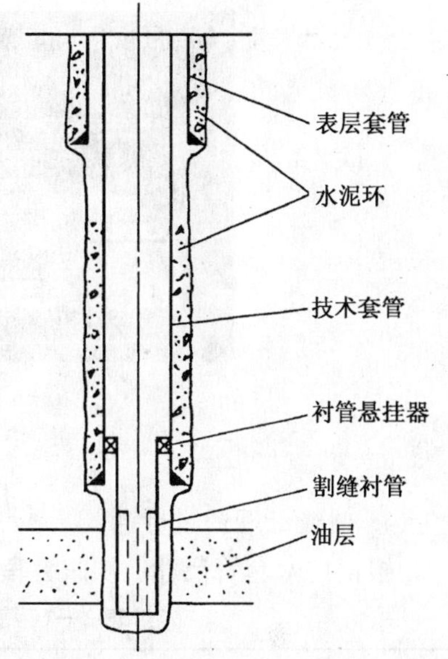

图 2—8　悬挂割缝衬管完井示意图

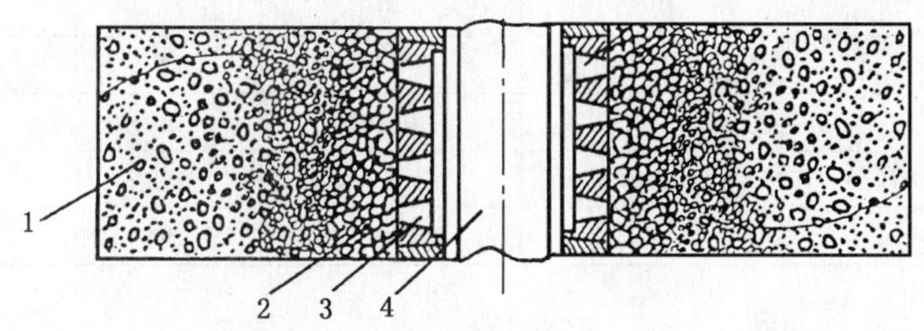

图 2—9　衬管外自然分选形成“砂桥”示意图

1—油层；2—砂桥；3—缝眼；4—井筒

3. 缝眼的排列形式

缝眼的排列形式有沿着衬管轴线的平行方向割缝或沿衬管轴线的垂直方向割缝两种（见图 2—10）。

由于垂直方向割缝的衬管比平行方向割缝的衬管强度低，因此一般都采用平行方向割缝。其缝眼的排列形式以交错排列为宜，以尽可能保留衬管的最大原有强度和保证有 2%～3%的张开割缝面积。如图 2—11 所示。

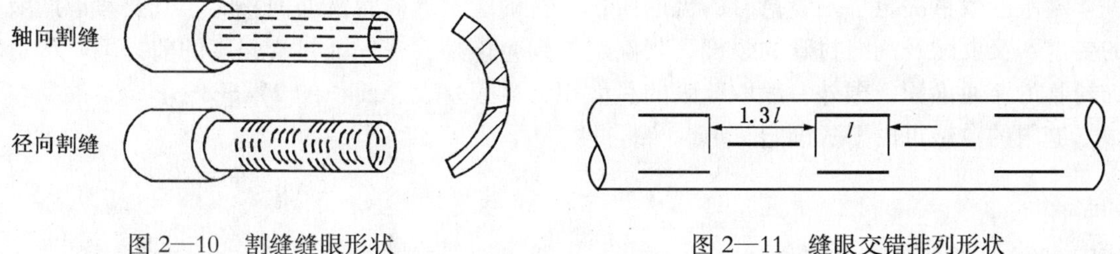

图 2—10　割缝缝眼形状

图 2—11　缝眼交错排列形状

设缝眼长度为 l（单位 mm），每条割缝边线上的纵向缝距为 1.3l（或优选其他适当倍数，单位 mm），n 为每米衬管缝眼的数量（条/m），沿衬管圆周方向，每隔 $360°/\frac{n}{1000/2.3l}$ 度均布一条割缝母线。

当割缝以成双成对方式交错分布在衬管上时，泄流面积最佳。如图 2—12 所示。

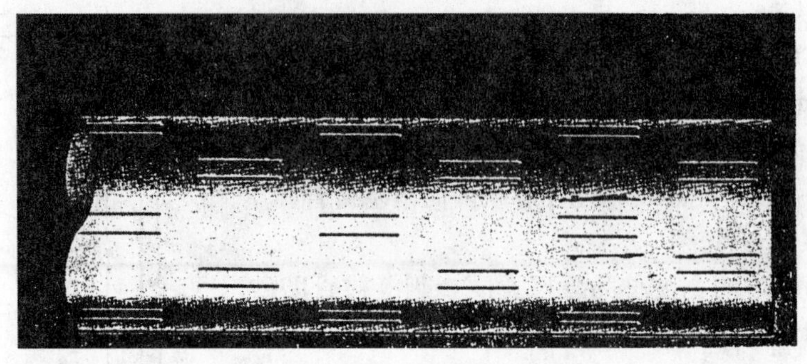

图 2—12　割缝多线条组交错排列

4. 割缝衬管的尺寸

根据技术套管尺寸、裸眼井段的钻头直径，可确定应下的割缝衬管外径，如表 2—1 所示。

表 2—1　割缝衬管完井，套管、钻头、衬管匹配表

技术套管		裸眼井段钻头		割缝衬管	
公称尺寸 in	套管外径 mm	公称尺寸 in	钻头直径 mm	公称尺寸 in	衬管外径 mm
7	177.8	6	152	5～5½	127～140
8⅝	219.1	7½	190	5½～6⅝	140～168
9⅝	244.5	8½	216	6⅝～7⅝	168～194
10¾	273.1	9⅝	244.5	7⅝～8⅝	194～219

5. 缝眼的长度

缝眼的长度应根据管径的大小和缝眼的排列形式而定，通常为 20～300mm。由于垂向割缝衬管的强度低，因此垂向割缝的缝长较短，一般为 20～50mm。平行向割缝的缝长一般为50～300mm。小直径高强度衬管取高值，大直径低强度衬管取低值。

6. 缝眼的数量

缝眼的数量决定了割缝衬管的流通面积。在确定割缝衬管流通面积时，既要考虑产液量的要求，又要顾及割缝衬管的强度。其确定原则应该是：在保证衬管强度的前提下，尽量增加衬管的流通面积。国外一般取缝眼的总面积为衬管外表总面积的 2%～3%。

缝眼的数量可由下式确定：

$$n = \frac{\alpha F}{el} \tag{2—2}$$

式中　n——缝眼的数量，条/m；

α——缝眼总面积占衬管外表总面积的百分数，一般取 2%～3%；

F——每米衬管外表面积，mm^2/m；

e——缝口宽度，mm；

l——缝眼长度，mm。

割缝衬管完井方式是当前主要的完井方式之一。它既起到裸眼完井的作用，又防止了裸眼完井井壁坍塌堵塞井筒的作用，同时在一定程度上起到防砂的作用。由于这种完井方式的工艺简单，操作方便，成本低，故而在一些出砂不严重的中粗砂粒油层中不乏使用，特别在水平井（包括水平分支井）中使用较普遍，其具体使用条件见表 2—13。

7. 割缝衬管加工

为保证割缝衬管具有较高的精密度和控制流量不变，在加工时应采用多圆盘机械设备和专门的数字计算系统，以及水力夹持装置。这种设备稳定坚固，能够牢固地稳定衬管，经其割缝的衬管，允许公差精确，割缝干净，缝宽和缝长一致，在有 3% 的开缝裸露面积情况下，衬管本身仍有最大的强度。

四、砾石充填完井方式

对于胶结疏松出砂严重的地层，一般应采用砾石充填完井方式。它是先将绕丝筛管下入井内油层部位，然后用充填液将在地面上预先选好的砾石泵送至绕丝筛管与井眼或绕丝筛管与套管之间的环形空间内，构成一个砾石充填层，以阻挡油层砂流入井筒，达到保护井壁、防砂入井之目的。砾石充填完井一般都使用不锈钢绕丝筛管而不用割缝衬管。其原因如下：

1）割缝衬管的缝口宽度由于受加工割刀强度的限制，最小为 0.5mm。因此，割缝衬管只适用于中、粗砂粒油层。而绕丝筛管的缝隙宽度最小可达 0.12mm，故其适用范围要大得多。

2）绕丝筛管是由绕丝形成一种连续缝隙，见图 2—13（a），流体通过筛管时几乎没有压力降。绕丝筛管的断面为梯形，外窄内宽，具有一定的“自洁”作用，轻微的堵塞可被产出流体疏通，见图 2—13（b、c）。而图 2—13（d）是无自洁作用的绕丝筛管。它们的流通面积要比割缝衬管大得多，见图 2—14。

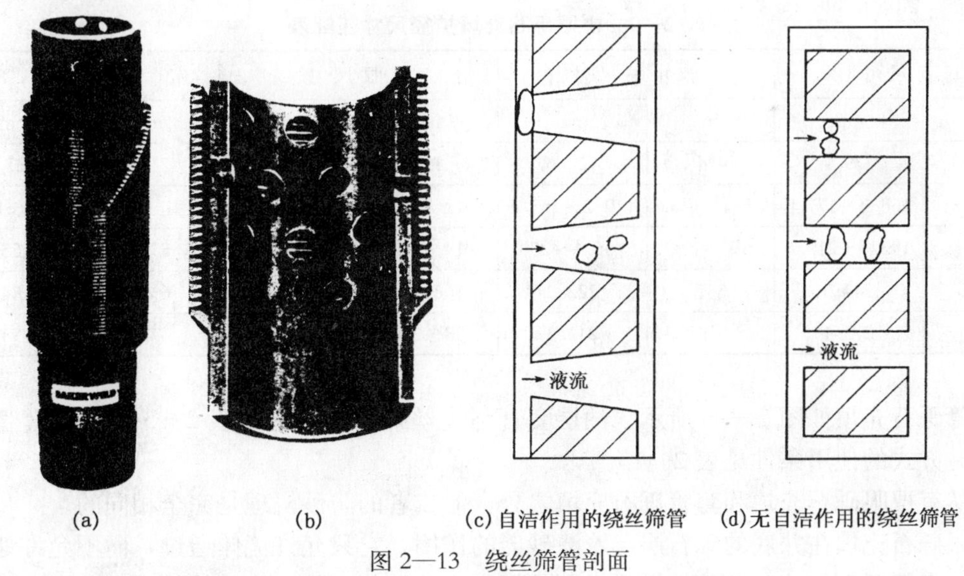

图 2—13　绕丝筛管剖面

3）绕丝筛管以不锈钢丝为原料，其耐腐蚀性强，使用寿命长，综合经济效益高。

为了适应不同油层特性的需要，裸眼完井和射孔完井都可以充填砾石，分别称为裸眼砾石充填和套管砾石充填。

1. 裸眼砾石充填完井方式

在地质条件允许使用裸眼而又需要防砂时，就应该采用裸眼砾石充填完井方式。其工序是钻头钻达油层顶界以上约 3m 后，下技术套管注水泥固井，再用小一级的钻头钻穿水泥塞，钻开油层至设计井深，然后更换扩张式钻头将油层部位的井径扩大到技术套管外径的

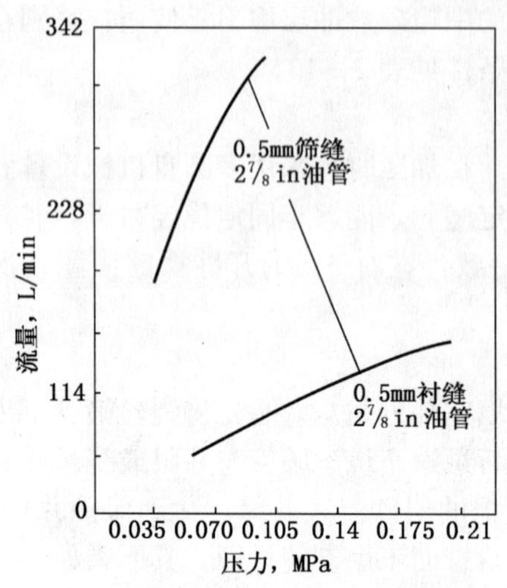

图 2—14　筛管与衬管流通能力对比图

1.5～2 倍，以确保充填砾石时有较大的环形空间，增加防砂层的厚度，提高防砂效果。一般砾石层的厚度不小于 50mm。

裸眼扩径的尺寸匹配见表 2—2。

扩眼工序完成后，便可进行砾石充填工序。如图 2—15 所示。

裸眼砾石充填完井方式的适用条件见表 2—13。

2. 套管砾石充填完井方式

套管砾石充填的完井工序是：钻头钻穿油层至设计井深后，下油层套管于油层底部，注水泥固井，然后对油层部位射孔。要求采用高孔密（30～40 孔/m），大孔径（20～25.4mm）射孔，以增大充填流通面积，有时还把套管外的油层砂冲掉，以便于向孔眼外的周围油层填入砾石，避免砾石和地层砂混合增大渗流阻力。充填液有两种，一是用 HEC 或聚合物作充填液，高密度充填，携砂体积比达 96％（12lb/gal），也就是 $1m^3$ 液体要充填 $0.96m^3$ 砾石。二是采用低黏度盐水作携砂液，携砂比为 8％～15％（1～2lb/gal），这样可以减少高黏携砂液对地层的伤害。

表 2—2　裸眼砾石充填扩径尺寸匹配表

套管尺寸		小井眼尺寸		扩眼尺寸		筛管外径	
in	mm	in	mm	in	mm	in	mm
5½	139.7	4¾	120.6	12	305	2⅞	87
6⅝～7	168.3～177.8	5⅞～6⅛	149.2～155.5	12～16	305～407	4～5	117～142
7⅝～8⅝	193.7～219.1	6½～7⅞	165.1～200	14～18	355.6～457.2	5½	155
9⅝	244.5	8¾	222.2	16～20	407～508	6⅝	184
10¾	273.1	9½	241.3	18～20	457.2～508	7	194

套管砾石充填如图 2—16 所示。油层套管与绕丝筛管的匹配如表 2—3 所示。套管砾石充填完井方式的使用条件见表 2—13。

虽然有裸眼砾石充填和套管砾石充填之分，但二者的防砂机理是完全相同的。

裸眼砾石充填在井底的砾石层起着滤砂器的作用，它只允许流体通过，而不允许地层砂粒通过。套管砾石充填防砂的关键是必须选择与出砂粒径匹配的绕丝筛管及与油层岩石颗粒组成相匹配的砾石尺寸。选择原则是既要能阻挡油层出砂，又要使砾石充填层具有较高的渗透性能。因此，绕丝筛管和砾石的尺寸、砾石的质量、充填液的性能、高砂比充填［要求砂液体积比达到（0.8～1）：1］及施工质量是砾石充填完井防砂成功的技术关键。

3. 砾石质量要求

充填砾石的质量直接影响防砂效果及完井产能。因此，砾石的质量控制十分重要。砾石质量包括：砾石粒径的选择、砾石尺寸合格程度、砾石的球度和圆度、砾石的酸溶度、砾石的强度等。

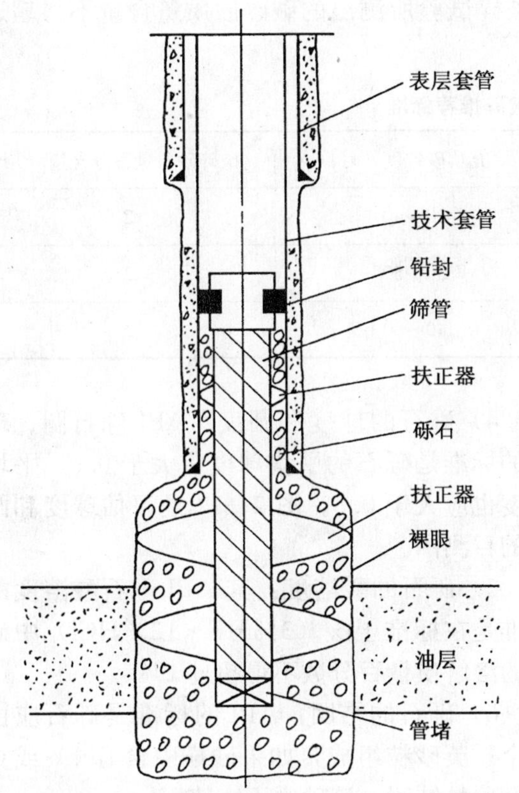

图 2—15 裸眼砾石充填完井示意图

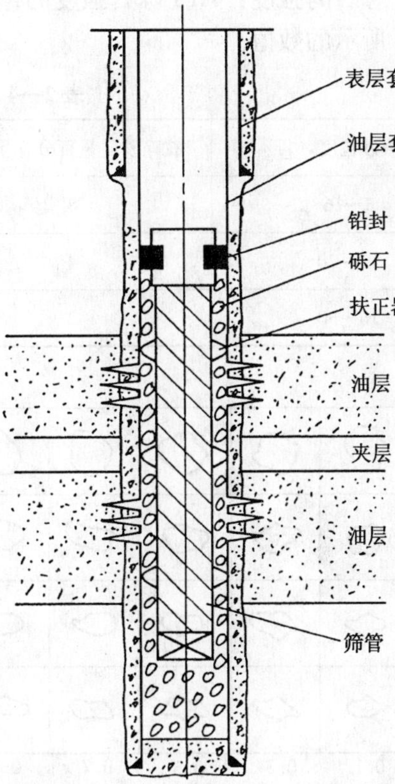

图 2—16 套管砾石充填完井示意图

表 2—3 套管砾石充填筛管匹配表

套管规格		筛管外径	
mm	in	mm	in
139.7	5½	74	2⅜
168.3	6⅝	87	2⅞
177.8	7	87	2⅞
193.7	7⅝	104	3½
219.1	8⅝	117	4
244.5	9⅝	130	4½
273.1	10¾	142	5

1）砾石粒径的选择：国内外推荐的砾石粒径是油层砂粒度中值 D_{50} 的 5～6 倍。

2）砾石尺寸合格程度：API 砾石尺寸合格程度的标准是大于要求尺寸的砾石质量不得超过砂样的 0.1%，小于要求尺寸的砾石质量不得超过砂样的 2%。

3）砾石的强度：API 砾石强度的标准是抗破碎试验所测出的破碎砂质量含量不得超过表 2—4 所示的数值。

表 2—4　砾石抗破碎推荐标准

充填砂粒度，目	破碎砂质量百分含量，%	充填砂粒度，目	破碎砂质量百分含量，%
8～16	8	20～40	2
12～20	4	30～50	2
16～30	2	40～60	2

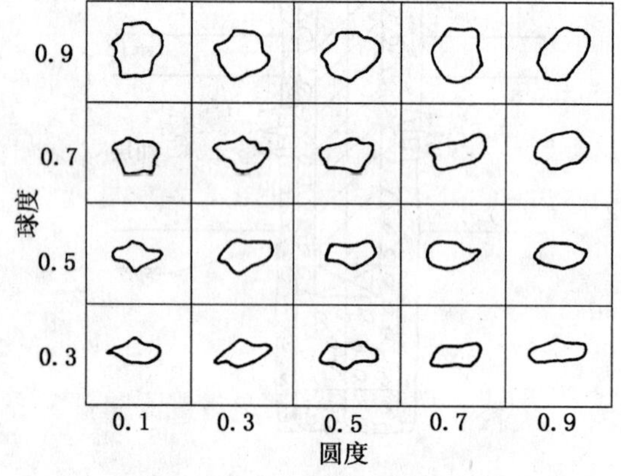

图 2—17　圆度和球度目测图

4）砾石的球度和圆度：API 砾石圆、球度的标准是砾石的平均球度应大于 0.6，平均圆度也应大于 0.6。图 2—17 是评估球度和圆度的目测图。

5）砾石的酸溶度：其 API 砾石酸溶度的标准是在标准土酸（3%HF＋12%HCl）中砾石的溶解质量百分数不得超过 1%。

6）砾石的结团：API 的标准是砾石应由单个石英砂粒组成，如果砂样中含有 1%或更多个砂粒结团，该砂样不能使用。

4. 绕丝筛管缝隙尺寸的选择

绕丝筛管应能保证砾石充填层的完整。故其缝隙应小于砾石充填层中最小的砾石尺寸，一般取为最小砾石尺寸的 1/2～2/3。例如根据油层砂粒度中值，确定砾石粒径为 16～30 目，其砾石尺寸的范围是 0.58～1.19mm。所选的绕丝筛管缝隙应为 0.3～0.38mm。或查砾石与绕丝筛管缝隙之匹配表 2—5。

表 2—5　砾石与筛管配合尺寸推荐表

砾 石 尺 寸		筛 管 缝 隙 尺 寸	
标准筛目	mm	mm	in
40～60	0.419～0.249	0.15	0.006
20～40	0.834～0.419	0.30	0.012
16～30	1.190～0.595	0.35	0.014
10～20	2.010～0.834	0.50	0.020
10～16	2.010～1.190	0.50	0.020
8～12	2.380～1.680	0.75	0.030

5. 多层砾石充填工艺

对于一个多层且需要防砂的油井，应按照油藏开发的要求，将油层划分为几个层段分段防砂。这样做的优点是在油井生产过程中，通过钢丝作业和井下作业对各层可以分层控制和分层采取措施。有利于控制含水上升和提高油井产量，从而提高油田采收率。分段防砂方法如下。

（1）逐层充填法

首先从最底层开始，逐层往上进行。其作业过程与单层油井充填过程一样，只是在每层之间的封隔器中多下一个相应的堵塞器，堵塞器形状见图 2—18。它起一个临时桥塞作用，以免伤害下部油层。这样可以在封隔器以上进行试压、射孔和清洗等作业。在上层射孔作业完成后，必须将堵塞器捞出，然后下入防砂筛管，进行防砂作业。这样一层一层地往上进行。

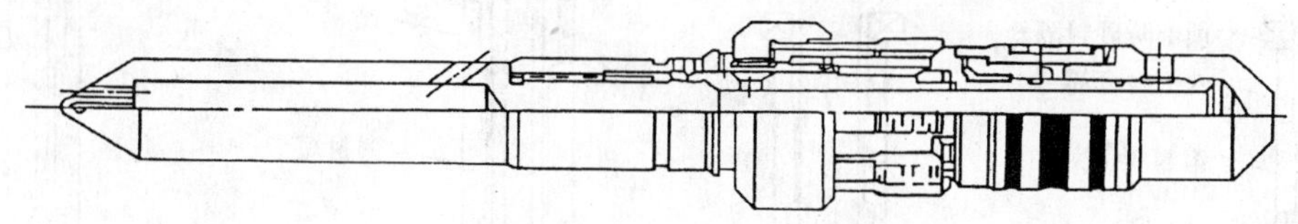

图 2—18　堵塞器

（2）一次多层砾石充填法

一次一趟或一次两趟管柱充填二层，南海某油田有 2～8 个油层段，每个层段都需要防砂。为了减少充填作业时间，采用一次两趟管柱防砂二层的方法。所谓两趟管柱是指第一趟把筛管及封隔器坐封工具总成的管柱下入井内，并在全部封隔器坐封、验封后起出此管柱，然后下入第二趟管柱，即砾石充填管柱对二层分别进行防砂。见图 2—19、图 2—20。当下部二层充填完毕后，以同样的程序继续充填上部油层段。

其井下固定部分、坐封工具总成、充填工具总成及充填工艺如下：

1）一次两趟多层井下固定部分的总成包括：底部封隔器插入密封总成、下层绕丝筛管、盲管、隔离封隔器总成（定位指示接头、密封短节、滑套、隔离封隔器）、绕丝筛管、盲管、顶部防砂封隔器总成（定位指示接头、密封短节、滑套、密封短节、内密封套筒、顶部防砂封隔器）。

2）一次两趟多层坐封工具总成包括：盲堵、弹性爪指示器、冲管、密封短节、带孔短节、密封短节头、冲管、液压坐封工具总成。

3）一次两趟多层充填工具总成包括：密封短节、带孔短节、冲管、滑套开关，冲管、弹性爪指示器，冲管、变扣（内装单向球）、密封件，循环短节、密封件、冲管，限位接头、冲管，内密封套下入工具和密封套筒，顶部作业工具。

4）充填工艺：将防砂井下固定部分及坐封工具总成下到预定位置，投球加压坐封顶部封隔器，验封后右转上提将作业工具脱手，继续上提到反循环位置，反循环出坐封球。然后起出坐封工具总成，下入充填管柱，对各层分别进行防砂。

一次一趟或一次两趟管柱多层砾石充填工艺的优点：减少起下钻次数，节省作业时间，特别对多层防砂井，经济效益好。

利用水力封隔式封隔器（不带卡瓦）对各层进行封隔。几乎所有井下工具都不需转动，坐封后右转脱手是唯一转动。因而在斜井中作业安全可靠。

下面介绍两个完井防砂实例。

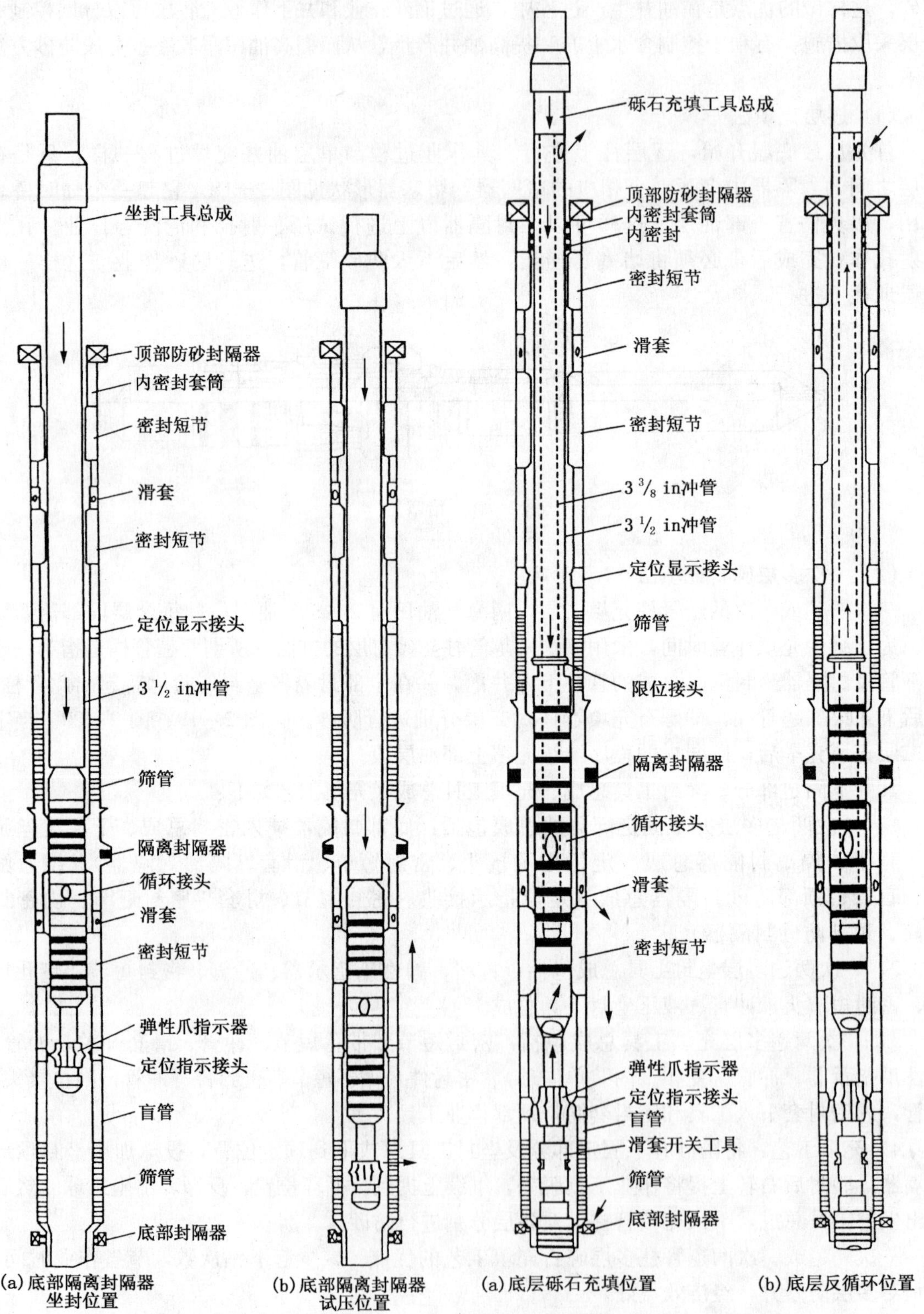

图 2—19　一次两趟两层封隔器坐封　　图 2—20　一次两趟两层砾石充填工艺

例 1　渤海某油田分 3 段防砂，油层为东营组砂岩，油层井深为 1450～1700m，原油相对密度为 0.95～0.96，地下原油黏度为 70mPa·s，含油井段长达 100～200m，油井自喷能力差。在试油过程中曾用电动潜油泵求产，油井出砂严重，套管内砂柱高达 20 多米。由于油层井段长、油层多、油井出砂严重，在完井方式上，采用套管内绕丝筛管砾石充填完井。生产套管为 9⅝in 或 7in，每米射 39 孔。在 9⅝in 套管内下入外径 6.05in、内径 4.95in 的绕丝筛管，在 7in 套管内则下入外径 4.62in、内径 3.94in 的绕丝筛管。根据油层的层组划分，分 3 段进行砾石充填防砂。上部两个防砂井段装有滑套，最下一段装有堵塞器工作筒，必要时可关闭任何一个生产井段。油管直径为 3½in，砾石充填完成后，将电动潜油泵下入 1000m 深度处。1993 年投产，初期平均单井日产 100～130t，电动潜油泵生产压差为 4MPa，投产十多年没有发现出砂问题。渤海某油田防砂分采"Y"形接头电潜泵管柱见图 2—21。

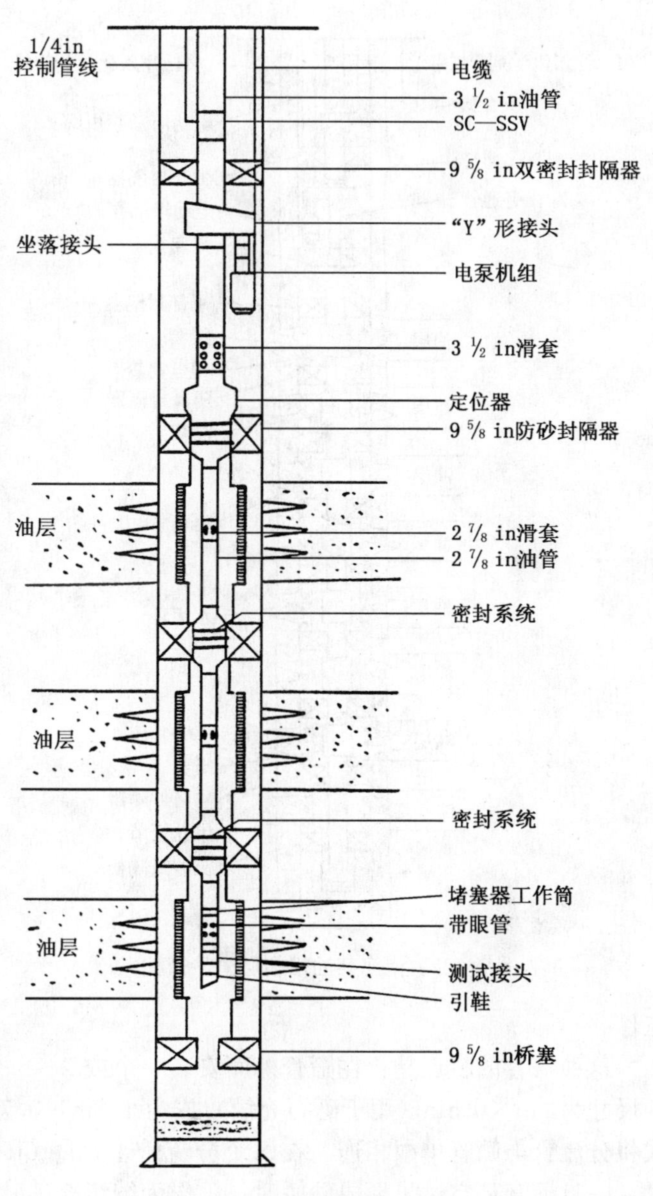

图 2—21　渤海某油田防砂分采"Y"形接头电动潜油泵管柱图

例 2　南海某油田多层防砂管柱完井。该油田位于珠江口水域，水深 99m，含油层系为上第三系韩江组和珠江组地层。该油田共有 27 个小层，分 5 个油层组，油藏埋深为 1607～2843.2m，含油井段长达 1200 多米。储层为海相砂岩，孔隙连通好，有效渗透率高达（1700～18000）$\times10^{-3}\mu m^2$，原油相对密度为 0.87～0.91，油层出砂，但油井产量高。为了有效地开发这个油田，将油层划分为 4 套层系，每套层系每口井都进行了防砂。有的层系多达 11 个小层，总有效厚度为 30.5m，单层有效厚度为 1.5～5.4m，有效渗透率为（522～1761.7）$\times10^{-3}\mu m^2$，各小层的油水界面也不完全一致。为了更好地发挥各小层的生产能力和便于控制小层高含水，在这套开发层系中，将 11 个小层划分为 8 个防砂层段。每个防砂段之间都有封隔器，封隔器之间装有滑套。在防砂工艺上采用一次两趟管柱多层砾石充填完井，完井后下入大排量电动潜油泵。由于油井有自喷能力，初期自喷日产油 600 多立方米，自喷 6 个月后改用电动潜油泵生产，日产油 800～

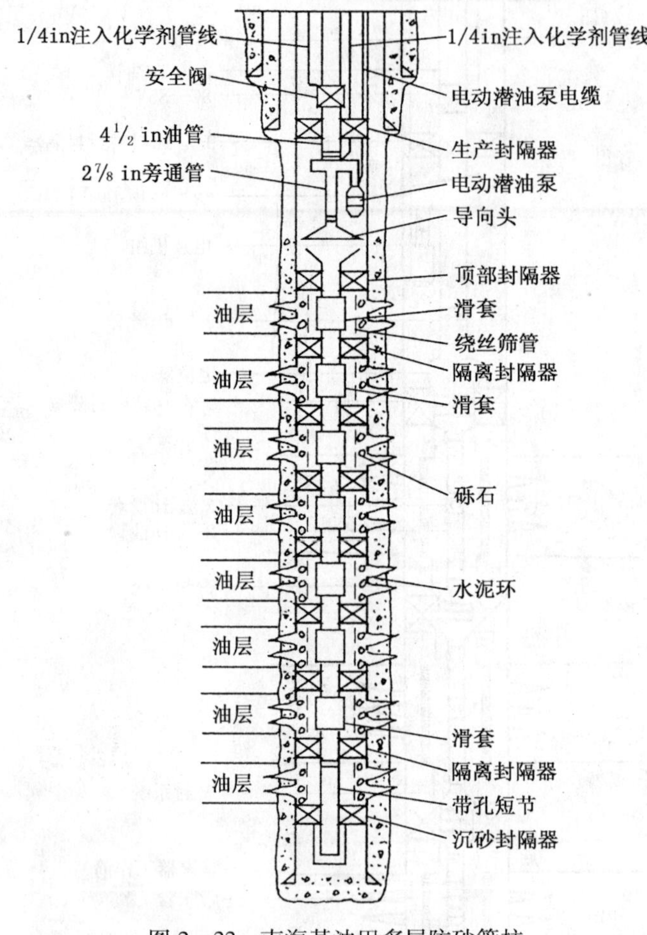

图 2—22　南海某油田多层防砂管柱

1000m³，油井投产十年来没有发现出砂现象，说明多层砾石充填防砂效果是好的。这套管柱除具备防砂功能外，其优点是：可以分层段进行生产测井，了解各小层的产量、压力和含水情况；还可以根据某一二层段出现的高含水，关闭滑套进行控制，减少出水层段对油井生产的干扰影响。多层防砂管柱完井见图 2—22。

6. 分流管砾石充填技术

这是一项在砾石充填过程中可改变砂浆通路的技术。它基于在充填筛管外面安装了具有喷嘴的分流管，在环空过早形成砂桥的情况下，砾石砂浆可以通过分流管的喷嘴，继续充填砂桥下面的空穴。在现场施工时，砾石充填开始按标准充填模式进行，一直到砂浆脱砂。脱砂后充填压力开始上升，这时提高充填压力，使砂浆通过分流管的喷嘴，充填到遗留的空穴中，继续充填直到所有的空穴都充满，最后发生脱砂现象，砾石充填紧密，完成充填工作。

这种筛管的特点是：在筛管外面安装一个或 2～3 个截面为长方形的分流管，该分流管的尺寸为 1in×0. 5in（用于砾石充填）或为 1. 5in×0. 75in（用于压裂），采用同心或偏心方式将分流管与筛管单根相连。在每个分流管上每隔 6ft 井段有一个 1/4in 或 3/8in 大小的喷嘴，一旦筛套环空过早形成砂桥时，可作为继续充填砂桥下面的通道。套管中的偏心或同心分流管截面几何形状如图 2－23 所示，装有分流管的筛管外形如图 2－24 所示。

与带有分流管的筛管相配套的，尚有可通过分流管的封隔器，可用于多层分隔。这套技术和与之配套的井下设备组合在一起，可用于直井和定向井的分层砾石充填和压裂工作，以及水平井的砾石充填完井工作，极大地提高了砾石充填的质量。据调查，采用这套技术进行防砂完井，在套管外面充填砾石的数量平均为 42lb/ft，而常规充填完井仅为 15lb/ft。这样可以做到射孔孔眼的完全充填和筛套环空中遗留较少的空穴。其结果是，这种充填方法完成的油井产量明显提高，同时延长了油井防砂的寿命。近年来国内外对水平井防砂，有相当数量采用分流管砾石充填技术，获得较好的效果。

7. 水力压裂砾石充填技术

近年来，贝克休斯公司推出两项水力压裂砾石充填技术：高排量水砾石充填（HRWP）和端部脱砂预充填（TSO－Prepack）。

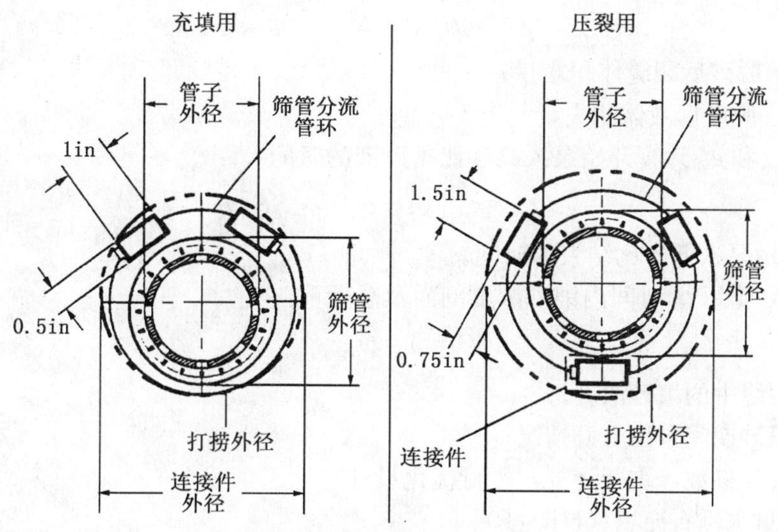

图 2—23　套管内偏心和同心分流管截面几何形状图

这两项技术都是用海水或盐水将油层压开形成短裂缝进行砾石充填，可根据不同类型油层采用其中一项技术。其共同特点是通过压裂穿过油层伤害带，在近井地区充填砾石，形成高导流能力区。防止聚合物高黏度携砂液在将砾石输送到长裂缝过程中形成空穴，也避免了聚合物携砂液破胶不彻底而降低裂缝导流能力，同时节约了作业成本。

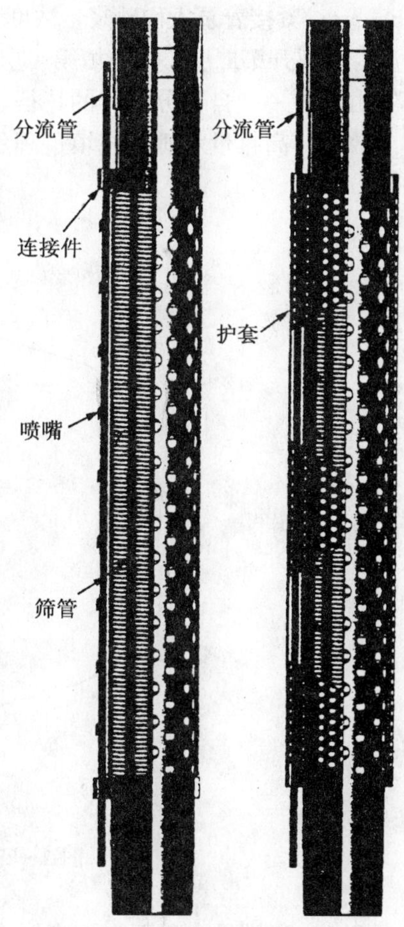

图 2—24　装有分流管的筛管外形

（1）端部脱砂压裂设计

对于端部脱砂压裂，裂缝的扩展过程可分为裂缝脱砂之前的正常三维延伸阶段和脱砂后的缝宽一维延伸阶段。当裂缝脱砂之后，裂缝的三维扩展变成了缝宽方向上的扩展，此时缝内液体通过裂缝向地层滤失的速度大大减缓，促使缝内压力上升，缝宽增长速度变大。压裂脱砂设计计算步骤如下。

1）开展脱砂前的裂缝正常三维压裂模拟，确定裂缝尺寸，造缝效率及井底压力等随时间的变化关系，优选排量和液体黏度等参数。

2）选择合理的缝长 L_f，用常规方法确定达到此缝长所需时间 t_{so}，以及此刻的液体效率 e_{so}。

3）计算泵入低砂比携砂液开始的时间：

$$t_{fp} = t_{so}\left[(1 - e_{so})^2 + SF\right]$$

式中　SF——安全系数。上式也表示前置液滤完时间。

4）确定加砂施工结束时间 t_{eoj}，并计算此刻的液体效率 e_{eoj}：

$$\Delta V_f = q(t_{eoj} - t_{so}) - \Delta V_L$$

$$e_{eoj} = (qt_{so}e_{so} + \Delta V_f)/(qt_{eoj})$$

式中 ΔV_f——脱砂后裂缝体积增量；

ΔV_L——脱砂后液体滤失量。

5）利用 t_{eoj} 和 e_{eoj} 计算开始泵入高砂比携砂液的时间 t_{ms}：

$$t_{ms} = t_{eoj}[(1 - e_{eoj})^2 + SF]$$

上式也表示泵入低砂比结束的时间。

6）计算从 t_{ms} 到 t_{eoj} 时间内铺砂浓度剖面及总砂重：

$$C_d(\zeta) = C_{dmax}\zeta^a$$

7）计算裂缝中的填砂浓度；

8）估算填砂期间泵压上升情况；

9）调整设计参数，重新计算，进行优化设计。

（2）高排量水砾石充填（HRWP）

此法适用于层状油层需要防砂的油井。施工前，预先对地层进行试压，证明海水或盐水可将地层压裂开，然后高排量注水，排量为 $1.59m^3/min$，先将第一层压裂开，裂缝长度控制在 1.5～3m；紧接着泵入稀砂浆，浓度为 $120～240kg/m^3$，直至端部脱砂，压力上升，则“自行分流”压裂开第二层。再充填第二层，直至全部射孔井段都充填完。

由于这一“自行分流”的特征，高排量水砾石充填在处理长达 137m 的井段中，已经取得了效果。高排量水砾石充填过程示意图见图 2—25。

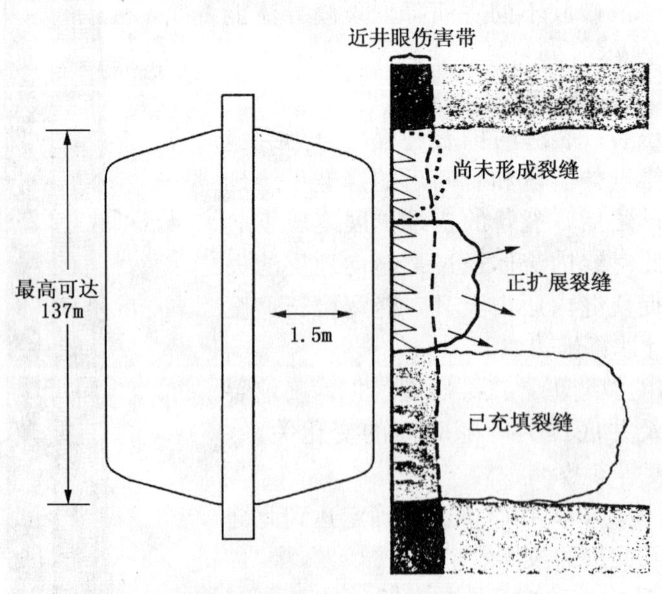

图 2—25 高排量水砾石充填过程示意图

例 3 高排量水砾石充填实例。处理井深 1188～1322m；井底压力为 13.098MPa；酸处理（砾石充填前）为 10%盐酸、5%醋酸 $5.7m^3$；注入排量为 $1.59m^3/min$，地面压力为 18.9585MPa；稀砂浆质量为 5818kg，40/60 目砾石；生产套管厚 10.36mm；完井液 $CaCl_2$

型 1282kg/m^3。

处理后油井自喷产量 202.2m^3/d，试井资料计算表皮系数为 -2.7，渗透率为 $50\times10^{-3}\mu m^2$，油层净厚度为 76m。

(3) 端部脱砂预充填（TSO - Prepack）

端部脱砂预充填方法用于油层伤害严重而又漏失的油井，对这类井不宜采用高排量水砾石充填。端部脱砂预充填是采用冲洗炮眼的前置液，该前置液中加入与地层孔隙尺寸匹配的碳酸钙颗粒和聚合物桥堵剂。它能控制滤失，可迅速地在裂缝面上形成滤饼，将裂缝面上以及压开地层的漏失减少至最低程度，待前置液建立压力场后，再将地层压裂开，紧接着以低排量 0.8m^3/min 泵水，采用低携砂比（59.9～287.5kg/m^3）充填，最后端部脱砂，形成3～6m的支撑裂缝。充填厚度应小于 30m，上下隔层厚度不小于 3m。水力压裂端部脱砂还可在尾砂中加入树脂包砂，以防止压后吐砂，有时还可以与酸化联作。此工艺主要用作预处理，即预处理后再在套管内进行砾石充填，也可在端部脱砂后即投产，如图 2—26 所示。

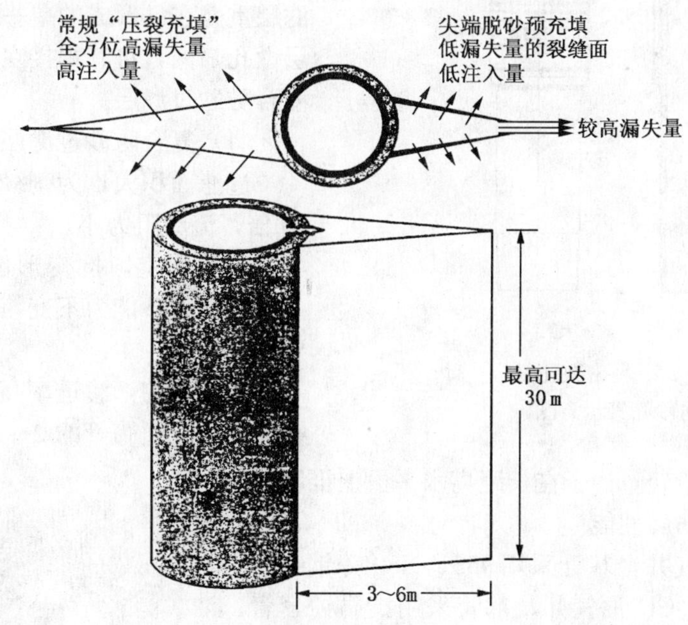

图 2—26 端部脱砂（TSO）预充填示意图

例 4 端部脱砂（TSO）预充填实例。处理井深为 516～542m（垂直深度 445～453m）；井斜 73°；注入排量为 0.8m^3/min；前置液体积为 11.4m^3；携砂液体积为 20.8m^3；携砂液浓度为 59.9～287.5kg/m^3；支撑剂用量为 3311kg。处理后油井自喷产量为 159～318m^3/d；电动潜油泵抽油产量为 127m^3/d；油井测试分析表明地层渗透率为 $2200\times10^{-3}\mu m^2$，表皮系数为 0～6。

五、其他防砂筛管完井

1. 精密微孔复合防砂筛管

从内到外由基管、复合防砂过滤套、不锈钢外保护套等组成。基管采用 API 标准的套

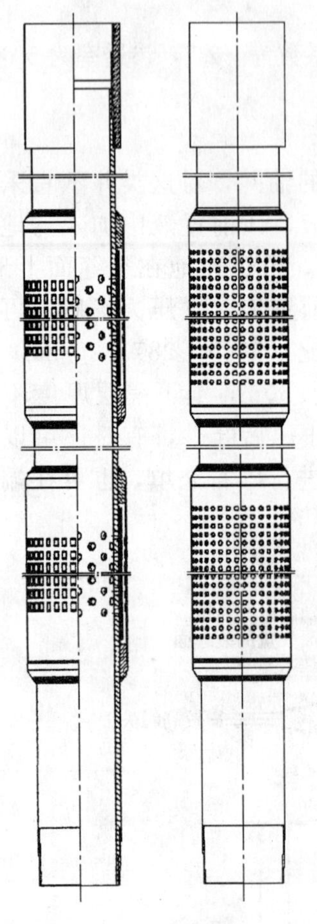

图 2—27　精密微孔复合防砂筛管示意图

管或油管，防砂过滤套为不锈钢精密微孔复合过滤材料，采用全焊接结构。由于复合过滤层具有高渗透性、高强度、高抗变形能力和抗腐蚀性好的特点，使这种微孔复合防砂筛管具有较好的使用性能。精密微孔复合防砂筛管示意图如图 2－27 所示。微孔复合防砂筛管剖面图如图2－28 所示。

多层复合防砂过滤层采用 316L 不锈钢作材料编织成精密微孔筛网，这种微孔筛网叫做防砂过滤层；用同样的不锈钢材料编织成孔眼较大一级筛网，这种较大一级的筛网，叫做扩散层，然后，把一层扩散层筛网和一层过滤层筛网重叠在一起，形成一个单一的过滤层，同样再把一层扩散层和一层过滤层重叠在已形成的单一过滤层之上，共四层微孔筛网，将其焊接在基管上，形成多层复合防砂过滤层。

（1）复合防砂过滤层的特点

过滤面积大，为割缝筛管和绕丝筛管的10 倍，流动阻力小。

滤孔稳定，抗变形能力强，径向变形40％时，防砂能力不变，能满足水平井使用要求。

滤孔均匀，渗透率高，防堵能力强，堵塞周期是普通筛管的 2～3 倍，且便于反洗。

外径小，质量轻，便于在长距离水平段上推动到位。

（2）材质和防腐性能

对于一般油气井，基管采用 J55、N80 等钢级。对含 H_2S、CO_2、高含 Cl^- 油气井，基管采用抗腐蚀套管、油管或不锈钢管，防砂过滤层和外保护套均采用优质不锈钢材料，能抗酸、碱、盐的腐蚀。

（3）过滤精度和防砂筛管的技术参数

过滤精度可根据地层砂的组成或用户要求来确定，其过滤精度见表 2—6。防砂筛管的技术参数见表 2—7。

2. 精密冲缝筛管

由基管、不锈钢冲缝过滤筛管和支撑环组成。基管采用 API 标准的套管或油管钻孔而成，冲缝过滤筛管采用优质不锈钢材料，经数控精密冲孔工艺形成高密度的空间条缝，冲缝过滤筛管通过支撑环与基管焊接为一体。工作

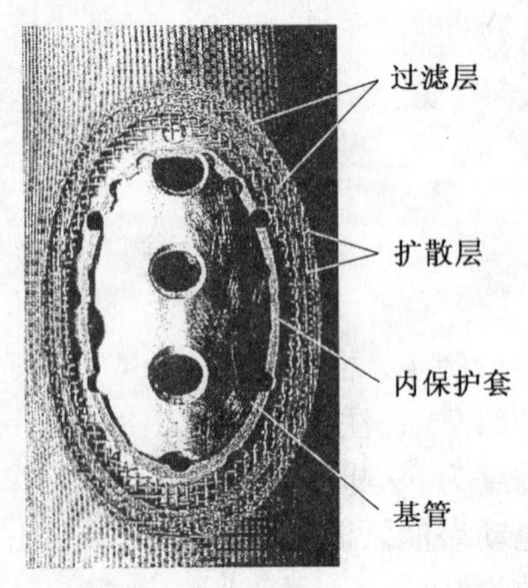

图 2—28　微孔复合防砂筛管剖面图

时地层砂被阻挡在冲缝过滤筛管之外，地层流体经过冲缝间隙进入筛管内达到防砂目的。根据实际需要，在冲缝过滤筛管外面还可以增加外保护套，以加强对冲缝过滤筛管的保护。冲缝筛管结构图如图 2—29 所示。

表 2—6　过滤精度

防砂介质	WF60	WF80	WF100	WF120	WF160	WF200	WF250	WF300	WF350
过滤精度，μm	60	80	100	120	160	200	250	300	350

表 2—7　防砂筛管的技术参数

基　管		精密微孔复合过滤层		不锈钢纤维复合过滤层	
基管尺寸	质量，kg/m	外　径	质量，kg/m	外　径	质量，kg/m
2⅜″	6.85	3″（76mm）	12	3.5″（89mm）	15
2⅞″	9.54	3.5″（89mm）	15	4″（102mm）	18
3½″	13.7	4.3″（108mm）	20	4.9″（124mm）	23
4″	14.2	4.9″（124mm）	22	5.4″（138mm）	26
4½″	17.3	5.3″（135mm）	25	5.9″（150mm）	32
5″	22.4	5.9″（150mm）	30	6.4″（162mm）	38
5½″	25.3	6.3″（159mm）	35	6.9″（175mm）	45
6⅝″	35.8	7.3″（188mm）	46	8″（203mm）	56
7″	38.7	7.7″（196mm）	50		
长度，m	5～5.3	过滤段长度 4m×1			
	9.3～9.6	过滤段长度 4m×2			

注：基管长度可根据用户的要求确定。

冲缝筛管的特点：

1）精密可控的缝隙。冲缝宽度可在 0.15～0.8mm 范围内精确控制，缝宽精度为±0.02mm，能较好地与不同粒度组成的地层砂相匹配，满足防砂要求。

2）抗腐蚀性强。不锈钢冲缝过滤套能抗酸、碱、盐腐蚀，适应含 H_2S、CO_2、高 Cl^- 井的特殊要求，长期使用其缝隙不会因腐蚀而变宽。

图 2—29　冲缝筛管结构图

3）整体强度好、抗变形能力强。冲缝过滤套内部由基管支撑、外部根据需要可增加外保护套，钻孔基管的整体强度比标准的套管、油管仅下降了 2%～3%，具有足够的强度抵抗地层抗压变形。

4）高密度缝隙、低流动阻力。缝隙密度是普通割缝筛管的 3～5 倍，流动阻力低，有利于提高油气井的产量。冲缝筛管的过滤精度如表 2—8。防砂筛管的技术参数见表 2—9。

表 2—8　冲缝筛管的过滤精度

过滤套缝宽，mm	0.15	0.20	0.25	0.30	0.35	0.40	0.45	0.50	0.60	0.70	0.80
过滤精度，μm	150	200	250	300	350	400	450	500	600	700	800

注：过滤精度可根据地层砂粒度组成或用户要求确定。

表 2—9　防砂筛管的技术参数

基　管			精密冲缝筛管		
基管尺寸		质量，kg/m	最大外径	质量，kg/m	过滤精度
2⅜″	60.3mm	6.85	66mm	7.90	150～800μm
2⅞″	73mm	9.54	80mm	10.9	150～800μm
3½″	88.9mm	13.7	96mm	15.5	150～800μm
4″	101.6mm	14.2	109mm	16.3	150～800μm
4½″	114.3mm	17.3	121mm	19.9	150～800μm
5″	127mm	22.4	134mm	25.8	150～800μm
5½″	139.7mm	25.3	147mm	29.1	150～800μm
6⅝″	168.3mm	35.8	175mm	41.2	150～800μm
7″	177.8mm	38.7	185mm	44.5	150～800μm
基管长度，m		4.8～5.0	过滤段长度 4m×1 段		
		9.3～9.6	过滤段长度 4m×2 段		

注：基管长度和过滤精度可根据用户的要求确定。

绕丝筛管、割缝筛管、金属纤维筛管、精密微孔复合筛管和精密冲缝筛管等常用防砂筛管防砂性能比较见表 2—10。

表 2—10　几种常用防砂筛管性能比较表

性能指标	绕丝筛管	割缝筛管	金属纤维筛管	精密微孔复合筛管	精密冲缝筛管
过滤面积百分比	≈3%	2%～3%	80%～85%	80%～85%	4%～6%
滤孔尺寸精度	优 误差±30μm	中 误差 ±（50～100）μm	差 误差>200μm	优 误差±7μm	优 误差±30μm
滤孔稳定性	稳定	不稳定， 缝宽腐蚀变大	不稳定， 受压滤孔变形	稳定	稳定
过滤精度可控性	<200μm 时难控	<200μm 时难控	不可控	60～400μm 精确控制	>150μm 时可控
抗挤压能力	差	差	中	优	优
筛缝抗腐蚀性	好	差	好	优	优
防砂可靠性	好	差	差	好	好

续表

性能指标	绕丝筛管	割缝筛管	金属纤维筛管	精密微孔复合筛管	精密冲缝筛管
防堵塞性	中	中	良	优	中
水平井适应性	不适于水平井，在水平段推动时缝宽可能变化	基本适用于水平井，多用于轻微出砂地层防砂	不适于水平井，外径较大，不便下入	适用于水平井，有外保护套，容易下入并推动到位	适用于水平井，结构紧凑，重量轻容易下入
防砂寿命	长	短	较短	长	长
经济性	优	优	良	优	优

3. STARS 星孔筛管

先后在渤海的绥中 36－1 油田的水平分支井、旅大 10－1 和蓬莱 19－3 油田的定向井，以及南海西部涠 11－4 油田的水平井应用，都达到了较好的效果。

（1）STARS 星孔筛管的特点

STARS 星孔筛管的技术特点可概括为：结构设计独特、施工操作简单、作业安全可靠、适用范围广、防砂效果优良。STARS 星孔筛管外形图如图 2—30 所示。

1）结构类似油管或套管，无焊缝，强度高，具有较好的抗变形能力。

2）过滤介质单元沉入基管表面，过滤介质不易损坏，安全可靠。

3）整根筛管中不存在夹层空间，避免了筛管内形成积砂。

4）整根筛管均布有通流过滤单元，筛管可不留盲管端，不影响起下作业。

5）质量轻，下入容易，防砂范围宽，适用于在垂直井、定向井、水平井、侧钻井、多底井等大曲率井的长井段中应用。同时具有流通摩阻小，单元渗透率高，压力损失小，缓流耐冲蚀等特点。

6）可采取分级或变密度布孔，最大限度地发挥水平井段采油（气）井的效能。

7）在压差的变化下自我解堵，具有较好的防砂、控砂能力。

8）作业周期短，综合费用低。

（2）STARS 星孔筛管结构

STARS 星孔筛管以单层厚壁优质无缝钢管做基管，也可以直接用单层厚壁油管或套管做基管，基管上钻有若干个阶梯孔，滤砂件采用 SS304、SS316 材料制作，通过螺纹旋接在管孔中，整体结构与油管或套管相似。STARS 星孔筛管结构如图 2—31 所示。

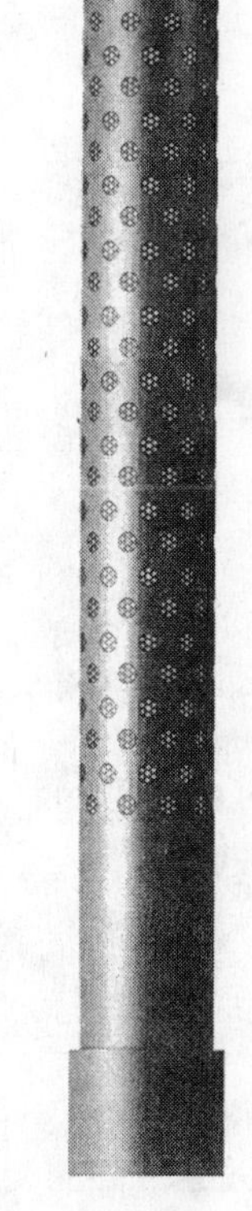

图 2—30 STARS 星孔筛管外形图

STARS 星孔筛管每一个过滤单元（滤砂件）是相对独立的，过滤件由外壳、支撑网、过滤介质、垫片组成。滤砂件以过滤材料的不同而形成若干种类，目前应用比较广泛的有金属纤维滤砂件和编织网滤砂件。过滤精度最小为 60μm。

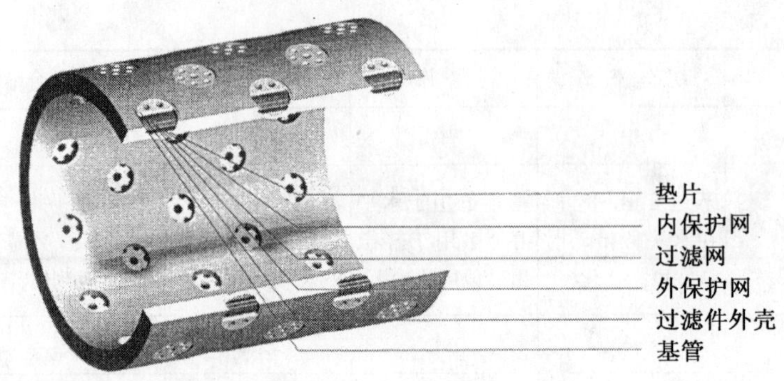

图 2—31　STARS 星孔筛管结构图

4. STARS 复合筛管

(1) STARS 复合筛管的特点

STARS 复合筛管具有渗透性好、强度高、抗变形能力强、抗腐蚀性好的特点，可用于裸眼完井、射孔完井以及各种油、气、水井防砂。

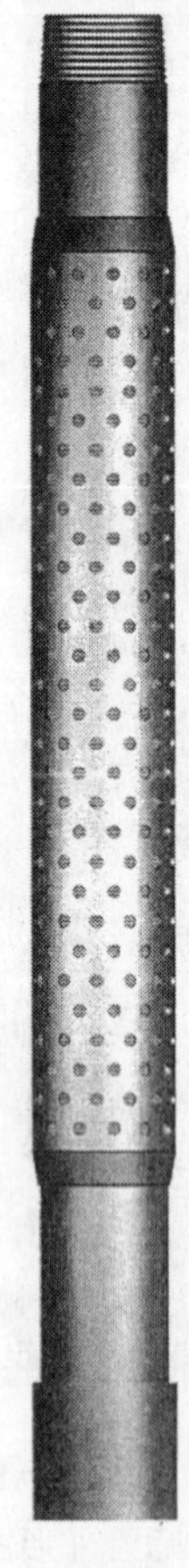

图 2—32　STARS 复合筛管外形图

1) STARS 复合筛管具有质量轻、方便井下作业，以及良好的渗透性。

2) STARS 复合筛管的韧性不亚于钢管，在下入过程中径向变形量可达 65%，扭曲变形量及弯曲变形量小于 1°/m。

3) 防砂管的整体抗拉强度、抗压能力不低于基管强度的 90%。

4) 抗腐蚀性好，抗酸、碱、盐能力强。根据用户的要求和各油田的地层物性及流体特点，对于含腐蚀性流体的油、气、水井基管可用抗腐蚀、抗硫化氢的套管或油管，整根筛管及组成部分可全部用不锈钢材质制作。

5) STARS 复合筛管每一层的过滤网都是进行焊接的，焊接点的强度等于甚至强于每层的强度。

6) STARS 复合筛管具有大流通面积，过滤网在基管上覆盖率高达 70%，可降低生产压差，减少管内摩阻损失，适用于稠油区域应用。

7) STARS 复合筛管采用多层过滤介质，即使其中一层受到破坏，其他过滤层仍能保持过滤效果，使油井继续维持正常生产。

8) STARS 复合筛管的台阶和基管先用内六角螺栓固紧连接，然后再用表面焊接，防止由于腐蚀造成台阶和基管焊接处滑脱，使筛管在含 H_2S、CO_2、高 Cl^- 井中应用更加安全可靠。特别对于 13Cr 或其他合金含量更高的材料，采用先用内六角螺栓固紧连接，再进行表面焊接，更能保证台阶和基管连接处的强度。

STARS 复合筛管外形图如图 2—32 所示。

(2) STARS 复合筛管结构

STARS 复合筛管主要由基管、内（外）支撑网、过滤网、外保护管组成。内、外支撑网和过滤网的材料为不锈钢 SS304 或 SS316，

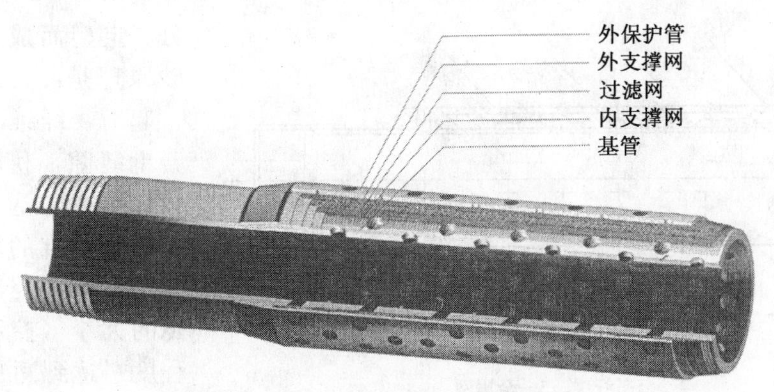

图 2—33 STARS 复合筛管结构图

外保护管采用不锈钢材质制作。结构及组成如图 2—33 所示，外保护管在安装和承受负压时起着保护内、外支撑网和过滤网的作用。外支撑网为过滤网提供均匀分布的液体流动。过滤网能够满足粗、中、细各种粒径的防砂需要。内支撑网缠绕在基管之上并且对接缝处进行纵向焊接，过滤网为基管提供均匀分布的液体流动。基管用 API 标准套管或油管制作，按一定规律均匀布孔。过滤精度最小为 60μm。

5. 预充填砾石绕丝筛管

预充填砾石绕丝筛管是在地面预先将符合油层特性要求的砾石填入具有内外双层绕丝筛管的环形空间而制成的防砂管。将此种筛管下入井内，对准出砂层位进行防砂。使用该防砂方法的油井产能低于井下砾石充填的油井产能，防砂有效期不如砾石充填长，因其不像砾石充填能防止油层砂进入井筒，只能防止油层砂进入井筒后不再进入油管。但其工艺简便、成本低，在一些不具备砾石充填防砂的井，仍是一种有效方法。因而国外仍普遍采用，特别在水平井中更常使用。其结构如图 2—34 所示。

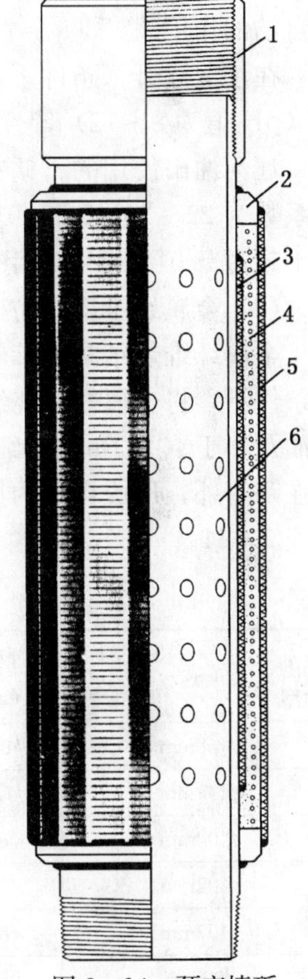

图 2—34 预充填砾石绕丝筛管

1—接箍；2—压盖；3—内绕丝筛管；4—砾石；5—外绕丝筛管；6—中心管

预充填砾石粒径的选择及双层绕丝筛管缝隙的选择等，皆与井下砾石充填相同。外筛管外径与套管内径的差值应尽量小，一般 10mm 左右为宜，以增加预充填砾石层的厚度，从而提高防砂效果。预充填砾石层的厚度应保证在 25mm 左右。内筛管的内径应大于中心管外径 2mm 以上，以便能顺利组装在中心管上。

6. 金属纤维防砂筛管

金属纤维防砂筛管有两种类型：一种是用金属纤维滚压、定型而成的防砂筛管；另一种是金属纤维烧结而成的防砂筛管。

（1）金属纤维滚压、定型的防砂筛管

其基本结构如图 2－35 所示。不锈钢纤维是主要的防砂材料，由断丝、混丝经滚压、梳

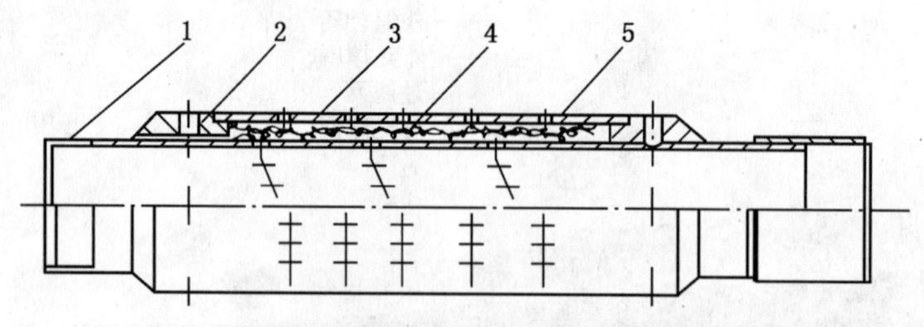

图 2—35　金属纤维滚压、定型的防砂筛管结构

1—基管；2—堵头；3—保护管；
4—金属纤维；5—金属网

分、定型而成。它的主要防砂原理是：大量纤维堆集在一起时，纤维之间就会形成若干缝隙，利用这些缝隙阻挡地层砂粒通过，其缝隙的大小与纤维的堆集紧密程度有关。通过控制金属纤维缝隙的大小（控制纤维的压紧程度）达到适应不同油层粒径的防砂。此外，由于金属纤维富有弹性，在一定的驱动力下，小砂粒可以通过缝隙，避免金属纤维被填死。砂粒通过后，纤维又可恢复原状而达到自洁的作用。

在注蒸汽开采条件下，要求防砂工具具备耐高温（360℃）、耐高压（18.9MPa）和耐腐蚀（pH 值为 8～12）等性质，不锈钢纤维材质特性符合以上要求。

辽河油田使用的不锈钢纤维的丝径为 50～120μm，纤维过滤层的厚度为 15～25mm，压缩系数为 22～28MPa^{-1}。这种纤维过滤层的渗透率大于 1000μm^2，孔隙度大于 90%，出砂量不超过 0.01%。可适用于裸眼、套管、直井和水平井的防砂。

（2）金属纤维烧结防砂筛管

金属纤维烧结防砂筛管是用套管或油管作为基管，在基管上按一定规则打孔并在高温高压条件下，将金属纤维烧结在打孔的基管上，从而形成立体网状滤砂屏蔽。该金属纤维能使原油及小于 ϕ0.07mm 的细粉砂通过，并随油流一起被携带出井筒，而较大粒径的粗砂被阻挡在筛管外，形成自然的挡砂屏障，从而达到防砂的目的。金属纤维烧结筛管技术性能指标见表 2—11。

表 2—11　金属纤维烧结筛管技术性能指标表

技术指标 类型	最小通径 mm	渗透率 μm^2	挡砂粒径 mm	抗内压 MPa	抗外压 MPa	渗流面积 cm^2/m	耐温 ℃	备注
ϕ168mm	ϕ140	38～120	0.07 以上	22	35	286	350	水平井
ϕ148mm	ϕ120	32～120	0.07 以上	22	35	267	350	7″井
ϕ108mm	ϕ82	28～65	0.07 以上	20	32	260	350	5½″
ϕ102mm	ϕ78	38～80	0.07 以上	20	32	254	350	侧钻井
ϕ102mm	ϕ82	38～65	0.07 以上	18	28	254	350	砂锚
ϕ89mm	ϕ68	24～52	0.07 以上	18	32	205	350	砂锚

该防砂管柱不仅可以用在直井、定向井、侧钻井及水平井等套管完井的各类油、气、水井的防砂，而且对于裸眼完井的上述各类型的油、水井也同样适用。

7. 外导向罩滤砂筛管

外导向罩滤砂筛管将绕丝筛管与滤砂管结合于一体，既具有绕丝预充填筛管的性能，又具有滤砂管的性能，而且优于其各自的性能。滤砂筛管组成为：带孔的基管，其外面是绕丝筛管；筛管外面包以由细钢丝编织绕结的网套；再外面是一外导向罩，用于保护滤砂筛管。这一结构提供了最优的生产能力，并延长了筛管的寿命。可用于垂直井、水平井的套管射孔或裸眼完成井。外导向罩滤砂筛管示意图见图 2—36。

(1) 外导向罩

外导向罩起着保护筛管和导向的作用。在筛管下井时可防止井眼碎屑、套管毛刺伤害筛管，一旦油井投产，导向罩流入结构可使地层产出携带砂的液体改变流向，以减弱对筛管冲刺，因而延长了筛管的寿命。外导向罩结构示意图见图 2—37。

(2) 钢丝编织滤砂网套

钢丝编织滤砂网套，它比预充填筛管的流入面积大 10 倍，提供了最大的流入面积和均匀的孔喉，有助于形成一个可渗透的滤饼，此外，携带砂的液体再一次改变流向，而减少对筛管冲刺。更重要的是此滤砂网套可以反冲洗，可清除吸附在滤砂网套上的细砂泥饼。钢丝编织滤砂网套及绕丝筛管示意图见图 2—38。

(3) 绕丝筛管

携砂的液体先进入外导向罩，再通过钢丝编织滤砂网套，最后通过绕丝筛管，将油层出砂防在整套滤砂筛管外，而让流体进入筛管中心管的孔眼，再进入油管产出地面。此绕丝筛管与原来绕丝筛管一样，都是焊接在骨架上，其不同之处是绕丝的断面由梯形改为圆形，可充分利用圆形的全部表面积，改变液体转向，从而减弱冲蚀，提高了使用寿命。

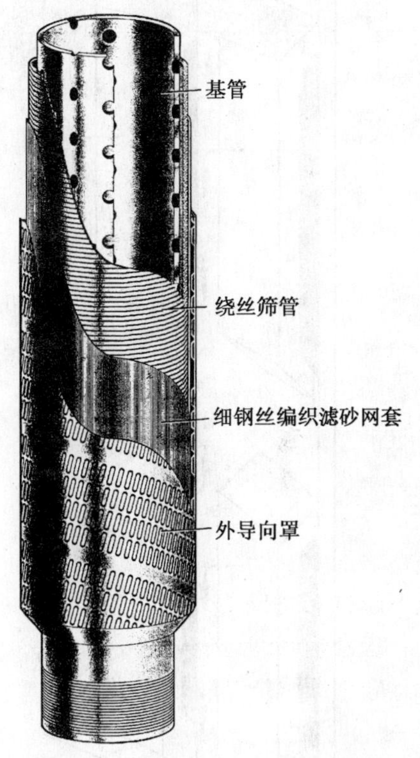

图 2—36　外导向罩滤砂筛管示意图

其技术规范如下：绕丝间隙 25μm；毁坏试验达到 41. 4MPa；拉伸载荷伸长率 2%；破碎试验达到原直径 60%；扭矩试验扭曲 3. 3°/m。

由于该筛管改进了结构，改善材质和制造工艺，可防粗、中、细粒度的砂，并提高了防砂效果和延长了使用寿命。

关于定向井的完井方式，因为定向井的井斜一般在 50°左右，其完井方式基本与直井相同。

六、化学固砂完井

化学固砂是以各种材料（水泥浆、酚醛树脂等）为胶结剂，以轻质油为增孔剂，以各种硬质颗粒（石英砂、核桃壳等）为支撑剂，按一定比例拌合均匀后，挤入套管外堆集于出砂层位。凝固后形成具有一定强度和渗透性的人工井壁防止油层出砂。或者不加支撑剂，直接将胶结剂挤入套管外出砂层中，将疏松砂岩胶结牢固防止油层出砂。辽河油田针对稠油热采井的特点，试验研究出高强度固砂剂（辽河－5 号）、高温泡沫树脂防粉细砂和热采井人工井壁防砂，在辽河得到了广泛应用，并取得较好效果。此外，胜利油田研制成功的酚醛树脂地下合成防砂，加拿大阿尔伯达研究中心（ARC）用聚合物等材料制成的化学固砂剂防细粉砂等技术，都成功的用于油田防砂。

化学固砂虽然是一种防砂方法，但在使用上有其局限性，仅适用于单层及薄层，防砂油

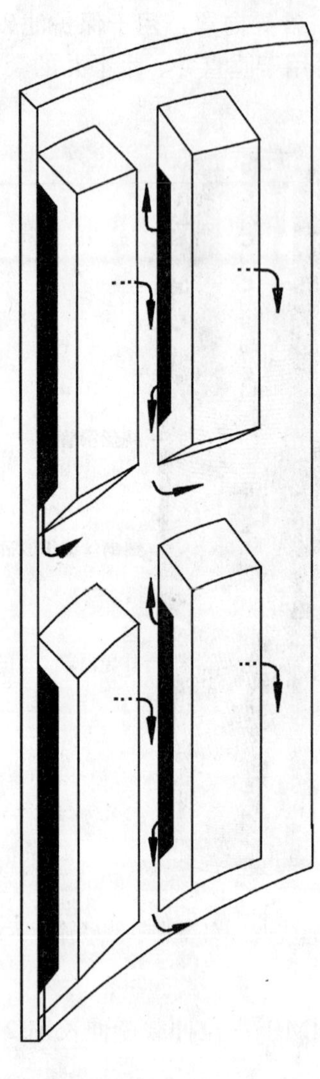

图 2—37　外导向罩结构示意图

图 2—38　钢丝编织滤砂网套及绕丝筛管示意图

层一般以 5m 左右为宜，不宜用在大厚层或长井段防砂。化学防砂的适用范围及优缺点见表 2—12。各种完井方式适用的条件见表 2—13。

表 2—12　化学固砂选用参考表

方　法	胶结剂	支撑剂	配方（质量比）	适用范围	优缺点
水泥砂浆人工井壁	水泥浆	石英砂	水泥：水：石英砂 =1：0.5：4	油、水井后期防砂 低压、浅井防砂	原料来源广、强度低，有效期短
水带干水泥砂人工井壁	水泥	石英砂	水泥：石英砂 =1：（2～2.5）	高含水油井和注水井后期防砂 低压油、水井	原料来源广，成本低，堵塞较严重
柴油水泥浆乳化液人工井壁	柴油水泥浆乳化液		柴油：水泥：水 =1：1：0.5	油、水井早期防砂 出砂量少 浅井	原料来源广，成本低，堵塞较严重

续表

方　法	胶结剂	支撑剂	配方（质量比）	适用范围	优缺点
酚醛树脂人工井壁	酚醛树脂溶液		苯酚：甲醛：氨水＝1：1.5：0.05	油、水井先期和早期防砂中、粗砂岩油层防砂	适应性强，成本高，树脂储存期短
树脂核桃壳人工井壁	酚醛树脂	核桃壳	树脂：核桃壳＝1：1.5	油、水井早期和后期防砂出砂量少	胶结强度高，渗透率高，防砂效果好 原料来源困难，施工较复杂
树脂砂浆人工井壁	酚醛树脂	石英砂	树脂：石英砂＝1：4	油、水井后期防砂	胶结强度高，适应性强，施工较复杂
酚醛溶液地下合成	酚醛溶液		苯酚：甲醛：固化剂＝1：2：（0.3～0.36）	油层温度在60℃以上的油、水井先期和早期防砂	溶液黏度低，易于挤入油层，可分层防砂
树脂涂层砾石人工井壁	环氧树脂	石英砂	树脂：砾石＝1：（10～20）	油层温度在60℃以上的油、水井早期和后期防砂	渗透率高，强度高，施工简单

表2—13　各种完井方式适用的地质条件（垂直井）

完井方式	适用的地质条件
射孔完井	1）有气顶、或有底水、或有含水夹层、易塌夹层等复杂地质条件，要求实施分隔层段的储层 2）各分层之间存在压力、岩性等差异，要求实施分层测试、分层采油、分层注水、分层处理的储层 3）要求实施大规模水力压裂作业的低渗透储层 4）砂岩储层、碳酸盐岩裂缝性储层
裸眼完井	1）岩性坚硬致密，井壁稳定不坍塌的碳酸盐岩储层 2）无气顶、无底水、无含水夹层及易塌夹层的储层 3）单一厚储层，或压力、岩性基本一致的多层储层 4）不准备实施分隔层段，选择性处理的储层
割缝衬管完井	1）无气顶、无底水、无含水夹层及易塌夹层的储层 2）单一厚储层，或压力、岩性基本一致的多层储层 3）不准备实施分隔层段，选择性处理的储层 4）岩性较为疏松的中、粗砂粒储层
裸眼砾石充填	1）无气顶、无底水、无含水夹层的储层 2）单一厚储层，或压力、物性基本一致的多层储层 3）不准备实施分隔层段，选择性处理的储层 4）岩性疏松出砂严重的中、粗、细砂粒储层
套管砾石充填	1）有气顶、或有底水、或有含水夹层、易塌夹层等复杂地质条件，要求实施分隔层段的储层 2）各分层之间存在压力、岩性差异，要求实施选择性处理的储层 3）岩性疏松出砂严重的中、粗、细砂粒储层
复合型完井	1）岩性坚硬致密，井壁稳定不坍塌的储层 2）裸眼井段内无含水夹层及易塌夹层的储层 3）单一厚储层，或压力、岩性基本一致的多储层 4）不准备实施分隔层段，选择性处理的储层 5）有气顶、或储层顶界附近有高压水层，但无底水的储层

七、纤维复合防细粉砂完井

纤维复合防砂是2000年以来最新研制出的防细粉砂技术。目前青海涩北气田、胜利孤岛油田和辽河稠油热采井，采用纤维复合防细粉砂都取得了较好效果。

青海涩北气田储层主要为第四系粉砂岩和泥质粉砂岩，胶结疏松，成岩性差，具有三高（高粘土、高泥质、高矿化度）、一强（敏感性强）、出砂严重等特点。所产出的砂为细粉砂，其粒度为0.04～0.07mm，采用常规防砂技术基本无效或效果很差，严重制约了该气田的高效开发，近10年来青海涩北气田先后邀请国内外多家油田技术服务公司，采用了机械、化学、压裂防砂等工艺，均未取得预期效果。

针对涩北气田储层特点，经过室内多次试验研究和现场反复实践，研制了纤维复合防细粉砂的方法，经现场应用，获得显著效果。

1. 纤维复合防细粉砂原理

纤维复合防细粉砂使用两种特殊纤维：一种是软纤维稳砂，将细粉砂变成较大的细粉砂集合体；另一种是硬纤维挡砂，硬纤维与树脂包砂形成复合体，挡住细粉砂进入井筒。

软纤维是一种长链带支链的阳离子聚合物，支链带有阳离子基因，这种软纤维在水溶液中靠电性作用会自然展开，当其进入储层，软纤维带正电支链将吸附储层中的细粉砂，使之成为较大的细粉砂颗粒的结合体，变成类似大颗粒，这样就降低了细粉砂的启动速度，使细粉砂的临界流速增大，具有一定的稳砂固砂作用，达到防细粉砂的功效。另一种是硬纤维，它是一种特殊的防砂纤维，利用特制硬纤维的弯曲、卷曲和螺旋交叉，互相勾结形成稳定的三维网状结构，将砂粒束缚于其中，形成较为牢固的过滤体，同时具有相当的渗透率，从而达到防砂目的，其原理如图2—39所示。

针对储层为软泥砂岩，胶结性差，出细粉砂严重。在沿最大主应力方向压开地层的同时，把纤维混合物充填在井眼的周围并形成环状，将井眼所有的孔眼都封堵，形成类筛管，从而达到类似充填筛管的效果，起到防止细粉砂的目的。在井眼周围形成的环及压开裂缝示意图如图2—40所示。

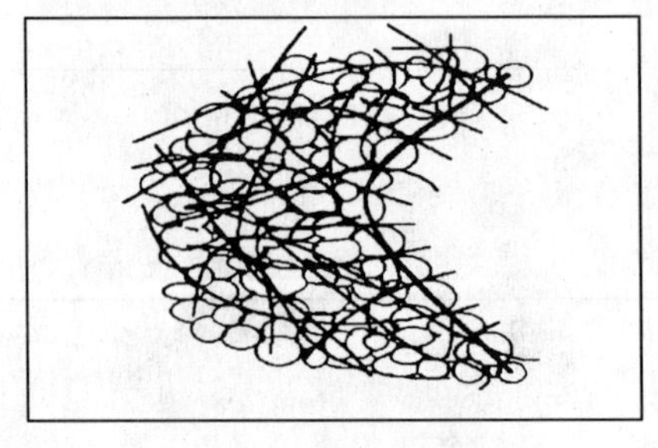

图2—39 硬纤维防砂原理

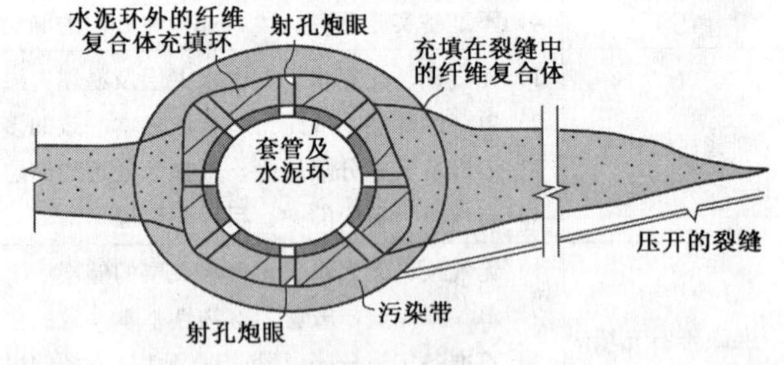

图2—40 在井眼周围形成的环及压开裂缝示意图

2. 纤维复合防砂增产原理

（1）解除储层原有的伤害

储层在钻井完井、试气、修井等作业过程中，不可避免受到一定程度的伤害，影响油气井的产能，因此，在采用纤维复合防砂技术中要考虑从两方面来解决储层伤害问题。一是使用有机酸处理储层，溶蚀储层中的一些酸溶性矿物和外来侵入物，改善储层的渗透性，解除近井地带的伤害；二是使用端部脱砂压裂技术，将储层压开端宽缝，将纤维和支撑剂混合物充填其中，形成高导流能力裂缝带，储层所受到的伤害在近井地带，对于高渗透层，一般伤害带在3m以内，端部脱砂压开的短缝远大于伤害的半径，能够解除储层原有的伤害（见图2—40）。

（2）改善原有的渗流条件

纤维复合防砂工艺技术系统中使用端部脱砂压裂技术，将储层压开裂缝，增大了渗流面积，使原来的径向流改善为拟线形流，使生产压差在地层深部较大范围内分摊，减小近井压力梯度，降低了近井地带压降，大大降低井眼周围的气体流动速度，从而缓解或避免岩石骨架的破坏，降低储层的出砂程度，达到增产与防止地层出砂的双重目的。

另外，在井眼的周围充填形成的纤维复合体环，具有较高的渗透性，较储层原有的渗透性要高得多，同样改善了非裂缝带井眼周围的渗流条件（见图2—40）。

3. *纤维复合防砂应用*

青海涩北气田储层为泥质粉细岩，泥质含量为40%～60%，粘土矿物主要为伊利石（占45%～67%）、绿泥石（占18%～29%）、高岭石（占12%～17%），其次为伊/蒙混层（占0～14%），还有少量的蒙皂石。储层砂粒径中值为0.03～0.07mm，粒度小于0.01mm占28%。

储层水敏、盐敏、酸敏和碱敏伤害程度都为强伤害，水敏、盐敏的平均伤害程度为94%和97%，酸敏和碱敏平均伤害程度为76%，临界矿化度为80000mg/L，临界pH值为7.5左右。为了保护储层提高支撑剂带的导流能力，有利于压裂端部脱砂，并根据储层盐敏性强的特点，研制了清洁压裂液作为纤维复合防砂作业的携砂液。

2002—2005年在涩北气田23口井上，采用纤维稳砂、挡砂，硬纤维采用玻璃纤维，其用量为树脂包砂体积重量之比的1%～1.5%，纤维直径为10～13μm，长度为10～15mm，以树脂包砂作为固砂剂，防止支撑剂返排。以清洁压裂液作为携砂液，进行端部脱砂压裂作为防细粉砂的措施，获得显著成果，措施后不出砂，平均增产为原产量的1.7～2.3倍。

胜利孤岛油田主要油层为馆陶组及明化镇组，油层埋深1120～1350m，随着开采时间的延长，油井出砂严重，针对孤岛油田出细粉砂问题，先后在室内及现场进行了纤维复合防砂研究试验，取得了较好效果。“软纤维”采用的是一种带支链的长链阳离子聚合物。“硬纤维”根据孤岛的油层特点，可以采用陶瓷纤维和玻璃纤维，但由于玻璃纤维的价格比陶瓷纤维低很多，同时经过室内对玻璃纤维的抗酸、抗碱、抗盐和抗温性能的多次重复试验，证明玻璃纤维具有良好的化学稳定性，能够满足孤岛油层防砂要求，故选用玻璃纤维，现场应用实例如下：孤岛油田N7N6井，位于注聚合物采油区，储层为$Ng5^{4-5}$（馆陶组油层），平均孔隙度30%，渗透率1.61μm^2，粒度中值为0.103mm，泥质含量9.6%，地面原油黏度4655mPa·s，地层水矿化度8000mg/L，油层温度71℃，射孔厚度7.5m。由于注聚合物，该井大量出细粉砂，2004年7月6日因砂卡关井。2005年12月20日进行纤维复合防砂，防砂施工排量为900～1000L/min，平均携砂比29.5%，实际挤入纤维复合砂体12t，施工泵压由6MPa上升到15MPa。该井于2005年12月23日开井，很好地解决了出砂问题。

另外，辽河油田稠油注蒸汽井，采油高温树脂加玻璃纤维，泵入油层中防止细粉砂产出，效果也很好，固化后耐温可达350℃以上，已推广应用。

八、智能完井

20世纪80年代后期出现第一口智能井，当时只下了一个温度、压力计，可在地面读取数据，实时监测油井的井下压力和温度。20 世纪 90 年代以后，发展较快，出现了可以控制井下流量的智能井，在地面上通过液压或电力控制系统，获取井下温度、压力和流量等参数。到 2004 年世界上已有 130 多口智能井，另有 220 多口井下有远程控制装置，在地面上可远程控制井下工具及仪表，获取更多的油藏开采参数。

1. 概况

智能完井（Smart Completion）系统是一种由计算机控制油气生产的自动控制系统，它能实时监测和控制油气井内各个生产层位的油气生产，或者监测和控制一口多底井的各分支井的油气生产。该系统通过在地面上遥测监控井下油气的生产，并根据理论计算结果和实测各个生产层段的实际情况来优化各个生产层位的产量，使各层位的生产处于最佳工作状态，因而可提高油气藏的采收率，减少井下作业次数，使油田生产的经营管理达到最优化。

智能完井包括以下子系统：井下信息传感系统、井下生产控制系统、井下数据传输系统、地面数据收集分析和反馈控制系统。井下生产控制系统包括各种活动的井下工具和井下传感器，这些装置具有很大的灵活性，可根据油藏开采特点来满足不同的完井目标。智能完井系统主要由以下部件组成：

1）地面硬件、软件和监控与数据采集（SCADA）接口；

2）水下控制网络；

3）井下控制网络；

4）带旁通的分层封隔器；

5）活动的能开/关、调节开启程度的井下工具；

6）井下传感器（压力、温度、流量、含水量、密度）。

每个井下装置，无论是传感器，还是活动工具，都与井下控制网络相连，该系统使用永久安装的电缆供电，并在地面与井下传感器之间提供双向数字通信。操作这些装置的动力，可以采用液压驱动，也可以采用电磁驱动。如果是液压驱动，动力由一个与地面液压动力装置相连的液压管路提供液压。如果是电磁驱动，可以有选择地指示电动驱动器，为各种机械装置提供机械力。

2. 智能完井的功能

智能完井系统在油藏管理和动态监测方面具有以下优点和功能：

1）对多油层油藏能选择性生产，根据所监测到的各井各层的流入参数与工作环境参数，可以优选最佳工作方式，改善注水井的注入和油井的采出动态，适时关闭产油井中高含水层或高含气层的油嘴，从油层中采出更多的油气，增加油田采收率。

2）不需关井即可进行压力恢复和压降测试，以及随时监测到各个层的产量、压力和温度等参数，可以更为准确地对油藏进行物质平衡计算，及时掌握油藏动态，并且通过有效地分析处理井下各层的流动参数，提高油气井的管理质量和效率。

3）对井下所选定的层位进行处理而不需井下作业，因而减少了井下作业次数，减少油井停产时间，降低了生产操作费，提高了油田生产竞争力。

图 2—41 是常规完井与智能完井的井身结构示意图。

智能完井系统由于井下完井装置投资较高，目前主要用于海上深水区的水下卫星井、多底井、水平井、大位移井、边远地区无人操作的油井、多层注采井、电潜泵井等，多数在产能高、井下作业费用高的油田使用。采用智能完井可以实时优化各个层位的生产，从而获得

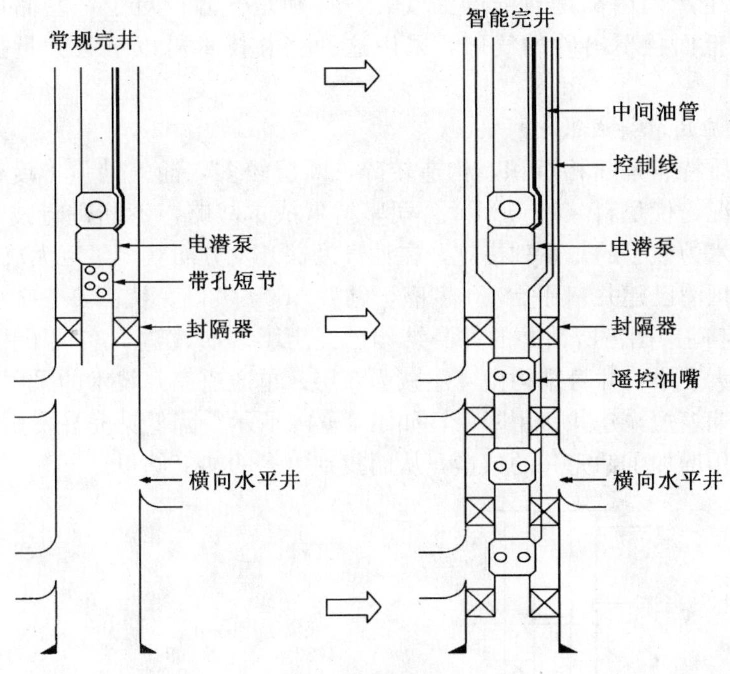

图 2—41 常规完井与智能完井的井身结构示意图

较高的采收率和较好的经济效益。目前采用智能完井的有：北海、亚得里亚海、墨西哥湾、西非、印度尼西亚、委内瑞拉等地的一些油田。智能完井是一个有发展前景的完井方法，但低产井、浅井、层系单一的井，使用不经济，也没有必要采用。

我国渤海湾的绥中 36－1 油田，含油面积 $43km^2$，储量 2.6 亿 t，初期单井日产 70～100t，油井出砂。在 20 世纪 90 年代初期在开发生产试验区时，凡有两套油层同时存在的区域，除了进行砾石充填之外，在层与层之间都下有封隔器，每一层都装有滑套，以便当某一油层含水较高时，可以通过关闭滑套及时控制含水。同时还选择了一批井下入电子压力计，以便及时掌握井下压力状况。20 世纪 90 年代末至 21 世纪初又采用了新型毛细管压力计，这种压力计下在电潜泵以下 100m 处，可随时在平台上读取井下压力数据，通过对这些压力资料的解释分析，可以计算出该井的油层渗透率、表皮系数、井底流压和地层压力等。如果发现某一口油井的表皮系数过大，而产量偏低，说明该井油层有堵塞现象，可及时采取解堵措施。到 2005 年在全油田 200 多口生产井中，有 39 口下了毛细管压力计，约占总井数的 20%。这样，通过井下压力及油井各项生产资料，可以及时分析油井及油田生产状况，并作出相应调整，使油田生产达到最佳化。

九、单通道完井

传统的油气井井身结构有 2 个流动通道：一个是用于油气生产的油管，另一个是用于循环压井的油、套管环形空间，如图 2—42（a）所示。单通道（Monobore）完井技术的井身结构只有油管一个流动通道，如图 2—42（b）所示。这种井身结构可以节省套管、封隔器、循环阀等钻完井器具，以及下入这些器具的工序，而且射孔完井作业又不占用钻机时间，因此可大大减少钻完井费用。但是这种单通道结构也存在着压井、油井举升、诱喷、封井等方面的问题，这使得单通道完井技术的应用范围受到一定限制。单通道完井技术主要适用于在整个生产期内都是自喷的油气井，特别是气井。对于一些储量丰度低、渗透率低、单井产量低而且不出砂的气田，采用这种完井技术可以节省大量投资，从而获得更好的经济效益。

1. *在泰国湾应用取得成果*

泰国湾的地质特点是陆相沉积，构造较碎，断层较多，油气储量丰度低，单井产量不高。针对这种情况，优尼科（Unocal）公司坚持低成本战略，不断进行技术创新，实施了以单通道完井技术为核心的一系列措施，在油气勘探开发方面获得了巨大成功。

该公司在泰国湾已建井口平台 80 多座，钻井 1600 多口。从图 2—43 中可以看到，在 1983 年至 2002 年间泰国湾所钻井的井身结构已经历了多次改进，实现了用 ϕ73mm 油管完井，井眼尺寸由大变小，井身结构由 4 层减为 3 层。单通道完井技术的采用，再次使泰国湾油气田的建井周期缩短，建井费用降低，如图 2—44 所示。降低钻完井费用的重要意义还在于利用节省的费用增加了钻完井的数量，从而找到更多的油气储量。

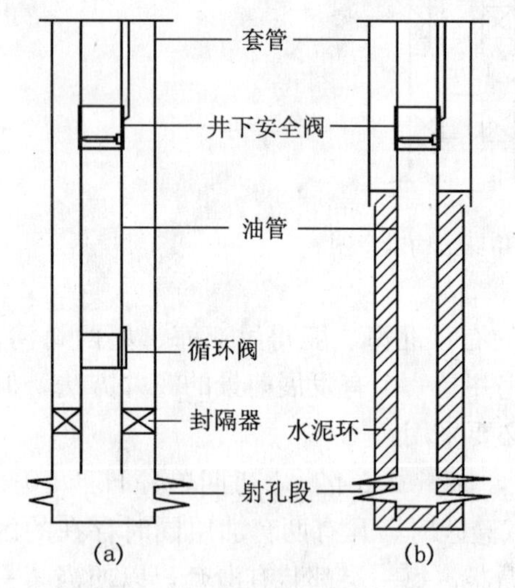

图 2—42　传统油气井（a）与单通道油气井（b）井身结构示意图

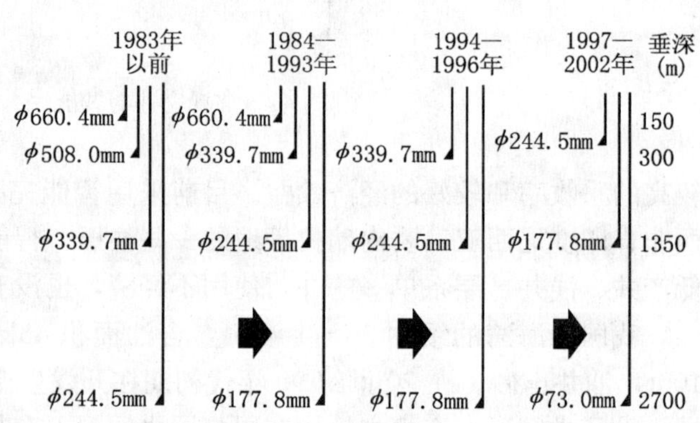

图 2—43　UNOCAL 公司在泰国湾所钻井井身结构改进情况

2. *单通道完井的主要特点*

1）单通道完井技术使井眼尺寸变小，生产套管一般由 ϕ177.8mm（7in）变为 ϕ73mm（2⅞in），而且具备了与之配套的相应技术和工具。

2）用单通道完井技术钻开发井，在钻井作业结束下入油管固井后，钻机或钻井船就可以撤离现场，过油管电缆射孔可在井场或平台上进行，这样，可减少钻机或钻井船租费。

3）单通道完井技术也可用于打探井。如按常规完井进行 DST 测试，如图 2—45（a）所示，则需要下入封隔器、循环阀、震击器、压井阀等一系列井下工具，下入、起出所需时间长，消耗材料多，因此费用较高，而采用单通道完井技术如图 2—45（b）所示，下油管固井后，用电缆射孔就可以进行测试；第一层测试结束后，在其顶部下入桥塞就可以开始下一层测试；测试任务完成后，在最上层下入桥塞，用切割弹切割其上部油管，用油管柱打水泥塞后，即可结束探井作业。电缆作业比管柱作业可节省很多时间。

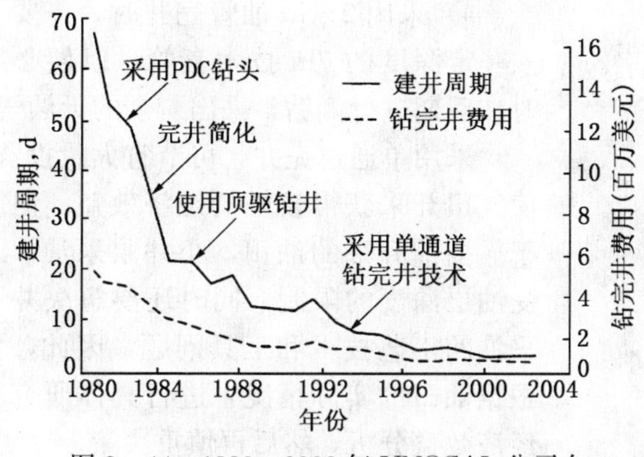

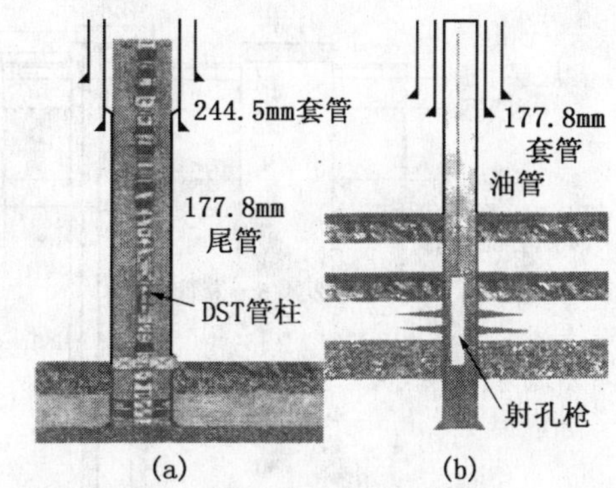

图2—44　1980—2002年UNOCAL公司在泰国湾作业技术改进及建井周期、钻完井费用相应变化情况

图2—45　常规DST（a）与单通道结构油管（b）测试示意图

4）实施单通道完井技术，作业方式发生很大变化，即从传统的可进行循环压井的双通道作业方式改为只能进行挤注压井的单通道作业方式。为了解决生产井中油气诱喷的困难，除了采用连续油管进行诱喷之外，还可以采用柴油作为尾浆进行固井，柴油在井筒内形成负压状况，这样，射孔后就可直接开井生产。

5）在进行单通道完井时，井下安全阀是在进行固井作业前下入井下的，可能会受到固井液的不良影响。为解决这一问题，在固井作业过程中需要多次活动井下安全阀，以避免安全阀被固井液粘住。

6）采用单通道完井技术的井，在完井后只能用钢丝、电缆和连续油管作业的方法进行射孔、下桥塞、诱喷、维修井下安全阀等作业，不能进行起下管柱的修井作业。因此对钢丝、电缆作业的质量要求较高。

7）单通道井身结构没有传统的循环压井通道，这会给油气井作业安全带来一定风险。但泰国湾大量应用经验表明，通过安装井下安全阀和采取其他风险控制措施，这种风险是可以控制的，作业也是安全的。

8）单通道井身结构简单，作业手段有限，如果出现井下问题需要大修，常常采用侧钻的方式进行处理，而不采用传统的修井手段处理。因此，在固井设计水泥返高时就要考虑侧钻的要求。

在进行单通道钻完井作业时，还对很多配套技术和管理理念进行优化。如进行大规模的三维地震勘查和解释，提高储层解释的准确性；采取井位设计整体完成，进行批量钻井和同一尺寸井眼集中钻井；更多地使用LWD测井，减少电缆测井；在同一隔水管内钻两口单通道井，降低地面工程及隔水管造价；以及优化钻机的撤离和就位、优化钻井液性能等，使单通道钻完井技术的整体效益更加突出。海上同一隔水管内钻两口单通道井及单通道钻完井技术示意图如图2—46所示。

总起来说，单通道（2⅞in油管）完井，对于一些储量丰度低、渗透率低、单井产量低、既不出砂又不需要排水采气的气田气井完井，比较适用，这是因为：

1）气井一般都靠自喷开采。

2）气井采气过程中井下作业工作量相对较少。

3）2⅞in油管完井的射孔、分层测试等井下工艺工具已经配套。

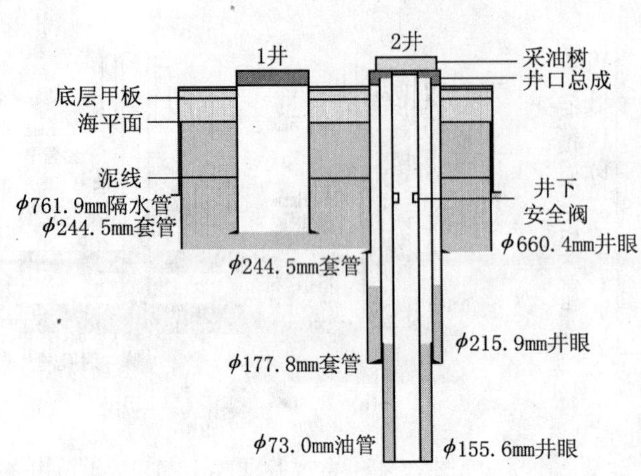

图 2—46 海上同一隔水管内钻两口单通道井及单通道钻完井技术示意图

4）采用 2⅞in 油管完井时，需要下入一定深度的 7in 技术套管，以便必要时在后期进行侧钻，采出剩余的天然气。

采用单通道完井，可节省大量投资，使气田开采获得较好的经济效益。但对于靠抽油开采的油田，小井眼采油，既受油层深度的限制，同时还要解决井下采油的工艺技术和工具问题，因此，要根据油田的实际情况，进行具体研究和经济效益分析，然后再慎重决策。

十、地下储气库完井

地下储气库是用来储存天然气的地下设施。目前在世界范围内主要建有枯竭油气藏储气库、盐穴储气库和含水层储气库三种类型，大多集中在美国、加拿大、前苏联、德国等国家，年用天然气的10%～30%由地下储气库来保证。据2000年资料统计，世界已建有各类地下储气库602座，总有效工作气量达到$3003.5\times10^8m^3$，在美国和欧洲，有超过20%的商品气来自于储气库。仅俄罗斯天然气工业股份公司经营的23个地下储气库，工作气量达到$600\times10^8m^3$，最冷冬季的平均日供气量曾达到$50\times10^8m^3$左右。近几年，我国已在华北地区建成了三座大型地下储气库，总调峰气量达数亿立方米，并正在长江三角洲地区建设总调峰气量达数亿立方米的盐穴地下储气库。同时还筹划在华北、东北、西南等地区建设更大规模的储气库群。

储气库一般是在用气淡季注入天然气，而在用气旺季（一般在冬季）或保安期采出，并且采用大排量吞吐，单井生产能力一般要达到（100～300）$\times10^4m^3/d$。美国Duke能源公司位于得克萨斯州北部的盐穴储气库，其中一口井的气井直径为20in（508mm），最大采气能力可以达到$1870\times10^4m^3/d$。

由于储气库运行时受到较高工作气量注气和采气的“呼吸”作用，井筒将间歇受到较强的由低到高和由高到低交变载荷的反复作用。同时，为实现效益最大化，要求储气库井的工作寿命尽可能地得以延长，因此对完井工艺、注采管柱、井下工具、固井质量及井筒整体密封性等都提出了更高的要求。另外，在枯竭油气藏和含水层储气库中，有些储层的孔隙压力系数已经下降到0.5以下，必须注重对储层物性的保护，否则将大大影响注气压力和气库的吞吐量，同时增大地面设备的运行负荷，使储气库的运行费用大幅度增加。

为满足储气库运行安全和强注强采的要求，应从注采管柱选择、射孔和完井管柱、井口设施、固井、井筒密封检测等方面进行优化选择，达到最佳注采效果，延长井筒服役时间。

1. 枯竭油气藏储气库和含水层储气库的气井完井

（1）储气库完井管柱选择

储气库注采气井完井管柱应满足储气库工作环境的要求，必须考虑井下异常情况下高压气流的快速控制，注采气过程井下流体对套管、油管的腐蚀及强注强采的需要，还应考虑完井管串拥有较长的使用寿命。储气库完井管柱选择的原则：

1）满足储气库注采规模的需要；

2）适应腐蚀环境工作的需要；

3）保证注采井长期安全生产；

4）成本控制和工艺措施的配套性。

在储气库注采井管柱设计中一般均使用封隔器和井下安全阀。封隔器一般安装在管柱的底部，防止储层流体腐蚀上部管柱，以延长井筒使用寿命。井下安全阀安放在距管柱底部80～100m之间，用于在井筒高压气流失控时，快速安全切断井下与地面的通道，确保地面及周围人群的安全。

一般枯竭油气藏和含水层储气库完井管柱从井口到井底依次为：注采气管柱、流动接箍、安全阀、XD循环滑套、键槽式伸缩接头、锚定密封总成、永久封隔器、X坐落接头、带孔管、XN坐落接头、平衡隔离工具、射孔枪丢手、射孔枪总成等（盐穴储气库无射孔组合）。图2—47为枯竭油气藏储气库典型完井管柱示意图。

一般储气库井既是注气井，又是产气井。因此，注采管柱设计既要考虑满足配产、配注的需要，也要考虑不发生管柱的冲蚀，同时使井口注气压力保持在地面压缩机正常工作的范围内。由于井筒包括生产管柱工作时受到天然气环境下“呼吸”应力作用，管柱丝扣必须选用特殊气密封丝扣。通常可供选择的气密封丝扣种类有：NEW－VAM、NK3SB、TM等。

（2）射孔与完井方案

在砂岩气藏和含水层储气库注采井完井应采用射孔—完井联作的一次完成方式，射孔时用液氮尽可能将井筒内液体掏空，避免对储层的二次伤害。

（3）井口设施

完井作业期间的井口设施包括采气树和升高短节。油管挂要预留井下安全阀地面控制管线的连接通道，大四通上安装控制阀和压力表。如果储气库处于湖泊、泄洪区等地带，需要将升高短节加高至地面一定高度，在井口搭操作台。采气树与升高短节、升高短节与套管均采用法兰连接，并用钢圈与“BT”密封圈双重注塑密封，所有闸阀采用金属对金属密封。

2. 盐穴地下储气库完井固井技术

盐穴储气库除了具有其他运行特点外，还要考虑盐腐蚀及气体吞吐所形成的热交变应力等因素影响，同时，由于井浅、井温低、压力低、盐层埋藏浅等特点，要求水泥浆体系应具有低温快凝、高早强、微膨胀、浆体稳定性好、稠度适宜，水泥石具有长期的强度稳定性，并与钻井液及隔离液具有良好相容性。注采管柱的强度设计要附加考虑抵抗盐岩层蠕变的影响。

国外盐穴储气库常用典型完井管柱示意图如图2—48所示。

3. 储气库注采井井筒的密封

由于储气库受到高压气体的长期作用，必须对其井筒的密封性给予高度重视，其主要原则是：

1）选择气密封型生产套管和注采气管柱；

2）带井下安全阀的完井管柱；

3）井口采气树采用金属对金属密封方式；

4）老井井筒采用常规水泥多级灰塞封堵，窜槽井段应挤注常规或超细水泥封窜。

5）合适的固井水泥浆体系与施工措施。

4. 盐穴储气库的密封性检测

由于盐穴储气库埋藏浅，并且气体是存放在数千万立方米的地下溶腔内，因此对盐穴储气库一般还要依据专用密封检测标准，进行井筒密封性的气体试验。检验介质用氮气，也可用天然气或空气。

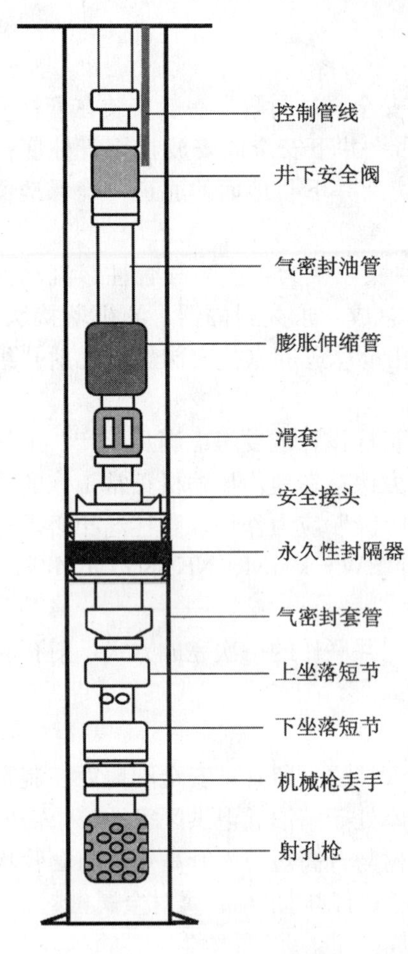

图 2—47 枯竭油气藏储气库典型完井管柱示意图

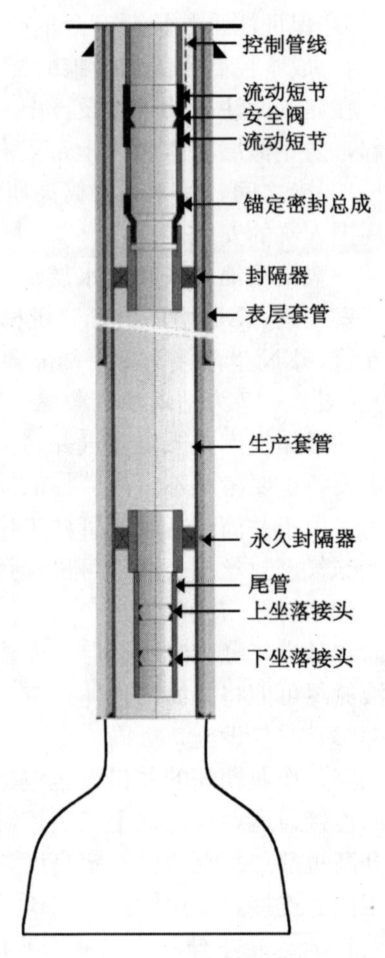

图 2—48 国外盐穴储气库常用典型完井管柱示意图

第二节 水平井完井方式

国外早在20世纪20年代就开始了利用钻水平井来提高油气田采收率的尝试，20世纪70年代水平井钻井技术有了较大的突破，特别是20世纪80年代发展了导向钻井技术，引起了当今水平井开采的技术革命，产生了一场巨大的石油工业技术变革，在世界20多个产油国形成了用水平井开采油气田的较大工业规模。随着技术的不断发展，20世纪90年代，分支水平井和大位移水平井技术也得到了飞速的发展，目前已成为石油天然气工业领域内的重大技术。

使用水平井开发油气田具有非常好的经济效益。据统计，水平井单井产量为直井的2～5倍，单井成本仅为直井的1.5～2倍。图2－49是某石油公司在阿曼钻井的产能建设成本比较图，从图中可以看出，水平井，特别是分支水平井，经济效益非常显著。目前水平井已成为稠油油藏、裂缝性油气藏、低渗透油气藏、底水油气藏提高单井产量和采收率的有效手段。

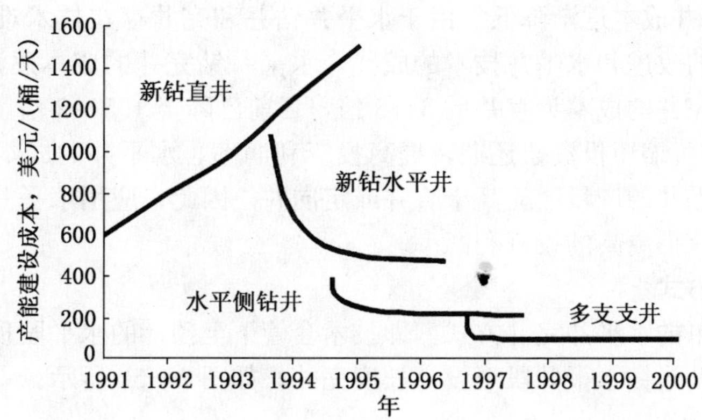

图 2—49　某石油公司在阿曼单位产能建设成本比较

水平井的完井方式主要有：

1）套管射孔完井；

2）裸眼完井；

3）裸眼内下入割缝衬管或打孔管完井；

4）裸眼内下管外封隔器加割缝衬管完井。

在套管射孔完井或裸眼完井中，采用砾石充填的井甚少，因为水平井段太长，割缝衬管的底部砾石很难充填到位。水平井按其造斜率和曲率半径可分为短、中、长三类。见表 2—14。

表 2—14　水平井类型

标　识	短	中	长
曲率半径	6～12m (20～40ft)	50～213m (165～700ft)	305～914m (1000～3000ft)
造斜率	5°/m～10°/m (1.5°/ft～3°/ft)	26°/100m～98°/100m (8°/100ft～30°/100ft)	7°/100m～20°/100m (2°/100ft～6°/100ft)

水平井完井前期研究工作非常重要。一方面必须对水平井的地质和油藏特性（包括岩性、裂缝分布、断层、油气特性、地应力等）进行详细的研究；另一方面必须考虑水平井钻进的井眼轨迹和方位等施工工况。针对不同的地质和油藏情况、不同的井眼轨迹和方位，在进行井壁稳定性评价和施工工艺分析的基础上，选用不同的完井方式。

水平井的经济效益可从以下几个方面来进行分析：

1）水平井可以提高油气产量。应用水平井开发低渗透油藏、裂缝性油藏、薄层油藏以及底水或气顶油藏，可获得较垂直井高 2～5 倍，乃至 10 倍、20 倍的产量，利用原有井眼侧钻水平井眼，可使许多枯竭油藏“起死回生”。

2）水平井可提高采收率，增加可采储量。不仅可用于开发边际油田和低渗油田，而且可用于开发常规油田，应用水平井可缩短井距，扩大泄油面积，更好地控制注入流体和改善波及效率，提高临界锥流量，增加储量的动用程度。用水平井开发油气田，不仅可提高采油速度，还可提高油气采收率。

3）水平井钻完井成本逐渐降低。由于水平井钻井和完井存在技术难点，目前成本高于直井，但随着设备的改进和水平井技术的成熟，水平井钻完井的成本逐渐降低。20 世纪 80 年代初，水平井钻完井的成本为直井的 3～5 倍，目前已降至 1.5～2 倍。

4）利用水平井可缩短投资偿还期，提高投资利润率。水平井的成本逐年下降，趋于与常规井接近，而水平井的产量明显高于直井或定向井。因此，应用水平井开发油气藏能显著缩短投资偿还期，获得更高的投资利润率。

一、裸眼完井方式

这是一种最简单的水平井完井方式。即技术套管下至预计的水平段顶部，注水泥固井封隔。然后换小一级钻头钻水平井段至设计长度完井。如图 2—50 所示。

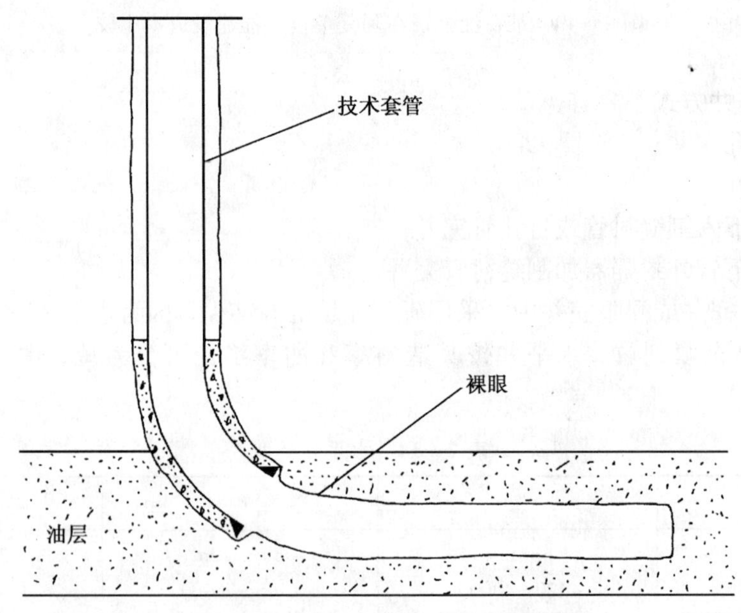

图 2—50　裸眼水平井完井示意图

裸眼完井主要用于碳酸盐岩等坚硬地层和不坍塌致密地层，特别是一些垂直裂缝地层，如美国奥斯汀白垩系地层，可参见表 2－15 和表 2—16。对于岩石疏松的储层、存在明显的泥页岩夹层储层、钻遇断层的储层、水平裂缝储层、需要后期改造的中低渗透油气层等情况，从防止井眼坍塌和提高产液量两方面考虑，不宜采用裸眼完井。

二、割缝衬管完井方式

该完井方式的完井工序是：将割缝衬管悬挂在技术套管上，依靠悬挂封隔器封隔管外的环形空间。割缝衬管要加扶正器，以保证衬管在水平井眼中居中，如图 2—51 所示。目前水平井发展到分支水平井，其完井方式也多采用割缝衬管完井，如图 2—52 所示。

为了防止裸眼完井时地层坍塌，一般都在裸眼中下入割缝衬管或打孔管。这种完井方式简单，既可防止井塌，如果下管外封隔器（ECP）还可将水平井段分成若干段进行小型措施，当前水平井多采用此方式完井。其适用条件见表 2—15 和表 2—16。

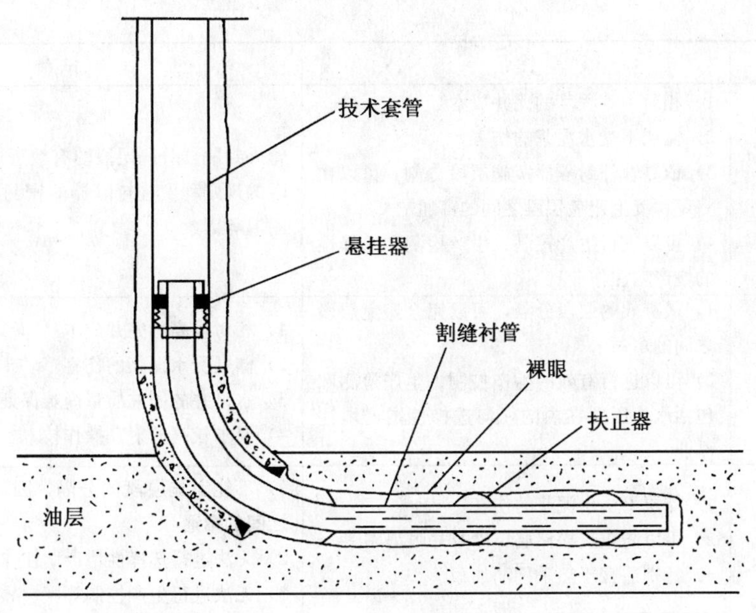

图 2—51 割缝衬管水平井完井示意图

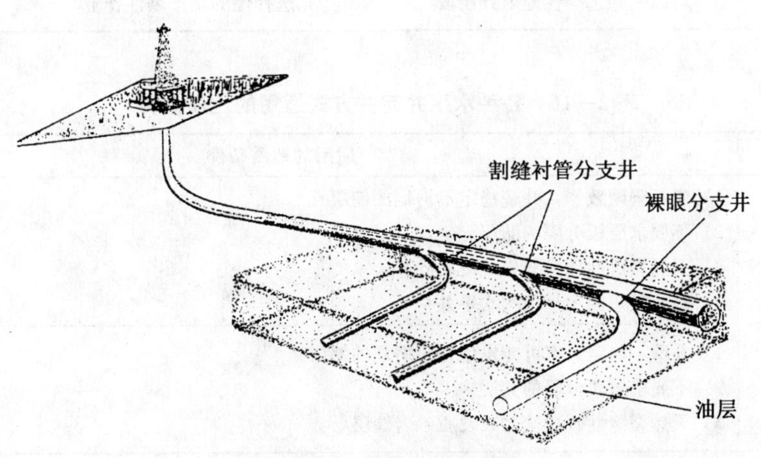

图 2—52 分支水平井示意图

表 2—15 各种水平井完井方式的优缺点

完井方式	优点	缺点
裸眼完井	1）成本最低 2）储层不受水泥浆的伤害 3）使用可膨胀式双封隔器，可以实施生产控制和分隔层段的增产作业 4）使用转子流量计，可以实施生产检测	1）疏松储层，井眼可能坍塌 2）难以避免层段之间的窜通 3）可以选择的增产作业有限，如不能进行水力压裂作业 4）生产检测资料不可靠
割缝衬管完井	1）成本相对较低 2）储层不受水泥浆的伤害 3）可防止井眼坍塌	1）不能实施层段的分割，不可避免有层段之间的窜通 2）无法进行选择性增产增注作业 3）无法进行生产控制，不能获得可靠的生产测试资料

续表

完井方式	优点	缺点
带 ECP 的割缝衬管完井	1）相对中等程度的完井成本 2）储层不受水泥浆的伤害 3）依靠管外封隔器实施层段分割，可以在一定程度上避免层段之间的窜通 4）可以进行生产控制、生产检测和选择性的增产增注作业	管外封隔器分隔层段的有效程度，取决于水平井眼的规则程度，封隔器的密封和密封件的耐压、耐温等因素
射孔完井	1）最有效的层段分隔，可以完全避免层段之间的窜通 2）可以进行有效的生产控制、生产检测和包括水力压裂在内的任何选择性增产增注作业	1）相对较高的完井成本 2）储层受水泥浆的伤害 3）水平井的固井质量尚难保证 4）要求较高的射孔操作技术
裸眼预充填砾石完井	1）储层不受水泥浆的伤害 2）可以防止疏松储层出砂及井眼坍塌 3）特别适宜于热采稠油油藏	1）不能实施层段的分隔，因而不可避免有层段之间的窜通 2）无法进行选择性增产增注作业 3）无法进行生产控制等
套管内预充填砾石完井	1）可以防止疏松储层出砂及井眼坍塌 2）特别适宜于热采稠油油藏 3）可以实施选择性地射开层段	1）储层受水泥浆的伤害 2）必须起出井下预充填砾石筛管后，才能实施选择性的增产增注作业

表 2—16　各种水平井完井方式适用的地质条件

完井方式	适用的地质条件
裸眼完井	1）岩石坚硬致密，井壁稳定不坍塌的储层 2）不要求层段分隔的储层 3）天然裂缝性碳酸盐岩或硬质砂岩 4）短或极短曲率半径的水平井
割缝衬管完井	1）井壁不稳定，有可能发生井眼坍塌的储层 2）不要求层段分隔的储层 3）天然裂缝性碳酸盐岩或硬质砂岩储层
带 ECP 的割缝衬管完井	1）要求不用注水泥实施层段分隔的注水开发储层 2）要求实施层段分隔，但不要求水力压裂的储层 3）井壁不稳定，有可能发生井壁坍塌的储层 4）天然裂缝性或横向非均质的碳酸盐岩或硬质砂岩储层
射孔完井	1）要求实施高度层段分隔的注水开发储层 2）要求实施水力压裂作业的储层 3）裂缝性砂岩储层
裸眼预充填砾石完井	1）岩性胶结疏松，出砂严重的中、粗、细粒砂岩储层 2）不要求分隔层段的储层 3）热采稠油油藏
套管内预充填砾石完井	1）岩性胶结疏松，出砂严重的中、粗、细粒砂岩储层 2）裂缝性砂岩储层 3）热采稠油油藏

三、射孔完井方式

技术套管下过直井段注水泥固井后，在水平段内下入完井尾管、注水泥固井。完井尾管和技术套管宜重合100m左右，最后在水平井段射孔，如图2—53所示。

这种完井方式将层段分隔开，可以进行分层增产及注水作业，可在稀油和稠油层中使用，是一种非常通用的方法。适用条件见表2—15和表2—16。

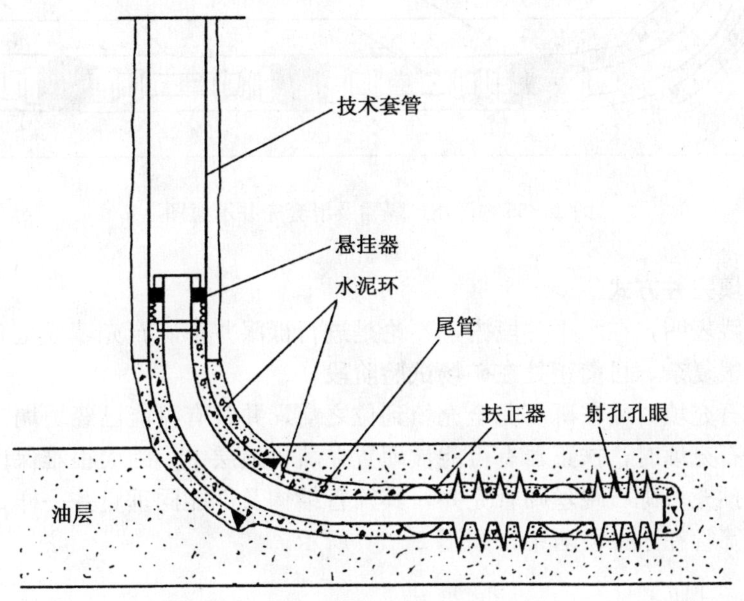

图2—53　水平井尾管射孔完井示意图

四、管外封隔器（ECP）完井方式

这种完井方式，依靠管外分隔器实施层段的分隔，可以按层段进行作业和生产控制，对于注水开发的油田尤为重要。适用条件见表2—15和表2—16。管外分隔器的完井方法，可以分两种形式，见图2—54、图2—55。

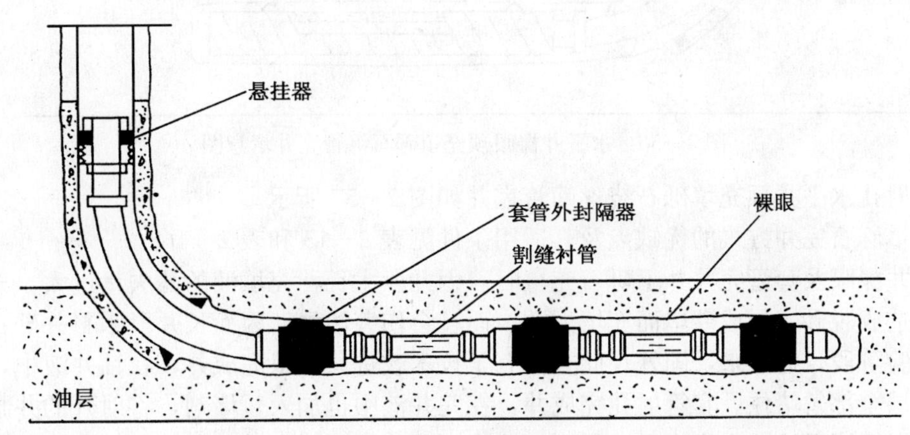

图2—54　管外封隔器及割缝衬管完井示意图

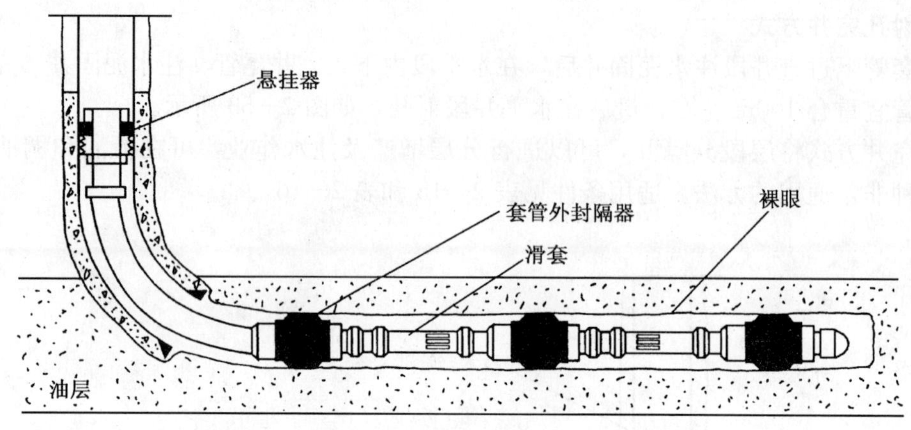

图 2—55　管外封隔器及滑套完井示意图

五、砾石充填完井方式

国内外的实践表明，在水平井段内，不论是进行裸眼井下砾石充填或是套管内井下砾石充填，其工艺都很复杂，目前正处在矿场试验阶段。

裸眼井下砾石充填时，在砾石完全充填到位之前，井眼有可能已经坍塌。

裸眼井下砾石充填时，扶正器有可能被埋置在疏松地层中，因而很难保证长筛管居中。

裸眼水平井预充填砾石绕丝筛管完井，其筛管结构及性能同垂直井一样，但使用时应下扶正器，以便使筛管在水平段居中，如图 2—56 所示。

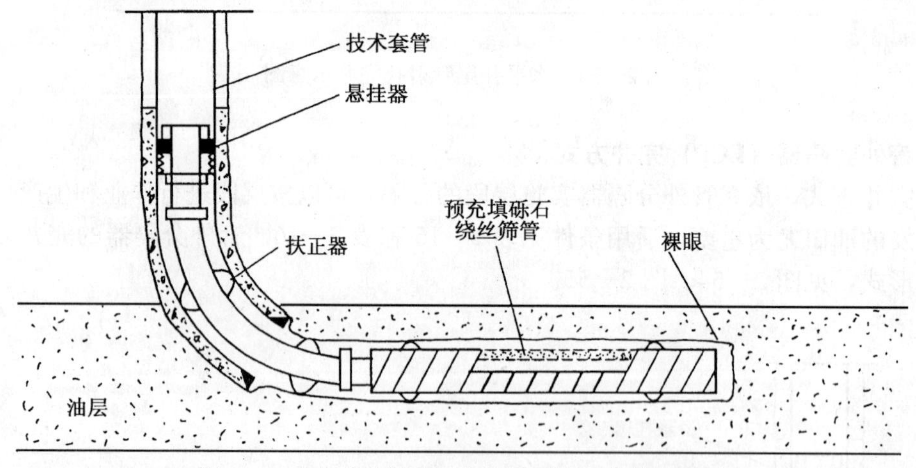

图 2—56　水平井裸眼预充填砾石筛管完井示意图

套管射孔水平井预充填砾石绕丝筛管完井如图 2—57 所示。

预充填砾石完井方式的优缺点及其适用条件见表 2—15 和表 2—16。

水平井裸眼及套管完井井下砾石充填时，因井段太长，充填液的滤失量过大，充填过程中不仅易造成脱砂，形成砂堵而充填失败，而且会伤害油层，因而长井段水平井砾石充填一直处于试验阶段。近年来，国外在此方面有了技术改进。裸眼完成井，在钻井液中，加入暂堵剂将地层全部暂堵住。套管射孔完成井，在完井液中也加入暂堵剂，将射开的井眼全部暂堵住。两者暂堵后渗透率均为零，做到无滤失，从而为砾石充填创造条件，充填液可采用盐水、$CaCl_2$ 水或低黏度充填液，砂比为 240～480kg/m^3，充填长度已达 1000m 左右，充填砂

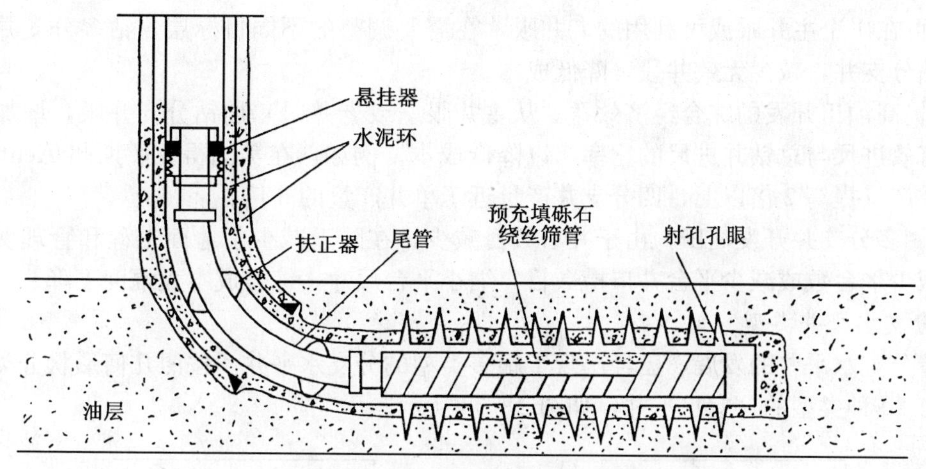

图 2—57　水平井套管内预充填砾石筛管完井示意图

量 13608kg 左右。在充填作业完成后，通过酸化或其他化学剂来解除暂堵堵塞。

虽然水平井砾石充填的技术问题可以解决，但工艺较复杂，成本高，因而，水平井的防砂完井，目前仍多采用预充填砾石筛管、金属纤维筛管或割缝衬管等方法完成。

六、分支水平井完井

多分支井技术在 20 世纪 20 年代就提出来了。20 世纪 90 年代以后，随着定向井、水平井等相关技术的快速发展，美国、加拿大各油公司迅速着手多分支井技术的开发研究和现场应用，据不完全统计，Baker Oil Tool、Halliburton、Sperry－Sun 等公司现已研制成功了多分支井系统用于分支井钻井，取得很好的效果。截止 2003 年底，全世界共有分支井 6000 余口，主要分布在美国、加拿大、俄罗斯及南美洲地区。其中 90％以上是相对简单的 1～2 级的产油井。世界上第一口完井等级为 TAML5 级的分支井是在 1995 年才完成的。目前国际上钻 4～6 级的经验相对较少。在委内瑞拉，已经钻出累计分支长度 17km 的高难度分支水平井，标志着分支水平井技术已经达到了相当高的水平。

在中国，新疆、塔里木、辽河、胜利、冀东、大庆、四川等油田都先后钻成不少分支井，现已步入世界水平分支井的行列。

分支水平井开发油气田的主要优越性为：能增大泄油面积，提高纵向和水平方向的扫油范围；能开采薄油层，屋脊油层；能动用常规方式难以动用的储量及剩余储量；能暴露更多的天然裂缝系统；一口主眼井能起到多口井的作用，提高单井产量；可同时开采多个产层；注水井可增加注水量；能减少水、气脊进；减少岩性各向异性影响；降低水平井成本。据美国、加拿大石油公司多年的经验，一般来说单一水平井的产能至少是直井的两三倍以上，而成本约为直井的 1.5～2 倍，最低为 1.2 倍，对于分支水平井，多钻一分支，增加的成本为水平井的十分之一左右，产量却能得到大幅度提升。

多分支井的经济效益具体表现在以下几方面：

1）能增大井眼与油藏的接触面积，增大泄油面积，改善油藏动态流动剖面，降低锥进效应，提高泄油效率，从而提高采收率。

2）可应用于多种油气藏的经济开采。能有效地开采稠油油藏，存在天然裂缝的致密油藏和非均质油藏；能有效开发地质构造复杂，断层多和孤立分散的小断块、小油层；在经济效益接近边际的油田，也可以通过钻多分支井降低开发费用，使其变为经济有效的可开发油田。

3）可在1个主井眼或可利用的老井眼，在需要调整的不同目标层，钻多分支井和在同一层位钻分支井，减少无效井段，降低成本。

4）提高油田开发的综合经济效益。从主井眼（或老井眼）加钻分支井眼，增加油藏内所钻的有效进尺与总钻井进尺的比率，以降低成本。例如，在美国得克萨斯州 Aenth 油田，双分支井产量提高2倍以上，四分支井产量近于单井产量的5倍。

5）用多分支井开发油田，由于井口数目减少，在陆上减少了地面工程和管理费用，在海上可减少平台数或减少平台井口槽数目，缩小平台尺寸，综合成本大幅度下降。

1. 分支水平井类型

随着分支水平井的发展，已经出现了很多类型的分支水平井。按照几何形状分类，归纳起来约有10种类型的分支水平井，如图2—58所示。

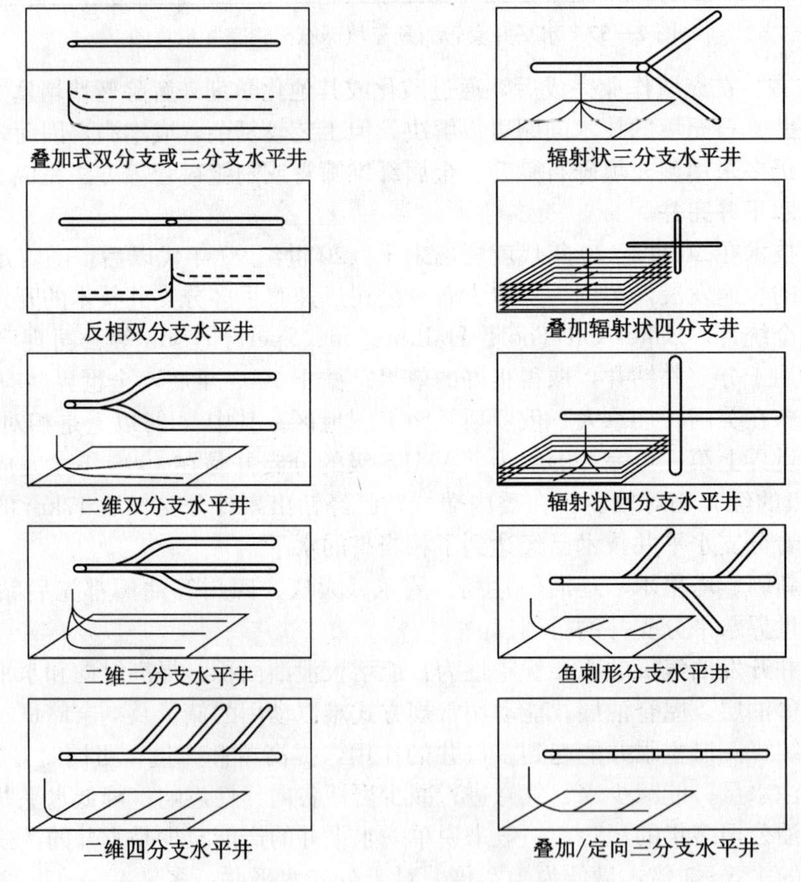

图2—58 分支水平井几何类型分类图

1）叠加式双分支或三分支水平井：就是在两个或三个不同深度的相同方向钻两支或三支水平井。

2）反相双分支水平井：就是在两个相反的方向各钻一支水平井。

3）二维双分支水平井：就是在同一深度的相同方向钻两支平行的水平井。

4）二维三分支水平井：就是在同一深度的相同方向钻三支平行的水平井。

5）二维四分支水平井：就是先钻一支主水平井，然后在该主水平井的一侧钻三支平行的水平井。

6）辐射状三分支水平井：就是在同一深度的三个方向钻三支水平井。

7）叠加辐射状四分支井：就是在不同深度的四个相互垂直方向钻四支水平井。

8）辐射状四分支水平井：就是在同一深度的四个垂直方向钻四支水平井。

9）鱼刺形分支水平井：就是先钻一支主水平井，然后在该主水平井的两侧各钻多支水平井。

10）叠加/定向三分支水平井：就是先钻一支主水平井，然后在该主水平井的上侧钻两支定向井。

2. 分支水平井的完井方式及完井分级

分支水平井的完井方式大体有3种：裸眼完井、割缝衬管完井和侧向回接系统完井。分支井存在井壁坍塌等问题。如水平段的岩性比较硬可用裸眼完井或割缝衬管完井，一般较软岩石可用侧向回接系统完井。侧向回接系统完井能从单个主井眼中钻多个分支井眼，并对这些分支井眼进行下套管和尾管回接，使尾管与主套管分割开而无须磨铣套管，在各个生产尾管之间建立一种复杂的相互联系，同时维持井筒的整体完整性。有了该系统就能够迅速地建立再次进入所有分支井眼进行井下作业及修井。

国际上为了对分支井的发展规定一个统一的方向，对分支井完井按照复杂性和功能性建立了TAML分级体系，TAML评价分支井技术的3个特性是连通性、隔离性和可及性（可靠性、可达性、含重返井眼能力）。根据这一原则，把分支井完井分为1－6S级，见图2—59。1－6S级随级别的增加，分支井完井的功能在增加，分支井连接处的复杂程度也在增加。连接处的复杂程度越高，完井作业越困难，成本越高。这一分级方法同样适用于分支水平井。

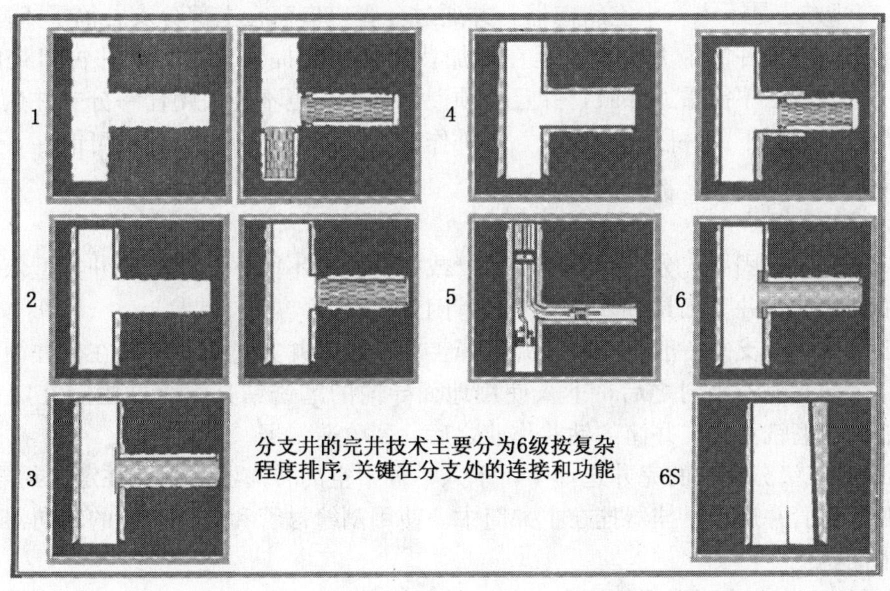

图2—59　分支井完井分级示意图

（1）TAML1级

主井筒裸眼，分支井筒裸眼或下入割缝衬管，分支连接处无支持。这种完井类型主要应用在较坚硬、稳定的地层中，分支井是采用标准钻井方法钻出的，没有提供机械支撑或水力封隔，也很少或没有完井设备，不需要磨铣套管，不需要回收造斜器，不需要下衬管和注水泥，也不需要安装生产控制设备。优点是：裸眼段不使用套管从而节约成本；钻进作业简便。缺点是：由于无套管支撑，使得井眼的稳定性受到限制，井壁坍塌容易发生；不能控制生产，只能合采，不能有选择地关井；没有可靠的系统保证在将来的工作中具有重返井眼的能力。

（2）TAML2 级

主井筒下套管并固井，分支井筒保持裸露或下入简单的割缝衬管或预制滤砂管。这种完井类型的优势在于：完井完全在标准的套管中进行；主井筒的套管提高了井眼的稳定性；成本低。

在主井筒套管完井并根据需要采取增注措施后，可将永久性定向封隔器安装在设计的造斜点下面。为将来的再进入作业提供方向和深度上的控制。然后将造斜器下入封隔器中，并朝向预定的造斜方向。接下来铣去套管壁并钻分支井，一旦分支井钻至预定深度，取出造斜器，并根据油井的要求，采用不同的完井方法。

1）第一种方法是在定向封隔器和位于侧钻点上方的第二封隔器之间装一滑套。利用滑套开口对双分支井进行混合开采。可提供主井筒支撑及生产控制，而且也可以任一支井眼单独生产。如果下部分支井开始衰竭或出水，可以在下面的封隔器中装有堵塞装置以关闭下面的井眼。如果需要关闭上面的分支井，可以简便地将滑套转换到关闭位置。这种方法的一个缺点是始终依赖地层提供窗口处井眼的稳定性，如果窗口附近的地层不坚实，窗口将崩塌，就会失效。另一缺点是没有分层开采的能力，只能在窗口处合采。并且没有重返分支井的能力，因为装有滑套，重返分支井的唯一方法是从井中取出上部完井装置。

2）第二种方法是下入一中空斜向器，并通过套管出口窗在上部分支井筒下入割缝衬管。这种用中空斜向器完井的最大优点，是在附加费用最小时提供了在分支井窗口处的机械支持。然而，这种方法不能重返井眼，并且必须混合开采，也不能关闭任一分支井生产。也可使用一个割缝衬管对下部井段进行完井，这种作法不仅降低了井段坍塌的可能性，而且还可以进入下部生产井段。

（3）TAML3 级

主井筒下套管并固井，分支井筒下套管（或衬管）但不固井。这种完井类型依然不具有选择性采油的功能，井下工具进入分支井筒有困难。

对于三级别的分支井一般有三种完井选择。在三种完井方式中，都先在主井筒内下入定向封隔器。定向封隔器坐封之后，下入使用地面导向的磨铣钻具组合并固定在定向封隔器上。在完成窗口磨铣和分支井筒的钻井作业之后，回收造斜器。

1）第一种三级分支井的完井选择中，下入一种中空的转向器并固定在定向封隔器之上，然后下入割缝衬管并通过悬挂器挂在主井筒中。使用割缝衬管和这种中空的转向器时，只能进行混合采油。

2）第二种完井方式不需要使用中空斜向器，而使用一种带有弯接头衬管组合，在井口进行操作以使割缝衬管进入分支井筒。接下来通过尾管悬挂器挂在主井筒中。

前两种完井方式都不允许再进入主井筒，因为在主井筒内有割缝衬管的存在，阻挡了井下工具的下入。

3）第三种三级完井方式可以选择 HOOK 衬管悬挂系统进行完井，这种系统可以使井下工具再进入分支井筒和主井筒。HOOK 衬管悬挂系统主要由一段带有预制窗口的套管接头、内置的用于再进入的导向机构和一个能够挂在预制窗口下面的挂钩，这个挂钩能够使衬管挂在窗口上面。再进入是通过使用分支井筒的再进入模块或主井筒的再进入模块来作为油管或挠性管下部组合来实现的。

(4) TAML4 级

主井筒和分支井筒都下套管并固井，所有的井眼在连接处都固水泥。所以主井筒和分支井筒之间具有最大机械连接性。主井筒和分支井筒之间有可靠的机械连接，完井时一般都采用套管悬挂系统，优点在于具有选择性采油的功能，完井技术复杂。

多数四级的分支井完井时都采用 Root 系统或者 HOOK 衬管悬挂系统。

1) Root 系统。

在主井筒内下套管完井之后，首先在主井筒的设计分支位置处放置一个定向封隔器 (MIZXP 封隔器或 Torque Master 封隔器)。在对定向封隔器进行定位作业之后，进行分支段的钻井作业，挂尾管固井或挂带封隔器的筛管完井。在这些作业完成之后，下入套铣打捞筒，把伸入主井筒套管内的分支段尾管铣断，再向下套铣斜向器，并全部打捞上来（定向封隔器仍留在井下），贯通分支井段。

在接下来的完井过程中，可以使用双封隔器滑套衬管完井或者使用侧向进入短节 (LEN) 来进行单管柱选择性再进入作业。通过油管下入侧向进入短节，使侧向进入短节的出口点对准开窗窗口，这时如果在 LEN 内放入一个临时的转向器，就可以使通过油管的工具进入分支井筒。相反，如果在 LEN 内放入一个盲滑套，就可以关闭分支井筒。这样就可以提供选择性采油的功能。

2) 如果使用 HOOK 衬管悬挂系统（一种带有挂钩的衬管悬挂器），就不需要使用 LEN 也不需要进行套铣作业来取出衬管在主井筒中的部分。这种悬挂装置通过一种椭圆形的挂钩使衬管挂在主井筒开窗窗口处。而在悬挂器的上部有一个预先加工好的出口，出口正好对准主井筒的中心线，为选择性进入主井筒下部井段做准备。而完成修井管柱或者挠性管工具的选择性进入分支井筒或主井筒下部（即贯通性），是由一个弯接头和悬挂器的控制槽联合实现的。分支衬管的内径和悬挂器出口（主井筒方向上的）的直径，都同开窗窗口上部的悬挂器的直径大小一样。在固井以后，需要对下部井段进行一次清理作业。

(5) TAML5 级

连接处压力是一个完整的系统。通过完井管柱来实现。分支处具有良好的连接性和封隔性，可防止地层不稳定对分支连接处造成损害，可进行双层完井，可保证选择性地再进入分支井筒，实现选择性采油功能，完井技术复杂。

在进行 TAML5 级分支井作业时，一般使用 Root 系统。完井的简单过程是这样的：如果要钻一口新的分支井，首先要钻主井筒，然后套管固井。接下来钻下部井眼并完井。在进行分支井筒的作业中，首先要进行套管开窗作业，然后钻上部井眼，回收造斜器。接下来在分支井筒内下入衬管并固井。套铣并取出分支衬管在主井筒中的部分。以后的完井作业有两种方式可以选择，即选择性再进入工具（SRT）完井和双层完井。

1) 衬管在主井筒中的部分被取出之后，对于选择性再进入工具完井，就需要下入勺头转向器并坐在开窗口下面的定向封隔器上，以实现对下部井段的封隔。接下来通过勺头转向器下入分支井油管以实现对上部分支井筒的分隔。然后，在勺头转向器上面下入选择性再进入完井工具（SRT），而 SRT 把两个油管汇合在一起，并通过一根油管连接到井口。最后在

SRT 上面再下入一个单油管封隔器。选择性再进入，是通过一个在 SRT 中的临时性转换器实现的，可以使通过油管的工具进入任何一个井眼。如果有必要的情况下，在 SRT 里下入一个盲滑套或者油管堵就可以关闭任何井眼，最终实现选择性采油功能。

2）对于双层完井，同样需要下入勺头转向器来实现下部井段的封隔。再通过勺形头把油管下入到分支井筒的封隔器中。接着在勺头转向器上面下入双层完井封隔器，来完成分支连接处的完井。最后把两根油管回接到井口完成作业。

（6）TAML6 级

连接处压力是一个完整的系统，通过套管来实现，不需要固井。通过特殊套管来实现分支连接处的机械连续性和封隔性，与 TAML5 级完井最显著的区别是：风险性小、施工简单、施工顺序从上而下。

这套完井系统的一个优点就是不产生金属碎屑，因为没有进行套管开窗或者其他磨铣作业。这套应用特殊变形金属技术可以产生一个全尺寸多分支连接部分，在下入时，系统的有效外径要比两个分支连接部分的套管座外径的和要小。在进行分支井筒的钻井和完井之前就可以对分支连接处进行施工。过程是把预制的分支连接系统下入井中，进行变形和固井作业后进行压力检测。这些作业都在对分支井筒的钻井和完井之前进行，这样减少相对成本又减少经济风险。

（7）TAML6S 级

这种完井系统在导管中或者在技术套管中有一个井下分流头，从分流头可以钻两口井并完井。井下分流头座在导管上，分流头带有一个双井眼悬挂头来悬挂两个衬管。对于导管完井作业的简单过程是：首先在导管中设置井下分流头，然后下入一种包括有标准浮鞋的特殊导向密封组合进入分流头中第一个分支内。接下来对导管和分流头进行注水泥固井。

在固井之后，对第一个分支进行钻进并钻到目标深度，然后进行完井，起出这套密封组合，导向进入分流头的两个分支。接下来的作业与第一分支相同，根据具体要求，要以使用常规的回接衬管进行双层完井或者使用 SRT 进行混合采油。这种双分支完井系统完全实现了连接性和封隔性。

3. 分支井完井实例

（1）纵向垂直裂缝分支井的完井实例

图 2—60 为分支井钻进及完井方法示意图。该方法的实质是当前分支井眼固井后加深，并且分支井眼套管的尾管部分下在主井眼里，并在随后加深钻进。

如图 2—60 所示，主井眼 1 钻进到第一分支井眼 2 的设计分支深度，用已知的造斜器钻进第一分支井眼 2（最好是同主井眼的直径相同），下带尾管 3 的套管并固井，然后利用已知的造斜器在分支井眼的反倾斜方向钻进主井眼，主井眼 1 加深到第二分支井眼 5 的设计分支井位置，钻进分支井眼 5 并用带有尾管 6 和部分覆盖第二分支井眼设计分支位置的套管加固，封固带有尾管 6 的套管上部，之后继续钻进主井眼达到设计深度。在结束主井眼钻进时，下入生产套管 8。在下入生产套管 8 之前，分支井眼的进口 4 和 7 清洗粉砂，主井眼 1 与分支井眼 2 和 5 的连通槽是经过在进口 4、7 位置上

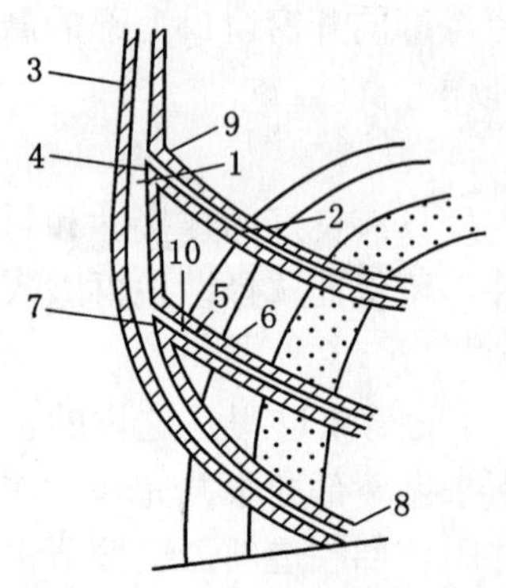

图 2—60　纵向垂直裂缝分支井的一种完井方法

1—主井眼；2—第一分支井眼；3—尾管；4—分支井眼进口；5—第二分支井眼；6—尾管；7—分支井眼进口；8—生产套管；9—射孔窗；10—射孔窗

射孔窗 9 和 10 来实现的（分支套管的尾管 3 和 6 是由易钻材料制成的，例如合金 D16－7，套管的其余部分由标准套管制成）。

由于该方法在固分支井眼时，入口不发生井壁岩石的坍塌，因此该方法使用在非稳定岩石里应用于定向井工艺和工具钻进分支井眼。

(2) 双侧向水平井的衬管完井实例

双反向水平井 BasdenNo. 1－H 是美国某公司完成的一口井。该井采用割缝衬管完井，图 2—61、图 2—62 是 BasdenNo. 1－H 双反向水平井的完井结构示意图。

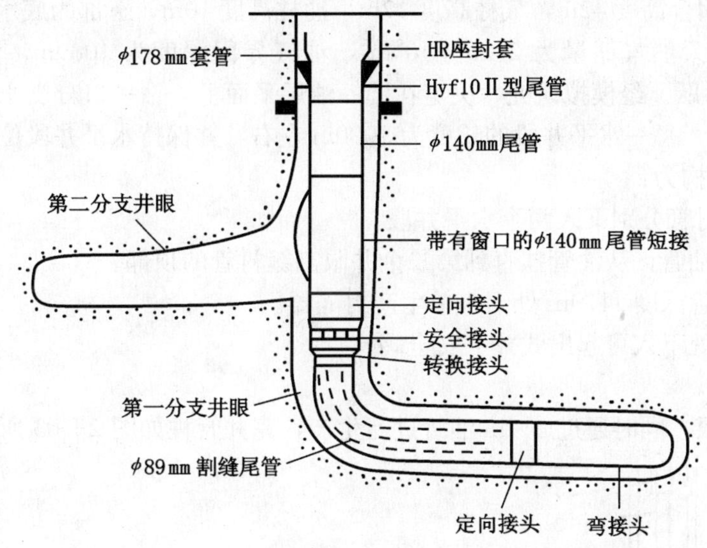

图 2—61　第一分支井眼下尾管示意图

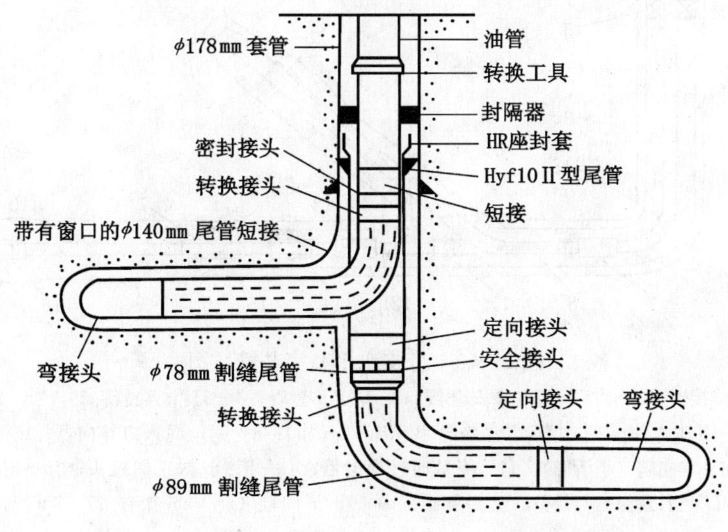

图 2—62　第二分支井眼下尾管示意图

图 2—61 表明的是首先将带有 φ89mm 割缝尾管的 φ140mm 尾管段和尾管挂下入井内。Hyf10Ⅱ型尾管挂用水力释放工具下放，φ89mm 割缝尾管的井底弯接头大约为 6°，带有井底弯接头的目的是为了给尾管定向，以便准确下入第一分支井眼。同时，使用地面自动记录

陀螺仪给开有窗口的 ϕ140mm 尾管定向，以便窗口能准确对准第二分支井眼。尾管挂下至直井段 ϕ178mm 套管内某一适当深度，然后释放尾管。

图 2—62 表明的是第二分支井眼下入尾管的情况。将 ϕ73mm 尾管和 ϕ73mm×ϕ178mm 贯眼封隔器总成下至窗口的顶部，用陀螺仪进行定向和校准后下放 ϕ73mm 尾管，通过窗口进入第二分支井眼即可完井。

（3）泰国某气田分支水平井完井实例

在泰国海湾上的某气田，是一个河道砂及砂坝型多断层油气藏。其中有一个断块为气顶底水凝析气藏，闭合高度 42m，气柱高度 17m，油柱高度 10m，下部为底水。石油地质储量为 $349\times10^4m^3$，天然气储量为 $2.26\times10^8m^3$，油气界面深度为 1089m，油水界面深度为 1099m，边底水活跃。经模拟研究，决定在同一油层平面上，钻一口分支水平井，该分支水平井的夹角为 60°，每一水平井段的长度为 1000m 左右，并保持水平井段位于油气界面以下 2m 处。其完井结构为：

1）7in 割缝衬管分别下入两个水平井段。

2）下 3½in 油管，从油管挂直到第二个井眼割缝衬管的顶部。

3）在 9⅝套管深度 1179m 处下入单生产封隔器。

4）在 251m 处下入可起出式井下安全阀。

5）装采油树。

两个水平井眼，同时通过 3½in 油管进行生产，完井管柱如图 2—63 所示。

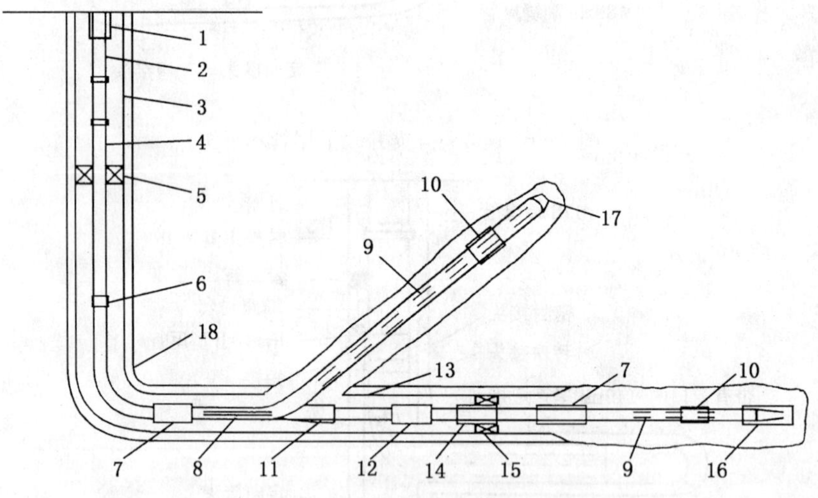

图 2—63　分支水平井完井管柱图

1—流量连接器；2—“TE－5”型安全阀；3—9⅝in 套管；4—3½in 油管；5—“S－3”型封隔器；6—F 工作筒；7—“HR”型坐封套（新 Vam 扣）；8—钢丝绳入口导向器；9—7in 割缝衬管；10—单向阀（小活瓣）；11—流量通过导向器；12—8½in 扶正器接头；13—射孔短接；14—“ML”型锚；15—“ML”型封隔器；16—7in 导向鞋（新 Vam 扣）；17—7in 导向器送入工具；18—裸眼

该气田采用分支水平井的优点如下：

1）生产高峰期长。单一水平井日产量约为标准斜井的 3 倍，而分支水平井可将高峰生产时间延长 1 倍以上，该井产油 633m³/d，稳产时间 2 年以上。

2）延缓含水上升速度。在该气田中一口标准斜井投产 4 个月后，含水达到 25％，一年之后含水达到40%，而分支水平井可将含水上升速度延缓2年。

3）提高采收率。与标准斜井相比，单一水平井的采收率为标准斜井的2倍，而分支水平井采收率将为标准定向井的3倍。

（4）煤层鱼骨水平井裸眼完井

煤层气（甲烷，俗称瓦斯）是煤层中自生自储的一种清洁、高效的非常规天然气资源。过去十几年，我国在煤层气主要采用的是直井加压裂的方法进行勘探和开发，由于垂直井贯穿煤层割理系统长度有限（通常为煤层厚度），而煤层气藏基岩渗透率很低，产量非常有限。近年兴起的水平分支井实现了比单一水平井更优的少井高产。2004年某国际公司在我国山西大宁采用水平分支井技术钻进了一口分支水平井DNP-02井见图2—64，获得了很好的效果。

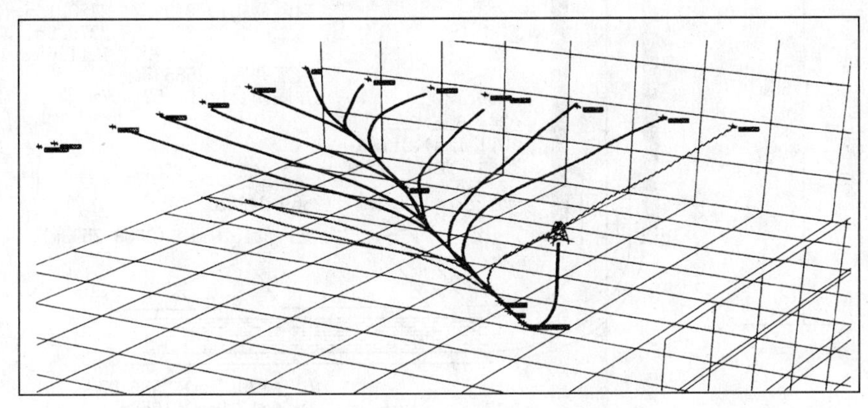

图2—64 DNP-02井眼三维剖面图

该井钻进前先钻一口注采直井，然后在离注采直井200m的地方进行主井眼的钻进，主井眼在定向贯通注采直井后，进行主水平井眼的钻进。然后从主水平井眼的末端往后分别进行各分支水平井眼的钻进。在主水平井眼和各分支水平井眼的钻进过程中，从注采直井充气进行欠平衡作业。该井主要参数是：

分支数：13（包括主井眼末支）；

主井眼与注采井眼距离：200m；

总进尺：8018m；

主井眼测量井深：1392.7m；

主井眼垂直井深：185m；

煤层中水平井段进尺总计：7687m；

煤层钻遇率：90%。

该井通过分支水平井欠平衡钻进，采用裸眼完成方法进行完井，取得了很高的产量，其中最高产量达到23000m^3/d，稳定产量达到16000m^3/d。

（5）同侧向水平双分支井完井

我国某油田于2004年12月钻完的家H2井为一口同侧向水平井两分支井。该井完井主井眼采用筛管加管外封隔器悬挂完井，两分支井眼采用裸眼完井见图2—65。具体完井方案为：第一分支完钻后，用完井液替出钻井液，裸眼完井；第二分支完钻后，用完井液替出钻井液，裸眼完井。主水平段完钻后，下入完井管柱，水平段下入带膨胀式封隔器割缝筛管，造斜段下入两组膨胀式封隔器，实现对造斜段卡封，在主水平段（第一分支开口后端）下入膨胀式封隔器，实现对第一分支的合采或分采。然后用洗井液将井内钻井液替出，再用酸液将泥饼解除，沟通油流通道，最后膨胀各组封隔器，实现完井。

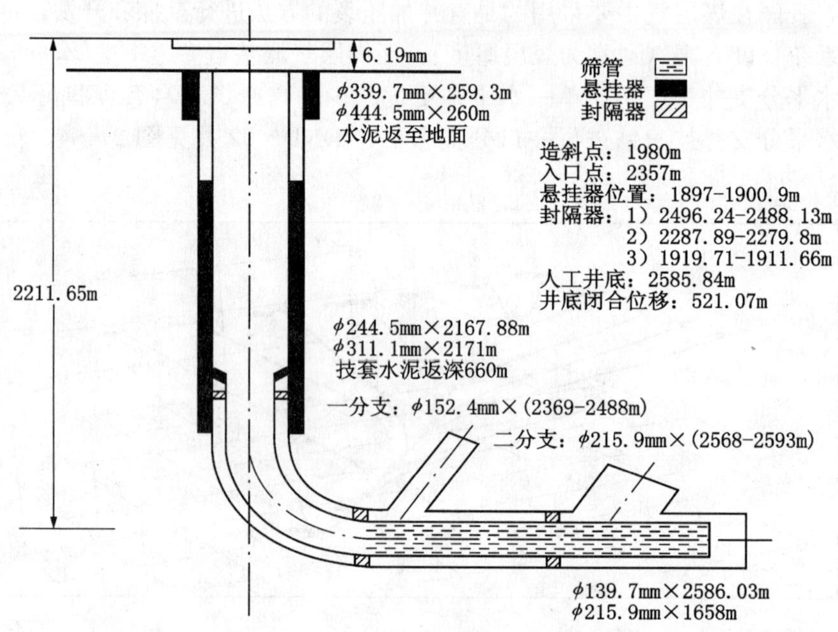

图 2—65　家 H2 井井身结构示意图

（6）塔里木哈得 4 油田薄油层完井方式

塔里木哈得 4 油田属于石炭系中泥岩段薄砂层油藏。面积 80.74km^2，所钻井都大于 5000m 的超深井，油藏幅度低为 22m，油层超薄，厚 0.6～1.2m，丰度 19.16×10^4t/km^2，油藏孔隙度 13%～15%，渗透率（100～200）×$10^{-3}$$\mu m^2$。主要进行水平井采油，水平井注水（直井实际吸水指数 2.2m^3/（d·MPa），水平井实际吸水指数 22.03m^3/（d·MPa），是直井 10 倍）。

塔里木哈得 4 油田的采油和注水水平井多采用两层套管结构双层水平井完井见图 2—66。轨迹控制采用 FEWD 和 MWD 技术，完井方法主要采用筛管完井。采用这种钻完井方法取得了很好的经济效益。2003 年 10 月有井 52 口，开井 44 口，日产油 2931t，年累计产油 91.28×10^4t。

七、大位移水平井完井

1. 概述

大位移钻井（ERD）通常定义为水平位移与垂直深度之比（HD/TVD）大于 2.0 以上的井。大位移井中，当井斜等于或大于 86°延长段的井称为大位移水平井。特大位移井是指 HD/TVD 大于 3.0 的井。如果大位移井因地质或工程原因在设计轨迹中改变方位的，称三维多目标大位移井见图 2—67。目前，大位移井的最大位移已经超过了 10000m，而位移与垂深比达到了 5∶1。

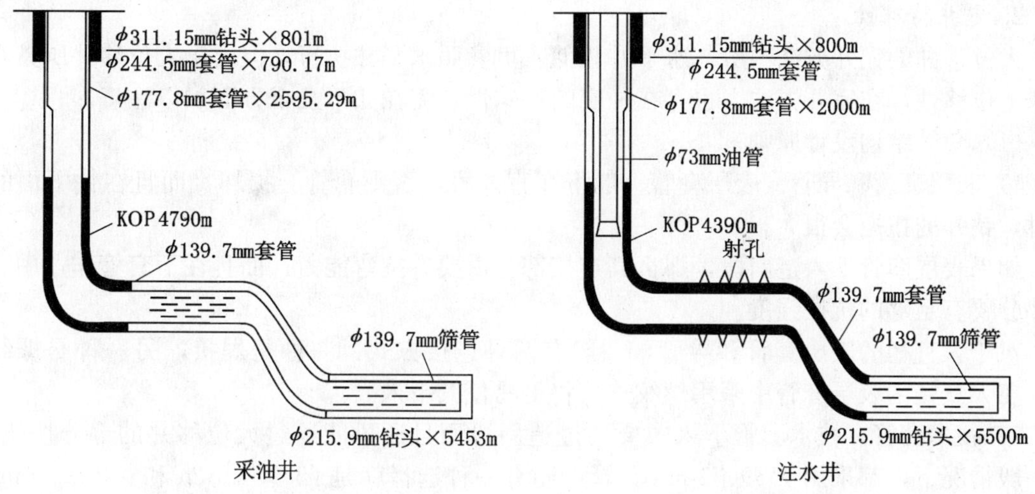

图 2—66　塔里木哈得 4 油田水平采油井和注水井井身结构示意图

发展大位移井，效益显著。在北海、英格兰南部海岸的维奇·法姆（Wytch Farm）油田以及美国加州南部近海的 Pt. Pedmales 油田大位移钻井活动非常活跃，而且也取得了很大的成功，使这些油田的开发成本各节约 1 亿美元。BP 公司于 1993 年开始在陆上向港湾内钻大位移定向井，至此已经完成大位移定向井 11 口，其产量由原来的 $1112m^3/d$ 提高到 $1908m^3/d$ 以上，相当于原来所钻 28 口井产量的 2 倍。

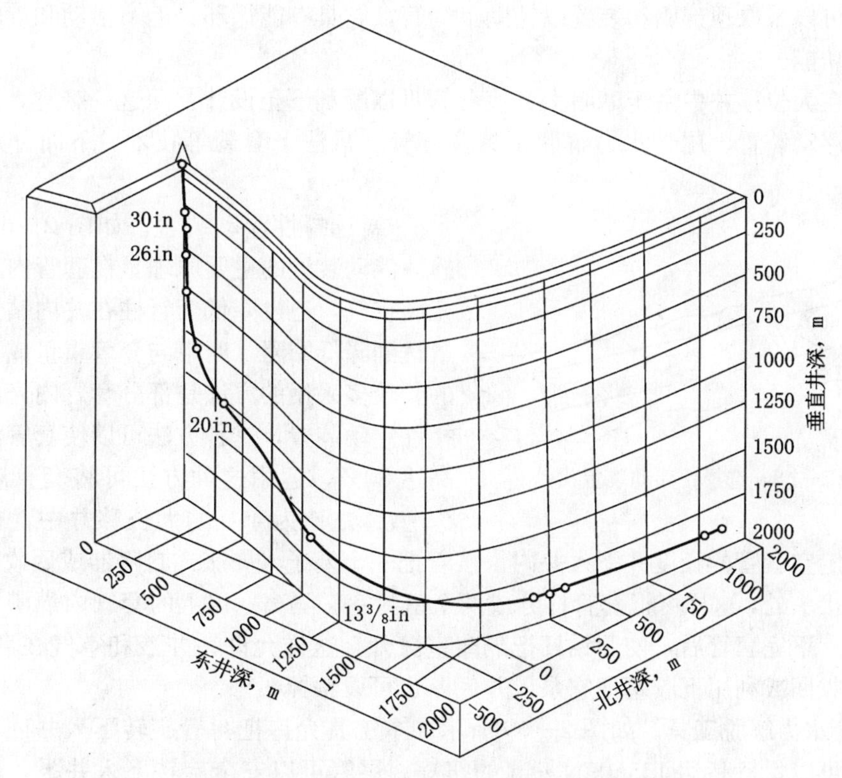

图 2—67　A－39 井三维多目标大位移井

2. 完井特殊性

大位移井的完井方法一般与水平井相似，可参照水平井执行，但由于大位移井所具有的大水平位移性，在完井方法上也存在一定的特殊性，需在如下几个方面加以注意。

(1) 套管结构设计原则

1) 表层套管和导管。表层套管一般下在直井段，否则套管会损坏，而且在钻下面的井段时，钻井的扭矩会很大。

如果表层套管下入造斜段，那么其连接部分需要有抗弯能力，而且在下套管作业中，连接部分要有足够的抗拉强度。

对于大直径的表层套管和导管，一般有两种连接方式：一种是焊接，另一种是螺纹连接。在大直径的表层套管中采用螺纹连接将更易使其下入。

2) 技术套管。技术套管下入中要通过造斜段而且还可能通过大位移井的部分切线段。在一般情况下，都采用 ϕ339. 72mm 套管。还有一种选择就是 ϕ339. 72mm 和 ϕ346. 08mm 的套管混合使用，因为 ϕ346. 08mm 套管通过造斜段时更不易损坏。如果 ϕ339. 72mm 的套管没有下到井底，那么必须下 ϕ298. 45mm 尾管。在这种情况，尾管的连接部分必须是整体连接(不带接箍)，以使该尾管能通过 ϕ339. 72mm 的套管。

(2) 下套管工艺技术

为确保套管能顺利下至设计深度，必须认真计算允许下入的最大套管重量（取决于井眼临界摩擦角，临界摩擦角由岩性、钻井液以及其他因素等决定），下套管的摩擦损失（在井斜角超过临界摩擦角的井段，必须施加力将套管推进该井段）以及下套管的机械损失（由钻屑、井壁坍塌、压差卡钻以及稳定器嵌进井壁等造成），尽量优化下套管作业。另外，作为应急措施，可以采取顶部驱动装置以辅助下套管，它具有能循环、上下活动和旋转套管以及挤压套管等功能。

为解决在大位移井中由于摩阻大致使套管难以顺利下至设计井深这一难题，国外近几年应用选择性浮动装置、尾管水力解脱工具及套管加重法下套管等技术。下面分别给予简单介绍。

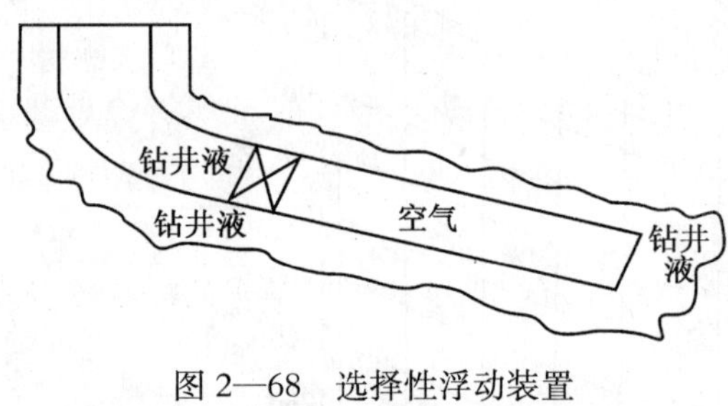

图 2—68　选择性浮动装置

1) 选择性浮动装置。如图 2—68 所示，选择性浮动装置的主要原理是在套管内全部或部分充满空气，通过降低套管柱在井内钻井液中的重量达到降低摩阻（摩阻与套管重量成正比）的目的。较多采用的方法是部分套管内充满空气即选择性浮动装置，这种方法可以使套管法向力下降高达 80%，运用这种方法可将套管顺利下至测深/直深之比为 4. 0 的大位移井中，根据阻力曲线，预先确定空套管的长度并下入井内。接着把一个塞子（膨胀式封隔器或回收桥塞）装入下一根套管接头处，这样可把套管柱分成两个密封室。隔离塞以上的套管内灌满钻井液并下到预定井深。下完套管后，使用钻杆把隔离室打开，这样允许钻井液和空气在套管内混合。隔离塞可以收回或利用下胶塞把它泵入井底，也可以钻掉。

2) 尾管水力解脱工具。如图 2—69 所示，本工具允许把衬管旋转下入井底，以减小有效的阻力，可以保持高达 135600N·m 的扭矩。尾管可以安全旋转下入井眼，也可以在尾管注水泥时旋转和上下活动。该工具包括两个回压解脱系统，以提供安全保障，当尾管旋转到下入深度且注水泥后，通过钻杆下入一个阀球，这样可把尾管从送入钻柱下靠液压解脱出来。

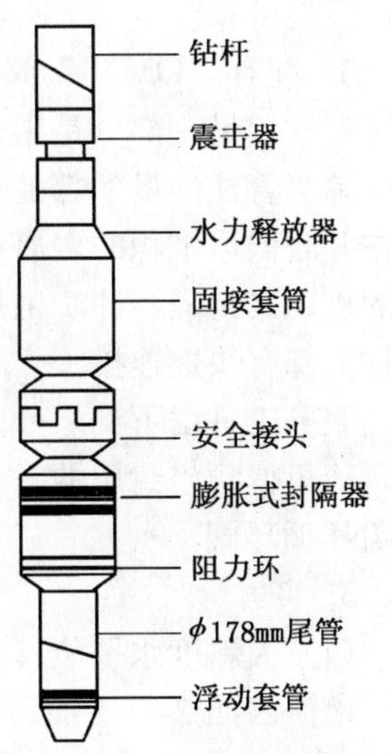

图 2—69　尾管水力解脱工具

3）用加重法下衬管技术。下衬管时，可在衬管上部接头处下入 10 根左右的 121mm 钻铤以增加垂直部分重量，克服阻力见图 2—70。

当衬管接近水平井裸眼部分时，井下阻力增大，此时在尾管送入工具上部再下入 ϕ203mm 的钻铤，ϕ114mm 的加重钻杆和 ϕ159mm 的钻铤以增加重量，直到尾管到达预定深度。此时把尾管留在井眼内或悬挂在封隔器下，而把钻铤与加重钻杆回收。

（3）固井完井技术

与水平井相比，大位移井固井难度更大，认真设计钻井液、洗井液以及水泥浆性能是确保大位移井固井成功的关键。首先，钻井液流变性应适当。提前稠化会降低顶替效果，增大注水泥时的当量循环密度；过稀会出现重晶石下沉现象，给下套管作业带来困难。适宜的作法是在下套管前先稀释钻井液。由于在大位移井中进行下套管作业时间较长，钻井液会继续变稠，因而在注水泥前，应再稀释一次钻井液。

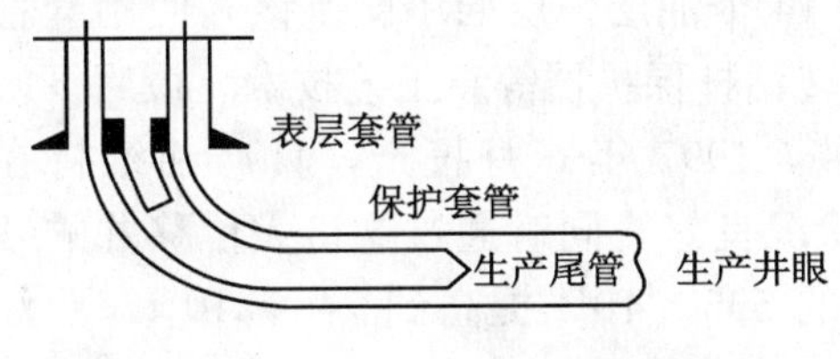

图 2—70　套管加重法下衬管技术

其次，洗井液性能也应适当，过稀过稠均会出现上述情况。采用未加重的稀洗井液可以最大限度地降低当量循环密度，也无重晶石沉降之虑。而且在大斜度段，这种洗井液不会显著降低静水压力，因而井眼失稳的可能性较低。

最后，水泥浆应具有较高的稳定性，否则会在井眼高边形成水窜槽。因此，应严格控制水泥浆中的自由水含量，建议控制自由水为零。另外，应该优化水泥浆的稠化时间。

从固井工艺上讲，大位移井涉及长井段固井问题，对于长井段固井方式主要有：a1 双级或多级注水泥；b1 单级注水泥；c1 尾管注水泥。如果采用单级注水泥技术，则要求水泥浆有足够的缓凝时间，这会影响水泥浆的稳定性；另外，还要求顶替量大，如果有漏失的可能，而且钻井液或水泥浆成本高的话，就必须认真考虑长管柱单级注水泥措施的合理性，如采用低密度水泥浆固井等。

大位移井一般采用尾管完井方式，并在裸眼段下筛管或割缝衬管。下预制防砂筛管到裸眼段的完井方案，对成功地防砂完井风险最小。

在水平井裸眼完井方案中，最大的困难是筛管下井后如何除去裸眼井段的滤饼，下面介绍的是一种完井系统及带有“OMNI”阀的工具及该系统是如何最大限度地除去裸眼井段的滤饼。

1）配有“OMNI”阀的 1062 水平完井系统。该系统在下井过程中能够通过管串下部的洗鞋建立循环，从而能够最大程度地清洗井眼，同时该系统由于使用了液压脱手设计方式，而不需要旋转钻杆来使服务工具脱手。当工具到达设计深度之后，该工具能够建立起由下到上或者由上到下的循环方式，从而能够很好地清洗筛管及裸眼井段。1062 系统中使用的工具与哈里伯顿“OMNI”循环阀，是试油作业中使用了数年而成功的工具，哈里伯顿的多层防砂工具也是在防砂作业中已经使用了几年的成功工具之一。所有的工具均可实现快速连接，性能可靠。

2）配有“OMNI”阀的1062完井工具由两部分组成：一部分是留在裸眼井段内的防砂筛管管柱；另一部分是用来建立循环、坐封、清洗钻井液及筛管的服务工具。

筛管管柱的最下部是一个带有两个单向阀的洗鞋，在下井过程中利用该洗鞋来循环，清除在井眼低边堆积的岩屑，在洗鞋的上部是一个有较大内径的短节，里面有一个用来清洗筛管的皮碗式封隔器冲洗工具，短节的上部是根据生产层的需要而配的筛管与盲管组合。筛管管柱上部有快速连接头、陶瓷碟阀、关闭滑套和封隔器。

服务工具由下到上分别是凸块式滑套开关，皮碗式封隔器冲洗工具，带有阻流皮碗的冲管，哈里伯顿坐封用的是多层防砂工具，以及可以封闭产层和建立由下到上的循环冲洗的OMNI循环阀。

3. 实例

（1）大斜度水平位移井完井实例

南海西江24－1油田，水深100m，距投入开发的西江24－3油田8.2km。西江24－1油田1986年初发现，含油面积4.4km²，石油地质储量535×10^4t，共有14个油藏，其中3个为底水油藏，11个为层状油藏，油柱高度分别为1.4～1.5m，是一个边际型的小油田。经反复论证研究，决定利用西江24－3油田平台剩余井槽，向西江24－1油田钻一口大斜度水平位移井西江24－3－A14井。总井深度9238m（垂直深度2985.8m），最大井斜79°33′，水平距离长度8062.7m，用88d时间一次性降斜钻穿14个油层，层层中靶。该井使用套管漂浮接箍、漂浮技术、多刃滚柱式套管扶正器和非旋转钻杆保护器等新工艺技术。最后下入7in尾管至8552m，固井射孔后下入4½in油管完井，1997年6月投产，日产油维持在1000m³左右，投产半年就回收全部投资，油井生产状况良好。同时通过这口大位移井的钻井，又发现了4个新油层，使该油田的储量由原来的535×10^4t提高到746×10^4t，西江24－3－A14井垂向剖面示意图如图2—71所示。从1999年6月至2001年5月，又从西江24－3油田平台上先后钻了三口大位移补充井至西江24－1油田，单井日产油分别为963～1017吨，油田采油速度达到6%以上，开采状态较好。

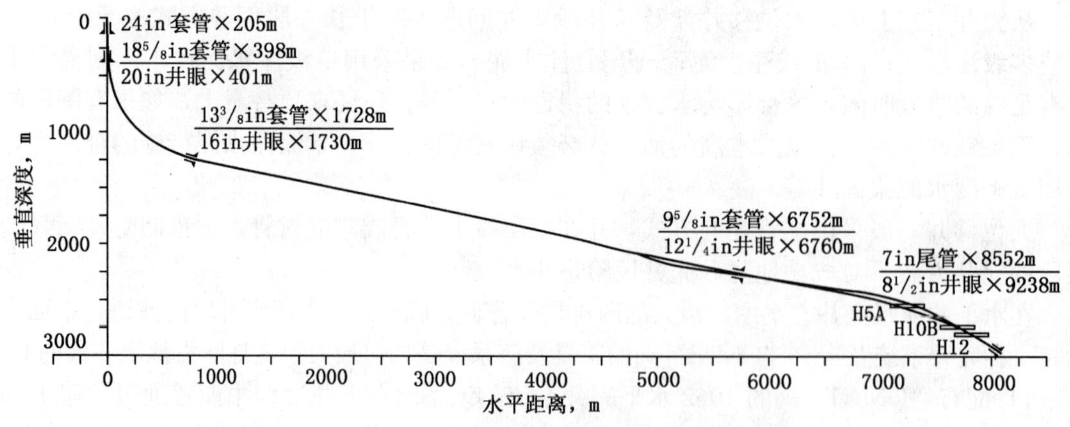

图2—71　西江24－3－A14井垂向剖面示意图

（2）Wytch Farm油田大位移井完井实例

用大位移水平井开发海上油气田可少建人工岛或固定平台，要用活动钻井平台打井，现在凡距海岸10km左右的近海油田，钻机可放在陆地上向海上钻大位移井进行勘探开发，可不建人工岛或固定平台，能节省大量资金如图2—72所示。该油田大位移水平井的完井方法为：9⅝in套管下到Sherwood层顶部，用8½in钻头钻水平段，挂5½in尾管注水泥完井，然后过油管射孔下电潜泵采油，如图2—73所示。

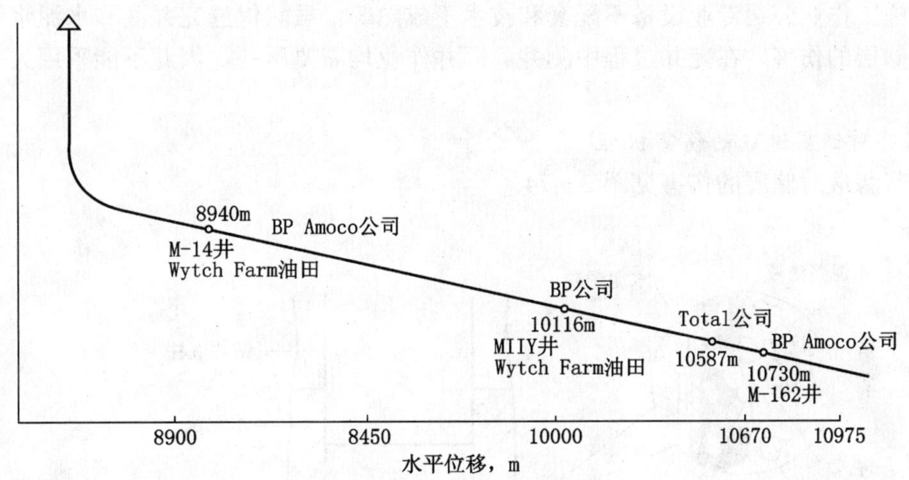

图2—72 Wytch Farm油田大位移水平井示意图

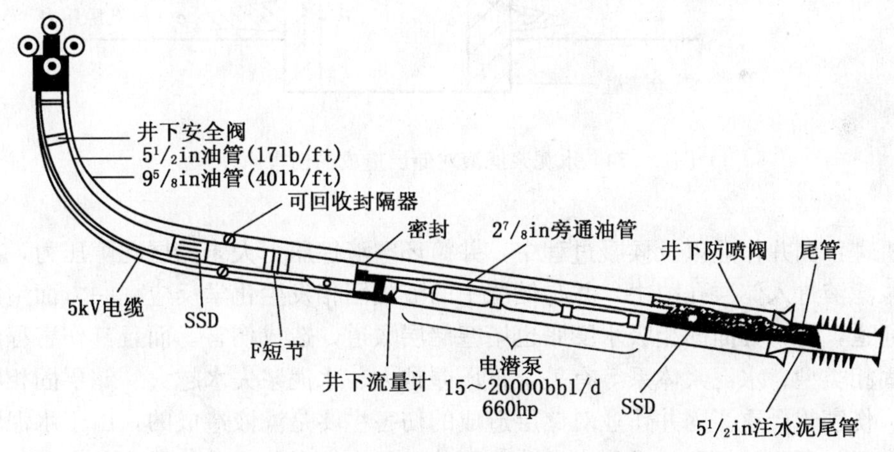

图2—73 Wytch Farm油田大位移水平井完井示意图

第三节 欠平衡完井

一、概述

欠平衡完井是欠平衡钻井的配套工艺。如果欠平衡钻井结束后仍采用传统方式完井，势必对产层重新造成伤害，导致产能下降，使欠平衡钻井前功尽弃，从而降低欠平衡钻井的综合经济效益。欠平衡完井的基本目的是使产层不受完井（包括压井、固井等）时滤失的流体的伤害。据介绍，国外配合欠平衡钻井比较多的完井方式是简单的裸眼完井，即产层不下套管。此外，根据实际情况，还采用衬管等方式进行欠平衡完井，这种方式国内还不很成熟。

目前，国内采用欠平衡钻井技术所钻的井，其完井工艺一般采用下套管固井完成，主要原因是当前所钻的井中探井多，需要下套管满足后期试油作业要求以及需要进行分层测试，同时工程施工作业公司专业设备不配套和技术不成熟等。虽然优选完井液和水泥浆体系，但仍会造成储层的伤害。在完井过程中测井、固井作业均需要压井，因此不能采用欠平衡完井工艺。

1. 固井对储层造成的伤害机理

水泥浆滤液对储层的伤害见图 2—74。

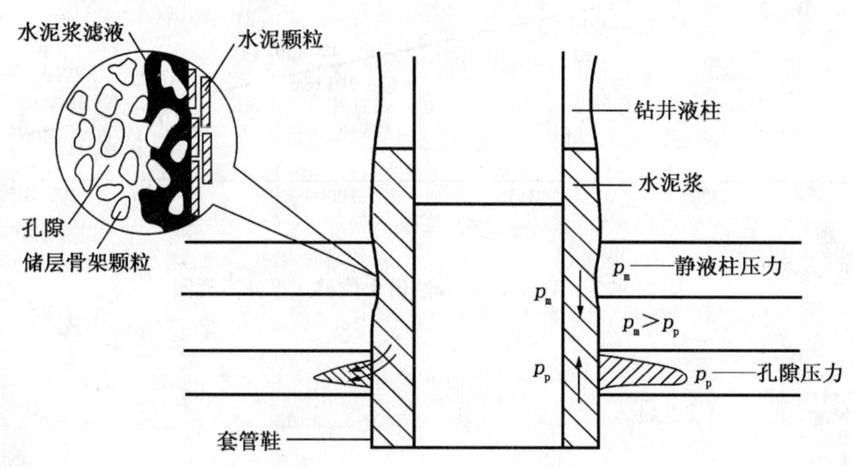

图 2—74　水泥浆滤液对储层造成的伤害原理

伤害机理：固井作业以及候凝过程中，井筒环空液柱压力大于储层孔隙压力，形成正压差，水泥浆滤液进入储层孔隙中，并与储层中的液相固相发生化学反应，一方面生成沉淀物堵塞储层通道，另一方面固相吸水膨胀也堵塞储层喉道，造成伤害。而且其伤害程度与正压差、储层固相类型、水泥浆体系等有关，正压差越大、水泥浆失水越大、储层固相粘土成分含量越多、伤害越严重。固井作业对储层造成的伤害主要是滤液造成的，由于水泥颗粒大于储层喉道直径，所以一般不造成伤害，除非固井过程中发生井漏或储层渗透率很高使水泥浆进入裂缝、孔洞。

2. 欠平衡状态下固井质量

欠平衡状态下井筒内的流体处于流动状态，水泥浆油侵后无法凝固；当气侵后气体在水泥环中上移，水泥虽然能胶结但水泥环中有气泡存在，水泥石的强度低。同时，水泥浆凝固过程中产生失重现象，使欠压值更大，加剧了油气进入井筒环空，并沿环空快速上移，造成井口套压增加。因此，欠平衡状态进行固井作业是不合理的。即使常规井在固井作业后，由于水泥浆失重也经常出现第一或第二胶结面窜槽，造成固井质量不合格，严重时井口环空出现油气。这种情况在钻井现场偶尔会发生。环空水泥环未胶结好的状态下油气上窜原理见图 2—75。

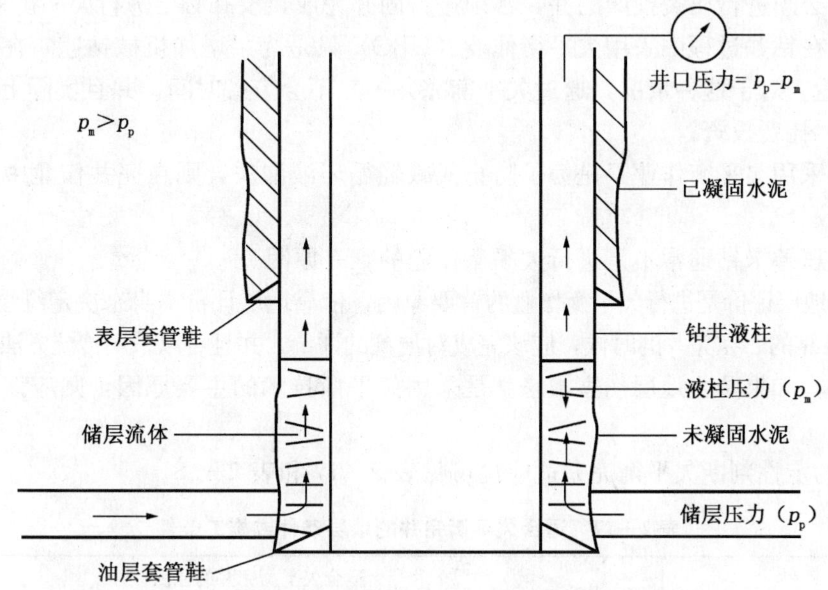

图 2—75　环空水泥环未胶结好的状态下油气上窜原理

3. 固井作业过程减少储层伤害的措施

如果设计需要在欠平衡钻井结束后进行下套管固井作业，我们应采取措施，使储层伤害降低到最低程度。国内目前所采取的措施如下：

1）事先应做好漏失试验，确定地层破裂压力。

2）最有效的方法是保证尽可能低的水泥浆滤失量，特别是在尾管固井中要求更严格。

3）优选水泥浆流变性，施工过程中严格控制。

4）优选水泥浆流型，从而优选注水泥排量和压力，避免压漏地层和防止水泥浆漏入储层。

5）优选水泥浆前置液性能，确保对储层无害。

6）施工过程中认真组织，确保施工连续。

7）固井作业结束后，可以在井口环空憋一定的回压，以防止水泥凝固过程中失重造成油气上窜。

4. 欠平衡完井的特点

欠平衡完井作为欠平衡钻井的自然延伸，具有很多优点，包括：改善产能；降低滤失量，将地层伤害降到最低程度；正确评价真实的储层产能等。如果一口井在欠平衡钻井之后用过平衡方式压井、完井的话，那么采用欠平衡钻井的最终目的就达不到。而采用欠平衡完井能够防止地层伤害、流体滤失及最大程度地增加产能。但简单的裸眼完井不能满足油田开发和采油工程的需要，必要时可以采用割缝衬管完井方法，确保井壁不坍塌，保持油井正常生产。

二、欠平衡完井的适应性

选择合适的完井是成功进行欠平衡作业的关键。有时，在完井作业中保持欠平衡状态是有非常有意义的，有时则不然。必须在充分考虑地质条件和施工作业条件的基础上做出选择。以下几条规范提供了欠平衡选择的一般方针，再进行详细的论证之前，这些方针可用来判断特定情况进行欠平衡完井是否正确。

1）对于必须进行压裂投产的井，必须进行固井完成，没有必要进行欠平衡完井。

2）如果在钻井过程中采用欠平衡作业（UBO）只是为了增加机械钻速，在完井时可停止欠平衡作业。对于这种情况，通过欠平衡完井一般不会节省时间，并且实际上，将会花费更多的时间，耗费投资。

3）如果采用欠平衡作业只是为了防止或减轻循环液漏失，则在完井作业中继续进行欠平衡应该比较合适。

4）防止压差卡钻通常不是进行欠平衡作业的唯一原因。

5）如果地层评价是进行欠平衡作业的首要原因，依靠地层评价本身来决定继续或停止欠平衡作业是不可靠的。在完井的时候，应该完成对油藏的评价，并且可以采用传统方法进行完井。

6）最后，如果防止地层伤害本来就是采用欠平衡技术的主要原因，则应该继续欠平衡作业。

更详细的定性判断欠平衡完井适应性可见表2—17和表2—18。

表2—17　适合欠平衡完井的地层条件或施工条件

条　　件	适合欠平衡完井的原因
枯竭油气藏	1）过平衡钻井容易造成地层伤害 2）流体入侵量不大 3）枯竭油气藏的地层稳定性有时很好，有时很差
易粘卡的地区	漏失的减轻以及泥饼的减少使得粘卡的可能性降低
硬地层（致密、低渗透性、低孔隙度）	发生井眼不稳定的概率降低，但对于容易造成近井眼地层伤害的情况可以不使用欠平衡完井
漏失地层	1）减少地层伤害 2）降低卡钻的可能性
侧钻和修井（特别对于枯竭地层）	井没有必要压死
容易产生地层伤害的地层（液/液敏感性，液/岩敏感性）	减少地层伤害
缺水地区（限制正常作业）	可以减少对基本液体需求，特别是在使用轻钻井液或泡沫流体时。
破碎地层	减少地层伤害
洞穴	减少地层伤害
高渗透性地层	减少地层伤害
变化大的地层（非均质地层）	减少地层伤害

表2—18　不适合进行欠平衡完井的地层条件或施工条件

条　　件	不适合欠平衡完井的原因
高孔隙、高渗透地层	1）地层产量高，需要大量的地面设备 2）增加了井控问题 3）增大了地层的不稳定性
油藏压力未知	1）地面储罐的设计存在风险 2）存在井控问题 3）不能进行地层稳定性计算 4）无法确定欠平衡值和完井液体系

续表

条　件	不适合欠平衡完井的原因
不连续的欠平衡作业 （多次起下钻、接单根）	1）无法保持欠平衡，可能产生严重的地层伤害 2）如果产生强烈的激动，可能产生水力压裂和相应的井喷 3）如果产生高的抽吸压力，地层稳定性将变差
低压差下高产量	1）地面设备不足 2）存在井自身卸压和压死的可能性
容易产生井眼坍塌的弱地层	地层不稳定
构造活跃的高陡/裂缝地层	地层不稳定
不稳定的厚煤层	地层不稳定
地质年代较晚的地压页岩	地层不稳定
含硫化氢地层	1）安全性 2）腐蚀性
打开不同压力的多套储层	1）井控 2）太多的地层流体入侵 3）地层不稳定 4）地层伤害

三、欠平衡完井方式

一般说来，欠平衡完井有4种方式可选择，通过这些方式完井，可继续保持欠平衡钻井的优点，这种完井措施给新井与老井创造了有利条件。近年，完井技术的发展，特别是连续油管技术的应用与发展，使多种措施成为现实。

1. 欠平衡流动完井

流动完井，就是在井眼处于流动（自喷）状态下将尾管下入裸眼井段的完井方法。该方法的主要优点是可以避免外来流体与地层接触，使井在自然状态下完成。其具体做法是使用连续油管将尾管在自然状态下送入到井下裸眼井段。这种技术在美国得克萨斯东南的奥斯汀白垩系被大量应用。当井正在自喷时，由于使用钻杆不能满足继续钻井的需要，连续管是最理想的工具。

但是这种流动状态的完井方法存在着安全隐患，钻井人员必须谨慎操作。这种完井不适合高气油比的井和含硫化氢的井以及高压天然气井。

2. 欠平衡裸眼完井

该完井方法是井下防喷管完井方法的一种。其具体做法是用钢丝绳、钻杆或连续油管将未解封的膨胀桥塞下至技术套管鞋附近，用电点火憋压或其他方式使桥塞膨胀坐封后起出下送的钢丝绳、钻杆或连续油管。然后在常压下下入衬管管柱，并从衬管管柱中下入钢丝绳或连续油管将膨胀桥塞解封起出，最后，在压力情况下将衬管管柱加深至设计深度，投产完井。

3. 欠平衡下衬管完井

该完井方法是另一种井下防喷管完井法，是在裸眼完井方法基础上进行的。其具体做法是先将膨胀式桥塞（过油管桥塞）坐封在技术套管鞋处并试压检验其密封性。下入生产管柱时，将打捞筒接在衬管底部一起下入井内，下到膨胀式桥塞上方时，一旦打捞筒与桥塞接触，打捞筒就会抓住桥塞使桥塞解封；接着将衬管下到完井深度完成下衬管作业，如图2—76所示，桥塞和打捞筒可留在井下。如果使用过油管桥塞，桥塞就可从衬管内取出。这种方法还可以在欠平衡条件下，下入其他较长的井下完井组合工具，如油管传送射孔枪和防砂筛管。用连续油管可以将组合工具下入井内，所以它是较理想的传送工具。

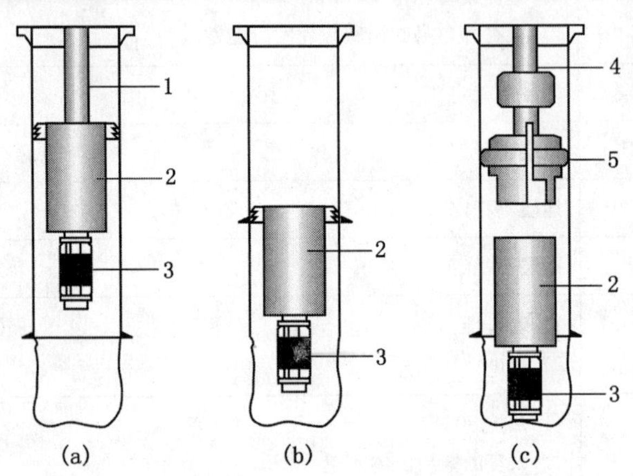

图 2—76　欠平衡完井下衬管示意图

(a) 释放膨胀式封隔器；(b) 桥塞在井内的工作状态；

(c) 解封的桥塞连接生产管柱进行正常完井

1—钻杆；2—衬管；3—过油管桥塞；4—油管；5—封隔器

4. 欠平衡套管完井

该方法亦称两级钻井完井方法。具体做法是先用传统旋转钻机钻至预定产层顶部，下入技术套管固井，然后用连续油管钻机采用欠平衡钻井技术钻至完钻井深，接着用连续油管在欠平衡压力下将尾管（衬管）下入到生产层段，如图 2—77 所示。这种完井方法是较理想的欠平衡完井方法。

采用欠平衡完井技术进行完井，所实施的完井过程可获得与欠平衡钻井一样的效益。目前国内各油田应用欠平衡方法所钻成的井大都采用常规的套管固井的方法或裸眼完井。美国、加拿大等国家近些年来一直在进行欠平衡完井技术的研究，并且在一定数量的井上应用了欠平衡完井技术。最近，在欠平衡完井研究方面又出现了一些新的突破技术，例如研制出了多种类型的膨胀管（包括膨胀套管、膨胀筛管等）、出现了 SurgiFrac 技术、发展了欠平衡强化作业（欠平衡洞穴完井）等，使得欠平衡完井技术得到进一步发展。随着世界范围内保护油气层、降低地层伤害的意识不断加强，欠平衡钻井技术的不断发展和应用范围的不断扩大，欠平衡完井技术必将得到长足的发展和广泛的应用。

四、邛西 3 井欠平衡完井

邛西构造位于川西地区，属于四川盆地龙门山山前褶皱构造带，邛西 3 井是以须二段为目的层的一口预探井。为了更清楚的了解气层，发现气层后及时进行保护，邛西 3 井在须二段实施了欠平衡钻井完井技术（欠平衡钻进、不压井起下钻、不压井取心、带压测井及带压下油管）。

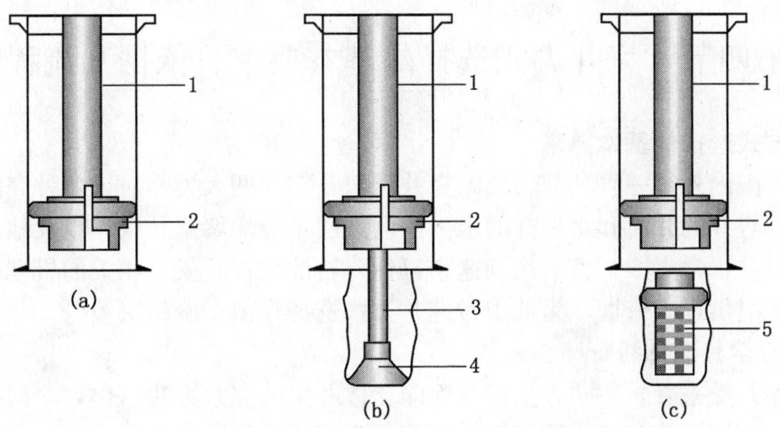

图 2—77 欠平衡套管、筛管完井图

（a）常规钻井钻至产层顶部并进行下套管固井；（b）用连续油管钻生产层段；
（c）将尾管（衬管）下至完钻井深并悬挂好
1—钻杆；2—封隔器；3—连续油管；4—钻头；5—衬管

该井 ϕ177.8mm 油层套管下至须二顶部固井后，于 2002 年 6 月 1 日采用 ϕ152mm 的钻头在 3487～3572m 井段实施欠平衡钻井，于 2002 年 6 月 18 日完钻。接着成功实施了带压测井、裸眼带压完井技术。在井段 3487～3572m 欠平衡钻进共发现 3 个气显示段。完井测试获得日产无阻流量为 77.476×$10^4 m^3/d$，取得了川西地区邛西构造天然气勘探的突破。该井井身结构如图 2—78 所示。

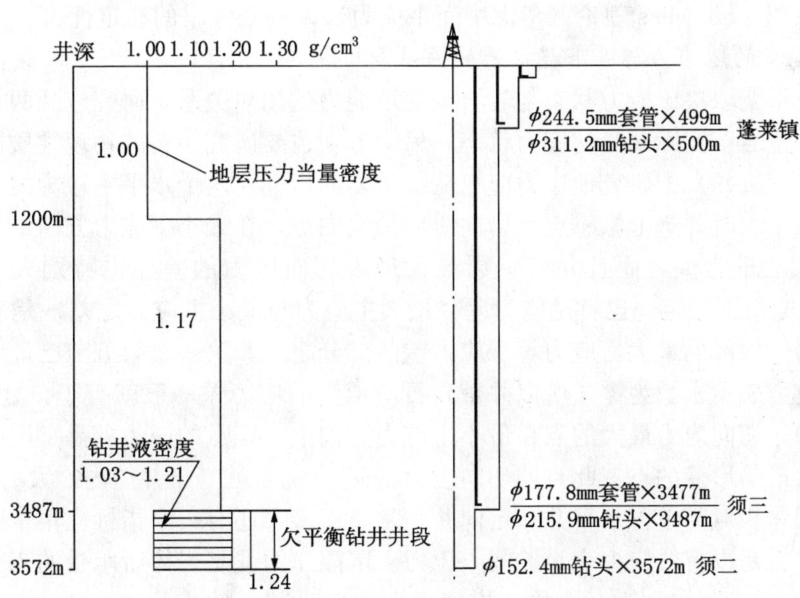

图 2—78 邛西 3 井井身结构及压力剖面图

该井在该段进行欠平衡钻进、不压井起下钻、不压井取心、带压测井后进行了带压下油管完井作业。

第四节　完井方式选择的基本要求、依据和流程

一、完井方式选择的基本要求

完井方式，国内外统一将其分为裸眼完井和射孔完井两大类。对这两种完井方式的基本要求，为完井后直井的井筒和水平井的水平段的地层不垮塌堵塞井眼，以及地层不出砂或少出砂不影响油气井正常生产。为了达到这个目标，石油院校开展了相关的机理研究，为合理地选择完井方式提供理论依据，为油田对完井方式选择作出正确的决策。

1. 井眼的力学稳定性判断

从能否支撑井壁来看，完井方法可分为能支撑井壁的完井方法（例如，射孔完井、割缝衬管完井、绕丝筛管完井、预充填筛管完井等）和不能支撑井壁的完井方法（即井眼完全裸露的裸眼完井）。生产过程中井眼稳定性判断的目的就是要判定该井是采用能支撑井壁的完井方法还是裸眼完井。

井眼的稳定性受化学和力学稳定性的综合影响。化学稳定性指油层是否含有膨胀性强容易坍塌的粘土夹层、石膏层、盐岩层。这些夹层在开采过程中遇水后极易膨胀和发生塑性蠕动，从而导致油层失去支撑而垮塌。

关于运用 Mohr－Coulumb 剪切破坏理论和 Von. Miss 剪切破坏理论，计算作用在井壁岩石上的各种剪切应力，从而得出井眼的力学是否稳定问题。（也就是说，是采用裸眼完井，还是采用支撑井壁的完井方法）的详细论述，可参考本书第一章第五节，本节不再重复。

一般情况下，上述两种剪切破坏理论判断出的井眼稳定性是一致的，当两种理论发生冲突时，建议采用 Von. Miss 理论（考虑中间主应力）来判断井眼的稳定性。

2. 裸眼完井的地应力与井眼稳定性的关系

井壁岩石形变取决于应力状态与岩石抗变形能力的相对关系。研究应从两方面入手：一方面要研究井壁岩石实际承受的应力状态；另一方面也要研究岩石的物理性质。

完井工程（直井）中研究地应力应抓住最重要的指标：两个水平主应力之差（$\sigma_H-\sigma_h$）。显然这个差值很大时井壁上敏感点（切向应力最大的点，在最小主应力方向上）的切向应力值（$3\sigma_H-\sigma_h$）也非常大，而且井壁一周最大最小切向应力的差异也特别大［约 2（$\sigma_H-\sigma_h$）］，因此井壁最不稳定。也就是应力差（最大主应力与最小主应力之差）是岩石形状改变的原动力，岩体内部的最大剪应力等于应力差的二分之一。第一章第五节已证明井壁的法向应力以有效应力表示永远为零。所以井壁岩石所承受的应力差一般就等于该处的切向应力。在井壁一周中，切向应力最大的点在最小主应力方向上。该点的应力差是一周中最大的，因此是最敏感的最易形变的点。此点的切向应力（$3\sigma_H-\sigma_h$）就等于井壁内最大的应力差。

直井的问题相对简单。水平井和定向井则复杂得多。还有一个指标也很重要，然而不大为人注意，这就是以有效应力表示的围限压力。围限压力就是岩体所承受的三个主应力的平均值［$\sigma=(\sigma_1+\sigma_2+\sigma_3)/3$］。在构造应力微弱地区，其值约为垂向主应力（即上复负荷）的 60％左右。它是岩石体积变化（包括压缩及压实）的原动力，与岩石形状变化无直接关系，但与岩石破裂条件有着重大关系。岩石破裂条件包括克服内聚力的抗剪强度（破裂面正应力为零时）和克服内摩擦所需的剪应力两个部分。后者与围限压力正相关，在地壳内其值很大，不可忽视。流体压力起撑开孔隙及裂缝的作用，有流体存在时，破裂条件当然要用考

虑了流体压力的有效应力。以有效应力表示的围限压力随深度而增加。对于特定深度，在大多数油田内其值差别不大，一般不成问题。但在特殊条件下，其值可以很小，岩石很容易破裂，就不能不考虑了。

（1）对地应力与井壁应力的研究

只有知道地应力，才能准确估算井壁岩石承受的应力状态，所以最好能系统取得所处目的层实际地应力状态的资料。实测地应力的方法很多，虽然费时费资金，但在必要时是唯一能准确解决问题的办法。实测不但可以得到地应力的数值，而且可以知道最大、最小主应力的方向。实测地应力的方法非本书范围。这里只想定性地讨论一下油田常见的以及几种特殊的地质条件下，地应力状态对井壁稳定性对完井工程的意义。

1）垂向主应力（σ_z）为最小主应力，最大水平主应力（σ_H）远大于垂向主应力和另一个水平主应力（σ_h）。这种情况仅见于紧邻近代强烈挤压力来源的狭窄地带内。这里（$3\sigma_H-\sigma_h$）非常大，不仅井壁敏感部位应力差极大，塑性岩层容易缩径，脆性岩层容易崩塌；而且井壁不同方向的应力差异也非常大，井壁稳定性会极差。相应的完井方式选择及措施是必须认真对待的。由于最小主应力在垂直方向，水力压裂往往产生水平缝，而不易生成垂直缝。如果钻水平井而且将水平段布置在最大水平主应力方向内，则井壁应力状况将大为改善。

2）垂向主应力（σ_z）为中间主应力。这种情况见于邻近上述第一类的地区及紧邻近代强烈压扭力来源的地带内。这里最大水平主应力（σ_H）不会很大，但 σ_h 很小，所以 σ_H 与 σ_h 的差值也不是很小。因而井壁最大切向应力（$3\sigma_H-\sigma_h$）和应力差，以及井壁一周内切向应力的差异都处于不大不小的中等程度。所以井壁相对稳定，但稳定性也不是非常好。由于最小主应力在水平方向，水力压裂往往产生垂直缝。如果钻水平井，而且将水平段布置在最大水平主应力方向内，则井壁应力状况也将大为改善。

3）垂向主应力（σ_z）为最大主应力。大多数油田都属于这种情况，包括近代受到拉张力的整个盆地及受到挤压、压扭力的盆地内部广大地区。这里两个水平主应力都很小，且其差值也很小，不仅最大切向应力（$3\sigma_H-\sigma_h$）和应力差很低，而且井壁一周内切向应力的差异比较小，所以稳定性一般是比较好的，井壁比较稳定。由于最小主应力在水平方向，水力压裂往往产生垂直缝，一般不产生水平缝。这种区域内，在非常特殊的条件下可能出现特低的有效应力和井壁不稳定。出现以下三个地质条件时应特别注意这个问题。

①特高的流体压力。一般的异常高流体压力，如压力系数在 1.5 以下时，问题不会太严重。但如果压力系数在 1.5 以上甚至接近 2.0 时，有可能出现严重问题。

②特低的地应力。如上覆地层内有巨厚低密度岩层。大家知道岩盐的相对密度只有 2.17，只有常见造岩矿物石英长石的 85％。如果岩盐厚度占上覆地层的 50％，则垂向主应力和围限压力可能只有正常的 90％左右。

③储层有发育的天然裂缝。

如果以上三个条件同时出现，则井壁稳定性特别低。如某油田盐丘内部的盐下油层，以上三个条件同时出现。估计油层有效应力只有正常情况下的三分之一。只要有稍大的激动，井壁就可能垮塌。所以裸眼完成的井会出现井筒堵塞。这种地质条件下不宜采取裸眼完井。

（2）对地应力与井壁岩石物性的研究

井壁是否稳定还取决于岩石强度能否抵抗住应力差的作用。即使应力环境较好，强度非常低的岩层也可能出现不稳定。最好能取得完井所涉及地层的实际物性数据，主要是破裂强度和屈服强度。缺少实测数据时只能借用类似岩石的数据。

塑性变形的屈服强度，一般都用极限剪应力来表示。破裂强度有时用极限抗张强度和抗剪强度（围限压力为零时）表示，它可以直接与最大剪应力（应力差之半）相比较以判定稳定性。后者在用以判断破裂条件时要加上克服随围限压力而增加的内摩擦所需的剪应力。但有人采用一定条件下测定的模拟破裂强度，例如单轴抗压强度。这是二向度自由条件下得到的数据。但井壁处于一向度自由条件，其破裂强度要略高于单轴抗压强度，但又将略低于三轴抗压实验所得抗压强度。这是运用这些数据时须注意的。

如果储层有发育的天然裂缝，由于失去了内聚力，破裂条件有所降低，井壁容易失去稳定性。薄层状储层的层理是薄弱面，可视为天然的水平裂缝。

完井过程中往往产生激动。激动的实质是压力急剧变动引起的压力波，当井壁应力差接近岩石强度（接近临界状态）时，较大的激动就可能破坏井壁的稳定。这种情况下要尽量避免强烈激动，一方面降低压力波动幅度；另一方面减慢波动速度，下套管速度要慢，起下钻速度也不要太快，因为相同的压力波动幅度在较长时间内完成，其激动强度就会低些。实际上完井过程中一定强度的激动总是难以避免的。所以井壁允许的应力差要留有一定余地。余地应该留多少，要参照当地的经验来确定。

水平井完井工程中地应力资料的应用是一个新的课题，目前还很不成熟。对于水平井来说，决定井壁应力的地应力指标是垂向主应力（σ_z）和与井筒直交的水平应力（σ_x）。后者不一定是一个水平主应力，所以精确计算是非常复杂的。但在定性粗略思考问题时可以当作水平主应力来对待。估计水平井井壁稳定性最有用的指标是差值（$\sigma_z-\sigma_x$）[用它代替直井的井筒的（$\sigma_H-\sigma_h$）]。同一个地点，（$\sigma_z-\sigma_x$）与（$\sigma_H-\sigma_h$）可以相近，也可以相差很大，因此水平井与直井的井壁稳定性可以相近，也可以相差很大。可以是直井的井壁稳定性较好而水平井井壁稳定性很差，也可以是水平井的井壁稳定性较好而直井井壁稳定性很差。

在有些地区，（$\sigma_z-\sigma_x$）差值特大。例如接近强挤压力来源处且水平段与挤压力正交时，水平井井壁稳定性特差。这是因为这种地方 σ_z 是地应力的最小主应力，而 σ_x 是地应力的最大主应力，且其值特别大。如果将水平段方向转过 90°，井壁稳定性会大大改善。显然，有时优选水平段方向对井壁稳定性有重大影响。

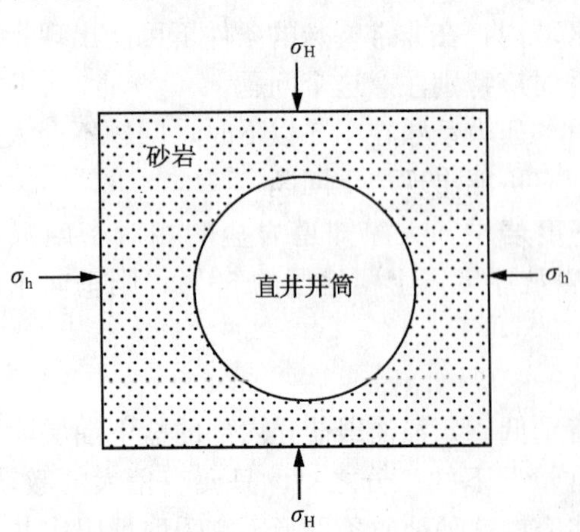

图 2－79　水平井均质性岩层、应力受力情况示意图

对水平井井壁稳定性有影响的另一个因素是井壁的非均质性。直井一般横穿地层，井筒一周往往是同一岩层，岩性差别不大，可当作水平均质处理（见图 2－79）。水平井则井筒往往纵穿岩层界面，井筒一圈往往包含两种或多种差别很大的岩性，如图 2－80 所示，井筒纵穿两种岩性；又如图 2－81 所示，井筒纵穿三个薄层。各岩性有不同的物性而且水平地应力也有差别，这是因为水平地应力（σ_x）与岩层的泊松比有关。这些情况下井壁应力应如何计算尚无成熟办法。估计不同方位井壁应力有较大的不规则变化，加上不同部位岩石强度的差别，井壁上容易出现薄弱点，导致井壁垮塌。总的来说井壁非均质性是不利于井壁稳定的。而且水平井井筒基本平行地层层面，而层面往往能起天然裂缝的作用，这也是不利于井壁稳定的。将关键水平段设计在

厚储层中也许有利于避免井壁非均质性引起的井壁不稳定。

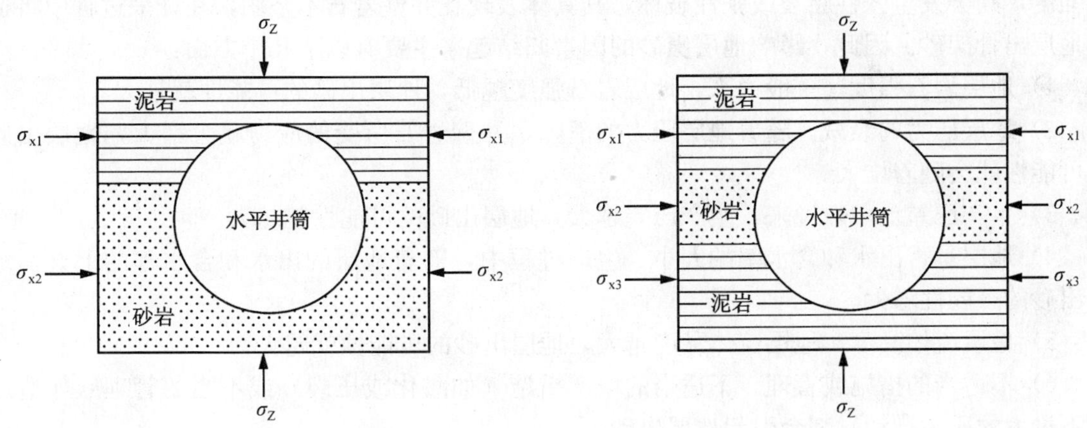

图 2-80　水平井穿过两种不同性质岩层应力受力情况示意图

图 2-81　水平井穿过三种不同性质岩层应力受力情况示意图

完井实践证明，井眼稳定性与地应力、井壁应力、岩石物性及其非均质性有密切关系，必须进行互相结合，进行综合性研究。因为水平段长达数百米，甚至超过千米，岩性变化大，有的甚至穿过断层，却难保证某井段处地层不垮塌。而对水平井的稳定性研究，因素很多，条件复杂，目前技术水平短期恐难以解决。当前，最现实的办法就是在裸眼中下入割缝衬管（含打孔管）完井，此完井方式称裸眼割缝衬管完井，不能称为裸眼完井。美国奥斯汀白垩纪块状、碳酸盐岩、垂直裂缝裸眼完井是当今世界上裸井完井的经典实例。

此外，现在国内外都在推广水平分支井技术，因为分支井井眼直径小，分支多，因而有的分支用套管射孔，有的用割缝衬管，其余分支只好用裸眼完井，个别裸眼井筒垮塌，但对整个井筒产量影响不会太大。

3. *地层出砂的判断*

砂岩地层出砂的危害体现在：油气井出砂会造成井下设备、地面设备及工具（如泵、分离器、加热器、管线）的磨蚀和损害，也会造成井眼的堵塞，降低油气井产量或迫使油气井停产。因此，对于出砂的砂岩地层来说，一般都要采取防砂的完井方法。

所以，弄清油气井出砂的机理及正确地判断地层是否出砂，对于选择合理的防砂完井方式及搞好油气田的开采是非常重要的。

（1）地层出砂机理及出砂的影响因素

对于出砂井，地层所出的砂分为两种：一种是地层中的游离砂，另一种是地层的骨架砂。石油界对防砂的观点也随着技术的进步和认识的深化在不断变化。在此之前，一些防砂的理论主要是针对地层中的游离砂，防砂设计也是为了能阻挡地层中的游离砂产出来。但是，近几年来，人们的看法有了较大的变化，认为地层产出游离砂并不可怕，反倒能疏通地层孔隙喉道，对提高油井产量有利。真正要防的是地层骨架砂的产出，因为一旦地层出骨架砂，可能导致地层的坍塌，使油井报废。

那么，什么时候地层将产出骨架砂呢？按岩石力学观点，地层出砂是由于井壁岩石结构被破坏所引起的。而井壁岩石的应力状态和岩石的抗张强度（主要受岩石的胶结强度——也就是压实程度低、胶结疏松的影响）是地层出砂与否的内因。开采过程中生产压差的大小及地层流体压力的变化是地层出砂与否的外因。如果井壁岩石所受的最大张应力超过岩石的抗张强度，则会发生张性断裂或张性破坏，其具体表现在井壁岩石不坚固，在开采过程中将造成地层出骨架砂。因此，影响地层出砂的因素归结起来主要有以下几个方面：

1）地层岩石强度。一般说来，地层岩石强度越低，地层出砂的可能性就越大。

2）地层压力的衰减。随着地层压力的下降，井壁岩石所受的应力就会增大，地层出砂的可能性就会随着增大。

3）生产压差。一般说来，生产压差越大，地层出砂的可能性就越大。

4）地层是否出水和含水率的大小。生产过程中，随着地层的出水和含水率的上升，地层出砂的可能性增大。

5）地层流体黏度。地层流体黏度越大，地层出砂的可能性就越大。

6）不适当的措施或管理。不适当的增产措施（如酸化或压裂）或不当的管理（如造成井下过大的压力激动）都会引起地层出砂。

（2）地层出砂的判断

生产过程中地层出砂的判断就是要解决油井是否需要采用防砂完井的问题。其判断方法主要有现场观测法、经验法及力学计算方法等。

1）现场观测法：

①岩心观察。疏松岩石用常规取心工具收获率低，很容易将岩心从取心筒中拿出或岩心易从取心筒中脱落；用肉眼观察、手触等方法判断时，疏松岩石或低强度岩石往往一触即碎、或停放数日自行破碎或在岩心上用指甲能刻痕；对岩心浸水或盐水，岩心易破碎。如有上述现象，则说明生产过程中地层易出砂。

②DST 测试。如果 DST 测试期间油气井出砂（甚至严重出砂），说明生产过程中地层易出砂；

如果 DST 测试期间未见出砂，但仔细检查井下钻具和工具，在接箍台阶等处附有砂粒，或在 DST 测试完毕后，砂面上升，说明生产过程中地层易出砂。

③临井状态。同一油气藏中，临井生产过程中出砂，本井出砂的可能性大。

2）经验法：

①声波时差法。声波时差 $\Delta t_c \geqslant 295\mu s/m$ 时，地层容易出砂。

②G/c_b 法：根据力学性质测井所求得的地层岩石剪切模量 G 和岩石体积压缩系数 c_b，可以计算 G/c_b 值，其计算公式如下：

$$\frac{G}{c_b}=\frac{(1-2\mu)(1+\mu)\rho^2}{6(1-\mu)^2(\Delta t_c)^4}\times(9.94\times10^8)^2 \tag{2—3}$$

式中 G——地层岩石剪切模量，MPa；

c_b——岩石体积压缩系数，1/MPa；

μ——岩石泊松比，无量纲；

ρ——岩石密度，g/cm^3；

Δt_c——声波时差，$\mu s/m$。

当 $G/c_b > 3.8\times10^7 MPa^2$ 时，油气井不出砂；

而当 $G/c_b < 3.3\times10^7 MPa^2$ 时，油气井要出砂。

③组合模量法：根据声速及密度测井资料，用下式计算岩石的弹性组合模量 E_C：

$$E_C = \frac{9.94 \times 10^8 \times \rho}{\Delta t_c^2} \tag{2—4}$$

式中　E_C——地层岩石弹性组合模量，MPa；

其他符号同上。

一般情况下，E_C越小，地层出砂的可能性越大。美国墨西哥湾地区的作业经验表明，当E_C大于2.068×10^4MPa时，油气井不出砂；反之，则要出砂。英国北海地区也采用同样的判据。胜利油田也用此法在一些油气井上作过出砂预测，准确率在80%以上，出砂与否的判断方法如下：

$E_C \geqslant 2.0 \times 10^4$MPa，正常生产时不出砂；

$1.5 \times 10^4 \text{MPa} < E_C < 2.0 \times 10^4$MPa，正常生产时轻微出砂；

$E_C \leqslant 1.5 \times 10^4$MPa，正常生产时严重出砂。

3）力学计算法：

根据研究成果，垂直井井壁岩石所受的切向应力是最大张应力，最大切向应力由下式表达：

$$\sigma_t = 2\left[\frac{\mu}{1-\mu}\left(10^{-6}\rho g H - p_s\right) + \left(p_s - p_{wf}\right)\right] \tag{2—5}$$

根据岩石破坏理论，当岩石的抗压强度小于最大切向应力σ_t时，井壁岩石不坚固，将会引起岩石结构的破坏而出砂。因此，垂直井的防砂判据为：

$$C \geqslant 2\left[\frac{\mu}{1-\mu}\left(10^{-6}\rho g H - p_s\right) + \left(p_s - p_{wf}\right)\right] \tag{2—6}$$

式中　σ_t——井壁岩石的最大切向应力，MPa；

C——地层岩石的抗压强度，MPa；

μ——岩石的泊松比，无量纲；

ρ——上覆岩层的平均密度，kg/m³；

g——重力加速度，m/s²；

H——地层深度，m；

p_s——地层流体压力，MPa；

p_{wf}——油井生产时的井底流压，MPa。

如果上式成立（即$C \geqslant \sigma_t$），则表明在上述生产压差（$p_s - p_{wf}$）下，井壁岩石是坚固的，不会引起岩石结构的破坏，也就不会出骨架砂，可以选择不防砂的完井方法。反之，地层胶结强度低，井壁岩石的最大切向应力超过岩石的抗压强度引起岩石结构的破坏，地层会出骨架砂，需要采取防砂完井方法。

而水平井井壁岩石所受的最大切向应力σ_t则可由下式表达：

$$\sigma_t = \frac{3-4\mu}{1-\mu}\left(10^{-6}\rho g H - p_s\right) + 2\left(p_s - p_{wf}\right) \tag{2—7}$$

各参数符号意义同上。对比（2—5）式和（2—7）式可以看出，由于岩石的泊松比一般在0.15～0.4之间，故$\frac{3-4\mu}{1-\mu} > \frac{2\mu}{1-\mu}$，因此在相同埋深及生产压差（$p_s - p_{wf}$）下，水平井井壁岩石所承受的切向应力要比垂直井的大。如果地层岩石的胶结程度较差，以致地层岩石的抗压强度经受不住井壁岩石的切向应力时，产层的岩石结构就会遭到破坏而出骨架砂。所以在同样埋深处垂直井不出砂的地层，打水平井就不一定不出砂。同理，水平井井壁岩石的坚固程度判别式为：

$$C \geqslant \frac{3-4\mu}{1-\mu}\left(10^{-6}\rho g H-p_{s}\right)+2\left(p_{s}-p_{wf}\right) \tag{2—8}$$

对于其他角度的定向井，其井壁岩石的坚固程度判据为：

$$C \geqslant \frac{3-4\mu}{1-\mu}\left(10^{-6}\rho g H-p_{s}\right)\sin\alpha+\frac{2\mu}{1-\mu}\left(10^{-6}\rho g H-p_{s}\right)\cos\alpha+2\left(p_{s}-p_{wf}\right) \tag{2—9}$$

很显然，当井斜角 α 为 0°时，式（2—9）变为式（2—6）；而当井斜角 α 为 90°时，式（2—9）变为式（2—8），所以式（2—9）为通式。

由此可以看出：

①在地层岩石抗压强度 C 和地层压力 p_s 不变的情况下，当生产压差（p_s-p_{wf}）增大时，原来不出砂的井可能会开始出砂。也就是说，生产压差增大是出砂与否的一个重要外因。

②当地层出水后，特别是膨胀性粘土含量高的砂岩地层，其岩石的胶结强度将会大大下降，从而导致岩石的抗压强度 C 下降，使原来不出砂的井（不出水的井）可能会开始出砂。

③在地层岩石抗压强度 C 不变时，随着地层压力 p_s 的下降，即使生产压差保持常数，原来不出砂的井也可能会开始出砂。

以上第②和第③点可以解释为什么许多油井在初产阶段不出砂，但生产一段时间后（地层出水，地层压力 p_s 下降）开始有出砂的现象。

4. 砂粒粒径大小和砂粒胶结对出砂的影响

（1）砂粒粒径分级

粒径≤0.1mm　细粉砂

粒径 0.1～0.25mm　细砂

粒径 0.25～0.5mm　中砂

粒径 0.5～1.0mm　粗砂

此外，地层砂均质性指的是砂粒分选的均匀性，一般用均匀性系数 c 来表示：

$$c=\frac{d_{40}}{d_{90}} \tag{2—10}$$

式中　d_{40}——地层砂筛析曲线上占累积重量 40%的地层砂粒径；

d_{90}——地层砂筛析曲线上占累积重量 90%的地层砂粒径；

c——地层砂均匀性系数，$c<3$ 为均匀砂；$c>5$ 为不均匀砂；$c>10$ 为很不均匀砂。

对于出砂的砂岩地层来说，地层砂的粒度大小和均匀性系数是选择防砂方法的基本依据之一。

对于细砂、中砂、粗砂的防砂工具、工艺和技术已基本配套，已在生产上推广应用。用防细砂、中砂、粗砂的方法去防细粉砂是无效的。一旦将细粉砂防住了则油气也防住了，什么都不出了。近年来采用纤维加树脂，复合防细粉砂的方法，已初见成效，正扩大推广应用。

（2）出砂与砂粒之间胶结的关系

油层砂之间胶结有钙质、硅质、黏土、原油胶结，有的游离砂根本没有胶结。至于钙质或硅质胶结的砂粒，只要不破坏其岩石骨架，是可以做到不出砂或少出砂。若出砂则防砂，但对于黏土、原油胶结或游离砂，若避免激动或缩小生产压差，可以少出砂，但仍会出少量砂，但最终还是要防砂。青海涩北气田、气层、砂粒之间不胶结，后采取缩小生产压差，可以维持生产，但产量很低。稠油层砂粒多与原油胶结，出油即出砂，不防砂即无法生产。因此，地层出砂判断是非常重要的，根据判断不同出砂情况，预先采取相应措施，以保证油气田能正常投产和生产。

二、完井方式选择依据及流程

完井方式选择必须以油田地质和油藏工程研究和油田开发方案要求为依据，完井方式的选择对象是油气井单井，虽然单井属同一油藏类型，但其所处构造位置不同，所选择的完井方式也不尽相同，完井方式选择依据如图 2－82 所示。

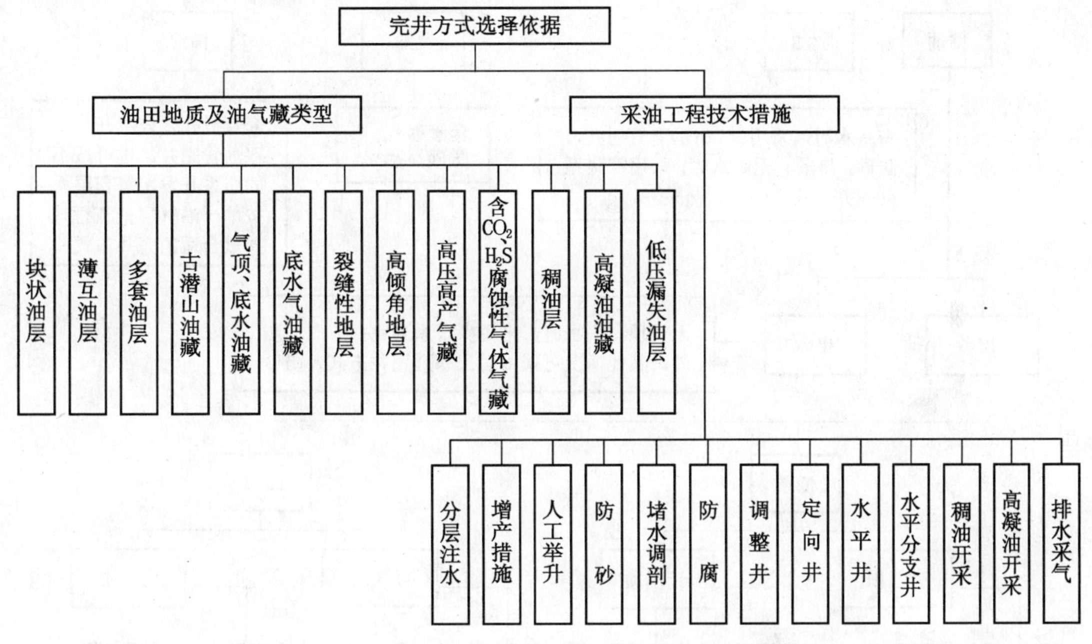

图 2－82　完井方式选择依据

1. 直井完井方式选择

直井完井方式是国内外自石油开发至今的完井基本方式，今后也将会如此，直井完井适应范围广、工艺技术简单、建井周期短、造价低。按油、气井地层岩性可分为砂岩、碳酸盐岩和其他岩性 3 大类，这 3 大类型岩性均可以采用直井完井。

（1）砂岩稀、中质油气藏

砂岩油气藏完井方式选择流程如图 2－83 所示。砂岩油藏分为层状、块状和岩性油藏。在陆相沉积地层中，层状油藏所占比例大。块状或岩性油藏中其物性、原油性质和压力系统大致是一致的，因而完井方式无须作特殊考虑。但层状油藏，特别是多套层系同井合采时，就应认真考虑其完井方式。首先应考虑的是各层系间压力、产量差异，若差异不大，则可同井合采；若差异大，特别是层间压力差异大，因层间干扰大，高压层的油将向低压层灌，多套层系开采的产量反而低于单套层系的产量，在这种情况下，即应按单套层系开采；但有时单套层系的储量丰度又不足以单独开采，此时只能采用同井双管采油，每根油管柱开采一套层系，以消除层间干扰，保证两套层系都能正常生产。如南海油田、塔里木轮南油田即采用了双管完井。

（2）砂岩稠油油藏

砂岩油藏从原油黏度来分，可分稀油、稠油油藏。陆相沉积地层的特点是层系多，渗透率偏低，而且地层能量低。稀油油藏大多需要注水，补充地层能量开发，而且多套层系都要

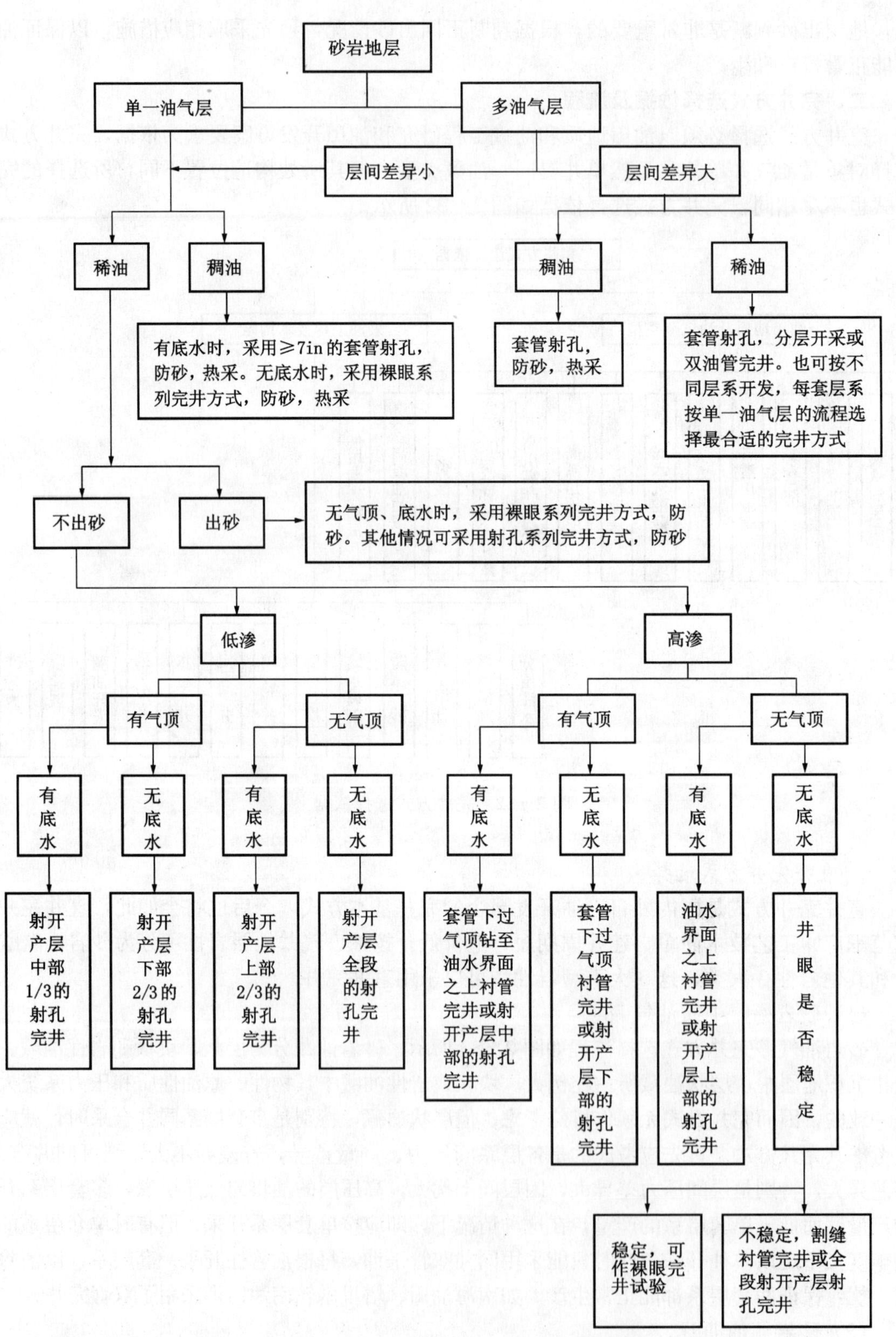

图 2—83　砂岩油气藏直井完井方式选择流程图

进行压裂增产措施。这类砂岩油藏只宜采用套管射孔完成，不应采用裸眼或割缝衬管等方式完井，因为裸眼或割缝衬管完井都无法分层注水或分层压裂。

至于砂岩稠油油藏，因稠油层不论普通稠油或特、超稠油，油层大多胶结疏松，生产过程大多出砂，因而必须采取防砂措施。防砂的方法在本章第一节已阐述，可根据具体情况加以选择，此外必须强调的是稠油井应采用大直径套管，套管直径不小于7in。因为稠油黏度大，流动阻力大，采用大直径套管才能下大直径油管。本书第三章有专门论述稠油井套管直径的问题，此处不再论述。

砂岩普通稠油大多采用注水开发，如胜利孤岛、孤东、埕东和胜坨油田都是采用注水开发。采用套管射孔完成即能分层控制，并可在注水井中采用树脂固砂方法；在生产井可采用树脂固砂、防砂滤管或绕丝筛管砾石充填防砂的方法，上述油田从20世纪70年代直至80年代开发实验证明这种完井方式是适合的。

至于特、超稠油都是采用注蒸汽开采，辽河高升油田为大厚稠油层，有气顶、底水，油层厚度为60～80m，早期采用裸眼完成，绕丝筛管砾石充填防砂，后因裸眼完成难以控制气顶和底水，也难以调整吸汽剖面，后改用套管射孔完成。至于一些层状或薄互层的稠油层，如辽河欢喜岭、曙光、河南井楼等油田以及胜利乐安油田的砂砾岩油层都是采用套管射孔完成，只射开油层，避射隔、夹层并绕丝筛管砾石充填或滤砂管防砂，上述油田的完井都经受了注蒸汽的考验。

砂岩油藏不论为何种油藏类型，若为低渗透油藏，则需要进行压裂增产措施；若为高渗透油藏，油层胶结疏松，油层易坍塌或出砂，就需要防砂。再就是稀油油藏需要注水开发，稠油油藏需要注蒸汽开采，而且要分层控制及调整其吸水、采油和吸汽剖面，因而宜采用套管射孔完成。至于一些单一油层，无气顶、底水，油层渗透率适中，依靠天然能量开采，不进行压裂增产措施，采用裸眼下割缝衬管完井也是可行的。

至于砂岩气藏，大多为致密砂岩，渗透率低，都必须进行压裂增产措施，特别是一些底水气藏，要防止底水锥进，所以应采用套管射孔完成，不宜采用裸眼完成。

（3）碳酸盐岩油气藏

碳酸盐岩油气藏完井选择流程如图2－84所示。

碳酸盐岩油藏按渗流特征可分孔隙性和裂缝性或裂缝和孔隙双重介质油藏。如胜利纯化油田的假蠕状石灰岩即为孔隙性油层，华北任丘油田雾迷山油层则为裂缝为主和基质孔隙双重介质油藏。孔隙性油层完全可以按砂岩油层一样完井，因为此类油层需要进行酸化或压裂酸化增产措施，因而多采用套管射孔完井。裂缝性或裂缝和孔隙双重介质油藏，如华北任丘油田古潜山油藏有气顶和底水，开发初期采用裸眼完井，发展了一套裸眼封隔器进行堵水和酸化措施，但不如在套管中进行井下作业措施可靠。后来又采用了套管射孔完成，这样对控制气窜、底水锥进和进行酸化措施就有效多了。但是这类油藏若无气顶和底水，也可采用裸眼完井。

碳酸盐岩气藏与油藏一样有两种类型，如四川磨溪气田即属孔隙型气藏，靖边气田也属此类型，而四川其他气田则大多属于裂缝型气藏。这两种气藏大多有底水，孔隙型气藏完全可以按孔隙型油藏完井一样对待。其增产措施与油层一样，要进行酸化或压裂酸化，因而多采用套管射孔完井。底水裂缝型气藏，也同样需要酸化和控制底水措施，因而宜采用套管射孔完井，有时也可选择裸眼完井。俄罗斯天然气井裸眼完井都下有打孔管，以防井筒坍塌。

（4）火成岩、变质岩等油藏

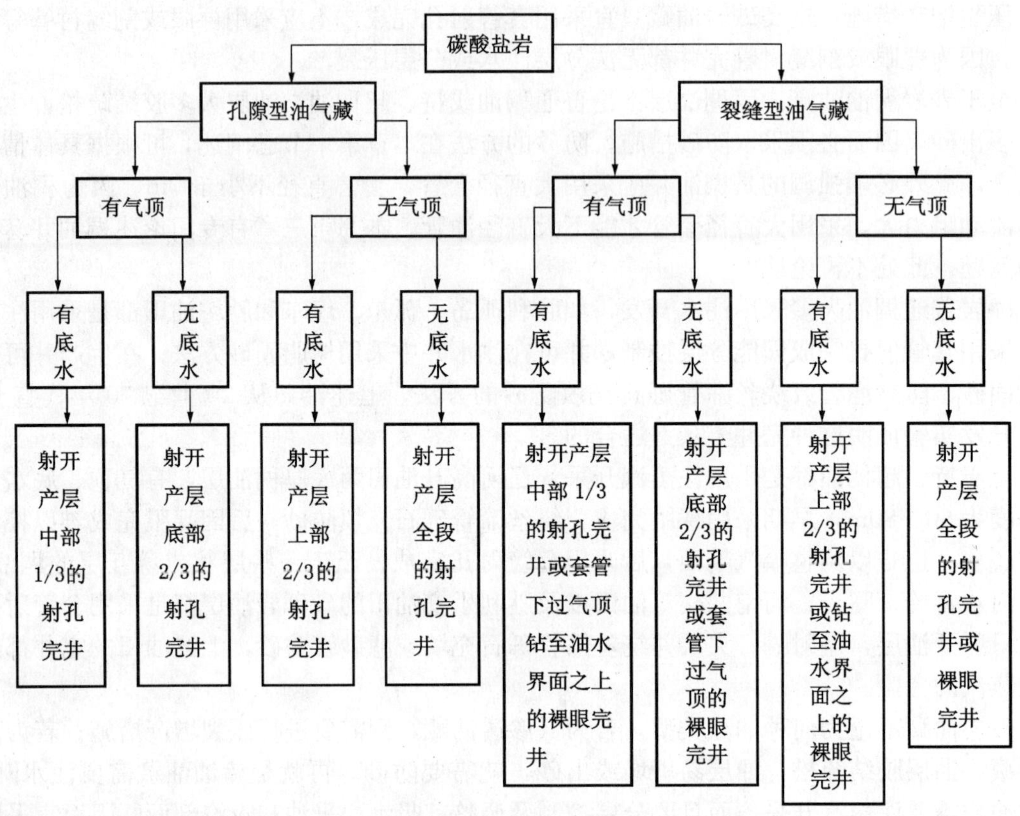

图2－84　碳酸盐岩油气藏完井方式选择流程图

这类油藏是指火山岩、安山岩、喷发岩、花岗岩、片麻岩等油藏。这些类型油藏都属次生古潜山油藏，是由生油层的原油运移至上述岩石的裂缝或孔穴中而形成的油藏，这种类型油藏都为坚硬的岩石，可按裂缝性碳酸盐岩油藏完井。火成岩、变质岩油藏直井完井方式选择流程图如图2－85所示。

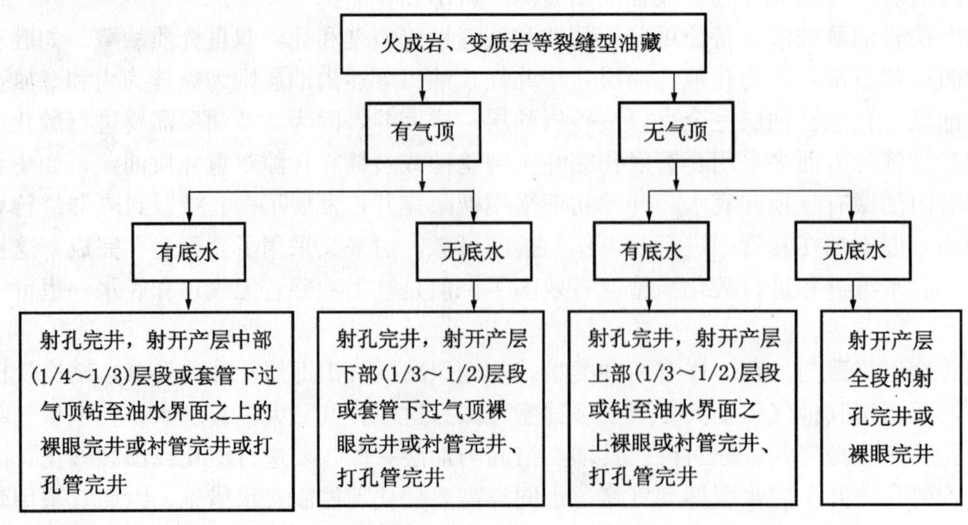

图2－85　火成岩、变质岩等油藏直井完井方式选择流程图

2. 水平井及定向井完井方式选择

水平井完井方式选择大致可分为两类。

（1）按曲率半径选择完井方式

短曲率半径的水平井，当前基本上采用裸眼完成。主要在坚硬垂直裂缝的油层中裸眼完成，如美国奥斯汀白垩系地层，或者是致密裂缝砂岩，因为这些地层都不易坍塌，虽然是裸眼，仍能保持正常生产。至于砂岩油层水平井不宜采用短曲率半径完井，此完井方式无法下套管射孔或下割缝筛管完井，因为砂岩油层在生产过程易坍塌而堵塞井筒，而在短曲率半径的井中进行井下作业困难。同时短曲率半径的水平段短，目前的水平在100m左右，增产倍数有限，故在砂岩油层选择此完井方式应慎重。

中、长曲率半径的水平井国内外普遍采用的完井方式可以根据岩性、原油物性、增产措施等因素选择。当今水平井技术发展很快，水平井水平段也不断增长。现在又发展了大位移水平井，水平段长达1000m以上。在这些长水平井段，特别是砂岩生产过程中地层难免不坍塌，因而不宜采用裸眼完井，通常采用的是割缝衬管加套管外封隔器（ECP）完井或套管射孔完井。

（2）按开采方式及增产措施选择完井方式

对于稠油开采，加拿大在Saskatchewan地区大量采用水平井注蒸汽开采稠油，其完井方式大多采用割缝衬管完成，或下金属纤维滤砂管或预充填绕丝筛管防砂。我国胜利乐安油田采用了割缝衬管和套管射孔完井，下金属纤维或陶瓷滤砂管或其他方法防砂。稠油层胶结疏松，地层易坍塌，不能用裸眼完井。

对于一些低渗透油层的水平井，需要进行压裂措施，因而只能用套管射孔完成。即使采用割缝衬管加套管外封隔器完井，因为分隔层段太长（长度100～200m或更长），只能进行小型酸化措施，而无法进行压裂措施。另一方面，高速携砂压裂液会将割缝管的缝隙刺大或破坏。

至于定向井的完井方式选择，因定向井井斜大致在45°左右，其完井方式基本同直井一样选择。

水平井完井方式选择流程图如图2-86所示。

（3）完井方式选择软件及实例

目前，西南石油大学完井中心已经研制成《油气井完井方法优选软件包》，已在十余个油田应用。该软件所考虑的地层类型包括：各种类型的砂岩地层、碳酸盐岩地层、变质岩地层、火山喷发岩地层等。所选择的井型包括垂直井、定向井和水平井。软件包结构如图2—87所示。

下面介绍2个完井方法优选实例。

实例1：塔中奥陶系碳酸盐岩地层直井完井方法优选。

油井基本资料见表2—19。

表2—19　塔中奥陶系碳酸盐岩地层油井基本资料列表

油藏类型	碳酸盐岩地层	气顶情况/底水情况	无气顶　无底水
地层中部深度，m	5600.000	油层有效厚度，m	200.000
地层压力，MPa	65.000	地层孔隙度，%	5.000
水平向渗透率，$10^{-3}\mu m^2$	8.000	垂向渗透率，$10^{-3}\mu m^2$	5.050
原始含油饱和度，%	50.000	剩余油饱和度，%	20.000
原油黏度，mPa·s	1.500	原油密度，g/mL	0.910
原油体积系数	1.019	油井半径，m	0.0762

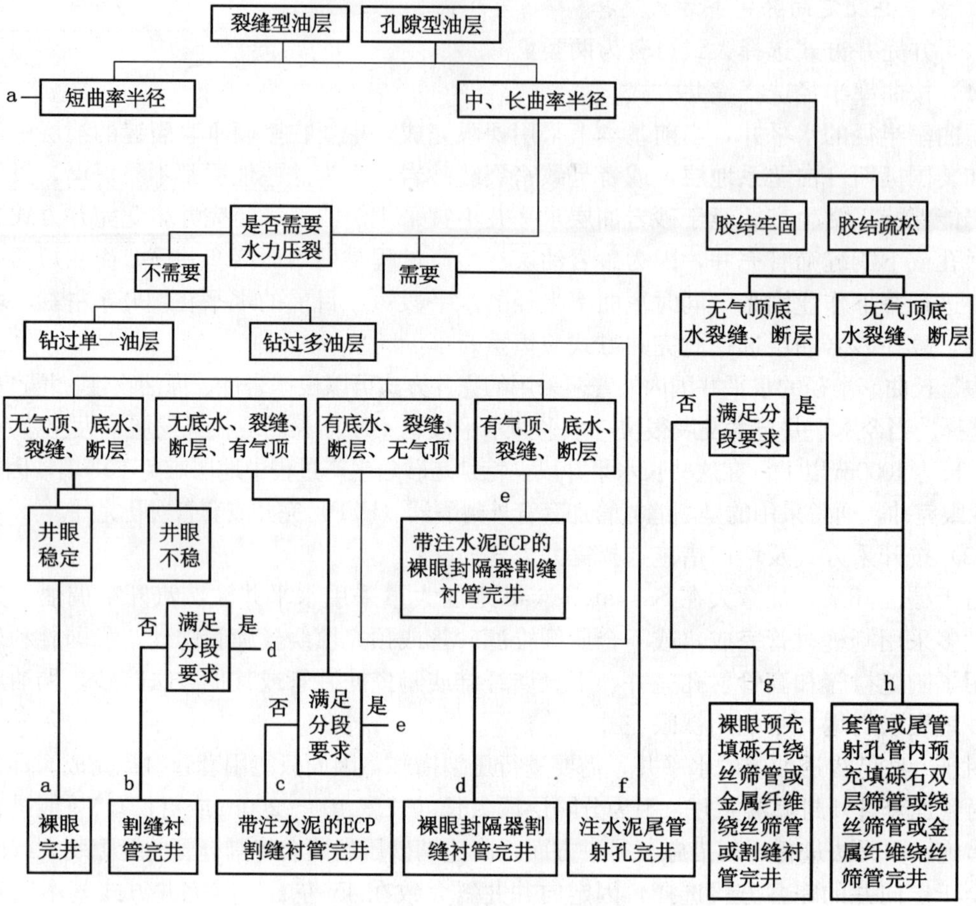

裂缝型油层
孔隙型油层
a
短曲率半径
中、长曲率半径
胶结牢固
胶结疏松
是否需要水力压裂
不需要
需要
无气顶底水裂缝、断层
无气顶底水裂缝、断层
钻过单一油层
钻过多油层
否
满足分段要求
是
无气顶、底水、裂缝、断层
无底水、裂缝、断层、有气顶
有底水、裂缝、断层、无气顶
有气顶、底水、裂缝、断层
e
井眼稳定
井眼不稳
带注水泥ECP的裸眼封隔器割缝衬管完井
否
满足分段要求
是
d
否
满足分段要求
是
e
g
h
a
b
c
d
f
裸眼完井
割缝衬管完井
带注水泥的ECP割缝衬管完井
裸眼封隔器割缝衬管完井
注水泥尾管射孔完井
裸眼预充填砾石绕丝筛管或金属纤维绕丝筛管或割缝衬管完井
套管或尾管射孔管内预充填砾石双层筛管或绕丝筛管或金属纤维绕丝筛管完井

图 2-86　水平井完井方式选择流程图

各类油气藏各类油气井完井方法优选软件包
直井完井方法优选软件（VWCS）
定向井完井方法优选软件（DWCS）
水平井完井方法优选软件（HWCS）
砂岩地层
碳酸盐岩地层
火山岩、变质岩等裂缝地层

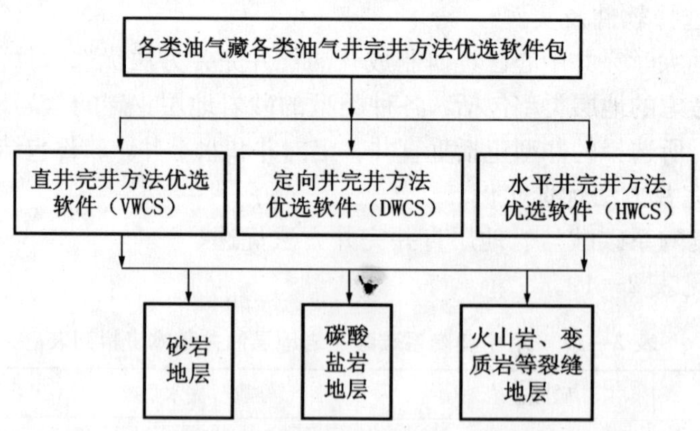

图 2—87　各类油藏各类油井完井方法优选软件包结构

经软件计算，该地层生产过程中井眼稳定，完井方法优选结果见表 2—20。

根据塔中奥陶系地质特点优选的完井方法共三种：裸眼完井、打孔管完井和射孔完井，按产量、经济效益优选的最佳完井方式为：裸眼完井，但裸眼内都应下入割缝筛管或打孔管。

表 2—20　软件优选的可采用的完井方法

完井方式	开井产量，t/d	经济效益，万元	生产时间，d	备注
裸眼完井	206.281967	60263.187500	4892.0	
打孔管完井	202.156326	59763.308594	5348.0	
射孔完井	187.967163	58900.804688	9126.0	射开全井段

实例 2：南海西江 23－1 油田 H1B 油层水平井方法优选。

油井基本资料见表 2—21。

表 2—21　西江 23－1 油田油井基本资料列表

油田名称	西江 23－1	油藏类型	砂岩油藏
地层中部深度，m	1340.000	油层有效厚度，m	32.000
地层压力，MPa	14.000	地层孔隙度，%	29.700
水平向渗透率 $10^{-3}\mu m^2$	2271.000	垂向渗透率 $10^{-3}\mu m^2$	1000.000
原始含油饱和度，%	65.000	剩余油饱和度，%	25.000
原油黏度，mPa·s	5.200	原油密度，g/mL	0.845
原油体积数	1.050	油井半径，mm	107.950
水平井段长度，m	500.000	水平井偏心距，m	14.000
砂粒度中值 d_{50}，mm	0.406	底水情况	有底水

完井方法选择补充参数见表 2—22。

表 2—22　西江 23－1 油田完井方法选择补充参数列表

油井套管尺寸，in	9.625	地层岩石密度，g/cm^3	2.300
地层岩石泊松比	0.200	岩石抗压强度，MPa	5.000
抗拉强度，MPa	1.000	设计生产压差，MPa	1.000
地层砂粒度值 d_{40}，mm	0.600	地层砂粒度值 d_{90}，mm	0.200

井壁稳定与出砂预测输入参数见表 2—23。井壁稳定与出砂预测结果见表 2—24。

表 2—23　西江 23－1 油田井壁稳定与出砂预测输入参数列表

水平向最大应力，MPa	18.205	水平向最小应力，MPa	15.205
垂向应力，MPa	30.820	岩心资料	胶结疏松
DST 测试结果	出砂	邻井状态	出砂
纵波时差，$\mu s/m$	325.000	体积模量，MPa	—

表 2—24　西江 23－1 油田井壁稳定与出砂预测结果输出列表

岩心资料	疏松	DST 测试结果	出砂
邻井状态	出砂	“C” 公式法	出砂
声波时差法	可能出砂	出砂指数法	出砂
斯伦贝谢比法	出砂	判定结果	出砂
选择处理结果	出砂	井壁稳定判断结果	井壁不稳定

软件优选的水平井完井方法为裸眼割缝筛管完井。

参考文献

1　M. O. 阿什拉菲扬著，张永一等译．井底结构完善技术．北京：石油工业出版社，1992

2　万仁溥，罗英俊主编．采油技术手册．北京：石油工业出版社，1991

3　张钧，余克让等主编．海上油气田完井手册．北京：石油工业出版社，1998

4　谢海波．单通道钻完井技术及其在我国海上油气田应用的可能性．中国海上油气，2005（4）

5　齐宁，周福建，张琪等著．纤维复合防砂技术在孤岛油田的应用．钻采工艺，2006（11）

第三章　油管及生产套管尺寸选定

第一节　概　　述

生产套管尺寸的选定及井身结构设计是完井工程的重要环节之一。传统做法是由钻井工程设计井身结构，确定生产套管的尺寸。完井后交给采油方面，然后采油工程就在已定的生产套管内选择和确定油管尺寸及采油方式。这种做法的结果是采油工程受生产套管尺寸的限制，许多油、气井无法采用适合的工艺技术，一些增产措施也难以进行，以及许多油井在高含水期实现不了提高产液量的要求。为改变这种传统做法，本章力图论证生产套管尺寸合理的选定，其顺序应当是根据油层能量大小并考虑采油工程的要求先确定不同采油方式下的合理油管尺寸，而后再选定可能的最小生产套管尺寸。自喷采油阶段合理的油管尺寸可以通过油管尺寸敏感性分析选定，敏感性分析的理论基础是节点分析（Nodal Analysis），布朗等人对此有过详细的论述。人工举升阶段合理的油管尺寸与油田开发原油稳产要求以及具体的举升方式等密切相关。为此，本章先对节点分析作一简介，然后详细论述油管尺寸和生产套管尺寸的选定。

油气井油管及生产套管尺寸必须在完井之前就要选定，而在完井后油管尺寸是可以更换的，但生产套管则不可能更换。因此生产套管尺寸的选定要考虑到油井开采全过程的油井类型、采油方式、增产措施、原油特性及采油工程要求等因素的影响。具体地说，天然气井、自喷井、人工举升井、增产措施、稠油开采对油管和生产套管尺寸的选择都有不同要求。因此，对于一口具体的井来说，在确定合理的油管和生产套管尺寸时，必须考虑以上各方面的要求。

对于天然气井，要从生产优化和增产措施两个方面来综合考虑并确定。因此，天然气井的油管和套管尺寸应当是：

$$天然气井油、套管尺寸 = \max\{T_1, T_2, T_3\} \tag{3—1}$$

式中　T_1——从生产优化目的出发的油、套管尺寸；

T_2——满足增产措施要求的油、套管尺寸；

T_3——其他特殊工艺要求的油、套管尺寸；

max——最大值函数。

对于采油井，可分为常规采油井和稠油开采井。对常规采油井，其油管和生产套管尺寸应当是：

$$常规采油井油、套管尺寸 = \max\{t_1, t_2, t_3, t_4\} \tag{3—2}$$

式中　t_1——自喷阶段从生产优化目标出发所得的油、套管尺寸；

t_2——所选人工举升方式下所获得的油、套管尺寸；

t_3——满足增产措施要求的油、套管尺寸；

t_4——其他特殊工艺要求的油、套管尺寸；

max——最大值函数。

对于稠油开采井，其油管和生产套管尺寸应当满足：

$$稠油开采井油、套管尺寸 = \max\{T_{t1},\ T_{t2},\ T_{t3}\} \tag{3—3}$$

式中 T_{t1}——所选人工举升方式下所获得的油、套管尺寸；

T_{t2}——满足稠油开采方式下所获得的油、套管尺寸；

T_{t3}——其他特殊工艺要求的油、套管尺寸；

max——最大值函数。

在确定了油管及生产套管的尺寸后，再根据井深、钻井工艺技术要求、油气层的复杂性、上覆岩层特性等确定具体井的套管程序。

小井眼（井眼尺寸≤5in）完井方式包括裸眼完成、割缝衬管和尾管注水泥射孔完成等几种，美国Shell公司等还采用过一种单井筒完井（mono－bore well completion）技术。关于小井眼的完井问题，与常规井眼完井没有什么不同，只是应该考虑小井眼的射孔、增产措施、人工举升、井下工具及打捞工具的技术配套，以保证小井眼能正常生产。

第二节　节点分析简介

油气从油层流到地面分离器，一般要经历多个流动过程，如图3—1所示。

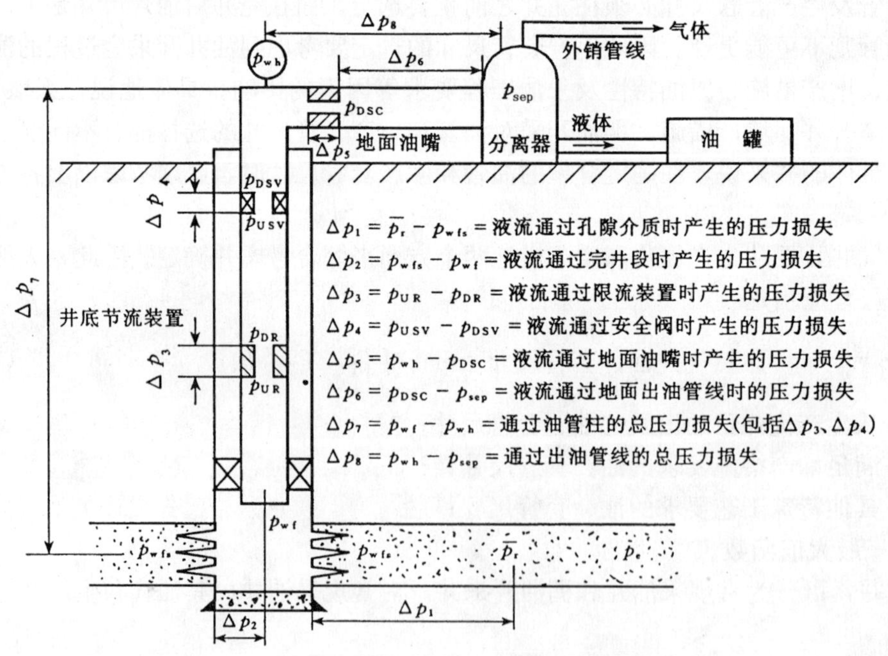

图3—1　完整生产系统的各种压力损失

从压力损失的角度来看，油气从油层深部流到地面分离器的总压力损失由多段阻力损失所构成。如果把液流通过孔隙介质时产生的压力损失看成第一个压力子系统，把液流通过完井段时产生的压力损失看成第二个压力子系统，把通过油管柱的总压力损失看成第三个压力子系统，再把出油管线的总压力损失看成第四个压力子系统，那么整个油气生产过程的压力系统就由上述4个压力子系统所组成。

一、流体通过多孔介质流动（地层渗流）的阻力损失

按照油层压力、井底流压及原油饱和压力之间的关系，根据渗流力学理论，可以推导出单相液流、单相气流、油气两相流、油气水三相流及溶解气驱的压力分布关系和油气流入井动态关系，确定其总的阻力损失。

二、流体通过完井段的流动阻力损失

完井段的流动阻力损失与完井方式密切相关。通过计算各种完井方式下的总表皮系数 S 可以计算流体通过完井段的阻力损失。

三、流体通过油管柱的总压力损失

根据管内多相流的计算确定这部分压力损失，目前已有各种多相管流计算方法。

四、流体通过出油管线的总压力损失

同样采用管内多相流的方法进行计算。

油气的生产过程由上述4个子系统构成，通过节点设置可使上述四个子系统连接成一个统一的整体，如果对系统内的每一个部分进行模拟计算，则整个生产系统可从数学上模拟。节点分析方法就是通过这样一个模拟计算过程来分析和优化油气井生产系统的。在运用节点分析方法解决具体问题时，通常针对系统中的某一节点（称为解节点）。通过解节点的选择，将油气井生产系统简化为两大部分，即流入和流出部分。例如，将解节点选择在油井井底 p_{wf} 处时，流入部分包括地层渗流和流体通过完井段的流动两个子系统。而油管柱及地面出油管线两个子系统划入流出部分。此时，可以解决两大方面的问题：

1）在流出部分参数固定的情况下，通过节点系统分析方法，可以优化完井段。举例来说，对于一口射孔完成的井，可以通过这种分析优化射孔完井参数（如孔密、孔径、孔深及相位角等）。

2）反过来，在完井方式及完井参数固定的情况下，可以优化油管尺寸和油嘴。下节将要论述的油管尺寸敏感性分析，就是这方面问题的深化。

油气井节点分析除用于解决上述问题外，还有其他方面的一些具体用途：如确定目前生产条件下油气井的动态特性；优选油气井的限产因素，提出有针对性的油气井改造及调整措施；确定自喷井停喷时或转抽时的生产状态，分析停喷或转抽原因；确定油井转人工举升生产的最佳时机，同时有助于其方式的优选；可以寻找出提高产量的途径。

综上所述，对于新井，油管尺寸的敏感性分析，要应用数值模拟方法或预测未来 IPR 曲线方法来预测油井生产全过程的最高日产液量和最低流动压力，便于使用节点系统分析方法优化完井参数和优选油管尺寸，这是完井工程最关注的问题。对于已经投产的油气井，使用节点分析有助于科学地管理好生产。

关于节点分析的理论和实践，本章不作详细论述，可参考相关文献。

第三节　自喷井油管及生产套管尺寸选择

自喷井生产系统中重要的组成部分之一是油管，它是油气田开采的主要通道。油井中流体从井底到地面的举升压降可高达油气井系统总压降的80%，对任一油井系统都有一个最佳油管尺寸。油管过小，会因流速过高使摩阻损失增大限制其开采速度，反之油管过大又会使油井举升过程中液相的滑脱损失过大或造成井下积液过多。因此需应用节点分析方法对油管尺寸进行敏感性分析。在油管尺寸敏感性分析的基础上，可以确定自喷阶段所需的油管尺寸和生产套管尺寸，但还不能最终确定一口井的生产套管尺寸。这是因为油气井油管和生产套管尺寸要满足井生产全过程的要求，而油气井自喷期是有限的，自喷阶段的油管尺寸和生产套管尺寸往往偏小。因为在自喷阶段结束后，油气井可能要转入人工举升开采，考虑油气井稳产的要求，与之相配套的油管尺寸和生产套管尺寸肯定和自喷期的油、套管尺寸不一样。而我国大多数油田采用注水开发，在油井进入高含水阶段后，为了原油稳产的需要，保持合理生产压差，往往要采用大泵高排液量生产。不同的举升方式，采用的油管、套管尺寸不一样。在某一种举升方式下，还要根据油田开发全过程日产液量的大小选定泵径，然后确定与之相配套的油管尺寸和套管尺寸。还要考虑增产措施、防砂工艺等方面也需要对油管、套管尺寸有不同的要求。因此，通常要从以上三个方面综合分析才能最终确定油管和套管尺寸。

自喷和气举采油方式与其他采油方式相比其主要特点体现在要保持一定产量，需要保持一定的油管鞋压力（油管下到油层中部即为流动压力），而其他采油方式在油藏压力和套管条件允许时，可以将流动压力尽可能地降低。

一、油管尺寸敏感性分析的重要性

优化油管尺寸的目的在于保证油气井在合理产量下举升能耗最低，保持自喷时间最长。这实际上是关于如何合理地利用油气层能量的问题。

在油井油层压力、流动压力、产液量及流动压力为零时油井的畅流量等条件下求得油井流入动态曲线，简称IPR（Inflow Performance Relationship）曲线，以及在给定油井气液比、含水率、井深及井口压力等条件下，改变产量按照举升管中（单相或两相）流动规律计算得出的油管鞋压力（油管下到油层中部时即为流动压力）与产量的关系曲线，称为油管动态曲线，简称TPR（Tubing Performance Relationship）曲线，反映了油气井举升管的举升能力，它与地层产能无关，仅取决于各管流参数，如井口压力、井深、管径、气液比等。

IPR曲线计算方法很多，这里只列举最常用的Vogel方程如下：

$$\frac{q_o}{q_{omax}}=1-0.2\frac{p_{wf}}{p_r}-0.8\left(\frac{p_{wf}}{p_r}\right)^2 \tag{3—4}$$

式中 q_o——p_{wf}时油井地面产量，m^3/d；

q_{omax}——油井流动压力为零时地面产量，m^3/d；

p_{wf}——流动压力，MPa；

p_r——供油区内平均油藏压力，MPa。

TPR曲线计算方法很多，现场最常用的有Orkiszewski和Hagedom Brown方法。

利用IPR曲线和TPR曲线，按照节点分析方法，研究流入动态和流出动态协调，保证天然能量利用得最好。

图3—2是一油井不同油管尺寸下的油管动态曲线，由图可以看出：在高产量时，图中$Q_L>Q_A$，114.3mm（4½in）油管的举升效率最高。在$Q_A>Q_L>Q_B$时，88.9mm（3½in）油管更好。在$Q_C<Q_L<Q_B$时，73mm（2⅞in）油管更经济。而当$Q_L<Q_C$时，60.3mm（2⅜in）油管最佳。

二、自喷井油管尺寸敏感性分析及优选

自喷生产过程中油管内的流动可以用前述的垂直管流规律来分析。影响多相垂直管流压力梯度分布最敏感的因素有油管尺寸、产量、气液比、黏度、含水率。对于所设计的井，气液比、黏度、含水率基本在一个范围之内，而产量是可以控制和改变的。根据多相管流理论，每一个产量下都有一个最佳油管尺寸使得油井中压力梯度或者说压力消耗最小。给定产量时，油管尺寸太小，速度可能会过高，使得摩阻损失增大；油管尺寸太大，流速偏低，气体的滑脱效应会很严重。因此只有油管尺寸恰当时，才会使摩阻损失和滑脱损失保持最佳状态，达到最大的能量利用效率。

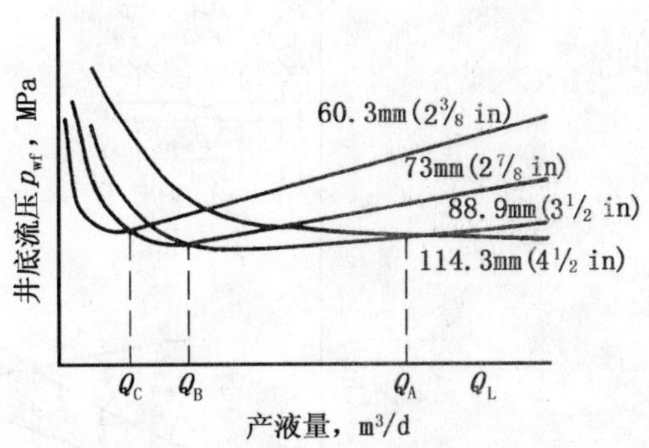

图 3—2　油管尺寸对自喷井举升能力的影响

既然产量是优选油管尺寸的重要参数，不同产量下最佳油管尺寸不同，因此所有的分析都把产量当成一个变量。由于从地层到井口乃至地面流动的过程中，产量与压力密切相关，因此一般把压力当成另一个变量。即通常都是在压力 p 与产量 Q 的坐标图上来分析油管尺寸变化的影响。通常是采用节点分析方法确定最佳油管尺寸。

关于最佳油管尺寸有以下两种分析方法：1）在给定地面条件下（如分离器压力、井口压力或地面出油管线尺寸），能获得最大产量的油管尺寸为最佳尺寸；2）在某个规定的产量下，使生产气油比为最小、气体膨胀能利用效率为最大、能保持自喷生产时间为最长的油管尺寸为最佳尺寸。这实际是优选油管尺寸的两种方法或两种不同的目标函数。根据油田的具体情况，可以选择其中一种方法优选油管尺寸，或者分别用这两种方法来确定最佳油管尺寸，最后再综合进行选择。一般常用的方法有：以给定分离器压力反推井口油管压力的优选方法、以给定井口油管压力的优选方法和确保自喷期相对较长的优选方法。

1. 给定分离器压力反推井口油压 p_{wh}

为了保证产出流体能够从井口流到分离器，根据地面管网设计和本井的具体井位，必须保证设计井达到一个最小的井口油压 p_{wh}。一般来讲，进入分离器要求有一最低进入压力，根据这一压力、地面管线尺寸、地面管线铺设所要经过的路线以及管路中的流量，可以算出井口油压。如果自喷井还要安装油嘴控制生产，则应再加上通过油嘴的节流压差 $\Delta p_{油嘴}$，这样就得到最小分离器压力下的井口油压 p_{wh}。显然 p_{wh} 是产量 Q 的关系曲线。产量越高，需要的最小井口油压 p_{wh} 就越高。图 3—3 中曲线 1、2 分别为流出管线井口油压曲线（无油嘴）和综合油嘴、井油压曲线，曲线 3 是从地层到井口流动剩余井口压力 p_{wh} 与产量的曲线，即前面的 OPR 曲线，如图 3—4 所示。

显然，地面参数变化（油嘴尺寸、地面管线、分离器压力）将改变图 3—4 中的油管动态曲线 TPR 的动态。油层条件、完井方式以及油管尺寸（例如地层压力随着时间降低，射孔参数不同，油管直径改变）等又会影响流出动态曲线。

在上述井口油压 p_{wh} 未给定的情况下，油管尺寸的改变是通过 OPR 曲线表现出来的。如图 3—5 表示了 3 种油管尺寸下的井口流入动态，两种油嘴尺寸下的井口流出动态。显然，在油嘴尺寸为 d_{ch1} 时，直径为 d_{t1} 的油管为最佳生产油管；油嘴尺寸为 d_{ch2} 时，直径为 d_{t3} 的油管为最佳生产油管。

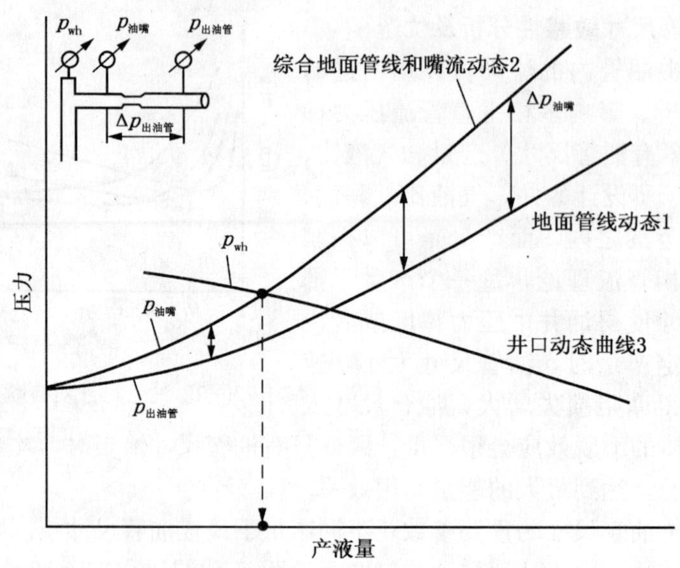

图 3—3　给定分离器压力下以井口为节点的压力系统分析

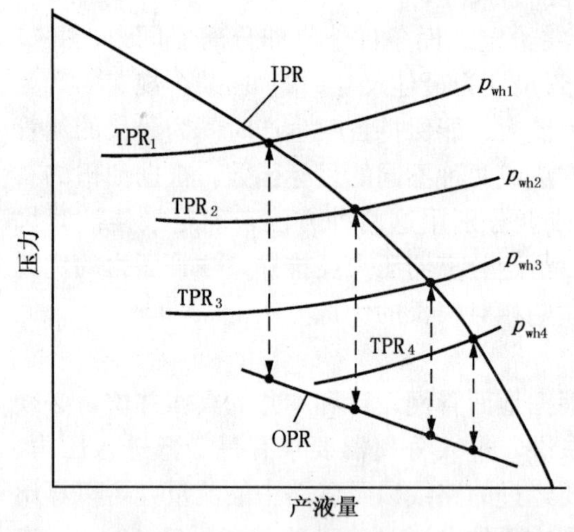

图 3—4　将地层渗流和油管流动作为油井系统的井口压力关系曲线（OPR）

2. 给定井口油压 p_{wh} 的优选方法

在许多分析和计算中，事先并不知道地面工程如何确定地面出油管线的具体情况，因此无法按第一种方法来进行油管尺寸敏感性分析。这种情况下通常都是按设定井口油压 p_{wh} 来进行油管尺寸的优选。

首先作出地层流入动态 IPR 曲线，然后根据给定井口压力 p_{wh}，假设不同的产量，计算各种油管尺寸下的油管鞋压力 p_{wh}（如果油管下到油层中部则油管鞋压力等于井底流压 p_{wf}），得到各种油管尺寸下的产量与油管鞋压力的关系，称为油管动态曲线 TPR（Tubing Performance Relationship），图 3—6 绘出了各种油管尺寸下的 TPR 曲线。TPR 曲线与 IPR 曲线的交点即为各种油管尺寸下的生产点。

一般来说，增加油管尺寸将增大自喷井的产量。但超过临界油管尺寸后，油管尺寸的增加会导致产量的减少，如图 3—6 所示。

例 1　辽河沈阳油田沈 77 井已知参数如下：地层平均压力 $p_r = 16.3\text{MPa}$，油层中部深度 $H = 1673.1\text{m}$，生产气液比 $GLR = 108.7\text{m}^3/\text{m}^3$，饱和压力 $p_b = 18.89\text{MPa}$，油、气相对密度分别为 $\gamma_o = 0.856$、$\gamma_g = 0.73$，含水率 $f_w = 0$。根据实测生产数据作 IPR 曲线如图 3—7 所示。井口油压 $p_{wh} = 4.4\text{MPa}$，井口温度 $T_{wh} = 20℃$，井底温度 $T_{wb} = 68℃$。试确定自喷生产方式下的最佳油管尺寸。

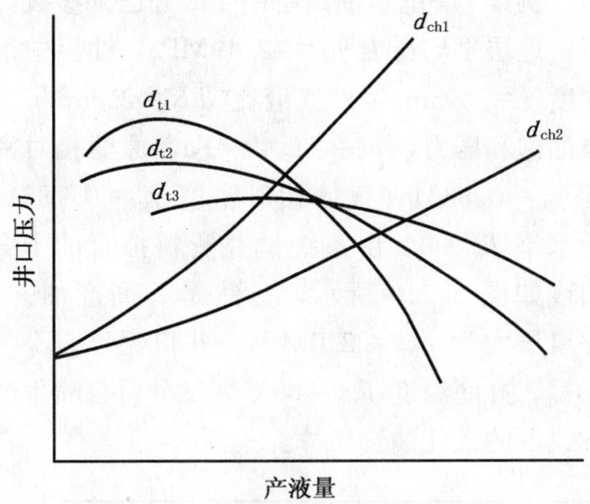

图 3—5 井口压力未给定时出油管尺寸的敏感性分析

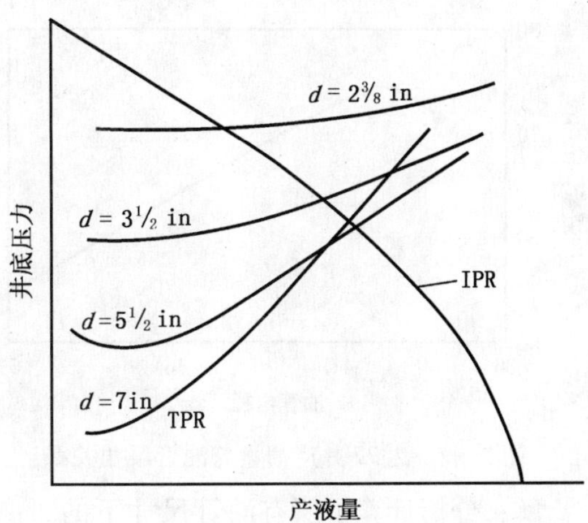

图 3—6 给定井口压力下油管尺寸的敏感性分析

解：用 Orkiszewski 方法计算了各种油管尺寸的流出动态，发现当油管尺寸 d_t 超过 60.3mm（2⅜in）后，该井停喷，图 3—8 作出了该井油管流出曲线。将图中 IPR 与 TPR 曲线的交点值取出，作出图 3—9 的产量—油管内径关系。显然，产量对油管尺寸非常敏感，油管尺寸从 42.2mm（1.660in、内径 35.1mm）上升到 48.3mm（1.900in、内径 40.3mm）时，产量（油）明显上升，再增加油管尺寸至 60.3mm（2⅜in、内径 50.7mm）则产量会大幅度下降。因此，油管尺寸最佳值为 48.3mm（1.900in、内径 40.3mm）。

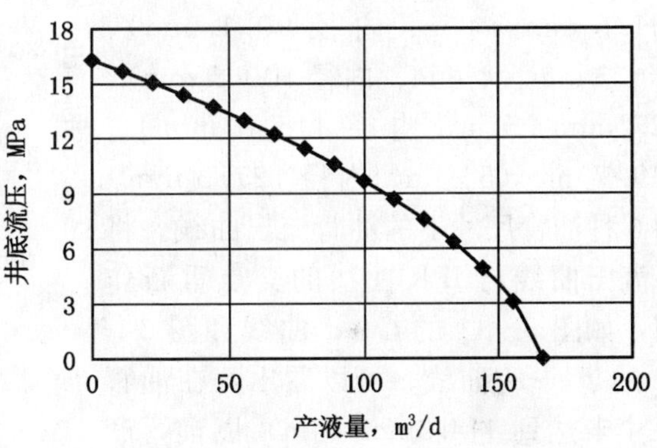

图 3—7 沈 77 井 IPR 曲线（据实测数据拟合）

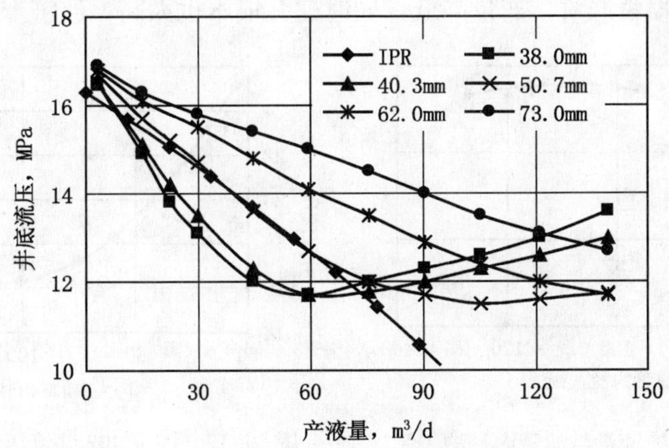

图 3—8 沈 77 井各种油管尺寸下的流出曲线
（图中油管尺寸为内径）

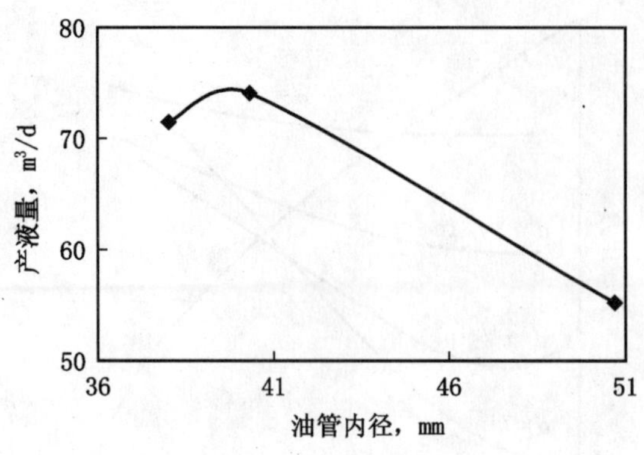

图 3—9　沈 77 井产油量与油管尺寸关系

例 2　塔里木油田塔中 402 井已知参数如下：地层平均压力 $p_r = 42.49\text{MPa}$，油层中部深度 $H = 3695\text{m}$，生产气液比 $GLR = 220\text{m}^3/\text{m}^3$，原油饱和压力，$p_b = 42.49\text{MPa}$，原油相对密度 $\gamma_o = 0.8331$，气体相对密度 $\gamma_g = 0.7851$，含水率 $f_w = 0$。由系统试井资料拟合的 IPR 曲线如图 3—10 所示，显然是一高产油井。井口压力为 $p_{wh} = 2.0\text{MPa}$，井口温度 $T_{wh} = 30℃$，井底温度 $T_{wb} = 85℃$。试分析自喷生产方式下的最佳油管尺寸。

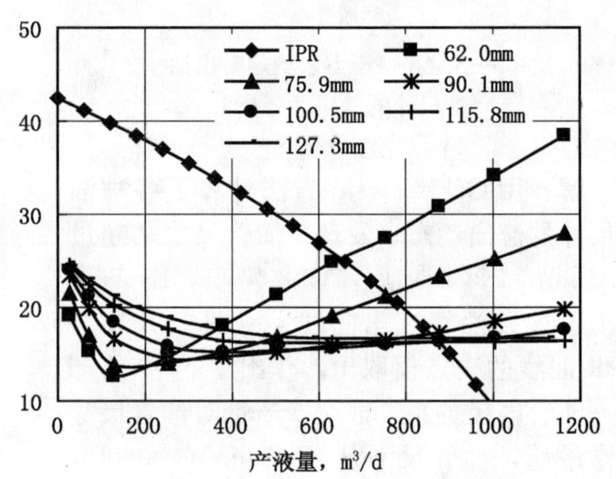

图 3—10　塔中 402 井系统分析曲线
（图中曲线油管尺寸为内径）

解：分析计算了所有油管尺寸下的流出动态曲线。如图 3—9 是从油管尺寸为 73.0mm（2⅞ in、内径 62mm）、88.9 mm（3½ in、内径 75.9 mm）、101.6 mm（4 in、内径 90.1 mm）、114.3 mm（4½ in、内径 100.5 mm）、127 mm（5 in、内径 115.8 mm）、139.7 mm（5½ in、内径 127.3 mm）的 6 种油管尺寸下的油管流出曲线。将各流出曲线与 IPR 曲线的交点重新作图，如图 3—11 的 $Q—d_t$ 曲线和图 3—12 的 $p_{wf}—d_t$ 曲线。可以看出，在油管尺寸未达到 114.3mm（4in）以前，产液量随油管尺寸增大而上升。而在油管尺寸为 127mm（5in）时，产量开始下降。故应当选择油管尺寸 114.3mm（4½ in）油管为最佳油管尺寸。从本例可以看出，高产井应选择更大的油管尺寸，但也不是油管尺寸越大越好，太大会造成滑脱损失严重，产量降低，同时建井成本也太高，经济上不合算。

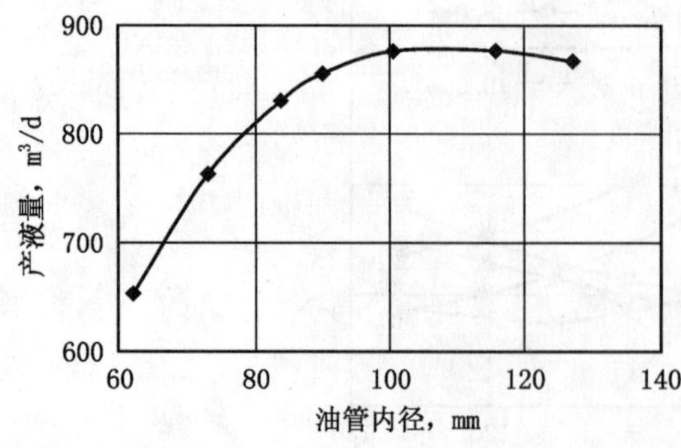

图 3—11　塔中 402 井产液量与油管内径的关系

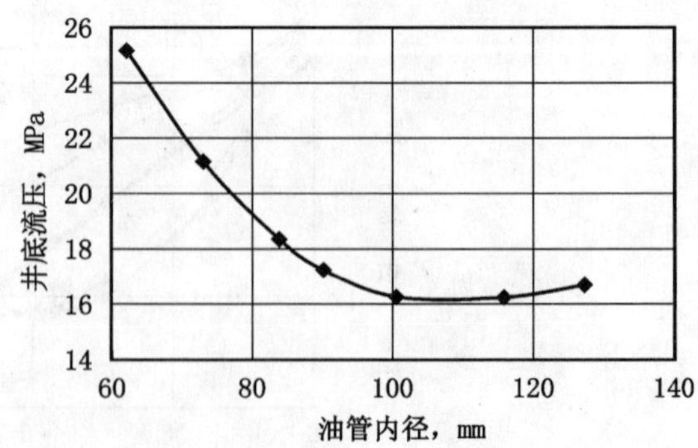

图 3—12　塔中 402 井流压与油管内径的关系

例 3　突尼斯海上 Oudna 油田已知参数如下：原始地层压力 $p_r = 16\text{MPa}$，油层中部深度 $H = 1600\text{m}$，生产气液比 $GLR = 4.5\text{m}^3/\text{m}^3$，原油饱和压力，$p_b = 1.56\text{MPa}$，原油相对密

度 $\gamma_o=0.82$，气体相对密度 $\gamma_g=0.76$，地层水相对密度 $\gamma_w=1.05$，含水率 $f_w=2\%$。井口温度 $T_{wh}=40℃$，井底温度 $T_{wb}=77.4℃$，通过试井分析得到采液指数为 764.6m^3/（d·MPa）。试分析当地层压力下降到 13MPa 时，气举方式下要达到 3000m^3/d 的产量的最佳油管尺寸（为便于输送需要有 0.6MPa 的油压）。

解： 分析计算了各种油管尺寸下的气举特性曲线如图 3—13 所示，由图中可以看出在油管尺寸小于 168.27mm（6⅝in、内径 153.6mm）时，相同注气量下，产液量随油管尺寸的增加而增加；在油管尺寸大于 168.27mm（6⅝in、内径 153.6mm）时，产液量随油管尺寸的增加而减小。将气举特性曲线上产液量为 3000m^3/d 时的注气量与对应油管内径作图 3—14。由图中可以看出要到达所需产量 3000m^3/d，油管尺为 168.27mm（6⅝in、内径 153.6mm）需要的注气量最小，效率最高，故应当选择油管尺寸 168.27mm（6⅝in、内径 153.6mm）的油管为最佳油管尺寸。

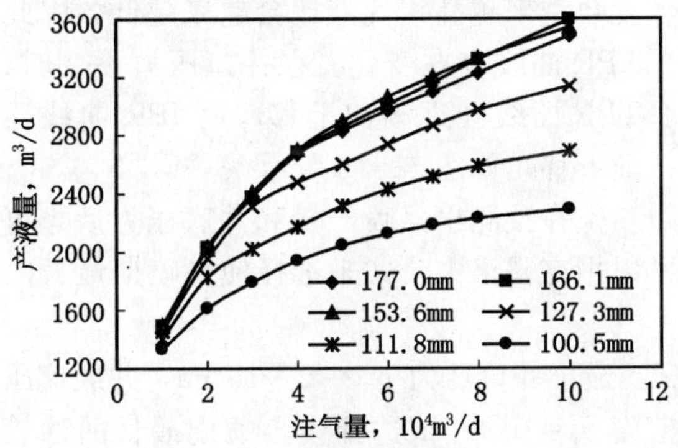

图 3—13　Oudna 油井不同油管尺寸下的气举特性曲线（图中各曲线油管尺寸为内径）

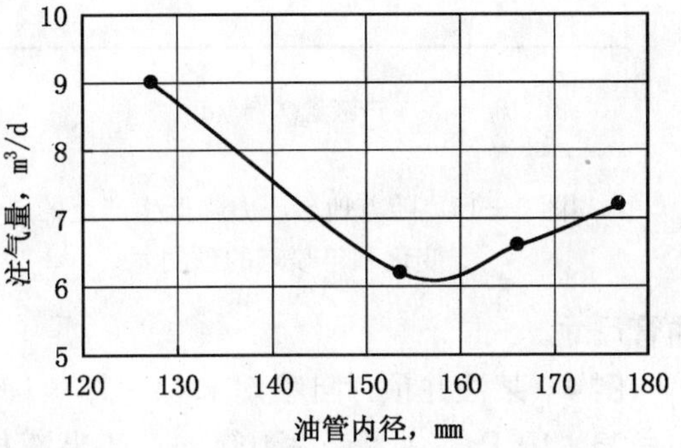

图 3—14　达到所需产量下油管内径与注气量关系曲线

3. 保证自喷期相对较长的油管尺寸优选方法

自喷采油是最经济的一种开采方法，应尽量延长油井的自喷期，其关键在于经济合理地利用地层流体的能量。地层流体的能量包括流体的压能和气体的膨胀能。在井口压力低于饱和压力时，或者甚至井底压力低于饱和压力时，地层能量的释放主要是以气体膨胀能的形式表现出来。当地层产出液的气液比不足时，油井将可能停喷。

在整个自喷开采过程中，产量和井底压力一般都将递减。井底流压的衰减将导致生产气油比的增加。此时，油井的生产气油比首先将在比较低的初始值基础上迅速增加，然后逐渐降至低于初始点。因此，延长油井自喷期的问题，就变成合理利用气体膨胀能的问题。

A. Π. 克雷洛夫曾认为选择的油管尺寸在自喷末期仍要能保证在最大举升效率下生产。油管直径选择公式为：

$$d=0.074\left(\frac{\gamma_1 L}{p_{wf}-p_{wh}}\right)^{0.5}\left[\frac{Q_1 L}{\gamma_1 L-10\,(p_{wf}-p_{wh})}\right]^{1/3}\times 25.4 \tag{3—5}$$

式中　d——油管内径，mm；

γ_1——液体相对密度；

Q_1——自喷期末的产量，t/d；

L——油管长度，m；

p_{wf}——自喷期末的井底流压，10^5Pa；

p_{wh}——自喷期末的井口压力，10^5Pa。

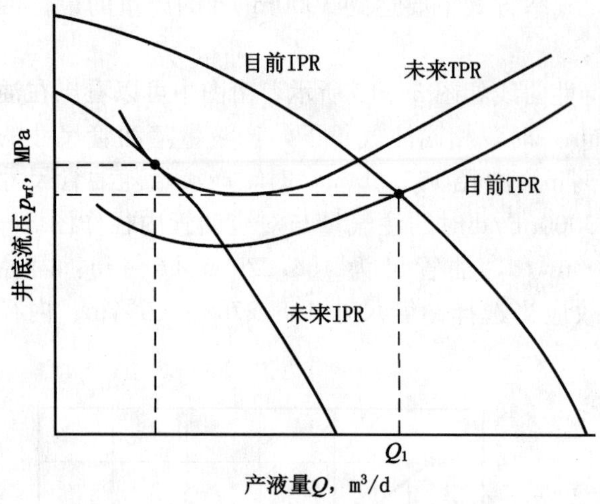

图 3—15　随着地层压力降低生产点的变化和停喷点的预测

自喷期末的产量可由未来流入动态IPR曲线和油管TPR曲线的交点来确定。可以用上述使目前产量最高的油管尺寸来作出油管TPR曲线。描绘出地层压力下降的不同阶段IPR曲线与TPR曲线的交点，当IPR与TPR曲线相切时即为停喷点，此时的产量和井底压力即为停喷产量和停喷压力。实际上，油管动态曲线也会不断变化，随着生产的继续，含水率和黏度会越来越高，气液比会越来越低，因此TPR曲线也在变化。在井口压力不变时，TPR曲线会逐渐向上移，而IPR曲线逐渐下移，如图3—15所示。

在预测出停喷产量和井底压力后，可以用克雷洛夫公式来选择使自喷期最长的油管尺寸。

例4　某油井预计自喷期末$Q_l=75\times10^3$kg/d，最小井口压力$p_{wh}=2\times10^5$Pa，井底流压$p_d=23\times10^5$Pa，井深$L=1000$m。产出液相对密度$\gamma_l=0.9$。试选择使自喷期最长的油管尺寸。

解：按克雷洛夫公式（3—5）计算如下：

$$d=0.074\left(\frac{0.9\times1000}{23-2}\right)^{0.5}\left[\frac{75\times1000}{0.9\times1000-10\ (23-2)}\right]^{1/3}\times25.4=58.7\text{mm}$$

可取与之较接近的油管，如$2\frac{7}{8}$in油管，其内径为62.0mm。

4. *流入动态影响的油管尺寸敏感性分析方法*

前面简要说明了自喷井优选油管尺寸的原理和一般方法。由于生产井的流入、流出是互相影响、互相制约的，油管本身只是一个外在因素，地层流入动态是制约系统的内在因素，必须分析流入动态变化对油管尺寸的影响。

地层压力会随着开采时间的增加而降低，这会导致流入动态的变化，也会使流体性质逐渐变化从而也改变油管的流出动态。这样会有可能使最佳油管尺寸发生变化。为了简化分析，这里只讨论流入动态变化对最佳油管尺寸的影响。

例5　吐哈温西1井数据如下：平均地层压力24.6MPa，油层中部深度2513m，生产气液比116m³/m³，原油饱和压力18.89MPa，原油相对密度0.8147，水相对密度1.05，气相相对密度0.824，含水率30%，在井底流压大于饱和压力时的产液指数为5m³/（d·MPa），给定井口油压1.5MPa，井底温度为79℃，井口温度为20℃。试分析地层压力从24.6MPa降至20.6MPa和18.6MPa时最佳油管尺寸的变化。

解：由已知数据三种地层压力下的流入动态如图3—16所示。根据曲线与油管动态曲线的交点，作出图3—17所示的不同地层压力下的产液量与油管尺寸关系曲线。在地层压力为

24.6MPa 时，最佳油管尺寸为 48.3mm（1.900in）或 60.3mm（2⅜in）。当 $\bar{p}_r$ 降为 20.6MPa 时，产液量明显下降，60.3mm（2⅜in）以上的油管使油井停喷，最佳油管尺寸变为 48.3mm（1.900in），而当地层压力下降到 18.6MPa 时最佳油管尺寸 42.2mm（1.660in）。

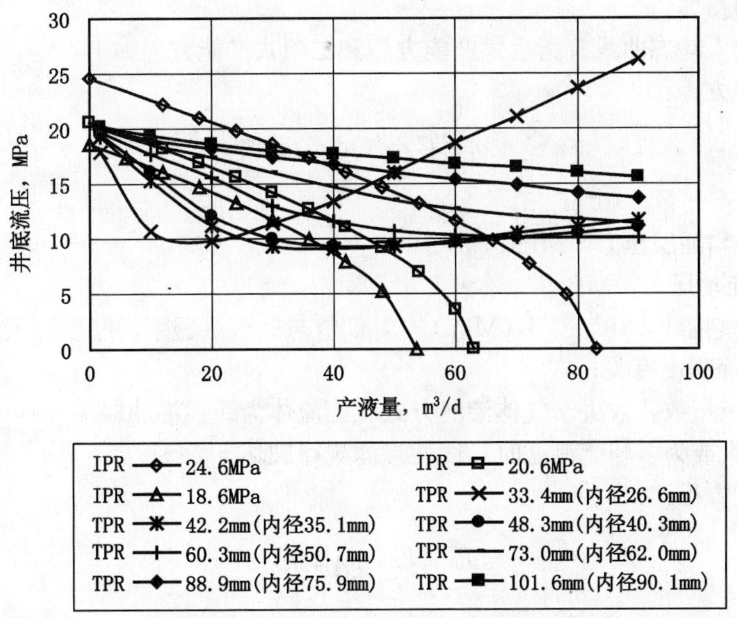

图 3—16　地层压力变化下的油管敏感性分析

如果以这样小的油管才能自喷生产，必然带来采油工艺技术的一系列问题，如清蜡困难等，这样还不如使用大一些油管转人工举升，经济效益会好得多。因此，可用这种方法来预测油井转抽时间。

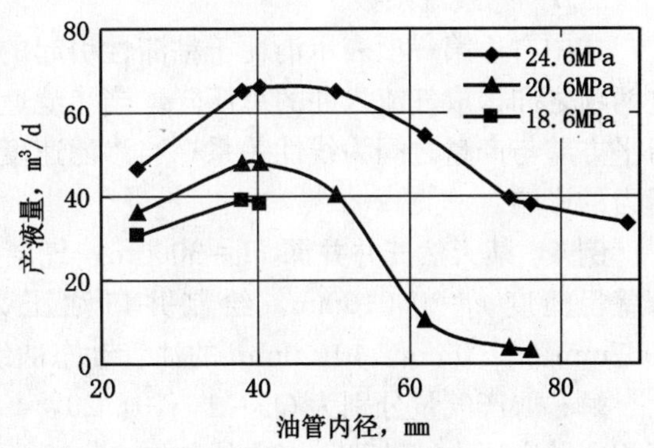

图 3—17　不同地层压力下油管尺寸与产液量关系

三、自喷井套管尺寸确定

自喷井套管尺寸选择，应根据油田开发方案所提出的开发方式（注水开发及自喷或人工举升开采）、原油产量、产液量、采油速度、油层压力水平、含水上升规律、含水率、最终采收率等参数；自喷开采转人工举升时机；原油性质（稀油、稠油、高凝油、凝析油等）；油井出砂状况以及增产措施等因素优选油管尺寸，还应考虑井下配套的工具最大尺寸，如不同规格井下安全阀的最大外径等附加条件，最后确定生产套管尺寸。

第四节　天然气井油管及生产套管尺寸选定

天然气井优化油管尺寸的目的应重点考虑：保证天然气井以合理产量下举升能耗最低，还要注意满足携液要求的最大油管尺寸和防止冲蚀的最小油管尺寸。

一、天然气井油管尺寸选定

1. 合理产量条件下举升能耗最低的油管尺寸选定方法

采气井油管尺寸要保证油管内压力损失不能太大，确保在较长时期具有一定的油管压力，以满足地面工程的要求。一般采用气相管流压降计算方法，用不同产量、不同流压和油管尺寸计算压力损失。

常用气井流入动态曲线有指数式产能方程和二项式产能方程如下：

指数式产能方程：

$$q_g = C \times (p_r^2 - p_{wf}^2)^n \tag{3—6}$$

式中 q_g——日产气量，$10^4m^3/d$；

p_r——平均油层压力，MPa；

p_{wf}——流动压力，MPa；

C——产气指数，$10^4m^3/d\ (MPa)^{-n}$，C 值与气藏渗透率、厚度、天然气黏度、井底干净程度有关；

n——渗流指数，取决于气体渗滤方式（当流体为线性渗滤时 $n=1$；当流体渗滤速度很大或为多相流渗滤时，线性渗滤规律破坏 $n<1$）。

二项式产能方程：

$$\frac{p_r^2 - p_{wf}^2}{q_g} = A + Bq_g \tag{3—7}$$

式中 A——层流系数；

B——紊流系数。

式中右边第一项表示消耗于粘滞性引起的压力损失，第二项表示惯性引起的压力损失。这两项之和构成气流入井的总压降。当渗滤速度较小为线性渗滤时，第二项可忽略。此时压力平方差与产量之间为线性关系；当渗滤速度变大或为多相流渗滤时，就要考虑第二项惯性阻力的影响。

例 6 某天然气井井深 $H=3000m$，气层平均温度 $T=50℃$，气体相对密度 $\gamma_g=0.65$，管壁粗糙度 $e=0.016mm$，绘制井口油压为 2MPa，求油管内径分别为 $d=40.8mm$、50.7mm、62.0mm、101.6mm 的油管动态曲线。

解： 取产气量分别为 $Q_{sc}=1$，10，20，40，60，$80\times10^4m^3/d$，逐个管径按流压公式计算相应井底压力，油管动态曲线如图 3—18 所示。由图可见随产气量的增大，较小的油管的 TPR 曲线越翘，而较大油管则比较平缓，这表明管径变小，气体流速增高，摩阻增大。

例 7 某含水气井井深 $H=3000m$，油管 $\phi73mm$（$2\frac{7}{8}in$），气体相对密度 $\gamma_g=0.65$，地层水相对密度 $\gamma_w=1.05$，地层水黏度 $\mu_w=0.8mPa\cdot s$，井口压力 $p_{wh}=2MPa$。计算绘制产水量 Q_w 分别为 1，10，20，50，$100m^3/d$ 情况下的油管动态曲线。

解： 逐个输入产水量 Q_w，以产气量为 $10\times10^4m^3$ 递增。用 Hagedorn-Brown 两相流计算方法计算井底流压，绘制出不同产水量下气井的油管动态曲线如图 3—19 所示。

由图 3—19 可见当产气量很低时油管内混合物有效密度高，流压较高，随着产气量增加混合物密度降低流压有所下降。当产气量继续增加，流速越来越快，摩阻增大，流压反而上升。当产水量很低时，水对混合物有效密度影响较小，流压没有下降阶段，随着产气量增加流压呈上升趋势。

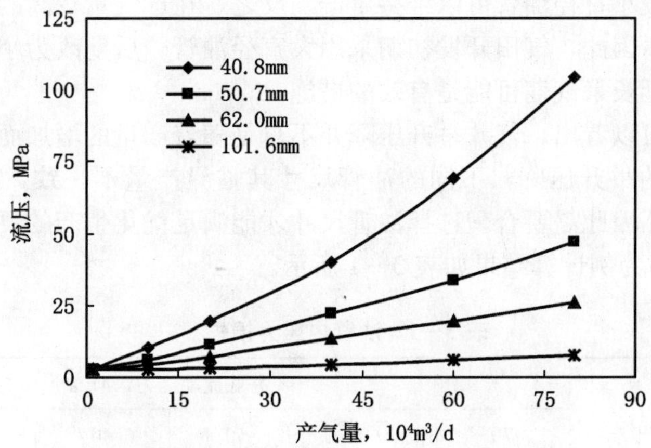

图 3—18　纯气井油管动态曲线（图中油管尺寸为内径）

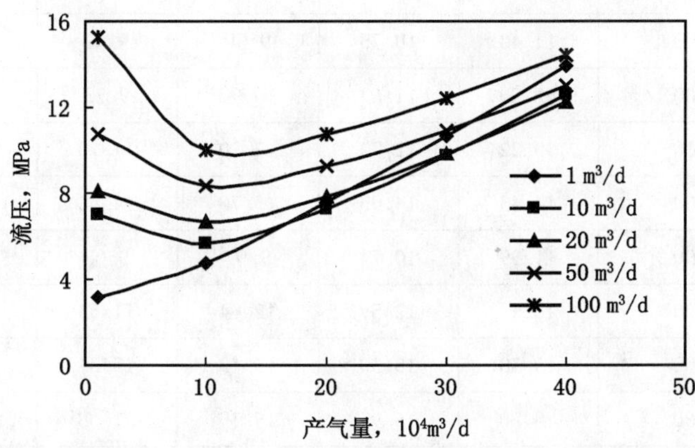

图 3—19　含水气井油管动态曲线（图中各曲线为不同产水量）

上面介绍的 TPR 曲线是给定油压，改变产量得到的。但有时并不需要保持恒定的油压，这时就需要确定满足地层压力与举升管流动协调条件下的油压变化，如图 3—20 所示，其纵坐标是压力（地层压力、流压、油压）。图中 OPR（Outflow Performance Relationship）曲线称为气井流出曲线，它是基于 IPR（Inflow Performance Relationship）曲线上一系列点（流压和流量），即按给定的井底压力油管排量顺流体流动方向利用管流公式计算出相应的油压—产量曲线。

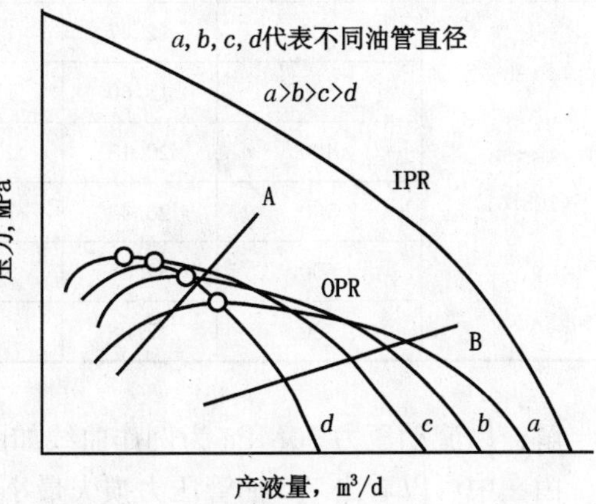

图 3—20　油管尺寸对气井生产能力的影响

图 3—20 是一含水气井的 IPR 曲线和不同尺寸油管的井口流出曲线 OPR。由图 3—20 可知，气井的生产由油嘴控制，A 和 B 两条直线是两个尺寸油嘴的节流动态 CPR，根据稳定性分析，每条流出曲线 OPR 必须在其峰值的右边生产，否则可能导致生产压力波动使气井停产。在日产气量较低时，较大直径油管可

能导致气井停产，而较小直径油管可以维持生产。反之，在产气量较高的范围内，大直径油管有较高的流动效率。因此，气田开发初期采用大直径油管、后期改为小直径油管采气，对合理利用气藏能量、延长采气期可能是有效的措施。

从图 3—20 上也可以看出，气井举升压降并不总是随着产量的增加而增大，而是在某一临界产量时有一较低的举升压降；不同的油管尺寸其临界产量不一致，对应举升压降不一致，油压也有高有低。因此需要合理选择油管尺寸才能满足优化生产的要求。

例 8 克拉 2 气田为例计算结果如表 3—1 所示。

表 3—1 油管内压力损失

油管尺寸 in（内径 mm）	日产量 10^4m^3	井底流动压力，MPa					
		70	60	50	40	30	20
7 （157.07）	200	10.41	9.68	8.80	7.72	6.40	4.88
	300	10.79	10.10	9.27	8.27	7.11	6.01
	400	11.40	10.75	9.99	9.12	8.21	7.83
	500	12.20	11.63	10.97	9.73	9.73	10.71
	600	13.22	12.72	12.20	11.76	11.76	17.02
	700	14.43	14.05	13.70	14.46	14.46	—
5½ （121.36）	200	11.39	10.74	9.97	9.08	8.12	7.61
	300	13.10	12.59	12.04	11.53	11.42	15.27
	400	15.58	15.30	15.13	15.32	17.39	—
	500	18.80	18.95	19.39	21.08	—	—
	600	23.06	23.70	25.30	32.30	—	—
	700	28.29	29.89	34.38	—	—	—
5 （108.61）	200	12.47	11.90	11.27	15.33	10.12	11.45
	300	15.60	15.32	15.14	23.74	17.37	—
	400	20.18	20.41	21.14	—	—	—
	500	26.43	27.63	30.74	—	—	—
	600	34.85	34.48	—	—	—	—
	700	47.08	—	—	—	—	—

解：以流动压力 70MPa 为例作曲线如图 3—21 所示。

由图中可以看出 7in 油管压力损失最小，当流动压力较低时，压力损失较小，仍能满足高产要求。

2. 采气井选定满足携液要求的最大油管尺寸方法

采气井油管尺寸要满足携液要求，防止滑脱造成井下积液，流动压力升高而减产，因此要确定最大油管尺寸极限。一般采用 Jones Pork 公式进行计算：

$$Q_{\min}=35.119D^{2.5}\sqrt{\rho_{wf}/(M_tTZ)^2} \quad (3—8)$$

式中 $Q_{\min}$——最低允许产量，$10^4m^3/d$；

D——油管内径，cm；

ρ_{wf}——井底流动压力，MPa；

M_t——井下流体的相对分子质量；

T——井底流动温度，K；

Z——井底条件下的气体偏差系数，无量纲。

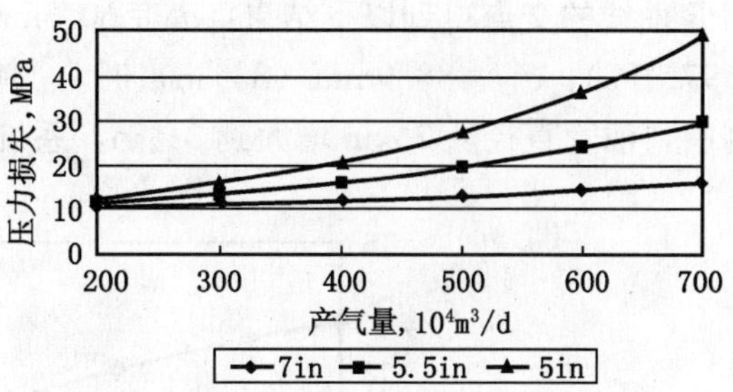

图 3—21 不同油管内径时压力损失（流压 70MPa）

表 3—2 携液要求的最大油管尺寸 mm

流动压力 MPa	日产气量，10^4m^3					
	50	100	150	200	250	300
70	128.9	182.3	223.3	257.8	288.3	314.2
50	138.7	196.2	240.3	277.4	310.2	325.9
35	140.5	198.7	243.7	281.0	314.1	342.8
20	155.9	220.5	270.1	311.8	348.6	381.9

以不同流动压力和日产气量作曲线如图 3—22 所示。

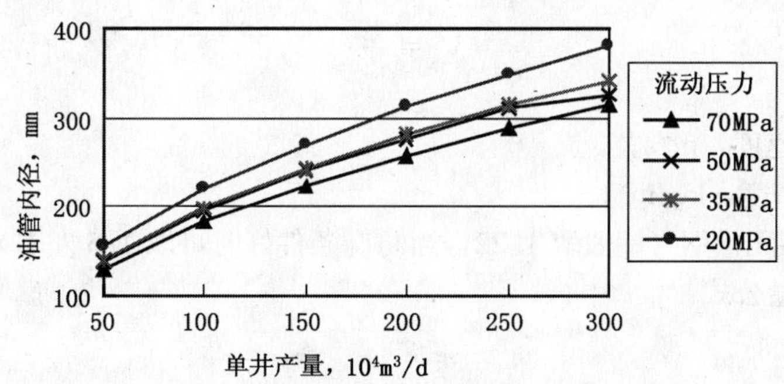

图 3—22 携液要求的最大油管尺寸

由图 3—22 中可以看出不同流动压力和日产气量条件下所要求的最大油管尺寸，所选油管尺寸不超过最大尺寸就可以保证井下不积液。

例 9 某气井的流入动态为 $Q_g=0.3246(13.495^2-p_{wf}^2)^{0.8294}$（$Q_g$ 为 $10^4m^3/d$，p 为 MPa）。气体相对密度 $\gamma_g=0.6$，产层中深 2100m，地层温度为 80℃，井口温度 $T_{wh}=25$℃，给定井口压力 p_{wh} 为 6MPa。分析 2⅜in（60.3mm，内径 50.7mm）、3½in（88.9mm，内径 75.9mm）两种直径油管对系统产能的影响。

解： 首先绘出气井流入动态 IPR（图 3—23），然后，利用纯气井垂直管流计算方法作出两种油管尺寸下的流出动态曲线 TPR（如图 3—23 曲线 TPR1、TPR2）。由 IPR 和两条

TPR 曲线的交点得到以下结果：$d_{t1}=60.3\text{mm}$（$2\frac{3}{8}$in）时，产量 $Q_{g1}=15.1\times10^4\text{m}^3/\text{d}$（$p_{wf}=8.97\text{MPa}$）；$d_{t2}=88.9\text{mm}$（$3\frac{1}{2}$in）时，产量 $Q_{g2}=18.27\times10^4\text{m}^3/\text{d}$（$p_{wf}=7.37\text{MPa}$）。本例中，油管直径从 $2\frac{3}{8}$in 增大到 $3\frac{1}{2}$in，系统产量可以提高 21.0%。

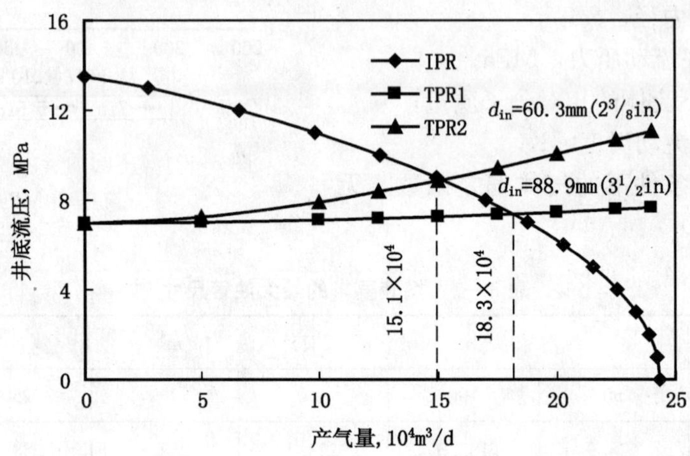

图 3—23　气井不同直径油管对产量的影响

由式（3—8）可以计算出不同日产量和流动压力的最大油管尺寸如表 3—2 所示。

3. 采气井防止因流速过快造成冲蚀现象的最小油管尺寸选定方法

采气井油管内流速过快时会产生严重的冲蚀现象，导致油管过早失效。通常可采用 Beggs 公式计算。

（1）Beggs 冲蚀速度公式：

$$V_e=\frac{C}{\rho_g^{0.5}} \tag{3—9}$$

式中　V_e——冲蚀速度，m/s；

ρ_g——气体密度，kg/m³；

C——常数，无量纲（一般取 1.22，当防腐条件好时可取 1.5 左右）。

（2）防冲蚀产量公式：

$$Q_{max}=5.164\times10^4A\sqrt{\frac{p}{ZT\gamma_g}} \tag{3—10}$$

式中　Q_{max}——防冲蚀极限产量，$10^4\text{m}^3/\text{d}$；

A——油管内截面积，m²；

p——油管内平均压力，MPa；

T——油管内平均温度，K；

Z——井底条件下气体偏差系数，无量纲；

γ_g——气体相对密度。

由式（3—10）可以计算出不同流动压力和产气量时防止冲蚀的最小油管尺寸见表 3—3。

表 3—3　防止冲蚀的最小油管尺寸　　mm

流动压力 MPa	日产气量，$10^4m^3/d$					
	200	300	400	500	600	700
70	83.54	102.42	118.34	132.37	145.05	156.72
60	85.33	104.62	120.89	135.23	148.20	160.12
50	87.83	107.67	124.43	139.17	152.53	164.81
40	91.52	112.17	129.58	144.95	158.84	171.62
30	97.46	119.40	137.87	154.19	168.93	182.50
20	108.00	132.11	152.46	170.42	186.65	201.59

以不同流动压力绘制出日产气量与最小油管尺寸的关系曲线如图 3—24 所示。由图 3—24中可以看出不同流动压力和产气量的防止冲蚀的最小油管尺寸。

例 10　由于高速气流在油管内流动时会对管壁和井下工具产生冲蚀破坏，考虑冲蚀对选择油管尺寸的影响，以克拉 2 气井为例，其二项式产能方程为：

$$\frac{73.89^2 - p_{wf}^2}{q} = 2.4033 + 0.0034q \tag{3—11}$$

式中　q——气体流量，$10^4m^3/d$；

p_{wf}——井底流压，MPa。

气体相对密度 $\gamma_g = 0.578$，凝析油相对密度 $\gamma_o = 0.843$，地层水相对密度为 1.01，含水率为 80%，气液比为 $145000m^3/m^3$，产层中深 3670m，地层温度为 103.5℃，井口温度为 76.2℃，油压为 55MPa，选择合理油管尺寸。

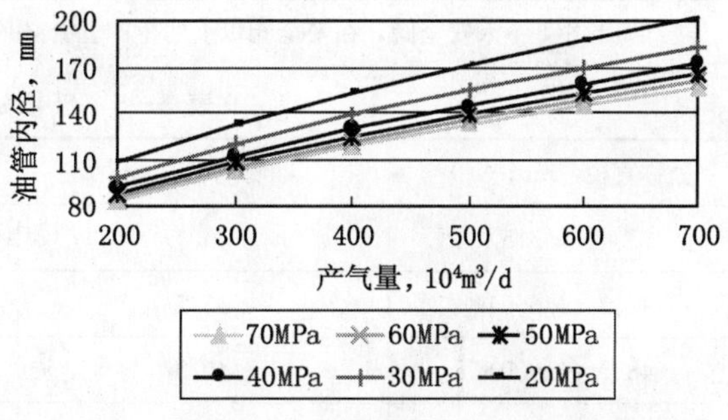

图 3—24　防止冲蚀要求的最小油管尺寸

解： 由于高速气体在管内流动时会发生冲蚀，当超过某一流速（冲蚀流速）后，其冲蚀现象十分明显，因此气井油管的通过能力要受冲蚀流速的约束，可根据冲蚀流速确定的油管日通过能力，利用公式（3—10）计算避免冲蚀的临界产量。

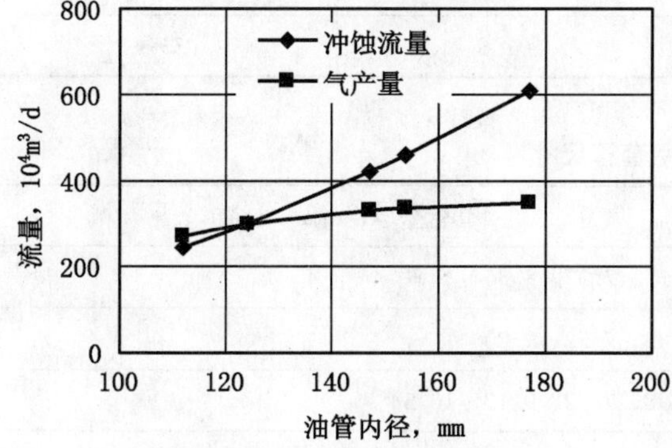

图 3—25　油管内径对流量的影响

对油管尺寸 193.7mm（7 ⅝ in）、177.8mm（7in）、168.2mm（6 ⅝ in）、139.7mm（5½in）、127mm（5in）（内径分别为 177.0mm、154.0mm、147.2mm、124.2mm、112.0mm）进行敏感性分析得到对应油管尺寸下的气产量，将各油管内径代入式（3—10），计算出对应的冲蚀流量，将气产量与冲蚀流量与油管尺寸作图，如图3—25。从图上可以看出，当油管尺寸较小时将发生冲蚀，因此为防止冲蚀并尽可能的降低成本，选择

168.2mm（6⅝in）～177.8（7in）油管较为合适。

二、天然气井生产套管尺寸确定

天然气井生产套管尺寸选择应以保证在天然气合理产量条件下举升摩阻（能耗）最低；可满足携液要求的最大油管尺寸和减少冲蚀力的最小油管尺寸。权衡这三者关系的协调，还应考虑井下配套工具的最大尺寸，如井下安全阀的最大外径等附加条件，以及投产和生产过程中增产措施和后期生产中排水采气措施等因素选择合理的油管尺寸，最后确定生产套管尺寸，见表3—4。

旧油管标准通称内径，国际油管标准通称外径，目前国内油管标准已改为通称外径。为了便于读者对照新旧标准油管尺寸和套管尺寸，可参见表3—5。常用套管尺寸见表3—6。

表3—4　油气井油、套管尺寸匹配表

油管外径，mm（in）	生产套管尺寸，mm（in）	油管外径，mm（in）	生产套管尺寸，mm（in）
≤60.3（2⅜）	127（5）	127.5（5）	177.8～193.7（7～7⅝）
73.0（2⅞）	139.7（5½）	139.7（5½）	193.7（7⅝）～244.5（9⅝）
88.9（3½）	168.3～177.8（6⅝～7）	177.8（7）	244.5（9⅝）
101.6（4）	177.8（7）	193.7（7⅝）	273.1（10¾）
114.3（4½）	177.8（7）	244.5（9⅝）	339.7（13⅜）

注：如果井下下入安全阀，在安全阀以上的生产套管必须加大一级，一般距地表约为100～200m。

表3—5　新旧标准油管尺寸

公称直径，mm（in）	油管内径，mm	油管外径，mm	相当旧标准，in
33.4（1.315）	26.4	33.4	1
42.2（1.660）	35.2	42.2	1¼
48.3（1.900）	40.3	48.3	1½
60.3（2⅜）	50.7	60.3	2
73.0（2⅞）	62.0	73.0	2½
88.9（3½）	75.9	88.9	3
101.6（4）	90.1	101.6	3½

表3—6　常用套管尺寸

公称直径，in	套管外径，mm	套管壁厚，mm
4½	114.3	5.21、6.35、7.37、8.56
5	127.0	5.59、6.43、7.52、9.20
5½	139.7	6.20、6.98、7.72、9.17、10.54
6⅝	168.3	7.32、8.94、10.59、12.07
7	177.8	5.87、6.91、8.05、9.20、10.36、11.51、12.65、13.72

续表

公称直径，in	套管外径，mm	套管壁厚，mm
7⅝	193.7	7.62、8.33、9.93、10.92、12.70
8⅝	219.2	6.71、7.72、8.94、10.16、11.43、12.70、14.15
9⅝	244.5	7.93、8.94、10.03、11.05、11.99、13.84
10¾	273.0	7.09、8.89、10.16、11.43、12.57、13.84、15.11、16.51、17.78
11¾	298.9	8.46、9.52、11.05、12.42
13⅜	339.7	8.38、9.65、10.92、12.19、13.06

第五节　人工举升井油管及生产套管尺寸的选定

在地层能量不足时，或者虽然地层能量充足但含水率较高时，需要依靠人工举升方法以保持油井在合理的生产压差下生产。不同的人工举升方法由于举升装置和设备的差别，以及井况的不同，与之匹配的油管尺寸不同，相应的套管尺寸也不一样。例如，用常规管式ϕ56mm泵抽油，其匹配的油管为ϕ73mm（2⅞in），泵的最大外径为89.5mm，在不防砂单管采油时，可以选用ϕ139.7mm（5½in）的生产套管。如该井要采用管内砾石充填防砂才能生产，且该油田为低饱和油田，泵有可能下到油层部位，因此绕丝筛管尺寸应考虑这个因素，则生产套管最好要在ϕ177.8mm（7in）以上。又如，用常规管式ϕ110mm泵抽油，其匹配的油管为ϕ114.3mm（4½in），泵筒最大外径为146mm。即使单管采油不防砂，也至少要下ϕ177.8mm（7in）的生产套管。如要管内砾石充填防砂，则可能采用ϕ244.5mm（9⅝in）的生产套管更为合适。

确定人工举升井油、套管尺寸的主要根据之一是举升方式。目前常用的人工举升采油方式有有杆泵抽油、电动潜油泵、水力活塞泵、水力射流泵、螺杆泵以及气举采油。我国的有杆泵抽油占90%以上，因此有杆泵抽油方式下的油、套管尺寸选定是本节论述的重点之一。根据之二是注水开发油田中、后期的日产液量水平，这是确定泵型，从而确定油管、套管尺寸的关键。本节首先论述日产液量水平的预测，然后针对以上6种人工举升方式论述油管、生产套管尺寸的选定。

一、高含水期日产液量水平的预测

对能量充足的新井，一开始可以采用自喷开采方式，但自喷井要保持一定的油管鞋压力，因此日产液能力相对较小。当油田注水开发，油井从自喷转为人工举升后，为了调整合理压差，充分动用油层潜力达到原油稳产的目的，一般要随含水上升、流动压力升高而不断提高日产液量，以控制合理的生产压差。

而完井设计是在一口井钻井之前就要进行的，所以在选定油管和生产套管尺寸时必须要具有超前性或预见性。要考虑到整个油田开发阶段，特别是油井进入高含水时期的日产液量水平以及对油、套管尺寸的要求。

一般说来，油井自喷期的日产液量相对较小，与之适应的油、套管尺寸也相对较小。而在转入人工举升采油后，特别是进入高含水期后，为了配合大泵生产，必须要求较大的油、套管尺寸。在确定了油井的举升方式后，就要预测今后可能的日产液量，然后再选定油、套管尺寸。否则，将使许多油井不能采用合理的管柱生产，也可能限制产量。例如，某井选定用有杆泵抽油，采用常规管式泵。初期日产原油50t，含水10%，则日产液量为55.6t。假设平均泵效60%，那么，如选择ϕ56mm管式泵，与之配套的油管尺寸为ϕ73.0mm（2⅞in），泵外径为89.5mm，选择ϕ139.7mm（5½in）生产套管是可以的。但是，当该井含水率$f_w=90\%$时，如果还要达到稳产40t/d原油的目标，则日产液量水平必须达到400t。仍按平均泵效60%计算，就必须选择ϕ110mm管式泵。此时与泵匹配的油管为ϕ114.3mm（4in），泵筒外径为146mm，最低限度也得下ϕ177.8mm（7in）的生产套管。如果该井在高含水期还要防砂，那么7in的生产套管都不能满足要求。否则，该井就只好减产，而不可能达到40t的原油日产水平。

因此，考虑今后的日产液量水平选定油管和生产套管尺寸才是科学而现实的做法。如前所述，一口井完井后，油管尺寸是可以更换的，但生产套管尺寸却不可能更换，为了在高含水期能以大泵排液，所确定的套管尺寸还是大一些为好。因此，在自喷和人工举升的初期，即从生产优化（节点系统分析）的角度采用合理的油管尺寸，而在高含水期需要大泵排液时，则可更换较大的油管尺寸。

高含水期日产液量主要根据开发设计的原油稳产要求来预测。在开发方案中，对每口井都依据其地下原油性质、地层参数、油田开发配产要求等制定了日产原油水平（配产量）。在注水开发的油田中，油井进入高含水期后，为了原油稳产的需要，就必须增大日产液量。矿场常用的经验方法是用高含水期日产液量Q_L与配产量Q_{po}的关系来进行估算：

$$Q_L=\frac{Q_{po}}{1-f_w} \tag{3—12}$$

式中 Q_{po}——开发设计的油井日配产量，m^3/d；

Q_L——预测的日产液量，m^3/d；

f_w——含水率。

但是准确地计算高含水期的日产液量，还须利用数值模拟方法或用预测将来的IPR曲线方法进行预测。

二、人工举升方式的确定

必须立足于油田开发全过程遇到的各种情况所要求最大生产管柱直径（即最小套管直径）。其步骤是，首先按高含水期预测的最高日产液量水平，假定泵效为60%计算出理论排量和扬程，参考井下状况、地面环境、操作条件、维修管理、经济效益等因素优选人工举升方式。一般确定人工举升方式的方法有以下几种：

1. 初选人工举升方式

按各种人工举升方式对生产条件的适应性初选人工举升方式，可参照表3—7进行初选。

2. 等级加权法优选采油方式

实际上就是将综合评价与各种人工举升方式进行可行性和复杂性数字化比较，分成等级。第一类参数是评价成功运用某一人工举升方式可行性的有关参数（X）表示，根据可行性将这类参数分为五个等级，优秀为4、良好为3、及格为2、差为1、不可行为0。第二类参数是与方法的复杂性、投资和钢材消耗量等有关的参数用（Y）表示，这类参数分为三个

表 3—7 各种人工举升系统的适应性比较

对比项目	适应条件	有杆泵	螺杆泵	电动潜油离心泵	水力活塞泵	水力射流泵	气举	柱塞气举
系统基本情况	复杂程度	简单	简单	井下复杂	地面复杂	地面复杂	地面复杂	地面复杂
	一次投资	低	低	较高	较高	较高	最高	最高
	运行费	较低	较低	高	较低但高含水后运行费用高	较低	较低，但小油田较高	较低，但小油田截高
排量 m^3/d	正常范围	1～100	10～200	80～700	30～600	10～500	30～3180	20～32
	最大值	410	(1000)	1400 (3170)	(1293)	1590 (4769)	(7945)	63
泵深 m	正常范围	3000	1500	2000	4000	2000	3000	3000
	最大值	4421	3000	3084	5486	3500	3658	3658
井下状况	小井眼	适宜	适宜	不适宜	较适宜	适宜	适宜	适宜
	分层采油	不适宜	不适宜	较适宜	较适宜	不适宜	适宜	适宜
	定向井	一般磨损	一般磨损严重	适宜	适宜	适宜	适宜	适宜
	掏空程度	强	较强	强	强	较强	强	较强
地面环境	海上、市区	不适宜	较适宜	适宜	适宜	适宜	适宜	适宜
	气候恶劣	一般	一般	较适宜	适宜	适宜	适宜	适宜
操作问题	高气油比	较适应	一般	不适应	一般	适应	很适应	很适应
	稠油、高凝油	较好	较好	不适应	很好	很好	不适应	不适应
	出砂	较好	适应	不适应	一般	一般	很适应	很适应
	腐蚀	适应	适应	适应	适应	适应	适应	适应
	结垢	适应	不适应	不适应	适应	适应	一般	一般
	调整制度	较方便	较方便	缺乏灵活性	方便	方便	方便	方便
	动力源	电、天然气、油	电、天然气、油	电	电、天然气、油	电、天然气、油	电、天然气、油	电、天然气、油
	动力介质要求	无	无	无	专用动力液	水动力液	防止水化物	防止水化物
维修管理	检泵	管式泵动管柱	必须动管柱	必须动管柱	液力或钢丝投捞	液力或钢丝投捞	钢丝投捞	钢丝投捞
	平均免修期，a	2	1	1.5	0.5	0.5	3	3
	自动控制	适宜	一般	适宜	适宜	适宜	一般	一般
	生产测试	基本配套	不配套	基本配套	基本配套	不配套	完全配套	基本配套

注：(1) 排量一栏 () 中数值指套管外径为 177.8mm 以上时可达到的排量。

(2) 如果使用变频器，各种人工举升方式调整工作制度都很方便，但价格高。

(3) 除气举方式需要一定的油管鞋压力（当油管下到油层中部时即为流动压力）用来举升井液外，其余各种举升方式在套管强度允许的条件下都可以将流动压力降为零。

等级，上等为3、中等为2、下等为1。此方法步骤是利用表3—8和表3—9，根据油井具体情况分别用式（3—13）、式（3—14）、式（3—15）计算X、Y、Z，选择Z值较高的几种人工举升方法作为初选结果，然后根据典型井技术设计进行技术经济论证，最后确定人工举升方式。

$$X = n\sqrt{\prod_{i=1}^{n} X_i} \tag{3—13}$$

$$Y = n\sqrt{\prod_{i=1}^{n} Y_i} \tag{3—14}$$

$$Z = \sqrt{XY} \tag{3—15}$$

表3—8 局部可行性参数评估值（X）

序号	局部参数相关内容	符号	有杆泵	电动潜油泵	水力活塞泵	水力射流泵	气举	地面驱动螺杆泵
1	高产量（大于100m³/d）	X_1	2	4	2	2	4	2
2	中产量（5～100m³/d）	X_2	3	4	3	3	4	3
3	低产量（小于5m³/d）	X_3	4	1	4	4	0	4
4	高扬程（大于1350m）	X_4	1	3	4	4	4	0
5	中扬程（450～1350m）	X_5	3	4	4	4	4	2
6	低扬程（小于450m）	X_6	4	4	4	4	4	4
7	无故障期限，油井利用率	X_7	2	3	3	3	3	3
8	试井、生产测试	X_8	3	2	2	2	4	2
9	自动化采油，调整参数	X_9	2	4	3	3	3	3
10	采油工艺方法的完整性	X_{10}	2	2	3	3	3	2
11	采油方法效率	X_{11}	1	3	3	2	2	3
12	同井分采能力	X_{12}	2	2	2	2	3	2
13	斜井、定向井适应性	X_{13}	1	3	4	4	4	3
14	70℃井温适应性	X_{14}	3	3	3	3	4	3
15	大于70℃井温适应性	X_{15}	2	0	3	3	4	2
16	产液中机械杂质≤1%	X_{16}	2	3	2	2	4	4
17	产液中机械杂质≥1%	X_{17}	0	0	0	0	3	4
18	结垢及腐蚀	X_{18}	1	1	1	1	2	2
19	含水	X_{19}	2	3	2	3	2	3
20	强化采油能力	X_{20}	1	4	1	1	2	2
21	高气油比	X_{21}	2	2	2	2	4	3
22	高含蜡	X_{22}	2	3	2	2	1	4
23	稠油（小于100）	X_{23}	2	1	4	4	2	4
24	高井口压力	X_{24}	1	2	3	3	2	2
25	恶劣气候，海上	X_{25}	1	2	3	3	2	2
26	小井眼适应性	X_{26}	2	2	1	3	4	2

表 3—9 局部复杂性参数评估值 (Y)

序号	局部参数相关内容	符号	有杆泵	电动潜油泵	水力活塞泵	水力射流泵	气举	地面驱动螺杆泵
1	使用可靠性	Y_1	3	3	3	3	2	2
2	设备简便性	Y_2	2	3	2	2	2	3
3	能量利用效率	Y_3	2	3	2	1	1	2
4	设备机动性	Y_4	1	3	2	2	2	3
5	脱乳能力	Y_5	2	1	2	1	1	3
6	油井设备简易程度	Y_6	1	3	1	2	1	3
7	初期投资效率	Y_7	2	1	2	2	2	3
8	金属利用率	Y_8	1	3	1	1	1	3

3. 采油方式选择图版法

常用的有两种方法：

1）有杆泵、电动潜油泵和水力活塞泵合理范围图。这是 20 世纪 80 年代末，我国参考美国各油公司的有关人工举升方式合理范围的图版，结合我国油田情况和使用经验提出了我国的有杆泵、电动潜油泵、水力活塞泵的合理使用范围，如图 3—26 所示，使用时根据预计的扬程和产液量在图中的坐标点所处的位置决定人工举升方式。

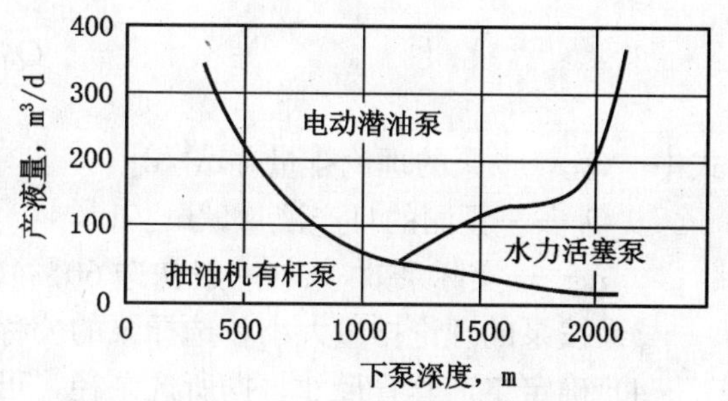

图 3—26 有杆泵、电动潜油泵和水力活塞泵合理使用范围

2）Blais 等人 1986 年提出的气举、活塞气举、有杆泵、电动潜油离心泵、水力活塞泵和射流泵最佳使用范围图。如图 3—27、图 3—28 所示，使用时根据预计的扬程和产液量在图中的坐标点所处的位置决定人工举升方式。

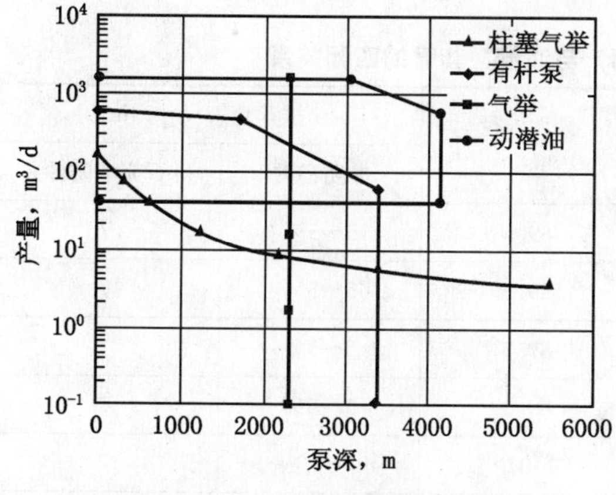

图 3—27 柱塞气举、有杆泵、气举和电动潜油泵举升最佳使用范围

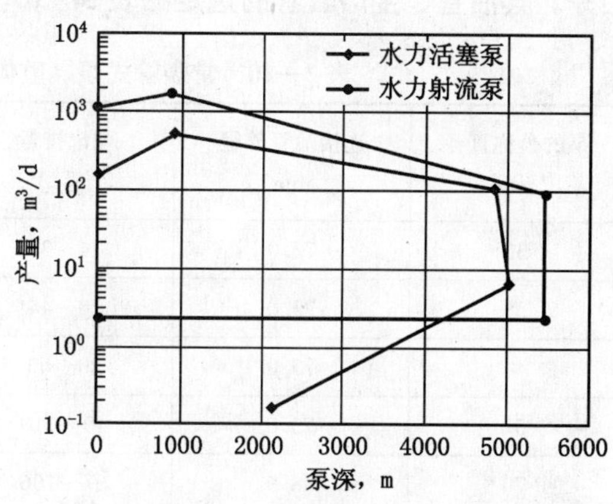

图 3—28 水力活塞泵和水力射流泵举升最佳使用范围

使用以上各种方法确定人工举升方式后再根据各种人工举升方式选定油管和套管尺寸。

三、有杆泵抽油井油管及生产套管尺寸的选定

有杆泵抽油是世界石油工业中一直占主导地位的人工举升方式。目前我国90%以上的油井采用的是有杆泵抽油。有杆抽油泵从用途上分为常规泵和特种泵两类。

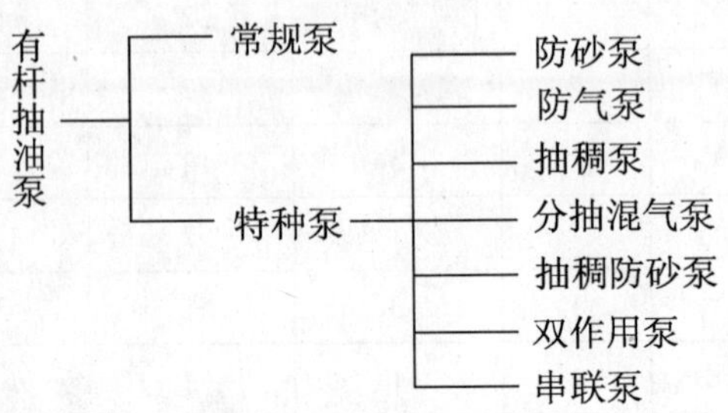

选择有杆泵抽油井油管和生产套管尺寸的步骤如下：

1）预测油井高含水期的日产液量水平。

2）选择泵的理论排量。泵的理论排量 Q_{tL} 与日产液量 Q_L 的关系为：

$$Q_{tL}=\frac{Q_L}{\eta_p} \tag{3—16}$$

式中 Q_{tL}——泵的理论排量，m^3/d；

Q_L——预测的日产液量，m^3/d；

η_p——实际泵效，%（一般初选60%）。

3）按泵的理论排量大小，选择泵的公称直径。

4）确定生产套管尺寸。据所选泵径，可查相应的泵参数表，得出连接油管尺寸和泵的最大外径。再考虑该井是砾石充填防砂井还是非防砂井，以及是单油管采油还是双油管采油来确定与各泵径相匹配的生产套管尺寸。

管式抽油泵的泵筒在油管柱下端，柱塞随抽油杆下入泵筒内。管式泵只有泵筒和柱塞两大部分，故泵径可设计得较大，理论排量大。一般用于供液能力强、产量较高的浅、中深抽油井。其油管、生产套管的选定见表3—10。

表3—10 常规管式泵（整体泵筒）与油管、套管的匹配关系

泵的公称直径 mm	连接油管外径 mm	理论排量 m^3/d	最大外径 mm	推荐套管尺寸，in	
				非防砂井	砾石充填防砂井
32	73.0	14～35	89.5	5～5½	7
38	73.0	20～44	89.5	5～5½	7
44	73.0	26～66	89.5	5～5½	7
57	73.0	40～110	89.5	5～5½	7
70	88.9	67～166	107	5½	7
83	101.6	94～234	114	7	7

续表

泵的公称直径 mm	连接油管外径 mm	理论排量 m^3/d	最大外径 mm	推荐套管尺寸，in	
				非防砂井	砾石充填防砂井
95	114.3	122～306	132.5	7	7
110	114.3	164～410	146	7～9⅝	9⅝
柱塞冲程长度范围：1.2～5.0m					

注：(1) 理论排量下限冲次 = $10min^{-1}$，冲程 = 1.2m；上限冲次 = $6min^{-1}$，冲程 = 5m。

(2) 砾石充填防砂井要推荐大一级套管尺寸，是为了保证防砂效果，增加砾石充填层厚度而选用 7in 以上套管，如果选用管外砾石充填防砂则可选用小一级套管尺寸；但对低饱和油田而言，泵有可能下到射孔段顶部以下，则需选用大一级套管尺寸。总之，一般情况下，为了保护油层不受激动，泵孔距不应小于 80m 为宜。

杆式抽油泵具有内外两层工作筒，一般设计泵径较小，泵排量小。用于液面较低、产量较小的深井。其油管及生产套管尺寸的选定见表 3—11。

表 3—11　常规杆式泵与油管、套管的匹配关系

泵的公称直径 mm	连接油管外径 mm (in)	理论排量 m^3/d	最大外径 mm	推荐套管尺寸，in	
				非防砂井	砾石充填防砂井
32	60.3 (2⅜)	14～35	89.5	5～5½	7
38	73.0 (2⅞)	20～49	89.5	5～5½	7
44	73.0 (2⅞)	26～66	89.5	5～5½	7
51	73.0 (2⅞)	35～88	107	5½	7
56	88.9 (3½)	43～106	107	5½	7
57	88.9 (3½)	44～110	107	5½	7
63	88.9 (3½)	54～135	114	7	7
柱塞冲程长度范围：1.2～5.0m					

注：注意事项同表 3—10。

实际应用中，抽油机不可能都在最大冲程、最大冲次和最大载荷下运转，充满系数不可能等于 1，泵效也不可能等于 100%，选泵径时，一般泵效可初选为 50%～80%，冲程×冲数≤36。

其他特种泵如防砂卡泵、防气泵、液压反馈抽稠泵、环流式抽稠泵、分抽混出泵等，由于应用较少，本书不详加论述，但其油管、生产套管尺寸的选择方法与上述的常规管式泵、常规杆式泵是相同的。

例 11　某井按开发设计的原油配产量为 $15m^3/d$。原油地下黏度为 14.5mPa·s，油井不出砂，该油田采用注水开发，试选定生产套管尺寸。

解： 1) 按式 (3—12) 预测高含水期日产液量 Q_L。当含水率为 80%时，$Q_{L1} = 75m^3/d$；当 $f_w = 90\%$时，$Q_{L2} = 150m^3/d$；当 $f_w = 95\%$时，$Q_{L3} = 300m^3/d$。2) 选择常规管式泵开采，

高含水时泵效 η_p 假定为80%。则以上3个含水率下泵的理论排量分别为［按式（3—16）计算］93.8m³/d、187.5m³/d和375m³/d。3）为了保证在高含水期也能达到稳产原油15m³/d的要求，查表3—10可选理论排量164～410m³/d的 ϕ110mm泵，连接油管为 ϕ114.3mm（4½in），泵最大外径为146mm，生产套管应选择 ϕ177.8mm（7in）。上面计算结果，提示注水开发达到最终产液量时，所需下的泵径，从而推出油管和套管直径。这个结果同时提供人工举升方式选择的依据，即完井时考虑采用有杆泵或电动潜油泵，再去选定油管和套管直径，并比较哪种方式更为经济有效。

四、水力活塞泵采油井油管及生产套管尺寸的选定

水力活塞泵具有排量范围宽（30～1274m³/d），能够适应中黏、高凝油及深抽条件的特点，因而已成为我国人工举升采油工艺技术的重要组成部分。水力活塞泵的适应性及工艺条件如表3—12所示。

表3—12 水力活塞泵的适应性及工艺条件

项目	适应性	应用范围或工艺条件
举升高度	强	正常范围3500m，最深可达5486m
产液量	范围宽	ϕ140mm（5½in）套管油井可达600m³/d以上，ϕ178mm（7in）套管油井可达1000m³/d以上
高气液比	有条件适应	气体经单独通道返出时不受限制；气体经泵采出时，须保证沉没度
井斜或弯曲	强	井斜45°左右
结垢	较强	动力液携带防垢剂，或使用磁防垢器
出砂	差	动力液含砂＜0.01%
高凝油井	强	动力液流量、温度须保证
稠油井	较强	动力液须用稀原油或水基动力液，并保证其液量、温度
腐蚀	较强	须用动力液携带缓蚀剂
选层开采	强	使用选层开采的泵及管柱

常见的水力活塞泵有变压力比单作用泵、平衡式单作用泵、长冲程双作用泵和双液马达双作用泵等4种类型。水力活塞泵的动力液循环与管柱组合型式见表3—13。

表3—13 动力液循环与管柱组合型式 mm（in）

套管规格（外径）mm（in）	管柱规格（外径）组合型式		
	开式单管柱	平行双管柱	同心双管柱
127 (5)	60.3（2⅜） 73.0（2⅞）	—	—
140 (5½)	60.3（2⅜） 73.0（2⅞） 88.9（3½）	60.3×33.4 （2⅜×1.315）	73.0×48.3 （2⅞×1.900） 88.9×48.3 （3½×1.900）

续表

套管规格（外径）mm（in）	管柱规格（外径）组合型式		
	开式单管柱	平行双管柱	同心双管柱
178 (7)	60.3（2⅜） 73.0（2⅞） 88.9（3½） 101.6（4） 114.3（4½）	60.3×60.3 （2⅜×2⅜） 73.0×40.3 （2⅞×1.900）	73.0×48.3 （2⅞×1.900） 88.9×48.3 （3⅓×1.900） 101.6×60.3 （4×2⅜） 114.3×73.0 （4½×2⅞）

水力活塞泵采油井油、套管尺寸选择的步骤与有杆泵类似。即：

1）预测开发后期的日产液量 Q_L。

2）选定泵的理论排量 Q_{tL}。

3）查水力活塞泵技术参数表，找出配套的油管尺寸、泵最大外径，再考虑单管柱还是双管柱开采确定生产套管尺寸。

长冲程双作用水力活塞泵是最常用的，适用于地层供液能力强、产液量较高的油井抽油，其油、套管尺寸配合如表 3—14 所示。

表 3—14　长冲程双作用水力活塞泵与油管、套管的匹配关系

泵的型号		SHB2.5×10/20	SHB2.5×20/20	SHB2.5×30/20	SHB3.0×50/20
油管尺寸，mm（in）		73.0（2⅞）	73.0（2⅞）	73.0（2⅞）	88.9（3½）
排量，m³/d		100	200	300	500
最大外径，mm		114（102）	114（102）	114	114
推荐的套管公称直径	单管柱开采	139.7mm、127mm（5½，5in）	139.7mm、127mm（5½，5in）	139.7mm（5½in）	139.7mm（5½in）
	双管柱开采	177.8mm（7in）	177.8mm（7in）	177.8mm（7in）	193.7～244.5mm（7⅝～9⅝in）

例 12　以例 11 参数为基础，试选择水力活塞泵抽油井的油管、生产套管尺寸。

解：如例 11 计算，在含水率 95%时，为了保证稳产 15m³/d 的原油，日产液量水平高达 300m³/d。选用长冲程双作用水力活塞泵时，至低限度也要选 SHB3.0×50/20 型泵，其理论排量为 500m³/d（泵效按 80%计算，实际排液量可达 400m³/d），连接油管外径为 76.2mm（3in），生产套管为 ϕ139.7mm（5½in）。

五、水力射流泵井油管及生产套管尺寸的选定

水力射流泵的特点是没有运动件，适合使用水做动力液，其地面设备和井下工作筒与水力活塞泵相同，排量可达 4769m³/d，仅次于气举，扬程可达 3500m，仅次于水力活塞泵，但效率比较低最高只达到32%。可用于抽油生产，特别适合高凝油开采和高含水期替代水力活塞泵，由于结构简单适应能力强也适用于油井试油、中途测试、解堵、排酸、排污等作业。

选择水力射流泵抽油井油管和生产套管尺寸的步骤如下：

1）按前述高含水期日产液量水平的预测方法预测油井高含水期最高日产液量。

2）计算举升率 H：

$$H=\frac{p_3-p_4}{p_1-p_3} \tag{3—17}$$

式中 H——举升率；

p_1——喷嘴入口处工作压力，MPa（一般简化可取泵深乘以动力液压力梯度加上系统井口压力）；

p_3——混合液排出压力，MPa（一般简化可取泵深乘以混合液压力梯度加上井口回压）；

p_4——吸入压力，MPa（一般简化可取沉没度乘以原油压力梯度）。

3）确定喷射率和面积比，可按表3—15经验数值确定。

表3—15　关键参数的经验数据

举升率 H	喷射率 M	面积比 R
<0.15	>1.5	0.17
0.15～0.25	1.5～1.0	0.21
0.25～0.3	1.0～0.7	0.26
0.3～0.45	0.7～0.5	0.33
0.45～0.8	0.5～0.1	0.41

4）预测动力液量，可利用泵的理论排量除以喷射率求得最大动力液量（喷射率选最小值）。

5）预测喷嘴直径，可用下面经验公式估算：

$$d_1=\sqrt{\frac{Q_e}{9.6\times10^7\alpha\sqrt{\frac{p_1-p_4}{\rho}}}} \tag{3—18}$$

式中 d_1——喷嘴直径，m；

Q_e——动力液流量，m^3/d；

α——流量系数，依靠试验结果确定，水做动力液取3.1，重油取8.5；

ρ——动力液密度，kg/m^3。

6）预测喉管直径，可用公式（3—19）计算：

$$d_2=\sqrt{\frac{d_1^2}{R}} \tag{3—19}$$

式中　d_2——喉管直径，mm；

R——面积比（见表3—15）。

7）根据喷嘴直径和喉管直径按表3—16选泵型确定油管和生产套管尺寸。

表3—16　常规射流泵与油管、生产套管匹配关系　　mm

指　　标	射流泵类型			
	SPB2.5系列	套管式喷射泵	上喷式喷射泵	ϕ62mm短型喷射泵
喷嘴直径	1.9～6.0	2.1～3.9	1.8～6.8	1.8～6.8
喉管直径	4.5～9.8	3.3～6.2	2.9～11.0	2.9～11.0
连接油管外径	73	73	60.3	73
泵最大外径	114	114	89	114
套管最小内径	127（5½in）	127（5½in）	100（4½in）	127（5½in）

注：套管式喷射泵式动力液由套管进，混合液由油管出的喷射泵。

例13　某井开发方案设计后期原油配产7m³/d，喷嘴入口处工作压力26.7MPa，吸入压力12.1MPa，混合液排出压力17.0MPa，采用水基动力液。试选定生产套管尺寸。

解：1）开发后期原油配产7m³/d，预计含水95%时，用公式（3—12）预测最高日产液量139m³/d。

2）计算举升率H：

$$H=\frac{17.0-12.1}{26.7-17.0}=0.51$$

3）查表3—15选喷射率0.5，面积比0.41。

4）预测动力液量Q_e：

$$Q_e=\frac{139}{0.5}=278\text{m}^3/\text{d}$$

5）用公式（3—18）预测喷嘴直径

$$d_1=\sqrt{\frac{278}{9.6\times10^7\times3.1\sqrt{\frac{26.7-12.1}{1000}}}}=0.0028\text{m}=2.8\text{mm}$$

6）用公式（3—19）预测喉管直径

$$d_2=\sqrt{\frac{2.8^2}{0.41}}=4.4\text{mm}$$

7）根据喷嘴直径和喉管直径，查表3—16可选ϕ62mm短型喷射泵，泵最大外径114mm，套管最小内径127mm，应选用ϕ139.7mm（5½in）或139.8（7in）套管。

六、电动潜油泵井油管及生产套管尺寸的选定

电动潜油泵适应于中高排量、低中黏度、低含砂以及泵深小于2500m的油井，定向井

也能使用。在稠油常规开采条件下，砾石充填防砂井也可使用。目前，国产的适应于 ϕ139.7mm（5½in）套管的电动潜油泵理论排量可达 550m^3/d。因此，电动潜油泵采油井油、套管尺寸的选择步骤和水力活塞泵采油井相同。其油、套管配合关系见表 3—17。

表 3—17　部分国产电动潜油泵与油管、套管的匹配关系

制造厂	型　号	油管尺寸 mm	额定排量 t/d	外径 mm	推荐的套管尺寸，in	
					常规井	砾石充填井
天津市电机厂	A10	60.3、73.0	100	95	5½	7
	A15	60.3、73.0	150	95	5½	7
	A20	60.3、73.0	200	95	5½	7
	A42	60.3、73.0	425	95	5½	7
	A53	60.3、73.0	500	95	5½	7
淄博潜水电泵厂	5.5QD100	60.3、73.0	100	100，98	5½	7
	5.5QD160	60.3、73.0	160	100，98	5½	7
	5.5QD200	60.3、73.0	200	100，98	5½	7
	5.5QD250	60.3、73.0	250	100，98	5½	7
	5.5QD320	60.3、73.0	320	100，98	5½	7
	5.5QD425	60.3、73.0	425	100，98	5½	7
虎溪电机厂	QYB120—75	60.3、73.0	75	100，98	5½	7
	QYB120—100	60.3、73.0	100	100，98	5½	7
	QYB120—150	60.3、73.0	150	100，98	5½	7
	QYB120—200	60.3、73.0	200	100，98	5½	7
	QYB120—250	60.3、73.0	250	100，98	5½	7
	QYB120—320	60.3、73.0	320	100，98	5½	7
	QYB120—425	60.3、73.0	425	100，98	5½	7
	QYB120—550	60.3、73.0	550	100，98	5½	7

注：此表系指 5½in 套管中使用的电动潜油泵。

油管尺寸 60.3mm（2⅜in）、73.0mm（2⅞in）。

表 3—18 是采用美国 TRW REDA PUMPS 公司生产的电动潜油泵时，泵与油、套管的配合关系。

表 3—18　美国 TRW REDA PUMPS 公司生产的电动潜油泵与油、套管的配合关系

型　号	外　径 mm	泵　型	最大功率 kW	理论排量 t/d	推荐的套管尺寸，mm（in）	
					常规井	砾石充填井
338	85.9	A—10	62	33～66	127mm （5）	177.8mm （7）
		A—14E	62	58～86		
		A—25E	62	90～140		
		A—30E	62	115～195		
		A—45E	79	160～240		

续表

型　号	外　径 mm	泵　型	最大功率 kW	理论排量 t/d	推荐的套管尺寸，mm (in)	
					常规井	砾石充填井
400	101.6	D—9 D—12 D—13 D—20E D—26 D—40 D—51 D—55E D—82	62 62 62 62 78 78 78 78 161	26～53 33～66 53～80 75～115 106～146 125～240 180～260 190～320 280～480	139.7mm (5½)	177.8mm (7)
450	117.35	E—35E E—41E E—100	99 99 161	135～200 140～235 380～560	139.7mm (5½)	177.8mm (7)
540	130.3	G—52E G—62E G—90E G—110 G—160 G—180 G—225	161 161 161 224 224 224 224	210～310 240～360 320～480 420～600 580～840 660～960 636～1140	177.8mm (7)	244.5mm (9⅝)

例 14　仍以例 12 参数为基础，如选择电动潜油泵采油，试选择套管尺寸。

解：如例 11 计算，为了在含水率 95％时保证日产原油 15m^3，要求日产液量为 300m^3。查表 3—17，可用 QYB120—425 泵，其理论排量为 425m^3/d。泵效取 80％，实际排量可达 340m^3/d，能够满足日产液 300m^{3}的要求，相应的油管尺寸可选 ϕ73mm（2⅞in），常规不防砂井生产套管选 ϕ139.7mm（5½in）、砾石充填的防砂井为了保证防砂效果（增加砾石防砂层厚度）可选 ϕ177.8mm（7in）生产套管。如果生产后期需要更大的排液量，则可采用更大一些的生产套管，如常规井采用 ϕ177.8mm（7in）、防砂井采用 ϕ244.5mm（9⅝in）的生产套管，为今后采用更大排量电动潜油泵留下选择的余地。例如，选表 3—18 中的 G-160、G-180 或 G-225 型泵可获得更高的日产液量。

七、气举采油井油管及生产套管尺寸的选定

气举采油对含砂、低中黏度、高气油比、深井（一般扬程可达 3000m，最大 3658m，产液量 4～3180m^3/d）、定向井等条件的适应性较好，也是人工举升采油的重要组成部分。气举采油的优点及局限性见表 3—19。

气举方式有连续气举和间歇气举。而间歇气举又分为常规间歇气举、腔室气举和柱塞气举。由于间歇气举的日产液量比连续气举要低得多，所以我们仅论述连续气举。

气举井油、套管尺寸的选择步骤为：

1）预测日产液量水平 Q_L。

表 3—19 气举采油的优点及局限性

方法	优点	局限性
气举	1）深井投资成本和举升成本低 2）高气液比井最有效 3）对出砂井举升工作成本低 4）改变生产条件灵活，适应范围广泛 5）适于斜井和井筒弯曲的井 6）适宜于大产液量井的举升 7）便于生产测试	1）需要油田附近有充足的气源 2）外购注入气时成本高 3）气体有腐蚀时举升成本较高 4）射孔井段长的井难以维持井下低液面 5）高压气安全性差 6）套管必须能承压

2）查表 3—20 和表 3—21 确定单管注气时日产液量 Q_L 满足的油管尺寸和套管尺寸。

表 3—20 单管气举井油管、套管匹配关系

最低产液量 t/d	最高产液量 t/d	油管尺寸 内径，mm（外径 in）	推荐的套管尺寸，in	
			常规井	砾石充填井
4～8	55	26.6（1.315）	5～5½	7
8～12	96	35.1（1.660）	5～5½	7
12～20	159	40.3（1.990）	5～5½	7
31～40	397	50.3（2⅜）	5½	7
50～80	476	62.0（2⅞）	5½	7
30～120	636	75.9（3½）	5½	7
159～240	1590	100.5（4½）	5½～7	7～9⅝

表 3—21 油管、套管环形空间气举井油管、套管匹配关系（中等产量）

最低产液量 t/d	最高产液量 t/d	油管尺寸 in	套管尺寸 in
476	1270	2⅜	5½
795	2380	2⅜	7.0
636	1900	2⅞	7.0
500	1590	3½	7.0

对于采用油、套管环形空间采油（通常称为反举，即油管注气，套管采油）的高产气举井的油、套管尺寸的选定，建议按如下步骤：

1）根据可能提供的注气量、注气压力及其气体性质，选择摩阻压降足够小的油管。

2）对套管尺寸进行敏感性分析，选定最佳的套管尺寸。

例 15 以例 5 已知数据为基础，采用油、套管环形空间气举开采工艺。试分析当地层压力下降到 13MPa 时，气举方式下要达到 $3200m^3/d$ 的产量的最佳油、套管尺寸（为便于输送需要有 0.6MPa 的油压，能提供的最大注气量为 $10\times10^4m^3/d$，注气压力为 15MPa）。

解： 油、套管环形空间气举方式，油管的确定需要对气体管流进行研究，由于摩阻与气流方向相反，油管太小，摩阻较大，油管过大又会增加投入。对油管进行敏感性分析，并将注气点压力与油管尺寸作图，如图 3—29 所示。从图上看 $3\frac{1}{2}$in 油管与 4in 或 $4\frac{1}{2}$in 的油管注气点压力很接近，即其摩阻相当，从节约投入出发选择 $3\frac{1}{2}$in（况且注气量未必需要 $10\times10^4m^3/d$）油管即可，由于 3in 油管对注气点压力影响较大，因此不适宜。故采用 $3\frac{1}{2}$in 油管较为合理。

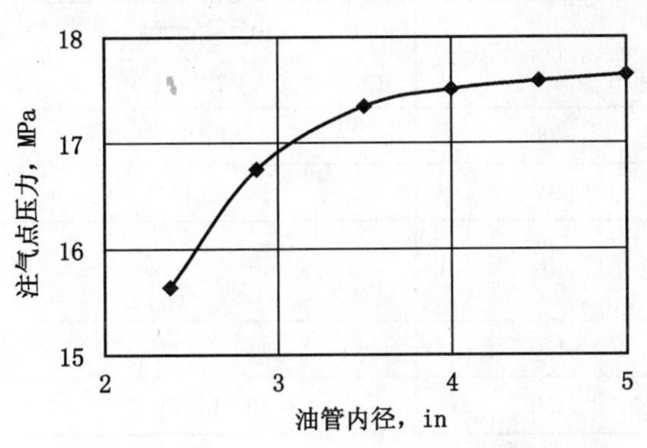

图 3—29　油管摩阻压降分析

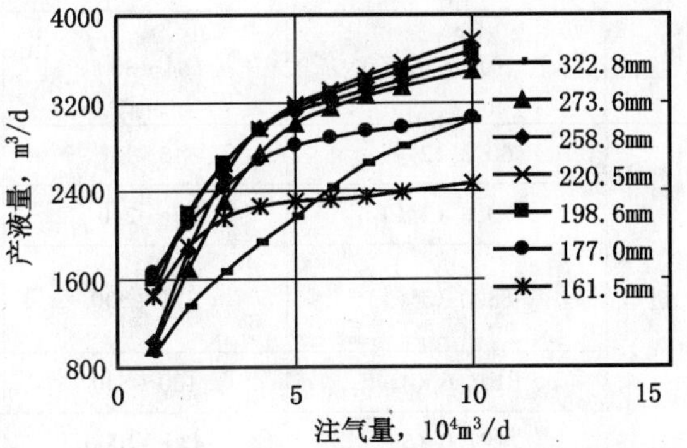

图 3—30　套管尺寸对气举特性曲线的影响

图中各曲线是不同内径油管计算出的注气量和产液量的关系曲线

对套管尺寸（内径）进行敏感性分析，如图 3—30 所示。从图上可以看出注气量在 $10\times10^4m^3/d$ 以内，内径为 12.71in、6.97in 和 6.36in 的套管不能满足生产要求，前者是由于环形空间太大，增大了滑脱损失，后两者是环形空间太小，增大了摩阻损失。将满足要求的四种套管尺寸与对应的注气量（产液量 $3200m^3/d$ 时）作图，如图 3—31 所示。由图可以看出要到达所需产量 $3200m^3/d$，套管尺寸为 $9\frac{5}{8}$in（内径 222.4mm）需要的注气量最小，效率最高，故应当选择 $9\frac{5}{8}$in（内径 222.4mm）的套管为最佳生产套管尺寸。

八、螺杆泵油井油管及生产套管尺寸选定

这种泵适用于原油黏度 2000mPa·s 以下、含砂小于 5%、扬程 1400～1600m、排量小于 $200m^3/d$、工作温度低于 120℃的井内开采。近年来随着高黏度原油的开采和三次采油采出高黏度聚合物气体，螺杆泵采油得到了较大规模的应用。20 世纪后期，随着合成橡胶技术和硫化粘接技术的进步，法国对螺杆泵进行了较大的改进，目前，螺杆泵已能适应黏度不大于 15000mPa·s 的原油开采、含砂不超过 60%、扬程高达 3000m、排量可达 $1050m^3/d$、耐温不超过 120℃。螺杆泵的特点是排量增大，泵的外径增加不多。螺杆泵油井生产套管尺寸，可按开发方案预测后期（含水 95%）的产液量参照表 3—22 确定油管尺寸和生产套管尺寸。

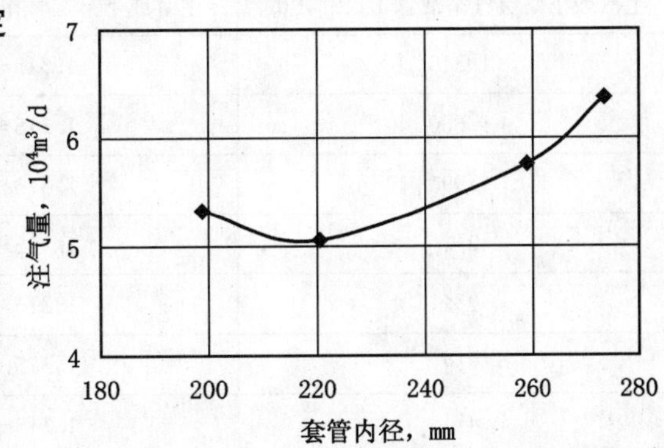

图 3—31　达到所需产量套管尺寸与注气量关系曲线

表 3—22　国内外螺杆泵理论排量与泵最大外径的关系

产地	连接油管，mm（in）	理论排量，m^3/d	泵最大外径，mm	适应最小套管直径，mm（in）
国产	60.3（2⅜）	4～17	73	127（5）
	73.0（2⅞）	32～180	90	139.7（5½）
	88.0（3½）	35～108	114	139.7～177.8（5½～7）
	101.6（4）	64～500	114	139.7～177.8（5½～7）
进口	60.3（2⅜）	15～80	78	127（5）
	73.0（2⅞）	60～240	94	139.7（5½）
	88.0（3½）	120～300	108	139.7～177.8（5½～7）
	101.6（4）	180～840	120	139.8（7）
	127.0（5）	430～1000	138	139.8（7）

九、双管采油井套管尺寸的选定

1. 双管气举井套管尺寸的选定

对于双管气举井，选择生产套管的步骤如下：

1）分别预测上油层和下油层的日产液量 Q_{L1} 和 Q_{L2}。

2）查表 3—20，根据 Q_{L1}、Q_{L2} 的大小查出相应的油管尺寸。

3）按两组油管尺寸参照表 3—23 气举油管尺寸的组合关系查出推荐的生产套管尺寸。

表 3—23　双管气举井油管、套管② 匹配关系

上（或下）层气举油管 1 尺寸，in	上（或下）层气举油管 2 尺寸，in	推荐的最小套管尺寸，in
1.315	1.315～2⅞	5½
1.660	1.315～2⅞	5½
1.990	1.315～2⅞	5½～7①
2⅜	1.315～2⅞	5½～7①
2⅞	1.315～2⅞	5½～7①
3½	1.315～2⅞	7～9⅝①
4½	1.315～2⅞	7～9⅝①
	1.315～2⅞	9⅝～11¾①
3½	3½	9⅝
4½	3½	10¾

①如果油管 2 取大值，则套管也取较大一级。

②油、套管尺寸指外径。

例 16 某油井有上下两层油层，设计采用双管气举方式同井分层开采。经预测上油层的日产液量水平 $Q_{L1}=450m^3/d$，下油层的日产液量水平 $Q_{L2}=1000m^3/d$。试选择生产套管尺寸。

解： 从表 3—24 中可知，上油层宜选用 ϕ73mm（2⅞in）的油管，接箍外径 89.5mm。下油层可选 ϕ101.6mm（4in）的油管，接箍外径 121mm。两油管接箍外径之和已达到 210.5mm（8¼in），考虑油管之间、油管与套管之间的间隙要用封隔器来完成，最低限度要选择 ϕ244.5mm（9⅝in）的生产套管（见表 3—24）。

2. 其他双油管采油井套管尺寸的选定

对于层间差异大的油井，当采用双油管采油时，可以调节层间矛盾。双油管采油井的套管尺寸远比单油管采油井的套管尺寸大。每层所需的油管尺寸按前述方法进行，而双油管采油井相应的套管尺寸则可按表 3—24 来选择。

3. 带“Y”形接头的电动潜油泵采油井套管尺寸的选定

对于实施多层开采而又可能要进行生产测井、过油管射孔、连续油管作业的油井（特别是海上的一些油井），可以采用带“Y”形接头的电动潜油泵来开采。

从选择套管尺寸的角度考虑，基本上可以按双油管采油井套管尺寸选定的思路和方法进行（表 3—24）。目前，用得较多的是在 ϕ244.5mm（9⅝in）套管内下入 2⅞in 油管及 2⅜～2⅞in的侧管。

表 3—24 双油管采油井推荐的套管尺寸

上（或下）层所需的油管尺寸，in	下（或上）层所需的油管尺寸，in	推荐的最小套管尺寸，in
1.315	1.315～3½	5½
1.315	1.315～3½	5½
1.990	1.315～2⅞	5½
2⅜	1.315～2⅞	5½～7①
2⅜	3½～4	7
2⅞	1⁹/₃₂～2⅞	5½～7①
2⅞	2⅜～2⅞	7
3½	2～2⅞	7
3½	3½	9⅝
4½	3⁹/₃₂～2	7
4½	2⅜～3½	9⅝
4½	4½	10¾

①油、套管尺寸指外径。

第六节 增产措施对油管及生产套管尺寸选择的影响

增产措施主要指压裂、酸化。既作为投产措施，也是油气田开发过程中常用的解堵和增产措施。由于基质酸化时排量较小，对油管尺寸没有特殊要求。但砂岩地层水力加砂压裂或者碳酸盐岩地层的水力加砂压裂、酸压裂，特别是深井、高破裂压力井的这些压裂处理，对油管尺寸从而也对套管尺寸有一定的影响。

由于压裂酸化增产措施通常皆为高压、高排量作业，而排量高必然在井筒中流动造成较大的水力摩阻，引起过高的井口压力与压裂车无效功率损耗，而导致不能压开地层，使施工失败。压裂时井口压力与地层破裂压力及井筒摩阻损失的关系如下：

$$p_{\mathrm{wh}} = \alpha H + \Delta p_{\mathrm{f}} - 10^{-6}\rho g H + \Delta p_{\mathrm{h}} \tag{3—20}$$

式中 p_{wh}——压裂时的井口压力，MPa；

α——地层破裂压力梯度，MPa/m；

H——地层中部深度，m；

Δp_{f}——压裂液在井筒中的摩阻损失，MPa；

ρ——压裂液密度，$\mathrm{kg/m^3}$；

g——重力加速度，$\mathrm{m/s^2}$；

Δp_{h}——压裂液通过射孔孔眼的总摩阻，MPa。

从式（3—20）来看，当地层破裂压力 αH 较高时（或者由于破裂压力梯度 α 较大，或者由于井很深），为了使 p_{wh} 下降，只有通过降低 Δp_{f} 和 Δp_{h} 才能实现。一般说来，Δp_{f} 远大于 Δp_{h}。所以关键点是在于降低井筒摩阻 Δp_{f}。

现场所用压裂液分为牛顿流体和非牛顿流体两种。对于牛顿流体，压裂液在井筒中的摩阻压降 Δp_{f} 为：

$$\Delta p_{\mathrm{f}} = f\frac{Hv^2}{2Dg}\times 10^{-2} \tag{3—21}$$

式中 f——摩擦阻力系数，无量纲；

H——井深，m；

D——油管内径，m；

v——压裂液在井筒内的流速，m/s；

Δp_{f}——摩阻压降，MPa；

g——重力加速度，$\mathrm{m/s^2}$。

压裂时的排量 Q 与 v 的关系为：

$$v = \frac{Q}{15\pi D^2} \tag{3—22}$$

式中 Q——压裂液排量，$\mathrm{m^3/min}$；

D——油管内径，m；

v——油管内压裂液流速，m/s。

将式（3—22）代入式（3—21）中，得：

$$\Delta p_{\mathrm{f}} = 2.29\times 10^{-7} f\frac{HQ^2}{D^5} \tag{3—23}$$

式中 Δp_{f}——摩阻压降，MPa；

Q——排量，m^3/min；

D——油管内径，m；

其他符号同上。

由式（3—23）可见，Δp_f 与井深 H 成正比，与排量的二次方成正比，而与油管内径的5次方成反比。水力压裂的排量一般为2～6.0m^3/min，在进行限流压裂时将达到6m^3/min左右。

对低渗、致密油气藏的增产措施，国外已大大增加水力压裂的规模，发展了巨型水力压裂工艺技术MHF（Massive Hydraulic Fracturing），其压裂施工的液量高达数千立方米，支撑剂用量几百吨至几千吨，裂缝长度为几百米至几千米。在MHF施工的中后期，由于裂缝已经很长，通过裂缝壁面向地层的滤失可能会很大，为了保证继续扩展和延伸裂缝，就必须采用高排量施工，这从下式可以得到解释：

$$Q\times\Delta t=V_w+\Delta V_F \tag{3—24}$$

式中 Q——压裂施工的排量，m^3/min；

Δt——单位时间，min；

V_w——单位时间内通过裂缝壁面向地层的滤失量，m^3；

ΔV_F——单位时间内裂缝体积的增量，m^3。

分析上式可知：由于裂缝越长，单位时间内通过裂缝壁面向地层的滤失量 V_w 越大，为了使单位时间内裂缝体积的增量 ΔV_F 保持正值（使裂缝体积不断增大），施工排量 Q 就必须很高；否则，注入到裂缝中的压裂液量还不够滤失，也就谈不上继续扩展和延伸裂缝了。所以，MHF属于极高排量的压裂施工作业，其排量甚至比限流压裂都大，可达6～10m^3/min。

因此，对深井、高排量作业时，井筒摩阻压降 Δp_f 很大。降低摩阻压降的方法有两种：一种是降低压裂液的有效黏度或者在压裂液中加减阻降摩剂，但最多也只能降到清水摩阻的40%～60%；第二种最为有效的办法是增加油管尺寸，这从式（3—23）可以得出结论，如表3—25所示。

表3—25 压裂时油管内摩阻压降及井口压力计算值

油管尺寸 内径，mm（外径 in）	油管摩阻，MPa		井口压力，MPa	
	排量 $3m^3/min$	排量 $6m^3/min$	排量 $3m^3/min$	排量 $6m^3/min$
50.3（2⅜）	107.99	430.81	152.95	475.77
62.0（2⅞）	33.48	133.37	78.44	178.33
75.9（3½）	12.89	51.26	57.85	96.22
88.6（4）	5.76	22.87	50.72	67.83
100.3（4½）	2.87	11.38	47.84	56.34
114.1（5）	1.56	6.16	46.52	51.11

注：清水黏度1mPa·s，井深 $H=4000m$，破裂压力 $p_f=92MPa$，压裂液相对密度1.2。

分析表3—25可知：当用1000型压裂车压裂时，在排量$Q=3m^3/min$的情况下，内径为50.3mm（2⅜in）的油管根本压不开地层。但是，当油管内径稍微增大一点至62.0mm（2⅞in）时，井口压力为78.44MPa，已经可以压开。如将油管内径继续增大到75.9mm（3½in）以上时，则很容易压开地层了。同样情况下，如要用$6m^3/min$的排量施工，那么在油管内径小于75.9mm（3½in）以下时，根本压不开地层。但是，只要将油管内径增大到88.6mm（4in）以上，则很容易压开地层。

图3—32和图3—33为（美）哈里伯顿服务公司的各种不同排量、管径与摩阻压降的关系曲线。

使用非牛顿流体作为压裂酸化液，可按幂律模型考虑，则有：

$$\tau = K'\dot{\gamma}^{n'}$$

式中　τ——剪切应力；

$\dot{\gamma}$——剪切速率；

K'——液体稠度系数；

n'——液体流态指数。

K'、n'由实验室确定。这样计算摩阻压降仍可使用上述沿程阻力压降公式（3—21），同样其中摩阻系数f应由实验取得，它与不同的雷诺数和n'值有关。应该指出，现用水基冻胶压裂液，基本上属粘弹性流体，所以仅按幂律模型进行计算不能精确地反映出实际情况。现场根据实际的压裂施工时用瞬时停泵方法求取摩阻压降值，并将它与清水摩阻压降比较，得出相当于清水摩阻压降的百分数值为压裂设计时井筒管柱的摩擦阻力压降输入数据。一般在油管中压裂施工时，水基植物冻胶压裂液的摩阻压降低于清水，这与压裂液、材料、配方和剪切速率等有关，常出现为清水摩阻压降的60%左右。现场使用羟丙基瓜尔胶（HPG）钛冻胶时，在某些条件下曾达到清水摩阻压降的45%以下的降阻效果。当然，这种高分子降阻的原因较复杂，其机理研究也不在本书范围内，但一般认为主要是长链线性分子抑制了水的湍流增阻结果，所以得到了比在水处于湍流时要低得多的摩阻压降，即使用高分子聚合物可以降低摩阻压降。虽然如此，仍然应指出的是，管径对摩阻压降的敏感影响仍然是极为重要的。如在某地进行压裂时采用2⅞in油管，由于直径较小，在排量为$2m^3/min$与管柱长度3000m时，摩阻压降达30MPa以上，使井口施工压力超过70MPa，在高破裂压力下根本无法压开地层。当将油管换为3½in时，井口压力降为50MPa左右，即将该地层压开。现在参考图3—32的清水摩阻压降曲线，在上述条件下清水摩阻压降为46.5MPa，压裂液相当于清水摩阻压降的63.5%，虽然这时已发挥了聚合物降阻的作用，但摩阻压降的绝对值仍是很高的。若增加管径，由2⅞in改为3½in油管，在相同条件下其清水摩阻压降可由图3—32查出仅为17.6MPa，这为用2⅞in油管清水摩阻压降的40%，若再考虑到压裂液的降阻压降作用，就有可能提高排量；如提高至$3m^3/min$，这时清水摩阻压降只是35MPa，并考虑到高分子的降阻压降作用，井口压力显然将可降至54MPa以下，这会大大改善压裂的施工状况。

由上述分析可知，随着油管尺寸的增大，油管内的摩阻压降急剧下降。因此，对于高破裂压力井以及深井，要求设计更大的油管尺寸，相应的生产套管尺寸也应设计得大一些。

在生产套管选定时，要根据地层的破裂压力梯度大小和井深，用式（3—20）、式（3—21）或图3—32、图3—33预测不同油管尺寸下的油管摩阻和井口施工压力，以井口施工压力≤

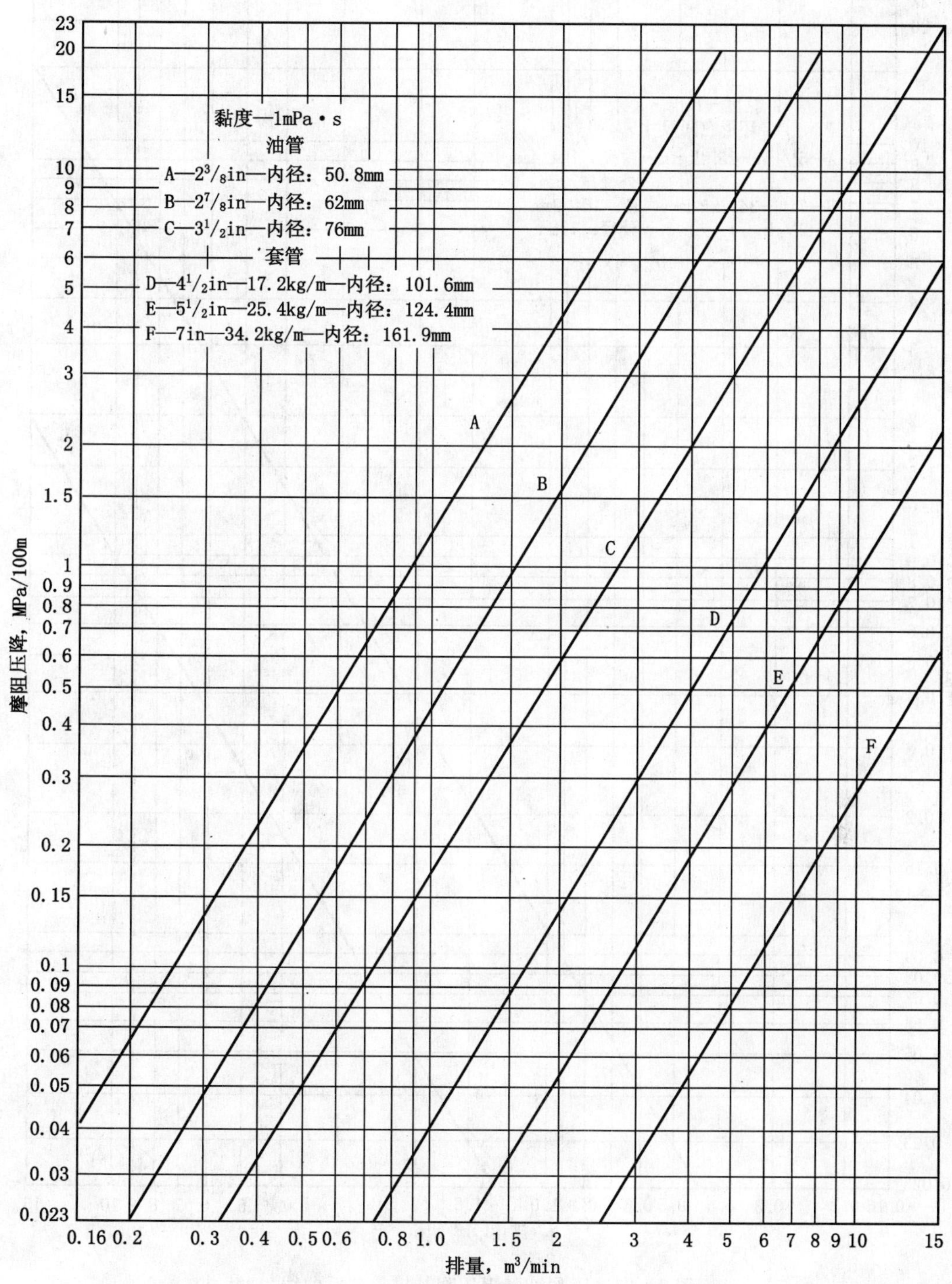

图 3—32 清水压裂液摩阻压降与排量关系曲线

80%×压裂车工作压力为准则，选出油井最小的油管尺寸，再参考表 3—4 的油、套管配合关系，选出相应的最小套管尺寸。以此为基础，参考人工举升井油、套管尺寸预选定值，综合考虑，选出合适的油管和生产套管尺寸。

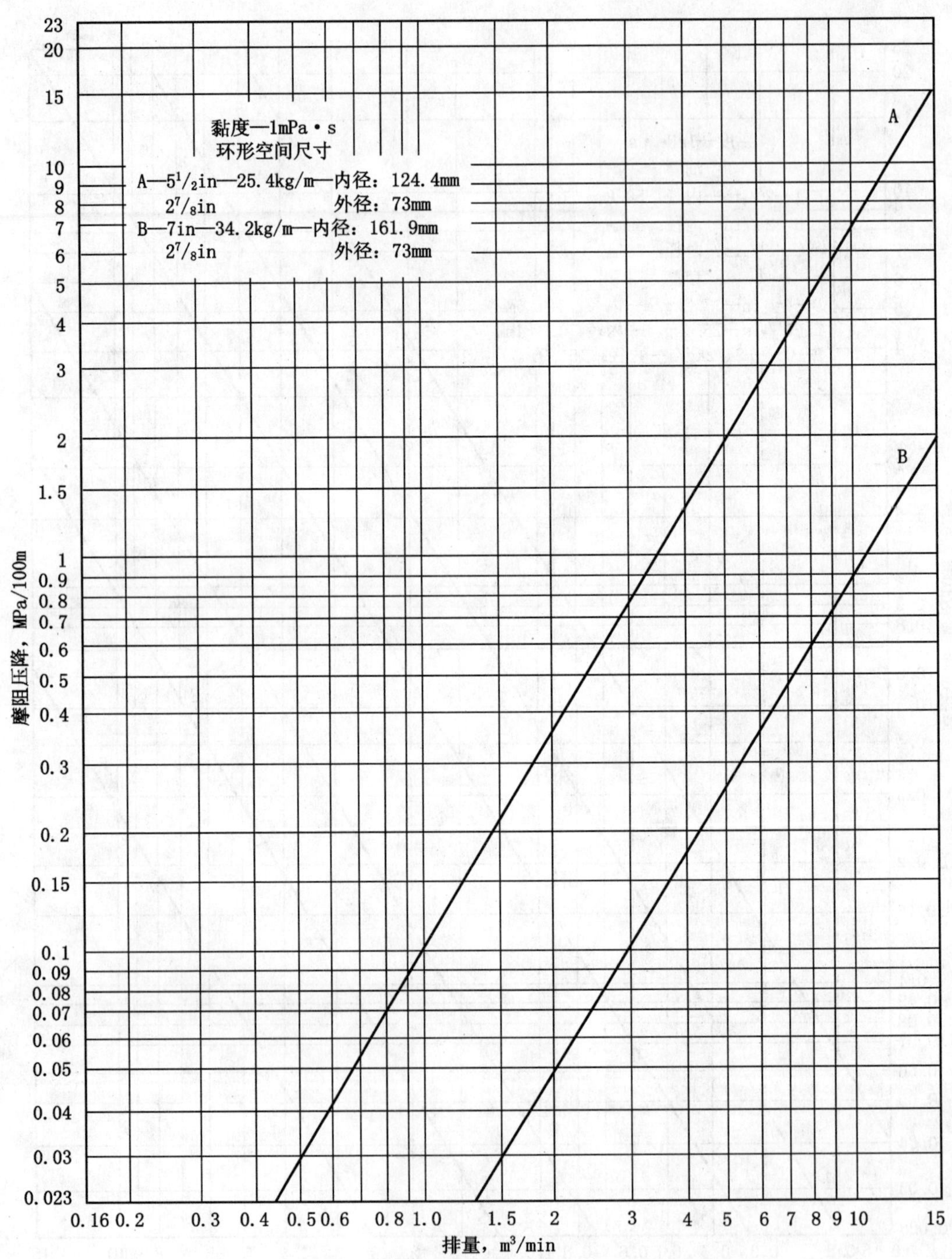

图 3—33 压裂液摩阻压降与排量关系曲线

第七节 稠油和高凝油开采井油管及生产套管尺寸的选定

稠油是沥青基原油，由于胶质沥青质含量高，黏度大，所以流动性差，有的甚至根本不能流动。但稠油黏度对温度的变化敏感（图 3—34），随着温度的升高或降低，原油黏度会急剧降低或增大。由于稠油这种固有的特性，使得开采与常规轻质油大不相同，也使开采过程复杂化。目前，我国主要采用两种开采方式，在地层条件下黏度小于150mPa·s的普通稠油采用常规注水开发，地下原油黏度大于150mPa·s的普通稠油、特稠油及超稠油采用注蒸汽热采。

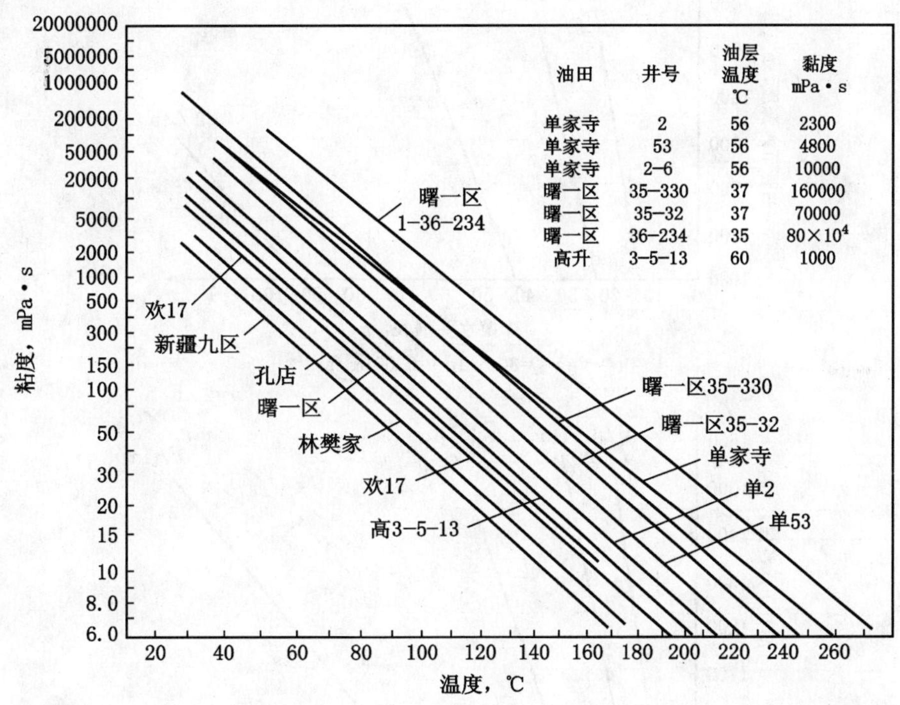

图3—34　稠油黏温关系曲线

一、稠油注水开发

对于原油黏度较小（地层条件下黏度小于150mPa·s）的稠油，一般采用常规注水开发方式，因为这种稠油在油藏内一般都含有较高的溶解气，虽然地面原油黏度可达几千毫帕秒，但在地层内仍具有一定的流动能力。注水开发技术成熟、工艺简单，相比之下投资少，经济效益较好，因此，是首选的开采方式。例如我国胜利油区的孤岛、孤东、埕东及胜坨等油田，辽河油区的锦99块、牛心坨及海外河等油田均采用常规注水开发，经过不断调整，都取得了较好的开发效果。

1. 自喷开采

由于胶质和沥青质分子之间的摩擦阻力大，所以稠油的流动性差。流体在油管中流动时摩擦水头损失由下列水力学公式计算：

$$H_f = f\frac{L}{D}\cdot\frac{v^2}{2g} \tag{3—25}$$

式中　H_f——摩擦水头损失，m；

f——摩擦阻力系数，无量纲；

L——油管下入深度，m；

D——油管直径，m；

v——液体流速，m/s。

用公式（3—25）计算出一定黏度的稠油沿不同直径油管上升与管壁摩擦时的水头损失，如图 3—35 所示。

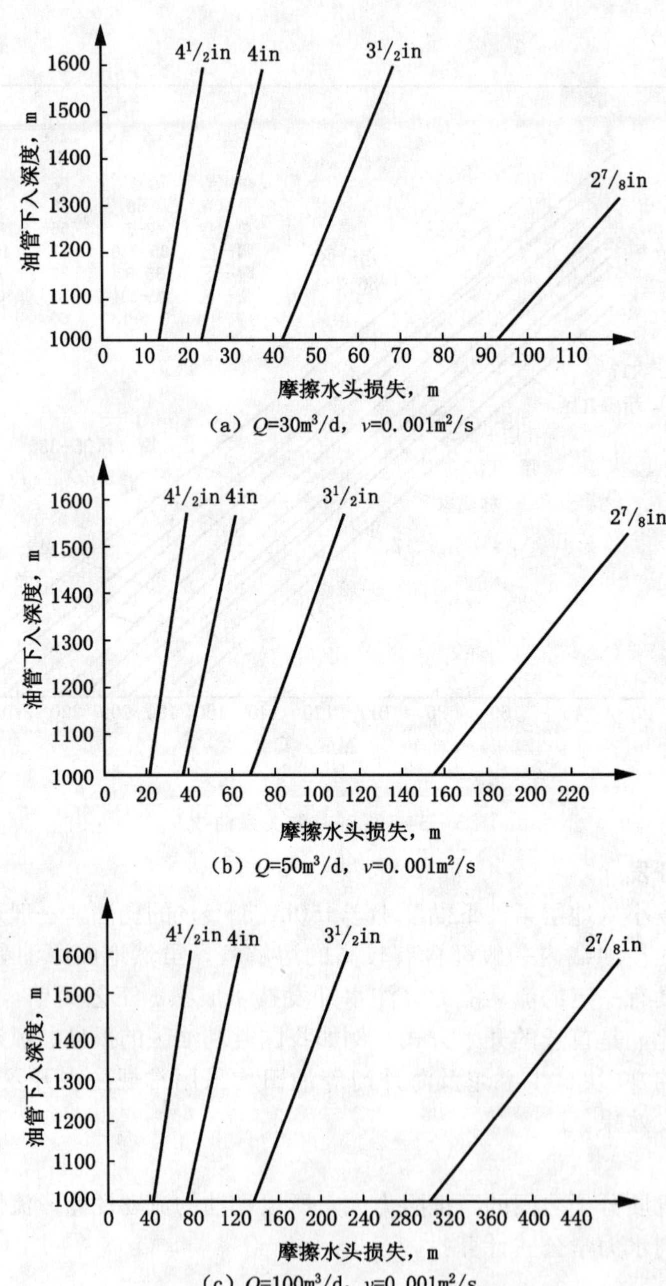

图 3—35 油管直径对流体与管壁摩擦的影响

众所周知，原油黏度越高，摩擦水头损失越大。从图 3—35（a）中可以看出，对于相同的原油黏度，摩擦水头损失随着管中流体流速的增加而增大，随油管直径的增加而降低。因此，对于原油黏度高的稠油，要维持自喷开采，必须采用较大直径的油管，也相应地要选择较大直径的套管。

2. 抽油机——深井泵开采

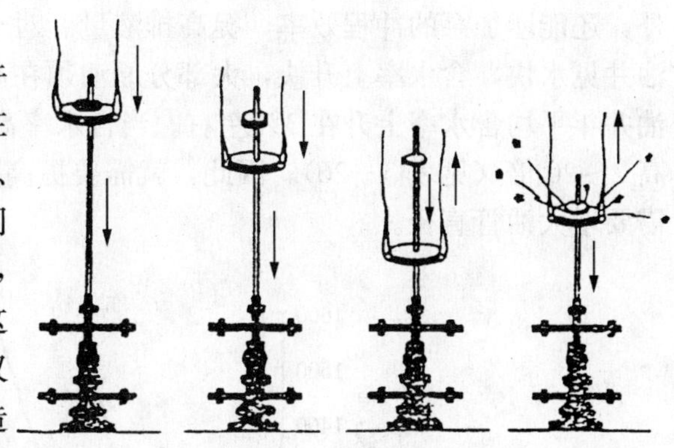

图 3—36 抽稠油时的原油黏度效应（抽油杆漂浮）

由于受传统观念的束缚，多数稠油油井在开发初期都下入小直径油管，这样，就在采油井上出现许多问题。由于井筒内油稠、原油黏度大，在下冲程时抽油杆与原油之间的摩擦阻力大，降低了抽油杆的下降速度，使抽油杆的运动滞后于驴头悬点的运动。这样，当悬点上升时，抽油杆还在下降，不仅影响抽油杆的正常运动，而且严重时还会造成抽油杆与驴头“打架”现象，产生冲击载荷（如图 3—36 所示），降低使用寿命，甚至还会造成机械事故。

因此，当使用深井泵—抽油机开采稠油时，首先需要解决的问题就是如何减少上行程的摩擦力和下行程的阻力。抽油杆与井筒中液柱间摩擦力的大小可由下式计算：

$$F_r = \frac{2\pi\mu L v}{10^3}\left(\frac{1}{\ln m} + \frac{4b^2}{a} + \frac{4b}{a}\right) \tag{3—26}$$

$$v = \frac{Sn}{30}$$

$$m = \frac{d_t}{d_r}$$

$$a = m^4 - 1 - \frac{(m^2-1)^2}{\ln m}$$

$$b = \frac{m^2-1}{2\ln m} - 1$$

式中 F_r——抽油杆与液柱间的摩擦阻力，N；

μ——液体黏度，mPa·s；

L——下泵深度，m；

v——抽油杆运动速度，m/s；

S——冲程长度，m；

n——冲数，$\min^{-1}$；

d_t——油管直径，m；

d_r——抽油杆直径，m。

从式（3—26）可以看出，摩擦力大小与井筒中液体黏度、流速及油管直径有关。从不同油管直径及原油黏度下液体与抽油杆摩擦力曲线（图 3—37）可以看出，黏度越大，摩擦力越大；对于一定的下泵深度，油管直径越小，摩擦力越大，因此，若要减小摩擦力，降低抽油杆的漂浮及与驴头之间的碰撞程度，必须采用 101.6～114.3mm（3½～4½in）的大直径油管。

采用大直径油管与大泵开采稠油除了能降低抽油杆的摩擦力，减轻抽油杆的漂浮现象外，还能增加泵的冲程效率，提高排液量。对于稠油常规注水开发，油水黏度比大，注水后油井见水快，含水率上升快，大部分原油须在高含水期采出，一般无水采收率仅2%～5%，油井年平均含水率上升在3%左右。当含水率高于50%时，要保持油井稳产，产液量必须提高2～20倍（见表3—26）。因此，就需要提高产液量保持原油稳产（参见第四节），因而也需要增大油管直径。

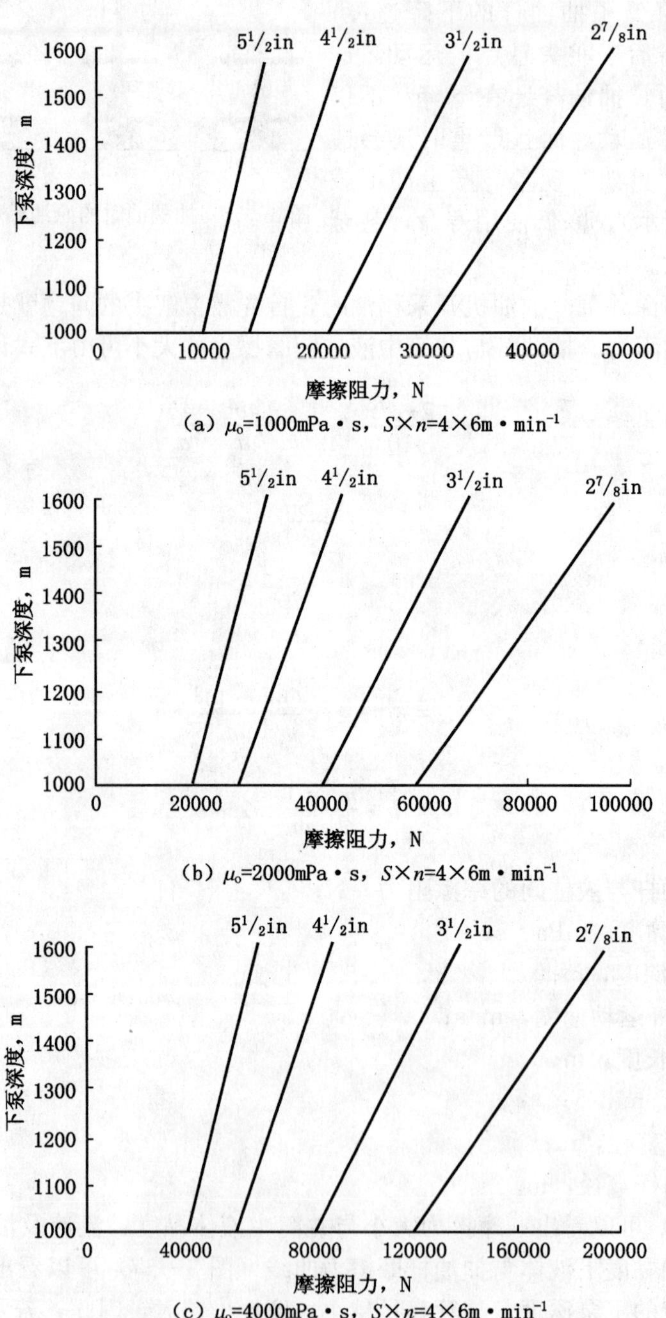

图3—37　油管直径对液体与抽油杆摩擦的影响

表 3—26　含水率与产液量的关系表

含水，%	0	10	20	30	40	50	60	70	80	90	95
产液量，t/d	15.0	16.6	18.8	21.4	25.0	30.0	37.5	50.0	75.0	150	300

胜利孤岛油田地面脱气原油黏度为250～5700mPa・s，地下黏度为20～130mPa・s，油水黏度比为80～350。该油田于1973年投产，1974年4月投入注水开发，由于原油黏度较高，含水率上升很快，大量的原油要在高含水阶段采出。为了保持油田的稳产，提高排液速度，原来的ϕ43～ϕ56mm的小泵已不适应于油田生产的要求，因此相继改用了ϕ70mm与ϕ83mm抽油泵采油工艺。当用ϕ43～ϕ56mm泵时，油井单井日产油为20t，油管直径为2⅞in就能满足要求。当含水率上升到80%时，要保持原油的稳产，排液量必须提高到100t/d，就需要采用ϕ70mm及ϕ83mm的抽油泵，相应的油管直径也要增大到3½in以上。在完井设计时，也要选择较大直径套管。

二、稠油注蒸汽开发

1. 蒸汽吞吐采油

蒸汽吞吐是稠油开发中最普遍采用的方法，我国大部分稠油都是靠吞吐采出的。在注汽阶段，注入的蒸汽将油层加热，原油黏度降低，使原来不能流动或流动性差的原油变得可流动或容易流动。当开井生产时，这些被加热降黏的原油在地层弹性能量及重力作用下流到井底。在生产井筒内，随着原油向井口流动，由于热传导作用，流体温度逐渐降低，黏度又逐渐升高。因此，在设计蒸汽吞吐油井管柱时，既要考虑生产时的抽油状况，又要考虑注汽时的井筒热损失情况。

在注汽阶段，为了减少井筒热损失，提高井底蒸汽干度，通常要下入隔热油管，这种管柱就由油管、隔热层及外管组成。不同管柱尺寸的总传热不同，隔热管的隔热层厚度及环空大小将起着重要作用。不同管柱结构尺寸的总传热系数（表3—27）说明，隔热管柱尺寸越小，传热系数越大，井筒热损失越大。在7in套管中使用2⅜in×4in隔热管，由于隔热层厚度较大而隔热效果比2⅞in×4in隔热管要好，但在深井中机械强度要比2⅞in油管小，注汽管柱安全载荷较小，而且由于小直径油管中流速高、摩阻大，蒸汽沿井筒压降增大，造成井底蒸汽压力降低而井口压力升高（如图3—38）。因此，在保证良好隔热效果的前提下，应尽量采用大直径管柱进行注汽，并为转抽创造条件。

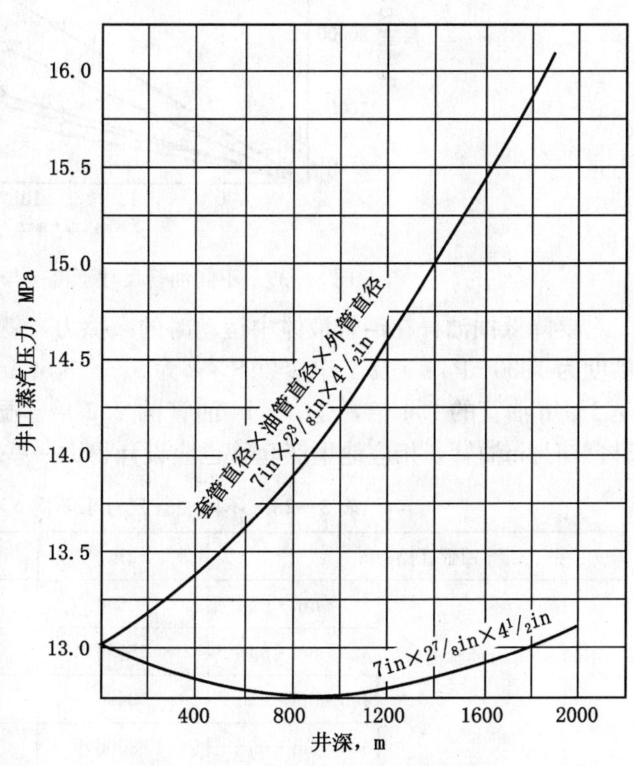

图3—38　不同油管尺寸时井口蒸汽压力

表 3—27　不同井筒结构尺寸的总传热系数 U_∞　　[W/（m^2·K）]

序号	井筒结构尺寸 in	隔热层厚 mm	环空间隙 mm	注汽温度，℃		
				250	300	350
1	7×2⅜×4	17	28.7	1.91	2.52	2.67
2	7×2⅞×4	10.5	28.7	4.13	4.48	4.78
3	7×2⅞×4½	16	22.5	3.58	3.79	4.02
4	5½×2⅜×3½	10.4	17.7	4.18	4.85	5.41
5	5½×2⅜×4	16.8	11.1	3.99	4.01	4.33

在采油阶段，由于蒸汽吞吐是一种依靠天然能量进行强化开采的，产液量很高，因此，所采取的一切工艺措施应尽快地采出注入蒸汽的冷凝水，尽可能多的采出原油为目标，提高吞吐开采效果。这样就对油管尺寸提出了要求，也就是说，油管的大小应能满足油层排液的要求。如果采用小直径油管，在保持高产量的条件下，流体流速很大。如图 3—39 所示，对于同一直径油管，流量越大，冲程×冲数值越大，抽油杆所受液体的摩擦力越大；而且随着原油黏度的增大，摩擦力越来越大（图 3—40），这样就会出现与稠油常规注水开发相同的问题，即造成抽油杆漂浮、抽油杆与驴头碰撞、降低冲程效率等现象。

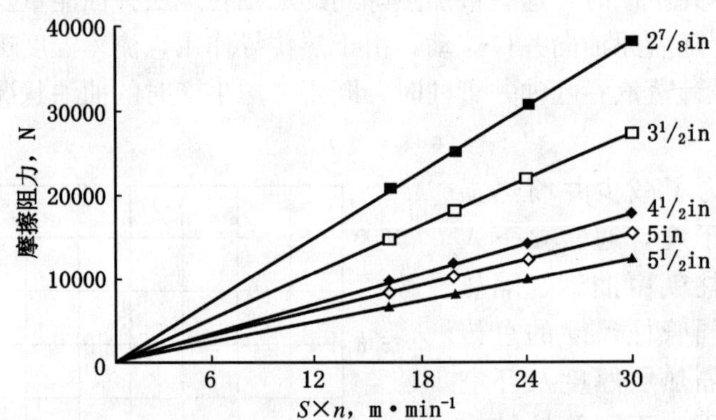

图 3—39　不同油管尺寸下流速与抽油杆摩阻的关系

要降低抽油杆在油管液体中运动时的摩擦力，就要选用较大直径的油管。例如，当液体黏度为 1000mPa·s 及工作参数 $S\times n$ 为 3.3m×6min^{-1}时（表 3—28），2⅞in 油管的摩擦力是 3½in 油管的 1.4 倍，是 4½in 油管的 2.2 倍。显然，减少摩擦力的有效办法就是使用 3½～4½in油管，相应地生产套管也应设计得大一些。

表 3—28　不同油管尺寸下不同 $S\times n$ 抽油杆的摩擦力

油管直径，in		2⅞	3½	4½	5½
不同 $S\times n$ 时的摩擦力 N	2.7×6m·min^{-1}	20500	14500	9500	6600
	3.3×6m·min^{-1}	25000	17800	11600	8100
	4.0×6m·min^{-1}	30400	21600	14000	9800
	5.0×6m·min^{-1}	38000	27000	17600	12300

注：本表系采用原油黏度 1000mPa·s，抽油杆直径 25mm 计算所得结果。

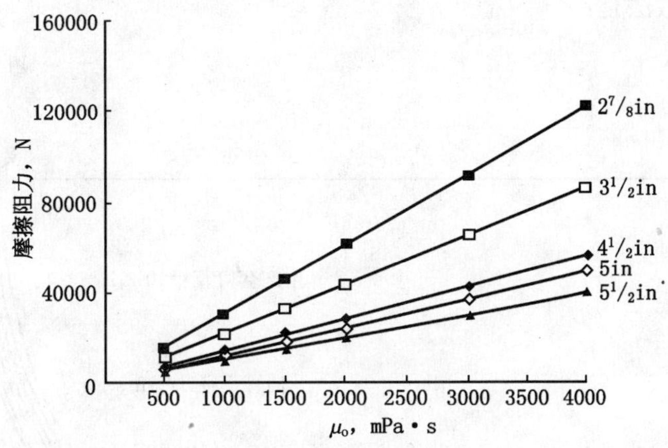

图 3—40　不同油管尺寸下原油黏度对抽油杆摩阻的影响

可见，对于蒸汽吞吐采油，无论是注蒸汽，还是生产，都要采用大直径管柱，以提高吞吐开采效果。

2. 蒸汽驱采油

蒸汽驱是稠油油藏注蒸汽开采的一种主要方式，当蒸汽吞吐开采到一定程度时，随着地层压力的下降及含水饱和度的增加，其效果逐渐变差，若想进一步提高原油采收率，必须转入蒸汽驱。室内研究及矿场实践表明，生产井的排液能力是影响蒸汽驱开发效果的一个重要因素，生产井的排液速度必须大于注汽速度。采注比必须达到 1.2～2，蒸汽驱才能取得良好的开采效果。例如，辽河曙光油田杜 66 块蒸汽驱先导试验区优选的最优注汽速度为 135t/d，在这个注汽速度下，生产井不同排液能力下的蒸汽驱生产效果表明（见表 3—29），当生产井的排液速度小于和等于注汽速度（即采注比小于和等于 1）时，蒸汽驱的开发效果均很差，油汽比低，采收率低；当生产井的排液速度大于注汽速度（即采注比大于 1.2）时，蒸汽驱生产效果逐渐变好。

表 3—29　生产井排液速度对蒸汽驱效果影响

排液速度 t/d	生产时间 d	累积注汽 t	累积采油 t	平均产油 t/d	油汽比	采收率 %	采注比	净增产油量 t
80	126	17010	2410	19.1	0.142	4.1	0.59	992
100	147	19845	2860	19.5	0.144	4.8	0.74	1206
120	218	29430	3870	17.8	0.132	6.5	0.89	1417
140	304	41040	5190	17.1	0.126	8.7	1.04	1770
160	1341	181035	23050	17.2	0.127	38.8	1.18	7963
180	788	106380	16390	20.8	0.154	27.6	1.33	7525
200	751	101385	16010	21.3	0.158	26.8	1.48	7561
220	706	95310	15150	21.5	0.159	25.5	1.63	7207

加拿大 Tangleflags 油田的原油黏度（脱气）为 13000mPa・s，油层厚度为 27m，油藏埋深 450m。Sceptre 公司于 1988 年在该油田进行垂直井与水平井组合蒸汽驱试验，已获得

成功。主要经验与做法是：

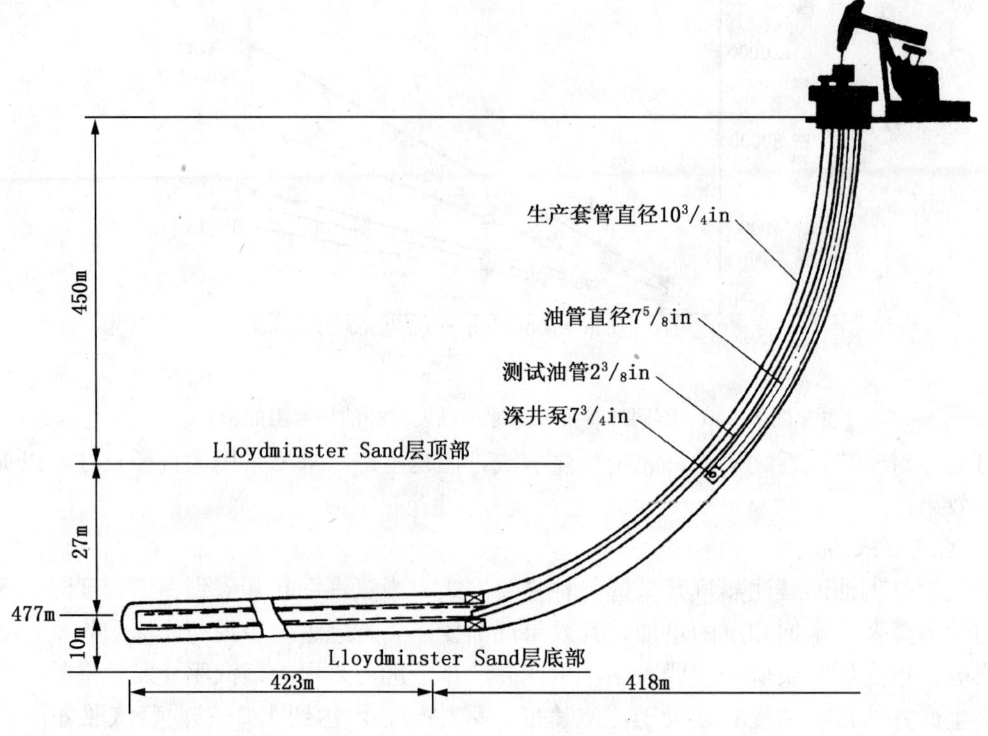

图 3—41 Tangleflages 典型生产井完井示意图

1）对油层的生产能力应有足够的认识。该区在开始时用数值模拟预测的泄油半径为50m，实际生产数据表明，泄油半径应扩大到80m，预测最大排液量为650m³/d，实际已达到1200m³/d。由于开始对产液量预测不足，开始下的3¾in泵已不适合于生产，后来不断更换，从4¾in→5¾in→7¾in，相应排液量也不断增加，即使如此，在时间上也错过了高产期。后来采用7¾in泵，油管直径为7⅝in，生产套管直径为10¾in（图3—41）。抽油时采取下慢上快的方式，提高抽油充满系数。实际产液量达到1200m³/d，含水率为60％情况下日产油480m³。如果一开始预测的最大排液量准确的话，效果会更好。

2）蒸汽突破后是采油的重要阶段。蒸汽未突破前，生产井产量较低，只有在蒸汽突破后，产液量才能提高，大部分原油将在含水率达到60％～80％这一阶段采出。在这一阶段，必须保证生产井有足够大的产液量，采注比大于2，因此在生产井中必须下入足够大的管柱，因而必须下相匹配的大直径套管。

三、高凝油开采

高凝油是一种石蜡基原油，它具有凝固点高、黏度低的特点。原油黏度对温度的变化非常敏感（图3—42），当温度高于凝固点时，原油为牛顿流体，黏度可降到几十毫帕秒到几个毫帕秒。但当温度低于析蜡温度时，流体结构会发生变化，成为非牛顿流体，原油黏度的大小不仅与温度有关，还与剪切速率有关，流动性能随温度的降低而明显变差。因此，对于这种原油的开采，当温度高于凝固点时，黏度很低，流动性很好，一般很容易从地层渗流到井底。但由井底向井口流动时，随着温度的降低，就有可能由于低于析蜡温度而使蜡从原油中析出，黏度升高，流动能力下降甚至由于凝固而失去流动性。因此，高凝油开采的技术关键就是保持原油在流动过程中的温度高于凝固点，重点解决原油在近井地带及井筒中的流动问题。保证蜡不能从原油中析出。

为了使高凝油能够正常生产，目前主要采取以下几种方式：

1）自控加热电缆；

2）空心抽油杆，包括电加热与热水循环两种方式；

3）水力活塞泵；

4）电动潜油泵；

5）同心管热水循环（见图3—43）。

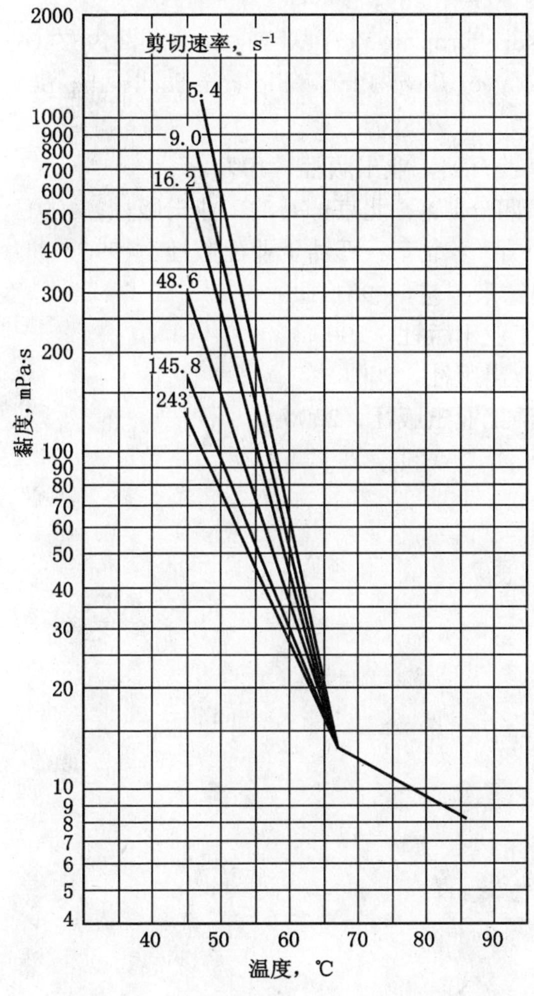

图3—42　辽河沈北油田高凝油流变曲线

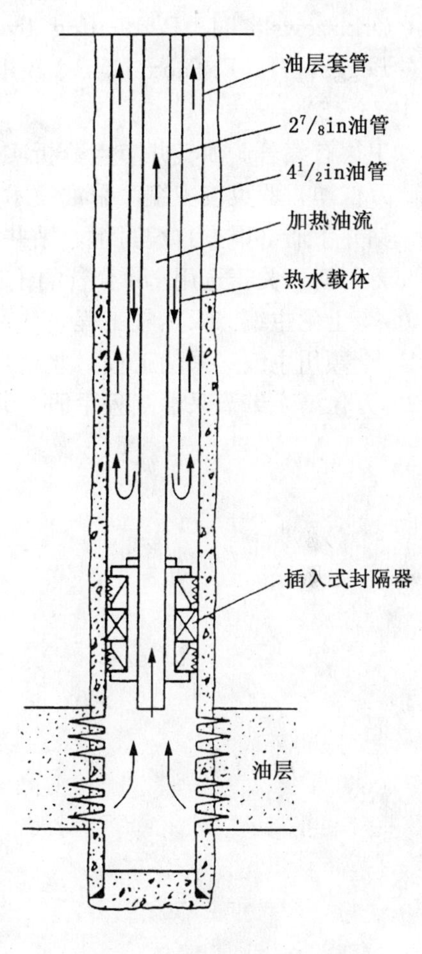

图3—43　双管同心热水循环开采示意图

在这些开采方式中，前4种方式的管柱选择主要取决于油层产液量的大小及工艺条件，对套管尺寸没有特殊的要求。第5种生产方式由于要采用同心油管工艺结构，外层油管必须大于内层油管，因此，一般是7in套管内下入4½in外油管与2⅞in内油管，以便形成热水循环的通道。

如上所述，天然气井、自喷井、人工举升井、增产措施、稠油或高凝油开采对油管和生产套管尺寸的选择都有影响。因此，对于一口具体井来说，在确定合理的油管和生产套管尺寸时，必须考虑以上各方面的要求。

参 考 文 献

1 K. E. 布朗主编．举升法采油工艺（卷四）．北京：石油工业出版社，1990

2 Mach. Joe，Eduardo Proano and Kermit E. Browm. A Nodal Approach for Applying Systems Analysis to the Flowing and Artifical Lift Oil or Gas Well. SPE 8025

3 Duns. H. Jr. and N. C. J. Ros，Vertical Flow of Gas AND Liquid Mixtures in Wells. 6th World Petroleum Congress，Frankfunt，Germany，1984

4 Orkiszewski. J. Perdiciting Two－Pressure Drop in Vertical Pipe. JPT，1967（6）

5 Beggs，H. D. and J. P. Brill. A Study of Two Phase Flow in inclined pipes. JPT，1973（5）

6 王德有编著．油气井节点分析实例．北京：石油工业出版社，1991

7 万仁溥，罗英俊主编．采油技术手册（第四分册）．北京：石油工业出版社，1991

8 钻井手册（甲方）编写组，钻井手册（甲方）．北京：石油工业出版社，1990

9 万仁溥．关于选用7in套管的论证．石油钻采工艺，1981（1）

10 李士伦主编．天然气工程．北京：石油工业出版社，2000

11 李颖川主编．采油工程．北京：石油工业出版社，2001

12 万仁溥主编．采油工程手册．北京：石油工业出版社，2000

第四章 完井液与射孔液

钻开油气层的钻井液实际上就属于完井液范畴，此时称为钻井完井液。钻井完井液必须具有保护储层、保证井下安全和钻井工作顺利进行的功能。因此，它实际上是钻井液技术与储层保护技术的综合应用技术，即保护储层的钻井完井液技术。射孔液是完井过程中射孔作业使用的工作液，它应具有保护储层又能满足射孔施工工艺的要求。

第一节 钻井完井液功能及基本要求

一、钻井完井液功能

不同的油气藏及不同的钻井工程要求所使用的钻井完井液类型及性能各不相同，但其基本要求都相似，即它一方面必须具有钻井液的功能，另一方面又必须满足保护储层的要求。作为钻井完井液它必须具有以下功能：

1）控制地层流体压力，保证正常钻井。为此，要求钻井液的密度可以根据井下实际情况和钻井工艺要求进行调整，以有效地控制地层流体。

2）具有满足钻井工程必须的流变性。为满足喷射钻井的要求，钻井完井液的流变参数应按最大限度发挥水功率的要求进行优选；为保证有效的清洗井底携带岩屑和悬浮加重材料，钻井完井液必须具有相应的流变特性；同时，钻井完井液流变特性的确定还必须考虑固井提高顶替效率的需要。

3）稳定井壁。要求钻井完井液的密度、抑制性能、滤失造壁性能和封堵能力等能满足所钻地层要求，保持井壁稳定。

4）改善造壁性能，提高泥饼质量，稳定井壁，防止压差卡钻。改善造壁性能是钻井完井液的重要要求，它不仅是稳定井壁的需要，而且对于在钻开渗透率较高的储层时是防止压差卡钻的关键，同时又是保护储层所必需的，因而是钻井完井技术中的关键技术之一。

5）其他钻井液所必须具备的功能。

钻井液除具有上述功能外，还必须能较好地防止对所钻储层的伤害。

不同类型的储层遇到不同类型的完井液都有不同的伤害。其伤害情况随储层特性和完井液性质不同而异。因此，根据不同的油气藏，认清其伤害机理，找出其伤害原因，筛选与之相适应的完井液体系和确定相应的应用工艺，是保护储层完井液技术的核心内容。

钻开储层，破坏了储层原有的平衡状态，使储层开始与外来工作液（钻井液、水泥浆等）接触，这必然会给储层带来伤害。因此，钻开储层时，防止储层伤害的问题是保护储层技术的系统工程中必须充分重视的第一环节。

由于钻井完井作业破坏了储层原有的平衡，同时钻井完井液、固井水泥浆等工作液与地层较长时间的接触，因此一切由此而引起的储层伤害问题都可能发生。它们包括：工作液中固相粒子进入储层造成伤害、工作液中液相进入储层后引起的地层固相（主要是各类粘土矿物及其他亲水性次生矿物）的水化、储层表面的润湿性反转、相圈闭伤害、乳化堵塞、与地层水产生无机垢沉淀、微粒运移以及井喷、井漏、井塌等因素造成的储层伤害等。

因此，在钻井完井过程中，必须根据油气藏特性及潜在问题，在充分认识所钻储层伤害机理的基础上，准确分析伤害的原因，然后有针对性地采取钻井作业措施，方能收到保护储层的效果，以保证储层的及时发现和使储层保持原有产能，从而使保护储层系统工程的第一个环节达到预期效果。

二、钻井完井储层伤害特点

钻开储层的过程一般都要维持一段时间，它对储层的伤害包括从钻开储层起一直到固井完成为止的全过程中多个环节，其中压差、浸泡时间以及环空返速均有影响。因此，钻进过程对储层伤害的影响也应分段研究，但就其对储层伤害的一般规律，可对其影响因素归纳如下。

1. 钻井完井液中的固相含量及固相粒子级配

在钻开储层时，使用钻井完井液必然对储层造成一定程度的固相粒子堵塞，钻井完井液中固相含量愈高，对储层伤害愈大（图 4—1）。

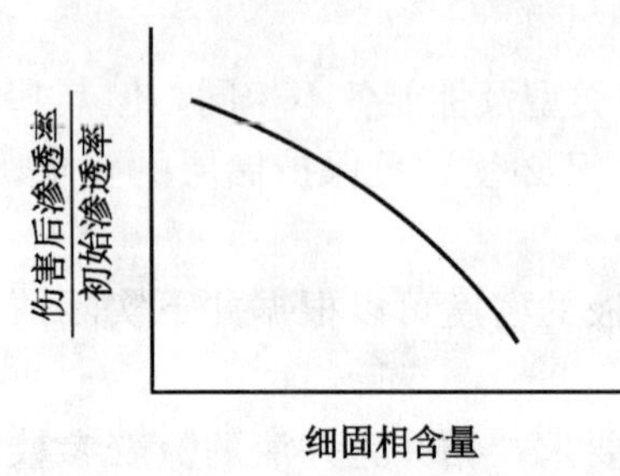

图 4—1 钻井液中的固相对地层渗透率的影响

固相对储层伤害的大小决定于固相粒子的形状、大小及性质和级配。在钻井完井过程中，大于储层孔喉直径的粒子不会侵入储层造成伤害，而比储层孔喉直径小的粒子进入储层则会造成伤害。颗粒越小，侵入深度愈大。若钻井液中含有细颗粒或超细颗粒，则侵入深度和伤害程度更大。若钻井液中各种大小直径的颗粒都有，则细粒子及超细微粒的侵入深度将降低，但在伤害带的伤害程度并不减小。

固相粒子的伤害对裂缝油气藏更为突出。因此，搞好固相粒子控制，减少钻井完井液中固相含量，特别是细及超细粒子含量，并使它们保持一个合理的级配，是减少钻井完井液固相对储层伤害的重要内容。同样，若钻进中井壁不稳定、页岩垮塌、井径扩大、泥页岩造浆等因素造成钻井液的固相含量增加，都将会加剧固相对储层的伤害。

2. 钻井完井液对粘土水化作用的抑制能力

储层中粘土矿物的水化膨胀、分散运移是储层水敏伤害的根本原因，钻井完井液对粘土水化的抑制性愈强，则地层水敏伤害愈小。因此，针对储层中的粘土矿物类型和性质，提高钻井完井液的抑制性是保护储层钻井完井技术的另一主要内容。

3. 钻井完井液滤液与地层流体的配伍性

钻井完井液滤液与地层流体若经化学作用产生沉淀或形成乳状液，都会堵塞储层，其中水基钻井完井液滤液与地层水的不配伍可能形成各类沉淀，是最常见的伤害（结垢）。

4. 各种钻井完井液处理剂对储层的伤害

各类钻井完井液处理剂随滤液都将与储层发生作用，尽管其作用类型、机理会因处理剂种类和储层组成、结构不同而异，但大都会对储层产生不同程度的伤害。由于处理剂是钻井完井液的必要成分，因此，针对油气藏特性，选择适当的处理剂是钻井过程中保护储层技术的又一重要内容。

三、保护储层对钻井完井液的要求

为了实现储层保护，钻井完井液必须满足以下要求：

1）保持钻井完井液的液相与地层的相容性。①与储层中液相的配伍性，包括不与地层水发生沉淀，不与油发生乳化，无气泡产生；②与储层的配伍性，尤其对于水敏、盐敏、碱敏较为严重的储层更需特别注意；③对储层润湿性的影响。以上与储层各方面的配伍性需要适当选择完井液的组成，包括处理剂、无机盐、表面活性剂等，用有效的评价方法加以验证评价后确定。

2）严格按照储层孔喉分布特点，控制钻井完井液中固相（特别是粘土、重晶石）的含量及其级配，以减少钻井完井液中固相粒子对储层的伤害。

3）注意防止完井液对钻具、套管的腐蚀作用。由于完井液中大多含有各类无机盐（NaCl、KCl、$CaCl_2$等），它们对钻具和套管的腐蚀更为突出，不仅降低钻具和油气井的寿命，而且腐蚀产物会伤害储层。

4）对环境无污染或污染可以消除。

5）体系性能稳定，保证井下安全，在深井中还需考虑其热稳定性问题。

6）成本低廉，应用工艺简单。

目前国内外的实践证明，效果良好的钻井完井液一般成本高，且应用工艺复杂（包括配制、使用、净化维护处理等）。因此研究和开发效果好、成本低、应用工艺简单的钻井完井液，就成为目前国内外完井液技术的主要研究内容及发展方向。

第二节　钻井完井液体系及其应用

钻井完井过程中，应根据所钻储层的地层压力、岩石组成及结构特性、地层流体情况等不同条件，选择不同类型和不同组成特性的钻井完井液。目前，国内外使用的钻井完井液种类很多，按其成分及作用原理大体可分为3大类：气基类，空气、雾、泡沫、充气钻井完井液等；水基类，无固相清洁盐水完井液、无粘土有固相完井液（暂堵型体系）和改型完井液等；油基类，油基完井液、油包水乳化钻井完井液等。

一、气基类钻井完井液

钻遇低压储层（一般压力系数小于1）时，为了对储层不产生过大的正压差，避免储层伤害，不能采用常规的水基钻井液和油基钻井液。在地层条件允许的情况下，应采用气基类钻井完井液。严格地讲，由于它们并不都是以气体作为分散介质的体系，所以简单称为气基钻井液并不准确，只不过都是通过气体这个组分来达到使钻井完井液体系密度低于$1g/cm^3$，以利于钻进低压层的目的。

1. 空气

空气流体是指由空气或天然气、防腐剂、干燥剂等组成的循环流体。由于空气的密度低，常用来钻漏失层、敏感性强的储层、溶洞性低压层和低压生产层等。其机械钻速与用常规钻井液时相比可增加3～4倍。具有钻速快、钻井时间短、钻井成本低等特点。使用空气钻井时需要在井场专门配备空气压缩机等设备。在一般情况下，地面注入压力为0.7～1.4MPa，环空流速为762～914m/min时能有效地进行空气钻井。它的使用常受井深、地层出水、井壁不稳等因素限制。

2. 雾

雾液是由空气、发泡剂、防腐剂和少量水混合组成的循环流体，是空气钻井完井过程中的一种过渡性工艺。即当钻遇地层液体时，如果地层出液量低于$24m^3/h$，可用雾液来钻进低压油气藏；如果地层出液量大于$24m^3/h$，就只能采用泡沫液钻进。在雾液中空气是连续相，液体是非连续相。当用雾液钻井时，空气需要量通常比空气钻井高30%，有时要高50%。并视井内出液量情况，通常要向井内注入20～50L发泡液（其中99%是水，1%为发泡剂）。

为了能有效地将岩屑携带出井口，地面注入压力一般高于2.50MPa，使井内环空流速要达到914m/min以上。由于空气和雾液环空压力很低，是在负压下钻井，对生产层的影响很小。

3. 充气钻井完井液

充气钻井完井液是将空气注入钻井液内来降低流体液柱压力。充气钻井完井液的密度最低可到0.5g/m³，钻井液和空气的混配比值一般为10：1。用充气钻井完井液钻进时，环空速度要达到50～500m/min，地面正常工作压力为3.5～8MPa。在钻进过程中要注意空气的分离和防腐、防冲蚀等问题。

4. 泡沫液

目前，泡沫液是钻进低压产层常用而有效的完井液，用它作修井液也可收到良好效果。最常用的钻井泡沫液是稳定泡沫。它在地面上形成后再泵入井内使用，故而也称作预制稳定泡沫。

（1）稳定泡沫完井液的应用特点

1）泡沫密度低，井内流体静压力低。一般情况下，泡沫密度为0.032～0.065g/cm³，而液柱静压力只有水的2%～5%，对产层产生负压差，因而对产层伤害很小。但对由于力学因素而造成井壁不稳定的地层，不宜采用。

2）稳定泡沫的携屑能力强。稳定泡沫是密集细小的气泡由强度较大的液膜包围而成的一种气—水型分散体系。它的密度较小，但有较大的强度，具有一定的结构，因此在较低速度梯度下有较高的表观黏度，所以它在井内环空里流动时会形成柱塞上移。由于此柱塞黏度高，强度大，因而对钻屑有很强的举升能力，加上泡沫的可压缩性很强，在泡沫上升的过程中存在的膨胀趋势，也对钻屑的举升有利。所以，好的稳定泡沫的携屑能力可达水的10倍，比常用钻井完井液高4～5倍，完全可以满足钻进过程中净化井底和携屑的要求。显然，泡沫的携屑能力与泡沫稳定性及泡沫强度有直接的关系。

3）液量低。泡沫中水相含量不得高于25%。水相含量低，而且束缚于液膜中，因此与储层接触和进入储层的可能性大大减少。

4）流体中无固相。除钻屑外，泡沫中可以不含其他的固相（即可不选专用的固体泡沫稳定剂），因而减少了固相的伤害。

5）一般不能回收，无法循环使用。预制泡沫入井循环返回地面后难以回收，其回收装置要求较高，而通常让其排空。所以一般泡沫液入井只使用一次，不循环使用。显然研制实用、有效的泡沫回收装置是一个重要研究方向。

（2）泡沫组成与配制

钻井完井、修井用泡沫的种类很多，但就其基本组分而言，有以下几种：

1）淡水或盐水。其矿化度和离子种类依地层条件而定，水的含量为3%～25%（体积比）。

2）发泡剂。它是一些具有成膜作用的表面活性剂，种类很多，常用的有烷基硫酸盐、烷基磺酸盐、烷基苯磺酸盐、烷基聚氧乙烯醚和烷基苯基聚氧乙烯醚等。

3）水相增黏剂。用以提高水相黏度的水溶性高分子聚合物，如CMC等，加量以使水相黏度适宜为度。

4）气相。空气、氮气，由压风机及专门供气设备提供。

5）其他。用以提高泡沫稳定性的专用组分等。

泡沫组成（配方）是否合适，除了它与地层是否匹配外，主要看这种组成形成的泡沫的稳定性。稳定性愈强，则其组成（配方）好，反之则差。而泡沫稳定性可用泡沫寿命或衰期来衡量，其测量办法可参阅有关专著。

泡沫组成确定好之后，能否形成可在井下实际使用的泡沫液，关键在于专用配制设备。目前，国内外都有定型设备供现场使用。

（3）泡沫气液比的确定

这是泡沫组成中的一个重要问题，但它不是简单的配方问题，而是一个复杂的应用工艺。

一般而言，泡沫中液相占3%～25%（体积比）即可形成具有优良携屑能力的稳定泡沫。当液相体积低于3%（称为干泡沫）时，泡沫稳定性变差，常合并成为气泡，甚至成为“气袋”，丧失泡沫的携带能力。当液相体积高于25%（称之为湿泡沫）时，泡沫结构也趋于破坏，成为混气液体，形成流动性质类似于水溶液的水泡沫，携屑能力类似水，失去泡沫的作用。形成泡沫中水相与气相的比，由注气量和注水量来调整和控制，一般而言，注入气量为12～30m^3/min，注入水量为40～200L/min，在地面工作压力为1.5～3.5MPa条件下保持2.5～10m/s的环空返速，可保持井眼的净化。

但是，由于气体体积受温度、压力变化的影响比水大得多，因此，在泡沫使用过程中所形成的稳定泡沫的气液比随着泡沫所受的温度及压力的变化而大幅度变化。所以要使全井段保持稳定泡沫，需要正确地设计出各井段温度和压力条件下都合适的气液比，然后确定出总的注入量和比例。这是一个涉及很多因素（井眼基本参数、空气注入量、泡沫注入速度及机械钻速等）的复杂问题。国外一般利用计算机专用程序进行控制。

（4）环空回压控制

为适应地层条件，钻进中需控制和调整流体对地层的压力，以保证钻井的顺利进行和井下的安全，一般可用控制环空回压的办法来解决。

为了及时了解井下压力变化，控制井下泡沫的气液比也需采用控制环空回压的办法。

因此，控制环空回压是泡沫钻井完井技术的必要组成部分，一般采用在井口出口和排屑管线之间安装回压阀来控制，可收到预期的效果。

（5）泡沫液的流变性

由于泡沫中气体的可压缩性很强，从而使泡沫的流变性及其研究方法都不同于一般流体。这是一个新的领域，目前国内外正在进行研究，还没有重大的突破。

综上所述，只要地层条件和井下情况允许，在低压油气藏采用泡沫钻井完井是目前最好的方法之一。在我国的新疆、长庆等油田的低压油层，都曾成功地使用了泡沫液作为钻井完井液和修井液，收到了明显的效果。

二、水基类钻井完井液

这是目前国内外使用最广泛的一大类钻井完井液体系，它是一种以水为分散介质的分散体系，最常用的有三大类。

1. 无固相清洁盐水钻井完井液

（1）基本思路

消除固相对储层的伤害，完井液中完全不含固相而又能满足保护储层及钻井工艺的两大要求。

1）体系为不含任何固相的清洁盐水，用精细过滤的办法保证盐水的清洁程度。

2）用无机盐的种类、浓度、配比调整完井液密度以满足井下需要。

3）用体系的高矿化度和各种离子的组合实现体系对水敏矿物的强抑制性，以控制储层的水敏伤害。

4）用对储层无伤害（或低伤害）的聚合物提高黏度。

5）用对储层无伤害（或低伤害）的聚合物降低失水。

6）必要时采用表面活性剂和防腐蚀剂。

（2）清洁盐水的密度控制

清洁盐水实质上是由清水和一种或几种无机盐配成的盐水溶液，它的密度由盐的浓度和各种盐的比例确定，密度范围为 1.00～2.30g/cm³。各种盐水溶液达到饱和时其密度彼此不同，如表 4—1 所示。

表 4—1　各类盐水所能达到的最大密度

盐水类型	盐的质量浓度，%	在 21℃时的密度 g/cm³
NH_4Cl	24	1.0
KCl	26	1.07
NaCl	26	1.17
KBr	39	1.20
$CaCl_2$	38	1.37
NaBr	45	1.39
NaCl/ NaBr		1.49
$CaCl_2/CaBr_2$	60	1.50
$CaBr_2$	62	1.81
$ZnBr_2/CaBr_2$		1.82
$CaCl_2/CaBr_2/ZnBr_2$	77	2.30

同种盐的水溶液，其浓度不同则密度不同，改变浓度则可调整密度；同种盐的水溶液、浓度相同，温度不同则其密度不同。使用时应注意考虑温度的影响。

（3）几种常用无固相盐水的配制

1）氯化钾盐水。氯化钾盐水是对付水敏性储层最好的钻井完井液之一，在地面可以配成 1.003～1.17g/cm³的溶液。其密度由 KCl 的浓度确定。

2）氯化钠盐水。氯化钠盐水最为常用，其密度范围为 1.003～1.20g/cm³，为防止储层粘土矿物的水化，在配制过程中一般加 1%～3%的氯化钾，氯化钾不起加重作用，只作为储层伤害抑制剂。其密度由 NaCl 的浓度确定。

3）氯化钙盐水。深井钻井完井和储层异常高压，要求钻井完井液的密度高于 1.20g/cm³，而氯化钙盐水密度的配制范围为 1.008～1.39g/cm³。氯化钙有两种：粒状氯化钙的纯度为

94％～97％，含水5％，能很快溶解于水中；片状氯化钙的纯度为77％～82％，含水20％。若使用后一种氯化钙，则需增大加量，联合作用可适当降低成本。其密度由$CaCl_2$的浓度确定。

4）氯化钙/溴化钙盐水。当井眼要求工作密度为1.40～1.80g/cm³时，就需要使用氯化钙/溴化钙盐水。氯化钙/溴化钙在配制时以密度为1.82g/cm³的溴化钙液作为基液。降低密度时，用密度为1.38g/cm³的氯化钙溶液加入基液内调整体系密度。其密度由$CaCl_2$与$CaBr_2$的浓度确定。

5）氯化钙/溴化钙/溴化锌盐水。氯化钙/溴化钙/溴化锌盐水可配制密度为1.81～2.31g/cm³的完井液，专用于某些高温高压井。氯化钙/溴化钙/溴化锌盐水配制时，要视每口井的具体情况及其环境来考虑溶液的相互影响（密度、结晶点、腐蚀等）。增加溴化钙和溴化锌的浓度可提高密度、降低结晶点，最高密度的最高结晶点为-9℃；而增加氯化钙的浓度，则可降低密度，提高结晶点，可使结晶点升至18℃，且组分最经济。其密度由$CaCl_2$、$CaBr_2$、$ZnBr_2$浓度确定。

（4）失水控制与增黏

清洁盐水中不含固相，在井壁不形成泥饼，没有控制失水的造壁能力，因而失水较高，在高渗透储层易形成漏失。为了减少价格昂贵的完井液漏失和减少对储层伤害，有必要控制它的失水。控制办法是用一些专用的水溶性聚合物来提高水相的黏度，以降低其滤失速率，这种专用聚合物必须具有以下特点：

1）能在高矿化度盐水中溶解，且不能被高价金属离子所沉淀；

2）在盐水中有较强的增黏能力；

3）对储层没有明显的伤害；

4）稳定性好，不易降解。在较高温度（100℃以上）仍然有效。

常用的有羟乙基纤维素（HEC）、生物聚合物（XC）和羟乙基淀粉等。

清洁盐水控制失水的目的和途径如上所述，测定失水一般用岩心作过滤介质而不用滤纸。

由于钻井完井液必须具有一定的黏度，以满足净化井眼等钻井工程的要求，而清洁盐水中无固相只好采用水溶性聚合物来提高体系黏度。因此，对于清洁盐水完井液，提黏度与降低失水在原则上是一回事。

所以，使用HEC和XC（单独使用或复配使用），既可有效地将清洁盐水黏度提高到40～50mPa·s（表观黏度），又可将体系的失水降到10mL以下，完全可以满足钻井完井工艺及保护储层的需要。

（5）温度的影响

温度会影响清洁盐水完井液体系的各种性能，尤其对密度的影响最为显著，这种影响包括两个方面。

1）饱和盐水的结晶温度。在较高温度下接近饱和的高矿化度盐水，若温度降低到一定数值，它就可能达到饱和或过饱和状态，引起盐的结晶。这不仅堵塞管线，而且使溶液中盐的浓度下降，从而使液相的密度大幅度下降，使钻井完井液密度不符合设计要求而无法使用。因此，一个地区所使用的这类完井液的结晶温度一定要高于该地区的最低气温。而它的结晶温度与盐的种类和不同盐的比例有关。因此在选用混合盐调整控制完井液密度时，应考虑使体系具有较高的结晶温度，这是该项技术必须考虑的内容。例如，欲配制密度为

1.40g/cm³的清洁盐水可以有好几种配方，如用饱和$CaCl_2$溶液和$CaCl_2/CaBr_2$混合溶液，都可以达到要求，但是前者18℃就开始结晶，而后者随$CaBr_2$比例增加，结晶温度下降可达-35℃。$CaBr_2$成本很高。所以既满足密度需要，又使体系结晶温度高于使用中的最低温度，又要成本低廉，则合理地选用混合盐及其比例是一项重要的技术。

2）温度对体系密度的影响。温度变化，溶液体积变化，则体系密度变化。因此井底温度对完井液的设计和维护是个重要的影响因素，从地面到井底的温度变化会影响完井液的平均密度。当温度增加时，密度要下降。所以，在配制时必须要知道完井液在井筒时的平均工作温度后，才能确定在地面条件下配制的密度。图4—2是在21～43℃（70～110℉）下对一些盐水测得温度与密度关系的一些实验数据，根据图中的修正系数可计算出在井底温度下能平衡地层压力的盐水在地面的密度。即：

$$\rho_{21℃} = \rho_1 + 1.8K_x\ (t-21)$$

式中　$\rho_{21℃}$——21℃下的密度，g/cm³；

ρ_1——平衡地层所需的盐水密度，g/cm³；

t——井眼平均温度［t=（井底温度+地面温度）/2］，℃；

K_x——55.6℃温度修正系数，g/cm³。

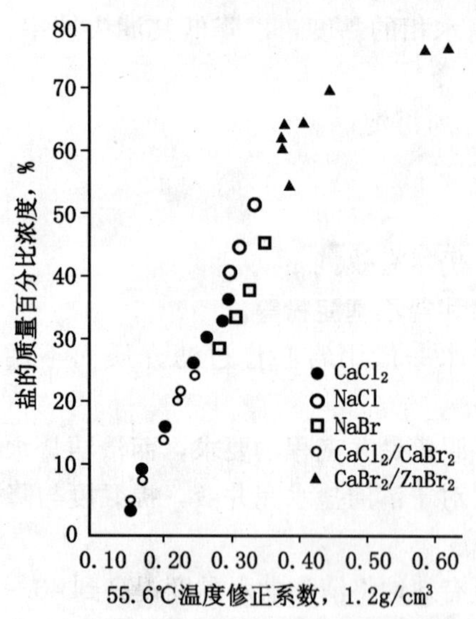

图4—2　几种盐水密度的温度修正系数

一般来说，1.02～1.40g/cm³密度范围的氯化钾、氯化钠、氯化钙盐水受温度影响小，而重盐水如溴化钙、溴化锌盐水受温度的影响较大。对某种盐水而言，越提高密度，温度对密度变化的影响就越小。

（6）保持完井液体系的净化

无固相清洁盐水的基本优点是避免固相对储层的伤害，因此清除各类固相、保证体系的清洁，是这类体系应用技术的关键。要求体系在配制、运送、储存、应用过程中都要保持清洁。所以，精细过滤设备是使用这项技术的必要条件，而保持配制、运送、储存设备的清洁，也是必要的内容。

（7）防腐蚀

盐水溶液对地面设备、管线及井下管材的腐蚀十分严重，必须考虑对它们的缓蚀问题。常用缓蚀剂不少，但体系所用缓蚀剂必须对储层没有伤害，因而增加了工艺的难度。

（8）回收

清洁盐水完井液成本很高，使用后必须回收，以便重复使用。

国外曾经大量使用无固相清洁盐水钻井完井液体系，也的确见到很好的效果。例如，美国墨西哥湾的573区块上未使用清洁盐水钻井完井液前，单井平均产油31.8m³/d，产气56634m³/d，而使用清洁盐水完井液后单井平均产油270.3m³/d，产气566343m³/d。但是它们也存在着不少问题，从而妨碍了其推广应用。这些问题是：

1）成本高。高密度的盐水清洁液，因为溴化物昂贵而成本很高，而且体系所用增黏、降失水剂一般价格也十分高。因此，使用这类体系每立方米的单价比常用钻井完井液高几倍至几十倍。

2）工艺复杂，要求很高。使用中为保持体系的清洁，必须使用专门设备和工艺。为保持体系密度稳定，也需进行专门设计，这样使其应用工艺要求高，技术复杂。

3）HEC、XC等增黏剂，对储层的伤害也不能完全忽略，特别是在浓度较高时，对某些储层的伤害还比较严重。

4）大量失水进入储层容易引起“水锁”（亦称水相圈闭伤害），从而对储层造成伤害。

5）高矿化度的水相进入盐敏性储层将造成严重伤害，即盐敏性储层不宜采用这种体系。

综上所述，清洁盐水完井液体系的优点和缺点，在很大程度上都是由于体系中无固相所致，因此后来发展出一种有固相，而此固相的伤害在后期又可消除的完井液，即暂堵型完井液体系。

2. 有固相无粘土相钻井完井液

钻井完井液中高分散的粘土粒子，侵入储层后会造成无法消除的永久性伤害，所以钻井完井液中都应尽量清除它。而无固相的清洁盐水不含任何固相，虽然能消除固相的伤害，但控制密度和失水比较困难，因而带来了一系列复杂问题，并使成本很高。倘若在盐水中加入一些可以加重钻井完井液又有利于形成滤饼而控制失水的固相粒子，则使体系加重和失水控制变得比较容易。虽然这些固相粒子在钻井过程中必然堵塞储层，但是这种堵塞因这些固相粒子可以在后期用特殊办法消除，从而达到不伤害储层的目的，所以这种特殊的固相粒子叫暂堵剂，这项技术叫暂堵技术。而由此形成的钻井完井液体系就是无粘土有固相钻井完井液体系，又称暂堵型完井液体系。

这类体系由水相和作为暂堵剂的固相粒子所构成。水相一般是与储层配伍的水溶液，显然不会是淡水，而是与储层相适应的加有各种无机盐和抑制剂的溶液。由于不需要从液相考虑体系的密度问题，因此它就简单得多，而且对储层的针对性也强得多。固相部分（即暂堵剂）的作用除对体系加重外，是在井壁上形成后期可以除去的内外滤饼，以减少失水。它是一些在水中高度分散的固相微粒，其分散度大小应与储层孔喉相适应，呈多级分散状态，且具有合理的级配，它们能在储层井壁表面上形成致密的外滤饼和在储层内的孔喉上架桥，并形成致密的内滤饼。这种固相粒子自身可以溶解于酸、油或水中。因此依其自身密度和溶解能力可分为酸溶性暂堵剂、油溶性暂堵剂及水溶性暂堵剂。一般而言，暂堵剂粒子分为桥堵粒子和填充粒子两大类。

（1）酸溶性体系

此体系内的所有成分都应能在强酸中溶解。比较常用的酸溶性体系有聚合物碳酸钙钻井完井液。这种体系主要由盐水、聚合物、碳酸钙微粒（2500目）、加重剂和其他一些必要的处理剂组成，密度范围为1.03～1.56g/cm^3。

在作业后，用酸化方式可清除沉积在储层井壁内、外的固相颗粒或滤饼。

（2）水溶性体系

水溶性体系主要由饱和盐水、聚合物、盐粒和相应的添加剂等组成，密度范围为1.0～1.56g/m^3。它是把一定尺寸的固相盐粒加入到已经饱和的盐水里，并加入聚合物。由于盐粒在饱和盐水内不能再溶解，悬浮在粘性溶液里可起惰性固相作用，这样，盐粒和体系中的胶体成分可起到桥堵、加重和控制滤失的作用。与酸性体系相比，暂堵在储层上的盐粒及滤饼不需进行酸化，而只用淡水或非饱和盐水浸洗即可除去。

（3）油溶性体系

油溶性体系由油溶性树脂、盐水、聚合物及一些添加剂所组成。其中，油溶性树脂为桥堵材料，聚合物选用 HEC 以提高黏度，另需加入一些亲水性表面活性剂使树脂为水润湿。油溶性树脂可由地层中产出的原油或凝析油溶去，也可注入柴油和亲油的表面活性剂加以溶解。

因此，这类体系虽有很多优点，但由于油溶性暂堵剂难于悬浮，不能形成结构，并且制备困难，因而在实际使用中应用并不太多。而大量的暂堵剂用于改性钻井完井液体系。其改性途径为：

1）调整钻井液无机离子种类使之与地层水中离子种类相似，提高钻井液矿化度达到储层临界矿化度以上；或者按“活度平衡原理”，调整钻井液矿化度达到要求，并使钻井液液相与地层水配伍。

2）降低钻井液中固相含量。

3）调整钻井液固相粒子级配，根据储层孔喉直径选择粒径与之相当的粒子作为桥塞粒子，同时尽量减少小于 1μm 的亚微粒子数量。

4）选用酸溶性或油溶性暂堵剂。

5）改善泥饼质量，降低钻井液高温高压失水。

6）选用对储层伤害低的钻井液处理剂等。

目前，改性钻井液被国内外广泛用作钻开储层的完井液，这是因为它成本低（比专用完井液成本低得多），应用工艺简单，对井身结构和钻井工艺没有特殊要求。同时，实践证明这类钻井完井液也可将许多储层的伤害降到 10%以下，使其表皮系数很低以致接近于零。

另外，在实际使用中由于很多实际问题使专用的完井液体系（如清洁盐水、无粘土相暂堵体系）无法使用。比如储层上部有未被套管封隔的坍塌层，为保持该井段井眼的稳定，必须使钻井液具有较高的密度，这样钻开储层必然对储层产生一个较大的正压差；又如所钻储层本身就是坍塌层，钻井完井液必须具有良好的防塌性能；又如深井深部储层高温作用等，都是专用完井液难以解决的技术难题。而且在实践中常会钻遇多套含油气层系，各油气层组之间是富含粘土的泥页岩夹层，这时专用完井液在使用中很难一直维持其原有组成和特性，仍将成为含有粘土粒子的钻井液体系，失去专用完井液的优势。

综上所述，在实际生产中由于井下情况复杂，油气层并不单一及套管程序的限制无法采用和维持专用完井液，只有采用能对付井下各种复杂情况的钻井液进行改性，以使它对储层的伤害减到最小，是保护储层钻井完井液技术中最有实用价值的部分。目前，国内外的改性钻井液作为完井液技术，大多是以如何尽量减少钻井液对储层伤害为基础。在下一节将详细介绍一种思路与此不同的新型的改性钻井液技术——“屏蔽式”暂堵技术。

三、油基类钻井完井液

油基类钻井完井液包括油包水型乳状液（如逆乳化钻井完井液）和油为分散相、固相在油中的分散体系（如油基钻井完井液）。它们都具有热稳定性好、密度范围大、流变性易于调整、能抗各种盐类污染、对泥页岩有很强的抑制性、稳定井壁、防腐等优点。而且由于滤液为油相，避免了储层的水敏作用。因此一般认为对储层产生很低的伤害，被看成是既能满足各种作业要求，又能保护储层的效果很好的完井液。它可以广泛地应用于钻开储层、扩眼、射孔、修井等作业中，也可用于低压储层的砾石充填液，并都在实践中取得了好的效果。但也应考虑其经济性和安全性。

1. 油基类钻井完井液对储层伤害机理

实践证明，油基类钻井完井液对储层仍然可能产生伤害。无论哪一种油基完井液对储层伤害的机理都类似，且可归纳为以下几方面：

1）使储层润湿性反转，降低油的相对渗透率。

2）与地层水形成乳状液堵塞储层。

3）亲油性粒子的微粒运移。

4）完井液中固相粒子侵入储层。

5）其他组分对储层的伤害。

（1）储层润湿性反转

储层润湿性变化会引起相对渗透率的变化。当储层表面由亲水性变为亲油性时，油相对渗透率下降可达40％以上。而表面活性剂与岩石表面作用必然会改变其表面润湿性，在油基钻井完井液中不可避免地要大量使用各种表面活性剂，如主乳化剂、辅乳化剂、润湿反转（由亲水→亲油）剂等。各种乳化剂分子的两亲结构在亲水的岩石表面发生的吸附必然是亲水基与亲水的岩石表面结合，而把亲油基向外，其结果使岩石表面亲油。其中阳离子型表面活性剂影响最为明显。

（2）乳状液堵塞储层

在油基钻井完井液中，总会含有乳化剂，过量的乳化剂随滤失的油进入储层，与地层水相遇，在流动条件下含有乳化剂的油和水有可能形成乳状液，所形成的乳状液可能是水/油型，也可能为油/水型。乳状液液滴在移动中由于贾敏效应使储层渗透率下降。若形成水/油型乳状液，则其黏度很高对储层渗透率的伤害更为严重。

（3）固相粒子的伤害

一是完井液中固相粒子侵入储层，对储层造成伤害。油基完井液中又不可避免地含有固相微粒；并且因为完井作业的需要，有的完井液还需专门向油中加入可分散性固相粒子（如有机粘土、氧化沥青等），它们都必将对储层造成伤害。二是如果油相中含有润湿反转剂，它与油层中的粘土作用后能使粘土变为亲油粒子，则可能在油中膨胀、分散、运移，造成油层伤害。三是由于表面润湿性的反转可能导致原来被亲水表面吸附水层束缚的亲水性粒子释放，而变成可运移的粒子产生伤害。

2. 油基钻井完井液的组成配方

油基钻井完井液的组成配方随其用途和储层特点各有不同，但其基本组成和应用规律则基本相同。与油基钻井液类似，它们可在有关钻井液专著中查到。

但必须对它的各种组分针对所用油气藏进行评价实验以后再进行优选，这样才能获得既能满足钻井完井要求，又具有保护储层功能的钻井完井液。

第三节　屏蔽式暂堵技术

一、概述

要使井下钻井安全，又要降低成本和简化应用工艺，则改性钻井液作钻井完井液是行之有效的办法。在实际钻开储层时，钻井液中的高固相含量及固相粒子的多级分散，对储层的高压差、长时间浸泡等伤害储层的因素总是无法避免的，即对储层的伤害因素总是存在的。因此，研究适用于对储层高压差长时间浸泡，及用高固相含量钻井液钻开储层时对储层的保护，就成为当今国内外保护储层完井技术的重要途径，改性钻井液的屏蔽式暂堵技术就是一种能解决这个问题行之有效的技术。

屏蔽式暂堵技术是建立在以油气藏物性为基础，在充分认识油气藏岩石的矿物组成，敏感性矿物的组分、含量，产状以及储层的孔隙结构、孔隙度、渗透率、温度、地层水成分等之后，提出的一项对钻井作业和钻井液无特殊要求的保护储层技术。该项技术的要点是利用钻井液中已有固相粒子对储层的堵塞规律，人为地在钻井液中加入一些与储层孔喉的堵塞机理相匹配的架桥粒子、填充粒子和可变形的封堵粒子，使这些粒子能快速地（几分钟至十几分钟）在井壁周围10cm以内形成有效的、渗透率几乎为零的屏蔽环，阻止钻井液中的固相和液相进一步侵入储层。从而既消除了钻井完井和固井时钻井完井液、水泥浆对储层的伤害，也消除了浸泡时间过长对储层的伤害。然后，利用射孔把屏蔽环射开，达到对储层没有伤害或伤害很小的目的。这项技术在保护储层观念上的突破就在于提出了把近井壁地带的储层堵死以防止外来物质的侵入。这与传统的保护储层的概念是完全不一样的。

屏蔽式暂堵技术有以下特点：

1）这项技术适用于各类砂岩油气藏，成本低、工艺简单。对钻井液和钻井工艺无任何特殊要求，易于推广。该项技术是把钻井时所用的钻井液稍加改造，在钻井液中加入一些暂堵材料，无须配制任何新的钻井液或完井液。这样就大大地降低了成本，简化了施工工艺。而且使用该项技术的工艺简单，只需在一定时间内，把暂堵剂均匀地加入钻井液中即可，不需要增加任何设备。所以在油田推广应用时，颇受欢迎。

2）把钻井时造成储层伤害的正压差这个不利条件转化为有利于储层保护的必要条件。为了保证能在十几分钟内，在近井壁处形成渗透率极低的屏蔽环，就必须有一个较大的正压差。而且，随着压差的增加，屏蔽环的渗透率下降得越快，对储层伤害得越轻。

屏蔽式暂堵技术的这一特点在钻调整井或一个井眼多个压力体系的地层中显得十分重要。为了保证上部井眼的稳定，钻井工艺要求钻井液密度高。但使用高密度钻井液就会使之进入储层，又会对储层带来严重的伤害，这又与钻井保护储层的目的相反。屏蔽式暂堵技术成功地解决了这一矛盾，能把钻井和采油的目的从技术上有机地结合起来。

3）返排时储层渗透率的恢复值高，可达80%，这一特点对于中途测试十分重要。由于屏蔽环薄（10cm以内），离井眼近，在返排时可变形粒子首先被返排出，然后排出填充粒子和架桥粒子，这样保证了中途测试能较为准确地反映出储层的原始物性参数和产能。

4）消除了固井时水泥浆对储层的伤害，提高了固井质量。由于钻进时在油气层段形成的屏蔽环的渗透率极低，在固井时，水泥浆中的固相颗粒和高pH值的滤液都难以侵入储层，从而消除了水泥浆对储层的伤害。又由于屏蔽环的形成使得井径规则，从而提高了水泥浆顶替钻井完井液的效率和水泥环与地层的胶结强度。

总之，屏蔽式暂堵技术的关键是如何能在近井壁地层内快速形成有效的薄屏蔽环。而要做到这一点，就必须对储层物性有十分清楚的认识。只有在搞清楚储层的物性之后，才能在钻井液中人为地加入某些暂堵粒子。所以屏蔽式暂堵技术是建立在对储层物性的认识基础之上，是在保护储层的观念有所突破后所发展起来的一项新技术。

二、改性钻井液的屏蔽式暂堵技术理论基础

1. 发展屏蔽式暂堵技术的原因

众所周知，保护储层技术就是防止储层伤害，也就是防止对储层中油气通道的堵塞。钻井完井过程必然伤害储层，而固井水泥浆的伤害又叠加了钻井完井伤害。国内外资料表明，

钻井完井作业对储层的伤害可达10%～100%，而固井作业的伤害一般在钻井完井伤害的基础上增加20%以上，所以在钻井完井过程中必须采用有效的保护储层技术。

研究表明，钻井完井对储层的伤害主要是钻井完井液中的固相粒子与液相在压差作用下进入储层而引起。其中固相粒子在喉道堵塞，可造成10%～100%的伤害，而液相除引起储层水敏、碱敏、盐敏伤害外，还可由贾敏效应、水相圈闭等造成伤害，不配伍的处理剂也能造成伤害。而其影响因素中除储层潜在问题（岩石矿物）和钻井完井液所造成（钻井完井液特性）外，外界因素主要有正压差 Δp（Δp 愈大，伤害愈大）、钻井完井液浸泡时间 t（t 愈大，伤害愈大）和环空流速（不合理的环空流速将加重钻井完井液对储层的伤害）。固井作业的伤害，主要是由水泥浆滤液进入储层所造成的。

因此，在钻井完井过程中防止储层伤害的主要途径如下：

1）在钻井完井工程方面，如有可能尽量采用近平衡钻开储层，最大限度地减少压差 Δp，精心组织施工，防止事故，减少非生产时间，优化水力参数，提高钻速，适当控制环空流速等，以缩短储层浸泡时间。

2）使用专门的完井液钻开储层：①不含固相或尽量减少钻井完井液中的固相含量，特别是高分散度的粘土含量，或所含固相在后期作业能被清除。②液相与储层配伍：与储层流体（油、气、水）的配伍；提高液相与储层岩石的配伍性，包括不发生水敏、盐敏、碱敏和与储层孔隙表面特性的不配伍性等。③防止钻井完井液进入储层。

由此可见，保护储层的钻井完井技术主要体现在两个方面：一是尽量防止钻井完井液进入储层；二是进入储层的组分尽量不引起储层堵塞。而其中不进入储层是根本，虽然在大多数情况下“不进入”是不可能的，但如何防止它们进入，仍是保护储层钻井完井技术必须充分研究和考虑的问题。

2. 屏蔽式暂堵技术的机理和实验结果

屏蔽式暂堵技术理论能否成立的关键在于固相粒子能否将储层喉道“堵死”，如何才能将其“堵死”及如何能人为地控制并在储层环形浅部位完全堵死，其中固相粒子对储层喉道的堵塞机理是此问题的关键。

（1）固相微粒堵塞储层喉道的物理模型

1）微粒运移过程中的沉积和堵塞（桥堵）。根据大量有关微粒运移的研究成果得知，在储层孔隙中随流体流动而运移的固相微粒在孔隙中可能被捕获而停止运动。它又可分为两种类型：一种是沉积，多发生在孔隙的大直径处；另一种是喉道堵塞，发生在喉道处。前者在改变流动条件时，如提高流速，增大压差等，可以重新运移。后者一般牢牢地“卡”在喉道处不再运移。两者都将降低储层渗透率，但后者降低得多。原来改性钻井液防止储层伤害时，两者都应防止，重点是防止后者的发生。但是，屏蔽式暂堵技术却必须利用后者的发生而起桥堵作用，此项技术称为桥塞式桥堵。

2）单粒逐级堵塞模型。钻开储层，钻井完井液与储层接触，在压差 Δp 作用下，钻井完井液开始向储层滤失，其中大于储层孔隙的粒子沉积于储层表面，开始形成滤饼（外滤饼），小于储层孔隙的粒子随液相进入储层，运移到喉道处，大于喉道直径（D_t）的粒子沉积于井壁之上，粒子直径（D_f）比喉道直径小得多的粒子（据文献 $D/D_f>7$）穿过喉道，进入储层深部，只有大小与形状和喉道（直径与类型）相当的粒子才“卡死”在喉道。桥堵粒子对喉道的桥堵形成直径更小的喉道。在此新喉道处，固相微粒重复上述运移过程，只是发生沉积、穿过，卡住的微粒粒径都比第一次大为减小，其中直径大小和形状与新喉道相当的微粒又将“卡”在新喉道上，这种粒子称为“填充粒子”。显然就其粒级，填充粒子是桥堵粒子的下一级粒子。填充之后又产生直径更小的新喉道，只有更小一级的粒子再作为下一级的填充粒子。以此类推，直至流体中最小的粒子填充到相应的新喉道上为止，此时固相粒子堵塞喉道过程结束，储层因喉道堵塞而受到严重伤害。但由于最小微粒对喉道的最后填充不可能将其封死，必将留下更小的喉道，显然最后留下的新喉道的大小，决定了储层伤害程度或堵塞的程度。一般要加变形粒子进一步堵塞喉道，尽可能将喉道堵死。这种喉道的每一次堵塞和填充都是单粒的行为，而且是粒径从大到小的粒子逐一的行为，即在喉道的截面上，任何时刻都只有单个微粒运移通过，故称为“单粒逐级堵塞模型”。

3）双粒（多粒）桥架堵塞模型。当固相粒子浓度较高，任意时刻液相通过喉道的任意横截面时，同时有两个或多个固相微粒存在。尽管每一个微粒粒径大小均不足以产生桥堵或填充，但两个或多个粒子，同时挤在喉道处，当其直径之和达到与喉道尺寸相当时，则两个或多个粒子以桥架方式在喉道处桥堵或填充，这样的喉道堵塞过程，称为微粒的双粒或多粒架桥模型。

研究认为，这两种喉道堵塞模型不可能截然划分，而单粒逐级堵塞模型并不与双粒（多粒）堵塞模型相抵触，若单粒逐渐堵塞，同时发生多粒堵塞的过程其效果会更好。

（2）微粒对喉道的堵塞机理（按单粒逐级堵塞模型讨论）

1）桥塞粒子及桥塞作用研究。根据“单粒逐级堵塞模型”，桥塞粒子的存在及其作用是堵塞能否成功的基础，它要求桥塞粒子必须牢牢地卡在喉道上，一方面大幅度降低孔喉直径（D_t）；另一方面在液流的长期冲击下仍不运移，即“卡稳”在喉道上，成为堵塞的基石。

①桥塞粒子粒径大小与孔喉尺寸的关系。自从Abram提出微粒运移中沉降的1/3原则后，国内外都广泛接受这一观点。Abram是从储层伤害的角度提出这一原理，而且得到实验验证。但这1/3是否适用于我们提出的桥堵要求，则需要实验研究来证实。

确定岩心孔喉直径后，在岩心流动装置上，将粒径为$D_f=D_t/n$的固体粒子的悬浮体注入岩心，进行堵塞（堵塞条件依研究需要确定），同条件下用盐水测其渗透率K。

选定$n=3$、2、3/2，即分别用粒/喉径比为1/3、1/2、2/3的微粒进行桥堵实验。实验条件为$\Delta p=3.5\text{MPa}$，$t=15\text{min}$，温度为室温。实验中某钻井完井液的固相颗粒大小分布如图4—3所示。从粒/喉径比为1/3的实验结果（图4—4）可知，无论岩心喉道直径大小如何，只要微粒直径为$\frac{1}{3}D_t$就能堵塞储层并造成50%～80%的伤害，1/3原则是成立的。但是从实验曲线上也不难看出，这些微粒在液流中仍不断地运移，使岩心的K值明显下降，同时从岩心流出的滤液中可观察到不属于原岩心的粘土微粒，此时岩心K呈上升趋势。从而证明粒/喉径比为1/3时虽可堵塞喉道，但这些粒子仍可运移不能“卡稳”，不足以作桥堵粒子（图4—5，图4—6）。

从粒/喉径比为1/2的情况看（图4—5），与1/3时的情况类似，只是堵塞程度更为严重，使K下降超过80%，同时曲线下降趋势平缓得多，但仍然呈下降趋势。表明粒/喉径比为1/2的粒子仍不足以作桥堵粒子。

从粒/喉径比大于2/3的情况（图4—6）可以看出堵塞更为严重，使K值下降90%以上，当注入液体达到孔隙体积10倍以上时曲线基本与横轴平行，证明无微粒运移，说明这种粒子能“卡稳”在喉道上作为桥塞粒子而存在。

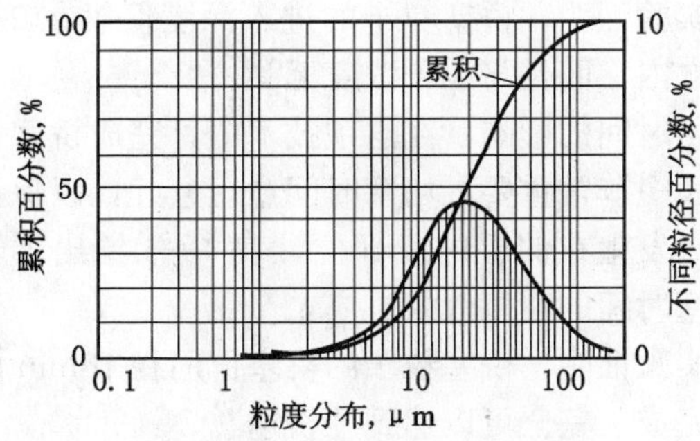

图 4—3　某钻井完井液的颗粒大小分布

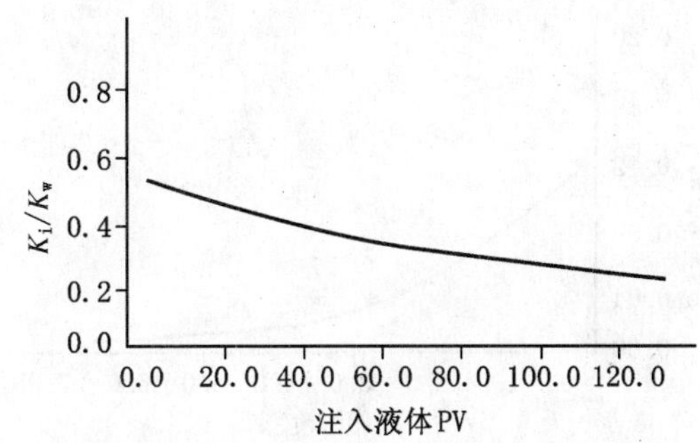

图 4—4　粒/喉径比为 1/3 的微粒在储层中的桥塞

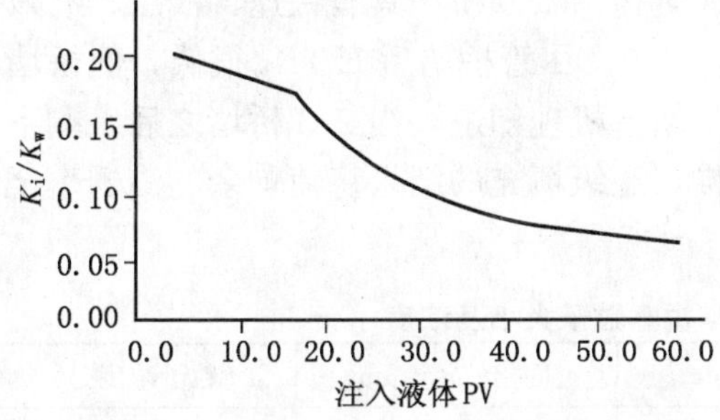

图 4—5　粒/喉径比为 1/2 的微粒在储层中的桥塞

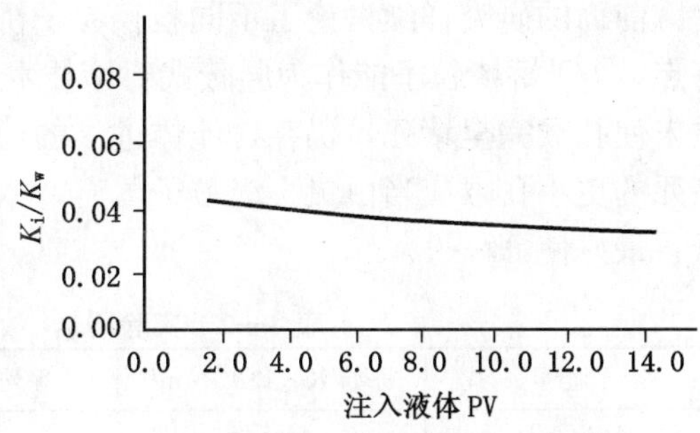

图 4—6　粒/喉径比为 2/3 的微粒在储层中的桥塞

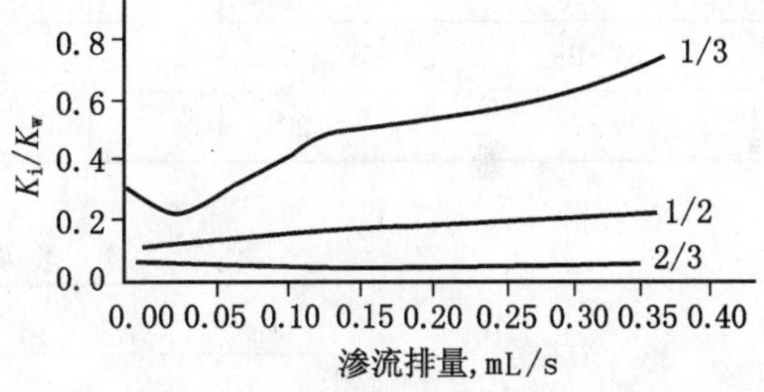

图 4—7　不同渗流速度对渗透率的影响

②桥塞粒子的稳定性。上述按“粒/喉径比 2/3 关系”的原则，桥堵成功的粒子能否在喉道处“卡稳”是屏蔽暂堵技术能否成功的基础。对用 1/3、1/2、2/3 的粒/喉径比微粒进行堵塞的岩心，作 K_i/K_w（K_w为原始盐水渗透率）流速的实验曲线，结果如图 4—7 所示。结果表明，只有满足“2/3 关系原则”的桥塞粒子才是稳定的。

③桥堵粒子浓度的影响。桥堵粒子的浓度对能否在孔喉上架桥和架桥后是否稳定有很大的影响。浓度太低，会造成只有部分孔喉由桥堵粒子架桥，而另一部分孔喉由粒/喉径小于 2/3 的粒子架桥，这样形成的桥架强度不够，使屏蔽环的承压能力和渗透率都达不到屏蔽暂堵的要求。浓度太大又造成浪费。图 4—8 表示不同浓度的桥塞剂堵塞的结果。

从浓度曲线总体来看，随着浓度的增加，K_i/K_w值的确是下降的。当浓度大于 2%后，K_i/K_w值变化就比较稳定。而当浓度大于 3%以后，K_i/K_w值基本不再变化，表明桥堵效果基本不变化。由此可以认为 3%为架桥粒子的临界浓度。显然，这个临界浓度与储层孔隙发育情况有关，孔隙度愈大，则此值愈大，反之愈小。

桥堵粒子的桥堵深度及其与粒子浓度的关系：按“单粒逐级堵塞模型”，桥堵粒子的堵塞深度决定钻井完井液中微粒在储层中的堵塞深度。因此，桥堵粒子的桥堵深度是屏蔽式暂堵技术“浅层封堵”要求的关键。为此，在室内使用不同桥堵粒子浓度桥堵，然后用切割法测侵入深度。表 4—2 和表 4—3 为其实验结果。

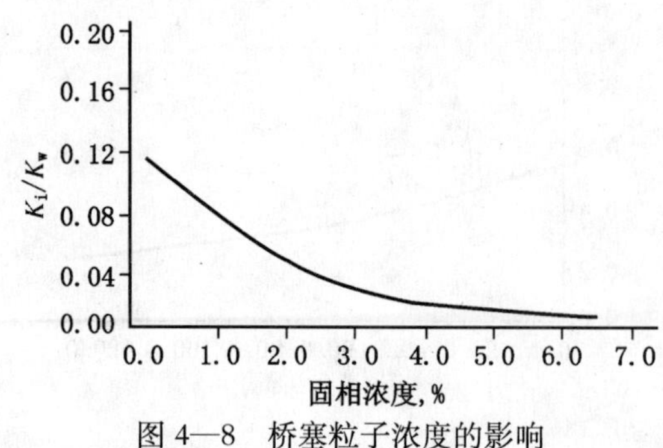

图 4—8 桥塞粒子浓度的影响

实验证明，桥塞粒子的进入深度仅仅在 2～3cm 之内，而且与粒子浓度无关。

④时间的影响：在这项技术中，完成桥塞的时间长短非常重要，堵塞时间愈短愈好，以保证堵塞只发生在储层的浅部位。表 4—4 给出了不同堵塞时间的堵塞效果。

实验证明，桥塞粒子的桥塞作用在 10min 内即可完成，完全可以达到“快速”。

2）填充规律研究。根据“单粒逐级填充”的模型，桥塞粒子桥塞成功之后，将进行微粒的逐级填充过程。

前面的研究详细讨论了不同粒径粒子桥堵规律，得出 2/3 桥堵具有快速、浅层、有效的特点，2/3 桥堵粒子能作为屏蔽式暂堵技术的桥堵粒子。尽管桥堵后 K_i/K_w 很低，但桥堵后并未使孔喉完全堵死，仍存在流体进入的通道。从堵塞机理知道，当 2/3 桥堵之后，剩下未堵死的更小孔喉应当由更小级粒子填充，依此类推。逐级填充的结果将使剩余的渗透率至最低，最好使 $K_i \to 0$。

表 4—2 实验用岩心的物性和桥塞粒子大小及浓度

岩心号	原始 K_w，$10^{-3}\mu m^2$	平均喉径，μm	固相粒径，μm	粒子浓度，%
M－16	2003.2	6.60	4.0～5.0	2.5
M－60	3738.6	9.41	6.0～7.0	0.5
L－4－22	1516.0	5.30	3.0～4.0	1.5
M－25	1996.5	6.77	4.0～5.0	3.5
M－29	2011.1	7.06	4.0～5.0	5.0

表 4—3 实验结果

岩心号	不同截块的渗透率 K_i 及其渗透率比值 K_i/K_w		
	截长，cm	K_i，$10^{-3}\mu m^2$	K_i/K_w
M－60	0.0～1.8	19.1	0.051
	1.9～3.7	3540.0	0.95
	3.8～6.6	3740.2	1.00
	6.7～7.5	3742.7	1.00
L－4－22	0.0～1.6	69.5	0.046
	1.7～3.2	1322.6	0.87
	3.3～4.9	1500.8	0.99
	5.0～6.6	1517.2	1.00
M－16	0.0～1.4	76.4	0.038
	1.5～2.8	1707.0	0.85
	2.9～4.3	2011.5	1.0
	4.4～5.8	2010.4	1.0

续表

岩心号	不同截块的渗透率 K_i 及其渗透率比值 K_i/K_w		
	截长，cm	K_i，$10^{-3}\mu m^2$	K_i/K_w
M－25	0.0～1.9	39.8	0.020
	2.0～3.5	1805.1	0.90
	3.6～5.3	2002.7	1.00
	5.4～7.1	2011.5	1.00
M－29	0.0～2.0	39.1	0.019
	2.1～3.7	1984.0	0.99
	3.8～5.6	2041.0	1.01
	5.7～7.3	2024.8	1.00

表 4—4　不同堵塞时间的影响

岩心号	K_∞，$10^{-3}\mu m^2$	K_w，$10^{-3}\mu m^2$	K_1，$10^{-3}\mu m^2$	暂堵条件（动态）		
				Δp，MPa	时间，min	滤液量，mL
1－2	63.14	60.40	0.43	3.5	10	1.0
2－3	74.80	59.07	0.48	3.5	30	1.5
3－5	60.55	41.08	0.32	3.5	60	3.3

注：暂堵液体：3%土量的综合土浆＋1%QS－2＋2%HL－2；
　　K_1：测压为 0.12MPa 时的渗透率（暂堵后用 1%KCl 溶液测）。

①逐级桥堵。选择一块岩心，在 2/3 架桥以后，再分别以 1/2 粒子和 1/4 粒子依次桥堵。实验结果如图 4—9 和表 4—5 所示。

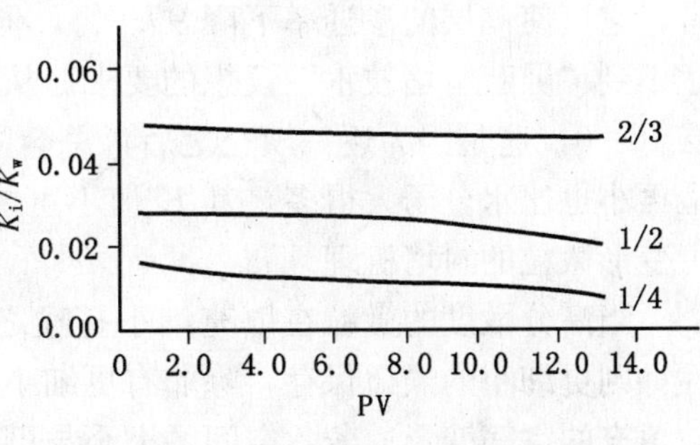

图 4—9　逐级填充作用实验研究

桥堵实验表明，在 2/3 桥堵以后，K_i/K_w 值就已经下降至低于 0.1，是有效的和关键性的桥堵。两次填充分别使渗透率下降，这充分说明填充的有效性和必要性。平坦的曲线表明桥堵和填充稳定，无微粒运移。此外，填充粒子浓度不具有决定性的影响，只要有足够的填充粒子存在就行了，通常其浓度应小于 1%。

对比图 4—3、图 4—4 和图 4—7 可知，若无桥塞粒子存在，粒喉径比为 1/2 和 1/3 的微粒，在岩心中都有明显的运移。但有桥塞粒子作用后，它们再也不能够移动，从而说明了“逐一填充堵塞作用”的存在。

②各级粒子混合的堵塞作用。在生产实际中，不可能分别用各级粒子对储层分别封堵，而是在一种钻井完井液体系中，含有各种粒径大小的粒子同时作用于储层的孔喉上，在有充足架桥粒子的存在下，将填充粒子以合适的比例加入其中，形成屏蔽暂堵的钻井完井液体系，以达到暂堵目的。将使用桥堵剂和填充剂构成的钻井完井液进行实验，结果如表 4—6 所示。

表 4—5　逐级填充实验结果

PV	4.4	6.1	7.9	10.7	14.5	16.5	注：2/3 粒子桥堵
K_i，$10^{-3}\mu m^2$	198.2	211.6	211.3	204.3	196.9	169.6	
K_i/K_w	0.047	0.050	0.050	0.048	0.047	0.040	

PV	2.4	3.2	4.3	6.9	9.2	11.45	注：2/3 架桥后再用 1/2 粒子桥堵
K_i，$10^{-3}\mu m^2$	100.7	104.0	103.0	100.2	94.4	91.2	
K_i/K_w	0.024	0.025	0.024	0.024	0.022	0.022	

PV	0.9	0.7	3.9	5.0	5.9	7.0	7.9	8.8	注：2/3 架桥后再用 1/4 粒子桥堵
K_i，$10^{-3}\mu m^2$	52.5	57.4	56.2	54.0	52.6	50.1	49.3	46.9	
K_i/K_w	0.012	0.014	0.013	0.013	0.012	0.012	0.012	0.011	

表 4—6　各级粒子混合堵塞效果

PV	0.0	1.2	3.4	5.7	6.9	8.1	9.7	10.5	12.0
K_i $10^{-3}\mu m^2$	2060.9	36.48	35.27	36.25	35.07	35.85	35.65	35.47	35.33
K_i/K_w	1.0	0.018	0.018	0.018	0.018	0.017	0.017	0.017	0.017

实验结果表明，各级粒子混合堵塞效果（$K_i/K_w=0.017$）与它们逐一堵塞效果（$K_i/K_w=0.010$ 相当），说明此堵塞模型和机理在钻井完井液中是完全可行的。

③可变形粒子的作用。满足上述条件，则可在井壁储层很浅的部位形成一个严重的堵塞带，它可使储层的渗透率下降 99.9%，但不为零，无法完全阻止液相继续侵入，这样仍然达不到“屏蔽暂堵技术”设想的要求。从堵塞的模型分析，这种堵塞无论如何也不可能使地层 $K=0$，这是因为逐一填充之后，总会留下一个有待于更小的微粒填充的微小喉道，此喉道再小也比水分子大得多，其 K 值不可能为零，因此要想全部封死细小喉道，必须借助于可变形微粒的封堵机理。

当高分散度的微粒在填充细小孔喉之后留下了更细微的喉道未被填死，若此微粒为刚性，则更细小的喉道保存，除非有更细小的微粒填充。若此微粒在压差下可变形，则它向未被填充的空间变形；若此空间的大小与可变形微粒大小和变形相当，则可通过变形作用将此空间封死，不再留下更细小喉道，此时堵塞带的 $K=0$。按此作用机理，这些可变形的粒子必须满足以下要求：首先，必须能在水中自动高度分散成微米级、甚至更小的微粒；其次，在地层温度下软化变形但不能成为流体，所以这种微粒的使用与温度关系很密切。

理论分析和实验研究可以证明，屏蔽暂堵技术的设想是可行的。其堵塞成功与否，首先取决于钻井完井液中微粒的大小与储层喉道直径的比例关系，是否满足“2/3 原则”（即桥塞粒子的存在）和具有必要的浓度；其次，取决于各级填充粒子的存在和必要的浓度；第三，取决于细微软粒子的存在及必要的浓度，而与储层特性和钻井完井液类型无直接关系。

虽然各类粒子都需要一个最低浓度方能有效，但这个浓度数值不高（一般 1%～3%），在钻井完井液中容易达到，而且即使钻井完井液中固相粒子浓度过大，也无不利影响。

3）外界环境因素的影响：

①压差的影响。压差 Δp 是形成屏蔽环的必要条件，因此它们的作用及效果决定了此项技术的成败。

选用 3 块岩心进行压差对暂堵效果的影响实验，实验结果如表 4—7 所示。

表 4—7　压差对屏蔽环形成的影响

岩心号	K_∞ $10^{-3}\mu m^2$	ϕ %	R μm	K_w $10^{-3}\mu m^2$	K_1 $10^{-3}\mu m^2$ （测压 0.15MPa）	K_2 $10^{-3}\mu m^2$ （测压 0.15MPa）	K_3 $10^{-3}\mu m^2$ （测压 0.15MPa）	K_4 $10^{-3}\mu m^2$ （测压 0.15MPa）	暂堵条件（动态）		
									Δp MPa	时间 min	滤液 mL
3－2	307.19	33.07	2.3	228.05	6.35				1.0	10	1.2
8－1	316.87	33.15	2.4	252.09	0.94	0.88		0.67	3.0	10	1.2
5－2	310.93	32.80	2.3	238.16	0.86	0.75	0.51	0.43	3.50	10	1.2

注：R 为计算的平均孔喉半径。

暂堵液体：3%土量的综合土浆＋1%QS－2＋2HL－2。

K_1，K_2，K_3，K_4是暂堵后用 1%KCl 溶液测定的。

实验表明，压差 Δp 愈大，屏蔽环堵塞效果愈好。为保证屏蔽环的质量，$\Delta p \geqslant 1.0$MPa，一般在 3.5MPa 即可有效形成屏蔽环；由于 Δp 愈大，效果愈好，这样此项技术就可能解决常常不可避免的高压差钻进储层所带来的不可克服的技术难题。根据以上堵塞机理可知堵塞带具有可压缩性，压差的这种作用可以看成是堵塞带的可压缩性的必然表现。

②时间的影响。同样选用 3 块岩心进行时间对暂堵效果的影响实验（表 4—8）。

表 4—8　时间对暂堵效果的影响

岩心号	K_∞ $10^{-3}\mu m^2$	ϕ %	R μm	暂堵条件（动态）				
				K_w $10^{-3}\mu m^2$	K_1 $10^{-3}\mu m^2$	Δp MPa	时间 min	滤液 mL
8－1	316.87	33.15	2.4	252.09	0.94	3.0	10	1.2
8－2	519.39	34.56	2.9	442.68	0.87	3.0	30	2
8－3	451.92	34.23	2.8	337.86	0.93	3.0	60	3

注：暂堵液体：3%土量的综合土浆＋1%QS＋2%HL－2。

K_1：测压为 0.15MPa 时的渗透率（暂堵后用 1%KCl 溶液测）。

实验发现，10min 之内此屏蔽环即可形成，而延长时间则无大的影响。因此，“快速”的要求可以实现，钻井完井液的进一步伤害也可防止，则浸泡时间这个难以控制的因素，其不利影响也可以消除。

③温度的影响。由于该项技术中加入了可变形的软化粒子，温度的影响主要表现在对软化粒子变形的影响，表 4—9 给出了实验结果。

实验发现，温度的影响主要由可变形粒子的软化点决定，若温度低于其软化点，呈现出温度上升堵塞效果变好的趋势；若温度高于软化点，则温度升高堵塞效果变差。因此，为适应不同温度的油气层，必须选用不同软化点的可变形粒子。

表 4—9 温度对屏蔽环的影响

温　度	堵后 K_i，μm^2	K_i/K_o
15	12.98	0.015
32	9.01	0.1
45	4.93	0.0057
50	0.64	0.00074
60	2.34	0.0027

注：岩心 $K_o = 865.29\mu m^2$，$\phi = 37.77\%$，$R = 6.44\mu m$，注入体积 = 1050mL。

粒子体系：D（直径）= 1.0～8.0μm，浓度 = 4.1%，软粒子含量 = 1%，软粒子软化点 = 52℃。

④屏蔽环形成后水泥浆的影响。屏蔽环形成后，能否消除水泥浆的伤害，表 4—10 给出了实验结果。

表 4—10 钻井完井液暂堵后水泥浆动态伤害实验结果

岩心号	K_∞ $10^{-3}\mu m^2$	K_{w1} $10^{-3}\mu m^2$	K_{w2} $10^{-3}\mu m^2$	截长 cm	K $10^{-3}\mu m^2$	暂堵条件（动态）				体　系
						Δp MPa	剪率 s^{-1}	时间 min	滤液 mL	
143	1265.38	410.84	0	2.02	406.72	3.5	180	1	0.9	①原浆 + 2% QS - 1 + 2% QS - 2 + 2% 250 目 $CaCO_3$ + 1.5% 320 目 $CaCO_3$；②水泥浆
70	119.95	57.17	0	1.96	56.35	3.5	100	1	0.4	

由实验发现，对已受钻井完井液伤害的储层，水泥浆仍然会造成伤害，一般在钻井完井液伤害基础上增加 20%～40%以上。而采用屏蔽暂堵技术保护效果理想的储层，再经水泥浆伤害后，其伤害深度在 2～3cm 内，说明水泥浆组分未能穿过"屏蔽环"，从而有效地防止了水泥浆对储层的伤害。

⑤负压差条件下的返排作用。在正压条件下形成的屏蔽环，正压差愈大则效果愈好，负压差时发生返排，则屏蔽环破坏，储层渗透率恢复，其恢复率可达 70%～80%或更高，它与堵塞深度有关，实验结果如表 4—11 所示。这说明在正压差下形成的屏蔽环，可返排解堵。因此，在屏蔽暂堵技术使用过程中，必须严防负压差出现，而在必要时可采用返排解堵。

表 4—11 反排渗透率恢复结果

岩心号	K_∞ $10^{-3}\mu m^2$	ϕ %	R μm	K_w $10^{-3}\mu m^2$	K_1 $10^{-3}\mu m^2$	反排压力 MPa	K_2 $10^{-3}\mu m^2$	恢复率 %	暂堵条件（动态）		
									Δp MPa	时间 min	滤液 mL
8 - 3	519.39	34.57	2.9	442.68	0.87	0.295	427.33	96.6	3.0	30	2.0
8 - 2	310.93	32.8	2.3	238.16	0.86	0.713	227.39	99.8	1.0	10	1.2

注：暂堵液体：3%土量的综合土浆 + 1%QS - 2 + 2%HL - 2。

K_1：测压为 0.150MPa 时的渗透率（暂堵后用 1%KCl 溶液测）；K_2：返排后用蒸馏水所测的渗透率。

三、保护储层的屏蔽暂堵技术方案及应用效果

大量的研究结果不仅证实了有关实现屏蔽暂堵技术的各种设想，而且得出了如下实施此项技术的方案。

1）测定储层的孔喉分布曲线及孔喉的平均直径（D_t），它可用压汞法测定，也可用一切可测储层孔喉直径的其他方法测定。

2）用粒度计或沉降分析等方法测定钻井液中固相粒子的粒级分配，并同时测出各级固相粒子含量及总的固相含量。

3）确保钻井完井液中粒径中值等于（1/2～2/3）D_t 的粒子占钻井完井液的 2%～3%（质量百分比）。

4）钻井完井液中小于桥塞粒子的各级粒子含量为 1%～2%（质量百分比）。

5）加入可变形微粒，如磺化度较高的磺化沥青或可变性树脂等，加量一般为 1%（质量百分比），所用可变形微粒的软化点应与储层温度相适应。

完成以上各项工作之后，则确定出可用于屏蔽暂堵技术的钻井液改造方案。

6）体系评价。将以上工作所确定的改性钻井完井液体系作如下的评价：

①屏蔽暂堵率。要求堵塞后渗透率 $K=0$，同时无微粒运移现象，滤失为零。

②堵塞深度。要求小于 3cm。

③堵塞时间。要求小于 10min。

④Δp 的影响。Δp 愈大，效果愈好，要求最低有效压差小于 3. 0MPa。

⑤温度的影响。要求在地层温度下无不利影响。

⑥环空返速的影响。要求返速愈高，“屏蔽暂堵”效果愈好；在钻铤环空返速条件下，能有效的形成“屏蔽环”。

⑦水泥浆的再伤害。要求屏蔽环形成以后，水泥浆不再伤害储层。

⑧返排效果。要求渗透率返排恢复在 70%～80%。

7）优化射孔配套技术：。

①要求负压、深穿透射孔，必须射穿“屏蔽带”以解堵。

②优化射孔参数，尽量降低表皮系数。

③采用与储层配伍的射孔液。

这项技术至今已在我国陆上、海域和海外油田推广应用。截至 1998 年底的统计数据表明，超过 10000 多口井中应用了此项技术，取得了明显的效果。例如，新疆夏子街油田 60 口井使用此项技术，单井产量比未使用此项技术的井提高 45%。又如，吐哈的温米油田为低渗储层，开发设计为压裂后才能投产。使用屏蔽暂堵技术并射孔完成后，167 口井全部自喷，单井产量比设计值提高 20%～30%。

四、屏蔽暂堵技术的发展

由于其良好的效果，屏蔽暂堵技术很快在全国推广，已成为多数井钻井完井过程储层保护技术的首选。随着技术需求的增加和实践经验积累，对此技术的研究得到进一步深化，并取得重大进展。

1. 优选钻井完井液中暂堵剂颗粒尺寸分布的新理论和新方法

在这些进展中，特别是在固相颗粒的选配及其堵塞机理研究方面取得较大进展，其中特别突出的是“理想充填理论”和 d_{90} 规则。

所谓“理想充填”是指：对于保护储层的钻井完井液，需要根据储层孔喉尺寸的大小分布，加入与之相适应的具有连续粒径序列分布的暂堵剂颗粒来有效地在储层中大小不等的各种孔喉上架桥，并逐级填充形成屏蔽环。只有形成这种合理的粒径序列分布，才能确保形成渗透率极低的致密滤饼。

一般情况下，钻井液中暂堵剂颗粒的粒径大小与颗粒累积体积分数之间的关系曲线在半对数坐标上呈现一“S”形（图4—10），该曲线表明了颗粒的粒径分布范围。Kaeuffer首先将涂料工业的研究成果推广应用于石油工业中，提出了暂堵剂颗粒的“理想充填理论”(Ideal Packing Theory)，又称作 $d^{1/2}$ 理论[10]。他假设钻井液中的暂堵颗粒服从Gaudin-Schuhmann粒度分布模型，并通过物理实验及计算机模拟计算，得出当模型参数 $n=0.5$ 时有最高的堆积效率。即当暂堵剂颗粒累积体积分数与粒径的平方根（即 $d^{1/2}$）成正比时，可实现颗粒的“理想充填”。根据该理论，如果在直角坐标系中暂堵剂颗粒的累计体积分数与 $d^{1/2}$ 之间呈直线关系，则表明该暂堵剂满足理想充填的必要条件。4种不同规格的 $CaCO_3$ 暂堵剂的累计粒度分布曲线如图4—13所示。可以看出，4条曲线在大部分分布区域内均近似于一条直线，因而这4种产品都能够满足使用要求。

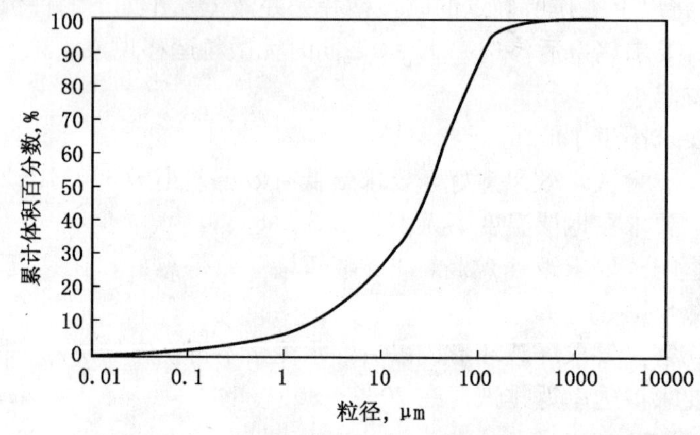

图4—10 使用 $CaCO_3$ 作为暂堵剂的钻井液的常规颗粒粒度分布曲线

Hands等人依据“理想充填”理论，进一步提出了便于现场实施的 d_{90} 规则，对于一个钻井液体系其中所含固体粒子的粒径分布符合正态分布的情况下，当其起作用的暂堵剂颗粒在其粒径累积分布曲线上的 d_{90} 值（指90%的颗粒粒径小于该值）与储层的最大孔喉直径或最大裂缝宽度相等时，可取得理想的暂堵效果[8]。

有研究者根据 d_{90} 规则所建立的利用图解法对暂堵剂颗粒尺寸进行优选的方法如下：

①选用具有代表性岩样进行铸体薄片分析或压汞实验，测出储层最大孔喉直径（即 d_{90}）。d_{90} 也可从孔喉尺寸累计分布曲线上读出。

②在暂堵剂颗粒“累计体积百分数”—$\sqrt{d}$ 坐标图上，将与原点之间的连线作为基线。例如，某储层最大孔喉直径为133μm，则 $\sqrt{d_{90}}=11.53\mu m$，据此可绘制出基线，如图4—12所示。若优化设计的暂堵剂颗粒粒径的累积分布曲线越接近于基线，则颗粒的堆积效率越高，所形成泥饼的暂堵效果越好。

③若无法得到最大孔喉直径（如探井），则可用储层渗透率上限值进行估算，即 $(K_{max})^{1/2}\approx d_{90}$。若已知储层平均渗透率，可先确定 d_{50}，即 $(K_{平均})^{1/2}\approx d_{50}$。然后将

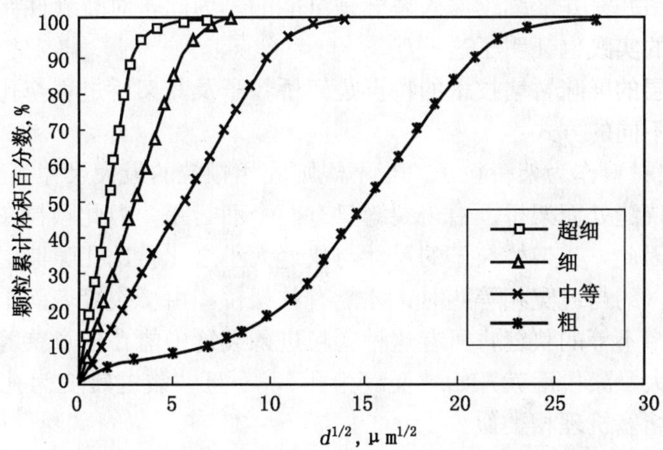

图 4—11　几种不同粒径的 $CaCO_3$ 暂堵剂的粒度分布曲线

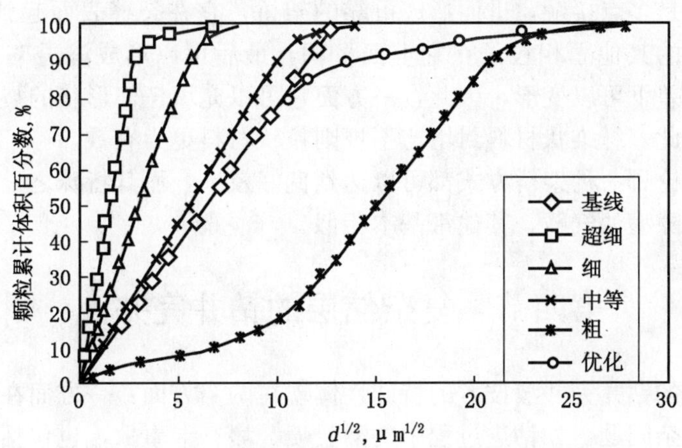

图 4—12　对于最大孔径为 133μm 储层钻井完井液中暂堵剂颗粒的理想尺寸分布

$(d_{50})^{1/2}$ 与坐标原点的连线延长，可外推出 d_{90}。

从图 4—12 可见，具有某种粒度分布特征的单一暂堵剂很难与目标线相匹配。但是，通过将两种或两种以上不同粒度分布的暂堵颗粒按一定比例混合，就可使颗粒粒径的累计分布曲线与基线基本重合，即得到理想的暂堵方案。经验表明，考虑到暂堵剂在环空的剪切磨损，复配暂堵剂的最优粒度分布曲线可略靠储层目标线的右侧（宁右勿左）。在钻井过程中，剪切作用会造成钻井液中固相颗粒的粒度分布曲线逐渐向左漂移。当发现移至基线的左侧时，应适当添加大尺寸的暂堵剂进行调整。

为了使建立的新方法更具实用性，已研制、开发出一套优选暂堵剂颗粒尺寸分布的软件。建立了相应的数据库，通过现场试验证明，用 d_{90} 法则指导屏蔽暂堵技术的实施能取得更好的效果。

2. 保护裂缝性储层的钻井完井液

钻井完井液对裂缝性储层伤害是其进入裂缝后引起的。与孔隙相比，由于钻井完井液更容易进入裂缝，则其固相粒子堵塞伤害更为突出。因此，采用钻井完井液中的固相粒子有效的封住裂缝而防止钻井完井液继续深入裂缝是可能的。为此，对裂缝性储层应用屏蔽暂堵技术是可行的，现场的实践也证明了这一点。

适用于裂缝储层的屏蔽暂堵技术的特点是架桥粒子及其架桥过程与孔隙型储层不同，据研究它可以有两种不同的方式：

1）不规则粒状材料作为架桥粒子。当不规则固相颗粒的最大尺寸等于裂缝中狭缝距离，则颗粒有可能卡在狭缝处而架桥。由于裂缝只有两个面封闭，因此颗粒在裂缝中卡住的可能性大大低于孔隙，因此，其架桥粒子的尺寸与狭缝大小之比就比孔隙储层大，实验证明只有当粒径略小于缝宽（约与缝宽相等）时，才能有效架桥。由于裂缝表面十分粗糙，因此，在裂缝内存在很多宽窄不等的狭缝，所有这种颗粒进入裂缝中能在任意狭缝位置架桥；而多个架桥粒子在狭缝处大量架桥后就开始“变缝为孔”，一旦“裂缝转变为孔”之后，则其堵塞机理与孔隙型储层堵塞机理相类似。

2）纤维状材料作为架桥粒子。采用能在钻井完井液中高度分散的专用纤维，很多根（几十根以上）细小的纤维相互交叉纠缠形成絮团，它很容易在裂缝表面处沉积，这种沉积不是单点接触，而是多点接触，进而形成可靠的架桥，它在裂缝表面起到较好的网架作用，然后钻井完井液中的其他固相粒子在它上面沉积，最后可以形成渗透率很低的封堵层。同时，这种絮团在压差下可以变形，因此，一方面它可以充填任何形状的裂缝，也可进入裂缝中狭缝处架桥。因此，纤维状材料封堵比不规则粒状材料更为有效。

综上所述，无论哪一种架桥方式都可以达到良好效果，而其特殊之处就在于选择纤维状架桥粒子不同于孔隙型油气藏，其他都基本相似。

第四节　复杂储层的钻井完井液

钻开复杂储层的钻井完井液技术的特殊性体现在两个方面：一方面在于井下地层对安全正常钻进带来的复杂问题，如钻进过程中的漏、喷、塌、卡事故，也包括由于特殊钻井工艺对钻井提出更高的要求；另一方面敏感性储层的保护问题将更进一步增加其技术难度，而且往往复杂的钻井问题和储层保护问题交织在一起互相影响而使问题更加复杂化，从而成为当前需要解决的主要技术难题之一。实践表明，复杂地质条件下的钻井完井液大多为改性钻井完井液。

一、易漏易塌井的钻井完井液

井漏和井塌本身就是钻井所需解决的技术难题之一，它要求钻井完井液必须具备防塌、防漏和保护储层的3种功能。首先是如何保证安全、正常地钻开储层，即必须防漏、防塌、防喷，其后在此基础上实施保护储层技术。

第一，要确定合理的钻井完井液密度。此密度必须大于造成井壁力学不稳定的侧应力（或坍塌应力），但又必须小于地层破裂压力，同时应很好地调整钻井完井液的流变性及注意钻井工艺（合理的水力参数、合理的钻具组合及适当的起下钻速度）以防止抽汲和压力激动所造成的井塌或井漏。

第二，必须提高钻井完井液的抑制性。这是井壁稳定的需要，同时也是对敏感性储层进行保护的需要。提高钻井完井液抑制性的办法很多，比如用无机盐（特别是 K^+、NH_4^+、Ca^{2+}）、高分子聚合物（非离子聚合物、阳离子聚合物、两性离子聚合物等）、无机聚合物、正电胶等。但同时能满足井壁稳定又保护储层的办法却并不十分普遍，因此，必须分别用井壁稳定和储层保护的评价方法进行评价筛选，以获得同时能满足防塌和保护储层抑制性需要的完井液体系。

第三，必须提高体系的造壁和封堵能力。针对地层特点，选择其最佳方式及办法，不仅防塌，而且兼顾保护储层。在采用屏蔽暂堵技术后，有可能提高地层破裂压力，减少井漏的可能性。

第四，若漏层与产层同层，则必须首先堵漏，而且最好是堵漏与屏蔽暂堵统一起来，先堵漏层，以此为基础进行屏蔽暂堵。

第五，必须采用适当的钻井工艺措施。显而易见，钻开这类储层大多采用改性钻井完井液，并且采用屏蔽暂堵技术。

二、调整井的钻井完井液

调整井所钻油层的原始平衡状态已破坏，因此，无论从钻井角度还是从保护储层角度，都应针对这种已发生变化的油藏采取针对性的措施。

一般有两种情况：一是注水开发后，有的单层见到注水效果，压力异常，大大高于其他各层，这种情况下钻调整井过程中，若钻井完井液密度过高就可能漏失，若钻井完井液密度偏低又会发生井涌或井喷；二是溶解气驱开采或多轮次的蒸汽吞吐开采井，油层压力异常低，在钻调整井过程中，会经常出现钻井完井液大量漏失。

遇到上述第一种情况，若高压层在上部，则可采用高密度钻井完井液压住高压层，再对低压层堵漏或加入屏蔽暂堵剂，直至低压层能承受高密度钻井液的液柱压力而不漏失时，则可钻完全井各油层。若低压层在上部，则可先堵漏或加入屏蔽暂堵剂，然后逐步加大钻井完井液的密度，钻开高压层。至于第二种情况，则可以采用屏蔽暂堵钻井完井液钻穿全井段。若低压层的薄互层中有高压层，也可以采用与第一种情况类似的方法处理。目前，钻井工程已有解决上述情况的技术和能力。

三、深井及超深井的钻井完井液

深井及超深井的钻井完井液的最大特点是应用于高温高压条件下，而且深井、超深井经常使用的高密度钻井完井液（有时密度超过 $2.00g/cm^3$）会对储层产生高正压差。因此，深井、超深井钻井必须首先考虑高温的影响，这包括高温改变和破坏钻井完井液性能两个方面。

高温的复杂作用使深井及超深井的钻井完井液的井下高温性能及热稳定性变得十分复杂，需要专门的评价方法和专用的耐温处理剂，从而形成了一项特殊的技术。有关这方面的问题有大量文献和专著论述，本书不再赘述。另一方面，由于高温的作用使一些专用完井液如气基完井液、清洁盐水、有固相无粘土相盐水体系等不宜采用。还是采用改性钻井液作完井液为好。同时由于高温高压和高正压差的存在，而且井愈深浸泡时间愈长，则为使用屏蔽暂堵技术提供了良好条件。但两大技术问题需要解决：一是要有在对应高温度（150～180℃）下发生形变的填充粒子，但目前国内还无此产品；二是其暂堵效果必须在对深井温度、压差条件下进行评价，才对应用具有实际指导意义。

四、定向井及水平井的钻井完井液

作为定向井、水平井的钻井完井液，钻开储层时必须解决三大技术难题：一是携带岩屑问题（包括解决垂沉现象）；二是大斜度井段、水平井段的井眼稳定问题；三是润滑降摩阻的问题。这三大技术问题在定向井和水平井钻井技术中已经配套解决，这里不作专门论述。下面仅讨论保证定向井、水平井正常钻井过程中的储层保护问题。定向井、水平井钻井对储层伤害的机理与垂直井相同，但其评价方法有差异，因为水平井应该考虑三向渗透率。然而目前国内尚无公认的测定三向渗透率的仪器及方法，因此，使其保护储层技术缺乏可靠依据。

另外，定向井，特别是水平井在对储层伤害的因素上与直井的差异主要有：

1）储层与完井液接触面积比直井大得多，对储层伤害的可能性更大，其储层保护的技术难度更大。

2）储层浸泡时间长。水平井钻井时间一般较直井较长，而且从钻开目的层到完钻所用时间比直井长，伤害范围增加，伤害带半径增大，特别是在储层中的初始水平井段。

3）对储层压差大。储层中进行水平钻进时，随水平段增长，流动附加压力作用于所钻储层上，使其压差不断增大。

4）储层伤害各向异性明显。由于钻具与井壁岩石作用，在井眼下方位的伤害程度要强于侧方位和上方位。

5）一定压差下，自然返排解堵效果不如直井，辅助性的清除滤饼的方法是必要的，如酸洗、氧化解堵、微生物解堵、复合解堵等。

五、保护致密砂岩气层的钻井完井液

保护气层的钻井完井技术与保护油层的技术有共同点也有其特殊性，而这种特殊性在致密砂岩气层的勘探开发中表现尤为突出。我国天然气资源丰富，其中致密砂岩天然气资源占天然气总资源量的40%以上。因此，开发致密砂岩气藏是天然气工业的重要组成部分，这方面的技术在美国和加拿大发展很快。其中保护致密砂岩气藏的钻井完井液技术是其必不可少的重要组成部分。由于致密砂岩气层的潜在伤害问题比较突出，且具有代表性，所以它的解决对天然气工业的发展具有重要的理论和实际意义。

1. 致密砂岩气藏伤害的特点

低孔隙性致密含气砂岩有常压和超压之分，且裂缝发育，由于这种特殊的孔隙—裂缝结构和由此而得到的渗流特性，使之加大了对地层的伤害作用，且易受外界因素影响。加之致密砂岩中粘土的含量及其在裂缝中的分布使之对于外界伤害因素的敏感性很高，增加气层保护的难度，表现出其特殊性。

（1）应力敏感性与裂缝闭合

应力敏感性是指储层渗透率随有效应力增加而下降从而造成地层伤害的现象。对于气藏，由于气体的可压缩性而表现出比油藏明显得多的应力敏感性。而对于裂缝发育的储层，由于裂缝受有效应力的增加而产生闭合趋势，从而使其应力敏感性更加突出。致密砂岩应力敏感性分为基块的应力敏感性和裂缝的应力敏感性。一般前者弱些，而后者强，在实践中常常重点考虑后者。在工程中应力敏感性包含两层含义：常规条件下储层物性与原地层条件下物性测定值之差异；在井下条件时当有效应力因各种工程作业而改变从而引起地层物性的变化。

由于井筒与储层裂缝连通，裂缝之间连接的喉道也是细长狭缝（宽度小于1μm）时，当气层开采速度过高或发生井喷时，由于地层渗透率不高，气体供应不足，井底气层附近压差增大使有效应力迅速增加造成微裂缝和细小喉道闭合，大大降低其导流能力，使气井经过一段高产期或井喷后迅速减产甚至产量为零，这是应力敏感性气藏的典型表现。

另外，如果在气层之间存在泥页岩夹层（这是我国常见的情况），它们与钻井完井液滤液作用产生水化膨胀，其膨胀压力将作用于气层，增加对气层的有效应力，使气层裂缝闭合，从而产生一种特殊的气层伤害。

同时，若钻井完井液密度过高，使裂缝大幅度开启，而钻井完井液又不具备有效封堵能力时，则会使钻井完井液的固相粒子和液相沿裂缝长驱直入，从而造成气层的深部伤害。

（2）地层投产（改造）措施应与钻井完井中的储层保护技术紧密结合

我国致密砂岩气藏不仅具有陆相碎屑岩储层的一般特点，而且还表现为“低孔低渗、裂缝性、局部超低含水饱和度、高毛管压力、地层压力异常、高伤害潜力”等工程地质特征。而且致密砂岩储层孔喉细小及粘土矿物发育，极易给储层带来伤害，其中最为突出的伤害是水敏、碱敏、水相圈闭伤害和应力敏感伤害。深层裂缝性致密砂岩还存在严重漏失性伤害。但是在过去相当长的一段时间里，有人认为由于储层岩性致密，钻井完井液的液相和固相都不易进入难以造成伤害，而且这类储层一般都采用压裂投产，因此认为：由于压裂的裂缝长度大大的超过钻井完井液的侵入深度，因此只要做好压裂中的储层保护就行了，钻井完井过程中防止气层伤害的问题根据现有研究和实践证明，对于裂缝发育的致密砂岩气藏，钻井完井中保护措施得当，其投产改造措施的效果将要好得多（表 4—12）。

表 4—12　2002 年后塔巴庙地区储层保护状况与压后测试成果

井　号	层　位	无阻流量 $10^4m^3/d$	储层保护状况	水力压裂技术
D7	盒 3 段	3. 1658	非屏蔽暂堵	加砂压裂 + 液氮拌注
D10	盒 3 段	4. 0350	先期介入	加砂压裂 + 液氮拌注
D15	盒 3 段	21. 0800	屏蔽暂堵	加砂压裂 + 液氮拌注
DK2	盒 3 段	38. 8700	屏蔽暂堵	加砂压裂 + 液氮拌注
DK3	盒 3 段	13. 0000	屏蔽暂堵	加砂压裂 + 液氮拌注
DK4	盒 3 段	20. 3000	屏蔽暂堵	加砂压裂 + 液氮拌注
D16	盒 3 段	16. 4400	屏蔽暂堵	加砂压裂 + 液氮拌注

据分析，这是由这类储层特点所决定的。对于一般孔隙型砂岩，其储层的速敏、水敏、酸敏、碱敏、盐敏、水锁等效应基本各自独立；对于裂缝性碳酸盐岩储层，由于其基块孔喉内敏感性矿物相对单一、且含量较低，传统上认为基本无敏感性伤害，储层伤害主要由裂缝产生。而对于致密砂岩则完全不同，因为基块的种种伤害因素同时存在于裂缝，并与裂缝带来的伤害因素相互协同，其综合作用的结果，使致密气层整体的伤害机理变得十分复杂。钻井完井液对裂缝系统的伤害，不仅使基块发生各种类型的伤害，而且将其对气层的伤害范围明显引向地层深处（图 4—13）。表 4—13 对致密砂岩储层的伤害机理进行了归纳。值得注意的是，屏蔽式暂堵钻井完井液技术在致密砂岩气层中的应用，不仅具有通常的优点，它还能有效地控制毛细管自吸作用发生，而渗透率为零的屏蔽环发挥着关键作用。因此这一类气层无论投产时采取什么样的改造措施，钻井、完井过程中的气层保护技术都是十分必要的。

2. 保护致密砂岩气层的完井液

除满足一般钻井完井液的要求外，应特别注意以下问题。

（1）提高完井液对粘土水化的抑制性

表 4—13　致密砂岩气层伤害机理

伤害类型	伤害原因和过程	作业环节	预防和处理
液相圈闭（液锁）	水相饱和度增加 ·毛细管渗透（正压差） ·自吸作用 ·置换性漏失	水基钻井完井液钻井 固井 射孔 水基工作液欠平衡钻井 压裂、酸化、修井	·避免使用水基工作液 ·降低压差 ·形成渗透率为零的泥饼 ·降低毛细管力 ·注气 ·热处理 ·压裂（N_2、CO_2）
	油相饱和度增加 ·毛细管渗透 ·凝析作用	油基钻井液钻井 开采中流压过低	·避免使用油基工作液 ·控制压差 ·注气 ·热处理 ·压裂
固相侵入	颗粒在基块孔喉内沉积	钻井（正压、脉冲负压） 固井 完井（裸眼完井） 压裂 酸化 压井 修井、洗井	·形成渗透率为零的泥饼 ·欠平衡钻井 ·入井流体要严格过滤 ·深穿透射孔 ·压裂、酸化 ·热处理 ·超声波处理
	颗粒在裂缝内沉积 ·缝内充填 ·缝面内滤饼		
粘土矿物伤害	外来流体—岩石作用 ·碱敏（pH 值 = 9） ·水敏 ·盐敏 ·速敏 地层流体—岩石作用 ·速敏	钻井 固井 完井 酸化 压裂 压井 修井、洗井 生产	·形成渗透率为零的泥饼 ·欠平衡钻井 ·潜在伤害评价 ·加入粘土稳定剂 ·降低 pH 值 ·降低流速（采用水平井） ·压差平稳，减少波动 ·低于临界流速开采
化学剂吸附	高分子聚合物吸附与滞留油湿 表面活性剂吸附 ·孔喉表面 ·裂缝面（壁） ·乳化作用	钻井 完井 压井 压裂 修井、洗井	·室内评价 ·气基压裂液 ·使用氧化剂（酶） ·微生物降解聚合物
应力敏感	基块孔喉尺寸变化 裂缝宽度变化（张开、闭合）	正压差钻井（井漏） 欠平衡钻井 长封固段固井 射孔 生产	·形成渗透率为零的滤饼 ·控制合理的压差 ·水平井 ·抑制邻层泥页岩水化膨胀 ·优化射孔参数

续表

伤害类型	伤害原因和过程	作业环节	预防和处理
无机垢沉积	外来流体—地层流体作用 ·无机盐和水 $BaSO_4$、$CaCO_3$．$2H_2O$、$CaCO_3$ 地层流体本身的环境变化 ·无机盐、$CaCO_3$	钻井 固井 压井 修井、洗井 生产	·流体配伍实验 ·控制合理压差 ·延长见水时间 ·使用防垢剂 ·机械、化学除垢 ·压裂、酸化
岩面釉化	岩粉＋水在钻头、钻杆（高温）作用下形成瓷质致密层 ·堵塞孔喉 ·堵塞裂缝	气体钻井 裸眼完井 水平井	·增加润滑性和传热能力 ·雾状钻井液 ·射孔 ·洞穴应力完井

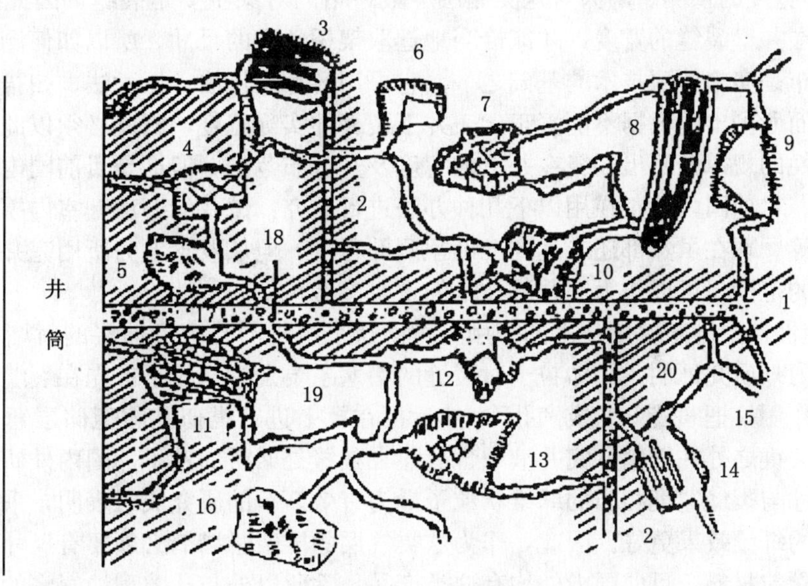

图 4—13　致密砂岩储渗介质二维模型及伤害机理

1—水平主裂缝，未充填；2—垂直缝，开启；3—长石溶孔；4—缩小粒间孔内充填伊利石和伊/蒙混层粘土；5—缩小粒间孔内充填高岭石；6—石英加绿泥石包壳充填剩余粒间孔；7—粒间孔内充填绿泥石；8—黑云母溶孔，端面撒开；9—铸模孔，保留绿泥石包壳；10—花瓣状绿泥石；11—岩屑内的微孔隙；12—自生石英充填剩余粒间孔；13—剩余粒间孔，孔壁仅有绿泥石，孔中央充填绿/蒙混层；14—长石溶孔，其内又有自生长石生成；15—喉道，均以绿泥石作为衬里；16—长石溶孔内充填高岭石；17—微缝，缝宽略大于喉道；18—侵入裂缝的固相；19—通过喉道侵入的液相；20—通过裂缝侵入的液相

这种抑制性一方面是为针对储层中的粘土矿物等敏感性矿物，以解决储层水敏性、盐敏性、碱敏性等问题带来的伤害；另一方面是针对夹层的泥页岩，应有效地抑制其水化作用以防止产生水化膨胀对气层产生额外的有效应力。为此应在完井液中引入无机盐（如 K^+、Ca^{2+}、正电胶等）及抑制性聚合物，并用夹层的泥页岩作针对性的抑制评价试验研究。

(2) 特别注意防止微裂缝发生的自吸水作用

由于致密气层孔隙、裂缝的表面一般都亲水，因此对于水基完井液即使在负压差欠平衡的情况下也能自动将水吸入气层，裂缝宽度越小，地层原始含水饱和度越低，其自吸水能力越强，吸水量越大，进入储层的水越难排出，如对喉道半径小于 0.075μm 的孔喉，需大于 10MPa 的压降梯度才能把水排驱出毛细管孔喉。大量吸水的结果会极大地降低气相渗透率，造成气井产能及气藏采收率下降。最后形成这类气层特有的水相圈闭伤害。这类伤害沿裂缝大大深入地层深部，其深度可达数米或更多，其伤害后果大大超出人们的想象。

(3) 适用于保护致密砂岩气层的屏蔽暂堵技术

凡使用钻井完井液正压差钻开储层，固相及液相对气层伤害不可避免，由于这类储层的特性必将使其伤害十分严重，因此最有效的保护致密气层的办法是有效地制止钻井完井液进入气层。所以有必要采用保护气层的屏蔽暂堵技术。但是它与孔隙性油气藏所用屏蔽暂堵技术相比有其突出的特点。

1) 裂缝宽度的预测。因为对这类储层屏蔽暂堵的对象主要是裂缝，因此按其堵塞机理必须了解气层井壁裂缝的宽度，才能恰当地选取架桥粒子的尺寸。所以如何测定地层裂缝的宽度及其分布是实施此项技术的基础之一。它可用薄片统计法、压汞法、扫描电镜观察等办法测定。然而所测出的数据不能真正代表井下裂缝的实际宽度，因此必须以此为基础根据地层应力敏感性的规律预测出裂缝在井下的宽度及其分布范围，但这是目前国内外都没有完全解决的问题。目前国内外正在用以下几种办法进行研究：试井的办法、室内模拟实验、计算机模拟实验等。现在虽然都还未达到准确预测的程度，但从概念上为所用完井液设计指明了方向和相应的范围，可以作为完井液技术的重要参考。

2) 裂缝性储层屏蔽暂堵技术的作用机理。这个机理与孔隙型储层的暂堵机理不完全一样，现在国内外研究证明：固体粒子对裂缝的堵塞主要是桥塞粒子首先在裂缝的狭窄处产生一系列架桥作用，把“缝”变成“孔”，然后再在孔上进行类似孔隙型储层暂堵模型的堵塞过程。因此关键之处在于钻井完井液中含有能在狭缝处架桥的粒子。国内外研究证明这类粒子以长轴尺寸与裂缝宽度相当的纤维状粒子最为有效。新的研究成果表明，采用高度分散且能生成絮团的纤维效果更好。因此，作为这类气层的屏蔽暂堵剂必须要有尺寸大小匹配的一系列纤维状颗粒材料，目前国内外均有这类产品。除此以外与孔隙型油气藏的屏蔽暂堵机理基本相同。

3) 裂缝性储层完井液效果的室内评价技术。很显然，它与孔隙型储层用完井液的评价方法是很不相同的，它至少要能反映出裂缝宽度及应力敏感性对完井液效果的影响，目前国内已有相应的方法和标准可供应用。

另外，倘若气层压力及井壁稳定问题和钻井装备允许采用欠平衡钻井，此时充气钻井完井液或泡沫（相对密度低于 1 时）都是效果很好的钻井液、完井液。目前已是成熟的技术，可供选择。气体钻井过程中，可能出现岩面釉化造成的伤害，尤其在水平井钻井中较为明显。气体钻井打开储层后的完井液如何有效保护储层至今仍是一个没有完全解决的技术难题，正在加紧研究之中。

第五节　射　孔　液

大多数油气井都采用射孔完井，射孔液的设计是射孔作业设计的重要内容。射孔液是指射孔施工过程中采用的工作液，它起着保护套管、防止射孔枪变形、控制射孔或测试压差以及为射孔或联作工艺实施提供条件的作用。射孔完井作业将在地层产生一定深度的孔道，以沟通地层和井筒。在射孔作业时，射孔液将不可避免地与地层接触并进入地层，因而射孔液的设计和选择就显得十分重要，其合理性将直接影响油气井产能的发挥，有时它的不利影响甚至比钻井液的影响更为严重。因此，要保证最佳的射孔效果，就必须研究筛选出适合于油气层及流体特性的优质射孔液。

射孔液的设计和选择必须在弄清射孔液对油气储层的伤害机理基础上，根据油气层岩心、物性以及流体特性，结合相应的射孔工艺及其室内伤害评价实验结果综合确定。

一、射孔液对储层的伤害机理

射孔液对油气层的伤害机理与完井液对油气层的伤害机理相同，油气层的潜在伤害只有在外因的作用下，才能变成真实的伤害，控制外因是储层保护的唯一方式。在射孔、试油作业中，弄清射孔液伤害机理，避免或减轻储集层潜在伤害的诱发，是研究工作的出发点和归宿。一般来讲，射孔液对油气层的伤害主要体现在以下三个方面。

1. 射孔液固相颗粒的伤害

当射孔液含有固相颗粒时，固相颗粒在正压差的作用下将进入射孔孔道或微裂缝，而将孔眼堵塞甚至填满，较小的固相颗粒还会穿过孔壁而进入油层引起深部伤害。在远离孔壁和井壁区域这种固相颗粒的运移，对孔隙型、孔隙裂缝型或裂缝孔隙型油气藏的伤害，可能使油井建井过程前功尽弃，而且这种伤害不经过增产措施，油气井产能很难得到恢复。固相颗粒的来源很多，比如射孔液采用改性钻井液中含的重晶石、不溶解堵漏剂、粘土；射孔液采用产出水中含的粘土颗粒、沉淀物及垢粒；盐类结晶体、细菌、腐蚀产物以及射孔本身产生的弹屑物等。

2. 射孔液滤失造成的伤害

不论是正压射孔还是负压射孔，射孔液将不同程度地滤失进入油气层，产生多种形式的伤害。即使采用负压射孔，虽然井筒液体回压低于地层压力，但射孔点火时释放的能量将在井筒产生明显的水击现象，射孔产生孔道时将首先是正压作用于地层，只有在射孔产生的能量耗散后，井筒又才回到负压环境，利用瞬时回流清洗孔眼。在正压差的作用下，射孔液进入地层可能产生的地层伤害包括：

1）引起粘土矿物膨胀、分散、剥脱和运移。

2）与油气层矿物或流体不配伍，产生化学沉淀或结垢。

3）由于含水饱和度上升，产生水锁效应，导致原油或天然气的相对渗透率下降。

4）射孔液与油层中原油生成粘性乳状液，或油层的润湿性发生反转，增大油流阻力。

5）聚合物射孔液中的长链高分子聚合物进入油层，在孔道表面吸附而降低孔喉有效半径。

6）酸基射孔液在酸敏矿物较多的储集层的不合理使用，导致压井液与岩石或地层流体反应生成沉淀和堵塞。

3. 射孔液的速敏伤害

射孔液的速敏伤害主要有三种情况：第一是在正压作用下且油层渗透率较高时会导致射孔液的滤失速度增大。由于油层中固相颗粒或射孔液带入的外来固相颗粒，在高滤失速度下可能产生颗粒间的强烈干扰并形成桥拱，而堵塞孔喉。在速敏严重的油气层，必须控制压差或提高射孔液黏度降低滤失。第二是在负压差作用下，对于弱非胶结地层或速敏严重的油气层，由于高速回流产生的岩石颗粒脱落也将堵塞孔喉，必须控制好负压差的大小。第三是对于超正压射孔或复合射孔，由于作业时井筒压力大于地层破裂压力，射孔液将高速进入地层，虽然作业后井筒附近可能产生非闭合的裂缝，但在裂缝壁面或尖端以外区域，速敏严重的地层会因射孔液的高速流动，在这些区域产生颗粒堵塞，大大地降低超正压或复合射孔的效果。

油气层的潜在伤害只有在外因的作用下，才能变成真实的伤害，控制外因是储层保护的唯一方式。在射孔、试油作业中，避免或减轻储集层潜在伤害的诱发，是研究工作的出发点和归宿。因此射孔液体系的设计必须围绕这一关键点进行。

二、射孔液体系的设计原则

随着对油气层保护的日益重视及勘探成本的不断增加，射孔液的应用极为广泛。特别是对投资大、风险高的复杂油气田以及海上油气田的勘探开发，更要求应用最合适的完井工艺技术和液体技术以获得储层的最小伤害和油气井的最大产能。伴随环境保护法规的日益严格和环境控制技术的发展和应用，要求在射孔液的研究和使用中采用无毒、低毒、易生物降解的添加剂和体系。为此，提出了以下射孔液的设计原则：

1）要求体系应有与地层相适应的密度，密度可调。

2）与油气藏岩石配伍（包括粘土稳定、不堵塞孔喉和产生润湿反转等）。

3）与油气藏流体配伍（包括不结垢、不结晶、不产生水合物、不乳化等）。

4）可以保护油管、套管和井下设备（低腐蚀）。

5）在地面和井下等条件下具有良好的稳定性（温度稳定性）。

6）体系可通过常规程序进行安全处理。

7）有利于保护环境和安全。一是考虑对环境的污染，二是考虑对操作人员的安全。

8）射孔液必须与射孔工艺相适应。

9）成本低廉，原材料来源广以及考虑工艺的复杂性和重复使用性能。

一种理想的射孔液体系应考虑包括密度、结晶温度、黏度和增粘能力、稳定性、防腐性、清洁度、回收重利用能力、降滤失剂的效能，与地层岩石地层流体的配伍性以及成本、原材料来源等多个方面的因素。

三、常用射孔液体系及其特点

目前使用的射孔液体系主要有以下 5 种。

1. 无固相清洁盐水射孔液

无固相清洁盐水射孔液是 20 世纪 50 年代后期由 Conoco 首先提出，近年来在国外钻井、完井、修井作业中被广泛使用。实践证明在技术上和经济上都是可行的，其在减少地层伤害中的重要作用已得到广泛认可。现场使用表明：无固相清洁盐水射孔液与有固相射孔液相比可明显提高油气井产量。

该体系是由各种盐类及清洁淡水加入适当的添加剂配制而成。该体系射孔液保护油层的机理是利用体系中各种无机盐及其矿化度与地层水中的各种无机盐及其矿化度匹配，液体中的无机盐改变了体系中的离子环境，降低了离子活性，减少了粘土的吸附能力。在滤液侵入油气层后，油气层中的粘土颗粒仍然保持稳定，不易发生膨胀运移，因而尽可能地避免油气层中敏感性粘土矿物产生变化。同时由于射孔液中无固相颗粒，不会发生外来固相侵入油层孔道的问题。此种射孔液具有成本低、配制方便、使用安全的特点，但对于裂缝性地层、渗透率较高且速敏效应严重的油气层不宜使用。

无固相清洁盐水射孔液体系以清水为基液，使用时必须考虑选择适当的盐类型、盐浓度以及粘土稳定剂、防乳破乳剂和防腐剂等添加剂。主要分为两类，即无机盐盐水体系和有机盐盐水体系。

盐类型的筛选主要是考虑粘土抑制性、射孔液密度和经济性三大方面的要求。从粘土抑制性考虑，KCl、NH_4Cl 和 $CaCl_2$ 的效果最明显。但前两种盐价格较贵，而 $CaCl_2$ 在储层中存在钠微晶高岭土时不宜使用（引起絮凝或粘土收缩）。从盐水密度和射孔压差考虑，在21℃时，KCl 溶液密度可达 1.07g/cm^3（质量百分比 26%），NaCl 可达 1.17g/cm^3（26%），$CaCl_2$ 可达 1.37g/cm^3（38%）。采用 $CaCl_2/CaBr_2/ZnBr_2$ 等可使盐水密度高达 23g/cm^3（77%），但溴化物的价格更昂贵。由于上述几方面原因，在不要求射孔液密度较大时，一般宜采用 NaCl 或 KCl 或 NH_4Cl。不同盐类的最大密度见表 4—14。

表 4—14　不同盐类的最大密度

盐水液	盐的浓度，%	在 21℃时最大密度，g/cm^3
KCl	26	1.07
NaCl	26	1.17
KBr	39	1.20
HCOONa	45	1.34
$CaCl_2$	38	1.37
NaBr	45	1.39
$CaCl_2/CaBr_2$	60	1.50
HCOOK	76	1.69
$CaBr_2$	62	1.81
$CaCl_2/CaBr_2/ZnBr_2$	77	2.30

盐浓度的选择可通过岩心流动实验确定。由于许多情况下水分析资料并不是真正的地层水而可能是钻井液或注入水，故选择的最佳盐浓度不一定就是所谓的地层水矿化度。对于水敏比较严重的油层，必须加入粘土稳定剂。无机盐中如 K^+、Na^+、NH_4^+ 等阳离子单体虽有一定的粘土稳定作用，但其效果和持久性都不够理想。为此，可以选择无机聚合物类（羧基铝、氢氧化铬等）、有机聚合物类（如聚季铵盐、聚季磷酸盐、聚季硫酸盐等）。粘土稳定剂的类型和用量可以通过岩心岩饼在粘土膨胀仪上进行试验筛选或通过岩心流动实验筛选。破乳剂的选择可以通过原油和射孔液搅拌混合进行实验观察确定。当筛选的盐浓度较大时或油层温度较高时，应考虑加入防腐剂。其类型和用量可采用 N80 或 P110 钢材挂片实验确定。缓蚀剂常用十八胺、二聚氧乙烯基十八胺、季胺盐、磷酸、$NaSO_3$ 等。

在筛选出该体系各种添加剂和用量后，应当进行配伍性和伤害实验，保证射孔液与产出流体（原油、水）无反应（无沉淀、无气泡和无残渣），并且最终岩心流动实验的渗透率恢复值在 80%以上。

高温高密度的射孔液体系中，主要以溴盐为代表。但溴盐盐水完井液，由于价格昂贵和转口贸易的复杂性，使其在我国的应用范围很窄，只在海上油气田开发中有少量应用。含

$ZnBr_2$的盐水的强腐蚀性会对皮肤和眼睛产生严重伤害，要求使用者要有特殊的保护措施。其对金属的腐蚀，要求需加特殊的缓蚀剂才能控制可怕的酸性腐蚀率。而且含$ZnBr_2$的废液排入海洋后，会严重伤害当地的生态环境和地表水水质。

高温高密度的非溴盐盐水射孔液体系，主要由$CaCl_2$、K_2CO_3、$Ca(NO_3)_2$及Na_2CO_3等无机盐的一种或若干种复配而成。其价格相对于溴盐盐水要便宜得多，原材料来源广，其他性能与溴盐盐水大致相当，甚至在某些方面优于溴盐盐水。非溴盐盐水射孔液的密度可达到1.57～2.0g/cm^3。

据研究表明，以甲酸盐盐水为代表的有机酸盐盐水射孔液体系，其性能比卤化物盐水更加优越，但成本比溴盐还要昂贵。其主要表现在：1）高溶解度，密度在1.36～2.4g/cm^{3}范围内可调，在此条件下，无悬浮颗粒。2）在高溶解度下仍保持特别低的黏度，比如甲酸钠盐水在1.2g/cm^{3}时，其黏度稍大于3mPa·s；甲酸钾盐水在1.48g/cm^{3}时，黏度只约为3mPa·s；甲酸铯盐水在2.36g/cm^3，黏度仍小于4mPa·s，而卤化物盐水在1.72g/cm^{3}时，黏度就达10mPa·s（20℃）；在2.3g/cm^{3}时可达23mPa·s。3）结晶点低。甲酸铯盐水在1.92g/cm^{3}时，结晶点为－53℃。而溴盐盐水在1.748g/cm^{3}时，结晶点为－28℃。4）有利于保护环境，生物毒性小，易生物降解，腐蚀速率小，有利于保护油管、套管和井下设备。其对人的皮肤和眼睛无害，有利于保护操作人员的人身安全，能与油田常用的聚合物共溶，与含SO_4^{2-}、CO_3^{2-}的地层水有良好的配伍性，热稳定性好，大于150℃。

总之，无固相清洁盐水射孔液体系的使用应当特别注意两个方面：一是必须保证清洁和过滤，以保证无固相要求，因此罐车、管线和井筒必须进行清洗，并根据油层孔隙情况和处理工作量采用适当的过滤设备；另一方面是密度调整和控制应满足射孔压差要求。应当注意井下温度对盐水密度的影响，必须保证井下无盐析出。必要时加入盐结晶抑制剂（如NAT）。

无固相清洁盐水射孔液的优点主要有：1）不存在固相侵入地层，可减轻对地层的伤害（岩心渗透率恢复值高达80%以上）。2）盐水可抑制储层中水敏性矿物。3）密度可调范围广（如$ZnBr_2/CaBr_2$体系可在1.07～2.33g/cm^{3}范围内随意调节）。4）一般不必加入加重剂就可满足生产要求。5）工艺简单，材料种类少，便于现场操作、管理。缺点是对粘土的稳定时间较短，需考虑防腐、控制结晶点，配制时需精细的过滤装备，且成本高。

2. 聚合物射孔液

该种射孔液主要用于可能产生严重漏失（裂缝）或滤失（如高渗透）以及射孔压差较大、速敏较严重的油气层。它是在无固相盐水射孔液的基础上，根据需要添加不同性能的高分子聚合物配制而成，加聚合物的主要目的是调整流变特性和控制滤失量。有时为了获得更好的控制滤失效果，还可以加入不同类型的固体作为桥堵剂，它可以是酸溶性（如$CaCO_3$、$MgCO_3$）、水溶性（如盐粒）或油溶性的（油溶树脂）。该体系常加入的聚合物增粘剂有HEC（羟乙基纤维素）、改性HEC、生物聚合物XC（黄胞胶）、聚丙烯酰胺（PAM）及其衍生物、木质素磺酸钙或采用合成聚合物等。

聚合物类型和浓度的选择主要是根据滤失量和滤液伤害率来确定。总的要求是滤失量小，对油层的伤害小。

3. 油基射孔液

油基射孔液可以是油包水型乳状液或者直接采用原油或者柴油加入一定量的添加剂作为射孔液。油基射孔液由于滤液为油相，避免了油层的水敏作用。但应注意由于某些添加剂

（如表面活性剂）的作用可能导致油层润湿反转（由亲水变为亲油），或者是用作射孔液的原油中的沥青或石蜡等乳化剂进入油层形成乳状液，使油层渗透率降低。因此使用前应进行防乳破乳实验，根据情况加入适当的破乳剂。

使用油基射孔液还应检查其中沥青、石蜡或其他固相颗粒的含量和油层的堵塞。使用中应注意防火和安全。

4. 酸基射孔液

该体系射孔液是由醋酸或稀盐酸加入适合不同要求的添加剂配制而成。由于盐酸或醋酸本身具备一定的溶解岩石矿物或杂质的能力，可使射孔后孔眼中以及孔壁附近压实带物质得到一定的溶解，从而预防射孔后压实带渗透率降低及残留颗粒堵塞孔道。一般采用10%左右的醋酸溶液或5%左右的盐酸溶液对油层进行处理。

与水基射孔液类似，该体系必须加入粘土稳定剂、破乳剂、防腐剂。此外，还应加入铁离子稳定剂（螯合剂）、抗酸渣添加剂（酸与原油接触可能形成酸渣）。酸类型和浓度选择应是本体系的重点考虑因素。

这类射孔液的使用应当注意两个问题：一是防止酸与岩石或油层流体反应生成沉淀和堵塞，尤其是酸敏矿物较多的油层应当慎重选用；二是要考虑设备和管线的防腐问题，尤其是在含 H_2S 高的油、气层会引起钢材严重腐蚀和脆裂。

5. 气基射孔液

伴随欠平衡钻井液体系发展而来的气基型射孔液是指含有人为充入气体（空气、氮气等）的低密度完井流体，按含气比例、聚合物及其添加剂类型和密度的不同又分为泡沫、微泡沫等完井液。微泡沫完井液首次使用是在委内瑞拉的马拉开波湖地区的枯竭油藏。微泡沫不是聚集在一起的单气泡，而是形成了一种可以阻止或延缓液体侵入地层的微泡网络，微泡沫钻井液的配制和维护简单，微泡沫体积一般能达到8%～14%。

该类射孔液是为了适应在低压裂缝性油气田、稠油油田、低压强水敏性油气层、低压低渗透油气层、易发生严重漏失的油气藏、能量枯竭油气藏以及海洋深水油气井实施完井修井作业的需要而发展起来的。其特点是，密度低、滤失量小、保护油气效果好。

表4—15是国内外不同射孔液的类型、配制方法以及优缺点统计表。

四、射孔工艺对射孔液的要求

射孔液总的要求是保证与油层岩石和流体配伍，防止射孔过程中和射孔后对油层的进一步伤害，同时又能满足射孔施工工艺要求。因此，射孔液体系的选择必须结合实际地层情况和射孔工艺类型，选择既能保护储层又能顺利完成施工作业的最佳射孔液体系。

可以说，地层伤害的控制和射孔液体系的设计与选择既是一门科学，也是一门艺术。某些情况适用的配方未必能适应其他情形。一般来讲，常规射孔工艺（如电缆传输或TCP）对射孔液体系没有特别的要求，主要从油气层保护的角度出发，选择与储层特点相适应的射孔液体系。但对于非常规作业的射孔施工，射孔工艺本身对射孔液是有要求的。

对射孔与测试联作（包括TCP+MFE、TCP+HST、TCP+PCT、TCP+APR等）来说，射孔液必须满足测试压差的要求，又要有利于封隔器坐封和测试阀的开关。既可以根据地层情况选择液体类型射孔液，也可采用惰性氮气作为测试气垫，这种气垫既能起到保护地层和坐封封隔器的作用，又能特别方便调节回压以使地层流体流动，减少了对地层的伤害，也不易爆炸。

表 4—15　国内外主要的射孔液类型

主要分类	亚　类		应用范围	配　制	优　点	缺　点
水基	改性钻井液		钻开油气层及射孔、压井	在原钻井液的基础上进行性能调整，如加入粘土稳定剂，降滤失剂、暂堵剂和提高阳离子浓度。主要有聚合物钻井液、聚合物石灰钻井液、木素碳酸盐钻井液、$CaCO_3$钻井液	简单、价格低。聚合物钻井液对油层伤害小，对高渗透油层的伤害大于低渗透层	固相含量高，造成的地层伤害可能性较大
	无固相清洁盐水		射孔、压井	无机盐＋粘土稳定剂＋增粘降滤剂＋pH值调节剂＋缓蚀剂	保护油层效果好，密度可调1.07～2.3g/cm^3	悬浮稍差，需过滤，易腐蚀
	低固相暂堵型压井液	酸溶性压井液	射孔、压井	暂堵型桥堵剂＋增粘剂 桥堵剂分： 酸溶性—碳酸盐 油溶性—树脂、沥青 水溶性—盐粒 美国常用配方： $CaCO_3$＋HEC、暂堵剂＋XC	拟制性强，可暂堵油层、岩心渗透率恢复可达80%～90%	需有相应解堵措施
		油溶性压井液				
		水溶性压井液				
	聚合物类射孔液	聚合物＋表面活性剂	用于含水饱和度高和易水锁油气层	配方： 增粘降滤剂＋表面活性剂＋盐＋固体	液体进入油层、气层后易返排	
		阳离子聚合物类	用于水敏地层	增粘降失水剂＋粘土稳定剂＋（表面活性剂）	抑制粘土膨胀，渗透率恢复值高	
	水包油型乳状液（独联体用）		主要用于气层或强水敏地层	膨润土＋$CaCl_2$＋气体凝析油品＋苏发努尔	阻止液体进入产层，易诱喷	
油基	原油（或柴油）		低压层或情况清楚层		不伤害油层	脏
	油包水乳状液及油包水胶束溶液		水敏性地层	水＋油＋表面活性剂/（醇类）	可增溶水	贵
气基	泡沫		低压油气层或深水井	水＋表面活性剂＋水溶性粘土稳定剂	密度低，有增能效果，易返排，不伤害储层	稳定性差，需配套设备
	微泡沫			水＋表面活性剂＋水溶性粘土稳定剂＋聚合物		
	氮气		超正压射孔与测试作业	常与酸基射孔液连用	有增能效果，易返排，利于解除储层表皮伤害	需液氮车和配套设备
酸基	盐酸体系		超正压射孔、射孔与酸化联作等	水＋盐酸/醋酸＋粘土稳定剂＋破乳剂＋防腐剂＋螯合剂	可解除孔眼和近井区伤害	注意返排
	醋酸体系					

对于射孔与酸化联作，可以采用酸基射孔液；射孔与压裂联作则选择压裂用的前置液作为射孔液；而对于射孔与防砂作业施工联作（如砾石充填），则射孔液的选择既要满足油气层保护的要求，又要满足防砂施工的要求。

对于超正压射孔作业，由于射孔液被压入地层，应根据不同的地层情况选择合理的射孔液+液氮的组合方式，液垫和液氮的多少应根据施工要求进行设计。所有的研究者都认为，不管是何种流体和多大体积，减阻聚合物是必须要添加的。超正压射孔液体设计准则如表4—16所示。

表4—16　超正压射孔射孔液选择原则

油藏条件	液体类型
砂岩（个别碳酸岩）	2%KCl盐水
砂岩（water retention）	2%KCl盐水+乙醇
碳酸岩	15%～20%HCl
砂岩（严重水敏）	原油
砂岩+碳酸岩	10%乙酸
低压页岩气藏	10%乙酸或者1.5%HF
稠油油藏（含蜡）或油基泥浆钻井	二甲苯
砂岩气藏（<7MPa）	柴油

液量的选择与淹没射孔枪至一定高度为原则，同时与裂缝扩展或施工设计效果关联，通过动态模拟分析计算进行设计。

对于射孔与高能气体压裂联作（即复合射孔），由于射孔液不可避免被带入地层，因此射孔液体系的选择必须特别小心，尽量设计和选择与储层特点相适应的体系。

对于低压低渗油气层、水平井或多分支井、深水油气井，必须慎重选择射孔液体系，尽量采用低密度的泡沫或微泡沫射孔液，避免射孔液对储层的伤害，达到需要的射孔负压要求。而对于高温异常高压油气层，射孔工艺则要求采用高温高密度的清洁盐水射孔液体系。

总体来讲，射孔液的选择必须具有针对性。例如委内瑞拉马拉开波湖地区和独联体国家，为了防止射孔液及顶替液伤害油层，完井时用盐水（1.02g/cm^3）将钻井液替出，再用Stable Mul（水包油型乳状液，0.89g/cm^3，耐温160℃不破乳）作为射孔液，射孔后用轻质油，密度约0.78g/cm^3，将Stable Mul乳化液替出投产。也就是从射孔开始到投产过程不再使水基射孔液与油层接触，以减少完井液伤害油层。目前国内也有直接采用产出水作为射孔液，但在使用时必须进行必要的过滤等处理。

参考文献

1　万仁溥等编著．现代完井工程（第二版）．北京：石油工业出版社，2000

2　罗蛰谭等．油气储集层的孔隙结构．北京：科学出版社，1986

3　Sharmar，et al. Release and Deposition of Clays in Sandstones. SPE13562，1985

4　Porter，K. E. An Overview of Formation Damage. Journal of Petroleum Tech.，Aug. 1989

5 Bennion, D. B., Thomas, F. B. and Bietz, R. F.. Low Permeability Gas Reservoirs: Problems, Opportunities and Solutions for Drilling, Completion, Stimulation and Production. SPE 35577, May 1996

6 Bennion, D. B.. Screening Criteria Help Select Formations for Underbalanced Drilling. Oil&Gas Journal, Jan. 1996

7 Ghalambor, Ali, and Economides, M. J.. Formation damage abatement: a quarter-century perspective. SPE58744, 2000

8 Hands N., Kowbel K., Maihanz S.. Drilling-in Fluid Reduces Formation Damage, Increases Production Rates. Oil&Gas Journal 1998 (28)

9 Krueger, R. F.. An Overview of Formation Damage and Well Productivity in Oil Field Operations. Journal of Petroleum Tech., Feb. 1986

10 Layne, A. W. and Yost Ⅱ, A. B.. Development of Advanced Drilling, Completion, and Stimulation System for Minimum Formation Damage and Improved Efficiency: A Program Overview. SPE 27353, 1994

11 Bennion, D. B. and Thoma, F. B.. Underbalanced Drilling of Horizontal Wells: Does It Really Eliminate Formation Damage? SPE 27352, 1994

12 张绍槐，罗平亚等编著．保护储集层技术．北京：石油工业出版社，1993

13 罗平亚．中国石油天然气总公司院士文集（罗平亚集）．北京：中国大百科全书出版社，1997

14 罗平亚著．储集层保护技术．北京：石油工业出版社，1999

15 罗平亚，康毅力，孟英峰．我国储层保护技术实现跨越式发展．天然气工业，2006，26（1）：84～87

16 康毅力，罗平亚．粘土矿物对砂岩储层伤害的影响——回顾与展望．钻井液与完井液，2000，17（5）：36～40

17 康毅力，徐进，罗平亚．川西致密砂岩气层保护技术研究．见：天然气勘探开发论文集．北京：石油工业出版社，2000

18 Kang Yili, Luo Pingya, Xu Jin and Xu Xinghua. Employing both Damage Control and Stimulation: A Way to Successful Development for Tight Gas Sandstone Reservoirs. SPE 64707, Presented at the SPE International Oil and Gas Conference and Exhibition in China held in Beijing, China, November, 2000

19 徐同台，赵敏，熊友明等编著．保护油气层技术（第二版）．北京：石油工业出版社，2003

20 徐同台，洪培云，潘世奎主编．水平井钻井液与完井液．北京：石油工业出版社，1999

21 徐同台，赵忠举主编．21世纪初国外钻井液和完井液技术．北京：石油工业出版社，2004

22 樊世忠，鄢捷年，周大晨等编著．钻井液完井液及保护油气层技术．东营：石油大学出版社，1996

23 樊世忠编著．完井液与修井液．徐州：中国矿业大学出版社，2004

24 Foxenberg W. F. Solid-free Completion Fluids Optimize Rig Operations (part I:

Formation and Seletion), Pet. Eng. Int., 1996, 69 (5): 32～35

25 Hudgins C. M. et al. Heavy Brine Makes Good Fluid for Completion Packer. Oil and Gas J., 1961 (7): 91～97

26 Houchin L. R. et al. Evaluation of Potassium Carbonate as a Non-corrosive, Chloride-free Completion Fluid. SPE 27392, 1994

27 徐同台，赵忠举等．国外钻井液和完井液技术的新进展．钻井液与完井液，2004，21 (2)

第五章　生产套管及注水泥

油气井在建井过程中都要下入一层或多层套管，用于最终开采油气的套管称为生产套管。生产套管的主要作用是保护井壁、封固和分隔各油气层，达到油气层安全开采、分层测试、分层注水、分层改造的目的。

生产套管在油气田开发全过程中应安全和有效。在下套管及注水泥，生产过程中，生产套管承受外挤力、内压力和拉伸载荷等外载。采用射孔方法完井的生产套管，需承受射孔弹的大能量高温瞬时冲击载荷。在长期的油气开采过程中，除承受地层外挤力，还可能经受长期的内压力、多次措施和修井等井下作业的外载的变化。此外还要经受各种流体腐蚀介质的侵蚀，腐蚀已成为生产套管失效的主要因素。生产套管变形、错断、破裂和泄漏等事故导致油气井不能生产，油气田不能正常开发，严重时导致地下窜流或地下井喷，而造成严重的环境与安全问题。因此，从事油气井设计、井下作业和采油的技术人员必须掌握和了解生产套管设计知识和提出合理的技术要求。

按照完井工程的系统思路，第三章论述了油管和套管尺寸的选定，本章的内容则是在井身结构确定后，重点讨论生产套管的强度设计、注水泥设计和工作寿命。

第一节　生产套管设计的基本要求和生产套管完整性管理

一、生产套管设计的基本要求

在前面有关章节中已讨论了油管和套管的直径选用设计，本节将重点讨论生产套管强度设计及寿命。鉴于高温高压井、深井、超深井、含硫化氢井及注蒸汽热采井的强度和寿命涉及重大安全与环境问题，设计和生产管理者需十分重视生产套管的设计、安全运行和工作寿命。

1. 安全准则

生产套管柱的设计原则是既安全又经济。即根据套管柱在井下的工况，建立套管强度与套管柱受力之间的平衡关系，确保安全第一。但是，在不同工程和地质条件下，套管柱所受的外载是不相同的。例如，在井下的盐岩层对套管柱的外挤力将大大超过正常地层压力；压裂酸化时套管柱所承受的内压力与正常采油时的内压力不相同；在易塌油层生产前期与生产中、后期对套管柱的外挤压力也不相同；同时，套管强度也要发生变化。在井下腐蚀性环境中，套管受到腐蚀后强度降低而产生破坏；在热采井中，高温蒸汽将导致套管反复伸缩而降低强度；在水平井和大斜度井中，由于长期井下作业过程中的磨损也会降低套管强度。因此，生产套管柱设计的安全准则实施有一定的技术性难度。目前的解决办法，主要是按生产套管柱在井下最危险的工况确定受力大小，进而采取合理的套管柱强度设计方法，确保套管柱的安全。

基本的套管柱设计包括：

1）抗拉设计。按下套管时套管质量的轴向拉力计算。

2）抗挤设计。一般按管内全掏空，管外按下套管时井内钻井液密度计算。但对这一算法有不同的看法，有的只按套管内部分掏空计算，有的按套管内全部掏空，而实际采用套管外注水泥段按盐水柱压力计算，未注水泥段仍按钻井液密度计算，或全井按钻井液密度计算。

3）抗内压设计。一般只在气井中考虑，内压按气层压力或考虑气柱重力后的压力计算。

对于深井或高压气井更为精确的设计是考虑上述三种载荷的复合载荷及在复合载荷作用处套管强度的变化。例如在轴向载荷作用下套管抗挤强度降低是设计时必须考虑的因素。

2. 完井要求

由于射孔完井能最大限度地改善多层系储层的层间干扰问题，因此绝大部分油气井采用射孔完成。由于射孔对生产套管的强度和使用寿命有一定影响，因此，应选用射孔后不裂或不变形的优质套管。

采用油管封隔器完井的气井，应考虑到长期开采过程中，由于封隔器失效或油管螺纹密封损坏，气体进入套管与油管环空。在这种情况下，生产套管将承受很高的内压力和腐蚀，因此，应严格进行生产套管抗内压强度校核。

完井口袋长度应充分考虑射孔、出砂、压裂和抽油具体要求考虑口袋长度，一般大于10～15m长度，可以选择50～60m或更长一些。

同时要考虑一些特殊情况，如尾管完井要考虑尾管与生产套管的间隙尺寸，以保证固井注水泥的质量；砾石充填及割缝衬管防砂井，应选用较大尺寸套管，最好选用大于7in套管完井；天然气井及注气井应选用套管密封性高的螺纹及密封脂；酸性气体井要选用抗腐蚀材料的套管；注蒸汽热采井应选用耐热应力的套管螺纹和螺纹密封脂；岩盐井段要采用高抗挤套管。

3. 安全运行和工作寿命要求

套管和水泥环承受异常高的外载、腐蚀，是影响安全和工作寿命的主要因素。现代设计和管理理论将安全运行和工作寿命要求归纳为“完整性设计与管理”。

二、生产套管完整性管理

1. 生产套管完整性管理的概念

大量套管失效案例分析表明，几乎所有已失效的套管在设计和施工时都符合标准，说明了仅按API/ISO标准设计套管不能保证套管在工作过程中的完整性。近年来国际一些大油公司提出了“井眼完整性管理（Well Integrity Management）”的理念，但其理论和方法仍在继续完善。生产套管完整性是井眼完整性的关键组成部分，本节仅限于在生产套管的完整性。

本书生产套管的完整性包括以下内涵：

1）生产套管应保持物理上和功能上的完整性。所谓“物理上”是指无泄漏、无变形、无材料性能退化、无壁厚减薄，“功能上”是指适应开采或井下作业的压力及操作。

2）生产套管始终处于受控状态。可预测不同使用期间能承受的极限载荷和极限工作环境。

生产套管完整性管理中涉及腐蚀、外载估算、在线监测和套管测井、操作限制和管理等。生产套管完整性管理涉及的外载、套管损伤或材料性能退化等很难准确定量计算，没有公认的设计标准。因此设计或工作条件要由油气井管理者和设计者引用风险分析方法来确定，以下将作原则性介绍。

2. 腐蚀引起的套管失效

腐蚀是套管失效最普遍和最严重的因素，有的井以内腐蚀为主，另一些井主要是外腐蚀，但是绝大多数套管失效都是未注水泥井段外腐蚀引起的。局部腐蚀会发展成穿孔泄漏，导致井下窜流或井下井喷，油气井突发性水淹。失重腐蚀引起壁厚减薄，使套管强度降低。

腐蚀造成钢材性能退化或结构强度降低。例如含硫化氢流体或化学反应生成的硫化物或氢原子会导致大部分钢材韧性降低，并产生滞后断裂，这就是材料性能退化。

在设计阶段应考虑合理选材，避免设计时为了降低成本而选用不合适钢材，以后的修井成本可能会远高于设计阶段的首次投入。如果水泥不能全部封固套管，那么应检测地层流体的腐蚀性组分，并设计相应的措施，例如使用有外防腐层的套管，局部封堵含腐蚀性流体的地层。

腐蚀引起泄漏的常见部位有 API/ISO 标准的螺纹，变径短节、分级箍、回接器、凝析水析出点以上套管壁。对于重要的油气井，在生产阶段宜进行腐蚀监测或腐蚀测井，以便限制生产作业参数。腐蚀监测或腐蚀测井可为风险评估提供依据。

3. 射孔井段套管先期失效

绝大部分油气井采用射孔完成，射孔井段套管常发生先期失效。先期失效的内在原因是射孔降低了套管强度，外在原因是井下复杂载荷和腐蚀。

如果参照井下套管射孔孔径和分布，但孔眼是用钻床钻出的，那么套管抗挤强度只降低约 5%。但是井下射孔是射孔弹爆燃和穿孔完成的，瞬时冲击已使孔眼周边材料韧性降低，在孔上沿和下沿套管轴向开裂几乎不可避免。射孔时，材料的动态断裂韧性控制开裂趋势。射孔后，套管的横向冲击韧性控制在外挤或内压作用下纵向裂纹的扩展。为了降低射孔开裂，应将套管的横向冲击韧性列为套管性能指标。根据断裂力学理论，应选用横向冲击韧性尽可能大，并且冲击韧性与屈服强度和套管壁厚相匹配的套管。此处的匹配指选用高屈服强度的钢级，横向冲击韧性也要对应增大。在完井和井下作业允许的条件下选用厚壁套管可显著提高套管的构件断裂韧性。ISO 11960 和 API 5CT 已将套管和接箍的横向冲击韧性列入标准，同时规定了不同钢级和壁厚的横向冲击韧性要求。ISO 11960 和 API 5CT 中套管纵向和横向冲击韧性是最低标准，实际上很多套管制造厂家的套管横向冲击韧性已高于 ISO/API 标准。由于制造工艺的原因，套管横向冲击韧性约只有纵向冲击韧性的二分之一。为了防止射孔造成套管开裂，首先是提高储层段套管横向冲击韧性，其次是优化射孔参数设计和提高水泥石韧性。

4. 套管挤毁的机理及潜在风险

套管挤毁是一个广义的说法，它包括以下三种挤毁失效形式：

1）对称变形，即形成具有长轴方向和短轴方向的挤扁。这是两向挤压力不等或套管椭圆度大造成的；

2）在圆周上局部凹陷，这是外壁局部腐蚀或内壁局部磨损导致壁厚减薄，液压力作用在减薄处形成凹陷；

3）地层岩体滑移引起套管横向位移。

以下将简要介绍套管挤毁的机理及潜在风险。

（1）岩石蠕变挤毁套管

盐岩层、膏盐层、软泥岩等地层具有蠕变特性，蠕变是指井眼形成后该层段应变持续发生的现象。盐岩层、膏盐层、软泥岩等继续缩径，造成套管挤毁。某些岩体的蠕变可持续数月到数年，对应的套管在数月到数年后挤毁。在一些油田，岩盐、膏盐层井中，注水泥段套管先于未注水泥段损坏。注水泥段以挤毁为主，自由段无挤毁而是外腐蚀穿孔。有的油田岩盐层段套管按上覆地层岩石重力压力作抗挤设计，但仍有大量套管挤毁。

（2）产层塌陷和地层滑移挤毁套管

胶结疏松砂岩储层开采期压力亏空，随着孔隙结构的压实作用，储层井段会局部塌陷，挤毁套管。在油气开采中，多种因素会造成盖层与储层的交界面产生滑移。地层塌陷后盖层滑移，注水开发中储层岩石有效应力变化、温度降低和水窜入储层与盖层交界面等均可导致盖层滑移；稠油热采使储层大范围体积热膨胀也可使盖层与储层的交界面产生滑移。上述地层滑移的剪切力有时大至良好的固井质量难以阻止滑移，很难阻止套管挤毁或剪切变形。储层与盖层岩石强度差异越大，滑移趋势也越大。

地层岩石沿地层面或断层面局部滑移和对套管产生剪切力，使套管挤毁或使套管产生横向位移。

（3）疏松砂岩油层出砂挤毁现象

结构疏松的砂岩油层在采油过程中发生出砂现象，随含水饱和度的上升出砂会加剧。连续出砂使地层出现空洞，破坏了井眼周围的正常应力分布，最终引起局部地层坍塌和下沉。由于地层出砂造成套管径向非均匀外挤压力，在地层上覆压力的联合作用下，套管将发生挤毁和错断。岩石力学测井的资料及相关软件可以预测出砂严重度，为产层段套管设计和防砂提供依据。

（4）高压注水挤毁套管

注水是目前生产现场普遍采用的油田开发措施之一。当注水压力达到或超过上覆地层压力时，大量高压水便窜入泥页岩隔层、地层界面破碎带和断层面，引起岩石性质及地质力学因素的变化，对生产套管产生超常外压力。主要表现形式为：

1）泥岩吸水膨胀，产生蠕变或滑移挤压套管。此时，套管承受了全部岩层压力。含水量最高的是分散性蒙皂石，含分散性蒙皂石50％的泥岩，一般含水量可能大于10％。膨润土层含蒙皂石95％，含水量可达15％以上。因此，含蒙皂石量越高的泥岩井段，套管受挤压的可能性也越大。显然，高压注水入水窜入泥岩后，造成泥岩吸水膨胀的含水量远远超过泥岩本身的含水量。因此，注入水窜入泥岩产生各种形式的侧压力，是套管受挤压的重要因素。

2）高压注水压开泥岩层原生微裂缝或压开形成垂直裂缝将隔层压通，由于“水楔”作用而形成对套管的挤压力。当这种力达到一定程度时，泥岩就发生蠕变、滑移而挤压套管。这种滑移在倾角较大及断裂发育的区域较严重，同样可发生构造顶部。

3）注水窜入泥岩地层破碎带或断层界面，层间摩阻力降低使岩层滑移而挤坏套管。当断层面充有高压水时，断层面产生润滑倾向，严重时激活断层活动。断层两侧地层压力不平衡，达到一定能量时断层就可能重新复活。在高压注水油田开发中高精度地震监测仪可测到微地震现象。

5. 套管挤毁严重度评估

在资料充分的条件下对储层盖层、盐岩、膏盐、软泥岩、破碎带地层进行岩石力学与地质力学的分析研究，以便进行套管挤毁严重度定量计算。但是可靠的定量计算十分困难，或在计算完成前就需要决策及设计，因此定性分析是有价值的。盐岩层、膏盐层、软泥岩、疏松砂岩油层的横向挤压力受地应力状态、岩石的性质及构造关系控制。

（1）根据构造形态评估三向地应力状态

设三向应力的大小为 $\sigma_1 > \sigma_2 > \sigma_3$，它们在垂直和水平向的分布影响井壁的应力状态。在正断层区域，σ_1 在垂直方向，两水平应力差较小，不属于严重的横向挤压情况。在逆冲推覆断层与褶皱带，中间主应力 σ_2 垂直最大和最小主应力水平。对于直井，这是横向挤压最严重的三向地应力关系。

在背斜构造的两翼，特别是地层倾角大再加地层软硬交错，层理发育，除了两水平地应力差较大外，还有地层岩石各向异性引起的附加应力，横向挤压也十分严重。对于直井，两水平地应力差越大，缩径速率也越高。

长期以来，油气井的设计者把盐层之上地层岩石的重力压力作为对套管的横向挤压力设计套管。即使这样设计，仍有很多过盐层、膏盐层、软泥岩地层的套管被挤毁。

(2) 区别岩石的两类流变性的关系

盐岩层、膏盐层、软泥岩具有下述两类流变性：

第一类：流变性流体，埋藏深或高温下的盐岩、膏盐层、软泥岩会一直蠕变，直至井眼闭合。有的地区套管在数年后变形或挤毁。

第二类：流变性固体，大部分盐岩、膏盐层、软泥岩等属流变性固体。其蠕变速率随时间而减小，经历一定时间后，蠕变基本停止。有的井用局部扩眼，不注水泥的办法防止套管挤毁。其原理就是留有足够的变形空间，变形截止后套管就不会挤毁。

(3) 定性评估岩石蠕变的影响因素

对于高陡构造穿过盐岩、膏岩、软泥岩等流变性地层的井，倾斜地层中流变性岩石蠕变速率沿地层倾向线方向的蠕变速率为：

$$s=\frac{ch^2}{12\eta(T)}\rho g\tan\alpha \qquad (5—1)$$

式中 s——面积蠕变速率，相当于井眼面积的缩小率；

h——蠕变地层厚度；

$\eta(T)$——蠕变地层的黏性系数；

ρ——上覆地层平均密度；

g——重力加速度；

α——地层倾角；

c——系数。

式(5—1)具有明确的物理和工程意义：

1) 盐岩、膏盐层、软泥岩地层厚度影响十分显著，井径缩小与厚度二次方成正比。这是造成钻厚盐层、地层缩径的主要因素。对薄层盐层或薄层软泥岩层，厚度影响降低。

2) 地层倾角 α 影响显著，随地层倾角 α 的增大，$\tan\alpha$ 显著增加，说明在高陡构造钻进盐岩、软泥岩时，缩径速率甚高。

3) 温度影响蠕变地层的黏性系数，反映岩体易蠕变的程度，它是温度 T 的函数。温度越高，该系数越小，缩径速率越高。

(4) 套管抗挤毁的风险设计

过盐岩、膏盐层、软泥岩层、高压注水开发的地层、疏松砂岩油层、产层塌陷和地层滑移等均可能挤毁套管。显然，用常规的设计方法不能解决这类挤毁问题，因为外载的性质和大小具有不确定性。对于厚盐层、膏盐层或弹性模数差异大的盐岩或膏盐岩与泥岩、砂岩的薄层交互层，或盐湖沉积相的韵律层系，如果地层倾角较大，或在断层附近，岩盐和膏盐层横向平面内的非均匀蠕变是套管变形的主要因素，而且层间还可能有相对滑移。套管在这类地层中承受非均匀挤压载荷。这就是几乎所有的油田，在高陡构造或扭曲变异带岩盐和膏盐、软泥岩层易阻卡和挤毁套管的原因。

解决上述问题往往要用 API/ISO 厚壁或非标准的特厚壁套管。在 API/ISO 标准中增加了厚壁系列，例如 10¾in 套管，壁厚可从 7.09mm 到 20.24mm，7⅝in 套管，壁厚可从 7.62mm 到 19.05mm。在能下 7⅝in 套管的井中，一般下 7¾in 套管也不会有问题，因此 API/ISO 将 7¾in 套管列入标准，且各种钢级都只有一种壁厚 15.11mm。上述厚壁套管标准由于外径不变，增加壁厚，内径就变得太小，影响下一步的钻井、完井或井下作业。为了解决这一问题，可以保持内径不变，增大外径，这又涉及井身结构、套管安全下入、小间隙固井质量和套管螺纹等问题。防止套管挤毁是一个综合和系统工程的问题，同时要考虑技术经济和风险等级。

API 5C3 的套管抗挤公式不能用于特厚壁套管的抗挤强度的计算，但是 ISO 10400 标准可用于特厚壁套管的抗挤强度的计算。

对于严重挤毁套管的地层，可以设计双层套管和双层水泥环的井身结构，即技术套管封过该地层，尾管悬挂器又坐于该层之上。

6. “自由段”套管失效

环空未注水泥的井段俗称为“自由段”，应特别重视该段套管的设计和管理。统计表明自由段套管失效多于注水泥段，而且后果严重。自由段套管设计及管理应考虑的问题简述如下。

（1）自由段套管屈曲的可能性及影响

自由段套管在轴向力作用下丧失稳定性称为屈曲。对于特定直径的套管，是否会发生屈曲与温度增加、管外滞留钻井液密度、管内流体密度、套管头安置卡瓦时的座放力等有关，具体的计算可参考有关文献或引用成熟软件包。在套管头内安置卡瓦时应有适当提拉力以避免以后采油气或井下作业过程自由段套管屈曲。在多数情况下，屈曲受井眼约束，不会产生严重影响。但在有井眼扩大段，屈曲可能引起套管破坏，例如螺纹泄漏、井下作业磨损套管等。如果屈曲发生在上层套管内，在两套管接触处会加剧腐蚀。

（2）封闭环空起压挤毁套管

双级注水泥时，可能会出现未注水泥井段底部和顶部都有水泥的封闭环空。如果该自由段套管外是上一层套管内，或有一段在致密的裸眼地层段，另一段在上层套管内，那么就会形成封闭环空。钻进深部地层的上返钻井液或经油管的产出流体会使封闭环空中的滞留介质升温和升压，环空高压可能挤毁套管。如果自由段套管有腐蚀，可能会发生局部受压凹陷变形。

对深井、高温高压井，在设计时应避免井下存在上述封闭环空。如果有一段封闭环空处于裸眼井段，那么可期待环空高压能从地层释放。

（3）自由段套管外腐蚀

造成自由段套管外腐蚀的因素有环空滞留钻井液的腐蚀。此外钻井液在长期的高温作用下，性能发生破坏，加重料和固相分离或沉淀后形成水带，密度降低，由此导致对地层的压力降低，地层中的腐蚀性流体侵入。如果注水泥质量差或井下作业导致微环空，有水泥封隔地层中的腐蚀性流体窜至自由段，套管将产生严重腐蚀。

（4）自由段套管磨损与疲劳失效

API/ISO 标准的套管强度是按新管计算的，自由段套管磨损，碰撞产生微裂纹，强度或疲劳强度就会降低。如果尾管不回接，设计将技术套管兼作生产套管，套管磨损与疲劳必须认真考虑。此外即使是纯粹的生产套管，钻水泥塞、修井或井下作业也需要考虑套管磨损与疲劳。钻柱在套管内旋转，特别是高转速旋转，自由段套管被碰撞产生疲劳微裂纹。API/ISO 圆螺纹上扣扭矩过大，在外螺纹最末完全扣处易产生疲劳断裂；而接箍易产生纵向开裂。梯型螺纹抗疲劳破坏的能力高于圆螺纹。

7. 水泥环长期工作寿命

目前注水泥设计和引用的标准对水泥环长期工作寿命缺乏具体的标准和可靠的检测手段。在高温高压深井和含硫化氢、二氧化碳井中，水泥环性能及长期工作寿命仍面临严峻挑战，仅仅满足注水泥后的固井质量检测反映不了长期工作寿命。水泥环失效会加剧套管腐蚀，可能引起井喷。生产套管的完整性管理及设计中应特别重视以下问题：

1）深井小间隙环空固井质量。深井小间隙环空固井质量常见的问题是注水泥井漏，造成管外局部井段无水泥；顶替效率低，泥浆窜槽；水泥环薄，易受钻井液污染，导致强度低。因此很难满足质量的要求。

2）高温高压深井固井。为了注替水泥的安全，过高估算了注替循环温度，导致使用了可泵时间过长的水泥。水泥凝结时间过长导致气、水侵入环空、破坏水泥凝结。高温引起水泥石强度退化或丧失致密性。

3）高温高压下硫化氢、二氧化碳加剧水泥环腐蚀。已经认识到 甲烷、硫化氢、二氧化碳和地层水共存或某几项组合对水泥环的腐蚀问题，但是缺乏在高温高压下甲烷、硫化氢、二氧化碳和地层水共存对水泥石长期寿命影响的研究及标准。高温高压下硫化氢、二氧化碳腐蚀水泥环，进而腐蚀套管。需要研究开发有针对性的抗硫化氢、二氧化碳水泥体系或处理剂。应特别注意高温高压下超临界态二氧化碳对水泥的侵蚀，国外一些对套管测井发现二氧化碳腐蚀水泥，产生微环隙。实验室评价发现普通油井水泥在 28MPa，90℃超临界态二氧化碳环境中，不到一个月水泥石严重碳化和开裂。

4）压力变化或井下作业损伤水泥环。许多井在固井后的质量检测良好，但经生产过程或井下作业后再进行测井，发现已存在微环隙。在高压下套管径向变形，井下作业碰撞套管、胀管等可破坏水泥环。有的研究者提出套管试压，无油管封隔器的压裂可能会对水泥环造成永久性损伤。需要改进水泥性能和制定合理生产与井下作业制度以延长水泥的长期工作性能。

第二节 井身结构和套管类型

一、井身结构

近年来钻井技术、套管制造技术的进步为选用大尺寸生产套管和油管提供了条件。充分认识和应用这些技术对完井优化设计生产管十分重要。由于完井及井身结构的需要，出现了很多非标准尺寸的套管和连接结构。在作设计时优先在 ISO 11960（等同 API 5CT）标准的套管直径中选用套管，有特殊需要的可选用非标准尺寸系列。

1. 标准尺寸系列的井身结构

图 5—1 为常规井身结构的套管与钻头尺寸选配路径图。常规的井身结构为图中的粗实线，即一般称为：

套管　20in + $13\frac{3}{8}$in + $9\frac{5}{8}$in + 7in + 5in（$4\frac{1}{2}$in）

钻头　26in + $17\frac{1}{2}$in + $12\frac{1}{4}$in + $8\frac{1}{2}$in + $5\frac{7}{8}$in

在多数情况下，这套井身结构是可行的，各种工具、附件配套和标准化程度高。

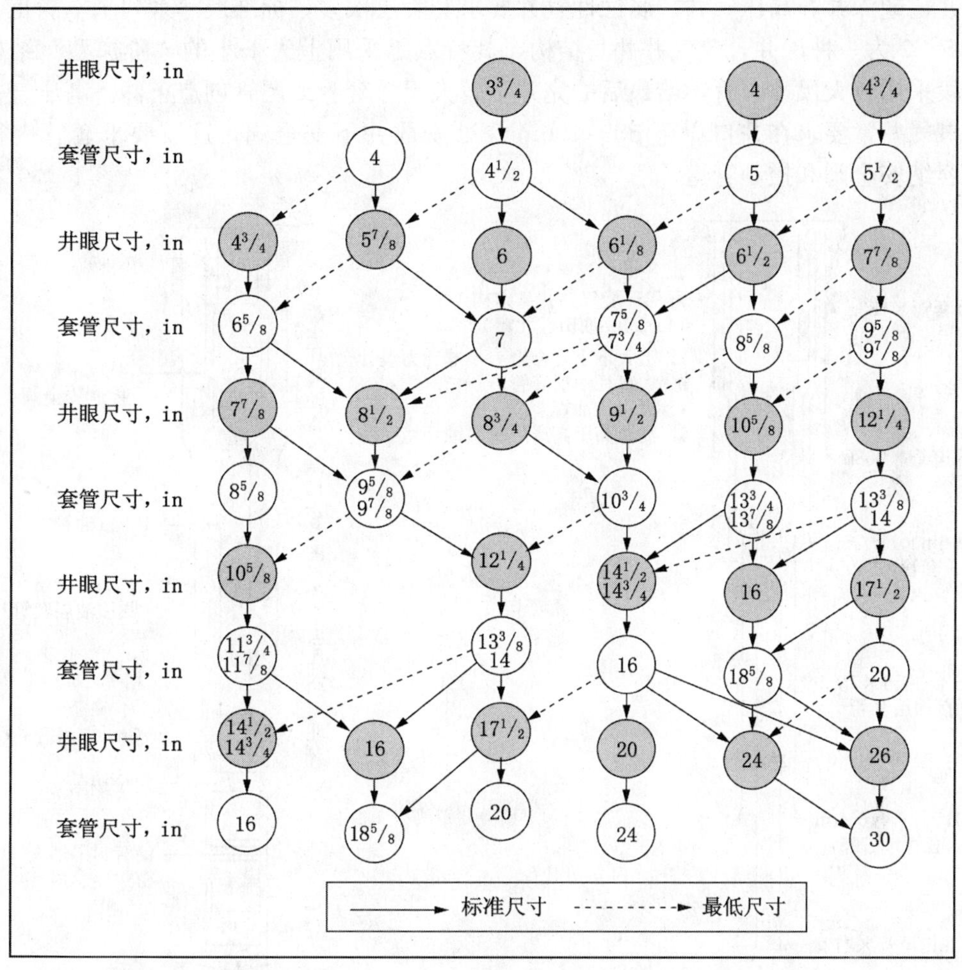

图 5—1　常规套管程序

长期的生产实践也暴露了上述井身结构的问题，例如完井套管或尾管直径太小，给固井质量、测试、生产、井下作业和管柱安全等带来很多问题。7in 套管和 5in 套管与井眼的间隙小，可能发生套管阻卡，固井质量难以保证。按现有钻井技术向上增大一级的井身结构涉及大尺寸井眼、钻速慢和成本高等问题。

一种在实践中证明具有综合优势的井身结构是 $13\frac{3}{8}$in + $10\frac{3}{4}$in + $7\frac{5}{8}$in（或 $7\frac{3}{4}$in）+ 5in（或 $5\frac{1}{2}$in 直连型），此井身结构的特点是：

1）将 $10\frac{3}{4}$in 套管下到以前 $9\frac{5}{8}$in 套管封隔的位置。为了使此段套管能顺利下入，可将原 $12\frac{1}{4}$in 钻头改为 $12\frac{3}{4}$in；或用使将 $12\frac{1}{4}$in 井眼尽可能垂直，无严重狗腿；$10\frac{3}{4}$in 套管可用小直径接箍或直连型，以增大管外间隙。

2）正常情况下在 $9\frac{1}{2}$ in 井眼中用 7in 套管完井。7in 套管外间隙大，便于提高固井质量。

3）异常情况下在 $9\frac{1}{2}$in 井眼中下入 $7\frac{5}{8}$in 套管，用 $6\frac{1}{2}$in 钻头钻进，如有必要尚可下入

$5\frac{1}{2}$in 无接箍尾管，甚至继续用 $4\frac{5}{8}$in 钻头钻进，裸眼完井。

2. 非标准套管尺寸系列井身结构

非标准尺寸系列井身结构主要用于以下情况：

深井、超深井、高压气井、腐蚀性气井要求套管层次多，标准尺寸系列基本满足不了要求。图 5—2 为一种深井含硫气井井身结构，其特点是采用上大下小的“阶梯型”结构，在上部井段采用较大尺寸套管，给最后的完井下较大尺寸套管或尾管创造条件。高压气井或高含硫化氢气井常要求在井口以下 50～100m 深处安放井下安全阀，这就要求套管内径足够大，以容纳安全阀和控制管道。

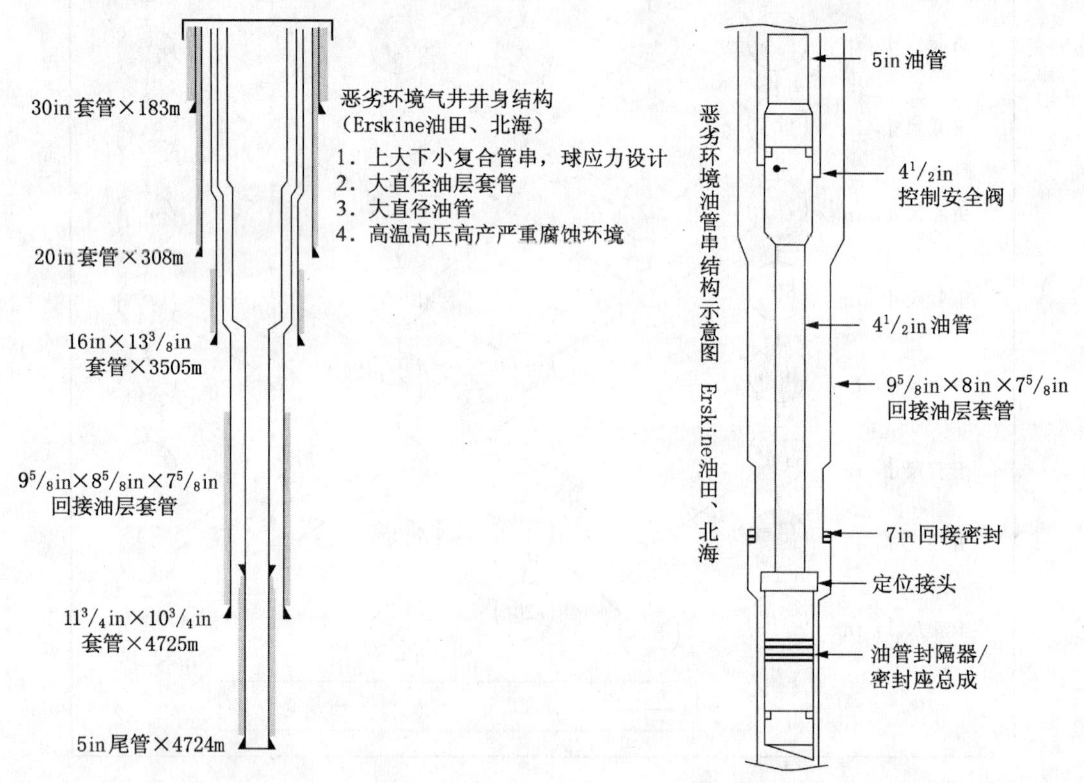

图 5—2 恶劣环境气井井身结构和油管串结构示意图

非标准尺寸系列一般都是为了得到尽可能大的生产套管直径。有的要求用特厚壁套管，以抵抗盐岩、盐膏层的挤压力，或降低硫化氢环境的应力水平。实现上述目标需采取以下技术：

1）特殊尺寸套管，直连型套管；

2）随钻扩眼技术；

3）改进钻井工艺技术和井眼质量，以有利于小环空套管下入。

在含硫气井中，要求尽量采用 95ksi 以下屈服强度级别的套管，同时壁厚达 16～25mm，而且增大壁厚是不缩小内径，而是扩大外径，采用类似图 5—2 的套管层序有利于解决环空间隙问题。

3. 膨胀套管技术及井身结构

可膨胀套管是用 API 标准尺寸序列的套管，下入技术套管内，然后用特殊工具和工艺将下入的套管膨胀至与上层技术套管内壁紧贴。在裸眼部分可注水泥，在套管内重叠部分具有悬挂和密封元件。两层套管之间的内径差仅仅是膨胀后套管的壁厚。这种技术已给深井及复杂地质条件的钻井及井身结构带来“革命性”的影响，最显著的优点是增大了完井套管直径，给完井带来重大技术经济效益。

二、套管尺寸和钢级系列

1. 标准尺寸系列

ISO 11960 和 API Spec5CT 提出了套管尺寸系列标准，并为国际石油工业界所接受。各厂家生产的套管系列，主要根据 API 标准。非 API 标准套管由使用者向厂家提出特殊订货。

标准规定的主要套管尺寸系列包括以下内容：

（1）套管外径

套管外径从 114.3mm（4½in）到 508mm（20in）共 14 个尺寸系列。对于生产套管，常用的套管外径为 127.0mm（5in）、139.7mm（5½in）、177.8mm（7in）、193.7mm（7⅝in）、244.5mm（9⅝in）等 5 个尺寸系列，有少数使用 168.3mm（6⅝in）的情况。

（2）壁厚

对于同一套管外径，API 标准规定了若干壁厚尺寸，组成不同的强度等级供选用。新标准的壁厚系列增加了若干厚壁套管，以适应高抗挤、高抗拉或留有充足的腐蚀余量。以 139.7mm（5½in）套管为例，标准规定了从 6.20mm 到 22.22mm 的 12 个壁厚系列。

（3）单位长度质量

常用的单位长度质量是包括接箍和螺纹的折算质量，它是计算套管总质量和抗拉强度的依据。如果管端有加厚或是无接箍套管，应查对应的单位长度质量。

（4）内径

内径是计算内容积和强度的依据，但是内径不是一个确定的值，其值随外径和质量公差变化。

（5）通径

通径是标准通径规可自由通过的套管直径，任何入井工具的最大直径不允许大于通径。同时它也是套管下井前必须检测的最后步骤，检验运输过程是否有碰撞或挤压变形。应注意，通径不是套管椭圆度的检验标准，套管外径和壁厚有专门的检验标准和方法。不同直径套管通径规的直径和长度见 ISO 10960 和 API Spec5CT。

（6）接箍直径

对于直径 10¾in 以下的套管，ISO 10960 和 API Spec5CT 提出了普通直径接箍和小直径接箍标准。小直径接箍用于环空间隙较小的井身结构。小直径接箍的直径比管体直径大 9.52mm 至 12.7mm，只有偏梯型螺纹套管才有小直径接箍。为了提高小直径接箍的抗拉强度和抗内压强度，可选用高一钢级的材料制造接箍。小直径接箍套管的抗拉强度可能低于管体，抗拉强度也低于标准接箍套管螺纹抗拉强度。与圆螺纹套管比较，同钢级、同尺寸的厚壁套管，圆螺纹套管抗拉强度高于小直径接箍套管。但对薄壁套管，小直径接箍抗拉强度仍高于标准圆螺纹套管，具体强度值可在标准中查到。

2. 套管钢级引用标准及代码

由于套管的使用条件比较恶劣，对钢的质量要求很严，必须按专门标准或技术条件生产和检验。ISO 11960、API Spec5CT 标准认定的套管执行统一的材料标准，API 5C3 和 ISO 10400 已根据 ISO 11960 的材料和具体技术条款作了强度计算。国际统一标准钢级由字母及其后的数码组成。字母是任意选择的，没有特殊的含义。数码则代表套管材料的最小抗拉屈服强度，数码值乘以 1000psi（6894.757kPa）就是最小抗拉屈服强度。以 N80 套管为例，钢级为 N80，最小屈服强度为 80000psi（551.6MPa）。

ISO 11960 标准对套管材料基本的化学元素组成、热处理状态、性能要求、检验标准等作了较详细的规定。标准中规定的制造技术要求和质量标准留有余地，由买家与制造厂家协商所执行的具体技术条款。新的标准对买家和制造厂家都具有挑战性，深井、气井等应执行较严格的技术条款，制造厂家应对所供产品符合那些技术条款明确说明。ISO 10400 根据 ISO 11960 的材料和具体技术条款作强度计算，例如不同热处理状态会有不同的抗内压强度和抗挤强度。以断裂力学理论为依据的抗内压强度对不同壁厚缺陷分别计算抗内压强度，壁厚缺陷 5%～12.5%的套管抗内压强度低于壁厚缺陷小于 5%的抗内压强度。

3. 套管钢级类型

ISO 11960、API Spec5CT 标准从制造角度对套管钢级类型进行分类。本书将从套管选用和设计的角度对分类作简要说明，将套管分为普通类、高强度类和抗腐蚀类。

（1）普通类套管钢级

普通类套管钢级使用最普遍，用量大，技术较成熟，设计者和使用者对此也比较了解。普通类套管钢级有 H40、J55、K55、N80－1、N80Q 和 P110。除有害元素硫、磷最高含量有限制外，其他合金元素组成由生产厂家自定。普通类套管可以是无缝管，也可以是直焊缝管。

J55 和 K55 具有相同的最低屈服强度值 375MPa，但极限抗拉强度 J55 为 517MPa，K55 为 655MPa。这一差异使 K55 具有比 J55 更好的抗机械力疲劳和热疲劳性能、抗开裂性能。在热采井中宜选用厚壁 K55，而不要选用 N80，前者的抗热疲劳性能优于后者。

N80 是应用最普遍的钢级，但也是失效最多的钢级。N80－1 和 N80Q 可以是相同的合金元素组成，N80－1 热处理为正火态或正火回火态，而 N80Q 为淬火回火态。这一热处理差异使 N80Q 具有比 N80－1 更好的材料性能，使其抗挤强度、抗内压破裂强度高于 N80－1。设计者在选用 N80 套管时应明确区分 N80－1 和 N80Q。

（2）高强度套管钢级

Q125 是唯一列入标准的高强度套管钢级，其他未列入标准，但已在使用的高钢级有 140ksi 和 150ksi 级别。在 5000～9000m 深井，或在深井盐岩层井段常要用到高钢级套管。高强度钢的使用性能对强度韧性匹配，制造残余应力，裂纹或体积缺陷等比较敏感，设计、检验和使用都要十分谨慎。

标准中对 Q125 钢的有害元素硫和磷作了更严格的限制，某些合金元素不是有害元素，但其最大含量应受限制。例如 Q125 钢的硫、磷最大允许含量分别为 0.010%和 0.020%，而前述普通类套管钢级硫、磷最大允许含量可放宽到分别为 0.030%。实际上现代冶金技术控制硫和磷的含量已不是什么困难问题，钢材质量控制已转移到轧制过程和热处理技术与工艺。

Q125 钢对裂纹或体积缺陷敏感，标准规定内表面和外表面缺陷深不应大于壁厚的 5%。但对前述普通类套管钢级，缺陷深小于壁厚的 12.5%，经过适当磨平修理后仍可接受。高强度套管在搬运、储存和下井操作中应特别注意防止撞伤、咬伤和可能的任何腐蚀坑。

（3）抗腐蚀套管钢级

抗腐蚀套管钢级包括 M65、L80（含 L80－1、L80－9Cr、L80－13Cr）、C90、C95、

T95。上述钢级中，除M65外，其他均对有害元素硫和磷作了更严格的限制，其他一些元素也作了限制。

M65是新的钢级，目前尚未见到更多的现场使用报导。它是从J55到L80的过渡钢种。M65有害元素硫和磷限制与前述普通类套管钢级相同，也不规定其他的合金元素组成，控制HCR硬度不高于22。

在ISO 11960标准中，L80是一个总称，容易被混淆。其中的L80－1为硫化氢环境用钢，而L80－9Cr、L80－13Cr（有的文献称为API 13Cr）为二氧化碳环境用钢。在以二氧化碳为主的腐蚀环境中，Super13Cr比L80－13Cr具有更好的耐腐蚀性，设计选用时应注意其区别。

L80－1、C90（C90－1型和C90－2型）、C95、T95（T95－1型和T95－2型）为硫化氢环境用钢。但设计者应注意，只有L80－1型、C90－1型、T95－1型可用于温度低于65℃的硫化氢环境；C95和C90－2型、T95－2型只能用在温度高于65℃的硫化氢环境。上述带“1型”的钢级在有害元素含量控制，合金元素的含量及匹配，硬度和硬度偏差范围都比“2型”更严格。设计选用和订货时应注意这些差别。

4. 高抗挤套管

高抗挤套管专指符合ISO 11960标准的钢级和壁厚且抗挤强度高于API 5C3额定抗挤强度的套管，高抗挤套管比普通套管抗挤强度约高30%。这对深井有重要价值，这是因为不增加壁厚又具有较高的抗挤强度，套管质量就可降低。高抗挤性能是通过降低椭圆度、壁厚不均度和降低制造残余应力等制造技术水平来实现的。

目前高抗挤套管为非标准套管，抗挤强度值由厂家提供。井下盐岩层、易滑移地层可能是非均匀挤压力或局部集中力，高抗挤套管可能无效，这种情况宜选用厚壁套管。

5. 直焊缝套管（ERW）

用卷板高频电阻焊技术制造直焊缝套管是钢管行业和石油管工程的重要技术进步。目前大直径套管（16in、18⅝in、20in或更大）趋向于只用直焊缝套管，5in至13⅜in套管中，只有壁薄者能用直焊缝制造。由于焊缝是薄弱部分，在硫化氢环境用钢中C90、T95只能用无缝管，C95可用直焊缝套管。管体是直焊缝管，但接箍应是无缝管。与普通无缝套管相比，直焊缝套管有以下优点：

1）尺寸（外径、壁厚、圆度等）精度高。一般椭圆度不超过0.5%，壁厚偏差不超过名义壁厚的－7.5%。

2）韧性优良，纵向和横向材料性能差异小。

3）抗挤、抗内压强度较高。抗挤强度比同类API套管无缝高30%～40%。

4）成本低，效益好。直焊缝套管比同类无缝管价格低5%～10%，在相同安全系数条件下，可使用较薄壁的套管。

三、套管螺纹及连接结构

1. API/ISO标准的螺纹

（1）螺纹类型

API/ISO套管螺纹的基本连接类型有短圆螺纹（STC）、长圆螺纹（LTC）、偏梯形（BTC）螺纹和直连型螺纹（XL）。

图5—3为API/ISO标准的螺纹类型。

（2）API/ISO圆螺纹密封与强度

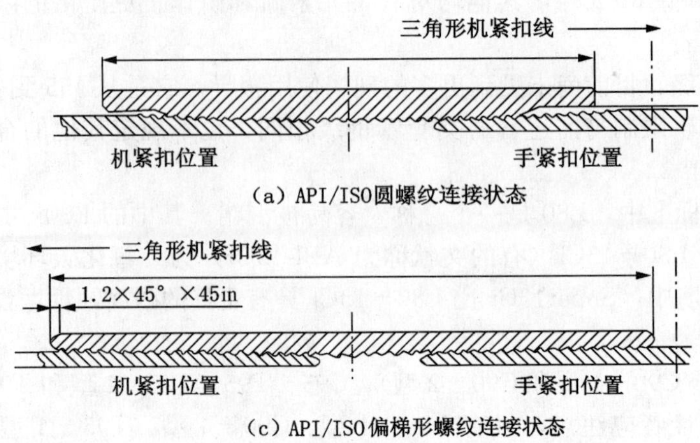

图 5—3 API/ISO 标准的螺纹类型

API 圆螺纹制造成本较低，有一定的密封性。圆螺纹靠螺纹牙侧面的过盈啮合来实现密封，螺纹牙根到牙顶的间隙为 0.152mm，密封脂充填这个间隙起辅助密封作用。

根据不同钢级、壁厚和外径对螺纹抗拉强度的影响和匹配关系，API/ISO 圆螺纹有短圆螺纹（STC）、长圆螺纹（LTC）。H40、J55、K55、K65 钢级可以制造为 STC 或 LTC，管体壁薄者制造为 STC。10¾in 至 18⅝in 的各钢级套管都只制造为 STC，而 6⅝in 至 9⅝in 的 80ksi 以上钢级套管大部分为 LTC，其中仅管体壁薄者制造为 STC。具体到哪一种套管是 STC 或 LTC，设计者可查 API 5C3 或 ISO 10400 标准。

圆螺纹套管的使用量大，设计选用 API/ISO 圆螺纹时应注意它的某些使用限制：

1）气密性不足，不适用于高压油气井；

2）连接强度较低，一般仅为管体屈服强度的 60%～80%。据统计，API 圆螺纹套管失效案例中，螺纹连接失效占 75%以上，主要失效形式有：

滑脱：即在轴力作用下，外螺纹缩径脱扣。

粘扣：螺牙金属咬合，丧失密封性。

断扣：圆螺纹疲劳强度低，井内温度、压力变化、井下作业等会产生某种交变载荷，导致未注水泥的长裸眼油层套管段圆螺纹外螺纹牙根断。

涨扣：接箍涨大或纵向开裂。

腐蚀穿孔：螺纹连接处存在多种腐蚀因素，有从内壁向外壁或从外壁向内壁的腐蚀穿孔。

（3）带密封环的 API/ISO 圆螺纹和偏梯形螺纹

考虑到 API/ISO 圆螺纹和偏梯形螺纹密性的不足，API/ISO 标准制定了在接箍两端内螺纹处加工圆环槽，在槽内嵌入矩形非金属密封圈的技术标准。图 5—4 为带密封环的接箍结构和密封环。图中 A、C、D 对圆螺纹、偏梯型螺纹和不同管径有不同的值。圆螺纹和偏梯型螺纹的密封环宽 F 均为 3.96mm，厚 E 为 2.54mm。密封环材料为填充 25%玻纤的纯聚四氟乙烯树脂（PTFE）。上述带密封环的 API/ISO 圆螺纹和偏梯型螺纹可提高密封性，在密封要求高的生产套管中宜优先设计使用。但不推荐用于高压气井或高含硫化氢、二氧化碳的气井。

（4）API/ISO 偏梯形螺纹密封与强度

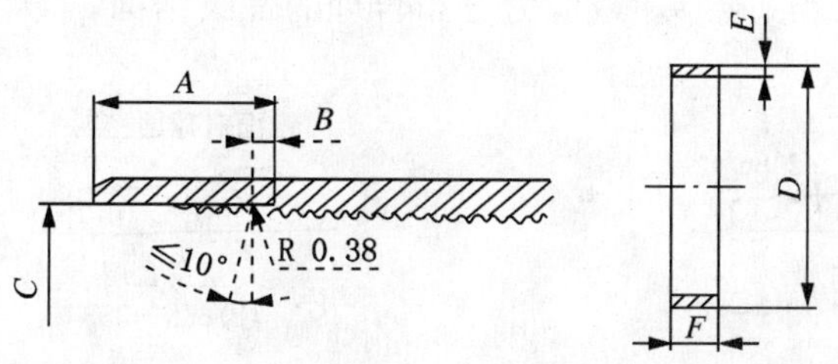

图 5—4　带密封环的接箍结构（左图）和密封环（右图）

API/ISO 偏梯形螺纹的抗拉强度高于圆螺纹，它的强度是由管体最末端完全扣处强度或接箍强度决定的。为了使最末扣处管体截面积不低于管体，加工 API/ISO 偏梯形螺纹的油管、套管外径必须略大于管体，即取正公差。若不符合此条件，不宜加工偏梯形螺纹。

API/ISO 偏梯形螺纹密封性比圆螺纹差，生产套管选用 API/ISO 偏梯形螺纹应谨慎，可选用带密封环的 API/ISO 偏梯形螺纹。

2. 套管气密封螺纹及连接结构

(1) 套管气密封螺纹

为了克服 API/ISO 螺纹的上述缺点，众多的厂商开发了品种繁多的套管螺纹形式，它们在连接强度和密封性能方面有很大的改进。气密封螺纹专指金属对金属的接触密封，主要为外螺纹端部与接箍内台阶的金属对金属接触密封。目前这种连接结构已大量使用，但是还未进入 API/ISO 标准。气密封螺纹一词是习惯用法，在国外文献或产品、订货等用语中常用“premium connection”，即“高级连接”。

根据理论研究，接触面压力和接触长度是决定气体密封能力的主要因素。当密封面的接触长度较大时，平均接触面应力可以较小；反之，若密封面的接触长度较小时，平均接触面应力应该较大。要想获得较好的气密封能力，一方面可以增大接触面的压力，同时也可增大接触长度。根据这一设计思想，国外常用的气密封螺纹结构和原理都是靠金属与金属接触的过盈配合来密封。

按密封面的形状，可分为锥面对锥面、锥面对球面和球面对球面。按密封面的位置可分为端面密封结构、径向密封结构、端面密封与径向密封相组合的复合多重密封结构。世界上主要的气密封螺纹接头多采用复合多重密封结构，即以径向金属对金属密封为主，以一个或多个端面密封为辅。VAM、NSCC、TM、3SB、BDS、FOX 等就是这种典型密封结构，图 5—5 为使用较多的密封结构。

VAM 系列螺纹是国际上使用最多的气密封螺纹及连接结构，其主要特征是外螺纹端较厚，应力分布较合理。图 5—6 为新型的 VAM 螺纹。

(2) 气密封螺纹失效形式

金属对金属接触密封的套管螺纹类型很多，尽管它们间可能只有很小的差别，但使用性能有差异。可能的失效形式有：

1）外螺纹端部缩径：外螺纹端部薄，紧扣后外螺纹端部承受压应力，再加井口上扣扭矩控制不严，导致缩径。

2）外螺纹端部局部腐蚀穿孔和泄漏：与接箍内台阶接触处外螺纹端部接触应力大，在腐蚀环境中，过大压应力及接触应力导致电位差腐蚀、应力腐蚀和缝隙腐蚀。取出油管可见外螺纹端面产生“虫咬”状缺口或穿孔。油管螺纹丧失密封，腐蚀性气体漏入油套环空会造成严重后果。应尽可能选用外螺纹端厚，或应力分布合理的螺纹结构。

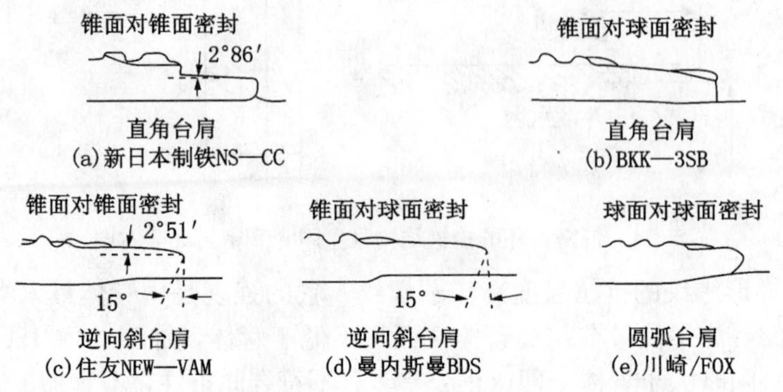

图 5—5　几种端面密封结构

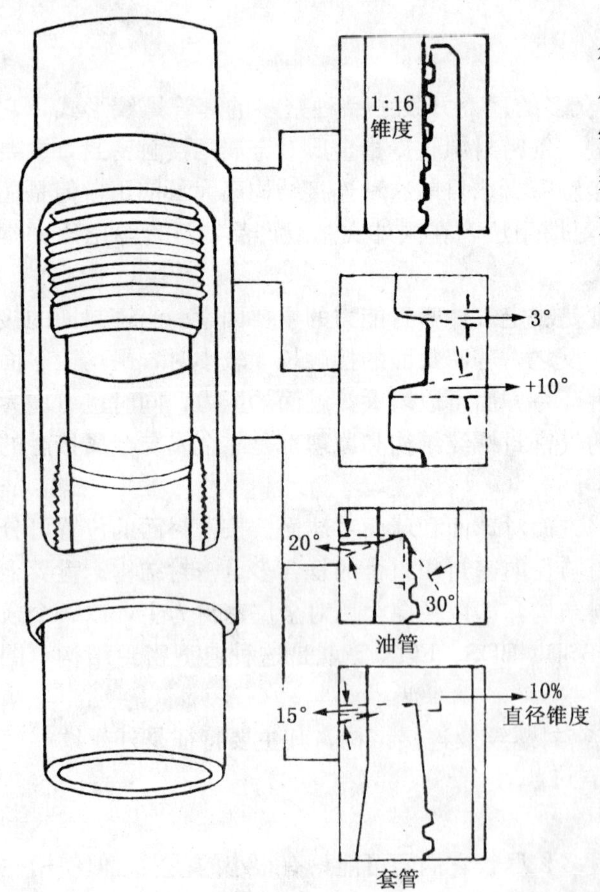

图 5—6　VAM 螺纹

3）接箍开裂：接箍处于轴向拉伸、径向和周向拉伸的三向拉应力状态，在硫化氢或高强度钢在氯化物含量高的环境中需要考虑应力开裂问题。预计存在环境开裂问题时，应该采用井下能下入的尽可能大的接箍直径，以降低接箍应力水平。同时要严格按标准选用螺纹密封酯和严格控制上扣扭矩。

3. 无接箍套管

在环空间隙较小的情况下，可在管体直接加工内螺纹和外螺纹，不带接箍而直接连接。一般情况下需要对管端加厚或胀大，加工内螺纹，另一端缩径后加工外螺纹。API/ISO 标准只规定了一种类型的无接箍套管，称为“流线型”套管，习惯上称为“直连型”套管。近年来品种繁多的无接箍套管气密封性能比 API/ISO 流线型套管更优越，使用更多。其他无接箍套管为非 API 标准套管，设计和使用时可查厂家提供的数据。

无接箍螺纹的牙形常采用倒梯形扣，即承载面具有 3°～5°的负斜角。在轴向力作用下，承载面横向分力对接箍不产生径向分力，接箍不产生径向变形。图 5—7 为 VAM 系列的无接箍螺纹形式。

无接箍套管的螺纹连接抗拉强度仅为本体抗拉强度的 65％～80％。无接箍套管一般用作尾管，抗拉强度应该能满足要求。无接箍套管井口操作，起下十分不便，需要用专用工具。此外加厚或热处理技术不当会留下残余应力，截面变化处应力集中等会加剧应力腐蚀，含硫化氢油气井应尽量不采用无接箍套管。

四、现场上扣操作要求

1. 紧扣圈数及位置

套管紧扣上扣扭矩不足，不能在金属接触面上产生足够的接触应力，导致密封不严；上扭矩过大，又会在金属接触面上产生应变及滑动，导致密封失效。长期以来，现场操作者习惯于用动力大钳的紧扣扭矩作为上扣到位的标志。ISO 11960 和 API 5CT 标准规定不能以扭矩作为紧扣到位的标志，而应以紧扣圈数及位置作为依据。标准规定所有钢级和直径的偏梯形螺纹套管及大多数的圆螺纹套管按以下规定操作：

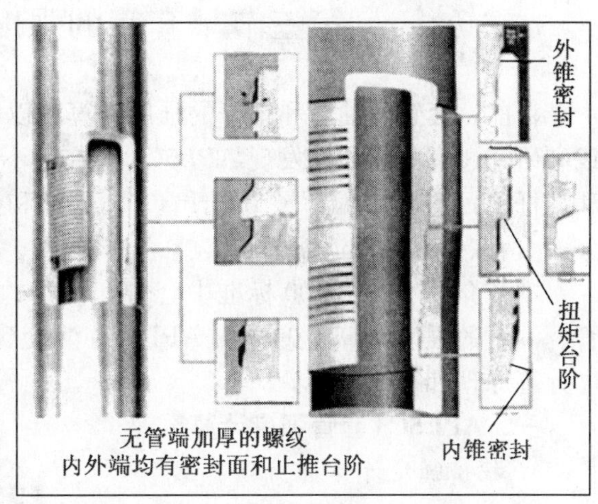

图 5—7　小间隙环空用的无接箍螺纹

套管出厂时在现场上扣端管体上就有一个三角标志，每种套管都有一个初始扭矩值，在初始扭矩值之后再转一定圈数接箍端面进入三角标志区即算合格。在规定圈数后还未到达三角标志区或超过了三角标志区均为不合格。三角标志与管端的距离，开始计算扭转圈数时的初始扭矩值和扭转圈数可在 ISO 11960 中查到。

对于气密封螺纹，最佳上扣扭矩值的范围由生产厂家根据实验结果自行推荐。

2. 螺纹密封脂

螺纹密封脂起润滑和密封作用，螺纹密封脂中的润滑剂保证用合理的扭矩连接上紧，并防止螺纹粘扣或磨损；螺纹密封脂中的固态物充填缝隙，提供密封。采用不合格的螺纹密封脂会导致严重后果，有关标准可参见 ISO 11960、ISO 13678，后者等同于 API RP 5A3。上述标准只是最低要求，一些厂家的螺纹密封脂在性能和环保方面比标准更高。

有关密封脂要求的要点是：

1）合适的润滑性：在紧扣时，必须有足够润滑特性，以保证得到额定的上扣扭矩和防止螺纹连接粘扣。

2）抗粘扣性：粘扣将影响密封性和损坏套管。

3）密封性：螺纹密封脂中的固态物充填缝隙，提供密封性。梯形螺纹的密封性差，应该采用专用于梯形螺纹的密封脂。添加适量的聚四氟乙烯短纤维可显著提高梯形螺纹的密封性，但同时应调整润滑性，防止上扣扭矩过大。

4）安全与环境保护：密封脂中的铅和有机溶剂可能对人眼及皮肤有害，对环境有害，因此应把安全和环境列为密封脂性能指标。

5）对环境的适应性，包括：

①高温稳定性，最低标准为 148.9℃时，不得过分液化，无化学分解，耐氧化，不变干硬，不吸水，无显著体积变化。对含硫化氢油气井，还应防腐蚀。

②高温密封性，最低标准为 148.9℃时，必须具有充分的密封作用以防泄漏；对于更高的温度，例如超深井、热采井、地热井，应采用特殊配方的高温螺纹密封脂。

③在寒冷天气容易使用刷子涂抹，要求在温度 -17.8～48.9℃范围内，密封脂能用于涂

刷，并能粘着在金属上。

第三节　套管的强度和套管柱强度设计

目前，套管、油管和钻杆的强度计算均以 API 5C3、API 5C5 标准为依据。基于长期实践和研究过程中，人们发现 API 5C3 存在的不足，API/TC67 技术委员会组织了套管、油管和钻杆项目组 SC5 编写了 ISO 10400［石油和天然气工业套管、油管、钻杆和输送管的计算公式］，该标准将于近期公布实施。

本节介绍 ISO 10400 标准中套管、油管的强度计算原理和方法。为了方便读者了解套管、油管的强度计算是怎样从 API 5C3 演变到 ISO 10400 的，首先简要介绍 API 5C3 的强度计算原理和存在不足。

一、API 5C3 套管强度计算原理

1. 抗挤强度计算

API 5C3 标准根据不同的径厚比 D/t，将套管挤毁压力分为四个区域分别进行计算，即屈服强度挤毁压力、塑性挤毁压力、弹塑性挤毁压力和弹性挤毁压力等 4 种公式。其中屈服强度挤毁压力和弹性挤毁压力公式为理论推导公式，而塑性挤毁压力是用 1968 年前工业生产 K55、N80、P110 试件，进行 2888 次试验回归分析得到的经验公式。弹塑性挤毁压力公式为弹性与塑性的过渡区。

公式中各符号的意义如下：

D——外径，mm；

t——壁厚，mm；

D/t——径厚比；

p_{YP}——最小屈服强度挤毁压力，MPa；

p_P——最小塑性挤毁压力，MPa；

p_T——最小弹塑性挤毁压力，MPa；

p_F——最小弹性挤毁压力，MPa；

$(D/t)_{YP}$——屈服强度挤毁与塑性挤毁的 D/t 分界值；

$(D/t)_{PT}$——塑性挤毁与弹塑性挤毁的 D/t 分界值；

$(D/t)_{TE}$——弹塑性挤毁与弹性挤毁的 D/t 分界值；

Y_P——最小屈服强度，MPa。

1）屈服挤毁压力：当外挤压力使套管内壁处周向应力达到材料最小屈服强度时，套管发生屈服破坏。

$$p_{YP}=2Y_P\left[\frac{(D/t)-1}{(D/t)^2}\right] \tag{5—2}$$

式（5—2）的适用范围是 $D/t\leqslant(D/t)_{YP}$。

$$(D/t)_{YP}=\frac{\sqrt{(A-2)^2+8\ (B+6.894757C/Y_P)}+(A-2)}{2\ (B+6.894757C/Y_P)}$$

2）塑性挤毁压力：塑性挤毁公式的物理意义是当外挤压力在管内产生的应力使管子进入塑性变形，即套管发生永久变形。塑性挤毁压力公式是建立在大量的套管挤毁试验资料基

础上的经验公式。

$$p_{\mathrm{P}}=Y_{\mathrm{P}}\left(\frac{A}{D/t}-B\right)-6.894757C \tag{5—3}$$

式（5—3）的适用范围是（D/t）$_{\mathrm{YP}}$≤D/t≤（D/t）$_{\mathrm{PT}}$。

$$(D/t)_{\mathrm{PT}}=\frac{Y_{\mathrm{P}}(A-F)}{6.894757C+Y_{\mathrm{P}}(B-G)}$$

3）弹塑性挤毁压力：

适用于在最小塑性挤毁压力与最小弹性挤毁压力区间的过渡段，它也是从试验数据回归得到的。

$$p_{\mathrm{T}}=Y_{\mathrm{P}}\left(\frac{F}{D/t}-G\right) \tag{5—4}$$

式（5—4）的适用范围是（D/t）$_{\mathrm{PT}}$≤D/t≤（D/t）$_{\mathrm{TE}}$。

$$(D/t)_{\mathrm{TE}}=\frac{2+B/A}{3B/A}$$

4）弹性挤毁压力：

套管是一个圆柱壳体，在静水外压作用下，圆柱壳体丧失弹性稳定。套管弹性挤毁压力只与钢材弹性模量和几何尺寸有关，而与材料屈服强度无关。大直径薄壁套管可能处于弹性挤毁压力区，因此不必采用高强度钢材制造。

当D/t≥（D/t）$_{\mathrm{TE}}$时，

$$p_{\mathrm{E}}=\frac{323.71\times10^{3}}{(D/t)\left[(D/t)-1\right]^{2}} \tag{5—5}$$

5）经验系数值：

上述四种 API 挤毁压力计算公式中的 D/t 分界值及其系数 A、B、C 和 F、G 见表5—1。

表 5—1　API 公式的 D/t 分界值及其系数

钢　级	D/t 范围			塑性挤毁压力系数			弹塑性挤毁压力系数	
	$(D/t)_{\mathrm{YP}}$	$(D/t)_{\mathrm{PT}}$	$(D/t)_{\mathrm{TE}}$	A	B	C	F	G
H40	16.40	27.01	42.64	2.950	0.0465	754	2.063	0.0325
JK55	14.81	25.01	37.21	2.991	0.0541	1206	1.989	0.0360
JK60	14.44	24.42	35.73	3.005	0.0566	1356	1.983	0.0373
LN80	13.38	22.47	31.02	3.071	0.0667	1955	1.998	0.0434
C90	13.01	21.69	29.18	3.106	0.0718	2254	2.017	0.0466
CT95	12.85	21.33	28.36	3.124	0.0743	2404	2.029	0.0482
P110	12.44	20.41	26.22	3.181	0.0819	2852	2.066	0.0532
Q125	12.11	19.63	24.46	3.239	0.0895	3301	2.106	0.0582
Q140	11.84	18.97	22.98	3.297	0.0971	3751	2.146	0.0632
Q150	11.67	18.57	22.11	3.336	0.1021	4053	2.174	0.0666

注：没有字母标志的不是 API 规范的钢级，但是已有产品和工业使用。

读者不必从上述公式计算套管抗挤强度，具体套管的抗挤强度值可从 API 5C3 标准查到。

在长期实践和研究中，发现 API 5C3 抗挤计算方法存在以下问题：

1）API 5C3 抗挤计算方法不能反映近年套管制造技术的显著进步。对于径厚比 D/t（直径与壁厚的比值）10 至 26 的管子，试样长度比管径大 7 倍以上，从近年工业生产的管子的挤毁试验数据看，实测的抗挤强度比 API 5C3 计算结果可大到 30%以上。

2）另一方面早期用于 API 5C3 套管挤毁试验的试样过短，由于两端端面效应影响，所得挤毁压力偏大，不能代表真实的套管抗挤强度。同时影响抗挤强度的因素较多，早期生产套管及其所制成试件测试抗挤数据的离散性较大。为了保证挤毁概率低于 5%，理论公式修正系数和经验公式都偏于保守。

3）API 5C3 抗挤计算方法不能反映套管制造方法和套管制造质量对抗挤强度有影响，制造质量好的套管抗挤强度比 API 5C3 计算结果大。近年来工业上已使用高抗挤套管，API 5C3 抗挤计算方法不能反映高抗挤套管的抗挤强度。

2. 抗内压屈服强度计算

API 5C3 中套管、油管和钻杆的抗内压强度用薄壁筒巴罗（Barlow）公式，该公式忽略了径向应力。公式假设在内压力作用下，管壁周向应力使管子内壁材料开始屈服时，管子即失效。API 5C3 抗内压计算公式为：

$$p_{\mathrm{iapi}}=2f_{\mathrm{ymn}}\ (K_{\mathrm{wall}}t)^2/D$$

式中 f_{ymn}——最小屈服强度；

D——管子外径；

K_{wall}——管壁公差因子，例如，当公差为 −12.5%，$K_{\mathrm{wall}}=0.875$；

p_{iapi}——API 5C3 套管内压屈服强度；

t——管壁厚度。

API 5C3 套管抗内压强度计算存在的问题是：API 5C3 套管抗内压强度比在 ISO 10400 标准中所用拉麦公式的计算抗内压强度值高 1%至 10%。

实际上管子内壁开始屈服时仍不会丧失密封完整性。ISO 10400 提出了管子的内压极限强度，即管子爆裂，失去密封完整性。在内压作用下，管壁产生周向拉应力，因此材料的韧性、制造过程中潜在的裂纹对抗内极限压强度有显著影响。API 5C3 中的抗内压强度公式没有考虑断裂韧性和断裂失效问题，因此不能反映过去的钢管制造技术和当今技术进步带来的抗内压强度差异和更为代表真实抗内压强度的计算问题。

二、ISO 10400 抗挤强度计算

1. 基本假设和计算原理

1）对理想厚壁管，计算只有外压作用下，整个管壁都进入屈服应力状态的极限压力。上述“理想”一词指完全没有缺陷的理想圆管。

2）对理想薄壁管，计算只有外压作用下，管子几何弹性失稳的极限压力。

3）管子的抗外挤极限压力大约处于上述弹性挤毁和完全屈服挤毁之间，或略低于完全屈服挤毁值。建立一个介于弹性挤毁和完全屈服挤毁之间的过渡公式可以覆盖各种直径、壁厚和钢级。这一公式是针对理想圆管建立的，它没有考虑实际管子不可避免的制造缺陷，因此称为极限抗挤强度。

4）钢管制造难免有缺陷和不同制造技术的性能差异。ISO 10400 与 API 5C3 的基本不同点是 ISO 10400 强度公式包含了制造缺陷和不同制造技术对抗挤强度影响的修正系数，这一强度公式称设计抗挤强度公式，其强度值是设计引用的依据。近年来由于工程需要，钢管厂家制造了非 API 标准厚壁套管和非 API 标准高抗挤套管，用 ISO 10400 设计抗挤公式可以计算非 API 套管和油管的抗挤强度，不必完全依靠全尺寸试样挤毁评价，少量全尺寸挤毁评价仅用于验证。而 API 5C3 不可用于非 API 标准厚壁套管和高抗挤套管的抗挤强度计算。

2. 仅有外挤压力作用时套管的设计抗挤强度

根据前述第一条假设，理想厚壁管的屈服抗挤强度用（5—6）式：

$$p_{ydes} = k_{ydes} \times 2 f_{ymn}\ (t/D)\ [1 + t/\ (2D)] \tag{5—6}$$

根据前述第二条假设，理想薄壁管几何弹性失稳的极限抗挤强度用（5—7）式：

$$p_{edes} = 0.825 \times 2E/\ \{\ (1-\upsilon^2)\ (D/t)\ [\ (D/t)\ -1]^2\} \tag{5—7}$$

实际套管的抗挤强度可用一个反函数表示。公式中的右侧表示实际套管的椭圆度、壁厚不均度和残余应力对抗挤强度的影响。

$$(p_c - p_E)\ (p_c - p)\ = f\left(e,\ \varepsilon,\ \frac{\sigma_R}{\sigma_Y}\right)$$

上式为一个一元二次方式，其解为：

$$p_{des} = \{\ (p_{edes} + p_{ydes})\ -\ [\ (p_{edes} - p_{ydes})^2 + 4 p_{edes} p_{ydes} H_{tdes}]^{1/2}\}\ /\ [2\ (1 - H_{tdes})] \tag{5—8}$$

式中 D——管子外径；

E——杨氏模量，$206.9 \times 10^9 \mathrm{N/m^2}$；

f_{ymn}——最小屈服强度；

H_{tdes}——制造残余应力影响因子，见表 5—2；

e——管子的不圆度，$e = \frac{2\ (D_{max} - D_{min})}{D_{max} + D_{min}}$；

ε——管子的壁厚不均度，$\varepsilon = \frac{2\ (t_{max} - t_{min})}{t_{max} + t_{min}}$；

k_{ydes}——屈服强度析减系数，见表 5—2；

p_{des}——设计抗挤强度；

t——管壁厚；

υ——泊松比，0.28；

p_{edes}——几何弹性失稳的极限抗挤强度；

p_{ydes}——抗挤屈服强度。

3. 轴向拉力和内压力作用下的抗挤强度

通常把轴向拉伸导致抗挤强度减少的算法简称为“双轴应力”，ISO 10400 采用了简单的“双轴应力”方法计算轴向拉力下的抗挤强度。对于中等拉伸应力（0≤轴应力/屈服应力≤0.4），简单的方法计算出的结果与精确方法计算出误差不大于 ±5% 的范围，同时也是偏于安全为计算方法。实际上实测“双轴应力”的抗挤强度试验证明不了所谓精确公式是精确的，因此在工程上用简单方法已可满足要求。

表 5—2 热校直和冷校直管的残余应力影响因子 H_{tdes} 和屈服强度折减系数 k_{ydes} 值

钢级①	冷校直		热校直	
	H_{tdes}	k_{ydes}	H_{tdes}	k_{ydes}
H40	0.22	0.910	不能应用②	不能应用②
J55	0.22	0.890	不能应用②	不能应用②
K55	0.22	0.890	不能应用②	不能应用②
M65	0.22	0.880	不能应用②	不能应用②
L80	0.22	0.855	0.20	0.865
L80 9Cr	0.22	0.830	0.20	0.84
L80 13Cr	0.22	0.830	0.20	0.84
N80（1 型）	0.22	0.870	0.20	不能应用②
N80 Q&T	0.22	0.870	0.20	0.870
C90	不能应用③	不能应用③	0.20	0.850
C95	0.22	0.840	0.20	0.855
T95	不能应用③	不能应用③	0.20	0.855
P110	0.22	0.855	0.20	0.855
Q125	不能应用③	不能应用③	0.20	0.850

①只适用于各钢级的名义屈服强度，不可用内插法求实际屈服强度的残余应力影响因子 H_{tdes} 和屈服强度折减系数 k_{ydes} 值；

②热校直通常不用于这种钢级；

③ISO 11960/API 5CT 标准规定不允许冷校直。

1）当量屈服应力公式：轴向拉力使抗挤强度降低就相当于是在轴向拉力作用下材料的屈服强度降低，用当量屈服应力表示。

$$f_{ye}=\{[1-0.75(\sigma_a/f_{ymn})^2]^{1/2}-0.5\sigma_a/f_{ymn}\}f_{ymn} \tag{5—9}$$

式中 f_{ymn}——材料最小屈服强度；

f_{ye}——有轴向应力时材料当量屈服强度；

σ_a——轴向应力，此轴向应力不应是弯曲产生的应力。

2）用 f_{ye} 代替 f_{ymn}，由公式（5—6）计算 p_{ydes}。

3）在有内压力时，用线性叠加法考虑抗挤强度 p_{dese} 的增加。

$$p_{dese}=p_{des}+p_i[1-(2t/D)] \tag{5—10}$$

式中 D——管外径；

p_{dese}——有轴向应力和内压时的抗挤强度；

p_i——内压；

t——管壁厚。

4. 计算实例

计算 9⅝in 套管抗挤强度，钢级 L80，冷校直管，单位长度质量 53.5lb/ft，壁厚 $t=0.545$in，由表 5—2 查得 $k_{ydes}=0.855$，$H_{tdes}=0.22$。L80 的最小屈服强度为 552MPa，弹性模数为 2.07×10^5MPa。

由式（5—6）得：

$p_{ydes}=0.855\times2\times552\times(0.545/9.625)\{1+[0.545/(2\times9.625)]\}=54.9\text{MPa}$

由式（5—7）得：

$p_{dese}=0.855\times2\times2.07\times10^5/\{(1-0.28^2)(9.625/0.545)[(9.625/0.545)-1]^2\}$

$=75.5\text{MPa}$

由式（5—8）得：

$p_{des}=\{(75.5+54.9)-[(75.5-54.9)^2+4\times75.5\times54.9\times0.22]^{1/2}\}/[2(1-0.22)]$

$=43\text{MPa}$

三、ISO 10400 抗内压强度

套管和油管内压破裂相对于挤毁后果更为严重，它可能造成井眼失控或地下井喷，带来环境与安全问题。高温高压深井、高压气井及某些井下作业，硫化氢气井可能使油管或套管面临内压破裂问题。

ISO 10400 标准引入了现代材料工程与断裂力学的理论及应用性研究成果，油管、套管和地面集输管线的抗内压设计与 API 5C3 不同。从事油气井工程的设计与施工技术人员，钢管设计制造厂家应掌握这些现代设计方法及标准。

ISO 10400 标准计算的内压屈服强度低于 API 5C3 的内压屈服强度。按小于壁厚 5%的裂纹计算的韧性爆裂内压强度高于内压屈服强度，但是按相当于壁厚 12.5%以下的裂纹计算的爆裂内压强度可低于内压屈服强度。这说明了制造质量对内压强度的标定影响大。

1. 抗内压屈服强度

（1）轴向载荷为零的内压屈服强度计算

当轴向应力、外压、弯曲和扭矩为零的时候，两端开口的厚壁管用拉梅公式计算径向和周向应力，按二者的复合应力计算开始屈服的强度。计算公式为：

$$p_{iYLO}=f_{ymn}(D^2-d_{wall}^2)/(3D^4+d_{wall}^4)^{1/2} \tag{5—11}$$

式中 D——管子外径；

d——管子内径，$d=D-2t$；

d_{wall}——考虑壁厚公差的管子内径，基于 k_{wall}、t 的内径为 $d_{wall}=D-2tk_{wall}$；

f_{ymn}——最小屈服强度；

k_{wall}——管壁厚公差因子，例如，当公差为 −12.5%，$k_{wall}=0.875$；

p_{iYLO}——两端开口厚壁管屈服的内压；

t——管壁厚度。

（2）两端堵口的抗内压屈服强度

两端堵口指内压力作用于管子的两端，管子受到内压引起的轴向作用力，这近似于轴向力提高了抗内压强度。

(3) 复合应力内压屈服强度

套管在轴向拉、压、弯、扭和内外压综合作用下，弹性状态的各应力分量为：对于厚壁圆筒，径向和周向应力由拉梅公式决定；各种载荷引起的均匀轴向应力，不含弯曲应力；Timoshenko 梁的轴向弯曲应力；沿管柱轴转动而产生的扭转剪切应力。

复合应力内压屈服强度计算未考虑纵向受压失稳引起的弯曲应力。

开始屈服的公式定义如下：

$$\sigma_e = f_{ymn}$$

式中 f_{ymn}——最小屈服强度；

σ_e——当量应力。

当量应力 σ_e 定义为：

$$\sigma_e = [\sigma_r^2 + \sigma_h^2 + (\sigma_a + \sigma_b)^2 - \sigma_r\sigma_h - \sigma_r(\sigma_a + \sigma_b) - \sigma_h(\sigma_a + \sigma_b) + 3\tau_{ha}^2]^{1/2}$$

$$\sigma_r = [(p_i d_{wall}^2 - p_0 D^2) - (p_i - p_0) d_{wall}^2 D^2/(4r^2)]/(D^2 - d_{wall}^2)$$

$$\sigma_h = [(p_i d_{wall}^2 - p_0 D^2) + (p_i - p_0) d_{wall}^2 D^2/(4r^2)]/(D^2 - d_{wall}^2)$$

$$\sigma_a = F_a/A_p$$

$$\sigma_b = \pm M_b r/I = \pm Ecr$$

$$\tau_{ha} = Tr/J_p \qquad (5—12)$$

式中 A_p——管的横截面积，$A_p = (D^2 - d^2)\pi/4$；

c——管曲率，即管中心线曲率半径的倒数；

D——管外径；

d——管内径，$d = D - 2t$；

d_{wall}——基于 $k_{wall}t$ 的内径，$d_{wall} = D - 2k_{wall}t$；

E——杨氏模量；

F_a——周向应力；

I——管横截面的转动惯量，$I = (D^4 - d^4)\pi/64$；

J_p——管横截面的极转动惯量，$J_p = (D^4 - d^4)\pi/32$；

k_{wall}——计算管壁公差的因子，如，对于最小公差值为12.5%，$k_{wall} = 0.875$；

M_b——弯矩；

p_i——内压；

p_0——外压；

T——施加的扭矩；

r——极坐标，对于 σ_b 和 τ_{ha} $(d/2) \leqslant r \leqslant D/2$，对于 σ_r 和 σ_h $(d_{wall}/2) \leqslant r \leqslant D/2$；

t——管壁厚度；

σ_a——未弯曲时轴向应力组合；

σ_b——弯曲时轴向应力组合；

σ_e——当量应力；

σ_h——周向或环状应力；

σ_r——径向应力；

τ_{ha}——剪应力。

2. 韧性爆裂内压强度

韧性爆裂描述管子的极限抗内压性能，当内压力达到设计韧性断裂值时，管子开裂和丧失密封完整性。韧性断裂指材料断裂前呈现较大塑性变形，或断裂前材料所吸收的功或冲击能量。此处的韧性断裂并不是与脆性断裂相对应的材料性质。ISO 10400 中的内压韧性断裂公式及所计算的抗内压强度需满足以下两个条件：

1）塑性变形条件：材料在断裂前具有足够大的塑性变形，脆性断裂材料不允许用作套管。

2）小裂纹条件：管子难免存在制造裂纹，但裂纹深度应足够的小。目前的超声探伤技术有可能漏检小于壁厚 5％以下深度的裂纹，因此在 ISO 10400 标准中，韧性断裂内压值均按小于壁厚 5％的裂纹计算，并在内压强度表中标明为强度等级 5。如果厂家制造质量和检测手段只能保证漏检相当于壁厚 12.5％以下的裂纹，那么将在内压强度表中标明为强度等级 12.5。将来检测技术提高后，若能使漏检裂纹小于壁厚 2％以下，那么韧性断裂内压强度值还会再提高。

可看出 ISO 10400 标准与套管的制造质量更为密切。没有断裂韧性检测和裂纹尺度探伤的油管和套管不能引用韧性断裂设计。此外，韧性爆裂公式的适应工况为两端堵口。

管的最小韧性爆裂公式为：

$$p_{iR}=2k_{dr}f_{umn}\ (tk_{wall}-k_a a_N)\ /\ [D-\ (k_{wall}-k_a a_N)] \tag{5—13}$$

式中 a_N——缺陷深度［决定于检测方法和仪器能识别的最大裂纹型缺陷深度，该深度称为门限值。小于门限值的裂纹可能会被漏检。例如，对于管壁厚为 12.70mm（½in）的管子，仪器能识别管壁厚度 5％以上的裂纹，那么缺陷门限值，$a_N=0.05\times12.7=0.635$mm（0.025in）］；

D——管外径；

f_{umn}——最小抗拉极限强度值，而不是最小抗拉屈服强度，公式中未出现最小抗拉屈服强度；

k_a——内压强度因子（对于淬火和回火马氏体钢或 13Cr，k_a 为 1.0。对于正火钢，k_a 设为默认值 2.0。如果有测试数据，在测试的基础上可以为特定的管材设定 k_a 值）；

k_{dr}——材料应变硬化的校正因子，其值为［$(1/2)^{n+1}+(1/\sqrt{3})^{n+1}$］；

k_{wall}——计算管壁公差因子（如，对于最小公差值为 12.5％，$k_{wall}=0.875$。如果确信壁厚公差小于 12.5％，可用实际的壁厚公差）；

n——无量纲硬化指数（单向拉伸测试的真实应力—应变曲线的曲线拟合指数），见表 5－3；

p_{iR}——韧性爆裂内压强度；

t——管壁厚。

3. 裂纹失稳断裂内压强度

当裂纹深度大于管壁厚的 5％和小于壁厚的 12.5％时，失效形式是一种裂纹扩展失稳，前述韧性爆裂内压强度公式不可应用，应采用裂纹失稳断裂公式。该公式是基于断裂力学理论和经验的一个超越函数，其解甚复杂，读者可参阅 ISO 10400 强度表。应注意哪些套管允许裂纹深度小于管壁厚的 5%和小于壁厚的 12.5%。

表 5—3 材料硬化指数

API 钢级	n
H40	0.14
J55	0.12
K55	0.12
M65	0.12
N80	0.10
L80 1 型	0.10
L80 铬钢	0.10
C90	0.10
C95	0.09
T95	0.09
P110	0.08
Q125	0.07

4. 环境断裂失效

工作环境导致的断裂失效，它往往在应力水平低于材料屈服强度时发生断裂。油管和套管环境断裂失效的工作环境主要有以下类型：

（1）应力腐蚀断裂

同时存在应力和某些特定的介质腐蚀时，应力与腐蚀相互激励导致的断裂行为称为应力腐蚀断裂。单独只有应力或只有腐蚀时，断裂不会有二者协同作用时那么严重。套管中的应力包含外部作用力、制造残余应力和螺纹连接应力。最严重或应优先考虑的应力腐蚀断裂是硫化物应力腐蚀断裂。在采用不锈钢时，还应考虑氯化物应力断裂。

（2）疲劳断裂

油气在油管内流动可能诱发振动导致的疲劳断裂。此外由于温度、压力变化，处理井下复杂也可能产生交变载荷。

四、套管的其他强度标准

ISO 10400 的抗挤和抗内压强度标准与原 API 5C3 完全不同，但是抗拉强度和其他性能完全采纳了原 API 5C3 的算法。

1. 抗拉强度

抗拉强度以螺纹的连接强度为依据，它包括螺纹屈服强度、断裂强度和滑脱强度。套管是入井后不再取出，系一次性使用，因此拉断强度以材料的拉伸极限强度为基础计算；油管需要多次下入和取出，因此抗拉强度以材料屈服强度为基础计算，即油管只考虑螺纹屈服强度。

梯形螺纹只考虑外螺纹或接箍拉断强度、强度表中列出二者中薄弱者。

2. 接箍抗内压强度

ISO/API圆螺纹和偏梯形螺纹还需计算接箍的抗内压强度，计算值与管体的抗内压强度比较，以较小者为准作为抗内压强度。

3. ISO/API螺纹的密封压力

ISO/API螺纹的接箍中部有约1in（25.4mm）高的空间，称为“J”环，内压力将作用于螺牙的压紧接触面。在动力紧扣完成后第一接触牙面的接触压力起密封作用，此后，在内压力作用下，内压力将力图使接箍胀大，由此降低螺牙接触压力，平衡状态就是螺纹的密封压力。

圆螺纹靠60°牙的两侧面压紧密封，偏梯形螺纹靠外螺纹牙顶与内螺纹牙根间压紧密封，因此偏梯形螺纹的密封性低于圆螺纹。靠充填密封脂来提高偏梯形螺纹的密封性应十分谨慎，密封脂摩擦系数无穷大会导致接箍纵向开裂或接箍中部应力腐蚀穿孔。

ISO/API螺纹的密封压力低于内压屈服强度，因此ISO/API螺纹油套管设计使用内压力不应高于密封压力。压力高时应使用金属对金属的气密封螺纹。

五、生产套管柱外载设计

在进行生产套管柱强度设计时要对生产套管柱在井下的各种受力情况进行准确分析，并选择合适的强度设计方法。显然，受力分析愈准确，设计方法愈合理，生产套管柱就愈安全可靠。

在生产套管柱入井、注水泥以及油气井生产的不同时期，套管柱的受力是变化的；在不同的地层条件和地质环境下，套管柱的受力是不相同的。但是经过长期的生产实践证明，虽然生产套管柱受力很复杂，仍可归纳为三种主要的基本载荷：内压力、外挤压力、轴向拉力。只不过在不同的条件下，作用机理及数值大小各不相同。要想对生产套管柱受力进行准确地分析，就应全面考查套管柱在各种情况下受力状态。目前的分析方法主要是按最危险的工况来确定生产套管柱受力大小。

1. 内压力

生产套管所承受的内压力主要来源是地层流体（油、气、水）压力以及特殊作业（如注气、注水、压裂酸化、挤水泥等）时所施加的压力。在暂不考虑管外液柱压力的前提下，任何井深处生产套管所承受的内压力可由下式计算：

$$p_i = p_s + p_h \tag{5—14}$$

式中　p_i——任一井深处压力；

p_s——井口压力；

p_h——任一井深处流体柱压力。

在井眼/地层构成的连通系统中，任意井深处的内压力 p_i 不但取决于地层压力，还与流体性质、完井方式及特殊作业等有关。生产套管设计应关注的最大内压力的工况有以下类型：

（1）不带封隔器开采的高压气井

在这种工况下，由于井内全部充满天然气，而气柱压力较低，因此高的井底压力能直接传递到井口，形成高的井口压力，使得生产套管承受高的内压力。根据理想气体状态方程，井口压力与井底压力的关系可用下式近似表达：

$$p_s = p_b / e^{(0.000111554\gamma H)} \tag{5—15}$$

式中　p_b——井底压力，kPa；

H——井深，m；

γ——天然气相对密度，通常取甲烷气相对密度0.55。

在高温高压气井设计中，需要根据井底压力预测井口关井压力和流动压力，其准确性影响油管套管设计和地面装备的选用和安全。在过去的实践中出现过实现井口关井压力和流动压力大于预测压力，使得地面设备不能安全工作等复杂情况。

假设储层压力预测是正确的，那么井口关井压力与流动压力就决定于计算模型和算法的准确性。式（5—15）本质上是理想气体定律，它不考虑实际天然气温度、压缩系数对实际天然气体积和压力的影响。在高温高压气井中会产生高达30%的误差。上述公式用于井口压力低于25MPa时误差不大。对于高温高压气井需要用实际天然气PVT方程预测井口关井压力，这些对于强度设计、防腐和地面控制与处理设备都至关重要。表5—4为不同工况下不同算法的井口压力。

表5—4　理想气体定律和PVT方程预测井口关井压力值比较

井下参数	一般压力井	高温高压井
井深，m	2881	7520
井底静态压力，MPa	32	170
井底温度，℃	74	226
硫化氢质量百分比	0	微量
二氧化碳质量百分比	0	0.02
井口关井温度，℃	16	16
气体相对密度	0.68	0.55（98%甲烷气）
理想气体定律计算井口压力，MPa	25.8	107
实际天然气PVT方程井口压力，MPa	25.3	145
实际测量值，MPa		145
差值或误差	2%	26%

用实际天然气PVT方程计算井口关井压力可能过于复杂。根据加拿大IRP1：2007标准，井深大于1800m后，井口压力按井底压力的85%计算，不论高压井还是低压井均足够安全和准确。

（2）带封隔器开采的高压气井

带封隔器开采的高压气井并不能完全保证套管安全。若油气井生产初期油管螺纹泄漏，或生产后期封隔器失效，高压天然气会通过漏失处进入到油管与套管环空。在环空封闭条件下，气体滑脱上升到井口，使得井口环空压力升高，深部套管承受井口环空压力与环空段液柱压力的叠加值。

（3）无封隔器进行压裂、酸化的油气井

对于无封隔器进行压裂、酸化的油气井，由于作用在井底的压裂压力高于地层破裂压力，因此井口压力必然升高，导致生产套管承受高的内压力。采用此方法时，必须核对套管和受最高内压力和套管螺纹连接状况，否则易造成套管损坏。

2. 外压力

套管柱外压力主要为管外未注水泥井段的钻井液完井液压力和地层中的油、气、水压力。由于油气井在不同条件、不同时间所处的工况各不相同，套管柱承受外压力的情况比较复杂。

对于厚壁套管由套管内外压力平衡后形成的有效外压力用式（5—10）计算。

在一般情况下，生产套管受外压力最危险的工况是油井生产末期，由于油气层压力枯竭，套管内压力下降，导致有效外压力上升，接近或等于套管外液柱压力。因此，为保证生产套管的安全，一般按套管内全部掏空，套管外以钻井液液柱压力来计算外压力：

$$p_o' = 0.981\rho_m H$$

式中 H——人工井底处井深，m；

ρ_m——套管外以钻井液密度，g/cm^3；

p_o——套管外钻井液液柱压力，MPa。

3. 轴向力

套管柱轴向力主要由自重产生，同时还有井内钻井液浮力的作用，以及一些在特定条件下产生的附加轴向力。

1）套管自重产生的轴向力。套管自重所产生的轴向力在套管柱由下向上逐渐增大，至井口处为最大。设套管柱由 n 段套管组成，则在第 i（$i=1$，2，…，n，从下往上）段套管顶部承受的轴向拉力为：

$$T_i = \sum T_k = \sum q_k \times L_k \tag{5—16}$$

式中 T_i——第 i 段套管顶部轴向拉力，N；

T_k——第 k（$k=1$，2，…，i）段套管自重，N；

L_k——第 k 段套管长度，m；

q_k——第 k 段每米套管重力，N/m。

显然，在井口处 $T_i = T_n = \sum T_k$，即为全部套管自重之和；在最下端一段套管顶部处，即为该段套管自重。上式可以方便地计算各段套管顶部处所承受的轴向拉力。

2）浮力作用下的轴向力。套管柱在井中受钻井液浮力作用，轴向力分布要发生变化。根据阿基米得原理，浮力大小等于该深度钻井液柱压力与套管水平方向裸露面积之乘积。

显然，在井口处即为最大轴向拉力，在套管底部即为最大轴向压力。

在确定轴向力时是否考虑浮力的作用，目前认识还不统一。有的认为在下套管或活动套管时，浮力被套管柱与井壁摩擦产生的附加拉力所抵消，故不考虑浮力的作用；有的认为浮力能准确计算，且与各井内钻井液密度有关，故应考虑浮力的作用。有的设计采用不同的抗拉安全系数来区别浮力作用的影响。

3）井眼弯曲产生的轴向力。套管下入到有一定井斜和曲率变化的井内将引起弯曲。因弯曲作用而在套管截面上产生不均匀的轴向力。过大的弯曲变形引起的轴向力增加将降低套管连接强度，使螺纹密封失效。一种简单的算法是假设弯曲套管外侧弯曲正应力扩展到整个管截面，可按下列公式计算附加轴向拉力：

$$T_d = \frac{1}{2} E\theta\pi DA/（180 \times 10^6 L） \tag{5—17}$$

式中 T_d——弯曲引起的附加轴向拉力，kN；

E——钢的弹性模数，$E = 2.1 \times 10^8$ kPa；

L——弯曲段长度，m；

θ——井斜空间全角变化；

A——套管截面积，cm^2；

D——套管外径，cm。

为了简化计算，常用25m的井斜变化率代替井斜空间全角变化θ，则上式变成：

$$T_d = 0.0733DA\alpha \tag{5—18}$$

式中 α——井斜变化率，(°)/25m。

可以看出，在相同的井斜变化率α下，大尺寸套管的弯曲附加轴向拉力比小尺寸套管大；在同尺寸套管时，井斜变化率α越大，弯曲附加轴向拉力越大。在设计套管柱时，可由上式估算弯曲应力的作用，然后适当增加套管的抗拉安全系数。

由于接箍直径比管体大，在弯曲井眼中API圆螺纹和偏梯形螺纹套管最末端完全扣的弯曲应力最大，抗拉的薄弱环节是外螺纹处。

4）注水泥过程产生的轴向力。在深井或超深井注水泥过程中，由于注水泥浆量大，水泥浆密度比井内钻井液密度又大得多。在水泥浆还未返出套管鞋时，将使套管柱产生一较大的附加轴向拉力，可按以下近似公式计算：

$$T_c = h(\rho_c - \rho_m)d^2\pi/4000 \tag{5—19}$$

式中 T_c——水泥浆与钻井液密度差产生的附加轴向拉力，kN；

h——管内水泥浆柱高度，m；

ρ_c——水泥浆密度，g/cm^3；

ρ_m——钻井液密度，g/cm^3；

d——套管内径，cm。

当水泥浆将要返出套管鞋时，此项附加拉力达到最大值。此时套管柱设计中若考虑了钻井液浮力，按工艺要求又要活动套管，那就必须考虑此项附加轴向拉力。另一种情况是注水泥碰压时，所产生的水力冲击载荷将对套管作用附加轴向拉力。可用如下简化公式计算：

$$T_{ch} = 0.07854d^2p_b \tag{5—20}$$

式中 T_{ch}——碰压引起的附加轴向拉力，kN；

d——胶塞相碰处套管内径，cm；

p_b——碰压时泵压增加值，Pa。

5）其他附加轴向力。在下套管过程中冲击载荷产生的附加轴向力，它的大小是套管柱下放速度变化的函数；在下套管过程中遇卡或通过坍塌缩径地层时，由于井壁摩擦产生较大的附加轴向力；注水泥过程中套管往复运动时，可能产生较大附加轴向力；固井以后装井口时上提套管，提够一定的预应力所产生的轴向力等。以上附加轴向力变化很大，在套管柱设计中一般都包括在安全系数中了。

综上所述，生产套管在井中的受力状况是比较复杂的。对于能够准确计算的载荷，应当精心计算；对于目前还不能准确计算的载荷，在选择套管强度时要留有一定的余地，同时确定一个合理的安全系数，将那些不能准确计算的载荷作用包含在里面，确保套管柱在井中的安全。

六、设计步骤和设计安全系数

1. 设计步骤

如前所述，生产套管设计宜分三步进行：

根据腐蚀环境选钢种；

根据密封要求和载荷选螺纹；

根据载荷作强度设计：选钢级和壁厚。

2. 套管设计安全系数

安全系数法是常用的套管柱设计方法。

（1）抗内压设计安全系数

参考加拿大套管设计标准，酸性油气井应按下述情况分别考虑安全系数：

微量硫化氢，硫化氢分压＜0.34kPa，安全系数取1.0。

0.34kPa＜硫化氢分压＜500kPa，安全系数取1.25。这相当于在硫化氢环境中，材料屈服强度只按80％考虑。

硫化氢分压＜500kPa，同时二氧化碳分压＞2000kPa，安全系数取1.35。

硫化氢分压＞500kPa时，不是用提高安全系数就能解决问题的，应全井考虑减应力设计。

（2）抗外挤设计安全系数

一般取1.0～1.1，有的外国公司和我国四川气井中曾推荐，在水泥面以下的套管柱一般取设计系数0.85，在水泥面以上的套管柱一般取1.0。推荐上述值的主要理由是：

1）系列室内和油田试验证明，套管外注水泥时，由于水泥支撑会提高套管抗外挤强度。

2）套管柱下部由于浮力作用，套管受压缩载荷，在压缩应力下会提高套管抗挤强度。

3）API公告给出的套管抗挤强度是最小值，而95％以上的套管会超过这个值。

在深井中应考虑轴向拉力使套管强度降低的“双轴应力”设计方法。

（3）抗拉设计安全系数

一般取1.6。应根据螺纹类型不同，分别校核套管螺纹连接强度和套管本体抗拉强度。一般圆螺纹套管校核螺纹连接强度，偏梯形螺纹或气密封螺纹套管应校核本体屈服强度和螺纹强度。

设计时应根据上述原则和具体地区实际经验来确定。若选用API标准套管的强度达不到设计系数的要求，则需要考虑采用特殊套管柱结构，或专门订购高精度、特厚壁、特殊螺纹等高强度套管。

3. 套管的拉力余量设计方法

拉力余量法用于套管的抗拉设计，其原理是用套管的抗拉强度乘安全系数，再减去下井套管重力的剩余值即为拉力余量。一般情况下拉力余量法用于下套管遇阻卡时控制最大上提拉力。坐放套管时允许最大提拉力也可用拉力余量法计算。

第四节　注　水　泥

一、注水泥设计的基本依据

1. 施工要求

固井质量的基本要求是：注水泥施工后要形成一个完整的水泥环，使水泥与套管、水泥与井壁的固结良好，水泥胶结强度高，油气水层封隔好、不窜、不漏。要达到以上要求，就必须全面周密地考虑各种影响因素，精心设计、精心施工。一般可按如下程序进行：

1）根据地质及工程所提出的固井目的和要求，并依据已知井下条件参数及预计的参数，进行初步方案设计，包括选择水泥类型、确定水泥浆配方、进行流变和强度试验等项试验室工作。

2）获取井径资料、油气水层电测数据、实际钻井液性能、地层孔隙压力和破裂压力，确定套管下深和套管部件组合情况，规定水泥应封隔位置及水泥返高等。注水泥参数包括实际注、替水泥浆量，驱替钻井液流型，临界排量，全过程的流动压力变化及时间计算等。由此校核注水泥的压力平衡和施工时间与水泥浆稠化时间的安全性。最后规定注入程序以及排量、压力控制等。

3）注水泥质量评价包括声幅、变密度和井温测井及套管试压。如果出现注水泥质量问题，还应采取相应的补救措施，如挤水泥等作业，确保油气井质量，满足各种增产措施实施的需要。

2. 完井要求

水泥浆是由水泥、水、各种化学外加剂组成的具有一定密度的混合液体。不论何种注水泥方法，水泥浆必然接触油气层。由于水泥浆的滤失量较钻井液的滤失量大得多，因此水泥浆不可避免地对各类油气层都会造成不同程度的伤害。主要的伤害有水泥浆颗粒机械堵塞、水泥浆滤液渗入、水泥浆滤液中无机物结晶沉淀、水泥浆漏失等。如果钻穿油层采用了屏蔽暂堵钻井液，以上水泥浆对储层的伤害会显著降低。

3. 油、气井开采要求

在油、气井长期生产过程中，水泥石所面临的环境是十分恶劣的。为延长油气井的生产寿命，注水泥设计时应满足如下要求：

1）满足最小支持强度。水泥石的抗压强度与候凝时间有关，一般认为水泥石应在有效时间内至少达到3.5MPa的抗压强度才能进行投产作业。为达到这个目的，所采用措施有提高尾随水泥浆密度、规定最少的候凝时间、降低候凝期间套管内压力等。

2）提高热稳定性。水泥石在大于110℃的高温环境下会发生强度衰退。为避免这种情况出现，凡井下静止温度超过110℃时，均应加入硅粉或硅砂作热稳定剂，防止其强度的衰退。

3）增强抗腐蚀能力。选择合适的添加剂，或选用特殊水泥，尽可能减少腐蚀危害。

二、水泥类别及性能

油气井固井时要把水泥浆泵送到数千米深的井下，井下的温度压力又随井深而变化，而水泥浆的各种性能又与温度、压力密切相关。因此对油井水泥及由油井水泥所配制的水泥浆的性能都有严格的要求。

1. 油井水泥的概念

油井水泥是指应用于固井、修井、挤注等作业的硅酸盐水泥（波特兰水泥）和非硅酸盐水泥，包括掺有各种外掺料或外加剂的改性水泥或特种水泥的油井水泥体系。

通常将包括API各级硅酸盐油井水泥称为基本油井水泥，其他如触变水泥、膨胀水泥、韧性水泥、抗腐蚀水泥等称作特种油井水泥。

2. 油井水泥的类别及使用范围

目前国内外使用的油井水泥主要是硅酸盐水泥，是由水硬性硅酸钙为主要成分，加入适量石膏和助磨剂（或是加入适量的石膏或石膏和水），磨细制成的产品。干水泥与水（经常还要加入外加剂）混合而成的浆体称为水泥浆。水泥浆凝结硬化后形成水泥石（在井下环形空间中的水泥石又称为水泥环）。

为了适应不同井深的需要和防止地层流体中硫酸盐对水泥石的腐蚀，有多种级别、类型的油井水泥可供选用。美国石油学会（API）规定了 8 种级别的油井水泥，我国也参照 API 标准制定了油井水泥的标准。API 标准油井水泥的使用范围见表 5—5。

表 5—5　API 油井水泥使用范围

级别	适用井深 m	类型			备注
		普通型	中抗硫酸盐型	高抗硫酸盐型	
A	0～1830	√	—	—	普通水泥
B	0～1830	—	√	√	抗硫水泥
C	0～1830	√	√	√	具有高早期强度
D	1830～3050	—	√	√	适于中温中压条件
E	3050～4270	—	√	√	适于高温高压条件
F	3050～4880	—	√	√	适于超高温高压条件
G	0～2440	—	√	√	基本油井水泥
H	0～2440	—	√	√	基本油井水泥

注：表中“√”表示有此类水泥，“—”表示无此类水泥。

其中 G 级和 H 级水泥为基本水泥，与促凝剂或缓凝剂一起使用，能适应于较大的井深和温度范围。G 级和 H 级水泥也是目前使用最普遍的水泥。

在 API 标准和我国标准中，还对水泥的有关化学指标和物理指标以及相关的测试方法作了规定。

3. 油井水泥的组成

（1）化学组成

典型硅酸盐水泥氧化物分析结果见表 5—6。

表 5—6　典型硅酸盐水泥的氧化物含量

氧化物	SiO_2	CaO	Fe_2O_3	Al_2O_3	MgO	SO_3	K_2O	烧失量
含量，%	22.43	64.77	4.10	4.76	1.14	1.67	0.08	0.54

（2）熟料矿物组成

水泥与水混合后，迅速与水发生水化反应，生成各种水化产物，水泥浆也逐渐由液态转变为固态，这一过程也就是水泥浆的凝结和硬化过程。在油井水泥中，对水泥的凝结与硬化起主导作用的是以下四种矿物成分：硅酸三钙、β 型硅酸二钙、铝酸三钙和铁铝酸四钙。

硅酸三钙：$3CaO \cdot SiO_2$（简写 C_3S）。是水泥产生强度的主要化合物，早期强度增长快，最终强度也高。在高早强水泥中占 60%～65%，在缓凝水泥中占 40%～45%。

β 型硅酸二钙：β 型 $2CaO \cdot SiO_2$（简写 β－C_2S）。水化反应慢，早期强度增长慢，但对水泥的最终强度起重要作用。

铝酸三钙：$3CaO \cdot Al_2O_3$（简写 C_3A）。水化反应速度最快，是决定水泥浆初凝时间和稠化时间的主要因素，对水泥浆的流变性也有较大影响。铝酸三钙对硫酸盐类的侵蚀最为敏感，因此在抗硫水泥中对铝酸三钙的含量有限制。中抗硫酸盐型水泥中铝酸三钙的含量不大于8%，高抗硫酸盐型的水泥中铝酸三钙的含量不大于3%，但在高早强水泥中铝酸三钙的含量可达15%。

铁铝酸四钙：$4CaO \cdot Al_2O_3 \cdot Fe_2O_3$（简写 C_4AF）。水化速度仅次于铝酸三钙，早期强度增长快，但对水泥的最终强度影响很小，其硬化3天和28天的强度值差别不大，强度的绝对值也不大。高抗硫酸盐型的水泥中1份铁铝酸四钙加2份铝酸三钙的总含量不应超过24%。

4. 水泥浆（石）性能的基本要求

为了保证施工安全并提高固井质量，水泥浆以及最终所形成的水泥石必须满足一定的要求。所测定的水泥浆的性能有：水泥浆密度、水泥浆稠化时间、水泥浆流变性、水泥浆失水量、水泥浆自由水含量（又称析水量）、水泥石抗压强度、水泥石渗透率。美国石油学会和我国都制定了这些性能指标的测试方法标准。但目前在现场上常测定的是前6项性能，对水泥石渗透率一般不作要求。

（1）水泥浆密度

水泥浆密度指的是单位体积内所含的水泥浆的质量。对水泥浆密度的要求是必须大于井内钻井液的密度，但又不能压漏地层，同时还要保证水泥石的强度和水泥浆的流动性。水泥浆（石）的其他性能也与水泥浆的密度密切相关。一般情况下，为了既保证水泥石的强度又保证水泥浆的流动性，同时水泥浆的其他性能容易调整，水泥浆的密度通常为1.80～1.90g/cm^3，一般比钻井液的密度大得多。

（2）水泥浆稠化时间

随着水泥的不断水化，水泥浆不断变稠，直至失去流动性。为了保证注水泥施工安全，能将水泥浆泵送到井内环形空间的预定位置，水泥浆必须在一定的时间内保持能流动。水泥浆的稠化时间用加压稠度仪测定，该仪器能模拟井下的温度压力条件。用加压稠度仪模拟井下温度压力条件，从给水泥浆加温加压时起至水泥浆稠度达100Bc（Bc为稠度单位）所经历的时间称为水泥浆的稠化时间。对水泥浆稠化时间的要求是，注水泥施工作业能在稠化时间以内完成，并包含有一定的安全系数。反过来，当水泥浆的稠化时间确定后，整个注水泥施工必须在规定的时间内完成，否则易导致不能把水泥浆替出套管的注水泥施工事故。

（3）水泥浆流变性

水泥浆流变性指的是水泥浆在外加剪切应力作用下流动变形的特性，用流变参数衡量（与流变模式有关）。对水泥浆流变性的主要要求是有利于提高水泥浆对钻井液的顶替效率（水泥浆顶替钻井液的程度）。另外，水泥浆的流变性能还要用来计算注水泥过程中的循环摩擦损失，以防止井眼憋漏和合理选择施工装置与设备。

（4）水泥浆失水量

水泥浆中的自由水通过井壁渗入地层的现象称为水泥浆失水。水泥浆大量失水将造成水泥浆急剧变稠，大大影响其流动性，甚至造成不能把水泥浆替出套管的事故。水泥浆大量失水进入油气层也将对油气层产生伤害。

水泥浆失水量指的是水泥浆失水的快慢程度，失水量大小用30min内的失水总体积表示。原则上说，水泥浆失水量越小越好，但控制水泥浆失水的外加剂通常对水泥浆的流变性、稠化时间、抗压强度等有影响，因此应权衡考虑。以下是水泥浆失水量控制指标的一些推荐数值：一般套管注水泥 100～200mL/30min；挤水泥或尾管注水泥 50～150mL/30min；防气窜 20～40mL/30min；高密度水泥应低于 50mL/30min。

（5）水泥浆析水量

在静止过程中，水泥浆中的自由水自水泥浆中析出而形成连续水相的现象称为析水。单位体积水泥浆所析出的自由水体积即为水泥浆自由水含量（也称析水量），为百分数。水泥浆析水量的大小在很大程度上反映了水泥浆沉降稳定性的好坏。水泥浆析水量过大，将导致水泥浆密度分布不均，所形成的水泥石强度不一致。如果在井下，由于析水而形成纵向水槽，将影响环空的密封性能。在定向井、水平井中，如果不控制析水，容易在环空的上侧形成连续水槽，严重影响封固质量。因此，必须对水泥浆的析水进行控制（原则上越小越好），在定向井和水平井中要使用零析水水泥浆。

（6）水泥石抗压强度

在 API 和我国标准中，通过测试水泥石的抗压强度来检验水泥石的力学性能。水泥石在压力作用下达到破坏前单位面积上所能承受的力称为水泥石的抗压强度。

从工程角度而言，水泥石的强度应满足以下要求：

1）支承套管。研究表明，支承套管所需的水泥石抗压强度是很低的，只需 0.7MPa 即可。这一般均能满足。

2）承受钻进时的冲击载荷。钻进时对套管及水泥石冲击载荷的大小，主要取决于钻进工艺技术。在钻柱加压部分未出套管鞋前，应控制钻压和转速，减小对套管和水泥环的冲击载荷。

3）满足酸化压裂要求。酸化压裂时注水泥井段的薄弱环节不是水泥石本身，而是水泥环与井壁和套管的胶结强度。一般情况下，水泥石强度高，水泥环与井壁和套管的胶结强度也高。但在有关标准中未规定胶结强度的测试方法，这可能是由于很难模拟井下情况来测试胶结强度（尤其是水泥与井壁的胶结强度）。

（7）水泥石渗透率

水泥石渗透率是指在一定压差下，水泥石允许流体通过的能力。显然，为实现封隔，水泥石的渗透率越低越好。实际上，大多数水泥石的渗透率都低于 $1\times10^{-5}\mu m^2$。分析表明，如果只考虑水泥环自身的渗透率，层间封隔的问题并不大。但如果水泥环与套管或井壁间存在微环隙，就会严重影响层间有效封隔。

5. 水泥浆基本性能要求

为了提高顶替效率，常常要设计使用领浆和尾浆。生产套管注水泥的领浆、尾浆和生产尾管水泥浆基本性能要求见表 5—7。

表 5—7　水泥浆基本性能要求

项　目	生产套管		生产尾管
	领　浆	尾　浆	
初始稠度，Bc	<30		
稠化时间，min	注水泥施工时间 + 60min		
可泵时间，min	稠化时间与可泵时间之差小于 20min		

续表

项　目		生产套管		生产尾管
		领　浆	尾　浆	
析水量，%	常规井	<0.2	<0.2	<0.2
	定向井	<0.2	<0.2	
	水平井	0	0	
失水量（6.9MPa）mL/30min	常规井	<250	<150	<50
	定向井	<150	<100	
	水平井	<50	<50	
流变性		满足施工要求		
抗压强度，MPa	24h	>8	>14	>14
渗透率，$10^{-3}\mu m^2$		—	<0.01	<0.01
说　明		1）水泥浆性能的测试方法按 GB/T 19139—2003 规定； 2）对定向井和水平井，测试自由液的量筒应倾斜 45°放置； 3）对于低密度或高密度水泥浆，抗压强度凝期可为 48h		

三、油井水泥外加剂

油井水泥的种类是有限的，为了满足不同情况下固井施工和固井质量的要求，在水泥浆中一般需要加入各种外加剂及外掺料来调节水泥浆的性能。特别是随着石油工业的发展，固井所面临的条件也越来越复杂（如深井、超深井、调整井的增多，水平井、大位移井、小井眼井的发展等），对水泥浆的性能提出了更高的要求，外加剂及外掺料的使用也更广泛，对外加剂及外掺料的要求也更高。

国内外在近 30 年以来，油井水泥外加剂的发展十分迅速，产品更新换代很快。目前大致可分降失水剂、分散剂、缓凝剂、促凝剂、特殊外加剂和辅助外加剂 6 大类。外掺料可分为减轻剂、加重剂和热稳定剂 3 大类。主要油井水泥外加剂、外掺料及作用简要介绍如下。

1. 油井水泥降失水剂

固井施工时，水泥浆在压力下经过高渗透地层时将发生“渗滤”。水泥浆滤液进入地层，其后果之一是使水泥浆失水，流动性变差，严重者可使施工失败；此外，滤液进入地层对地层形成不同程度的伤害。

原浆的 API 滤失率通常超过 1500mL/30min。固井作业中，一般要求不超过 250mL/30min，尾管及防气窜要求滤失量不超过 50mL/30min。为达到这个目的，通常在水泥浆设计中使用降失水剂。

降失水剂可以改善滤饼结构，使之形成致密、渗透率低的滤饼从而降低失水。

常用聚合物类降失水剂，可增大水泥浆滤液黏度增加向地层滤失的阻力降低水泥浆失水。

常用降失水剂及特性

目前常用降失水剂主要有两大类型：微粒材料和水溶性高分子材料。

1）微粒材料：膨润土、微硅、沥青以及热塑性树脂。胶乳是特殊的微粒材料，也有非常好的降滤失性能。

2）水溶性聚合物：天然改性高分子材料和水溶性聚合物已成为水泥浆降失水剂的重要组成。几种常用的水溶性聚合物降失水剂是：

①纤维素衍生物：羟乙基或羧甲基纤维素、羧甲基羟乙基纤维素以及其他纤维素衍生物是油井水泥降失水剂重要一类。

②丙烯酰胺－丙烯酸共聚物（AM/AA）：丙烯酰胺－丙烯酸钠共聚物（AM/AA－Na），丙烯酰胺－乙烯基咪唑（VI）二元共聚物和丙烯酰胺－AMPS－咪唑三元共聚物，N，N－二甲基丙烯酰胺－AMPS共聚物（NNDMA/AMPS）、AA/AMPS共聚物、乙烯基吡咯烷酮类共聚物。

2. 油井水泥分散剂

油井水泥浆是以水为连续相，以水泥颗粒为分散相的高浓度的悬浮体系。固含量（质量分数）最高可达70％。分散剂的作用是对上述悬浮体系提供良好的流变性能、温度稳定性，即在高温下不分散和高温度下仍保持较强吸附性和分散性能。

分散剂一般为表面活性剂，大体上可分为阴离子型、阳离子型和非离子型，其主要作用为吸附分散作用。

当水泥和水混合拌浆时，水泥颗粒表面存在正电荷和负电荷。当固相浓度较高时，通过正、负电荷间的作用使水泥颗粒形成一种连续的网状结构。当水泥浆被泵注，则此网状结构遭到破坏，可使水泥浆黏度下降。其分散剂的类型为：

1）聚萘磺酸盐；

2）甲醛和丙酮（或其他酮类）缩聚物；

3）木质素磺酸盐。

3. 油井水泥缓凝剂

油井水泥缓凝剂的作用是延长水泥凝固时间。常用缓凝剂类型有木质素磺酸盐、糖类化合物、纤维素衍生物、有机磷酸盐。此外某些无机盐也有缓凝作用，如硼酸、磷酸、铬酸以及它们的盐类。近年来开发的AMPS共聚物系列是优秀的缓凝剂，其性能稳定、高效、使用温度范围宽，与其他外加剂的相容性好，对水泥石强度发育无副作用。它们是AMPS－AA和AMPS－衣康酸（或甲叉基丁二酸）共聚物。

4. 油井水泥促凝剂

油井水泥促凝剂用于缩短稠化时间，加速水泥凝结及硬化；或者是用来缓解因加入其他外加剂如分散剂、降失水剂等所引起的过缓凝作用。常用的促凝剂分无机和有机两大类。

氯化物是最常用的油井水泥促凝剂。碳酸盐、硅酸盐、铝酸盐、硝酸盐、硫酸盐、硫代硫酸盐以及钠、钾、铵的氢氧化物也都是油井水泥促凝剂。氯化钙是最有效、最经济的促凝剂。

氯化钠影响油井水泥的稠化时间和抗压强度的发育。这取决于它的浓度和环境温度。氯化钠对水泥质量分数在10％以下时为促凝剂；氯化钠含量在10％～18％范围既不促凝也不缓凝，其稠化时间与新鲜水配浆时相似；而当氯化钠对水泥质量分数提高到18％以上时表现出缓凝作用。显然，氯化钠不是一个很好的促凝剂，只有在现场上氯化钙缺货或特殊情况下才使用它。

在近海区域或海上施工，常用海水配浆，海水中氯化钠的含量约25g/L，可引起促凝。海水中氯化镁的含量约为1.5g/L，也应同时计入。

硅酸钠通常用作水泥的充填料，但它也有促凝作用。在水泥浆液相中硅酸钠和Ca^{2+}反应生成水化硅酸钙（C－S－H）胶核，从而促使水泥水化诱导期提前结束。

有机促凝剂包括甲酸钙（$Ca(HCOO)_2$）、甲酸铵（$CHONH_2$）、草酸（$H_2C_2O_4$）和三乙醇胺（$N(C_2H_4OH)_3$）。

5. 特殊功能外加剂

近年来，随油气勘探开发的不断发展，特殊复杂井况条件的井越来越多，对水泥浆体系的特殊功能要求也越来越多，从而发展出了多种特殊功能的油井水泥外加剂。如：防止水泥浆凝结过程油气水窜的防气窜剂；改善水泥石抗冲击能力的增韧剂、减小水泥浆凝结体积收缩的膨胀剂、提高超低密度与超高密度水泥强度发展的早强剂等。

（1）防气窜剂

油井水泥防气窜剂，可分为防止或减少水泥浆凝结过程的失重与增加油气水侵入水泥浆机体内的阻力两大类。

1）防止或减少失重的防气窜剂。这类防气窜剂加入到水泥浆中，能够在凝固过程产生均匀分散在体系中的极微小的气泡，并使孔隙压力增加，以弥补水泥浆静液柱压力的降低。常称作可压缩防气窜水泥。

作为水泥浆和发气材料品种很多，如铝粉、锌粉、双氧水以及漂白粉，都可以作为发气材料，但从效果、来源以及成本等综合考虑，铝粉是较理想的材料。国外Halliburton公司研制的Gas Check及国内西南石油大学研制的KQ系列，其基本发气材料选用的是铝粉。

这类防窜剂的基本原理是，金属铝（Al）的化学性能很活泼，与酸、碱作用都要产生氢气，水泥浆是具有碱性的（pH值一般在12～13），在井下温度和压力下，产生氢气的化学反应要加速，产生的氢气将均匀地分布在水泥浆中（简称充气水泥浆），并借助浆柱部分重力、孔隙阻力或桥塞，对地层憋上一个附加压力，水泥浆凝结产生失重时此附加压力则逐渐释放，从而弥补失重造成的压力降低。铝粉在水泥浆中的化学反应式为：

$$2Al + Ca(OH)_2 + 2H_2O \rightarrow Ca(AlO_2)_2 + 3H_2\uparrow$$

2）增加气窜阻力的防气窜剂。这类防气窜剂加入到水泥浆中，可使其从液态转变为固态的过渡期内，能够减少水泥浆的透气性和降低塑性态水泥浆的渗透率，增大气体侵入水泥机体的阻力而阻止气窜的发生。常称作不渗透防气窜水泥。

这类防窜剂的作用机理为：一是靠沉积在渗透地层上致密的水泥滤饼抑制地层流体渗透过水泥机体；二是侵入的地层流体与在水泥孔隙中形成一层不可渗透的阻挡层，达到抑制气体继续渗透过水泥机体，或通过加入超细材料堵塞孔隙通道，抑制气体渗透过水泥机体。根据作用机理，人们研制出来各种各样的不渗透防气窜水泥。主要有聚合物乳液（胶乳）、部分交联聚合物和微粒硅。

用于油井水泥的胶乳的典型代表是苯乙烯－丁二烯胶乳。此外还有聚二氯乙烯、聚醋酸乙烯酯、苯乙烯－甲基苯乙烯甲酯、苯乙烯－丁二烯－丙烯酸乙酯等共聚物胶乳。

（2）增韧剂（增塑剂）

改善水泥石的形变能力，提高其抗冲击韧性，目前主要是通过在水泥浆中加入适量的纤维材料、胶乳，改善水泥石耐冲击性能。

1）纤维类：在水泥浆中加入一定量的均匀分散的纤维材料，可使硬化水泥石中原有缺陷的端部的应力集中减少，延缓缺陷的扩展，即阻裂效应。这类纤维主要有石棉纤维、碳纤维、尼龙纤维等。

2）胶乳类：乳液均匀分散于水泥浆中，一般情况下，乳液与水泥浆并不发生化学作用，水泥水化可吸收乳液颗粒中的水分，失水后的乳液颗粒可凝聚成丝状膜分布在整个水泥石机体中，这些丝状膜层横跨水泥石的缺陷与微裂缝中。由于胶膜具有较高的抗拉强度和变形能力，从而有效的延缓水泥石缺陷与微裂缝的扩展。

6. 减轻剂

减轻剂用于降低水泥浆密度，降低水泥浆的静液柱压力，防止薄弱地层的破裂引起的井漏，保证固井水泥返高。

减轻剂依其作用原理不同可分为三类：第一类是自身密度较高的膨润土类材料，其吸附能力强，造浆率高，通过水泥浆提高水灰比降低水泥浆密度，如粉煤灰、膨润土、水玻璃、硅藻土等；第二类是自身密度低于水的材料，如漂珠、玻璃微珠等；第三类是向水泥浆中充气或化学发气的办法降低密度形成泡沫水泥，如空气、氮气等。

7. 加重剂

当钻遇高压油气层或在老油田调整井固井作业时，为防止井喷、气窜需加大水泥浆密度，常常往水泥中掺入加重剂。常用的加重剂有重晶石、赤铁矿、钛铁矿以及石英砂等。有时亦可用 NaCl 和一些分散剂来提高水泥浆密度。

8. 热稳定剂

在井下温度高于 110℃时（如深井、超深井、热采井），水泥中硅酸二钙和硅酸三钙的水化产物要发生晶形转变，使水泥石的强度降低。在水泥浆中掺入适量的硅粉或硅砂可以防止高温下水泥石的强度衰退。硅粉硅砂的加量与温度有关，对于井底静止温度处于 110～204℃的井，加量为 30％～40％氧化硅含量不少于 90％，以及对于稠油油藏的蒸汽注入井，当蒸汽温度 240～360℃时，硅粉或硅砂加量有时可达 60％。

四、提高固井质量原理

提高固井质量的主要目的在于封隔油、气、水层，保护生产层。为实现这一目的，其关键是要解决以下两个方面的问题：一是如何使环形空间充满水泥浆；二是如何使水泥浆在凝结过程中压稳油、气、水层和封隔好油、气、水层。

1. 提高注水泥顶替效率的措施

水泥浆在环形空间顶替钻井液的程度，用顶替效率 η 表示。

对于注水泥井段：η = 水泥浆体积/环空体积

对于注水泥井段的某一截面：η = 水泥浆面积/环空面积

当 η 等于 1（即 100％）时，水泥浆全部顶替了钻井液；当 η 小于 1 时钻井液没有被水泥浆完全替走，称为窜槽。

为提高顶替效率，所采取的主要措施有：加扶正器降低套管在井眼中的偏心程度、注水泥时活动套管、采用紊流或塞流流态注水泥、采用前置液、注水泥前调整钻井液性能、增加紊流接触时间等。

（1）加扶正器保证套管居中度

套管在井眼中不居中的现象称为套管偏心。在定向井和水平井中，由于套管的自重，套管柱将偏向井眼下侧，形成偏心。即使直井，实际所钻成的井眼不可能绝对垂直的，也存在套管偏心的情况。注水泥顶替效率与套管在井眼中的偏心程度密切相关。

图 5—8 所示为同心环空和偏心环空中的流速分布情况。

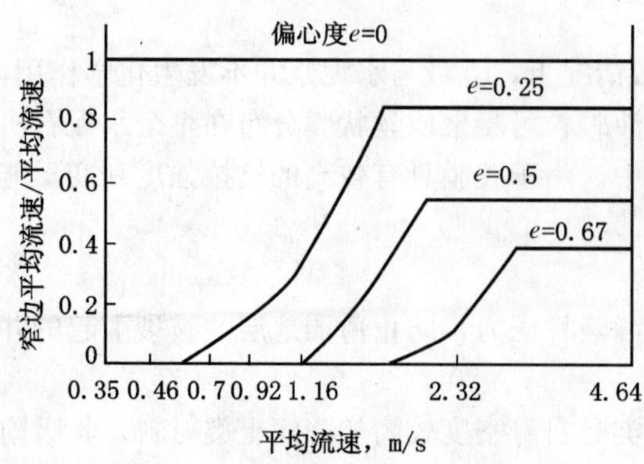

图 5—8　同心环空和偏心环空中流速分布

在同心环空中，由于整个环形空间周向上各处间隙相等，因此在周向上流速分布是均匀的。在偏心环空中，由于套管偏心，周向上各处间隙不相等，各间隙处的流动相对阻力不一样，导致沿周向流速分布不均，宽间隙处流速高，窄间隙处流速低。套管偏心越严重，这种流速分布不均的程度越大。曾经实测了液体在偏心环空中的流速分布情况，当偏心程度为69％时，实验中测量到最宽与最窄间隙的平均流速差别达到了70倍。

在水泥浆顶替钻井液的过程中，也会发生类似的情况，水泥浆在宽间隙处顶替钻井液的速度快一些，而在窄间隙处的顶替速度则较慢，导致宽窄间隙水泥浆返高不一致。若套管偏心严重，则可能出现窄间隙的钻井液根本不能被顶走而滞留在原处的窜槽现象。

因此，要尽量降低套管在井眼中的偏心程度。目前所采取的措施是在套管上安装套管扶正器。我国相关标准中给出了套管扶正器安装间距计算的推荐方法。

(2) 注水泥时活动套管

在注水泥过程中，旋转或上下活动套管是提高顶替效率的有效措施。图 5—9 所示为旋转套管提高顶替效率的示意图。

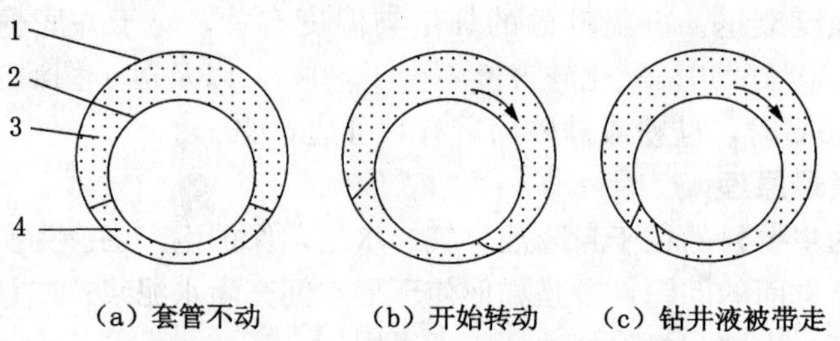

图 5—9　旋转套管提高顶替效率示意图

1—井眼；2—套管；3—流动水泥浆；4—钻井液

套管作旋转运动时，一方面，套管旋转的驱动力可将环空间隙较窄区域滞留或流动较慢的钻井液带向环空间隙较宽的区域，另一方面，由于井眼弯曲的存在，套管必然产生弯曲，旋转套管将使套管发生公转，从而使得环空截面各方向上较宽间隙与较窄间隙交替变化。这两方面的共同作用，使整个环空的钻井液趋于均匀顶替。转动可能使套管受到过大的应力作用，因此，旋转速度以每分钟 10～20 转为宜。

一般认为旋转效果较好，上下活动套管可能在上提套管后发生卡套管从而使套管不能下放到设计放置，给安装井口造成困难。

(3) 采用紊流或塞流流态注水泥

图 5—10 为不同流态时液体流速分布情况，图中紊流流态为时均意义上的流速分布。在层流流态，断面流速分布呈尖峰形态；在紊流和塞流流态，断面流速分布相对平缓，因而有利于水泥浆均匀推进顶替钻井液。但是，在偏心环空中，当采用塞流流态时，虽然在本间隙内水泥浆可均匀推进，由于在周向上流速分布不均，可能存在周向上严重推进不均的后果。

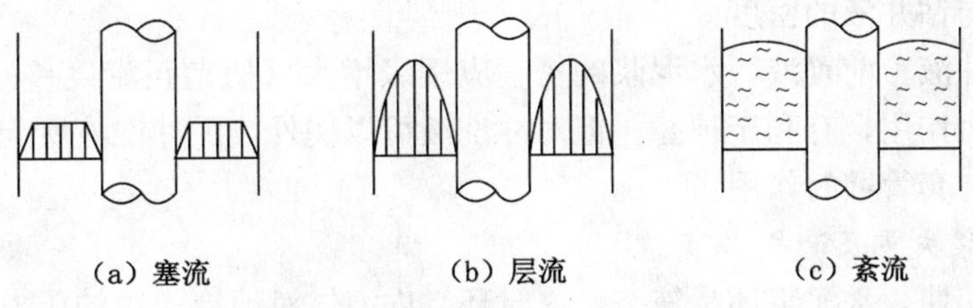

图 5—10 不同流态流速分布示意图

紊流顶替不仅断面流速分布比较均匀，最重要的是，紊流顶替液中的紊流漩涡在顶替液与钻井液的交界面上可产生冲蚀、扰动、携带的作用，从而有利于对钻井液的顶替。在偏心环空中，这种冲蚀、扰动、携带作用可逐渐顶替走窄间隙处的钻井液。在偏心环空中，紊流时周向上的流速分布不均的程度也要大大低于层流时的流速分布不均程度（塞流本质上也属于层流），实验中曾测量到可降低 27%～76%，因而有利于对窄间隙的顶替。另外，紊流时，单位长度的摩阻压降大，该摩阻压降对滞留钻井液而言是驱使其流动的动力，也有利于顶替。因此，只要井下条件许可（不会压漏地层），人们首选紊流顶替。

(4) 使用注水泥前置液

由于水泥浆与钻井液的化学成分不同，当用水泥浆直接顶替钻井液时，在二者交界面附近钻井液要与水泥浆混合。一方面，钻井液与水泥浆混合后，可能使水泥浆增稠，导致环空流动摩阻增大，严重时造成井漏，或造成泵送不动而导致不能把钻井液全部从套管内替出的严重后果。另一方面，钻井液与水泥浆相互混合形成的混合物可能很稠，不容易被随后的水泥浆所顶替，造成这种混合物窜槽，影响注水泥质量。这时，我们称钻井液与水泥浆不相容。因此，在水泥浆前面通常要注入一段或几段与钻井液及水泥浆均相容的特殊配制的液体，这些液体称为注水泥前置液（简称前置液）。

前置液分为两种：冲洗液和隔离液。冲洗液主要起稀释钻井液、冲洗井壁与套管壁的作用（也能隔开钻井液与水泥浆），主要用于紊流注水泥。当与隔离液同时使用时，位于隔离液之间。隔离液的主要作用是隔离钻井液与水泥浆。有两种类型的隔离液：一种是用于塞流注水泥的粘稠型隔离液；另一种是用于紊流注水泥的紊流型隔离液。

(5) 注水泥前调整钻井液性能

钻井中钻井液的性能是为了满足钻井作业的需要，但从提高注水泥顶替效率方面来看，这些性能往往是不适宜的。因此，在注水泥前，一般都要对钻井液的性能进行调整。这一点非常重要。调整钻井液性能（密度、流变性）的原则是，在保证井下安全的前提下，适当降低钻井液的密度、黏度和静切力，减小触变性。理论和实验研究均表明，其中降低触变性尤为重要，触变性愈强，钻井液的内部结构力愈大，就愈不利于驱替钻井液。但在深井复杂井固井中，固井前很难全井较大幅度调整钻井液的性能。因此，在尽量调整钻井液的性能情况下，应单独调整 20m^3 左右具有顶替性能良好的又能防止水泥浆污染的钻井液，作为先导液用在前置液之前，以有效提高钻井液的驱替效率。

(6) 增加紊流接触时间

如前所述，紊流顶替最重要的是对钻井液的冲蚀、扰动、携带作用。显然，这种冲蚀、扰动、携带的顶替，需要一定的时间。室内试验模拟研究和固井实践的统计分析表明，在套管居中度不低于 67%的情况下，紊流接触时间大于 7～10min 时，均能达到有效顶替钻井液。因此，就要求合理设计前置液性能、用量及水泥浆的用量

(7) 顶替液与钻井液的密度差

一般要求钻井液、前置液、水泥浆的密度应逐级增大（所谓正密度差），因正密度差将对钻井液产生浮力作用，有利于顶替。但对冲洗液可以例外，因冲洗液所起的主要是稀释钻井液、冲洗井壁与套管壁的作用。

2. 防止水泥浆失重及油气水窜

注水泥结束初期，水泥浆还是液态，这时环空内液体对地层作用的压力为作用点以上各浆柱的静液压力之和。因为水泥浆密度一般大于钻井液的密度，因此能够起到压住地层的作用。但是水泥浆柱在凝结过程中对其下部或地层所作用的压力将逐渐降低，就好像失掉了一部分重力一样。这种现象称为水泥浆在凝结过程中的失重（简称失重）。当浆柱的压力失重到低于油、气、水层的压力时，地层中的油、气、水就窜入环空内，继而发生层间互窜或是沿环空窜至井口。在有高压油、气、水层或层间压差大（如注水井）的井内，这种窜的可能性更大。

(1) 水泥浆失重机理

水泥浆失重可分为“胶凝失重”与“桥堵失重”两类。

1）胶凝失重：水泥浆在水化凝结过程中，在水泥颗粒之间及它们与井壁和套管之间要形成具有一定胶凝强度的空间网架结构。当下部浆柱由于水泥水化体积收缩和失水发生体积减小时，该网架结构将使水泥浆柱的一部分重力悬挂在井壁和套管上，不能完全弥补下部的体积减小，从而降低了作用在下部地层的有效压力，即导致失重。

2）桥堵失重：注水泥结束水泥浆静止后，水泥浆在高渗透率地层处的快速失水将使该处的水泥浆迅速变稠和致密，形成堵塞（即桥堵）；另外，由于注水泥时高速冲蚀下来的岩块和水泥颗粒的下沉等因素，可能在井径和环空间隙较小处堆积形成堵塞。当下部水泥浆柱由于水泥水化体积收缩和失水发生体积减小时，由于桥堵使得上部水泥浆柱的压力不能有效向下传递，从而也会降低作用在下部地层的有效压力，造成失重。

3）水泥石收缩：水泥浆在凝结过程中，由于水化作用，水泥石基体内部收缩形成微孔隙，同时外观也产生体积收缩，降低了孔隙压力和作用在地层上的压力。一般水泥浆初凝时的收缩率为 0.1%～0.5%，终凝却大于 2%。

4）自由水的分离形成水柱：水泥浆内自由水的分离，在水泥浆柱中，形成了连通的轴向水槽（或水带），降低了对地层的压力。这种作用，在斜井中尤为明显，可以观察到井壁上侧形成了一条明显的水槽，这是油、气、水窜的主要通道。

(2) 防气窜的水泥浆评价

针对水泥浆失重及气侵和预测方法，国内外都作了不少研究，提出了很多好的见解。

1）气窜潜力系数法：气窜潜力系数法（GFP）是 Halliburton 公司在 1984 年应用水泥浆过渡时间概念提出的。采用水泥浆胶凝强度 $\tau_{cgs}=240\text{Pa}$ 时浆柱压力的最大降低值 Δp_{max} 与井内浆柱的平衡压力 p_{ob} 之比来描述气窜的危险性。这是一种定性估计方法，GFP 的计算式：

$$GFP=\frac{\Delta p_{max}}{p_{ob}} \tag{5—21}$$

$$\Delta p_{max}=\frac{4L_c\tau_{cgs}}{100\ (D_h-D_p)}$$

$$p_{ob} = (\rho_c L_c + \rho_{sp} L_{sp} + \rho_m L_m - G_f L)/100$$

式中 L、L_c、L_{sp}、L_m——分别是井深、水泥浆段长、前置液段长、上部钻井液段长，m；

ρ_c、ρ_{sp}、ρ_m——分别是环空浆柱结构中水泥浆、前置液、钻井液的密度，g/cm³；

G_f——井深 L 的地层压力当量密度，g/cm³；

Δp_{max}——水泥浆胶凝强度（$\tau_{cgs} = 240$Pa 时，水泥浆柱压力的降低值，MPa；

p_{ob}——对地层的过平衡压力，MPa。

很显然，p_{ob}愈大，Δp_{max}愈小，*GFP* 愈小，气窜危险性愈小。*GFP* 与气窜的可能性及防止气窜的方法如表 5—8。

表 5—8　气窜潜力系数的预测与应用

GFP	1	2	3	4	5	6	7	8	9	10	∞
气窜可能性	较小				中等				危险性大		
推荐水泥浆	高密度水泥浆 低失水水泥浆				胶凝延迟水泥浆 触变性水泥浆 不渗透水泥浆				可压缩水泥浆 胶乳水泥浆		

2）抗气窜阻力系数法 E_{mig}：2002 年西南石油大学提出抗气窜阻力系数法 E_{mig}，并开发了相应的评价仪器。该方法用于不同类型或不同配方水泥凝结过程的抗气窜能力比较，以便评价或优选水泥设计。

$$E_{mig} = \Delta p_{mig}\sqrt{\frac{t_c}{t}} \tag{5—22}$$

式中 Δp_{mig}——候凝 t 时刻测定的气侵压差，kPa；

t——候凝时间，min；

t_c——水泥浆初凝时间，$t_c > t$，min。

E_{mig}越大，说明水泥浆体系的抗气窜阻力越大。E_{mig}的大小与候凝时间有关，随时间的增大而增大的。用 E_{mig}表示的防止气窜阻力系数分级见表 5—9。

表 5—9　抗气窜潜力系数的应用

E_{mig}	<8	8～16	16～32	>32
抗气窜能力	很小	一般	较强	很强

（3）防气窜的主要方法

防气窜的主要方法是加入发气材料，使水泥凝结过程产生弹性膨胀力补偿水泥浆失重，保持水泥浆柱的有效压力。在水泥浆失重时，发气剂发气，形成分散在水泥浆内的微小气泡。利用充气水泥浆以上浆柱（钻井液柱或水泥浆柱）的静液压力和结构力所形成的“塞子”作用，或者利用桥堵段的“塞子”作用，依靠发气剂产生的微小气泡，使充气水泥浆内憋上一个附加的压力，以补偿水泥浆失重所减少的压力，从而使得水泥浆柱的最终压力能大于油、气、水层的压力，达到预防失重及防窜的目的。铝是一种活泼的金属，经过处理的铝粉与碱性的水反应生产分散的氢起到上述作用。

此外，增加水泥浆凝固过程的阻力，特别是水泥浆柱压力降至水柱压力那段时间的阻力，可防止气窜。

五、注水泥质量检测和评价

1. 注水泥的质量要求

1）水泥返高、水泥塞长度和人工井底的规定。油气层固井，设计水泥返高应超过油气层顶界150m，实际封过油气层顶界应不少于50m。天然气井和稠油注蒸汽井要求水泥返至地面。

2）为了保证套管鞋封固质量，生产套管采用双塞固井。阻流环距套管鞋长度不少于10m，技术套管（或先期完成井）一般为20m，套管鞋位置应尽量靠近井底。采用双塞固井是为了防止单胶塞下行时所刮下的套管内表面上的液膜浆体污染水泥浆。

3）油气层底界距人工井底（管内水泥面）不少于15m，这是为了满足采油工艺的需要。

2. 水泥环质量标准

（1）水泥胶结测井（CBL）

水泥环质量评价一般以声幅测井（CBL，也称水泥胶结测井）为准。声幅测井一般在注水泥候凝24h到48h内进行，但对特殊井（如尾管固井、采用缓凝水泥固井等）声幅测井时间可依具体情况而定。声幅测井曲线检测水泥环质量是通过声幅衰减相对幅度判定的，以环空内全为钻井液的自由套管段的声幅值为基准。

$$相对幅度=目的段声幅曲线幅度/自由套管段声幅曲线幅度\times 100\%$$

固井质量评价的指标中相对声幅值见表5—10。

表5—10　根据CBL评价固井质量

常规密度水泥	低密度水泥	评价结论
CBL≤15%	CBL≤20%	优
15%<CBL≤30%	20%<CBL≤40%	中等（合格）
CBL>30%	CBL>40%	差（不合格）
说明	低密度水泥指水泥浆密度大于1.30g/cm³，小于1.75g/cm³	

（2）变密度测井（VDL）

近年来，变密度测井（VDL）在逐渐普及。变密度测井可测量记录地层波，反映出水泥与地层（俗称第二界面）的胶结情况。将变密度测井结果与声幅测井结果对比分析，可以更全面地评价水泥环质量。

根据VDL定性评价水泥环第一界面和第二界面的指标见表5—11。

表5—11　根据VDL定性评价固井质量

VDL特征		固井质量定性评价结论	
套管波特征	地层波特征	第一界面胶结状况	第二界面胶结状况
很弱或无	地层波清晰，且相线与AC良好同步	良好	良好
很弱或无	无，AC反映为松软地层，未扩径	良好	良好

续表

VDL特征		固井质量定性评价结论	
很弱或无	无，AC反映为松软地层，大井眼	良好	差
很弱或无	较弱	良好	部分胶结
较弱	地层波较清晰	部分胶结（或微环隙）	部分胶结至良好
较弱	无或地层波弱	部分胶结	差
较弱	地层波不清晰	中等	差
较弱	弱	较差	部分胶结至良好
很强	无	差	无法确定
说明	AC为在裸眼井中测量的纵波时差曲线		

(3) 分区水泥胶结测井（SBT）

分区水泥胶结测井仪（SBT）从纵向和横向（沿套管圆周）两个方向测量水泥胶结质量。分区水泥胶结测井仪有六个滑板，每个滑板装有两个高频定向换能器声系，定量测量套管周围六个60°区块。六个滑板有六个动力推靠臂，每个臂把一块发射和接收换能器滑板贴在套管内壁上，发射换能器与接收换能器之间距离为15.2cm。由于贴套管壁测量，重钻井液、钻井液中充气以及采用短源距受高速地层的影响，仪器偏心的影响等因素都不敏感，而这些因素对普通水泥胶结测井则有很大影响。

分区水泥胶结测井可以解决以下地质和工程问题：

1）确定套管与水泥，地层与水泥两个界面的水泥胶结情况；

2）显示整个套管周围全方位的水泥胶结状况，克服了常规水泥胶结测井的多解性；

3）判断窜槽位置；

4）能有效地评价大直径套管（套管直径406mm）的水泥胶结状况；

5）可以进行水平井套管胶结状况评估。

第五节　复杂类型井生产套管及注水泥

复杂类型井包括高温高压深井、超深井及高温高压气井、高含硫化氢和二氧化碳井、易漏失井、注蒸汽热采井、水平井、注采调整井和套管外封隔器固井等。本节主要阐述各种复杂类型井生产套管及注水泥应考虑的主要问题以及解决问题的基本思路与方法。

一、超深井和高温高压气井

1. 主要问题

超深井和高温高压气井的生产套管和固井常常面临更多的复杂状况和特殊条件，主要问题有以下几类：

1）高产量气井要求较大直径的油管，生产套管也相应加大。生产套管直径大，如KL－2井生产套管直径由$9\frac{5}{8}$in加大至$9\frac{7}{8}$in，再加上高压力，使套管抗内压强度和密封性面临诸多技术问题。

2）超深井常要用高强度钢级的套管，高强度钢对裂纹引起的失效敏感，如果产层含硫化氢，就不能使用高强度钢级。

3）常规井身结构不能适应超深井要求，需要用非常规的井身结构。非常规的井身结构涉及较多的非标准尺寸套管和相应的附件及工具。套管重量大，采用卡瓦式套管头应考虑套管挤压变形问题，应优先选用台阶式套管头悬挂套管。

4）高温高压气井一般都要下尾管后进行回接，原则上不允许用技术套管兼作生产套管。尾管头之上的回接筒和插入管应能承受高压密封，因密封失效会带来严重后果。如果确认注水泥会发生井漏，就应设计回接技术防止注水泥井漏。高温高压气井采用分级箍注水泥会留下严重后患，分级箍密封可靠性差，可能产生泄漏或破裂。分级箍处管外注水泥凝结质量差或有混浆段，甚至无水泥环，由此可能产生套管外腐蚀，在套管壁腐蚀减薄处会产生局部挤压凹陷变形。

5）超深井中常用尾管完井、因小间隙和长封固段固井，质量难保证。注水泥后气窜、注水泥穿槽、含水渗透层段水侵、注水泥井漏、注替水泥泵压过高或甚至憋泵等均可能发生。

2. 解决办法

（1）选用超深井和高温高压气井套管材料

1）高温对套管强度的影响。钢材在高温下屈服强度和弹性模数会稍有降低，按ISO/API计算套管的各项强度性能指标都会相应降低。套管强度设计安全系数应考虑钢材在高温下强度降低的问题。图5—11为P110和Q125钢级套管强度随温度升高而降低的曲线。可以看出温度为140℃时屈服强度降低8%～11%；温度为200℃时，屈服强度降低约11%～13%。套管强度计算公式均采用较保守的计算方法或修正系数，例如壁厚按名义壁厚降低12.5%计算。工厂生产的套管为了保证百分之百的满足最小名义屈服强度110ksi或125ksi要求，实际屈服强度值都比最小名义屈服强度高。因此一般只在强度设计处于临界状态时才考虑高温下材料强度降低问题。

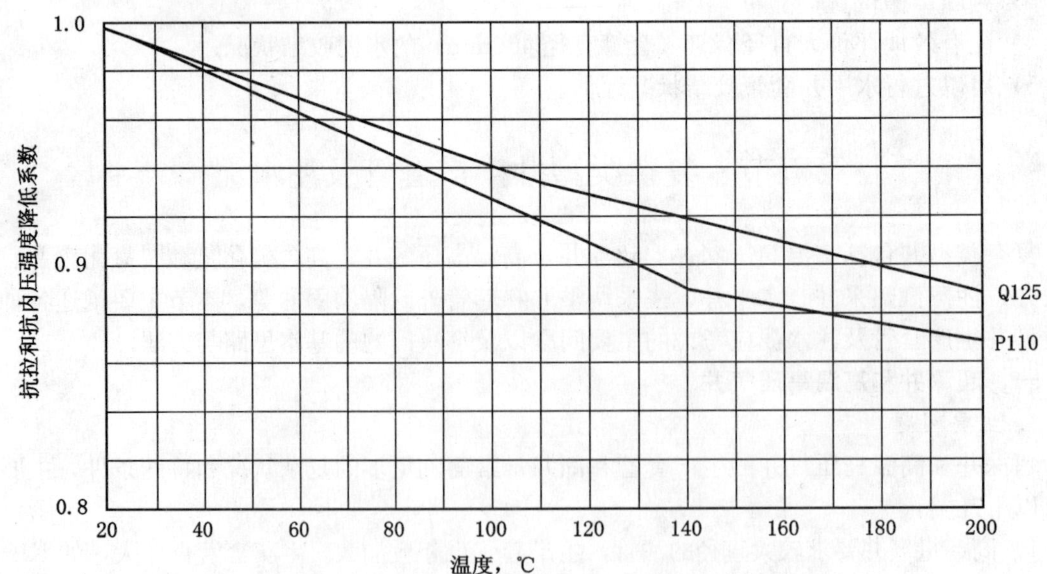

图5—11　套管强度随温度升高而降低的曲线

2）高强度钢的性能匹配要求。Q125是已列入标准的高强度钢种，此外，在特殊情况下工业界也使用 140ksi 和 150ksi 钢级套管。高强度对裂纹引起的失效敏感，因此凡是与启裂和裂纹扩展相关的钢材性能都要特别关注。夏比冲击韧性是反映材料抵抗裂纹扩展的一个综合指标，它应与强度和壁厚相匹配。高屈服强度应对应高的夏比冲击韧性。ISO 11960 规定了不同钢级的最低纵向夏比冲击韧性和最低横向夏比冲击韧性值，这是一个最低标准。设计者应首选具有较高夏比冲击韧的套管用于高温高压和高产气井。在接箍纵向开裂和套管爆裂失效中，接箍和管体横向夏比冲击韧性值起重要作用，因此高压气井套管更应强调横向夏比冲击韧性。

Q125 以上高强度钢套管出厂前探伤检验应更严格，内外表面均不允许有裂纹深度大于壁厚 5%的缺陷存在。Q125 以上钢级的套管下井操作、井下作业也应避免机械划伤、咬伤。

（2）尾管作为生产套管

深井、超深井完井采用同一直径，特别是大直径生产套管下至井底，套管重量大，钻机悬重负荷大，而且长井段固井难以保证固井质量。当前，对深井、超深井完井大多采用尾管完井，尾管完井，有利于保护油气层，减少对油气层的伤害，同时可保证油气层段和全井的固井质量，和可以减少大直径套管及注水泥用量。其原因是尾管固井封固井段短，可避免注水泥窜槽及注水泥候凝时气侵或气窜，有利于提高固井质量。尾管固井后，油气层已封固，再下生产套管回接（这段时间减少了钻井液浸泡时间）注水泥，而且犹如常规注水泥可加大注水泥排量并不受油气层的油气干扰，固井质量也是有保证的。此外，在尾管上部可以下大直径油管。但由于尾管完成环空间隙一般都比较小。尾管悬挂器结构比较复杂，作业工序比较多，注水泥排量受到限制，施工要求高。

1）接箍处环隙不得小于⅝in（16mm），确保有足够的水泥环厚度。可用扩孔钻头扩眼。根据经验，7in（177.8mm）尾管要求井径为 230mm 以上，5½in（139.3mm）尾管要求井径为 190mm 以上，才能保证环空水泥封固好，但当前国内外实施中均小于此数值。

2）下尾管时，每根尾管下放时间不少于 1～1.5min，以防压漏地层和损坏悬挂器弹簧及卡瓦片等部件。

3）应有足够的预冲液和水泥附加量，保证与主要封隔段的接触时间不小于 10min。

4）注重水泥浆性能要求，改善流动度及降低滤失量。用预配制的方法，保证水泥浆均匀度。

5）尾管与上层套管重叠长度控制在 50～150m 之间，特殊情况重叠也不宜过长。

6）凡不用胶塞碰压时，都应配置专用计量罐。用胶塞碰压时，当预替量超过压缩系数量后仍未碰压，也不宜多替。

7）条件允许时，可适当转动尾管，提高固井质量。对深井、定向井和水平井尾管应采用液压脱挂的尾管悬挂器，防止对是否完成倒扣的判断错误。

（3）解决井眼—套管、技术套管—生产套管环空小间隙注水泥的办法

深井、超深井套管程序多，井眼—套管、技术套管—生产套管的环形空间间隙小，这给完井井身结构和固井带来不少困难。

1）选用无接箍套管或特殊间隙接箍套管。目前我国深井超深井使用的套管程序是 20in/13⅜in/9⅝in/7in/5in，套管均为接箍螺纹连接。套管配合系列在很大程度上受接箍直径的影响。标准套管系列接箍直径比管体直径大 12.7mm（4½in 套管）至 25.4mm（10¾in 套管）。8½in 井眼下 7in 套管和 5⅞in 井眼下 5in 套管，其套管接箍与井眼间隙分别为 10.7mm 和 3.95mm，见表 5—12。

表 5—12　7in 套管和 5in 套管与钻头间隙值表

上层套管			下层套管			下层套管外径与上层套管间隙 mm	下层套管接箍与上层套管间隙 mm	下层套管外径与井壁间隙 mm	下层套管接箍与井壁间隙 mm
外径 mm (in)	壁厚 mm	内径 a_n mm	钻头尺寸 b_n mm (in)	套管外径 c_n mm	接箍外径 d_n mm	$A_n=\frac{a_n-c_n}{2}$	$B_n=\frac{a_n-d_n}{2}$	$C_n=\frac{b_n-c_n}{2}$	$D_n=\frac{b_n-d_n}{2}$
244.5 (9⅝)	11.19 13.84	a_1：222.12 a_2：216.82	b_1：215.9 (8½)	c_1：177.8	d_1：194.5	A_1：22.16 A_2：19.51	B_1：13.81 B_2：11.16	C_1：19.05	D_1：10.7
177.8 (7)	10.36 11.51 12.65	a_3：157.08 a_4：154.78 a_5：152.5	b_2：149.2 (5⅞)	c_2：127	d_2：141.3	A_3：15.04 A_4：13.89 A_5：12.71	B_3：7.89 B_4：6.74 B_5：5.60	C_2：11.1	D_2：3.95

上述间隙值均小于 0.5in（12.7mm），造成下套管困难，注水泥质量不能保证。表 5—12 中，在 9⅝in（244.5mm）、壁厚为 13.84mm 的套管内，一般 8½in（215.9mm）的钻头不能通过［只有高抗挤的 9⅝in（11.19mm）的套管才能通过 8½in 钻头］。因此需要采用 8⅜in（212.7mm）的钻头，这将使 7in 套管外环空间隙更小。

解决上述问题的途径之一是采用无接箍套管或特殊间隙接箍套管。

无接箍套管是在套管本体上直接加工各种特殊的梯形螺纹。有两种类型的无接箍套管：

①端部局部加厚，分外加厚和内外加厚，其外径比本体大 2%～3%；

②端部不加厚，即端部内外径均与本体一致。

图 5—12 为几种无接箍套管接头结构示意图。表 5—13 为几个无接箍套管生产厂及螺纹型号，套管规格。

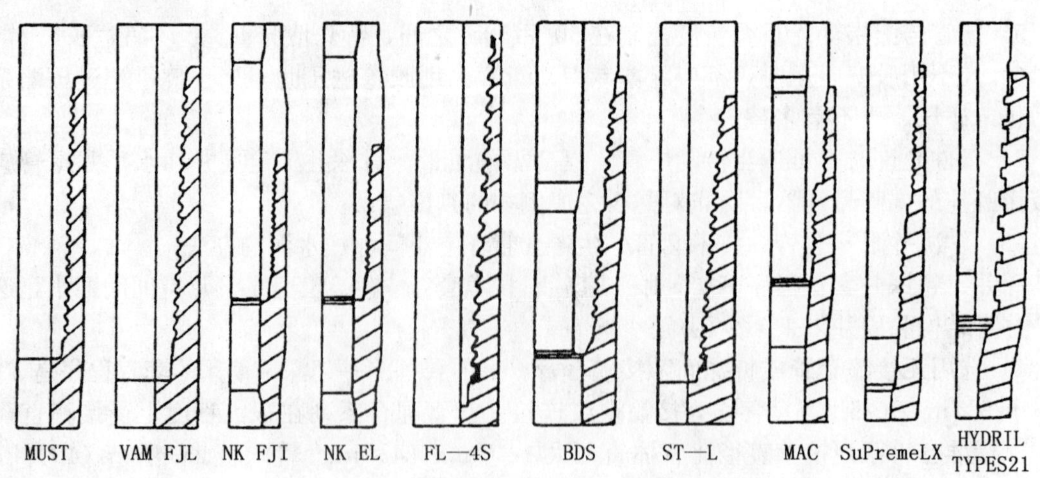

图 5—12　几种无接箍式套管接头结构示意图

表 5—13 国外制造厂生产的无接箍式套管种类

制造厂（公司）	螺纹名称	可生产套管规格		备注
		外径尺寸，mm	钢级	
Dalmine	FL—4S	101.6～244.475（4～9⅝in）	API 系列钢级	完全平齐型
Siderca	ST—L	101.6～346.075（4～13⅝in）	API 系列钢级	内径微加厚
Tamsa	NJO	101.6～346.075（4～13⅝in）	API 系列钢级	加厚型
Mnnesmann	BDS	114.3～346.075（4½～13⅝in）	API 系列钢级，MW 系列钢级	加厚型
	MUST	139.7～273.05（5½～10¾in）	API 系列钢级，MW 系列钢级	完全平齐型
	FLUSH	127.0～323.85（5～12¾in）	API 系列钢级，MW 系列钢级	完全平齐型
	OMEGA	114.3～349.75（4½～13⅜in）	API 系列钢级，MW 系列钢级	加厚型
Hydril	Supreme LX	114.3～346.075（4½～13⅝in）	API 系列钢级，140、150	加厚型
	Type 521	114.3～473.075（4½～18⅝in）	API 系列钢级，140、150	加厚型
	MAC	127.0～406.4（5～16in）	API 系列钢级	加厚型
NKK	NK—EL	127.0～273.05（5～10¾in）	API 系列钢级，NK 系列钢级	加厚型
	NK FJ1	101.6～196.85（4～7¾in）	API 系列钢级，NK 系列钢级	加厚型
	NK FJ2	101.6～196.85（4～7¾in）	API 系列钢级，NK 系列钢级	完全平齐型
	NK HW	127.0～355.6（5～14in）	API 系列钢级，NK 系列钢级	加厚型
Nippon Steel	BDS	114.3～349.75（4½～13⅜in）	API 系列钢级，NT 系列钢级	加厚型
	FL—4S	101.6～349.75（4～13⅜in）	API 系列钢级，NT 系列钢级	完全平齐型
	NSCC—SC		API 系列钢级，NT 系列钢级	

无接箍套管的抗外挤和抗内压强度与同规格的普通套管相同。但是螺纹连接抗拉强度仅为本体抗拉强度的 65％～80％。无接箍套管一般均用作尾管，抗拉强度应该能满足生产要求。无接箍套管为非 API 标准套管，设计和使用时可查厂家提供的数据。

2）特殊间隙接箍套管。特殊间隙接箍的直径比本体直径大 9.52mm（4½in 特殊间隙接箍套管）至 12.7mm（10¾in 特殊间隙接箍套管）。偏梯形螺纹套管才有特殊间隙接箍，并已列入 API 标准。特殊间隙接箍套管的抗内压强度和抗挤强度与标准接箍的相同。特殊接箍套管螺纹的抗拉强度低于标准接箍套管螺纹抗拉强度。与圆螺纹套管相比，同钢级、同尺寸的套管，厚壁的圆螺纹套管抗拉强度高于特殊间隙接箍套管。但对薄壁套管，特殊间隙接箍抗拉强度高于标准圆螺纹套管。高内压可能会降低特殊接箍的滑脱强度，但是目前还没有引入设计标准。

（4）扩眼及小间隙井身结构

解决小间隙井身结构和固井质量的关键技术是边钻边扩眼。扩眼用于解决以下技术问题：增加水泥环厚度，提高固井质量；改变套管程序。

1）增加水泥环厚度。在深井中，常会将 ϕ127mm（5in）尾管下入 ϕ149.2mm（5⅞in）井中，接箍与井眼间隙仅 3.95mm（表 5—12）。除存在下入风险外，固井质量常常不能保证。根本的措施是用特殊双中心钻头，边钻边扩。根据经验，7in（177.8mm）尾管要求井径为 230mm 以上，5½in（139.3mm）尾管要求井径为 190mm 以上，一般要求，接箍环隙不得小于 16mm，实际情况很难做到。

2）改变套管程序。在深井中，常要求生产套管直径尽可能大。在井眼钻头不至太大又希望生产套管尽可能大或为了防止井下复杂情况而增加套管层次时，必然会涉及小间隙套管程序。例如在ϕ244.5mm（9⅝in）套管内用双中心钻头钻ϕ241.3mm（9½in）井（边钻边扩技术），下ϕ193.67mm（7⅝in）尾管或套管。在7⅝in尾管内下5½in尾管或套管。标准7⅝in套管接箍外径为215.9mm。该尺寸接箍不能通过或不能保证能通过9⅝in套管。因此，只能采用7⅝in特殊接箍套管，其接箍外径为206.38mm。有多种小间隙套管程序可供选择，这决定于在什么地层易于实施双中心钻头的边钻边扩。加大完井生产套管尺寸为采油和井下作业创造有利条件，但根据实际情况，若要实施尚存在不少困难。

（5）小间隙井固井

水泥浆在凝结过程中，环空间隙越小，水泥浆对其下部作用的静液柱压力下降的速度越快。这说明在相同的条件下，小间隙环空的失重较一般环空和大环空快，固井候凝过程中发生气窜可能性更大，要求水泥浆的防窜能力更强。提高小间隙井固井水泥浆防气窜的方法：

1）减小水泥浆失重和增加气窜阻力：水泥浆在液态或初凝后，而水泥浆从塑性态向固态转变过程中却有可能发生气侵，此时水泥基体最薄弱的地方是结构孔隙（浆体内部缺陷和胶结界面缺陷除外）。因此，要防止因水泥浆失重而发生的气侵，应满足关系：孔隙压力（包括添加剂产生的附加压力）＋孔隙流动阻力＞气层压力。

采用一般防窜水泥浆仍可能存在气窜的可能，而辅助的防窜工艺措施如减小封固段长、双凝水泥浆及环空憋回压等，又因井下客观条件的制约而作用有限。因此，要提高水泥浆防窜能力，其基本原理是在水泥浆凝结过程中既要弥补或减小水泥浆失重压力的降低，同时又要增加气窜阻力的发展，且这种作用应在水泥浆为塑性态孔隙传递时期。这类水泥浆在凝结过程中，其有效压力可得到明显的补偿，同时气窜阻力也显著增加，且随防窜剂加量的增加而增强。这说明该类水泥浆有明显的弥补水泥浆失重和良好的防气窜作用。

2）提高水泥与套管和井壁的胶结强度：水泥浆在凝结过程中，由于水化作用，水泥石基体内部收缩形成微孔隙，同时也产生外观体积收缩。一般水泥浆初凝时的收缩率为0.1%～0.5%，终凝后大于2%，从而易产生微环隙，导致水泥环封隔地层的能力减弱或失效。解决的途径是在水泥浆中加入适当类型和加量的膨胀剂，使水泥浆凝结过程中无体积收缩或有微膨胀，防止由于水化体积收缩形成微环隙，并提高水泥环与地层及套管间胶结强度。

3）尽可能降低水泥浆失水和析水。在6.9MPa下，失水应低于50mL/30min。析水降至零或微痕。

4）采用超细水泥或塑性水泥体系。用超细水泥或在水泥中加纤维材料、乳胶等可提高水泥塑性和水泥石抗冲击韧性，有利于防止射孔开裂。

5）增加紊流接触时间。尾管水泥用量少，增加紊流接触时间的唯一办法是提高冲洗液或隔离液用量。在有条件时旋转尾管注水泥。

（6）保证注水泥期间实现平衡压力

在高温高压多压力层系井中进行固井施工，要保证注水泥期间实现压力平衡，保证不漏不喷，主要应做好如下基本工作：

1）全面了解钻井过程的作业参数与复杂情况，特别是钻井泵速与循环压力的情况，掌握准确的地层压力与地层破裂压力的测试或预测数据。

2）详细掌握井下有关易漏易塌井段的地质情况和有关漏失压力、位置的数据，了解地层对流体的敏感性情况。

3）合理设计水泥浆、隔离液的密度、使用长度，并对整个环空压力进行校核。

4）根据钻井过程的最稳定情况设计注水泥过程的顶替排量范围。

5）针对井下地层特点和封固的要求，系统地选用和设计水泥浆体系、前置液体系，保证其具有良好的流变性能。

6）使用注水泥模拟软件全面分析注水泥过程的压力变化，然后对液体的密度、用量、施工排量以及液体性能进行针对性的调整、修改；保证模拟结果不会出现漏失或窜流现象。在模拟计算中，应考虑温度对流变性的影响、小间隙对流动计算的影响等因素。

二、含有腐蚀介质的油气井

地层中所含腐蚀性介质主要有 Cl^-、SO_4^{2-}、HCO_3^-、Mg^{2+}、CO_2、H_2S 等，这些腐蚀性介质对水泥环腐蚀，进而腐蚀套管，严重影响油气井的生产寿命。固井完成后固井质量检测合格的井并不能说明其具有长期工作寿命。过去已注意到了硫酸盐类介质腐蚀水泥环的问题，有针对性地采用了抗硫水泥。但是一个未引起注意的问题是二氧化碳和硫化氢对水泥环的腐蚀。高温高压和高产气井中的二氧化碳和硫化氢腐蚀水泥环，造成套管腐蚀穿孔或层间窜流，这是对该类气井安全的重大潜在威胁。

1. 腐蚀过程的物理化学反应

腐蚀介质对水泥环的腐蚀作用可分为溶蚀、离子交换、结晶膨胀三种类型。腐蚀行为以哪种为主，取决于水泥的组成、水泥石的微观结构，以及腐蚀介质的类型和环境条件等。

（1）溶蚀作用

主要是指介质对水泥石的浸析作用，即在流动水的条件下，将水泥石中固相 $Ca(OH)_2$ 逐渐溶析出来，致使水泥石结构遭到破坏。同时，由于水泥碱相浓度下降，引发了水化硅酸盐和铝酸盐的分解。

（2）离子交换侵蚀作用

溶解于水中的碳酸（包括 CO_2）、有机酸、无机酸和碱金属、碱土金属（如镁盐）可与水泥石发生离子交换反应。离子交换反应包括碳酸与水泥石反应，无机酸与水泥石的反应，腐蚀介质中碱金属、碱土金属与水泥石的反应。

2. 硫酸盐及硫酸盐还原菌腐蚀

（1）硫酸盐腐蚀

硫酸盐腐蚀是典型的膨胀破坏作用，是介质中硫酸盐与水泥石反应的二次水化产物使水泥石结构遭到破坏。当介质中的硫酸盐与水泥石中的 Ca（OH）$_2$、C_3A、C－S－H 等反应时，生成石膏或钙矾石等结晶，并随着反应过程的进行结晶逐渐在水泥石孔隙中长大、膨胀，致使水泥石结构破坏。此外，硫酸盐还可分解水化硅酸盐，破坏水泥固相结构。

（2）硫酸盐还原菌（SRB）腐蚀

SRB 在特定的环境中生长，显著改变环境的物理和化学性质。SRB 代谢利用硫酸盐，结果是将 SO_4^{2-} 还原成 S^{2-}，由于 S^{2-}、HS^- 与 H^+ 结合生成的终产物为 H_2S，生成的 H_2S 会加剧腐蚀。

3. 二氧化碳对水泥石的腐蚀

（1）二氧化碳对水泥石的化学侵蚀

CO_2 对油井水泥石的腐蚀属化学侵蚀，其作用机理包括以下几类：

1）淋滤作用：CO_2 溶于水后渗入水泥石，与 $Ca(HCO_3)_2$ 生成 $CaCO_3$ 和水，$CaCO_3$ 又在富含 CO_2 的地层水作用下生成 $Ca(HCO_3)_2$，$Ca(HCO_3)_2$ 再与 $Ca(OH)_2$ 作用生成 $CaCO_3$

和水，而生成的水（相当于淡水）不断地溶解 $Ca(HCO_3)_2$。这种反应反复进行，如同淡水淋滤水泥石一样。

2）溶蚀作用：当 $Ca(OH)_2$ 被消耗完后，CO_2 与 C S H 反应生成非胶结性的无定形 SiO_2，使水泥石的整体胶结性被破坏。

3）碳化收缩作用：$Ca(OH)_2$ 为生成膨胀性物质钙矾石的主要反应物，CO_2 消耗了 $Ca(OH)_2$，使钙矾石无法稳定存在，引起水泥石收缩。

4）高矿化度地层水的协同作用：地层水的矿化度高时，$CaCO_3$ 的溶解度增大，使淋滤作用加剧。

由上述作用可以看出，CO_2 腐蚀水泥石后的主要产物 $CaCO_3$ 和无定形硅，均为无胶结性物质。理论计算表明：碳化时每消耗 1mol CO_2 放出 2mol 的 H^+，使水泥石的 pH 值由 12.6 降至 8.3，在该 pH 值下水泥石中几乎所有水化产物被分解。

（2）超临界态二氧化碳腐蚀的严重性

CO_2 气体在温度高于 31℃，压力大于 7.3MPa 时，处于超临界态。超临界态二氧化碳具有极强的穿透能力和萃取能力，其对水泥腐蚀的机理尚不完全清楚，但在实验室已观察到水泥石强度严重退化。

4. 硫化氢对水泥环的腐蚀

（1）硫化氢对水泥环的腐蚀机理

硫化氢溶于水而呈酸性，因水泥石的成分均呈碱性。H_2S 与水泥石的反应产物 CaS、FeS，如 H_2S 含量高时则生成 $Ca(HS)_2$，包括 CaS、Al_2S_3 这些没有胶结性的产物。当固井水泥环被腐蚀以后，套管则直接暴露在 H_2S 的腐蚀环境下。

（2）甲烷气对硫化氢腐蚀水泥的促进作用

实验室已观察到在有碳氢化合物甲烷存在的情况下，H_2S 腐蚀性增强。甲烷气对硫化氢腐蚀水泥起促进作用的机理尚不清楚。

5. 防止水泥环腐蚀的途径

（1）调整水泥熟料的组成

由上述侵蚀机理可知，水泥石中氢氧化钙和水化铝酸钙是引起水泥石破坏的内部因素，因此，首选的防腐措施是控制 C_3A 含量。不同 C_3A 含量的水泥石在 $CaSO_4$ 溶液中的膨胀率随 C_3A 含量增大而递增，而熟料中的 C_4AF 则可在一定程度上抑制膨胀反应。适当增加 C_3AF 的含量（高抗硫水泥 C_3AF+2C_3A 含量最高 24%）以提高耐硫酸盐侵蚀的性能。

（2）降低水泥石中 $Ca(OH)_2$ 晶体含量

在水泥组分中可掺入硅粉（或微硅）、火山灰、矿渣等富含活性 SiO_2 的材料，它们可与 $Ca(OH)_2$ 反应生成水化硅酸钙新物相（C－S－HⅡ），提高水泥石抗侵蚀能力。

（3）提高水泥石致密性，以阻断腐蚀介质浸入

1）在水泥组分中掺加适量的微粒硅，以其极小的粒径与水泥颗粒间的良好级配作用，形成致密不渗透水泥石结构，减缓或阻止腐蚀介质进一步侵蚀。

2）采用胶乳水泥体系，在水泥石孔隙间充填聚合物薄膜或凝胶粒，使水泥石渗透率降低，提高耐侵蚀能力。胶乳与微粒硅或粉煤灰联合使用，可取得更满意的效果。

（4）开发抗硫化氢腐蚀的油井水泥体系

开发抗硫化氢腐蚀的油井水泥可从本质上提高抗腐蚀性，对含硫气井固井，注水泥塞，含硫气井封井弃井等具有重要意义。

（5）采用防气窜能力强的水泥浆体系，防止水泥浆凝结过程发生气窜

这类水泥浆体系有KQ系列等可压缩防窜水泥浆体系，PCR168和PCR169等胶乳水泥浆体系，以及微膨胀胶乳水泥浆体系等。合理使用双凝或多凝水泥浆、候凝过程环空加回压等防气窜技术措施。

三、易漏失井

1. 主要问题

（1）低压易漏失井

典型的低压易漏失层包括低压裂缝型油气层和砂岩油气层。钻井过程往往因为钻井液密度大，当液柱压力高于地层压力时，造成大量钻井液漏失；注水泥时，水泥浆液柱压力高于地层压力，也会造成水泥浆漏失。注水泥井漏造成油层未封固或封固不好或水泥浆上返高度不够。水泥浆上返高度不够，造成层间窜通，水层水窜入隔层造成坍塌。水泥浆漏失还会堵塞裂缝通道，造成储层伤害。

（2）高压易漏失井（又喷又漏井）

高压易漏失井，常常出现又喷又漏的现象，主要出现在喷漏同层、多压力层系，这是由于在同一裸眼井段中同时存在低压漏失层和高压气层段。通常有两种情况：一种情况是指漏层在高压气层的上部，在钻井过程中，用低密度钻井液钻井时或堵漏后继续钻进过程中遇高压气层，提高钻井液密度而漏失层造成溢流，诱发井喷；另一种情况是上部气层在钻井时已压稳，但在下部钻井中遇低压漏失层出现井漏，而使整个井内液柱压力降低造成溢流，严重时会导致井喷。

许多深井要求水泥返至地面，加剧了注水泥井漏的风险。

2. 解决注水泥漏失的途径

（1）改进井身结构及注水泥工艺

首选的技术方案是改进井身结构，用套管封隔高压层或低压层。先对尾管注水泥，然后再回接套管到井口，这是提高固井质量和解决注水泥井漏的主要途径。对于高温高压气井、含硫气井，宜优先采用此技术固井。带分级箍的双级注水泥可较好地解决注水泥井漏问题，但用于生产套管注水泥应慎重考虑，或只限用于油井。注水泥分级箍很难满足气密封、内压强度和防腐蚀要求。

针对具体的井眼和管柱情况进行流变学和压降计算，通过注替排量尽可能降低环空流动压力，配合以下水泥浆技术减小或防止注水泥井漏。

（2）采用低密度水泥体系

1）膨润土低密度水泥：用膨润土作减轻剂，水泥浆密度一般可配到1.50～1.60g/cm³。不同掺量的膨润土水泥除强度较低外，其他性能都较好，适用于封固低压层和漏失层。

2）粉煤灰低密度水泥：粉煤灰主要有六种矿物组成，即玻璃微珠、海绵状玻璃体、石英、氧化铁、碳粒、硫酸盐等。其中以玻璃微珠和海绵状玻璃体为主。粉煤灰低密度水泥浆根据粉煤灰的掺量不同，调节水泥浆密度范围为1.55～1.70g/cm³。粉煤灰与水泥水化反应时析出的游离石灰反应生成稳定的低钙硅酸水化产物，可提高水泥石的强度和密实性和增强抗腐蚀能力。

3）微珠低密度水泥：微珠的化学成分是硅、铝及铁的氧化物。微珠具有质轻，吸附水少，有一定活性，与水泥相容性好等特点。目前现场使用的微珠主要是空心微珠（漂珠），可配制成密度为1.20～1.60g/cm³ 的水泥浆。实践证明，微珠低密度水泥比其他低密度水

泥具有较高的抗压强度，主要用于井深小于 3000m 的浅井。

4）泡沫低密度水泥：泡沫水泥是在水泥浆中混入（或产生）一定量的气体，使之均匀地分布在水泥浆中，达到降低水泥浆密度的目的。泡沫水泥有以下优点：密度低，一般为 0.84～1.32g/cm³，最低可达 0.5～0.6g/cm³；流变性能好，能较好地满足注水泥施工要求；强度高于其他低密度水泥。水泥浆中有可压缩的弹性微气泡，在产生失重的情况下，气泡补偿了水化过程中水体积的减少，从而限制了地层流体的侵入，避免窜槽发生。鉴于上述优点，泡沫水泥已成为低压、低渗透油、气藏注水泥施工的首选措施之一。

（3）采用纤维堵漏水泥

纤维水泥是在水泥浆中加入无机或有机合成的纤维材料，在裂缝、溶孔或易漏失孔隙地层的近井壁带形成三维的纤维架桥水泥饼，由此阻止水泥浆漏失。纤维水泥石还具有增韧性，提高水泥环的抗冲击性能。优选纤维材料可显著改善注水泥过程的防漏性能，对纤维材料的基本要求是：具有合适的细长比；在水泥浆中具有良好分散性，泵送过程不堵塞管汇和井下套管附件；材料具有惰性，不损害水泥浆施工性能；与水泥的粘结力强。

（4）采用双级注水泥

根据平衡压力固井原理，一般将分级箍安放在主要漏失层和主要高压气层之间。若高压气层在低压漏失层的下部，可选用下部用高强度、高密度水泥浆（或原浆 1.80～1.85g/cm³）封固高压气层；分级箍上部选用低于漏层压力梯度水泥浆。若高压气层在漏失层之上，在采用分级箍固井时要注意第一级的漏失。

（5）采用尾管注水泥

尾管注水泥应认真进行平衡压力计算，做到压稳气层和不压漏低压漏失层。在施工时有时要注入几段不同密度的液体，如低密度水泥浆、高强度耐高温水泥浆等。若发生注水泥过程漏失，应根据漏失量的多少，待正注水泥浆凝结后，再在尾管顶部挤水泥。

四、盐岩层及膏盐层井

1. 主要问题

盐岩或膏盐层产生“塑性蠕动”的机理是比较复杂的，主要原因是岩石的蠕变特性，如图 5—13 所示。

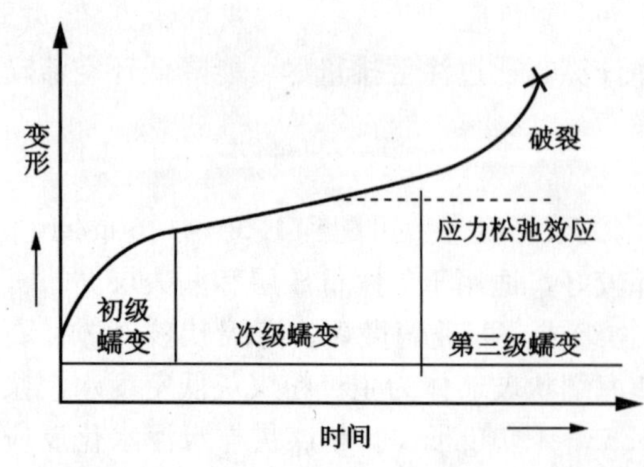

图 5—13　岩石的广义蠕变曲线

盐岩的初始蠕变速率是很高的。一但钻开井眼，盐岩即产生初级蠕变，有使井眼封闭的趋势。由于钻井过程中采用了合理的工程措施，如调整钻井液性能、多次划眼等，破坏了岩石的初级蠕变，保证了井眼安全，为后续工作（如固井、完井等）创造了条件。随着时间的推移，盐岩进入次级蠕变阶段，这时蠕变速率不大，不会对井内套管柱造成大的外压力，情况相对安全。当油气井投产一段时间后，盐岩进入第三级蠕变阶段，这时蠕变速率急剧增大，最终形成“塑性流动”，对井内套管作用了很大的外压力是最危险的情况。

不同的岩石达到第三级蠕变阶段的时间各不相同。对于一些坚硬岩石，如石灰岩、砂岩等，次级蠕变阶段可以保持很长一段时间，因此难以出现“塑性流动”现象。而对于一些较软的岩石，如泥岩、页岩，特别是盐岩，次级蠕变阶段很短暂，很快进入到第三级蠕变阶段，产生“塑性流动”，挤压套管。

是否产生“塑性流动”现象还与构造所处的原地应力有关。如果由于漫长地质年代的蠕变，产生应力松弛效应，即距井壁处最大三轴应力点一段距离的地方之轴应力基本为零，则岩石不会产生“塑性流动”的现象。这就是一些套管穿过盐岩层而没有受到超常挤压作用的原因。当然在正常钻井条件下要达到应力完全松弛的状态毕竟是很少的。

盐岩层包括钾盐层、膏盐层，均属可溶性地层或称可塑性地层。由于盐岩层覆盖面积大，塑性复合盐岩极不稳定，受上覆岩层压力的作用容易引起井眼缩径，井壁容易溶解冲蚀。因此，在钻井过程中容易发生井塌、卡钻等事故，完井困难更大，主要表现在：

1）由于盐岩层和盐膏层的蠕变产生很大的外挤力，将套管挤扁、挤毁而使油井报废。例如中原油田东濮凹陷地区在 Es_1 盐岩层处经常有套管挤毁的情况。根据 Schlumberger 测井公司的密度测井资料，回归得出深度一般在 2400m 左右的 Es_1 盐岩层压力梯度达 0.0217MPa/m，远远超过正常压力梯度值。塔里木 KL－2 气井，储层为下第三纪（井深 3750m）和白云岩（井深 4025m），气层段地层由上而下为下第三纪砂岩、泥岩、膏盐层、白云岩、膏泥岩和底砂岩，长度约 600m，除去气层外有 400～500m 为膏盐岩和其他岩层，地层压力 74.3MPa，压力系数 2.022。若采用常规 API 系列套管，套管可能很快被挤毁，经研究和分析将 9⅝in 技术套管加大至 9⅞in，壁厚加大至 15.88mm，钢级采用 SM125TT 高抗挤套管，注水泥浆密度为 2.0～2.3g/cm^3。

2）由于盐岩层的溶解，注水泥过程中水泥浆容易受到侵污而改变流动特性，降低了顶替效率，水泥环与套管、井壁的胶结强度受到影响，固井质量差，井口冒油、气。事实上，盐岩层井固井合格率较低也是油气田面临的难题之一。

2. 解决办法

生产现场在多年实践的基础上，摸索和总结了一套提高盐岩层井固井质量的有效途径与方法，基本要点如下。

（1）套管设计

1）采用双轴应力方法作生产套管柱强度设计，使考虑的应力载荷更加接近井下的复杂应力状态。近年来出现的三维应力状态强度设计方法也广泛地应用于盐岩层或膏盐层井。

2）盐岩层井段套管的抗挤安全系数，应将上覆岩层压力梯度作为设计条件，选用高抗挤强度的套管。设计段长度要比盐岩层总厚度上下各超出 50m。

3）技术套管下深应尽可能超过盐岩层 100m。生产套管完井时，水泥浆应再次上返至盐岩层顶部，形成双层套管水泥环封固，其抗挤强度大于两层套管的抗挤强度之和，有时还可加大套管直径，以增加套管壁厚。

4）为防止因弯曲造成套管连接螺纹密封性能降低，宜选用金属密封形式的特殊螺纹套管。

（2）注水泥设计

1）在掌握盐岩层溶解与温度关系的基础上，配制过饱和盐水水泥浆（一般应有过饱和结晶盐沉淀出现），以期在井下温度压力条件下，盐水水泥浆处于饱和状态而减少盐岩层的溶解程度。

2）饱和盐水水泥浆密度应控制在大于钻井液密度 0.05～0.2g/cm^3，水泥浆失水宜小于 50mL 以下。

3）由于饱和盐水与水泥混合过程容易产生气泡，影响泵的正常上水效率和配制水泥浆密度。因此配制饱和盐水水泥浆时应相应加入加重剂、消泡剂及盐系分散剂。同时为改善水泥浆性能，可根据实际情况加入降失水剂、抗盐剂、早强剂、减阻剂等有关外加剂，以满足水泥浆流变学设计的要求。

五、注蒸汽热采井

注蒸汽开采稠油，是当前最有效的稠油开采方法之一。由于热采井在生产期将承受高温，套管和水泥会受到严重损坏，注蒸汽热采井套管寿命短制约了热采井的开发效益。单一的某一种技术不能解决热采井套损问题，因此需综合应用以下技术。

1. 主要问题

1）稠油注蒸汽井由于向井内注入温度最高达360℃的蒸汽，使套管柱处于高温热力场中，受热伸长，从而使套管内部产生压应力。当压应力超过材料屈服极限时，套管将发生断裂或损坏。

2）注蒸汽时管柱膨胀，正常的载荷从拉伸向压缩变化。注蒸汽停止时，温度大幅度下降，拉伸力开始起作用。多次反复变化，会导致接箍漏失和螺纹滑脱损坏。

3）根据大量的温度与水泥石强度试验表明，当温度超过110℃时，各种水泥的抗压强度都要大幅度下降。当温度继续升高到200℃而达到临界温度时，水泥石的强度将发生崩解，丧失对套管的支撑密闭作用。从工艺的角度看，热采井中水泥石所承受的高温大多已达到或超过临界温度，水泥石发生强度破坏的实例是不少的。

2. 钢材的高温热应力、蠕变损伤机理及对策

（1）高温及热应力对材料的损伤机理

稠油注蒸汽热采井的注入温度可高达360℃，同时套管又被水泥环和井口设备固定。套管柱处于高温热力场中，受热而又不能自由伸长使套管内部产生热应力。另一方面在高温下钢材屈服强度和弹性模数降低，当热应力超过高温下的材料屈服极限时，套管材料将进入塑性状态。这种金属材料在恒温、恒应力长期作用下发生缓慢塑性变形的现象称为蠕变。这种蠕变会导致以下两种损伤问题：

1）材料驻留残余应力：当第一轮注蒸汽吞吐采油结束后，材料蠕变留下的残余应力不能消除，残余应力的存在表征强度降低。在经历第二轮、第三轮等注蒸汽开采后，残余应力增大，即强度进一步降低。

2）材料的蠕变损伤：材料驻留残余应力是材料损伤的宏观描述，损伤的实质是蠕变导致微裂纹和微空隙，使套管的有效承载面积减小，高应力驱动裂纹扩展，直至断裂。

3）高温疲劳断裂：套管长期处于高温环境和存在温度梯度、温度变化等，会使材料的疲劳强度随着环境的温度增加而降低。蠕变—疲劳复合载荷的作用，会加速套管的疲劳断裂，使套管在高温下的寿命显著下降。

4）高温环境腐蚀：套管在长时间的高温作用下，在裂纹尖端易产生晶界氧化，缺口效应引起腐蚀裂纹和导致早期失效。

5）高温使套管钢材强度降低：各种套管钢材在温度超过120℃后均有不同程度的强度性能降低。例如早期的N80钢级（N80－1型）套管，在340°高温下，屈服强度降低18%，弹性模量降低38%，抗拉强度降低7%。

（2）防止和降低高温热应力、蠕变损伤的对策

从材料性能上解决套损是根本的技术路线，包括：

1）改善合金设计和热处理。改善合金元素设计可提高钢材的耐高温性质。凡用于热采井的套管均应采用淬火回火态，过去大量 N80 钢为正火态或正火回火态，虽然强度已高于 J55，但仍严重损坏。ISO/API 已规定 N80 钢正火态或正火回火态钢级为 N80－1 型；N80 钢淬火回火态为 N80Q。合理的合金设计和热处理可控制材料显微组织、晶粒度、夹杂物、低倍组织和提高材料的韧性。这些材料的本质特性可显著降低材料的蠕变损伤，即蠕变不易导致微裂纹和微空隙，已产生的微裂纹不易扩展致断裂，即临界断裂韧性相对较高。

2）降低钢材屈强比。屈强比指屈服强度与极限强度的比值，它是一个比较容易量化的指标。例如 J55 和 K55 具有相同的最低屈服强度值 375MPa，J55 极限抗拉强度为 517MPa，屈强比为 0.72；K55 通过热处理使极限抗拉强度达 655MPa，屈强比为 0.58。这一差异使 K55 具有比 J55 更低的热残余应力。

3）选用较高屈服强度钢级。提高屈服强度可使套管热膨胀产生的热应力低于屈服强度，即保持弹性状态。即使在第一轮注汽吞吐后热应力使材料驻留残余应力，那么剩余有效强度也会保持较大值，以适应第二轮及多次注汽吞吐。目前热采井用钢屈服强度已达 100ksi 和 120ksi 级别（1ksi = 1000psi）。但是仅有高强度是不够的，提高强度还必须保持其他性能的平衡和匹配，有必要制定热采井套管的材料和套管性能标准。

（3）热采井套管柱及注水泥

热采井套管载荷应考虑热应力循环的影响，套管钢材在高温下机械性能变差，不能采用 API 标准的套管性能指标和设计安全系数；一般套管螺纹（圆螺纹、偏梯型螺纹）在高温下密封性能变差，连接强度降低，应采用多极密封或端面密封。

1）热采井温度场及热应力分析。热采井温度场计算主要决定于注汽参数设计，其次是井身结构。在注汽参数设计中，井底蒸汽的注入压力、温度、质量流量、干度是基本的注气参数。这些参数不是完全独立的参数，它们是相互耦合的。考虑注汽在井眼内的热损失、压力损失和温度分布后，再推算出井口需要的注汽参数，如压力、温度、干度及质量流量等。以上述注汽参数为基础，计算套管热应力。

一般情况下，可采用传统的一维热应力计算方法。但是对于比较复杂的情况和套管热应力处于临界状态（即热应力接近钢材屈服强度）时，宜采用三维的热应力计算模型，并且需要校核套管螺纹连接强度。

2）套管钢材的高温机械性能变化。了解高温下套管钢材的机械性能变化是十分重要的。过去对套管钢材高温下机械性能变化认识不够，造成选材不当是热采井套管破坏的原因之一。仅仅根据热应力来选择使用高强度套管的设计是不够的，例如，在常温下，N80 钢级的强度高于 K55，但 N80 在高温下的某些机械性能不如 K55。近年来，热采井套管破坏已引起人们对套管钢材高温性能较深入的研究。

①套管钢材高温强度减退。各种套管钢材在温度超过 120℃后均有不同程度的强度性能减退，高温钢除外。例如 N80 钢级，在 340°高温下，强度性能变化见表 5—14。

表 5—14　高温下 N80 钢强度性能降低

温度,℃	屈服强度降低,%	弹性模量降低,%	抗拉强度降低,%
340	18	38	7

表5—13中的数据仅是宏观的性能变化，不同钢材对温度的敏感性不同。L80具有与N80相同的最小屈服强度，但L80的高温循环后的残余应力比N80的低。

②套管挤毁。在热采井中，套管的抗外挤和双轴应力效应（在轴向拉力作用下抗挤强度降低）是不可忽略的。在双轴应力的抗挤毁设计中，需要把残余拉伸应力与套管重力的轴向应力叠加。因此就可能出现具有低残余应力的低钢级套管的双轴应力抗挤强度高于残余应力大的高钢级套管。例如在354℃条件下，K－55厚壁套管的双轴挤毁强度高于薄壁N80和C95套管。

3. 蒸汽热采井的耐热密封螺纹

经大量调查统计，尤其是多臂井径测井证实，热采井套管损坏大多发生在接头或接头附近，因此，进行热采井套管螺纹密封的研究与选择，是非常重要的问题。

辽河油田从几个特殊螺纹生产厂家中选择出了具有密封性能好、接头强度高、圆周应力低等特点的日本新铁NS—CC特殊螺纹接头，如图5—14所示。

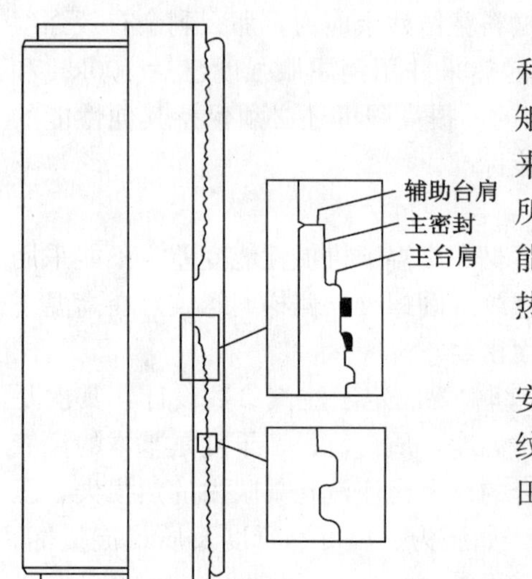

图5—14　NS—CC特殊螺纹套管示意图

NS—CC是具有两段台肩的接头，在原扭矩台肩和反向扭矩台肩之间为径向密封部。压缩载荷由原扭矩台肩来负担，所以台肩的变形也不会给密封部位带来影响。如受到更大的压缩力时有反扭矩台肩来保证，所以在反复拉伸、压缩条件下也能稳定地确保密封性能。对比试验表明，NS—CC螺纹的确具有良好的耐热密封性能。

辽河油田根据热采套管的危险工况和套管接头的安全要求，在已具有良好耐热密封性能的NS—CC螺纹的基础上进行相应的改进和完善，研制了适合本油田热采井的特殊螺纹NS—CC—M，使用效果良好。

4. 耐高温水泥

为提高水泥的热稳定性，应选用G级水泥加30%～40%石英砂（80目）混配成耐高温水泥。同时在水泥外加剂的设计选用中，尽可能不使用膨润土。如要采用低密度水泥浆，宜用微珠作为减轻剂。火山灰—石灰系列水泥具有较好的抗温性能，强度下降不明显，有条件的情况可考虑采用。

实践证明，热采井环空应全部封固，即水泥返至地面，井段太长时，可采用多级注水泥方法。注水泥时要求一定量的水泥返出地面（4～8m^3），排出混浆段，保证井口段水泥环质量。在套管柱上合理串接套管扶正器，提高顶替效率和固井质量。

5. 完井方式及方法选择

热采注蒸汽井完井方式有两类：套管射孔完井或裸眼绕丝筛管及砾石填充割缝衬管或金属棉滤砂管等完井。这两种方式各有其适应范围。裸眼绕丝筛管或割缝衬管或金属棉滤砂管完井适用于大厚油层，基本上没有夹隔层和气顶底水的稠油层，真正裸眼完井是不能采用的，因为稠油井都会出砂，再加上夹隔层垮塌，很快就会将井眼堵死而不能生产。套管射孔完井适应范围比较宽，大厚油层或有夹隔层的薄互油层有气顶底水油层都可采用。至于完井方法有两种：一是提拉预应力注水泥完井，二是不提拉预应力注水泥完井。这两种方法，热采工程界一直有不同的观点，纷说不一。辽河、胜利油田都曾采用过这两种方法，由于缺乏对比资料，很难说明哪种方法的优劣。不过辽河油田近来在套管提拉预应力中发现几个问题：一是按三轴应力计算提拉预应力太大，现有钻机实难做到，套管也受不了；二是现有地锚都是坐在砂泥岩地层，有时还下了双地锚，但当提拉预应力时，地锚承受不了那么大的拉力而造成地锚滑动，这就失去了提拉预应力的可能性。再就是现在提拉预应力时只是按现有钻机能力，并未将全套管柱提拉预应力，只是把套管柱拉直，不要呈弯曲状态。他们从改进套管钢级入手，由原来钢级 N80 改为 TP100H 或 TP120TH，不再提拉预应力，现正观察其效果。

六、水平井

1. 主要问题

水平井能扩大产层裸露面积，是开发稠油、以垂直裂缝为主、气顶底水和低渗透油气藏的有效手段，国内外油田已广泛应用。与直井相比较，水平井的生产套管和注水泥设计有较大差别，其特点是：

1）套管弯曲应力。在弯曲井段，套管除承受轴向拉力作用外，还要承受弯曲引起的附加轴向拉力，需要更高的抗拉强度，更好的螺纹密封性能。

2）钻井液窜槽。固井试验结果表明，几乎在每口斜井段的试验中，沿着环空下部的水泥环都存在有钻井液窜槽。一般认为，钻井液中，重晶石和岩屑的堆积沉淀是引起钻井液窜槽的主要原因。较高的环空岩屑浓度使得钻井液的黏度增加，从而引起钻井液很难被顶替出来。钻井液流变性和井眼倾角对顶替也有一定的影响。

3）自由水运移。在大斜度或水平井中，因斜向或横向运移的路程短，自由水极易聚集在井壁上侧形成连续的水槽或水带，最终成为油气窜流的通道。减少水泥浆自由水以及阻止自由水运移，一直是提高注水质量的重要因素。与直井相比较，更应注意水平井段自由水运移问题。

4）套管偏斜。在斜井眼内套管不能居中而影响岩屑携带及注水泥顶替效率，通常以最小间隙比表示套管在环空的偏斜程度。为了保证固井注水泥质量，美国 API 10D 标准规定最小间隙比应在 0.66 以上，而在大斜度和水平井中，往往达不到该标准。

2. 解决办法

根据实验研究及生产现场实践经验总结，认为大斜度井及水平井固井工作应采取如下一些行之有效的基本措施：

1）加入降失水剂，使水泥浆的自由水最好为零。值得注意的是，按 API 标准在常温垂直量筒中测出的自由水为 1%的水泥浆，在加温及倾斜条件下测量时自由水可高达 7%。因此，建议对大斜度井要改变现有自由水测量方法，可先把水泥浆预热到井底循环温度，再放到至少倾斜 45℃的量筒中去测量自由水。

2）增大液相黏度。例如可加入橡胶乳液提高水泥浆内液相黏度，增加自由水运移的阻力。

3）加入固体微粉。挪威 Statoil 公司近期的研究表明，加入很细的微硅粉，它们在水泥浆内较均匀地分布并充填在水泥颗粒之间的孔道内，部分地堵塞这些孔道而阻止或减少自由水的流动。为使硅粉发挥作用，必须使它们在水泥浆中分散良好。

4）隔离液。研究表明大斜度井中紊流顶替效果好，低速顶替时有密度差影响。当两种流体密度差大到一定程度时，在套管内、外都会发生楔入现象，其结果是重流体在轻流体下面通过。在钻井液与隔离液间发生这种现象影响不大，但在水泥浆与钻井液之间则应尽力避免，以防水泥浆被污染或部分钻井液被包围在水泥浆中而残留下来。因此，隔离液的密度应接近水泥浆，其流变性要介于钻井液和水泥浆之间，至少应充满200～250m环空长度。

5）使用刚性套管扶正器。试验表明，使用一般弹簧片扶正器，在井斜角达70°～72°的大斜度井段中，弹簧片可能被压扁，注水泥窜槽严重。据统计由于弹簧片不起作用，50%的井需要挤水泥补救。使用刚性扶正器，保证最小间隙比为67%，可以提高注水泥质量，需挤水泥补救的井只占20%。

七、注采调整井

1. 主要问题

随着油田注水开发，打调整井的数量越来越多。由于长期注水，尤其是近几年的高压注水（有些油田注水压力已接近或超过地层破裂压力），油层压力普遍上升，地应力也发生变化；此外，由于油层连通性差或非均质性，在油层中形成局部超高压圈闭。所有这些变化，给固井工作带来了很多困难，其表现形式如下：

1）固井后套管外冒油、气和水；

2）注水层段水泥浆凝固不好；

3）水泥浆纵向窜槽，产层或层间封固不合格；

4）固井时漏失，水泥浆返高不够。

综上所述，注水所形成的高压层及注水窜流对固井质量的影响尤为严重，给分层注采造成层间干扰，使采油工艺复杂化，并降低了油井利用率，缩短油井使用寿命。因此，认真总结注采调整井生产套管及注水泥设计工作的经验教训，设计时不能再使用油田原始的压力和地应力等资料，应以现时测试的资料作为设计依据。为采油提供优质油井，具有十分重要的意义。

2. 解决办法

1）坚持静态固井。注水泥过程中，当水泥浆充满设计井段后，需要一个安静的环境来凝固，所以要尽可能实行大面积停注，以提高水泥凝固质量。

2）静动结合。一些中小油田调整井固井时要求静态，又要兼顾到采油、注水任务的完成。解决这对矛盾的具体做法是在钻井、固井过程中，把一定半径范围内的采油井、注水井停下来，而该半径范围以外的井继续生产，造成动、静结合，提高了固井质量又坚持了生产。

3）同油气水入侵抢时间争速度。一些油水层较浅的油田，如吉林和玉门等油田，除了停注稳压外，由于注水层深度浅，即使采用的水泥浆密度较大，其液柱压力仍不足以压稳产层，流体会很快上窜到井口。针对这种情况，可采用双凝水泥，在下部油气层注速凝水泥，把初凝时间抢在油气水入侵之前；上部则注常规水泥浆，以保持速凝水泥浆凝固失重时环空液柱压力仍能保持一定数值。

4）局部封堵，全井防窜。采用套管外封隔器（ECP）对主要油气层进行管外封隔。对高压油、气、水封隔后，再注水泥浆，使高压油、气、水无法上窜下扰，达到局部截阻，全井防窜的目的。

5）改善水泥浆流变性能，提高顶替效率。为保证固井水泥浆密度要适当地高于钻井液密度，但水泥浆密度一般达到2.0g/cm^{3}以上，这就有可能使水泥浆流变性能变差，不利于顶替效率的提高。可考虑采用合适的减水剂，减少高密度水泥浆中自由水析出，增强水泥浆抗水侵能力，改善水泥浆的流变性能，使之容易达到紊流顶替的状态。

6）选用高抗外挤强度套管。在进行调整井生产套管柱设计时，应确切掌握注水开发后地层压力的变化情况，并据此进行强度设计；全面考虑套管的防腐措施，提高油井使用寿命。

八、使用套管外封隔器（ECP）的井

在一些特殊结构井和油气藏中，管外封隔器固井和完井有其特殊的功效，例如与筛管组合封隔多产层系或水层。含筛管完井能充分裸露裂缝系统，增加导流面积，对某些储层可获得较高的产量。

对多产层系井中，由于各层压力或储层物性不同，往往需用套管外封隔器将各层分隔开，以便分层段开采或进行井下作业。目前已可在割缝衬管管柱上加多个管外封隔器，对水层特别是层间水，用管外封隔器封隔。

1. 不注水泥的封隔器和筛管组合完井

在ϕ139.7mm 或ϕ177.8mm 套管钻定向井或水平井，注水泥质量难以保证或由于工艺技术的限制不能注水泥完井，此时管外封隔器具有特殊功效。

典型的完井套管柱结构：产层段下筛管，非产层段下套管，不注水泥，将管外封隔器下于技术套管中，坐封在产层底部，管外封隔器接在悬挂器末端；悬挂器坐封于技术套管内尾端，从而将产层与环空隔开（见图5—15）。在小井眼侧钻定向井或水平井中常用上述完井方法。

2. 管外封隔器与注水泥并用完井

1）用管外封隔器将环空封隔，当环空间隙较小，气层与水层之间的隔层薄时，仅靠注水泥难以防窜，可以在隔层处加管外封隔器，在注水泥结束后将封隔器胀开。这种管外封隔器也可以下在高压气层之上，防止注水泥后气窜。

2）筛管上部接封隔器和注水泥接箍，封隔器坐封后，从注水泥接箍向环空注水泥（见图5—16），这种完井方法有利于保护油层，环空水泥不接触储层，液柱压力也不会传递到储层。

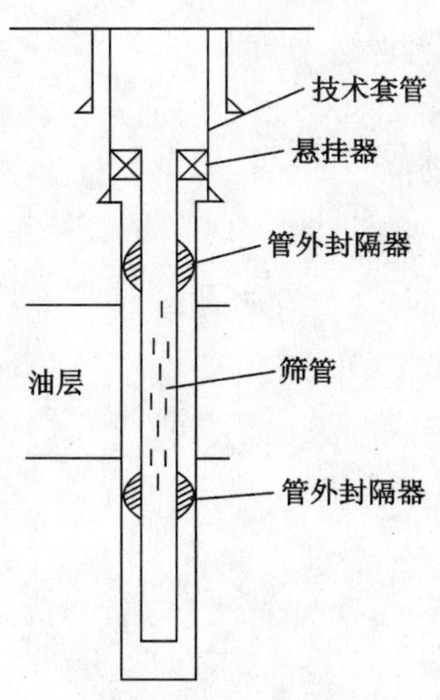

图5—15　不注水泥的管外封隔器和筛管组合完井示意图

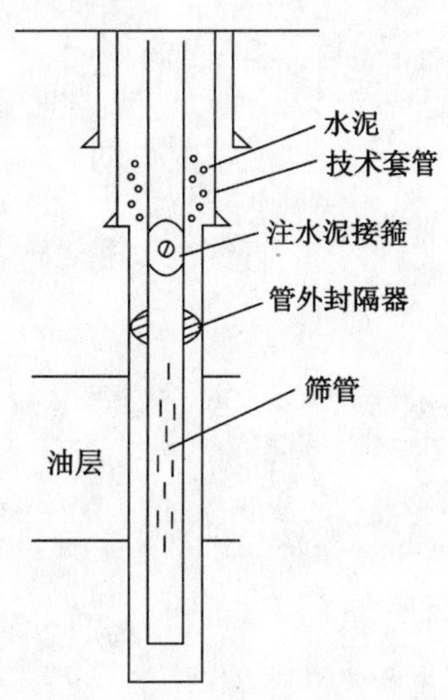

图5—16　管外封隔器与注水泥并用的完井示意图

参考文献

1 刘崇建，徐同台，黄柏宗，刘孝良等编著．油气井注水泥理论与应用．北京：石油工业出版社，2001.9

2 Erik B. Nelson 主编．刘大为，田锡君，廖润康译．现代固井技术．沈阳：辽宁科学技术出版社，1994.2

3 钻井手册（甲方）编写组．钻井手册（甲方）．北京：石油工业出版社，1991

4 陈平主编．钻井与完井工程．北京：石油工业出版社，2005.11

5 B. M. 莫斯克文等著．倪继淼等译．混凝土及钢筋混凝土的腐蚀及预防方法．北京：化学工业出版社，1988

6 胶凝材料学编写组．胶凝材料学．北京：中国建筑工业出版社，1980

7 杨远光等．油井水泥的腐蚀与防止方法研究．西南石油学院学报，1997，19

8 佟曼丽主编．油田化学．北京：石油工业出版社，1996

9 Bruckdorfer R. A. Carbon Dioxide Corrosion in Oilwell Cement. SPE 15176，1986

10 Milestone N. B. et al. Carbonation of Geothermal Grouts－Part 1 CO_2 attack at 150℃. Cement Concrete Research，1986，16（5）：941～950

11 Baird T. et al.，Morphology and CO_2 Uptake in Tobermorite gel. J. Colloid Interface Sci 1975（2）：87～391

12 A. И. Булатов. Ш. М. РАХИБАЕВ. Л. И. РЯБОВА ҚОРРОЗИЯ ТАМПОНАЖНОГ О Қ АМНЯ Қраснодар，1993

13 A. И. Булатов. Д. ноохатский A. Қ. Рахимов ҚОРРЗ ИЯ ТАМПОНАЖНОГО ШЛАҚОВЪЫХ ЦЕМЕНТОВ ТАШҚЕНТ изателвство〈ФАн〉Узбекской ccp

第六章　射　　孔

射孔完井是油气井的主要完井方式之一，在世界石油工业中得到了广泛的应用。射孔完井技术在石油勘探开发中的重要性愈来愈引起人们的关注和重视。

在采用射孔完成的油气井中，射孔孔眼是沟通产层和井筒的唯一通道。如果采用合理的射孔工艺和正确的射孔设计，并高质量的完成射孔作业，就可以使射孔对储层的伤害降到最小，井底完善程度高，从而获得预期的产能。

多年来人们对射孔工艺、射孔枪弹器材与配套设备、射孔伤害机理及检测评价方法、射孔优化设计和射孔液等进行了大量的理论、实验和矿场试验研究，从而射孔技术取得了迅速的发展。人们已经认识到，射孔是完井工程的一个关键性环节。因此，把射孔完井作为一项系统工程来考虑，优化射孔设计，是搞好完井必不可少的基本条件。

第一节　射孔工艺

应针对油气藏地质特征、流体特性、油气井类型（直井、定向井或水平井），选择与之相适应的射孔工艺。

一、电缆输送套管枪射孔工艺（WCP）

按采用的射孔压差或井口密封方法可以分为以下三种方式。

1. 电缆输送套管枪正压射孔工艺

射孔前用高密度射孔液压井，造成井底压力高于地层压力。在井口敞开的情况下，利用电缆下入射孔枪。通过接在电缆上的磁性定位器测出定位套管接箍对比曲线，调整下枪深度，对准层位，在正压差下对油、气层部位射孔。起出射孔枪后，下油管并装好井口，进行替喷、抽汲或气举等诱喷，以使油气井投产。

正压射孔具有施工简单，成本低和高孔密、深穿透的优点，但正压会使射孔液的固相和液相侵入储层而导致较严重的储层伤害。为了减少正压对地层的伤害，因此要求使用优质的射孔液。

2. 电缆输送套管枪负压射孔工艺

这种工艺基本上与电缆输送正压射孔工艺相同，只是射孔前将井筒液面降低到一定深度，以建立适当的负压。这种方法主要用于中、低压薄油藏。

3. 电缆输送套管枪带压施工射孔工艺

与上述两种工艺不同的是井口是封闭的，可以实现大直径电缆枪负压射孔，避免了正压射孔可能给油层带来的严重地层伤害，主要适用于常压或高压油藏。该工艺的关键是井口电缆的动密封和高压防喷系统设备配套，结合电缆射孔分级点火技术，可减少防喷系统的拆卸次数，从而降低劳动强度、提高作业效率。

二、油管输送射孔工艺（TCP）

油管输送射孔工艺是利用油管将射孔枪下到油层部位射孔。油管下部连有压差式封隔器、带孔短节和引爆系统，油管内只有部分液柱造成射孔负压。通过地面投棒引爆、压力或压差式引爆或电缆湿式接头引爆等各种方式使射孔弹爆炸而一次全部射完油气层。图6—1是典型的TCP施工管柱。

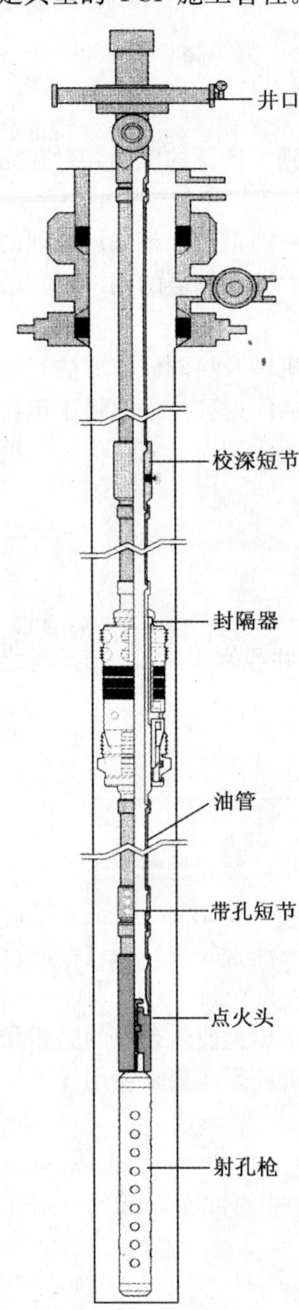

图6—1　TCP管柱示意图

油管输送射孔的深度一般采用较为精确的放射性测井校深方法。在管柱总成的定位短节内放置放射性同位素，校深仪器下到预置深度（约在定位短节以上100m），开始下测一条带磁定位的放射性曲线，超过定位短节约15m停止。将测得的放射性曲线与以前测得的校正的放射性曲线对比，换算出定位短节深度，并在井口利用油管短节进行调整。

油管输送射孔的引爆方式有多种。最简单的是重力引爆。这就是在井口防喷盒内预先装有一圆柱金属棒，射孔时释放该棒，高速下落的投棒撞击枪头的引爆器。投棒有标准投棒、万向节滚轮式投棒、串联投棒以及铜质投棒等方式。这种引爆要求管柱必须通径，油管不能有弯曲，井斜不能过大。

另一种引爆是油管加压引爆。由于油管内只有部分液柱，一般需用氮气作传压介质。为了保证射孔瞬间的负压，必须将高压氮气在引爆前释放出井口。这就要求在加压氮气和引爆射孔之间有一较长的缓冲时间以释放氮气，这称为延迟引爆。

第三种引爆是环空加压引爆（压差引爆）。利用封隔器中的转换装置或水力旁通，使环空与油管成为两个不同压力系统。从环空加压造成环空压力与油管压力的压差增加，压差增至预定值，剪断活塞销钉，使活塞与钢丝绳夹板一起带动钢丝绳迅速上移而使点火头拉杆上移，由此使撞针释放而引爆雷管。为了克服压力点火装置牵引钢丝绳易伸长、滑脱、拉断的弱点，现大多用耐高压的金属导管传递封隔器上部的环空压力，直接剪切起爆剪切销引爆雷管射孔。还有一种引爆称为电能引爆，点火头分为电缆传送电流点火头和电池落棒点火头两种。

为了解决TCP中长夹层带来的传爆可靠性差、夹层枪成本高等缺陷，国内研制并成功实施了油管传输多层射孔分级起爆技术（可分级投棒起爆、投棒与压力复式起爆、压力与压力复式起爆以及增压起爆等多种分级起爆方式）、多级同时（负压）起爆技术以及隔板传爆技术（主要海上水平井射孔），有效解决了长夹层带来的种种问题。

油管输送射孔具有高孔密、深穿透的优点，负压值高，易于解除射孔对储层的伤害。一次射孔层段厚度较大。该方法特别适于定向井、水平井和稠油井等电缆难以下入的井。由于在井口预先装好采油树，故安全性能好，非常适于高压地层和气井。同时射孔后即可投入生产，也便于测试、压裂、酸化等和射孔联作，减少压井和起下管柱次数，减少了对油层的伤害和作业费用。

油管输送射孔要求钻井时加长井底口袋，以便存放落下的射孔枪。有时，射孔井段太长，无法将射孔枪丢在井底，因此采取其他的办法。

近年来，国外针对高温深井的特殊情况又开发了新的油管和电缆输送射孔系统(TWC)，该系统综合了 WCP 和 TCP 的优点，既能实现高孔密、深穿透负压射孔，又满足了一些高温深井的特殊需求。由于很多高温高压深井大都下入技术套管或生产套管后再采用尾管完井，而射孔层段远在下部尾管。这种井身结构使得常规的 TCP 作业很不方便。TWC 系统的高性能射孔枪是通过油管传输到设计油管深度，当井准备投产时，下入电缆，将连接在油管下端的射孔枪系统解锁，然后通过电缆将射孔枪系统传送到欲射层位，利用坐封工具将射孔枪锚定在尾管上，然后取出电缆和坐封工具，通过油管加压延迟引爆射孔。图 6—2 是 TWC 工艺过程简图，自动丢枪后即转入正常生产。

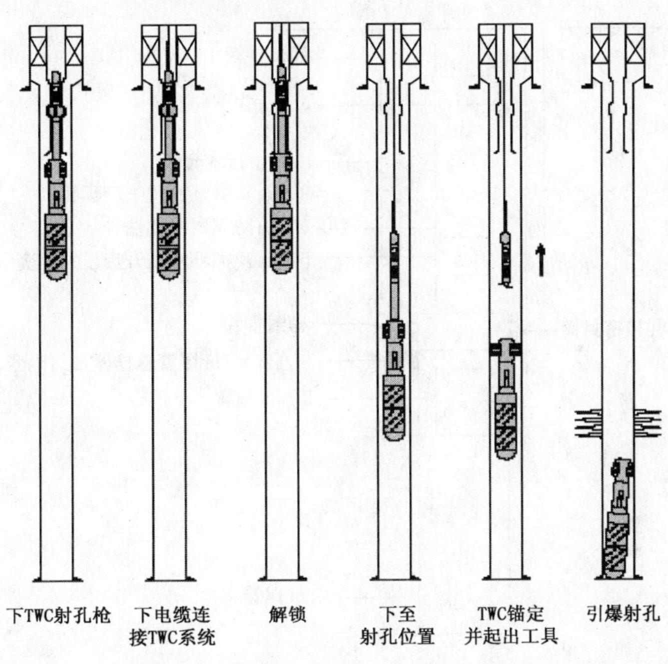

图 6—2　油管和电缆输送射孔系统示意图

该系统的主要优点在于可大大缩短射孔枪暴露于高温高压环境的时间、具有油管传输射孔的深穿透与高孔密和负压射孔等优点、安全可靠，不足之处在于施工较复杂。

三、模块枪电缆射孔工艺

模块枪电缆射孔技术是针对地层压力大的高压油气井，利用电缆输送方式实现油管输送式射孔完井过程，达到防喷的目的，并且能够实现定方位射孔。该工艺是将模块枪用电缆分段下井，锚定在套管壁上（与上述 TWC 工艺中射孔枪的锚定相似），引爆模块枪一次射开全部射孔段，悬挂器和模块枪将自动释放丢到井底，然后通过电缆防喷器，井口带压操作捞出射孔枪。该工艺的最大优点是，射孔枪不需要油管下入，而由电缆下送并锚定在射孔目的层位，一次射开长射孔井段并自动丢枪到井底，从而实现全通径生产完井管柱。该工艺可在负压情况下射孔，保护了储层，能最大限度地提高油气井生产能力。

以 KL2－7 井为例来说明模块枪锚定射孔工艺的原理、技术特点和施工程序。气井深度大于 4000m，井下温度 100℃左右。该井具有巨厚储层、高压、超高产量等特点，完井面临几大难题：1）177.8mm（7″）套管井，射孔井段长达 200～300m；2）地层压力系数为 1.9，井底压力 74.5MPa，井口压力测算高达 63.5MPa；3）产气量预计为（300～700）×

$10^4m^3/d$；4）流体中含 0.2%～0.3%的 CO_2，地层水含高 Cl^- 等腐蚀性物质；5）射孔井段下面是水层，因此口袋短，不宜丢枪。

制定的射孔目标为：满足采气工程的需要、安全且环保、能可靠地完成长井段射孔，据此设计了相应的模块枪射孔方案。

1. 模块枪射孔工作原理

KL2—7 井井下管柱见图 6—3，管柱中井下安全阀通径 139.7mm（5½in），有足够的通径可满足模块式射孔枪过油管作业要求，模块式射孔枪主要部件包括悬挂器、模块式射孔枪、压力延时起爆器和井口的防喷装置，各部分功能为：

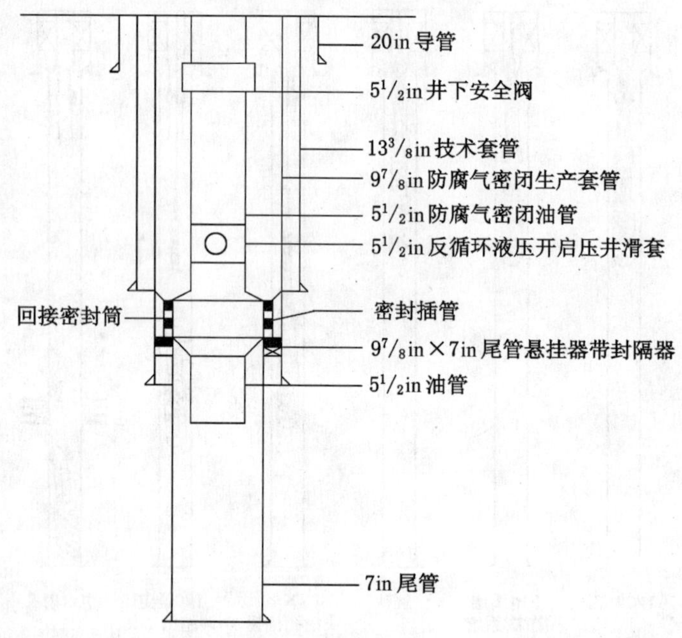

图 6—3　KL2—7 井井下管柱示意图

（1）悬挂器

悬挂器用于给射孔枪定位，其上有一个模块插头，这样就可以连接到下入工具、磁性定位器（CCL）和电缆上。通过电缆上提下放，悬挂器 J 型锁使卡瓦换轨张开后坐封在套管的预定位置。点火后悬挂器锥体复位，卡瓦收回，悬挂器与枪串自动释放和下落到井底。

（2）模块式射孔枪

为了同时对长井段射孔，射孔枪被分成若干个独立的单元，每个单元即模块式射孔枪，它能在井液中实现（隔板）传爆功能。下枪步骤是：先用电缆通过下入工具将最底部射孔枪下入井中并坐在悬挂器上，然后下入其余的枪串并叠加在一起（见图 6—4），最后将压力延时起爆器与最上面的模块式射孔枪连在一起后下入井中。

采用了哈里伯顿 Modular Gun System 模块枪系统，其外径为 117.5mm（4⅝in），簧片式扶正器外径为 142.5mm（5.61in），耐压 138MPa，孔密 16 孔/m，相位为 60°，单模块枪长度为 7.21m，质量为 250kg。配套射孔弹为哈里伯顿公司 4in MILLENNIUM HMX SUPER DP 深穿透弹，混凝土靶穿深 1079.5mm，孔径为 8.9mm，额定耐温指标为 121℃/1000h（推荐使用时间不超过 500h）。

（3）压力延时起爆器

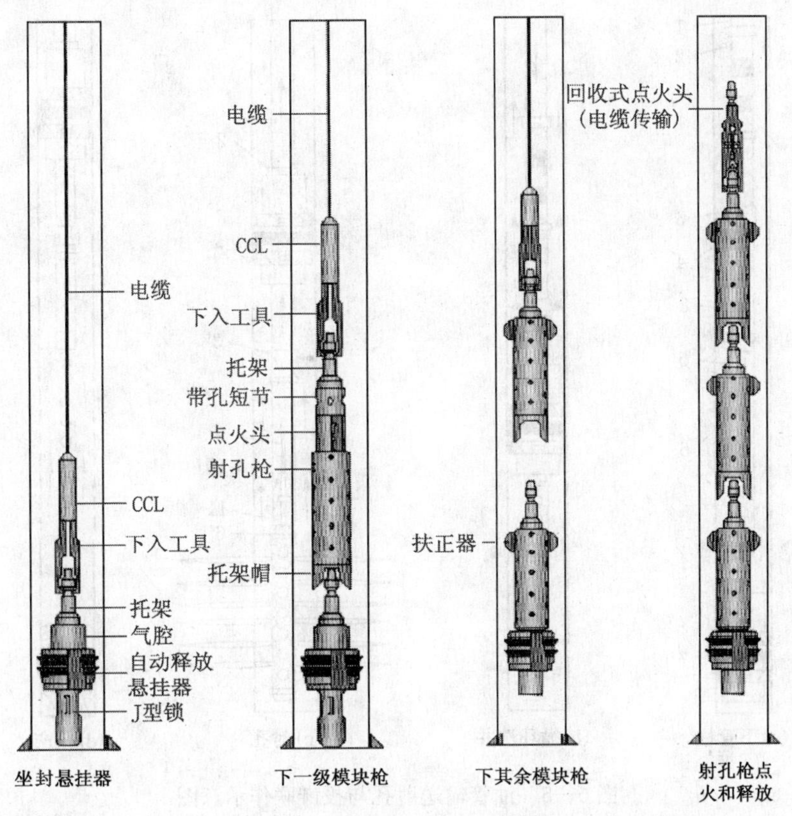

图 6—4　模块式射孔枪工作原理图

压力延时起爆器与通常的起爆器结构相同，接在模块式射孔枪之上，用下井工具下入。确认整个枪串正对着射孔层段后，打压引爆起爆器，点火射孔。

(4) 防喷装置

防喷装置型号为 2FZ14 - 70，通径为 140mm，工作压力为 70MPa，电缆直径有三种规格，即 5. 56mm、7. 9mm 和 11. 8mm，采用液动密封防喷盒，上面还装有双闸板阀。

2. 技术特点

该工艺技术的主要特点为：1) 可使用电缆、钢丝或工作管串输送悬挂器和模块式射孔枪；2) 模块枪系统可不用井架起下，只用专用的支架起下；3) 模块枪系统可在井下叠加最佳枪数并同时对长井段射孔；4) 可使用希望的最大负压或正压射孔；5) 射孔后悬挂器和模块枪自动落到井底；6) 可在不压井条件下将枪取出；7) 射孔枪也可不取出或部分取出；8) 可在不动管柱的情况下进行生产测井和进行补射孔、坐桥塞、连续油管等修井作业。

四、油管输送射孔联作工艺

1. 油管输送射孔与投产联作

国外对自喷井普遍采用这种工艺，既安全又经济，射孔与投产只下一次管柱就完成；管柱的结构和使用的封隔器因井而异，一般都采用丢枪的方式。图 6—5 是美国贝克休斯公司油管输送与投产联作系统。该工艺先用电缆将生产封隔器坐封在油层套管上，然后下入带射孔枪的管柱，管柱的导向接头下到封隔器位置时，循环冲洗管柱，将管柱内的积渣和污物冲洗干净；然后继续下管柱，当管柱总成坐封后，井口投棒撞击枪头的起爆器，使之射孔；射孔后射孔枪及其残渣被释放至井底，随后转入投产。

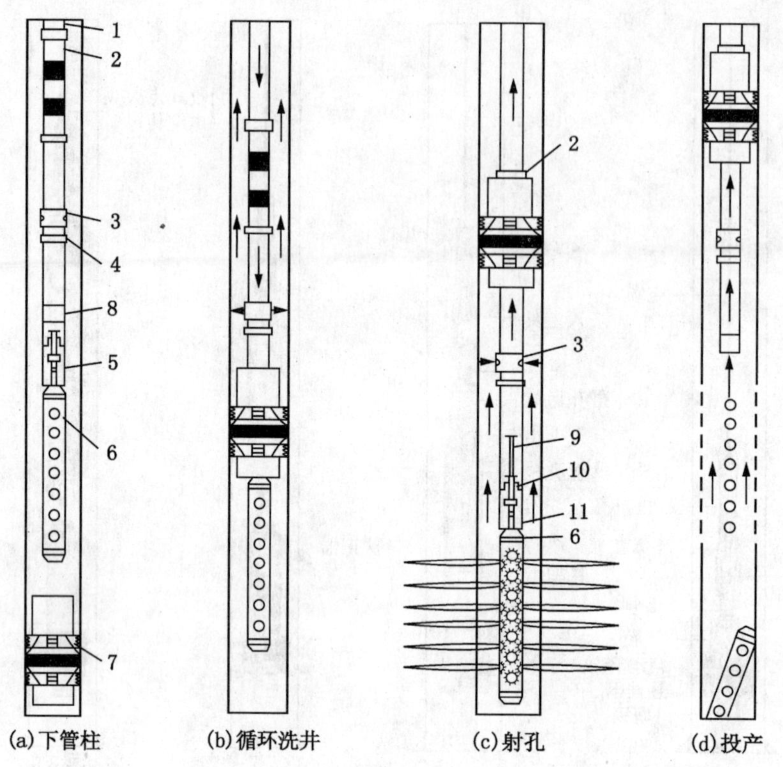

图 6—5 油管输送射孔与投产联作示意图

1—生产油管；2—生产密封总成；3—盘式循环接头；4—油管接箍；5—重力引爆头与释放装置；6—射孔枪；7—生产封隔器；8—导向接头；9—投棒；10—撞击；11—起爆器

2. 油管输送射孔和地层测试联作

将油管输送装置的射孔枪、点火头、激发器等部件接到单封隔器测试管柱的底部。管柱下到待射孔和测试井段后，进行射孔校深、坐好封隔器并打开测试阀，引爆射孔后转入正常测试程序。国内基本上都采用旁通传压技术进行 TCP 测试联作。根据地层测试工具的不同类型可进行四种主要形式的组合。即 TCP + MFE（多流测试器）联作测试、TCP + PCT（环压控制测试器）联作测试、TCP + HST（水力弹簧测试器）联作测试、TCP + APR（全通径测试器）联作测试。

这种工艺特别适合于自喷井，可缩短试油周期，降低成本，保护储层。目前在探井、评价井中应用极为广泛。尤以深井和超深井中应用居多，采用了环空加压引爆与 MFE 联作测试，成功率达 90%。其工作程序是：环空压力经封隔器上面的旁通孔传递到起爆器活塞，活塞受压剪断销钉后下行，撞击起爆药饼引爆射孔；射开地层后流体经过环空由筛管进入管柱，即转入正常测试流程。其管柱示意图如 6—6 所示。

另外，对于非自喷井油管输送射孔与测试联作，美国马拉松石油公司将射流泵引入到工作管柱。该管柱由射孔枪、封隔器、负压阀、自动压力计工作筒、固定阀以及配有特殊空心套筒的逆流射流泵组成。

射孔前空心套筒关闭，油管内部分掏空以造成负压。环空加压引爆射孔后，流体进入工作管柱。随着流体进入，井底压力不断增加，油井会停止生产。在管内压力作用下空心套筒安全销钉被剪断而导致套筒旋转打开。此时射流泵开始排液而进行流动测试，获得稳定产量后关井，可获得压力恢复测试资料，停泵后由于静水压力加在固定阀上而使其关闭，这样实现井下关井，从而消除了井筒储积效应，提高了数据采集质量。目前国内也成功实施了TCP+MFE和射流泵三联作工艺。

3. 油管输送射孔与水力压裂、酸化联作

这种工艺在我国四川气田、长庆油田获得了成功的应用。完井时下一次管柱，能完成射孔、测试、酸化、压裂、试井等工序。见图6—7。

4. 射孔与抽油泵联作工艺

该技术根据选用抽油泵的类型采用不同的负压起爆方法。例如杆式泵可采用投棒起爆，管式泵可采用油管内加压起爆，螺杆式抽油泵则只能采用油管外加压起爆。该工艺不仅可避免射孔后压井液对地层造成的二次伤害、也解决环保问题，而且具有一定增产效果。大庆试油试采分公司和胜利测井公司成功进行了射孔与抽油泵联作施工。

由斯伦贝谢公司研制的采用抽油杆泵系统分体式压差点火头的油管传输射孔技术，简称SRPTCP油管传输技术，在油田应用超过500井次，下井及点火成功率均达到100%。

SRPTCP的基本原理是把一口井所要的射孔枪全部串联在一起，连接在油管柱的尾端，并在射孔枪顶部连接点火头辅助传爆系统，在射孔枪上方连接一个抽油杆泵坐封套，坐封套和射孔枪之间接一根割缝衬管，然后下井。通过在油管内测量放射性曲线或磁定位曲线，校深并对准射孔层位，把分体式点火头起爆装置连接在抽油杆泵下部一起下井。抽油杆泵到达坐封套并锁紧坐封好后，抽油杆泵开始工作。借助地面动力系统，抽油杆泵可以把环空中的压井液从油管中抽出，使环空中的液面下降，这样在油管和环空中就产生压差。油管和环空中的压差激发了点火头的压力释放装置，当压差达到一个预设值时，安全销被剪断，滑套向上滑动，点火头和震击杆被释放。雷管受到冲击而引爆，进而引爆射孔枪。射孔后可以把点火头和抽油杆泵一起取出到地面。整个工作过程如图6—8所示。

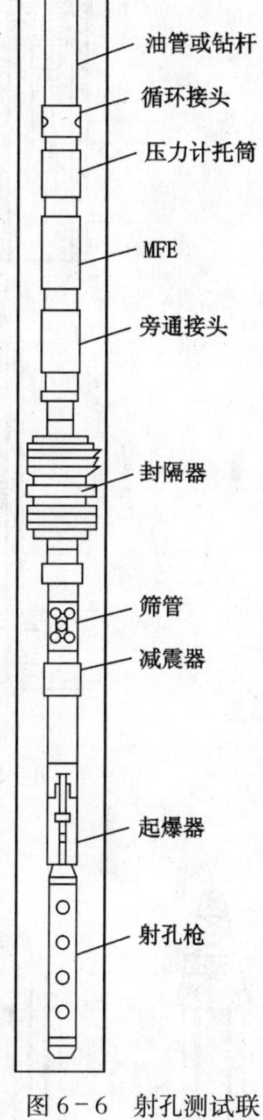

图6-6 射孔测试联作管柱示意图

5. 射孔与高能气体压裂联作工艺

射孔与高能气体压裂基本原理是在射孔弹架内装填惰性炸药（常用固体或液体推进剂），利用油管或电缆把射孔装置下到目的层位，通过投棒或电引爆射孔枪。由于射孔弹从引爆和形成射流的时间是毫秒级，而装填的火药从引爆到完全燃烧是秒级，利用爆速与燃速的时间差，射孔弹引爆后形成的射流首先穿透套管，在地层中形成孔眼，而延迟燃烧的枪身内的推进剂随后产生高温高压气体，对刚形成的射孔孔眼进行冲刷和延伸，并产生不受地应力控制的裂缝，裂缝长可达2～8m，形成较完善的井底沟通。形成裂缝的条数与作用时间和峰值压力有关。

该技术可一次下井同时完成射孔和高能气体压裂两项作业，并由原来的一体式联作装置发展为分体式、对称式和袖套式射孔器。一体式射孔器中又分带卸压孔和不带卸压孔两种。主要用于近井地层的解堵和改造，特别适用于裂缝性油气藏、伤害严重油气藏、稠油油藏以及中低渗油气藏。近年来该技术得到了广泛应用，并在很多油田例如大庆、中原、大港、塔

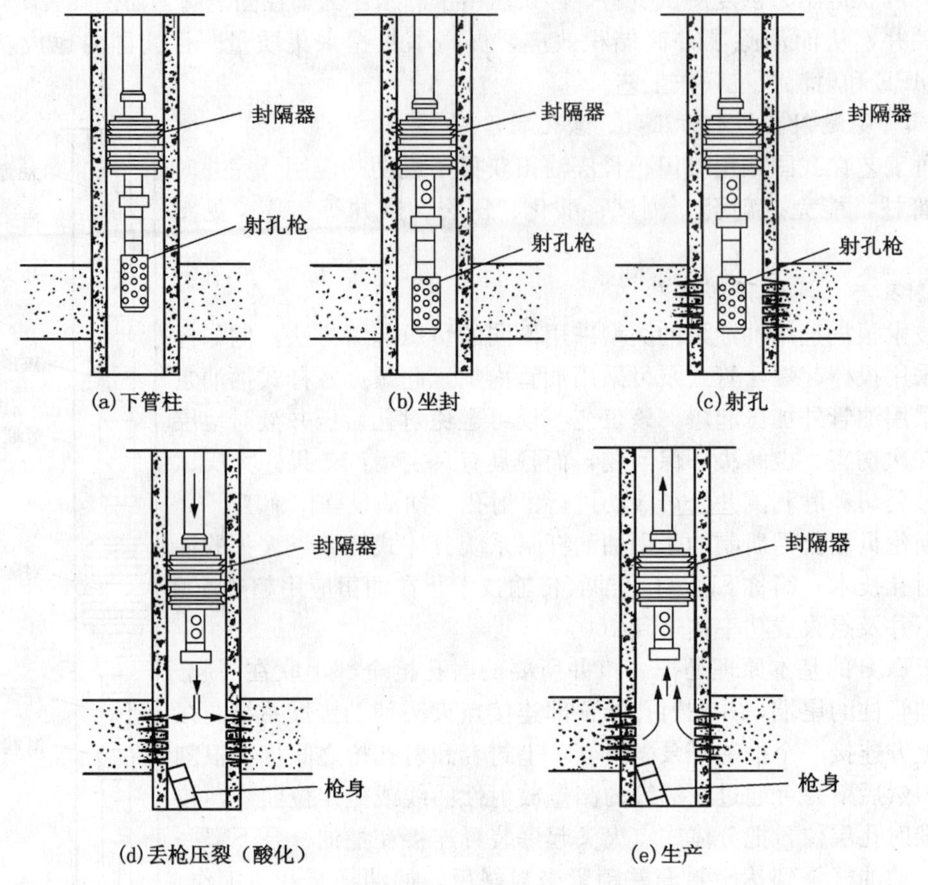

图 6—7　油管传输射孔与压裂、酸化联作示意图

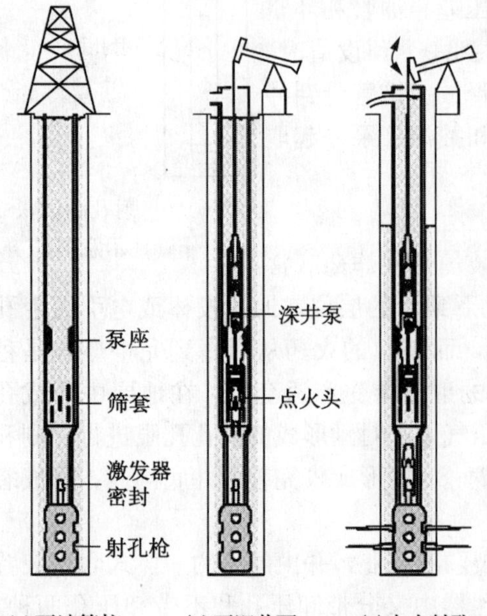

图 6—8　射孔与抽油泵联作施工原理示意图

里木、辽河、胜利、长庆、青海等进行了实施，取得了一定增产增注的效果。

6. 油管输送射孔与防砂联作工艺

对于弱、非胶结地层而言，地层极不稳定，易受外界扰动因素影响而出砂，此时可采用油管输送射孔与防砂联作工艺，一趟管柱实现射孔与防砂作业，减少施工成本和作业时间，并有利于保护储层。如图 6—9 所示，该系统是 TCP 与管内砾石充填防砂联作示意图。它采用了带螺旋片的施工管柱，能大排量地循环清除井内砂粒而不卡枪，并有效地向孔眼进行砾石充填。其施工流程是先在套管内射孔段底部坐封封隔器，然后将上部带封隔器和下部带螺旋片射孔枪的管柱（该管柱在地面试验能满足 8315N · m 的扭矩），下至油层底部，校深后使封隔器坐封后射孔；解封上部封隔器，然后大排量循环清洗孔眼，再由管内注入携砂液，经旋转管柱将砂液掺入孔眼，在地面可观察压力和砂液返出情况；最后旋转管柱至砂面以上，循环后再起出施工管柱。

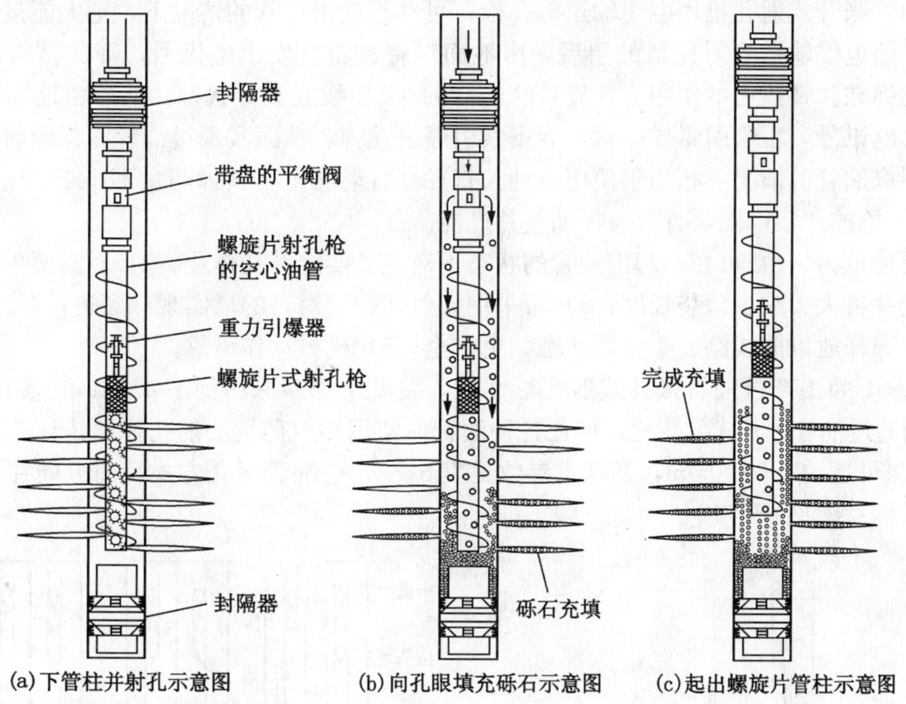

图 6—9　油管输送射孔与防砂联作示意图

为了进行有效的砾石充填作业，射孔应采用大孔径、高孔密。如国外公司在 ϕ114mm（4½in）套管用 ϕ73mm（2⅞in）射孔枪，孔密为 18 孔/m，孔径为 15mm，射孔弹装药量为 16g；在 ϕ139. 7mm（5½in）套管用 ϕ85. 7mm（3⅜in）射孔枪，孔密为 18 孔/m，孔径为 17. 8mm，射孔弹装药量为 22. 7g；在 ϕ244. 5mm（9⅝in）套管用 ϕ177. 8mm（7in）射孔枪，孔密为 40 孔/m，孔径为 25. 1mm，射孔弹装药量为 70g。

五、电缆输送过油管射孔（TTP）

1. 常规过油管射孔

这是最早使用的负压射孔工艺，首先将油管下至油层顶部，装好采油树和防喷管，射孔枪和电缆接头装入防喷管内，准备就绪后，打开清蜡闸门下入电缆，射孔枪通过油管下出油管鞋。用电缆接头上的磁定位器测出短套管位置，调整深度使射孔枪对准储层，点火射孔。

过油管射孔具有负压射孔、减少储层伤害的优点，尤其适合于生产井不停产补孔和打开新层位，避免了压井和起下油管作业。但过油管射孔枪直径受油管内限制，无法实现高孔密、深穿透（射孔枪与套管间隙过大），其深度难以超过 200mm，曾有一段时间油田很少采用。后来 OWEN 公司重新设计了射孔枪结构，并配套设计了 45°和 60°枪身（如图 6—10 所示），加大了装药量，使穿深可达 600mm 左右，因而又重新被油田采用。

常规过油管射孔一次下枪长度受防喷管高度限制，厚油气层需多次下枪，而以后几枪无法保证负压。就负压本身而言也不能过大，以防射孔后油气上冲而使电缆打结造成事故。

2. 过油管张开式射孔技术（Extended-diameter TTP）

如前所述，过油管射孔的主要缺点是枪小、弹小，从而射孔穿深受限制。为此，人们研究了过油管张开式射孔工艺。该系统最先由 Schlumberger 公司于 1992 年开发成功。国内射孔弹厂已能生产过油管张开式射孔枪、弹全套工具，完成现场试验，取得了较好的效果。

过油管张开式射孔枪用电缆输送射孔枪。可在不起出油管的情况下，把大能量射孔弹通过油管，用电缆输送到射孔目的层后，由地面对释放雷管发出电讯号，释放雷管起爆解锁后，射孔弹在弹簧拉力的作用下，旋转90°，与弹架轴线成垂直状态，然后由地面对电雷管发出起爆电讯号，雷管引爆导爆索，导爆索引爆射孔弹，从而实现过油管深穿透射孔。这样就能在不取油管的情况下相当于使用一种大直径套管射孔枪，其弹药量不小于23g，穿深可达到原51枪的4倍以上，有效发挥油气井产能。

主要特点为：1）可在不起出油管的状态下对老井实施补孔作业；2）对需要丢枪进行生产测井的井可大大减少口袋长度；3）可采用大射孔弹，对目的层实现深穿透；4）主点火系统在射孔弹释放以前线路处于短路状态，更安全；5）机械动作可靠。

表6—1为国产过油管张开式射孔枪性能，混凝土靶穿深达到了450mm。美国OWEN公司推出的过油管张开式射孔枪，可在各种油管内使用相应药量的射孔弹，其装药量为11～32g，穿深可达400～800mm，其技术参数见表6—2。过油管射孔方式目前只能在180°相位射孔。其示意图见6—11。

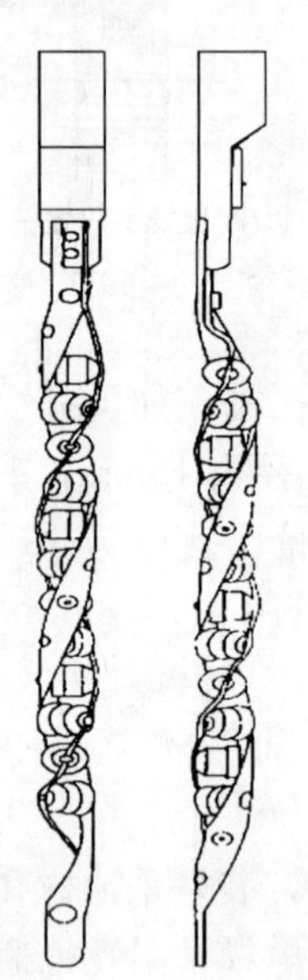

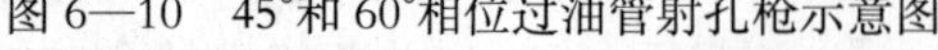

图6—10 45°和60°相位过油管射孔枪示意图

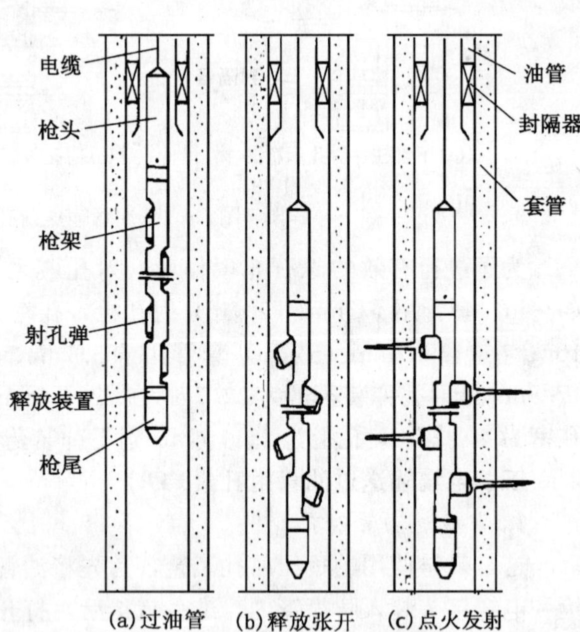

图6—11 过油管张开式射孔示意图

表6—1 国产过油管张开式射孔枪性能

指标	四川石油射孔器材有限公司射孔枪		川南机械厂射孔枪（张开后引爆）
射孔弹药量，g	23	26	24
混凝土靶穿深，mm	≥450	≥500	450
入口孔径，mm	9	10	8.5
闭合枪径，mm	48	54	48
张开枪径，mm	102	105	104

续表

指　标	四川石油射孔器材有限公司射孔枪		川南机械厂射孔枪（张开后引爆）
相位，(°)	180	180	180
孔密，孔/m	13	13	14
枪身长度，m	3	3	/
耐压，MPa	60	80	60

表 6—2　OWEN 过油管射孔技术参数

枪径（闭合／张开），in	$1\frac{3}{8}$ / $3\frac{3}{4}$	$1\frac{11}{16}$ / $3\frac{7}{8}$	$1\frac{11}{16}$ / $4\frac{1}{2}$	$2\frac{1}{8}$ / $5\frac{3}{8}$
油管/套管（外径），in	$2\frac{3}{8}$ / $4\frac{1}{2}$	$2\frac{3}{8}$ / $4\frac{1}{2}$	$2\frac{3}{8}$ / $5\frac{1}{2}$	$2\frac{7}{8}$ / 7
孔密，孔/m	16	14	13	11
相位，(°)	180	180	180	180
射孔弹型	A. P.	A. P.	A. P.	A. P.
炸药类型	HMX	HMX	HMX	HMX
药量，g	11.0	15.0	21.7	32.0
最大耐温，℃	191	191	191	191
最小外径，mm	36.5	45.2	45.2	55.5
孔径，mm	7.6	10.7	9.9	12.7
穿深，mm	406	579	665	886

六、超正压射孔工艺（正向冲击）

超正压射孔工艺 EOP（Extreme Overbalance Perforating）是国外 Orxy 能源公司的 P. J. Handren 等人于 20 世纪 90 年代提出的新工艺技术，由于其良好的施工效果在北美地区至少进行了 900 口井现场应用，得到了很好发展。

该工艺是在射孔前使用液体、氮气或混合气液柱向井筒加压，使井底压力至少等于地层破裂压力。在射孔瞬间压缩气体的能量直接转化为作用于地层的压力，加压液体以非常高的速度进入射孔孔眼。由于在射孔瞬间，聚能射孔作用本身于孔眼尖端的压力已高达上万兆帕，这样高的压力大大超过了地层岩石的主应力和抗张强度，必然在孔眼壁面产生高度的应力集中，使得孔道壁面产生大量裂纹。因而随后高速的流体冲击会使裂纹延伸扩展，形成有效井底沟通。射孔后继续注液氮、注酸、注携砂液都可起到增产效果；也可射孔后继续注树脂固结地层砂而起到化学防砂的作用。

EOP 工艺操作可分为两大类：一是射孔与冲击同时完成的工艺；二是 EOP 作为独立射孔后的泵注冲击工艺，即分为使用于未射孔和已射孔井的工艺。未射孔的井按射孔工艺还可分为三种：油管传输 EOP 工艺、过油管 EOP 工艺和电缆套管枪 EOP 工艺。如图 6—12 所示。

TCP、WCG 和 TTP 工艺管柱，最好使用有枪身射孔枪，以便射孔后的碎渣留于射孔枪内。油管传输 EOP 工艺使用于复杂地层或高压地层；电缆传输 EOP 则适用于低压储层；过油管电缆传输 EOP 工艺适用于不动生产管柱的老井打开新层或补孔作业。

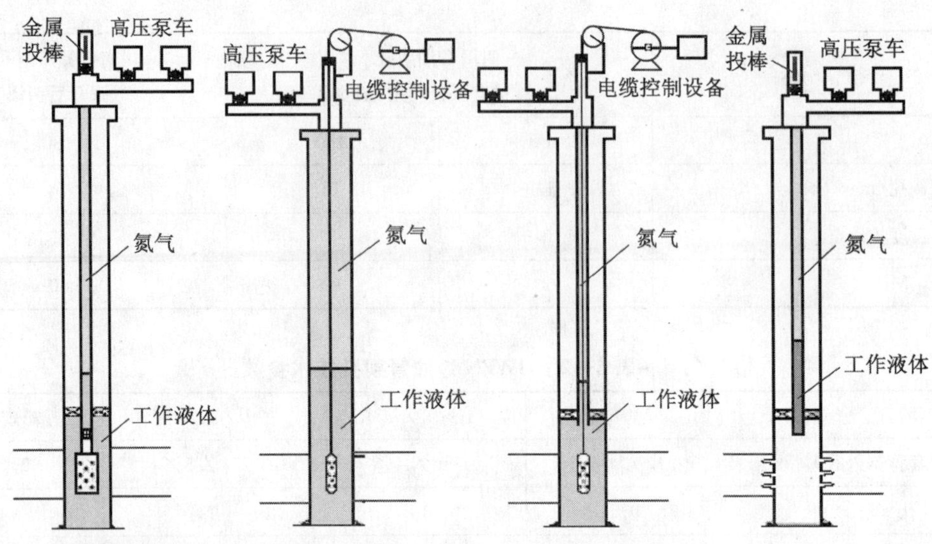

图 6—12　超正压射孔工艺管柱示意图

如图 6—12（d）为超正压冲击工艺的示意图，它关键是在油管的尾部装上易碎盘（可以是玻璃、陶瓷、铸铁或其他脆性材料做成），也可以安装阀门，该阀门由油套环空压差操作打开（如 LPRN 阀或 APR 操作阀）。通过泵向油管中注入高压氮气加压，直到达到设计压力值。如果使用易碎盘，一般通过井口防喷盒释放撞击棒，通过油管撞击到易碎盘使之破裂。工作液在高压氮气的作用下，快速的冲击已射的孔道，且延伸裂缝。

先后在吐哈、四川、中原等油气田进行了试验，射孔前向井内注入氮气，使其压力高于地层破裂压力再射孔，利用聚能弹产生孔眼和微裂缝，利用高压氮气的膨胀能延伸扩展裂缝以改善近井地带的渗流能力，然后打开井口放掉氮气使井底形成负压，起到清洗孔眼和诱喷的作用。RN209 井井段 1298～1303. 9m，层厚 5. 9m，注氮压力 30MPa，正压值为 22. 8MPa，射孔后自喷产量为 34. 5m^3/d，是邻井 RN205 井产量的 1. 38 倍。W279 井为一口滚动评价井，估计打开层段地层压力为 32. 8MPa，破裂压力为 52MPa。采用 TCP 油管传输超正压射孔工艺，油管加压引爆，酸量 5m^3，液氮 2m^3，设计井口压力 40MPa，井底压力 60MPa，射孔参数为 YD102 枪－90°－16 孔/m。施工后进行完井测试，实测表皮系数约为－5，工艺效果是十分明显的。分析表明，射孔油井产能是常规负压射孔的 4 倍。

由于 EOP 工艺是高压作业，要考虑井下管柱、井口和设备的承压能力，强化安全措施。此外，液体要进入地层，必须保证完井流体与地层岩石和流体有良好的配伍性，以避免产生新的储层伤害。

一般来讲，EOP 工艺的主要适用于：1）中低渗油藏的压裂施工预处理，射孔相位 120°/180°，低孔密；2）中高渗油藏解堵，高孔密，低相位（45°/60°）；3）碳酸盐岩油藏（需添加酸液）；4）天然裂缝性油藏，高孔密，相位不限；5）非均质严重油藏；6）已射孔井的高压冲击解堵。

七、水平井射孔工艺

自 20 世纪 80 年代初水平井在油田开发中开始得到应用以来，与水平井相关的配套技术与理论也得到了长足的进步。在水平井射孔技术理论与实践方面，国外各主要石油技术服务公司和油公司，例如斯仑贝谢、西方阿特拉斯、哈里伯顿和阿莫科等都在深入广泛地开展射孔技术的研究工作。目前国内通过不断探索和研究，不仅能完成长井段、深井的定向射孔作业、而且能完成水平井的射孔与测试联作、水平井重复射孔、水平井限流压裂射孔、水平井的氮气超正压射孔等作业。水平井射孔已经逐渐变成一项常规射孔作业。

在不易垮塌地层的水平井中，为了有效防止气、水锥进，便于分层段开采和作业，目前大都采用射孔完井方式。水平井射孔枪的传输方式一般采用油管或连续油管输送，水平井射孔井下总成一般包括定位短节、引爆装置、负压附件、封隔器、定向射孔枪、扶正器和滚珠引鞋等。

由于水平井射孔层段长、且跨度大，因此射孔枪起爆的安全性和传爆的质量是重点考虑的对象，一般都采用多个起爆器。水平井射孔引爆的方式虽然都采用压力引爆，但根据不同目的和用途又派生出多种形式，比如油管加压引爆、环空加压引爆、压力开孔装置 + 压力（延时）起爆、压差开孔装置 + 压差（延时）起爆、开孔枪 + 压力（延时）起爆、一体式压力（延时）起爆开孔装置以及隔板传爆等。

隔板传爆技术的基本原理（如图 6—13 所示）是用隔板火工件封堵夹层枪两端，将射孔枪爆轰能量通过隔板传爆装置可靠传递至夹层枪以下射孔枪，爆炸后的夹层枪两端处于密封状态，井液不能进入。射孔后射孔枪串提至井口，隔板传爆装置泄压阀能安全、可靠地释放夹层枪内压力，夹层枪内不憋压。其优点为：

1）适用于各类有枪身射孔作业；

2）可靠传递爆轰能量，爆轰输出稳定，耐压 100MPa，密封可靠；

3）夹层枪内无污物，对海上油田不会造成平台、海洋污染，重复使用夹层枪时不用清洗；

4）接头上的泄压阀能可靠释放夹层枪内气体，卸枪更安全，提高拆枪速度，降低劳动强度；

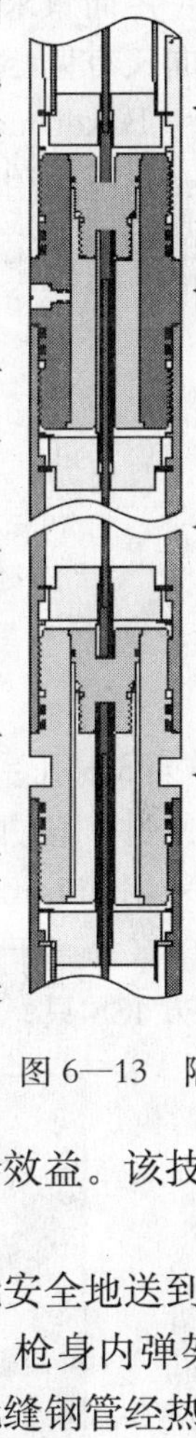

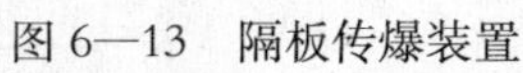

图 6—13　隔板传爆装置

5）该装置既可从上至下传爆，也可从下至上传爆，安全可靠。

该项技术已在渤海油田成功推广使用，取得良好经济效益和社会效益。该技术的应用将大大减少环境污染，提高作业安全，提高作业效率。

水平井射孔的另一关键是选择合适的射孔枪。必须要求射孔枪能安全地送到目的层，并能安全起出。这就要求射孔枪在曲率井段内通过时不产生塑性变形，枪身内弹架旋转自如，射后枪身变形小且孔眼处无撕裂。因此，根据实际地层情况，选用无缝钢管经热处理等特殊工艺加工而成的射孔枪，一般射孔后毛刺高度不超过 3mm，最大膨胀不超过 5mm。

水平井射孔方位有周边射孔（360°）和低边射孔（180°、120°）两类，见图 6—14。其方位的选择主要取决于地层坚硬程度。一般情况下，特别是胶结疏松地层，射孔方位大都采用 120°～180°，以避免水平井段上部因射孔后岩屑下落堵塞井筒。

射孔方位是通过水平井射孔枪的定向来实现的。目前射孔枪的重力定向有两类，即外定向和内定向。其中外定向是采用在枪身外焊翼翅，配合转动接头，靠翼翅与井壁摩擦阻力不平衡，在偏心重力作用下实现枪串的整体转动来进行射孔定位，而内定向是在枪身内采用弹

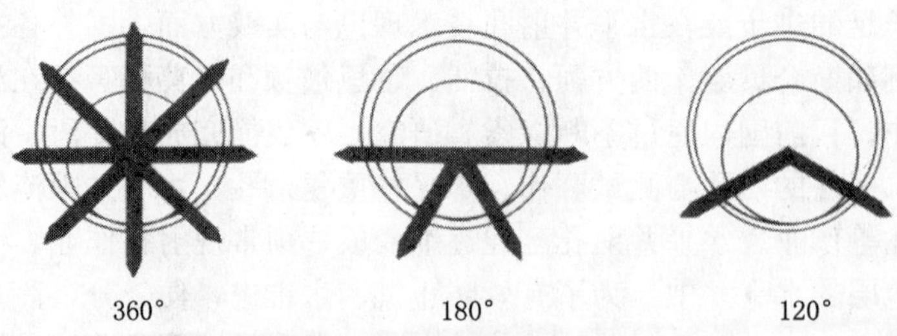

图 6—14　水平射孔方位图

架偏心设置，配合偏心支撑体，在偏心重力作用下弹架旋转实现每根枪射孔定位。由于内定向的精度高、定向效果易检测、且可安装尺寸相对较大的射孔枪，因此国内目前普遍采用内定向，内定向又有偏心旋转和配重块旋转两种方式之分。

目前，由 Bakerhughes 开发的水平井定向射孔系统 HOPS（Horizontal Oriented Perforating System）也采用了配重块旋转的内定向方式，如图 6—15 所示。它同旋转接头可以实现任意角度的定向，定向精度在 ±5°。

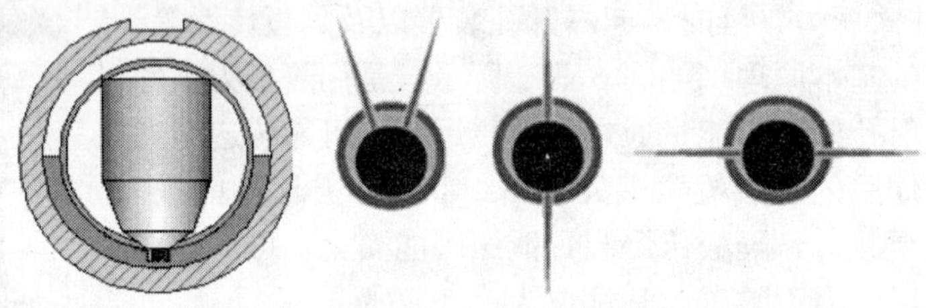

图 6—15　水平井定向射孔示意图

采用 HOPS 射孔系统完成的创世界纪录的最大规模的水平射孔是 2002 年在北海水域完成的一口水平井。该井水平段长 2246m，总射孔长度为 1490m。产层用 ϕ177. 8mm（7in）套管固井，采用 ϕ114mmTCP 枪，每支枪长 7. 11m（28ft），孔密为 16 孔/m，为了防砂采用相位 0°～180°（垂直于最小主应力方位，如图 6—16 所示），共装低碎屑深穿透射孔弹 23180 发，旋转接头 188 只。

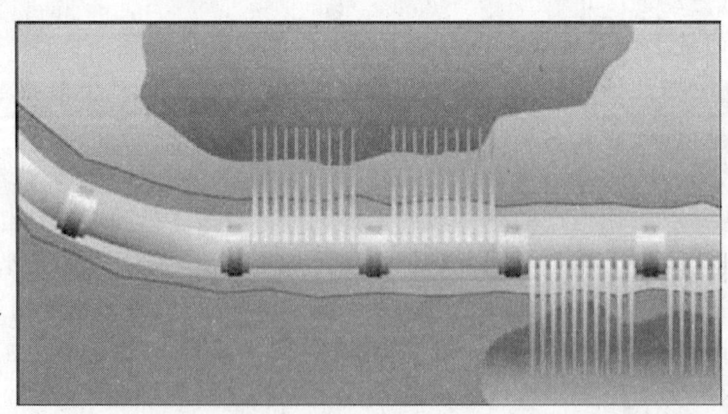

图 6—16　水平井中应用 HOPS 系统定向射孔示意图

由于水平井的开采效果优越于直井，水平井在国内的应用正处于发展之中。水平井射孔完井也随之发展起来，并且逐渐成为水平井完井的主要手段。比如 TZ16－7、TZ16－12、TZ4

-7-H23、TZ404H 等水平井都采用了射孔完成，并根据不同井况，设计了不同的水平井射孔管柱，研制了无缝钢管射孔枪、双向延时压力起爆器、滚珠引鞋等一系列适合水平段长、井深、中曲率的水平井射孔工具，并设计了相应工艺技术措施，成功在国内完成了高温高压水平井射孔施工，取得了较好的工艺效果。

图 6—17 是 TZ16-7 井射孔管柱示意图，射孔枪输送方式采用上部 ϕ88.9mm 钻杆、下部 ϕ73mm 油管的组合钻具输送射孔枪，管柱结构为：导向器+起爆器+射孔枪+双向起爆器+射孔枪+起爆器+安全枪+ϕ73mm 油管+定位短节+ϕ73mm 油管+ϕ88.9mm 钻杆至井口。

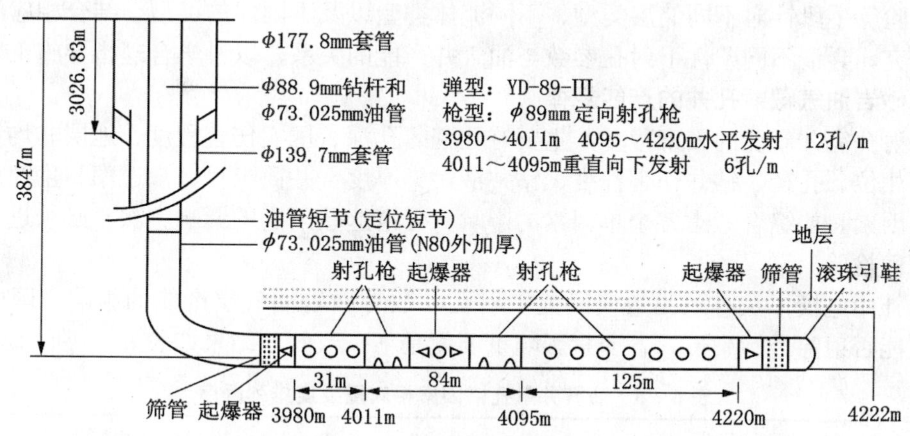

图 6—17 TZ16-7 井水平井射孔完井管柱示意图

需要特别提及的是，近年来国外水平井或大位移井连续油管输送射孔发展很快。由于连续油管（Coiled Tubing）施工安全、快捷和对油气藏特有的保护作用等特点，在国外油气田开发中获得了广泛的应用。

八、定方位射孔工艺

该技术主要应用于裂缝性油藏射孔、水平井射孔、欲压裂井射孔和防砂射孔作业。一般对准裂缝发育方位或正交于最小水平地应力方位射孔，有利于防砂或进行压裂施工作业，提高作业的成功率和效果。

国外定向射孔系统（直井或水平井）在大量油气田生产实践中，取得了良好效果。例如，哈里伯顿公司新推出的 G-Force 精确定向射孔系统。该系统上的定向旋转仪位于枪身的保护性环境内，其先进性主要表现在它克服了老的定向系统受到的一些限制，如不依赖于特殊的串联翼翅、偏心短接和旋转环，所有这些都受到枪工作时产生的摩擦和扭矩的影响，导致定向精度低。

该系统设计主要用于井斜在 25°以上的井。枪身长 6.7m（22ft），彼此紧密咬合，使系统排列成一条直线，它不需要旋转短节。其内部定向系统含在枪架内。这种紧凑的结构可以将其放置在其他枪因与套管或障碍物摩擦而不能到达的位置。系统可通过连续油管、电缆、钢丝或铰链管来传送。由于不需要使用多个定向短节，射孔枪可在井眼内居中，射孔效率提高了 90%。

国内除水平井采用重力定向射孔有较多应用外，四川测井公司曾经研制的定方位仪采用加速度计作为定向系统，同时采用小直径金属保温瓶和井下自动导向系统，用于井斜大于等于 2°的井，配陀螺短节后可进行直井定向。辽河测井公司也研制了采用陀螺定向的直井定向射孔仪。要达到期望的效果还需要作大量技术攻关，如地层裂缝或主应力方位的确定、定向控制方法、配套工具开发、数据传输采集与处理以及定向监测评价技术。

第二节 射孔井产能影响规律分析

影响油气井产能的射孔参数中，射孔枪以及射孔弹性能（包括孔密、孔深、孔径、压实伤害）与地层岩石和流体参数对射孔后油气井产能的影响是十分明显的。为了科学地评价射孔过程对地层的伤害、预测不同射孔条件下的射孔井产能，需要利用室内实验、理论方法以及现场试验等手段针对不同储层类型、不同流体类型以及不同井的类型，结合相应的射孔工艺进行研究，弄清不同条件下射孔参数与油气井产能的关系，以科学合理指导施工。

一、砂岩油气藏射孔井的产能规律

影响射孔完井产能的因素很多，主要有孔密、孔深、压实伤害程度、地层非均质性、压实厚度、相位、孔径、钻井伤害程度、钻井液污染厚度、井筒半径、渗透率、生产压差和布孔格式等因素，要综合考虑各个单因素的影响，分清这些因素的影响主次，必须进行正交分析和显著性检验。

国内外用电模拟及有限元数模研究了射孔参数对砂岩油气层产能的影响。国内研究表明，孔眼能否射穿透污染带，各因素影响重要度是不一致的，结果如表6—3所示。

表6—3 油气井射孔诸因素相对重要度排列顺序

影响因素	砂岩油井		砂岩气井	
	未射穿伤害区	已射穿伤害区	未射穿伤害区	已射穿伤害区
孔 深	2	2	2	7
孔 密	3	1	3	1
孔 径	8	8	4	2
相位角	6	6	8	10
压实厚度	9	9	11	11
压实程度	5	3	5	9
伤害深度	7	5	10	12
伤害程度	1	7	1	3
各向异性	4	4	7	4
渗透率	无影响	无影响	12	8
井筒半经	10	10	6	5
生产压差	无影响	无影响	9	6
备 注	表中数字越小表示越重要			

可见同一射孔参数（特别是孔密、孔深、孔径、钻井伤害和压实伤害参数），对油藏和气藏的影响都是不一样的，下面分析不同影响因素对油气井产能的影响规律。

1. 射孔参数对油气层产能的影响规律

（1）孔隙性油藏

1）孔深、孔密的影响：如图 6—18 所示，油井产能比随着孔深、孔密的增加而增加，但提高幅度逐渐减少，即靠增加孔深、孔密提高产能应该有一个限度。从经济角度讲，孔深在达到 800mm 以前，孔密在达到 24 孔／m 以前，增加孔深、孔密的效果比较明显。目前我国射孔弹混凝土靶穿深最大在 1080mm 左右（折算贝雷靶穿深大约 750mm），但对于中低渗透储层，射孔弹砂岩穿深在 500mm 左右，孔密也多在 16 孔/m 或 20 孔/m，发展深穿透射孔弹和高孔密射孔工艺，仍有很大的潜力，特别是不同枪型的深穿透和高孔密射孔枪系列化和国外差距还很大。当然，在实践中应综合考虑成本、对套管破坏、工艺和井下情况等约束性条件，科学地选择孔深和孔密。

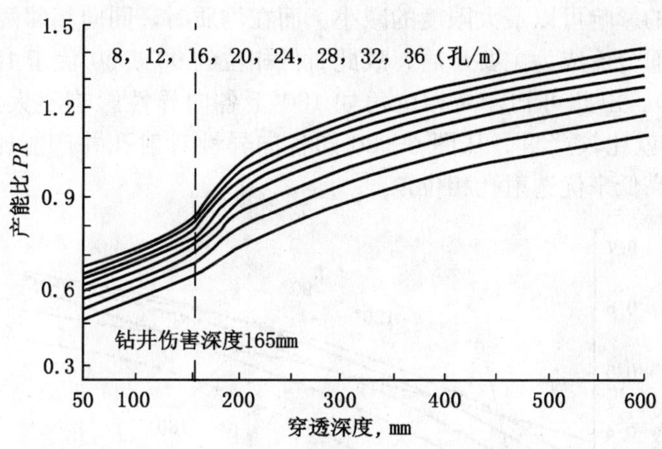

图 6—18　孔深、孔密与油井产能比曲线

从图 6—18 还可以看出，孔深穿过的地层伤害区后，产能比有明显上升，故应量控制钻井液伤害深度，如采用屏蔽暂堵技术等。

研究表明，在各向异性不严重时（$0.5\leqslant K_v/K_h\leqslant 1.0$），若无法穿透伤害区，则孔深比孔密更重要，如图 6—19 所示。此时宜采用深穿透、中等孔密（16 孔/m 左右）。若地层伤害区浅可以保证穿透，则孔密比孔深更重要，此时应采用高孔密（22 孔/m 以上）。

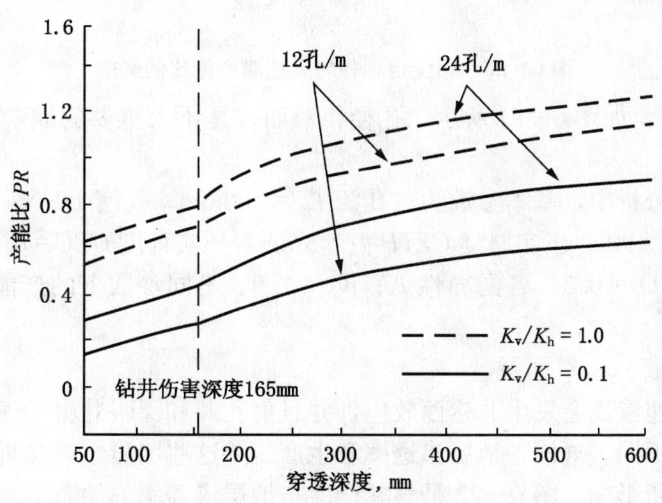

图 6—19　各向异性和孔密对产能比的影响

研究还表明，在各向异性严重时（$K_v/K_h<0.5$），高孔密的效果非常明显。无论能否穿透伤害区，都应采用高孔密（20 孔/m 以上），如图 6—19 所示。

2）布孔相位角的影响：在各向异性与相位角之间存在交互作用关系，如图 6—20 所示，在各向异性不严重时（$0.7\leqslant K_v/K_h\leqslant 1.0$），90°相位最好，0°相位最差。依产能比从高到低的顺序，相位角依次为 90°、120°、60°、45°、180°、0°；在各向异性中等时（$0.3<K_v/K_h<0.7$），产能比最高的为 120°，0°相位最差。在各向异性严重时（$K_v/K_h\leqslant 0.2$），按产能比高低依次为 180°、120°、90°、60°、45°、0°。故将 120°、180°称为高相位。各向异性严重时高相位射孔有较高产能比，是因为孔密一定时，高相位的同一方向两相邻孔眼的纵向距离减小，从而各向异性的影响可以最大限度的减小。而在均质时，同向相邻两孔纵向距离并不是主要矛盾，而是平面分流成为主要矛盾，故此时低相位的 90°、60°优于 180°（低相位可以沿平面多方向上布孔）。由此可知，高相位角如 180°下各向异性影响不大，而低相位如 90°、60°下各向异性影响就比较严重。从图 6—20 知各向异性对射孔井产能比有很明显的影响，必须根据各向异性高低来优选射孔相位角。

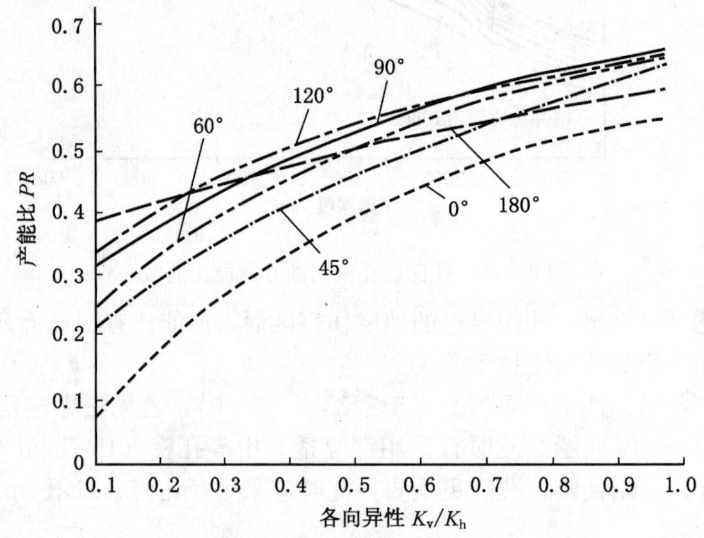

图 6—20　相位角和各向异性对产能比的影响

3）孔径的影响：如图 6—21 所示。孔径相对而言是不太重要的因素，一般保证孔径在 10mm 以上即可。

在以上单因素分析中，基本参数为：孔深 $L_p=100$mm，孔密 $DEN=20$ 孔/m，孔径 $d_p=10$mm，相位角 $\phi=90°$，压实厚度 $CZH=12.5$mm，压实程度 $CZC=0.2$，伤害深度 $D_H=165$mm，伤害程度 $D_c=0.5$，各向异性 $K_v/K_h=1.0$。不同参数下的产能比高低会有变化，但上述规律不变。

（2）孔隙性气藏

由于气体的高速渗流会发生非达西效应，并且射孔井和裸眼井由于气体渗流速度的差异而导致紊流效应的不同。这样，地层渗透率和生产压差这些明显影响渗流速度的因素，会对气井射孔产能比有所影响。图 6—22 是气井产能与地层渗透率的关系[1]。随着气藏渗透率增加，射孔井紊流效应越来越明显，产能比逐渐下降，并且导致孔深的影响减弱。生产压差增大也会使产能比下降。

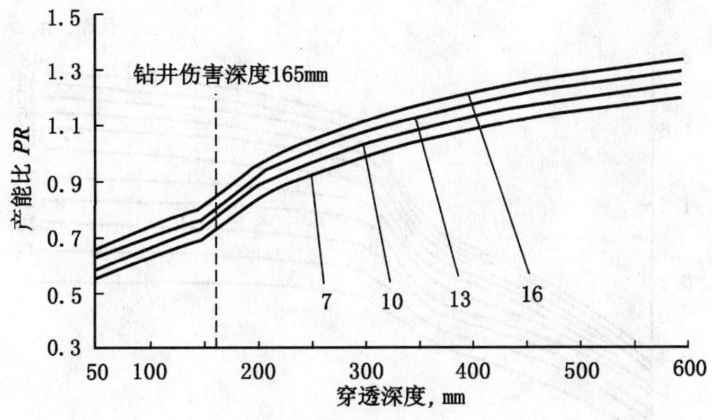

图 6—21 孔径对油井产能比的影响

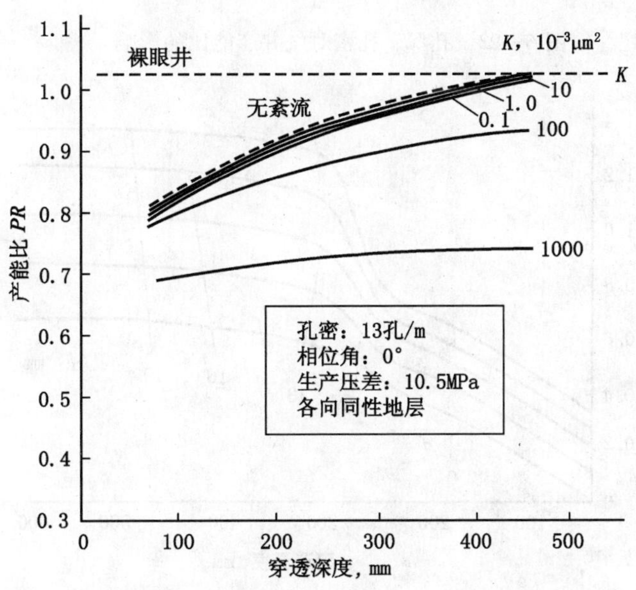

图 6—22 气井产能比与渗透率的关系[1]

1）孔深、孔密的影响：图 6—23 是气井产能比与孔深、孔密关系。在未射穿钻井伤害区时，孔深影响很明显；而射穿伤害区后，影响不明显（尤其是低孔密）。但孔密的影响不论穿透伤害区与否都很明显，尤其是穿过伤害区后，即使孔密高达 40 孔/m，增加孔密使产能提高的幅度仍然较大。因此，气井高孔密射孔的效果会比油井更好。

2）孔径的影响：图 6—24 表明孔径影响很明显（尤其是射穿钻井伤害区以后）。这是与油井不同的地方。

3）生产压差的影响：生产压差对产能比的影响与油井是明显不同的，气井产能比对压差也是敏感的。图 6—25 是分析结果。从图中可以看出，压差越大产能比将降低，主要原因是井底附近的非达西紊流系数增加，将引起附加表皮，因此增大生产压差不能成倍增加气井产量。

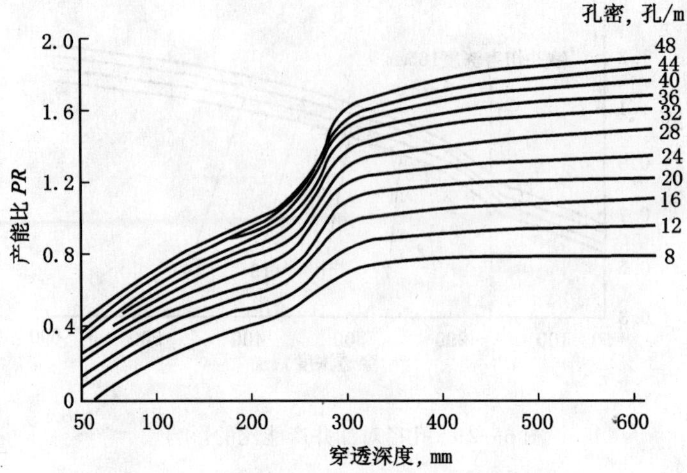

图 6—23　孔深、孔密对气井产能比的影响

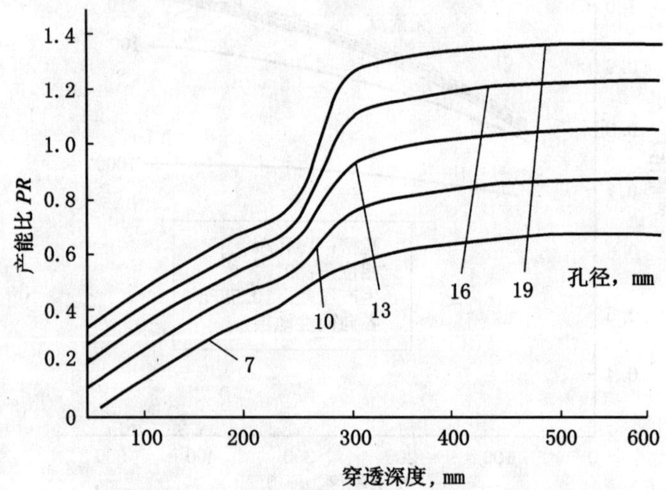

图 6—24　孔眼直径对气井产能比的影响

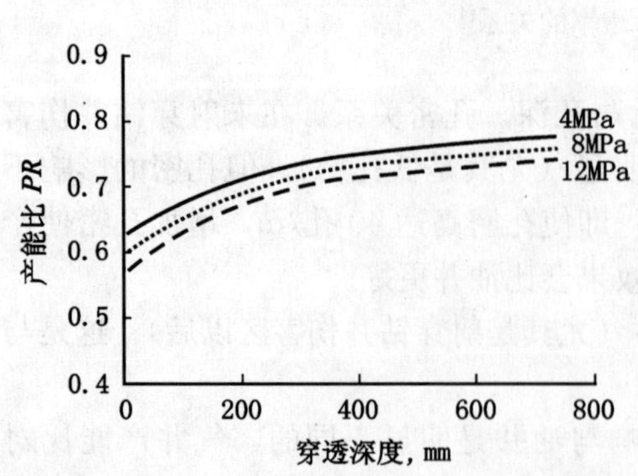

图 6—25　生产压差对气井产能比的影响

4）相位角的影响：相位角与产能比的关系不仅与各向异性有关，还与生产压差大小、是否穿透伤害区有关。表 6—4 是在给定某些参数条件下相位角与产能比的关系的顺序。给定参数为：孔径 d_p = 13mm，孔密 DEN = 20 孔/m，孔深 L_p = 300mm 或 L_p = 200mm，伤害深度 D_H = 250mm，伤害程度 D_c = 0.5，压实厚度 CZH = 12mm，压实程度 CZC = 0.2。

2. 油气层伤害对射孔井产能的影响规律

射孔完井的油气层伤害包含射孔本身的压实伤害和钻井伤害，它对油气井产能的影响是明显的。

（1）射孔压实伤害

表 6—4　不同条件下射孔相位角与产能比的关系

序号	生产压差 Δp MPa	K_v/K_h	是否穿透钻井污染带	相位角从高到低的次序（括号内为其产能比 PR）				
1	5	1	未穿透	180°（0.953）	120°（0.807）	90°（0.725）	60°（0.637）	0°（0.433）
2			穿透	180°（1.415）	120°（1.401）	90°（1.336）	60°（1.232）	0°（0.907）
3		0.525	未穿透	180°（0.686）	120°（0.622）	90°（0.599）	60°（0.564）	0°（0.420）
4			穿透	120°（1.175）	90°（1.164）	60°（1.115）	180°（1.080）	0°（0.898）
5		0.1	未穿透	120°（0.463）	90°（0.459）	180°（0.454）	60°（0.449）	0°（0.410）
6			穿透	90°（1.007）	60°（1.006）	120°（0.970）	0°（0.887）	180°（0.777）
7		0.01	未穿透	90°（0.425）	60°（0.423）	120°（0.422）	0°（0.400）	180°（0.397）
8			穿透	60°（0.974）	90°（0.965）	120°（0.917）	0°（0.875）	180°（0.704）
9	10	1	未穿透	180°（0.827）	120°（0.708）	90°（0.640）	60°（0.565）	0°（0.399）
10			穿透	180°（1.351）	120°（1.337）	90°（1.272）	60°（1.168）	0°（0.843）
11		0.525	未穿透	180°（0.656）	120°（0.619）	90°（0.592）	60°（0.559）	0°（0.389）
12			穿透	120°（1.110）	90°（1.099）	60°（1.050）	180°（1.015）	0°（0.833）
13		0.1	未穿透	60°（0.439）	90°（0.436）	0°（0.380）	120°（0.376）	180°（0.355）
14			穿透	90°（0.941）	60°（0.940）	120°（0.904）	0°（0.821）	180°（0.711）
15		0.01	未穿透	0°（0.370）	60°（0.365）	90°（0.354）	120°（0.337）	180°（0.285）
16			穿透	60°（0.910）	90°（0.901）	120°（0.853）	0°（0.810）	180°（0.640）
17	20	1	未穿透	180°（0.669）	120°（0.605）	90°（0.564）	60°（0.517）	0°（0.368）
18			穿透	180°（1.272）	120°（1.259）	90°（1.194）	60°（1.090）	0°（0.765）
19		0.525	未穿透	120°（0.396）	90°（0.396）	60°（0.390）	180°（0.379）	0°（0.360）
20			穿透	120°（1.031）	90°（1.020）	60°（0.970）	180°（0.936）	0°（0.754）
21		0.1	未穿透	0°（0.350）	60°（0.306）	90°（0.276）	120°（0.240）	180°（0.149）
22			穿透	90°（0.864）	60°（0.863）	120°（0.826）	0°（0.744）	180°（0.634）
23		0.01	未穿透	0°（0.340）	60°（0.281）	90°（0.243）	120°（0.199）	180°（0.101）
24			穿透	60°（0.832）	90°（0.823）	120°（0.774）	0°（0.733）	180°（0.562）

聚能射孔时的高温、高压冲击波会在孔眼周围产生压实带（Crushed or Compacted Zone）。图 6—26 是 R. J. Saucier[4]描述的射孔贝雷岩心靶孔眼周围压实带的微观结构，将压实带用三层结构表示，其压实带渗透率（K_{cz}）大约为原始渗透率的 10%，这个渗透率极低的压实带将大大降低射孔井的产能，目前工艺尚无法全部消除它的影响。

1991 年 Asedi 和 Preston[5]利用扫描电镜（SEM）和图像分析（IAS）研究射孔岩心发现孔道周围主要是小孔道，往外才是原始大孔道，如图 6—27 所示。压汞法测孔隙度也表明孔眼周围孔隙度没有减少，但压汞法测出的孔隙尺寸分布曲线表明，尽管孔隙度不变，但孔隙尺寸分布却大大改变了（如图 6—28）。此时，大孔道已经遭到破坏，代之以小孔隙增加，这导致了渗透率的明显下降。

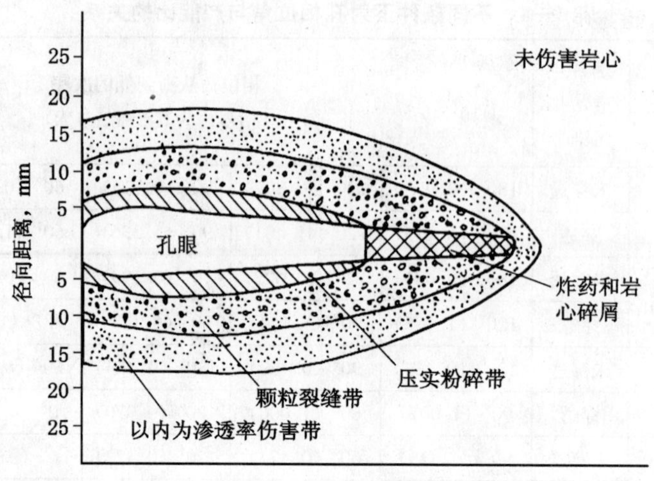

图 6—26　射孔压实带微观结构示意图[4]

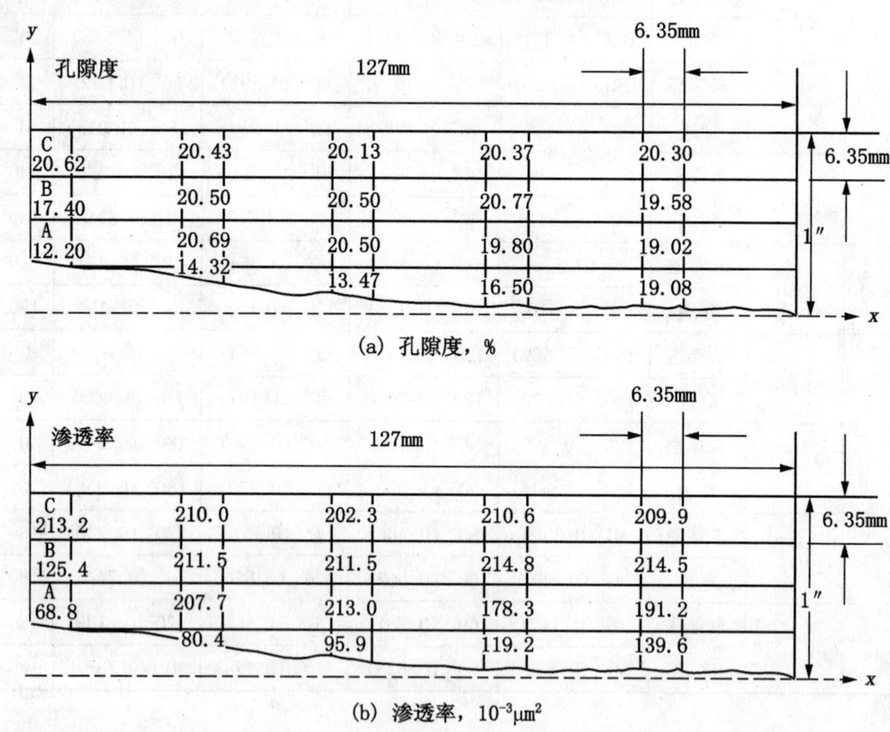

图 6—27　沿孔道周围的孔隙度和渗透率分布[4]

国内对射孔压实带影响射孔完井产能进行了研究，结果表明：压实带厚度增加使产能比降低。华北油田与西南石油学院曾进行岩心靶测试，实验表明，压实厚度在 10～17mm 之间（与国外报导的 0.5in 左右接近）。压实伤害程度 CZC（K_{CZ}/K_o）对产能的影响则比较明显，尤其是孔眼穿透钻井伤害区以后，其影响将显著上升，如图 6—29 所示。因此选择流动效率 CFE 高的射孔弹很有必要。

（2）钻井伤害

钻井伤害包含两个指标：一是钻井伤害深度，二是钻井伤害程度 DC（K_d/K_o）。图 6—30

是钻井伤害程度对产能比的影响。当孔眼穿透伤害区时（A 线），伤害程度影响很小；反之，当孔眼未穿透伤害区时（B 线），伤害程度影响要严重得多。图 6—31 则是钻井伤害深度对产能比的影响，当孔眼未穿透伤害区时，虽然总的产能较低，但伤害深度影响较小；当孔眼穿透伤害区时，总的产能较高。因此，钻井过程中保护好储层对于充分发挥油气井产能具有重要意义，同时选择射孔弹时，应尽量选用能穿透钻井伤害区的射孔枪。

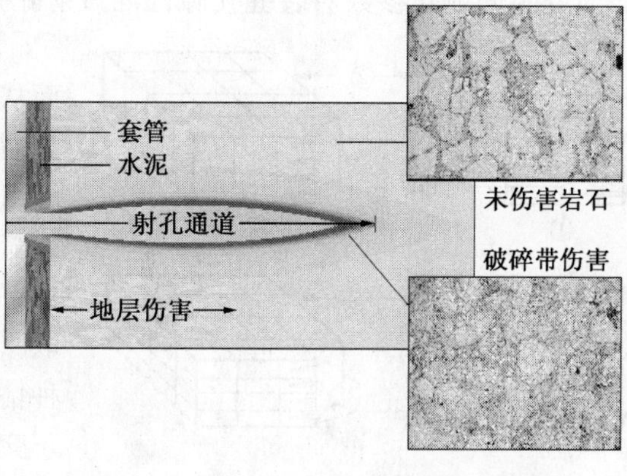

图 6—28　射孔前后孔道对比示意图

二、裂缝性油藏射孔井的产能规律

天然裂缝孔隙性油藏射孔井的生产能力，完全取决于射孔孔眼与近井区域裂缝体系的水力连通性。也就是说裂缝孔隙性油藏射孔完井后的产能主要受天然裂缝类型、分布密度以及

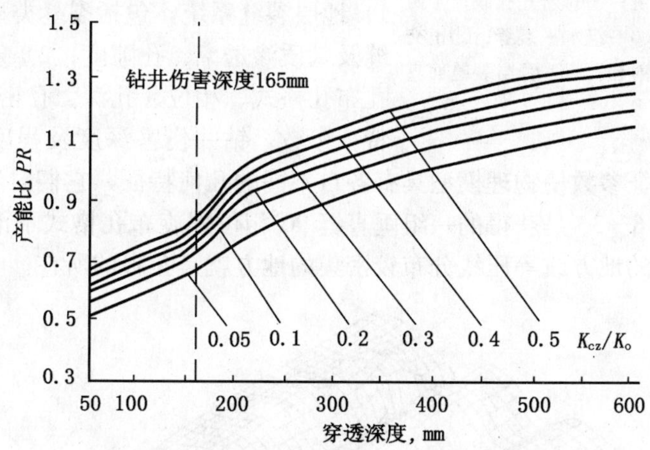

图 6—29　射孔压实程度与产能比的关系

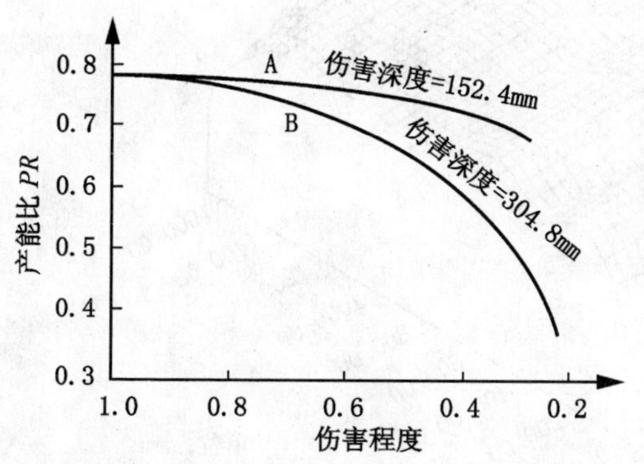

图 6—30　钻井伤害程度对产能比的影响

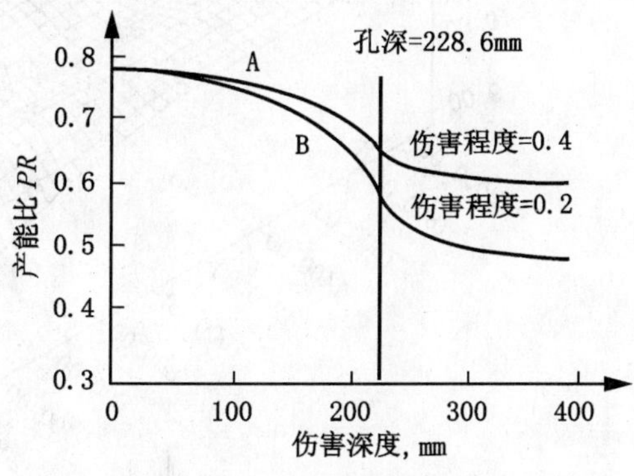

图 6—31　钻井伤害深度对产能比的影响

孔深、孔径和相位等因素控制。要弄清裂缝孔隙性油藏射孔参数与油井产能的关系，必须是在较好认识油藏裂缝特征基础上，建立相应渗流物理模型及数学模型，通过有限元求解分

析，研究不同射孔参数对裂缝孔隙性油藏射孔井产能的影响，为射孔设计提供理论基础。

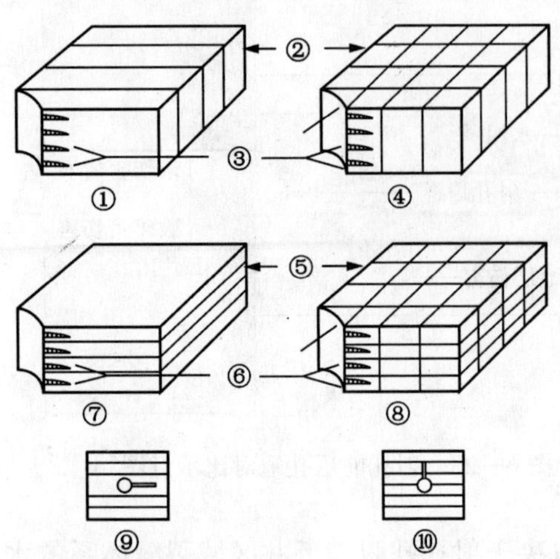

图 6—32 裂缝－基岩类型（S. M. Tariq[2]）
①一组垂直裂缝；②⑤裂缝；③⑥射孔孔眼；④两组相互垂直的垂直裂缝；⑦一组水平裂缝；⑧正交裂缝；⑨与裂缝面平行的射孔孔眼；⑩与裂缝面直交的射孔孔眼

裂缝网络从宏观上讲是十分杂乱、无序的，而从相对微观的概念上讲裂缝系统则是有序的。如裂缝系统在给定的范围内由具有彼此平行的裂缝组成。在这样一个相对较小的井筒附近区域的裂缝系统可以认为是较规则的，并且裂缝特征参数可以从钻井、取心和测井资料中相对真实地获取。因此，在井筒附近区域将裂缝系统简化为四种情况（图 6—32），即一组垂直裂缝、两组互相正交的垂直裂缝、一组水平缝和三组相互正交的裂缝。

S. M. Tariq[2] 和西南石油学院[23] 研究了这四种情况下油井产能与射孔参数的关系，获得了相应的规律性认识。模型考虑的三类特征参数包括：1）地层裂缝系统，包括裂缝类型、裂缝密度、裂缝及基质渗透率、孔隙度；2）射孔参数，包括射孔布孔格式、相位、孔深、孔密、孔径；3）伤害特征参数，钻井伤害深度及程度、射孔伤害带厚度及程度。不同的特征参数使物理模型具有各自不同的几何特征，它们对流体渗流也将产生不同程度的影响。图 6—33 是获得的一组垂直缝 90°相位螺旋布孔格式下沿井圆周方向上压力分布，图中呈凹陷的地方或等压线分布较密集的地方就是孔眼的所在。

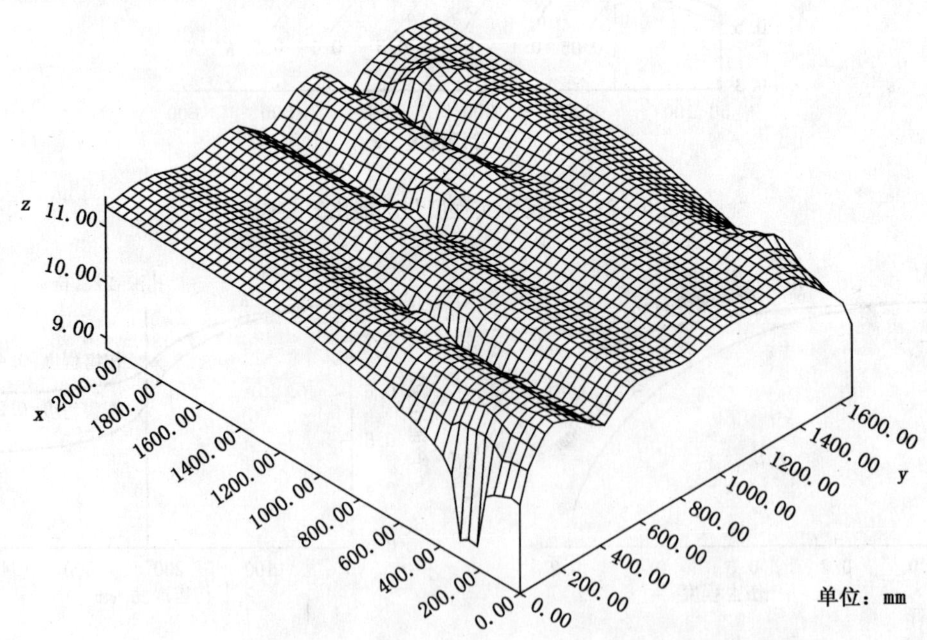

图 6—33 一组垂直缝 90°相位螺旋布孔井圆周向压力分布图[23]

1. 不同裂缝网络类型对油井产能的影响

裂缝网络物理模型的类型不同，同一射孔参数对油井产能的贡献是不一样的，同时每一裂缝类型的裂缝参数（如缝宽、缝密）对油井的产能也将产生不同程度的影响，如表6—5所示。

表6—5　不同裂缝网络模型对油井产能分析

类型	孔密，孔/m			孔深，mm			裂缝密度，条/m		
	40	24	16	450	300	100	10	5	1
一组垂直缝	0.7945	0.7577	0.7364	0.7684	0.7438	0.5201	0.7807	0.7633	0.0723
二组垂直缝	1.0519	1.0300	1.0162	1.0418	0.9808	0.7789	1.1900	1.069	0.7880
一组水平缝	0.8918	0.8796	0.7667	0.8787	0.8492	0.6590	0.9350	0.8923	0.8012
三组正交缝	1.2240	1.2053	1.1932	1.2003	1.1557	0.8182	1.4301	1.2601	0.8652

注：孔密、孔深、缝密基准参数分别为24、400、4。

从表6—5可以看出，具有两组垂直裂缝和三组直交裂缝的油藏，在同一射孔参数下优于其余两种情况，三组直交裂缝的流动效率最高。对一组垂直裂缝情形，射孔深度是最重要的因素，它与裂缝密度一起交互作用，影响油井产能；对两组垂直裂缝情形孔深和裂缝密度仍是最敏感的因素，孔密的影响次之；对一组水平裂缝情形，孔密和缝密交互作用是影响油井产能的重要因素之一；而对于三组相互直交裂缝系统，孔深和缝密交互作用，影响较为显著，孔密影响次之。

2. 射孔参数对裂缝性油藏产能的影响分析

（1）一组垂直裂缝网络模型

对一组垂直裂缝网络模型的情形，存在着两种极限情况：最好的情况是射孔孔眼方向与裂缝方向垂直并穿透裂缝；最坏的情况是射孔孔眼方向与裂缝走向平行无论穿透深度多大都无法与裂缝相遇。

如果孔眼方向与裂缝方向平行，那么孔眼是不能与裂缝相遇的，因而射孔井的产能偏低，主要取决基质与裂缝间的传导能力。图6—34是相同裂缝密度和孔密情况下产能比与孔

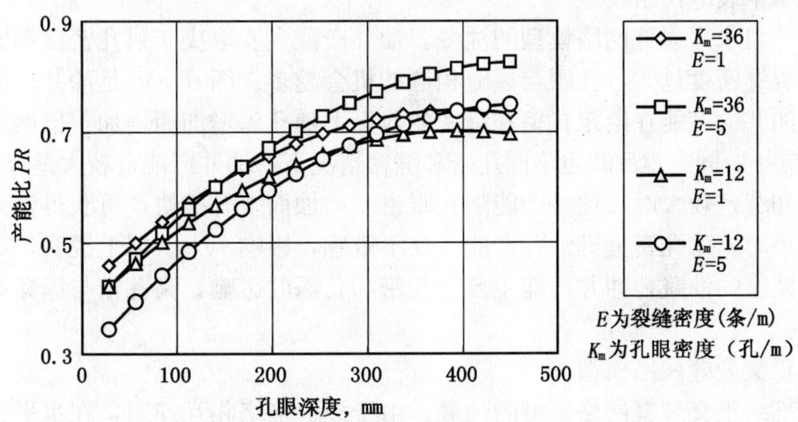

图6—34　孔眼深度对油井产能的影响（一组垂直裂缝）

眼深度的关系（两组）。可以看出，油井产能随孔深增加而上升，但增加到一定程度后孔深的增加对产能贡献不大，尤其在裂缝密度 E 较低时，这种趋势更为明显，并且在孔眼深度较小时，裂缝密度越大，油井产能随孔深增加的幅度也越大。结果都表明，如果孔眼方位与

裂缝方位平行，油井的产能总体较低，同时孔深是影响油井产能的重要因素，孔密和裂缝密度影响不大。

如果孔眼方向与裂缝方向垂直，那么孔眼是否与裂缝相遇并获得高的产能取决于孔眼的穿透深度和裂缝密度的大小。

（2）两组垂直裂缝网络模型

对于存在两组垂直裂缝网络模型的油藏来说，油井的产能与射孔相位的关系不大，仍主要取决于孔眼是否与裂缝相连，即孔眼的深度是否与裂缝密度相适应。从图 6—35 可以看出，油井产能随孔深的增加而增加，但是如果裂缝密度很小，且孔眼不足以穿透裂缝时，油井产能很低。

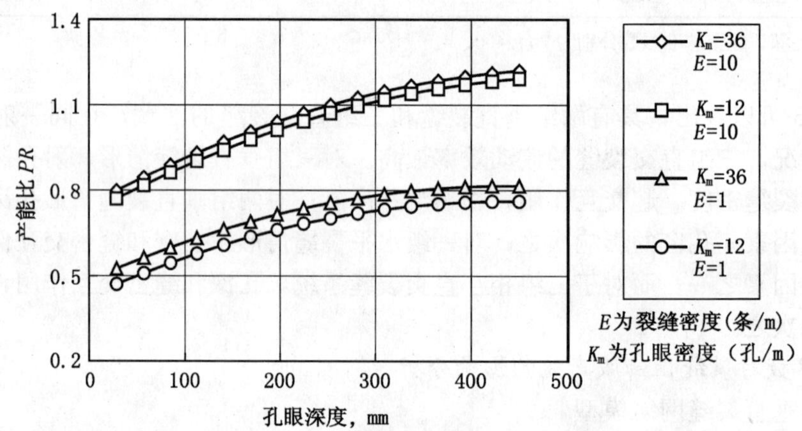

图 6—35　孔眼深度对油井产能的影响（两组垂直裂缝）

如果孔深与裂缝密度的配合能穿透裂缝，那么油井产能将大大提高。从图 6—35 可以得出，油井产能随缝密的增加而增加，但孔密的影响很小，这与存在一组垂直裂缝孔眼方向与裂缝方向垂直时情形十分相似。

（3）一组水平裂缝网络模型

对于存在一组水平裂缝网络模型的油藏，油井产能主要取决于射孔密度和裂缝密度。射孔密度越高，裂缝密度越大，孔眼与裂缝相遇的机会越多。图 6—36 是油井产能与孔眼密度的关系曲线，油井的产能在给定孔密和缝密的前提下随孔深增加而增加，但增加的幅度随孔深的增加大大减小。同时也反映也不同孔密和缝密情况下，油井产能有较大差异。如图 6—37 所示，在孔深和缝密较大时，油井产能随孔眼密度增加而上升很快，可获得较高产能，但在孔深和缝密较小时，随孔密上升油井产能反映不敏感，影响不大。以上说明，对于存在一组水平裂缝网络模型的油藏，油井产能主要受孔密和孔深的影响，高孔密与深穿透可望获得较高产能。

（4）三组正交裂缝网络模型

对于存在三组正交裂缝网格模型的油藏，由于裂缝网络相互连通，在水平、垂直方向裂缝都具有较高的传导能力，因而一旦孔眼与裂缝相连，油井可获较高产能，孔深将对油井产能产生很大影响。

图 6—38 表示不同孔密和缝密情况下，油井产能与孔眼深度的关系曲线。随孔深增加，油井产能增加。在缝密较大的情况下，不论孔密大小，油井将获得极高的产能，油井产能随孔眼深度增加而增加的幅度很大；但在较低的缝密情况下，由于未穿透任何一条裂缝，不论

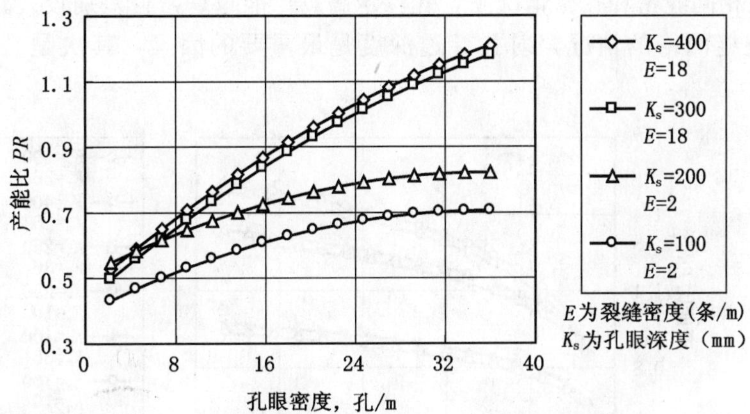

图 6—36　孔深孔密对产能的影响（一组水平缝）

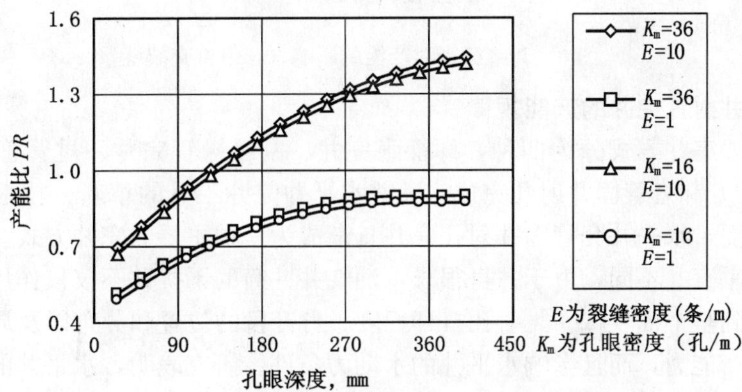

图 6—37　孔深对产能的影响（一组水平缝）

孔密多大，随孔深增加油井产能的增加幅度很低，且产能始终低于 1。只有当孔深增加到足以穿透裂缝时，产能才有可能大幅度增加。图中也反映出说明不论孔眼是否穿透裂缝，产能对孔密不太敏感。

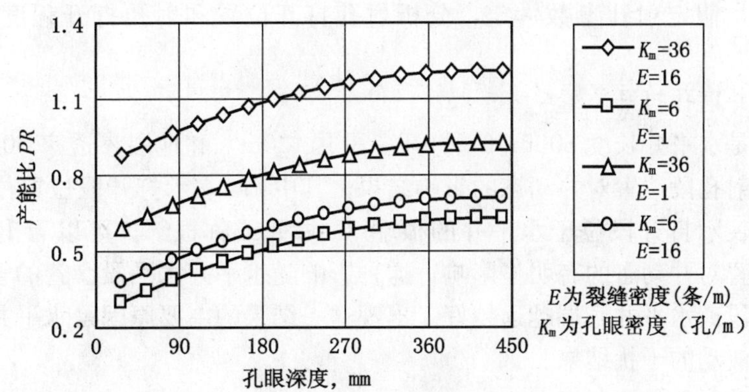

图 6—38　孔深孔密对产能的影响（三组直交裂缝）

图 6—39 是油井产能与裂缝密度的关系曲线，说明油井产能随裂缝密度增加而增加，且孔深越高，*PR* 增加的幅度越大；在相同缝密和孔深情况下，孔密越高，油井产能越大，但

差别不大；在相同缝密和孔密情况下，孔深越高，产能越高，且差别较大。以上说明，在存在三组直交裂缝网络的情况，射孔穿透深度是最重要的因素，其次是裂缝密度，再次是孔密。

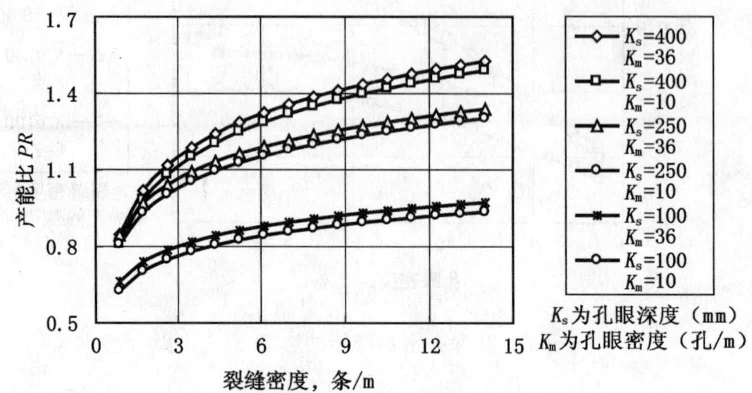

图 6—39　缝密对产能的影响（三组直交裂缝）

三、水平井射孔完井的产能规律

水平井主要完井方式分为四种，即裸眼完井、割缝衬管完井、衬管管外分段封隔完井（套管外封隔器）和套管固井射孔完成。随着水平井完井工具的革新、技术进步以及对产层控制的实际需要，水平井套管固井射孔完井日渐成为一种主要的完井方式。

水平井与垂直井不同，由于井身很长，油气井井筒的干扰并不仅仅作用于井筒附近的区域，而且影响到整个油气藏[7]。射孔打开程度、打开段的位置和分布以及局部射孔参数的选择不仅影响生产能力，而且影响水平井的水动力条件。研究表明，水平井的产能与以下四方面的因素有关：油藏的生产能力、水平井的多相流动、油藏与井筒的相互作用和射孔完井参数的选择。

1. 射孔打开位置和打开程度对水平井产能的影响

水平井打开位置和打开程度优化的模拟方法是耦合产层流入动态和水平井筒的多相流动模型，考虑井筒压降对水平井动态的影响。具体打开段的射孔参数影响，则以局部打开段射孔表皮来描述，假定射孔参数一定，分析射孔打开位置和射孔打开程度对油气层产能的影响。

（1）水平井射孔打开位置

图 6—40 是水平井长度 600m（只打开一段共 120m）和地层渗透率 $300\times10^{-3}\mu m^2$ 情况下的模拟不同射孔段位置对井动态的影响结果，其中 1st 表示打开段位置位于水平井的底端（toe），5th 则表示打开段位于水平井的根端（heel）或称根部。可以看出在其他参数一定时，射孔段位置对井动态的有明显影响，这种影响随水平井水平段套管的管径的减小更加明显。射孔打开段离水平井底端越远越好。出现这一结果的主要原因是水平井筒的多相流动能量损失对油藏流动的干扰结果。

（2）水平井射孔打开程度

射孔打开程度表示水平井实际打开长度与总水平井长的百分比率。图 6—41、图 6—42 是模拟不同井筒半径和水平井长度条件下射孔打开程度对井动态的影响。研究表明，在其他参数一定时，射孔打开程度对油井产能有较大影响。不论水平井长度和管径如何，射开程度越大，

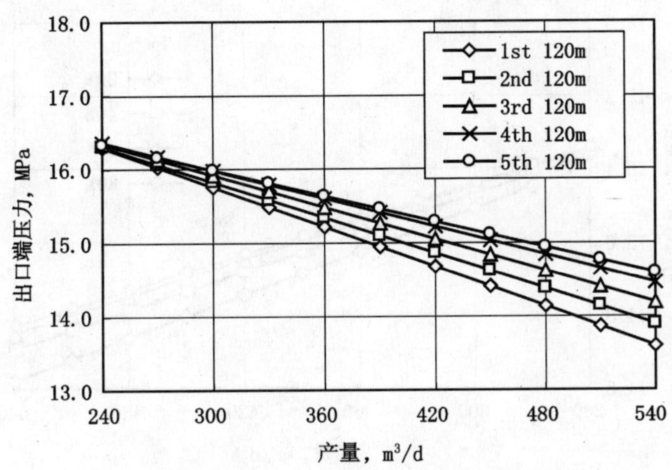

图 6—40　射孔打开段位置对水平井动态的影响

水平井动态越好。但随打开程度的增加，水平井产能增加的幅度明显减小。从经济角度讲，水平井不宜完全打开，具体打开程度应根据实际井况优化。需要注意的是，这些结论只适用于各向同性储层。如果沿水平井筒地层的渗透率变化很大，则必须根据实际井况进行评价。

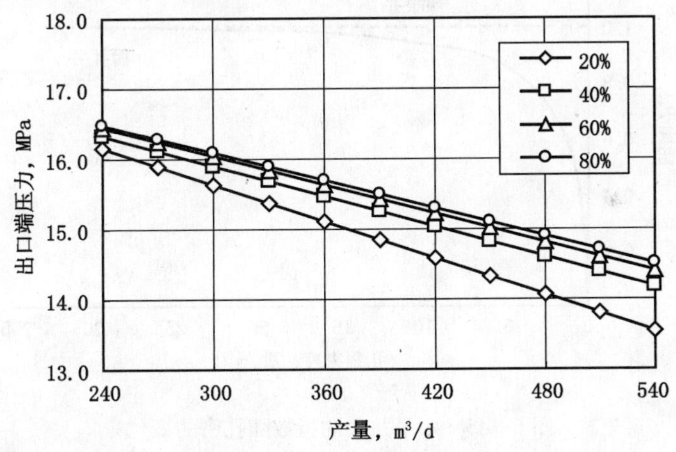

图 6—41　射孔打开程度对水平井动态的影响（300m）

根据对水平井长度的敏感分析，发现油气井产能并不是随井长度无限制增加，而是存在一个最佳长度。油层渗透率对水平井的动态影响也很大。

2. 射孔参数对砂岩油藏水平井产能的影响

为了研究孔密、相位、孔深以及射孔压实和钻井伤害对砂岩油藏水平井产能的影响，这里假定水平井长度为 300m，地层厚度为 20m，水平井离底界 7m，地层水平渗透率和垂向渗透率分别为 $6\mu m^2$、$1.5\mu m^2$，原油黏度为 1.5mPa·s，地层压力 16MPa。采用地层达到拟径向流时的产量作为计算产能和产能比的依据。

（1）孔密

图 6—43 是在孔眼深度近似为零的情况下，产能比随孔密改变而改变，当孔密增加到一定程度时，孔密的增加不会明显增加水平井产能[8]。从图中可以看出当孔密达到一个较大的值时，射孔井的产能将达到裸眼井的产能。特别注意的是，在相对较低的孔密下，水平井的

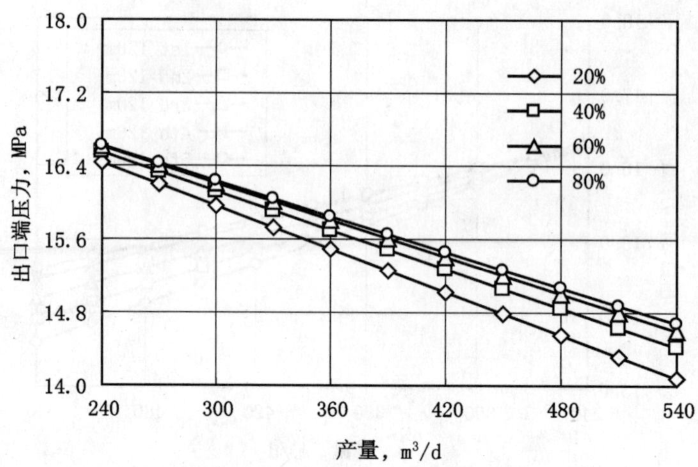

图 6—42　射孔打开程度对水平井动态的影响（600m）

产率比与垂直井相比要高得多，也就是说水平井射孔完井在较低孔密下就能获得期望的产率比。

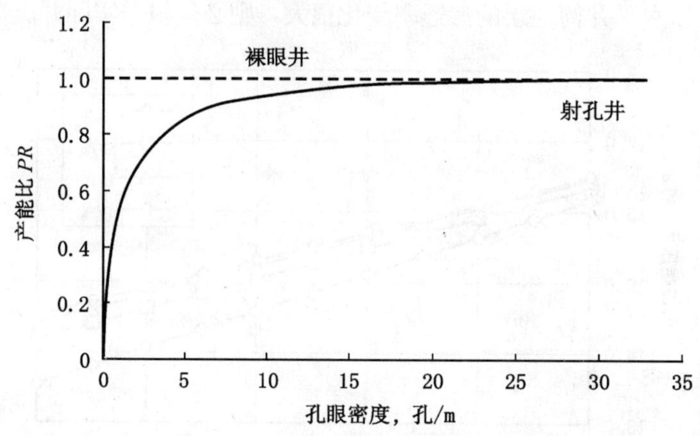

图 6—43　水平井采油指数随孔密的变化

（2）孔深

图 6—44 是孔深和孔密对水平井产率比的影响[8]，产能比随孔眼深度的增加而增加。在孔密很低时，孔眼深度对产率比的影响十分明显；在孔密较大时，随孔深增加产率比也随之增加，但当孔深增加到一定程度时（>200mm），水平井产率比增加的幅度明显变缓。说明在低射孔密度下它的影响更为严重。

（3）相位角

图 6—45 是各向异性严重（$K_v/K_h=0.01$）时相位角对水平井产率比的影响[8]，结果表明相位角对产能比的影响非常明显，而且 180°相位是最好的，而 90°和 45°相位得到较低的产能比，这与直井射孔完井研究结果是不同的。研究表明在各向异性严重的地层孔眼密度对孔眼穿透深度较小的情况影响更为显著。在均质地层中，相位角的影响要弱得多。

（4）非均质程度

图 6—46 是非均质程度（K_v/K_h）对水平井产率比的影响[8]，结果表明在孔眼深度很大

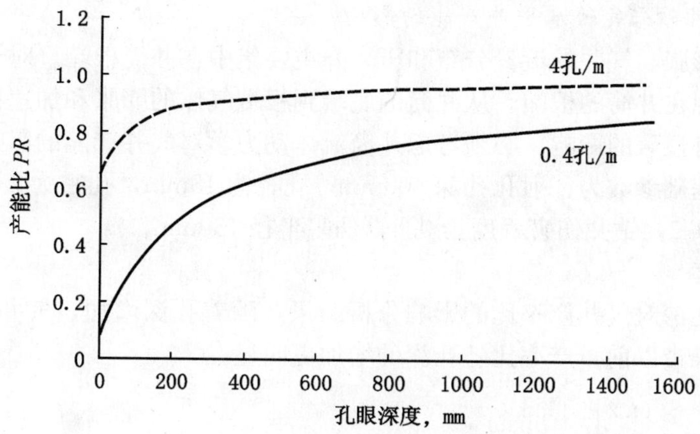

图 6—44　水平井产率比随孔眼深度的变化

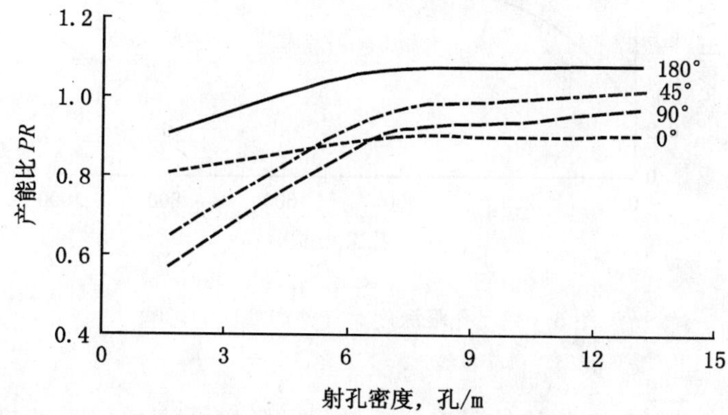

图 6—45　相位角和孔密对产率比的影响

时非均质越严重产率比越高，但在孔眼深度较小时非均质程度越严重产率比越低。同时也说明在非均质严重时相位的影响较大，而在非均质程度较小时，相位的影响很小，并且可以忽略。研究表明对于非均质严重时采用深穿透、中高孔密、180°相位垂向布孔将有利于提高油井产能。

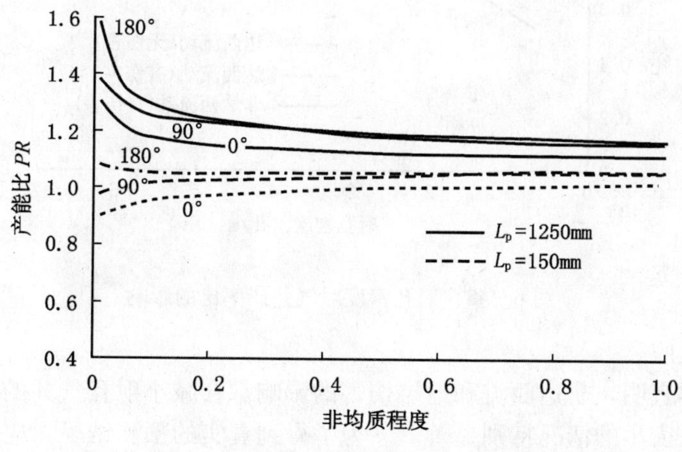

图 6—46　地层非均质对产率比的影响

3. 射孔参数对砂岩气藏水平井产能的影响

由于气体的膨胀，气井的流量分布和压力降主要集中在井筒根端。对于高渗透气井，主要的压力降也出现在井筒的根端。从井筒的底端到根端气体的膨胀和加速都一直存在，动量改变对压力梯度有显著的影响。必须考虑井筒流体动力学对气井产能的影响[8]。

下面的分析基础参数为：射孔孔深 300mm，孔径为 18mm，孔密为 2 孔/m，相位 180°，射孔压实程度为 0.2，钻井伤害程度为 0.4，伤害半径 150mm。

（1）孔眼深度

图 6—47 为孔深对气井产率比的影响分析结果，随着孔深增加，气井产率比随之增加，特别是未穿透污染带以前，产率比随孔深的增加更明显。

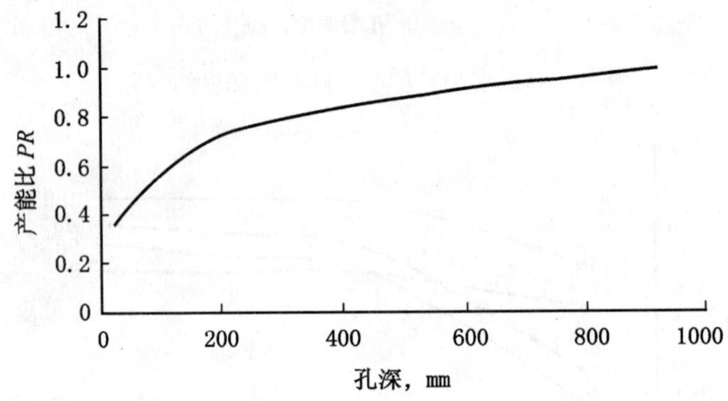

图 6—47　孔眼深度对气井产率比的影响

（2）孔密

图 6—48 为孔密对气井产率比的影响分析结果，随着孔密增加，气井产率比随之增加。与油井相似的是在较低孔密下就能获得期望的产率比，这与直井的情况是不同的。

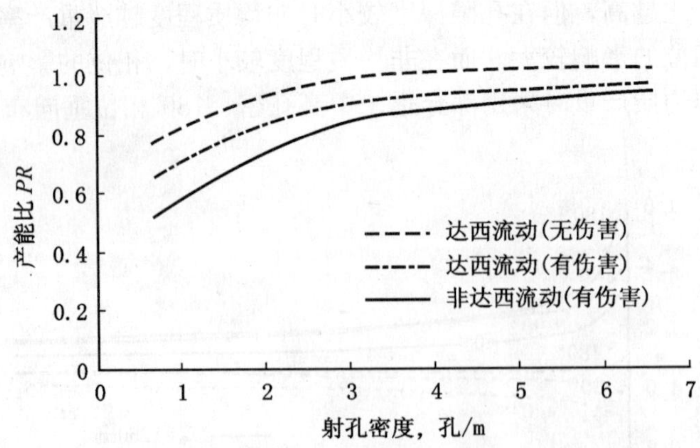

图 6—48　射孔密度对气井产率比的影响

（3）非达西效应

图 6—48 同样表明，非达西流和地层伤害的影响都会减小射孔气井的产能，尤其对于射孔孔眼长度短和孔密小的情况特别显著[8]。为了得到真实的预测结果，应该考虑非达西流的影响。

4. 地层伤害对水平井产能的影响

地层伤害可以用表皮系数来表达，它对水平井产率比和对直井产率比的影响程度是不一样。假设地层非均质系数为 1，如图 6—49 所示，随表皮系数的增加，不论水平井还是垂直井，油井的产率比都要降低。相同表皮系数下垂直井的产率比比水平井要低，更重要的是，相同表皮系数下水平井产率比的降低百分比比垂直井要小得多，也就是说地层伤害对水平井产率比的影响程度比直井的影响要小。需要特别注意的是，由于水平井产量数值比垂直井大，由此引起的产量绝对损失量比直井大得多。

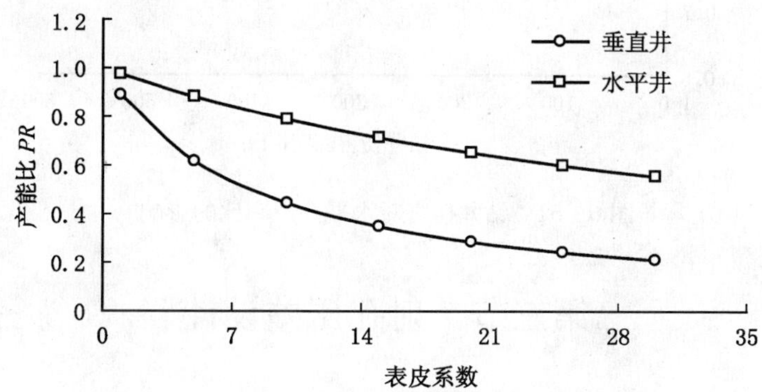

图 6—49 油层伤害对直井和水平井产率比的影响对比

下面分别考虑射孔压实伤害和钻井伤害的影响。

(1) 射孔压实伤害

图 6—50 是射孔伤害对产率比的影响结果。可以看出如果 $K_c/K>0.2$，则射孔伤害对产率比的影响不严重。这表明由射孔带来的渗透率的轻微降低对水平井来说是可以接受的。通过使用高质量的聚能射孔弹、负压射孔和合理的射孔液来避免严重的射孔伤害。

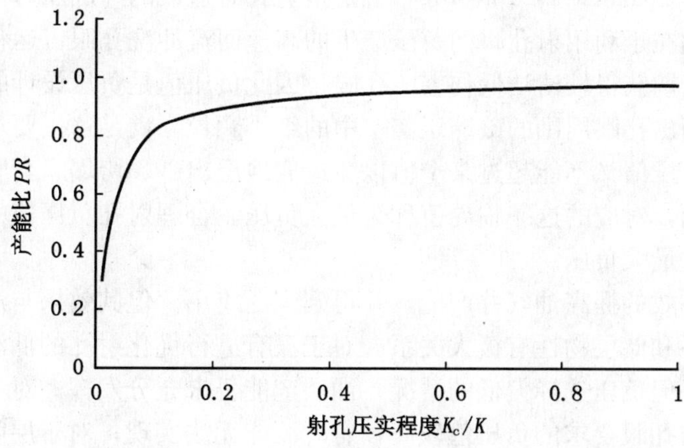

图 6—50 压实程度对气井产率比的影响

(2) 钻井伤害

图 6—51 是钻井伤害对产率比的影响结果。结果表明钻井伤害程度的影响要大于伤害带深度的影响。从图中可以看出，钻井伤害程度越大，产率比越低。当伤害厚度大于孔眼深度时，随着伤害深度的增加产率比的减小变得缓慢。因此，控制钻井伤害半径以便射孔能够穿

透是非常重要的。这与直井结论相同。

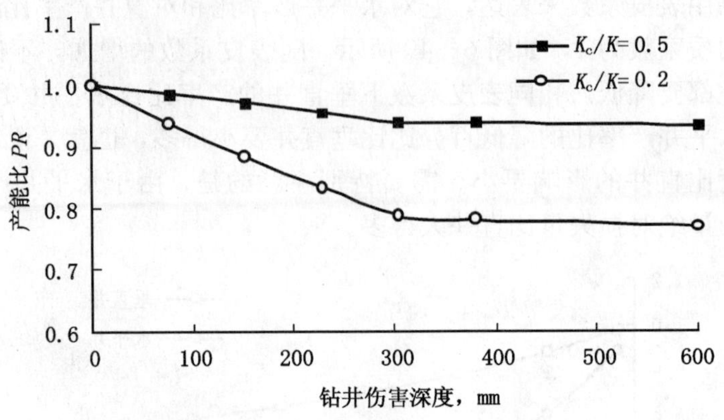

图 6—51　钻井伤害对水平井产率比的影响

第三节　射孔压差设计

完井设计要求在既安全又经济的条件下保证完井段压力损失最小、产量最高。按照实施射孔时井筒压力与地层压力的关系，可把射孔作业分为负压射孔、正压射孔和超正压射孔。由于常规正压射孔时射孔液的压持效应，伤害地层的风险极大，目前很少采用。负压射孔和超正压射孔都能改善油气井的生产能力，目前已在世界范围内获得了大量应用。前者几乎成为一种工业标准，而后者则是前者的有益补充，为了保证在油气井安全的前提下，获得预期的射孔效果，必须对射孔压差进行科学设计。

一、负压射孔与超正压射孔

负压射孔（Underbalance Perforating）就是指射孔时造成的井底压力低于油藏压力。负压射孔出发点的关键在于利用射孔瞬间负压产生的高速回流冲洗孔眼，运移由于射孔压实造成的孔眼堵塞物，以期获得较清洁低伤害的孔眼。因此负压值是负压设计的关键。一方面要保证孔眼清洁、冲刷出孔眼周围的破碎压实带中的细小颗粒，满足这一要求的负压称为最小负压；另一方面，负压值又不能超过某个值以免造成地层出砂、垮塌、套管挤毁、封隔器失效和其他方面的问题，对应的这一临界值称为最大负压。合理射孔负压值的选择应当是既高于最小负压又不超过最大负压。

负压射孔确能有效的提高油气井产能，并得到广泛应用。但其效果与油气田的射孔工艺水平、负压设计水平和储层物性有极大关系。对于没有进行优化射孔的低渗油气藏，可能出现虽采用负压射孔，但负压选择偏低的情况，油层产能仍未充分发挥；对于低渗、严重伤害的油气藏，完全清洁孔眼要求的负压值较高，有时可能无法实现；对于层间非均质严重的地层，在同一负压下射孔，孔眼的清洁程度不一；对于油气藏欠压情形，有时会出现采用全井掏空也不能达到理想负压值；对于弱胶结地层，负压能满足孔眼清洗要求但又可能造成地层出砂。因此采用负压射孔虽能将改善这些情况下井底附近的流动能力，但达不到最优值，在这种情形下应寻求更为有效的方法。

超正压射孔（Extreme Overbalance Perforating，EOP）[12]则完全避开了这些问题，它在射孔瞬间井底压力大于地层破裂压力的条件下完成点火射孔的。射孔点火后，射孔液垫立刻在高压压缩气膨胀能的驱动下以很高的流动速度快速冲击孔眼。由于液体几乎是不可压缩的，它就像楔子嵌入岩石一样使孔眼迅速起裂。液体或其中的支撑剂将以高达 $16m^3/min$ 的速度冲蚀地层，形成稳定畅通的流动通道。一般来讲，当气体到达孔眼时 EOP 裂缝扩展立即终止，因为气体将迅速滤失进入地层。

EOP 作业时，井筒施加的压力必须足够大。首先它必须超过当地岩石最小主应力，其次还必须穿透孔眼中滞留的不渗透弹屑物。这些弹屑在常规作业中常常会影响作业效果。研究表明，要克服这些弹屑障碍物，实施的超正压压力梯度必须足够高。通常在 30kPa/m 以上。

对实施 EOP 作业的井，由于孔眼（压实）伤害带来的孔眼导流能力降低的影响是很低的，因为弹屑还来不及硬化就被冲成粉末冲入裂隙的远端，孔眼周围岩石破碎导致的渗透率降低已经被产生的高渗透裂缝掩盖而变得微不足道了。同时气体在通过孔眼时速度将接近声速，也会对孔眼和裂缝壁面产生冲蚀和摩擦作用，提高渗透能力。

超正压射孔工艺的效果与井口施工压力、液氮用量、液垫用量以及地层物理性质密切相关，其中射孔时井口压力（或射孔压差）十分关键，相应的井底压力必须大于井底地层破裂压力，因此对射孔地层井底破裂压力的准确预测也直接影响施工参数合理选择。

二、负压设计经验方法

1. W. T. Bell 经验关系

W. T. Bell 根据世界范围上千口射孔完井的经验，给出了根据产层渗透率及储层类型确定所需负压值的一个统计表，如表 6—6 所示。该方法的缺点是只给出一个范围，需要结合经验来确定，只能用于确定最小负压。

表 6—6　W. T. Bell 射孔负压设计经验准则

渗透率，$10^{-3}\mu m^2$	负压 Δp 范围，MPa	
	油层	气层
$K>100$	1.4～3.5	6.9～13.8
$10<K\leqslant100$	6.9～13.8	13.8～34.5
$K\leqslant10$	>13.8	>34.5

2. 美国岩心公司经验关系

美国岩心公司曾根据 45 口井的修正数据，给出了一个选择油井射孔负压的经验关系式：

$$\ln\Delta p_{min}=5.471-0.3688\ln K \tag{6—1}$$

式中　Δp_{min}——油井射孔最小负压，10^{-1}MPa；

K——油层渗透率，$10^{-3}\mu m^2$。

3. 美国 Conoco 公司计算方法

1989 年，美国 Conoco 公司的 H. R. Crawford 发表了负压设计方法，它是建立在 G. E. King[13] 最小负压公式和 Colle 最大负压公式的基础上的。King 等人根据 90 口井的经验获得了最小负压关系。King 等人指出，若砂岩油藏射孔后酸化增产不明显（产能增加低于 10%），则表明这种孔眼是干净的，对应的负压就是足够的。当然，King 的这种分析是将酸化本身存在问题的井排除在外的。King 等人获得了以下经验方程：

$$\ln \Delta p_{min(oil)} = 17.24/K^{0.3} \quad (6-2)$$

$$\ln \Delta p_{min(gas)} = 17.24/K \quad (K<10^{-3}\mu m^2) \quad (6-3)$$

$$\ln \Delta p_{min(gas)} = 17.24/K^{0.18} \quad (K \geqslant 10^{-3}\mu m^2) \quad (6-4)$$

式中　$\Delta p_{min(oil)}$——油层的最小负压，MPa；

$\Delta p_{min(gas)}$——气层的最小负压，MPa；

K——产层的渗透率，$10^{-3}\mu m^2$。

Colle 则根据他在委内瑞拉和海湾地区的经验发展一种计算最大负压 Δp_{max} 的方法。他将 Δp_{max} 与相邻泥岩声波时差或体积密度建立了联系。根据声波时差的计算公式为：

$$\Delta p_{max(oil)} = 24.132 - 0.0399\Delta T_{as} \quad (\Delta T_{as} \geqslant 300\mu s/m) \quad (6-5)$$

$$\Delta p_{max(gas)} = 33.059 - 0.0524\Delta T_{as} \quad (\Delta T_{as} \geqslant 300\mu s/m) \quad (6-6)$$

$$\Delta p_{max} = \Delta p_{tub,max} \quad (\Delta T_{as} < 300\mu s/m) \quad (6-7)$$

根据相邻泥岩体积密度的计算公式为：

$$\Delta p_{max(oil)} = 16.13\rho_{as} - 27.58 \quad (\rho_{as} \leqslant 2.4 g/cm^3) \quad (6-8)$$

$$\Delta p_{max(gas)} = 20\rho_{as} - 32.4 \quad (\rho_{as} \leqslant 2.4 g/cm^3) \quad (6-9)$$

$$\Delta p_{max} = \Delta p_{tub,max} \quad (\rho_{as} > 2.4 g/cm^3) \quad (6-10)$$

式中　Δp_{max}——最大负压，MPa；

$\Delta p_{tub,max}$——井下管柱或水泥环最大安全负压，MPa；

ΔT_{as}——相邻泥岩声波时差，$\mu m/s$；

ρ_{as}——相邻泥岩体积密度，g/cm^3。

式中下标 oil、gas 分别表示油层和气层。

4. Behrmann *方法*

20 世纪 90 年代中期，斯仑贝谢射流测试中心 Behrmann[15] 等对射孔伤害带通过 CT 扫描、薄片分析、压汞测量及模拟井下岩心流动实验进行了大量详细的研究，使人们对射孔压实带的概念有了新的认识，提出达到零压实表皮系数的最佳负压设计方法。

对 $K<100\times10^{-3}\mu m^2$

$$\Delta p_{min} = 1.6359\phi d_p^{0.3}/K^{0.3333} \quad (6-11)$$

对 $K>100\times10^{-3}\mu m^2$

$$\Delta p_{min} = 3.8666\phi d_p^{0.3}/K^{0.5} \quad (6-12)$$

式中　d_p——孔眼直径，mm；

K——地层渗透率，$10^{-3}\mu m^2$；

ϕ——孔隙度，%；

Δp_{min}——零表皮最小负压，MPa。

该方法的缺点是没有提供最大负压的方法。

三、保证孔眼清洁的最小负压设计理论方法

前面几种方法的优点是简单、方便，缺点是考虑因素不全面，基本上是只依靠渗透率、声波时差两个参数来确定最小和最大负压。另外，方法多是区域性经验统计意义上的，缺乏理论根据，不一定对任何油气层都适用。国内外近年来在此方面进行了理论研究，以下简单介绍这些新方法。

1. Tariq 的最小负压计算方法

Tariq 方法[14]最根本的依据是当孔眼处流动达到非达西状态时，清洗孔眼堵塞物质的拖曳力与流速的二次方成正比，此时孔眼压实带伤害的清除将变得很容易。因此建立了射孔后负压作用下不稳定渗流的有限元数值模拟程序，模型中流动遵循 Forchheimer 非达西渗流规律。通过计算可知道压力、流速与位置、时间、负压差、孔眼尺寸、压实程度、地层渗透率、流体黏度等参数有关。S. M. Tariq 的模拟计算表明，当无量纲时间 t_D（$t_D=\frac{k_t}{\phi\mu c_t r_{cz}^2}$，$r_{cz}$ 为压实带半径）达到 $t_D=0.1$ 时，负压的影响将达到或超过压实带外边界。负压越大，速度越大，非达西效应越显著。Tariq 对模型假定不同的负压 Δp，计算出不同压实带渗透率下 $t_D=0.1$ 时压实带边界的雷诺数 Re。

$$Re=\frac{\beta K\rho v_c}{\mu} \tag{6—13}$$

式中 β——非达西紊流系数；

K——地层渗透率；

ρ——流体密度；

v_c——t_D 为 0.1 时压实带外边界流速；

μ——流体黏度。

图 6—52 是 Tariq 作出的油井（原油黏度 $\mu=1\text{mPa·s}$）渗透率 K 与负压 Δp 和雷诺数 Re 的曲线。

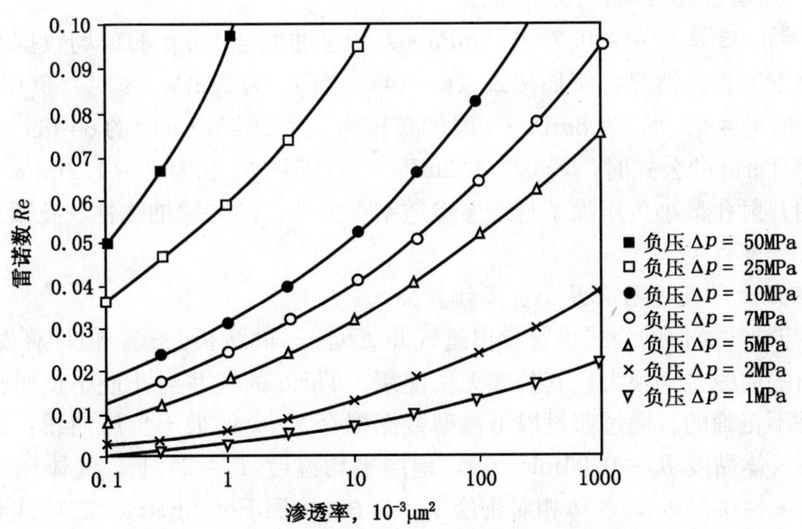

图 6—52 渗透率、负压与压实带边界雷诺数的关系（$t_D=0.1$）

为了获得清洁孔眼所需要的临界雷诺数 Re_c，Tariq 将图 6—52 按给定雷诺数 Re 读出对应的负压 Δp 和渗透率 K，并绘制 G. E. King 的现场统计图版上。对于油井，Tariq 发现当 $Re=0.05$ 时其 $\Delta p-K$ 关系刚好落在 King 的最小负压曲线上，故得到油井临界雷诺数 $Re_c=$

0.05。对于气井，Tariq 得到临界雷诺数为 $Re=0.1$。

对于实际计算，数模方法要求输入流体参数、地层参数、射孔及伤害参数，反复假设负压 Δp 值，计算 $t_D=0.1$ 时压实带外边界雷诺数 Re，当 Re 达到 Re_c 时，所假设 Δp 即为最小负压。

因此这种方法实质是以 King 的现场数据为准。但对于实际流体物性（如黏度 μ）和地层压力 p_r 与 King 的统计井平均值相差很大时，必然会导致误差甚至错误。Tariq 的油井临界雷诺数 $Re_c=0.05$ 适合于 μ_0 在 0.7～1.2mPa·s 范围。而气井雷诺数 Re_c 应该是随渗透率变化的。尽管如此，Tarip 在定量化理论计算最小负压方面所做的开创性工作仍具有重要意义。

2. 油井射孔最小负压解析公式

Tariq 认为在 $t_D=0.1$ 时刻负压影响已超过压实带外边界，即可近似假设此时压实带半径 r_c 处压力为 p_r 而孔壁 r_p 处压力为 p_{wf}。假设负压 Δp 足以造成非达西流且 r_c 处雷诺数达到临界值 Re_c，则此负压即为最小负压 Δp_{min}。利用 Forchheimer 二项式方程，从 r_p 到 r_c 积分，经推导 Tariq 得出了计算 $\Delta p_{min(oil)}$ 的解析方程。

$$\Delta p_{min(oil)}=\frac{130.82\mu_o^2 Re_c r_{cz}}{K_{cz}^{0.4}\rho_o}\left[\ln\frac{r_{cz}}{r_p}+Re_c r_{cz}\left(\frac{1}{r_p}-\frac{1}{r_{cz}}\right)\right] \tag{6—14}$$

式中 μ_o——原油黏度，mPa·s；

Re_c——油井射孔清洁孔眼临界雷诺数，取为 0.05；

r_{cz}——压实带半径，cm；

r_p——孔眼半径，cm；

ρ_o——原油密度，g/cm^3；

K_{cz}——压实带渗透率，$10^{-3}\mu m^3$。

由于 $Re_c=0.05$ 是在 $\mu_o=0.7$～1.2mPa·s 下通过拟合 King 的现场数据获得的，它差不多代表低黏度下真实情况。例如按式（6—14），当 μ_o 为 2mPa·s 时，负压 $\Delta p_{min(oil)}$ 将为 $\mu_o=1$mPa·s 时的 4 倍，μ_o 为 8mPa·s 时的负压为 $\mu_o=1$mPa·s 时的 64 倍，太不合理。为此，建议使用 Tariq 的公式时，若 $\mu_o\gg1.2$mPa·s，则将 μ_o 取为 $\mu_o=1.2$mPa·s。

可见，油井射孔最小负压除了与地层渗透率有关外，还与原油物性、孔眼尺寸、压实半径和压实伤害程度有关。

3. 西南石油大学气井射孔最小负压计算公式

Tariq 按与油井类似的公式也曾导出过气井 $\Delta p_{min(gas)}$ 的解析公式，但计算发现Tariq公式与其由此作出的曲线差别很大，其公式无法使用。Tariq 的气井射孔最小负压临界雷诺数太小且为常值是不正确的。通过假设以下典型数据拟合 King 的最小负压曲线：地层平均压力 $p_r=20$MPa，气体黏度 $\mu_g=0.03$mPa·s，地层平均温度 $T_r=373$K，气体压缩因子 $Z=1$，$r_{cz}=1.78$cm，$r_p=0.51$cm，气体相对密度 $\gamma_g=0.6$。按照 Forchheimer 二项式和气体状态方程，最终导出了以下计算气井最小负压的公式：

$$p_r^2-p_{wf}^2=75.088\frac{\mu_g^2 T_r Z r_{cz}}{\gamma_g CZC^{0.8}}\cdot\frac{Re_{cg}}{K_{cz}^{0.4}}\left[\ln\frac{r_{cz}}{r_p}+Re_{cg}r_{cz}\left(\frac{1}{r_p}-\frac{1}{r_{cz}}\right)\right] \tag{6—15}$$

$$Re_{cg}=(0.061p_r K_r^{0.4}-0.571)^{0.5}-0.251 \tag{6—16}$$

式中 p_r——地层平均压力，MPa；

T_r——地层平均温度，K；

p_{wf}——射孔时井底压力，MPa；

K_r——射孔渗透率，$10^{-3}\mu m^2$；

μ_g——平均压力 p_r 和温度 T_r 下的气体黏度，mPa·s；

Z——平均压力 p_r 和温度 T_r 下的气体偏差系数；

γ_g——气体相对密度；

CZC——压实伤害程度（K_{cz}/K），小数；

r_{cz}——压实带半径，cm；

r_p——孔眼半径，cm；

Re_{cg}——气井射孔最小负压临界雷诺数。

如果 $p_r K_r^{0.05} \leqslant 15$ 或计算出的 $p_{wf} < 0$，则说明地层无足够能量保证获得最小负压，此时可取 $\Delta p_{min} = p_r$。

式（6—15）可编程计算。输入已知参数，初步假设 μ_g、Z，由式（6—15）计算 p_{wf} 值和平均压力 p_r（简单地可按 p_{wf} 与 p_r 的算术平均），按有关公式校正 μ_g、Z 并计算一个新的 p_{wf} 值。多次迭代计算后得到准确的 p_{wf} 值，则最小负压为：

$$\Delta p_{min(gas)} = p_r - p_{wf} \tag{6—17}$$

四、防止地层出砂的最大负压设计理论方法

根据弹塑性力学观点，出砂即是孔眼结构的稳定性遭到破坏，该过程可以这样来描述：负压射孔瞬间，由负压而产生的高速流体立刻作用于孔眼及围岩，使孔眼附近地带应力急剧变化。在应力作用下，孔眼首先发生弹性变形，弹性变形完毕后接着产生塑性变形，如果应力足以使孔眼周围岩石变形超过其临界塑性变形值，将引起孔眼结构破坏，导致大量出砂。有研究表明：标准的达西流动与非达西流动相比，非达西流动将大大增加孔眼的不稳定性。即可以采用弹塑性力学原理，以等效塑应变来估价孔眼的稳定性。因此可以综合利用流体的非达西渗流模型和应力应变模型计算孔隙压力分布和孔眼应力分布，预测孔眼的稳定性以确定最大允许负压差[20]。

1. 莫尔—库仑屈服准则

油气井射孔完成后，孔眼处于一个复杂的三向应力状态，这里从简化的模型出发，考虑单个孔眼的情形（公式变量单位全采用 SI 制）。假设孔眼围岩具有良好的塑性，由莫尔—库仑屈服准则有：

$$f = \sigma_\theta - \sigma_r N^2 + (N^2 - 1)p - 2S_o N = 0 \tag{6—18}$$

$$N = \tan(\pi/4 + \phi/2)$$

式中 σ_r——孔眼径向应力；

σ_θ——孔眼切向应力；

p——孔隙压力；

S_o——岩石的内聚力；

ϕ——岩石的内摩擦角，rad。

2. 塑性区应力模型

在弹塑性边界 r_c 上，莫尔—库仑屈服准则同样成立，根据力学稳定性、对称性，可将它简化为平面应变轴对称问题，即认为孔眼为圆柱形孔眼，力平衡微分方程为：

$$r\frac{\partial \sigma_{\mathrm{r}}}{\partial r}+\frac{\sigma_{\mathrm{r}}-\sigma_{\theta}}{r}=0 \tag{6—19}$$

将式（6—18）代入式（6—19），根据应力应变虎克定律得到塑性区应力分布表达式为：

$$\sigma_{\mathrm{r}}=(1-N^2)\ r^{N^2-1}\int_{r_{\mathrm{p}}}^{r} pr^{-N^2}\mathrm{d}r+\frac{2S_{\mathrm{o}}N}{1-N^2}\left(\sigma_{\mathrm{ri}}+\frac{2S_{\mathrm{o}}N}{N^2-1}\right)\left(\frac{r}{r_{\mathrm{p}}}\right)^{N^2-1} \tag{6—20}$$

$$\sigma_{\theta}=N^2\ (1-N^2)\ r^{N^2-1}\int_{r_{\mathrm{p}}}^{r} pr^{-N^2}\mathrm{d}r+\frac{2S_{\mathrm{o}}N}{1-N^2}+N^2\left(\sigma_{\mathrm{ri}}+\frac{2S_{\mathrm{o}}N}{N^2-1}\right)\left(\frac{r}{r_{\mathrm{p}}}\right)^{N^2-1}+(1-N^2)\ p \tag{6—21}$$

$$\sigma_{\theta}=(1-N^4)\ \nu r^{N^2-1}\int_{r_{\mathrm{p}}}^{r} pr^{-N^2}\mathrm{d}r+\frac{2S_{\mathrm{o}}N}{1-N^2}+(N^2+1)\ \nu\left(\sigma_{\mathrm{ri}}+\frac{2S_{\mathrm{o}}N}{N^2-1}\right)\left(\frac{r}{r_{\mathrm{p}}}\right)^{N^2-1}+(1-N^2)\ \nu p+(1-2\nu)\ \beta p \tag{6—22}$$

式中 r_{p}——孔眼半径；

σ_{ri}——孔道内壁径向应力；

ν——泊松比；

β——地层岩石压缩率。

3. 弹性区应力模型

考虑孔隙介质中流体压力的影响，多孔介质的弹性变形位移方程由下式描述：

$$(\lambda+2G)\ \frac{\mathrm{d}}{\mathrm{d}r}\left(\frac{\mathrm{d}u}{\mathrm{d}r}+\frac{u}{r}\right)+\beta\frac{\mathrm{d}p}{\mathrm{d}r}=0 \tag{6—23}$$

式中 λ，G——拉梅常数；

u——变形位移；

r——半径；

β——地层岩石压缩率。

根据应力与应变的关系，并结合下面的边界条件：

$$\sigma_{\mathrm{r}}\ \big|_{\ r=r_{\mathrm{p}}}=\sigma_{\mathrm{ri}} \qquad \sigma_{\mathrm{r}}\ \big|_{\ r=r_{\mathrm{o}}}=\sigma_{\mathrm{ro}} \tag{6—24}$$

可推得弹性区应力分布表达式：

$$\sigma_{\mathrm{r}}=\sigma_{\mathrm{rc}}+(\sigma_{\mathrm{ro}}-\sigma_{\mathrm{rc}})\ \frac{1-(r_{\mathrm{c}}/r)^2}{(r_{\mathrm{c}}/r_{\mathrm{o}})^2}-\frac{1-2\nu}{1-\nu}\frac{\beta}{r_{\mathrm{c}}}\int_{r_{\mathrm{c}}}^{r} p_{\mathrm{r}}d_{\mathrm{r}}+\frac{1-(r_{\mathrm{c}}/r)^2}{(r_{\mathrm{c}}/r_{\mathrm{o}})^2}\cdot\int_{r_{\mathrm{c}}}^{r} p_{\mathrm{r}}d_{\mathrm{r}}+2\beta\ (p-p_{\mathrm{c}})\ -2\beta\ (p_{\mathrm{o}}-p_{\mathrm{c}})\ \frac{1-(r_{\mathrm{c}}/r)^2}{1-(r_{\mathrm{c}}/r_{\mathrm{o}})^2} \tag{6—25}$$

$$\sigma_{\theta}=\sigma_{\mathrm{rc}}+(\sigma_{\mathrm{ro}}-\sigma_{\mathrm{rc}})\ \frac{1+(r_{\mathrm{c}}/r)^2}{1-(r_{\mathrm{c}}/r_{\mathrm{o}})^2}+\frac{1-2\nu}{1-\nu}\frac{\beta}{r^2}\int_{r_{\mathrm{c}}}^{r} p_{\mathrm{r}}d_{\mathrm{r}}+\frac{1+(r_{\mathrm{c}}/r)^2}{1-(r_{\mathrm{c}}/r_{\mathrm{o}})^2}\cdot\frac{1-2\nu}{1-\nu}\times\frac{\beta}{r^2}\int_{r_{\mathrm{c}}}^{r} p_{\mathrm{r}}d_{\mathrm{r}}-2\beta p_{\mathrm{c}}-2\beta\ (p_{\mathrm{o}}-p_{\mathrm{c}})\ \frac{1+(r_{\mathrm{c}}/r)^2}{1-(r_{\mathrm{c}}/r_{\mathrm{o}})^2}+\frac{1-\nu}{\nu}\beta p \tag{6—26}$$

$$\sigma_z = \nu(\sigma_r + \sigma_\theta) - (1-2\nu)\beta p \tag{6—27}$$

式中 σ_{rc}——弹塑性边界半径处的应力；

σ_{ro}——孔眼外界半径处的应力；

p_c——弹塑性边界半径处的压力；

p_o——孔眼外界半径处的压力。

弹塑性边界半径 r_c 由式（6—18）、（6—19）、（6—25）共同确定。

4. 临界等效塑应变

为了预测孔眼稳定性引入等效塑应变（ε_r^p）的概念，定义为

$$\varepsilon_{er}^p = \left(\frac{2}{3}\right)^{\frac{1}{2}} \left[(\varepsilon_{rr}^p)^2 + (\varepsilon_{\theta r}^p)^2\right]^{\frac{1}{2}} \tag{6—28}$$

临界等效塑应变是为保证孔眼稳定所能承受的最大等效应变，即等效塑应变超过其临界值时孔眼将不稳定，对应于临界等效塑应变下的压差即为射孔最大负压差。临界等效塑应变定义为：

$$\varepsilon_{ec}^p = B_o + B_1\left[2S_o N(1+\nu)\right] \tag{6—29}$$

为了保证孔眼稳定，必须满足：

$$\varepsilon_e^p \leqslant \varepsilon_{ec}^p \tag{6—30}$$

5. 孔眼周围压力分布计算

在负压射开地层的瞬间，由于突然施加的压差使流体流经孔眼周围处的流速非常大，在短时间内该流场是非达西非定常状况，而且压力波的传播也是非常快的，可以假定孔眼周围的流动为非达西拟稳定流动，只考虑单个孔眼的情形，由 Forchheimer 方程可以得到压力分布。

$$p(r) - p_{wf} = \frac{184.2\mu Q}{KL_p}\ln\left(\frac{r}{r_p}\right) + \frac{3.393\times10^{-7}\beta\rho Q^2}{L_p}\left(\frac{1}{r_p} - \frac{1}{r}\right) \tag{6—31}$$

式中 $p(r)$——半径 r 处的孔隙压力，MPa；

β——流体的紊流系数，1/cm；

ρ——流体的密度，g/cm^3；

μ——流体的黏度，mPa·s；

L_p——孔深，cm；

Q——产量，cm^3/s；

r_p——孔眼半径，cm。

式（6—31）中 r_p、L_p、K 等参数可由射孔参数优化设计软件得出，需指出的是 L_p 应根据所选射孔弹的贝雷靶穿深和地层孔隙度较正而得出。由式（6-31）可求得任意半径 r 处的孔隙压力。

6. 最大无砂测射孔负压的计算步骤

1）根据岩石力学参数求得临界等效塑应变。

2）由渗流方程计算孔隙压力分布 $p(r)$，即先假定井底压力，求出假定负压下孔隙压力分布。

3）根据应力应变模型计算该假定负压下的等效塑应变。如果等效塑应变大于临界等效塑应变，则应减小负压差；否则增加负压差。

4）如果满足给定的精度，表示对应于临界等效塑应变下的射孔最大负压差已经获得，否则重复步骤2）～3）。

5）也可求出不同假设井底压力下的等效塑应变后，作出等效塑应变随负压差变化的关系图，利用临界等效塑应变与该曲线的交点求取最大负压。

五、合理射孔施工压差确定

1. 负压射孔施工压差设计

在按照前面讨论的方法设计出最小负压 Δp_{min} 和最大的负压 Δp_{max} 之后，还必须设计出射孔施工必须采用的施工负压差 Δp_{rec}。经过对各种因素的综合考虑，制定出确定合理射孔负压 Δp_{rec} 的方法。

（1）合理负压的限制条件

由于前面所研究的 Δp_{min}、Δp_{max} 并未考虑井下套管的安全因素，为此必须要求：

$$\Delta p_{rec} \leqslant 0.8 \Delta p_{tub,max} \tag{6—32}$$

式中 $\Delta p_{tub,max}$——井下管柱能够承受的最大安全负压，MPa。

对于低压油层，有时甚至全井掏空也达不到所要求的负压值，为此必须要求：

$$\Delta p_{rec} \leqslant p_r \tag{6—33}$$

（2）最佳负压的选择方法

分两种情况进行选择。

1）若 $\Delta p_{max} \geqslant \Delta p_{min}$。此时，若无出砂史，则

$$\Delta p_{rec} = 0.8 \Delta p_{max} + 0.2 \Delta p_{min} \tag{6—34}$$

若有出砂史或者含水饱和度 $S_w > 50\%$，则

$$\Delta p_{rec} = 0.2 \Delta p_{max} + 0.8 \Delta p_{min} \tag{6—35}$$

2）若 $\Delta p_{max} < \Delta p_{min}$。这种情况在某些时候也是有可能出现的，因为 Δp_{max} 是指防止出砂允许的最大负压，Δp_{max} 完全有可能小于保证孔眼清洁所需的最小负压 Δp_{min}，绝不能从符号上理解为 Δp_{max} 一定会大于 Δp_{min}。此时 Δp_{max} 实际上成了采用负压的制约条件，则为安全起见：

$$\Delta p_{rec} = 0.8 \Delta p_{max} \tag{6—36}$$

2. 超正压射孔施工压力设计

合理确定氮气加压井口施工压力是EOP工艺的关键参数之一，原则上以最大限度地强化射孔效果、不损伤井筒和不带来新的伤害为标准。射孔点火瞬间井筒压力的关系如下：

$$p_{wf} = p_{压井液} + p_{氮气柱} + p_{井口} \tag{6—37}$$

EOP工艺要求井底压力 p_{wf} 高于地层破裂压力并低于油管和套管最低抗挤毁压力，即有

$$p_{破裂} < p_{wf} < p_{挤毁} \tag{6—38}$$

在这一范围内，井口施工压力 $p_{井口}$ 就可以确定。大量实践经验表明，井底压力梯度要

求范围内 22～70kPa/m，这与实际地层破裂压力有关。该值的优化设计应该根据预期的施工效果，通过不同井底压力、液氮用量、液体用量条件下动态模拟地下裂缝的扩展以及产能分析综合确定。

3. 施工压差设计的安全限制

不论是负压射孔、超正压射孔还是射孔与测试联作，施工压差的安全性是施工操作中比较重要的参数之一，它应是满足施工安全、井底结构安全的前提下，能获得相对最佳结果的施工压差。不同施工目的对施工压差要求是不一样的，例如在射孔与测试联作情况下，施工压差还必须同时满足射孔与测试的要求。压差过小可能使地层流体流不出来，或产出量小使测试资料反映不出油藏特性，压差过大可能在井筒附近形成水锥或气锥伤害地层，威胁测试管柱、封隔器和地面流程的安全工作。一般来讲，施工时对压力的要求有以下几个方面。

（1）油管安全压力

包括抗内挤、抗外压以及剩余拉力。油管下入井中以后，都承受管内外介质的压力作用。每种规格的油管都可从手册中查到对应的抗内压强度、抗外挤强度以及抗拉强度。油管的剩余拉力则指油管抗拉强度减去油管下部管串拉力所剩余的抗拉能力，它与管柱串的结构密切相关，特别要注意进行封隔器解封、坐封操作时与套管的摩擦作用带来的影响。对一些特别的井（如高压深井）还应考虑管柱的抗压能力。

（2）套管安全压力

套管安全压力计算从概念上讲与油管安全压力计算是相似的，不同之处在于套管始终受到外部围岩的径向挤压作用。从薄弱环节上讲，井底部分套管受到的外挤压力和内部压力最大，是最弱环节。必须注意薄弱点允许的最大和最小套压。

（3）有效性测试工作压力要求

对于射孔测试联作，为了能获得有效数据方便解释和减小解释误差，测试压差应满足避免多相流动和临界流动要求，同时避免流动过程中的速敏伤害。

（4）超正压射孔安全要求

超正压射孔与增产措施过程中必须把安全因素放在首位。除了上述油管、套管的安全压力要求外，还应该注意封隔器、射孔枪系统及采油树、封隔工具与防喷管、部件的承压以及使用液体的安全。这是保证施工安全的基础。

第四节　射孔优化设计

对于具体的储层特征，要想获得完善的井底沟通条件，必须对射孔进行优化设计。进行正确而有效的射孔设计，取决于以下几个方面：一是对于各种储层和地下流体情况下，射孔井产能规律的量化认识程度；二是射孔参数、伤害参数和储层及流体参数获取的准确程度；三是可供选择的枪弹品种、类型的系列化程度；四是射孔工艺和射孔液的选择与特定储层的匹配程度。这里谈到的射孔设计是指现有的条件下针对特定储层的、使井产能达到最高的射孔参数、射孔工艺以及射孔液优配组合，也涉及实现这些参数的工艺要求。产能比是目标函数。

一、射孔参数分类

对于不同的井身类型（主要为直井、大位移水平井）射孔设计所包含射孔参数是不同的，为了明确射孔参数的功能和用途，把射孔参数分为三类。

第一类射孔参数：实施射孔作业所选的枪型和弹型。不同的弹有其各自的穿透几何参数2个（孔深和孔径）、射孔压实伤害参数2个（压实程度和厚度），不同的枪有不同的孔密、布孔方式、相位参数（3个）。枪弹参数对油气井的产能有较大的影响，即成为一类参数（共计7个）。

第二类射孔参数：对于水平井，相同的第一类射孔参数位置不同，产率比不同；打开程度不同，产率比也不同；射孔方位不同，产率比也不同。孔眼分布参数直接影响射孔水平井的产能，即二类参数（共计3个，打开位置、打开程度、射孔方位）。射孔方位的选择主要分两种，既360°的周边射孔或≤180°的低边射孔。

第三类射孔参数：射孔压差对于获得完善的井底沟通条件至关重要，即第三类参数（1个）。包括负压射孔时合理负压差或超正压射孔时合理施工压力的确定。

如何根据具体的储层特征、井身条件（直井、水平井）进行合理设计、分析和优选三类参数，是射孔优化设计的主要内容。在进行射孔设计时对于压裂井、注水井、防砂井、稠油、非达西渗流等情况，还要进行特殊考虑。

二、砂岩油气井射孔优化设计

这里主要讨论常规直井的射孔参数优化设计（一类射孔参数）。主要考虑三个方面的问题：各种可能参数组合的产能比、套管伤害情况和孔眼的力学稳定性。产能比是优化目标函数，后两者是约束条件。

1. 射孔弹性能数据准备

全国射孔检测中心定期都公布全国各种射孔弹的基本数据，主要包括混凝土靶的穿深、孔径、抗压强度等。由于贝雷岩心靶源越来越少且价格昂贵，因而贝雷岩心靶打靶数据越来越少，在近年公布的API 19B中也不是必作测试。由于射孔弹市场变化较大，应采用每年新公布的射孔弹性能数据。国内已将国内外绝大多数射孔弹性能数输入“油气井射孔优化设计软件”的数据库内，用户可随时修改、添加和调用。

在优化设计时需要知道射孔弹的压实伤害参数CZH和CZC，应根据每种射孔弹岩心打靶的孔深 L_p、孔径 d_p、贝雷岩心靶长度 L_c、岩心直径 d_c 和射孔岩心流动效率CFE，计算压实参数。

根据前面的讨论，压实厚度CZH在10～17mm，其值对设计和预测影响不大，故可以简单地取各射孔弹CZH统一为12.5mm。也可以按孔径为 $d_p=10$mm时取CZH=10mm，孔径为 $d_p=20$mm时取CZH=17mm，按线性关系估计某一 d_p 所对应的CZH。

压实程度CZC（K_{cz}/K_o）对射孔优化设计有重要的影响。可使用射孔弹穿透贝雷岩心靶的各项数据（孔深、孔径、流动效率等）通过射孔岩心靶有限元分析软件计算出压实伤害程度CZC。国内的“油井射孔优化设计软件”已编入上述方法，可以快速、准确地计算各种射孔弹的压实伤害程度CZC。

射孔参数优化设计时，也要调查射孔枪的参数。射孔枪参数包括枪外径、适用孔密、相位角、枪的工作压力和发射后外径（包括毛刺）以及适用射孔弹型号。配套使用射孔枪弹效果最好，因为配套射孔枪能保证射孔弹炸高在一个合理的范围内。

2. 射孔弹孔深与孔径校正

射孔弹厂家公布的射孔弹性能数据目前大都是混凝土靶数据，它并不表示在实际地下情况的穿透数据，只有地下实际情况下的穿透数据才能用来评价射孔井的动态。因此，针对特定地层条件进行射孔优化设计时必须进行射孔弹性能参数校正。

以前通过大量的实验，已经获得了贝雷砂岩靶的校正方法。针对目前大量使用混凝土靶的现状，必须进行混凝土靶的校正方法研究。方法之一是寻找混凝土靶向贝雷砂岩靶的转换方法，其二是研究混凝土靶数据直接向实际地层穿透数据的校正方法。

(1) 根据混凝土靶穿透数据转换为贝雷岩心靶数据

一些油田建立了简易的混凝土靶以检验射孔弹性能。要将混凝土靶穿透数据折算为贝雷岩心靶数据，这个数据对优化设计、产能预测和动态分析是有用处的。根据大庆检测中心各年来公布的数据，分析发现混凝土靶和贝雷砂岩靶穿透数据之间有较明显的关联性（与 API RP43 第五版的结论相同）。图 6—53、图 6—54 是国内计算关系图，由此可估算贝雷砂岩的穿深和孔径。

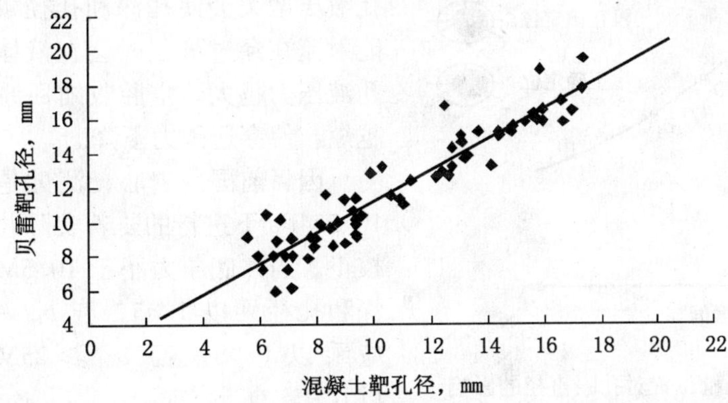

图 6—53　根据混凝土靶孔径折算贝雷靶孔径

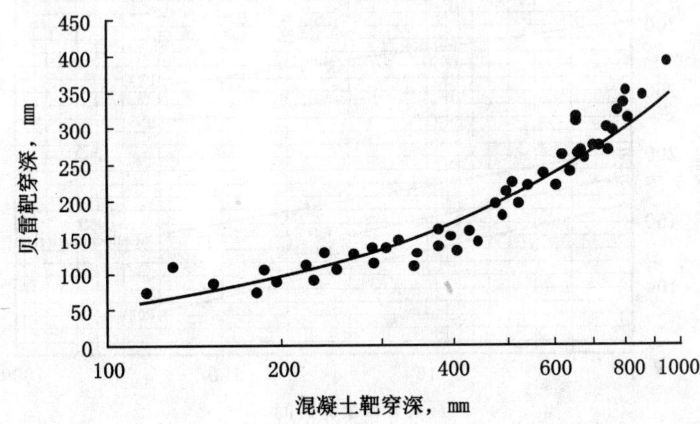

图 6—54　根据混凝土靶孔深折算贝雷靶孔深（横坐标为对数）

(2) 射孔弹井下穿深和孔径的校正

虽然根据混凝土靶可以近似得到贝雷靶数据结果，但实际井下条件下，穿深和孔径与地面贝雷砂岩靶的数据可能会有很大的不同。由贝雷靶向实际地层的校正应该包括六个方面，即枪套间隙、套管级别和层数、岩石抗压强度、射孔液垫压力、下井时间和井下温度、射孔弹存放环境和时间等。下面是具体的经验校正方法。

1) 枪与套管的间隙 δ 校正。最佳间隙为 0～13mm。若 $\delta = 16～24$mm，应将地面孔深、

孔径数据乘以 0.95。若 $\delta>25\text{mm}$，应再乘以 0.95。枪套间隙对孔深的影响要小于对孔径的影响，设计时若需要大孔径弹，则枪套间隙影响最好通过实验确定。图 6—55 是射孔不能居中时间隙对孔径的影响结果。

2）下井时间和井内温度校正。常用炸药都存在耐温与耐时问题，如果射孔环境超过炸药的耐温、耐时极限，射孔弹炸药将会降解，严重影响射孔弹性能。若可能超过耐温、耐时范围，应将地面孔深乘以 0.85～0.95。实际设计时，最好根据实际井下环境，利用射孔弹炸药的耐温耐时曲线，选择合适的炸药类型。图 6—56 是常见 RDX、HMX、HNS 和 PYX 的耐温耐时曲线。

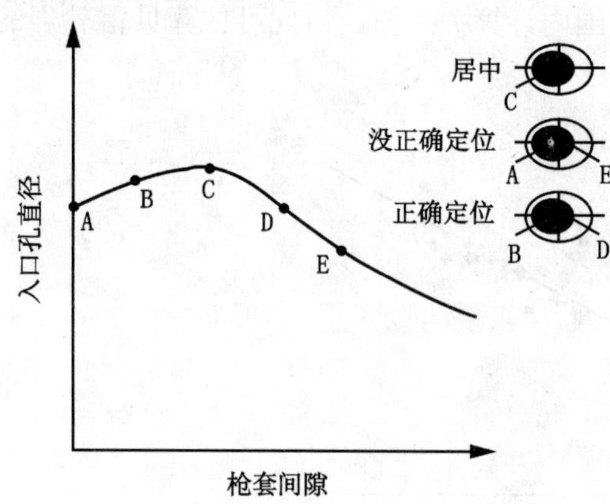

图 6—55　射孔枪位置对孔眼直径的影响

3）射孔液静水压力校正。根据前苏联格里戈和美国 L. A. Berhrman 等人的研究表明，射孔液压增大会使孔深和孔径减小。这是由于聚能射流在穿过液层时会在液体中形成空腔。射孔液压力越大，空腔收缩回原始状态的时间就越短，使穿透能力下降。

因目前国内岩心靶测试是在“井”内压力 10.5MPa 下进行的，若实际井下压力不同则需校正。当井底压力小于 10.5MPa，应将地面穿深和孔径乘以 1.05。若 $p_{wf}=15\sim24\text{MPa}$ 时，应乘以 0.95。若 $p_{wf}\geqslant25\text{MPa}$ 时，应再乘以 0.95。

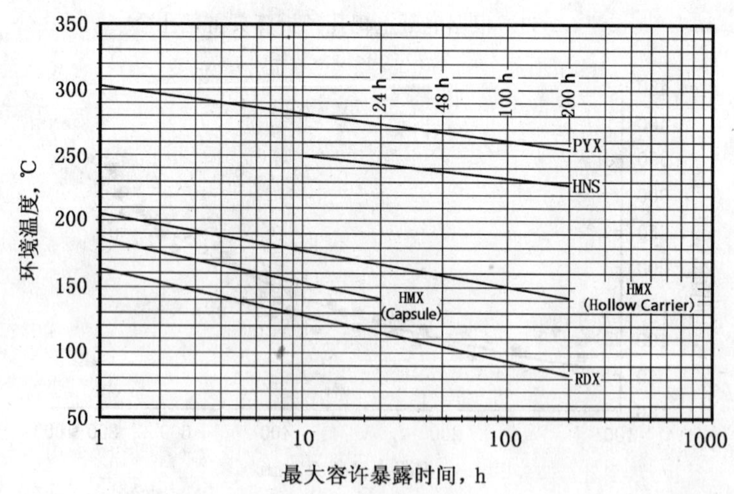

图 6—56　常用炸药耐温、耐时关系曲线

4）产层套管级别和层数校正。套管强度对孔眼尺寸有直接影响，对于高速射流深穿透射孔弹，不同套管钢级下的孔眼大小可由下式计算：

$$\frac{d}{d_{\mathrm{r}}}=\left(\frac{2250+4.2x_{\mathrm{r}}}{2250+4.2x}\right)^{0.5} \tag{6—39}$$

式中　d——实际井下套管的孔眼直径；

d_r——地面打靶套管的孔眼直径；

x——实际井下套管的布氏硬度；

x_r——地面打靶套管的布氏硬度。

套管的布氏硬度参见表 6—7。

对于油层在多层套管的情形，孔径随第二层或第三层套管的变化随弹型的不同而不同。对深穿透射孔弹来说，一般估计第二层套管孔径比第一层套管的孔径下降 10%～30%，第三层套管孔径比第二层套管孔径下降 10%。遇到这种情形最好采用地面打靶实验进行确定，特别是有特殊用途（防砂或砾石冲填等）的大孔径聚能射孔弹。

表 6—7　套管级别及其物理性质

套管级别	HRB “B”	HRC “C”	HB	屈服强度 MPa
J55	81～95		152～209	379
K55	93～102	14～25	203～256	379
C55	93～103	14～26	203～261	517
L80	93～100	14～23	203～243	552
N80	95～102	16～25	209～254	552
C95	96～102	18～25	219～254	655
S95		22～31	238～294	655
P105		25～32	254～303	724
P110		27～35	265～327	758

穿深的校正可根据套管类型经验地确定。若为 N80 套管，地面数据应乘以 0.95；若为 P110，乘以 0.90。双层套管时，地面孔深应乘以 0.6；三层套管时，地面孔深应乘以 0.4。

5）岩石孔隙度校正。射孔弹的穿透能力随岩石孔隙度减小（抗压强度增大）而减小。国内根据诺模图利用回归分析方法给出了以下校正关系。用 ϕ_f 表示地层孔隙度（百分数），ϕ_b 表示贝雷砂岩靶的孔隙度（百分数），C 表示校正系数，则校正方法如下：

若 $\phi_f/\phi_b<1$，则

$$C=\left(\frac{\phi_f}{\phi_b}\right)^{1.5}\left(\frac{19}{\phi_f}\right)^{0.5} \tag{6—40}$$

当 $\phi_f/\phi_b=1$，则 $C=1$。

若 $\phi_f/\phi_b>1$，且 $\phi_b<19\%$时，则

$$C=\left(\frac{\phi_f}{\phi_b}\right)^{1.5}\left(\frac{\phi_b}{19}\right)^{0.5} \tag{6—41}$$

若 $\phi_f/\phi_b>1$，且 $\phi_b\geqslant19\%$时，则

$$C=\left(\frac{\phi_f}{\phi_b}\right)^{1.5} \tag{6—42}$$

如能提供地层岩石的抗压强度，根据贝雷靶的抗压强度和实际地层抗压强度按下式

计算：

$$C=\exp\left[0.0125\left(\sigma_r-\sigma_f\right)\right] \tag{6—43}$$

注意，该公式不能直接用于混凝土靶到地层的转换。此外，射孔弹的存放时间和存放环境对其透穿性能也有影响。

3. 钻井伤害参数的计算

钻井伤害主要表现在固相侵入和滤液侵入，并由此而引起物理和化学伤害，使产层在一定径向深度的范围内渗透率降低。就射孔而言，钻井伤害参数（伤害深度、伤害程度）是影响射孔优化设计的两个重要参数。目前确定钻井伤害参数的方法有裸眼中途测试方法、测井方法、反求法、经验法以及根据实际测试资料进行拟合等。若有条件就采用裸眼中途测试法测定或借用同一地层相同钻井条件的邻井中途测试资料。若无中途测试条件可根据钻井数据用经验法确定，国内的射孔优化设计软件已提供经验计算方法。

4. 射孔参数优化设计

射孔参数优化必须建立在对各种地质、流体条件下射孔产能规律的正确认识基础上，或者说必须建立起正确的模型，获得定量化的关系。前面已讨论过各种储层条件下射孔参数对产能影响（单因素分析）、诺模图以及解析方法，国内也推出了有关砂岩油井、砂岩气井、砂岩注水井、孔隙裂缝性油藏等射孔优化设计软件。

实际针对具体储层进行参数优选时，可以根据上述方法或工具软件，计算各种可能的孔密、相位、射孔弹配合下的各种产能比，并计算出每种配合下套管抗挤能力降低系数，在保证套管抗挤毁能力降低不超过5%的前提下，选择出使产能比最高的射孔参数配合。

对于水平井，除进行一类射孔参数的优选外，第二类和第三类射孔参数也十分重要。详见后面的讨论。

射孔参数优选步骤如下：

1）建立各种储层和产层流体条件下射孔完井产能关系数学模型，获得各种条件下射孔产能比定量关系；

2）收集本地区、邻井和设计井有关资料和数据，用以修正模型和优化设计；

3）调查射孔枪、弹型号和性能测试数据；

4）校正各种弹的井下穿深和孔径；

5）计算各种弹的压实伤害参数；

6）计算设计井的钻井伤害参数；

7）计算和比较各种可能参数配合下的产能比和套管抗挤毁能力降低系数，优选出最佳的射孔参数配合；

8）计算选择方案下的产量及表皮系数；

9）计算出最小和最大负压，推荐施工负压；

10）选择合适的射孔工艺和射孔液；

11）设计施工管柱和编写施工设计书。

上述各种计算的工作量很大，查诺模图的精度也很有限，国内研究射孔优化设计软件可以方便、快速、较准确地进行优化设计。

5. 射孔工艺的合理选择

在第一节已经详细讨论了不同的射孔工艺，每种射孔都有各自优缺点和使用条件，具体的选择应当根据各种射孔工艺的特点，结合实际的储层地质特征、开发需求和工程需求来综合确定。择出满足要求的最佳射孔工艺。

6. 射孔液优选

目前常规射孔液体系主要有无固相清洁盐水射孔液、聚合物射孔液、油基射孔液和酸基射孔液。而高密度、耐高温完井/射孔液体系主要有高密度清洁盐水射孔液（溴盐盐水射孔液、非溴盐盐水射孔液、有机酸盐盐水射孔液）、水基无粘土射孔液、改性钻井/完井/射孔液等。

随着油气勘探开发的重点已由浅层转向深层，射孔液的适用温度由低温转向超高温及高密度方向发展，同时由于环境保护的严格要求，完井液/射孔液特别是其中各种添加剂又必须具有无毒或低毒和易生物降解的性能。射孔液的设计应包括：1）能够有效控制地层压力，实现密度可调；2）与储层岩石和流体具有良好配伍性，防止粘土膨胀和结垢等；3）低腐蚀性，有利于保护油管、套管及设备；4）在地面和井下具有良好的稳定性；5）清洁环保；6）成本低廉、货源广等。

射孔液的合理选择必须结合具体的储层潜在伤害机理、通过大量的室内实验来优化射孔液配方，使射孔液尽量与储层具有良好的配伍性、环保性，保证最佳的射孔效果。

三、水平井射孔优化设计

优化水平井射孔完井设计，完善水平井流动动态，必须弄清楚在不同情况下影响水平井射孔完井流动动态的主要因素，并采用相应的技术措施来消除不利因素的影响。研究表明，钻井伤害、射孔伤害以及流体流入孔眼的流线汇聚引起的附加表皮是影响水平井产能主要因素，这些都与上述三类参数的选择直接有关。

1. 一类射孔参数优化

一类射孔参数主要指射孔打开段的射孔枪弹参数的优化。其数据准备和基本步骤和砂岩直井优化过程类似，一般是在下述二类射孔参数优化结果（宏观优化）的基础上进行局部打开段的射孔优化（局部优化），或二者相互结合直接进行优化设计计算与选择。

根据国内外研究结果，射孔枪弹参数的选择及其产能比评价应遵循以下设计原则：

1）孔密对产能指数有显著的影响，达到最优产能比的射孔密度比垂直井低得多。也就是说水平井射孔完井没有必要追求高孔密。

2）孔眼深度对水平井产能比的影响比垂直井中更为显著。在低孔密和各向异性比高的条件下，孔眼深度的影响更为显著。深穿透射孔效果明显。

3）在各向异性地层中，射孔相位角对产能指数的影响尤为显著。180°相位比 90°相位要好。而对于各向同性地层，相位角的影响很小，可以忽略。

4）限制钻井伤害深度对于提高产能是非常重要的，以便它能够被射孔所穿透。如果射孔未能穿透伤害带，则伤害带渗透率和地层渗透率比值对井产能的影响变得尤为严重。因此严重的钻井伤害要求深穿透射孔。

5）在井底使用高孔密和深穿透射孔可以帮助获得最大的产能。相反，为了控制气水锥进，获得一致的流量剖面，在井底使用比较低的射孔密度才是合适的。

6）对油井来说，非达西流的影响可以忽略。而对于气井，非达西流动影响十分明显，必须考虑其对产能的影响。

2. 二类射孔参数优化

（1）打开程度和打开位置

根据水平井射孔完井产能规律的研究结果，由于井筒的流动动态和油气藏渗流的共同作用，使得射孔打开程度、打开段的位置和分布直接影响水平井的生产能力。水平井打开位置和打开程度优化，是通过耦合产层流入动态和水平井筒的多相流动模型利用数值方法或格林源函数法求解完成的，它必须结合实际油藏和井身数据来进行分析。

图 6—57 是射孔完成水平井分段打开与全部打开的流量分布结果示意图，可以看出分段打开时单段的流量贡献比全部打开对应井段的流量贡献要高，如果打开程度合适，分段打开和全部打开时水平井产能相差不会很大。具体打开程度多大合理必须进行结合具体油气藏进行相应的分析计算。

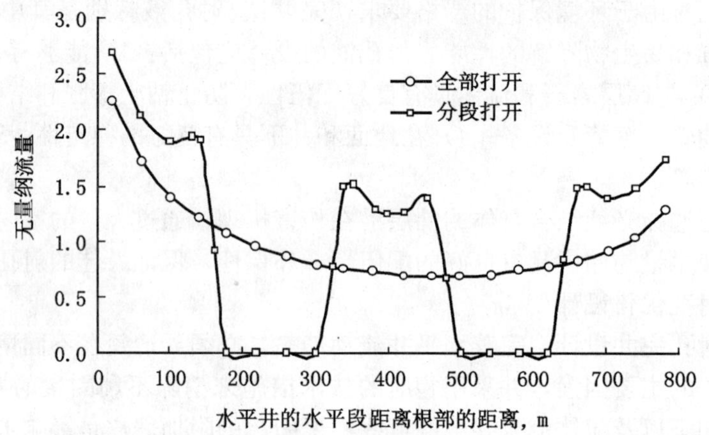

图 6—57　水平井打开方式与流量贡献分布

从图 6—57 中同样看出，水平井根端的打开段流量贡献最大。因此，如果分段射开，在给定打开程度下分多少段、各段位置也必须根据具体油气藏情况、井身轨迹、钻遇情况和测井解释等进行相应的模拟器计算，并结合射孔工艺的实施情况综合决定。打开段离水平井根端越近，产能相对越高。

打开程度和打开位置优化在假定不同射孔局部打开表皮因子的基础上进行的。

(2) 打开方位

水平井和直井射孔优化设计不同点除了射孔打开位置和程度两个方面外，还在于地层非均质性和孔眼方位的影响与直井完全不同。研究表明，如果孔眼方向与地层最小渗透率一致，那么油气井的射孔完井的表皮将最低。也就是说，对大多数各向异性地层来讲，孔眼最好是垂向 180°定向射孔。

对各向异性地层，60°、90°或 120°相位确实没有 180°有效，但是如果提高孔密，则也可能获得与 180°相似的结果，同时这对精确定向要求不高，有利于施工。

对于需要防止地层出砂和孔眼坍塌的情况，采用低边则更具实际意义。

3. 三类射孔参数优化选择

这里指射孔压差确定，主要根据选择的射孔工艺结合前面第三节的方法进行设计。

四、其他特殊井射孔设计原则

前面讨论了常规直井、水平井射孔优化设计方法。对于一些特殊井，比如欲压裂井、防砂井、高温高含 H_2S 井、注水井、稠油井等，它们的射孔设计是有不同要求的。

1. 压裂井射孔参数设计

射孔参数的选择对于水力压裂、酸压和基质酸化的施工质量有重要影响[16]。压裂井射孔参数优化的目的是尽可能地降低压裂施工时以及油气井投入生产时的近井筒压力区域损失。近井区域压力损失影响的因素主要有孔眼摩阻、射孔相位与最大水平主应力平面即PFP不匹配造成的微环局部限流扭点（如图6—58所示）、多裂缝的产生以及裂缝面迂曲度等。

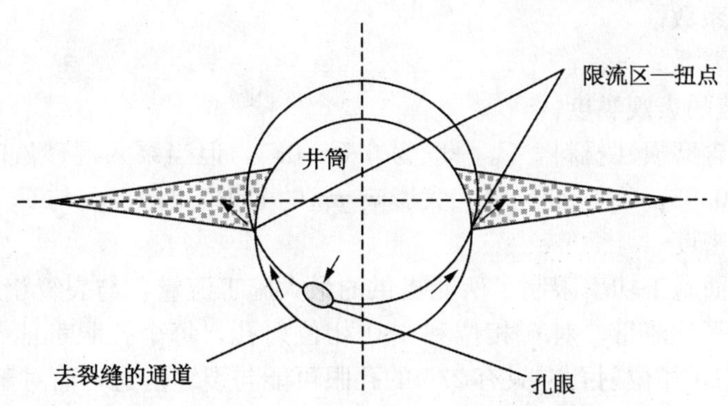

图6—58 裂缝起裂限流区示意图[18]

压裂井射孔参数设计一方面要使射孔参数的选择有利于裂缝的起裂，减少砂堵的可能性，另一方面要求射孔参数能满足压裂携砂液良好的携砂能力、低孔眼摩阻，保证孔眼与地层最佳的沟通能力。因此，压裂井射孔参数设计的出发点与常规射孔井追求最高产能比是有差别的。

(1) 孔眼深度

追求射孔深穿透是不必要的，因为裂缝一般都是在接近储层面孔眼的部分起裂并逐渐向PFP扩展，并且射孔枪的穿透性能与套管上孔眼直径尺寸的大小相互制约。

(2) 孔眼直径

当对压裂井选择射孔弹时，穿深和孔眼尺寸必须进行较好协调。保证足够大的孔眼尺寸对于防止脱砂、防止孔眼和孔眼附近区域支撑剂桥堵则十分重要。过早的脱砂会大大降低裂缝长度和支撑剂体积。

Gruesbeck 和 Collins 进行了一系列的实验来确定孔径与不同支撑剂浓度下的支撑剂颗粒直径的最小容许比值。研究表明，当孔径是支撑剂颗粒直径的6倍以上时，可以增大支撑剂浓度而不会有桥堵的危险。也就是说对于中高浓度的支撑剂，孔径必须至少为平均颗粒直径的6倍以便防止脱砂，保证孔径是平均颗粒直径的8～10倍是最好的，也则是经常采用的实施标准。同时必须考虑到，支撑剂生产厂家每种产品都有一个目数范围（如16～30目），实际上该产品的实际目数都是接近下限值的。在考虑孔眼尺寸时还必须注意射孔枪偏心的影响，因为除非射孔枪是居中的，否则孔眼直径将是相位的函数。

孔眼直径的另一影响是孔眼摩阻，当然它与其他射孔参数如孔密、打开厚度等有关，孔眼摩阻是压裂设计特别是限流压裂设计的关键参数[17]。计算公式为（单位用SI制）：

$$p_{\mathrm{pfr}} = C_{\mathrm{D}} Q^2 \frac{\rho}{D_{\mathrm{en}}^2 d^4 C_{\mathrm{p}}^2 h^2}$$

$$C_{\mathrm{p}} = \left[\left(1 - \mathrm{e}^{-2.2d/\mu^{0.1}}\right) \right]^{0.4} \qquad (6\text{—}44)$$

式中 h——打开厚度；

Q——泵排量；

ρ——压裂液密度；

D_{en}——孔眼密度；

d——孔眼直径；

C_p——排出系数；

C_D——换算常数；

μ——压裂液的表观黏度。

如果压裂液不含磨损性材料，C_p 一般为 0.6～0.7，但当泵入混砂液时，由于孔眼被冲蚀，C_p 变为 0.6～0.95。C_p 的变化将大大影响 p_{pfr} 的大小，因为 p_{pfr} 与 C_p 的二次方成反比。

(3) 射孔孔眼密度

水力压裂的地面施工功率限制了所能提供的最大施工流量，与裂缝相连的孔眼数目决定了通过每一孔眼的平均流量。对 0°相位和 180°相位射孔，每个孔眼都能与裂缝沟通（定向射孔的情形）。对 120°相位射孔，只有 2/3 的孔眼可能与裂缝沟通，而对于 60°的孔眼，则可能只有 1/3 的孔眼与裂缝相连。

最小的射孔密度依赖于每个孔眼所需的注入量、井口压力限制、流体性质、完井套管尺寸、允许的射孔孔眼摩阻压力和孔眼入口直径。

对于限流压裂，孔密的设计有特殊的考虑。一般是根据各层段破裂压力、地应力的差别计算出单孔必须达到的孔眼摩阻，再根据孔眼几何参数与压裂施工排量确定总孔数，进而根据各层段的打开净厚度确定各层的孔眼数目。

(4) 射孔相位

对射孔相位和水力裂缝扩展之间的关系已经做了大量研究。理想的压裂施工条件是，孔眼和储集层的最大主应力方向一致，因此从孔眼处起裂的裂缝将沿着最小阻力的 PFP 平面扩展。

对于已知裂缝平面的情况，采用 180°相位定方位射孔，可以大大减少射孔孔眼摩阻和提高压裂施工处理效果。如果不能保证定向射孔精度，孔眼和 PFP 平面夹角最好不要超过 30°。如果裂缝平面方位未知或射孔枪定向不具备条件时，推荐使用 60°相位角。

射孔完井后可能会产生微环隙，或者在地面开始泵入施工流体后产生。这里微环隙指携砂液通过在沿套管周围的环状路径，即水泥环与储层面的交界面。是否形成微环或微环开度多大与界面的水力胶结程度、射孔参数和压裂施工参数有关。微环存在与否直接关系到射孔参数对裂缝起裂的影响。如果存在，则裂缝的起裂将同裸眼井压裂类似，初始裂缝的发育受射孔相位的影响不大，只有当孔眼方位与最优裂缝面即最大主应力平面 PFP 夹角在 30°以内时，裂缝才会在孔眼处起裂。

通过对射孔参数的合理选择，不仅可以降低破裂压力、减少裂缝弯曲摩阻，还可以提高压裂的成功率。

对大斜度井，裂缝的起裂、雁行裂缝的连接以及裂缝的走向直接与射孔参数关联，射孔参数的选择更为关键。如果井筒正好位于最大水平主应力平面（即 PFP），那么采用垂向 180°相位定向射孔最佳，或者 180°定向到井筒最小周向压应力方向。如果井筒方位和 PFP 平面夹角越大，井筒与 PFP 面交集越小（夹角呈 90°时最小），此时斜井压裂井段的射开厚度也应随之减小，以减少孔眼处起裂的雁行缝无法连接而形成多裂缝，国外推荐射开 3m 就足够了。

对于大位移水平井（井倾斜角大于75°），如果井筒走向与PFP面夹角较大，推荐采用分段集中高孔密多相位射孔，每段集中在1m范围内，通过有效层段封隔工具，可以实现水平井多裂缝系统生产。

对于EOP作业，射孔参数的选择与井筒不存在微环隙情况相似。

2. 防砂井射孔参数设计

对于弱非胶结砂岩地层来说，出砂是影响油气井正常生产的主要障碍。常用的防砂技术措施分为两类：无筛管防砂和有筛管防砂。前者主要包括压裂充填防砂、化学固砂和射孔防砂，后者即是井底安装有机械防砂装置，包括常用割缝衬管、各种绕丝或预充填筛管、管内砾石充填、裸眼砾石充填等。

（1）射孔防砂

这里是指仅仅通过射孔参数的合理选择，保证射孔孔眼的长期稳定，在能够承受的最小出砂量前提下，能够避免生产压差变化、地层压力枯竭、含水率上升带来的油井大量出砂风险。地层出砂首先是孔眼失稳破坏导致骨架砂脱落，然后才是砂的运移。生产压差和地层压力枯竭引起的孔眼周围应力变化是孔道破坏的主要原因，流体的流速是砂运移的动力。大量的理论研究、数值模拟、室内和现场试验研究表明，要实现射孔防砂，射孔参数（主要指孔深、孔密、相位）的优化选择十分重要。

1）孔深。最好选择深穿透射孔弹，因为对于单个孔眼的稳定性来讲，深穿透弹孔眼深而孔径较小，其力学稳定性比大孔径弹的孔道要好得多。

2）相位和孔密。除了考虑单个孔眼的稳定性外，必须考虑孔眼之间的相互作用对稳定性的影响。也就是说，孔眼间距离必须足够大，以避免生产时孔眼附近弹塑性应力区的相互搭接或重叠，防止单一孔眼的坍塌破坏引起连锁反应，从而导致整个射孔井段的坍塌出砂。

孔眼间的间距直接受孔密和相位的影响（如图6—59所示），孔密越小孔距越大，虽然孔眼间相互干扰小，但会导致单孔流量增大致使砂运移而出砂。因此，一般是将孔密固定在一个合理的范围内，通过优化射孔相位来实现孔距最大化。

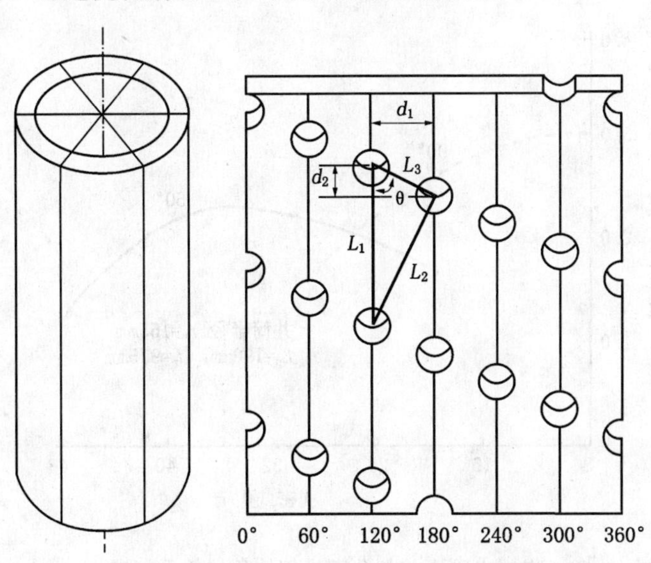

图6—59　60°相位孔眼间距展开图

为了使得孔间距最大，对于给定的井径和孔密，最佳的相位是满足 $L_1 = L_2 = L_3$。但对于螺旋布孔来讲，三者相等是不可能的。因此只要满足 L_1、L_2 和 L_3 中其中一对相等的相位就是最佳相位。它们的几何关系为（单位用 SI 制）：

$$\begin{cases} d_1 = \dfrac{1}{k\mathrm{m}} \\ d_2 = \dfrac{\pi}{180^\circ} \times \alpha \times R_{\min} \end{cases} \tag{6—45}$$

$$L_1 = \frac{360^\circ}{\alpha} \times d_1 \tag{6—46}$$

$$L_2 = \sqrt{L_1^2 + L_3^2 - 2L_1 L_3 \cos\theta} \tag{6—47}$$

$$\theta = \arctan\ (d_2/d_1)$$

$$L_3 = \sqrt{d_1^2 + d_2^2} \tag{6—48}$$

式中　k_{m}——孔密；

α——相位角（°）；

$R_{\min}$——射孔枪中点到储层面的最短距离（射孔枪居中时即为井筒半径）。

如果 $R_{\min}$ 和 α 给定，也可以通过优化射孔密度来实现。

3）定向射孔：对于地层垂向应力、水平最大主应力、水平最小主应力相差较大的情形，为了提高孔眼的稳定性，最好采用定向射孔，定向方位与最大主应力方向一致，偏差不超过 15°～25°为宜[19]。

如果无法实现定向射孔，现有器材也不能调整以适应孔间距的最大化要求。根据 1989 年 N. Morita[3] 等人的研究，如图 6—60 所示。在低孔密时，90°相位比 60°相位具有更高的临界压差；在高孔密度时（＞20 孔/m），60°相位的孔眼稳定性明显优于 90°相位。即使孔密增加到 40 孔/m，孔眼稳定性都不会降低。

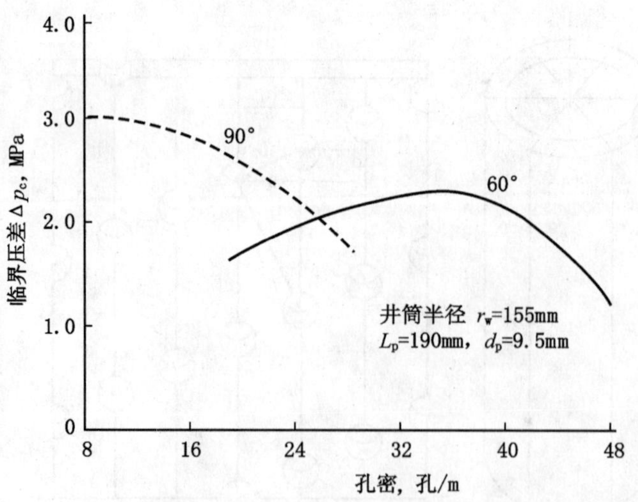

图 6—60　临界出砂压差与孔密、相位角的关系（Morita[3]）

4）射孔负压：射孔负压以清洗孔眼时不至于引起孔眼坍塌为标准，具体确定方法见本章第三节。

（2）套管砾石充填防砂（IGP）

仅靠合理选择射孔参数来防砂的作用是有限的，因为有时为了防止出砂不得不降低生产压差、牺牲产量来维持，这是大多数油公司不采用的。很多油气井采用了套管砾石充填防砂，既可以实现挡砂，也可以采用较大压差生产，以满足实际生产的需要。

管内砾石充填防砂井射孔参数的选择主要是为砾石充填施工服务，同时保证充填完毕后套管和水泥环处充填孔眼内的流动压力损失很低。如果在生产时没被遮挡住地层砂沿孔眼流入井底而又无法通过井筒排出，滞留在孔道中，那么充填孔眼的流动能力将大大降低。

一般来讲，此时射孔设计的根本是采用大孔径射孔弹，尽量提高井筒可供流动的面积，又保证砾石充填的效率。射孔相位一般采用60°或45°低相位。孔密常用高孔密，如36孔/m、48孔/m，甚至更高的64孔/m。

对于压裂充填（Frac & Pack）或高速水充填（HRWP），射孔参数的选择与套管砾石充填类似。而对于不下砾石充填筛管的压裂充填作业，即在压裂充填前对地层或充填后对充填裂缝进行环氧树脂胶结处理，这样可以有效防止支撑剂回流并形成挡砂屏障。由于施工后井筒、套管和水泥环处孔眼没有砾石存在，因而射孔参数选择与常规IGP或压裂冲填的考虑就不同了。除了射孔必须保证孔径满足压裂砂冲填的要求相同外，应该避免不必要的孔眼（即不直接与充填裂缝相连的孔眼）存在，这样可以减少地层出砂的可能性和风险。对这类施工井，推荐采用0°或180°相位，最好定向到PFP平面，射开厚度也要尽可能小（比如小于6m）。

渤海油田大量现场应用表明，砾石充填要求孔径大于18mm，为了避免砾石充填形成死区应采用多相位，枪套间隙1″最理想，最小不得低于0.5″，最大不得大于1.5″。对于9⅝″套管，马来西亚290个层砾石充填表明，使用6″和7½″枪效果都很好，但由于负压射孔可能会引起填充砂返吐，因此选择6″射孔枪最安全。

3. *碳酸盐岩气层射孔参数设计*

碳酸盐岩的岩石类型主要是石灰岩和白云岩，且大部分碳酸盐岩属于储气层，如我国四川气田和长庆气田等，其特点是储层裂缝相对较发育，基岩的渗透率很低。这类储层的射孔设计应重点考虑如何与天然裂缝网络的沟通和气层保护的问题，影响的因素包括孔密、孔径、孔深、射孔工艺和射孔液。

对于天然裂缝发育的碳酸盐岩气层，理想的选择中等孔密、深穿透和尽可能大孔径；对于裂缝不太发育的气层则倾向于选择高孔密深穿透；相位没有特别要求，一般可选择90°。

正对碳酸盐岩气层，在选择射孔参数的基础上，可以通过选择合理的射孔工艺提高井筒与裂缝的沟通程度，例如可以选择射孔与高能气体压裂联作、氮气超正压射孔+酸液的方式，可大大提高井底完善程度，有效发挥气层产能。

气层一般都对外来液体很敏感，因此射孔液对气层的伤害是不容忽视的，应采用与储层配伍的射孔液体系，一般可通过负压射孔的方式减轻射孔液和射孔弹的压实伤害。

特别强调的是必须注意气井射孔的安全问题，特别是高温、高压、高含腐蚀性气体的碳酸盐岩气层，在管柱结构、传输方式、射孔器材的选择上应特殊考虑。

4. *稠油油藏射孔参数设计*

目前稠油油藏开采的主要技术有两大类，即稠油热采和稠油冷采。

热采的方法主要包括蒸汽吞吐（CSS）、蒸汽驱、蒸汽辅助重力驱（SAGD）等，由于大多数稠油油藏由疏松砂岩组成，因此开采过程出砂很严重，一般都采用了防砂完井设计，此时射孔设计应结合具体防砂工艺进行。对于套管砾石充填防砂，射孔设计原则同前，即应采用高孔密、大孔径、低相位（如60°）。

稠油冷采方法是激励地层砂随油藏流体一同产出，通过蚯蚓洞网络机理、溶解气驱机理，经砂岩的高渗孔道产出泡沫油流（泡沫油机理）。这种方法生产成本低，产量高。此时射孔设计的主要目标是减少孔眼堵塞、强化初期产砂和稳定后期产油。稠油冷采通常采用大孔径、高孔密、低相位、平衡或负压射孔、全部射开产层。

最新的研究表明，稠油冷采时应重视上覆页岩层脱落、上覆页岩层坍塌、套管伤害、产砂困难以及底水问题，因此推荐射孔密度不要太高、孔径不能太大，中等穿透。生产时应缓慢增加生产压差，并尽量维持在定压差生产（直到近井筒蚯蚓孔网络已形成并远离井筒），这样有利于地层砂体稳定，能够支撑上覆岩层应力。

5. 高温、高压深井射孔参数设计

射孔参数的选择和常规井相似。这里强调的是射孔系统的安全。

高温是设计主要考虑的因素，同时注意在较高的静水柱压力和井口压力以及电缆负荷的急剧增加情况下的引起施工问题。随温度的增加，主要负面影响有：系统部件的性能迅速恶化、金属合金的强度大幅降低、腐蚀速度增加、电动或电子设备的可靠性降低、弹性橡胶失去应有的性能、高爆炸药降解。

高温下系统的性能取决于暴露时间。一般射孔系统都有温度和暴露时间额定指标，在不得不考虑温度影响时，不要高估系统的性能，因为系统总体性能是由系统的最薄弱的部件决定的。

对于密封弹性橡胶，用更好的材料如使用氟化橡胶替代常规标准材料如氰、氯丁橡胶等。注意密封套需要加强防止挤压破坏。系统电子元件线路的绝缘、接头应置于真空密闭容器以延长使用寿命。

射孔枪、配件及电子设备外筒强度在高温环境下会降低并且变得易于被腐蚀。枪的强度降低可达到15%，建议试验下井前进行模拟试验。推荐选用可多次使用射孔枪，这样可保证强身持久的强度和抗压能力。

高爆炸药性能随温度增加和暴露时间的增加迅速恶化，其结果是性能降低甚至自爆。因此射孔弹的炸药类型、导爆索、点火头选择必须满足井下高温要求。

如果在负压环境下射孔，高温高压深井常常有较高井口压力，井口必须使用高压井口装置。由于电缆输送套管枪正压射孔已经在很多高温深井得到应用，施工方便快捷，但必须注意电缆的负荷。最好采用油管输送射孔。

6. 高含硫化氢井射孔参数设计

射孔参数没有特别要求，射孔设计与非硫化氢井一样，这里主要问题是人身安全以及射孔系统设备潜在的失效问题。主要危害是设备的腐蚀和防腐措施。对于硫化氢浓度<2%的情况，应在暴露元件的表面涂上防硫抑制剂；对于硫化氢浓度>2%，则需要专用设备。比如采用防硫化氢的合金电缆、采用低强度合金钢压力控制元件、使用氟化橡胶等。

参考文献

1 Chara M. J. The Performance of Perforated Completion in Gas Reservoirs. Paper SPE 16384, Presented at the 1987 SPE California Regional Meeting, Ventura, California (April 8－10)

2 Tariq S. M., Chara, M. J. and Ayestaran L. Performance of Perforated Completions in the Presence of Common Heterogeneities: Anisotropy, Laminations, or Natural Fracture. Paper SPE 14320 Presented at the 1985 SPE Annual Technical Conference and Exhibition, Las Vegas, Nevada, Sept. 22～25

3 Morita N. and Boyd P. A. Typical Sand Production Problems - Case Studies and Strategies for Sand Control. Paper 22739 Presented at the 1991 SPE Annual Technical Conference and Exhibition, Dallas, Oct. 6～9

4 Saucier R. J. and Lands J. F. A Laboratory Study of Perforations in Stressed Rocks. Trans AIME (1978) Vol. 265. 1347

5 Asadi M., Preston F. W. Characterization of the Crushed Zone Formed During Jet Perforation by Qualitative Scanning Electron Microscopy and Quantitative Image Analysis. Paper SPE 22812 Presented at the 1991 SPE Annual Technical Conference and Exhibition, Dallas, TX, Oct. 6～9

6 Tang Yula, Pan Yingde, Wang Yongqing. Optimal Design of Perforating Completion for Gas Well. Paper SPE 29274 Presented at 1995 SPE Asia and Pacific Oil & Gas Conference and Exhibition, Kuala Lumpur, Malaysia, Mar 20～22

7 Dikken B. J. Pressure Drop in Horizontal Wells and Its Effect on Production Performance. JPT, 1426～1433, Nov. 1990

8 Tang Y., Ozkan E. Kelkar, M., Sarica, C. and Yildiz, T. Performance of Horizontal Wells completed with Slotted-Liners and Perforations. Paper SPE 65516 Presented at the SPE International Conference on Horizontal Well Technology, Calgary, Canada, Nov. 6～8, 2000

9 Irvana S., Sumaryanto and Kontha I. N. H. Utilizing Perforation Performance Module (PPM) and Extreme Under-Balance (EUB) Perforating to Maximize Asset Value in Deep Low Porosity-Low Permeability Gas Reservoirs - A case study from VICO Indonesia. Paper SPE 88544, Presented at the SPE Asia Pacific Oil and Gas Conference and Exhibition held in Perth, Australia, 18～20 Oct. 2004

10 Karakas M. and Tariq S. M. Semianalytical Productivity Models for Perforated Completions. SPEPE (February 1991), 73～82

11 Behrmann L. A. Underbalance Criteria for Minimum Perforation Damage. SPEDC (Sep. 1996), 173～177

12 Handren P. J., Jupp T. B. and Dees J. M. Overbalance Perforating and Stimulation Methods for Wells. Paper SPE 26515, Presented at the 68th SPE Annual Technical Conference and Exhibition, Houston, Texas, USA, Oct. 3～6, 1993

13 King G. E., Anderson A. and Bingham M. A Field Study of Underbalance Pressures Necessary to Obtain Clean Perforations Using Tubing-Conveyed Perforating. Paper SPE 14321, Presented at the 60th SPE Annual Technical Conference and Exhibition, Las Vegas, Nevada, USA, Sep. 22～25, 1985

14 Tariq S. M. New, Generalized Criteria for Determining the Level of Underbalance for Obtaining Clean Perforations. Paper SPE 20636, Presented at the 65th SPE Annual

Technical Conference and Exhibition, New Orleans, Louisiana, USA, Sep. 23～26, 1990

15 Behrmann L. A. Underbalance Criteria for Minimum Perforation Damage. Paper SPE 30081, Presented at the SPE European Formation Damage Control Conference, The Hague, The Netherlands, May 15～16, 1995

16 Behrmann L. A. and Nolte K. G. Perforating Requirements for Fracture Stimulations. SPE 59480, 1999, 228～234

17 Daneshy A. A. Experimental Investigation of Hydraulic Fracturing Through Perforations. Trans AIME. Oct. 1973, 1201～1206

18 Behrmann L. A. and Elbel J. L. Effect of Perforations On Fracture Initiation. SPE 20661

19 Peason C. M., Bond M. E. and Eck A. J. Result of Stress-Oriented and Aligned Perforating in Fracturing Deviated Wells. SPE 22836

20 Tang Y, Ozkan E. et al. Performance of Horizontal Wells Completed with Slotted Liners and Perforations. SPE 65516 - MS

21 李海涛，王永清．预测气井射孔最大无砂负压的方法研究．天然气工业，1999（3）

22 李海涛，王永清．确定油井射孔最大负压的新方法研究．石油钻采工艺，1997（4）

23 李海涛，王永清．压裂施工井的射孔优化设计方法．天然气工业，1999（3）

24 李海涛，王永清．裂缝性油藏射孔完井产能规律的有限元研究，石油学报，2002（2）

25 张绍槐，罗平亚等著．保护储集层技术．北京：石油工业出版社，1993

26 潘迎德，唐愉拉译．射孔技术译文集．油气井测试，1989（4）

27 潘迎德，唐愉拉等．气井非达西流射孔完井有限元数值模拟研究．石油学报，1992（2）

28 潘迎德，唐愉拉等．射孔岩心靶的流动特性和射孔效率评价标准．石油钻采工艺，1990（3）

29 宋幼芃，赵怀文等．射孔套管的挤毁实验．石油学报，1988（4）

30 Bell W. T., Sukup R. A. and Tariq S. M. PERFORATING. SPE Monograph. 1995

31 Penmatcha V. and Aziz K. Comprehensive Reservoir/Wellbore Model for Horizontal Wells. SPE Journal, 224～234, Sep. 1999

32 Dikken B. J. Pressure Drop in Horizontal Wells and Its Effect on Production Performance. JPT, 1426～1433, Nov. 1990

33 Ozkan E., Sarica, C., Haci, M. Influence of Pressure Drop along the Wellbore on Horizontal Well Productivity. SPE Journal, 288～301, Sep. 1999

34 Kaiser T. M. V., Wilson S., and Venning L. A. Inflow Analysis and Optimization of Slotted Liners, SPEDC, 200～209, December 2002

第七章　完井储层伤害评价

第一节　概　　述

一、试井分析是现场评价完井质量的主要方法

油气层在钻井完井后，是否受到伤害以及伤害程度如何，最终都要通过现场评价来确认。对于受到伤害的油气层，往往要采取强化措施来解除伤害，以达到增产的目的。但是，需要采用什么样的措施，措施后的效果如何，也都要通过现场评价资料来提供依据。

现场评价除试井法外，还可以使用测井分析法，但是迄今还没有一种测井分析法能直接测量钻井液或其他完井液伤害油层的程度和深度，也没有一种方法测出的资料与伤害程度有确定的关系。

利用微电极系测井、时间推移测井以及深浅电阻率测井，都可指示油气层是否受到钻井滤液的侵入。微电极曲线上的幅度差，井径曲线上的缩径，时间推移测井曲线上的幅度差和感应曲线上的幅度差，都可说明该层为渗透性地层。深浅双侧向和微球形聚焦测井，可以求侵入带直径，但这些都还不能判断油气层是否受到伤害。

试井法则可以直接提供油气层受到伤害的程度。应用不稳定试井资料，可以求出一个表皮系数 S。对于未受伤害的油气层，S 值为 0；对于受到伤害的油气层，$S>0$，而且 S 值越大，伤害越严重；对于经过措施改善的油气层，$S<0$，而且 S 值越小，改善效果越明显。因而 S 值就成为定量评价油气层伤害程度的标准。

在试井方法中，还定义了多种标志油气层伤害的参数，常用的有：伤害系数 DF、流动效率 FE、堵塞比 DR、井底附加压降 Δp_s、井底有效半径 r_{we}、完善指数 CI、条件比 CR、完善程度 PF 等。这些参数从不同角度描述了油气层伤害程度，不管是用何种参数表示，其本质与表皮系数 S 是一致的，而且都可以用 S 值来作定量表达。

总之，试井法是目前现场评价油气层伤害程度的唯一有效的方法。本章将区别不同类型的油气层，介绍评价方法，并举出应用实例加以说明。

二、现场评价与实验室评价的对比

从评价工作内容看，大量工作是在实验室完成的。因此有必要论述一下实验室评价与现场评价两者之间的关系。

第一章介绍了实验室研究油气层伤害的一些方法。

应用实验室研究结果，可以达到下面几个目的：

1）研究造成油气层伤害的原因，包括入井流体以及工艺过程的原因；

2）筛选出合理的预防措施；

3）对已造成伤害的油气层，找出补救措施。

但是，由于室内实验条件与油层实际条件的差异，因此实验结果在定量方面是相对的。特别应提到的是，实验室给出的结果，对于一口实际井及钻开的油气层来说，只能给出可能造成伤害的预测和造成伤害原因的分析和模拟条件下伤害程度的测定结果。因此，在评价其伤害程度时，不能只靠室内评价，还应依靠现场评价。根据试井分析测定的 S 值，确定该

油气层是否已受到伤害，是否须进行措施改造，措施以后，再根据新的试井资料，判断改造的效果。

因此，实验室和现场的评价是相辅相成的，互为补充的。

三、试井法评价油气层伤害技术的发展

用试井法评价油气层伤害，开始于 20 世纪 30 年代。最初，只是通过油气井产量的高低来认定油气层伤害的程度。但是人们逐渐认识到，一些井从岩心来看是很好的油气层，却不能发挥出应有的产能，这说明，有必要研究钻井伤害油气层问题，而通过研究井底压力来判断钻井伤害，无疑是最简便有效的方法。

连续记录压力计，象阿美瑞达井下压力计的出现，推动了这种研究工作的进展。到 1993 年，已有十种不同类型的压力计付诸使用。

此后，不稳定试井分析的麦斯盖特方法、MDH 方法和霍纳法相继出现，形成了现在所称的“常规试井解释”方法。

1953 年，艾·范弗丁根和赫斯特首先提出了“表皮带”的概念，他们假定，由于钻井完井过程中，井壁受到某种伤害，因而形成一层渗透率降低的地带，称为表皮带。在这一地带，由于渗透性降低而产生的表皮效应，形成一个附加压降 Δp_s，在达西单位下表达式为：

$$\Delta p_s = S\left(\frac{q\mu B}{2\pi Kh}\right) \tag{7—1}$$

式中 S——表皮系数；

q——井的产量，cm^3/s；

μ——地层流体黏度，Pa·s；

K——地层渗透率，μm^2；

h——地层厚度，cm；

B——原油体积系数，cm^3/cm^3。

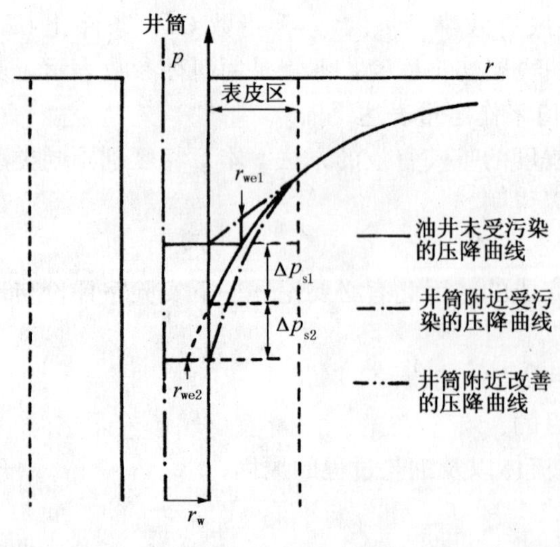

图 7—1 表皮带附加压降示意图

至今，在试井分析中仍在使用着这一概念。式中的 S 值，可以通过不稳定试井分析——压降或压力恢复分析来求得。

附加压降的物理概念表示在图 7—1 上。

以后，许多研究者又对表皮系数 S 进一步加以研究，认识到 S 值包含了许多内容。

首先是油气层本身的伤害，可以引起附加压降，这是 S 值的主要内容。另外，由于油气层部分打开、射孔工艺的影响、井斜、井底附近的湍流区、溶解气的释放等，都可能产生附加压降，并表现在 S 值上，从而使人们对 S 值的认识进一步加深。

另外，也产生了其他的多种关于油气层伤害的表示方法，在下面几节将进一步介绍。

1970 年，不稳定压力试井分析中首次提出了图版分析方法，由阿格厄尔等人做出了解释图版。此图版以井筒储集系数 C 和表皮系数 S 为参变量，把图版曲线划分为多族，从而在井筒附近地层伤害与不稳定压力曲线的形状之间，找到了明确的关系，见图 7—2。

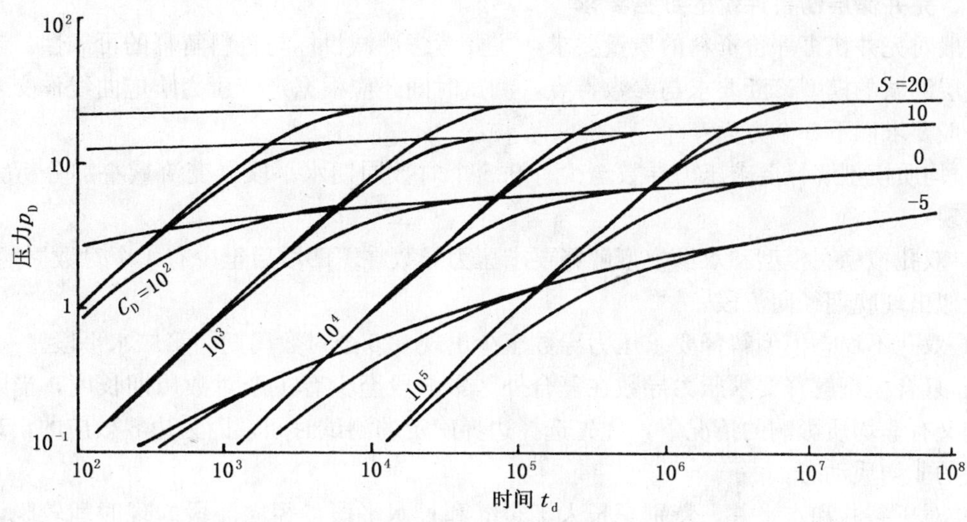

图 7—2 阿格厄尔（Agarwal）图版曲线示意图

在此之后，这类图版由格林加登加以改进，提出了影响曲线形状的组合参数 $C_D e^{2S}$，把曲线并为一族，这就是目前常用的图版曲线。从参数 $C_D e^{2S}$ 可以看到，表皮系数 S 处于形状参数的指数位置，从而更加明确地反映了油气层伤害对曲线形状的影响。

从上述分析不难看出，既然 S 值直接决定了不稳定试井曲线的形状，反过来，从不稳定曲线的形状特征，也就可以明确地和十分有效地确定地层伤害的情况。这就是现代试井核心内容的重要组成部分。

四、现代试井分析方法

现代试井一般包括 3 个内容：

1）用高精度的井下压力计录取压力数据；

2）以图版法为中心的一整套资料分析方法；

3）使用先进的试井解释软件。

现代试井分析的基础是高精度的压力资料。原因是，在分析方法中使用的双对数图版拟合法，使用了包迪特（Bourdet）的压力导数图版，这是分析方法中的核心部分。而低质量的测压数据，是求不出可用于解释的导数曲线的。

目前国外发展的各种高精度电子压力计，其测压精度可达 0.025％FS，即满量程的万分之二点五。分辨率达 0.01psi，即 0.00007MPa。仪器量程可达 200MPa，使用温度为 200℃。这类仪器可在几乎任何油气井中进行测压。

从解释方法看，适用于各类地层条件的双对数图版已相继完善。在解释中继续使用着过去几十年发展的所谓常规方法，即霍纳法、MDH 法等单对数方法。同时发展了一整套拟合检验方法，以尽量避免多解性带来的误差。

上述解释不稳定试井资料的过程，最后全部在计算机上通过运行试井软件来实现。试井软件可以直接输入电子压力计取得的全部压力数据，并进行编辑加工以用于解释。软件可以提供各类地层的各种形式的解释模型图版，并以人机对话形式进行图版拟合，求出参数。最后，软件可以输出用于试井报告的各类成果图和数据表。整个测试、解释都可以在现场进行，可及时提供必要的资料。

五、完井储层伤害评价的数据要求

一般对完井伤害评价资料的质量要求，主要考虑测试目标与资料解释的可靠性。参照非均质地层测试的模型诊断要求与参数特点，测试时间还应根据定产压力响应曲线作交互式估计。一般要求以下 5 个方面：

1）均质模型解释要求压力导数至少有 0.5 个对数周期水平段（变流量叠加分析方式下容易出现）。

2）双孔拟稳态模型和双渗模型解释要求压力导数在下凹段后至少有 1 个对数周期长度，或者近似出现晚期径向流段。

3）双孔不稳态模型解释要求压力导数至少出现 0.5 个对数周期的第二水平段。

4）复合模型解释要求压力导数在复合外区影响段至少有 1 个对数周期长度，当既有边界影响又有非均质影响的情况下，优先选择边界确定的测试时间，因为边界效应的出现将屏蔽储层的非均质动态。

5）对压裂井和水平井，特别是长人工裂缝和长水平段，径向流段岩现时间较晚，一般取接近出现径向流段时间为止。

第二节　试井法评价油气层伤害的原理

一、用表皮系数 S 值衡量油气层伤害程度及 S 值的分解

1. 用表皮系数 S 值衡量油气层伤害程度

上节图 7—1 和公式（7—1）表明了由于井壁附近地层伤害所引起的附加压降 Δp_s。式（7—1）是在达西单位制下表达的，当改用法定单位时，变为：

$$\Delta p_s = S\left(\frac{1.842q\mu B}{Kh}\right) \tag{7—2}$$

式中　Δp_s——附加压降，MPa；

μ——地下流体黏度，mPa · s；

q——产量，m^3/d；

K——渗透率，$10^{-3}\mu m^2$；

h——地层厚度，m；

B——原油体积系数，m^3/m^3。

按照图 7—1 显示的 Δp_s 的定义，该伤害区边界为 r_s，则因井筒附近地层受到伤害，从 r_s 到井壁间的渗透率从正常的 K 值下降到 K_s，而压力降大于正常的压降。

从 r_s 处到井壁（$r=r_w$），无伤害时的地层压力降表达为（在达西单位下）：

$$(\Delta p_{wf})_1 = \frac{q\mu B}{2\pi Kh}\ln\frac{r_s}{r_w}$$

而受到伤害地层的压力降为：

$$(\Delta p_{wf})_2 = \frac{q\mu B}{2\pi K_s h}\ln\frac{r_s}{r_w}$$

两者相差，正好是地层伤害造成的附加压降 Δp_s，从而结合公式（7—1）有：

$$\Delta p_s = (\Delta p_{wf})_2 - (\Delta p_{wf})_1 = \frac{q\mu B}{2\pi Kh}\left(\frac{K}{K_s} - 1\right)\ln\frac{r_s}{r_w} \tag{7—3}$$

化简后得到：

$$S = \left(\frac{K}{K_s} - 1\right)\ln\frac{r_s}{r_w} \tag{7—4}$$

从公式（7—4）看到，如果地层受到伤害，则 $K_s < K$，S 值为正值；如果井壁附近地层得到改善，则 $K_s > K$，S 值为负值；若 $K_s = K$，则 $S = 0$。

而式（7—3）又可写作：

$$\Delta p_s = S\left(\frac{1.842q\mu B}{Kh}\right) = 0.8686Sm \tag{7—5}$$

式中　m——单对数直线斜率，MPa/cycle，cycle 指一个对数周期。

式（7—4）和式（7—5）在不同单位制下表达形式相同。

这里要指出的是，试井中所求出的 S 值，是一个综合的参数，它并非都是由于前面提到的钻井完井过程地层伤害造成的，通常还有下列因素会引起附加压降，其总表皮系数表达式为：

$$S_t = S_d + S_\theta + S_{aD} + S_p + S_A + S_{pF} + S_{dp} \tag{7—6}$$

真实的储层污染表皮为：

$$S_d = S_t - S_\theta - S_{aD} - S_p - S_A - S_{pF} - S_{dp}$$

式中　S_t——总表皮系数；

S_d——地层伤害表皮系数；

S_θ——井斜拟表皮系数；

S_{aD}——达西拟表皮系数；

S_p——部分打开油层拟表皮系数；

S_A——油藏形状的表皮系数；

S_{pF}——射孔造成似表皮系数；

S_{dp}——孔眼几何形状拟表皮系数。

2. 表皮系数 S 的分解

（1）井斜拟表皮系数

理想井应该是水平地层的垂直井，井斜为零。实际井斜都是大于零，这时油流入井的阻力不同于垂直井，其近似计算公式为：

$$S_\theta = -\left(\frac{\theta'}{41}\right)^{2.06} - \left(\frac{\theta'}{56}\right)^{1.865}\lg\left(\frac{h_D}{100}\right) \tag{7—7}$$

$$h_D = \frac{h}{r_w}\sqrt{\frac{K_H}{K_V}}$$

$$\theta'_w = \arctan\left(\sqrt{\frac{K_V}{K_H}}\tan\theta_w\right)$$

公式（7—7）的适用条件为 $0° \leqslant \theta \leqslant 75°$。

式中　θ_w——井斜角，(°)；

　　K_H——水平渗透率，$10^{-3}\mu m^2$；

　　K_V——垂直渗透率，$10^{-3}\mu m^2$；

　　r_w——井眼半径，m；

　　h——油层有效厚度，m。

(2) 非达西拟表皮系数

$$S_{aD} = D \cdot q_o \tag{7—8}$$

式中　D——非达西系数，通过试井典型曲线拟合方法确定；

　　q_o——产量，m^3/d。

(3) 部分打开油层拟表皮系数

$$S_p = \left(\frac{h}{h_p} - 1\right)\left[\ln\left(\frac{h}{r_w}\right)\left(\frac{K_H}{K_V}\right)^{1/2} - 2\right] \tag{7—9}$$

式中　h_p——打开油层厚度，m；

　　h——油层有效厚度，m；

　　K_H——水平渗透率，μm^2；

　　K_V——垂直渗透率，μm^2；

　　r_w——井眼半径，m。

(4) 油藏形状的表皮系数

$$S_A = 0.5\ln(31.62/C_A) \tag{7—10}$$

式中　C_A——油藏形状系数（查表7—1油藏形状系数获得），无量纲。

表7—1　油藏形状系数表

供油面积形状	C_A	供油面积形状	C_A
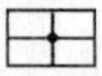	30.88		3.16
	12.99	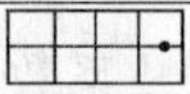	0.581
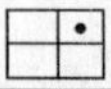	4.51	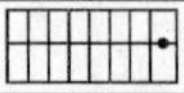	0.111
	3.34	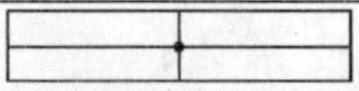	5.38
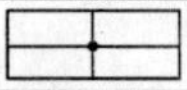	21.84	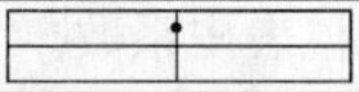	2.69
	10.84	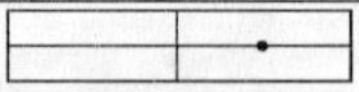	0.232
	4.51	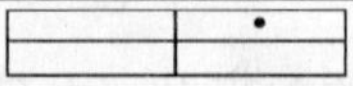	0.116
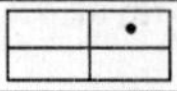	2.08	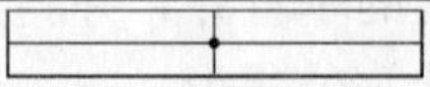	2.36

(5) 射孔造成拟表皮系数

射孔造成拟表皮系数的计算有几种方法，以前研究是采用图表的形式给出各种情况下射孔造成的拟表皮系数，在这里我们研究采用将射孔表皮系数分解水平和垂直以及井筒和压实带造成的拟表皮系数之和来表达整个射孔过程中造成的拟表皮系数。

1) 计算水平方向的拟表皮系数：

$$S_H = \ln\left(\frac{r_w}{r_{we}}\right) \tag{7—11}$$

$$r_{we}(\theta)=\begin{cases}\frac{1}{4}L_p & \text{相位角 }\theta=0^\circ\\ \alpha_\theta(r_w+L_p) & \text{其他相位角}\end{cases}$$

式中　r_{we}——有效井径，m；

L_p——射孔深度，m；

r_w——井眼半径，m。

α_θ 的值见表 7—2。

表 7—2　α_θ 的值

射孔相位角，(°)	α_θ	射孔相位角，(°)	α_θ
0 (360)	0.25	90	0.726
180	0.5	60	0.813
120	0.648	45	0.86

2）计算井筒造成拟表皮系数：

$$S_{wb}(\theta)=c_1(\theta)\exp[c_2(\theta)r_{wD}]$$

$$r_{wD}=r_w(L_p+r_w) \tag{7—12}$$

相位角与 c_1 (θ) 和 c_2 (θ) 之关系见表 7—3。

表 7—3　相位角与 c_1 (θ) 和 c_2 (θ) 之关系

相位角，(°)	c_1 (θ)	c_2 (θ)
0 (360)	1.6×10^{-1}	2.675
180	2.6×10^{-2}	4.532
120	6.6×10^{-3}	5.32
90	1.9×10^{-3}	6.155
60	3.0×10^{-4}	7.509
45	4.6×10^{-5}	8.791

3）计算垂直方向上的拟表皮系数 S_r：

$$S_V=10^a h_D^{b-1} r_{PD}^b \tag{7—13}$$

$$a=a_1\lg r_{PD}+a_2,\quad b=b_1 r_{PD}+b_2$$

其中 a_1、a_2、b_1、b_2 值见表 7—4。

$$h_D=\left(\frac{h_p}{L_p}\right)\sqrt{\frac{K_H}{K_V}}$$

$$r_{PD}=\left(\frac{r_p}{2h_p}\right)\left(1+\sqrt{\frac{K_V}{K_H}}\right)$$

$$S_{PF}=S_V+S_H+S_{wb} \tag{7—14}$$

表 7—4　垂直方向上拟表皮系数计算方程中系数与相位角关系

射孔相位角，(°)	a_1	a_2	b_1	b_2
0 (360)	−2.091	0.0453	5.1313	1.8672
180	−2.025	0.953	3.0373	1.8115
120	−20.18	0.0634	1.6136	1.7770
90	−1.905	0.1038	1.5674	1.6935
60	−1.898	0.1023	1.3654	1.6490
45	−1.788	0.2398	1.1915	1.6392

确定了 S_V、S_H 和 S_{wb}之后，就可由公式（7—14）得到孔眼几何形状的拟表皮系数。

（6）孔眼几何形状拟表皮系数 S_{dp}

$$S_{dp}=\frac{h_p}{L_pN}\left(\frac{K}{K_{dp}}-\frac{K}{K_d}\right)\ln\frac{r_{dp}}{r_p} \tag{7—15}$$

式中　N——射孔孔数；

r_{dp}——压实带半径，m；

r_p——孔眼半径，m；

K——储层渗透率，μm^2；

K_{dp}——压实带渗透率，μm^2；

K_d——伤害带渗透率，μm^2；

h_p——射孔孔眼间距，m；

L_p——射孔孔眼深度，m。

压实带半径 $r_{dp}=0.0125+r_p$，m；

压实带渗透率 $K_{dp}=0.1K$，μm^2。

二、其他表示地层伤害的参数

除 S 值以外，还有一些描述地层伤害的方法。

1. 流动效率 FE

流动效率定义为实际与理想采油指数之比：

$$FE=\frac{J_{实际}}{J_{理想}} \tag{7—16}$$

其中

$$J_{实际}=\frac{q}{p^*-p_{wf}} \tag{7—17}$$

$$J_{理想}=\frac{q}{p^*-p_{wf}-\Delta p_s} \tag{7—18}$$

式中　p^*——地层压力，可以用压力恢复曲线推算，也可以实测；

$J_{实际}$——实际采油指数；

$J_{理想}$——扣除因地层伤害形成的附加压降后的采油指数，即地层无伤害时的采油指数。

这样：

$$FE=\frac{p^*-p_{wf}-\Delta p_s}{p^*-p_{wf}} \tag{7—19}$$

即流动效率等于无伤害压差与存在伤害压差之比。

也有一些研究者把流动效率叫做产率比 PR，或条件比 CR，或完井系数 PF，这些只是名称上的区别，其含义是一致的。

2. 堵塞比 DR

定义流动效率的倒数为堵塞比，表示为：

$$DR=\frac{1}{FE} \tag{7—20}$$

结合式（7—19）看到，DR 为有伤害压差与无伤害压差之比，即：

$$DR=\frac{p^{*}-p_{\mathrm{wf}}}{p^{*}-p_{\mathrm{wf}}-\Delta p_{\mathrm{s}}} \tag{7—21}$$

3. 伤害系数 DF

DF 定义为：

$$DF=\frac{\Delta p_{\mathrm{s}}}{p^{*}-p_{\mathrm{wf}}} \tag{7—22}$$

即伤害造成的附加压降与总的生产压差之比。

结合式（7—19）可以看到：

$$DF=1-FE \tag{7—23}$$

4. 完善指数 CI

童宪章提出完善指数，并给出“7”的法则判别井筒伤害。定义为：

$$CI=\frac{p^{*}-p_{\mathrm{wf}}}{m} \tag{7—24}$$

式中　m——压力恢复曲线径向流直线斜率。

在文献［12］中认为，判别地层伤害的标准，可以用 $\frac{0.117A}{r_{\mathrm{w}}^{2}}$ 的值来表示：

$CI>\frac{0.117A}{r_{\mathrm{w}}^{2}}$，油井是受到伤害的；

$CI=\frac{0.117A}{r_{\mathrm{w}}^{2}}$，油井是完善的；

$CI<\frac{0.117A}{r_{\mathrm{w}}^{2}}$，油井是未受伤害的。

式中 A 值为供油面积。文章作者在统计了当时已开发的油田供油面积后，确定 $\frac{0.117A}{r_{\mathrm{w}}^{2}}$ 大约为 7。因此又以“7”作为判别的标准，故称为“7”的法则。作者认为，对供油半径约 0.5km 的油藏是适用的。

把式（7—24）、式（7—22）代入式（7—5）可以得到：

$$CI=\frac{1}{DF}\cdot\frac{S}{1.1513} \tag{7—25}$$

也可改写为：

$$S=1.1513DF\cdot CI \tag{7—26}$$

或

$$S = 1.1513(1 - FE)CI = 1.1513\left(\frac{DR - 1}{DR}\right)CI \tag{7—27}$$

就是说，上述参数均与表皮系数 S 存在确定的关系式。

5. 有效半径 r_{we}

定义有效半径：

$$r_{we} = r_w \cdot e^{-S} \tag{7—28}$$

该半径的物理含义可参见图 7—1。当 $S=0$ 时，$r_{we}=r_w$，即实际完井半径；当 $S>0$ 时，$r_{we}=r_{we2}<r_w$，相当于井径小于实际的完井井径，这意味着缩小的井径；相反，当 $S<0$ 时，$r_{we}=r_{we1}>r_w$，意味着扩大的井径。

一般来说，评价一口井是否伤害，使用 S 值即完全可以表达了。一般的试井报告，也只给出 S 值来表明伤害程度。但为了从不同的侧面分析伤害情况，也可应用上面提到的其他参数，如表 7—5 所示。

表 7—5　均质地层伤害情况评价标准

序　号	评定指标	符　号	伤　害	正　常	改　善
1	表皮系数	S	>0	$=0$	<0
2	附加压降	Δp_s	>0	$=0$	<0
3	伤害系数	DF	>0	$=0$	<0
4	流动效率	FE	<1	$=1$	>1
5	产 率 比	PR	<1	$=1$	>1
6	条 件 比	CR	<1	$=1$	>1
7	完井系数	PF	<1	$=1$	>1
8	堵 塞 比	DR	>1	$=1$	<1
9	完善指数	CI	>7	$=7$	<7
10	有效半径	r_{we}	$<r_w$	$=r_w$	$>r_w$

对均质油藏油气层和裂缝油藏伤害评价标准如表 7—6 所示，其伤害程度的评价标准见表 7—7。

表 7—6　常规均质油藏和裂缝油藏的表皮系数 *S* 评价标准

地层	伤害	未伤害	强化
均质油气层	>0	0	<0
裂缝性油气层	>-3	-3	<-3

表 7—7　均质油层伤害程度评价标准

均质地层	严重伤害	较严重伤害	中等伤害	轻微伤害
表皮系数 S	>10	5～10	2～5	0～2

第三节　用图形特征判别均质地层的伤害情况

试井资料的分析，自从20世纪40年代使用了自动记录压力计，研究不稳定压力变化以后，一直与图形分析密切联系。

20世纪50年代由霍纳（Horner）发现，地层中的径向流动，对应单对数图中的直线段。提出用这一直线段求地层渗透率。这是图形分析的很好的应用。20世纪60年代由阿格厄尔等人提出双对数图版法，后经格林加登（Gringarten）等人加以发展，形成了目前的图版拟合求参数方法。

试井软件的应用，无疑给资料解释提供了一个极为有力的手段。但是，由于试井解释应用的解题方法在信息论中属于反问题，在求解过程中存在多解性，因而在使用软件时需要试井工程师结合物探的、地质的、测井的等各方面的资料，首先进行“图形诊断”，确定地层模型类型，成为人机对话中的一个重要的部分。

图形诊断不仅对试井工程师是很重要的，对于油藏工程师、现场技术人员和管理人员，同样是很重要的。

基于上面的原因，本章将图形分析方法作为重点介绍，力求做到：

1）分别介绍每一种参数，特别是表皮系数 S 对试井曲线形状特征的影响，以便从图形特征马上可以辨认地层的类型及参数的大小范围；

2）用比较简单的而且具有典型参数的“模式图形”来表征某一类地层的特征；

3）介绍一些简单的、方便易行的估算方法，从图形特征，不需应用试井软件，马上可测算出地层参数，特别是地层伤害程度（S 值）的大致范围。这不但可在现场直接指导生产，而且对试井软件的解释结果可及时做出鉴别。

目前在试井分析方法发展过程中，研究者创造出许许多多类型的图形，为了方便实用，我们在本书中只选用两类图形，即：

1）由格林加登（Gringarten）和包迪特（Bourdet）所提出的压力及压力双对数综合图；

2）压力的单对数图（压降单对数图、压力恢复的MDH图、霍纳图、叠加函数图等）。

其他的图形类型，可参考有关文献。

一、均质地层的图形特征

我国东部地区第三系的大部分砂岩地层，均呈现出均质地层的特征。某些具有天然裂缝的碳酸盐岩地层和砂岩地层，当裂缝发育为很均匀的单一类型缝时，也常常表现出均质地层的特征。所谓均匀介质，是指试井解释过程中假定的一种理论模型，它表示在测试的影响范围内，地层中各点的渗透率是相同的，且各向同性。从这点出发，可以用一定的数学方程式来表达渗流过程。

1. 双对数综合图

双对数综合图是识别均质地层的典型特征图。它的形状像一把“两齿叉子”，可以分成三段来分析，见图7—3。

1）第Ⅰ段是“叉把”部分。这一段双对数和导数曲线合拢到一起，呈45°的直线，表明续流段的影响（即井筒储集效应影响）。

2）第Ⅱ段为过渡段。导数出现峰值后向下倾斜。峰的高低，取决于参数 C_De^{2S} 值的大小。在参数组 C_De^{2S} 中，C_D 为无量纲的井筒储集常数，S 为表皮系数。由于 S 值处于指数位置，所以受 S 值的影响更大些。C_De^{2S} 值越大，则峰值越高，下倾越陡，而且出现峰值的时间较迟。

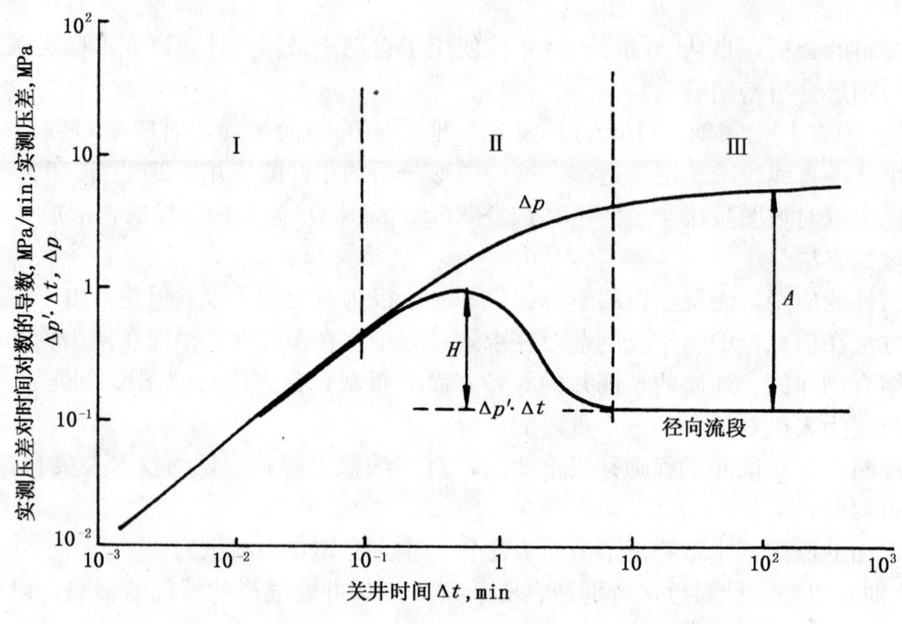

图 7—3　均质地层压力双对数图

图 7—3 中所表示的导数峰值与 0.5 水平线的差值和 S 值关系可以表示为下式：

$$S = 10^{(\sqrt{8.65H_D+6.14}-2.75)} - \frac{1}{2}\ln C_D \tag{7—29}$$

$$H_D = H/L_c$$

式中　L_c——对数周期长。

例如，从实测曲线图上量得导数峰值与 0.5 水平线的距离为 80mm，所使用的双对数坐标纸 $L_c = 75$mm，则 $H_D = 80/75 = 1.07$。

另外从关井初期的 Δp—Δt 资料，得到 $C_D = 100$，代入上式得到，$S = 12.6$。

3）第Ⅲ段出现导数水平段。这是地层中产生径向流的典型特征。在无量纲坐标中水平线纵坐标值为 0.5。用它可以确认单对数图（霍纳图、MDH 图、叠加函数图等）中的径向流直线段。

出现导数水平段之前，压力与导数双对数线已经分开形成叉状。导数水平线与压力线张开的距离 A 与 C_De^{2S} 有关，它们的关系式表达为：

$$S = 10^{(\sqrt{5.53A_D-3.37}-1.12)} - \frac{1}{2}\ln C_D \tag{7—30}$$

$$A_D = A/L_c$$

从上面的例子中，同样可以量得 $A = 117$mm，代入式（7—20）同样得到 $S \approx 12.58$。

式（7—19）、式（7—20）中含有参数 C_D，称为无量纲井筒储集系数，表达为：

$$C_D = 0.15916\frac{C}{\phi C_t h r_w^2} \tag{7—31}$$

式中　C——井筒储集系数，m^3/MPa；

ϕ——孔隙度；

C_t——综合压缩系数，MPa^{-1}；

h——地层厚度，m；

r_w——井筒半径，m。

可以看到，上式中除 C 值外，均为已知参数，有关 C 值的估算方法，在本章中将加以介绍。

2. 单对数图

一旦从双对数综合图确认了地层类型为均质地层，并且划分出流动阶段以后，进一步的分析主要靠单对数图。单对数图有多种画法，这里主要用压力恢复的 MDH 图加以说明。

（1）形状特征

单对数图的形状像一把“勺子”，作为续流段和过渡段的第Ⅰ和第Ⅱ段，在单对数图中形状像“勺头”，作为径向流段的第Ⅲ段，在单对数图中形成直线，可以比喻作“勺把”。单对数图的特征如图 7—4 所示。

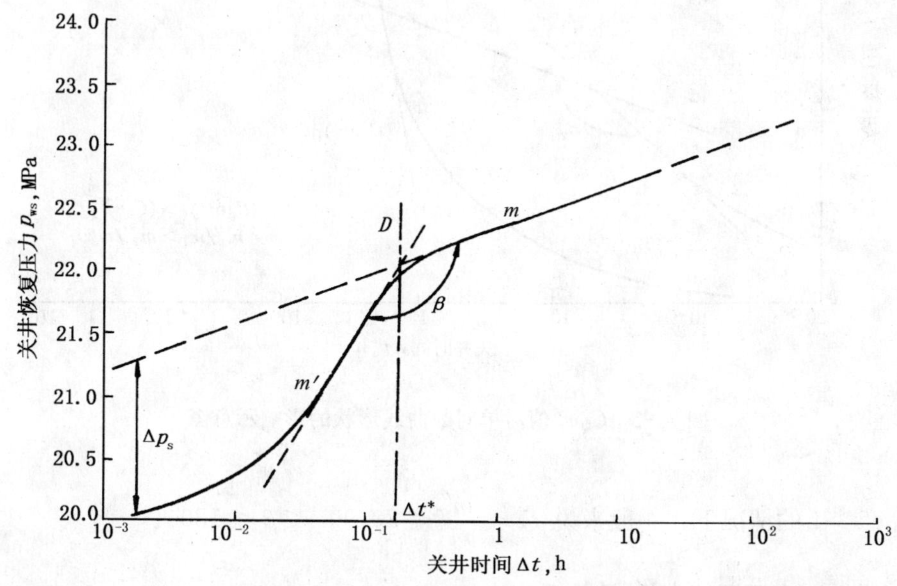

图 7—4 均质地层压力恢复单对数图

单对数曲线示意图中的形状特征和有关参数有：

1）具有斜率 m 的直线段；

2）具有最大斜率 m' 的续流晚期段，从大多数实测曲线看，这一段的实测点很接近斜率 m' 的直线，我们称之为“视直线”（但不是绝对的直线）；

3）以 m 和 m' 为斜率的直线具有交点 D，D 的时间（拐角时间）坐标为 Δt^*；

4）以 m 和 m' 为斜率的直线，具有交角 β；

5）当 Δt 很小时，实测压力与按径向流直线向前推的井底压力之间存在一个差值，这个值代表了由于表皮系数 S 的影响而形成的压差 Δp_s。

下面将分别讨论不同的参数对这些形状特征的影响。

（2）直线段斜率 m

m 值与地层参数间满足下面公式：

$$m = 2.121 \times 10^{-3} \frac{qB\mu}{Kh} \tag{7—32}$$

从式（7—32）看到，m 值与流度 K/μ 成反比，与单位厚度产量 qB/h 成正比。

（3）斜率比 m'/m 和夹角 β

m'/m 和夹角 β 主要受参数 $C_D e^{2S}$ 的影响。一般来说，$C_D e^{2S}$ 值越大，则 m'/m 越大，而且 β 角越接近 90°。相反，若 $C_D e^{2S}$ 值较小，则 m'/m 接近 1，β 角接近 180°，如图 7—5 所示。

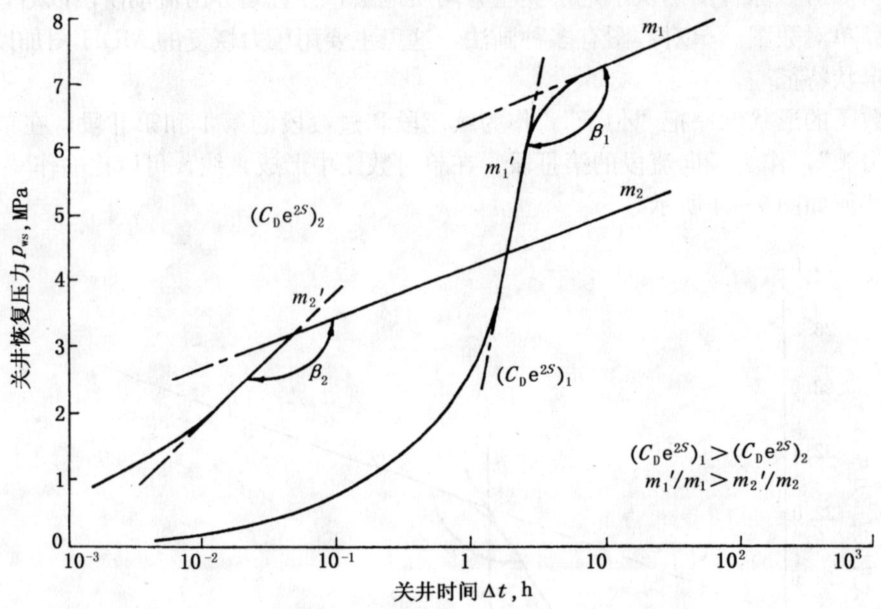

图 7—5　$C_D e^{2S}$ 值对单对数曲线形状的影响示意图

在 $C_D e^{2S} > 1$ 的情况下，一般来说，$1 < \frac{m'}{m} < 20, 90° < \beta < 180°$。

式（7—33）表示了 S 与 $\frac{m'}{m}$ 的关系：

$$S = 1.417\left(\frac{m'}{m} - 1\right) - \frac{1}{2}\ln C_D \tag{7—33}$$

从图 7—5 中量得 $\frac{m'}{m}$ 值，同样可以计算 S。

（4）拐角时间 Δt^*

Δt^* 大致比直线段起始时间提前约 0.5 对数周期。影响 Δt^* 值的因素主要是井筒储集系数 C，与 S 值及其余地层参数也有一定关系。表达为：

$$\Delta t^* = \frac{\phi C_t \mu r_w^2}{3.6K} C_D (3.1S + 3.57\lg C_D + 11.6) \tag{7—34}$$

当 C_D 值很大而 $\frac{K}{\mu}$ 值很小时，即对于低渗透地层且采用井口关井情形，Δt^* 会大于录取时间限（时钟走时限），从而只能测到续流段；相反，当 C_D 值很小而 K/μ 值很大时，测试的初始点即可能大于 Δt^*（特别对于低分辨率的机械式压力计），这时只能测到径向流直线段而无续流段，华北油田的任丘古潜山油井，即出现过此种情况。

（5）表皮系数 S 引起的压力降 Δp_s

Δp_s 的表达式见式（7—2）。从式中可以看到 Δp_s 主要受 S 值的影响。同时反比于 $\frac{K}{\mu}$ 值，正比于 $\frac{qB}{h}$ 值。

总结以上各点，归纳如下：

1）径向流直线段斜率 m 反比于流度 $\frac{K}{\mu}$，正比于单位厚度产量 $\frac{qB}{h}$。

2）续流视直线斜率 m' 与径向流直线斜率 m 之比 m'/m 及拐角 β，在 $C_D e^{2S}>1$ 时，主要受 S 值影响。同时受 C_D 影响，但影响不大。

3）拐角时间 Δt^* 主要受 C 值和 K/μ 值影响，与 C 成正比，与 K/μ 成反比，S 值对其影响不大。

4）续流段偏离直线段下倾幅度（Δp_s 值）取决于 S 值，与 S 成正比。

不同的 K/μ 值、S、C 及 qB/h 值的组合，将形成一系列形状各异的曲线。本段后面部分，将结合实例介绍这些曲线。

3. K/μ、S 及 C 值的分类

为了更清楚地讨论参数的影响，把上述 3 个参数按大小分级。

（1）流度 K/μ 的分级

K/μ 值反映流体在地层中流动性的好或差。为了讨论方便，暂分为 7 级［单位 $10^{-3}\mu m^2/(mPa\cdot s)$］：特高——$K/\mu>10^4$，高——$10^4>K/\mu>10^3$，较高——$10^3>K/\mu>10^2$，中——$10^2>K/\mu>10$，较低——$10>K/\mu>1$，低——$1>K/\mu>0.1$，很低——$K/\mu<0.1$。

（2）C 值的分级

井筒储集系数受多种因素影响，例如关井阀的位置，井筒中流体性质，有无自由液面等，因此确切计算 C 值是比较困难的。但是仍然可以根据井的情况，大致对 C 值做出估计。这有助于压力资料的鉴别和分析，而且也可用于试井设计。参见表 7—8。

表 7—8 井筒储集系数 C 值分级表

分类级别	C 值的量级，m^3/MPa	井的情况描述
特高	>10	深气井，井口关井
高	1～10	高含气井或油套管液面同时恢复井
较高	0.1～1	含气柱井，井口关井或油管液面恢复井
中等	0.05～0.1	油管井口关井，中低气油比
较低	0.01～0.05	油管井口关井，井内为纯油或水或采用井下关井工具关井，口袋较长
低	0.001～0.01	采用井下关井工具关井
很低	<0.001	井下关井，口袋特别短

如果通过试井曲线分析求出的 C 值，与上面描述的井的情况相符，则结果是正确无误的，如果相差很大时，则要么是分析过程出现错误，要么是某些未加考虑的因素（例如封隔

器漏失）或地层因素（例如存在未被认识的气夹层）所引起的。因而对 C 值的分析，是与鉴别测试分析结果及发现油井和地层中新问题有密切关系的。而且如前所述，C 值对曲线形状及径向流的持续时间，都有很大的影响。因此 C 值是一个非常重要的参数。

（3）S 值的分类

S 值表明地层被伤害的情况，但也常常与射孔打开地层的程度、高速气体形成的湍流及酸化压裂形成的裂缝等有关。但这里不再区分这些因素，只从数值大小大致做如下分级，参见表 7—9。

表 7—9　表皮系数 S 值分级表

分类级别	S 值数量级	C_De^{2S} 大约值
特高	>20	$>10^{15}$
高	5～20	10^3～10^{15}
中	1～5	10～10^3
低	（−1）～1	5～10
较低	（−3）～（−1）	0.5～5
很低	<-3	<0.5

由于 Δp_s 正比于 S 和 qB/h，反比于 K/μ，所以 S 值的大小不完全决定堵塞造成的附加压降。对于高渗透层，虽然 S 值可能大，但 Δp_s 却可能不足 1MPa。

二、均质地层的曲线定位分析方法

1. 定位分析的含义

由于参数 K/μ、S、C、qB 和 h 不同，均质地层的实测压力单对数图演化成多种图形，使辨识、分析及鉴别资料带来困难。

图 7—6 画出均质地层的无量纲单对数图。实际上，实测的资料，其单对数图应该是图 7—6 中某条曲线的某个特定的部分。确定这个部分后，可以根据实测地层的参数，把曲线图返回到有量纲坐标中去。

这里特别指出的是，把无量纲坐标返回到有量纲坐标时，曲线的位置是有限制的，原因是：

1）录取时间具有下限。由于仪器录取压力数据点间隔的限制，初期点，或者说第一点只能以秒计（电子压力计），或者以分计（机械式压力计）。

2）录取压力数据的时间有上限。对于机械式压力计，一般一次下井只能工作几个小时或几十个小时。电子压力计时间要长些。直读式的电子压力计原则上虽然可以无限期地在井下工作，实际受现场工作条件的限制，也不过工作数百个小时。

3）压力录取具有下限。由于仪器分辨率的限制，能够测得的压力变化的最小值也是有限的。电子压力计可达 0.00007MPa 到 0.00014MPa；机械式压力计一般只有 0.01MPa 到 0.001MPa。

根据井下仪器实际录取能力的限制，确定实测曲线在图 7—6 上的位置，并以有量纲的坐标刻度加以表示，从而确认实测曲线的形状，我们把这种做法称之为“定位分析”。

2. 时间定位

首先进行初始时间的定位。一般来说，电子压力计记录第一个数据点为 1～3s，考虑到

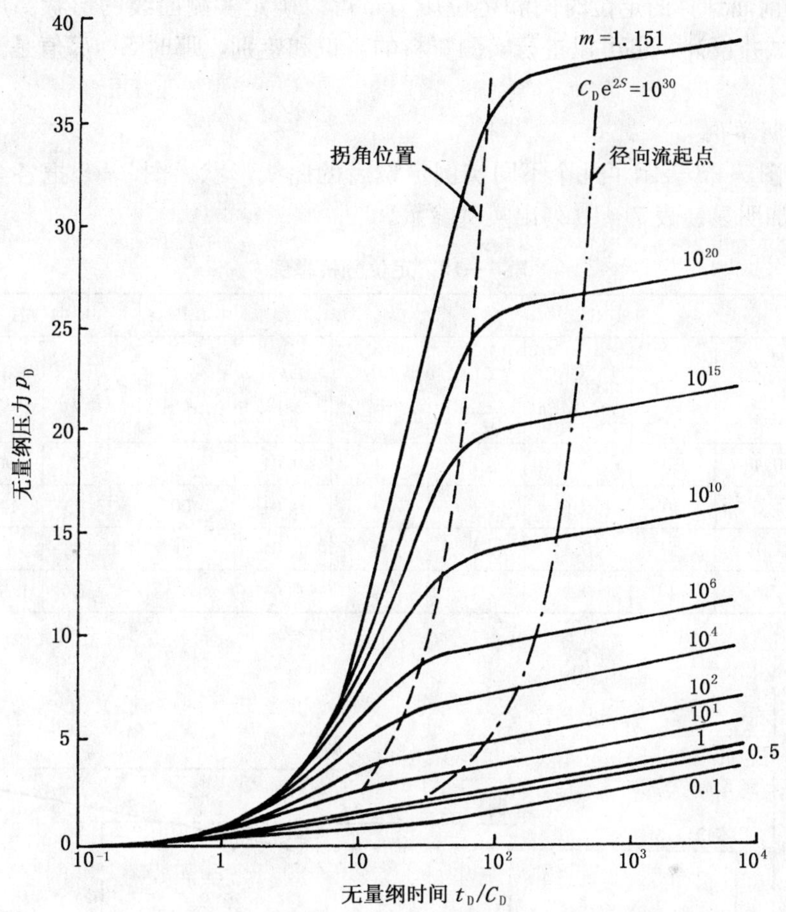

图 7—6　均质地层压降试井无量纲单对数图

关井操作尚需一定的过程，一般取第一点为 10s。机械式压力计比较可靠的初始读点暂定为 1min。这样，对于特定的地层和油井，初始点的无量纲时间由下式计算：

$$\left(\frac{t_D}{C_D}\right)_{初} = 22.62\frac{Kh}{\mu C}\cdot\Delta t_{初} \tag{7—35}$$

终结点的 $(t_D/C_D)_{终}$ 的计算公式与之相同，但 $\Delta t_{初}$ 以 $t_{终}$ 代入。例如，当 $K/\mu = 0.1\mu m^2/mPa\cdot s$，$h = 10m$，$C = 0.1m^3/MPa$，$qB = 10m^3/d$，$\Delta t_{初} = 1min$ 时，$(t_D/C_D)_{初} = 3.77$ 。同时当 $t_{终} = 4h$ 时，$(t_D/C_D)_{终} = 904.8$ 。

3. 压力定位

不同类型的压力计，分辨率不同。假定全用机械式压力计，分辨率为 0.01MPa，初始压力点按下式计算：

$$(p_D)_{初} = 542.87\frac{Kh}{\mu}\cdot\frac{1}{qB}\cdot\Delta p = 542.87\times\frac{1}{10}\times10\times\frac{1}{10}\times0.01 = 0.543$$

压力上限，一般不受限制。

4. 曲线定位

根据完井资料和测试时井身结构情况，可以估计一个 S 值和 C 值，从而可以计算一个

C_De^{2S}值。结合前面计算的定位时间和定位压力，可以确定实测曲线的形状。用这种定位分析，可以进行试井设计，也可以进行实测资料的辨识和鉴别，那时 S、C 值是试井曲线实际解释的参数。

5. 定位分析举例

图 7—7、图 7—8 表示了几个不同实例定位后的曲线形状。图 7—8 把各个实例分别画出，表示得更加明显。表 7—10 列出实例参数。

表 7—10　定位分析举例

实例序号	实例参数								曲线位置		
	C_De^{2S}	K/μ $\frac{\mu m^2}{mPa\cdot s}$	h m	C m^3/MPa	$\Delta t_{初}$ min	$\Delta t_{终}$ h	$\Delta p_{初}$ MPa	qB m^3/d	$\left(\frac{t_D}{C_D}\right)_{初}$	$\left(\frac{t_D}{C_D}\right)_{终}$	$p_{D初}$
1	10^6	0.1	10	0.1	1	4	0.01	10	3.77	904.8	0.543
2	10^6	1.5	30	0.5	1	4	0.01	100	33.93	8.14×10^{-3}	2.44
3	10^6	0.05	1	0.1	1	4	0.01	10	0.188	45.24	0.027
4	10^{30}	1	1	0.5	1	4	0.01	10	7.5	1.5×10^3	0.543

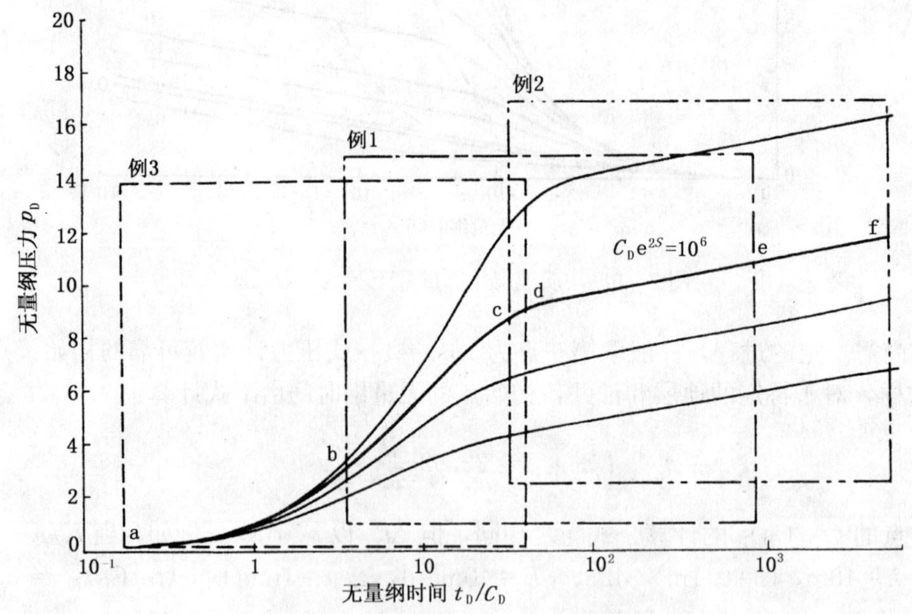

图 7—7　定位分析方法示意图

图 7—7 中线段（b—e）表示例 1 的定位情况。从图中看到，这是一条完整的压力恢复曲线，具有续流段（b—d）、径向流直线段（d—e），可以用来计算地层参数。

例 2 相当于高渗透层、高气油比、井口关井测试的情况。其曲线为定位框中的（c—f）段。这一段曲线缺失了续流段，但有较长的径向流直线段。

例 3 是一种中等流度地层，采用井口关井情况，定位曲线为图中的线段（a—d）。这是一条只有续流段而无直线段的曲线。不能用一般的常规方法计算参数。

例 4 是一种高渗透、高伤害地层的情况，井筒储集系数 C 也比较高。从图 7—7 的定位

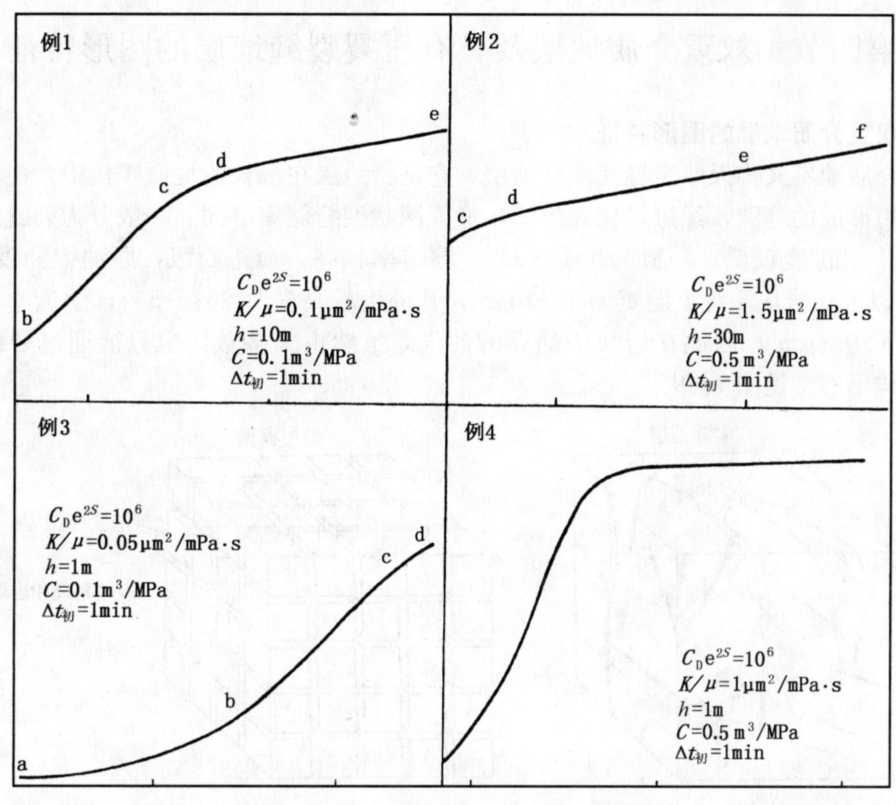

图 7—8　定位分析举例示意图

曲线看到，出现了所谓“厂”字形曲线。某些中低渗透性的气层，由于气体的黏度值很小，也会出现“厂”字形曲线。表明β角接近 90°，这种曲线一般都预示着严重的伤害，须对地层进行改造。

6. 定位分析的应用

1）对试井解释结果进行鉴别分析。

2）用定位分析法进行试井设计。选定参数后对测试做出定量模拟，画出模拟的单对数图。步骤是：

①从测井资料和相邻井的情况，估计K、μ值，并计算出K/μ值；

②从取心及电测资料，得到孔隙度ϕ；

③从完井资料估计S值和r_w值；

④从测试井井身结构估计C值；

⑤利用公式（7—31），用$C_thr_w^2$计算C_D值及C_De^{2S}值；

⑥设定qB/h值，并利用定位分析方法计算$(t_D/C_D)_{初}$，$(t_D/C_D)_{终}$及$(p_D)_{初}$，从而画出在$(t_D/C_D)_{终}$和p_D坐标下的模拟曲线（图 7—7）；

⑦用p_D和(t_D/C_D)的表达式（7—35）、式（7—36），把定位后的模拟曲线转化为有量纲的坐标刻度，即为设计的模拟曲线。

如果得到的曲线符合资料分析的要求，具有明确的径向流直线段，则可按原计划施工；相反如果模拟曲线不符合资料分析的要求，则须改变测试计划，调整测试时间，改换测试仪表或改变关井方式等，以期达到预期的要求。

第四节　双重介质地层及具有压裂裂缝地层的图形特征

一、双重介质地层的图形特征

双重介质地层又称天然裂缝孔隙性地层，它是指地层在漫长的地质年代中，由于地应力或化学作用形成的缝隙，经过风化和淋滤，形成网状裂缝储集空间。一般分为裂缝系统：缝宽>10μm，孔隙度较低，一般为1%～2%，渗透率较高，为达西级，原油饱和度也较高，可达90%以上；岩块系统：缝宽为1～10μm，孔隙度较高多为2%～5%，渗透率很低，为(1～50)×10^{-3} μm^2；因此在岩块中储存的油气，虽然占大多数，也只能通过裂缝流向井底。其结构示意图见图7—9。

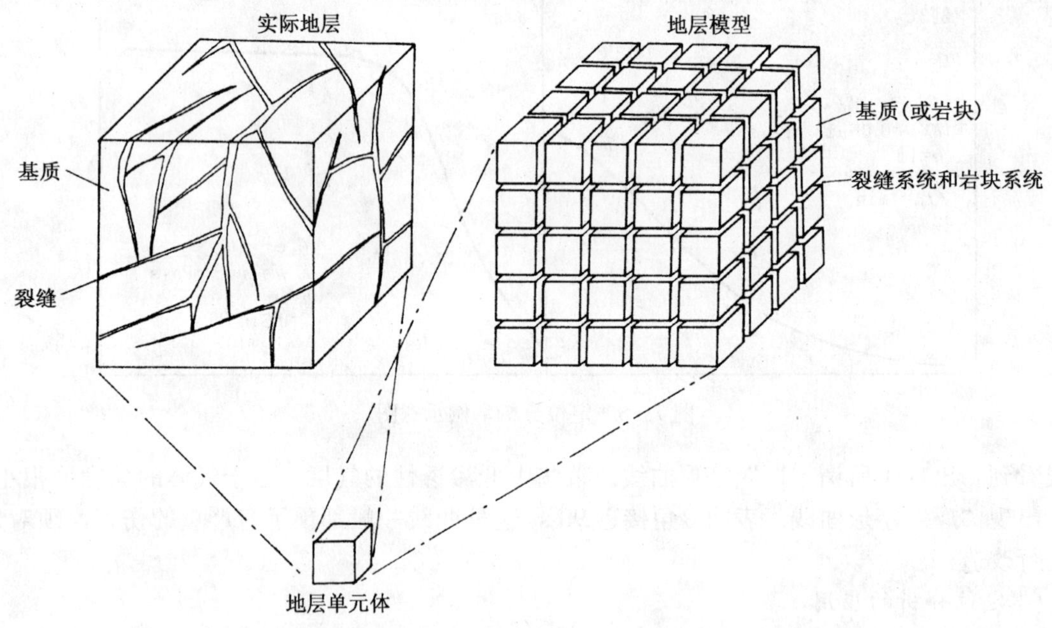

图7—9　双重介质地层单元体结构示意图

这种地层，最初由巴兰布拉特研究，后来经过许多作者完善，现在已形成了比较完整的理论。

定义下面几个参数组：

裂缝系统图形参数　　$(C_D e^{2S})_f$

总系统图形参数　　$(C_D e^{2S})_{f+m}$

弹性储能比　　$\omega = \dfrac{(\phi C_t h)_f}{(\phi C_t h)_f + (\phi C_t h)_m}$

窜流系数　　$\lambda = \dfrac{\alpha K_m r_w^2}{K_f}$

曲线位置参数　　$\dfrac{K_f h}{\mu C}$

介质间不稳定流参数　　$\beta = \dfrac{1.89(C_D e^{2S})_{f+m}}{\lambda e^{-2S}}$

上述参数中，ω 及 λ 又可表示为：

$$\omega=\frac{(C_{\mathrm{D}}\mathrm{e}^{2S})_{\mathrm{f+m}}}{(C_{\mathrm{D}}\mathrm{e}^{2S})_{\mathrm{f}}} \tag{7—36}$$

$$\lambda=\frac{\lambda\mathrm{e}^{-2S}}{\mathrm{e}^{-2S}} \tag{7—37}$$

式中，($C_{\mathrm{D}}\mathrm{e}^{2S}$) 和 ($\lambda\mathrm{e}^{-2S}$) 可以从图版拟合中求得。

由上面的参数可看到，影响双重介质曲线的几乎每一个参数组都与标志地层伤害的表皮系数 S 值直接有关。但是，这种影响比起均质地层来说要复杂得多。

这里特别要指出的是，双重介质地层，裂缝作为与井底的连通通道，总是使井筒附近有更好的连通性，因此以 S 值判断井底附近地层伤害时，通常以 -3 为划分标准。

当 $S<-3$ 时，地层改善；

当 $S=-3$ 时，地层未伤害；

当 $S>-3$ 时，地层伤害。

我们将结合后面的实例加以说明。

1. 具有两个径向流段的情况

这里介绍一种典型的参数组合，其条件和数值范围如下：

1）双重介质地层，介质间拟稳态窜流，具有井筒储集（C）和表皮系数（S）的影响；

2）$(C_{\mathrm{D}}\mathrm{e}^{2S})_{\mathrm{f}}=10^2$，$(C_{\mathrm{D}}\mathrm{e}^{2S})_{\mathrm{f+m}}=10$，表明形状参数值较小，或者说表皮系数 S 值较小；

3）$\omega=0.1$，表明弹性储能比较大，即裂缝中储存有一定数量的流体；

4）$\lambda=10^{-7}$，该值较小，说明流体从基质孔隙向裂缝窜流受到较大阻碍。

符合上述条件的双对数综合图参见图 7—10。按图 7—10 中划分的流动段，描述如下；

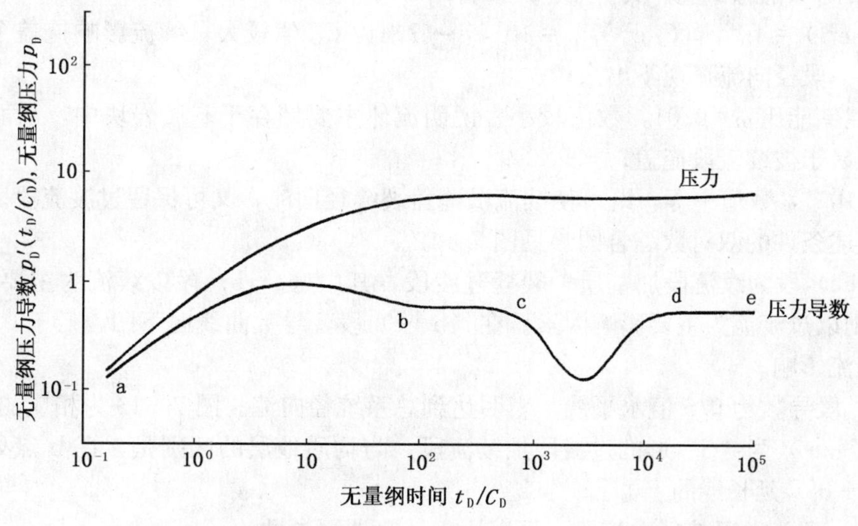

图 7—10 双重介质地层具有两个径向流段的双对数模式图

（a—b）段为续流段，与均质情况类似，曲线形状由 $(C_{\mathrm{D}}\mathrm{e}^{2S})_{\mathrm{f}}$ 确定；

（b—c）段为裂缝径向流段，导数为 0.5 值的水平线；

（c—d）段为基质—裂缝过渡段，导数曲线向下凹后再上升到 0.5 值水平线。曲线下降

部分由参数 $\frac{\lambda C_D}{\omega(1-\omega)}$ 确定，上升部分由参数 $\frac{\lambda C_D}{1-\omega}$ 确定；

（d—e）段为总系统径向流段。

符合上述条件的单对数图参见图 7—11。但是，理论上证明确实存在的此类曲线，至今还没有在现场中收集到典型的实例。

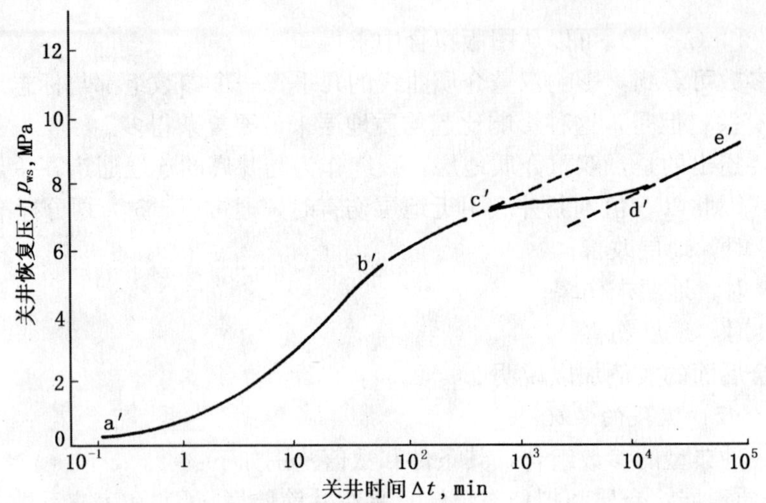

图 7—11　双重介质地层具有两个径向流段的单对数模式图

2. 只出现总系统径向流的情况

这是一种在油气田现场最常见到的典型情况。形成这种曲线的典型参数如下：

1）介质间拟稳态窜流，具有 S、C 影响；

2）$(C_De^{2S})_f=10^4$，$(C_De^{2S})_{f+m}=10^2$，一般来说 C_D 值较大，续流影响掩盖了裂缝径向流段，使第一段径向流显现不出来；

3）弹性储能比 $\omega=0.01$，数值较小，说明流体主要储存于基质岩块中，从而使裂缝流动段很短，易于被续流段掩盖；

4）$\lambda=10^{-6}$，数值中等，既可使续流段掩盖裂缝径向流，又可保留过渡流段。

符合上述条件的双对数综合图参见图 7—12。

（a—b—c）段为续流段加基质—裂缝过渡段，其中（a—b）段以续流为主要影响因素，（b—c）段则以过渡流为主要影响因素。在（b—c）段，导数曲线向下凹，低于 0.5 水平线，主要表现窜流影响。

（c—d）段导数为 0.5 值水平线，表明达到总系统径向流。图 7—13 为相应的单对数图。

（a′—b′—c′）为“S”形的过渡段加续流段。与均质地层的区别是，在 b′点处于径向流直线段（c′—d′）延长线的上方。

（c′—d′）段为总系统径向流段，可以用来计算地层参数。

例 1

1）试井条件：该井打开地层为震旦系白云岩，井深 3090m，地层厚度 19.5m，产出干气，日产气量为 $9.9\times10^4m^3$。

2）试井成果见图 7—14。

可以看到，图形特征与模式图（见图 7—12）是一致的。解释参数如下：裂缝渗透率 $K_f=$

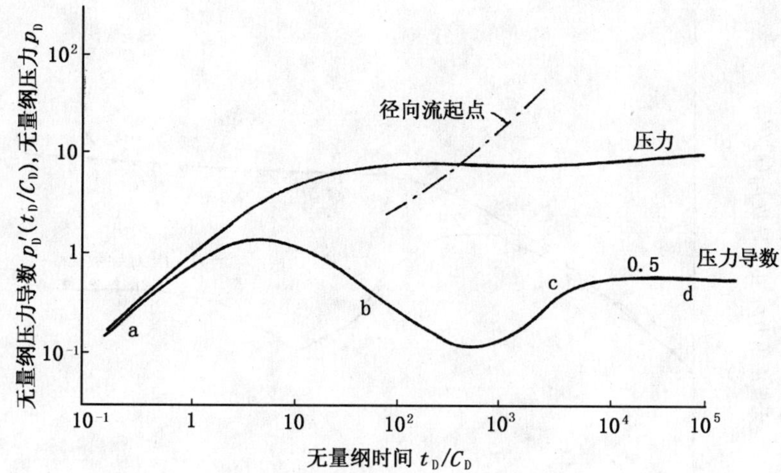

图 7—12　双重介质地层只具有总系统径向流的双对数模式图

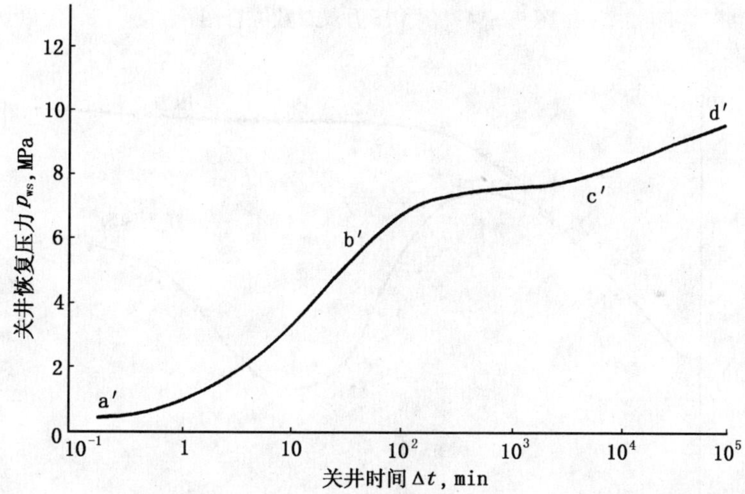

图 7—13　双重介质地层只具有总系统径向流的单对数模式图

$1.97\times10^{-3}\mu m^2$，表皮系数 $S=-2.3$，井筒储集系数 $C=2.5m^3/MPa$，图形参数 $(C_De^{2S})_f=30.05$，$(C_De^{2S})_{f+m}=1.8$，弹性储能比 $\omega=0.06$，窜流系数 $\lambda=0.96\times10^{-6}$。

表皮系数 $S=-2.3$，接近 -3，对于双重介质地层属于基本上未受伤害的情况。

例 2

1）试井条件：该井打开石炭系白云岩地层，井深 4000m，地层厚度 19.4m，产出干气，日产气量 $8.3\times10^4m^3$。用机械式压力计进行井口测压，井口开关井。

2）测试成果见图 7—15。

从图 7—15 看到，测得曲线与模式图（图 7—12）基本上是一致的。不足之处是，如果测试时间再延长一些，可测到形态更明确的总系统径向流段。

解释地层参数如下：$K_f=4.97\times10^{-3}\mu m^2$，$S=-0.7$，$C=1.72m^3/MPa$，$(C_De^{2S})_f=2220$，$(C_De^{2S})_{f+m}=222$，$\omega=0.01$，$\lambda=6.57\times10^{-6}$。

从以上参数看，$S=-0.7$，地层属于受到伤害的情况。

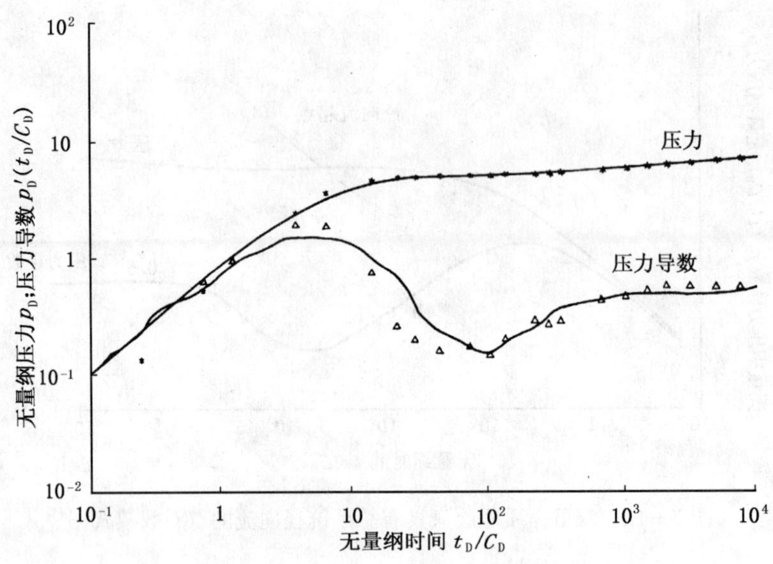

图 7—14　例 1 压力双对数综合图

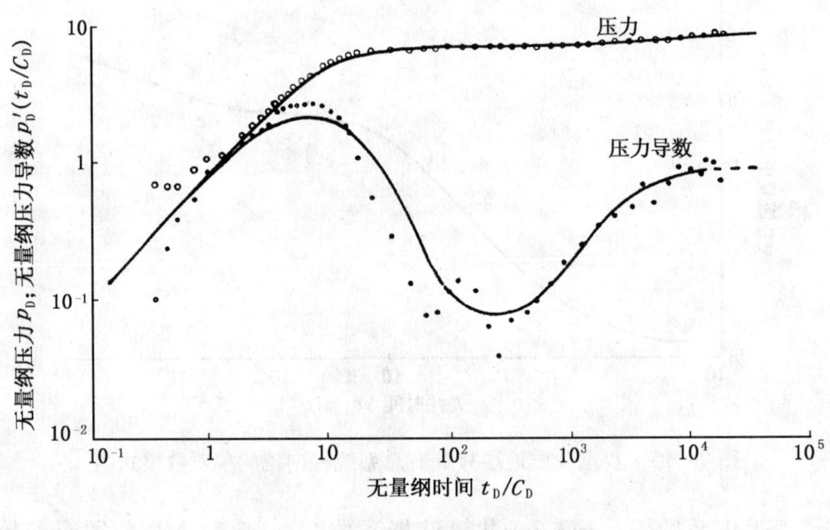

图 7—15　例 2 压力双对数综合图

例 3

1）试井条件：该井打开奥陶系白云岩地层，岩心观测存在天然裂缝。井深 3660m，地层厚度 156m，日产原油 340m^3。该井用 DST 工具，采用井底关井方式进行钻井过程中途测试，续流影响小。

2）试井成果见图 7—16。

解释地层参数如下：$K_f = 0.27 \times 10^{-3} \mu m^2$，$S = -0.77$，$\omega = 0.08$，$\lambda = 9.4 \times 10^{-4}$，$C = 7.18 \times 10^{-2} m^3/MPa$，$(C_D e^{2S})_f = 37.5$，$(C_D e^{2S})_{f+m} = 3$。

可以看到，S 值为 -0.77，对于双重介质地层来说，是一种受到伤害的情况，有可能通过酸化措施加以改善。

另外，对双重介质地层。我们给出一个从压力双对数图中简单估算 ω 值的方法：

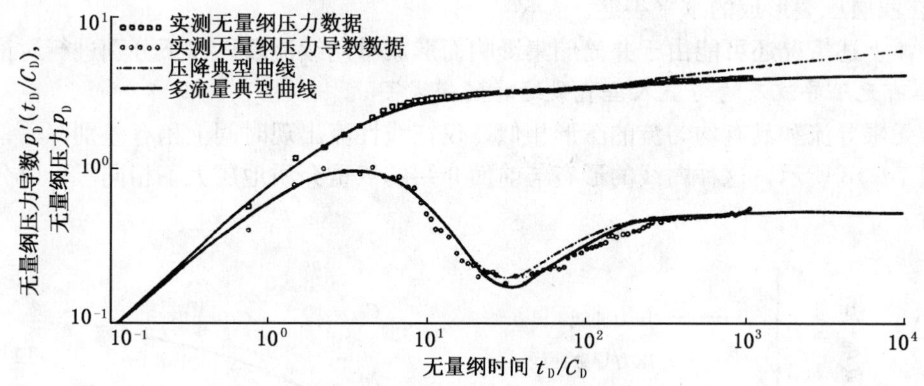

图 7—16　例 3 压力双对数综合图

$$\omega = 10^{-2L_D} \tag{7—38}$$

$$L_D = \frac{L_\omega}{L}$$

式中　L_D——无量纲的过渡段下凹深度；

L_ω——导数曲线下凹深度（见图 7—12）；

L——双对数坐标每一个对数周期长。

例如在实例 2 中（图 7—15），L_ω 大致等于一个对数周期长，因此 $L_D = 1$，从而有，$\omega = 10^{-2\times1} = 0.01$。这与试井软件解释结果是一致的。

二、具有压裂裂缝地层的图形特征

具有压裂裂缝地层，又称人工裂缝地层，它是与天然裂缝完全不同的地层模型。压裂裂缝是指水力压裂时，在地层内形成单一的、导流能力很高的大裂缝，如图 7—17 所示。

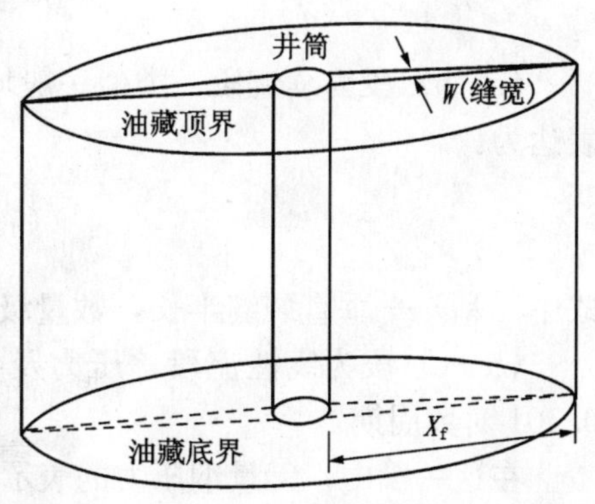

图 7—17　水力压裂裂缝形状示意图

对于进行水力压裂的地层，可以是均质的（例如致密的砂岩地层），也可以是双重介质的（例如具有天然裂缝的白云岩），但形成的裂缝往往只有一条，原因是当高压液体注入地层时，总是先沿着地应力较大的方向推进，即裂缝面总是垂直于地应力较小的方向，压出单一的缝。一旦裂缝产生，则会沿着初始开裂方向继续延伸。在浅层，由于地层上覆压力较小，会形成水平裂缝；而在深地层，则会形成经常遇到的垂直裂缝。但是，不可能通过压裂把均质地层压成双重介质。相反，在双重介质地层进行压力裂，却有可能在地层中形成大裂缝，使压力恢复曲线失去原有的双重介质特征，而 1/2 斜率主要表现为压裂裂缝曲线特征。

对于有一单一大裂缝与之相交的井，从 1937 年开始，即有许多研究者加以研究，至今做出了 40 余种理论模型。归纳起来有如下几类情况：

1）由于采取水力压裂措施而形成的无限导流垂直裂缝；

2）形成均匀流入的垂直裂缝；

3）在水力压裂时，加砂充填而形成的有限导流垂直裂缝；

4）在浅层压裂形成的水平裂缝。

另外，上述情况还可能由于井筒储集影响而形成早期续流段。以下分别进行讨论。

1. 具有无限导流及均匀流入垂直裂缝时的模式图

具有无限导流和具有均匀流的图形相似，仅在线性流出现时间上稍有差别。

如图7—18所示，这种曲线的形态与前面介绍的双重介质地层大不相同。可以分成下面几段分析。

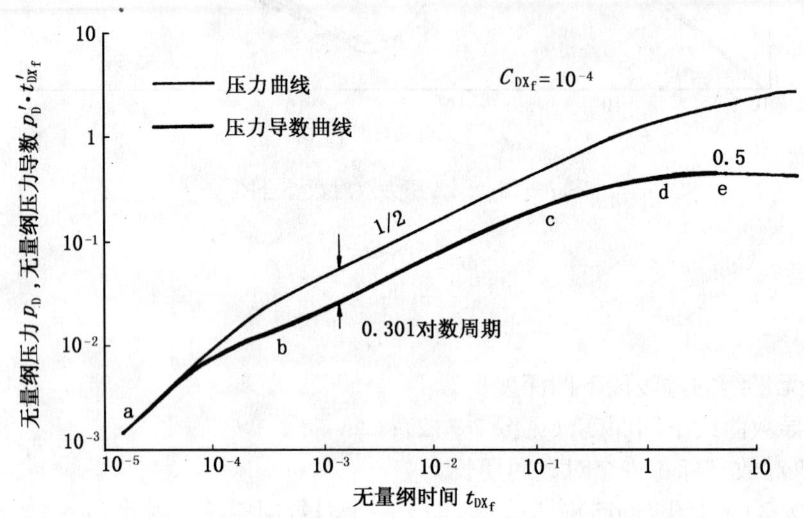

图7—18 具有无限导流及均匀流垂直裂缝井的均质地层压力双对数模式图

（a—b）段为续流段，类似一般均匀介质地层的续流段形状。此时无量纲井筒储集系数表达为：

$$C_{DX_f}=0.15916\frac{C}{\phi C_t h X_f^2} \tag{7—39}$$

式中 X_f——垂直裂缝半长，数量级约为均质地层的 C_D 值 $1/10^4$ 到 $1/10^6$。

（b—c）段为线性流段，压力及导数同为1/2斜率的平行直线。两线间纵坐标距离为0.301对数周期。

在这一段中，无量纲压力的表示式为：

$$p_D=\sqrt{\pi t_{DX_f}} \tag{7—40}$$

两边取对数后：

$$\lg p_D=\frac{1}{2}\lg t_{DX_f}+0.24857 \tag{7—41}$$

由此可见，在双对数曲线上为1/2斜率的直线。此段上限为 $t_{DX_f}\leqslant 0.016$（无限导流）和 $t_{DX_f}\leqslant 0.16$（均匀流）。对于这一段的导数线，表达为：

$$\lg(p_D'\cdot t_{DX_f})=\frac{1}{2}\lg t_{DX_f}-0.05246 \tag{7—42}$$

可见也是1/2斜率的直线，且与压力线的间距为：

$$0.24857+0.05246=0.301$$

这是无限导流（均匀流）垂直裂缝井的最主要特征。

（c—d）段为过渡段。横坐标区间大致为：0.016≤t_{DX_f}<3。

（d—e）段为拟径向流段，导数呈水平线，在无量纲坐标上数值为 0.5。

以上曲线在单对数图上表现为不断向上翘起的曲线，并以（a′—b′）、（b′—c′）、（c′—d′）和（d′—e′）与双对数图上的相应段对应，见图 7—19。

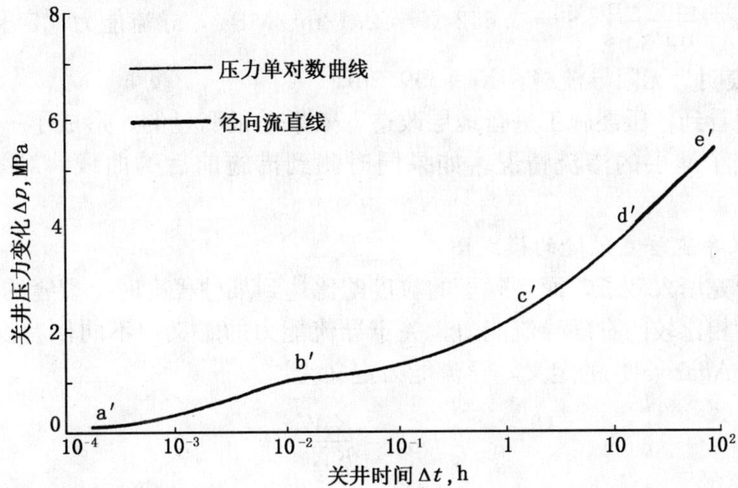

图 7—19　具有无限导流及均匀流垂直裂缝井的均质地层压力单对数图

例 4

1）试井条件：该井打开三叠系砂岩地层，深度 1900m，层厚 11.0m，日产原油 26m³。在试采 40 天后，用电子压力计在井下测压力恢复曲线，采用井口关井。试井前曾进行过压裂施工。

2）试井成果如图 7—20 所示。

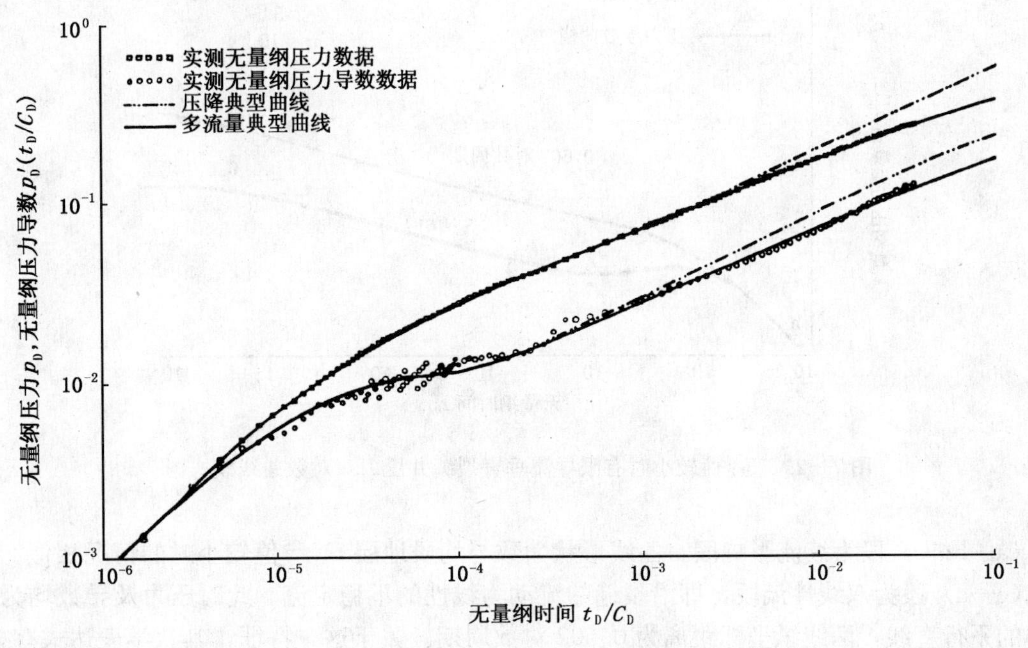

图 7—20　例 4 压力双对数图

从图7—20看到，例4的图形特征与模式图7—18是很相像的。初始存在一个续流段，类似均质地层的情况。在续流段后，有一个很长的1/2斜率段。两线间距离与纵坐标的对数周期刻度长相比，近似为0.3。这一段很长，表明裂缝是很长的。没有测到拟径向流段。无法用单对数图计算地层参数。利用双对数图版拟合，求得参数如下：$K=0.753\times10^{-3}\mu m^2$，$\frac{Kh}{\mu}=7.06\times10^{-3}\ \frac{\mu m^2\cdot m}{mPa\cdot s}$，$S=0.642$，$C=2.12m^3/MPa$，导流能力［定义见式（7—33）］$F_{CD}\geqslant100\pi$，表明为无限导流缝，$X_f=339.2m$。

从这个实例看到，压裂施工进行地层改造，效果是很明显的，形成了一条长300m的大裂缝，完全改变了地层的渗流情况。如果同时测到措施前后的曲线，对效果的评价会更具体。

2. 具有有限导流垂直裂缝的模式图

压裂裂缝中充填入砂子，而且砂子的粒度配比达到某种程度时，裂缝的导流能力成为能与地层的渗透性相比较的有限导流能力。关于导流能力的定义，不同作者设定的稍有区别。按照阿格厄尔（Agarwal）的定义，导流能力定义为：

$$F_{CD}=\frac{K_f W}{K X_f} \tag{7—43}$$

式中 K_f、K——分别为裂缝和地层的渗透率；

W——裂缝宽度；

X_f——裂缝半长。

F_{CD}的值不同时，压力曲线的形态有所不同。当F_{CD}较小时，例如$F_{CD}=5$，曲线形态如图7—21所示。

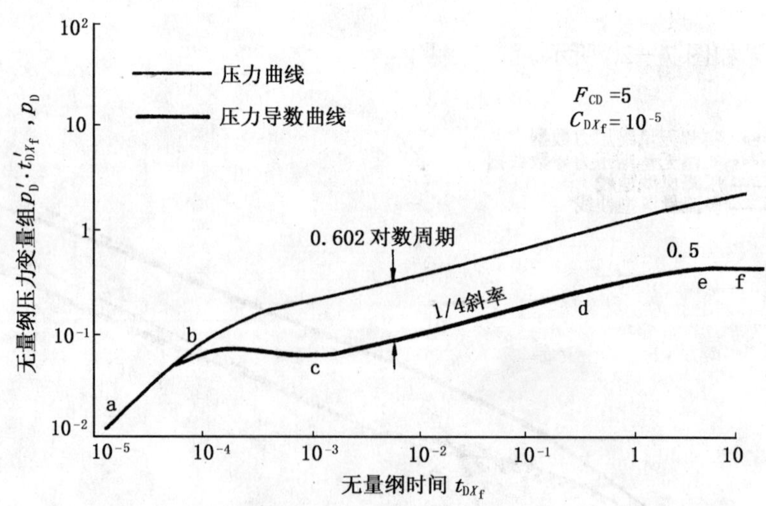

图7—21 F_{CD}值较小时有限导流垂直裂缝井压力双对数曲线模式图

（a—b—c）段为续流影响段，曲线形状大致与均质地层C_De^{2S}值较小时的情况相似；

（c—d）段为双线性流段，即沿裂缝的流动为线性的不稳定流。此时压力及导数均为1/4斜率的平行直线，两线纵坐标距离为0.602对数周期。关于这一特征，其数学表达式有如下推导：

$$p_D = \frac{\pi}{0.906\sqrt{2F_{CD}}} \cdot \sqrt[4]{t_{DX_f}} \qquad (7\text{—}44)$$

求对数后：

$$\lg p_D = \frac{1}{4}\lg t_{DX_f} + \lg\frac{\pi}{0.906\sqrt{2F_{CD}}} \qquad (7\text{—}45)$$

可以看出，这是一条 1/4 斜率的直线。式（7—44）求导数再取对数而得到：

$$\lg(p_D' \cdot t_{DX_f}) = \frac{1}{4}\lg t_{DX_f} - \lg 4 + \lg\frac{\pi}{0.906\sqrt{2F_{CD}}} \qquad (7\text{—}46)$$

从上式看到，这也是一条 1/4 斜率的直线，而且式（7—45）与式（7—46）相减得 0.602。

（e—f）段为拟径向流段，导数呈水平线。在无量纲坐标上为 0.5 值。

这种模式图的单对数图见图 7—22。

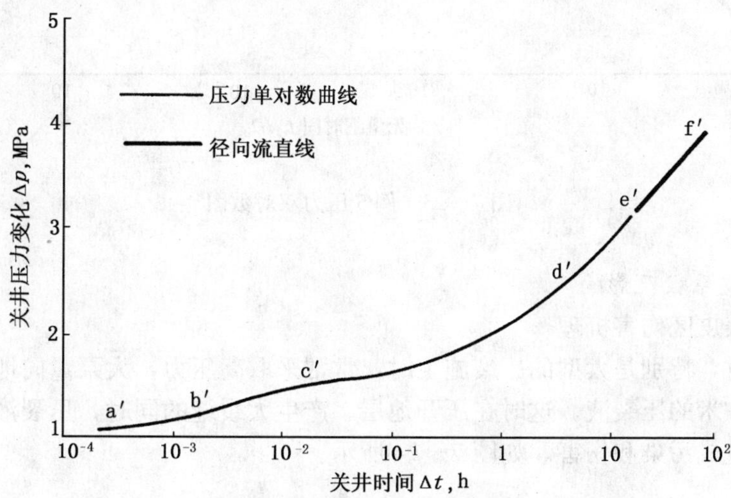

图 7—22　F_{CD}较小时有限导流垂直裂缝井压力单对数图

图 7—22 中各流动段与图 7—21 相对应，是一条不断上翘起的曲线。除（e′—f′）拟径向流直线段外，没有明显的特征。

例 5

1）试井条件：该井打开三叠系砂岩，深度 1370m，层厚 4.5m，日产原油 10m³。射孔后压裂改造，加砂 8m³，试采 21 天后用电子压力计进行井底测压，采用井口关井。

2）试井成果见图 7—23。

从图 7—23 看到，实测曲线与模式图 7—21 极为相似。而且与理论模型拟合得也很好。解释参数如下：$K = 9.8 \times 10^{-3}\mu m^2, Kh/\mu = 18.68 \times 10^{-3}\ \frac{\mu m^2 \cdot m}{mPa \cdot s}, S = 0.28, C = 0.30 m^3/MPa, X_f = 93.34m, F_{CD} = 5$。

从这个实例看，措施效果也是很明显的。压出了长 93m 的裂缝，所以在渗透率很低的情况下，K 不足 $10\times10^{-3}\mu m^2$，仍然获得 10m³/d 的产量。该井同样未取得措施前的测压资料。

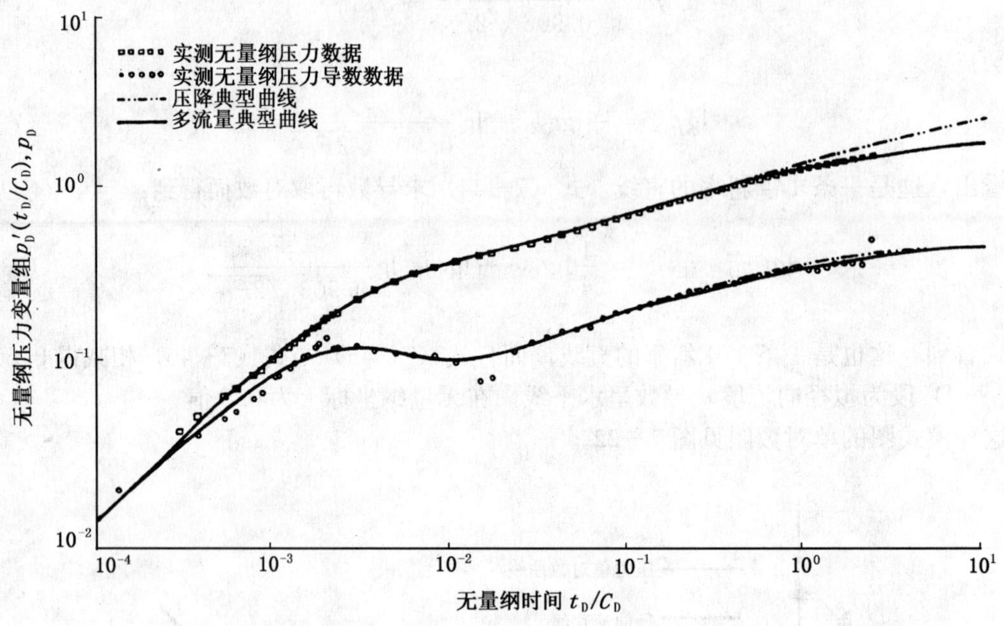

图 7—23　例 5 压力双对数图

3. 裂缝表皮系数及影响

（1）裂缝表皮区伤害机理

压裂施工时，特别是大型的压裂施工时，常常采取高压力，大泵量向地层注入数百立方米甚至近千立方米的压裂液。这时在压开地层、产生大裂缝的同时，压裂液也会渗入裂缝的表面，对地层造成污染和伤害。如图 7—24 所示。

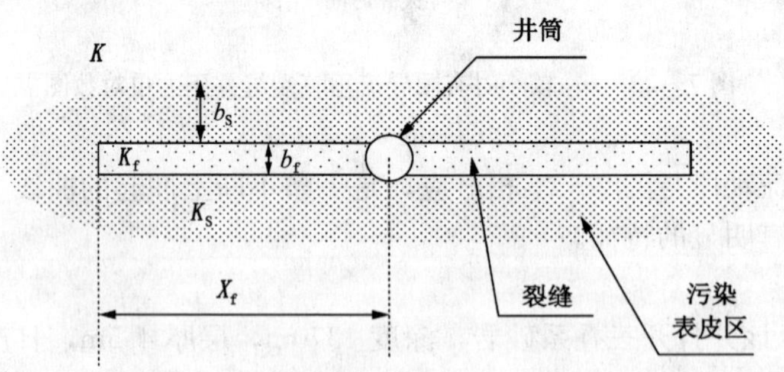

图 7—24　压裂裂缝表皮伤害机理示意图

定义一个裂缝表皮系数 S_f，用下面的公式表示：

$$S_f = \frac{\pi b_S}{2X_f}\left(\frac{K}{K_S} - 1\right) \tag{7—47}$$

式中　S_f——裂缝表皮系数，无量纲；

K——地层渗透率，$10^{-3}\mu m^2$；

K_S——表皮区渗透率，$10^{-3}\mu m^2$；

b_S——表皮区厚度，m；

X_f——压裂裂缝半长，m。

公式（7—47）中，影响 S_f 值的主要因素是表皮区渗透率 K_S 和表皮区厚度 b_S，堵塞得越严重，则 K_S 越小，表 7—11 列出当 $b_S=0.1\text{m}$，$K=1\times10^{-3}\mu\text{m}^2$，$X_f=50\text{m}$ 时的 K_S 与 S_f 的关系。

表 7—11　裂缝表皮 S_f 与污染区渗透率 K_S 关系表

K_S，$10^{-3}\mu\text{m}^2$	1	0.5	0.2	0.1	0.05	0.01
S_f	0	0.003	0.013	0.03	0.06	0.3

从表 7—11 看出，当 K_S 降为原渗透率 1/10 时，$S_f=0.03$；当 K_S 降为原渗透率值 1/100 时，$S_f=0.3$，因此 S_f 绝对值不大的变化，实际反映的裂缝表皮区污染却是非常剧烈的。

（2）裂缝表皮对曲线形态的影响

裂缝表皮区的伤害，无疑会增加流动阻力，加大生产压差，从而降低气井的产气能力。因此，虽然压裂裂缝的存在使井底流动变畅，但由于裂缝表皮的存在，作为全井来说，显示总的表皮仍然会有所增加。由于 S_f 的增加，曲线早期段导数出现明显的下凹，与未受表皮伤害影响的曲线显示完全不同的特征。如图 7—25 所示。

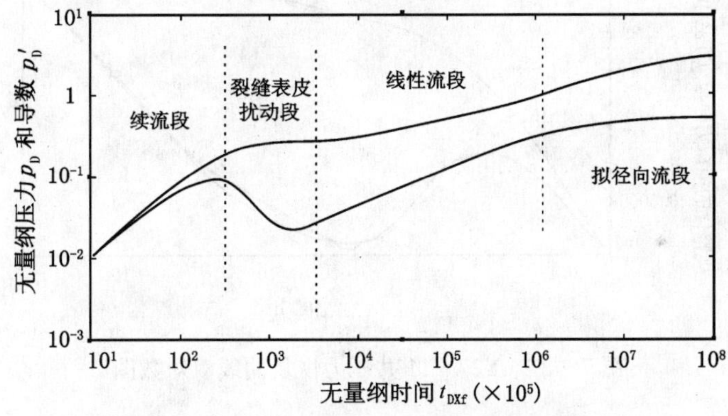

图 7—25　裂缝表皮 S_f 对压裂井模型曲线影响示意图

（$Kh=10\text{mD}\cdot\text{m}$，$X_f=200\text{m}$，$F_{CD}=15$，$S_f=0.3$）

从图中可以看到，原来续流段以后紧接着出现的线性流段，在这里由于裂缝表皮的存在而受阻，从而导致压力导数下倾。这一特点是裂缝表皮存在的最为明显的特征。

例 6　图 7—26 显示长北气田 S117 井的实测压力恢复曲线。该井打开二叠系山西组砂岩地层，经压裂后完井，关井前产气量为 $9\times10^4\text{m}^3/\text{d}$，经试井软件分析取得如下参数：

- 渗透率　$K=0.45\times10^{-3}\mu\text{m}^2$；
- 压裂裂缝半长 $X_f=75.8\text{m}$；
- 裂缝表皮 $S_f=0.90$；
- 非达西流系数 $D=0$。

例 7　图 7—27 显示长北气田 Y27—11 井的实测压力恢复曲线图。该井打开二叠系山西组砂岩地层，经压裂后完井。经解释，地层和井的参数如下：

- 地层渗透率 $K=0.65\times10^{-3}\mu\text{m}^2$；
- 压裂裂缝半长 $X_f=74.1\text{m}$；

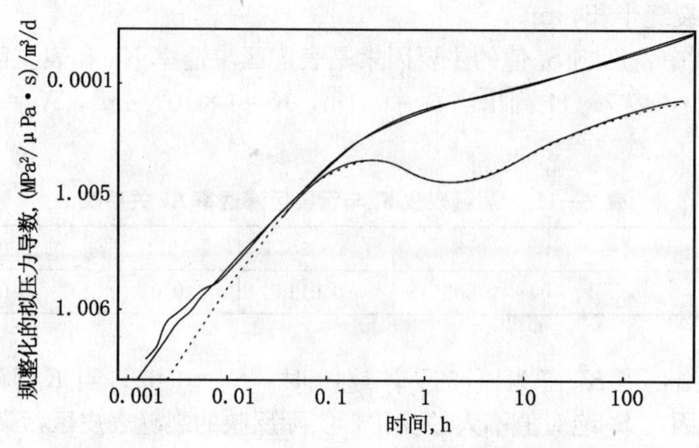

图 7—26　S117 井压力恢复曲线双对数图

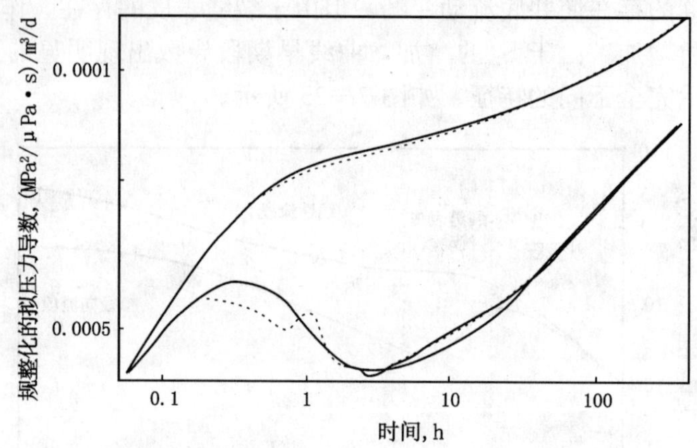

图 7—27　Y27—11 井压力恢复曲线双对数图

·裂缝表皮系数 $S_f = 1.02$；

·非达西流系数 $D = 0$。

4. 几点讨论

1）对于具有有限导流裂缝的情况，当 F_{CD} 较大时，例如 $F_{CD} = 500$，理论上认为双线性流段以后，当裂缝中不稳定流转化为稳定流时，还会出现 1/2 斜率的线性流段，理论上还认为，在有限导流裂缝的双线性流段以前，当地层线性流还未出现时，还有一段更早期的裂缝线性流段。这样对于有限导流裂缝，就会存在如下几个流动段：更早期的裂缝线性流、早期双线性流、地层线性流、拟径向流，有时还有井筒续流和晚期边界反映等诸多的流动段。

但是，如果想要实际测到这样多的流动段是极为困难的，须使用高精度的电子压力计，进行很长时间的连续观测，也许需要延续几个月甚至若干年。这样做对于研究地层和了解油井生产，并无多少实际意义。

2）对于本段开头提到的均匀流裂缝，一般认为多发生于天然的大裂缝中。但是目前看来，这种裂缝遇到的机会不多，即使有，也是完井后通过措施贯通了原有的天然裂缝而形成的，因此前文中与无限导流垂直裂缝一并做了介绍。

3）对于水平裂缝，理论上认为应出现于浅井。从我国情况看，还没有收集到真正典型的实测资料，因此本书未做深入介绍。

第五节　用图形特征判别措施效果

目前，在油田越来越广泛地采用各种压裂酸化措施，提高油气井的产量。但是，如何正确地作出措施决策，在进行压裂酸化措施设计前，就应了解是哪一种原因造成油井低产。可利用压力恢复曲线求得原始地层渗透率 K 和地层伤害的表皮系数 S 来判断油井低产的原因。

本节分以下 3 种情况对比措施前后的图形特征，评价措施效果；

1）措施后，改善了井筒附近地层伤害情况，使 S 值降低；

2）措施后，不但改善了井筒附近的伤害，同时提高了地层渗透率；

3）措施后，形成了与井筒连通的长裂缝，改变了流动状态。

一、措施后解除油层伤害的图形对比

当解除或部分解除油层伤害时，则表现为 S 值降为 0（均质地层情形），或者 S 值有所降低。在图形特征上表现为：

1）对双数综合图中，导数峰值的高度 H 降低；

2）压力与导数在双对数图中的径向流段张开距离 A 减小；

3）单对数曲线的斜率比 m'/m 值降低，转折角 β 增大。

符合这种情况的典型曲线模式对比，参见图 7—28 和图 7—29。

从图 7—28 中看到，H、A 值均有所降低。其中 A 值从 1.25 降为 1.0，H 值从 0.6 降为 0.19。图中酸化前的条件中：$S=3.1$，$C_D e^{2S}=10^4$，油层轻度伤害；酸化后，$S=-0.35$，$C_D e^{2S}=10$，已解除伤害。措施前后其余参数保持不变。

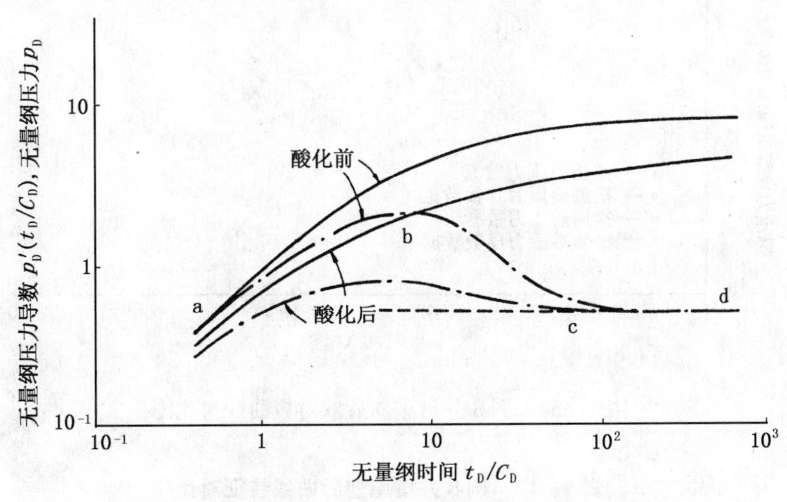

图 7—28　措施后改善 S 值的双对数曲线对比图

从图 7—29 看到，转折角明显增大，m'/m 值减小。

例 8　某气井，井深 3500m，打开奥陶系 6m 地层，岩性为泥—粉白云岩，具有网状微裂缝。中途测试日产气量 $1.87\times10^4 m^3$，不具备工业开采价值，进行酸化措施改造。措施后

产量提高到 8.35×10⁴m³/d。这口井对该地区评价具有重要意义。

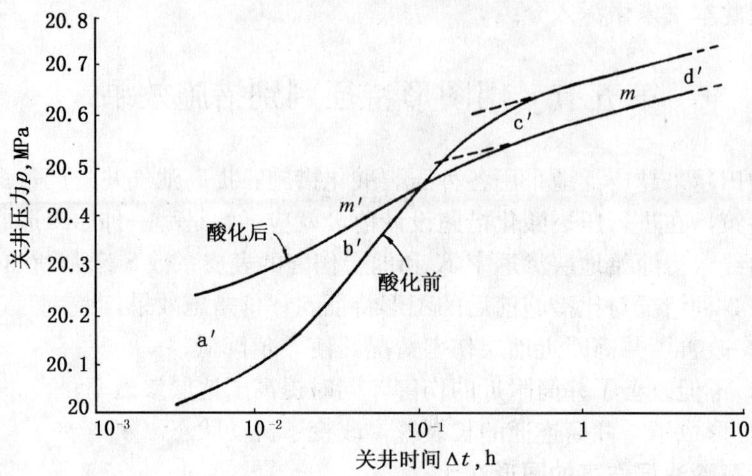

图 7—29　措施后改善 S 值的单对数曲线对比图

措施前后双对数曲线对比图参见图 7—30。从图中看到，措施后的导数峰值 H 和压力及导数张开距离 A 远小于措施前的值，对比情况见表 7—12。

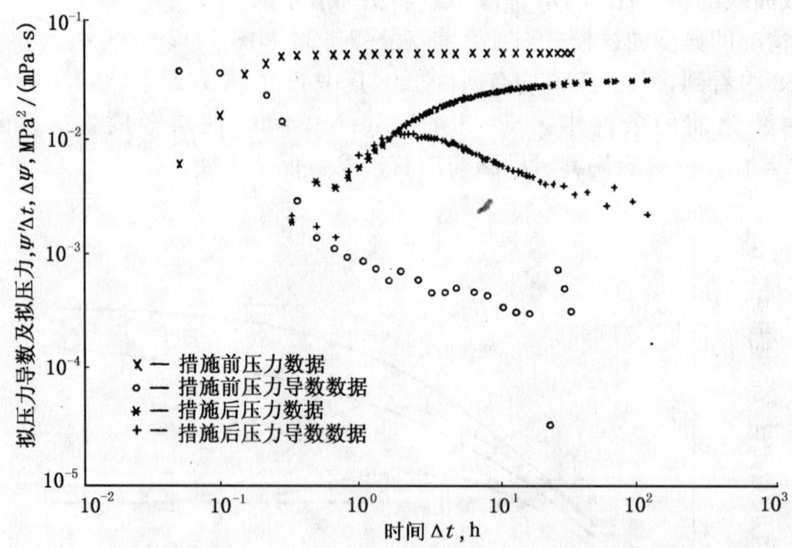

图 7—30　例 8 井措施前后双对数曲线对比图

表 7—12　例 8 井措施前后曲线特征对比

项　目	措 施 前	措 施 后
H_D	2.09	0.5
A_D	2.22	1.0
m'/m	425	20.1

图 7—31 显示了措施前后单对数曲线的对比情况。从图中看到，角 β_2 远大于角 β_1，而且斜率比也大大减小（表 7—12）。

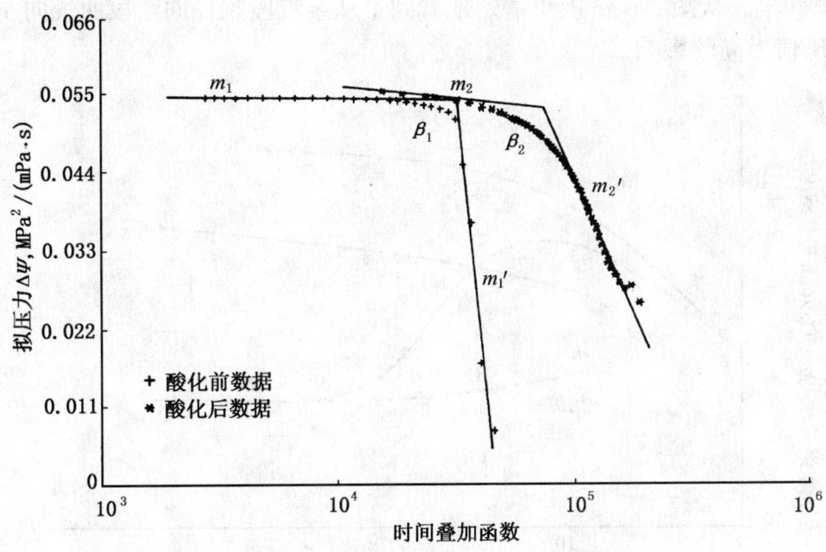

图 7—31　例 8 井措施前后单对数曲线对比图

从图 7—30、图 7—31 可定性地确定措施效果是明显的。但具体的 S 值变化，还须通过试井软件加以定量解释。表 7—13 为解释结果。

表 7—13　例 8 井措施前后参数对比表

测试时间	渗透率 K $10^{-3}\mu m^2$	流动系数 Kh/μ $\frac{10^{-3}\mu m^2 \cdot m}{mPa \cdot s}$	表皮系数 S	产气量 q_g $10^4 m^3/d$	井筒储集系数 C $\frac{m^3}{MPa}$
酸化前	0.559	418	47	1.87	0.0208
酸化后	0.420	354	−1.433	8.354	4.9

从表 7—13 看到，酸化前后测得的渗透率基本一致，而表皮系数 S 明显降低。酸化前为严重伤害井，而酸化后伤害已完全解除，并有所改善。相应地产气量也大幅度上升。从 S 值来看，已无进一步提高余地。至于井筒储集系数 C 的差别，在于酸化前用 DST 工具测试，C 值很低，而酸化后改用井口开关油管测试，因而 C 值很高。

二、措施后表皮系数和渗透率均有改善的图形对比

一般来讲，酸化措施只能改善井筒附近油层的伤害情况，不能改造全部地层。酸化注入的酸量是有限的，而压裂只能压出单一的裂缝，裂缝长度也是有限的，但在一定程度上可以提高井筒附近油层的渗透率和改善流动状态。至于大型的酸化，特别是针对存在网状裂缝系统的地层，也有可能进一步疏通作为渗滤通道的裂缝系统，使测试渗透率有所提高。对于一些低渗透砂岩地层，在压裂施工后，测得的 S 值降低，而 K 值有所提高，与试井解释的多解性有一定关系，本章不作介绍。

有关这类改善的典型曲线对比图，参见图 7—32 和图 7—33。

从图 7—32 中看到，由于 S 值降低，使 H、A 值减小；由于 K 值增大，使曲线左移，从而缺失了早期段。从图 7—33 上更清楚地看到了从续流段到径向流段曲线向左方移动的特征，显示了 K 值提高的影响。

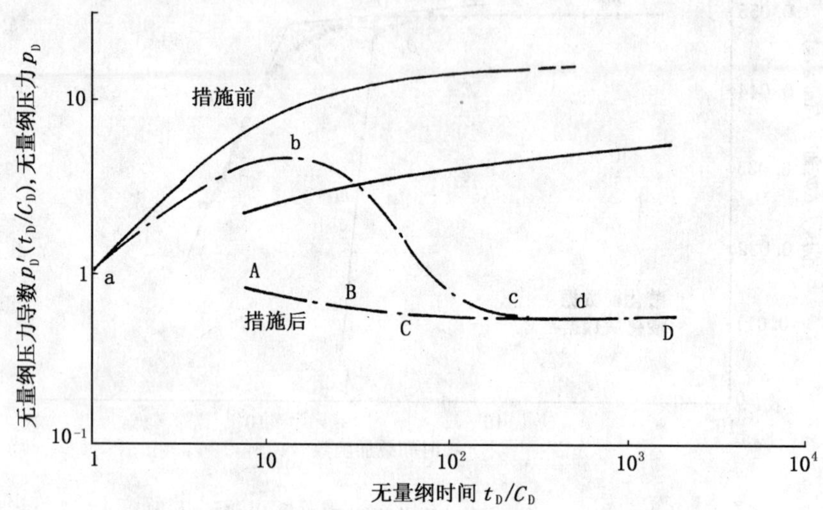

图 7—32　K、S 值同时改善时双对数曲线对比模式图

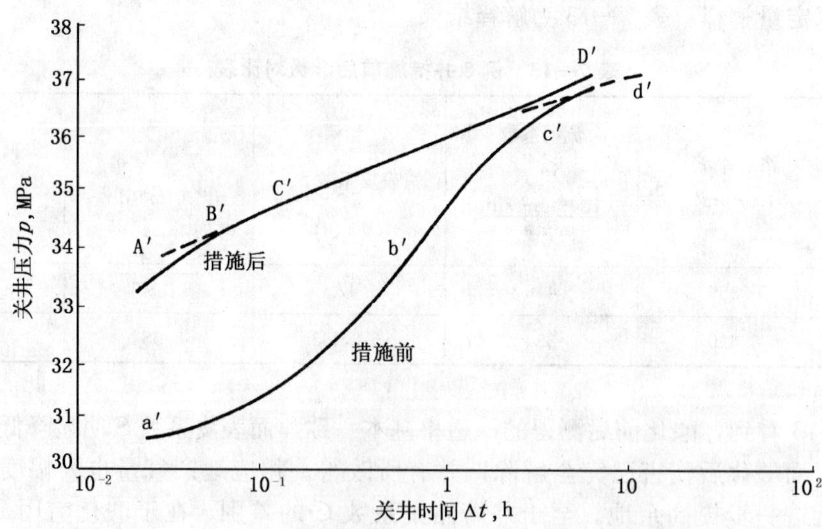

图 7—33　K、S 值同时改善时单对数曲线对比模式图

以上模式图所取参数为：

酸化前：$S=10, C_De^{2S}=10^{10}, K=10\times10^{-3}\mu m^2, qB=1.7m^3/d$，为受伤害的低产井；

酸化后 $S=1, C_De^{2S}=1.5\times10^2, K=50\times10^{-3}\mu m^2, qB=10m^3/d$，为基本完善井，$K$ 值提高 4 倍。

例 9　某井位于中元古界的古潜山头上。打开井深 3200m 的 45m 灰岩地层。岩心观测裂缝很发育。初期试油测得产量258m³/d。虽然是高产井，但从压力恢复曲线形态看，具有明显的伤害显示：m'/m 值很高，呈"厂"字形（图 7—34），因而进行大型酸化。注入30%的盐酸 60m³，措施后明显增产。接着进行测试，测试曲线如图 7—34 所示。

从图 7—34 中看到，曲线明显下移，井底伤害形成的较深的附加压差（Δp_s）消失了。由于缺少酸化后的早期资料点，因而无法用斜率比 m'/m 及转折角 β 等特征进行对比。

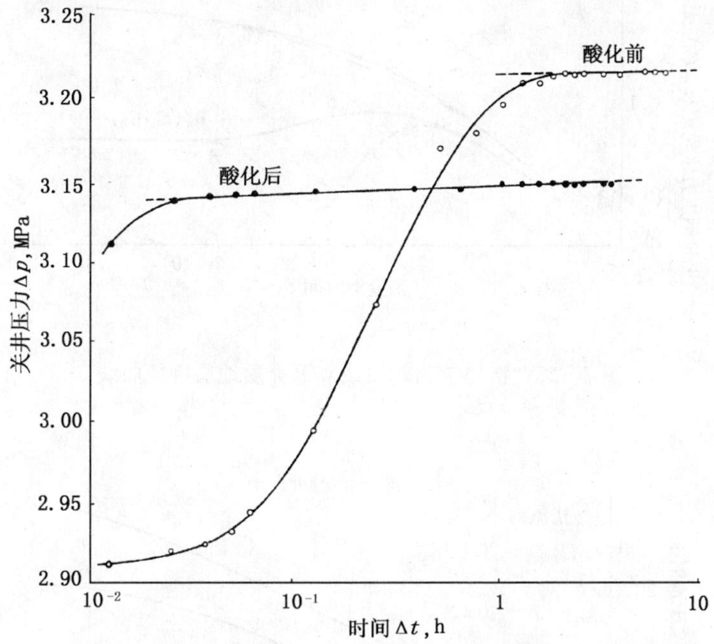

图 7—34　例 9 井酸化前后单对数曲线对比图

解释所得参数对比见表 7—14。

表 7—14　例 9 酸化前后参数对比表

项　　目	产油量 m³/d	生产压差 Δp MPa	表皮系数 S	渗透率 K $10^{-3}\mu m^2$	采油指数 J_o m³/（MPa·d）
酸化前	260	3.65	11.9	78	71.23
酸化后	1215	0.412	3.8	1127	2949

从表 7—14 看到，该井酸化后，S 值明显降低，一定程度上解除了伤害。K 值从 $78\times10^{-3}\mu m^2$ 上升到 $1127\times10^{-3}\mu m^2$，提高 13 倍，从而使产量大幅度提高。

三、措施后形成大裂缝的图形对比

在本章第四节中，介绍了进行水力压裂后试井曲线的特征。这种压裂的地层，如果形成了较长的裂缝，则曲线形态会发生很大的变化。

措施前，表现为均质或双重介质的曲线特征。措施后，出现了线性流，在双对数图上表现为斜率 1/2 的平行直线；或双线性流，表现为 1/4 斜率的平行直线。而且裂缝越长，这种线性流或双线性流直线延续时间也越长。

这两类不同的流动特征，分别在第三节和第四节都有叙述。

图 7—35 和图 7—36 表明了这种曲线的对比模式图。

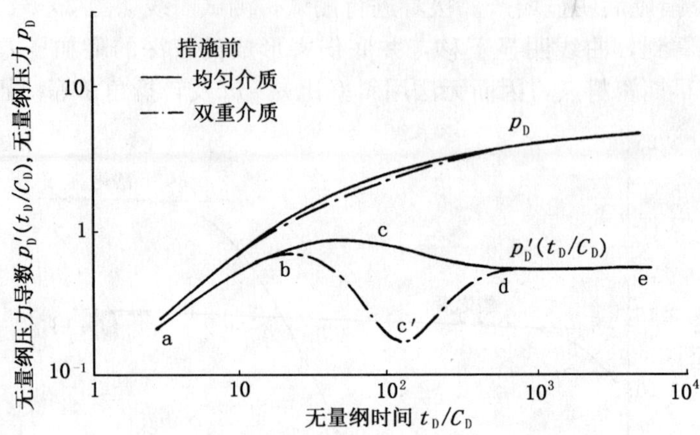

图 7—35 措施前为均质或双重介质地层特征曲线

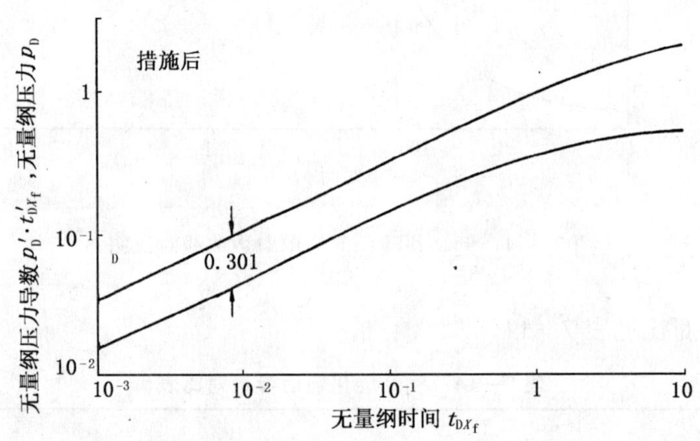

图 7—36 措施后具有压裂裂缝地层特征的曲线

以上模式图参数为：

措施前：均质地层，$K=2\times10^{-3}\mu m^2$，$S=0.16$，$C_De^{2S}=10$；双重介质地层，$K_f=2\times10^{-3}\mu m^2$，$S=-2$，$\omega=0.1$，$\lambda=1\times10^{-5}$。

措施后：出现无限导流垂直裂缝，$X_f=10m$，$K=2\times10^{-3}\mu m^2$。

例 10 测试井为震旦系气井，井深 3000m，岩性为白云岩。曾进行酸化作业，泵压 30MPa，井底压力约 60MPa，对地层具有压裂作用。挤入酸量 75.8m^3。酸化前产量 $9.99\times10^4 m^3/d$，酸化后增至 $12.8\times10^4 m^3/d$，但同时产水 69.3m^3/d。

措施前压力双对数曲线参见图 7—14，措施后曲线参见图 7—37。

可以看到，这与此类井的措施改造的模式图非常一致，这也是进行这类措施效果有力的现场评价方法。

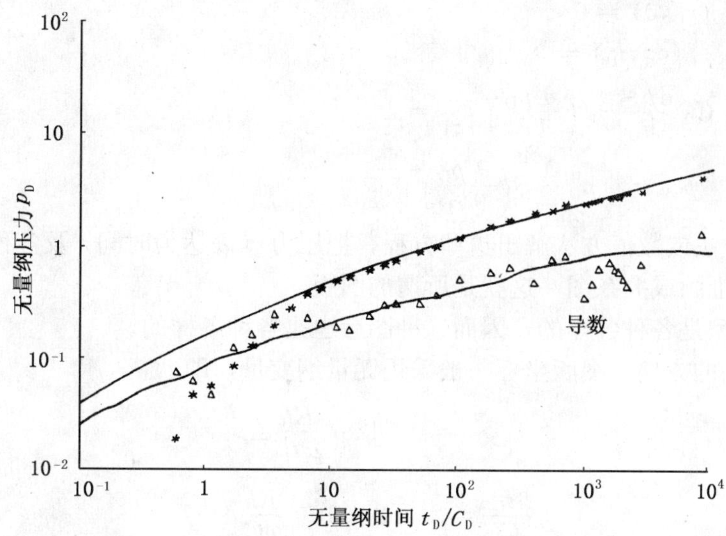

图 7—37　例 10 措施后形成人工裂缝压力双对数曲线图

第六节　油气层伤害程度的定量解释

利用不稳定试井资料进行油层参数解释，目前已发展成为“现代试井解释”。这一方法，主要应用了双对数图版拟合分析和以单对数分析为主的所谓常规分析。以这些方法为基础，编制了试井解释软件。

现在，由于试井软件的普及，已很少有人再用手工方法做定量计算了。试井解释软件，除了应用这些方法进行具体计算外，还有一套检验过程，以保证解释结果的可靠性。这些检验过程用手工是无法执行的。用手工方法也不可能随时得到合适的图版来保证拟合精度。但是，对于每一个使用试井软件进行定量解释的人，应该对于这些解释方法和解释公式有基本的了解，本节简要介绍用来评价油层伤害的各种主要方法及有关的公式。

一、双对数图版拟合法求油层参数及表皮系数 S 值

1. 图版拟合法求油层参数原理

双对数图版法求油层参数，是近来发展的一种试井定量解释方法，是现代试井解释的主要内容。它的主要原理如下：

1）把各种类型的油、气藏简化为“试井解释模型”，这种模型包括均质、双重介质、多层等基本模型及各种内外边界条件，这当然也包括考虑井筒附近地层的伤害（即 S 值）和井筒储集系数 C 等的内边界条件。

2）把上述试井解释模型用数学方程式加以表达，其中压力 p 为方程的未知变量，时间 t 为自变量，而各种参数，如产量 q、渗透率 K、表皮系数 S、井筒储集系数 C、流体黏度 μ、体积系数 B、压缩系数 C_t、油层厚度 h、还有 ω、λ、L_b、X_f、Re 等均为参变量。

方程常表达为无量纲形式，例如对于均质地层，内边界具有井筒储集 C 和表皮影响 S，外边界无穷远处保持恒压时的数学模型为：

$$\frac{\partial^2 p_D}{\partial r_D^2}+\frac{1}{r_D}\cdot\frac{\partial p_D}{\partial r_D}=\frac{\partial p_D}{\partial t_D}$$

初始条件：$p_D(r_D, 0) = 0$

外边界条件：$p_D(\infty, t_D) = 0$

内边界条件：$C_D \dfrac{dp_{wD}}{dt_D} - \left(\dfrac{\partial p_D}{\partial r_D}\right)_{r_D=1} = 1$

$$p_{wD} = \left[p_D - S\left(\frac{\partial p_D}{\partial r_D}\right)\right]_{r_D=1}$$

3）用解析方法或数值方法解出这些方程，把压力 p 表达为时间 t 及各种参变量的函数。并在双对数坐标上画成关系图。这就是所谓的图版。

由于油层模型是各种各样的，因而这种图版也是各种各样的。

4）为了使用的方便，图版坐标一般采用无量纲变量，即：

纵坐标：
$$p_D = 0.54287 \frac{Kh}{\mu qB} \Delta p \tag{7—48}$$

横坐标：
$$\frac{t_D}{C_D} = 2.262 \times 10^{-2} \frac{Kh}{\mu C} \Delta t \tag{7—49}$$

这样，作出的图版具有广泛的适用性。例如最常用到的格林加登的均质地层图版，如图7—38 所示。注意图版具有参变量 $C_D e^{2S}$。

5）把实测的压力 Δp 与时间 Δt 关系的数据，画在同样刻度的双对数坐标上，如图 7—39 所示，常常把图 7—39 画在透明纸上，以便于下一步拟合。

6）把图 7—38 与图 7—39 叠合到一起。如果说图版模型是适合于该地层的，则总有一条图版曲线与实测数据点能够拟合，做这种拟合时，要把两者之间，在保证纵、横坐标平行的条件下彼此移动。拟合好的、叠合到一起的图形，表示在图 7—40 上。

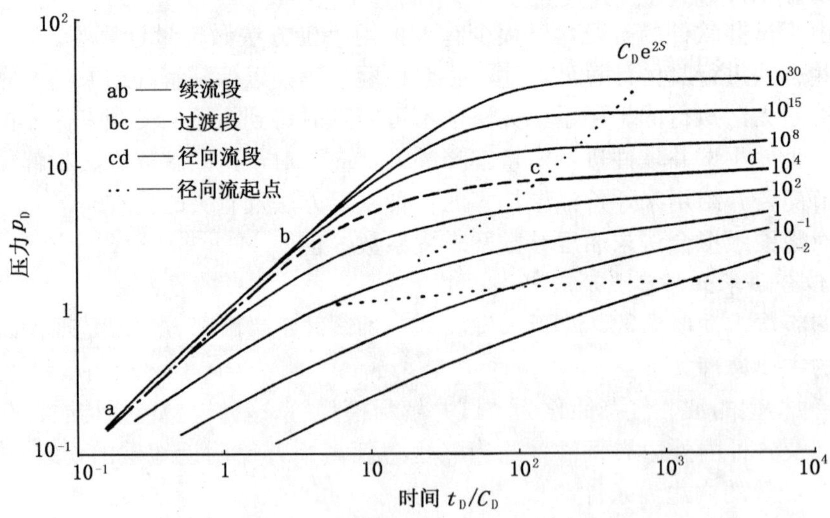

图 7—38 格林加登（Gringarten）均质地层图版

此时在图上选择一个拟合点 M，M 点在图版上的读数 p_{DM}、(t_D/C_D)，在实测坐标上读数 Δp_M、Δt_M，而且根据式（7—48）、式（7—49）具有下面关系：

$$p_{DM} = 0.54287 \frac{Kh}{\mu qB} \cdot \Delta p_M \tag{7—50}$$

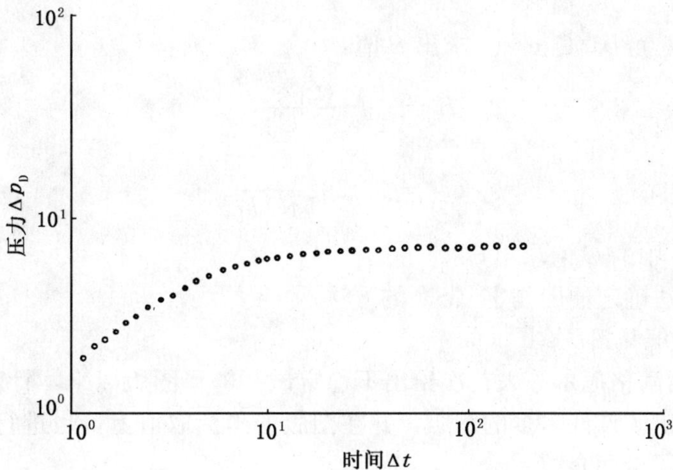

图 7—39　实测压力资料双对数示意图

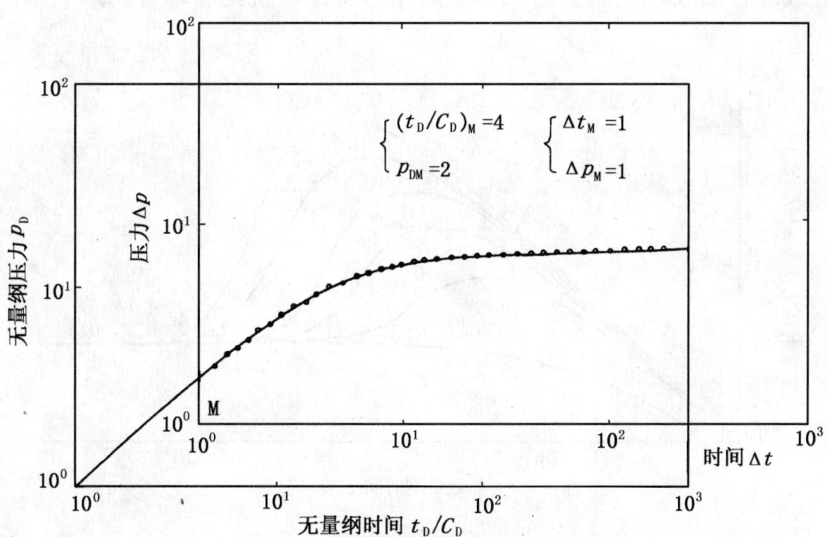

图 7—40　双对数图版拟合示意图

$$\left(\frac{t_D}{C_D}\right)_M = 2.262 \times 10^{-2}\,\frac{Kh}{\mu C}\Delta t_M \tag{7—51}$$

从而由式（7—50）得到地层参数值：

$$\frac{Kh}{\mu} = 1.842qB\,\frac{p_{DM}}{\Delta p_M} \tag{7—52}$$

$$C = 2.262 \times 10^{-2}\,\frac{Kh}{\mu}\cdot\frac{\Delta t_M}{(t_D/C_D)_M} \tag{7—53}$$

应该特别提出的是，图版上的每一条曲线都带有参变量 $C_D e^{2S}$，因而在拟合过程中，立

即确定了唯一的 $(C_D e^{2S})_M$ 值。

这样不难看出，可从 $(C_D e^{2S})_M$ 求出 S 值：

$$S = \frac{1}{2}\ln\frac{(C_D e^{2S})_M}{C_D} \tag{7—54}$$

而式中

$$C_D = 0.1592\frac{C}{\phi C_t h r_w^2} \tag{7—55}$$

可结合式（7—53）中的 C 值求出 C_D。

这就是用图版法确定油层伤害（S）的方法。

2. 常用的试井解释图版

自从 1970 年由阿格厄尔等人首次给出不稳定试井解释图版以来，针对各类地层及各种内外边界条件，做出了许许多多的图版，并在图版的坐标取值上，也进行了许多新的尝试，文献［14］对此做了全面介绍。

1982 年包迪特做出导数图版，如图 7—41 所示。导数曲线把地层特征表现得非常明显，因而成为图版拟合中的主要手段。由于导数图版所取坐标与压力双对数图版一致，因而常与压力图版组合成综合图版，我们在前几节中的图形特征，就是以综合图版表示的。

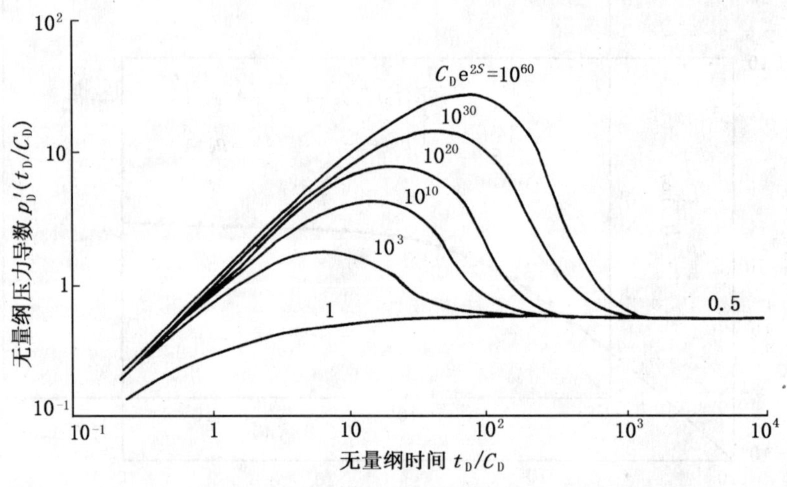

图 7—41　均质地层导数图版（Bourdet）

对于双重介质油层，格林加登等人采取分流动段使用图版的方法，其中第一段——裂缝流动和第三段——裂缝加基质岩块总系统流动，均采用均质地层的图版，而第二段——过渡流动段，则采用专门的过渡流（稳定的或不稳定流）图版。拟合过程见图 7—42，过渡段不稳定流图版见图 7—43。

对于具有 S、C 影响的无限导流垂直裂缝的地层，其图版如图 7—44 所示。

以上这些图版，在具体使用时，可参考一些专门的书籍，本书不详细叙述。

二、单对数法求表皮系数 *S*

使用单对数法求地层参数，目前常称之为“常规方法”。在 1950 年由米勒—戴斯—哈钦森提出的 MDH 法和 1951 年由霍纳提出的方法，至今仍被应用。

这里仅就表皮系数 S 的计算公式介绍如下：

在径向流段，表现为斜率 m 的直线，表皮系数在油藏工程单位下可表达为：

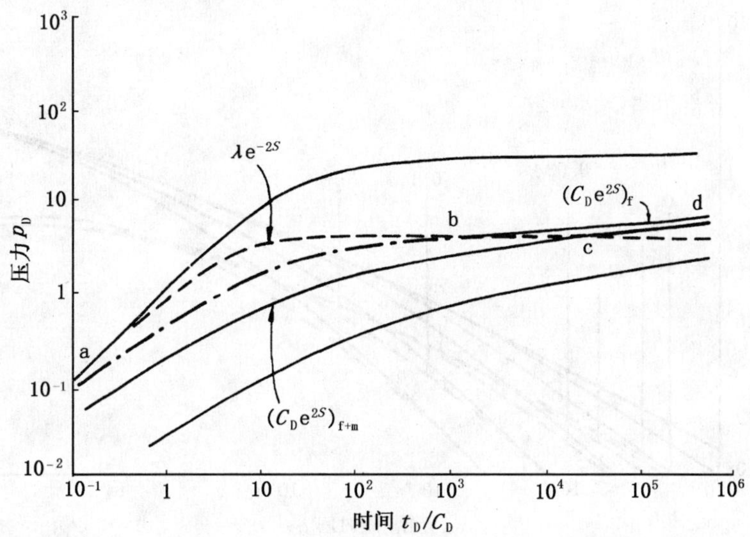

图 7—42　双重介质地层拟合过程示意图

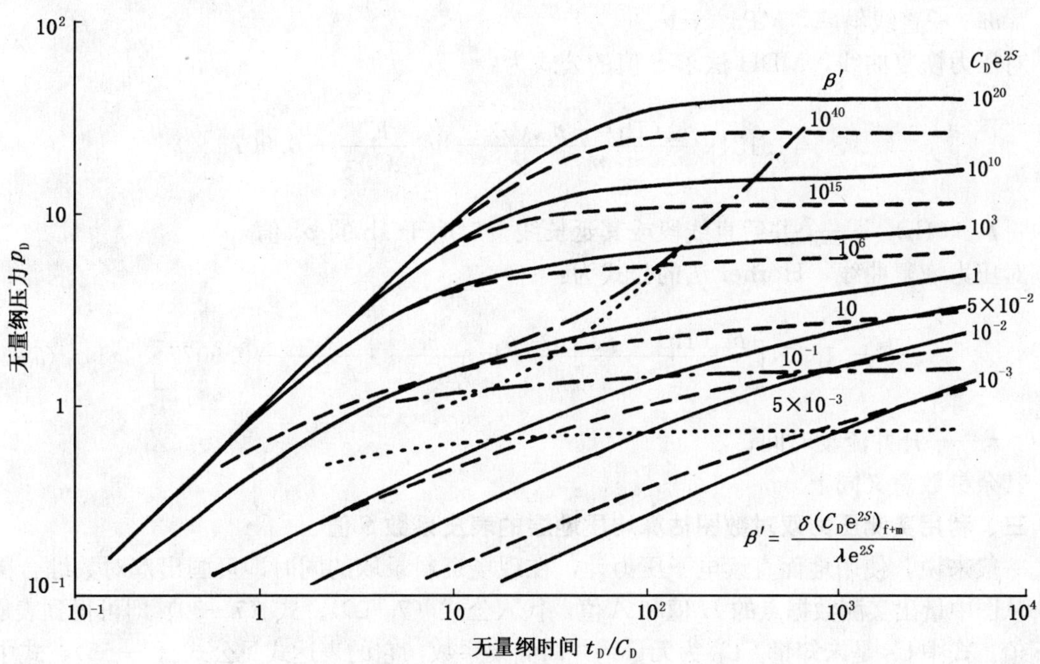

图 7—43　不稳定过渡流的双重介质图版

对压降曲线求 S 值的公式为：

$$S=1.151\left[\frac{p_i-p_{wf}(1h)}{m}-\lg\frac{K}{\phi\mu C_t r_w^2}-0.9077\right] \tag{7—56}$$

式中　p_i——原始压力，MPa；

p_{wf}（1h）——在径向流直线或其延长线上对应于 1h 的 p_{wf} 值，MPa；

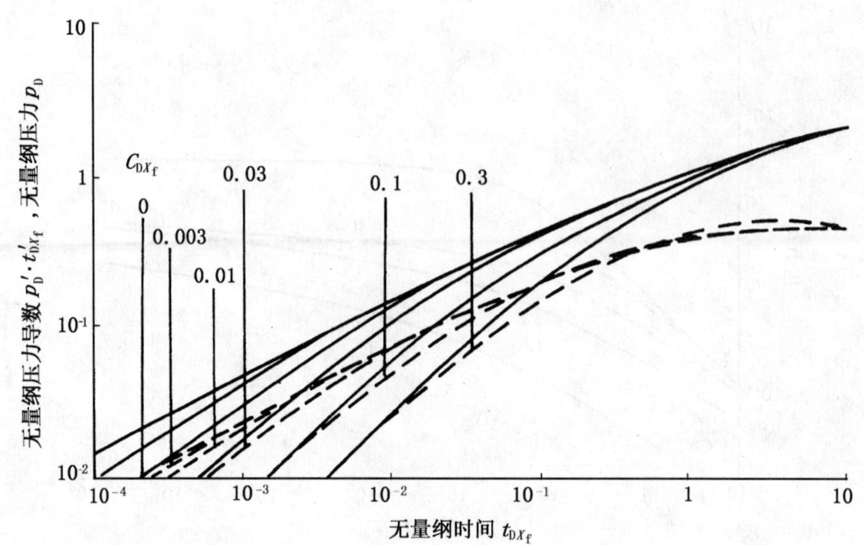

图 7—44　具有 S、C 影响的无限导流垂直裂缝图版

m——直线斜率，MPa/cycle。

对压力恢复曲线，MDH 法求 S 值的公式为：

$$S = 1.151\left[\frac{p_{ws}(1h) - p_{ws}(0)}{m} - \lg\frac{K}{\phi\mu C_t r_w^2} - 0.9077\right] \tag{7—57}$$

式中　p_{ws}（1h）——关井后直线段或其延长线上对应于 1h 的 p_{ws} 值。

对压力恢复曲线，Horner 法的公式为：

$$S = 1.151\left[\frac{p_{ws}(1h) - p_{ws}(0)}{m} - \lg\frac{K}{\phi\mu C_t r_w^2}\cdot\frac{t_p}{t_p + 1} - 0.9077\right] \tag{7—58}$$

式中　t_p——开井流动时间；

其余参数意义同上。

三、利用实测压力双对数图估算均质地层的表皮系数 S 值

一般来说，使用地面直读电子压力计，在现场资料录取的同时即可画出双对数综合图。

从图中量出实测数据点的 H 值和 A 值，代入公式（7—29）、式（7—30）即可得到表皮系数 S 值。式中 C_D 是未知量。C_D 为无量纲井筒储集系数，它的表达式见公式（7—55），式中 ϕ、C_t、h、r_w 值，均可以从地质资料、完井资料查得。一般来说，大致有如下的取值范围：

1）孔隙度 ϕ 值：

砂岩地层：0.1～0.3；

碳酸盐岩地层：0.01～0.1；

大部分井可直接从岩心分析资料查到。

2）综合压缩系数 C_t：

对于油层大致在 $10^{-3}MPa^{-1}$；

对于气层，大致为地层压力的倒数。例如，地层压力为 30MPa 时 $C_t = 0.03MPa^{-1}$。

3）油层厚度 h，可查完井资料得到。

4）井底半径 r_w，对于常用的 5½in 套管，取 r_w 为 0.1m。

5）井筒储集系数 C 值，确定时稍有困难，有两种方法估算 C 值。

利用压力恢复曲线的早期直线段资料计算 C 值。

若压力恢复曲线在双对数图上出现早期斜率为 1 的直线段，则在笛卡尔坐标上，该段仍为直线，从图上计算其斜率为 m_{ws}，单位为 MPa/h。从而得到 C 值为：

$$C = \frac{qB}{24m_{ws}} \quad (m^3/MPa) \tag{7—59}$$

或者利用本章表 7—8 的分级表确定。

求得 C_D 后，即可用公式（7—29）、式（7—30）求 S 值。

四、早期段（未测到径向流）解释方法

对于压力恢复或压降曲线，当未能测到径向流直线段时，是不成功的曲线。有关这方面的问题，在第三节中有过讨论。对于未能测到径向流直线的资料，前面论述的评价地层伤害的方法都无法应用。油层伤害虽发生于井壁附近，表现在早期资料上，但只有得到能与之比较的中期（径向流段）资料后，方能确定伤害值。

造成早期资料无法应用的主要原因是续流的影响。

正如表 7—8 所介绍的，对于深井，气油比高的油井或纯气井使用井口开关井方法测压时，C 值很高。而高 C 值的井，同时又是低渗透地层时，关井后的续流时间会很长，有的可达数天甚至数十天时间。

处理这类井的资料，基本思路是找出关井后续流量的变化，从而把续流段直线校正到径向流直线，再用公式（7—57）或式（7—58）来求值，具体做法如下：

1. *经验方法*

假定关井时（即 $\Delta t=0$）产量为 Q_0，当 Δt 时刻流量为 Q，

令：

$$\frac{Q_0}{Q} = (1+\Delta t)^n \tag{7—60}$$

则：

$$\lg\frac{Q_0}{Q} = n\lg(1+\Delta t) \tag{7—61}$$

只要找出某一时刻 Δt_n 时的续流量 Q_n，或各个 Δt_n 时的续流量 Q_n，即可确定 n 值。

这时，把续流段压力值 Δp 修正为 $\Delta p'$，得到：

$$\Delta p' = \frac{\Delta p}{1-\dfrac{Q}{Q_0}} \tag{7—62}$$

或表示 Δt 时刻的压力为：

$$\Delta p' = \frac{\Delta p}{1-\dfrac{1}{(1+\Delta t)^n}} \tag{7—63}$$

此时，在单对数坐标上，作 $\Delta p'$—Δt 关系曲线，在作图时，调整 n 值，直到表现为直线为止，此时认为修正后的直线即为径向流直线，算出斜率 m 值，按公式（7—57）、式（7—58）可计算出表皮系数 S 值。

在上面的修正方法中，如果可以用仪器直接测量出 Δt 时刻的 Q 值，则可直接代入式

(7—61) 进行压力的修正。

2. 拉塞尔法

这是一种试凑方法，不要求测量续流量，定义一个压力修正系数 A，从而使修正后的压力 $\Delta p'$用下式表达：

$$\Delta p' = \frac{\Delta p}{1-\dfrac{1}{A\Delta t}} \tag{7—64}$$

作 $\Delta p'$—$\lg\Delta t$ 图，调整 A 值，使数据点成为直线，认为此时的 A 值即是真值。

作单对数图，计算直线斜率 m，代入式 (7—57) 或式 (7—58) 求 S 值。

3. 其他用早期资料分析地层伤害的新方法

1) 国外现在发展了新型的在井下同时测量压力和流量的仪器，可以把早期续流段的产量与压力同时记录下来，从而用反褶积法处理这一段的数据，得到直线段。

2) 灰色系数法。在式 (7—64) 中的 A 值，定义为最优化直线系数，把压力恢复公式表达为：

$$\frac{\Delta p}{1-\dfrac{1}{A\Delta t}} = m\lg\Delta t + D \tag{7—65}$$

式中

$$m = 2.121\times10^{-3}\frac{q\mu B}{Kh}$$

$$D = m\left[\lg\left(\frac{K}{\phi\mu C_t r_w^2}\right) - 0.908 + 0.867S\right]$$

定义目标函数 r：

$$r = \min\sum\left[\frac{\Delta p}{1-\dfrac{1}{A\Delta t}} - m\lg\Delta t - D\right], A\neq0, m\neq0 \tag{7—66}$$

上式的灰色相关方程为：

$$F = \min(1-R) \tag{7—67}$$

式中 R 为灰色相关系数。由式 (7—66) 选择 A 值，直到式 (7—67) 中 R 达到极大值，从而确定 A 值。得到地层参数为：

$$K = 2.121\times10^{-3}\frac{qB\mu}{mh} \tag{7—68}$$

$$S = 1.151\left[\frac{\dfrac{p_{ws}(1h)-p_{ws}(0)}{1-1/(A\Delta t)}}{m} - \lg\frac{8.1K}{\phi\mu C_t r_w^2}\right] \tag{7—69}$$

这一计算过程比较复杂，要借助计算机进行分析。

五、天然气井的伤害评价

1. 气井的拟压力

气井的不稳定压力变化与油水井有很大的不同，这是由于气体的状态方程与油水有显著差异。在油、水的基本方程推导时，曾作了流体是弱可压缩的，其压缩系数为常数的假定。但对于气体则是不正确的。对于气体，它的黏度和压缩系数都是压力的函数，由于是真实气体，还涉及气体偏差因子 Z，它也是压力的函数。

因此引入了“拟压力”的概念，表示为：

$$\psi(p)=\int_{p_0}^{p}\frac{2p}{\mu Z}\mathrm{d}p \tag{7—70}$$

式中 p_0——任意选取的参考压力点，常取 $p_0=0$。

这时基本方程表达为：

$$\frac{\partial^2\psi}{\partial r^2}+\frac{1}{r}\cdot\frac{\partial\psi}{\partial r}=\frac{1}{3.6\eta}\cdot\frac{\partial\psi}{\partial t} \tag{7—71}$$

这与油水介质情况的压力方程在形式上完全一致。因此，如果把气体压力换算成拟压力 ψ，则可以像油井试井解释那样解释气井资料。

拟压力与压力的关系表现为如图 7—45 的样式。

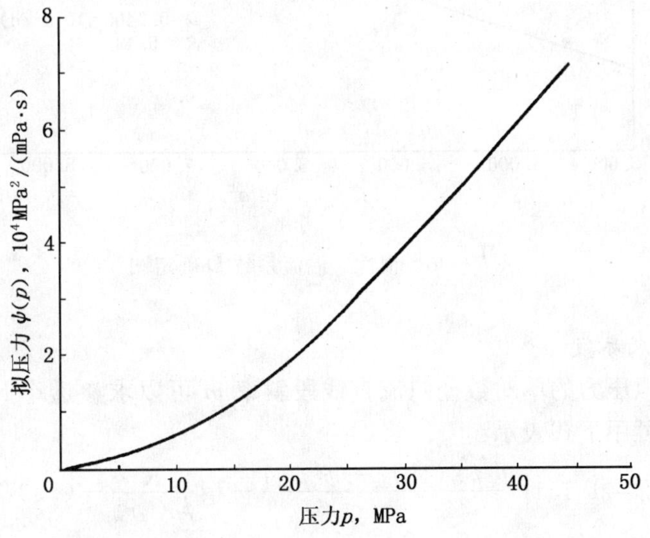

图 7—45 拟压力 ψ 与压力 p 关系示意图

2. 应用双对数图版求 S 值

应用格林加登、包迪特等人的图版，可以如解释油井一样进行拟合求参数，但此时实测压力用拟压力 ψ 替代作图。图版拟合中，无量纲压力定义为：

$$p_{\mathrm{D}}=\frac{0.027143Kh}{q}\cdot\frac{T_{\mathrm{sc}}}{T_{\mathrm{f}}p_{\mathrm{sc}}}\Delta\psi(p)$$

$$=78.489\frac{Kh}{qT_{\mathrm{f}}}\Delta\psi(p)$$

当选定了拟合曲线后，确定了 $C_{\mathrm{D}}\mathrm{e}^{2S}$ 值，从而求得：

$$S=\frac{1}{2}\ln\frac{(C_{\mathrm{D}}\mathrm{e}^{2S})_{\text{拟合}}}{C_{\mathrm{D}}}$$

但是此时的 S 值，称为拟表皮系数，表示为 S_{a}，它是地层伤害造成的真表皮 S 系数与湍流形成的影响的总和，表示为：

$$S_{\mathrm{a}}=S+Dq_{\mathrm{g}} \tag{7—72}$$

式中　q_g——气体产量，$10^4m^3/d$

D——惯性—湍流系数，$(10^4m^3/d)^{-1}$，可以用下面的方法确定 S 和 D 值。

选择 3 个不同的产量进行试井，得到的 S_a 和 q_g 画在图 7—46 上。

从图 7—46 中得到直线方程，从而确定 $S=-5.43$，$D=0.0406\ (10^4m^3/d)^{-1}$。

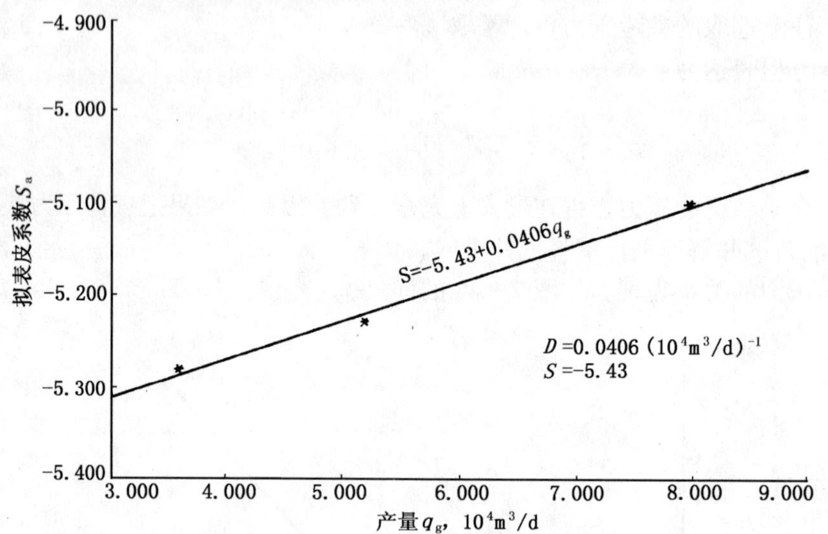

图 7—46　惯性—湍流系数 D 确定图

3. 单对数直线求参数

同样利用气体拟压力的单对数径向流直线段斜率 m 可以求渗透率 K 和表皮系数 S 值。对压力恢复条件下可用下式表示：

$$S_a = 1.151\left[\frac{\psi[p_{ws}(1h)]-\psi(p_{wf})}{m}-\lg\frac{K}{\phi\mu C_t r_w^2}-0.9077\right] \tag{7—73}$$

式中　p_{wf}——关井前流压，即 $p_{wf}=p_{ws}\ (0)$，MPa。

4. 拟压力的简化

在整个测试过程中，如果压力在某一范围内变化，则常可把拟压力 ψ 简化。

当 $p<13.8$MPa 时：

$$\psi(p)\approx\frac{p^2}{\mu_i Z_i}$$

从而形成所谓压力平方法，这时计算公式变为：

$$K=\frac{42.42\mu Z p_{SC} q T_f}{m T_{sc} h}$$

$$=\frac{0.01467\mu Z q T_f}{mh} \tag{7—74}$$

$$S_a(压降) = 1.151\left[\frac{p_i^2-p_{wf}^2(1h)}{m}-\lg\frac{K}{\phi\mu C_t r_w^2}-0.9077\right] \tag{7—75}$$

$$S_a(恢复) = 1.151\left[\frac{p_{ws}^2(1h)-p_{wf}^2}{m}-\lg\frac{K}{\phi\mu C_t r_w^2}-0.9077\right] \tag{7—76}$$

图版拟合中无量纲压力为：

$$p_D = \frac{0.027143Kh}{q\mu Z} \cdot \frac{T_{sc}}{T_f p_{sc}} \cdot \Delta(p^2) = 78.489 \frac{Kh}{q\mu Z T_f} \Delta(p^2) \tag{7—77}$$

当 $p > 20.7$MPa 时，$\frac{p}{\mu Z}$ 几乎是一个常数，因此：

$$\psi(p) = \frac{2p_i}{\mu_i Z_i} p \tag{7—78}$$

此时，把公式（7—74）、式（7—75）、式（7—76）中的 $\psi(p)$ 按公式（7—77）替换为压力表达式即可进行参数计算。此时：

$$K = \frac{21.21\mu_i Z_i p_{sc} q T_f}{p_i T_{sc} m h} = \frac{7.335 \times 10^{-3} \mu_i Z_i q T_f}{p_i m h} \tag{7—79}$$

$$S_a(\text{压降}) = 1.151\left[\frac{p_i - p_{wf}(1h)}{m} - \lg\frac{K}{\phi\mu C_t r_w^2} - 0.9077\right] \tag{7—80}$$

$$S_a(\text{恢复}) = 1.151\left[\frac{p_{ws}(1h) - p_{wf}}{m} - \lg\frac{K}{\phi\mu C_t r_w^2} - 0.9077\right] \tag{7—81}$$

图版拟合中无量纲压力化为：

$$p_D = \frac{0.054286Kh}{q} \cdot \frac{T_{sc}}{T_f} \cdot \frac{p_i}{\mu_i Z_i} \cdot \frac{\Delta p}{p_{sc}} = 157\frac{Kh}{qT_f} \cdot \frac{p_i}{\mu_i Z_i}\Delta p$$

六、用稳定试井资料评价地层伤害

正如本章第二节所介绍的，应用稳定试井法可以估算 S 值，它的原理是利用系统试井法，可以求得地层的采油指数 J，这是不包括井壁伤害的采油指数，表示为公式（7—18），即：

$$J_{\text{理想}} = \frac{q}{p^* - p_{wf} - \Delta p_s}$$

而实际的采油指数，即地层压力与流压之差与产量的比值，表示为公式（7—17），即：

$$J_{\text{实际}} = \frac{q}{p^* - p_{wf}}$$

两者比值即为流动效率 FE［式（7—19）］：

$$FE = \frac{J_{\text{实际}}}{J_{\text{理想}}} = \frac{p^* - p_{wf} - \Delta p_s}{p^* - p_{wf}}$$

从表达式中看到，$FE=1$ 时，地层无伤害，$FE<1$ 时地层有伤害，$FE>1$ 时地层被改善，可以定性地判断地层伤害情况。

公式（7—27）把 FE 与 S 值之间建立了联系：

$$S = 1.1513(1 - FE)CI$$

式中

$$CI = \frac{p^* - p_{wf}}{m}$$

称为完善指数。

可以看到，虽然从系统试井得到的 FE 值可以计算 S 值，但同时必须知道不稳定试井的 m 值。同样系统试井得到的其他参数 DR、DF 等，也只能起到定性或半定量分析的作用。

近年来，国内外研制了许多种试井解释软件，计算机辅助试井解释已在现场得到了广泛的应用。读者可参考文献［25］。

第七节　油气层伤害深度的测井评价

采用正压钻井过程中，井眼周围的储集层将不同程度地受到钻井液滤液和一些固相颗粒的侵入，如果这种侵入使储集层渗透率减小，则储集层受到钻井液的伤害。利用测井资料可准确地判断储集层是否受到钻井液滤液的侵入，并计算侵入的深度和评价伤害深度。

一、钻井液滤液侵入地层的物理过程

钻井液或滤液侵入地层的过程，就是钻井液或滤液在正压差下驱替地层原始流体的过程，在这个过程中还将同时产生水基钻井液或滤液与地层水的混合，以及不同矿化度流体间的离子扩散过程。因此，钻井液或滤液驱替地层中原始流体、相容流体间的混合和不同浓度溶液间的离子扩散，构成了钻井液或滤液侵入的全过程。根据国内外文献报道，在孔隙性地层，钻井液滤液侵入深度一般在1～5m范围内，而内泥饼厚度在3cm左右，外泥饼厚度在2cm以内。

对于孔隙性地层，如果忽略内泥饼的形成过程，那么钻井液侵入地层的过程可以看成钻井液滤液驱替地层孔隙中流体的过程。这一过程服从达西定律和多相渗流方程，并且侵入量主要取决于泥饼和地层的渗透性，其次与油气水的黏度和压缩性、钻井液柱与地层的压差、地层的孔隙度、含油饱和度、残余油和水饱和度、毛管压力特性及相渗特性等因素有关。

滤液侵入地层，在径向上将形成驱替程度不同的三个带：

1）井壁附近受到强驱替的冲洗带；

2）冲洗带外驱替较弱的过渡带；

3）未驱替的原状地层。

在滤液侵入地层，驱替地层原始流体的同时，滤液与地层水之间将产生流体混合及离子扩散过程。混合过程服从单相渗流传质方程，且这一过程仅发生在冲洗带和过渡带内。离子扩散过程是指不同浓度的盐溶液接触时，高浓度一方的盐类离子在渗透压的作用下，向低浓度一方扩散的过程，这一过程服从扩散定律。

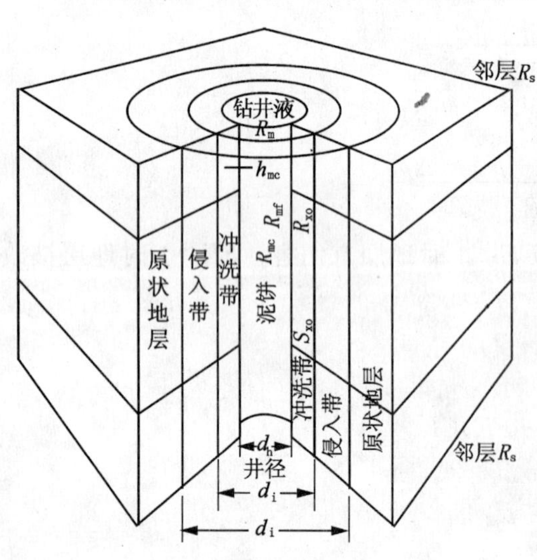

图7—47　钻井液侵入油层的示意图

二、钻井液侵入对测井响应的影响

钻井过程中，一般情况是钻井液柱压力大于或略大于地层压力。因此，对渗透性地层来讲，井内钻井液滤液侵入地层是一种习以为常的现象。但是，这种侵入现象的实质却是一种复杂的物理过程，它与钻井液在井下条件的性质、地层的压力、渗透率、孔隙度和其中油（气）、水饱和度及其黏度、还有钻井液浸泡地层的时间等诸多因素有关。当钻井液滤液侵入渗透层后，可按距井壁不同距离处地层中原始流体被驱赶的程度，从井壁沿径向等效地把地层划分为冲洗带、侵入带、原状地层等若干部分，如图7—47所示。

当钻井液滤液的矿化度远低于地层水矿化度，它侵入油（气）层和水层时，由于在径向上侵入带内含水饱和度分布的不同或不同矿化度水的分布不同，应用不同探测深度的电法测井系列或在不同时间进行同一种探测深度的电法测井，都是试图利用油（气）层或水层在径向上侵入带内饱和度分布不同的这一特点来识别油（气）层或水层。

从分析储层径向电阻变化的方法来看，横向测井就利用了图版中浅探测的几条视电阻率曲线求出电阻率（近似侵入带电阻率），并和用图版（见图 7—48）上几条深探测的视电阻率曲线求出的地层真电阻率进行径向电阻率分析的方法。

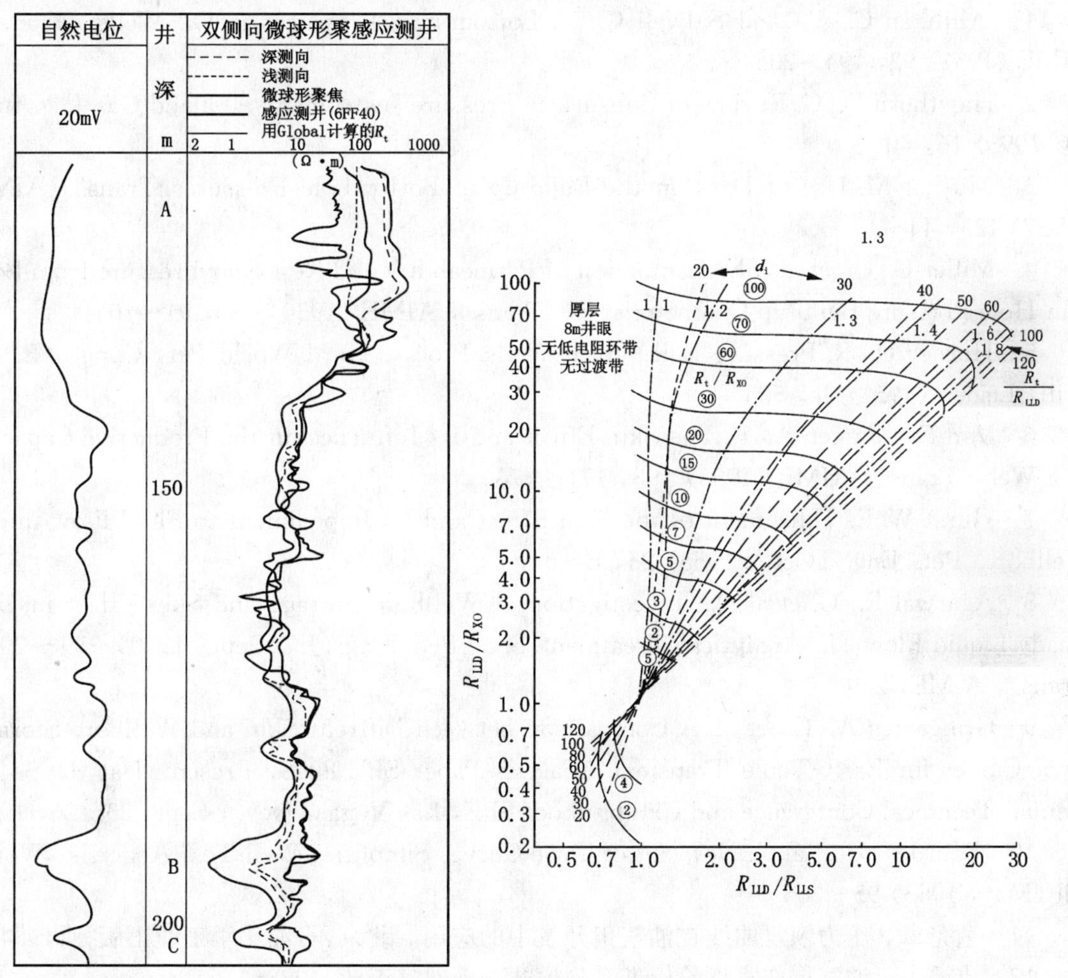

图 7—48 油气井深中浅电阻率测井曲线和确定滤液侵入深度的图版

三、钻井液侵入深度测井评价方法

钻井液滤液侵入砂岩油（气）层与水层的程度，除了钻井液性质之外，还与下述因素有关。

钻井液滤液侵入地层后引起上述地层电阻率的径向变化可以在电阻率测井系列上反映出来，常用的电阻率测井系列有双侧向—微球形聚焦，双感应—八侧向，首先在测井曲线上读出 R_{LLD}、R_{LLS}、R_{XO}等值，然后井眼，围岩校正后，选用合适的旋风图版，即可求出滤液侵入直径 d_i。如果已知井眼直径 d，则根据下式可求出侵入深度 d_p：

$$d_p = \frac{d_i - d}{2} \tag{7—82}$$

式中 d_p——钻井液滤液自井壁至地层深度的侵入深度：cm；

d_i——在旋风图版上求取的径向侵入直径，cm；

d——井眼直径，根据井径曲线求取，cm。

参 考 文 献

1 Millikan C. V. and Sidwell C. V. Bottom-hole Pressures in Oil Wells. Trans., AIME (1931) 92, 194～205

2 Hawthorn D. G. Review of Subsurface Pressure Instruments. Oiland Gas J. (April 20, 1993) 16, 40

3 Muskat M. Use of Data on the Build-up of Bottomhole Pressures. Trans., AIME (1937) 123, 44～48

4 Miller C. C. et al. The Estimation of Permeability and Reservoir Pressure from Bottom Hole Pressure Build-up Characteristics. Trans., AIME (1950) 189, 91～104

5 Horner D. R. Pressure Build-up in Wells. Proc., Third World Pet, Cong., E. J. Brill, Leiden (1951) Ⅱ, 503

6 Van Everdingen A. F. The Skin Effect and Its Influence on the Productive Capacity of a Well. Trans., AIME (1953) 198, 171～176

7 Hurst W. Establishment of the Skin Effect and Its Impediment to Fluid Flow into a Wellbore. Pet. Eng. (Oct., 1953) 25, B-6

8 Agarwal R. G. et al. An Investigation of Wellbore Storage and Skin Effect in Unsteady Liquid Flow: I. Analytical Treatment. Soc. Pet. Eng. J. (Sept. 1970) 279～290; Trans., AIME, 249

9 Gringarten A. C. et al. A Comparison between Diffrent Skin and Wellbore Storage Type-Curves for Early-Tome Transient Analysis. Paper SPE 8205, Presented at the 54 th Annual Technical Conference and Exhibition of SPE, Las Vegas, Nev., Sept, 23～26, 1979

10 Bourdet D. et al. A New Set of Type-Curves Simplifies Well Test Analysis. World Oil (May, 1983) 95～106

11 童宪章．压力恢复曲线在油气田开发中的应用．北京：石油化学工业出版社，1984

12 成绥民．油气层伤害评价标准系列模式．天然气工业，1988(3)

13 庄惠农．试井资料的图形分析方法．古潜山杂志，1993(4)，1994(1)，1994(2)，1994(4)

14 Barenblatt G. E. et al. Basic Conception the Theory of Homogeneous Liquids in Fissured Rocks. JAMM(USSR) 24(5) (1960), 1286～1303

15 Warren J. E. and Root P. J. Behavior of Naturally Fractured Reservoirs. SPEJ (Sept. 1963) 245

16 Kazemi H. et al. The Interpretation of Interference Tests in Naturally Fractured Reservoir with Uniform Fracture Distribution. SPEJ (Dec. 1969)

17 Bourdet D. and Gringarten A. C. Determination of Fissure Volume and Block Size

in Fractured Reservoirs by Type Curve Analysis. SPE 9293

18 Zhu Yadong. Well Test Analysis in A Double Porosity Reservoir. SPE 14867

19 Bourdet, D. et al. Use of Pressure Derivation in Well Test Interpretation. SPE 12777

20 Gringarten A. C. et al. Unsteady State Pressure Distributions Created by a Well with a Simple Infinite Conductivity Vertical Fracture. SPEJ (Aug. 1974) 347～360 Trans. AIME, Vol, 257

21 Rodriguiz, F. et al. Partially Penetrating Vertical Fractures Pressure Transient Behavior of a Finite-Conductivity Fracture. SPE 13057

22 刘能强．实用现代试井解释方法．北京:石油工业出版社,1992

23 成绥民．早期试井分析新方法．油气井测试,1992(1)

24 Gringarten, A. C. Computer-Aided Well Test Analysis. SPE 14099

25 中国油气井测试资料解释范例编写组编．中国油气井测试资料解释范例．北京:石油工业出版社,1994

第八章 完井投产措施

第一节 投产前的准备

生产套管完井并经射孔后，即在投产前往往需要进行必要的措施使其能达到预期的生产能力。为此，要做好以下准备工作。

一、通井

通井的目的是用通径规来检验井筒是否畅通无阻。

通井一般分为管柱通井和钢丝绳通井。由于目前作业主机大多不使用捞砂滚筒，钢丝绳通井已不常见，这里只介绍管柱通井。通井工序不仅在投产作业中应用，在以后的生产中，凡重要的管柱工具下井前及修井过程中也都是一项重要的工序。通井用的主要工具为通径规、铅模等。

1. 通径规通井

通径规是检查套管、油管内通径的简单而常用的工具，用它可以检查套管、油管内通径是否符合标准，见图 8—1。按全井套管柱中内径最小的套管选择通径规的尺寸规范，见表 8—1。

表 8—1 套管系列通径规

套管规范，in	4½	5	5½	$5^3/_4$	6⅝	7
外径 D，mm	92～95	102～107	114～118	119～128	136～148	146～158
长度 L，mm	500	500	500	500	500	500
接头螺纹	NC26－12E 2⅜TBG	NC26－12E 2⅞TBG	NC31－22E 2⅞TBG	NC31－22G 2⅞TBG	NC31－22G 2⅞TBG	NC38－32E 3½TBG

对于特殊用途的要求，可根据所下入工具的最大几何尺寸另行确定通径规的外径 D 和长度 L，其外径一般应小于套管最小内径 4～6mm。

通径规在井筒内顺利通过表明此井筒通径符合要求；如遇阻则井下可能有砂柱、落物或套管变形，应进一步检查。

2. 铅模通井

当通井规遇阻起出后，应下入铅模通井检查，以确定落物或井下套管变形的情况。铅模结构见图 8—2，其技术规范见表 8—2。

表 8—2 铅模技术规范

套管尺寸，in	4½	5	5½	5¾	6⅝	7	7⅝
外径，mm	95	105	118	120	145	158	174
长度，mm	120	120	150	150	180	180	180

铅模通井打印，下钻速度不宜过快，以免中途顿碰使铅模变形，影响分析结果。打印钻

压，一般加压 15～30kN，特殊情况可以适当增减，但最大不能超过 50kN，不得冲撞。加压打印一次后即行起钻，只能加压一次，不得二次打印。铅模起出后要对铅模做技术描述并拍照存档。

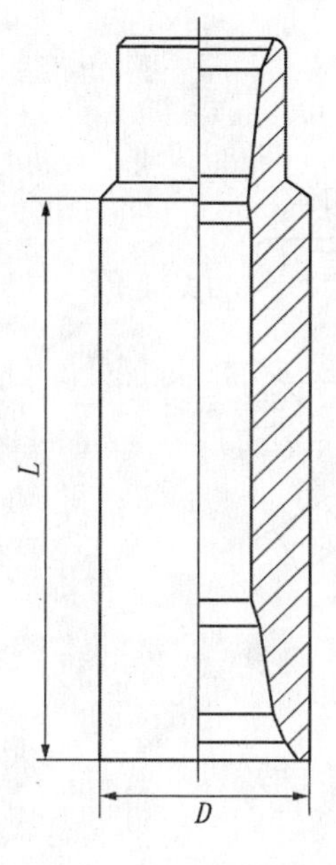

图 8—1　套管通井规

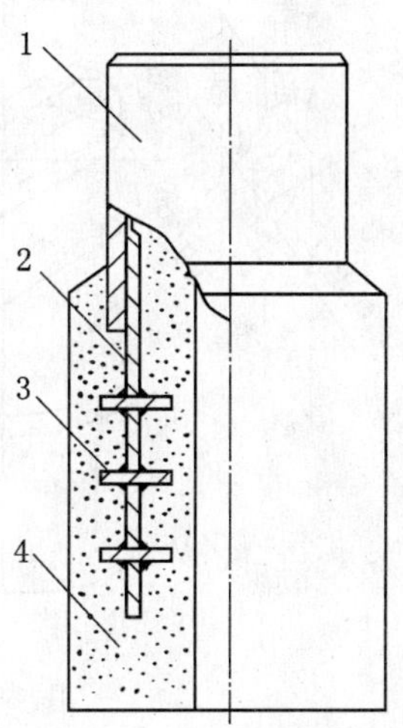

图 8—2　铅模

1—接箍；2—短节；3—拉筋；4—铅体

二、刮管

刮管工序的目的是把套管内壁上的水泥及炮眼毛刺清除掉，以保证下井工具正常工作及封隔器坐封成功。

常用套管刮削工具有两种：胶筒式套管刮削器和弹簧式套管刮削器。

1. 胶筒式套管刮削器

胶筒式套管刮削器主要由上接头、壳体、胶筒、冲管、刀片及下接头等组成，见图 8—3。

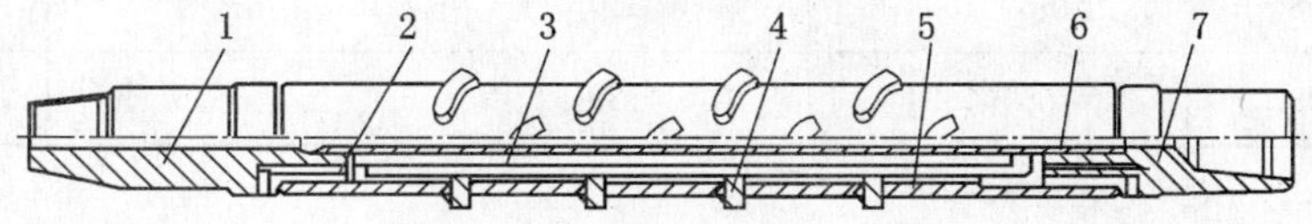

图 8—3　胶筒式套管刮削器结构

1—上接头；2—冲管；3—胶筒；4—刀片；5—壳体；6—“O”形密封圈；7—下接头

壳体上开有 18 个刀片槽，在槽里从内向外装刀片，刀片的排列成 3 条完整的左旋（或右旋）的螺旋线，螺旋角为 30°。

刀片是由较高耐磨性和韧性的材料采用精密铸造工艺制成，见图 8—4。

胶筒具有良好的弹性和足够的硬度。当刀片遇阻时，胶筒受刀片的径向挤压力后就给刀片一个径向的给进力以保证刀片的刮削力。

当刮削器下行时，刀片主刃沿套管壁下行。在径向 360°的每个方向上都有从上到下排列的3个刀片对套管壁上的脏物进行重复刮削。若套管壁上的脏物尺寸较大、硬度较高，刮削器严重遇阻时，可采用旋转方式刮削，此时除主要沿螺旋线刮削外，副刀刃也起辅助刮削作用。胶筒式套管刮削器技术规范见表8—3。

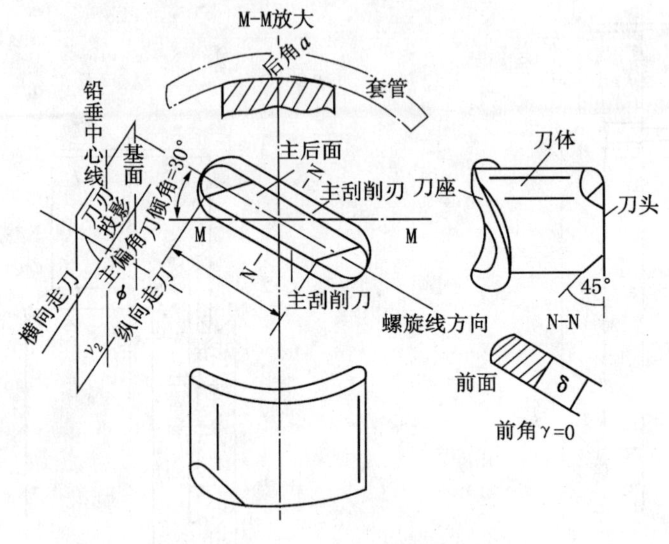

图8—4　刀片结构

表8—3　胶筒式套管刮削器技术规范

序号	规格型号	外形尺寸 mm×mm	接头螺纹	使用规范及性能参数	
				刮削套管，in	刀片伸出量，mm
1	GX-G114	φ112×1119	NC26（2A10）	4½	13.5
2	GX-G127	φ119×1340	NC26（2A10）	5	12
3	GX-G140	φ129×1443	NC31（210）	5½	9
4	GX-G146	φ133×1443	NC31（210）	5¾	11
5	GX-G168	φ156×1604	330	6⅝	15.5
6	GX-G178	φ166×1604	330	7	20.5

2. 弹簧式套管刮削器

弹簧式套管刮削器主要由壳体、刀板、刀板座、固定块、螺旋弹簧等零件组成，见图8—5。

安装好的弹簧刮削器，从结构上看有如下特点：最大直径比要被刮削的套管内径尺寸大，俯视图上的刀片投影包容了360°整圆，并且稍有重叠；不论上下往复刮削，还是右旋并上下往复刮削，没有旋松刮削器接头螺纹的力矩，因此工作安全可靠。弹簧式套管刮削器的技术规范见表8—4。

三、洗井

洗井的目的在于把井筒内的脏物用洗井液冲洗带出井筒，为以后的施工做好准备。

表 8—4　弹簧式套管刮削器技术规范

序号	规格型号	外形尺寸 mm×mm	接头螺纹	使用规范及性能参数	
				刮削套管，in	刀片伸出量，mm
1	GX-T114	ϕ112×1119	NC26（2A10）	4½	13.5
2	GX-T127	ϕ119×1340	NC26（2A10）	5	12
3	GX-T140	ϕ129×1443	NC31（210）	5½	9
4	GX-T146	ϕ133×1443	NC31（210）	5¾	11
5	GX-T168	ϕ156×1604	330	6⅝	15.5
6	GX-T178	ϕ166×1604	330	7	20.5

1. 洗井液的性质

洗井液的性质应保证清洁、优质并与压井液的相对密度相同又对油层不造成伤害。

（1）相对密度

常用洗井液（压井液）相对密度见表 8—5。

（2）配伍要求

常用洗井液采用氯化钠盐水或地层产出水经除油除固相处理后用作洗井液。洗井液要与油层及地层水相配伍，尽可能减少对地层的伤害，达到保护油层的目的。对于敏感性油层，可经过室内配伍试验后确定洗井液配方。

（3）悬浮固体含量、颗粒直径、含铁总量

洗井液一定要保证清洁、优质，悬浮固体的含量≤1mg/L，悬浮着的团体颗粒的直径≤2μm，含铁总量<0.5mg/L。

为使洗井液的质量达标，在洗井时应该使用洗井液精细过滤器，对洗井液进行过滤后再入井。这样才能避免悬浮固体颗粒及铁盐胶体沉淀物在洗井时伤害油层。

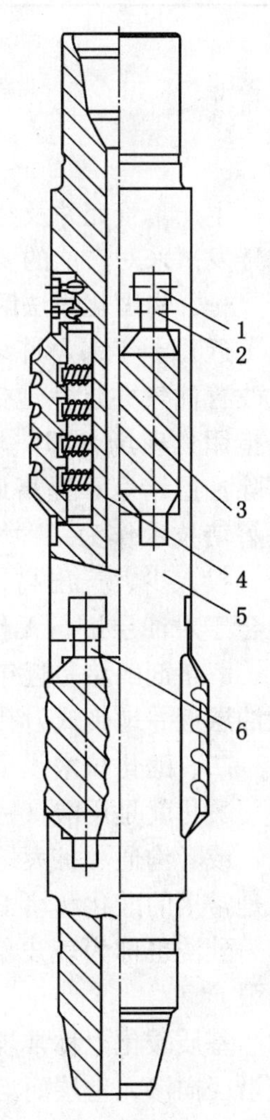

图 8—5　弹簧式套管刮削器结构

1—固定块；2—内六角螺钉；3—刀板；4—弹簧；5—壳体；6—刀板座

2. 洗井方式

洗井方式分为正循环洗井和反循环洗井两种。正循环洗井是指把洗井液从油管泵入，由套管返出；反循环洗井是指把洗井液从套管泵入，由油管返出。

正反循环各有不同的特点。当泵的压力和排量一定时，正循环洗井井底回压较小，洗井液在套管中上返的速度较慢；反循环洗井井底回压大，洗井液在油管中上返的速度较快。因此在泵的排量足够大时，应采取正循环方式洗井，这样对油层的回压小，井内脏物不易伤害油层。当泵的排量较小时，可以采用反循环方式，洗井液上返速度快，携带脏物能力强，但对油层回压较大，易伤害油层。因此，一般都采用正循环方式，大排量、连续循环洗井。

3. 洗井的技术要求

洗井时要使用光油管，实探人工井底，指重表下降 2～3t，误差小于 0.5m 为合格。

洗井时，油管下至距砂面 2～3m，首先要把井底脏物冲洗出来，洗井水量要大于井筒容积的两倍，洗井时排量不应小于 $25m^3/h$。如有憋泵现象立即上提油管，然后再分段加深洗井。严禁反憋泵，以免造成油层伤害。

洗井时要连续定时取进、出口的液样分析，直到两者的性质基本一致时，说明井筒已清洗洁净，此时洗井才算合格。

表 8—5　常用洗井液相对密度

洗井液	盐水		地层水
	普通盐水	加入氯化钙	
相对密度	1～1.18	1～1.26	1～1.03

第二节　主要投产措施

生产套管完井及经射孔后，油气井即交付投产。当油气井的自然产能达不到工业油气流或开发试采对产能的要求时，就需要对油气井进行投产前的改造措施。

一、物理化学法解堵

近几十年来，许多近代物理学的新理论、新技术被引入石油开采领域，逐步形成了以改善油气井近井地带渗透性、提高单井产量为目的物理法解堵技术。物理法解堵技术是指用物理场，即热场、声场（宽频带）、静电场、磁场，以及交变电场等来激励油层，解除油层堵塞，提高地层内流体的渗流能力，以达到增加油气井产量的工艺方法。物理法解堵技术作为一种增产新技术，以其适应性强、具有明显的“增油控水效应”、工艺简单、投入少、产出高、对油层无污染以及与“化学驱”优势互补等特点及特殊的性质，适合于对油层进行无伤害处理，在油气田开采中发挥重要作用。

解堵剂解堵是近年国内外常用的化学方法解堵措施。化学法解堵是依靠化学解堵剂来解除油层近井地带或射孔孔眼周围因多种原因造成的油层渗流孔道的堵塞。

二、酸化技术

酸化就是用酸（一般为盐酸）解除油气井井底附近的污染，清除孔隙、裂缝中的堵塞物质，或者沟通、扩大地层原有孔隙或裂缝，提高地层渗透率，从而实现增产。酸洗和基质酸化是常用的酸化解堵工艺。

酸洗也称为表皮解堵酸化，主要用于砂岩、碳酸盐岩油气层的表皮解堵及疏通射孔孔眼。

基质酸化也称常规酸化，是在低于储层岩石破裂压力下将酸液挤入储层孔隙空间，使酸液沿径向渗入地层而溶解地层孔隙空间内的颗粒以及其他堵塞物，扩大孔隙空间而恢复或提高地层渗透率。主要用于解除钻井、完井、大修等入井液体及产水沉积物在近井地带的伤害，该工艺中酸液与岩石接触面积很大，酸岩反应时间短，处理范围在 1m 左右，对严重堵塞井的处理效果很好。

三、水力压裂

水力压裂是在世界范围内获得广泛应用的一项成熟的增产技术。在最近的 10 年内，水力压裂在技术水平与经济效益上比以前都有显著的提高，成为低渗储集层投产和增产的主要手段。

油气井水力压裂是由高压泵将压裂液以超过地层吸收能力的排量注入井中，在井底造成高压，以克服最小主地应力、岩石的抗张强度与断裂韧性，使地层致裂并延伸裂缝，并由支撑剂对其进行支撑。在储集层中形成一定几何形状的支撑裂缝，最终实现增产目的。

水力压裂技术可分为单井压裂与整体压裂，应该指出，这是由油藏工程观点出发进行区分的。水力压裂以单井为工作单元，即单井水力压裂，它以研究单井渗流方式与渗流阻力的变化来实现单井产能提高为主要内容，其经济优化设计的目标函数是取得单井压后的最大净现值，即单井施工后获得的累积产量的总经济收入减去压裂施工支出费用而获得的最大经济效益。整体压裂以低渗油藏（区块）为工作单元，它以建立的油藏注水开发井网与水力裂缝优化组合的渗流系统实现单井产能与扫油效率的提高为其主要内容。通常，不但对油井进行压裂，而且也对相对应的注水井进行压裂。其优化设计的目标将是油藏采油速度、采出程度与经济效益等诸因素的关系，以实现油藏在整个开发期的最大净现值，即油藏开发期的累积产量的总经济收入减去整个开发期的支出费用（包括钻井、井的生产费用、地面建设、压裂等）而获得的最大的经济效益。

水力压裂技术系统包括设计、施工、评估三个基本环节。在优化设计的指导下进行施工，而评估是对施工的总结也是对设计是否符合储集层与施工实际情况的检验，评估的结果也将是改进设计时的重要依据。水力压裂技术系统的基本内容大致为：压前地层评估、压裂材料优化选择、优化压裂设计、单井与整体的压裂优化研究、压裂施工、水力裂缝诊断与压后评估。

四、酸压裂

酸压裂是碳酸盐岩储层增产措施中应用最广的酸处理工艺。它是在高于地层破裂压力或天然裂缝的闭合压力下，将酸挤入地层，在储层中形成裂缝同时依靠酸液对裂缝壁面溶解刻蚀作用，产生沟槽状或凹凸的不整合性壁面，外压解除后裂缝不能完全闭合最终形成具有一定几何尺寸和导流能力的人工裂缝，从而改善油气井的渗流状况，使油气井获得增产。

酸压裂的增产原理主要表现在：

1）形成裂缝增大油气向井内渗流的渗流面积，改善油气的流动方式，增大井附近油气层的渗流能力；

2）消除井壁附近的储层污染；

3）沟通远离井筒的高渗透带、储层深部裂缝系统及油气富集区。

五、主要投产措施作用机理与适用范围

从目前各种投产措施的现场应用与现场试验的情况看，物理法应用于低（或特低）渗透油田的效果远不如高渗透油田的应用效果，这主要是由于各种物理法投产措施对油藏物性以及施工参数的依赖性很强，特别对于致密油气藏，近井地带污染解除的难度要比高渗透油藏大的多。化学解堵工艺、酸化及水力压裂得到了广泛的应用。只有针对油气藏特征，选择适当的方法与施工技术参数，才能提高各投产措施的应用效果。目前各种投产措施作用机理及适用条件见表8—6。

表 8—6　各种投产措施作用机理及适用条件

投产措施		作用机理	适用条件和范围
化学解堵	化学溶剂	溶剂对堵塞物强的溶解能力，使堵塞物溶解	温度、压力的变化而析出有机质堵塞；高含硫油气井硫沉积堵塞
	防膨缩膨剂	抑制蒙皂石微粒的水化膨胀、分散和运移，使晶层压缩	由于粘土颗粒运移和粘土矿物膨胀，采用酸化处理效果不明显的欠注、欠产的油水井
	降粘剂	润湿和分散作用，与稠油形成O/W型乳化液降粘	重质组分（胶质、沥青质、石蜡）在近井地带沉积，流动阻力大的油井
	热化学剂	化学反应产生大量的热能和气体，软化溶解堵塞物和降低稠油黏度	油层物性差，油水关系复杂，油稠，流动性差，有机物沉积，压井滤液侵入造成的乳化油对近井地带的污染和堵塞的情况
	氧化剂	具有强氧化性，对有机垢类堵塞物产生氧化分解作用	细菌粘液、钻井液体系中的有机物、有机凝冻胶所造成油水井的堵塞
	低表面张力活性剂	能显著降低水的表面张力，降低水相流动所需的启动压差	油水井中泥浆滤失水、水基洗井压井液、地层产出水等在地层喉道中造成的水堵、乳堵以及油污造成的堵塞
	活性生物酶	释放地层中吸附在岩石表面的油，改变岩石表面润湿性	当油层含水<50%且由于地层岩石润湿反转所造成地层伤害和堵塞时，活性生物酶解堵是一种行之有效的措施
物理解堵	超声波	利用超声波的振动和空化等作用	适用于对水、酸敏感的油层和不适用常规水力压裂的地层；油层渗透性越低，原油黏度越大，超声波处理的效果越差
	微波解堵	利用微波加热作用、造缝作用和非热效应等作用	主要适用于稠油油田或高凝油或低渗油藏
	磁处理	利用“磁致胶体效应”、氢键异变、“内晶核”效应来改变蜡晶、溶盐晶体的微观结构	主要适用于原油黏度高、易出蜡的储层
	水力振动	利用流体在井底产生压力脉冲解除堵塞	适用于常规改造措施无效且地层出砂较轻的井
	机械振动	机械装置产生机械波场解除堵塞	适应于构造比较简单、区块比较完整、油层连通性好、原油黏度中等的油藏；油井以不出砂或含砂量较低为宜
	低频电脉冲	振动作用、空化作用、相对运动作用、两次冲击波的作用和热作用解除油层堵塞	适用于产量递减比较快、油藏动用程度差，对水、酸敏的油气层
酸化	酸洗	酸对堵塞物的分解溶蚀作用，清除孔隙/裂缝中的堵塞物质	砂岩、碳酸盐岩油气层的表皮解堵及疏通射孔孔眼
	基质酸化	分解溶蚀堵塞物，或者沟通/扩大地层原有孔隙或裂缝，提高地层渗透率	处理范围在1m左右，适合近井地带堵塞严重的井
	酸压裂	形成酸蚀孔道和具有一定几何尺寸和导流能力的酸蚀裂缝	碳酸盐岩储层增产措施中应用最广的处理工艺
压裂	水力压裂	在储集层中形成一定几何形状的支撑裂缝	水力压裂是在砂岩储中得到广泛应用且较为成熟的一项增产技术

第三节 物理和化学解堵

完井解堵的目的在于最大限度地沟通地层与井筒之间的渗流孔道，确保油井获得尽可能高的产能。常常采用化学或物理方法进行解堵。

一、化学剂解堵

化学解堵剂解堵是近些年国内外常用的解堵措施之一，依靠化学解堵剂来解除油层近井地带或射孔孔眼周围因多种原因造成的油层渗流孔道的堵塞。化学解堵剂按不同的作用机理可分为酸解堵和非酸化学剂解堵，也可分为氧化剂解堵和非氧化剂解堵。化学解堵剂由有机溶剂、水溶性聚合物溶剂、粘土防膨剂、降粘剂、酸、氧化剂按一定比例配制成，针对堵塞物优选一定种类的化学解堵剂。也可以形成一种具有多种有机的、无机的，极性的、非极性的高分子聚合物或低分子物质的复配体系，具有综合的解堵能力，一般在不明砂堵塞物的情况下使用。

1. 化学溶剂解堵

（1）化学溶剂解堵机理

溶剂对堵塞物具有很强的溶解能力。石油中的石蜡、胶质、沥青质等大都能被有机溶剂溶解。有机溶剂溶解高分子沉积物的机理是先渗透到高分子物质与固体颗粒的接触面上，润湿固体颗粒表面，从而使高分子物质脱落并迅速被溶解、分散，疏通堵塞的渗流孔道。

高含硫油井在开采过程中，由于温度、压力的变化而析出硫磺（或游离态硫）和机械杂质一起形成沉积堵塞，可采用溶剂 DMDS 和溶硫催化剂进行处理，该法溶硫速度快、溶硫量大，可燃性低、使用安全、腐蚀性小，能达到很好的效果。

（2）化学溶剂解堵的应用

渤海埕北油田原油为高粘重质原油，在开采过程中油井普遍析出蜡质、胶质和沥青质，造成油层堵塞。根据油井的堵塞机理，采用了化学溶剂 U－01 进行解堵，室内实验和现场实施结果表明 U－01 解堵剂解堵效果显著。

1）埕北油田有机垢在溶剂中溶解度实验：对埕北油田井下有机垢进行溶解度实验，室内评价结果见表 8—7。

表 8—7 不同溶剂对埕北油田井下有机垢的溶解度

溶剂类型	U－01	苯	HL－18	卤代烃	吡啶	柴油
溶解度，%	100	92	91	61	25	15

2）岩心流动实验：对 U－01 解堵剂进行了解堵效果评价实验，结果显示，经 U－01 解堵剂解堵后，岩心渗透率恢复到堵塞前的水平，随憋压时间的增加，解堵效果变好。结果见表 8—8。

表 8—8 不同憋压时间 U—01 解堵剂对岩心解堵效果

憋压时间 h	堵塞前			解堵前			解堵后			解堵率 %
	压差 MPa	流量 mL/min	流度 μm^{-2}/ mPa・s	压差 MPa	流量 mL/min	流度 μm^{-2}/ mPa・s	压差 MPa	流量 mL/min	流度 μm^{-2}/ mPa・s	
1	0.43	3.9	0.019	＞1.7	＜0.01	$<2\times10^{-5}$	0.39	3.6	0.019	100
0.5	0.44	3.6	0.017	＞1.7	＜0.01	$<2\times10^{-5}$	0.41	3.5	0.016	95

3）U－01 解堵现场实施与效果：埕北油田 B9 井进行了 U－01 溶剂解堵试验，设计解堵半径 1m，在低于地层破裂压力下注液。现场试验结果见表 8—9 及图 8—6。

表 8—9　埕北油田 B9 井解堵前后产量变化情况

	日期	油压，MPa	产液量，m^3/d	产油量，m^3/d	动液面，m
解堵前	1998－10－11	0.85	50.5	7.6	1080
解堵后	1998－12	3.2	214.0	21.1	0
	1999－01－02	2.1	156.0	20.6	0
	1999－03－04	1.5	130.0	18.3	0

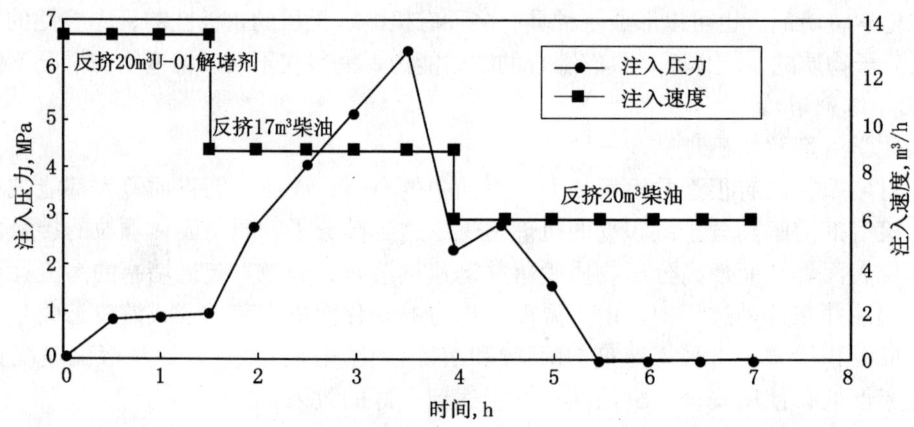

图 8—6　埕北油田 B9 井压力—时间曲线

2. 防膨、缩膨剂解堵

（1）防膨、缩膨剂解堵机理

蒙皂石的化学式是（$Al_{1.67}Mg_{0.33}$）［Si_4O_{10}］［OH］$_2$·nH_2O，其晶体构造是由两层硅氧四面体中间夹有一层铝氧八面体组成一个晶胞，四面体和八面体由共用的氧原子连接，蒙皂石结构见图 8—7。蒙皂石矿物晶体构造的特点之一是重叠的晶胞之间是氧层与氧层相对，其间的作用力是弱的分子间力。因而晶胞间连接不紧密，易分散微小颗粒，甚至可以分离至一个晶胞的厚度，一般小于 1μm 的颗粒达 50％以上。蒙皂石矿物晶体构造的另一特点是同晶置换现象很多，即铝氧八面体中的铝被镁、铁、锌等所置换，置换量可达 20％～35％。硅氧四面体中的硅也可被铝所置换，置换量较小，一般小于 5％。因此，蒙皂石晶胞带较多的负电荷，其阳离子交换容量大，可达 80～150meq/mL。

蒙皂石遇水后发生膨胀，膨胀后的胶结物质由于体积胀大，渗流孔道也就变窄或被堵塞。膨胀后的蒙皂石结构松散，细小的颗粒就会脱落、运移，使更细小的渗流孔道也被堵塞。化学防膨剂中配有阳离子有机聚合物，利用它分子上的正电性基团与蒙皂石晶层间和表面上的低价阳离子（如 Na^+、K^+、Ca^{2+}、Mg^{2+} 等）发生阳离子交换，还通过有机聚合物大分子链上的许多正电性离子（或基团）与蒙皂石中的负电荷中心间的强烈的静电吸引力、范德华力的作用，把有机聚合物的大分子牢牢地吸附在蒙皂石和其他微晶层的表面，形成了一个单分子膜。其结果一方面“中和”了蒙皂石晶层间和表面的负电荷，使晶层间和颗粒间的静电斥力减小，晶层收缩而不易水化膨胀和分散；另一方面由于有机聚合物分子链很长，可以同时吸附到多个晶层间和微粒上，从而抑制了蒙皂石微粒的分散和运移，起到了防止蒙皂石水化膨胀和其颗粒分散运移的作用。一旦阳离子有机聚合物被吸附到蒙皂石晶层和微粒之间再脱附是很困难的，因此它的防膨解堵作用是具有长期性的，一般不再受酸、碱、盐的影响。

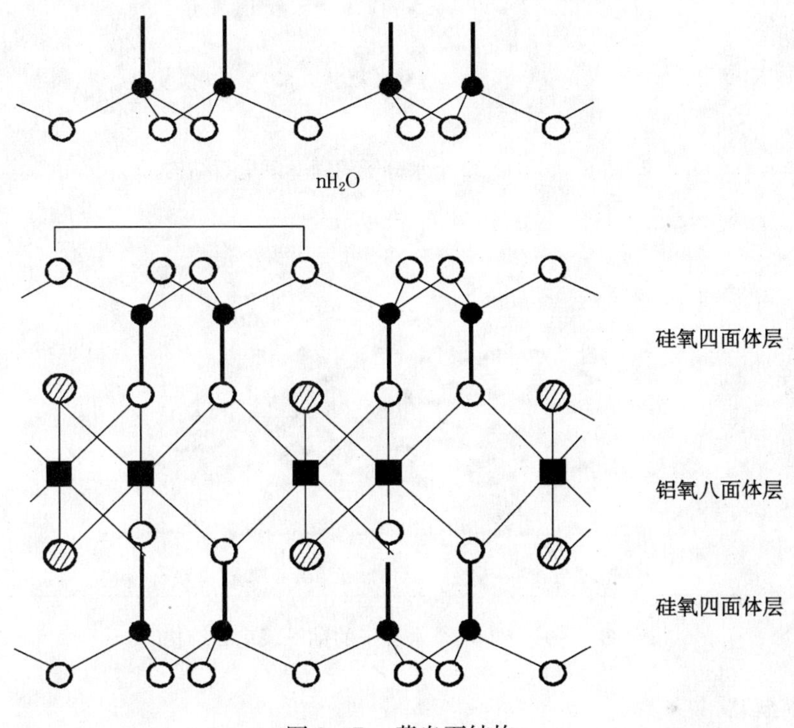

图 8—7　蒙皂石结构

粘土缩膨剂是一种化学合成的阳离子高分子聚合物，具有能打破已膨胀粘土晶格恢复地层的渗透率特点。其阳离子基团在酸性条件下具有氧化性，其氧化性能破坏粘土的晶格，使吸水后的粘土释放出所吸附的水分，收缩膨胀体积，恢复地层被堵毛细孔。通常粘土缩膨剂的阳离子水化能都低于 Li^+、Na^+、Mg^{2+}、Ca^{2+} 等阳离子，由于粘土对阳离子的吸附具有选择性，它往往优先吸附水化能较低的阳离子，因而粘土缩膨剂的阳离子比 Na^+ 或 Ca^{2+} 优先被粘土所吸附。此外，当其被粘土吸附后，由于水化能低，会促使晶层间脱水，使晶层遭受压缩，从而形成紧密的构造，有效抑制粘土水化。图 8—8 和图 8—9 分别为锂—蒙皂石、钠—蒙皂石结构。

（2）防膨、缩膨剂解堵的应用

中原油田卫城、马寨油田油水井由于粘土颗粒运移和粘土矿物膨胀，使得水井欠注、油井欠产。现场采用用土酸、氢氟酸酸化处理效果有效期短，效果差。为此应用了以粘土缩膨、防膨剂 HDS－01 为主的解堵工艺技术，并见到了明显效果，特别适用于酸化效果不明显的油水井解堵处理。

HDS－01 粘土防膨缩膨剂是一种化学合成的阳离子高分子聚合物，有毒，无挥发，有腐蚀性微橙色透明液体；能与水 100％的混溶，具有防止粘土膨胀，并能打破已膨胀粘土晶格恢复地层的渗透率特点。

在卫城油井卫 360 水敏恢复产能先导试验成功的基础上，先后对水敏的 8 口油井实施缩膨技术，均单井日产液增加 5.8t，日产油增加 3.2t，累计增油 2513t，见到了良好的增产效果。

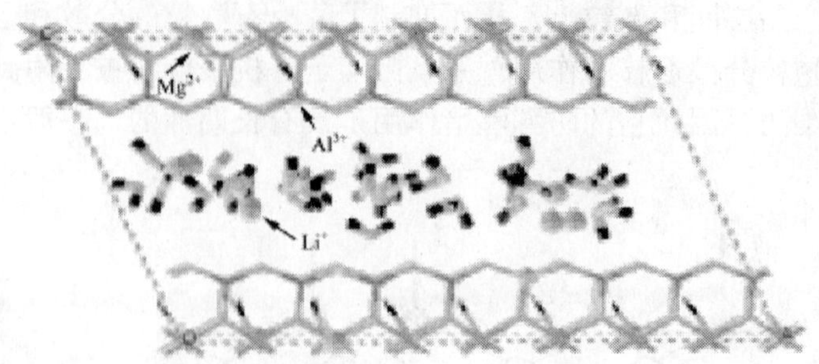

图 8—8　带 32 个水分子的锂—蒙皂石结构

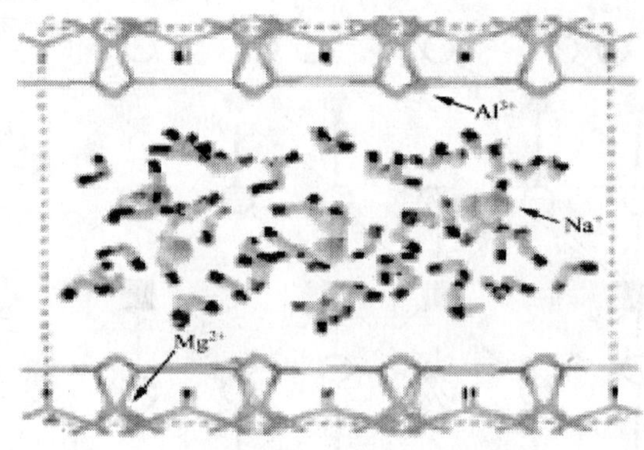

图 8—9　带 64 个水分子的钠—蒙皂石结构

3. 降粘剂解堵

(1) 降粘剂解堵机理

化学解堵剂中含有一定数量的表面活性剂和某些碱性化合物。这些表面活性剂一部分可以被吸附到岩石颗粒表面而起到洗油的作用，另外一部分表面活性剂对含蜡原油中的蜡起润湿和分散的作用，对稠油可以起到形成 O/W 型乳化液而达到降粘开采的目的。当降粘剂注入油层后，含有表面活性剂和新产生的表面活性剂与原油组成混合物从油层流向井底，又从井底向井口流动。在这个过程中降粘剂使稠油形成油滴状分散在水中，在油水界面由于有表面活性剂的作用，大大降低了油水界面张力，使水相中的表面活性分子富集于油水界面并被吸附在油滴周围，从而使稠油油滴处在由表面活性剂构成的薄膜的包围之中，形成了以稠油为分散相，水为连续相的 O/W 型乳液体系，从而阻止了油滴的凝结。由于水的黏度很低，在流动过程中，稠油的内摩擦转变为水的内摩擦。在渗流孔道中流动时，稠油与孔道周围岩石颗粒的摩擦转变为水与孔道周围岩石颗粒的摩擦。这就大大降低了 O/W 型乳状液在近井地带的渗流阻力，稠油中的胶质和沥青质造成的堵塞就被解除。在油层深处，化学解堵剂也能与稠油混合形成 O/W 型乳状液，同样也降低了稠油的渗流阻力，稠油产量就能增加。

(2) 降粘剂解堵的应用

辽河曙光采油厂曙二区大凌河油藏在开采过程中，原油中的重质组分（胶质、沥青质、石蜡）和地层水中易结垢物质，在近井地带沉积，流动阻力很大，造成油井频繁堵塞。现场应用了 DLA 解堵试验。降粘解堵剂 DLA 是表面活性剂、分散剂、络合剂、有机酸、缓蚀剂及其他助剂的水溶液。在大凌河油藏的 15 口油井用 DLA 进行了 22 井次解堵作业，全部成功，解堵作业后油井产油量和产液量增加，经济效益良好，见表8—10。

表8—10 辽河曙二区大凌河油藏实施DLA解堵措施前后油井生产情况对比

井号	挤入DLA t	产油量，t/d		产液量，t/d		有效期 d	累计增油 t	累计增液 t
		解堵前	解堵后	解堵前	解堵后			
2-8-307	33.22	2.7	6.4	9.1	18.9	91	319.3	842.8
2-7-307	30.18	0.7	5.3	2.8	14.6	86	225.4	578.2
2-8-304	33.01	4.0	5.9	12.5	24.4	105	191.9	1201.9
2-6-313	29.88	6.3	7.9	15.9	24.7	>226	284.8	1566.4
2-08-3	26.20	0.2	2.7	7.8	41.0	>190	497.5	6606.8
2-7-311	29.66	3.3	4.8	14.4	19.7	168	241.5	853.3
2-8-04C	31.21	1.5	3.6	7.1	46.0	116	212.1	3928.9
2-7-209C	28.46	0.3	2.9	6.5	39.4	>90	244.4	3092.6

4. 热化学剂解堵

（1）热化学剂解堵机理

利用放热化学反应产生大量的热能和气体，配合表面活性剂对地层的清洗作用，能使地层中的死油、腊质、胶质和沥青质堵塞物迅速熔解，同时反应产生的气体可冲散地层堵塞颗粒的“桥架”从而达到解除堵塞，疏通油流通道的目的。同时化学反应的热效应对堵塞物具有软化熔解和稠油降粘的作用。

（2）热化学剂解堵的应用

濮城油田属复杂型断块油气田，油层物性差，油水关系复杂，油稠，流动性差，有机物沉积，压井滤液侵入造成的乳化油对近井地带的污染和堵塞，使地层渗透率降低、产油量下降甚至停产。油田采用热化学油层解堵技术（亚硝酸钠、氯化铵与助剂复配所得的体系），有效地解除了油层近井地带的污染与堵塞的问题，使油层的生产能力得到充分发挥，在生产实施中见到了明显的效益。

1）热化学解堵剂组成和生热原理：该热化学解堵剂是由发热剂、延缓剂、分散剂三部分组成。其中：发热剂是主剂，它是利用 NO_2^- 与 NH_4^+ 反应产生大量热量与氮气：

$$NO_2^- + NH_4^+ \rightarrow N_2\uparrow + 2H_2O + 热量$$

延缓剂可控制发热剂的反应速度，根据各施工井的需求来调节溶液的 pH 值，从而控制反应速度和体系的放热量，见图8—10。分散剂是一种活性物质，能把蜡质、胶质、沥青质等有机物分散成微小的颗粒，使其在低温下仍处于分散状态，不会聚结。

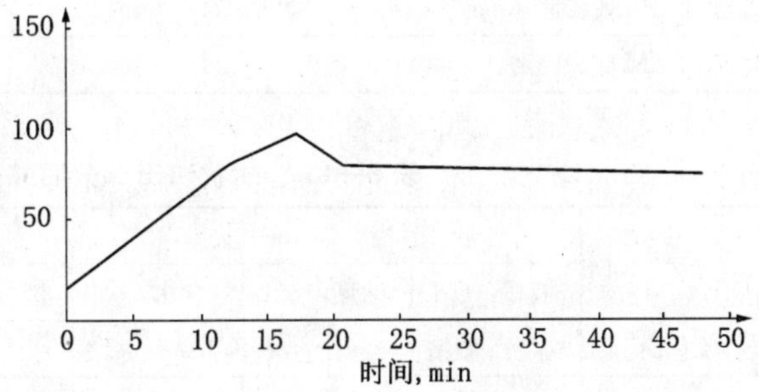

图8—10 体系温度与反应时间关系曲线

2）热化学解堵现场应用：濮城油田现场共计实施油井解堵27口，解堵前油井近井地带普遍堵塞污染严重，地层渗透率低，单井平均产液量5.5t/d，产油量1.5t/d，平均动液面1559m，油井普遍表现为供液不足，泵功图显示充满程度仅有1/4，产液量低；解堵后有26

口油井见到了增液（油）效果，平均单井产液量 13.5 t/d，产油量 4 t/d，增油 2.5 t/d，平均动液面 1455m。现场试验效果见表 8—11。

表 8—11　濮城油田油井热化学剂解堵实施效果

井号	措施前			措施后			差值		累计值		有效期 d
	液 t/d	油 t/d	含水 %	液 t/d	油 t/d	含水 %	液 t/d	油 t/d	液 t/d	油 t/d	
51－175	3.1	0.5	83.9	18.6	3.3	82.3	15.5	2.8	593	409	147
P2－163	7.2	2.7	62.5	16.7	6.7	60.0	9.5	4.0	873	464	116
6－5911	11.5	1.7	85.2	22.9	2.5	89.1	11.4	0.8	151	80	99
P3－372	3.3	0.8	75.8	5.5	0.7	87.3	2.2	－0.1	38	0	55
部 1	11.0	5.4	50.9	18.3	11.4	37.7	7.3	6.0	1501	918	153
卫 317－4	2.0	1.5	25.0	6.5	3.5	46.2	4.5	2.0	729	324	162
P3－112	112	8.4	92.5	125	12.5	90	13	4.1	2565	832	205

5. 氧化剂解堵

对于细菌黏液、钻井液体系中的有机物、有机凝冻胶所造成油水井的堵塞，采用酸化解堵效果不太理想。而采用氧化剂，如 ClO_2、H_2O_2、硝酸等，对有机物、调剖所用凝胶体系具有降解作用和对腐生菌（TGB）、硫酸盐还原菌（SRB）等杀菌。

胡状油田油水井由于细菌黏液、钻井液体系中的有机物、有机凝冻胶造成的堵塞，采用酸化解堵效果不理想，引进了油层解堵剂 ClO_2 体系。表 8—12 是 ClO_2 对有机堵塞物的降解作用；表 8—13 是胡状油田部分油井 ClO_2 体系解堵后增产效果。

表 8—12　ClO_2 对有机堵塞物的降解作用

试样	浸泡时间，h	现象
F917 凝胶 6g	2	凝胶变成稠溶液，全溶
PAM 凝胶 6g	12	少量絮状沉淀（可随水流带走），绝大部分被氧化降解成溶液
PAM 膨胀体 6g	24	强度降低，稍加压则破裂成碎沫，易被水流带走
PAM 交联膨胀体 6g	24	吸水膨胀，搅拌易碎

表 8—13　胡状油田部分油井 ClO_2 解堵措施后增产效果

井号	措施前			措施后			累计增油 t
	液量，t/d	油量，t/d	含水，%	液量，t/d	油量，t/d	含水，%	
QC29	侧钻		7.0	6.6		5	1386
HC2－28	1.2	1.0	1.7	9.8	5.4	40	704
HCl－88	侧钻		18.0	9.2		49	1300

6. 低表面张力活性剂解堵

致密低压油气层最容易发生“水锁”和“乳堵”。水锁是由于各种入井工作液滤失水及地层水等进入地层小孔喉，使孔隙喉道被堵塞。油气井常常在钻井、完井、修井作业中被“堵死”，或被管外窜漏进入油层的水或产出的地层水“堵死”。利用低表面张力的表面活性剂复配其他助剂形成的解堵体系，能显著降低水的表面张力，对油污、油砂有强清洗能力，能大大降低水相流动所需的启动压差，快速解除水相堵塞。该体系适用于解除油水井中钻井液滤液、水基洗井压井液、地层产出水等在地层喉道中造成的水锁、乳堵以及清洗油污、油砂造成的堵塞。

所用的CY－3解堵剂主要由有机溶剂、特殊的表面活性剂、渗透剂、防膨剂等组成，为中性至弱碱性水基溶液，有效物含量25%，呈无色透明状，无毒不燃，溶解能力强，能显著降低水的表面张力，对油污、油砂有强清洗能力。性能指标对比情况见表8—14。

表8—14　CY—3和各种表面活性剂在轮南油田污水、注入水中表面张力值

药剂溶液	表面张力，mN/m	
	污水	注入水
空白	35.4	63.9
CY－3	22.1	20.7
1%平平加（O－15）	34.7	34.4
1%OP－10	33.4	32.5
1%吐温80	35.1	35.4

CY－3解堵剂主要用于解除入井液滤失水等引起的油水井水堵、乳化堵等。1992年7月投入现场应用，已先后在华北、吉林、新疆、吐哈、冀东、渤海、辽河等油田大量应用。共进行油水井解堵作业100井次以上，工艺成功率100%，经济有效率超过90%。现产应用情况见表8—15。

表8—15　活性剂CY—3对油井解堵效果

油田	井号	日产液，m^3		日产油，t		含水，%		累计增油 t	有效期，d
		解堵前	解堵后	解堵前	解堵后	解堵前	解堵后		
冀东	G94－1	0	18.0	0	18.0	—	—	450	35
	L24－1	0	17.0	0	17.0	—	—	2100	235
	L11－1	7.0	11.4	7.0	11.4	0	0	450	160
	G59－35	0	120.0	0	12.0	—	—	2400	＞270
吉林	1－3	15.0	26.8	10.4	16.0	30.5	40.3	128	136
	303	14.2	22.6	6.5	11.4	53.8	54.0	415	180
	A2	9.1	12.6	1.5	2.9	83.4	77.0	259	96

7. *活性生物酶解堵*

酶是一种有催化能力的蛋白质，由微生物活体细胞产生，并经基因移植成型。它能释放地层中吸附在岩石表面的油，改变岩石表面润湿性。当反应结束时，其化学性质和数量不变化，即其本身不被改变，也不被破坏。这一特性表明：酶的作用是长久的，其意义在于可能被重复利用。当油层含水＜50%且由于地层岩石润湿反转所造成地层伤害和堵塞时，活性生物酶解堵是一种行之有效的措施。目前试用的是浓缩酶，使用时多以桶装酶按100%浓度计量，施工用液浓度多控制在8%～11%。现场试验证明，在地层条件下，浓度下降到5%时仍有效。酶解堵剂具有下列特点：可以快速地将油及其附着物分离，其催化过程为生化反应，重新分离后酶可以反复使用；对人体和环境无污染，属环保产品；pH 值为 7，中性；溶于水，不溶于油；酶对“底物”的作用具有单一性，不会发生油层新污染。如美国阿波罗解堵剂，主要成分为酶（Gyeenzyme280－CAI）、稳定剂、水。

桥口油田是一个高温、高压、高矿化度、低渗透和非均质严重的油田。主要储层为沙二下亚段 1～4 砂组和沙三上亚段 2～5 砂组。沙二下亚段平均埋深 2470～2600m，岩性为含灰质长石砂岩。平均孔隙度为 20.6%，平均渗透率为 $4709\times10^{-3}\ \mu m^2$，原始地层压力为 26.65MPa，饱和压力为 7.98～12.75 MPa，压力系数为 1.06，属于中孔隙度、中低渗透率、非均质油层。

桥口油田在 5 口井实施了活性生物酶解堵技术，均不同程度地见到了增产效果，单井日增油 1.0～9.0t，累计增产原油 2343t。

二、物理法解堵

所谓物理法解堵技术是用物理场，即热场、声场（宽频带）、静电场、磁场，以及交变电场等来激励油层，解除油层堵塞，提高地层内流体的渗流能力，以增加油井产量提高原油采收率。物理法解堵技术作为一种投产新技术，以其适应性强、具有工艺简单、技术含量高、投入少、产出高、对油层无污染以及与“化学法”优势互补等特点及特殊的性质，已在国内外油田得到日益广泛的应用。现在已投入工业性试验或正在研究开发中的物理解堵方法已达十余种，其中常见的有超声波解堵、微波解堵、磁处理、振动解堵、低频电脉冲解堵等方法。

1. *超声波解堵*

利用超声波的振动作用和空化作用等作用于油层，解除近井地带地层的污染和堵塞，可以使油井增产，提高原油采收率，延长井下采油设备的使用寿命，缩短停井时间等。

（1）超声波解堵机理

超声波是机械波的一种，它具有波动的一般特性，即具有振动及传送能量的性质。超声波处理油层，是将大功率超声波换能器下放到油层位置，在超声波的机械振动作用、空化作用、热作用、反向流动作用、声流作用下，使堵塞物疏松脱落，随液体排出油井。采用 CSF－250－3 型超声波发生器在隔热条件下对 40mL 机油作用，仅 18min 就将油体温度从 15℃提高到 50℃，测出的温度曲线如图 8—11。地层中声波产生的振动也使石油沿着反射波的路线向井底的声源方向流动，促进地层中原油的渗流和聚集，使油井增产。声学中的蔡特金图形见图 8—12。

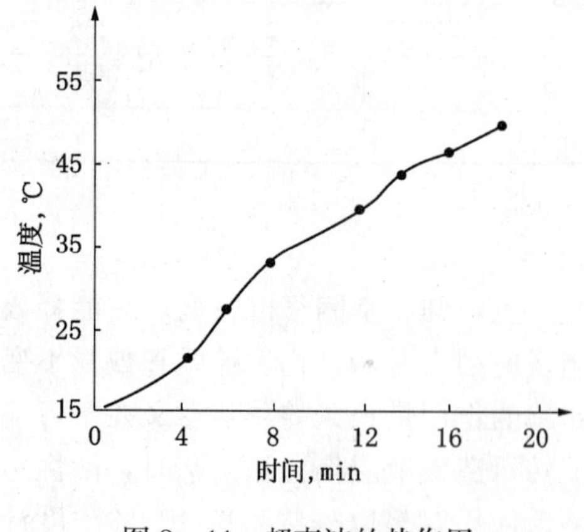

图 8—11　超声波的热作用

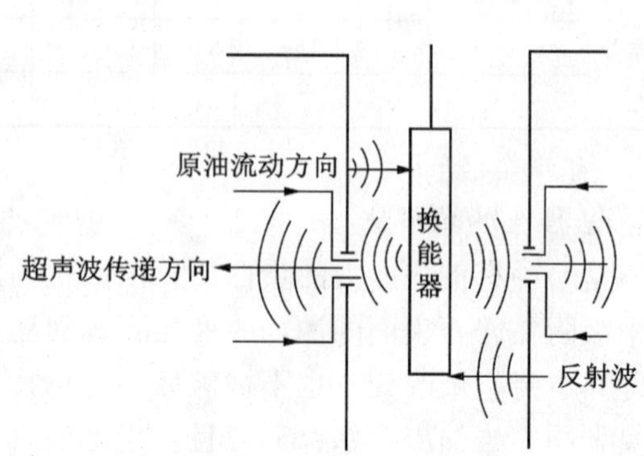

图 8—12　蔡特金图形

（2）超声波解堵工艺流程

超声波处理油层系统由地面设备和井下仪器两部分组成，其连接方式为地面声波—超声波发生器、传输电缆和井下大功率电声转换装置（发射型换能器）等三大部分组成，见图8—13。

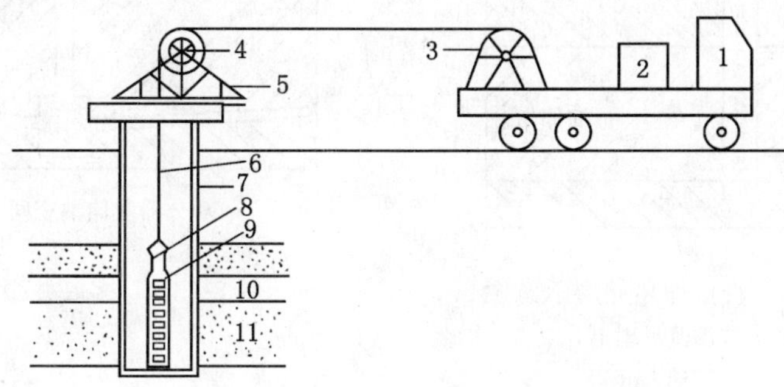

图8—13　超声波处理油层系统工艺流程图

1—电缆仪器车；2—超声波发生机；3—电缆绞车；4—井口滑轮；5—井口支架；6—电缆；7—套管；8—换能器；9—电压陶瓷环基阵；10—夹层；11—油层

超声波解堵工艺选井选层原则为：

1）严重污染的油、水井，即因结垢、结蜡造成堵塞的油井或其他作业（包括钻井、压裂、酸化、化学防砂、化学清蜡等）过程中发生污染的油水井。

2）对水、酸有敏感性的油层。

3）距水线较近或因固井质量差、易窜槽等原因而不能实施压裂投产措施的井，或其他不适用常规水力压裂的地层。

4）多层合采，需选层处理，分层处理难度大，其他措施无法一次性处理的油水井。

5）套管变形，通径大于90mm，套管外漏无法进行常规措施的井。

6）采用常规工艺开采的低产、沥青质含量较高的稠油井。

2. 微波解堵技术

微波是一种非电离的电磁波。在电磁波谱中，微波区位于红外线和无线电波之间，微波的波长为1cm～1m，频率为300MHz～300GHz。

（1）微波解堵机理

微波解堵技术是利用大功率微波源对地层辐射，利用微波加热作用、造缝作用和非热效应等作用改善近井地带的渗流条件。微波对物质具有介电热效应，即极性分子接受能量后，被作用的分子从相对静态瞬间转变为动态，通过分子偶极以数十亿次的高速旋转产生热效应。石油储层是由不同的化学物质组成的，非均质性特点明显。因此，在微波作用下各不同物质组分温度升高亦相差甚远，导致热膨胀系数大小相差很大，造成热膨胀、冷收缩不均匀，产生很大的热应力，致使岩石产生很多微裂缝或促使裂缝发育，低渗油田中次生微裂缝的产生促使地层的渗透率提高，从而实现低渗油田的高渗开发。同时，由于所使用的微波频率接近地层流体中极性分子的固有频率，极易引起强烈的共振，使得油品中的长链分子化合物、支链分子化合物、杂环化合物，以及一些胶质体和松散结构的结合断裂、裂解，使高粘重质油部分成为低粘轻质油，降低了凝固点，达到解堵。

微波加热技术目前设计有三种方法：一是利用微波对由地面注入地层的水或水蒸气加

热；二是用微波对地下储层直接加热，使地层温度升高，其结构如图 8—14 所示；三是对多底井地层利用微波加热，其结构如图 8—15 所示。

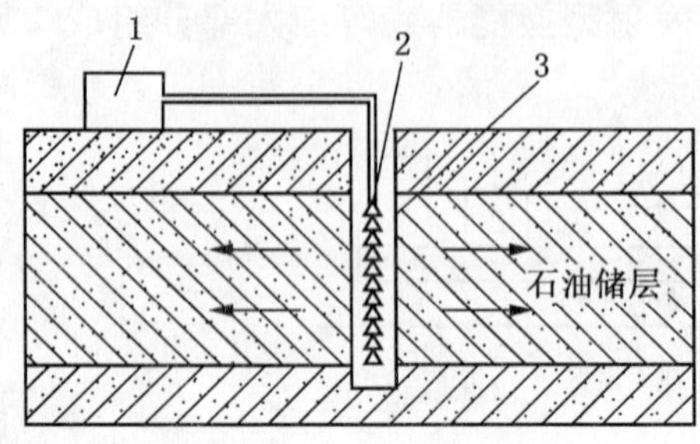

图 8—14 单井微波直接加热储层示意图
1—电源；2—微波源及反射器；
3—陶瓷（或有机玻璃）套管

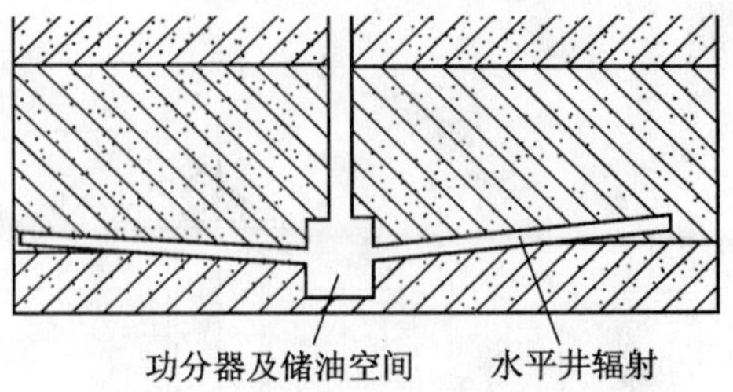

图 8—15 多底井微波加热示意图

（2）微波解堵完井方法

微波稠油低温开采时地层温度与蒸汽热采相近，同时因为稠油地层胶结松散，开采时很容易出砂，因此，从完井方法上必须考虑油井防砂，从完井管柱材质和管柱结构上还必须考虑满足微波解堵技术要求，也就是完井管柱必须能保证井眼稳定、防砂，同时，对微波辐射穿透损耗小。

1）陶瓷材管完井方法：该方法采用特殊陶瓷衬管，利用产层砂的自然成拱作用防砂，适用于出砂不严重的稠油产层。

完井管柱结构为：悬挂封隔器 + 伸缩接头 + 盲管 + 陶瓷衬管 + 陶瓷堵头。

这种方法的特点是结构简单，施工方便，防砂能力较差。

2）陶瓷筛管简化砾石充填完井法：砾石充填完井能有效保护产层和防砂，防砂期一般可长达 10～15 年，是目前最为有效的防砂工艺。使用陶瓷筛管砾石充填完井时，工艺上适宜采用简化砾石充填完井法。

完井管柱结构为：悬挂封隔器 + 伸缩接头 + 盲管 + 陶瓷筛管 + 陶瓷堵头。

这种方法的特点是管柱结构简单，施工方便，能有效防砂。

（3）微波井套管柱设计和固井设计

微波解堵是在井下直接加热产层，中温和高温开采时还考虑使用隔热套管短节和少量具备伸缩性的套管柱。上部套管柱受到温度的影响很小，设计中主要考虑温度对产层附近套管柱的影响。为保证高温下套管井眼环空的有效密封性，同时需要进行特殊的固井设计。

1）微波低温解堵：低温解堵时对于套管柱设计和固井的技术要求与常规蒸汽热采相同。下部套管柱要尽可能采用高强套管。固井水泥中需添加耐热稳定剂、绝热添加剂、粘结添加剂。

2）微波中温、高温解堵：在微波中温、高温解堵时，地层加热温度在 400℃以上。为防止热应力损坏套管，破坏套管柱与地层的密封，必须采取特殊措施：用特种耐高温水泥固井；完井管柱中盲管、悬挂封隔器、伸缩接头采用特种耐高温金属材料；套管下部采用具有隔热作用的陶瓷套管短节，以防止套管柱产生高温热应力损坏；隔热陶瓷套管短节上加接具有良好伸缩性的玻璃纤维套管 1 或 2 根，进一步防止可能产生的套管变形。

3. *磁处理技术*

利用磁场对原油的物性影响，降低其界面张力，改变蜡晶、溶盐晶体的微观结构，增加其流动能力，达到解除堵塞的效果。

(1) 磁处理技术解堵机理

磁处理技术解堵主要基于“磁致胶体效应”、氢键异变、“内晶核”三大效应。“磁致胶体效应”指磁场通过对带电粒子的作用，使在纳米至微米这个尺度内的颗粒表面，形成处于亚稳状态的双电层，导致在一定条件下，产生了磁防垢、磁防蜡、磁降粘等许多效果。氢键异变指极性分子中氢键的变化只是弯曲、扭动及强度变化，而不是断裂，所以脱离磁场后便有一个复原过程，即重新恢复到原来的稳定状态。“内晶核”影响流体中成垢化合物的溶解度，使液流中内晶核的形成受到抑制，从而防止垢的形成。

(2) 磁处理装置的设计

磁处理装置的设计，应该依据所处理流体的各种具体性质、应用的具体场合及所要求的条件等多种因素，采用具体问题具体分析的方法，设计合适的磁处理器。根据磁体安装方式，石油矿场上应用的磁化处理装置可分为两种类型：一种是内磁式结构（如图 8—16），另一种是外磁式结构（如图 8—17，图 8—18）。

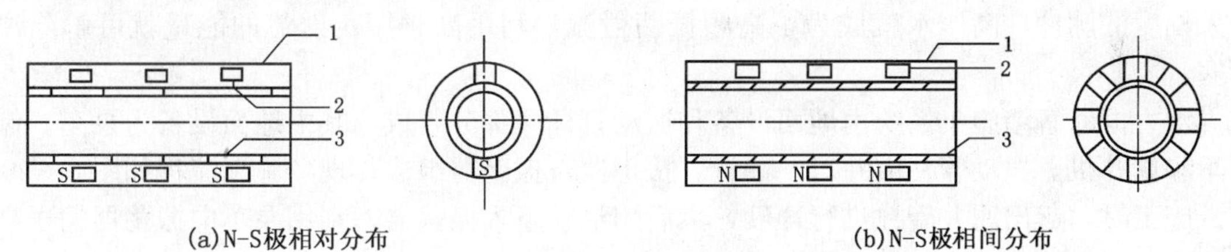

图 8—16　内磁式磁处理装置示意图

1—外壳；2—永磁；3—钢内管

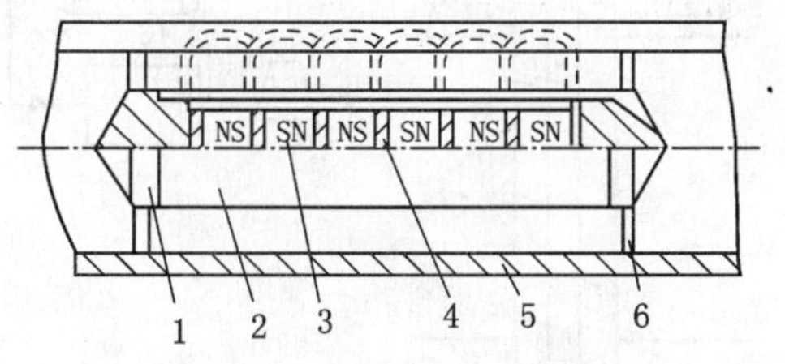

图 8—17　内装外磁式磁化器示意图

1—堵；2—外壳；3—永磁；

4—板靴；5—钢壁；6—支撑爪

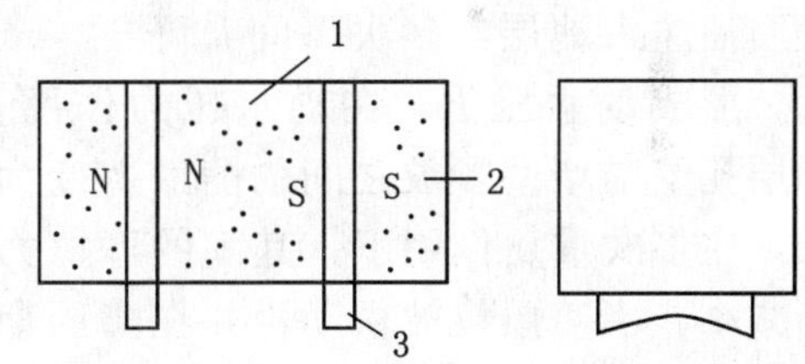

图 8—18　外磁式磁处理装置示意图

1—磁块；2—外壳；3—磁极

4. 振动解堵技术

振动解堵技术就是将利用各种振源所建立起的波动场传递到油层，对油层进行振动处理，以解除油田钻井过程中，井下和地层液体乳化、粘土颗粒运移、沉淀物析出及机械杂质堵塞等对地层造成的污染，恢复近井地带地层渗透率。

按照振源的不同大致可以分为水力振动解堵技术和机械振动装置解堵技术。

(1) 水力振动解堵技术

水力振动解堵技术就是利用流体运动产生振动波，直接作用于油层来解除堵塞。包括水力振荡解堵技术、低频水力脉冲解堵技术以及高压水旋转射流解堵技术。这类油层处理技术的共同特点是有效率高、适用性强、处理效果好、费用低廉、施工简便，易于推广。

1) 水力振荡解堵技术：水力振荡解堵是以水力振荡器作为井下振源，下入至处理井段，

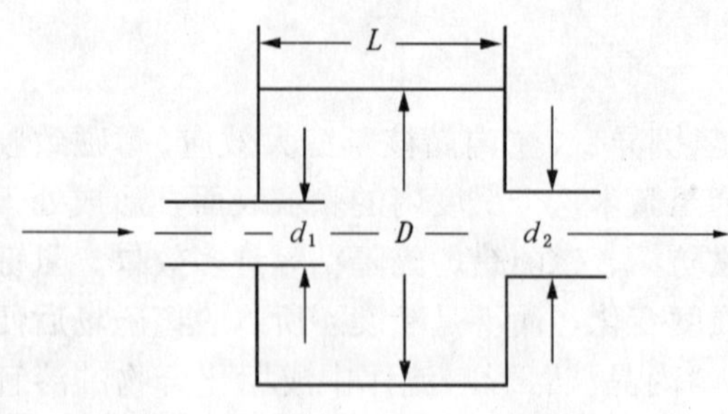

图 8—19　Helmholtz 腔形结构体示意图

地面供液源按一定排量将工作液注入振荡器内，振荡器依靠流经它的流体来激励，产生水力脉冲波，对油层施加作用，解除油层的堵塞。水力振荡解堵技术的核心是振荡器。

水力振荡器振荡作用是在 Helmholtz 空腔内发生的，见图8—19。高压水射流由喷嘴 d_1 射入，穿过一轴对称腔室，经喷嘴 d_2 喷出，由于腔室内径 D 比射流直径大得多，因此，腔内流体的流动速度远小于中央射流速度。这样就在射流与腔内流体的交接面上形成剧烈的剪切运动而产生涡流。在涡流的作用下，射流中心处（剪切内层）的流速变得更高，腔室壁面附近（剪切外层）的流速变得更低，在压差作用下，促使腔室壁面流体的向心流动，涡旋将随射流向下游移动。当射流剪切层内的有序轴对称涡环与喷嘴 d_2 的边缘碰撞时，就产生了一定频率的压力脉冲。这个脉冲经出口喷嘴后成为一个大幅度的脉冲，高压水就成为了高频振荡射流，利用高频振荡射流的能量就可解除油层堵塞。

水力振动解堵施工系统由地面设备和振动管柱两部分组成，其中地面设备为泵车、储液罐车和修井机。振动管柱由井口、油管、扶正器、振荡器组成。现场施工流程如图 8—20 所示。施工时，起出原井管柱进行冲砂，然后用油管下入振荡器，利用泵车向振荡器输送高压流体，对需解堵的层由下至上逐一处理。

2）低频水力脉冲解堵技术：低频水力脉冲解堵技术，就是将表面活性剂处理过的水或轻质油注入地层，多次瞬间升降压，产生波动，形成动水压力，在动水压力作用下，使油层孔壁与堵塞颗粒之间的静摩擦变为动摩擦，在多次重复作用下，其间的摩擦力将逐渐减小，堵塞颗粒被松动，并在降压期间从地层排入井内，从而达到解除地层堵塞、提高油井产量的目的。低频脉冲振动解堵技术应用了水击现象、驻波共振以及机械振动解堵的原理，来恢复、增强油层渗流能力。

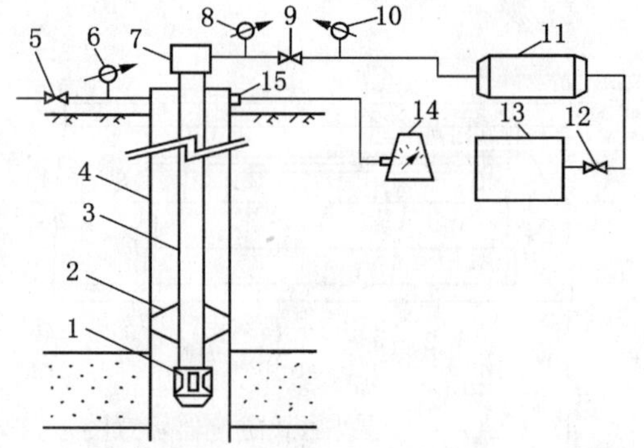

图 8—20　现场施工流程图

1—振荡器；2—扶正器；3—油管；4—套管；5，9，12—阀；6，8—压力表；7—井口；10—流量计；11—泵车；13—罐车；14—测试仪器；15—传感器

3）高压水旋转射流解堵技术：利用井下可控转速的旋转自振空化射流解堵装置，产生高压水射流直接冲洗炮眼解堵和高频振荡水力波、空化噪声（超声波）物理解堵。

(2) 机械振动装置解堵法

机械振动装置解堵法包括泵下阻尼振动解堵技术和非线性波解堵技术。

1）泵下阻尼振动解堵技术：利用油管柱端部的自然伸缩，带动阻尼器作周期性的脉冲振动，从而产生振动波直接作用于油层，解除近井地带堵塞。

振动管柱由抽油管柱、抽油泵、阻尼振动器、筛管和尾管组成，如图 8—21 所示。阻尼振动器由单向阀罩、阻流阀、中心管、阻尼盘和上接头组成。

抽油泵生产过程中，油管承受频繁的交变载荷，油管发生弹性伸缩，这种伸长或缩短发生的时间很短即为脉冲式。所以，在柱塞作上下移动的同时，泵下阻尼器就在套管内进行脉冲式往复振动。阻流阀在阻尼器上冲期间打开，通过筛管与环形空间连通；当阻尼器向下作脉冲运动时，阻流阀靠阻尼盘下方的液流阻力作用而瞬间关闭，就在阻尼盘下方形成较大的压力脉冲。泵下阻尼振动器一般放在油层部位，产生的振动波直接作用于油层。当阻尼器向下冲动时，其盘间的液体被加速击向井壁，可有效地刷洗射孔炮眼及孔隙通道，解除近井堵塞。

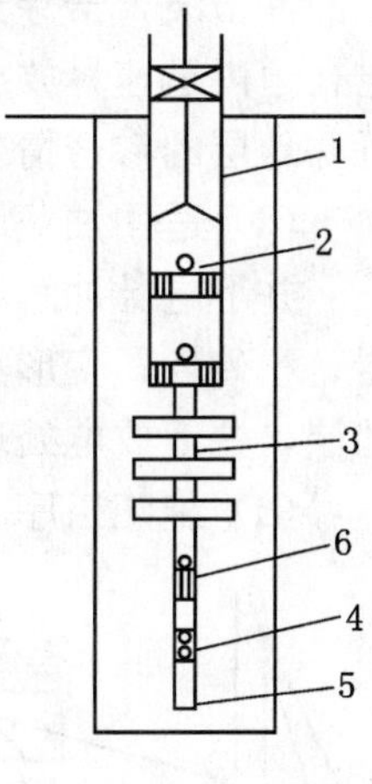

油田常用泵下阻尼振动器主要技术参数为：工作井泵挂深度：＞500m；工作井套管规格：ϕ139mm；振动器距筛管距离：5～300m；阻尼振动器最大外径：115m；振动器长度：1.21m；纵向脉冲幅度：15～33cm；振荡频率：1～10Hz；工作周期：连续。

适用条件为：泵挂应具有足够的长度（约1000m），并且井内液面低于500m来确保阻尼振动器具有明显的振动幅度；阻尼振动器放在主力油层中部或上部，并尽量靠近筛管；在泵挂较短的浅井内（400～500m），可用弹簧增大阻尼振动的行程；阻尼振动器在井内应具有最小的径向间隙，最好选择无套变井或新井随泵振动。

图8—21　振动管柱结构示意图

1—油管；2—抽油泵；3—阻尼振动器；4—筛管；5—尾管；6—阻流阀

2）非线性波解堵技术：非线性波发生器的基本结构是在主体上均匀安装多个哨声发生器，动力液从进口进入哨腔，并在哨腔内高速旋转，然后由管口喷出，即发出声波向外辐射。

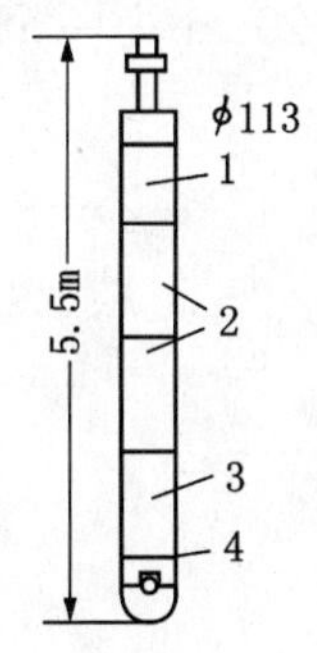

图8—22　井下低频电脉冲处理油层结构图

1—升压单元；2—储能单元；3—放电器；4—电极

非线性波除基频波外，还伴有较低频率的子波存在，因此，比其他声波具有较强的穿透能力，也即具有较大的处理半径。同时，还伴有频率较高的谐波。由于高频波能量较为集中，因此，低频子波可以作为高频谐波的载体，将能量带入地层较深部位，因而较其他类型的波作用于油层具有较高的换能效率，可以提高解堵效果。

与其他的振动解堵法相比，具有对有机质沉积的溶解作用。这是由于在油流与地层通道的分界面处，由于波场参数的差异，使非线性波的能量通过传热和粘滞机构而大大转化为热能，使得油流通道中的有机质沉积溶解。

5. 低频电脉冲解堵技术

低频电脉冲技术作为一门新技术，广泛应用于社会生产的各个领域。20世纪80年代，该技术应用于石油行业，用来解除钻井、完井、采油等一系列施工过程中对地层油气通道的污染和堵塞。该技术从20世纪80年代后期引入我国，近几年在各油田得到了广泛的应用。

（1）工作原理

低频电脉冲解堵设备分为两部分，即地面控制仪器和井下放电仪器。地面设备为一体积很小的整流变频器；井下设备是整套技术的核心部位，共分4个单元，升压力单元、储能单元、放电器和电极，其结构示意图如图8—22所示。

井下仪器的放电部分在正对油层的位置进行脉冲放电，放电的瞬间释放出储存在电容器中的大部分能量，在两个电极间形成一个高压等离子区。因为有很高的能量密度，会产生很强的冲击波，击穿充满井内的油、水及其混合物，通过射孔井眼作用于地层，即在很小的放电孔道内迅速释放出大量的能量。经过多次脉冲放电，可以解除近井地带的地层污染，改善近井地层的渗透情况，达到解堵的目的。

（2）适用油藏地质条件

井下电脉冲解堵技术在处理变形具有脆性破坏特性的致密岩石效果较好，如灰质白云岩、粉砂岩；变形具有不可逆特性的岩石——砂岩的效果最差；对于纵向具有非均质性质的地层，井下放电处理效果最好的是低渗透、致密性地层。

（3）施工工序

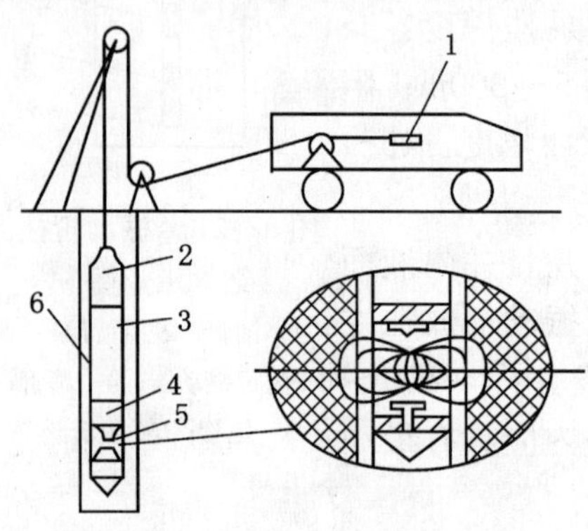

图 8—23　井下低频电脉冲处理油层工艺示意图

1—地面控制仪；2—传动部分；3—电容器；4—控制部分；5—放电部分；6—充电装置

井下低频电脉冲处理油层工艺如图 8—23 所示。具体施工步骤如下：

1）先用洗井液循环压井，起出井下所有油管、油杆。

2）下通井规，热洗、刮蜡等，保证下井仪器通行无阻。

3）探砂面，冲砂至人工井底。

4）下井仪器上安装定位器。

5）将电缆车与电脉冲解堵仪器连接好，并仔细检查电路和下井仪器的密封性，最后将仪器送至井下欲处理的射孔段最下端。仪器下放速度控制在 50m/min 以下，当仪器进入目的层段时，放慢速度，下放速度约为 10m/min。

6）接通电源，以一定频率发射电脉冲。放电作业由最下层开始，自下而上逐级处理，每 20cm 为一个处理段，每段放电 20～50 次。

7）处理完毕起出井下仪器，上提速度控制在 80m/min 以下。

8）下洗井管柱彻底洗井，排出振松击碎的堵塞物，将井筒内杂质清洗干净。

9）按要求下生产管柱，完井。

第四节　水力压裂投产

一、砂岩储层水力压裂

水力压裂是在砂岩油气藏中得到广泛应用且较为成熟的一项增产技术。近年来，随着压裂设备的更新、压裂液体系的发展、压裂设计水平的提高，水力压裂技术得到了长足的进步和发展。目前，水力压裂技术已由一般性的单井增产措施发展到低渗油藏经济高效开采的整体压裂开发。运用低渗油藏的压裂开发技术，既可解决低渗油藏开发投入与产出的矛盾，又能满足油田开发的采油速度要求，最终提高采收率。同时，对于高渗透油藏也采用水力压裂来进行增产作业，提高油气井的开采效益。

1. 水力压裂的目的、作用

（1）水力压裂的目的

水力压裂是利用地面高压泵组，以超过地层吸液能力的排量将压裂液泵入井内在井底产生高压，使地层破裂并延伸裂缝，继续注入带有支撑剂的混砂液；停泵后，由于支撑剂对裂缝的支撑作用，在地层中形成一定长度和导流能力的填砂裂缝。图 8—24 为水力压裂工艺过程示意图。一般来说，在小于 1000m 的浅层以及水平层理发育的地层，水力压裂容易形成水平缝，而绝大部分中深井和深井，压裂后都形成垂直裂缝。本文主要研究垂直裂缝，并认为其形成以井筒为中心的对称两翼。

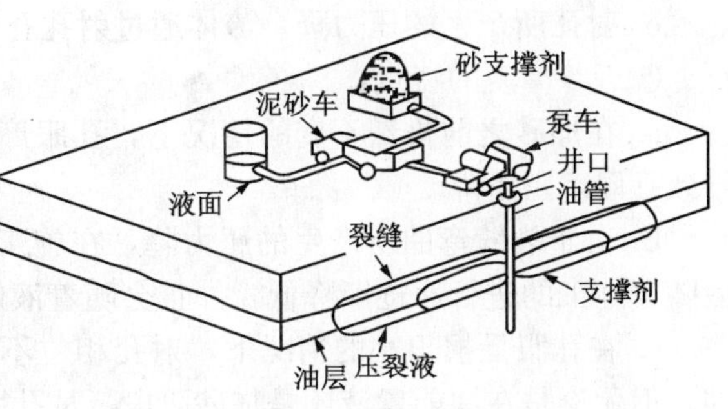

图 8—24　压裂工艺过程示意图

（2）水力压裂的作用

1）改善近井地带的油气渗流条件，实现单井的增产。图 8—25 为 Lee 于 1986 年提出的含有限导流能力裂缝的油藏流体三线性渗流模型，通过水力压裂将原来的径向流改变为线性流，降低流体在近井附近的流动阻力，达到在同样生产压差下提高单井油气产量的目的。

2）实施油藏的整体压裂开发，提高油藏的采收率。整体压裂工艺是近年压裂工艺应用和发展的方向，它的意义在于对一个开发区块全面实施压裂改造，以达到充分改造油层结构、改善油气渗流方式、提高区块总产能的目的。

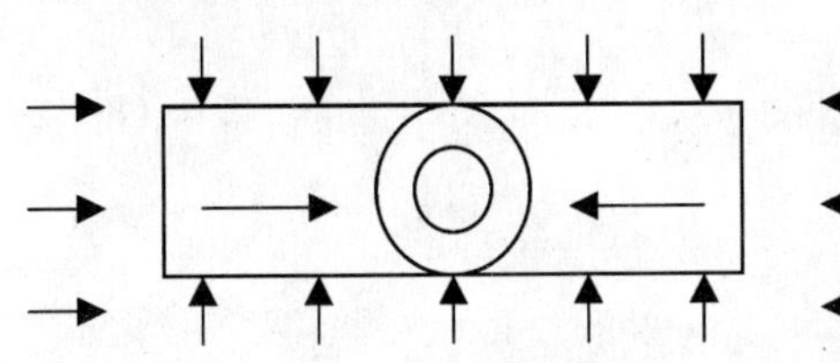
图 8—25　三线性渗流模型示意图

3）沟通非均质性构造油气储集区，扩大供油面积，增加单井控制储量。在非均质性强的地层，通过压裂裂缝连通远离井筒的油气储集体，将这部分不压裂难以动用甚至根本就无法动用的储量通过压裂加以动用，增加了单井控制泄油区域内的油气储量，有利于油气井保持长期的高产、稳产。

2. 压前评估分析技术

（1）压裂选井选层

压裂的选井选层是压裂设计前的一项重要工作，关系压裂的成败，特别是探井压裂选井更应慎重。一般选层的原则：依靠试油、测试成果，参考岩性、电性、物性、含油性等资料综合评价，选取在平面上具有一定含油面积和一定厚度的井段，并通过岩心观察和测井资料识别微裂缝较发育的井段作为压裂的首选段。压裂井是否适合压裂或以多大规模压裂，应考虑距边水、底水、气顶、断层的距离和遮挡层条件；并考虑井筒技术条件。

（2）压前储层评估

1）地质/油藏一般描述。了解储层的沉积环境与几何形状、构造与断层形式、储量、面积、厚度与泄油半径、岩性、储层层位、储层压力与温度等。

2）测井资料分析。研究夹层的遮挡性质，地层的弹性模量、剪切模量、泊松比与压缩系数等力学性质剖面、地应力剖面和地应力方向等。

3）岩心分析。主要研究储层的渗透率与孔隙度、储层岩石的敏感性、天然裂缝发育状况等。

4）试井与试油。确定储层有效渗透率、表皮系数、地层压力、地层温度、泄油半径等。

（3）测试压裂分析

1）近井摩阻分析：

①近井摩阻产生的原因：

a. 射孔孔眼相位不一致。裂缝往往不是沿着射孔方向起裂的，压裂液从孔眼到裂缝通常要经过一条细长的通道。如果采用零相位射孔，射孔方位甚至可能与压裂裂缝面相垂直。

b. 裂缝弯曲。裂缝在延伸的过程中并不总沿着某一个方向，而会发生弯曲和转向。

c. 射孔所产生的压力降。流体通过射孔孔眼必然会产生一定压降。

②近井摩阻的特点：

a. 在加砂之前排量不变的情况下，孔眼摩阻保持不变，加砂之后，由于孔眼磨损作用导致孔眼摩阻下降。

b. 对于裂缝弯曲所产生的压力降，在施工刚开始时由于裂缝弯曲而导致压降较大，之后随着施工的进行而逐渐降低，并且会随着液体黏度增加而减小。

c. 在孔眼受损很小的情况下，射孔相位不一致所产生的压力降将随着施工的进行而增加，但无论是在注前置液还是加砂阶段，从孔眼到主裂缝的通道都会受到压裂液的冲蚀。

③降低排量法求解近井摩阻：

根据迈克尔理论，孔眼摩阻和近井摩阻之和可回归为：

$$\Delta p = k_{\text{pf}}Q^2 + k_{\text{near}}Q^{1/2} \tag{8—1}$$

式中 k_{pf}——射孔孔眼摩阻系数，$\frac{\text{MPa}\cdot\text{min}^2}{\text{m}^6}$

k_{near}——近井摩阻系数，$\frac{\text{MPa}\sqrt{\text{min}}}{\text{m}^{3/2}}$。

$$k_{\text{pf}} = \frac{228.88\rho}{n_{\text{p}}^2 d_{\text{p}}^4 c_{\text{p}}^2} \tag{8—2}$$

式中 ρ——压裂液密度，g/cm³；

Q——排量，m³/min；

n_{p}——射孔孔数；

d_{p}——射孔直径，mm；

c_{p}——孔眼流量系数。

式（8—1）表明，射孔摩阻与施工排量的平方成正比，井眼附近摩阻与施工排量的平方根成正比。

依据降排量测试数据首先由式（8—2）计算 k_{pf}，得到不同排量下的孔眼摩阻，再根据式(8—1)与降排量测试数据拟合确定 k_{near}，从而求得射孔孔眼摩阻和裂缝弯曲摩阻。

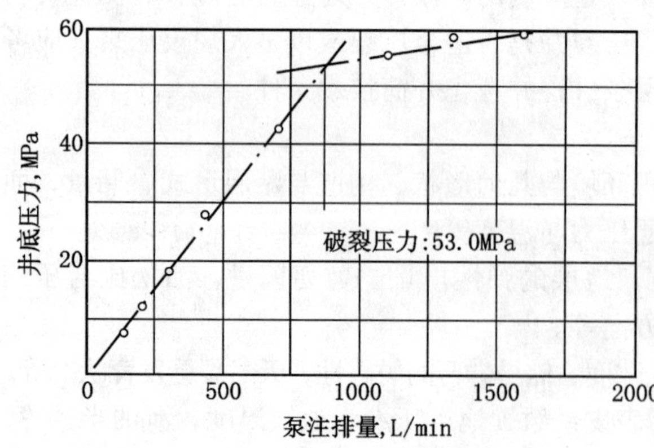

图 8—26 排量—井底压力曲线

2）测试压裂技术：

测试压裂可确定施工层的破裂压力、闭合压力、裂缝闭合时间，计算综合滤失系数和裂缝几何尺寸，是一种应用广泛的现场诊断技术。

①排量分步试验：

以自小而大的排量向地层注液，记录每种排量下的泵注压力并折算成井底施工压力，并将其结果标绘在井底压力与施工排量为坐标的曲线上，画直线则可找出该层段的破裂压力（图 8—26）。

②泵注、排液试验：

压开地层后，以施工排量稳定泵注 10min 后停泵，并以稳定的流量开井排液，记录压力变化曲线，并绘制在以时间和井底压力为坐标的曲线上，即可确定裂缝闭合应力和闭合时间（图 8—27）。

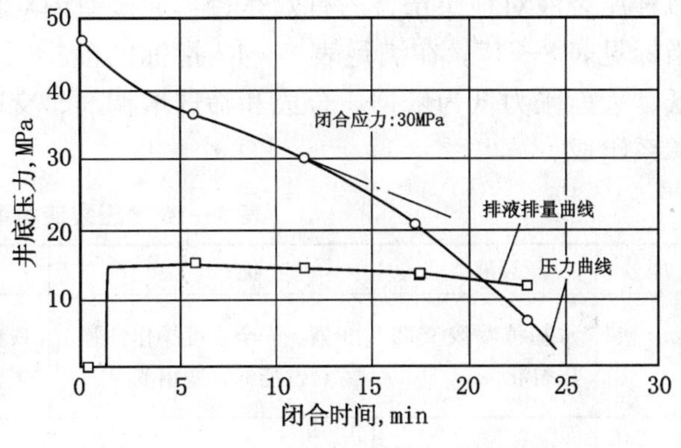

图 8—27 井底压力—闭合时间曲线

③压力降落试验：

压裂地层并以稳定排量向地层注入 10min 后，停泵关井，记录井口压力变化并将各点压力推算成井底压力，将测得的压力值和对应的时间输入计算机进行 Nolte 拟合计算，求得拟合压力 p^*，将 p^* 分别代入不同计算模型，即可计算出该裂缝模型下的综合滤失系数，压裂液效率和裂缝几何尺寸。

3）地应力和天然裂缝的诊断方法：

①岩心诊断技术：

a. 岩心直径测量法。岩心取出地面后，因应力释放会使尺寸发生变化，测量 X、Y 轴方向的直径，则可判断在水平方向上两个主应力的差别，因最大主应力一般为垂直应力，故水平方向两个应力中较小的方向（测得直径较小的方向）即为最小主应力方向。这种方法的应用必须借助于定向取心工艺或正确的岩心定向方法，而且只能判断最小主应力而不能定量地确定就地应力的大小，因此应用受到一定限制。

b. 声波测量方法。由于应力释放后产生的微裂缝将使声波的传播具有方向性，测量声波在岩心不同方向上的传播速度，这样就可以测量微裂隙方向从而判断在应力状态下的最小主应力。

②测井诊断法：

a. 臂井径仪测井。测出井眼水平面上三个方向上的井径变化曲线，这种变化是因应力释放地层变形的结果，显然，井径最大的方向就是最小主应力的方向。

b. 井温测井。井温测井用来确定水力裂缝的高度，是应用最广泛的测井技术之一。施工前的井温是正常的井温梯度变化，施工后因为裂缝内大量吸入低温压裂液而使得井温呈负异常的变化，从负异常的范围可确定水力裂缝的延伸高度。

c. 放射性示踪剂测井。向压裂结束前注入的支撑剂中加入一些半衰期很短的示踪剂，施工结束后立即进行自然伽马测井，加入的放射性示踪剂会显示出水力裂缝的延伸高度。

3. 压裂液

压裂液是水力压裂改造油气层过程中的工作液，它起着传递压力、形成地层裂缝、携带支撑剂进入裂缝的作用。对压裂液一般的要求是具有足够的黏度与滤失控制性能，以保证有效造缝和携带支撑剂进入裂缝，达到设计的铺置浓度，并使压裂液对支撑裂缝与储层的伤害最小，易于返排。此外，压裂液应具有良好的操作性能、安全与低成本。不同的压裂液适用于不同的储层和施工条件，常用的压裂液及其适用范围见表 8—16。目前人们普遍关注的问题集中在如何尽可能地减少伤害，特别是对支撑裂缝的伤害，由此发展了新型低聚合物压裂液和表面活性剂压裂液（清洁压裂液），对于异常破裂压力地层开发了加重压裂液。

（1）低聚合物压裂液

压裂液残渣滞留地层是引起地层和裂缝污染的重要原因之一，降低压裂液的残渣含量是减轻压裂液对地层伤害的有效途径，通过室内对比试验，确定了低聚合物压裂液满足的性能指标见表8—17。在满足表8—17指标的前提下，以压裂液破胶后残渣量小、破胶液黏度低、表面张力低为依据，合成和筛选增稠剂、交联剂以及破胶剂，确定低聚合物压裂液基本体系组成。

表8—16　压裂液类型及其适用范围

序号	压裂液类型	优　点	缺　点	适用范围
1	水基植物胶交联压裂液	价廉、安全、可操作性强、综合性能好、适用范围广	残渣高及对支撑缝、储层伤害较高	除特别低压、油润湿、强水敏性储层外，均可使用
2	油基交联冻胶压裂液	与储层配伍性好、易返排	安全性差、成本高、耐温能力差、滤失量较高	强水敏、低压储层
3	乳化压裂液	低滤失、低残渣、黏度高、伤害小	介于序号1与2之间，综合性能较差	水敏、低压储层，低中温井
4	泡沫压裂液	易返排、伤害小、携砂能力强、小摩阻、低滤失	施工压力高，需要特种施工设备和N_2或CO_2气源	低压水敏性储层，尤其是气层
5	酸基压裂液	溶蚀性能好	滤失量大、腐蚀性强	碳酸盐地层、含灰质较多的砂岩地层
6	醇基压裂液	表面张力低、能消除水锁	成本高、安全性能差、黏度低	水敏、低压、低渗油藏

表8—17　低聚合物压裂液性能指标

序号	性 能 参 数	应达到的指标
1	剪切稳定性	$170s^{-1}$剪切60min　　表观黏度≥50mPa·s
2	温度稳定性	30～110℃恒温60min　　表观黏度≥50mPa·s
3	耐温性	30～110℃恒温60min　　表观黏度≥50mPa·s
4	破胶液黏度	≤10mPa·s
5	破胶液表面张力	≤26mN/m
6	破胶液与柴油界面张力	≤5mN/m
7	残渣含量	≤300mg/L
8	交联时间	≤180s

1）增稠剂：

天然植物胶及其衍生物破胶后残渣量大、耐温性较差、易受细菌作用降解，因此，增稠剂筛选限于人工合成聚合物。选取已经工业化生产的PAM（相对分子质量400万～600万，记为A1），PHPAM（相对分子质量400万～600万，水解度10%～15%，记为A2），PHPAM（相对分子质量800万～1000万，水解度20%～30%，记为A3），PEO和PHPAM合成的聚合物（相对分子质量600万，记为A4）以及合成的一种新型聚合物HM（相对分子质量1200万，水解度25%，记为A5)，并分别合成、筛选出它们相应的交联剂，记为B1、B2、B3、B4、B5，选用过硫酸钠作为破胶剂，在70℃下恒温8h后，使压裂液彻底破胶，测定的残渣含量见表8—18。

根据压裂液残渣含量，优选HM为新型低聚合物压裂液的增稠剂，由于仅用HM的耐剪切性差，通过HPG与HM分子间相互作用制备HPG/HM复合型高分子增稠剂。试验表明，HPG用量达到30%时HPG/HM复合压裂液体系黏度及耐剪切性能较好，如果继续增加HPG的用量，HPG/HM复合压裂液体系的黏度及耐剪切性能不会有太大的提高，因此，确定复合压裂液增稠剂HPG/HM比例为30%。

表8—18　不同增稠剂破胶残渣量对比

增稠剂	交联剂	破胶剂	残渣量，mg/L
A1	B1	过硫酸钠	343
A2	B2		845
A3	B3		653
A4	B4		204
A5	B5		124

2）交联剂：

有机物RA与金属离子P生成的反应产物，可以将交联速度控制在40～180s之间，符合设计要求。在固定交联剂的情况下，采用不同比例的交联促进剂可以调节压裂液的交联速度，同一种交联促进剂用量不同交联速度也随之发生变化。筛选出H-1作为交联促进剂，选用有机物RA/P摩尔比为1∶1，交联时间为69s的反应产物（C-2）作为交联剂，改变H-1的用量同样可以达到调节交联速度的要求。

3）破胶剂：

采用过硫酸钠（记为G-1）作为低聚合物压裂液的破胶剂，在50℃下测得的破胶液性能见表8—19。

表8—19　50℃低聚合物压裂液的破胶性能

样品	1	2	3	4	5	6
G-1用量,%	0.1	0.2	0.3	0.4	0.5	0.6
破胶时间，h	8	8	8	7.5	7	6.8
破胶液黏度，mPa·s	13.4	8.6	5.1	2.6	2.5	2.3
残渣量，mg/L	114	95	74	62.9	43.3	36.8

4）低聚合物压裂液性能：

筛选出了低聚合物压裂液的增稠剂（HPG/GM），交联剂（C-2），破胶剂（G-1）。通过性能评价，确定了适用于50℃地层的低聚合物压裂液基本配方：0.25% HM+0.07%HPG+0.35%C-2+0.4%G-1，并对其性能进行了相关的评价。在50℃、剪切速率为$170s^{-1}$下，60min内压裂液的黏度仍然保持在100mPa·s左右，超过了常规压裂液所要求的基本指标；压裂液在8h后能够彻底破胶，破胶液黏度小于5mPa·s，残渣含量远远小于300mg/L，达到了低聚合物压裂液所要求的低伤害的要求，能够满足现场压裂施工的要求。

（2）表面活性剂压裂液

表面活性剂压裂液是一种新型的无聚合物压裂液体系，其主要成分是小分子的表面活性剂，无固相、无残渣，对地层伤害小，靠表面活性剂胶束结构可自动成胶、破胶；施工后返排速度较快，返排率高，较好地避免了常规增稠剂对地层造成的污染。

1）表面活性剂压裂液的成胶机理：

水溶液中，表面活性剂分子首先聚集形成蠕虫状胶束。盐的加入主要是平衡体系电荷或压缩胶束结构，使胶束成长至一定程度。加入有机反号离子，将中和胶束电荷并嵌入蠕虫状聚集体的表面活性剂分子间，使该聚集体变得更细长；加入无机同号离子，将使蠕虫状聚集体被压缩而变得更细长。变长的蠕虫状胶束将相互缠结，从而在体系中形成犹如均匀絮凝体似的空间网状结构，也即冻胶体。

2）表面活性剂压裂液的破胶机理：

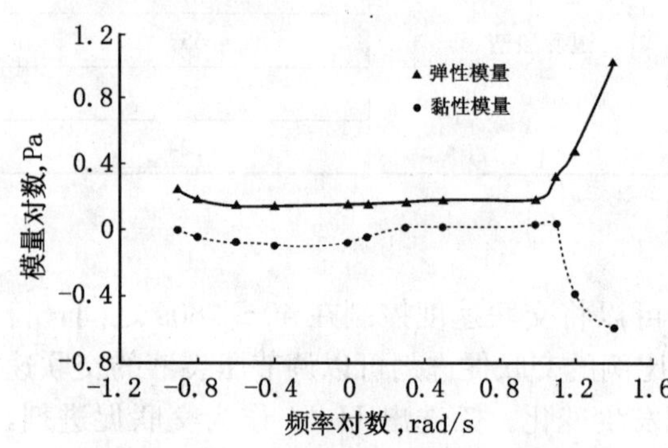

图 8—28　表面活性剂压裂液的粘弹性模量

表面活性剂冻胶体系中，表面活性剂与盐的分子间主要存在物理作用，不像瓜尔胶等聚合物压裂液体系中的组分是以化学作用相互连接，故表面活性剂压裂液冻胶遇适量地层水和油气时，会引起表面活性剂与盐的分子间作用距离增加，蠕虫状胶束的相互缠结状态受到破坏，甚至蠕虫状胶束解体成简单胶束，这些皆使冻胶体系产生自动破胶。

3）表面活性剂压裂液的性能：

①表面活性剂压裂液的携砂性能。图8—28为30℃时“1.25％表面活性剂＋0.3％有机盐”压裂液体系的粘弹性模量与振荡频率的关系。该体系的弹性模量在低频时就大于粘性模量且随后者增加而变强，尽管瓜尔胶体系也具粘弹性，但高频表现为弹性模量随振荡频率增加而逐步小于粘性模量。与常规瓜尔胶压裂液的粘性携砂不同，表面活性剂压裂液是由表面活性剂特性胶束在电荷的作用下形成的粘弹性胶体，携砂机理主要表现为弹性携砂。表8—20是美国STIMLAB公司通过大型输砂模型对瓜尔胶压裂液和表面活性剂压裂液进行携砂实验的结果。由此可见，由于携砂机理不同，同样条件下表面活性剂压裂液的携砂黏度比瓜尔胶压裂液低得多。

表 8—20　表面活性剂压裂液与瓜尔胶压裂液携砂黏度对比

剪切速率，s^{-1}	表面活性剂压裂液黏度，mPa・s	瓜尔胶压裂液黏度，mPa・s
100	30	100
170	<30	50

②表面活性剂压裂液的综合性能。由于表面活性剂压裂液在裂缝壁面上不形成滤饼，目前采用瓜尔胶压裂液室内实验方法测得的数据并不能代表该压裂液在地层中真实的滤失性能。压裂实践证明，表面活性剂压裂液的滤失性能并不像室内测定的那样大。该压裂液在排量为3m^3/min时摩阻仅为清水的25％。表8—21为表面活性剂压裂液的性能总表。

表 8—21　表面活性剂压裂液的性能总表

序号	性能参数		表面活性剂压裂液性能指标	瓜尔胶压裂液性能指标
1	破胶液表观黏度	20～100℃恒温 60min	≥30mPa·s	≥50mPa·s
		30～110℃恒温 60min	≤5mPa·s	≤10mPa·s
2	破胶液表面张力		≤30mN/m	≤30mN/m
3	破胶液与柴油界面张力		≤5mN/m	≤5mN/m
4	残饼含量		无	≤1400mg/L
5	有无滤饼		无	有
6	交联时间			20～180s 可调
7	返排时间		可实现快速返排	可实现快速返排

(3) 加重压裂液

对于深井超深井、异常高压、异常高地应力、致密储层进行压裂改造时，由于摩阻大、储层致密吸液能力低、异常高压等导致施工压力高，考虑施工设备限制不能大排量注入，低排量下加砂困难，砂比、砂量都有限，难以实现对低渗透率储层大规模加砂改造的地质需求。以 NaBr－NaCl 复合盐为加重剂的加重压裂液体系，加重最大密度可达 1.5g/cm³，对于 6000m 深的井，与常规水基压裂液相比，可增加液柱压力 30MPa，大大降低了井口施工压力，并获得成功应用。

1）加重压裂液的基本配方：表 8—22 为具有一定密度的不同加重压裂液基液组成。

表 8—22　不同密度加重压裂液基液

配方	压裂液基液组成	密度，g/cm³
1	26%NaCl＋0.5%GRJ－11（稠化剂）＋0.5%DJ－02（助排剂）＋1%DJ－14（破乳剂）＋0.15%Na_2CO_3＋0.04%NaOH	1.2
2	21%NaBr＋15%NaCl＋0.55%GRJ－11（稠化剂）＋0.5%DJ－02（助排剂）＋1%DJ－14（破乳剂）＋0.15%Na_2CO_3＋0.04%NaOH	1.34
3	44%NaBr＋4%NaCl＋15%NaCl＋0.4%～0.5%GRJ－11（稠化剂）＋0.5%DJ－02（助排剂）＋1%DJ－14（破乳剂）＋0.15%Na_2CO_3＋0.04%NaOH	1.51

2）加重压裂液的性能：

在常温、170s⁻¹下测得压裂液基液不同放置时间的黏度，同时观察基液 pH 值的变化。结果表明：高浓度的盐能增加基液黏度；GRJ－11 具有较强的抗盐能力；加重压裂液放置 3 天性能稳定。借助少用交联调节剂 YC－150 或不用或稀释 YP－150 等技术手段，能较好地控制压裂液交联时间。

该加重压裂液在 120℃、$170s^{-1}$下剪切 2h 黏度保持在 70～150mPa·s，具有良好的耐温耐剪切性能及流变性能。

在压差为 3.5MPa 的条件下，配方 1 和配方 3（0.45% GRJ－11）体系在 120℃条件下的静态滤失系数分别为 6.37×10－4m/$\sqrt{min}$，7.45×10－4m/$\sqrt{min}$。在 100℃时配方 1、配方 3（0.45% GRJ－11）的动态滤失系数为 5.27×10－4m/$\sqrt{min}$和 6.037×10－4m/$\sqrt{min}$。

实验表明，加重压裂液较难破胶，温度对流变性能影响较大，因此，应适当增加胶囊破胶剂的用量，避免因破胶剂的加入影响压裂液流变性能，确保压后压裂液能彻底水化破胶。

将加重压裂液配方 1 和配方 3（0.45%GRJ－11）体系破胶液与塔中 50 井原油按 1∶1 的比例混合，在 60℃、1400r/min 高速搅拌下使之完全乳化后，置入 90℃的恒温水浴中进行破乳试验，60min 破乳率均达到 95%以上。可见，该加重压裂液配方体系具有良好的防乳破乳性能。

配方 1 和配方 3（0.45%GRJ－11）破胶液滤液的表面、界面张力，其中界面张力分别为 1.83mN/m 和 1.77mN/m，表面张力分别为 25.42mN/m 和 24.8mN/m。在 90℃下，配方 1 和配方 2 对钢片的腐蚀速度分别为 0.034g/（m^2·h），0.059g/（m^2·h）。

（4）低分子环保型压裂液

为解决常规水基冻胶压裂液压后排放污染环境以及破胶剂用量对满足携砂性能和排液要求之间矛盾等问题，应采用低分子环保型压裂液体系（LMWF）。

LMWF 采用化学改性的低分子化合物 CJ2－3 作增稠剂，其分子链比传统瓜尔胶及 HPG 要小 25 倍。在低分子化合物中引入强亲水基团，使它们的水溶性大大增强而提高了聚合物的溶解性。

LMWF 实现了低分子的络合屏蔽与二次交联，提高了交联液体的黏度和效率。利用一种暂时性的链接反应，以便能动态地改变化学链结构，使液体具有较高的弹性，并因此而改善了其携砂能力。通过对液体 pH 值的控制，可使链的连接变得可逆。在压裂作业完成后，通过降低 LMF 体系的 pH 值以实现排液。

LMWF 结合了常规 HPGF 及清洁压裂液两者的优点，既保持了低的残渣，又保持了聚合物压裂液体系的优点；它便宜而且在现场容易操作；更为重要的是，由于不使用破胶剂，降粘后的返排液中各种化学物质并没有发生质的变化，LMWF 压裂后的返排液回收处理后可作为压裂液重复使用，以减少了压裂液排放对环境造成的污染，减少压裂液的综合应用成本。

（5）压裂液滤失计算

1）经典滤失计算方法：

设受滤液黏度、地层流体压缩性及造壁性控制的滤失系数分别为 C_1、C_2、C_3，则压裂液的综合滤失系数为：

$$\frac{1}{C}=\frac{1}{C_1}+\frac{1}{C_2}+\frac{1}{C_3} \tag{8—3}$$

由此计算压裂裂缝中压裂液的滤失速度为：

$$v=C/\sqrt{t} \tag{8—4}$$

式中　t——裂缝中某点暴露于压裂液的时间。

2）依赖于净压力的均质油藏滤失模型：

均质油藏的压裂液滤失模型最新进展是 Fan Y. 和 Economides 等人提出由裂缝净压力和储层渗透率来计算滤失速度。压裂液的滤失过程可由下式描述：

$$\begin{cases}\dfrac{\partial^2 p}{\partial x^2}=\dfrac{1}{\alpha}\dfrac{\partial p}{\partial t}\\ p=p_i \quad (t=0,x>0)\\ p=p_{fw}(t) \quad (x=0,t>0)\\ p=p_i \quad (x\to\infty,t>0)\end{cases} \tag{8—5}$$

式中　α——水力扩散系数，m^2/s；

p_i——油藏压力，MPa；

p_{fw}——缝口压力，MPa；

t——滤失时间，s；

x——裂缝内某点与缝口的距离，m。

滤失速度：

$$u=\frac{K}{\sqrt{\pi\alpha\mu_{app}}}\left\{\sum_{j=1}^{j-1}(p_{f,j}-p_{f,j-1})\frac{1}{\sqrt{t-t_{j-1}}}-\frac{\bar{s}}{\sqrt{t}}\right\} \tag{8—6}$$

式中　μ_{app}——滤失速度，m/s；

K——地层渗透率，m^2；

p_f——裂缝内压力，Pa；

$\bar{s}$——滤饼区压降，Pa；

j——裂缝某一单元段。

3）裂缝性储层压裂液滤失计算：

图8—29为裂缝性储层中压裂液滤失物理模型。假设：①压裂施工过程中压裂液向天然裂缝和基质渗滤，天然裂缝与基质间存在流体交换。②为便于解析求解，忽略滤饼的影响。压裂实践表明，裂缝性储层实施压裂很难形成有效滤饼，忽略比裂缝净压力小得多的滤饼区压降。在有滤饼存在时该模型仍然适用，只是裂缝的净压力需迭代计算；③忽略油藏流体的压缩性。在研究裂缝性气藏的滤失和油藏流体中的溶解气含量较高时，可以忽略油藏流体的压缩性。

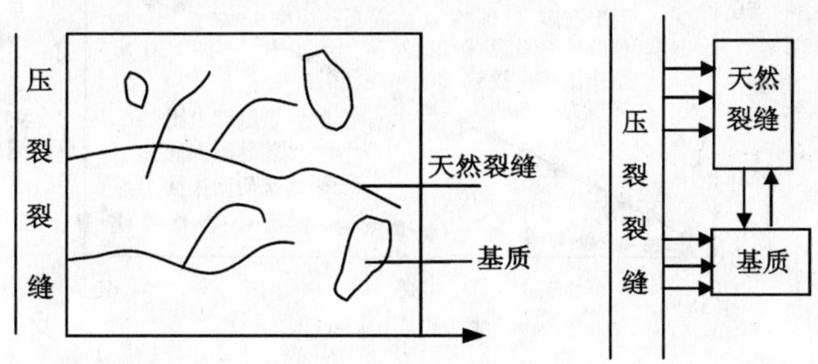

图8—29　裂缝性储层中压裂液滤失物理模型

基于上述假设条件，压裂液由压裂裂缝向天然裂缝及基质的流动满足下列方程：

$$\begin{cases}\dfrac{K_f}{\mu_e}\dfrac{\partial^2 p_f}{\partial x^2}+\dfrac{\alpha}{\mu_e}(p_m-p_f)=C_f\phi_f\dfrac{\partial p_f}{\partial t}\\ \dfrac{K_m}{\mu_e}\dfrac{\partial^2 p_m}{\partial x^2}+\dfrac{\alpha}{\mu_e}(p_f-p_m)=C_m\phi_m\dfrac{\partial p_m}{\partial t}\\ p_f(x,0)=p_i \quad (0\leqslant x\leqslant L)\\ p_m(x,0)=p_i \quad (0\leqslant x\leqslant L)\\ p_f(0,t)=p_i+\Delta p \quad \Delta p>0\\ p_m(0,t)=p_i+\Delta p \quad \Delta p>0\\ p_f(L,t)=p_i\\ p_m(L,t)=p_i\end{cases} \tag{8—7}$$

式中 p、p_i、Δp——分别为流体的压力、地层初始压力和裂缝净压力，Pa；

μ_e——压裂液有效黏度，mPa·s；

ϕ——孔隙度，%；

K——渗透率，m^2；

C——综合压缩系数，Pa^{-1}；

t——滤失时间；

α——裂缝性储层岩石的特征系数无量纲；

L——单井控制外边界距离，m；

下标 f，m 分别表示天然裂缝系统和基质。

压裂液的滤失速度定义为：

$$v_i = -\frac{K_f}{\mu_e}\frac{\partial p_f}{\partial x}\bigg|_{x=0} - \frac{K_m}{\mu_e}\frac{\partial p_m}{\partial x}\bigg|_{x=0} \tag{8—8}$$

图 8—30 为压裂液沿天然裂缝中的滤失量、基质中的滤失量以及天然裂缝中滤失量占总压裂液滤失量的百分比。在压裂液滤失发生的初期，由于岩石的压缩性，部分压裂液进入基质；随着滤失时间的增加，压裂裂缝附近压力趋于稳定，绝大部分滤失的压裂液在渗透性能相对高的天然裂缝中流动，表现为基质中滤失量基本不再增加。

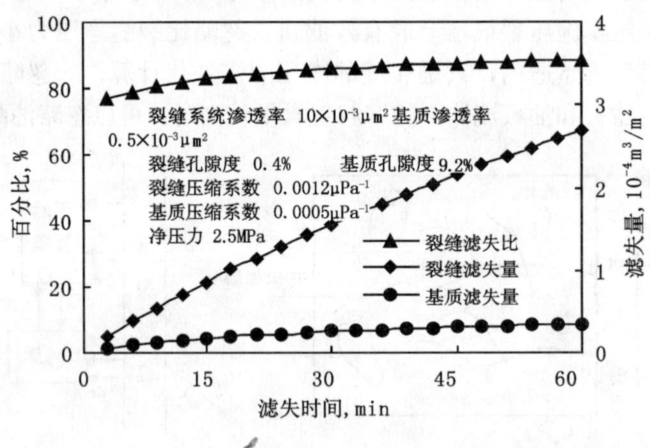

图 8—30 天然裂缝与基质滤失量对比

为便于与经典滤失计算方法对比，采用 $V=C\times t^b$ 来拟合压裂液滤失速度与滤失时间的关系，拟合中使用最小二乘法。表 8—22 为压裂液滤失速度与滤失时间关系的拟合结果。在各种计算条件下，拟合程度都较好，只是系数 C 和指数 b 存在差异。因此，裂缝性储层的压裂液滤失速度可以用 $V=C\times t^b$ 来表征。从表 8—23 可以看出，负指数 b 的绝对值小于 0.5。由指数函数的性质，在 $t>1$ 时，负的指数 b 的绝对值越小，计算的函数值越大。从这也可直观地看出裂缝性储层的压裂液滤失速度比按 $V=C\times t^{-0.5}$ 所计算的滤失速度大。

表 8—23 滤失速度与时间的拟合结果

参数	拟合关系式 $V=C\times t^b$		相关系数
	C	b	
$\Delta p=1.5$MPa	11.47	−0.253	0.992
$\Delta p=2.5$MPa	19.11	−0.252	0.992

续表

参数	拟合关系式 $V=C\times t^b$		相关系数
	C	b	
$\Delta p=3.5$MPa	26.76	−0.253	0.992
$K_f=10\times10^{-3}\mu m^2$	9.00	−0.273	0.983
$K_f=30\times10^{-3}\mu m^2$	19.11	−0.253	0.992
$K_f=50\times10^{-3}\mu m^2$	30.88	−0.29	0.971
$\mu_e=50$mPa·s	44.92	−0.344	0.962
$\mu_e=150$mPa·s	15.91	−0.245	0.995
$\mu_e=250$mPa·s	11.13	−0.253	0.986
$\mu_e=350$mPa·s	9.14	−0.272	0.983
$\mu_e=500$mPa·s	7.56	−0.295	0.987
$\mu_e=1000$mPa·s	5.19	−0.334	0.998

4. 支撑剂

(1) 支撑剂的选择依据

支撑剂的选择目前主要依据 McGuire 和 Sikora 电模拟图版（图 8—31）。根据储层增产要求，依据 McGuire 和 Sikora 图版确定裂缝导流能力，再结合储层闭合应力来选择支撑剂。分析图 8—31 可以看出：1）对低渗透储层，很容易得到较高的裂缝导流能力比值，欲提高压裂效果，应以增加裂缝长度为主。2）高渗透地层，不容易获得较高的裂缝导流能力比值，提高裂缝导流能力是提高压裂效果的主要途径；3）对一定缝长，存在一个最佳裂缝导流能力，超过该值而增加导流能力的效果甚微；4）无伤害油井最大增产比为 13.6 倍。

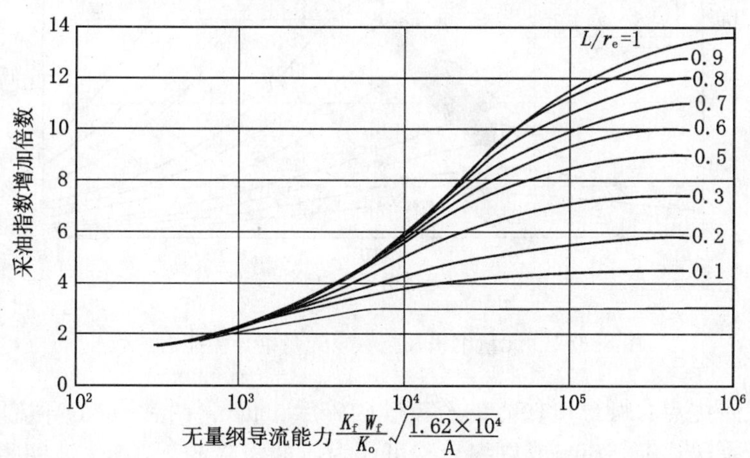

图 8—31　Mcguire 与 Sikora 压裂后采油指数增加倍数曲线图

L—供油半径，m；r_e—垂直裂缝半长，m；K_fW_f—裂缝导流能力，$10^{-3}\mu m^2\cdot m$；K_o—油层渗透率，$10^{-3}\mu m^2\cdot m$；A—供油面积，m^2

过去人们常采用净现值的方法进行优化设计，目前已提出新的设计标准是使采油指数达到最大。由此定义无量纲支撑剂系数：

$$N_{prop} = \frac{2K_f V_p}{KV_r} \tag{8—9}$$

式中 K_f——裂缝渗透率 m^2；

K——地层渗透率 m^2；

V_p——支撑裂缝体积 m^3；

V_r——泄油区域的体积 m^3。

无量纲采油指数、最优的无量纲导流能力都可表示为无量纲支撑剂系数的函数。由此，得到无量纲采油指数—无量纲导流能力图版（图 8—32）。

给定无量纲支撑剂系数 N_{prop}时，存在一个最佳的无量纲裂缝导流能力，使采油指数最大。确定了最佳无量纲裂缝导流能力，就可以确定最佳裂缝长度和裂缝宽度。优化设计步骤为：1）确定支撑剂类型、支撑剂用量；2）确定无量纲支撑剂系数；3）根据无量纲支撑剂系数，以无量纲采油指数最大，确定最优的无量纲裂缝导流能力；4）计算裂缝长度和裂缝宽度；5）优化设计施工泵注程序。

（2）天然石英砂

天然石英砂加砂压裂广泛使用的支撑剂（约占 55%），主要化学成分是氧化硅（SiO_2），同时伴有少量的铝、铁、钙、镁、钾、钠等化合物及少量杂质。我国压裂用石英砂产地甚广，如甘肃兰州砂、江西永修砂、福建福州砂、湖南岳阳砂、河北承德砂以及新疆和丰砂等。石英含量是衡量石英砂质量的重要指标，我国压裂用石英砂的石英含量一般在 80%左右，且伴有少量长石、燧石及其他喷出岩及变质岩等岩屑；国外优质石英砂的石英含量可达 98%以上。

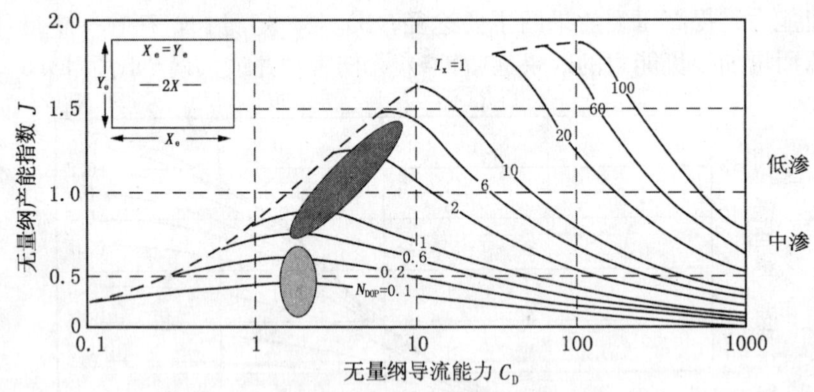

图 8—32 无量纲采油指数—无量纲导流能力图版

石英砂的主要优点：圆球度较好的石英砂破碎后，仍可保持一定的导流能力；石英砂密度相对低，便于泵送；0.15mm 或更细粉砂可作为压裂液降滤剂，充填与主裂缝沟通的天然裂缝；价格便宜，在许多地区可以就地取材。

石英砂的缺点：石英砂的强度较低，开始破碎的压力约为 20MPa，不适于在中、高闭合压力的压裂层中使用；石英砂的抗压强度低，加之受嵌入、微粒运移、堵塞、压裂液伤害等影响，导流能力可降低为原来的 1/10 或更低。

（3）人造陶粒

为满足深层高闭合压力储层压裂的要求，研制开发出了人造陶粒支撑剂。

1）中强度陶粒支撑剂：

用铝钒土或铝质陶土（矾和硅酸铝）制造，其中氧化铝或铝质重量含量为46%～77%，硅质含量为13%～55%，以及少量其他氧化物。国外的中强度支撑剂颗粒相对密度介于2.7～3.3之间，我国宜兴东方厂生产低密度中强度支撑剂，其颗粒相对密度2.82。

2）高强度陶粒支撑剂：

由铝钒土或氧化铝物料制造，其中氧化铝含量为85%～90%，氧化硅3%～6%，氧化铁4%～7%，氧化钛3%～4%（TiO_2）。颗粒相对密度3.4或更高。

3）陶粒的优缺点：

陶粒支撑剂强度很高，在高闭合压力下可提供更高裂缝导流能力；具有抗盐、耐温性能，而且随着闭合压力增加和承压时间延长，导流能力递减比石英慢得多。但陶粒密度较高（2700～3600kg/m³），泵送困难；加工工艺困难，价格昂贵；而且随着铝含量增加，陶粒抗压强度增大，但密度相应增加，两者应取得平衡。

表8—24为我国部分石英砂和陶粒导流能力的测试结果。在地层闭合应力作用下不同产地的石英砂或陶粒之间的导流能力有一定的差别，而且石英砂和陶粒的导流能力差别很大。尤其在较高闭合压力下，陶粒的导流能力明显高于石英砂的导流能力。

表8—24　中国部分支撑剂导流能力

闭合压力 MPa	φ0.5～0.80石英砂				φ0.8～1.25石英砂				φ0.45～0.90陶粒			
	甘肃兰州砂		湖南岳阳砂		甘肃兰州砂		湖南岳阳砂		宜兴陶粒		成都陶粒	
	F_{RCD} μm²·cm	K，μm²	F_{RCD} μm²·cm	K，μm²	F_{RCD} μm²·cm	K，μm²	F_{RCD} μm²·cm	K，μm²	F_{RCD} μm²·cm	K，μm²	F_{RCD} μm²·cm	K，μm²
10	88	276	82	260	106	353	179	553	153	462	141	515
20	42	142	48	143	59	211	69	225	111	347	115	421
30	15	62	22	75	24	99	27	93	85	272	92	345
40	6	29							62	205	74	283
50	—								44	148	57	221
60	—								31	108	45	177
70	—								18	65	37	146
80	—								13	46	28	116

注：API导流室，22±3℃；等质量法；铺砂浓度5.0kg/m²，试验流体为脱去离子蒸馏水。

（4）树脂包支撑剂

1）支撑剂树脂包技术原理：

①树脂改性。环氧树脂化学结构特点是大分子链上含有环氧基，由于生成环氧基的方法不同，所用原料不同，生成环氧树脂的种类也不同，其中最主要的是双酚A型环氧树脂，不适合于支撑剂包衣，必须进行改性。为了使支撑剂相互之间粘接强度高，环氧树脂须具有自乳化性，必须在环氧树脂的大分子上引入各种强亲水基团，把环氧树脂改性为富含碱基团的树脂，再用酸中和成盐，使之具有一定的亲水性增加连接力。

②树脂包支撑剂固化原理。支撑剂的包衣技术是利用物理、化学方法将合成树脂包裹在石英砂、陶粒砂表面，使石英砂、陶粒砂有一层可固化的树脂外壳，此种支撑剂进入裂缝后，树脂层首先软化，然后在地层温度和活化剂作用下发生聚合反应而固化，砂粒有一层坚

韧的外壳，砂粒之间也因聚合作用而键合在一起。

2）树脂包支撑剂特征：①在一定闭合压力下，提高了砂粒的抗破碎能力。由于树脂包衣砂的特性改变了接触方式，增大了接触面积，支撑剂的外壳分散了作用在砂粒的压力。②每粒支撑剂均有一层坚韧的树脂外壳。在一定的闭合压力下，压碎支撑剂的碎屑包覆在树脂壳内，防止了碎屑、细粉砂的运移，使裂缝保持有较高导流能力。③在一定地层温度下，树脂包衣砂外层首先软化，在地层温度和活化剂作用下，砂粒间键合在一起，同时与新的裂缝表面也缝合在一起，形成了一条有渗透能力的过滤层，稳固了裂缝表面，防止了支撑剂的回流，减少了支撑剂嵌入地层，同时能防砂。④树脂包衣是依据不同地层温度而特别制作的，可满足不同温度的地层需要。

3）FMS 系列树脂包支撑剂导流能力测试：

①短期导流能力测试：短期导流实验条件：实验压力 10～80MPa；实验铺砂浓度：5kg/m²；实验流体：2％KCl 溶液。实验结果如图 8—33 所示。

②长期导流能力测试：长期导流实验条件：闭合压力 60MPa，实验铺砂浓度：5kg/m²，实验流体：2％KCl 溶液；时间 25d。

从实验结果（见图 8—34）可以看出：随着闭合压力的升高，虽然两者的导流能力均有所下降，但普通陶粒砂的导流能力下降快，FMS－Ⅰ、FMS－Ⅱ型下降缓慢。

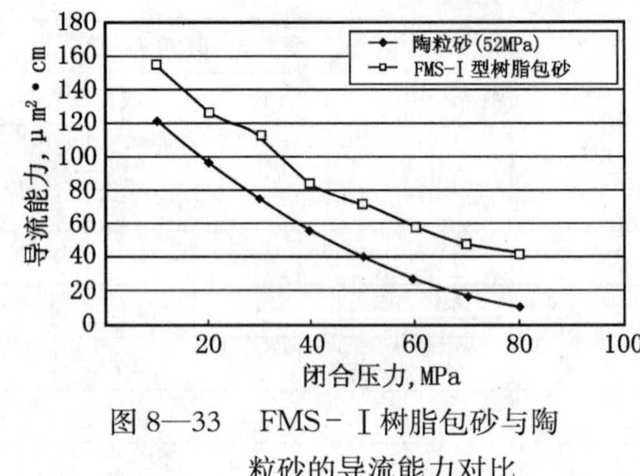

图 8—33　FMS－Ⅰ树脂包砂与陶粒砂的导流能力对比

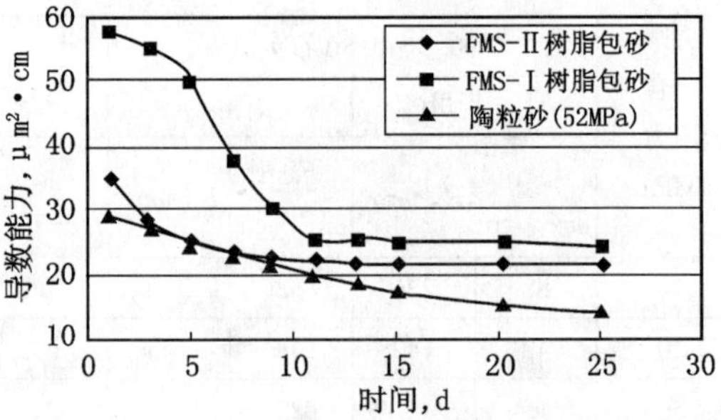

图 8—34　树脂包支撑剂与陶粒砂的导流能力对比

（5）热塑膜支撑剂

在低于 150℃的温度条件下，通过热塑性薄膜（TFS）形成了一种与砂砾相互作用的柔软表面，尽管结合力的强度要比树脂包砂小，但表面的摩阻较高，可以减缓支撑剂在生产管线内的滚动。在较高温度下，TFS 通过粘结、收缩作用稳固支撑剂。随着温度的升高，薄膜的表面变得粘稠，就会把支撑剂粘附在表面形成支撑剂团。如果温度进一步提高，薄膜会发生收缩形成更紧密和更牢固的固结团。这些固结团桥连在一起形成较大的流动空间，减少了破胶液在支撑剂层中回流时的流动阻力，从而有利于防止支撑剂的回流。热塑性薄膜片的优势在于：与压裂液包括破胶剂和交联剂是配伍的，不与其他添加剂发生反应，不影响压裂液的化学性质；在油、水、酸液中十分稳定；且热塑料材料经济实用，这意味着在整个压裂过程中都可使用。

（6）可变形支撑剂

可变形支撑剂是由树脂和惰性填充物包裹在一起而形成的，它们具有相似的形状和网格分布，在一定地应力下是可以变形的（图 8—35），近年来主要用于控制支撑剂回流。这种支撑剂适用于闭合压力为5～50 MPa和温度低于185℃的地层条件，其用量一般是支撑剂总量的10%～15%。

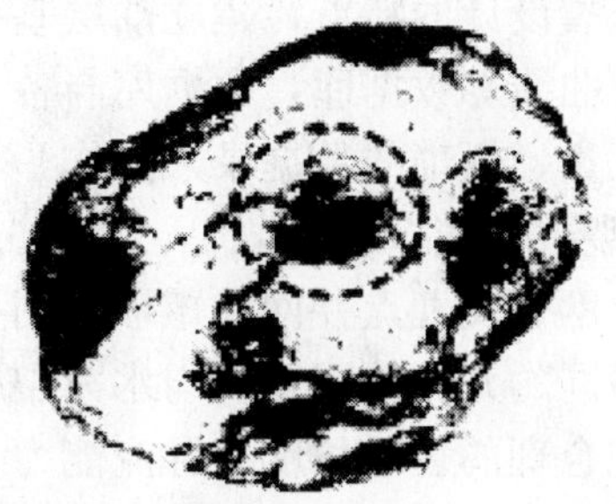

图8—35　变形支撑剂受力前、后的形状图

当变形支撑剂与普通压裂用支撑剂混合后，在一定闭合压力下，由于变形在这种支撑剂的表面会形成一些小的窝或凹陷处，这些窝或凹陷处有助于稳定和锁住周围的支撑剂。这种综合效应将增强整个支撑剂填充层抗流动和压力的能力。另外，这种支撑剂的内核具有较好的柔韧性并具有较大的外涂层，所以具有较好的抗腐蚀能力，并且在混合、泵送的过程中和在较高的地应力下不易被破坏。因此，可变形支撑剂能较好地防止压后排液和生产阶段的支撑剂回流。

(7) 超低密度支撑剂（ULW）

超低密度支撑剂是可变形支撑剂研究的延伸。国外推出的超低密度支撑剂主要包括两类：多孔陶粒树脂涂层（ULW-1.75）和树脂浸透并涂层的化学改性胡桃壳（ULW-1.25），其颗粒相对密度分别为1.75、1.25。超低密度支撑剂无论在体积密度、相对密度、颗粒强度分析、颗粒沉降、导流能力、流动实验方面都有其他支撑剂无可比拟的优势。

一般密度较大的支撑剂在压裂过程中，大部分在井底附近很快就沉到储层以下，形成砂堤，所形成的支撑裂缝长度比压裂长度短很多。应用表明，ULW-1.25支撑剂则均匀地分布在裂缝内，使裂缝支撑更好，从而无论在横向上还是纵向上都改善了导流能力，比普通支撑剂的增产效果更好。

5. 油藏（区块）整体压裂优化设计

(1) 区块整体压裂设计软件系统工作原理

区块整体压裂设计软件是进行油藏（区块）整体压裂优化设计的有力工具，其工作原理为：

首先从已建立的地层参数库和油井参数库中获取油藏模拟所需参数，通过模拟既定注采井网系统在不同裂缝长度、导流能力、压裂井类型的生产动态和采出程度以及生产指标，以采出程度为优化目标确定油藏压裂合理的缝长和导流能力，将优化结果存入裂缝优化参数库。或对未投入压裂开发油藏的不同井网模式模拟在不同裂缝长度、导流能力、压裂井类型的生产动态和采出程度以及生产指标，以采出程度为优化目标确定油藏压裂开发井网类型和井距及相应的缝长和导流能力，将优化结果存入裂缝优化参数库。

在裂缝优化参数库、地层参数库、油井参数库、岩石参数库、支撑剂参数库、压裂液参数库、经济评价参数库数据的支持下，结合压裂施工评价结果，运用三维模型、二维模型或水平缝模型，进行压裂施工方案优化设计。

根据压裂施工参数、地层参数和实时数据，对压裂施工进行评估，确定裂缝和压裂液参数，为主压裂、压裂设计提供信息。

(2) 区块整体压裂设计软件系统描述

1) 数据库管理模块：

针对区块压裂设计的特点，建立油层基础参数、支撑剂、压裂液、岩石参数、相渗透率曲线、毛管压力曲线等数据库，数据库与各个功能模块数据相互关联，充分实现数据资源共享，减少用户大量、烦琐的数据录入操作。

2) 整体压裂数值模拟模块：

以反五点井网、反九点井网和矩形井网为研究对象，考虑压裂裂缝处于有利和不利的裂缝方位，预测不同的开发井网系统与水力裂缝系统组合的压裂开发指标，以采出程度或采收率为目标，确定合理的裂缝长度、导流能力，对任意压裂裂缝角度采用插值方法计算压裂开发指标，并完成整体压裂开发的经济评价。

3) 压裂模拟设计模块：

运用拟三维模型、水平缝模型模拟变排量、变支撑剂类型、变压裂液类型和变砂比的四变注液施工工艺，确定裂缝几何尺寸和导流能力分布等。从地层条件出发和油藏压裂模拟优化的缝长和导流能力要求，设计出最优压裂施工方案和施工参数。针对泡沫压裂的特点，在考虑了泡沫压裂液流变性、滤失性、压力场、流速场、温度场、支撑剂运移分布等因素综合影响的基础上，模拟设计泡沫压裂井口控制参数和施工参数。

4) 单井压裂方案评价模块：

采用数值模拟技术，预测不同压裂裂缝长度和裂缝导流能力下的压后产油量，并完成单个压裂方案的经济评价；获得不同压裂规模（裂缝长度和裂缝导流能力组合）下的净增油量、净现值等，为单井方案的优化设计提供依据。

5) 压后产能预测模块：

采用油藏数值模拟技术，对压裂后油井的油、水流动规律进行模拟，预测油井压后的生产动态和含水率的变化；评价压裂裂缝长度和导流能力对生产动态的影响。

6) 压后压力递减分析模块：

采用三维压裂递减分析模型求取裂缝长度、裂缝平均宽度、裂缝闭合时间、压裂液滤失系数、压裂液效率、压力递减比等参数。

(3) 整体压裂优化设计应用

以大庆油田某区块整体压裂优化设计为例。

1) 水力裂缝处于有利方位的井网布局：

研究结果表明，采用五点法布井时，使水力裂缝方位与井排之间的夹角为0°最有利，而反九点法布井使裂缝方位与井排成45°夹角最有利，使裂缝处于有利方位的井网布局见图8—36和图8—37。

图8—36　五点井网裂缝方位有利布井　　　图8—37　反九点井网裂缝方位有利布井

2）五点井网裂缝方位对生产动态的影响：

①在无水采油期和油井含水低于10%的油田开发初期，裂缝方位对采出程度没有影响或影响很小，随着开采时间的增加，裂缝处于不利方位时的油井会较快见水，使扫油效率大幅度降低；

②裂缝处于不利方位时，生产井见水明显提前，无水采收率下降的幅度很大；

③当裂缝处于有利方位时，在无水采油期和低含水采油期就可以采出可采储量的绝大部分，因而低渗透油田的开采效益，在很大程度上取决于无水采油期的长短和无水采收率的大小。

因此，对于整体压裂、注水开发的低渗透垂直裂缝油藏，按裂缝方位有利布井，是提高油田开发效果的重要前提条件。

3）矩形井网与反九点井网：

矩形井网是在反九点井网的基础上，以改善非均质油藏开发效果为出发点，而改进的一种井网布局。

模拟结果表明：①对反九点井网，非均质造成角井见水过快，中井产量过低，中井与角井生产极不协调，最终采出程度大幅度降低，同等采出程度所需的注入水孔隙体积倍数大幅度增加，对提高开发效果非常不利。②对矩形井网，不论是均质还是非均质情况，都能协调中井和角井的生产，提高了采油速度，减少了注入水的孔隙体积倍数，并提高了区块的最终采出程度，对轻度非均质情况采用 $L_x/L_y=2:1$ 的矩形井网对提高开发效果是非常有利的，非均质程度较大时，可考虑采用长宽比更大的矩形井网开采。

4）水力裂缝参数优化：

进行裂缝参数优化，要综合考虑采油速度、采收率、开采效益、设备能力和施工成本等因素，而且必须针对具体井网和地层条件。这里仅以长宽比为2：1（420m×210m）的矩形井网，$K_x/K_y=5$ 的非均质油藏为例，讨论在裂缝导流能力一定（$30\mu m^2 \cdot cm$）条件下，注采井裂缝穿透比的优化问题。由于中井、角井和注水井都要优化，因而需要分步进行。首先在保持注水井和中井穿透比不变的情况下，对角井的穿透比进行优化；然后在固定注水井和角井穿透比的条件下，优选中井的穿比；最后取中井和角井的穿透比为定值，优化注水井的裂缝穿透比。

①角井的穿透比优化：取注水井的穿透比为20%，中井的穿透比为30%，模拟结果表明角井的最佳穿透比应该为10%左右。

②中井的穿透比优化：注水井的穿透比仍然取20%，角井的穿透比取10%，模拟结果表明中井的穿透比应取20%为宜。

③注水井的穿透比优化：取角井和中井穿透比的优化结果，模拟分析注水井穿透比对油藏生产动态的影响。结果表明注水井的穿透比取10%最好。

6. 压裂工艺技术

（1）降滤失工艺技术分析

对于天然裂缝发育、滤失严重的地层，为确保压裂施工成功，防止施工过早出现脱砂，必须采取切实可行的降滤失措施。目前常用的降滤工艺技术主要有：

1）粉砂或粉陶降滤压裂技术：通过在预前置液中以较低砂比加入100目的粉砂，用以堵塞狭窄的天然微裂缝，使张开的微裂缝逐渐被堵塞，迫使压裂液在人工主裂缝内延伸，进而提高压裂液的效率，提高压裂一次成功率。

2）段塞降滤压裂技术：由于射孔或由于天然裂缝的影响，在近井地带出现多条裂缝并行延伸的情况，为了解决多裂缝滤失的问题，在压裂施工压开目的层后，在正式加砂之前加入少量的与主压裂相同的支撑剂作为“段塞”，充填在多裂缝中，堵塞天然微裂缝，增加了人工主裂缝宽度，达到降滤的目的。

3）组合陶粒降滤压裂技术：在施工过程中的不同阶段加入不同粒径的陶粒，分别填充在不同宽度的人工裂缝内部，既起到了降滤的目的，也达到合理支撑的目的。

4）油溶性降滤失剂压裂技术：以多种油溶性材料为原料，按一定比例、一定顺序混合，在一定条件下经磺化处理聚合而成。再经过特定生产工艺，制成特定粒径的颗粒。通过表面活性剂处理使油溶性颗粒表面产生适当的极性，使颗粒能均匀、稳定地分散于水中。以水基前置液为载体将颗粒携带至人工裂缝中，并实现对天然裂缝的暂堵。

（2）分层压裂工艺技术

分层及选择性压裂技术主要用于多层的油气井中，对其中的某个或某些目的层进行压裂。常用的分选压技术有机械封堵分层压裂、限流法分层压裂和堵塞球选择性压裂。

堵塞球选择性压裂时对投球的数量、投球速度、施工排量要求很严，因此施工技术难度大。另外，由于各层位裂缝延伸的复杂性，在限流压裂施工中要实现设计要求拟定的支撑剂在各层位的分布是非常困难的。封隔器分层压裂是目前国内外应用较为广泛的一种压裂工艺技术。根据所选用的封隔器和管柱不同，封隔器分层压裂可分为以下四种类型：单封隔器分层压裂、双封隔器分层压裂、桥塞封隔器分层压裂和滑套封隔器分层压裂。

滑套封隔器分层压裂用于：1）可以不动管柱、不压井、不放喷一次施工分压多层；2）对多层进行逐层压裂和求产。技术特点：1）对油气层伤害小，有利于保护油气层；2）由于管柱内径限制，一般最多只能用三级滑套，一次分压四层；如果一次压多层，必须起钻换管柱，才能对下部层位进行排液求产。

滑套封隔器分层压裂目前在川西致密气藏、大庆徐深气田、山西沁水盆地的煤层气、吉林盆地八屋气田、长庆气田、吐哈红台气藏以及中原文南油田等得到了极其广泛的应用。

（3）控缝高压裂工艺技术

目前国内外控制缝高技术主要有以下几种：

1）人工隔层技术：通过上浮式或下沉式隔离剂在裂缝的顶部或底部形成人工遮挡层，增加裂缝末梢的阻抗，阻止裂缝中的流体压力向上或下传播，继而控制裂缝纵向上的延伸。

2）变排量压裂技术：采用变排量压裂技术，在控制裂缝向下延伸的同时，可增长支撑缝长，增加裂缝内支撑剂铺置浓度，从而可有效地提高增产效果。

3）注入非支撑剂段塞控制缝高技术：在前置液和携砂液中间注入非支撑剂的液体段塞，这种液体段塞由载液和封堵颗粒组成，大颗粒形成桥堵，小颗粒填充大颗粒间的缝隙，形成非渗透性阻隔段，以达到控制缝高的目的。

4）调整压裂液的密度控制缝高技术：如果要控制裂缝向上延伸，采用密度较大的压裂液，使其在重力作用下尽可能向下压开裂缝，反之，如果要控制裂缝向下延伸，使用密度较小的压裂液。

5）冷却地层控制缝高技术：此项技术是通过向温度较高的地层注入冷水，使地层产生热弹性应力，大幅度地降低地层应力，从而使缝高和缝长控制在产层范围内。

（4）降低破裂压裂压力工艺技术

1）通过施工压力降低破裂压力：通过降低阻碍压力传输的不利因素，从而增加地面压力传输到压裂目的层段的压力值，从而增加使地层破裂的机会。

2）降低地层本身的破裂压力：由于井底地层破裂压力受地应力及岩石性质的控制，要降低地层本身的破裂压力就必须破坏地层应力。破坏地层本身应力的方法也称为压前预处理，目前广泛应用的压前预处理措施主要有酸化、喷砂射孔、高能气体压裂以及优化射孔参数等措施。

7. 压裂实施与压后评估

（1）压裂施工质量控制

1）建立实时监测系统。现场能实时监测和分析施工压力动态，用实测和模拟计算的压力拟合进行判断设计和实施的符合程度，预报可能出现的问题，必要时调整设计参数，帮助现场施工决策。

2）压裂液配制与交联比例的控制。要严格控制交联比例，交联剂浓度偏高，会使冻胶变脆甚至脱水，交联剂浓度偏低会造成压裂液携砂性能差。

3）合理的加砂浓度变化监测。施工中要保证加砂浓度变化的连续性，因为这对裂缝中支撑剂浓度分布的合理，亦即导流能力分布的合理，极为重要。

4）顶替液量的控制。要控制施工快结束时的顶替液用量，严格按照设计要求进行。顶替液的作用是把井筒内的支撑剂顶替进裂缝内，使近井筒地带裂缝堆满支撑剂以利于油、气流通。顶替液过量，则易使支撑剂进入裂缝深部，使近井筒地带裂缝中支撑剂浓度减小，因而导流能力大大减弱。

5）返排时间的控制。返排时间的确定要考虑压裂液的破胶和裂缝的闭合因素。压后应尽可能早地返排压裂液。关井时间过长裂缝将完全闭合，此时则为拟径向流，产量会大大下降，从而丧失高产期。现场常采用强制裂缝闭合技术，即压后立即有控制地进行返排，使裂缝快速闭合，最大限度地使压裂目的层获得有效支撑。

（2）压后评估分析

1）压裂施工曲线拟合分析：

压裂施工过程中的压力、排量、砂比等随时间的变化曲线实时地反映了裂缝的延伸动态，利用施工净压力曲线可拟合确定压裂裂缝长度、宽度、高度、滤失系数、支撑裂缝导流能力等参数。

2）压力降落分析：

目前利用压裂压力进行裂缝参数的解释分析技术考虑了流体压缩性、闭合后裂缝延伸、裂缝的三维延伸等。并在天然裂缝性储层压裂液滤失计算模型研究的基础上，对裂缝性储层压裂压力递减模型进行校正，实现了裂缝性储层压裂递减分析。

3）压后不稳定试井分析：

压后不稳定试井分析主要是为了取得支撑裂缝长度、支撑裂缝导流能力以及地层的渗透率。为评估压裂效果提供最基本的参数。压后具有有限导流能力垂直裂缝井的不稳定试井，按其流动类型分为四个阶段：①裂缝单线性流；②双线性流；③地层单线性流；④拟径向流。国内外已开发大量的软件用于压后不稳定试井分析。

4）油藏模拟生产历史拟合反演：

可依据在一定的油藏静压与流压条件下压后生产井产量随时间的变化等有关资料，使用油藏模拟进行生产历史拟合，可反演取得支撑裂缝的导流能力或裂缝半长。

二、碳酸盐岩储层水力压裂

1. 碳酸盐岩储层压裂改造的难点

碳酸盐岩储层的天然裂缝发育，储层介质中天然裂缝分布的随机性，压裂裂缝起裂、延伸的复杂性及泵注施工中压裂液滤失的不确定性，严重影响着此类储层压裂设计的有效性和针对性。目前国内碳酸盐岩储层压裂改造仍处于起步阶段，施工井例较少，压裂改造难度很大，主要体现在：

（1）压裂裂缝的起裂延伸复杂

碳酸盐岩储层往往发育有裂缝或溶洞，储层介质的非均质性强，主要表现在储层介质中天然裂缝和溶洞的分布情况非常复杂，随空间位置不同而任意分布，至今尚不能很好描述其分布规律。天然裂缝的存在，使得就地应力场更为复杂。研究表明，此类储层压裂易出现复杂的多裂缝，这就为室内模拟水力裂缝的形态和延伸动态带来了较大困难，至今尚无可较好模拟天然裂缝性储层的水力裂缝模拟软件。

（2）施工中液体滤失难以估算

裂缝性储层介质中固有的天然裂缝和在外力作用下可张开的潜在裂缝的存在，使得在压裂施工中液体的滤失系数呈两特点：一是滤失系数是动态变化的；二是滤失系数比相同条件下的均质介质大得多，通常是数量级的增加。这是此类储层压裂砂堵率高的一个重要原因。储层中溶洞的存在同样会造成泵注中液体滤失的突变，以致液体造缝效率大大降低，造成砂堵。

(3) 井口压力对砂浓度敏感，砂堵率高、加砂量难以提高

在对天然裂缝较为发育的地层进行压裂改造时，通常表现为井口压力对不低于30％的砂液比较为敏感。对以往碳酸盐岩加砂压裂调研表明，总体表明砂堵率高，砂浓度、砂量难以提高。

2. 碳酸盐岩储层压裂改造的适应性分析

尽管高碳酸盐岩储层压裂改造存在诸多问题，但目前压裂工艺技术具有一定的适应性，且现场实践也证实了采用压裂工艺改造碳酸盐岩储层是必要和可行的。

1）碳酸盐岩储层采用压裂工艺技术具有明显的增产优势。在碳酸盐岩储层中普遍使用的酸压工艺技术为碳酸盐岩油气藏的有效开发起到了非常重要的促进作用。然而，在高温碳酸盐岩储层中酸压的有效作用距离受酸岩反应速度和滤失控制有效作用距离较短，难以实现沟通远离井筒的裂缝和缝洞储集体的目的。水力压裂采用非反应的工作液，缝长和支撑剂分布相对易控制，可提供远大于酸蚀裂缝长度的支撑裂缝来获得好的增产效果。

2）压裂实践证明碳酸盐岩储层采用加砂压裂是可行性的。

碳酸盐岩储层裂缝较发育，压裂液滤失大，水力压裂施工时易形成多裂缝，施工风险较大，但在充分认识储层改造的难点、有针对性地进行压裂设计和精心组织施工，碳酸盐岩储层加砂压裂是可以取得成功的。目前，国内主要在塔里木盆地深层高温奥陶系储层和榆林气田下古白云岩储层开展了加砂压裂工艺现场试验，均获得成功并取得良好的增产效果。仅2005年榆林气田下古白云岩储层加砂压裂近20口，为碳酸盐岩储层推广应用加砂压裂工艺技术积累了宝贵的实践经验。

第五节　酸化投产技术

酸化是通过向地层注入酸液，溶解储层岩石矿物成分及钻井、完井、修井、采油作业过

程中造成的堵塞储层物质，改善和提高储层的渗透性能，从而提高油气井产能的增产措施。

一、酸化原理、作用、分类

1. 酸化工艺分类

(1) 酸洗

酸洗是一种清除井筒中的酸溶性结垢或疏通射孔孔眼的工艺。将少量酸定点注入预定井段，溶解井壁结垢物或射孔眼堵塞物。

(2) 基质酸化

基质酸化是在低于岩石破裂压力下使酸大体沿径向渗入储层，溶解孔隙空间内的颗粒及堵塞物，通过扩大孔隙空间，消除井筒附近储层堵塞（污染），恢复和提高储层渗透率，从而达到恢复油气井产能和增产的目的。

(3) 压裂酸化

压裂酸化（也称酸压）是在高于储层破裂压力或天然裂缝的闭合压力下，将酸液挤入储层，在储层中形成裂缝，同时酸液与裂缝壁面岩石发生反应，非均匀刻蚀缝壁岩石，形成沟槽状或凹凸不平的刻蚀裂缝，施工结束裂缝不完全闭合，最终形成具有一定几何尺寸和导流能力的人工裂缝，改善油气井的渗流状况，从而使油气井获得增产。

2. 酸化增产原理

(1) 基质酸化增产原理

基质酸化增产作用主要表现在：1) 酸液溶蚀孔壁或天然裂缝壁面，增大孔径或扩大裂缝，提高储层的渗流能力；2) 溶蚀孔道或天然裂缝中的堵塞物质，破坏钻井液、水泥及岩石碎屑等堵塞物的结构，疏通流动通道，解除堵塞物的影响，恢复储层原有的渗流能力。

储层流体（油、气、水）从储层径向流入井内时，压力损耗在井底附近呈漏斗状。在油气井生产中，80％～90％的压力损耗发生在井筒周围 10m 的范围内。因此，提高井底附近的渗流能力，降低压力损耗，在生产压差不变时，可显著提高油气产量。理论分析表明，对于受污染的油井，采用解堵酸化措施，可以大大提高油井产能，而对于未受到污染的井，解堵酸化效果不大。

(2) 压裂酸化增产原理

由于岩石的矿物分布和渗透性的不均一性，压裂酸化施工中酸液对压裂形成的裂缝壁面进行非均匀刻蚀。酸化施工结束后，由于裂缝壁面凹凸不平，裂缝在许多支撑点的作用下不能完全闭合，最终形成具有一定几何尺寸和导流能力的人工裂缝，大大提高了储层的渗流能力。

与水力压裂工艺类似，压裂酸化的增产原理主要表现在：1) 增大油气向井内渗流的渗流面积，改善油气的流动方式，增大井附近油气层的渗流能力；2) 消除井壁附近的储层污染；3) 沟通远离井筒的高渗透带、储层深部裂缝系统及油气区。

二、砂岩储层基质酸化

酸化是砂岩储层油气井增产、水井增注的主要手段之一，用酸液可以解除生产井和注水井井底附近的污染，清除孔隙、裂缝中的堵塞物质，或者沟通、扩大地层原有孔隙或裂缝，提高地层渗透率，从而实现增产增注。

1. 酸液及其添加剂

(1) 常用酸液添加剂

1）缓蚀剂：主要用于减少酸液对金属管件的腐蚀，降低对地层的伤害。酸液流动时对钢材的腐蚀速度远大于静止条件下的腐蚀速度，最好依据动态腐蚀试验结果选择合适的缓蚀剂，或者充分考虑动态腐蚀因素，增加安全性。

2）表面活性剂：降低表面和界面张力，防止生成乳状液，使地层水湿和加速返排等。

3）铁离子稳定剂（螯合剂）：防止铁及其他金属盐形成络离子而沉淀。

4）助排剂：借助气体膨胀加速残酸返排，常用 N_2、醇类和表面活性剂。

5）粘土稳定剂：防止粘土矿物在外来流体作用下膨胀、分散、运移堵塞孔喉。

6）降阻剂：减小工作液在井筒流动的沿程摩阻，降低施工压力。

7）暂堵剂：基质酸化时用以桥堵地层孔隙，酸压时用以桥塞射孔孔眼或裂缝入口。

8）胶凝剂：稠化酸体系的主要添加剂。

（2）酸液体系及适用性

砂岩油层结构复杂，矿物成分多，应选择与其储层特征和岩石物性匹配的酸液体系。常用的酸液体系有下列几种：

1）常规土酸体系。适用条件：砂岩储层的解堵酸化施工，恢复和提高近井地带渗流能力。

2）氟硼酸缓速体系。适用条件：砂岩油气层的深穿透酸化施工或高温井的酸化施工。

氟硼酸水解速度较慢，水解生成的氟化氢才与矿物发生反应，故为缓速酸。用氟硼酸处理砂岩地层有如下优点：

①酸岩反应速度慢，活性酸穿透距离大，酸处理半径大。

②能将粘土及其他微粒融合为惰性粒子，就地胶结，从而稳定粘土，防止微粒运移造成的伤害。

③能抑制粘土矿物的水敏性膨胀。

④对储层保护好，有效增产期长。

3）自生土酸缓速体系。将酯与氟化胺在井口混合后以较低的排量泵入地层，酯分解生成有机酸，有机酸再与氟化胺反应生成氢氟酸。理论上，该工艺可将酸注入地层很深的部位进行酸化。使用不同的脂类化合物可以满足不同储层温度（40～107℃）要求。

4）泥酸体系。顺序注入盐酸和氟化铵，利用粘土的天然粒子交换性，在粘土颗粒表面生成氢氟酸，就地溶解粘土。该方法的实质是先注入一种只与粘土进行离子交换的液体，然后注入第二种液体并在粘土表面与第一种液体反应生成氢氟酸，根据需要可多级重复进行。该体系中的氟化氢是由离子交换作用生成的，因此总的反应速度与地层温度之间的关系不像其他酸液体系那样敏感。其有效作用距离可超过 2m。

适用条件：适于泥质胶结的砂岩油层，解除来自油层内部粘土颗粒运移、膨胀所造成的堵塞或常规土酸不能完全解除的钻井液堵塞。

5）磷酸缓速酸化体系（PPAS）。磷酸（H_3PO_4）电离度低，加入专用的添加剂后有明显的缓速效果，高浓度的 PPAS 与 HCl 或 HF 联合使用，特别适用于处理钙质含量高的砂岩或灰岩储层。美国、委内瑞拉等国家相继推广和应用磷酸缓速酸化体系。该体系性能优异，但成本高于土酸。它具有如下特点：

①能延缓酸的反应速度，使活性酸穿透距离大；

②在有钙质的情况下，能自身延缓反应速度，并保证有最大的铁螯合能力，对硅质具有独特的选择性；

③具有良好的粘土稳定性，低腐蚀速度和湿水性能。

6）胶束酸体系。胶束酸是在酸中加入胶束溶液配制而成，具有酸的特性和胶束液的特性。胶束的增溶作用将与酸不相溶，但又是酸化必需的各药剂复配，使之与酸和储层流体有良好的配伍性，从而改善了酸液性能。胶束酸适用于解除泥质、硫化亚铁、碳酸盐类等无机固体堵塞以及解除烃类有机堵塞、水锁及钻井液对油层造成的伤害。胶束酸处理的特点是：

①可解除有机堵塞物，有利于酸和无机堵塞物发生反应；

②胶束酸与储层水及原油相遇不发生乳化和沉淀，配伍性好；

③胶束酸具有悬浮微小固体颗粒的能力；

④胶束酸具有较低的表面张力。

7）复合酸体系。复合酸体系包括消淀酸FD－S和复合酸HBSY，适用于砂岩、砂砾岩油水井酸化增产增注和砂岩、砂砾岩油井酸化。

FD－S是由盐酸和多种添加剂组成。它对砂岩中钙质、铁质和氟化物沉淀具有较强的溶蚀能力，能消除酸化后形成的二次沉淀，具有缓蚀效果好，抑制粘土矿物膨胀；防乳、破乳、降表面张力；防止铁离子沉淀等作用，是一种新型防污染溶蚀剂。利用FD－S中的盐酸解除铁质、钙质堵塞，利用FD－S高效处理剂与氟离子形成较强的水溶性络合物，以消除氟化物沉淀。

HBSY由盐酸、氢氟酸、氟硼酸等多种酸液和多种添加剂组成。它解堵效果好，对地层骨架破坏小。不但具有解除近井地带污染堵塞和较深部污染堵塞的能力，而且具有良好的缓蚀、防乳、破乳、降表面张力、防膨和稳定铁离子等作用。

8）含醇土酸。含醇土酸是土酸和异丙醇或甲醇（达50%）的一种混合酸，主要用于低渗干气层，用乙醇稀释可降低酸与矿物的反应速度，起缓速效应。

该混合物体系蒸汽压增加时，返排也容易，因酸表面张力被乙醇减小，气体渗透率因含水饱和度下降而得以增加。

9）有机土酸。因为用土酸时总酸度可加快矿物溶解，故采用可延缓氢氟酸消耗的有机土酸，它是用有机酸（一般为9%的甲酸）取代12%的盐酸，与3%的氢氟酸混合而成。有机土酸特别适用于高温井（90～150℃），可相应降低管线腐蚀速度，减小形成残渣的风险。

（3）酸液体系的选用原则

1）矿物学原则：

主要有三方面的含义：一指储层敏感性；二指储层矿物含量及分布。三指储层伤害物的诊断分析，针对伤害物选出酸液体系。储层对酸液的敏感性包括岩石矿物与所用酸液及添加剂接触后可能发生的所有不利反应和影响：

①基质的崩解和坍塌；

②微粒的释放和运移；

③沉淀的形成和堵塞；

④岩石润湿性改变和贾敏效应。

⑤解除伤害物堵害。

因此，选择酸液体系时，应该针对酸化各个施工阶段的条件作好与储层配伍性的室内实验分析。当储层为碳酸盐岩或砂岩储层（碳酸盐矿物含量高于20%），一般选用盐酸基酸液体系，以避免氢氟酸与碳酸钙反应产生 CaF_2 沉淀；当地层中碳酸盐矿物含量低于 20％时，采用含有氢氟酸的土酸或其他能生成氢氟酸的液体体系。

2）避免二次伤害的原则：

针对 CaF_2，Fe^{3+} 沉淀给储层带来二次伤害，因此在砂岩储层的土酸酸化液中强调低 HF 配方，McLeod（1984）提出了砂岩基质酸化用酸指南，推荐了避免或延缓沉淀的专用酸液配方，Bertaux（1986）在此基础上，提出了酸液选择的决策树。表 8—25 为未伤害砂岩地层基质酸化的有效性。

表 8—25　未伤害砂岩地层基质酸化的有效性（227m² 供液半径）

有效的酸接触距离 m	酸化层的产量/未伤害层产能	有效的酸接触距离 m	酸化层的产量/未伤害层产能
0.3048	1.2	0.6096	1.4
1.2192	1.6	1.8288	1.7
3.048	1.9	6.096	2.6
12.192	2.9	18.288	3.3
30.48	4.1		

3）提高处理剂效率原则：

前置液和后置液可以极大提高处理液效率，因此砂岩酸化的典型程序是：前置液、主体酸、后置液。

砂岩酸化时，通常用浓度 8％～15％盐酸作为前置液，除此之外，芳香族溶剂也可以用作前置液来清除石蜡和沥青组分；互溶剂也常与 HCl 或氯化铵连用作为前置液。而后置液则可采用氯化铵溶液、5％～7％的盐酸溶液或柴油，加入适量的能降低界面张力并保持地层亲水性的表面活性剂或互溶剂、助排剂等添加剂。在低压井中，Gidley 曾推荐使用氮或液氮助排。

4）克服常规土酸不足的原则：

常规土酸酸化时，其有效作用距离小，特别在高温下，其有效作用距离更短，使解堵恢复产能的目的难以实现；土酸的高溶解能力过量溶蚀近井带地层岩石的骨架还会使地层坍塌、出砂；在反应过程中，石英或粘土矿物微粒可随酸液运移，使产能迅速下降，因此在选择酸液体系时，除选择适当的添加剂外，应该尝试使用新的酸液体系，如氟硼酸、自生酸体系、有机土酸、醇土酸等新的酸液体系。

5）清除伤害机理原则：

选择酸液体系时，应考虑酸可溶性表皮伤害，如表 8—26 所示。针对不同的储层伤害类型和程度：

①仅溶解伤害物或微粒时，选用土酸体系；

②溶解伤害物微粒时选用酸基悬浮体系；

③溶解稳定伤害物和难溶矿物微粒时选用氟硼酸配方。

不过，应用此原则的先决条件是要准确确定储层的伤害类型。

6）渗透率选择原则：

储层渗透率对选择酸液体系的影响有两方面：一是渗透率影响伤害类型和伤害程度，高渗地层易于为外来固体颗粒或液体侵入，伤害程度可能大些；二是渗透率影响储层对二次伤害的敏感程度，因为低渗储层孔喉小，对二次伤害更为敏感。因此在选择酸液及其添加剂体系时，应考虑储层的渗透率影响。

表 8—26　酸可溶性表皮伤害

井的作业	伤害机理
钻井	钻井液颗粒侵入
	钻井液滤液侵入
固井	滤液侵入（高 pH 值效应）
射孔	射孔带压实
	地层碎屑
生产	有机垢堵塞①
	碳酸钙
	铁垢（酸溶解度变化）
	微粒运移
修井	固体侵入
	粘土膨胀，运移（不溶性盐水）
增产措施	微粒的释放和运移②
	增产流动与地层反应产物产生的沉淀③
	聚合物伤害（压裂液）④
	地层润湿性变化⑤

①仅用盐酸就能消除；单独使用醋酸、甲酸与盐酸联合使用，或者用 EDTA 螯合剂代替盐酸。

②硅酸铝矿物（粘土、长石、蒙皂石）；硅（石英颗粒）。

③可能包括不可溶沉淀。

④采用盐酸足够。

⑤由添加剂引起的，需要用表面活性剂。

7）产出液选择原则：

某些情况下，产出液类型会妨碍一些处理液的应用，对于气井，应尽量减少使用纯水基液而使用一些能降低表面张力的酸液体系。考虑地层水或油的物理、化学性质时，则应采用与这些产出液配伍的专用酸液体系。

8）油气井条件原则：

地层温度、压力是酸化作业必须考虑的两个重要因素，因为高温会显著降低缓蚀剂等添加剂的效率及酸—岩反应速度，而地层压力则会显著影响残酸反排。因此在选用酸液体系时，应选择适合油藏温度和压力的酸液体系。

（4）常规砂岩酸化用酸指南

表 8—27 是国外推荐的常规砂岩酸化用酸指南。

表 8—27　常规砂岩酸化用酸指南

地　　层	主 体 酸	前 置 液
HCl 溶解率＞20％	如果可能不使用 HF	
方解石或白云岩	15％HCl①	5％NH_4Cl
高铁的碳酸盐（磁铁矿、菱铁矿）	15％HCl＋铁离子稳定剂①②	5％NH_4Cl＋3％醋酸
高渗透率地层（＞$100\times10^{-3}\mu m^2$）③④		
高石英（＞80％），低粘土（＜5％）	12％HCl＋3％HF	15％HCl
中等粘土（＜5％），低长石（＜10％）	7.5％HCl＋1.5％HF	10％HCl
高粘土（10％）	6.5％HCl＋1％HF	5％～10％HCl
高长石（＞15％）	13.5％HCl＋1.5％HF	15％HCl
高长石（＞15％）和粘土（＞10％）	9％HCl＋1％HF	10％HCl
高铁绿泥石粘土（＞8％）	3％HCl＋0.5％HF 或	5％HCl
	10％醋酸＋0.5％HF	10％醋酸＋5％NH_4Cl
中等渗透率地层（10×10^{-3}～$100\times10^{-3}\mu m^2$）③④		
高粘土（＞5％～7％）	6％HCl＋10％HF	10％HCl
低粘土（＜5％～7％）	9％HCl＋1％HF	10％HCl
高长石（＞10％～15％）	12％HCl＋1.5％HF	10％～15％HCl
高长石（10％～15％）和粘土（＞10％）	9％HCl＋1％HF	10％HF
高铁绿泥石	3％HCl＋0.5％HF	5％HCl
	10％醋酸＋0.5％HF	10％醋酸＋5％NH_4Cl
高铁碳酸盐含量（＞5％～7％）	9％HCl＋1％HF	10％HCl
	5％HCl＋0.5％HF⑥	10％HCl
低渗透率地层（1×10^{-3}～$10\times10^{-3}\mu m^2$）③④⑤	首先考虑水力压裂	
低粘土（＜5％），低 HCl 溶解率（＜10％）	6％HCl＋1.5％HF	5％HCl
高粘土（＞8％～10％）	3％HCl＋0.5％HF	5％HCl
高铁绿泥石（＞5％）	10％醋酸＋0.5％HF	10％醋酸＋5％NH_4Cl
高长石（＞10％）	9％HCl＋1％HF	1％HCl
非常低渗透率（＜$1\times10^{-3}\mu m^2$）避免用 HF 酸化，非 HF 基质增产或采用水力压裂		

①碳酸盐在基质中的位置十分重要；高碳酸钙含量的天然裂缝地层，可采用 HF 处理。

②可用醋酸和甲酸代替盐酸，部分代替或完全代替，特别是高温（120～150℃）。

③如果 Zeolites 存在（＞3％），考虑采用 10％柠檬酸或其他有机酸代替盐酸。

④对高温（＞120℃），考虑用醋酸或甲酸代替盐酸。

⑤虽然优先考虑压裂，低渗、低粘土矿物含量的砂岩可以采用 HF 处理，这与常规想法不同。

⑥渗透率＜$25\times10^{-3}\mu m^2$。

2. 酸化工艺技术

(1) 暂堵酸化技术

该工艺是根据纵向上储层渗透率的差异，首先注入井的暂堵酸进入到渗透率高的储层中并深入到地层深处，可将采出程度高、渗透性好的层暂时堵住而低渗透的小层仍然保持吸液。

该工艺特别适用于层间矛盾突出和具有管外窜槽或其他原因无法机械封隔的油井，所配置的暂堵酸具有油溶自动解堵的特性。

1）施工工艺：

①往井口替少量的标准酸；

②根据高渗地层吸液能力，挤入一定数量的标准酸和暂堵酸，将相对高渗地层堵住；

③根据被改造的低渗透层需要量，挤入一定数量的标准酸；

④高压挤顶替液。

2）转向技术：

①化学转向技术：用化学添加剂作为转向剂。

②机械转向技术：用封隔器、堵球等封堵高渗层。

3）转向剂选择指南。见表8—28。

表8—28　转向剂选择指南

类　型	应　用	浓　度
岩盐（熔点：800℃）	HCl和非HF处理	射孔完井：0.7～3kg/m 裸眼完井：24.4kg/m²地层
苯甲酸片（熔点：122℃）	气井、油井、注水井	射孔完井：0.7～1.5kg/m 裸眼完井：12.2kg/m²地层
蜡球（颗粒） （熔点：66～71℃）	HCl和HF处理 不在气井中使用	射孔完井：0.4～1.5kg/m 裸眼完井：12.2kg/m²地层
油溶性树脂（OSR） （熔点：164℃）	HCl和HF处理 不在气井和注盐水井中使用	射孔完井：2.3～11.4L 流体含0.5%OSR
泡沫	优先应用于气井 更高渗透率 可以成胶或乳化来增加黏度	裸眼：5～20g/t 60%～80%泡沫质量
堵球	沉球 变密度或浮球	200%过量使用 50%过量使用

（2）泡沫酸酸化技术

泡沫酸是用起泡剂稳定的气体在酸溶液中的分散体系。气相为空气，液相是根据油井情况采用的各种不同的酸液。

工艺上采用注入两级双向泡沫酸液的方法，先将起泡液泵入渗透率较高的水层，使流体流动阻力逐渐提高，在喉道中产生气阻效应。在叠加的气阻效应下，再使起泡酸进入低渗层与储层矿物反应，形成更多的溶蚀通道，以解除低渗层污染，改善吸液剖面，最后注入泡沫排酸液，助排诱喷，排除残酸。

1）选井原则：

①井段长，厚度大，层间矛盾突出，非均质严重；

②水敏地层；

③钻井、完井、井下作业造成污染堵塞；

④地层压力系数低于0.5；

⑤井况恶化，无法卡封分层酸化；

⑥原始渗透率大于 $50 \times 10^{-3} \mu m^2$；

2）酸液段塞组成：

①前置泡沫段，可用清水加起泡剂等添加剂配制。

②前置液泡沫酸，用 12%～15%HCl 加缓蚀剂和起泡剂等配制。

③主体泡沫酸，10%～12%HCl + 1%～3%HF 加缓蚀剂、螯合剂、粘土稳定剂以及起泡剂等添加剂配制。

④后置顶替液，可用热水加添加剂配制。

⑤气化排酸液，可用热清水加碳酸钠以及相应添加剂配制。

（3）胶束酸酸化技术

胶束酸是在基酸中加入胶束剂配制而成的酸液，水外相胶束可以把油相（与水不相溶）束缚在胶束的内部，从而增加油相的溶解度。与常规酸相比，胶束酸具有反应速度慢、有效作用时间和距离长、表面张力低、返排效果好的优点，而且胶束酸悬浮固体颗粒的能力强，通过静电作用能将酸化作业过程中所释放的不溶于残酸的微粒悬浮与残酸中，防止微粒运移、沉降造成地层伤害。

（4）复合固体酸酸化技术

在常规酸液中加入非活性的硝酸粉末或其他固体有机酸，注入地层后，硝酸粉末或其他固体酸在地层孔隙中逐渐溶解，使地层在较长时间内保持低的 pH 值，可以有效地防止酸液对地层的二次伤害。在用油做载体时硝酸粉末可被挤入较大的径向深度，然后在后继注入的酸溶液中水解，分解出 HNO_3^-，与 HCl、HF 等构成混合酸对地层伤害物具有更大的溶解力，使地层渗透率有明显的改善。

当较深的地层渗流通道中存在堵塞物时，硝酸粉末先在堵塞物周围富集，然后溶解、反应，使堵塞物周围有较高的酸浓度，加大对堵塞物的溶解力度，对活性酸，要达到此目的必须增加用量。因此硝酸粉末的使用可以减少活性酸的用量，降低成本。

同时，酸化时，非活性硝酸粉末还可以起到类似暂堵剂或分流剂的作用。挤硝酸粉末时，硝酸粉末先进入低阻力的高渗地层并堆积，降低高渗层的吸液能力，使硝酸粉末能进入低渗层，溶解低渗层的污染物，对裂缝性地层，作用尤为明显。由于非活性硝酸粉末在后继注入的酸溶液或地层水中可逐渐溶解，因此也不会堵塞地层的渗流通道。

（5）热气酸解堵技术

热气酸解堵技术是同时利用酸、热、气、表面活性剂生成泡沫酸的酸化解堵技术。

1）机理：

①酸化作用。该解堵体系含有表面活性潜在酸液，可除去近井带盐垢堵塞，恢复地层的渗透率，体系中含有络合剂和一定浓度的缓冲溶液，能防止二次沉淀的产生，与相同浓度的土酸体系比，其溶蚀率可提高 20%以上。

②热解堵作用。该体系在反应过程中放出大量的热，加热井筒及近井带，对胶质—沥青质、蜡质等高粘油基物可降低其黏度，增加其流动性；同时放出大量的高温气体可进入油层孔隙，冲散“桥架”物质，打破毛细管力造成的油流阻力；在放压泄流时，地层重点气体向井筒运移时具有较强的助排能力，可将溶解的油基物和残酸液随泡沫携带出来。

③泡沫的作用。该体系自行通过化学反应产生气化的温度泡沫，其协同效果增加了活性酸在近井带的穿透深度和作为分流剂封堵高渗层，保证所有产层能均匀布酸。

2）适应性分析：

①储层中粘土含量高。这种储层中含有大量的铁，对酸和含氧的水非常敏感，铁离子易沉淀，采用热气酸解堵时，解堵酸液体系中含有一定浓度的络合剂、缓冲剂，能够保持一定的酸度，反应 4～6h 后及时返排，产生的大量气体增加了返排的驱动压力，使返排较彻底。同时为防止对地层孔隙结构的破坏，热气酸体系中只含潜在的氢氟酸，在盐酸预处理地层后，才缓慢释放出来。

②大庆油田高台子和杏十三块二次加密井的热气酸解堵增注实验表明，对污染半径较小，伤害程度也较轻的，在强制返排后进行热气酸解堵，效果非常好。

③针对常规酸化无效或效果不好但又确实存在污染的井、油井转注以及处于油水过渡带的井、怀疑是有机物堵塞的井，在进行热气酸解堵时，如果加大表面活性剂的用量，增强洗油能力，同时也适量加大发热产气的添加剂的用量，可以更好地降低高粘有机物的黏度，增加其流动性，产生的气体也能更好地冲散桥架堵塞物，反应产生的硝酸盐能起破乳作用，防止乳化堵塞。

④对于注水过程中，由于水质污染造成的堵塞、吸水能力和吸水层数下降的井，进行热气酸解堵后，可以达到配注要求。

3）选井选层原则：

①优先选择中、高渗透油层，初期注水量较高、注水量下降较快的井；

②钻井、完井、修井和采油作业过程中造成有堵塞储层的物质的井层；

③低渗透薄差油层且连通条件好，完不成配注的井。

3. 酸化实时监测及效果评估

酸化主要目的是消除近井带的污染，降低表皮系数，因此酸化实时监测就是作业时跟踪模拟井表皮系数的变化过程，及时了解和评价酸处理效果，获得最佳终止注入时间或对设计进行实时调整。

（1）Mcleod & Coulter 方法

Mcleod & Coulter（1969）认为，酸处理过程中，注入和关井的每一阶段都是一次短暂的试井过程，通过分析并解释酸液注入过程中油层不稳定压力响应以确定表皮系数和地层传导能力。

由于无法对酸处理演变进行连续评价，表皮系数只能在酸处理过程中连续测量（通常在酸处理前后），不可能进行实时分析，现在已很少应用。

（2）Paccaloni 方法

Paccaloni（1979）提出用瞬时压力和流量值来计算酸处理过程中任一给定时间的表皮系数。该方法基于储层中呈稳态、单相径向水平达西渗流。

$$p_{wi}-p_e=\frac{141.2q_iB\mu}{Kh}\left(\ln\frac{r_e}{r_w}+S\right) \tag{8—10}$$

式中 p_{wi}——井底注入压力，psi；

p_e——油藏压力，psi；

q_i——注入排量，bbl/min；

B——地层体积系数，bbl/bbl；

μ——黏度，cP；

h——油藏厚度，ft；

r_e——油藏半径，ft；

r_w——井筒半径，ft；

S——表皮系数，无量纲；

K——渗透率，$10^3\mu m^2$。

将式（8—10）按理想条件（$S=0$）和实际条件（$S\neq0$）重写，得到两种条件下的伤害比（采油指数之比）：

$$DR=\frac{PI_{理想}}{PI_{实际}}=\frac{\ln r_e/r_w+S}{\ln r_e/r_w} \tag{8—11}$$

若储层地层系数（Kh）已知，就能对表皮系数进行预测。

（3）Prouvost & Economides 法

Prouvost & Economides（1987）提出了一种可以在酸处理过程中连续计算表皮系数的方法，该方法是基于对模拟压力和实测的井底压力进行连续的对比。

$$S(t)=S_o+\frac{Kh}{141.2q(t)B(t)\mu(t)}[p_m(t)-p_s(t,S_o)] \tag{8—12}$$

式中 S_o——酸化前的表皮系数（可由压前试井资料确定），无量纲；

p_m（t）、p_s（t，S_o）——分别是实测的井底压力和模拟的井底压力，psi。

监测步骤：

酸化前以不压开油层的排量下用预处理液将井筒液体部分或全部替入油层。

1）在预处理液进入油层前停泵，并记录替入期间压力随时间的变化，一般要持续一个小时，直到能用压力试井方法取得有价值的油层资料为止。

2）通过压降分析资料得到有关油层和井的参数，如地层系数和表皮系数。

（4）Hill 方法

注入期间不稳定流动的线源解可以由下式求得：

$$\frac{p_e-p_{wf}}{q_N}=m\left[\sum_{j=1}^{N}\frac{q_j-q_{j-1}}{q_N}\lg(t-t_{j-1})\right]+b \tag{8—13}$$

式中 p_{wf}——井底流压，psi；

q_i，q_{i-1}——注入速率，bbl/min；

q_N——累计注入量，bbl；

t——时间，min。

从式（8—13）可以看出，在各参数特别是表皮系数保持恒定时，注入能力导数与叠加时间函数的关系为一直线，其斜率为 m，截距为 b，而 m 是地层系数和流体性质的参数，b 是地层孔隙度、渗透率、井筒半径、流体黏度及地层表皮系数的函数。通过施工时测量的压力与排量计算出注入导数和叠加时间并作图就可以确定不同时刻的表皮系数。

（5）实时监测技术的用途

酸化实时监测技术除可以监测酸化过程中表皮系数的变化，实时判断酸化效果之外，还有以下用途：

1）分析表皮系数变化曲线，确定何时停泵，以最小注酸量取得最佳酸化效果。

2）对于使用转向剂或暂堵剂的酸化施工，判断转向技术的成功性。

3）优选适合区域特性的酸液配方，增强酸液针对性。

4）分析监测资料，优化酸液用量。

对单井酸化效果做综合评价，根据表皮系数的降低，对酸化井进行效果预测与综合评价，并从压降曲线分析地层的传导能力，确定放喷时间，预测有效期等参数。

三、碳酸盐岩基质酸化

对于孔隙性碳酸盐岩储层，基质酸化是在低于储层破裂压力条件下注入酸液，解除地层污染，并溶蚀地层矿物，形成酸溶蚀孔洞。对于天然裂缝发育的碳酸盐岩储层，基质酸化是在低于裂缝延伸压力条件下注入酸液，溶蚀并沟通天然裂缝系统。碳酸盐岩基质酸化后的显著特征是形成酸溶蚀孔。所谓酸蚀蚓孔效应指酸液在地层多孔介质中流动时，作为一种反应性的流体，在延伸主裂缝的同时，过量酸液溶蚀较大的孔隙或天然裂缝而形成如同蚯蚓般状的酸蚀虫孔。

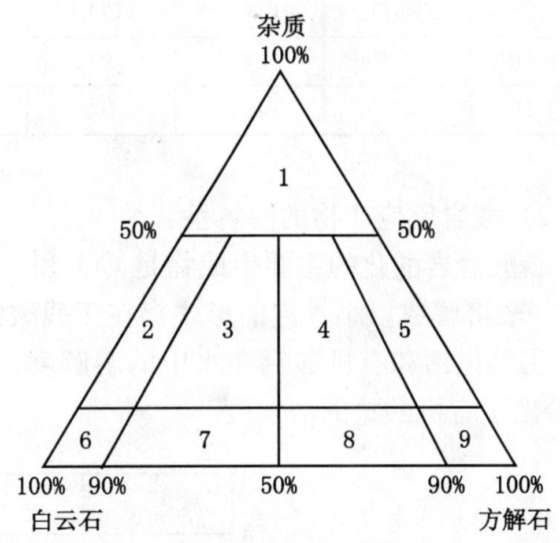

图 8—38 碳酸盐岩矿物分类

1—非碳酸盐岩；2—不纯的白云岩；3—不纯的灰质白云岩；4 一不纯的白云质灰岩；5—不纯的石灰岩；6—白云岩；7—灰质白云岩；8—白云质石灰岩；9—石灰岩

1. 酸液与地层岩石的化学反应

碳酸岩盐通常根据方解石和白云石的比例进行分类。分类示意图见图 8—38。

（1）碳酸盐岩酸岩反应特性

1）碳酸盐岩与酸液的反应：

碳酸盐岩酸化一般采用盐酸。对于温度高于 150℃的井，为了降低对管柱的腐蚀性和减缓酸岩反应速度，通常采用有机酸。碳酸盐岩与酸液的反应方程式见表 8—29。

表 8—29 碳酸盐岩的酸岩反应

酸液	反应式
盐酸	$CaCO_3 + 2HCl \longrightarrow CaCl_2 + H_2O + CO_2\uparrow$ $CaMg(CO_3)_2 + 4HCl \longrightarrow CaCl_2 + MgCl_2 + H_2O + CO_2\uparrow$
甲酸	$CaCO_3 + 2HCOOH \longrightarrow Ca(COOH)_2 + H_2O\uparrow$ $CaMg(CO_3)_2 + 4COOH^- \longrightarrow Ca(HCOOH)_2 + H_2O + CO_2\uparrow$
乙酸	$CaCO_3 + 2CH(CH_2COOH) \longrightarrow Ca(CH_2COOH)_2 + H_2O + CO_2\uparrow$ $CaMg(CO_3)_2 + 4H(CH_2COOH)_2 \longrightarrow Ca(CH_2COOH)_2 + Mg(CH_2COOH)_2 + H_2O + CO_2\uparrow$

利用表 8—29 的化学反应方程式，已知各反应物和生成物的相对分子质量可以确定溶解一定量碳酸盐岩所需的酸液用量。表 8—30 列举了 $1m^3$ 的盐酸能够溶解的碳酸盐岩质量以及生成物的质量。

表 8—30　$1m^3$ 盐酸与碳酸盐岩的反应中各组分的质量

盐酸 $1m^3$	石灰石，kg				白云岩，kg			
	$CaCO_3$	$CaCl_2$	CO_2	H_2O	$CaCl_2$	$MgCl_2$	H_2O	CO_2
15% HCl	211	245	97	40	122. 4	105. 1	35. 3	97
20% HCl	437	485	192	79	242. 5	208. 2	69. 9	192. 3

2）酸岩反应产物的溶解性：

碳酸盐岩酸化的主要生成物是 CO_2 和 $CaCl_2$。在地层条件下，$CaCl_2$ 一般溶解在残酸中，CO_2 一般溶解或以小气泡的形式存在于残酸中。

①氯化钙和有机酸钙在水中的溶解度。图 8—39 为 $CaCl_2$ 在水中的溶解度曲线，表 8—31 给出了有机酸盐的溶解度。

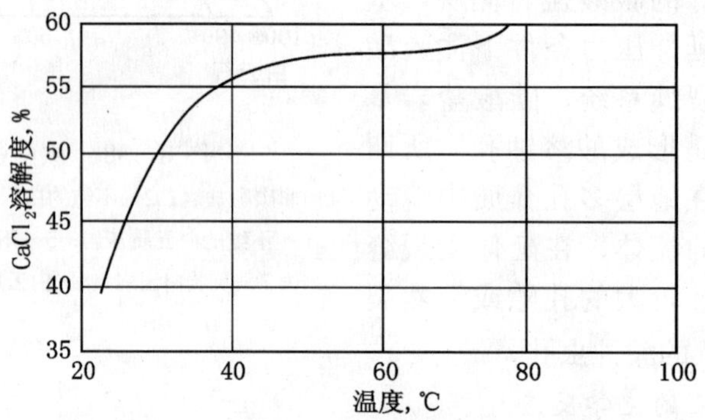

图 8—39　$CaCl_2$ 在水中的溶解度曲线

表 8—31　有机酸盐在水中的溶解度

温度，℃	甲酸钙，kg/100kgH₂O	醋酸钙，kg/100kgH₂O
10	16. 15	37. 4
20	—	36. 0
30	16. 60	34. 7
40	—	33. 8
50	17. 05	33. 2
60	17. 50	32. 7
80	17. 95	33. 5
90	—	31. 1
100	18. 40	29. 7

同时，$CaCl_2$ 等产物的出现将增大残酸的密度和黏度，表 8—32 给出了鲜酸和残酸密度及黏度的比较。

② CO_2 在残酸中的溶解度。$1m^3$ 15%盐酸与石灰岩完全反应生成 97kg 的 CO_2，换算到标准状态下为 19. 31m^3。很显然，即使在 100℃，50MPa 的地层条件下仍将有一定量的 CO_2 以小气泡的形式分散在残酸中，这对残酸具有一定的助排作用。

表 8—32　鲜酸和残酸的物理特性

酸浓度,%	酸密度（38℃），$10^{-3}kg/cm^3$		酸黏度（25℃），mPa·s	
	鲜酸	残酸	鲜酸	残酸
15	1.07	1.18	1.15	1.7
20	1.10	1.25	1.27	2.4
25	1.12	1.31	1.41	3.8
30	1.15	1.56	1.57	5.9

图 8—40 为CO_2在 15%盐酸和 5%盐酸反应后残酸的溶解度曲线。实线为 15%盐酸完全反应后CO_2在 25℃和 76℃下的溶解度曲线，此时酸岩反应生成的$CaCl_2$，浓度在 20%左右。虚线为 5%盐酸完全反应后CO_2在 21℃和 66℃下的溶解度曲线，此时反应生成的$CaCl_2$浓度在 7.5%左右。

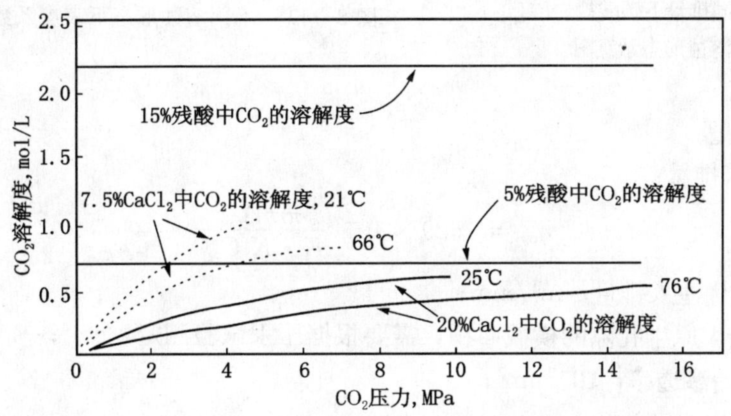

图 8—40　CO_2在残酸中的溶解度

显然，在同样的温度压力下CO_2在残酸中的溶解度比在水中的溶解度小，因此采用在残酸中的溶解度更为准确。

（2）碳酸盐岩酸化溶蚀形态

碳酸盐岩酸化溶蚀形态如图 8—41 所示，主要包括：1）表面溶解型，酸消耗在近井地带岩石壁面。2）圆锥形通道型，注入排量中等，形成短的较大的酸蚀溶孔。3）溶蚀孔型，此时酸与岩石不均匀反应，一个或几个主要酸溶蚀孔穿透地层岩石。用相对少的酸量突破污染区，得到相对长的酸蚀距离。4）分枝型溶孔型，注入排量过大，此时酸岩反应相对均匀地进行。

显然，碳酸盐岩酸化存在一个最优的注入排量，在给定的溶蚀孔穿透深度下所需的用酸量最少，因此最优排量对应形成主干溶蚀孔的情况，此时酸化半径最大。

图 8—42 为不同溶蚀形态下表皮系数的变化情况。由图可见，在相同注入酸液体积条件下表皮系数下降最快的为形成主干型溶蚀孔的情况。

2. *碳酸盐岩酸化优化设计技术*

在酸液体系确定后，设计的主要内容为优选注入排量和酸液用量，酸化后表皮系数及增产倍数的预测等。

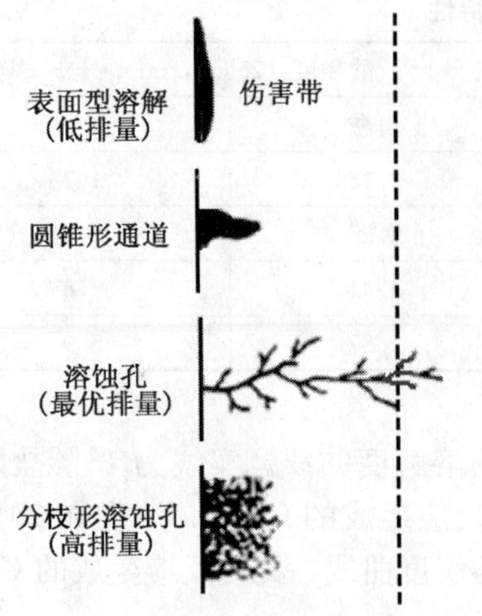

图 8—41　不同排量下碳酸盐岩酸化溶蚀形态示意图

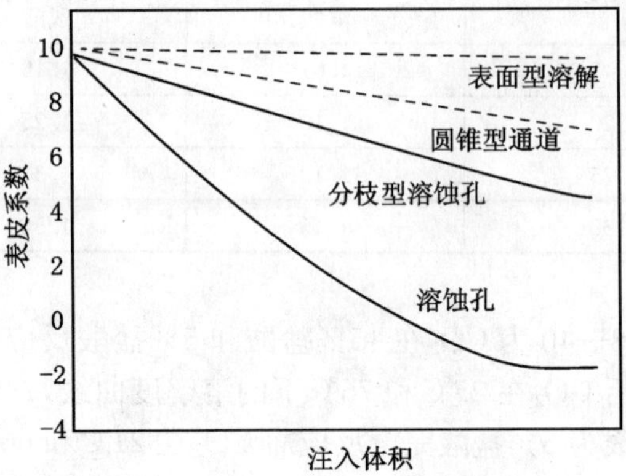

图 8—42　不同溶蚀形态下表皮系数的变化

（1）注入排量

1）最优注入排量：

$$q_{op}=1.29\times10^{-3}\ \frac{\pi rhA_T^{2/3}}{K\cdot K_f C_o^{m-1}} \tag{8—14}$$

式中　q_{op}——最优注入排量，m^3/min；

A_T——最大原生孔隙的横截面积，需要根据压汞试验测定，cm^2；

K——原始渗透率，$10^{-3}\mu m^2$；

K_f——反应速度常数；

C_o——酸液浓度，mol/L；

m——反应级数；

r——溶蚀孔穿透距离，m；

h——处理层厚度，m。

2）最大注入排量：

$$q_{max}=\frac{120\pi Kh(p_{wf}-p_e)}{\mu_f\left(\ln\frac{r_e}{r_w}-\frac{3}{4}\right)} \tag{8—15}$$

式中　q_{max}——最大注入排量，m^3/min；

K——储层渗透率，$10^{-3}\mu m^2$；

h——处理井段厚度，m；

p_{wf}——地层不破裂的最大井底压力，Pa；

p_e——油藏压力，Pa；

μ_f——油藏流体黏度，mPa・s；

r_w——井筒半径，m；

r_e——泄油半径，m。

等效半径：

$$r'_w = r_w \exp(-S)$$

（2）溶蚀孔长度

$$r_A = n_f b \frac{V_A X}{2(1-\phi)\pi h} N_{pe}^{-1/3} + r_w^{n_f} \quad (8—16)$$

$$N_{pe} = \frac{q}{D_e h} \quad (8—17)$$

式中 n_f——分形维数（$n_f = 1.67$；$b = 1.7 \times 10^4$）；

V_A——注入酸液体积，m^3；

X——酸液溶解能力；

D_e——酸液传质系数，m^2/s；

r_w——井筒半径，m；

q——注入排量，m^3/s；

h——施工层段厚度，m。

（3）表皮系数

$$S_a = -\ln \frac{r_A}{r_w} \quad (8—18)$$

式中 r_A——溶蚀孔半径，m；

r_w——井筒半径，m。

（4）酸化后增产倍比

$$\frac{J_s}{J_d} = \frac{\ln \frac{r_e}{r_w} - 0.75}{\ln \frac{r_e}{r_w} - 0.75 + S_a} \quad (8—19)$$

四、碳酸盐岩酸压裂技术

1. 酸岩反应动力学

（1）酸岩化学反应机理

碳酸盐岩的酸岩反应是复相反应，其特点是只在酸岩液固界面上进行，如图8—43所示。碳酸盐酸压裂酸岩反应主要有以下三个步骤：

1）酸液中的H^+传质到碳酸盐岩表面。

2）H^+在岩面与碳酸岩盐进行反应。

3）反应生成物Ca^{2+}、Mg^{2+}和CO_2气泡离开岩面。

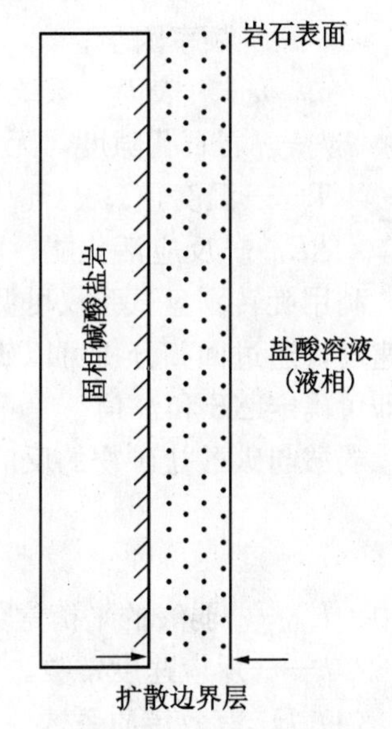

图8—43 酸岩反应系统示意图

H^+在岩面与碳酸盐岩进行反应称为表面反应。对于石灰岩地层，表面反应速度非常快。而对于白云岩来说，反应要比石灰岩慢得多。

影响系统反应速度的是其中最慢的步骤，对石灰岩的酸岩反应而言，H^+传递到碳酸盐岩表面最慢，因此石灰岩的酸岩反应动力学为传质控制动力学。一般而言，酸与白云岩反应时，当缝中裂缝壁面温度小于65℃时，主要受表面反应控制，酸岩反应动力学为表面反应控制动力学；当壁面温度大于93℃时，反应主要受传质控制，其反应速度基本与石灰岩相当，酸岩反应动力学为传质控制动力学；而65～93℃之间则为表面反应和传质共同控制。

（2）酸岩反应速度

酸岩的反应速度定义为单位时间内酸浓度的降低值。酸岩反应速度主要取决于 H^+ 传质速度，可以用表示离子传质速度的菲克定律导出表示酸岩反应速度和扩散边界层内离子浓度梯度的关系式：

$$-\frac{\partial C}{\partial t}=kC^n=D_e\cdot\frac{S}{V}\cdot\frac{\partial C}{\partial y} \tag{8—20}$$

式中 $\frac{\partial C}{\partial t}$——瞬间酸岩反应速度，mol/（L·s）；

n——反应级数；

k——反应速度常数；

C——酸液浓度，mol/L；

$\frac{\partial C}{\partial y}$——边界扩散层内垂直于岩面方向的酸液浓度梯度，mol/（L·cm）；

D_e——H^+ 传质系数，cm^2；

S——酸岩反应接触面积，cm^2；

V——与岩面接触的酸液体积，L。

（3）酸岩反应动力学方程

由质量作用定律可以建立表面反应和系统反应动力学方程：

$$J_i=k_sC_s^{n_s}(1-\phi) \tag{8—21}$$

$$J=kC^n \tag{8—22}$$

$$k=k^o\exp\left[-\frac{\Delta E}{R(T+273)}\right] \tag{8—23}$$

式中 J_i，J——反应速度（单位时间流到单位岩石面积上的物流量），mol/（cm^2·s）；

k_s，k——表面、系统酸岩反应速度常数；

k^o——频率因子；

n_s，n——表面、系统反应级数，无量纲；

ϕ——岩石孔隙度，无量纲；

T——温度，℃；

ΔE——反应活化能，kcal/mol。

利用旋转圆盘试验仪可测得一系列的 C 和 T，绘制关系曲线，采用微分法确定酸岩反应速度，通过回归分析可以确定 n 和 k 值。测定不同温度条件下的 k 值，通过作图或回归分析即可确定 ΔE 和 k^o 值。

弱酸与碳酸盐矿物的反应动力学方程：

$$J_{弱酸}=kK_d^{n/2}C_{弱酸}^{n/2} \tag{8—24}$$

式中 K_d——弱酸的平衡常数；

k——反应速度常数。

（4）H^+ 有效传质系数

1）影响 H^+ 有效传质系数的因数：

随着酸液浓度的升高，H^+ 有效传质系数降低；温度升高，H^+ 有效传质系数增加；考虑余酸与同离子效应时，H^+ 有效传质系数降低；酸压裂施工时酸液流速大，H^+ 有效传质系数增加。因此，在酸压裂时追求产生较宽的裂缝，较低的 H^+ 有效传质系数，较高的排量及尽可能小的滤失量，可以获得长的酸蚀裂缝长度。

2）H^+ 有效传质系数 D_e 的试验测定方法：

用旋转圆盘试验测 D_e 的解析解为：

$$D_e = (1.6129\nu^{1/6} \cdot \omega^{-1/2} \cdot C_t^{-1} \cdot J)^{3/2} \quad (8—25)$$

$$Re = \omega \cdot R^2/\nu \quad (8—26)$$

式中 C_t——时间 t 时刻酸液浓度，mol/L；

ω——旋转角速度，s^{-1}；

ν——酸液运动黏度，cm^2/s；

J——反应速度系数，mol/（$cm^2 \cdot s$）；

Re——旋转雷诺数；

R——圆盘半径，cm。

试验时，在给定的 R 条件下，测定 J、ν、ω 和 C_t，计算 Re 和 D_e 值，作出 Re—D_e 关系曲线。

由于白云岩与盐酸的表面化学反应比较复杂，D_e 值的确定可用数值方法求解。

（5）影响碳酸盐岩储层酸压效果因素

碳酸盐岩储层酸压增产措施，其控制酸压成功的主要因素有两个：其一是酸压裂缝的有效长度；其二是酸压后酸蚀裂缝的导流能力。有效裂缝长度是受酸液滤失性、酸岩反应速度以及酸在缝中的流速、酸液类型等的影响。酸蚀裂缝的导流能力受闭合、酸的溶解力、酸岩反应的刻蚀形态、酸对岩石的绝对溶解量等的影响。因此碳酸盐岩储层酸压改造为提高酸化效果，追求的两个主要目标就是较长的酸蚀裂缝长度和较高的酸蚀裂缝导流能力。图 8—44 简单地描绘了控制酸压效果的主要因素。

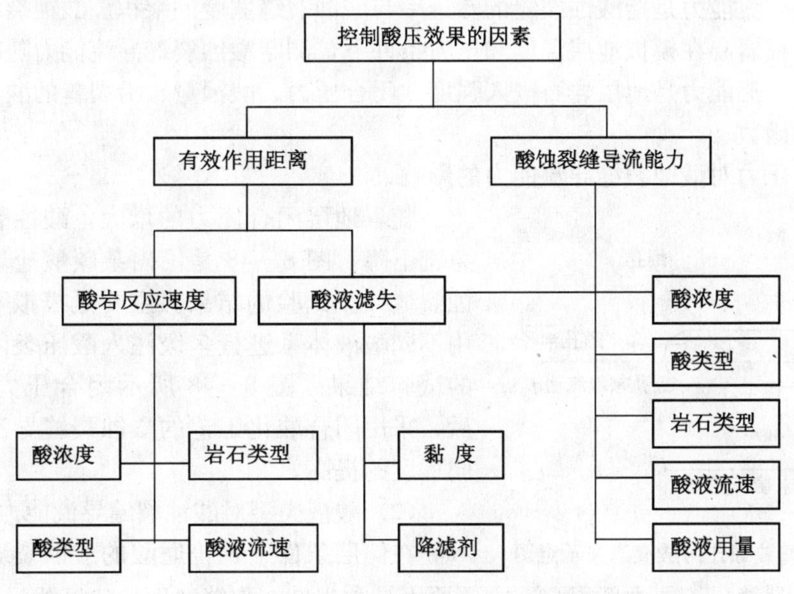

图 8—44 控制酸压效果的主要因素

2. 酸压中的酸液滤失

酸压中酸液的经典滤失理论认为酸液在裂缝壁面形成滤饼，滤失受滤饼区、侵入区及储层流体压缩性控制（如图 8—45 所示）。

在酸压实际施工过程中，酸液会穿透滤饼区而与岩石直接作用，在裂缝壁面形成酸蚀蚓孔。蚓孔的形成使得酸压时酸液在基质滤失和蚓孔滤失的共同作用下产生大量的酸液滤失，大大减小酸液的有效穿透距离。因此，实际酸压施工中，酸液滤失为由裂缝壁面向基质的滤失和经由酸蚀蚓孔滤失两部分组成（如图 8—46 所示）。酸蚀蚓孔的滤失由酸蚓孔体积扩展和酸液经由蚓孔壁面及蚓孔尖端滤失三部分组成，见图 8—47。

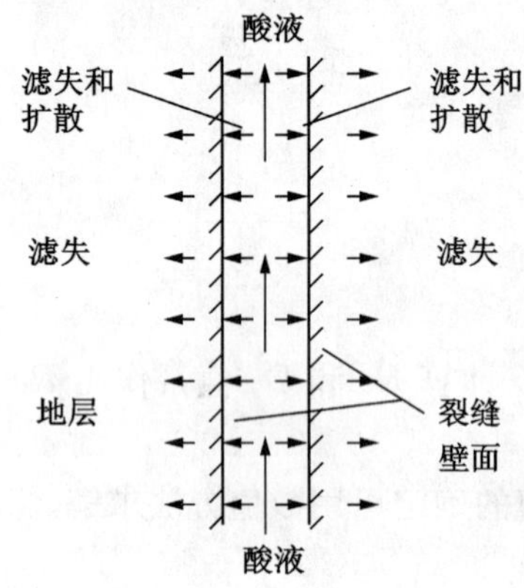

图 8—45 经典酸压酸液滤失示意图

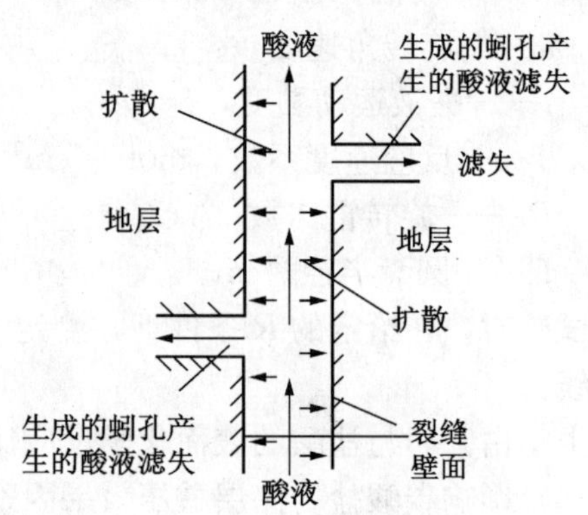

图 8—46 酸压中实际酸液滤失示意图

酸液滤失量主要受酸液黏度和酸蚀蚓孔扩展速度影响。酸液的黏度主要受裂缝和蚓孔中温度和剪切效应所制约。因此，酸蚀蚓孔的形成受到酸液性质、储层性质、施工参数等多种因素综合影响。

3. 酸蚀裂缝导流能力

酸蚀裂缝导流能力是指酸蚀裂缝的渗透率与酸蚀裂缝宽度的乘积。酸蚀裂缝导流能力试验是采用平行板岩心在模拟地层温度和压力条件下，测定酸蚀裂缝导流能力随闭合压力的变化。酸蚀裂缝导流能力是地层岩石嵌入强度、闭合压力、酸蚀量、沿裂缝的酸蚀不规则程度和酸液滤失的函数。

（1）闭合压力对酸蚀裂缝导流能力的影响

随着地层闭合压力的增大，酸蚀裂缝导流能力急剧下降。图 8—48 是国内某碳酸盐岩油藏进行酸蚀裂缝导流试验的结果。主要是模拟不同排量下采用不同酸液体系进行多级注入酸压裂闭合酸化工艺的试验结果。图 8—48 所示闭合压力达到 40MPa 后，采用闭合酸化工艺的酸蚀裂缝导流能力均有不同程度的提高。

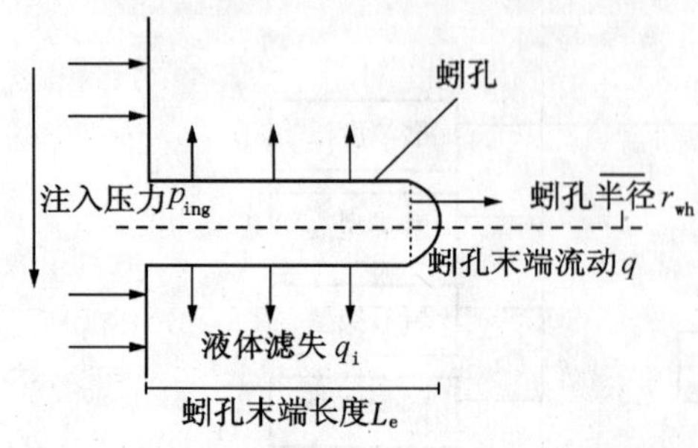

图 8—47 酸蚀蚓孔内酸液滤失示意图

（2）酸液类型对酸蚀裂缝导流能力的影响

在储层条件下，普通酸的酸蚀裂缝导流能力比稠化酸的酸蚀裂缝导流能力低得多。主要原因是常规酸在裂缝壁面均匀溶蚀，而稠化酸为非均匀刻蚀。

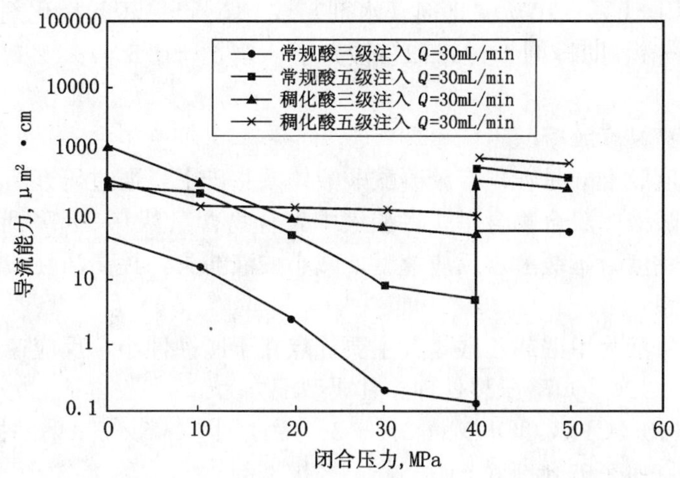

图 8—48　多级注入酸压裂闭合酸化酸蚀裂缝导流能力

(3) 酸压裂工艺类型对酸蚀裂缝导流能力的影响

在注酸之前注入高黏前置液，酸液形成黏性指进加大了非均匀刻蚀程度；采用多级注入酸压裂工艺时，更加剧了酸蚀裂缝壁面的非均质刻蚀，形成了高导流的酸蚀通道；试验结果表明级数多更为有利。但是级数过多可能带来一些施工困难的问题。

(4) 注入排量对酸蚀裂缝导流能力的影响

在同等规模和同等注入级数的条件下，采用大排量注入酸蚀裂缝导流能力较高。

(5) 闭合酸化对酸蚀裂缝导流能力的影响

闭合酸化后酸蚀裂缝导流能力得到大幅度提高，且随着闭合压力进一步的增加，酸蚀裂缝导流能力降低幅度小。

4. 常用酸液体系及性能

酸压裂过程中使用的工作液体系包括前置液和酸液。对前置液的要求为：优良的耐温耐剪切性能；好的降阻、降滤失性能；水化后残渣含量低，与地层流体和酸液配伍性好；对地层伤害小。对酸液最主要的性能要求是：优良的降滤失和缓速性能、好的高温缓蚀性能，低摩阻和低伤害性能等。

(1) 普通盐酸体系

常规盐酸体系是采用常规盐酸及相应添加剂配制而成的酸液体系，具有溶蚀能力强、反应速度快等特点。主要应用于碳酸盐岩储层基质酸化，也常作为闭合酸化工艺中的闭合酸液体系。其典型配方为：15%～28%HCl＋2%～3%缓蚀剂＋0.5%～1%助排剂＋1%～2%铁离子稳定剂＋0.5%～1%破乳剂（＋0.5%～1%抗渣剂）

(2) 稠化酸（胶凝酸）体系

稠化酸是指在常规酸液中加入一定数量的稠化剂，使酸液黏度提高到 10～30mPa·s。稠化酸最佳黏度一般在 20mPa·s 左右，残酸返排黏度一般应在 5～10mPa·s 之间，既易于返排，又能够携带反应后地层裂缝中的固相微粒。其次，稠化酸摩阻较小（一般为清水的 30%），利于提高排量。稠化酸现场应用的技术难点在于：要求稠化酸具有较好的热稳定性能、鲜酸降黏率小、残酸的黏度小，易于返排。

其典型配方为：

15%～28%HCl＋8%～10%稠化剂（水剂）或0.6%～1.0%稠化剂（粉剂）＋2%～3%缓蚀剂＋0.5%～1%助排剂＋1%～2%铁离子稳定剂＋0.5%～1%破乳剂（＋0.5%～1%抗渣剂）

（3）低聚合物高黏度胶凝酸

低聚合物高黏度胶凝酸是在现有胶凝酸酸液体系基础上，通过研究新型抗高温胶凝剂及辅助添加剂，降低酸液中聚合物含量，将酸液中聚合物含量从0.8%降到0.5%左右，提高高温条件下酸液的黏度，延缓酸岩反应速度，减小酸液滤失，提高活性酸液的穿透深度。

（4）有机酸体系

通常采用的有机酸为甲酸或乙酸，其主要优点在于腐蚀性小，反应速度慢。主要适合高温碳酸盐岩储层（≥120℃）酸压裂处理。其典型配方为：

9%HCOOH（10%CH_3COOH）＋2%～3%缓蚀剂＋0.5%～1%助排剂＋1%～2%铁离子稳定剂＋0.5%～1%破乳剂（＋0.5%～1%抗渣剂）

（5）泡沫酸体系

对于低压低渗碳酸盐岩油气层或水敏性气层使用泡沫酸体系。用表面活性剂作为起泡剂，在酸中加入液氮并通过泡沫发生器形成以酸为连续相、气泡为分散相的泡沫体系，制成泡沫酸。体系中气相体积占泡沫总体积的百分数称为泡沫质量。泡沫酸按照其质量可分为三类，增能型：泡沫质量不大于52%；泡沫型：泡沫质量52%～90%；雾化型：泡沫质量大于90%。现场使用的泡沫酸，泡沫质量控制在70%左右。其优点为：滤失小、缓速效果好、对地层伤害小、易于返排。

（6）乳化酸体系

乳化酸通常是指使用原油和酸液两种不相溶的液体构成的分散体系。为了降低乳化酸的黏度，一般在原油中混合柴油、煤油、汽油等，或直接用柴油、煤油作外相。以油外相乳化酸为主，一般情况下油相与酸相的体积比为30∶70。优点在于反应速度慢，酸蚀裂缝长，滤失小，造缝能力强。缺点在于摩阻高，乳化酸的摩阻通常为清水的80%～150%，配制难度大，放置稳定性不好。在深井低渗、低压储层使用的难度较大。乳化剂是乳化酸的主要添加剂。主要分为油基和水基乳化剂。乳化剂配制的乳化酸常温48h不析酸，90℃下1h析酸量小于3%，常温下酸液黏度不低于40mPa·s。

典型配方为：

油相：30%轻质油或柴油（体积比）＋2%～3%乳化剂＋2%降阻剂

酸相：60%～61%（31%工业盐酸）HCl＋2%～3%缓蚀剂＋2%铁离子稳定剂＋1%助排剂

（7）表面活性剂缓速酸

表面活性剂缓速酸的缓速机理：一方面通过表面活性剂分子在碳酸盐岩表面的吸附，在岩层表面形成吸附膜，减低了H^+与岩面的反应速度；另一方面因酸岩反应物的产生，酸液体系在岩层与酸液的界面上形成一弹性胶团膜，进一步阻隔H^+向岩层扩散，降低了酸岩反应速度，而达到了转向酸化的目的，故又转为表面活性剂自身转向酸。

该酸液体系具有以下优点：

1）酸液体系中不含高聚物，无残渣，酸液对储层的伤害低；

2）酸液黏度高，根据不同需求酸液黏度在30～65 mPa.s范围内可调。

3）反应速度低，酸液的缓速性能好。

4）酸液摩阻低，易于实现高排量，高泵压作业。

5）残酸黏度低、易返排。

表面活性剂缓速酸典型配方：

20%HCl +1.0%活性剂+3.0%活性剂+2.0%高温缓蚀剂+1.0%高温铁离子稳定剂+0.4%～1.0%增效剂

(8) 降滤失酸体系（地下交联酸）

降滤失酸（ISC）在酸浓度较低情况下，用 Fe^{3+} 交联。pH=1.1 时开始交联，pH=2.5 时完全交联，其黏度很高（1000～10000mPa·s，100℉），加入 pH 活性还原剂使 Fe^{3+} 还原成 Fe^{2+}，pH 值范围 2.5～3.5。

地下交联酸（LCA）初始黏度仅有 20mPa·s，当它进入地层后随着酸岩反应进行和 pH 值变化（3～4 之间）开始交联，交联后黏度大幅度提高（约 1000mPa·s），当 pH 值大于 4 时酸液黏度下降，从而使残液顺利返排。

其优点在于有效地阻止了酸液向孔洞和天然裂缝内滤失，形成长的酸蚀裂缝，易于返排。缺点是难于配制，成本高，储层条件下交联和破胶情况有待证明。

5. 酸压裂工艺技术

(1) 稠化酸（胶凝酸）酸压裂工艺技术

稠化酸酸压裂工艺技术是采用稠化酸直接压开地层，并形成一定长度和导流能力的酸蚀裂缝。其优点为：酸液摩阻小，可大排量注入；缓速效果良好，酸有效作用距离大于普通酸压裂；残酸存在一定的黏度，返排时易于携带固相颗粒。缺点为：成本较高，高分子材料进入地层存在二次伤害的可能性。适用范围：对具有天然裂缝的中高渗甚至低渗都有好的增产效果，对深井超深井碳酸盐岩油气井改造特别适用。

(2) 乳化酸酸压裂工艺技术

乳化酸酸压裂工艺技术是采用乳化酸直接压开地层并形成酸蚀裂缝。其优点为：酸液高温缓速性能优良，有效酸蚀裂缝长，有利于高温缓蚀，对地层的伤害小。缺点为：施工摩阻高，一般为清水摩阻的 80%～150%；导流能力小于稠化酸酸压裂，存在残酸乳化问题，成本较高。适用于低渗的碳酸岩盐储层，但对超深井由于摩阻很高现场应用乳化酸酸压裂难度大，通常可以与稠化酸酸压裂结合使用。

(3) 前置液酸压裂工艺技术

前置液酸压裂工艺技术是先采用高黏非反应性前置压裂液压开地层，形成人工裂缝，然后注入酸液溶蚀裂缝以形成不均匀刻蚀的较高酸蚀导流能力的裂缝。前置液的主要作用是压裂造缝、降低裂缝温度和降低滤失。前置液的表观黏度比常规酸液高出几十倍到几百倍。当酸液进入裂缝时，由于黏度差导致黏度小的酸液在高黏的前置液中形成黏性指进现象，这有利于形成非均匀刻蚀沟槽，有利于形成较长的有效酸蚀裂缝。

(4) 多级注入酸压裂工艺技术

多级注入酸压裂工艺技术是先采用前置液造缝，再交替注入酸液和前置液段塞，酸液可用常规酸、稠化酸、乳化酸等。随后在裂缝闭合过程中注入一定浓度的盐酸溶蚀裂缝壁面，形成高导流能力的酸蚀裂缝，从而达到增产的目的。其优点为：多级前置液段塞可有效地封堵酸液在裂缝壁面上形成的酸溶蚀孔洞，从而有效地降低酸液的滤失；因黏度差异造成的黏性指进可在裂缝壁面形成不均匀的刻蚀形态，从而增加酸蚀裂缝的导流能力；前置液与酸液的大量泵入，可有效降低井筒及地层温度，从而降低酸岩反应速度，增大酸液有效作用距离。多级注入酸压裂工艺技术常与闭合酸化工艺联合使用。适用于低渗储层或滤失性大的储层。

（5）泡沫酸酸压裂工艺技术

泡沫酸酸压裂工艺技术是在盐酸中加入气体（N_2或CO_2），再加入起泡剂形成泡沫酸，通常气体含量为65%～85%，酸液体积15%～35%，表面活性剂0.5%～1%。其优点为：降低了酸岩反应速度；对水敏性地层伤害小；黏度高，可悬浮不溶性颗粒；能有效控制酸液滤失，增加有效酸蚀裂缝长度。缺点为：对酸压裂施工设备要求高，施工压力大，成本高，只适用于中浅井的油气井改造。

（6）闭合酸化工艺技术

闭合酸化工艺是在酸压裂裂缝闭合后，根据酸液流动遵循最小阻力的原理，在低于裂缝延伸压力的条件下，低排量注入酸液以进一步加深已经形成的酸蚀沟槽。从而进一步增加近井酸蚀裂缝的导流能力。闭合酸化工艺技术常与其他酸压裂工艺联合使用，如稠化酸酸压裂闭合酸化工艺技术、多级注入酸压裂闭合酸化工艺技术，追求长的有效酸蚀裂缝和高的近井裂缝导流能力，以达到好的增产效果。

6. *考虑酸蚀蚓孔的酸压设计模型*

酸压设计模型主要包括：井筒温度场模型、工作液滤失计算模型、裂缝几何尺寸计算模型、酸岩反应模型等，其中酸液滤失和酸岩反应是酸压设计的核心模型，这里加以介绍。

（1）酸压工作液滤失量计算

实际酸压施工中，酸液滤失是由裂缝壁面向基质滤失和酸蚀蚓孔滤失两部分组成的。酸蚀蚓孔的滤失是主要因素，是由酸蚀蚓孔形成引起的蚓孔体积扩展和酸液向酸蚀蚓孔壁面滤失组成。酸压中酸液总滤失应表示为：

$$V_{\mathrm{t}} = V_{\mathrm{af}} + V_{\mathrm{aw}} + V_{\mathrm{av}} + V_{\mathrm{tip}} \tag{8—27}$$

式中 V_{t}——酸液总滤失；

V_{af}——酸液裂缝壁面滤失；

V_{aw}——酸液蚓孔壁面滤失；

V_{av}——酸蚀蚓孔体积增量；

V_{tip}——蚓孔端部滤失。

（2）三维酸液流动反应模型

假设：酸液密度均匀，忽略自然对流对传质的影响；氢离子传质系数与浓度无关。考虑酸液沿缝长、缝高方向的运移以及酸液在裂缝宽度、高度方向对流扩散的酸液三维流动反应数学模型为：

$$-\frac{\partial (Cv_{\mathrm{x}})}{\partial x} - \frac{\partial (Cv_{\mathrm{y}})}{\partial y} - \frac{\partial (Cv_{\mathrm{z}})}{\partial z} + \frac{\partial}{\partial y}\left(D_{\mathrm{e}}\frac{\partial C}{\partial y}\right) + \frac{\partial}{\partial z}\left(D_{\mathrm{e}}\frac{\partial C}{\partial z}\right) - \frac{\partial C}{\partial t} = 0 \tag{8—28}$$

边界条件：

$$\begin{cases} x = 0 \quad C = C_{\mathrm{inj}} \\ y = 0 \quad \dfrac{\partial C}{\partial y} = 0 \\ y = \pm\dfrac{W}{2} \quad (C_1 - C_{\mathrm{B}})v_1 + D_{\mathrm{e}}\dfrac{\partial C}{\partial y} + k(1-\phi)(C_{\mathrm{B}} - C_{\mathrm{eq}})^m = 0 \end{cases} \tag{8—29}$$

式中　C——酸液浓度，mol/L；

v——酸液流速，cm/s；

D_e——有效传质系数，cm^2/s；

m——反应级数，无量纲；

k——反应速度常数，cm/s；

C_B——壁面酸浓度，mol/L；

C_1——滤失酸浓度，mol/L；

C_{eq}——平衡酸浓度，mol/L；

v_1——滤失速度，cm/s。

三维酸压模型的求解必须结合裂缝内三维酸液流速场模拟来完成。

7. 酸压增产效果预测

酸压施工中形成的酸蚀蚓孔对流体渗流影响较大，导流能力应是酸压裂缝与酸蚀蚓孔的综合。

（1）理想酸蚀裂缝宽度

当酸压施工时有酸蚀蚓孔生成的情况下的理想裂缝宽度：

$$w_i = \frac{x(V - \Delta V_{awh})}{2(1-\phi)hL} \tag{8—30}$$

式中　w_i——酸蚀理想缝宽，m；

V——注入酸总体积，m^3；

x——酸的体积溶解能力，m^3/m^3；

L——酸液有效作用距离，m；

ΔV_{awh}——酸蚀蚓孔扩展所消耗的酸量。

（2）酸蚀裂缝导流能力

Nierodo 和 Kruk（1973）推导的导流能力的经验方程：

$$(wK)_{eff} = C_1 \exp(-C_2\sigma)$$

其中　$C_1 = 0.256wK_{fi}^{0.822}$

$$C_2 = \begin{cases} (36.82 - 1.885\ln S_{RE}) \times 10^{-3} & 0\text{MPa} < S_{RE} < 138\text{MPa} \\ (9.1 - 0.406\ln S_{RE}) \times 10^{-3} & 138\text{MPa} < S_{RE} < 3450\text{MPa} \end{cases} \tag{8—31}$$

式中　σ——有效应力，psi；

S_{RE}——岩石嵌入强度，psi；

wK_{fi}——导流能力，$10^{-3}\mu m^2 \cdot in$。

（3）考虑酸蚀蚓孔的酸压储层综合渗透率

1）裂缝渗透率的计算：

$$K_f = \phi_f b^2 \cdot \frac{10^8}{12} = 8.33 \times 10^6 b^2 \phi_f \tag{8—32}$$

式中　b——裂缝宽度，m；

ϕ_f——裂缝孔隙度；

K_f——裂缝渗透率，μm^2。

2）考虑酸蚀蚓孔效应的基质渗透率：

$$K_w = \frac{\pi}{128L_{fe} \cdot H_f} \sum D_i^4 \tag{8—33}$$

裂缝—基质系统的渗透率可用基质渗透率 K_m 和裂缝渗透率 K_f 的叠加来表示

$$K_t = K_{mw} + K_f \tag{8—34}$$

这里 $K_{mw}=K_w$，即酸蚀蚓孔生成后，基质发生改变后的渗透率。

第六节　高能气体压裂投产技术

一、高能气体压裂机理

1. 概述

国内外多年的实践证明，爆炸产生的尖压力脉冲的增产效果远小于平缓的压力脉冲，也就是说炸药爆轰的增产效果远小于火药燃烧。炸药的燃烧速度以 km/s 计，点火后会形成爆轰波：火药的燃烧速度以 mm/s 计，最大也不超过 10m/s，炸药的反应速度与环境条件无关，而火药的燃烧速度受环境的温度和压力的影响。黑索金、奥克托金是炸药，而枪药、炮药是火药，火箭燃料近似于火药。火药的燃烧速度虽然远较炸药慢，但火药燃烧造成的升压速率比水力压裂还是要快得多；水力压裂的升压时间以分计，而高能气体压裂（HEGF）的升压时间以毫秒计，见图 8—49。理论计算和现场实验都证明，随着井筒内升压速率的增高，在井附近不仅在垂直最小地应力方向产生两条缝，而是产生多条径向缝，在离井筒较远处，这些径向缝仍按最大主应力方向延伸。裂缝条数主要取决于升压速率（见图 8—50）。

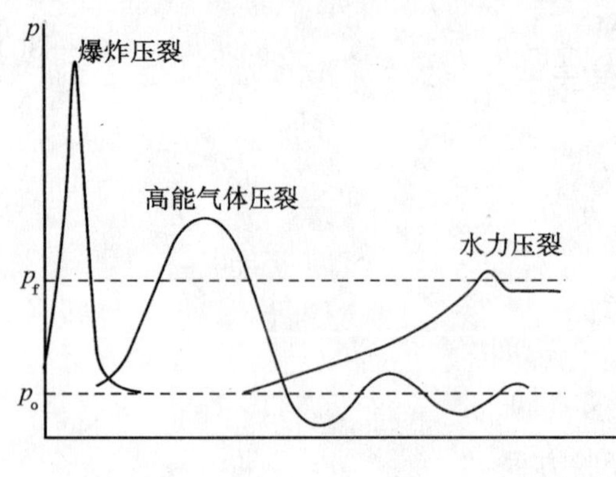

图 8—49　各种压裂升压速率

表 8—33 是 1980 年美国 Schmidt 在内华达核试验基地坑道内针对水平套管井所做的试验证明，裂缝的条数取决于升压速率，而井内爆炸会在井筒附近形成破碎带和压实带，不能显著提高井附近的渗透率。

2. 成缝条件

只要井内压力高于岩层最小主应力，岩石就会产生裂缝。如果井内升压速度很高，所产生的缝不足以宣泄井内压力，势必就会产生第二条裂缝。如果第二条裂缝仍不能宣泄井内压力则就要产生第三条裂缝等。但是判断裂缝生长速度，对于岩石这样的非均质体是很困难的，一般认为裂缝生长的最大速度约为岩石内横波速度的一半。

前苏联学者热尔托夫给出了一个弹性静力学的标准。高能气体压裂在井中造成的压力高于水力压裂的压力，并有可能超过了岩石的弹性极限。这就使得卸载时会产生永久变形（图 8—51），于是在地层中产生一定缝宽的残留缝（图 8—52）。

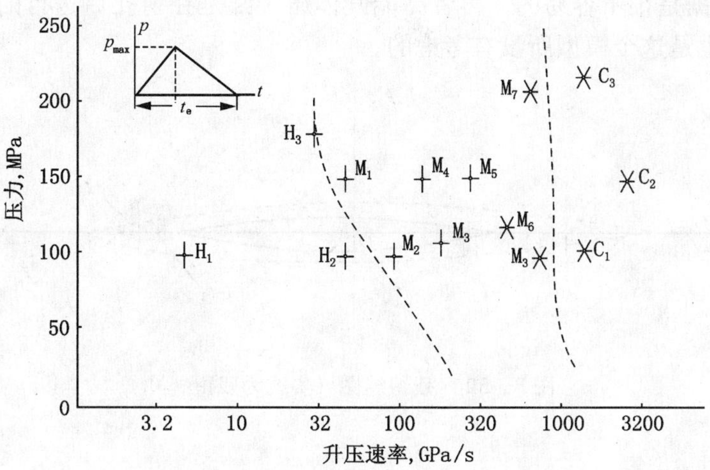

图 8—50　裂缝类型与加载速率关系

表 8—33　压力载荷特性与裂缝特性的关系

实验名称	峰　压 10^6Pa	加压速率 10^7Pa/s	脉冲时间 ms	裂　缝　特　性
GF1	13	0.6	900	水力压裂 GF_1
GF2	95	140	9	多裂缝 GF_2
GF3	＞200	＞10，000	1	爆炸 GF_3
实验 E	250	430		1m

假设加载与卸载的泊松比相同，起裂标准可以表示为：

$$\frac{p-p_{\mathrm{f}}}{\sigma_{\min}} \geqslant \frac{E_2/E_1}{E_2/E_1-1} \qquad (8—35)$$

式中　p——井底压力，MPa；

p_{f}——地层压力，MPa；

$\sigma_{\min}$——地层最小主应力，MPa；

E_2——卸载时的弹性模量，MPa；

E_1——加载时的弹性模量，MPa。

这个模型的明显缺点是没有考虑到在升压速度较高时在地层内产生就不是一条缝。此外要想获得有充分代

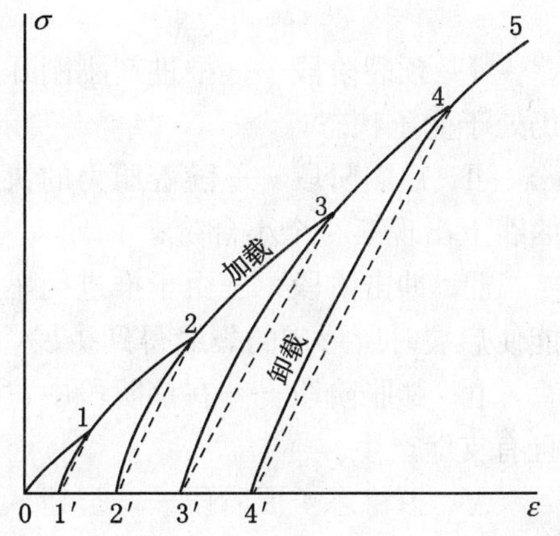

图 8—51　岩石应力 σ 与应变 ε 关系

表性的 E_1、E_2 数据是很不容易的。再者高能气体压裂都是在射孔后进行的，此时地层中已有许多微裂缝，也是这个模型所没有考虑的。

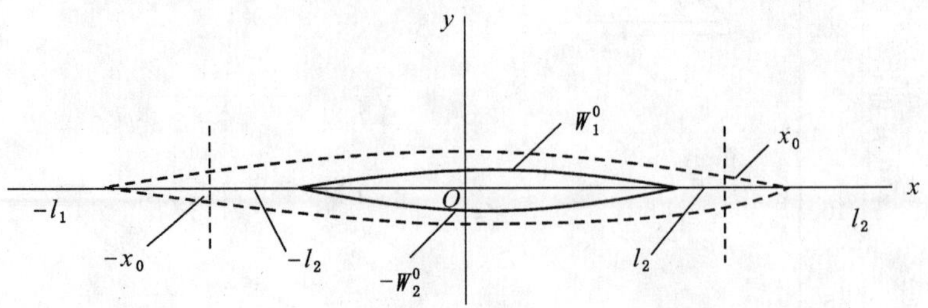

图 8—52 残留缝图（实线为残留缝）

3. 启裂机理

推进剂燃烧所产生的高能气体具有三种能量：1）冲击能；2）膨胀能；3）热能。而热能对造缝作用影响不大，主要是膨胀能和冲击能，这两种能量在高能气体压裂过程中所起的作用分为五个阶段（图 8—53）：

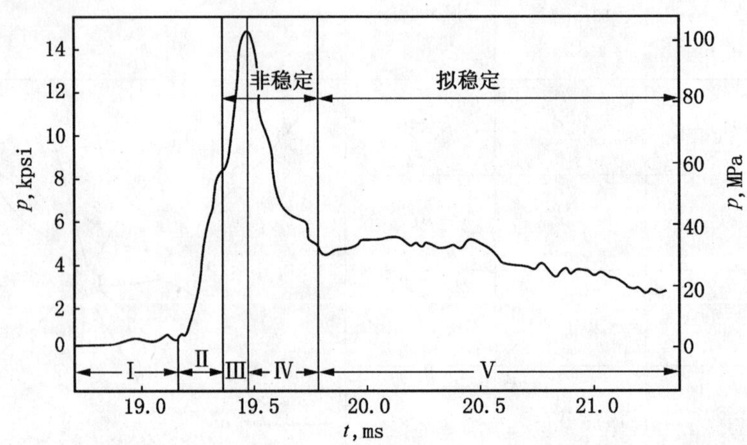

图 8—53 火药弹在充满水的井内燃烧时压力变化（实测 $p—t$ 曲线）

Ⅰ. 预裂阶段——推进剂刚刚开始燃烧，产生的气体使井眼内有所增压，井壁周围岩石仍处于受压状态；

Ⅱ. 启裂阶段——随着压力的快速上升，井壁岩石开始启裂形成多裂缝，在压力—时间曲线上出现第一个小台阶；

Ⅲ. 冲击阶段——由于推进剂燃烧速度的加快，压力迅速上升，冲击能再加上部分膨胀能使启裂时所形成的裂缝得到扩展，此时的压力，通常称为峰值压力；

Ⅳ. 膨胀阶段——在该阶段中，压力不但不上升反而逐渐下降，此时裂缝高速扩展，并且有支缝产生。

Ⅴ. 拟稳态扩展阶段——裂缝从非稳态扩展进入拟稳态扩展，裂缝延伸转变为水力裂缝的方位。

相应的裂缝传播过程如图 8—54 所示。

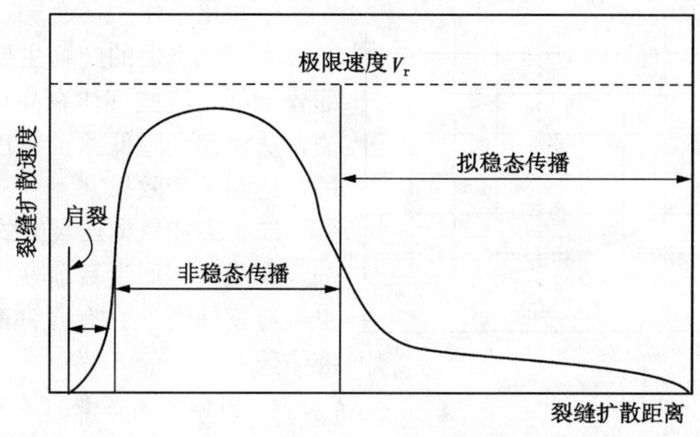

图 8—54　裂缝传播示意图

4. 裂缝自行支撑理论

高能气体压裂施工中虽然未加支撑剂，但实践证明裂缝不会自行闭合，除了上述的塑性变形理论外还有以下两种观点：

（1）剪切错位支撑

如图 8—55 所示，高能气体压裂形成的多条径向裂缝是随机的，有的不垂直于最小主应力。在切应力 τ 作用下，裂缝两侧产生相对移动，加上岩石的剥落颗粒的支撑，使其形成自行支撑的裂缝。

（2）“岩石骨架松动”理论

该理论认为岩石骨架所受切应力与岩石垂直应力 σ_1 和水平应力 σ_2 之差成正比。在切应力作用下岩石颗粒错位，使孔隙度和渗透率增加。如切应力很高，进入塑性变形区，产生永久变形，虽无支撑裂缝也不闭合。

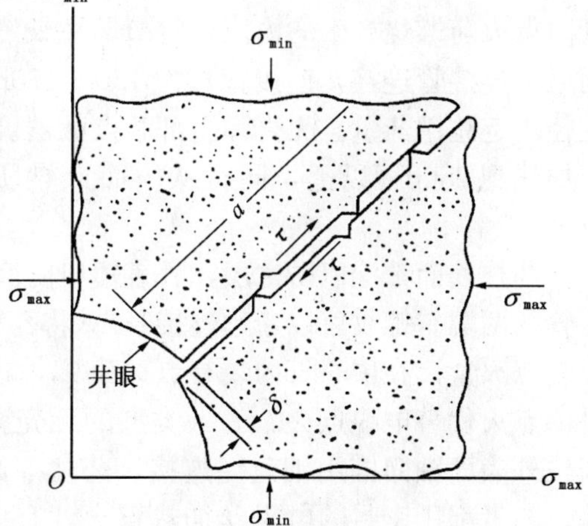

图 8—55　裂缝自行支撑

5. 高能气体压裂作用

（1）压缩和冲击作用

前面已经叙述了火药或推进剂燃烧产生的高压气体的压缩和冲击作用。

（2）水力振荡作用

压裂弹是在井中存在液柱条件下引燃的，随着高温、高压气体的膨胀将会推动井中液柱向上运动，而随着体积增大气体压力又会下降，从而引起液柱向下运动。液柱向下运动压缩火药燃烧产生的气体，除部分流入地层外，会造成压力升高，又把液柱推上去，如此产生压力周期衰减波动。这种压力周期波动有助于裂缝形成和清理油层堵塞。

（3）高温热作用

高能气体压裂施工后的井温测量表明，在火药弹点燃后的一段时间内，井温可升高到 500～700℃，开始下降很快，以后在几个小时内变慢（图 8—56），足以熔化沉淀在油井附近的石蜡与沥青，同时降低油的黏度。

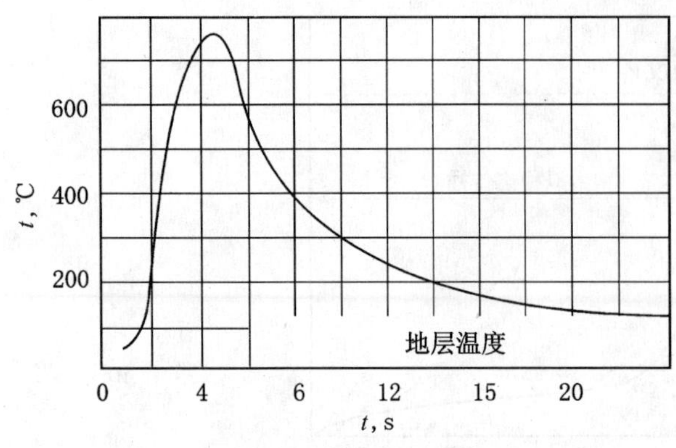

图 8—56　压裂过程中井内温度与时间关系曲线

(4) 化学作用

火药燃烧后的产物主要是 CO_2、N_2 和部分 HCl，这些气体在高压下都会溶于原油，从而起到降低原油黏度和表面张力作用，达到增产效果。

二、高能气体压裂方式及适用条件

高能气体压裂目前使用的压力发生器主要有三种类型：有壳弹药、无壳弹药和液体药。

1. 固体火药压裂（有壳、无壳）

(1) 有壳弹

有壳压弹有金属外壳能重复使用。弹的金属外壳是一内部装点火盒和药柱的厚壁圆管。该弹装（见图 8—57）用电缆传输，磁定位确定点火位置，通过电缆地面点火。具有施工安全、成本低、周期短、易下井等优点。但由于有金属外壳，装药量少，现在已很少使用。

(2) 无壳弹

弹为中心有一个 ϕ20～25mm 孔的火药或推进剂药柱，孔中固定一根合金铝管，合金铝管和药柱的两端面的间隙用密封胶密封，铝管的强度既要能承受压挡水柱的外压，又能承受管内点火药燃烧产生的内压。每节药柱长度为 500mm，铝管长度为 510mm，每两节药柱之间通过连接管连接，连接管长为 130～150mm。根据地层破裂压力和挡水柱高度、射孔数、孔径决定总用药量。无壳弹上部装点火器。点火器点燃无壳弹铝管内的辅助点火药，把中心管加热到 2800℃以上，同时从内面点燃所有推进剂药柱。无壳弹的典型结构如图 8—58 所示。

药柱表面都涂以防水层，外表覆以防磨损的保护层 7 的药柱 6 装在铝制中心管 8 上，中心管的两端有螺纹可以通过连接管 10 将药柱连在一起，药柱的底部拧死丝堵头 11，电缆头内装点火盒。在中心管内装有点火药 9，如果用油管送弹，则用撞击点火器代替电缆头，用投棒点火代替电缆点火。另一类型的无壳弹（前苏联称之为 АДС 型），没有密封外壳，靠药柱外表面轴向槽用钢丝绳连接，药柱下面有托盘托住，有的药柱有中心孔，有的无中心孔，二者都用密封的电阻丝加热点火，有中心孔的底部还装有点火器。药柱开始是端面燃烧，随后变成全面燃烧。这类火药压力发生器一次用药量比装有中心孔的无壳压力发生器高 20%～40%。我国尚没有生产和使用这种类型的压力发生器，这类压力发生器升压速度快，火药气的温度高，适用于稠油井。

2. 液体药压裂

高能气体压裂广泛使用的无壳弹有下列缺点：

1) 由于采用内面燃烧，增加药量仅能提高升压幅度，不仅不能延长作用时间，由于压力升高、燃速加快，作用时间还会缩短；

2) 在定向井、丛式井中起下困难，实际上也很难产生所需的升压过程；

3) 使用端面燃烧可以延长作用时间，但降低了升压幅度，以致达不到增产目的；

高能气体压裂一般用药量小于 100kg，缝长小于 10m。

因此从 1986 年起俄罗斯开发研制了液体药。液体药必须满足的要求是：

1) 能用无壳弹点火。

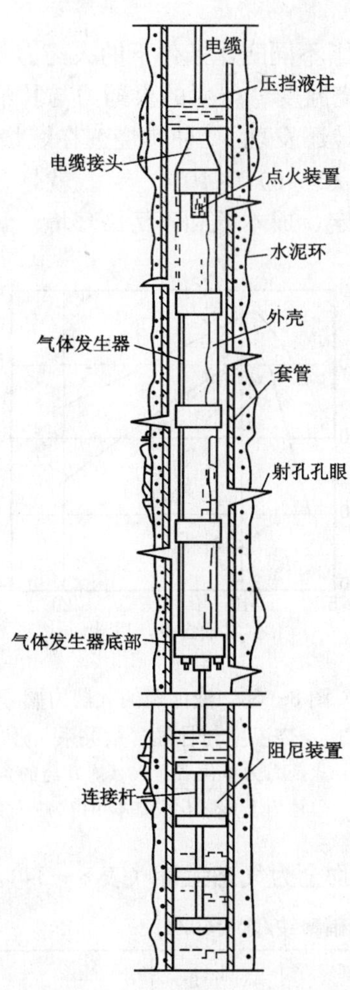

图 8—57　有壳压力发生器

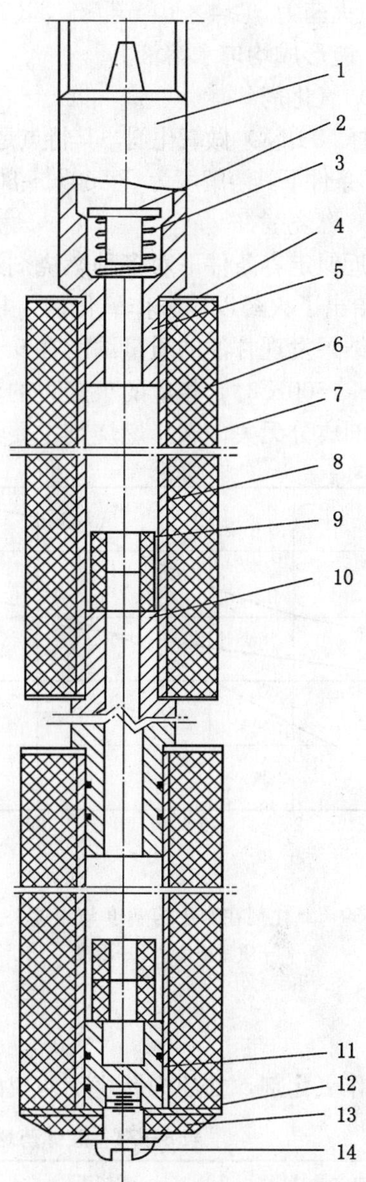

图 8—58　无壳弹的典型结构

1—密封塞；2—点火器；3—弹簧；4—压盖；5—“O” 形密封圈；6—推进剂药剂；7—保护层；8—中心管；9—辅助点火药；10—连接管；11—尾堵；12—底盖；13—缓冲块；14—螺栓

2）在很宽的压力、温度范围内能稳定燃烧。

3）黏度低，对地层有热作用。

4）原料及燃烧产物安全、无毒。

5）成本低。

6）火药力 $f \geqslant 4 \times 10^5 m^2/s^2$　（$T \geqslant 1300K$），（固体药的火药力约为 $10^6 m^2/s^2$）。

7）能形成均匀水溶液。

（1）氧化剂

选择 NH_4NO_3 做氧化剂，其特点是安全无毒，在水中的溶解度最高（图 8—59）。在 $20℃ \leqslant T \leqslant 60℃$ 条件下其溶解度为 $C=60\%\sim80\%$（质量）。因此 NH_4NO_3 与水的质量比为 60∶40。

（2）燃烧剂

在近似定容条件下对多种燃烧剂进行了筛选，并作了不同配比条件下的火药力测定。图 8—60 给出了火药以硝胺作氧化剂，甘油作燃烧剂的燃烧温度、产生的火药力与甘油浓度的关系。结果发现甘油的质量浓度在 9%时的火药力最高。还发现 12 种燃烧剂在燃烧温度 $T_r = 1300\sim1500K$ 时，相应的火药力的变化范围很窄 $f=（5\sim6）\times 10^5 m^2/s^2$。就是燃烧特性与燃烧剂成分无关。选择燃烧剂主要考虑安全、燃烧稳定、成本低和不污染环境。

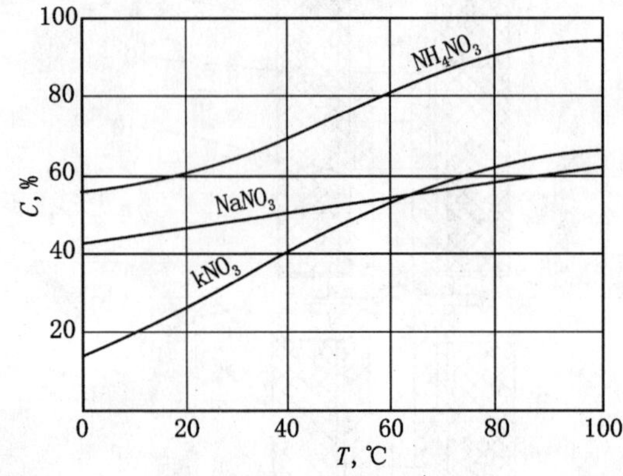

图 8—59　氧化剂在水中溶解度与温度关系曲线

C—质量浓度；T—温度

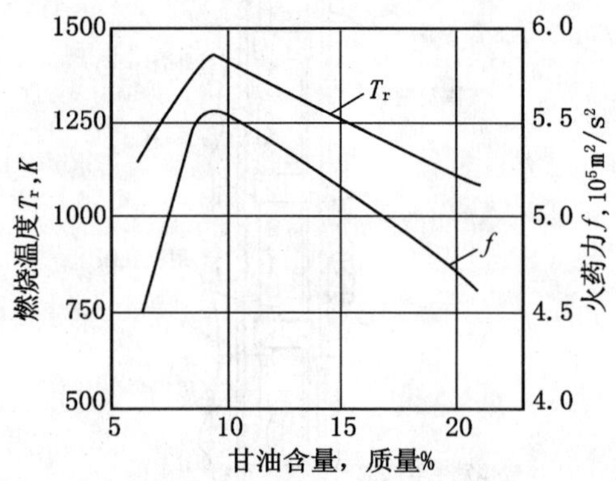

图 8—60　液体药的火药力燃烧温度与甘油含量关系

注：火药力为单位质量火（炸）药的含能量，单位为 J/kg，化成基本单位为 m^2/s^2。

以硝胺作氧化剂，甘油为燃烧剂构成的液体药的燃烧产物全为气态无毒（表 8—34）。

表 8—34　液体药燃烧产物的计算成分（硝酸铵/水＝60/4）

甘油含量，%	燃烧产物		CO_2	CO	H_2O	N_2	H_2
9	摩尔质量	kg	2.93	0.003	37.74	6.82	0.020
		%	12.89	0.008	67.93	19.10	0.004
10	摩尔质量	kg	3.11	0.15	37.11	6.75	0.70
		%	13.68	0.42	66.80	18.90	0.14
12	摩尔质量	kg	3.47	0.44	35.86	6.60	2.08
		%	15.27	1.23	64.55	18.48	0.42

根据研究，液体药的火药力可达（6.17～7.35）$\times 10^5 m^2/s^2$，而固体火药的火药力为（8.33～9.31）$\times 10^5 m^2/s^2$，即液体药做功能力为固体药的 2/3，但成本低。

用氧化剂：燃烧剂：水为 6∶1∶3 的液体药做密闭爆发器试验证明，点燃液体药后压力明显升高，且点火压力高、压力升高值高而稳定。表 8—35 给出了密闭爆发器实验结果。

表 8—35　密闭爆发器实验结果

药号	序号	装药密度 g/mL	点火药 W_B g	点火压力 p_B MPa	最高压力 p_m MPa	达到 p_m 的时间 T_m ms
1#	1	0.20	硝化棉粉 2	21.57	27.56	20.21
	2	0.20	硝化棉粉 2	21.57	26.03	21.30
	3	0.12	硝化棉粉 2	20.40	27.65	64.28
	4	0.12	硝化棉粉 2 双基药 1	50.11	110.82	338.5
3#	1	0.20	硝化棉粉 2 双基药 1	52.66	173.09	425.71
	2	0.20	硝化棉粉 2 双基药 1	52.66	91.99	468.12
	3	0.20	硝化棉粉 2 双基药 2	63.25	202.99	195.16
	4	0.20	硝化棉粉 2 双基药 2	63.25	209.37	180.87
	5	0.12	硝化棉粉 1 双基药 2	40.11	90.91	71.10
	6	0.12	硝化棉粉 1 双基药 2	40.11	90.61	442.35
	7	0.12	硝化棉粉 2 双基药 2	50.11	101.79	363.44

（3）安全性

1）20 次对比实验证明液体药对摩擦不敏感。

2）实验证明放电压达 600kV，能量达 4.2MJ 条件下液体药未点火。

3）按照 гост 4545－80 冲击敏感试验标准试验，无一例点燃。

4）用火药包经电阻丝加热点火证明液体药只沸腾不起火。

5）液体药经爆轰不起火。

（4）反应机理

水加氧化剂加燃烧剂产生高速化学反应分三步进行：氧化剂热分解、燃烧剂的热分解、氧化剂与燃烧剂热分解产物进行化学反应并产生热量。

而硝胺的分解温度 $T\approx290\sim300$℃，甘油的分解温度 $T\approx220\sim230$℃，就是说液体药只有加热到 300℃以上化学反应才能开始。

所以在地面条件下液体药不可能点燃，因为超过 100℃水就蒸发了。因此要点燃液体药的初始压力要在 12～14MPa（此时水的沸点为 290～300℃）。

点燃液体药的第二个条件是产生的热量足够将水加热到沸点并启动新的化学反应。

实验结果（图 8—61）也证明了这一点。

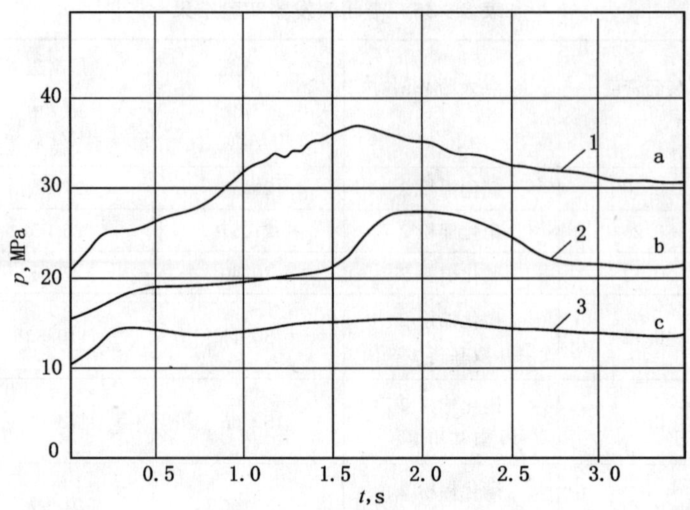

图 8—61　密闭爆发器内液体药燃烧的压力—时间过程

1—初始压力 20MPa；2—初始压力 15MPa；3—初始压力 12MPa

（5）液体药的点火

实验证明在点火压力为 12～14MPa 的半封闭条件下点火药必须有足够能量点燃液体药。根据研究，点火药量与液体药的比例是 1∶5，液体药形成稳定燃烧所需能量为 670kJ/kg。

设一次使用 1t 液体药，若套管内径为 124mm，液体药密度为 1.296g/cm^3，则液体药在套管中的长度为 62.22m。标准的无壳弹药柱一节长 500mm、外径 90mm、质量 5kg，二节药柱长度为 1m，质量 10kg。其上下 1m 及周围的液体药质量为 40kg（固体药柱波及长度 3m）。此段液体药燃烧产生的热量可以在 40s 内将 60m 的液体药柱点燃并产生 60～70MPa 压力，压出缝长 25～50m 长。

（6）下井工艺

1）所需工具及设备：通井机、油管、3～5m^3 有盖的罐（也可用水罐车代替）、带加热盘管及搅拌器的 1～3m^3 的罐、蒸汽发生器、水泥车、射孔车（电缆起下点火器用）、地层测试及套管水泥环质量测井仪器。

2）隔离液：为了避免液体药与井中流体相混而改变性能，液体药顶、底部均需与井中流体隔开，且不能妨碍点火器的下入。很明显上隔离液密度应较液体药小，下隔离液密度则应大于液体药，隔离液本身不能与井中流体及液体药互溶。可采用 $CaCl_2$ 水柴油乳化液，用重晶石粉控制密度。

3）下井工艺流程：

①起出原井下管柱并刺洗干净；检查油管损伤情况，更换不合格油管。

②用 ϕ59mm×500mm 通管规通油管。

③下 ϕ118mm×1500mm 通井规通井至人工井底。

④用 0.2%的活性水大排量冲砂洗井至人工井底。

⑤向井内填砂至射孔段底部。

⑥按设计要求下液体药起爆管柱，起爆器顶端接筛管于管柱底部，向上每 20m 加油管扶正器 1 个。

⑦先用清水灌满井筒，然后用水泥车泵入隔离液，接着泵入配制好的液体药，再将剩余的隔离液泵入，最后按设计泵入一定量的清水，送液体药到油层设计位置。

⑧上提管柱 11.0m。

⑨敞开井口（即油套管口全开）投棒引爆，成功后起出管柱及附件。

⑩按原井数据下生产管柱。

表 8—36 为新疆火烧山油田液体药处理结果。

表 8—36　新疆火烧山油田液体药处理结果

序号	井号	井别	套管规格 mm	射孔层段 m	射厚 (m)/层数	孔密 孔/m	装药量 kg	增产效果，t/d			
								施工前		施工后	
								液	油	液	油
1	H1141	油井	177.8	1633～1646	13/1	26	800	3.3	2.8	6.6	5.0
2	H1425	油井	139.7	1548～1580.5	27.5/3	16	800	1.7	0.7	8.6	1.6
3	H2442	油井	177.8	1566～1593	9.5/3	16	860	2.9	2.1	4.6	3.4
4	H1421	油井	139.7	1598.5～1630	12/4	26	1080	3.1	3.0	8.6	6.0
5	H1128	油井	139.7	1482.5～1528	11.5/3	20	1000	0	0	3.6	3.1

3. 高能气体压裂适用条件

(1) 适用岩性

适用于灰岩、白云岩和泥质含量较低（小于 10%）的砂岩等脆性地层，不适用于泥岩和泥质含量高的砂岩、泥灰岩。胶结疏松的砂岩压后可能引起严重的出砂问题，应慎重对待。

用液体药压裂的具体条件是：

孔隙度，%　　3～25

渗透率，μm^2　　<0.05～0.3

含油饱和度，%　　不低于 30

泥质含量，%　　不高于 30

地层厚度，m　　不大于 150

地层压力　　不比原始地层压力低 60%

孔密，孔/m　　16～30

距水层距离，m　　不低于 15～20

固井状况 射孔段及以上 150～200m 套管无损伤及水泥胶结良好。

井深则应大于 1000m。如果用尿素作燃烧剂的液体药在井深大于 500m 的井中即可使用。

(2) 高能气体压裂施工条件

1) 施工前应洗井、冲砂、清除井壁结蜡及套管壁上的水泥。最好进行一次试井，求得表皮系数、地层渗透率及产液（吸水）剖面。

2) 最好先进行酸处理或酸浸。

3) 射孔段以上 200m 以内用地层水或 NaCl、$CaCl_2$、$CaBr_2$、$ZnCl_2$ 的表面活性剂溶液顶替井中液体。

4）若油层为裂缝性碳酸岩地层，建议在射孔段替入油酸乳化液，乳化液的用量为每次 $5\sim6m^3$。若为砂岩油层，也可在射孔段替入盐酸或土酸。

5）井口安装射孔闸门（电缆点火）。

6）孔径为 10mm 的射孔，孔密度应达到 20～30 孔/m，不足的应补孔；孔径为 16mm 的射孔，孔密度也应在 10 孔/m 以上。

7）理论与实践都证明，高能气体压裂产生的裂缝多在弹下 2～4m 处靠近地层界面或物性好处生成，所以最好将弹布在处理层上方 2～4m 处。

8）如果有底水，在水泥环胶结良好的前提情况下，弹底距射孔段底部至少 5m。

9）施工时井内液面离井口 50～60m 为宜。

三、高能气体压裂设计

压裂弹在井内的工作过程可用含有火药燃烧规律方程、考虑了压缩性和水力阻力的井内流体运动方程、孔眼节流方程、驱替液体进入地层和火药气流入随之形成并延伸的裂缝的方程等组成的微分方程组来模拟（图 8—62）。

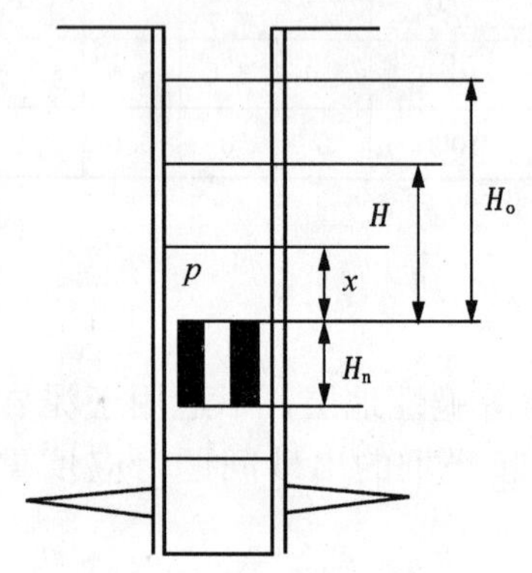

图 8—62　井筒结构图

1. 火药的燃烧

管状药的燃烧过程可用相对燃烧厚度的概念（$z=e/e_0$）和火药燃烧规律（$u=A\cdot p$）来描述：

$$\frac{dz}{dt}=\frac{d(e/e_0)}{dt}=u/e_0=A\cdot p/e_0 \qquad (8—36)$$

在这里，$z=e/e_0$ 是管状药的相对燃烧厚度 e_0 为弹的肉厚。弹的点燃部分的相对质量为：

$$\psi=z[1+\lambda(z-1)];$$

当内面燃烧时：$\lambda=e_0/(e_0+d_0)$

当外面燃烧时：$\lambda=-e_0/(e_0+d_0)$

当双面燃烧时：$\lambda=0$

d_0 是管状药的内孔径。

2. 井内液体的运动方程

对于气液界面：

$$\frac{dx}{dt}=2v \qquad (8—37)$$

式中　x——气液界面的位移；

v——液柱质量中心的速度。

液体沿井筒运动的微分方程式：

$$\frac{dv}{dt}=\frac{p-p_0}{\rho_0 c_0 t}-\frac{v}{t}-\frac{\beta v^2}{2D} \qquad (8—38)$$

式中　β——阻力系数；

ρ_0——可压缩液体的密度；

p_0——施工井段的静水压力；

D——井径；

$c_0=\dfrac{\mathrm{d}H}{\mathrm{d}t}$——弱压缩波在井中的传播速度，近似等于音速；

H——压力扰动在井内液体中传播距离。

3. 压力与时间的关系式

$$\frac{\mathrm{d}p}{\mathrm{d}t}=\frac{(f-p/\rho_n)m\dfrac{\mathrm{d}\psi}{\mathrm{d}t}p\gamma-(\gamma-1)q-\gamma p_{\mathrm{Tg}}\dfrac{\mathrm{d}V_{\mathrm{Tg}}}{\mathrm{d}t}}{V_\psi+xS+V_{\mathrm{T}}\dfrac{(1-\alpha)p_{\mathrm{Tg}}+2\rho_0\alpha}{2p_{\mathrm{Tg}}-(1-\alpha)p}} \tag{8—39}$$

$$V_\psi=\frac{\pi d_0^2}{4}H_0+m(1/\rho_n-\alpha)\psi \tag{8—40}$$

式中 p——燃烧产物形成的气泡内的压力；

q——燃烧产物的热流量；

d_0，H_0——弹的内径和高度；

ρ_n，α——火药的密度和余容；

f——火药力；

m——火药弹质量；

γ——燃烧产物烧产物的多变指数；

V_ψ，V_{T}——火药弹燃烧部分所释放出的体积和挤入裂缝的液体体积；

S——井的横截面积；

x——弹以上火药气所占井段的高度；

V_{Tg}——火药气体积。

套管外压力 p_1，亦即将液体压入裂缝的压力的公式：

$$p_1=p-\frac{\rho_0}{2n^2h^2S_0^2}\left(\frac{\mathrm{d}V_{\mathrm{T}}}{\mathrm{d}t}\right)^2\left(1-\frac{n^2h^2S_0^2}{S}\right) \tag{8—41}$$

式中 n——射孔密度；

S_0——一个孔的截面积；

h——裂缝的高度。

形成的垂直缝长为：

$$L_{\mathrm{T}}=\sqrt{\frac{EV_{\mathrm{T}}}{5.6(1-\mu_0)(p_1-2p_0)h}} \tag{8—42}$$

形成的垂直缝宽为：

$$w=\frac{4(1-\mu_0)(p_1-2p_0)L_{\mathrm{T}}}{E} \tag{8—43}$$

式中 μ_0——岩石的泊松比；

h——裂缝的高度；

E——岩石的弹性模量。

由于火药弹下端的液体被挤入裂缝，火药弹下端的气液界面的下降量为 $H_T = \frac{V_T}{S}$；如果 $H_T \leqslant y_T$，则流向裂缝的仅是液体。

挤入垂直裂缝的液体流量的表达式：

$$\frac{\mathrm{d}V_T}{\mathrm{d}t} = 22\left(\frac{p_1 - 2p_0}{E}\right)^{8/7}\left(\frac{p_1 - p_0}{\rho_0}\right)^{4/7}\frac{h^{3/7}V_T^{4/7}}{\nu^{1/7}} \tag{8—44}$$

式中 V_T——流向裂缝的液体的体积；

ν——液体的运动黏度。

4. 挤入垂直裂缝的气体流量的表达式

如果 $H_T > y_T$，则当 $\frac{\mathrm{d}V_T}{\mathrm{d}t} = 0$ 时液体停止进入裂缝，火药气开始进入裂缝。低于临界压差时，$p_{Tg}/p > \left(\frac{2}{\gamma+1}\right)^{\frac{\gamma}{\gamma-1}}$ 气体的体积流量为：

$$\frac{\mathrm{d}V_{Tg}}{\mathrm{d}t} = nhS_0\left(\frac{p_{Tg}}{\rho}\right)^{1/\gamma}\sqrt{\frac{2\gamma}{\gamma-1}\frac{p_{Tg}}{\rho}\left[1-\left(\frac{p_{Tg}}{p}\right)^{\frac{\gamma-1}{\gamma}}\right]} \tag{8—45}$$

式中 V_{Tg}——火药气体积。

当超过临界压差时，$p_{Tg}/p < \left(\frac{2}{\gamma+1}\right)^{\frac{\gamma}{\gamma-1}}$，这时的火药气体体积流量为：

$$\frac{\mathrm{d}V_{Tg}}{\mathrm{d}t} = nhS_0\left(\frac{p_{Tg}}{\rho}\right)^{1/\gamma}\sqrt{\frac{2\gamma}{\gamma-1}\frac{p}{\rho}} \tag{8—46}$$

式中 p_{Tg}——套管外裂缝入口处的火药气压力。

$$\rho = \frac{m\psi f}{V_\psi + Sx + V_T + V_{Tg}\left(\frac{p_{Tg}}{p}\right)^{1-\gamma}} \tag{8—47}$$

式中 ρ——火药气的密度。

裂缝入口处的火药气的压力为：

$$p_{Tg} = p\frac{(1-a)}{2}\left[1+\sqrt{1+\frac{4a}{(1-a)^2}\frac{2p_0}{\rho}}\right]$$

$$a = \frac{4w_{Tg}}{\gamma\beta_L\left(L_{Ts} - \frac{V_T}{2w_{Tg}h}\right)} \tag{8—48}$$

式中 L_{Ts}——液体与气体造成的裂缝的全长；

w_{Tg}——缝宽；

β_L——气体与裂缝壁的摩擦系数。

造成的裂缝的全长为：

$$L_{Ts} = \sqrt{\frac{E(V_T + V_{Tg})}{5.6(p_{Tg} - 2p_0)(1-\nu_0^2)h}} \tag{8—49}$$

造成的裂缝的缝宽为：

$$w_{\mathrm{Ts}}=\frac{4(1-\nu_0^2)(p_{\mathrm{Tg}}-2p_0)L_{\mathrm{Ts}}}{E} \tag{8—50}$$

燃烧产物的热流量由下式求出：

$$q(t)=\frac{\mathrm{d}Q}{\mathrm{d}t}=\alpha S_{\mathrm{T}}(T-T_0)$$

式中 T_0——液体初始温度；

T——火药气的温度；

S_{T}——是热交换面积。

热交换系数依下式求出：

$$\alpha=7.36\frac{(\rho\nu)^{0.8}}{D^{0.2}} \tag{8—51}$$

燃烧产物与液体间的热交换面积依下式求出：

$$S_{\mathrm{T}}=\sqrt{\pi(D^2x+D_0^2H)(H_{\mathrm{c}}+x)}; \tag{8—52}$$

式中 H_{c}——火药弹的高度；

D_0——管状药的外径；

D——井径。

根据状态方程求出燃烧产物的温度：

$$T=\frac{p}{f\rho}T_{\mathrm{g}} \tag{8—53}$$

式中 T_{g}——火药的燃烧温度，即爆温。

最后，我们得到了由方程（8—36）、（8—37）、（8—38）、（8—39）、（8—45）、（8—46）组成的微分方程组，z、x、ν、p、V_{T}、V_{Tg}都是时间的函数，它们描述了管状火药弹在充满液体的井中燃烧的全过程。

在初始条件 $t=0$，$x=0$，$\nu=0$，$p=p_0$（这里 $p_0=H_0\rho_0 g$——静水压力）和 $V_{\mathrm{T}}=0$ 下，从这一方程组可以求出井内压力随时间的变化规律以及挤入垂直缝的流体的体积。燃烧产物的压力、套管外流体的压力、上部气液界面通过的距离、上部气液界面的运动速度、火药弹燃烧部分的相对量、裂缝的长度、裂缝的宽度、下部气液界面向下运动的距离、井内温度等十个参数随时间的变化规律。

四、高能气体压裂射孔联作

在射孔弹架内装填钝感发射药团，把带有射孔弹和发射药的弹架装入到射孔枪身里，采用油管起下投棒引爆。射孔弹先在油气层部位造成孔眼。延迟燃烧的枪身内的发射药产生的高温高压气体加大加深孔眼，孔深可达 1～2m，还可沿孔眼形成多条裂缝，裂缝范围可达 2～8m。此技术具有以下特点：

1）增加了高温高压气体的能量利用率。高能气体压裂是在套管中燃烧压裂弹，只有少量气体通过射孔孔眼进入地层。与射孔联作火药燃烧生成气体绝大部分都通过孔眼作用于地层，大大地提高了火药燃烧气体的能量利用率。

2）高能气体压裂与射孔联作简化了施工工艺。射（补）孔与压裂可一次完成，降低了成本。

3）火药燃烧产生的高温高压气体高速射入地层，对射孔孔眼产生冲刷和加深，其效果远远优于单纯的高能气体压裂。

4）可以实现多层位同时施工。

高能气体压裂与射孔联作必须选择对炸药爆炸不敏感的火药，并对火药表面进行钝感处理。

图 8—63 为火箭推进剂与单基药燃烧速度与压力之间的关系，通过火药对爆炸的敏感试验，发现硝化棉单基药对炸药爆炸敏感度最小。因此确定使用硝化棉。

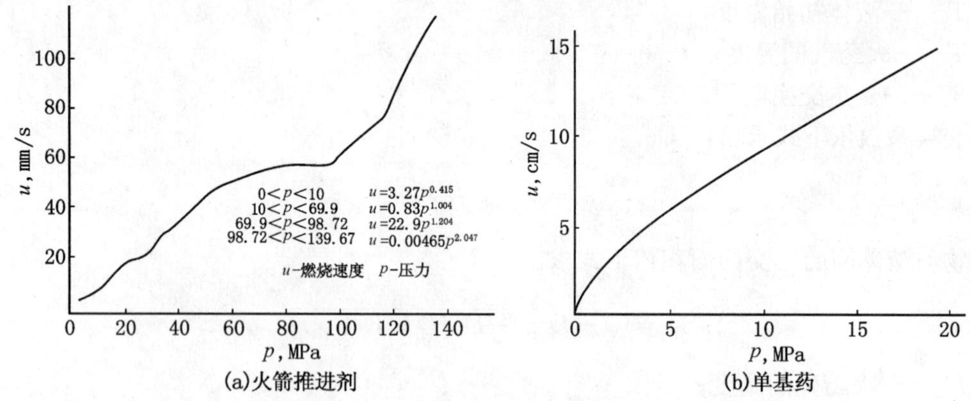

图 8—63 火箭推进剂、单基药燃烧速度与压力之间的关系

五、高能气体压裂测试

测试方法可分为静态测试和动态测试。

1. 静态测试（峰值压力测试）

该方法是利用装在测压器内的铜柱的塑性变形来测定压裂过程中的峰值压力，因而又称铜柱测压。铜柱测压结构简单，但只能近似地测出 HEGF 的峰值压力，而无法获得压裂过程中的压力—时间关系。

图 8—64 为测压器的结构示意图。测定铜柱在压裂过程中的变形，即可确定峰值压力，因而对铜柱材料、机械性质、尺寸、形状都有严格的要求。目前油田压裂过程中常用的铜柱有圆柱形和圆锥形两种 10 个规格（表 8—37）。

表 8—37 铜柱规格表

形状	直径×长度，mm					
圆柱形	3×4.9	4×6.5	5×8.1	6×9.8	8×13	10×15
圆锥形	3×4.9		5×8.1	6×9.8	8×13	

根据现场施工经验，当井深 $L\leqslant 2000$m 时选用圆锥形铜柱 $\phi 5\times 8.1$；当 $2000\text{m}<L\leqslant 4500$m 时选用圆柱形铜柱 $\phi 6\times 9.8$；当 $L>4500$m 时选用圆柱形铜柱 $\phi 8\times 13$。

由于铜柱的变形与压力值并非完全线性关系，因而在出厂前，一般要给铜柱施加一个静压力（预压力），使铜柱的机械性能更加趋于一致，克服因铜柱机械性能的不均匀性带来的误差。预压分一次预压和二次预压。铜柱测压的基本原理实际是基于准静态的过程，而 HEGF 是动态过程。静压可以使铜柱充分变形，而动压却在 1～10ms 内即可达到最大值，且作用时间极短。

为了提高 HEGF 峰值压力测定的准确性，应使选用铜柱的预压值略小于欲测 HEGF 的估计峰值压力。这样，HEGF 的峰压作用在铜柱上，仅产生一个较小的变形。对一次预压铜柱，峰值压力的确定是根据铜柱压缩量查压力对应表得到。我们常用的圆锥形 $\phi5\times8.1$ 和 $\phi8\times13$ 即属一次预压铜柱。表 8—38 为圆锥形 $\phi8\times13$，一次预压的压力值为 44MPa 时的铜柱压后高度及其对应的压力峰值。

表 8—38　圆锥形 ϕ 8×13 铜柱压后高度与压力峰值对应关系表

铜柱压后高 mm	p，MPa									
	0	1	2	3	4	5	6	7	8	9
6.5	196.0	195.5	195.0	194.5	194.0	193.6	193.1	192.6	192.1	191.6
6.6	191.2	190.7	190.2	189.7	189.2	188.7	188.3	187.8	187.3	186.8
6.7	186.4	185.9	185.4	184.9	184.4	184.0	183.6	183.1	182.6	182.1
6.8	181.7	181.2	180.7	180.2	179.7	179.2	178.7	178.3	177.8	177.3
6.9	176.9	176.4	176.0	175.6	175.1	174.7	174.3	173.9	173.5	173.1
7.0	172.6	172.1	171.7	171.3	170.8	170.4	170.0	169.5	169.1	168.8
7.1	168.3	167.8	167.4	167.0	166.6	166.1	165.7	165.5	164.8	164.4
7.2	164.1	163.6	163.2	162.8	162.3	161.9	161.5	161.2	160.6	160.2
7.3	159.7	159.3	158.9	158.5	158.0	157.6	157.2	156.9	156.3	155.9

注：第二行 0～9 为本行首列的第二位小数，例如铜柱压后高 6.52mm，对应压力 195.0MPa。

二次预压后，铜柱在预压值附近塑性变形量与压力值有着较好的线形关系，机械性能更趋于一致。因此，不再需要另附铜柱压力表。二次预压铜柱出厂时，给出一个基本参数“硬度系数 α”，即

$$\alpha=\frac{p_2-p_1}{H_1-H_2}\cdot\frac{1}{100} \tag{8—54}$$

式中　p_1，p_2——第一次、第二次预压压力值，MPa；

H_1，H_2——第一次、第二次预压铜柱高度，mm。

若 HEGF 后铜柱测得的高度为 H，则实际井筒内的燃气压力 p 为

$$p=p_2+\alpha(H_2-H)\times100\quad(\mathrm{MPa}) \tag{8—55}$$

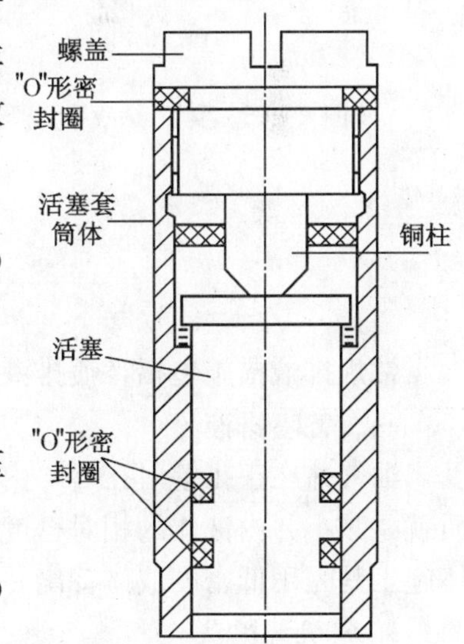

图 8—64　测压器结构示意图

2. 动态测试（井下压力—时间过程测试）

整个压裂过程的优化控制基于井下压力—时间过程数据的取得，即 p—t 过程测试。

目前国内使用的 p—t 测试仪主要有井下存储式 p—t 测试仪与地面直录式 p—t 测试仪。

1）井下存储式 p—t 测试仪：井下存储式 p—t 测试仪由地面仪器和井下仪器两部分组成。地面仪器包括一台微型计算机和一个专门接口，主要实现数据的回放和处理任务。井下

仪器则由撞击导电机构、电子线路、电池组、点火系统、压力传感器和外壳等部分组成。HEGF 下弹结束后，给井下仪器通电。仪器控制模块使点火头与点火电源相连，引爆压裂弹，同时启动采集与记录模块，将火药点燃后造成的井筒内压力变化过程记录下来。压裂结束后，将测试仪器提出井筒，与地面仪器专用接口相连接，读出并处理电子记录模块中的 $p—t$ 过程数据。图 8—65 为 1997 年在大庆油田某井的实测曲线。

2）地面直录式 $p—t$ 测试仪：

该仪器分为两部分，井下数据采集部分与地面记录部分。井下数据采集部分包括压力传感器，压力变送器及其附属电路。地面记录部分包括输入阻抗放大器、转换器、单片机、打印机与点火直流高压发生器等。

当压裂弹及 $p—t$ 测试仪下到目的层位后按下点火系统，同时启动 8 单片机，控制系统开始数据采集工作。图 8—66 为在大港油田采油四厂板 835 井首次下井，成功测得的 $p—t$ 曲线。

评价高能气体压裂的最有效的方法就是比较施工前后的不稳定试井结果。

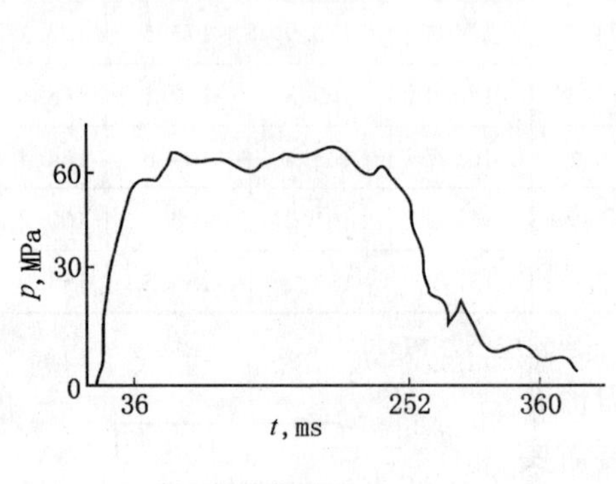

图 8—65 实测 $p—t$ 曲线

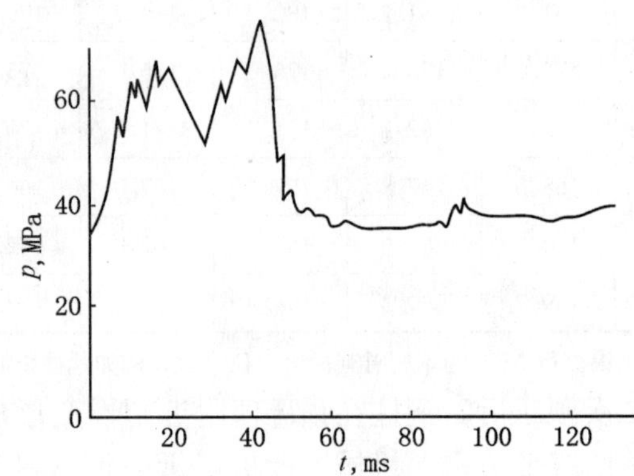

图 8—66 大港板 835 井实测 $p—t$ 曲线

第七节 排液措施

常规排液措施包括替喷排液、抽汲排液、气举排液和泡沫排液。

一、替喷排液

油气井在正压差射孔后，由于液柱压力高于油层压力，油井不能自喷。替喷排液法的实质就是减小井内液体的相对密度，使井内液柱的回压低于油层的压力而达到诱喷的目的。具体施工是先用低密度液体替出井中的压井液。常用替喷法如下。

1. 常规替喷法

就是把油管下到人工井底以上 1m 左右，用替喷液把压井液替出，然后上提油管到油层中部或上部完井。它只限于用在自喷能力不强、替完替喷液到油井喷油之间有一段间歇，来得及上提油管的油井，见图 8—67。

2. 二次替喷法

就是先把油管下到人工井底以上 1m 左右，替入一段替喷液，再用压井液把替喷液替到油层部位以上，之后上提油管至油层中部，最后用替喷液替出油层顶部以上的全部压井液，这样既替出井内的全部压井液又把油管提到了预定的位置，见图 8—68。

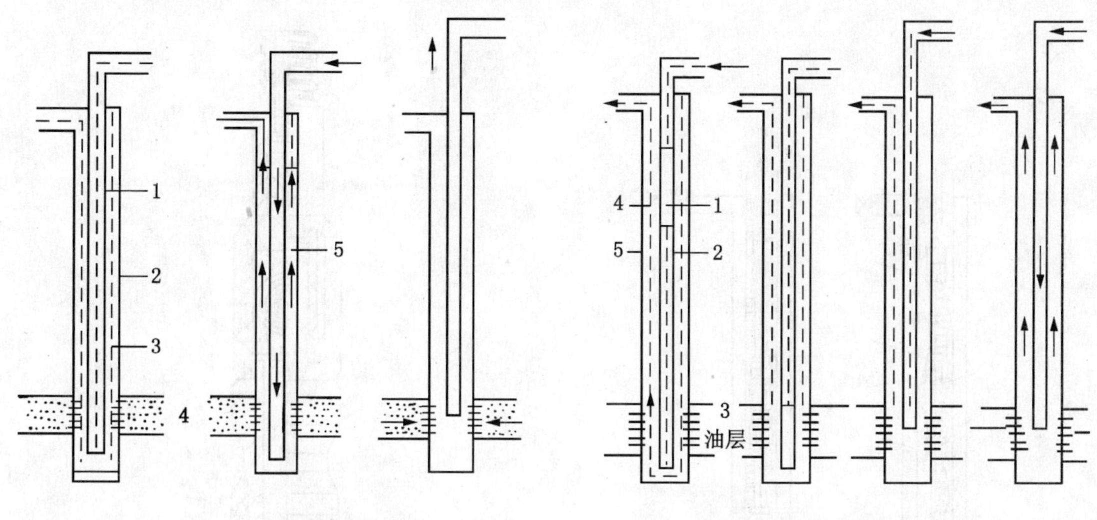

图 8—67　一次替喷示意图

1—油管；2—套管；3—返出液；4—油层；5—替喷液

图 8—68　二次替喷示意图

1—替喷液；2—油管；3—油层；4—返出液；5—套管

替喷法排液诱导油流的优点在于生产压差的形成均匀缓慢，不致引起由于井壁的坍塌而使油层出砂。

替喷排液的安全技术要求：

1）进口管线试压值达到工作压力的 1.2～1.5 倍，必须用硬管线，并且固定牢固，防止刺漏。2）严禁把水龙带、胶管做出口管线使用，防止压力过高，摆动伤人。3）下封隔器的井，替喷必须控制排量，防止将钻井液挤入油层。4）替喷施工必须连续进行，中途不可停泵，若循环不通，严禁硬憋，应采取适当措施。5）清水替喷完毕，井口无喷势要及时坐封隔器，防止发生井喷事故。6）对自喷能力强的高压井或气井，必须采用二次替喷施工，防止井喷事故发生。

二、抽汲排液

抽汲排液是把井内液体抽到地面，以达到降低液面，即减小液柱对油层回压的一种排液措施。

其优点包括：1）设备简单，只需一台通井机；2）整套工艺中配置的工具比较简单，主要由钢丝绳、抽子总成、加重杆和井口防喷盒组成；3）操作方便，需要人员少；4）对地层无伤害。

其缺点包括：1）工作效率低；2）排液深度较浅，一般抽汲深度小于 1200m；3）缺乏对抽子磨损、漏失状况的监测手段；4）缺乏对抽汲深度和动液面深度的监测手段；5）对地面环境污染严重。

其适用范围包括：1）抽汲深度＜1800m；2）油井产出液性为水、稀油，原油黏度＜150mPa·s。

抽汲的主要工具是油管抽子。常用的抽子有无阀抽子（又称两瓣抽子，见图 8—69）和阀抽子（见图 8—70）。

抽子接在钢丝绳上用修井机、钻机或电动绞车作动力，通过地滑车、井架天车再下入井中在油管中上下运动。上提时把抽子以上的液体排出井口，在抽子下面产生低压，油层中的液体就不断地抽出地面。

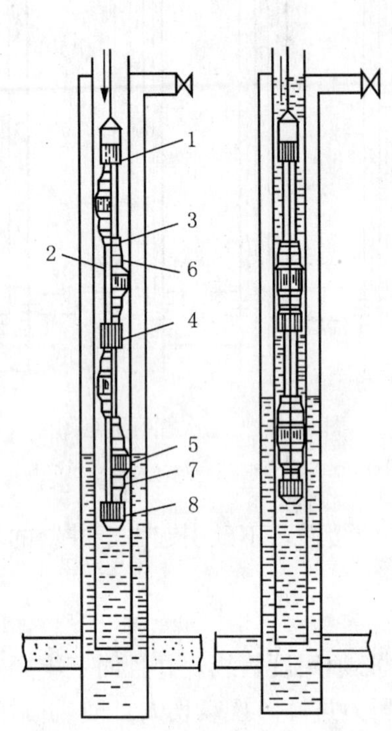

图 8—69　无阀抽子工作示意图

1—上接头；2—胶皮滑动杆；3—半圆挡板；
4—中间接头；5—胶皮；6—胶皮上压帽；
7—胶皮下压帽；8—尾堵

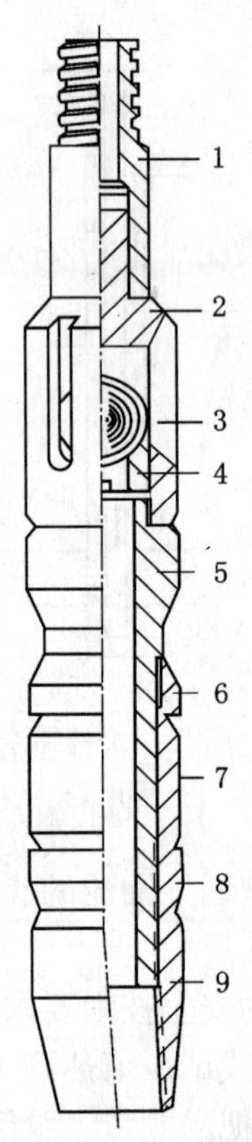

图 8—70　阀抽子示意图

1—接头；2—阀罩；3—阀球；
4—阀座；5—中心管；6—胶皮上压帽；
7—胶皮；8—胶皮下压帽；9—紧帽

抽汲不但有降压诱喷的作用，还有解除油层某种堵塞的作用。抽汲的效率取决于抽汲的强度，而抽汲强度又与抽汲速度、抽子与管壁间的密封程度和抽子的沉没度三个因素有关。合理的抽汲工艺参数应当根据排液的要求经过计算确定。

对油层压力低于静水柱压力的低渗不能自喷的低产油井，也常用提捞法排液诱流。此排液方法的主要工具是提捞筒，用绳索把它下入井中液面以下，把液体一筒一筒地提捞到地面，以降低液柱对油层的回压。

三、气举排液

气举排液是采用高压气体压缩机以较低的井口注气压力把气体压入井中，充分利用气体的膨胀能，以较短的时间来达到排空井筒液体、诱导油流的目的。

用什么气体来进行气举是个非常重要的技术问题。禁止使用空气进行气举是一条必须遵循的安全技术措施。因为在油井里，空气与天然气混合，当天然气占混合气总体积的5%～15%时，如遇明火就会发生爆炸。因此，气举只准许采用氮气、天然气。

其优点包括：1）压裂排液一趟管柱；2）气举排液深度较深，排液效率高；3）排液周期短；4）储层伤害小，酸化、压裂效果好；5）费用相对较低。

其缺点包括：1）易造成地面环境污染；2）地层有一定的伤害：一是施工排液过程中的井底回压伤害；二是井筒掏空时，随着井内液柱压力的急剧下降，地层液迅速反吐，容易造成地层堵塞性伤害；3）成本较高。

其适用范围包括：1）酸压井气举返排残酸；2）井底积液的自喷油、气井排液；3）负压射孔，井筒造负压；4）投产诱喷，试油及生产测试等。气举排液最突出的特点是井内液体回压能疾速下降。所以它只能适用于油层岩石胶结坚实的砂岩或碳酸盐岩油井的排液，对于一些胶结疏松的砂岩，要控制好捞空深度和气举排液速度，以免破坏油层结构而出砂。

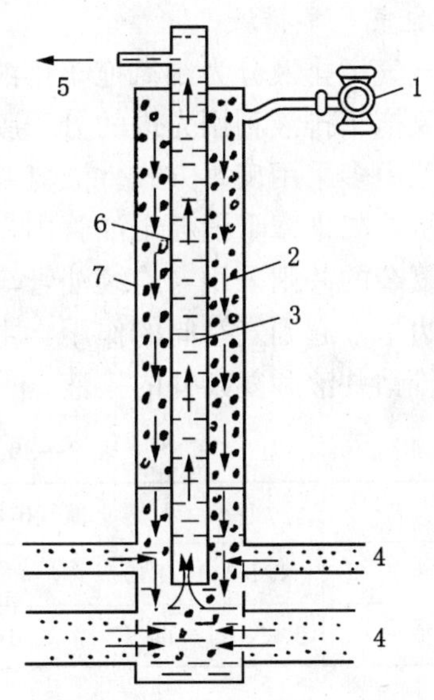

图 8—71　气举法诱流示意图

1—高压注气泵；2—注入气体；3—混气液柱；4—油层；5—原油出口；6—油管；7—套管

气举排液有以下几种方式。

1. 常规气举排液

常规气举排液又有正、反举之分。正举是把气体从油管中压入，气液混合物从油套管环形空间中上升喷至地面；反举是把气体从油套管环形空间注入，油气混合物从油管喷至地面，见图 8—71。

常规气举设计主要是根据井中液柱所需下降的深度和气体压缩机的最高工作压力。常规气举下井的油管及井下其他工具要考虑到承受压差的强度，一般用的是光油管。

2. 多级气举阀气举排液

这种气举排液方法，就是根据排液的需要设计好多级气举阀管柱。主要是选择好气举阀的类型并计算好各级阀的下入深度，计算方法参照气举采油设计。

多级气举阀气举排液的特点是油井液柱回压的下降是逐级降低的，比常规气举的疾速下降要缓和一些，对油层回压小，伤害也小，见图 8—72。

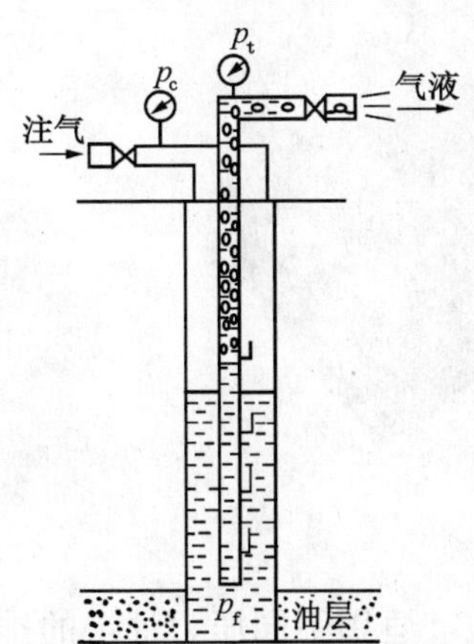

图 8—72　气举阀诱喷

3. 连续油管气举排液

连续油管是近些年在国外发展起来的有多种用途的作业设备，气举排液是它的一种主要作业。采用连续油管进行气举排液，首先就是用连续油管车把连续油管下入生产管柱中，然后把连续油管再与液氮泵车或制氮车连通。液氮泵车把低压液氮升至高压，再使高压液氮蒸发，从连续油管注入生产管柱中。蒸发了的高压氮气就把油管柱中的压井液从连续油管和生产管柱的环形空间举升到地面，这样则减小了压井液对油层的回压，达到诱导油流的目的。

连续油管排液有三个最显著的特点：1）连续油管是从井口逐步向下排液，逐步降低井底回压，减少了对油层的伤害，而且排液速度快（排出 1000m 的液柱大约只需 0.5h）。2）具有优良的耐压密封性能（耐压等级高达 35MPa 和 70MPa）。3）掏空深度大，最深可下到 6000m。

4. 氮气气举排液

氮气气举排液分为制氮拖车排液和液氮泵车排液（表8—39）。

制氮拖车排液利用先进的分子膜技术，在常温条件下直接从空气中分离出氮气，经济便捷，施工中多采用反举方式。液氮泵车排液则以液氮为气源，施工多采用正举，一则可节约液氮用量，二来摩阻消耗于油管内，对地层回压小，有利于储层保护。对井下带有封隔器或是比较复杂的井则采用与连续油管车配合的联合气举法，这种方法不仅能进行单点气举，还能边下边举，起到气举阀的作用，主要用于卡封井的掏空、诱喷，测试井的排液、求产及中途测试排钻井液和复杂井的排液。

表8—39　液氮泵车与制氮拖车性能比较

设　备	型　号	氮气排量，m^3min	工作压力，MPa	氮气纯度，%	主要用途
液氮泵车	NPT 360 HR15	169	103.5	＞99	压裂、酸化、气举等
制氮拖车	500NGU－TL2E	14.16	35	＞95	气举排液、置换等

液氮泵车是连续油管车气举的主要配套设备。液氮泵车包括：液氮罐、高压三缸泵、热回收式蒸发泵及控制装置和仪表。主要功能是储存、运输液氮，能把低压液氮增为高压，并使高压液氮蒸发且把它注入井中。它的基本参数是：

液氮罐容量：7.57m^3；最大工作压力：105MPa；最大排量：10194.1m^3/h。

制氮拖车是近些年引进的先进设备，制氮拖车系统构成见图8—73。设备的主要特点是采用当今先进的膜（membrane）技术，空气进入膜中即可将氮气、氧气分离。其工艺原理（见图8—74）：柴油发动机驱动空气压缩机，将空气压缩至一定压力后经过空气净化系统，将空气中的油和水除去，洁净的压缩空气经过膜系统后，由于膜特有的性能，扩散系数大的气体如氧气，水蒸气快速通过膜壁，而扩散系数小的气体通过膜的能力差，在膜的末端产生需要的氮气，氮气经过增压机后达到设计的压力，用于生产中。整个设备性能好、排量大、氮气排出工作压力高、能长时间连续运转。其主要技术参数如下：

最大排量：10～15m^3/min，最高工作压力：26～35MPa，氮气纯度：＞95%。

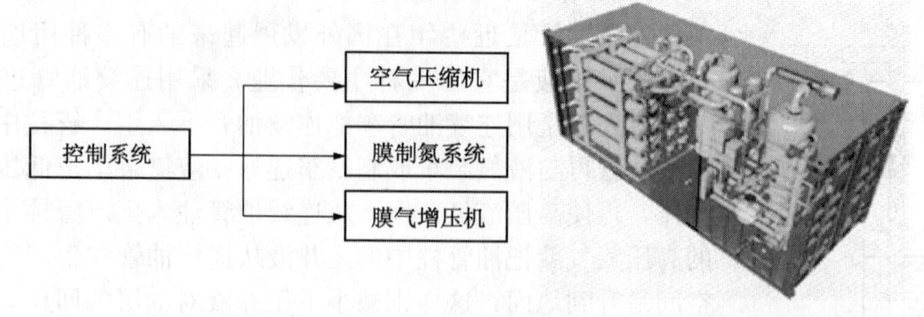

图8—73　制氮拖车系统构成

制氮车可用于常规气举排液，它具有排液速度快，施工时间短，适用不同压力油层的排液，高压井安全可靠，低压井可形成较大的负压有利于自喷投产。它与连续油管车联合作业，在超深井、井内液柱压力高、管柱结构较复杂的井排液时速度快，效率高。氮气体积需要量见表8—40。

表 8—40　用氮气置换油管内液体，氮气体积需要量表　　m³

井深	井口压力，MPa													
m	5	10	15	20	25	30	35	40	45	50	55	60	65	70
100	5061	10118	15171	20216	25256	30310	35344	40375	45403	50249	55454	60474	65429	70509
200	5121	10237	15342	20450	25539	30620	35687	44074	45805	50856	55906	60946	65982	71016
300	5182	10355	15513	20675	25807	30928	36029	41121	46205	51282	56357	61416	66471	71521
400	5243	10473	15699	20900	26075	31235	36370	41493	46604	51707	56805	61184	66957	72024
500	5304	10592	15873	21124	26343	31542	36710	41863	47002	62130	57252	62351	67442	75256
600	5364	10710	16047	21348	26610	31847	37049	42231	47398	32551	57697	62816	67925	73025
700	5425	10829	16221	21571	26877	32151	37387	42599	47793	52973	58141	63278	68405	73523
800	5486	10947	16395	21749	27143	32455	37722	42965	48187	53390	58582	63740	68884	74018
900	5547	11066	16569	22017	27408	32757	38057	43330	48579	53807	59022	64199	69362	74512
1000	5608	11185	16724	22239	27673	33058	38391	43694	48969	54223	59460	64656	69837	75004
1100	5669	11303	16916	22461	27937	33358	38724	44056	49359	54637	59896	65112	70310	75493
1200	5731	11422	17089	22683	28200	33657	39055	44417	49747	55050	60331	65566	70782	75967
1300	5792	11540	17262	22904	28463	33955	39385	44777	60134	55461	60764	66004	71236	76451
1400	5853	11659	17434	23124	28725	34252	39714	45135	50519	55871	61180	66452	71702	76934
1500	5914	11777	17606	23344	28986	34547	40042	45492	50903	56280	61608	66899	72166	77414
1600	5975	11895	17778	23563	29246	34842	40369	45848	51285	56673	62034	67343	72629	77892
1700	6036	12014	17950	23782	29506	35136	40695	46203	51666	57708	62458	67786	73089	78369
1800	6098	12132	18122	24001	29765	35428	41019	46556	52046	57481	62880	68228	75348	78843
1900	6159	12250	18293	24218	30023	35720	41342	46908	52410	57882	63301	68667	74005	79361
2000	6220	12368	18463	24435	30287	36010	41664	47259	52786	58282	63720	69105	74460	79787
2100	6281	12486	18634	24652	30542	36300	41985	47608	53161	58681	64183	69541	74913	80257
2200	6342	12604	18804	24868	30769	36588	42305	47924	53535	59078	64553	69976	75365	80724
2300	6404	12722	18973	25083	31049	36875	42623	48288	53907	59474	64968	70408	75814	88190
2400	6465	12854	19143	25298	31300	37161	42940	48633	54277	59869	65308	70839	76263	86154
2500	6526	12958	19311	25512	31551	37447	43257	48977	54647	60271	65791	71269	76709	82116
2600	6587	13075	19480	25752	31802	37731	43572	49319	55015	60661	66201	71697	77154	82577
2700	6648	13193	19648	25938	32051	38014	43817	49961	55382	61048	66609	72123	77597	83036
2800	6709	13310	19816	26150	32299	38296	44184	50001	55748	61435	67015	72547	78039	83494
2900	6770	13427	19983	26361	32546	38577	44495	50340	56112	61820	67420	72971	78479	83949
3000	6832	13544	30150	26572	32793	38857	44805	50677	56475	62220	67823	73392	78917	84404
3100	6893	13661	20316	26782	33038	39136	45114	51014	56837	62585	68225	73812	79354	84856
3200	6954	13778	20482	26991	32286	39414	45422	51349	57198	62968	68625	74231	79790	85307
3300	7015	13895	20647	27199	33527	39691	45729	51684	57557	63345	69024	74648	80224	85757
3400	7076	14012	20812	27407	33769	39967	46035	52017	57916	63723	69421	75063	80656	86205
3500	7137	14128	20977	27164	34011	40241	46339	52349	58273	64099	69817	75477	81087	86651

四、混气水排液

用气水混合物替出井中的压井液，由于混合物的密度小于油藏压力系数，可使井里液柱对油层的回压降低。由于混合物的密度可以由控制气体的压力和流量来调节，所以它可以控制井底回压的下降程度。这种排液的方法适用于那些既不能用替喷排液，也不宜于气举排液的油井。

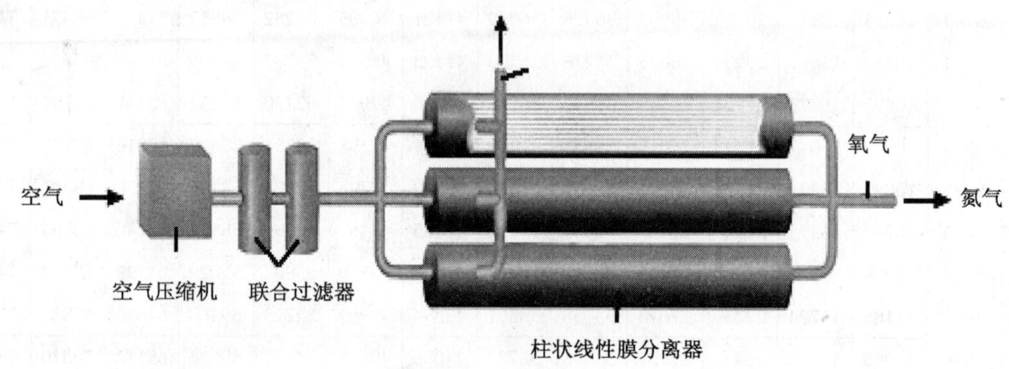

图 8—74 膜分离原理图

如果压井液的密度为 ρ_0，首先注入的混气水密度为 ρ_1，$\rho_1<\rho_0$，当井筒中的整个液柱都是密度为 ρ_1 的混气水仍不能诱喷时，可再加大气量把混气水的密度降为 ρ_2 直到可以降为纯气，见图 8—75。

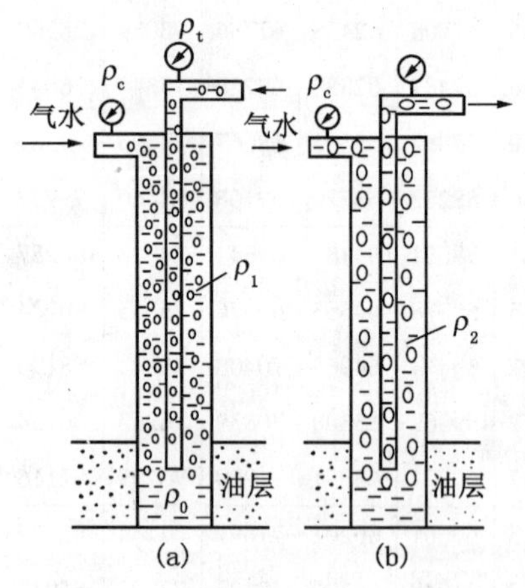

图 8—75 混气水排液示意图

(a) 环形空间注入密度 ρ_1 的混气水；(b) 继续注入密度为 ρ_2 的混气水 $\rho_2<\rho_1$

五、泡沫排液

泡沫排液就是从井口向井底注入一种能够遇水起泡的表面活性剂（称为起泡剂），井底积水与起泡剂接触后，借助天然气流的搅动，产生大量低密度含水泡沫，随气流从井底携带到地面。

影响泡沫排液的主要因素有：起泡剂的类型及浓度、井底积水含盐量（总矿）以及凝析油含量。含盐量及凝析油本身是一种较强的消泡剂，它能抑制起泡剂的起泡效果，使起泡能力大幅度下降。

泡沫流体由于其独特的结构，使它具有静液柱压头低、滤失量小、携砂性能好、摩阻损失小、助排能力强、对油层伤害小等特性。因此，泡沫流体已广泛地用于低压、漏失及水敏性地层的钻井、完井、修井和油气井增产措施（如泡沫排水、负压冲砂等）。

其优点是：1）排液速度快，效率高；2）在套管强度允许的条件下，可选择任意掏空深度；3）可适应任何尺寸套管的井筒。

其缺点是：1）设备吨位重、越野性差，对边远探井不适应；2）对地层具有两种伤害作用：一是低温伤害，二是激动伤害；3）施工成本高；4）易造成环境污染；5）不能适应下封隔器的油、气、水井。

泡沫流体指由不溶性或微溶性气体分散于液体中所形成的分散体系，其中气体为分散相，液体为分散介质。

产生泡沫的首要条件是气体与液体发生接触；其次须加入某些表面活性剂（称起泡剂），使泡沫稳定。

起泡剂是通过降低液相表面张力，增加泡沫液膜的强度和弹性，提高液膜的表面黏度，达到增加泡沫稳定性的目的。

泡沫质量（泡沫干度）是指在一定温度和压力下，泡沫流体中气体体积与泡沫体积之比。

1. 泡沫的成分

（1）气相

采用空气、氮气、二氧化碳或天然气。

在常温常压下，氮气是一种无色、无味、无毒的惰性气体，它不能燃烧，在大部分液体中有轻微的溶解。在 1 个大气压下，温度为 4℃时，氮气的密度为 1.25kg/m³，在水中的溶解能力大约仅为二氧化碳的 1/10，因此，可避免发生乳化、沉淀堵塞油层的情况。二氧化碳溶解能力强和极易反应，因此形成的泡沫稳定性较差，并且由于二氧化碳压缩比大，在给定泡沫干度时，氮气所需的气液比小于二氧化碳的气液比。另外，近年氮气现场制备技术有了较快发展，所以目前应用更为广泛的是氮气。氮气的主要特性及优点为：1）不爆炸，不燃烧，安全性高；2）属惰性气体，对油、套管无腐蚀；3）液化压缩比高，利于储存运输；4）气化膨胀比高，膨胀增能性佳，层内和井内助排能力强；5）气体密度低（与其他常见气体相比），利于降低井内液柱压力，有助于返排。

（2）液相

适用于泡沫流体的液相种类繁多，可以是水基、醇基、烃基和酸基。

（3）起泡剂

主要有非离子表面活性剂和离子型表面活性剂。

1）对起泡剂的要求为：

①起泡性能好，当气液开始接触后便可产生大量泡沫。

②稳泡能力强，所产生的泡沫性能稳定，即使在泵送剪切条件下也可以保持稳定。

③与油层岩石矿物、流体配伍性好，既保持性能稳定，又不伤害储层。

④凝固点低，具有生物降解能力，毒性小；压力释放时，泡沫易于破裂。

⑤用量小、成本低、货源广。

2）常用起泡剂

常用的起泡剂一般以阴离子型表面活性剂为主，典型代表为烷基硫酸盐、烷基磺酸盐和烷基芳基磺酸盐。

前苏联在稳定含水油井自喷生产及试油、修井中常用的产生水基泡沫的起泡剂一般以阴离子型表面活性剂为主，典型代表为烷基硫酸盐、烷基磺酸盐和烷基芳基磺酸盐。其中以烷基磺酸盐为基础形成的泡沫最为稳定。

前苏联一些学者用亲水—亲脂平衡值，对起泡剂进行快速评价，认为平衡值 9～15 时，具有较好的起泡性能，如十二烷基硫酸盐等。

美国常用的起泡剂见表 8—41。加拿大常用的起泡剂见表 8—42。

烃基泡沫起泡较为困难，以往多用碳氟化合物作起泡剂，由于成本高，且会抑制原油裂化和提炼催化，现多改用硅酮类（又叫有机硅氧烷类）来起泡，见表 8—43。

表 8—41 美国哈里伯顿公司推荐的起泡剂

序号	泡沫类型	起泡剂	电性	起泡剂用量，L/m^3	
				低温	高温
1	水基泡沫	HOWCO－suds	(－)	2～5/93℃	6～10/121℃
2		SEM－7	(－)	2～5/93℃	6～10/149℃
3		TRI－S	(－)	2～5/93℃	6～10/135℃
4		AQF－1	(0)	2～5/93℃	不推荐
5		Pen－SE	(0)	5～10/93℃	不推荐
6		HC－2	(0)(+)	2～5/93℃	6～10/149℃
7	酸基泡沫	Pen－SE	(0)	10/93℃	10/121℃
8		HC－2	(0)(+)	5～10/93℃	
9	醇+水（醇 50%）	SEM－7	(－)	4～6/79℃	不推荐
10		AQF－1	(0)	5～7/79℃	不推荐
11		SEM－7	(－)	4～6/79℃	10/149℃
12		AQF－1	(0)	4～5/79℃	不推荐
13	烃基泡沫	OFA－2	(0)	2/88℃	

表 8—42 加拿大 NOWSCO 公司推荐的起泡剂

序号	泡沫类型及泡沫质量	起泡剂	用量，L/m^3
1	水基泡沫，75%质量，（气相—N_2）	SF－1	10
2	油基泡沫，75%质量，（气相—N_2）	SF－3	10
3	酸基泡沫，75%质量，（气相—N_2）	SF－2	10
4	复合泡沫，65%～90%质量，（气相—CO_2）	SF－10	10
5	CO_2泡沫酸，80%质量	SF－10	10

注：SF－1：为阴离子型，属于聚氧乙烯烷基醇磺酸钠类。
SF－2：为非离子型，属于烷基、苯基、聚氧乙基醚类。
SF－3：为复合型（含氟）（非离子型——阴离子型）。
SF－10：为复合型（主要成分为非离子）。

表 8—43 硅酮类起泡剂的起泡性能

基液	硅酮聚合物（1%体积）	泡沫体积，mL	泡沫质量	泡沫的半衰期，s
煤油	Dow Coming3011 泡沫剂	240	58	92
	Dow Coming1250 表面活性剂	225	55	132
#2 柴油	3011 泡沫剂	215	53	132
	1250 表面活性剂	220	54	152
凝析油	3011 泡沫剂	270	63	15
	1250 表面活性剂	240	58	10
二甲苯	3011 泡沫剂	275	64	91
	1250 表面活性剂	310	68	80

2. 泡沫的稳定性

泡沫的稳定性是泡沫流体的主要性能。泡沫是气体组成的气泡分散体系，它具有非常大的表面自由能，从热力学意义上讲，泡沫都是不稳定体系，但可以采取某些措施，改变条件，使泡沫存在时间长一些，以满足应用要求。

影响泡沫稳定性的因素主要包括：1）起泡溶液的表面张力。随着泡沫的生成，液体表面积增大，表面能增高。根据 Gibbs 自由能最小原理，体系总是趋向于较低的表面能状态，低表面张力，可使泡沫体系能量降低，有利于泡沫的稳定。2）表面黏度。是指液体表面单分子层内的黏度，主要是表面活性剂分子在表面单分子层内的亲水基间相互作用及水化作用而产生的。有很高的表面黏度，形成很稳定的泡沫。3）溶液黏度。水溶性聚合物的加入，提高了溶液的黏度，增长了泡沫重力排液松弛时间，气体扩散松弛时间及泡沫半衰期。4）压力和气泡大小分布。泡沫在不同压力下稳定性不同，压力越大，泡沫越稳定。5）温度。泡沫稳定性随温度升高而下降。

3. 泡沫发生设备

目前国内研制成功的泡沫发生设备是 PC－160 型泡沫作业车。它将泡沫发生器、供气量的调节计量、供液量的调节计量等都设计安装在一辆数据采集车上，将泡沫作业的主要参数，即气体流量及压力、液体流量及压力等都集中显示在一个仪表板上，泡沫基液和气体混合即可配出合格的泡沫，然后泵入井内进行各种作业，如钻井和洗井。作业车供液管汇和供气管汇上都装有调节阀和单流阀，用于调节流量和防止气液倒窜，进液管汇上还设计安装了滤清器及减振装置。

该车作为一个整体，作业时采用快速接头与管线连接即可工作，所以迅速而方便。在泡沫作业时，数据采集车可以自动采集各种参数。

主要参数：

最高工作压力	16MPa
气体流量	10～40m^3/min
液体流量	200～300L/min
主管路内径	50mm（2in）
质量	2143kg

第九章 完井管柱

完井管柱是完井工程的重要组成部分，它是油气生产和注水注气及注汽唯一通道。完井管柱科学的实用的设计的组成，直接关系到油气井正常生产，分层定量注水，增产措施，堵水等措施的实施，并减少井下作业工作量和延长井下作业勉修期（要求下井一次 20 年以上不动管柱），和保证油、气井的安全。

近年来，完井管柱，特别是高压油、气（含腐蚀介质）井的完井管柱发展趋势是一套完井管柱可以在不动井下管柱情况下，完成多项井下作业，其功能如下：

1）射孔与完井联作；

2）选择性分段酸化、压裂和堵水；

3）井下分段找水、测压和测试；

4）管柱中装有循环滑套，可全井或分段循环；

5）油层顶部都下有封隔器，防止油套环空憋压或注缓蚀剂；

6）不压井作业以及钢丝、小直径钢丝绳、连续油管开关井下滑套；

7）管柱中装有井下安全阀，更换井口装置或装防喷器时在油管上部可投堵塞器以防止井喷。

第一节 油井完井管柱

一、分层开采管柱

分层采油工艺可有效防止层间（特别是压差大的层间）干扰，减少层间矛盾，保持各油层均衡开采，提高采收率。

常用的分采管柱有单管分采管柱（图 9—1）、双管分采管柱（图 9—2），其中图 9—1（b）是油套管分采管柱。

二、有杆泵井采油管柱

有杆泵井采油管柱要满足泵型、泵径及井深的要求，其典型的采油管柱如图 9—3 所示，图 9—4 为有杆泵井深抽井管柱。生产管柱还可根据生产需要分为封下采上、封上采下、封中间采两头、封两头采中间几种结构形式（图 9—5）。

三、电动潜油泵采油管柱

电动潜油泵采油系统主要由井下机组、地面设备和电缆三大部分构成（如图 9—6 所示）。

电动潜油泵的下入位置应在射孔井段顶部以上，在液流进入电动潜油泵之前，从电机周围流过，能较好地冷却电机，保护电机不致因温升破坏绝缘材料而烧毁。如果电动潜油泵机组必须下入油层以下，就需加导流衬管（见图 9—7）。

对于实施两层开采，同时又要求进行生产测试、过油管射孔、连续油管作业的油井，可采用“Y”形接头的电动潜油泵开采（图 9—8）。

电动潜油泵采油生产管柱还可根据生产需要分为单采、封下采上、封上采下、封两头采中间几种结构形式（如图 9—9 所示）。

工作筒
(油管堵塞器)
偏心配产器
油层
封隔器
偏心配产器
油层
封隔器
支撑卡瓦
偏心配产器
油层
撞击筒
(压井时用配产器)
丝堵
油管
滑套
安全接头
插管式封隔器
延伸管
传压式射孔枪

(a) (b)

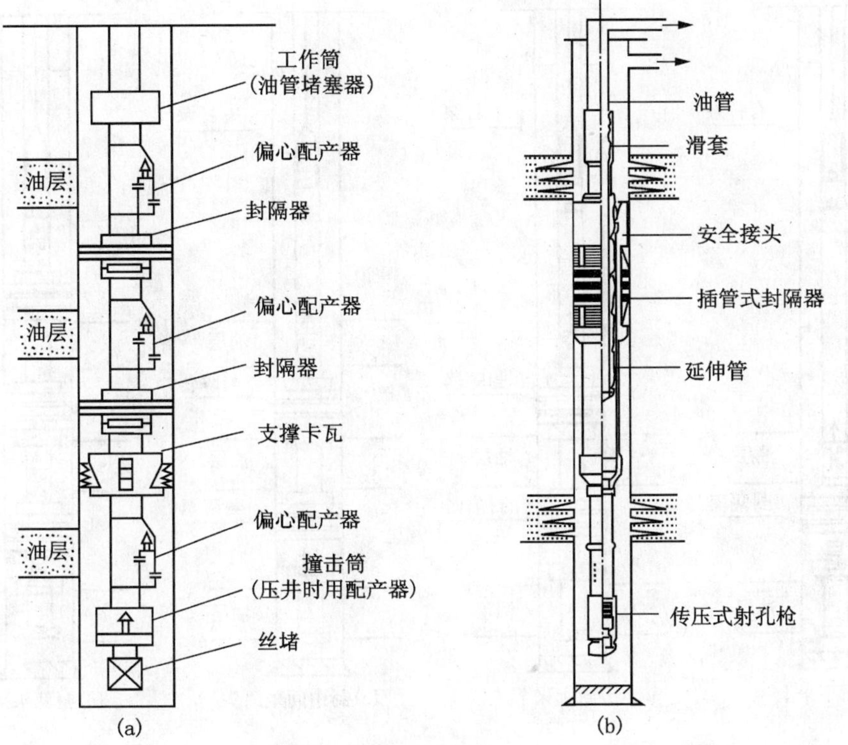

图 9—1　单管分采管柱示意图

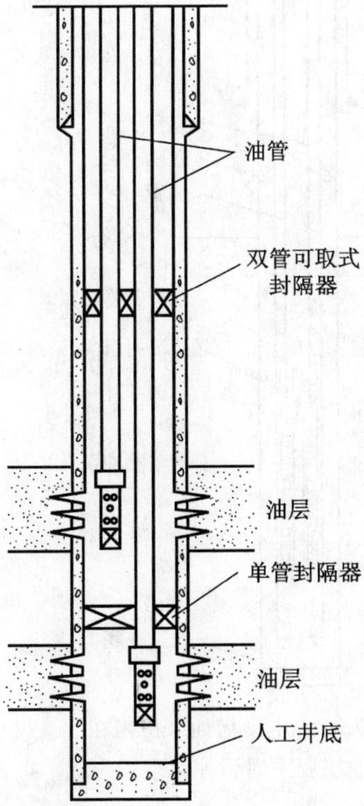

油管
双管可取式
封隔器
油层
单管封隔器
油层
人工井底

图 9—2　双管分采管柱示意图

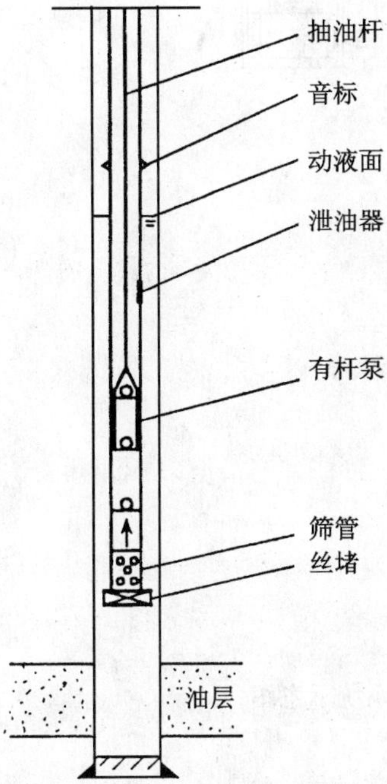

抽油杆
音标
动液面
泄油器
有杆泵
筛管
丝堵
油层

图 9—3　有杆泵井典型的采油管柱示意图

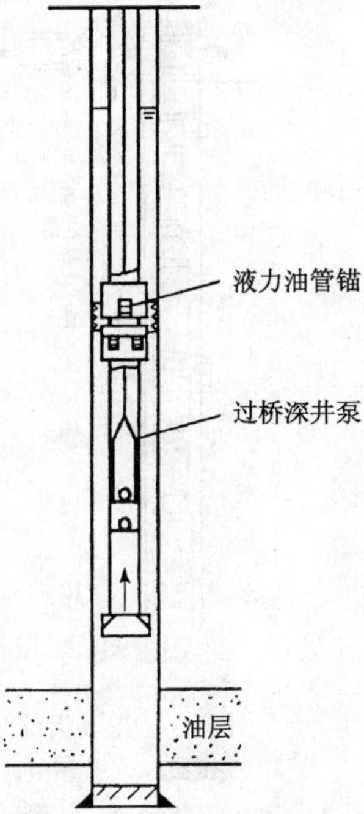

液力油管锚
过桥深井泵
油层

图 9—4　有杆泵深井抽井管柱示意图

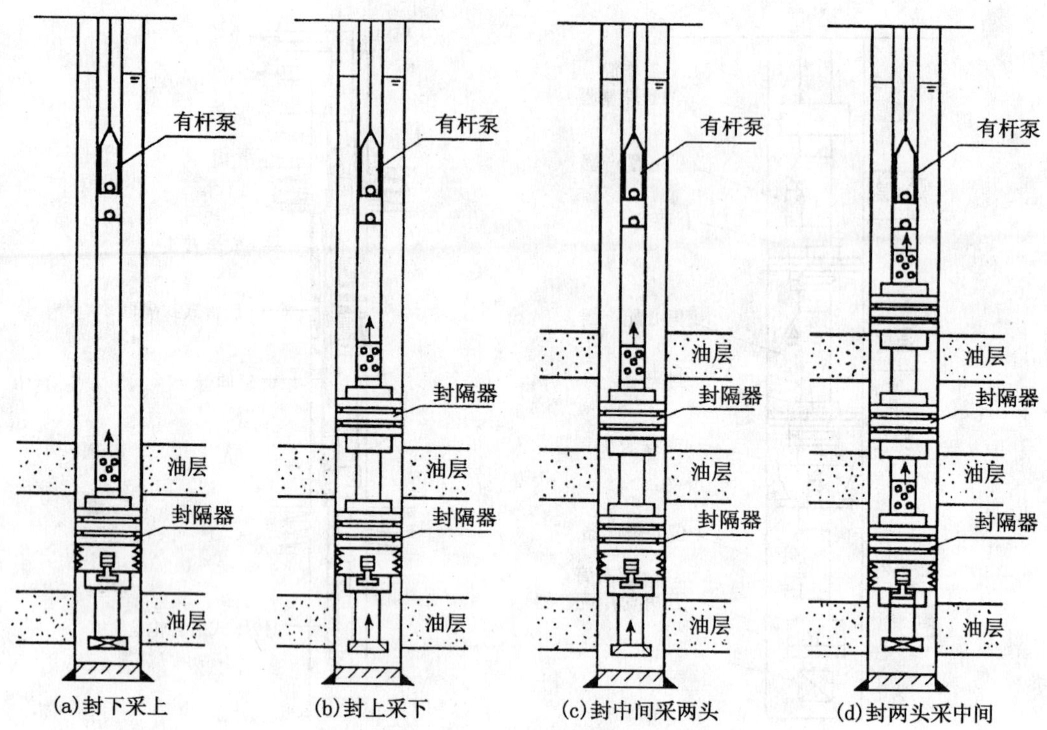

图 9—5　有杆泵井生产管柱结构形式

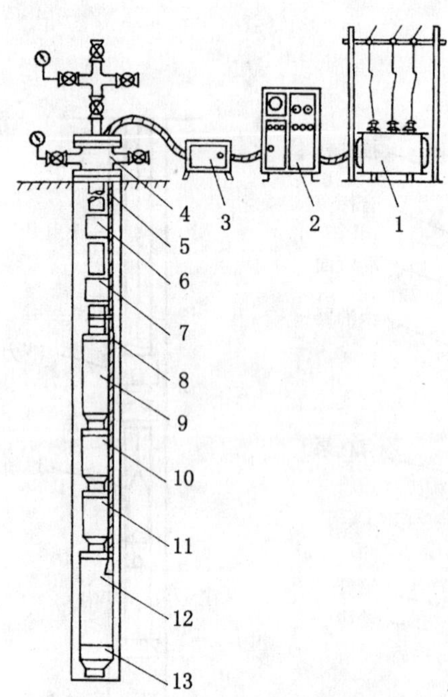

图 9—6　电动潜油泵采油系统示意图

1—变压器；2—控制柜；3—接线盒；4—井口；5—动力电缆；6—测压阀；7—单流阀；8—小扁电缆；9—多级离心泵；10—油气分离器；11—保护器；12—电机；13—测试装置

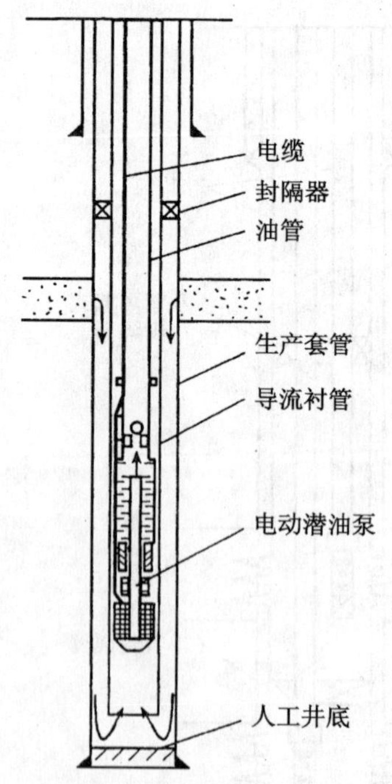

图 9—7　电动潜油泵机组在油层以下时管柱示意图

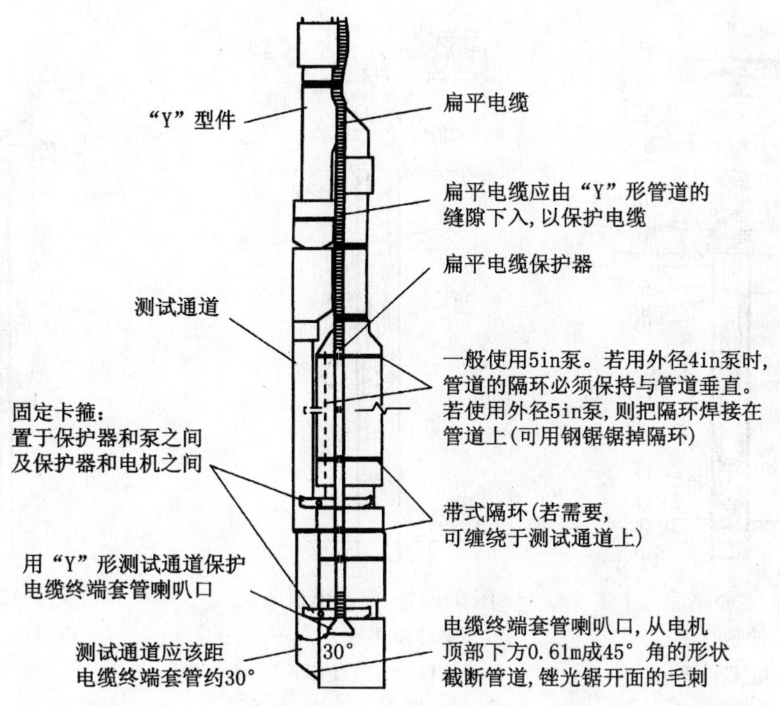

图 9—8　电动潜油泵“Y”形件示意图

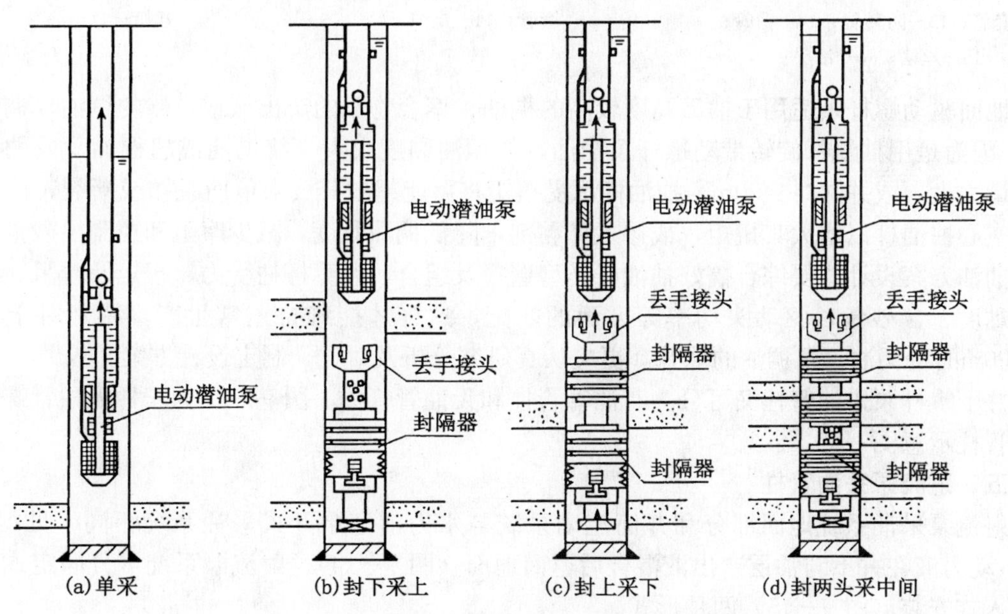

图 9—9　电动潜油泵采油生产管柱形式

四、井下螺杆泵采油管柱

螺杆泵采油系统的优点是运动部件少，吸入性能好，水力损失小，因介质被连续均匀吸入和排出，故柔性定子被砂粒磨损较轻微；由于没有吸入阀和排出阀，因此不会产生气锁。

井下螺杆泵采油系统有地面动力驱动、潜油电机驱动和液压驱动三种驱动形式，各系统的组成见图 9—10、图 9—11、图 9—12。

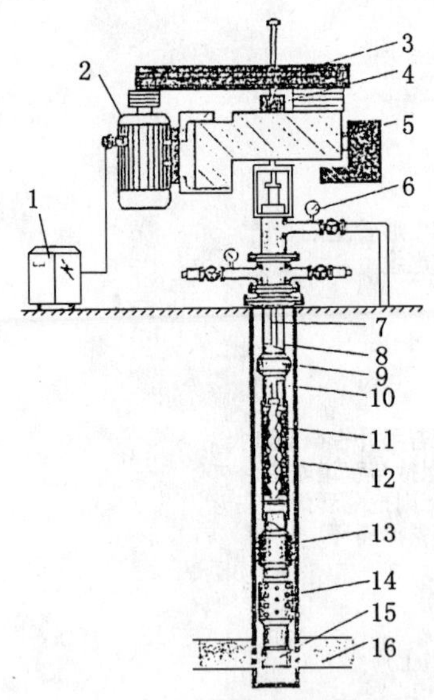

图 9—10　地面驱动螺杆泵采油示意图

1—电控箱；2—电机；3—皮带；4—方卡子；5—平衡块；6—压力表；7—抽油杆；8—油管；9—扶正器；10—动液面；11—螺杆泵；12—套管；13—防转锚；14—筛管；15—丝堵；16—油层

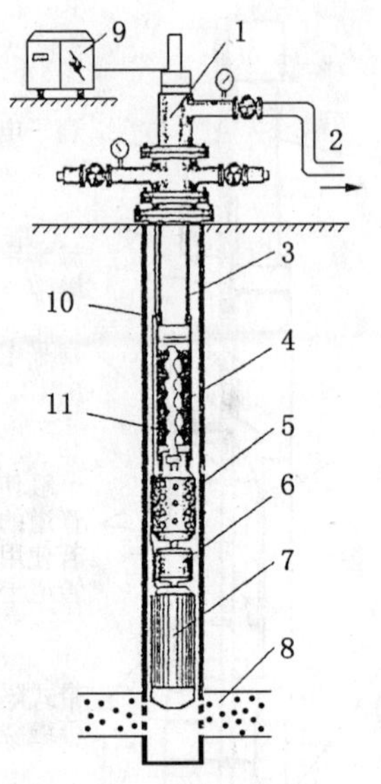

图 9—11　潜油电机驱动螺杆泵采油示意图

1—井口；2—出油口；3—油管；4—螺杆泵；5—筛管；6—保护器；7—井下电机；8—油层；9—电控箱；10—套管；11—电缆

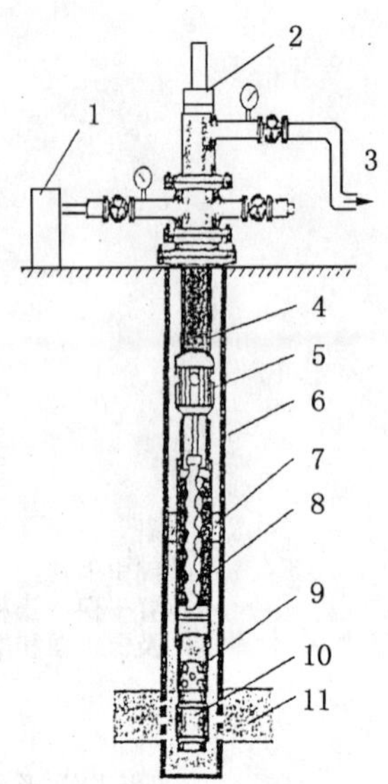

图 9—12　液压驱动螺杆泵采油示意图

1—动力液；2—井口；3—出油管线；4—油管；5—液马达；6—套管；7—封隔器；8—螺杆泵；9—筛管；10—丝堵；11—油层

地面驱动螺杆泵适用于抽汲黏度较高的稠油、聚合物驱的产出液或带砂的稠油（稠油冷采），因为是用抽油杆旋转带动螺杆泵抽油，如稠油黏度太大（特稠油或超稠油）或稠油中含砂量太大，或井深＞1400m，抽油杆承受扭矩将可能超过其极限值而脱扣或断裂，此时可换用空心抽油杆以增大其扭矩，或掺入降黏剂，降低稠油黏度，减少摩阻和控制出砂量。螺杆泵抽油方案设计，要综合搞好抽油杆类型选择及组合，计算杆柱受力、扭矩及摩阻、产出液的黏度、含砂量，驱动头功率等方面的匹配，这样才能维持正常生产。特别对于井深＞1400m的特稠油、超稠油的油井，更应认真研究分析及对比，制定设计方案。

井下螺杆泵采油管柱又可分为有油管管柱和无油管管柱。图 9—13 为三种无油管螺杆泵采油管柱示意图。

五、射流泵采油管柱

射流泵采油系统地面部分和井筒流动系统与水力活塞泵开式采油系统相同（见图 9—23），动力液在井下与油层产出液混合后返回地面（图 9—14）。射流泵系统可分固定式安装和投入式安装（图 9—15）两种形式。

六、气举采油管柱

气举的工艺过程是通过向井筒内注入高压气体的方法来降低油管内从注气点到地面的液柱密度，使原油及液体连续地从油层流向井底，并从井底举升到地面。

1. 气举方式

气举按注气方式可分为连续气举（图 9—16）、间歇气举（图 9—17）、柱塞气举（图 9—18）和腔室气举（图 9—19）。连续气举适应于供液能力较好、产量较高的油井。间歇气

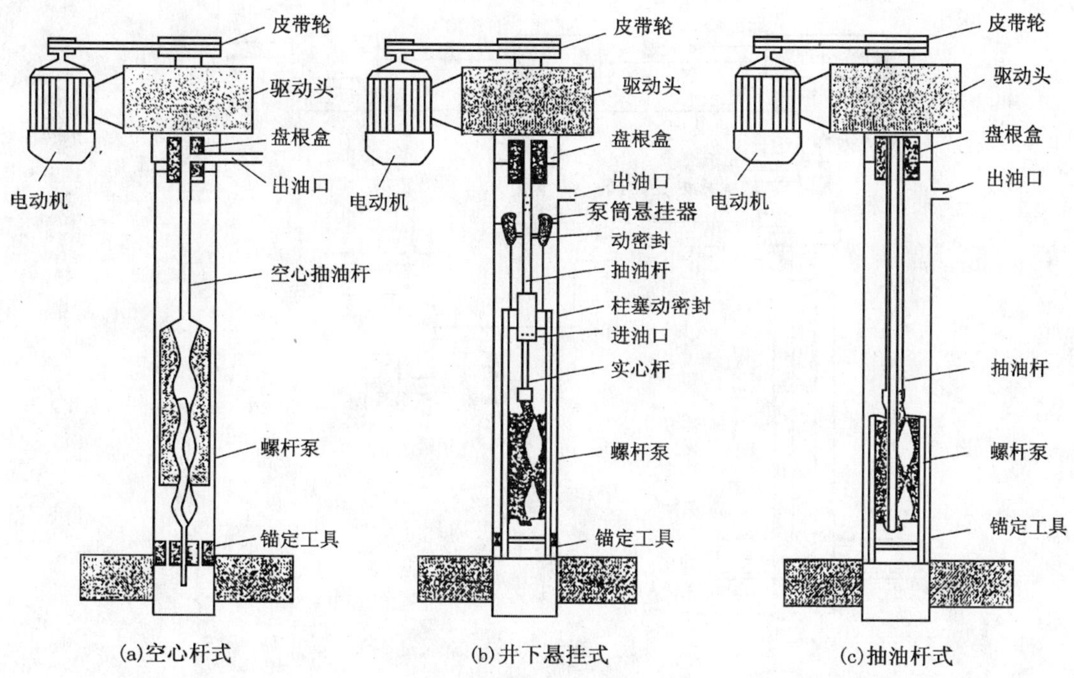

图 9—13　无油管螺杆泵采油管柱示意图

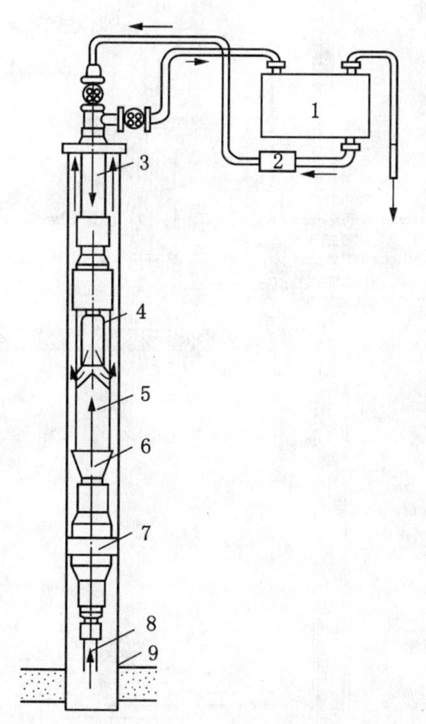

图 9—14　油井开采用射流泵装置简图

1—分离装置；2—动力泵；3—油管；4—射流泵；5—射流泵壳体；6—带左扣的漏斗；7—封隔器；8—尾管；9—油层套管

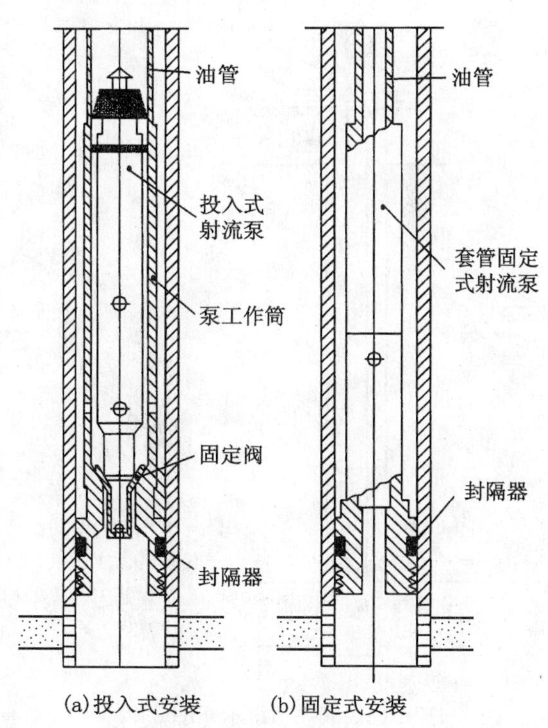

图 9—15　射流泵安装形式示意图

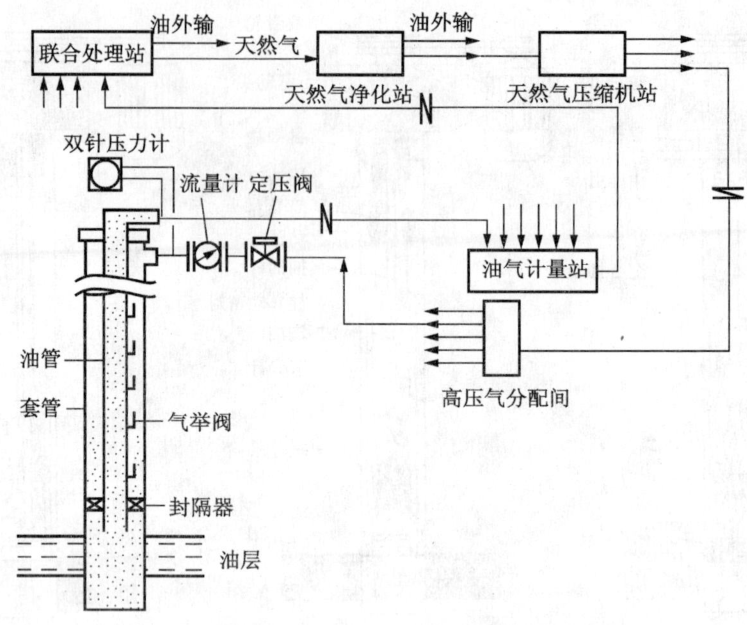

图 9—16　连续气举系统示意图

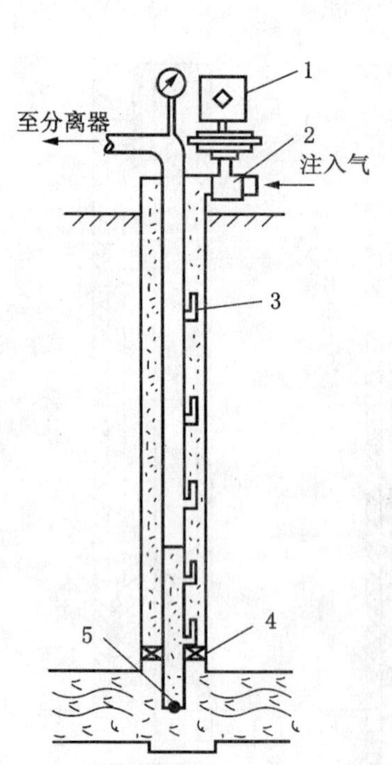

图 9—17　间歇气举系统示意图

1—时间控制器；2—气动薄膜阀；3—气举阀；4—封隔器；5—单流阀

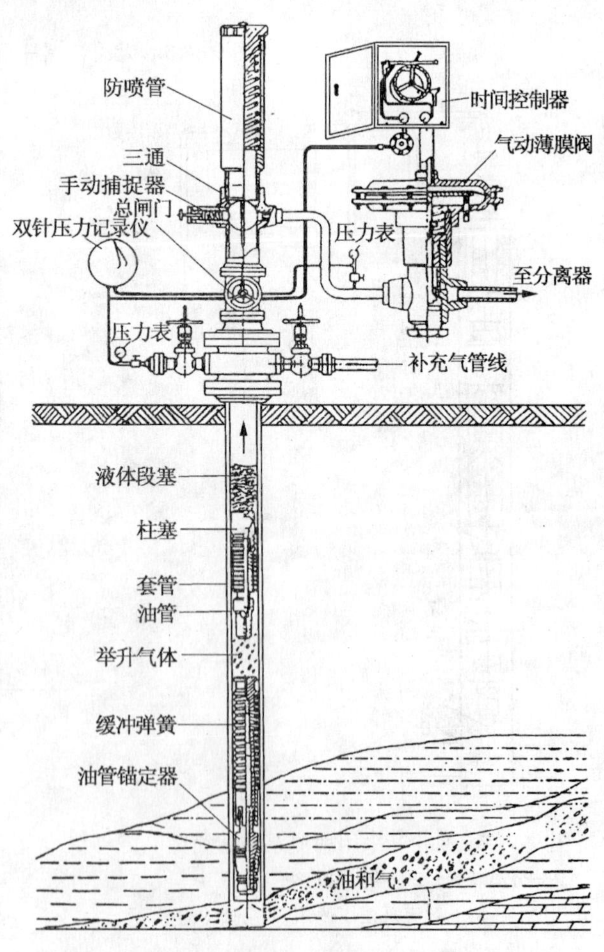

图 9—18　柱塞气举系统示意图

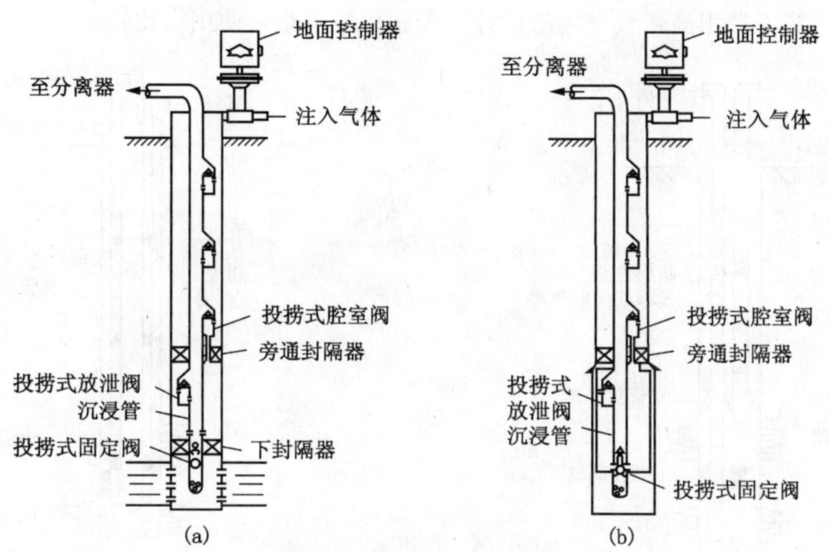

图 9—19 腔室气举管柱结构

(a) 封隔器式腔室结构；(b) 插入式腔室结构

举主要用于油层供给能力差，产量低的油井。柱塞气举是间歇气举的一种形式，主要适用于井底压力低、产液能力低或井底压力高、产液能力低的井。腔室气举是一种闭式间歇气举，特别适用于低产井及低压高产井。

2. 气举管柱

(1) 单管气举管柱

单管气举管柱结构有开式管柱、半闭式管柱、闭式管柱(图 9—20) 和腔室管柱(图 9—19)。

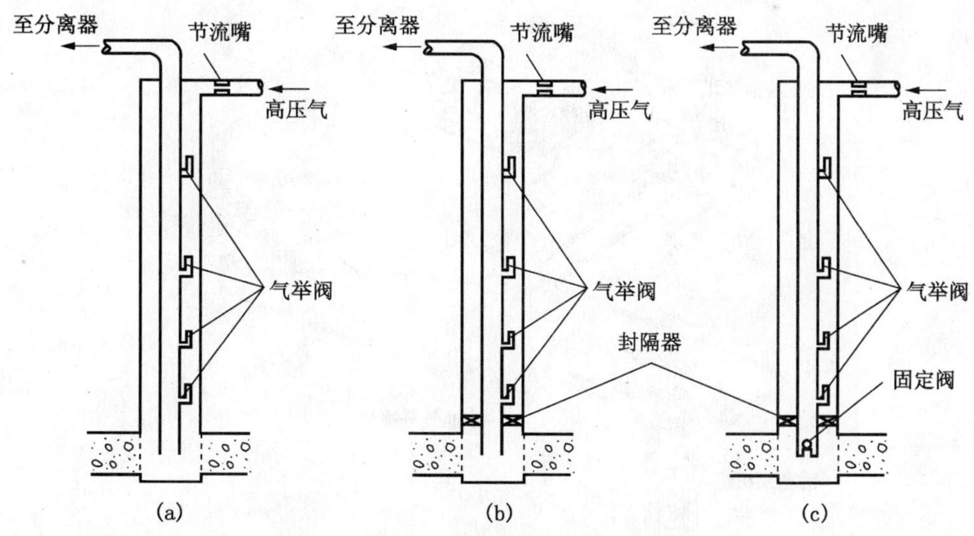

图 9—20 气举井单管柱结构示意图

(a) 开式管柱；(b) 半闭式管柱；(c) 闭式管柱

(2) 多管柱气举

多管柱结构可以使两个以上油层同时气举生产，这种结构可由两平行管柱组成（图 9—21），也可由同心管柱组成（图 9—22）。平行管柱结构相对应用得比较多，一般应用在大口径套管井上；同心管柱结构主要应用在套管直径较小的油井上。多管柱结构比较复杂，井下作业难度大，施工费用高，气举阀的设计、配置比较困难，使用得比较少。

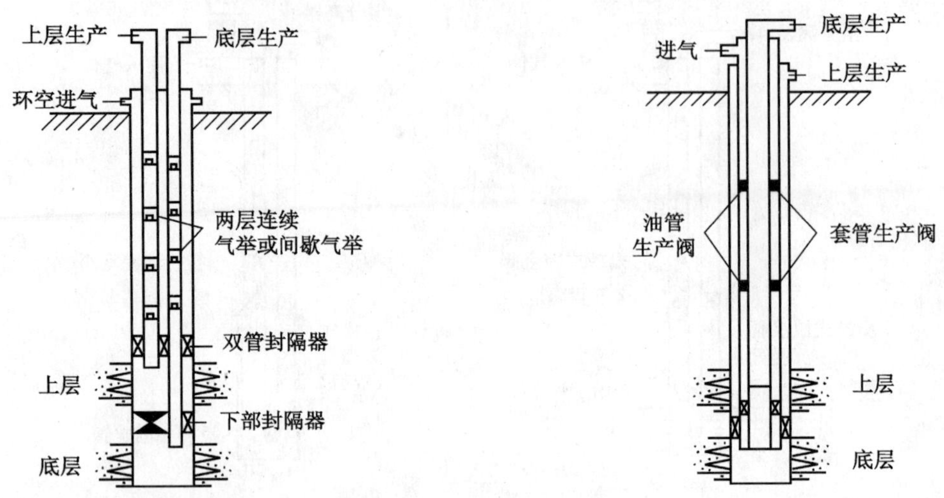

图 9—21　平行双管柱气举井结构示意图　　　图 9—22　同心管柱气举井结构示意图

七、水力活塞泵采油管柱

水力活塞泵采油系统的基本原理是由地面泵将动力液增压并泵送入井下，由动力液驱动液压马达作上下往复运动，同时，液马达带动井下泵柱塞上下往复运动，把井液举升到地面。水力活塞泵采油适合于稀油、高凝油、常规稠油及深井的开采。水力活塞泵采油系统工作流程如图 9—23 所示。

1. 分类

水力活塞泵采油系统按动力液循环方式分为开式循环（图 9—24）和闭式循环（图 9—

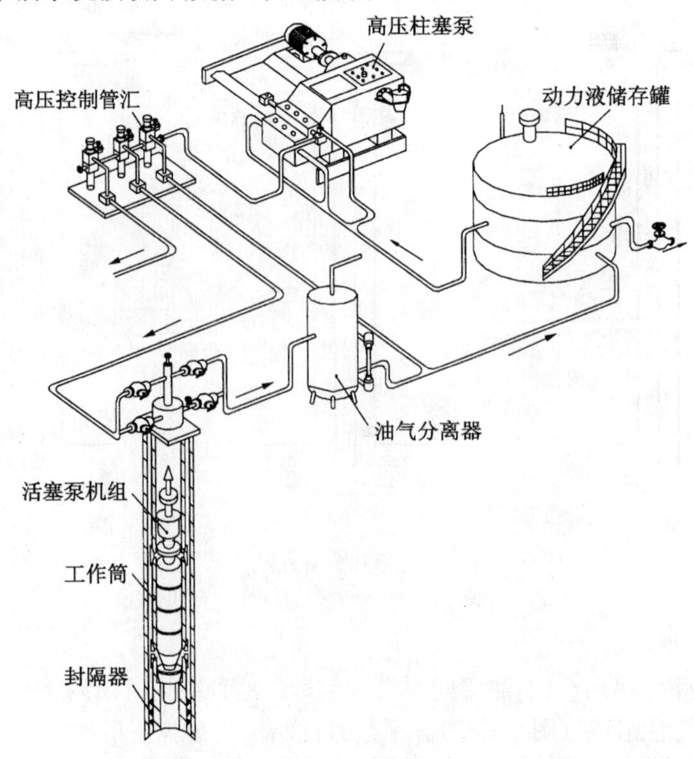

图 9—23　水力活塞泵采油系统工作流程示意图

25）两种。动力液循环的地流程，既可以单井装置流程在边远的地域使用，也可以建成集中控制管理的泵站。

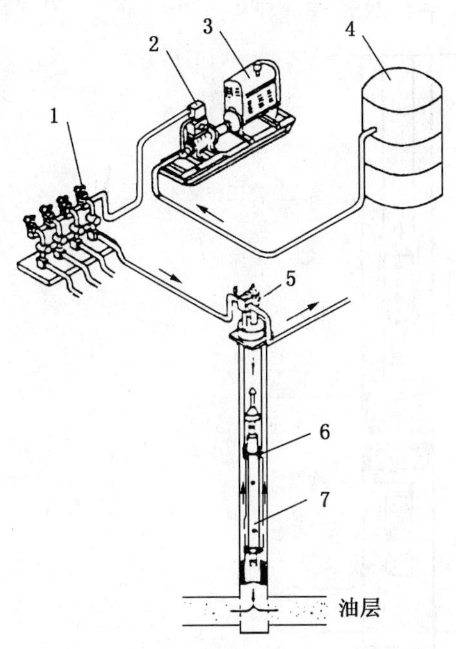

图 9—24　开式循环水力活塞泵系统

1—高压控制管汇；2—地面泵；3—发动机；4—动力液罐；5—井口装置；6—泵工作筒；7—沉没泵

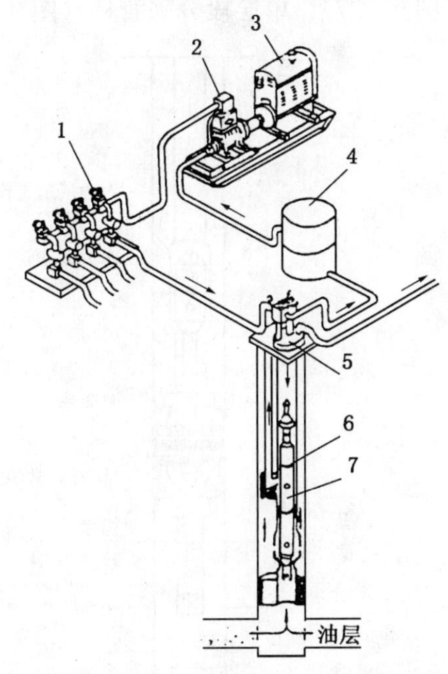

图 9—25　闭式循环水力活塞泵系统

1—高压控制管汇；2—地面泵；3—发动机；4—动力液罐；5—井口装置；6—泵工作筒；7—沉没泵

2. 形式

水力活塞泵采油系统按井下安装形式可分为固定式、插入式和投入式三类（图 9—26）。

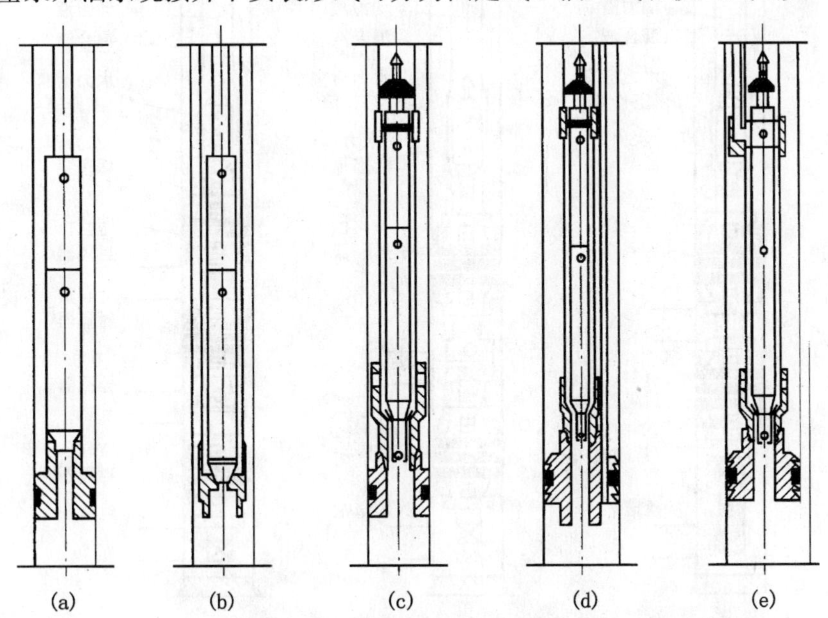

图 9—26　水力活塞泵固定式、插入式和投入式安装示意图

（a）固定式；（b）插入式；（c）投入式（单管柱）；（d）投入式（平行管）；（e）平行双管（投入式）

3. 管柱

水力活塞泵采油系统的井下管柱按开采层段，动力液输送方式可分为：全井段合采单管柱（图 9—27）、单层段分采管柱（图 9—28）、闭式平行双管柱［图 9—29（a）］、闭式同心

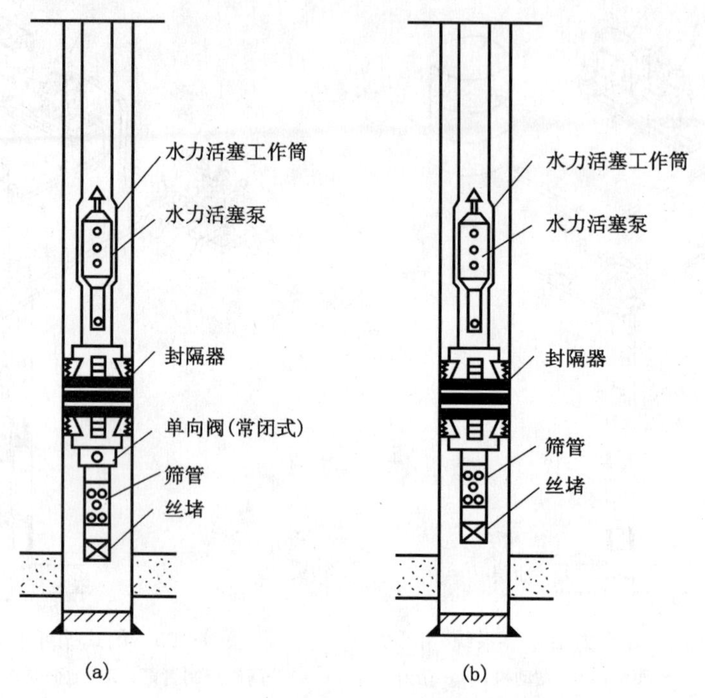

图 9—27　全井段合采单管柱示意图

（a）双向卡封封隔分隔采出井液（带单向阀）管柱；（b）双向卡封封隔分隔采出井液（不带单向阀）管柱

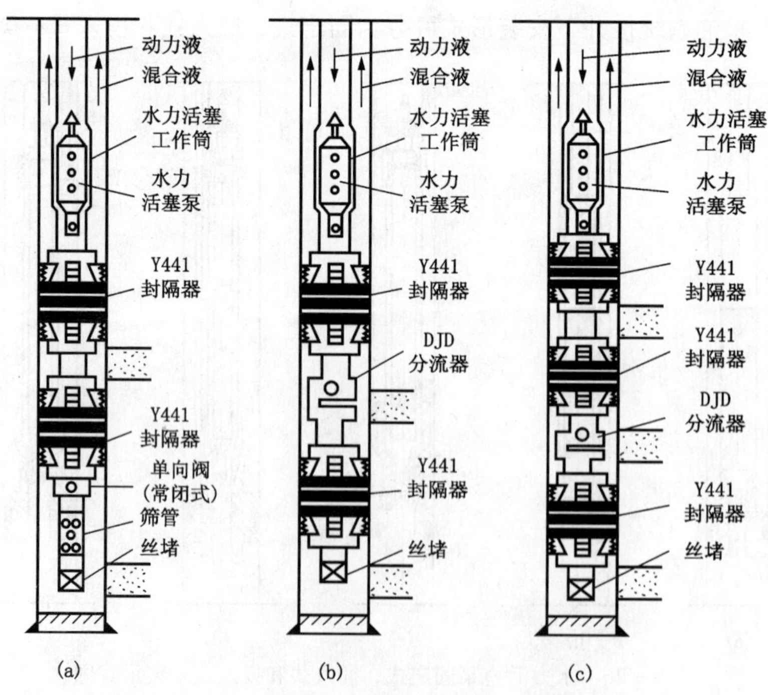

图 9—28　单层段分采管柱结构示意图

（a）封上采下；（b）封下采上；（c）封两头采中间

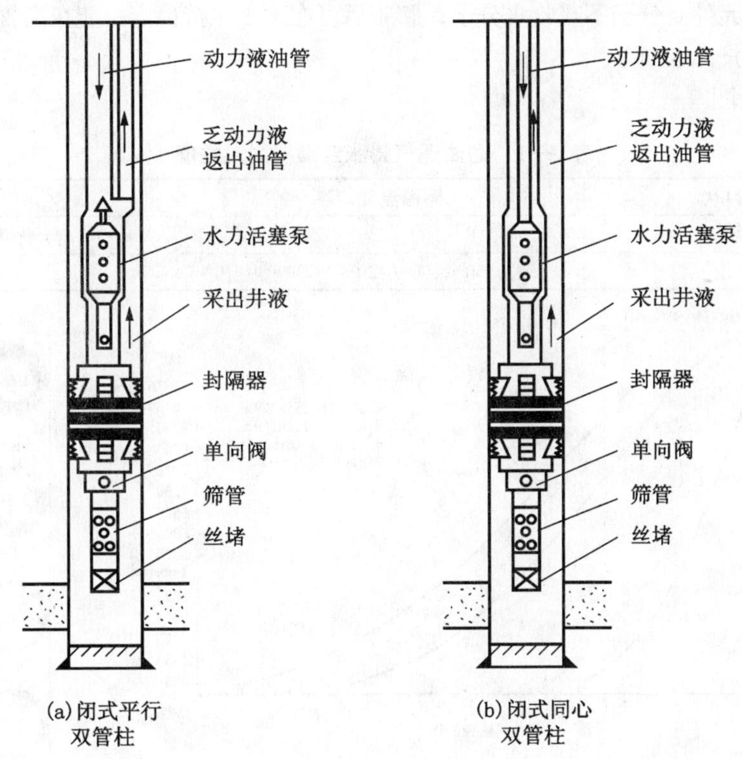

图 9—29　水力活塞泵双管柱示意图

双管柱［图 9—29（b）］等几种形式。

八、裸眼井油气膨胀封隔＋筛管分采管柱

管柱采用一种遇油遇气膨胀封隔器，该封隔器没有卡瓦部件，下井后，无需加压、旋转或上提下放坐封，只要遇油遇气，封隔密封元件即可膨胀密封，若油气缺乏时，可用轻质油循环，并将各层段分隔开。可用于直井、水平井裸眼筛管完井，可多级使用，操作简便。长度可达 9m。遇油遇气膨胀封隔器的出现，是完井工程的一大进步。可实现欠平衡钻井，不需压井、下套管、注水泥、射孔完井即可下入多级遇油遇气膨胀封隔器和割缝筛管或滑套开关完井。减少了对油气层的伤害有利于提高油气井产能，简化了完井工序和节约成本。

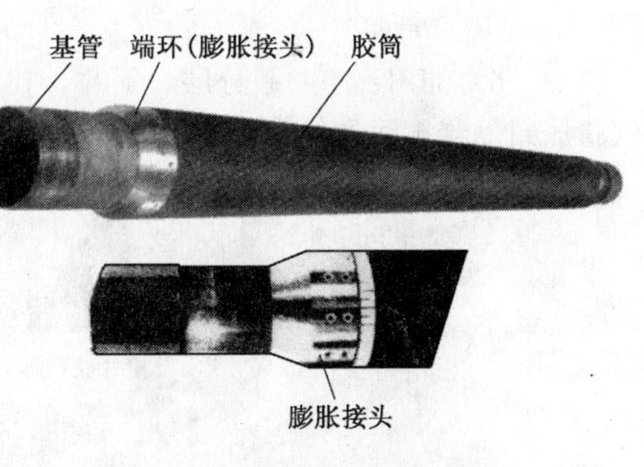

图 9—30　遇油遇气膨胀封隔器

封隔器由基管、胶筒及端环所组成（如图 9—30 所示），膨胀接头先从端环出来，与胶筒一起膨胀，支撑胶筒，增强抗压能力。

1. 适应的井下流体类型

1）液态烃。这种封隔器必须在液态烃中才能膨胀。

2）油基钻井液、原油、凝析油、柴油、重油等。重油中膨胀慢，轻质油中膨胀快。

3）天然气。能膨胀但是有效承压能力有限；如果在液态烃中膨胀后，在天然气中可保持稳定。

4）水。密封元件高分子不吸收水分子；膨胀后可在水中保持稳定；能在高含水油井中膨胀。

2. 耐温及生产压差性能

见表 9—1 及图 9—31。

表 9—1 遇油遇气膨胀封隔器耐温性能

项目	耐温温度，℃	粘接方式
高温系统	110～160（230～320℉）	化学剂
超高温系统	160～200（320～392℉）	焊接

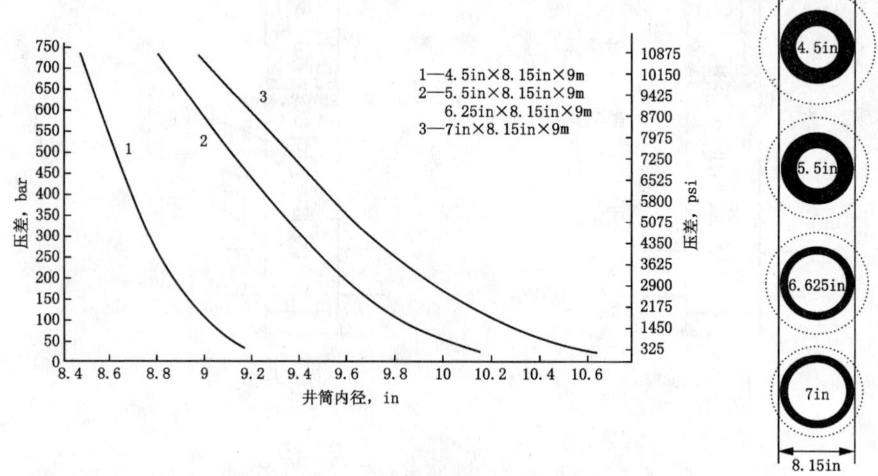

图 9—31 理论计算并修正后的工作压差

3. 现场应用实例

1）北海油田：小井眼分层，斜井，18°狗腿度，现有技术无法解决。下入 12 套遇油遇气膨胀封隔器 + 筛管分采管柱（见图 9—32）。

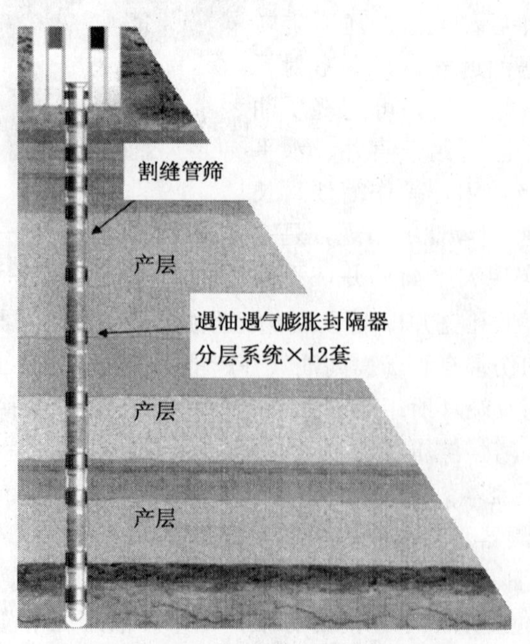

图 9—32 北海油田遇油遇气膨胀封隔器 + 筛管分采管柱

取得效果：封堵水层，出水明显下降，成本降低47%，同时产量增加。

2）中东某油田：裸眼水平井中分层段，下入遇油遇气膨胀封隔器，用电缆进行开关滑套（图9—33）。效果：一趟下入，降低成本30%～40%。

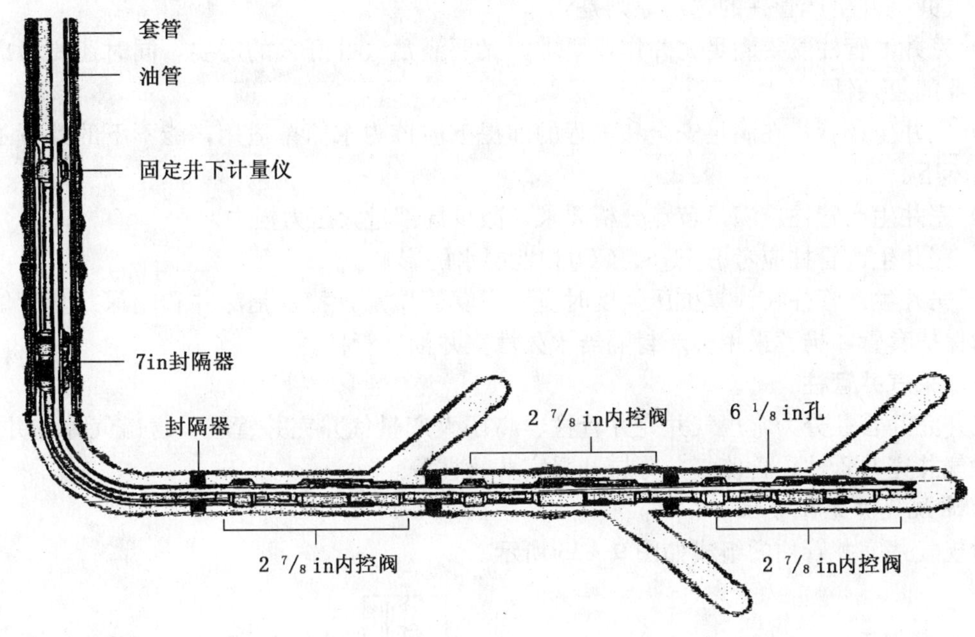

图9—33　中东某油田遇油遇气膨胀封隔器应用管柱

3）沙特某油田：遇油遇气膨胀封隔器+增产滑套管柱见图9—34。可用连续油管打开增产滑套进行压裂或其他措施。还可通过滑套关闭出水层。

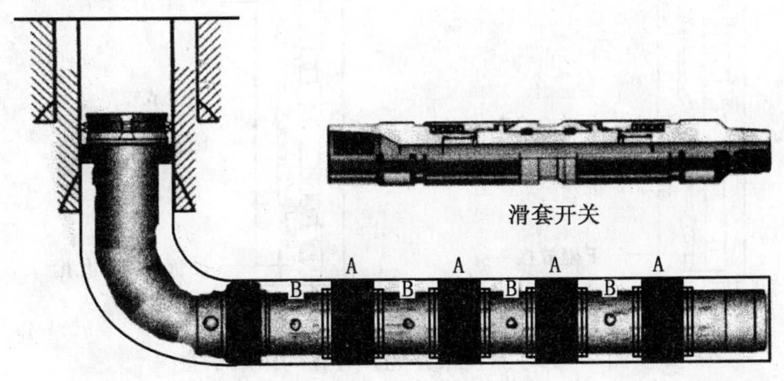

图9—34　水平井遇油遇气膨胀封隔器+滑套管柱示意图

A：遇油遇气膨胀封隔器；B：滑套开关

第二节 采气完井管柱

采气井完井生产管柱的选用原则是：

1）完井油管柱既要满足完井作业要求，又要满足气井开采的需要，同时还要考虑今后修井作业的复杂性。

2）完井生产管柱在满足安全和工程的前提下应该力求简单适用，能不下的井下工具附件尽量不下。

3）完井生产管柱应满足节点分析要求，减少局部过大压力损失。

4）完井生产管柱应考虑 H_2S、CO_2和地层水的影响。

5）完井生产管柱在计算抗压强度时应考虑套管质量，特别是深井和超深井套管偏磨情况，为保护套管，推荐采用生产封隔器永久性完井油管管柱。

一、采气井管柱

气井完井管柱分为常规气井完井管柱、高压大产量气井完井管柱、含硫气井完井管柱、高酸性气井完井管柱、含硫气井分层开采完井管柱等。

1. 常规气井完井管柱

常规气井完井管柱的组成如图 9—35 所示。

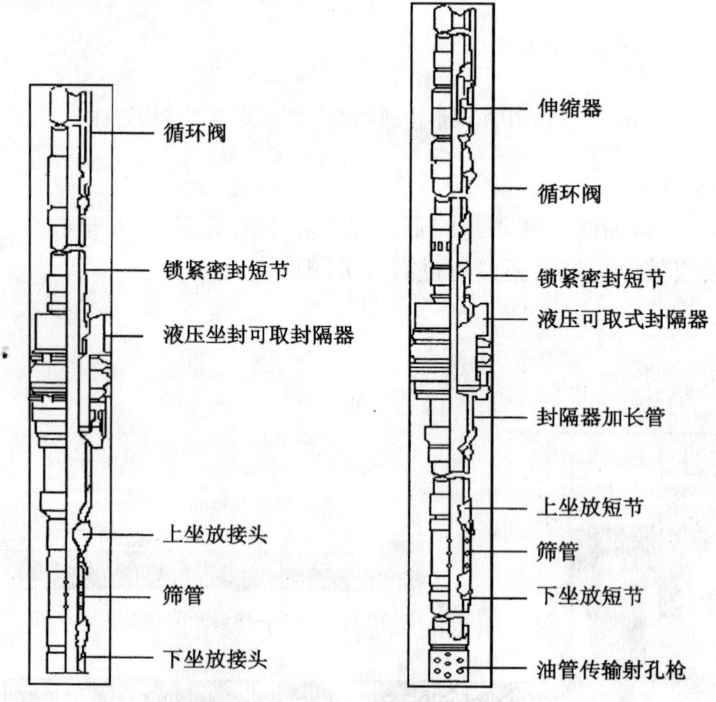

图 9—35 常规气井完井管柱的组成示意图

2. 高压大产量气井完井管柱

为确保生产安全，高压大产量气井完井管柱主体结构包括井下安全阀、循环阀、伸缩接头、永久式封隔器等。某气井曾经采用 7in 套管回接下 4½ in 油管完井生产管柱（图 9—

36)、5½in 油管完井生产管柱（图 9—37）。为控制气体的流速，以减弱气体对套管的磨蚀及冲蚀效应，该井已采用 7in 油管完井生产管柱（图 9—38）。

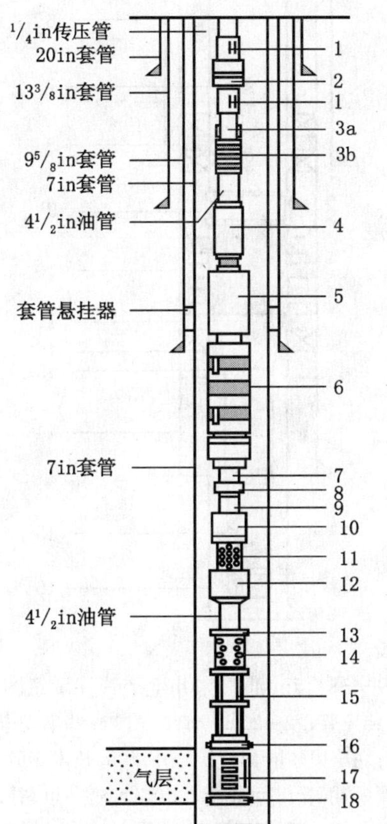

序号	井下管柱组成	外径 mm	内径 mm
1	3½in 井下安全阀	146.05	72.14
2	流动接头	146.21	121.36
3a	校深短节		
3b	循环阀	150.90	98.30
4	伸缩接头		
5	锚定器		
6	锚定式封隔器 以上均为 TM 螺纹	151.13	98.55
7	打捞延伸管		
8	变扣短节		
9	短节		
10	上传压接头		
11	带孔筛管		
12	下传压接头		
13	TCP 总成异型接头		
14	玻璃盘（启动器）		
15	中间短节		
16	机械或液压点火头		
17	127 枪装 C48YD－4S 弹，30 孔/m		
18	时间延时引爆器		

图 9—36　某气井（7in 套管回接下 4½in 油管）完井管柱示意图

3. 含硫气井完井管柱

含硫气井推荐采用生产封隔器永久完井管柱，油管推荐 3SB、F0X 扣高气密性能特殊扣，油管内壁推荐选用内涂层或内衬玻璃钢油管。

（1）常规含硫气井完井管柱

常规含硫气井完井管柱的主要特点是加注缓蚀剂防腐。缓蚀剂的防腐机理是用缓蚀剂膜将钢材表面与腐蚀介质隔离开来，缓蚀剂可有效防止腐蚀介质对钢材表面产生化学腐蚀，其管柱如图 9—39 所示。

（2）一次性完井管柱

一次性完井管柱具有可以封闭油套环形空间，对套管起保护作用，降低完井费用，缩短作业周期有利于减轻对地层的伤害，与定型井下工具容易配套等优点。带 Y344 封隔器的一次性完井管柱结构适用于固井质量好，具备丢枪试气完井管柱完成井；Y241 封隔器一次性完井管柱可用于固井质量差，或抗内压强度低，具备丢枪试气完井管柱完成井。图 9—40 为磨溪气田一次性试油完井管柱示意图。试油完井工艺流程见图 9—41。

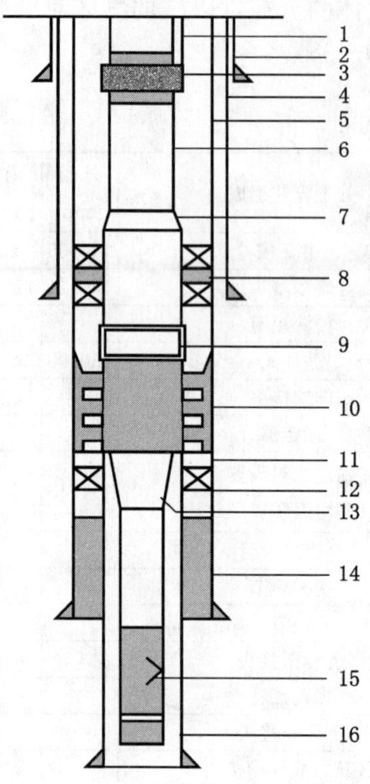

图 9—37 5½in 油管完井生产管柱示意图

1—4½in 传压管；2—20in 导管；3—5½in 井下安全阀及流动短节；4—13⅜in 技术套管；5—9⅞in 生产套管；6—5½in 油管；7—转换接头 5½in 内螺纹×7in 外螺纹；8—7in×9⅞in 封隔器+磨铣延伸管；9—堵塞球座；10—密封插管+回接密封筒；11—7in×9⅞in 尾管悬挂封隔器；12—9⅞in×7in 尾管悬挂器；13—7in×4½in 变扣短节；14—4½in 油管筛管；15—114mm 射孔枪总成；16—7in 尾管

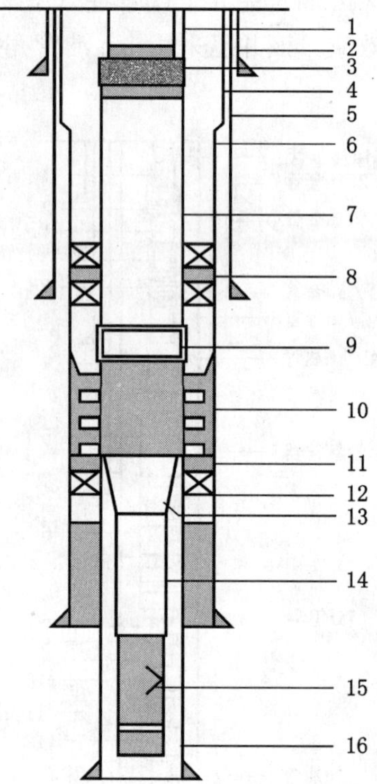

图 9—38 7in 油管完井生产管柱示意图

1—4½in 传压管；2—20in 导管；3—7in 井下安全阀及流动短节；4—10¾in 套管；5—13⅜in 技术套管；6—9⅝in 生产套管；7—7in 油管；8—7in×9⅞in 封隔器+磨铣延伸管；9—堵塞球座；10—密封插管+回接密封筒；11—7in×9⅞in 尾管悬挂封隔器；12—9⅞in×7in 尾管悬挂器；13—7in×5in 变扣短节；14—5in 油管筛管；15—114mm 射孔枪总成；16—7in 尾管

（3）含硫气井水平井玻璃钢油管完井管柱

该生产管柱采用复合壁抗腐蚀管柱：DST－80SS 外加厚抗硫金属油管＋酸酣类玻纤油管＋芳香胺玻纤油管＋玻纤球面浮鞋。其完井管柱见图 9—42、图 9—43。

4. 高酸性气井完井管柱

对于高含酸性气井，完井管柱中应考虑井下安全阀，同时管柱应具有防腐的特点。井下安全阀的安装位置距离井口 50～100m，在安全阀的上下两端安装流动短节，以延缓完井管柱紊流位置的冲蚀破坏。

（1）毛细管加注缓蚀剂完井管柱

毛细管加注缓蚀剂完井管柱如图 9—44 所示。

（2）合金钢完井管柱

该管柱采用永久式封隔器完井，油管采用高等级的耐蚀合金钢 Alloy 825、Alloy G3 材质，井下工具采用 718 材质。对于高含硫气井的生产管柱，井下工具越简单越好，这样，处理井下事故和修井作业的几率就小。其完井管柱如图 9—45 所示。

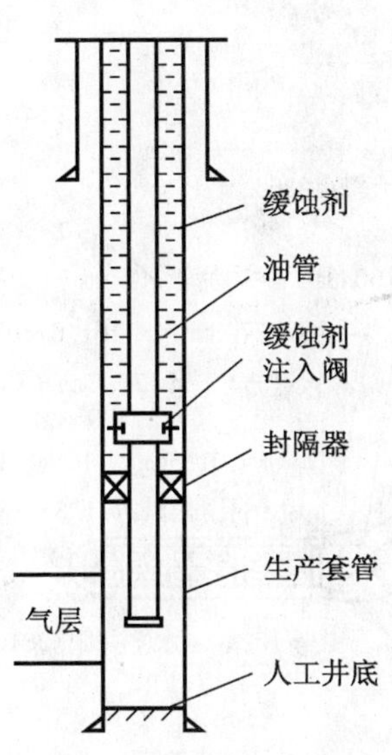

图 9—39　液体缓蚀剂加注完井管柱示意图

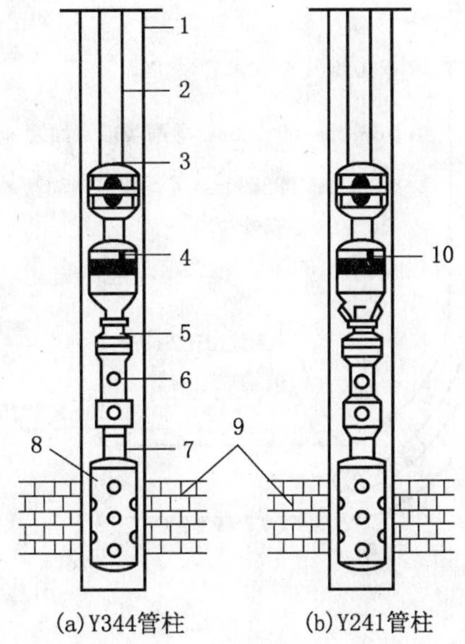

图 9—40　磨溪气田一次性试油完井管柱示意图

1—套管；2—油管；3—水力锚；4—Y344 封隔器；5—射孔枪脱手器；6—筛管短节；7—引爆器；8—射孔枪；9—气层；10—Y241 封隔器

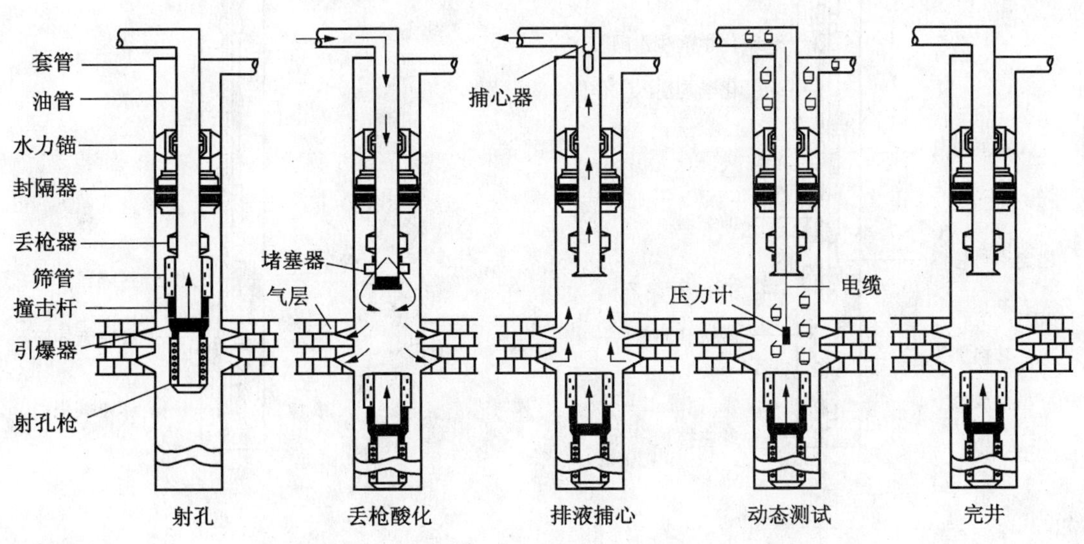

图 9—41　磨溪气田一次性完井管柱试油工艺流程图

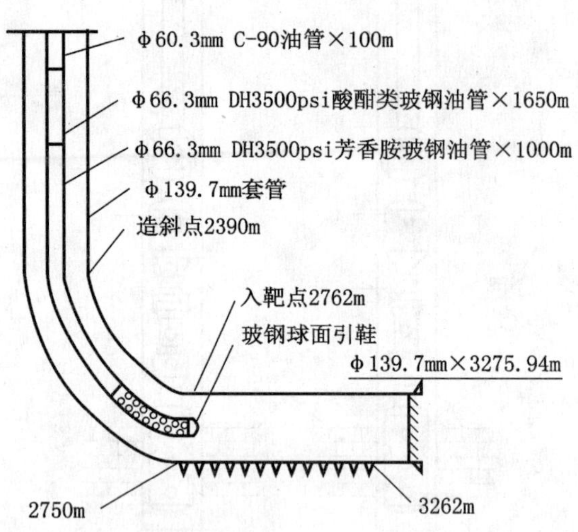

图 9—42 射孔完井水平井玻璃钢油管完井管柱示意图

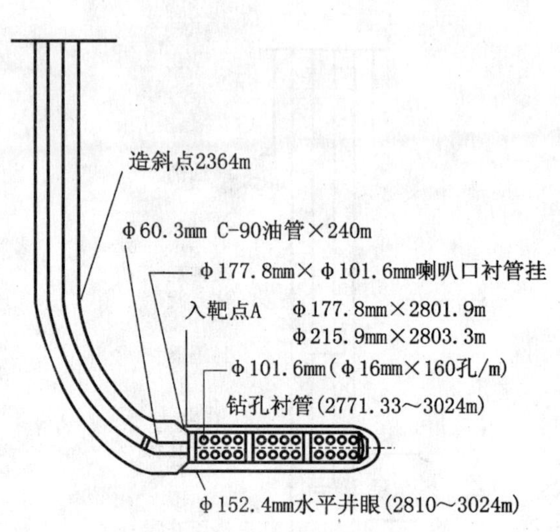

图 9—43 衬管完井水平井玻璃钢油管完井管柱示意图

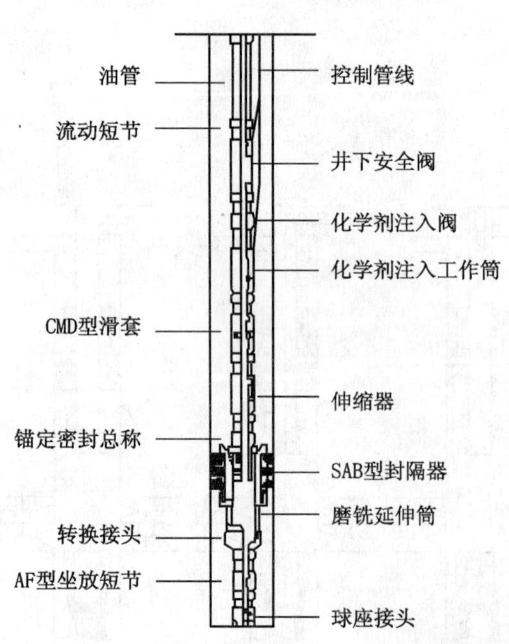

图 9—44 毛细管加注缓蚀剂完井管柱示意图

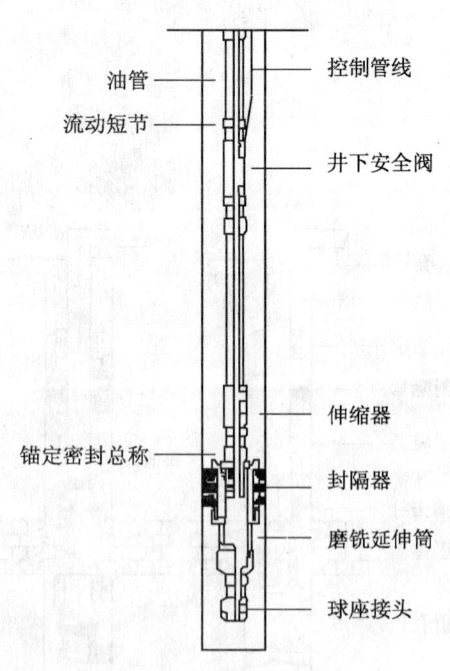

图 9—45 合金钢完井管柱示意图

(3) 高含硫气井水平井完井管柱

高含硫气井水平井完井管柱如图 9—46 所示。

5. 含硫气井分层开采完井管柱

含硫气井分层开采完井管柱如图 9—47 所示，由一个封隔器将上、下生产层隔开，下层气从油管内采出，上层气从油、管环形空间采出。该方案适用于上层所产天然气不含 H_2S 或含量甚微的气井，选用常规抗 H_2S 采气井口装置和封隔器就可进行分采。

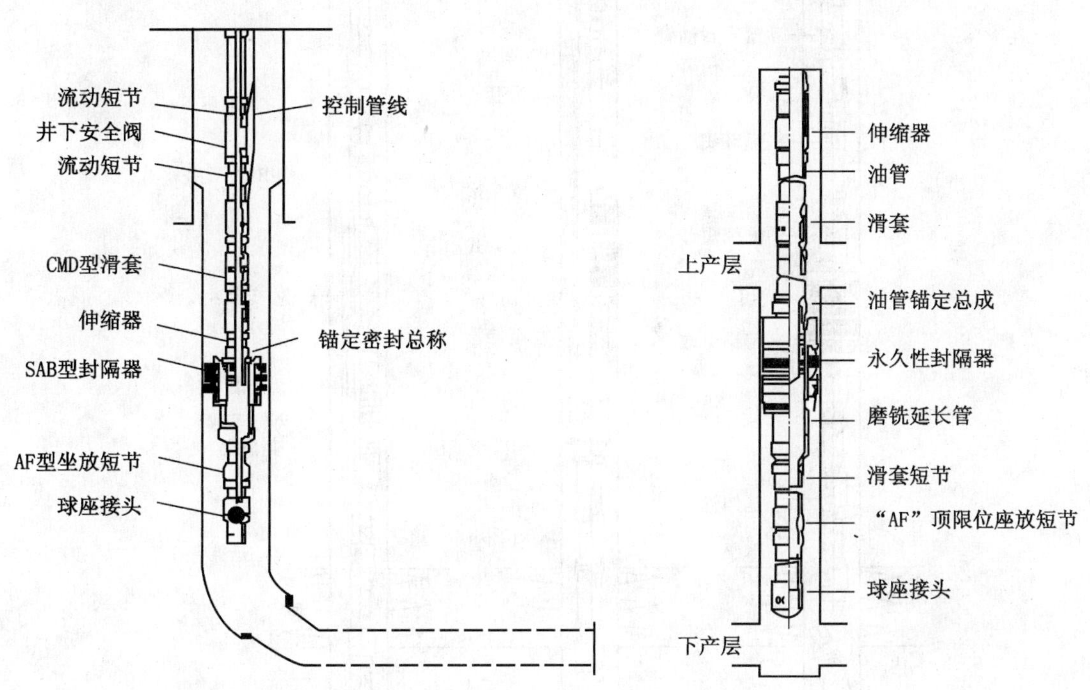

图 9—46 高含硫气井水平井完井管柱示意图

图 9—47 含硫气井分层开采完井管柱示意图

二、油管传输射孔采气井管柱

油管传输射孔采气井管柱如图 9—48 所示。

三、排水采气工艺管柱

排水采气工艺主要有优选管柱排水采气、泡沫排水采气、机抽排水采气、气举排水采气、射流泵排水采气、电动潜油泵排水采气等。

1. 优选管柱排水采气工艺

优选管柱排水采气工艺管柱与气井自喷生产井相同。

2. 泡沫排水采气工艺

泡沫排水采气工艺管柱如图 9—49 所示。

3. 机抽排水采气工艺

机抽排水采气工艺管柱如图 9—50 所示。

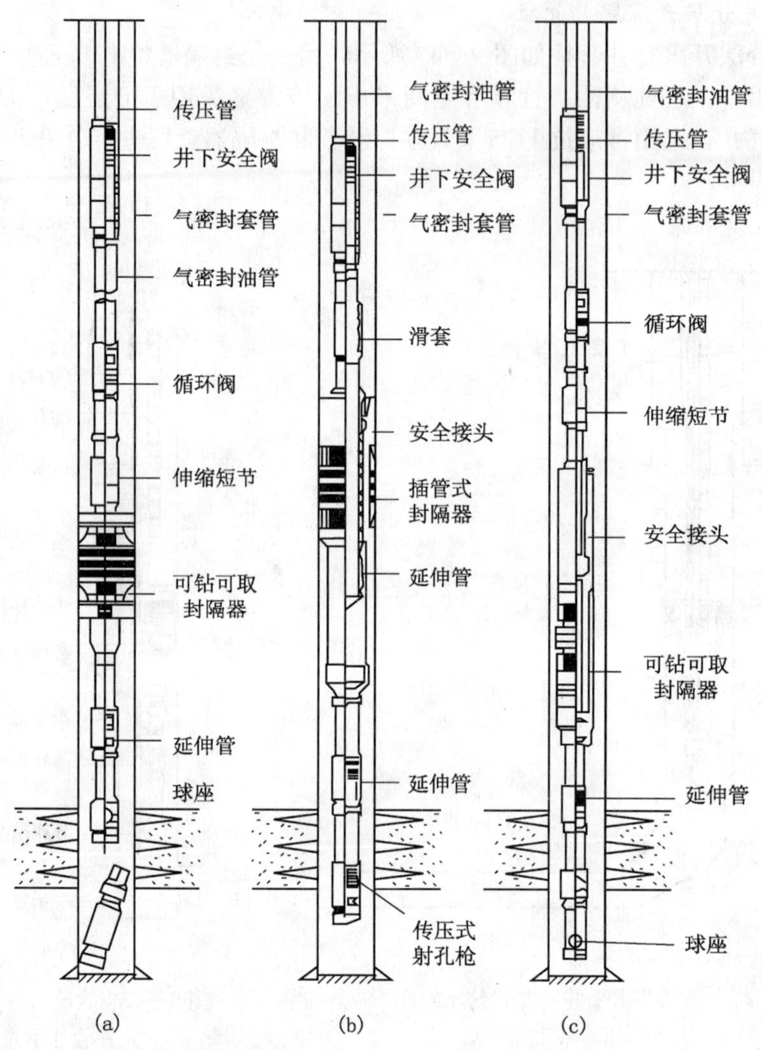

图 9—48 油管传输射孔采气井管柱示意图

(a) 丢枪完井管柱示意图；(b) 不丢枪完井管柱示意图；
(c) 下井管柱示意图

4. 气举排水采气工艺

气举排水采气工艺管柱如图 9—51 所示。

5. 射流泵排水采气

射流泵排水采气工艺管柱如图 9—52 所示。

6. 电动潜泵排水采气

电动潜油泵排水采气工艺流程如图 9—53 所示。

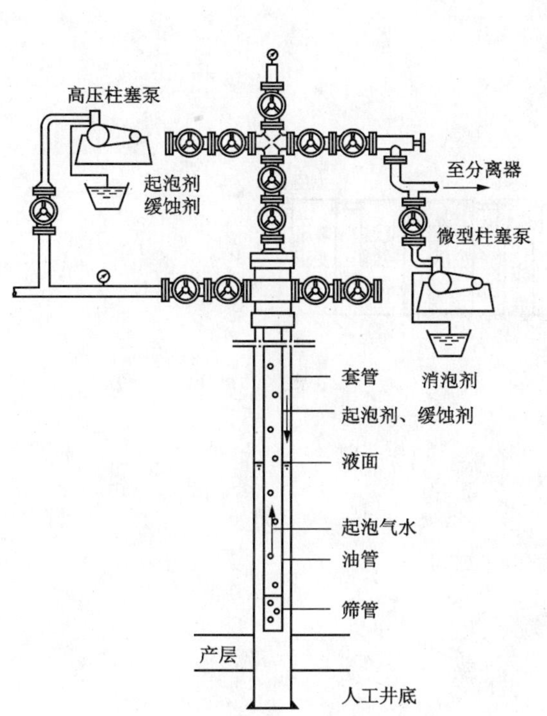

图 9—49　泡沫排水采气工艺管柱示意图

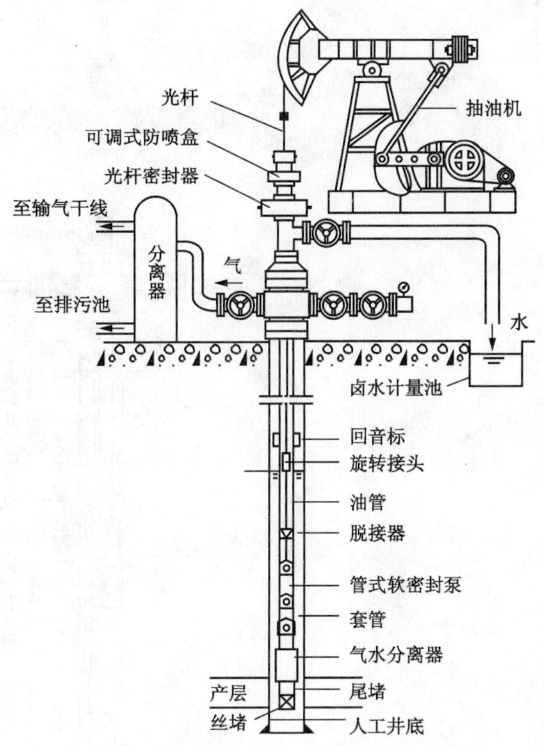

图 9—50　机抽排水采气工艺管柱示意图

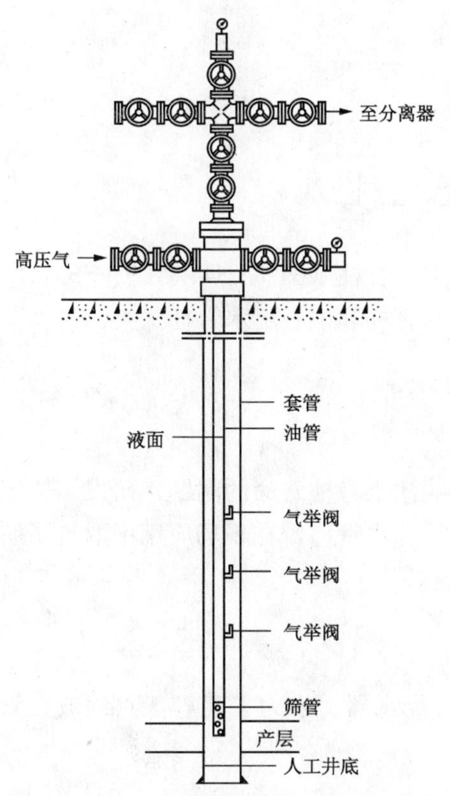

图 9—51　气举排水采气工艺管柱示意图

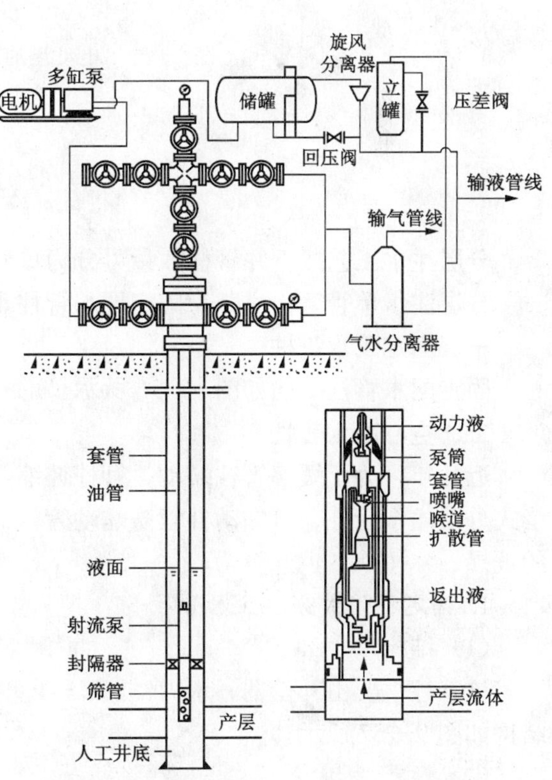

图 9—52　射流泵排水采气工艺管柱示意图

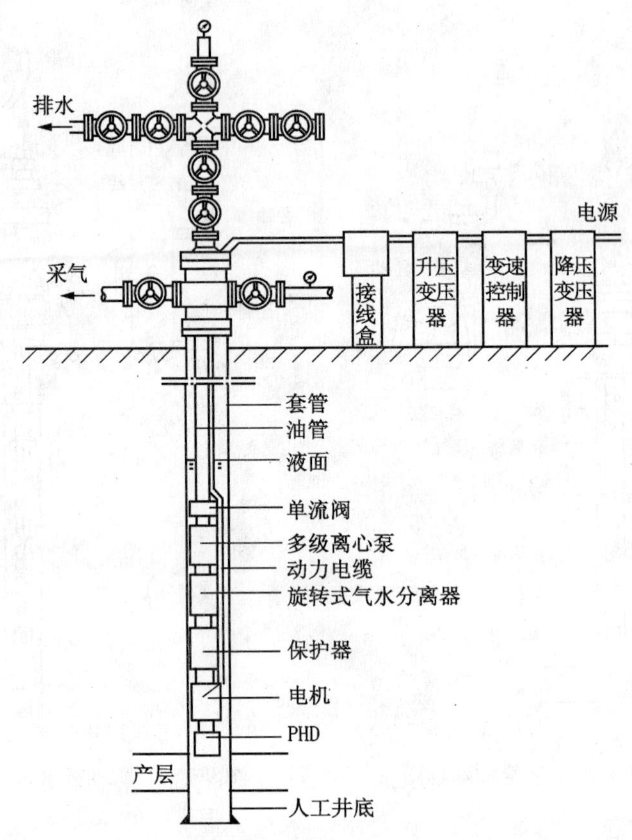

图 9—53 电动潜油泵排水采气工艺流程图

第三节 分层注水管柱

分层注水工艺按下井管柱数量可分为单管管柱和多管管柱（图 9—54、图 9—55）。

分层注水单管管柱可分为固定配水管柱、空心配水管柱和偏心配水管柱三类。

一、固定配水管柱

固定配水管柱结构如图 9—56 所示。

二、空心配水管柱

近几年，为了缓解管柱蠕动、管柱伸缩等效应影响注水管柱寿命的问题，研发了锚定补偿式分层注水管柱、自蠕动补偿防蠕动管柱等新型分层注水管柱，在现场应用中取得了明显的效果。

1. 锚定补偿式分层注水管柱

（1）结构

该管柱主要由补偿器、水力锚、Y341 型封隔器、配水器、水力卡瓦等工具组成，管柱结构如图 9—57 所示。

（2）性能特点

1）管柱结构中采用了水力锚和支撑卡瓦，通过对管柱的上部锚定和下部支撑，能有效

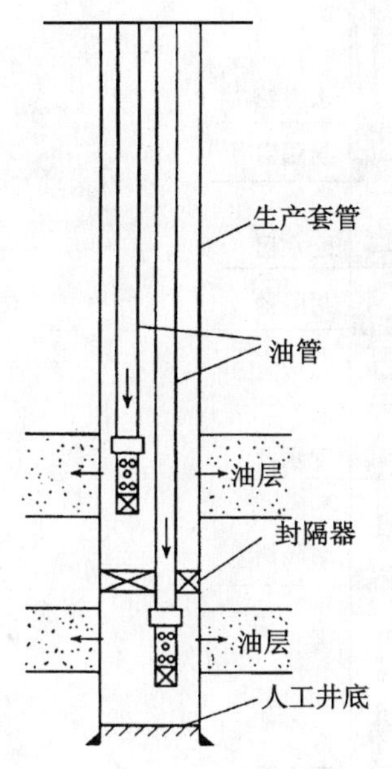

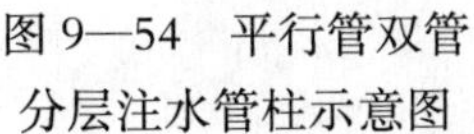
图 9—54　平行管双管分层注水管柱示意图

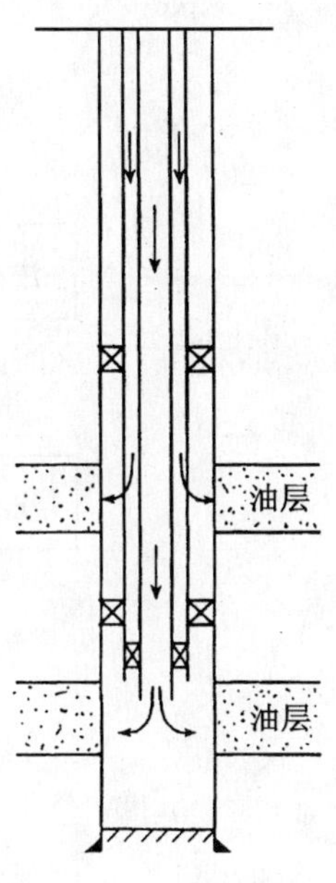

图 9—55　同心管分层注水管柱示意图

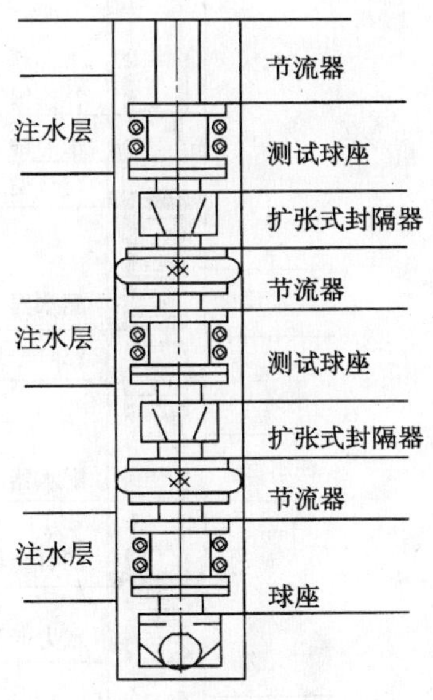

图 9—56　固定配水管柱结构示意图

克服管柱的蠕动，提高封隔器等配套工具的使用可靠性；

2）管柱上设置了补偿器，能补偿在温度和压力效应下的管柱伸缩，改善管柱的受力条件。

3）该管柱根据选用配水器的不同，可形成空心分注管柱和偏心分注管柱。

4）该管柱封隔器之间的卡距不可小于2m，以满足分层注水的需要。大庆油田地层为水平裂缝，封隔器之间卡距可适当减小。

2. 自蠕动补偿防蠕动分层注水管柱

（1）结构

该管柱主要由防蠕动器、封隔器、配水器和沉砂式泄压底球组成，管柱结构如图 9—58 所示。

（2）性能特点

1）封隔器胶筒使用寿命长。封隔器的上推力使防蠕动器卡瓦与锥体产生位移，卡瓦涨开卡在套管内壁上建立一个支撑点，使封隔器无法产生蠕动。

2）解封作业方便。上提管柱，防蠕动器锥体在上提力的作用下上移，卡瓦收回，井内管柱即可顺利起出。

3. 其他空心配水管柱

其他空心配水管柱结构如图 9—59～图 9—64 所示。

三、偏心配水管柱

偏心配水管柱是使用最广泛的配水管柱，图 9—65～图 9—72 为各种偏心配水管柱示意图。

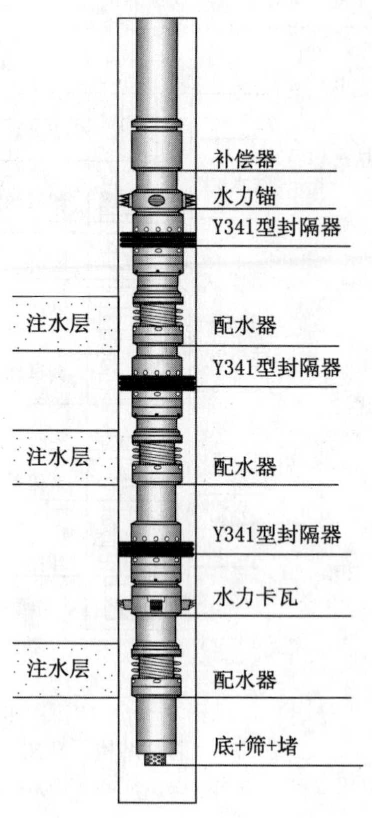

图 9—57　锚定补偿式分层注水管柱示意图

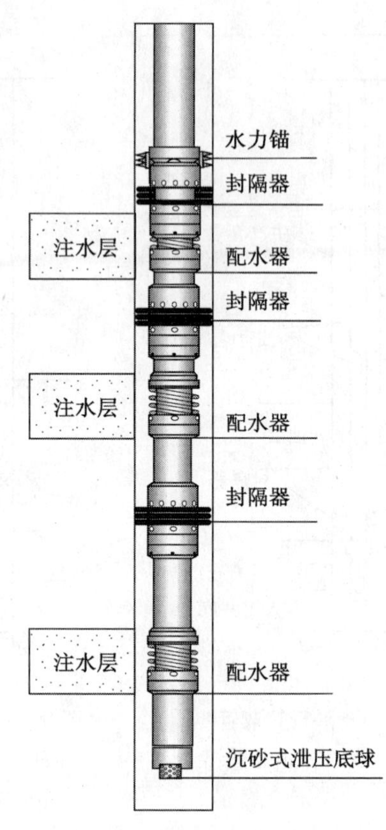

图 9—58　自蠕动补偿防蠕动分层注水管柱示意图

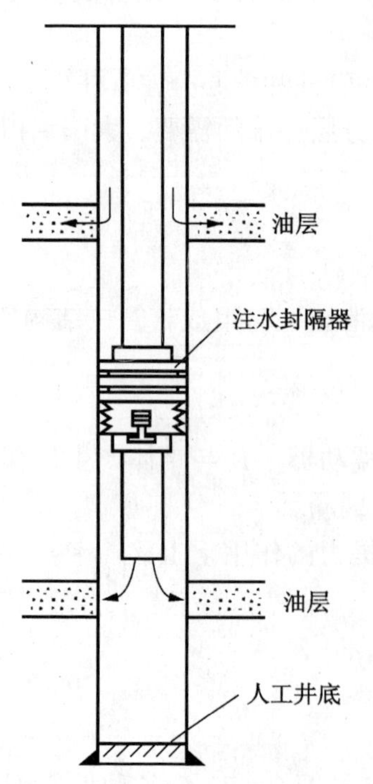

图 9—59　油套分层注水管柱示意图

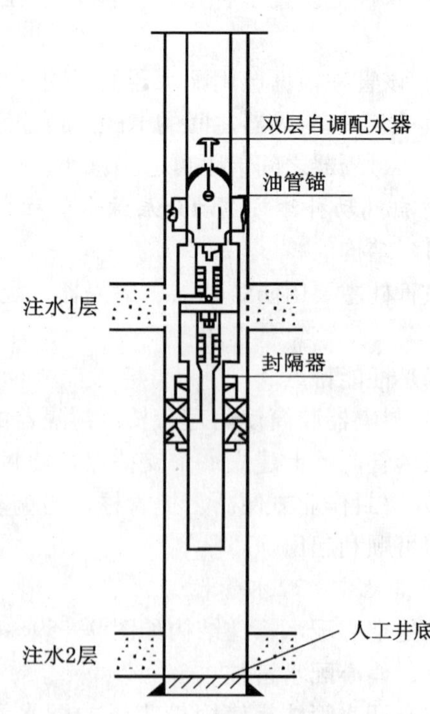

图 9—60　双层自调分层注水管柱示意图

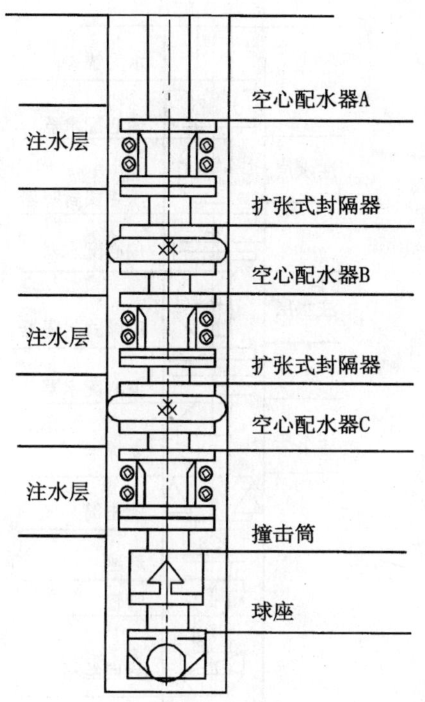

图 9—61 扩张式封隔器空心活动配水管柱示意图

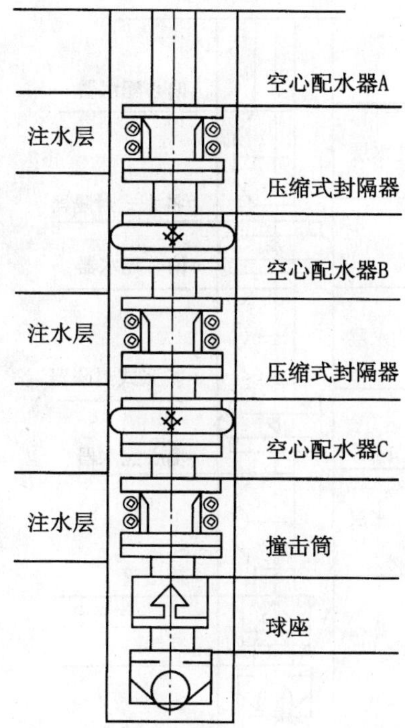

图 9—62 压缩式封隔器空心活动配水管柱示意图

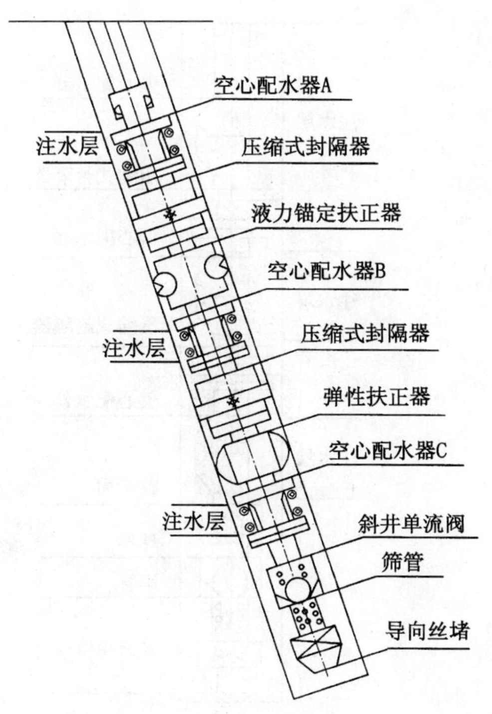

图 9—63 斜直井空心活动配水管柱示意图

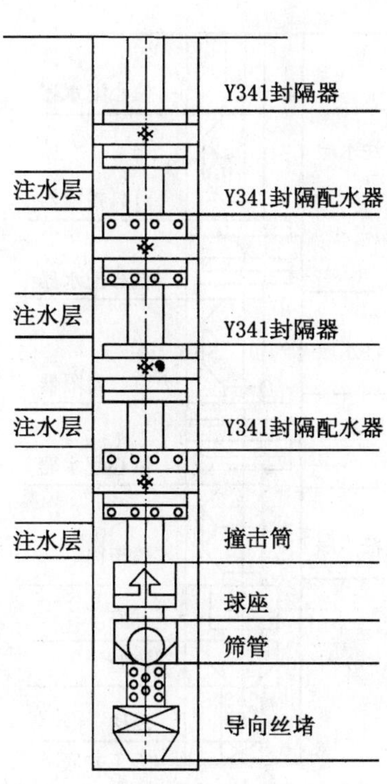

图 9—64 液力投捞式分层配水管柱示意图

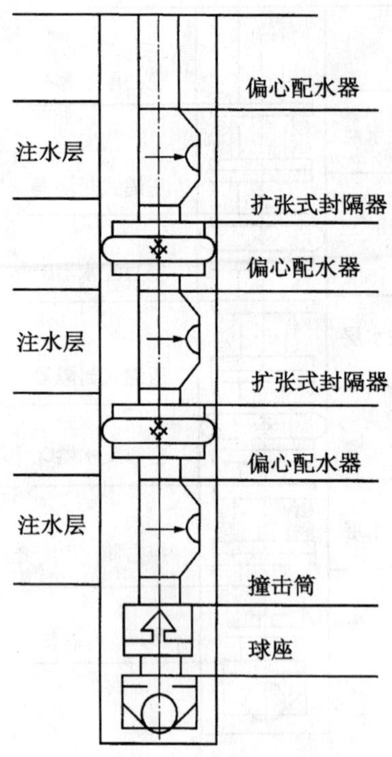

图 9—65　扩张式偏心配水管柱示意图

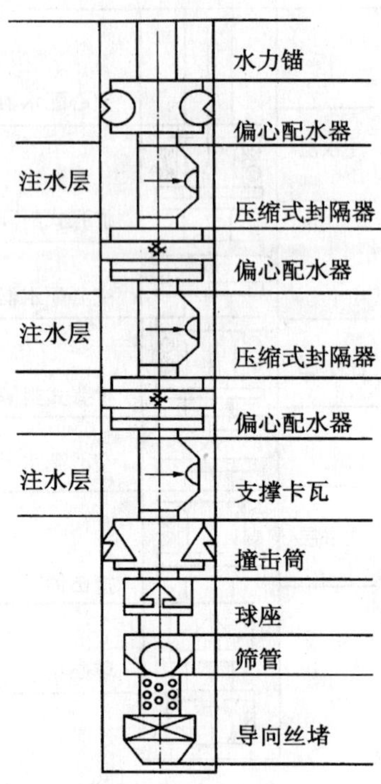

图 9—66　锚定式偏心配水管柱示意图

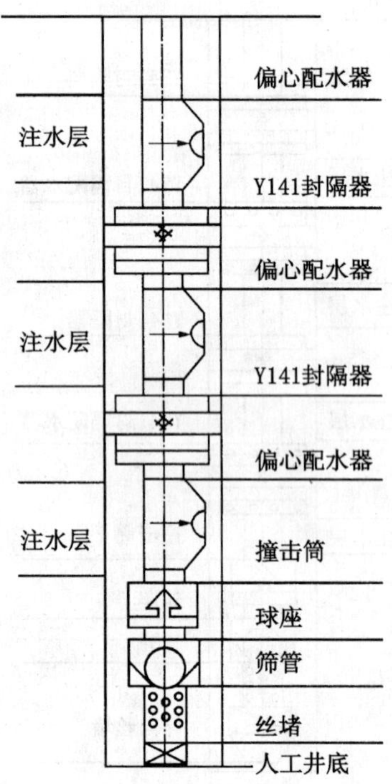

图 9—67　井底支撑式偏心配水管柱示意图

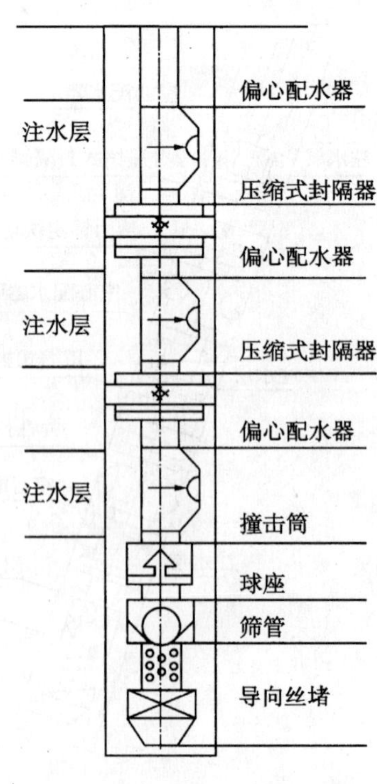

图 9—68　井口悬挂式偏心配水管柱示意图

管柱缓冲器
Y341封隔配水器
注水层
弹性扶正器(斜井用)
注水层
Y341封隔器
Y341封隔配水器
注水层
弹性扶正器(斜直井用)
注水层
管柱定位器(细分定位用)
斜直井单流阀
筛管
导向丝堵

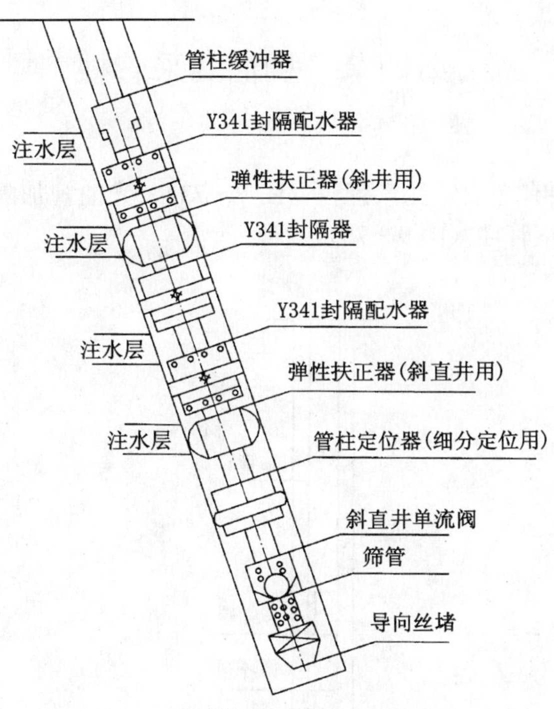

图 9—69　液力投捞斜直井偏心配水管柱示意图

油层
KPX-114A
偏心配水器
HNY341-114A
封隔器
油层
KPX-114A
偏心配水器
HNY341-114A
封隔器
油层
KPX-114A
偏心配水器
撞击筒
循环阀
筛管
丝堵

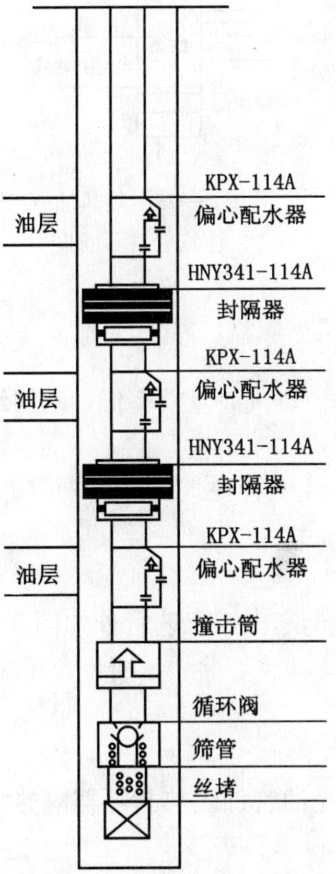

图 9—70　免投死嘴偏心配水管柱示意图

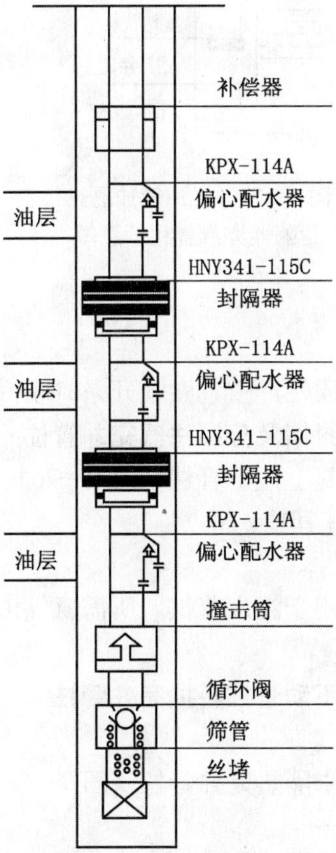

补偿器
油层
KPX-114A
偏心配水器
HNY341-115C
封隔器
油层
KPX-114A
偏心配水器
HNY341-115C
封隔器
油层
KPX-114A
偏心配水器
撞击筒
循环阀
筛管
丝堵

图 9—71　中深井偏心配水管柱示意图

油层
KPX-114A-4Ⅰ
偏心配水器
DQY141-114
封隔器
油层
KPX-114A-4Ⅱ
偏心配水器
DQY141-114
封隔器
油层
KPX-114A-4Ⅰ
偏心配水器
撞击筒
循环阀
筛管
丝堵

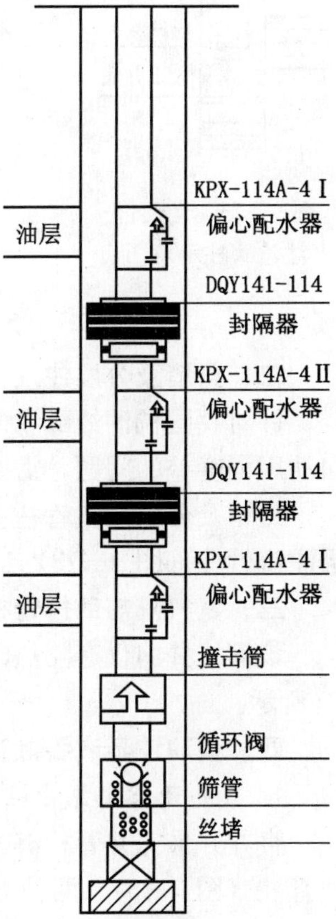

图 9—72　注水偏心配水管柱示意图

第四节　稠油开采管柱

一、常规注汽管柱

常规注汽管柱主要有光油管注汽管柱（图 9—73）、光油管加隔热封隔器注汽管柱（图 9—74）和隔热油管注汽管柱（图 9—75）三种。

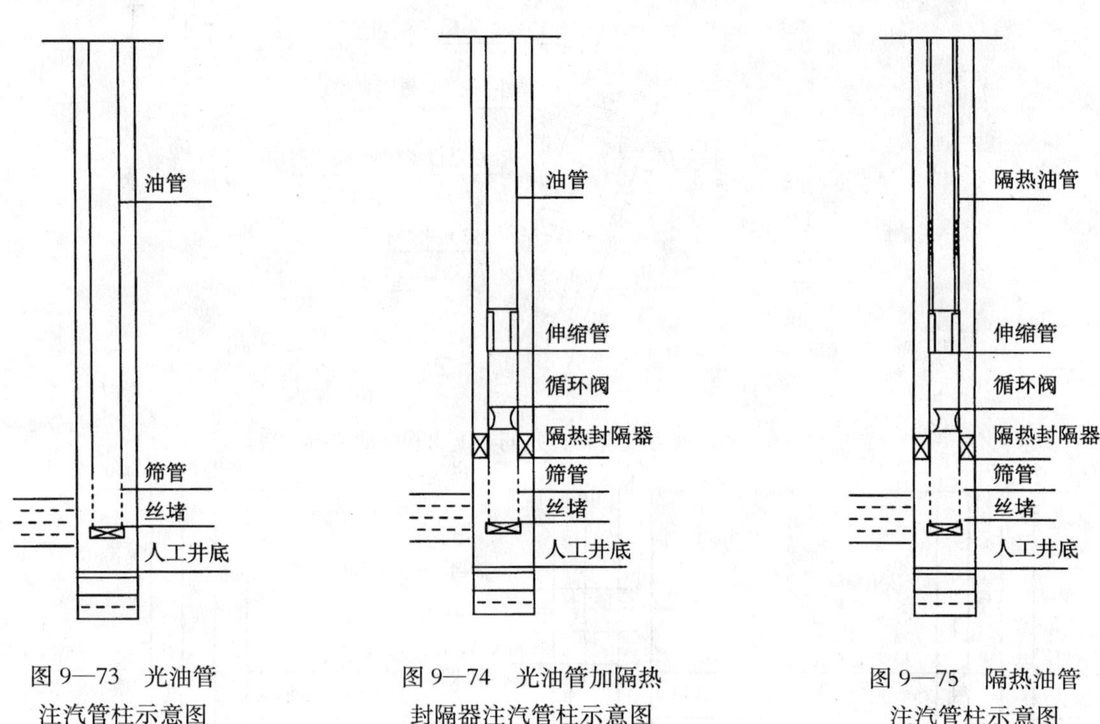

图 9—73　光油管注汽管柱示意图

图 9—74　光油管加隔热封隔器注汽管柱示意图

图 9—75　隔热油管注汽管柱示意图

二、封堵及分层注汽管柱

针对我国稠油油藏纵向非均质性严重，吞吐开采时吸汽不均、蒸汽波及效率低，油层纵向动用程度差的问题，需要采用封堵及分层注汽完井管柱。

封堵及分层注汽管柱主要有封上注下管柱（图 9—76）、封下注上管柱（图 9—77）和分层注汽管柱（图 9—78）三种完井管柱。

三、氮气隔热助排管柱

该管柱井内仅有隔热油管，用于注入蒸汽，所需氮气由制氮车产出，工艺管柱如图 9—79 所示。

四、稠油注蒸汽吞吐重复性不动管柱转抽完井管柱

1. 直井开采完井管柱

直井开采完井管柱有光油管未隔热完井管柱（图 9—80）和光油管加隔热封隔器隔热完井管柱（图 9—81）两种类型。

2. 斜直井开采完井管柱

斜直井开采完井管柱管柱与直井类似，不同的是，斜直井在地面需要配套斜直井抽油

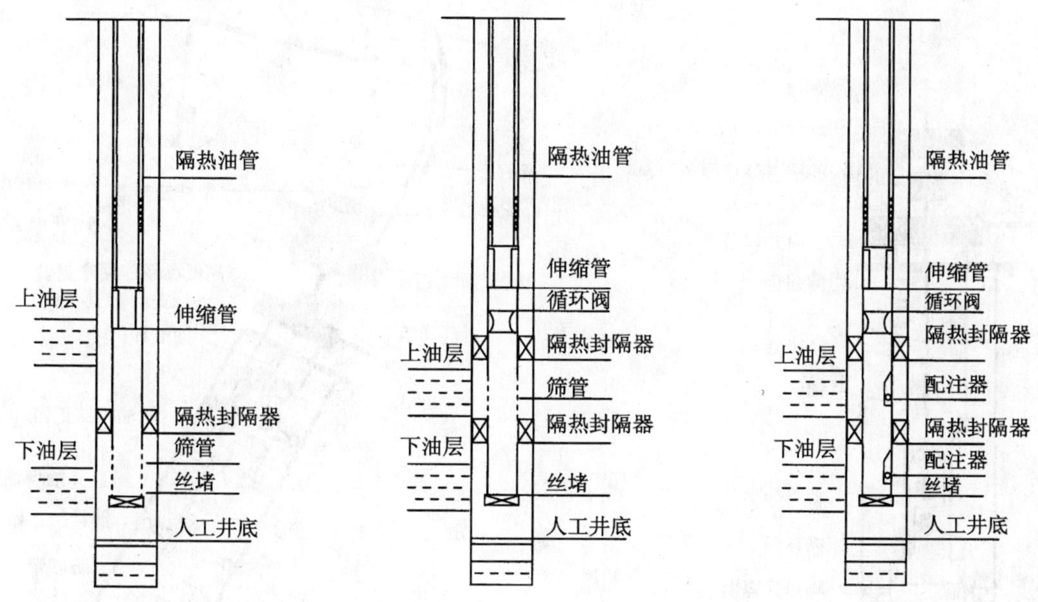

图 9—76　封上注下管柱示意图　　图 9—77　封下注上管柱示意图　　图 9—78　分层注汽管柱示意图

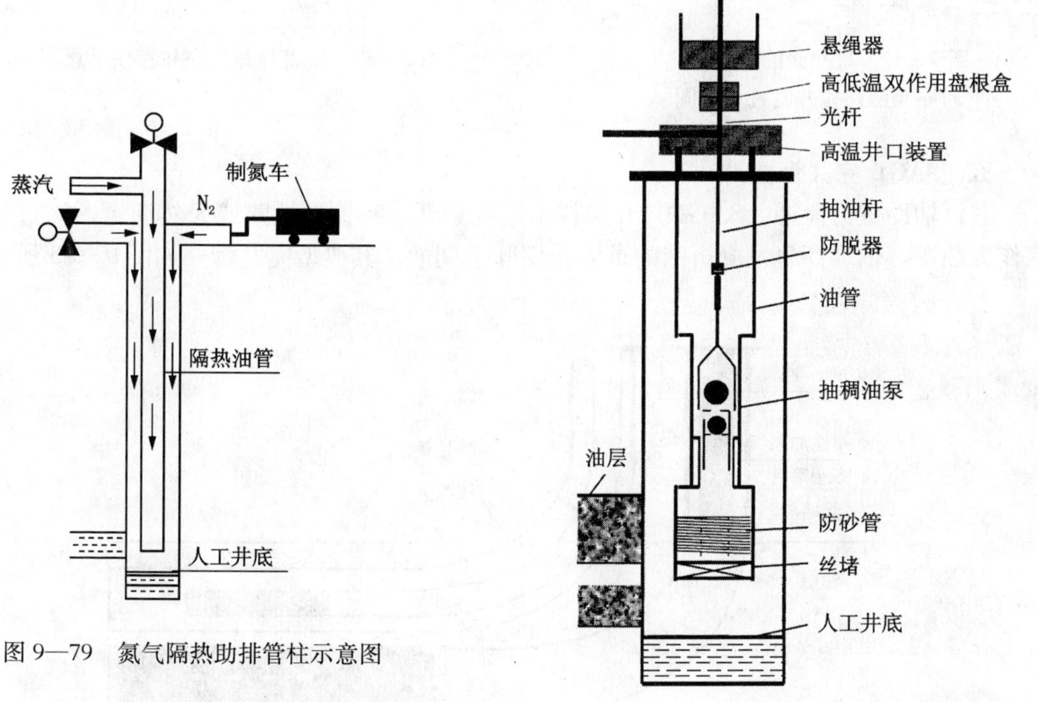

图 9—79　氮气隔热助排管柱示意图

图 9—80　直井光油管未隔热完井管柱示意图

机、光杆旋转器，在井下需要配套抽油杆扶正器、油管扶正器，抽稠油泵采用斜井抽稠泵，其管柱如图 9—82 所示。

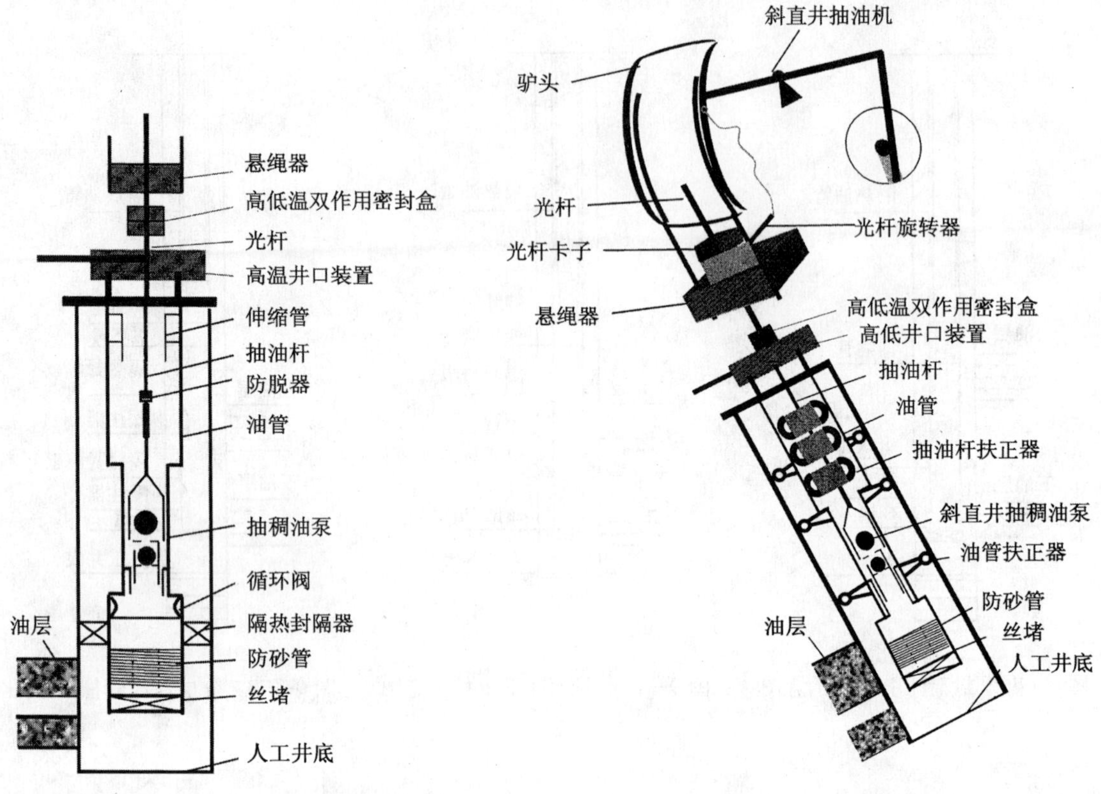

图 9—81　直井光油管加隔热封隔器隔热完井管柱示意图

图 9—82　斜直井开采完井管柱示意图

五、SAGD 完井管柱

蒸汽辅助重力泄油（SAGD）开采技术适合于开采特稠油油藏或天然沥青。该过程以蒸汽作为热源，依靠沥青及凝析液的重力作用开采稠油。其典型完井管柱如图 9—83 所示。

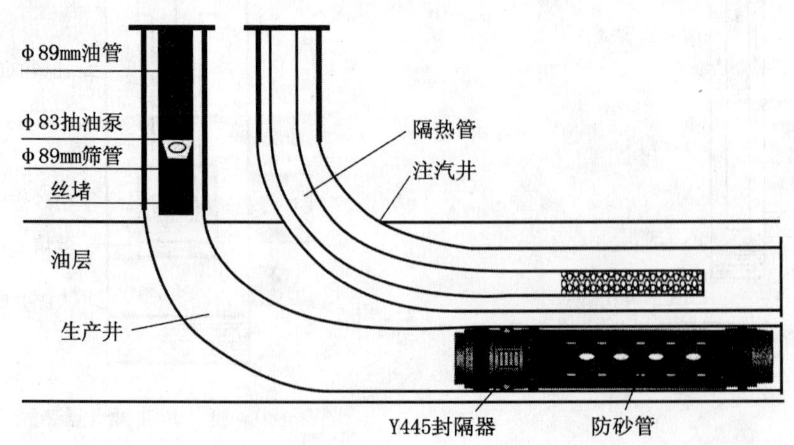

图 9—83　SAGD 完井管柱示意图

六、稠油排砂冷采管柱

稠油排砂冷采是一种充分利用稠油储层胶结疏松、容易排砂以及原油黏度高、携砂能力强和地层原油中含有一定量溶解气的特点，通过诱导油层大量排砂和泡沫油的形成开采稠油的一种采油技术。其管柱可分为套管反洗冲砂完井管柱（图9—84）和空心杆分段冲砂完井管柱（图9—85）。

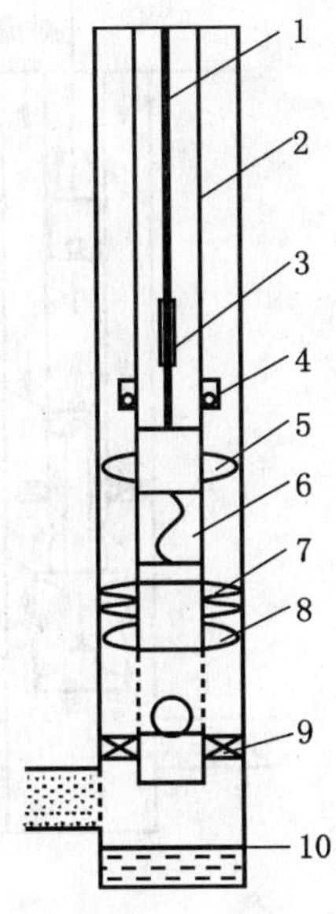

图9—84　套管反洗冲砂完井管柱

1—抽油杆；2—油管；3—抽油杆安全接头；4—单流阀；5—扶正器；6—螺杆泵；7—油管锚；8—扶正器；9—封隔器；10—人工井底

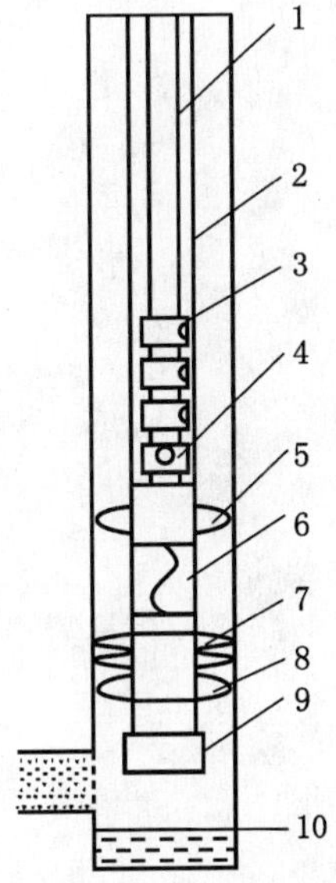

图9—85　空心杆分段冲砂完井管柱

1—空心杆；2—油管；3—分段冲砂器；4—单流阀；5—扶正器；6—螺杆泵；7—油管锚；8—扶正器；9—十字叉；10—人工井底

七、空心抽油杆越泵电热采油管柱

该工艺是在空心抽油杆内下一铠装加热电缆，通过电路连接器与泵下加热器、空心泵、空心抽油杆构成电回路，实现电热转换，通电加热降低原油黏度，降低稠油在井筒中的流动阻力，有利于将稠油抽出地面。图9—86为空心抽油杆越泵电热采油管柱示意图。

八、射流泵与抽油泵联作举升管柱

在塔里木塔河油田的深井、超深井（井深大于5000m）稠油（属普通稠油）可以从油层流入井筒，但不能自喷至井口。采用抽油机或电动潜油泵人工举升的举升能力都达不到，水力活塞泵举升能力可以满足要求，但工艺技术复杂，投资多，经济上不合算。因此选用了射流泵，采用掺活性水降黏，将稠油开采出来，但射流泵泵效低，一般小于25%，若射流泵举升能力不够或生产压差不够大，则可以在射流泵上部某个部位下入抽油泵，采用射流泵与抽油泵联作，效果会更好。其管柱如图9—87所示。

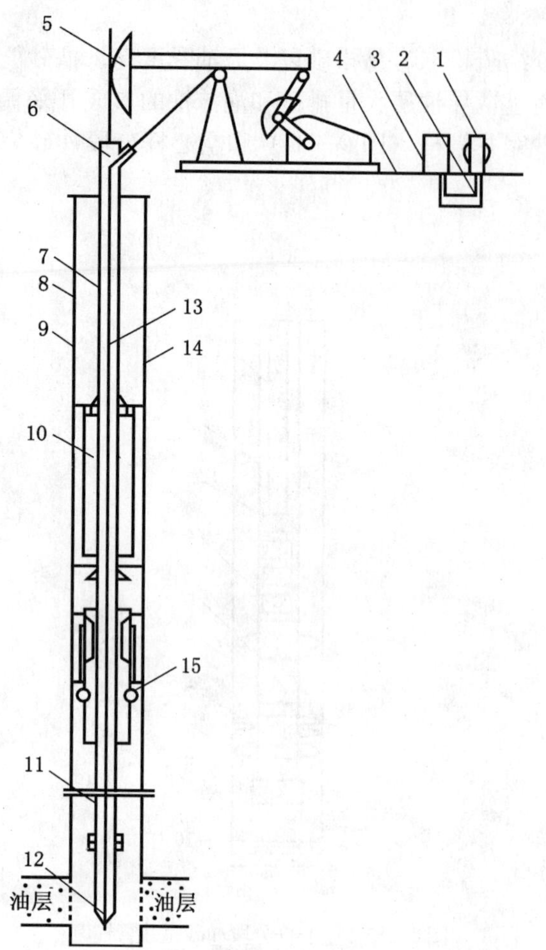

图 9—86　空心抽油杆越泵电热采油管柱示意图

1—特种变压器；2—电源电缆；3—电控柜；4—供电电缆；5—抽油机；6—电缆引入器；7—空心抽油杆；8—油管；9—套管；10—空心泵；11—越泵加热器；12—电路连接器；13—加热电缆；14—泵套；15—卡环

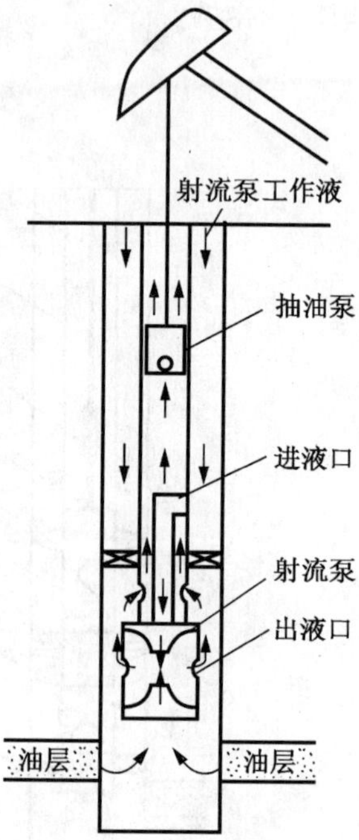

图 9—87　射流泵与抽油泵联作举升管柱示意图

第五节　完井管柱安全系统

油井、天然气井完井射孔后，都必须下入投产油管管柱，油、气通过生产管柱，将油、气开采到地面，开采过程往往因为突发事件，如钻井钻遇高压油气层，或完井后套管油管损坏，封隔器失灵，或井下操作失误或自然灾害、火灾、洪水或湖河、海水下突发事件等因素造成井喷事故。因而，为了防止这些突发事件，保证油气井的安全、人身安全和环保卫生是完井管柱必须保证的关键技术问题。

完井管柱的安全保证，当前主要是在油层顶部下入封隔器，将油套管环空隔开，并在距井口 100～200m 装有井下安全阀，以及配套的地面安全系统。井下、地面配套的安全系统主要是针对高压、高产的油气井突发事件而专门设置的，对于一些低压、低产井，除特殊情况外，此井下安全系统可以简化。

一、井下安全阀

井下安全阀是一种急紧关闭阀，在井控失灵时，能及时关闭油、气流向地面的通道。关闭方式有多种。压差式：当井喷时，井下压差突然加大时自动关闭安全阀；液压式：由油套环空下入一根 ϕ¼in 不锈钢管，与井下安全阀液压装置连接，当井喷时，可在地面用手动或自动装置将安全阀关闭。还有多种类型和形式（详见图 9—88），可根据不同条件选用之。

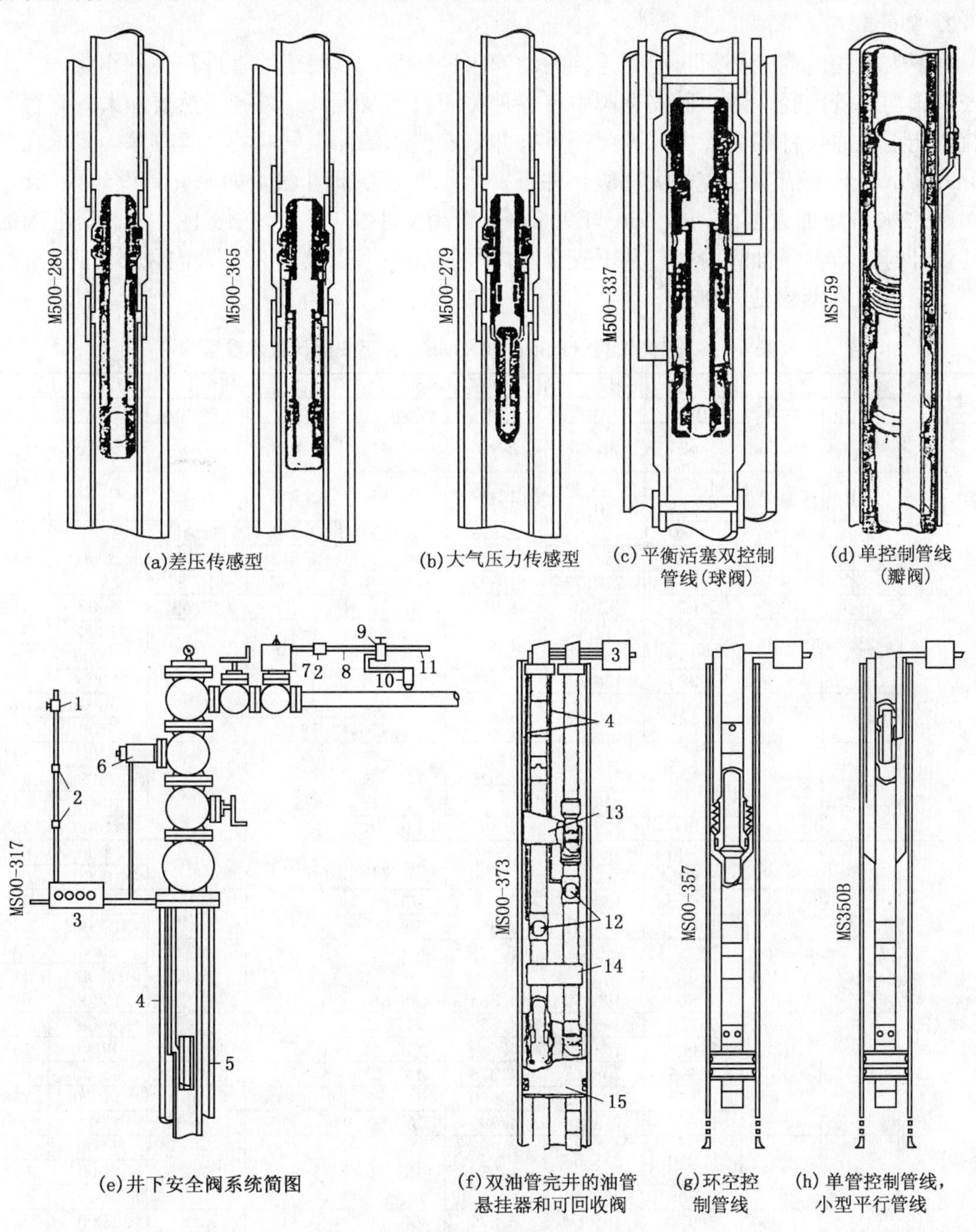

图 9—88 井下安全阀和完井型式

1—紧急关井阀；2—易熔塞；3—液压控制管汇；4—控制管线；5—生产套管；6—液压地面安全阀；7—气动地面安全阀；8—低压控制管线；9—三通关闭开阀；10—监控继动器；11—低压空气或天然气源；12—有油管回收的油管安全阀；13—头型头；14—定位头；15—液压坐定悬挂器

1. 下入深度

井下安全阀下入深度，陆上油气田一般都下在地表以下 100～200m，湖、河、泄洪区、海上油田也应下在湖底、河底、海底或井口以下 100～200m 为宜，因为突发事故或井喷，都不可能影响此深度，井下安全阀关闭后，确保油气井事故不再扩大，保证油气田不遭破坏。

2. 套管程序

井下安全阀的内径必须与上下连接的油管内径一致，以便于油管进行各种作业。为了保证安全阀与油管内径一致，而安全阀中有各种关闭机构及元件，外径必然要加大。直径加大后就不能下入原设计的套管内。为此，下有井下安全阀的油、气井的套管程序，要求在井深 100～200m 处，套管直径应加大一级，井下安全阀即下在此井段，如原套管设计为 7in，则在 100～200m 应加大至 9⅝in，7in 与 9⅝in 套管用大小头连接。在做下入井下安全阀的油管柱设计时，应参照油管内径、井下安全阀内径及外径，以及下入套管内径做好匹配设计。井下安全阀技术参数见表 9—2。

表 9—2 贝克工具（Baker Oil Tools）井下安全阀技术参数

型号	尺寸		最大外径		最小内径		标准孔径		工作压力	
	in	mm	in	mm	in	mm	in	mm	psi	bar
T（E）	2⅜	60.33	3.625	92.08	1.906	48.41	1.875	47.63	5000	344.7
									7500	517.1
	2⅞	73.03	4.625	117.48	2.379	60.43	2.312	58.72	5000	344.7
			5.135	130.43					10000	689.5
	3½	88.90	5.380	136.65	2.875	73.03	2.812	71.42	5000	344.7
	4½	114.30	7.125	180.98	3.875	98.43	3.812	96.82		
	5½	139.70	8.375	212.73	4.625	117.48	4.562	115.87		
TM（E）	2⅜	60.33	3.625	92.08	1.906	48.41	1.875	47.63	5000	344.7
	2⅞	73.03	4.625	117.48	2.379	60.43	2.312	58.72	5000	344.7
			5.135	130.43					10000	689.5
	3½	88.90	5.380	136.65	2.875				5000	344.7
	4½	114.30	7.125	180.98	3.875	73.03	2.812	71.42	5000	344.7
						98.43	3.812	96.82	7500	517.1
	5½	139.70	8.375	212.73	4.625	117.48	4.562	115.87	5000	344.7
									7500	517.1
			8.875	225.43					10000	689.5
			9.000	228.60	4.593	116.66			11000	758.4
TSM（E）	2⅜	60.33	3.500	88.90	1.906	48.41	1.875	47.63	9000	620.5
			3.625	92.08					10000	689.5
	3½	88.90	5.000	127.00	2.877	73.08	2.812	71.42	5000	344.7
			5.650	143.51	2.870	72.90			10000	689.5
	4½	114.30	6.550	166.37	3.875	98.43	3.812	96.82	5000	344.7
									7500	517.1
			7.500	190.50	3.885	98.68			10000	689.5
	5½	139.70	7.700	195.58	4.625	117.48	4.562	115.87	5000	344.7
			8.000	203.20	4.580	116.33			8000	551.5
			8.195	208.15	4.375	111.13	4.312	109.52	10000	689.5
			8.195	208.15	4.550	115.57	注	注	11000	758.4
			8.600	218.44	4.390	111.51	4.312	109.52	13500	930.7
	7	177.80	9.200	233.68	6.059	153.90	5.950	151..13	5000	344.7
									7500	517.1
			9.300	236.22					8000	551.5
TUSM（E）	4½	114.30	5.970	151.64	3.875	98.43	3.812	96.82	5000	344.7
T（E） TM（E） TSM（E） TUSM（E）	下入深度	ft	4000							
		m	1219.5							
	温度范围	℉	20～300							
		℃	－6.7～149							

注：5½inTSM（E）－11000psi 型不包括径向连通部件或阀座孔。

油气层顶部的封隔器可根据封隔器生产压差大小选择永久式或可取式封隔器，封隔器必须能承受足够的压差，如油气中含有腐蚀液体或气体，则应有耐腐蚀能力，做到长期密封，保证油套管环空隔离。

二、配套的地面安全阀系统

为了确保陆上或海上高压、高产油气井的安全，除了井下装有井下安全阀，此外地面仍需安装地面安全阀系统。

1. 地面安全阀

大多数地面安全阀是具有活塞式执行机构的逆向动作的闸门阀。由于阀杆面积上所受压力较低，阀体内的压力推动闸门上升关闭阀门。控制压力作用在活塞上，推动阀门下降开启阀门。如果阀体无压力，一般用弹簧关闭阀门。

2. 地面安全阀与井下安全阀系统配套

压差式井下安全阀可以由压差自动关闭安全阀，但液压式、气动式、双管及其他型式安全阀，则由地面控制井下安全阀，地面控制系统由一个伺服系统控制的地面装置所维持的压力控制。压力通过环形空间内¼in 平行控制管线，或通过与安全阀下面的封隔器相结合的油管—套管环形空间传递到安全阀。

图 9—89 油井井下安全控制系统示意图。图 9—90 为海上生产平台安全控制系统示意图。

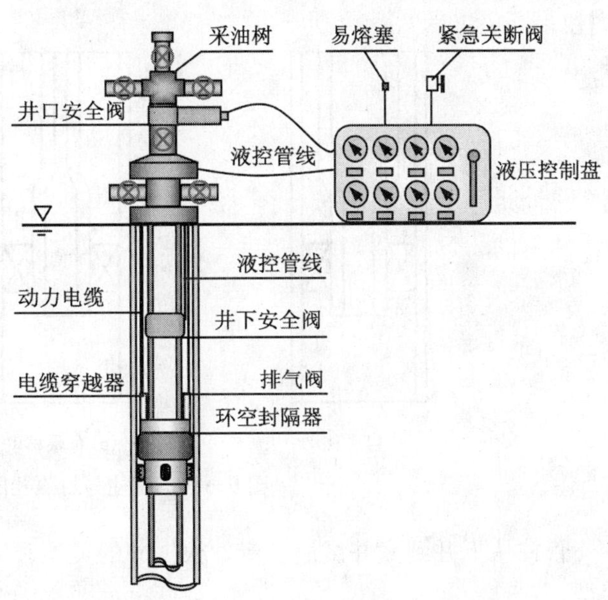

图 9—89 油井井下安全控制系统示意图

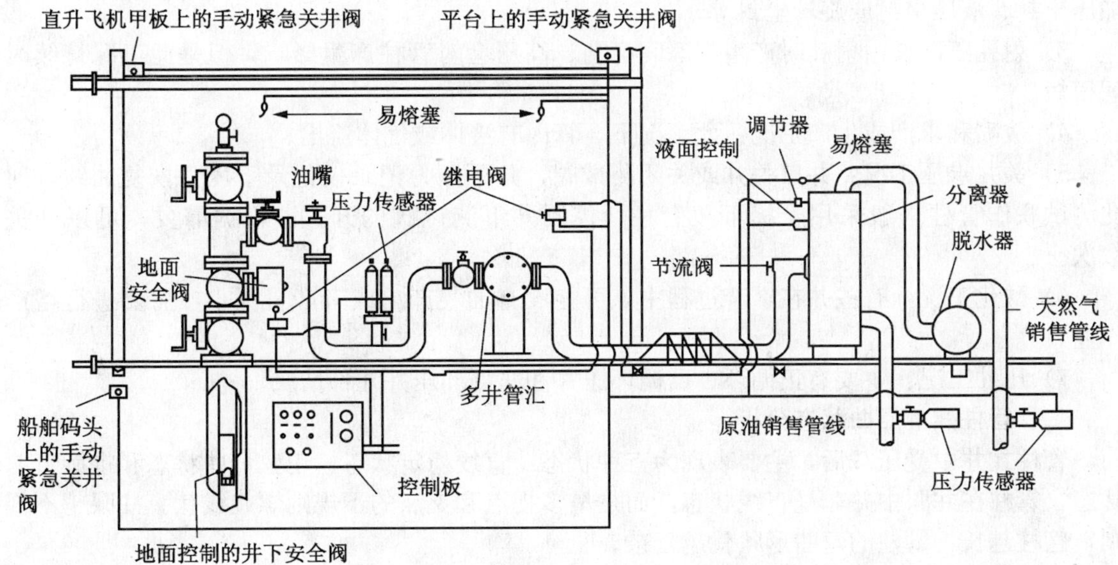

图 9—90 海上生产平台安全控制系统示意图

第六节　管柱力学分析

完井管柱由于井眼的限制，管柱屈曲后将与井壁或套管内壁发生接触，从而使问题复杂化。管柱受力与变形分析应充分考虑管柱内外流体的摩擦、流体冲击等的影响。

一、完井管柱工况模型

从完井管柱与封隔器的关系角度，可分为三类：自由移动、有限移动和不能移动（见图9—91）。从管柱力学分析的角度，一般可将油管柱分为：悬挂式封隔器管柱和支撑式封隔器管柱。

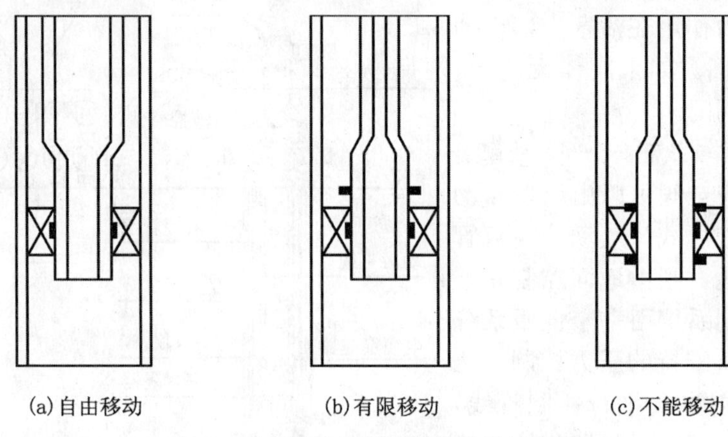

图 9—91　管柱与封隔器的关系示意图

管柱从下井到完井试油投产，根据井的类型和完井投产措施需要，一般有以下几种典型类型：

1）坐封前的工况：用于确定封隔器的精确坐封位置。

2）坐封工况：针对不同的管柱，可能采用不同的方法坐封。现有的坐封方法包括机械加压坐封、液压坐封或旋转坐封等。

3）射孔工况：由射孔时产生的瞬间高温、高压会对管柱产生影响，但是此工况持续时间很短。

4）放喷和求产或生产工况：此工况下，管内有液体或气体流出。

5）关井求压工况：井口关井或关闭测试阀，井下压力记录仪记录下压力恢复曲线，射孔测试联作管柱一般采用上提下放管柱，控制井下测试阀的开关。根据需要，可以开关数次。

6）酸化工况：有些井在求产过程中，可能没有油气产出或者产量很小，需要进行增产作业。

7）压井工况：主要有正循环、反循环压井和非循环压井几种情况。

二、管柱螺旋屈曲状态分析

管柱在井中受压载后，主要表现为三种状态：直线稳定状态、正弦弯曲状态和螺旋弯曲状态。管柱在井眼中并非呈直线状态，而是呈多拐点和支点的不规则螺旋线状。井眼越不规则，管柱越长，管柱的弯曲形状就越复杂。

1. 影响管柱屈曲的主要因素

管柱在井眼中受外力作用发生屈曲，其变形要受到井壁及端部约束条件的限制。主要有以下几个影响因素。

1）轴力的影响；

2）流体压力的影响；

3）管柱截面抗弯刚度的影响；

4）管柱长度的影响；

5）管柱浮重的影响；

6）井眼或套管大小的影响；

7）摩擦因素的影响；

8）端部约束条件的影响。

2. 管柱临界屈曲载荷确定

在井中，当管柱受压达到一定程度时，管柱将发生螺旋弯曲，其临界弯曲载荷用能量法推出，其表达式为：

$$F_{cr}=5.55(EIW_e^2)^{\frac{1}{3}} \tag{9—1}$$

式中 F_{cr}——临界螺旋弯曲载荷，N；

E——弹性模量，Pa；

I——截面惯性矩，m^4；

W_e——单位长度管柱的浮重，N/m。

在分析中，为了综合考虑管柱轴向载荷和内外压的影响，采用“等效轴力”进行分析，其表达式为：

$$F_e=F+(p_i+\rho_i V_i^2)A_i-(p_o-\rho_o V_o^2)A_o \tag{9—2}$$

式中 F_e——等效轴力，N；

F——实际轴力，N；

p_i、p_o——管柱内、外压力，Pa；

V_i、V_o——管柱内、外流体流速，m/s；

ρ_i、ρ_o——管柱内、外流体密度，kg/m^3；

A_i、A_o——管柱内部、外部截面积，m^2。

当 $F_e \geqslant F_{cr}$时，管柱将发生螺旋弯曲；当 $F_e < F_{cr}$时，近似认为管柱处于直线稳定状态。

3. 管柱螺旋弯曲时的接触载荷

当 $F_e \geqslant F_{cr}$时，管柱将发生螺旋弯曲，螺旋弯曲的几何方程为：

$$U_1=r\cos\theta \quad U_2=r\sin\theta \quad \theta=2\pi z/P \tag{9—3}$$

式中 U_1、U_2——管柱轴线在 x、y 坐标方向的位置，m；

θ——螺旋角，(°)；

r——管柱与套管壁之间的径向距离，m；

P——螺旋节距，m；

z——垂向高度（自中和点起），m。

根据虚功原理，Cheatham、Patillo 和 Kwon 等人推导了螺旋节距与等效轴力间的关系为：

$$P^2=\frac{8\pi^2 EI}{F_e} \tag{9—4}$$

Mitchell 导出了单位长度管柱与套管间的接触载荷为：

$$W_n = \frac{rF_e^2}{4EI} \tag{9—5}$$

式中　W_n——单位长度管柱与套管壁间的接触载荷，N/m。

三、管柱变形计算基本模型

管柱变形计算时一般主要考虑温度效应、活塞效应、鼓胀效应以及螺旋弯曲效应对管柱形变的影响。

1. 温度效应计算

管柱在下井或工作过程中，由于工况的变化常常引起管柱环境温度的改变，热膨胀或收缩会引起油管长度的重大变化，其计算公式为：

$$\Delta L_w = 3.61\times10^{-6}\times L_t\times\Delta\overline{T} \tag{9—6}$$

式中　ΔL_w——温度效应油管长度的变化，m；

L_t——油管长度，m；

$\Delta\overline{T}$——平均温度变化,℃。

任何给定作业方式中的管柱平均温度，都是油管柱顶部和底部温度总和的一半或是任何先后两种作业方式的平均温度差。

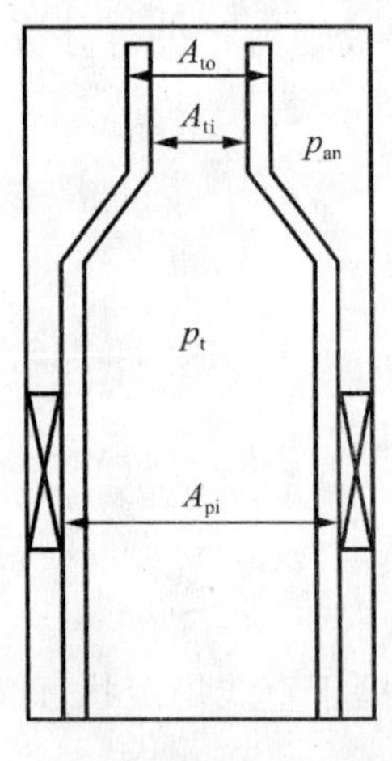

(a)大孔封隔器

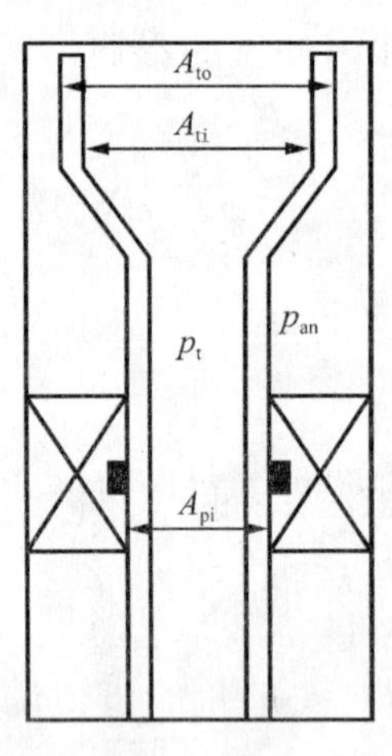

(b)小孔封隔器

图 9—92　油管和封隔器系统

当油管的移动受到限制时，温度变化将会在管柱上生产一个力。温度效应的力为：

$$F_w = 75.81\times A_{tw}\times\Delta\overline{T} \tag{9—7}$$

式中　F_w——温度效应的力，N；

A_{tw}——油管壁的横截面积，cm^2。

当从一种作业方式改变为另一种作业方式时，温度效应可能会造成较大的长度和力的变化。

2. 活塞效应计算

改变封隔器处环形空间和油管内作用于不同面积上的压力（见图 9—92），可引起因活塞效应而诱发的长度变化的力。该力和长度变化可按下式计算：

$$F_h = [\Delta p_t(A_{pi}-A_{ti})-\Delta p_{an}(A_{pi}-A_{to})]\times10^{-4} \tag{9—8}$$

$$\Delta L_h = \frac{L_T}{EA_{tw}}[\Delta p_t(A_{pi}-A_{ti})-\Delta p_{an}(A_{pi}-A_{to})] \tag{9—9}$$

式中　F_h——活塞效应的力，N；

ΔL_h——活塞效应油管长度的变化，m；

E——弹性模量（钢为 2.06×10^{11} Pa），Pa；

A_{pi}——封隔器内径面积，cm^2；

A_{ti}——油管内径面积，cm^2；

A_{to}——油管外径面积，cm^2；

Δp_t——封隔器处油管中压力的变化，Pa；

Δp_{an}——封隔器处环空中压力的变化，Pa；

A_{tw}——油管钢材截面积，cm^2。

图 9—87 所示，为大孔封隔器时，环空压力产生向下的力，而油管压力则产生向上的力，对小孔封隔器来说，情况正好相反。

3. 鼓胀和反鼓胀效应计算

内应力可引起油管鼓胀或膨胀并使之缩短。另外，环空压力可挤压油管使之伸长。这种效应称之为“反鼓胀”。鼓胀和反鼓胀的长度变化和力，可由下式求出：

$$\Delta L_g = \frac{2\nu_t}{E} \times \frac{\Delta \bar{p}_t - R^2 \Delta \bar{p}_{an}}{R^2 - 1} \tag{9—10}$$

$$F_g = 6.1 \times 10^{-6} (\Delta \bar{p}_t A_{ti} - \Delta p_{an} A_{to}) \tag{9—11}$$

式中 ΔL_g——鼓胀效应油管长度的变化，m；

ν——泊松比，钢的 $\nu = 0.3$；

L_t——油管长度，m；

$\Delta \bar{p}_t$——从一种作业方式到另一种作业方式时油管中平均压力的变化，Pa；

$\Delta \bar{p}_{an}$——从一种作业方式到另一种作业方式时环空平均压力的变化，Pa；

R——油管外径和内径的比值，无量纲。

4. 螺旋弯曲效应计算

对于自由管柱，只有当 p_t 大于 p_{an} 时，油管柱才趋向于螺旋弯曲。其结果是使油管缩短；所发挥的力则可忽略不计。油管的长度变化可用下式计算：

$$\Delta L_e = \frac{1.25 \times 10^{-3} r^2 A_{pi}^2 (\Delta p_t - \Delta p_{an})^2}{EI(W_t + W_{ft} - W_{fd})} \tag{9—12}$$

$$r = \frac{d_{ci} - d_{to}}{2} \tag{9—13}$$

$$I = \frac{\pi(d_{to}^4 - d_{ti}^4)}{64} \tag{9—14}$$

式中 ΔL_e——螺旋弯曲效应油管长度的变化，m；

r——油管外径 d_{to} 和套管内径 d_{ci} 之间的间隙半径，cm；

W_t——油管重力，N/m；

W_{ft}——油管在液体中重力，N/m；

W_{fd}——被替换的液体重力，N/m；

I——油管惯性矩，cm^4。

螺旋弯曲使油管缩短。

油管长度（或力）的总变化，为活塞效应、鼓胀效应和温度效应所引起的长度或力变化的总和。在累计这些长度变化时，必须要考虑到每种效应长度变化（或作用力）的方向。因此，改变条件时，某一种效应所产生的位移（或力），有可能被其他效应所产生的位移（或力）所抵消或加强。

为方便计算，表 9—3 中列出了确定压力引起的螺旋弯曲位移的油管常数。

表 9—3 用于确定压力引起的螺旋弯曲位移的油管常数表

油管外径 mm	W_t cm²	A_{to} cm²	A_{ti} cm²	A_{tw} cm²	I cm⁴	F_{oi}^2	W_{ft}和W_{fd} N/m	流体相对密度											
								0.84	0.96	1.08	1.20	1.32	1.44	1.56	1.68	1.80	1.92	2.04	2.16
							W_{ft}	8.1	9.3	10.4	11.6	12.7	14.0	15.0	16.3	17.4	18.6	19.7	20.8
42.2	35.12	13.96	9.65	4.31	8.12	1.448	W_{fd}	11.6	13.4	15.0	16.8	18.4	20.0	12.8	23.4	25.0	26.8	28.4	30.2
							W_{ft}	11.1	12.5	14.1	15.7	17.4	19.0	20.6	22.0	23.6	25.2	26.8	28.4
48.3	42.38	18.29	13.13	5.15	12.90	1.393	W_{fd}	15.4	17.5	19.7	12.0	24.2	26.3	28.4	30.8	32.9	35.1	37.4	39.5
							W_{ft}	11.8	13.6	15.2	17.0	18.6	20.4	22.0	23.8	25.4	27.2	28.8	30.6
50.8	49.74	20.27	14.13	6.14	16.81	1.434	W_{fd}	17.0	19.5	21.8	24.3	26.8	29.2	31.7	34.0	36.5	39.0	41.3	43.8
							W_{ft}	13.1	14.8	16.8	18.6	20.4	22.4	24.2	26.1	27.9	29.9	31.7	33.5
52.4	49.74	21.55	15.51	6.04	17.81	1.389	W_{fd}	18.1	20.8	23.3	25.9	28.4	31.1	33.6	36.1	38.8	41.3	44.0	46.5
							W_{ft}	17.0	19.3	21.8	24.2	26.7	29.0	31.5	33.8	36.3	38.8	41.1	43.5
60.3	68.67	28.57	20.16	8.41	32.63	1.417	W_{fd}	24.0	27.4	30.8	34.3	37.7	41.1	44.5	47.9	51.5	54.9	58.3	61.7
							W_{ft}	25.4	29.0	32.6	36.3	39.9	43.5	47.1	50.87	54.4	58.0	61.5	65.1
73.0	95.06	41.87	30.19	11.69	64.05	1.387	W_{fd}	35.1	40.3	45.3	50.3	55.3	60.3	65.3	70.3	75.3	80.5	85.5	90.5
							W_{ft}	38.1	43.5	49.0	54.4	59.9	65.3	70.7	76.2	81.6	87.1	92.5	98.0
88.9	134.50	62.06	45.35	16.71	161.69	1.368	W_{fd}	52.1	59.6	65.3	74.4	81.9	89.5	96.8	104.3	111.8	119.1	126.7	134.0

四、管柱强度分析

1. 抗拉安全系数

$$K_{RD}=\frac{F_{RD}}{W_e L} \tag{9—15}$$

式中 F_{RD}——管柱抗拉强度，N；

K_{RD}——管柱抗拉安全系数，无量纲；

L——管柱长度，m。

2. 抗内压系数和抗外挤安全系数

$$K_{Ri}=\frac{p_{Ri}}{p_i-p_o} \qquad K_{Ro}=\frac{p_{Ro}}{p_o-p_i} \tag{9—16}$$

式中 K_{Ri}、K_{Ro}——分别为抗内压、抗外挤安全系数，无量纲；

p_{Ri}、p_{Ro}——分别为管柱抗内压、抗外挤强度，Pa。

3. 三向组合应力分析

（1）实际轴力引起的轴向应力

$$\sigma_{Z1}=\frac{F_d}{A_s} \tag{9—17}$$

式中 F_d——可能危险截面的实际轴力，N；

A_s——危险截面的截面积，m^2。

（2）螺旋弯曲引起的轴向应力

$$\sigma_{Z2}=\begin{cases}\dfrac{F_{ed}rr_d}{2I_d}, & z_d\leqslant L_{ni},\ i=1,2,3\\ 0 & z_d>L_{ni},\ i=1,2,3\end{cases} \tag{9—18}$$

式中 F_{ed}——危险截面的等效轴力，N；

I_d——危险截面惯性矩，m^4；

r_d——危险截面上任意点的径向距离，m；

z_d——危险截面位置，m。

（3）内、外压力产生的径向应力和周向应力

$$\begin{aligned}\sigma_r&=\frac{p_{id}r_{id}^2-p_{od}r_{od}^2}{r_{od}^2-r_{id}^2}-\frac{r_{od}^2r_{id}^2(p_{id}-p_{od})}{(r_{od}^2-r_{id}^2)r_d^2}\\ \sigma_\theta&=\frac{p_{id}r_{id}^2-p_{od}r_{od}^2}{r_{od}^2-r_{id}^2}+\frac{r_{od}^2r_{id}^2(p_{id}-p_{od})}{(r_{od}^2-r_{id}^2)r_d^2}\end{aligned} \tag{9—19}$$

式中 σ_r——径向应力，Pa；

σ_θ——轴向应力，Pa；

p_{id}、p_{od}——分别为危险截面处的内、外压力，Pa；

r_{id}、r_{od}——分别为危险截面处的内、外半径，m。

（4）相当应力

$$\sigma_{Zd}=\frac{\sqrt{2}}{2}\sqrt{(\sigma_{Z1}+\sigma_{Z2}-\sigma_r)^2+(\sigma_{Z1}+\sigma_{Z2}-\sigma_\theta)^2+(\sigma_r-\sigma_\theta)^2} \tag{9—20}$$

（5）安全系数

$$K_{Zd}=\frac{[\sigma]}{\sigma_{Zd}} \tag{9—21}$$

式中　$[\sigma]$ ——许用应力，Pa。

4. 综合安全系数

$$K_s=\min\{K_{RD},K_{Ri},K_{RO},K_{Zd}\} \tag{9—22}$$

5. 极限施工参数的确定

（1）剩余拉力

$$F_R=F_{RD}-K_sW_eL=(K_{RD}-K_s)W_eL \tag{9—23}$$

（2）管柱安全操作压差

由管柱内壁控制的最大操作压差：

$$\Delta p_{maxi}=p_{Ri}/K_s \tag{9—24}$$

由管柱外壁控制的最大操作压差：

$$\Delta p_{maxo}=p_{Ro}/K_s \tag{9—25}$$

管柱的安全操作压差为：

$$\Delta p_{max}=\min\{\Delta p_{maxi},\Delta p_{maxo}\} \tag{9—26}$$

参考文献

1　万仁溥编著．现代完井工程（第二版）．北京：石油工业出版社，2000

2　万仁溥主编．采油工程手册．北京：石油工业出版社，2000

3　张琪，万仁溥编著．采油工程方案设计．北京：石油工业出版社，2002

4　常子恒主编．石油勘探开发技术．北京：石油工业出版社，2001

5　何生厚，张琪编著．油气开采工程．北京：中国石化出版社，2003

6　张毅主编．采油工程技术新进展．北京：中国石化出版社，2005

7　杨川东主编．采气工程．北京：石油工业出版社，1997

8　《海上油气田完井手册》编委会．海上油气田完井手册．北京：石油工业出版社，1998

9　刘玉章，郑俊德．采油工程技术进展．北京：石油工业出版社，2006

10　何生厚．油气开采工程师手册．北京：中国石化出版社，2006

第十章 井口装置

油气井井口装置的作用是悬挂井下油管柱、套管柱，密封油管、套管和两层套管之间的环形空间以控制油气井生产，是回注（注蒸汽、注气、注水、酸化、压裂、注化学剂等）和安全生产的关键设备。石油井口装置主要包括套管头、油管头和采油（气）树三大部分，见图 10—1。

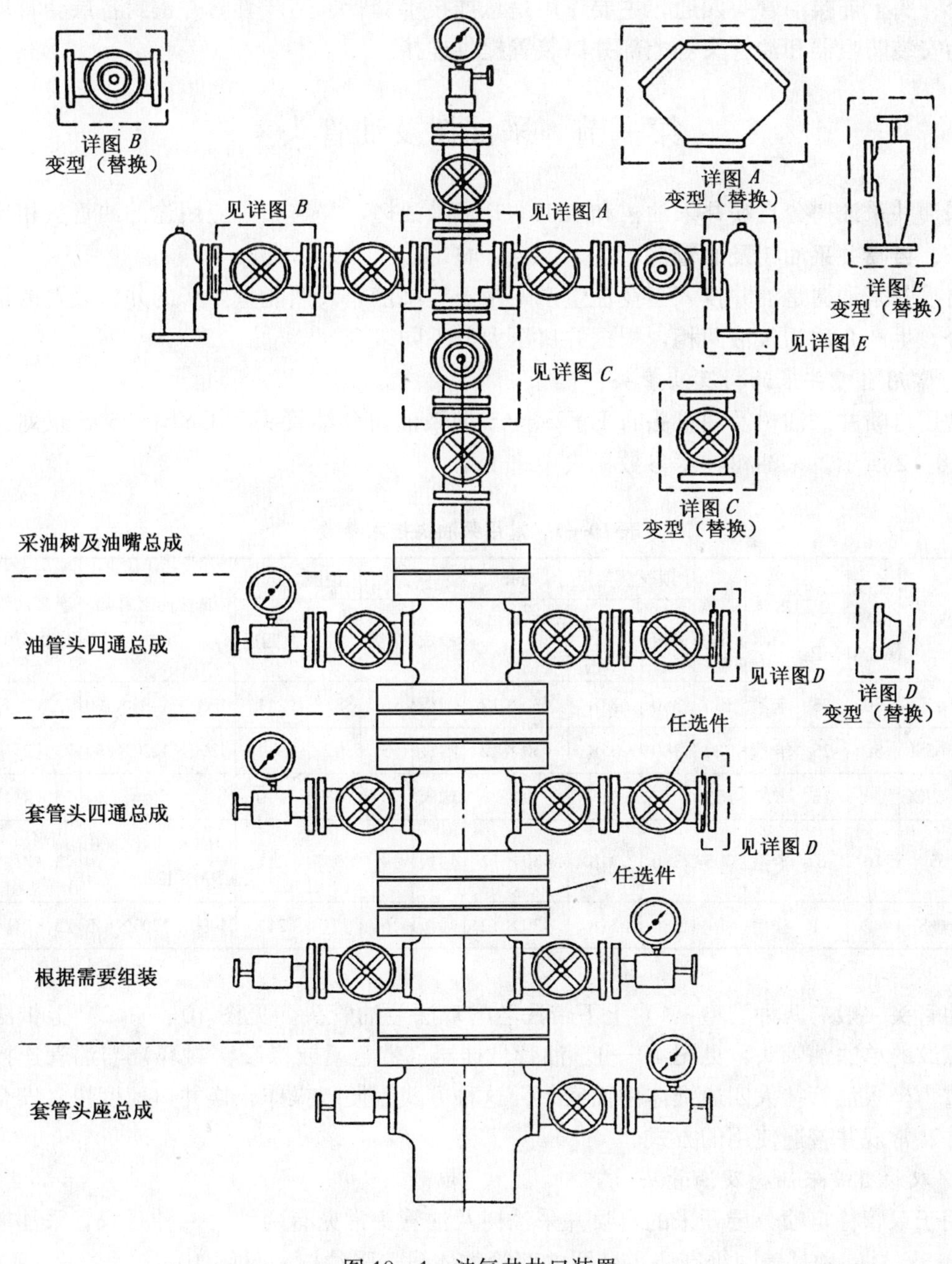

图 10—1 油气井井口装置

采油树是阀门和配件组成的总成，用于油气井的流体控制，为油气井产出流体及洗井液等提供出入口。它包括油管头四通总成法兰以上的所有装备。可以应用采油树总成进行多种不同的组合，以满足任何一种特殊用途的需要。采油树按不同的作用又分为采油（自喷、人工举升）、采气（天然气和各种酸性气体）、注水、热采、压裂、酸化等专用井口装置。并根据使用压力等级不同而形成系列。

油管头是由油管头四通及油管悬挂器组成，主要作用是悬挂油管柱，并密封油管柱和油管套管之间的环形空间，油管头安装于采油树和套管头之间，其上法兰平面为计算油补距和井深数据的基准面。

套管头上连接油管头四通，主要作用是悬挂技术套管、生产套管并密封各层套管环形空间，为安装防喷器和油管头等上部井口装置提供连接。

第一节　采油树及油管头

采油井采油树分自喷井采油树和人工举升井采油树，并与相对应用途的油管头相连接。

一、自喷井采油树及油管头

自喷井采油树是油井投入工业性生产，用于控制依靠天然能量生产的井口装置的重要组成部分。生产介质为气液两相，根据井口压力分不同级别。

1. 常用自喷井采油树及油管头

常用自喷井采油树及油管头有 KY25－65 型采油树及油管头和 CYb－250S 系列。结构如图 10—2 所示。采油树技术参数见表 10—1。

表 10—1　常用采油树技术参数

型　号	强度试压 MPa	工作压力 MPa	连接型式	质量 kg	顶丝法兰尺寸，mm			阀门		钢圈，mm		油管挂密封圈 mm	连接油管 mm（in）	公称通径 mm
					外径	螺纹中心距	螺孔外径×个数	型式	个数	阀门	大四通			
KYS25－65DG	50	25	卡箍	550	380	318	ϕ30×12	闸板	6	88.8	211	1680×1480×100	73（2⅞）	65
KYS25－65SL	50	25	卡箍	380	380	318	ϕ30×12	闸板	3	92	211	1390×1220×850	73（2⅞）	65
KYS15－62DG	30	15	卡箍	152				球阀	3	78	190		73（2⅞）	65
KYS8－65	16	8	卡箍	305	380	318	ϕ30×12	闸板	4	88.7	211	168×1480×100 1390×1220×8.50	73（2⅞）	65
KYS21－65	42	21	法兰		380	318	ϕ30×12	闸板	6	110	211	1400×1200×8.5	73（2⅞）	65

油管头一般有两种类型：1）上下带法兰的双法兰油管头，见图 10—3；2）上带法兰和下带螺纹的单法油管头，见图 10—4。油管悬挂器（带金属或橡胶密封环）与油管连接利用油管重力坐入油管挂大四通锥体内而密封，这种方式因便于操作，换井口速度快、安全，是中深井、常规井普遍使用的方式。

2. 双管自喷采油树及油管头

用于双管柱自喷分层开采的自喷井采油树及油管头常见有两种：一种是双管采油树，见图 10—5；另一种是美国维高格雷公司的双管整体锻造采油树，见图 10—6。

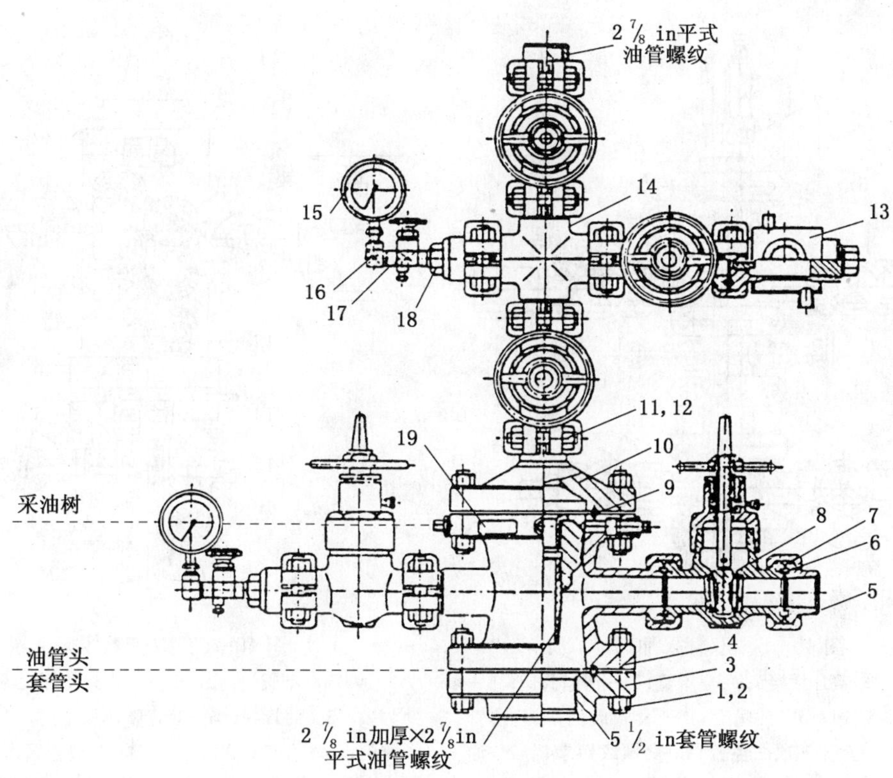

图 10—2　CYb—250S723 型采油树及油管头

1—螺母；2—双头螺栓；3—套管头顶法兰；4—油管头大四通；5—卡箍短节；6—钢圈；7—卡箍；8—阀门；9—钢圈；10—采油树底法兰；11—螺母；12—双头螺栓；13—节流器；14—小四通；15—压力表；16—弯接头；17—压力表截止阀；18—接头；19—铭牌

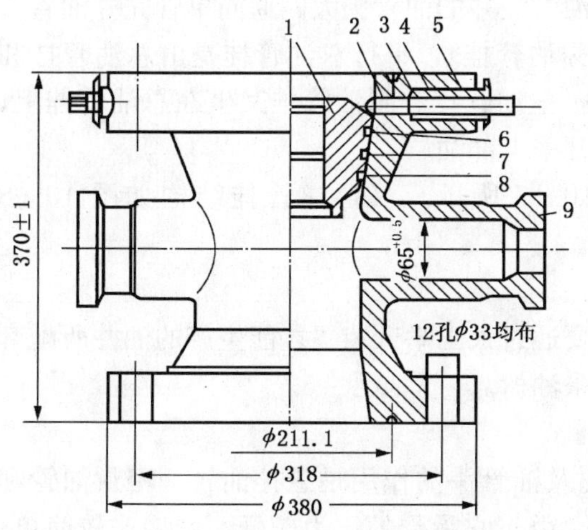

图 10—3　锥面悬挂双法兰油管头

1—油管悬挂器；2—顶丝；3—垫圈；4—顶丝密封；5—压帽；6—紫铜圈；7—“O”形密封圈；8—紫铜圈；9—油管头四通

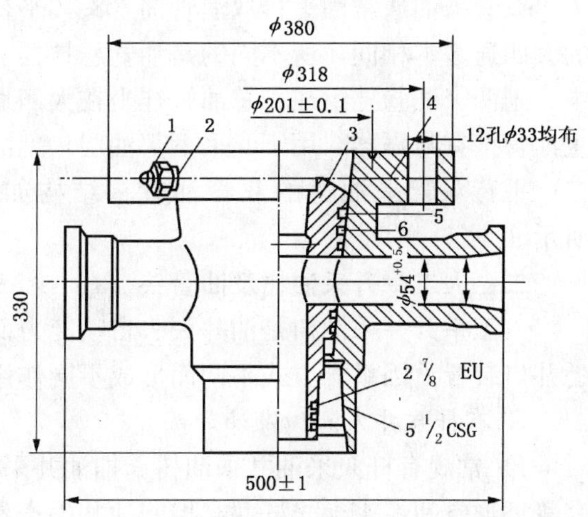

图 10—4　锥面悬挂单法兰油管头

1—顶丝；2—压帽；3—分流悬挂器；4—油管头大四通；5—“O”形密封圈；6—紫铜圈

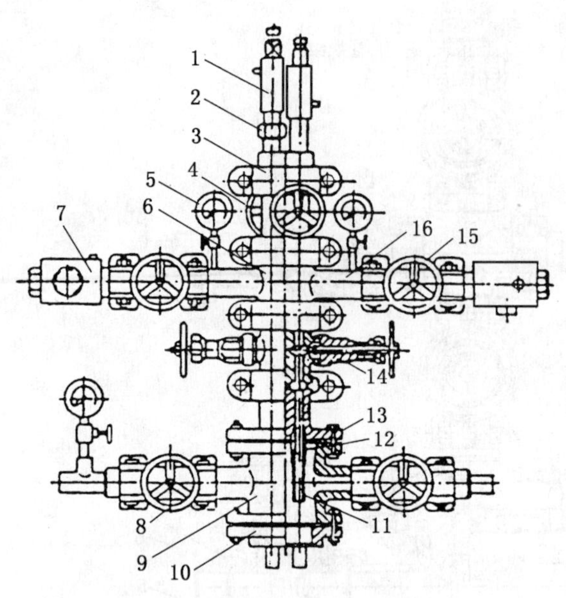

图 10—5　双管采油树

1—防喷管；2—高压活接头；3—卡箍；4—清蜡阀门；5—压力表；6—四通；7—油嘴套；8—套管阀门；9—油管头四通；10—套管头顶法兰；11—变螺纹短节；12—油管挂；13—采油树底法兰；14—双孔阀；15—生产阀门；16—双三通

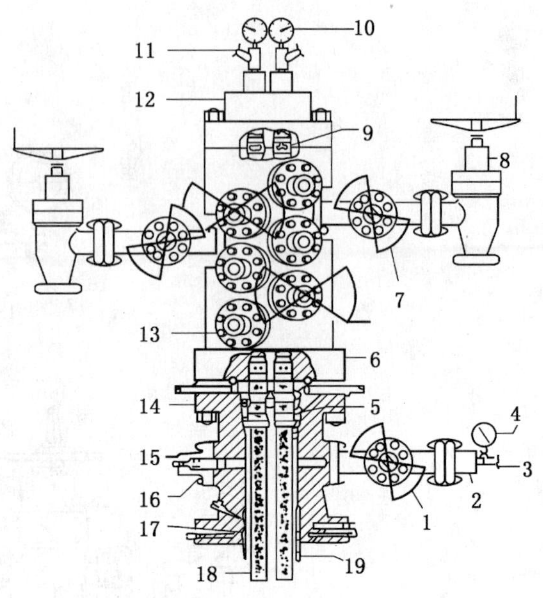

图 10—6　双管整体采油树

1—VG300 型阀门；2—盲法兰；3—压力表针阀；4—压力表；5—油管挂；6—双管整体采油树；7—VG300 型阀门；8—可变节流器；9—“D”型金属密封；10—压力表；11—压力表针阀；12—顶部变径接头；13—VG300 型阀门；14—双密封油管头；15—盲法兰；16—VR 型堵头；17—BT 密封；18—油管；19—套管

双管采油树的右侧采油树控制主管生产及测试，油管压力表只反映主管油压；左侧采油树控制副管生产及测试，油管压力表只反映副管油压。套管压力表只反映副管的套压。

双管采油通常用平行双油管油管头，平行双油管完井的油管头大四通同单管完井油管头的大四通基本相同，所不同的是油管悬挂器（简称油管挂），平行双油管挂是由总油管挂和主、副两个油管挂组成。总油管挂坐在大四通上，主油管挂和副油管挂又坐在总油管挂上。主油管携有封隔器，用于开采下部油层，副油管开采上部油层。

平行双管采油树的双管油管头结构如图 10—7 所示。双管油管挂结构如图 10—8 所示。

二、人工举升采油树及油管头

人工举升井采油树是油井失去自喷能力而需要通过人工举升装置才能生产的油井所配套的井口装置。因举升方式不同而形成不同作用的采油树。

1. 有杆泵井采油树及油管头

1）常规有杆泵采油井采油树。抽油井采油树及油管头的作用是悬挂油管、密封油管和套管环形空间、密封光杆并起控制油井生产作用。由于它承受的压力较低，结构比较简单，可以利用原自喷井采油树及油管头加以改造。它的基本部分是油管头四通、油管三通、光杆密封器胶皮阀门及相关阀门组成，结构见图 10—9。

油管头用于悬挂油管、并密封油套环形空间，四通侧面的引出管线可以测动液面深度，放套管气和热洗井等。

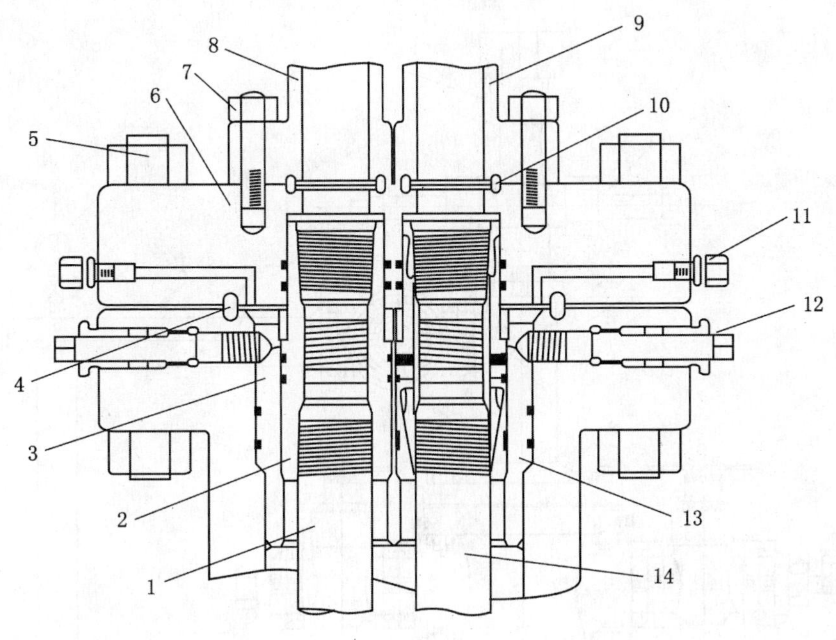

图 10—7　双管油管头

1—主油管；2—主油管挂；3—总油管挂；4—大钢圈；5—双头螺栓；6—油管头上法兰；7—螺栓；8—主采油树；9—副采油树；10—小钢圈；11—密封材料注入孔；12—锁紧螺丝；13—副油管挂；14—副油管

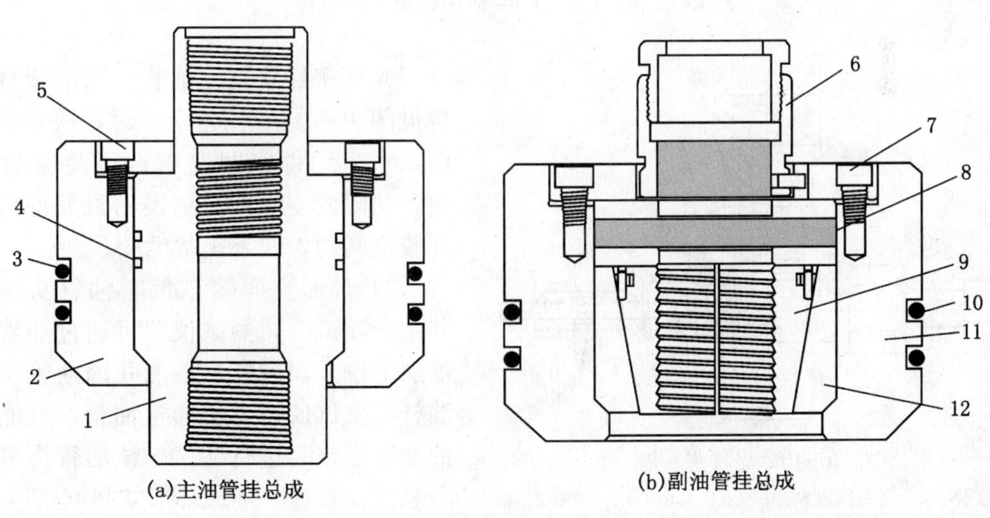

(a)主油管挂总成　(b)副油管挂总成

图 10—8　双管油管挂

1—主油管挂；2、11—总油管挂；3、10—总油管挂密封圈；4—主油管挂密封圈；5、7—锁紧螺丝；6—短节密封器；8—副油管密封圈；9—卡瓦；12—卡瓦座

油管三通用油管头上法兰与油管头连接，它的引出管线与出油管线连接，是井液流出井口的通道。

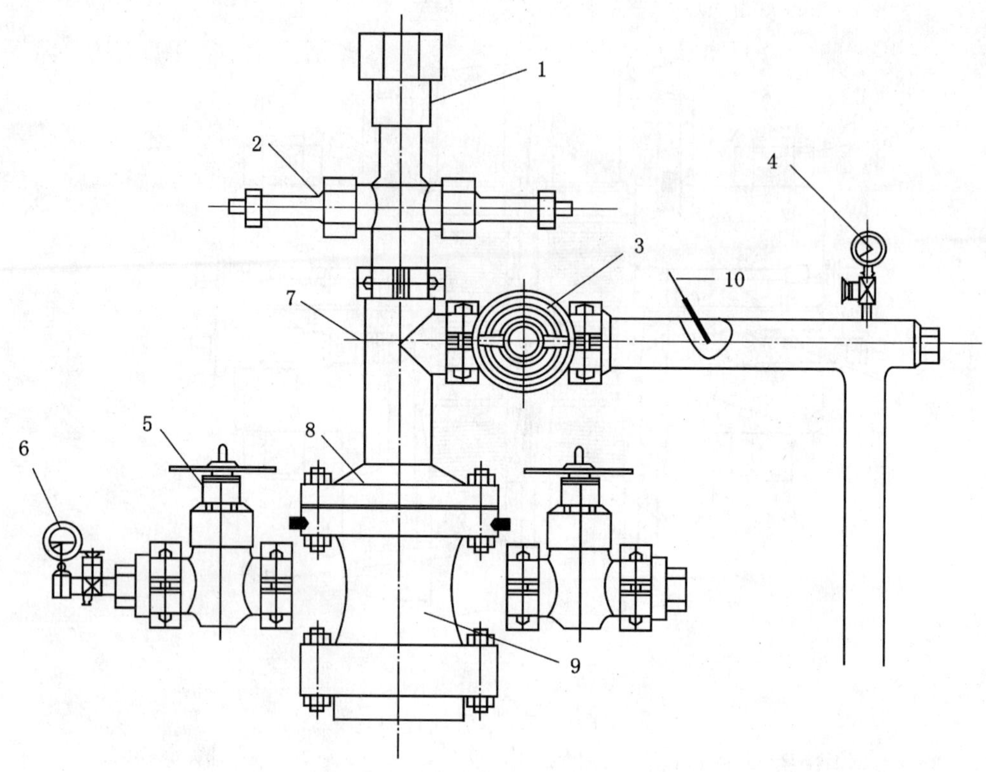

图 10—9　有杆泵采油树及油管头

1—光杆密封盒；2—胶皮阀门；3—生产阀门；4—油压表；5—套管阀门；6—套压表；7—三通；8—油管头上法兰；9—油管头；10—温度计

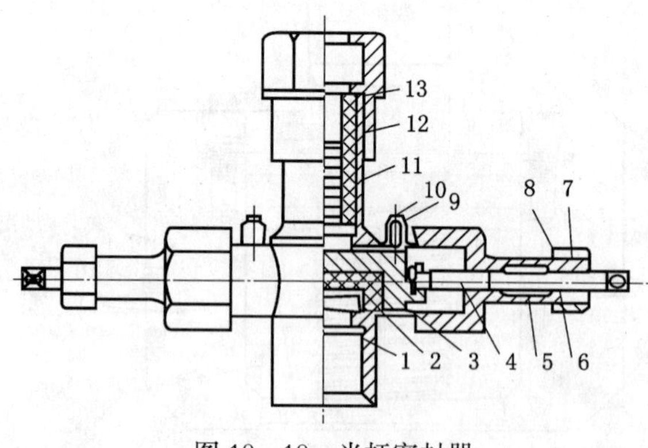

图 10—10　光杆密封器

1—主体；2—密封胶皮；3—芯子；4—丝杆；5—密封盒；6、11—密封胶皮；7、12—压盖；8、13—密封胶皮压帽；9—紫铜垫圈；10—导向螺钉

光杆密封器装在油管三通的顶端，结构见图 10—10。正常生产时，松开胶皮阀门，密封元件密封光杆；更换密封元件前，关闭胶皮阀门，更换密封元件后；松开胶皮阀门，转入正常生产。

2）环形空间测试偏心油管头。自喷井生产测试时，测试仪器可通过油管到达油层部位。而有杆泵抽油井因油管中有抽油杆，测试仪器无法通过油管，只能通过油套环形空间进行测试。该油管头可以偏心悬挂油管柱，形成环形空间测试通道。

①SPA Ⅰ 型单转偏心油管头，见图 10—11。技术参数如下：

公称压力：16MPa；　　　　　密封压力：16MPa；

测试仪器直径：≤25mm；　　　法兰盘直径：380mm；

钢圈槽直径：211mm；　　　　测试孔螺纹 ZG1¼（母）；

旋转方法：油管；　　　　　　油管挂螺纹：2⅞NU。

该偏心油管头油管挂相对于套管中心呈偏心状态，井筒中的油管柱紧靠套管内壁的一侧。偏心油管挂通过一平面球轴承坐落在套管法兰或套管四通法兰上，因而油管柱可以在套管内产生位置变化。

当井下仪器在环形空间起下过程中遇阻、遇卡或发生电缆缠绕油管时，则可以转动油管，改变油管柱在套管内“月牙形”空间的相对位置，从而达到下入测试仪器遇阻解卡和解除电缆缠绕的目的。

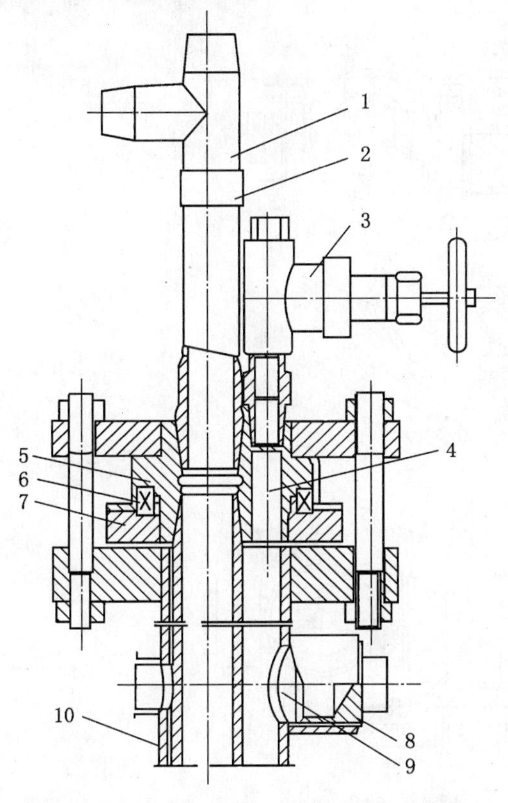

图 10—11　SPA Ⅰ型单传偏心油管头结构图

1—三通；2—转动活接头；3—防喷阀门；4—测试孔；5—偏心油管挂；6—平面球轴承；7—钢圈盖；8—解卡头；9—观察孔；10—套管短节

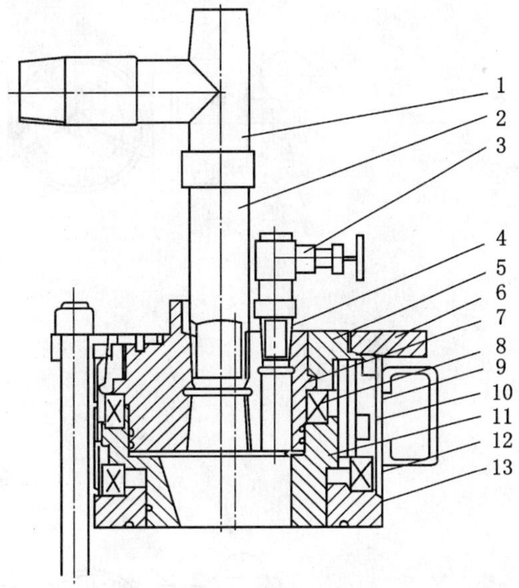

图 10—12　SPA Ⅱ型双转偏心油管头结构图

1—三通；2—转动短节；3—阀门；4—活接头；5—上盖；6—法兰盘；7—转动油管挂；8—轴承；9—外套；10—销；11—上轴承座；12—轴承；13—下轴承座

②SPA Ⅱ型双转偏心油管头，见图 10—12。该偏心油管头具有单转油管挂的全部功能，其特点是将其油管挂分解为不同心的两件，可实现油管在套管中的偏心变位，从而更方便地解除电缆缠绕油管的故障。技术参数：

公称压力：14MPa；　　密封压力：14MPa；

测试仪器直径：≤25mm；　　法兰盘直径：380mm；

钢圈槽直径：211mm；　　测试孔直径：34mm；

旋转方法：油管；　　油管挂螺纹：$2^{7}/_{8}$NU。

2. 电动潜油泵井采油树

电动潜油泵井采油树与常规自喷井的采油树大同小异，只是增加了密封入井电缆引出线和隔开油套环形空间的专用采油井口控制设备。各厂家采用不同的方法来密封井口与电缆引出线。一般分为穿膛式和侧开式两种。

穿膛式电动潜油泵井口结构如图 10—13 所示。在进行井口安装时，首先将油管挂接在油管上，将电缆铠皮剥去，穿入防喷盒，然后往防喷盒中压入若干个单孔和三孔密封胶圈，最后装上防喷盒压盖并拧紧螺丝。将油管挂坐油管头大四通锥体中，上法兰盘，拧紧法兰螺丝即完成井口安装过程。

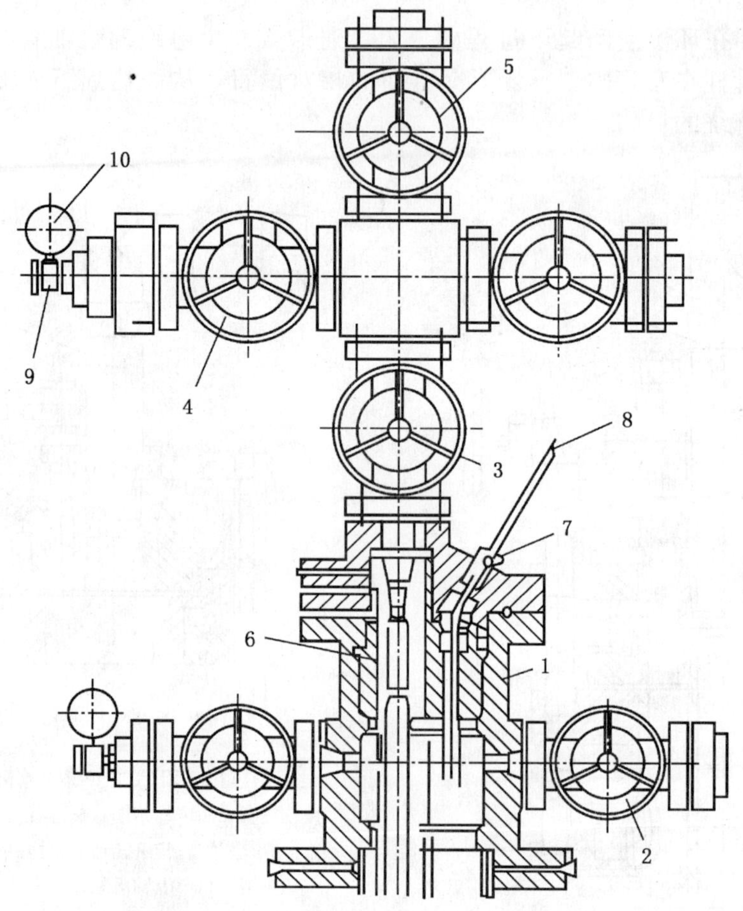

图 10—13 带电缆穿透器的采油树及油管头

1—油管头；2—套管阀门；3—总阀门；4—生产阀门；5—清蜡阀门；6—油管挂；7—电缆穿透器；8—电缆；9—压力表阀；10—压力表

侧开式电动潜油泵井口结构如图 10—14 所示。在进行井口安装时，首先将侧门打开，然后将电缆铠皮剥去 0.5m 长一段，将三根电缆分别压入橡胶密封垫的半圆孔中，关上侧门，拧紧螺丝，将油管挂坐入油管头中，装开口法兰，上紧法兰螺丝即完成安装工作。

3. 水力活塞泵井采油树

由于国内水力活塞泵井大多采用开式动力循环系统，其采油树及油管头多是用自喷井采树改装而成，如单管水力活塞泵采油树及油管头，结构如图 10—15 所示。有些是专用水力活塞泵采油树，其特点是一只特种阀就能实现单管水力活塞泵采油树及油管头的全部功能。

水力活塞泵（或射流泵）采油树及油管头的功能是：

1）将动力液注入油管进行正循环，使水力活塞泵下入井中并运转，动力液与采出液混合从套管采出；

2）将动力液注入套管进行反循环，将水力活塞泵从井中起出；

3）起下泵时，固定和捕捉水力活塞泵；

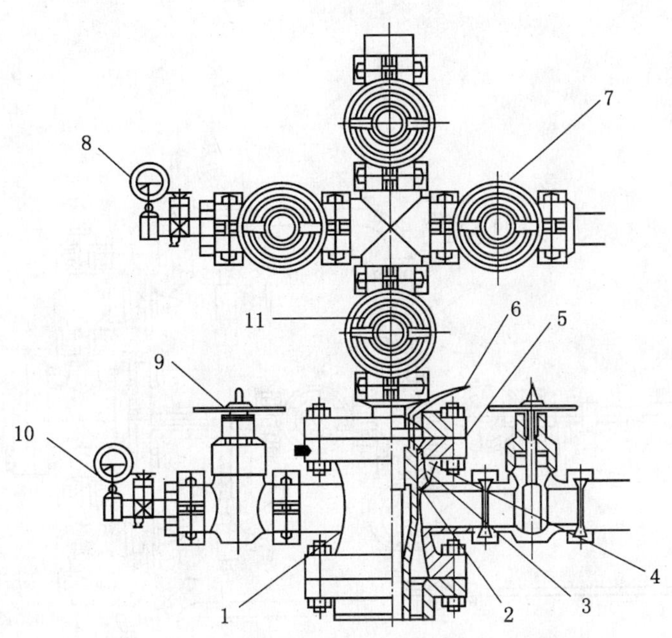

图 10—14　侧开式电动潜油泵采油树及油管头

1—油管头；2—锥座；3—密封橡胶垫；4—油管挂；5—采油树底法兰；6—电缆；7—生产阀门；8—油压表；9—套管阀门；10—套压表；11—采油树总阀门

4）关闭动力管线，拆卸泵时使油管泄压和排出油管中的气体。

水力活塞泵闭式循环系统有两种型式：平行双管及同心双管两者的特点是动力液及采出液各自成循环系统，互不混合。采用的采油树分别见图 10—16、图 10—17。

4. 气举采油井采油树

气举采油是将加压的天然气注入井内，降低油管液柱压力，减少对油层的回压，并将井下流体举升至地面，这是人工举升采油的主要方法之一。

气举采油可分连续气举和间隙气举两种方式。油层压力高供液能力强的油井可采用连续气举方式，若油层压力低或供液能力不强的油井，则可采用间隙气举的方式。

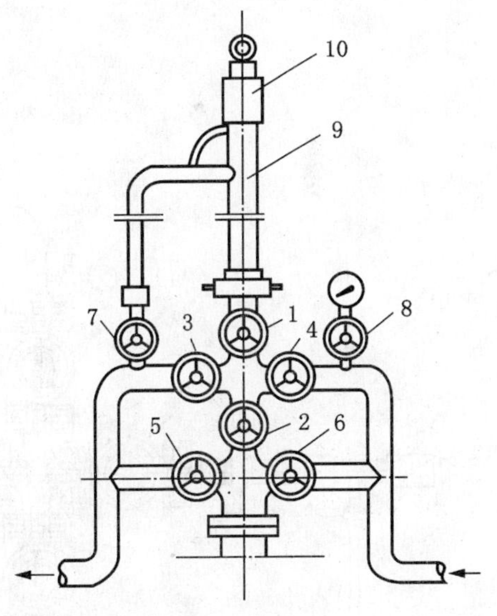

图 10—15　开式水力活塞泵采油树及油管头

1—清蜡阀门；2—总阀门；3，4—生产阀门；5，6—套管阀门；7—防喷管放空阀门；8—压力表阀门；9—防喷管；10—捕捉器

连续或间隙气举的采油树及油管头与注气井基本相同。不过间隙气举的活塞气举装置应配备井口防喷管，管内装有缓冲弹簧吸收活塞上升至井口的冲击力，还有时间控制器，计算开关时间，控制天然气进入油管的气量并推动活塞上的液体上行，直至将油管内的流体排出井口。活塞气举采油树及油管头见图 10—18。

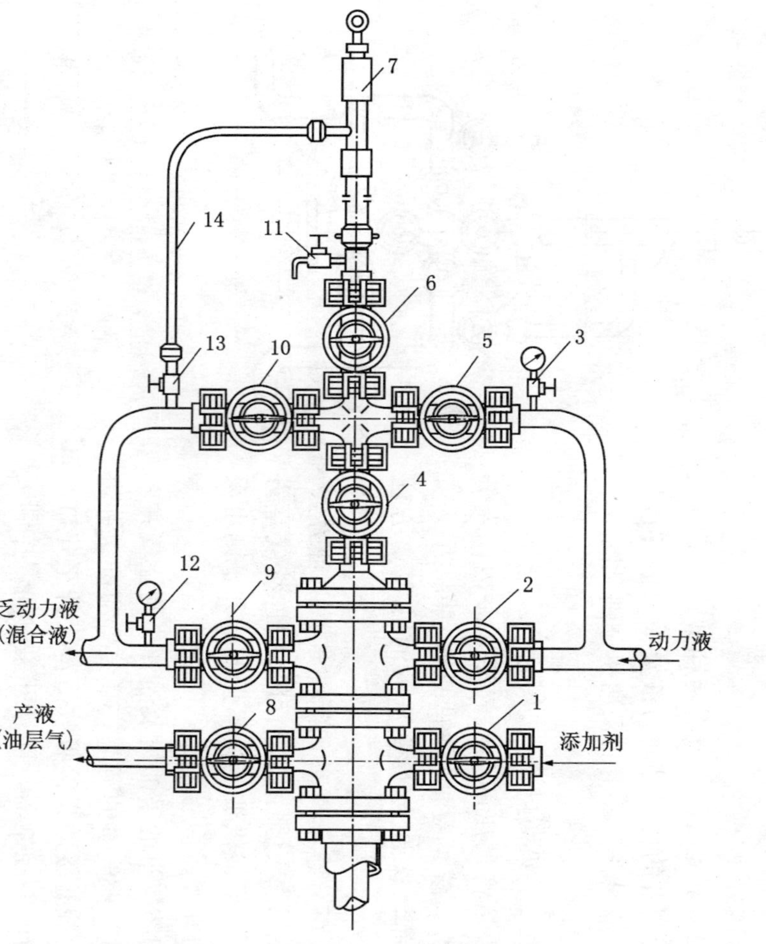

图 10—16 水力活塞泵同心双管井口采油树及油管头

1、8—套管阀门；2、9—同心管阀门；3—压力表阀门；4—总阀门；5、10—动力液阀门；6—清蜡阀门；7—捕捉器；11—泄压阀门；12—压力表阀门；13—回流阀门；14—防喷侧管

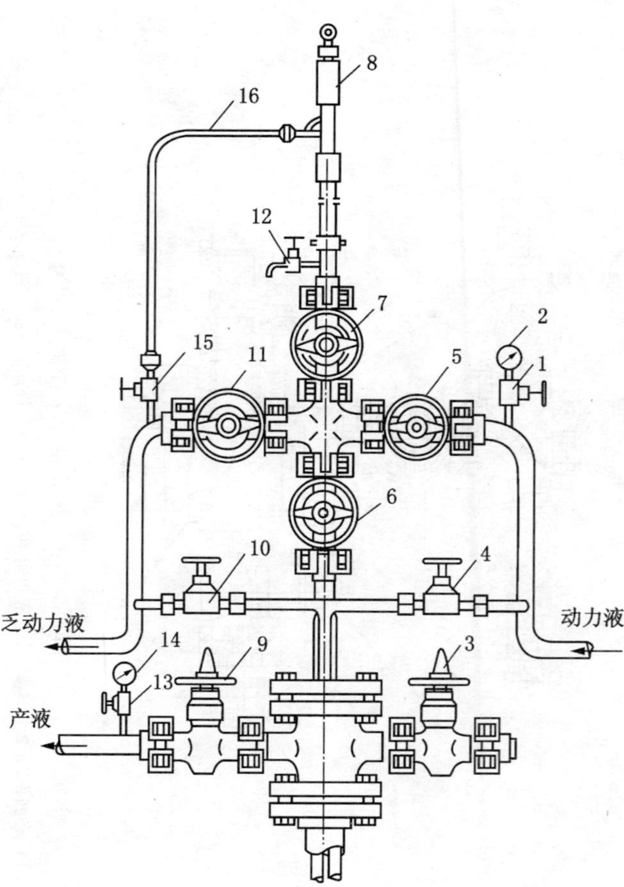
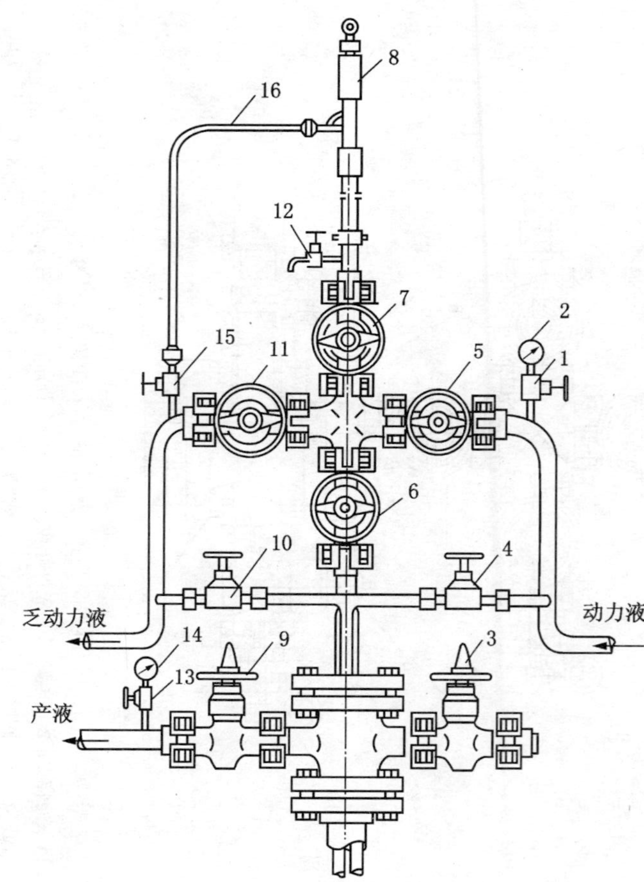

图 10—17 水力活塞泵平行双管井口采油树及油管头

1、13—压力表阀门；2、14—压力表；3、9—套管阀门；4、10—动力液平衡阀门；5、11—动力液阀门；6—总阀门；7—清蜡阀门；8—捕捉器；12—泄压阀门；15—回流阀门；16—防喷侧管

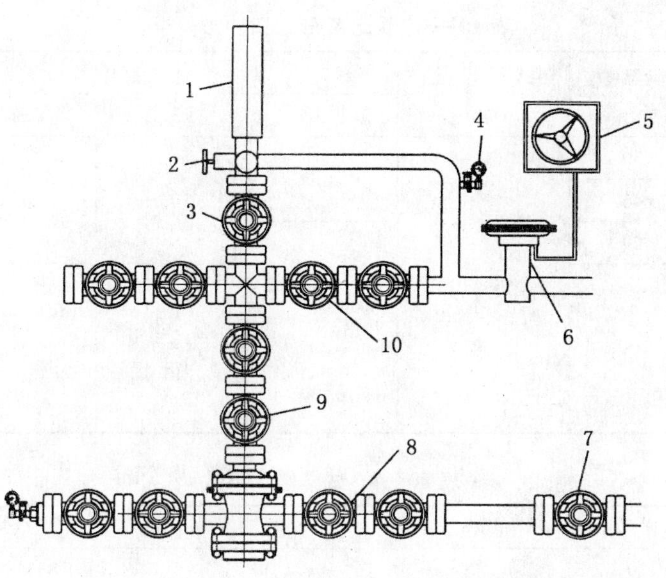

图 10—18　活塞气举采油树及油管头

1—防喷管；2—手动捕捉器；3—清蜡阀门；4—油压表；5—时间控制器；6—薄膜气动阀门；7—补气阀门；8—套管阀门；9—采油树总阀门；10—生产阀门

三、采油树及油管头技术要求

采油树及油管头应符合 SY 5156 标准的要求，并按照经规定程序批准的图样及技术文件制造。

1. 主要零件用金属材料

采油树及油管头的主要零件为本体、盖、法兰、卡箍、阀杆、阀板、阀座、金属垫环、顶丝、悬挂器本体、螺栓和螺母。

1）本体、盖和法兰的材料力学性能应符合表 10—2 的规定。夏比 V 形缺口冲击要求应符合表 10—3 的规定，当采用较小尺寸的试样时，其试验值应乘以表 10—4 内相应的修正系数。PSL4 规范级别的零件不允许用较小尺寸试样做冲击试验。选用材料应符合表 10—5 的规定，化学成分应符合表 10—6 和表 10—7 的规定。

表 10—2　本体、盖和法兰的材料力学性能

材料代号	屈服强度 σ_{02}，MPa	抗拉强度 σ_b，MPa	伸长率 δ_s，%	断面收缩率 ψ，%
	≥			
36K	248	483	20	—
45K	310	483	17	32
60K	414	586	16	35
75K	517	635	16	35

注：表中的 K 是 SY 5156 标准规定用的材料代号（以下相同）。

表 10—3　夏比 V 形缺口冲击要求

温度类别	试验温度 ℃	试样尺寸 mm	最小平均冲击功，J			最小侧膨胀
			PSL1	PSL2	PSL3	PSL4，mm
K	−59	10×10	20.3	20.3	20.3	0.38
L	−46					
P	−29		—			
R	−18			—	—	
S						
T						
U						

表 10—4　试样修正系数

试样尺寸，mm	修正系数
10×7.5	0.833
10×5.0	0.667
10×2.5	0.333

表 10—5　冲击试验选用材料

零件名称		额定工作压力，MPa					
		14	21	35	70	105	140
本体和盖		36K、45K、60K、75K				45K、60K、75K	60K、75K
端法兰	整体式法兰	60K	60K	60K	60K	75K	75K
	螺纹式法兰				—	—	—
	卡箍和	—	—	—	60K		
螺纹式采油（气）井井口装置		16K、45K、60K、75K			—		
单体法兰	焊颈式	45K	45K	45K	60K	75K	
	盲板式	60K	60K	60K			
	螺纹式				—	—	

表 10—6　冲击试验材料化学成分　　单位：%

合金元素	碳钢和低合金钢	马氏体不锈钢[①]	焊颈法兰用的 45K 材料[②]
碳	0.45max	0.15max	0.35max
锰	1.80max	1.00max	1.05max
硅	1.00max	1.50max	1.35max
磷	见表 10—7	见表 10—7	0.05max
硫			0.05max
镍	1.00max	4.50max	—
铬	2.75max	11.0～14.0max	
钼	1.50max	1.00max	
钒	0.30max	—	

①非马氏体合金系是不需要符合本表规定的。

②碳的最大含量为 0.35%时，锰的最大含量为 1.05%；当碳的含量每减少 0.01%时，则锰可以其最大含量 1.05%这个基数上增加 0.06%，但锰的最大含量不允许超过 1.35%。

表 10—7　冲击试验材料化学成分　　单位：%

元　素	PSL1～2	PSL3～4
磷	0.040max	0.025max
硫	0.040max	0.25max

2）油管挂本体、套管挂本体、阀杆、顶丝、阀板和阀座选用的材料应符合表 10—6 的规定。

3）金属垫环材料的硬度应符合表 10—8 的规定。

表 10—8　金属垫环材料的硬度要求

材　料	最大布氏硬度
碳钢或低合金钢	HB137
不锈钢	HB160

4）不锈钢垫环槽堆焊的不锈钢厚度应不小于 3.2mm，焊条材料应采用奥氏体不锈钢，焊后应进行热处理。

5）采油井井口装置用螺栓和螺母的材料应符合表 10—9 的规定。

表 10—9　采油（气）井井口装置用螺栓和螺母材料

材　料		力学性能				硬　度
		σ_{02}，MPa	σ_b，MPa	δ_s，%	ψ，%	
		≥				
螺栓	K500	724	860	15	50	<HRC35
	低合金钢	724	860	15	50	—
		550①	690①	17①	50①	<HB237①
螺母	碳钢	—				HB159～HB352 HB159～HB237①

①适用于直接暴露于酸性环境使用的螺栓。

6）卡箍体和毂的材料及卡箍联接器的螺栓和螺母材料应符合 JB3970 的规定。

7）本体、盖、法兰和卡箍的硬度。由碳钢、低合金钢和马氏体不锈钢制成的本体、盖、法兰和卡箍用于酸性环境工况时，其硬度应不大于 HRC22（HB237）。

2. 非金属密封件材料

非金属密封件材料应能承受本体所承受的额定工作压力和工作温度。此外，当主要零件需要抗腐蚀和抗硫化物应力开裂时，密封件材料也需要具有相应的抗腐蚀和抗硫化物应力开裂的能力。

第二节　采气树及油管头

采气井口装置主要用于采气和注气。由于天然气相对密度低、黏度低、气柱压力低，因此，相对而言，采气或注气井口压力都高，流速高，易渗漏。天然气中含有 H_2S 和 CO_2 等腐蚀性介质时，对其材质和结构要有特殊要求。

1）所有部件均采用法兰连接；

2）套管闸阀、总闸阀均为成对配置，一个工作，一个备用；

3）节流器一般采用针型阀，而不是固定孔径的油嘴；

4）天然气中含有 H_2S、CO_2，应根据其浓度采用不同等级的防腐材质；

5）高压高产气井井下和地面都应装安全阀。

目前国内使用的气井口装置有 KQS25/65、KQS35/65、KQS60/65、KQS70/65、KQS105/65，表 10—10 为采气树技术性能。国外采气树压力系列已高达 210MPa、185MPa、140MPa。

表 10—10　采气树技术参数

型　　号	强度试压 MPa	工作压力 MPa	连接型式	阀门型式	大四通垂直通径 mm	连 接 套 管 mm（in）	连接油管 mm（in）
KQS25/65	50	25	卡箍、法兰	阀门	195	146～219（$5\frac{3}{4}$～$8\frac{5}{8}$）	73（$2\frac{7}{8}$）
KQS35/65	70	35	卡箍、法兰	楔式阀门	160	146～168.3（$5\frac{3}{4}$～$6\frac{5}{8}$）	73（$2\frac{7}{8}$）
KQS40/67	80	40	卡箍、法兰	平板阀门	160	146～168.3（$5\frac{3}{4}$～$6\frac{5}{8}$）	73（$2\frac{7}{8}$）
KWS60/65	90	60	卡箍、法兰	楔式阀门	160	146～168.3（$5\frac{3}{4}$～$6\frac{5}{8}$）	73（$2\frac{7}{8}$）
KQS70/65	105	70	卡箍、法兰	平板阀门	160	177.8（7）	73（$2\frac{7}{8}$）
KQS105/65	157.5	105	卡箍、法兰	平板阀门	230	177.8（7）	73（$2\frac{7}{8}$）

一、材质要求

采气井口装置材质要求见表 10—11。

表 10—11　采气井口装置材质要求

材料类别	工 况 特 性	本体、盖、端部和出口连接	控压件、阀杆轴和悬挂器
AA	一般环境（无腐蚀）	碳钢或低合金钢	碳钢或低合金钢
BB	一般环境（轻度腐蚀）		不锈钢
CC	一般环境（中高腐蚀）	不锈钢	
DD	酸性环境（无腐蚀）	碳钢或低合金钢	碳钢或低合金钢
EE	酸性环境（轻度腐蚀）		不锈钢
FF	酸性环境（中高腐蚀）	不锈钢	
HH	酸性环境（严重腐蚀）	抗腐蚀合金钢	抗腐蚀合金

CO_2 对采气树的腐蚀程度分为三级：CO_2 分压小于 0.05MPa（7psia）为一般环境无腐蚀；0.05MPa（7psia）＜CO_2 分压＜0.21MPa（30psia）为一般环境轻度腐蚀；CO_2 分压＞

0.21MPa（30psia）为一般环境中腐蚀到高腐蚀。

无 H_2S 存在，分压小于 0.000345MPa（0.05psi）的环境定义为一般使用环境（general service），对应采用的采气树材料等级为 AA、BB 和 CC 级；有 H_2S 存在，分压大于 0.000345MPa（0.05psi）的环境定义为酸性环境（sour service），对应采用的采气树材料等级为 DD、EE 和 FF 级。HH 级为抗腐蚀合金，在最严重的腐蚀环境中采用。但对整套采油树的各个部件、部位无需采用同等防腐等级，可采用不同防腐等级。采气树主阀、油管、四通选用 HH 级；其余与腐蚀性流体接触的部分，如技术套管四通及连接部分（油管柱、安全阀、小四通及闸阀、节流阀、生产闸阀）可选用 FF 级；表层套管四通及连接部分，可选用 EE 级；套管头部分则可选用 DD 级。表 10—12 列出了有关 H_2S、CO_2 腐蚀参考标准。

表 10—12　有关 H_2S、CO_2 腐蚀的参考标准

标准名称	有关腐蚀的主要内容	适用范围
SY/T 5127—2002	1）满足以下条件的均为酸性环境： ①含有水和 H_2S 的天然气，当气体总压力≥448kPa，H_2S 分压≥0.345kPa； ②气油比≥1000m³/t 的含水和 H_2S 的天然气—油系统；气油比≤1000m³/t，其总压力≥1.828MPa，天然气中 H_2S 分压力≥0.345kPa；或 H_2S 分压＞69kPa；或 H_2S 体积含量＞15％的含水和 H_2S 的天然气—油系统 2）高浓度 H_2S：100mg/m³ 的 H_2S 暴露半径距井口距离大于 15m	井口装置
API SPEC 6A－17 NACE MR0175	1）酸性环境：对于天然气、凝析气及含硫原油，当 H_2S 分压≥0.0003MPa（0.05psi） 2）CO_2 对采气树的腐蚀分为三级：CO_2 分压小于 0.05MPa（7psia）一般环境，无腐蚀；CO_2 分压＞0.05MPa（7psia），＜0.21MPa（30psia）一般环境，轻度腐蚀；CO_2 分压＞0.21MPa（30psia）为一般环境，中腐蚀到高腐蚀	井口装置
《石油工程手册》 H.B 布雷德利主编	绝对压力超过 0.5MPa（65psi），H_2S 分压超过 0.000345MPa（0.05psi）时，即需采取防腐措施	井口装置

注：表中 SY/T 5127—2002 与 API SPEC 6A－17，NACE MRO 175 中定义的酸性环境是一致的。

二、常用采气树及油管头

1. 采气树

采气树作用是控制气井正常生产，以及进行井下各种作业，如酸化、压裂、注气等。在气井失控时，还用它进行压井作业；气井完井测试。气田上常用采气树有 KQS25/65、KQS35/65、KQS60/65、KQS70/65，其结构见图 10—19、图 10—20、图 10—21 和图 10—22。

2. 油管头

油管头安装于采气树与套管头之间，其上法兰平面为计算油补距和井深数据的基准面。

1）功能：

①悬挂井内油管；

②与油管悬挂器配合密封油管和套管的环型空间；

③为下接套管头、上接采气树提供过渡；

④通过油管头四通体上的两个侧口（接套管闸门），完成注平衡液及洗井作业。油管悬挂器则用于悬挂井内油管。

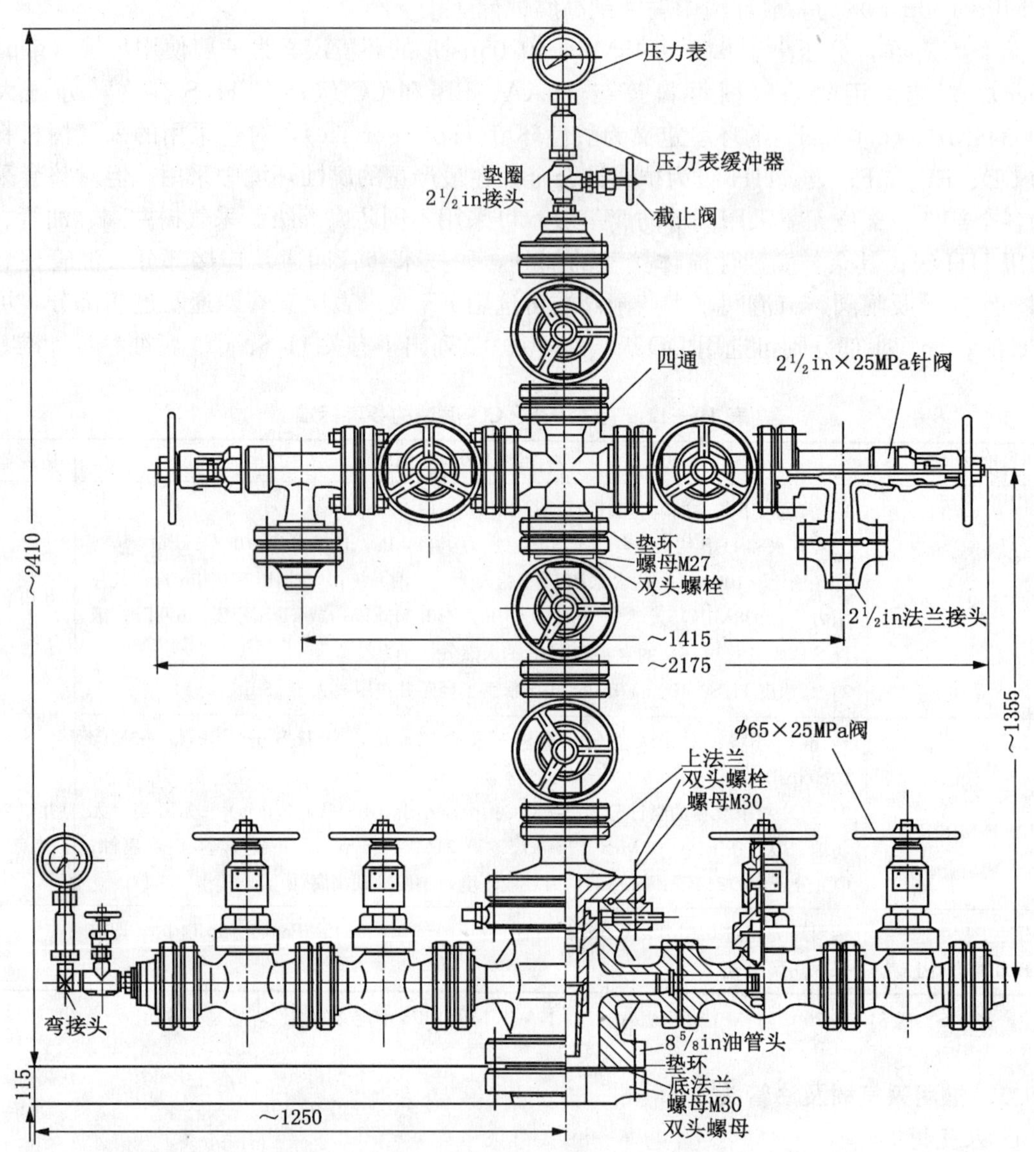

图 10—19 KQS25/65 抗硫采气井口

2）结构：

锥面悬挂双法兰油管头见图 10—23。

KQS25/65 型防硫采气井口用 219.1mm 锥座式油管头，见图 10—24。

KQS35/65、KQS60/65 型防硫采气井口用 152.4mm 锥座式油管头，见图 10—25。

KQS60/65 型防硫采气井口油管头，见图 10—26。

三、高压采气井口装置

1. 高压采气树

高压采气井口一般指井口关井压力超过 70MPa 气井所使用的井口装置。目前国内已生产了 105MPa 采气井口，为保证高压下工作安全可靠，全部承压零部件均采用整体模锻件。四川气田使用的 140MPa 高压采气井口见图 10—27，其技术参数为：

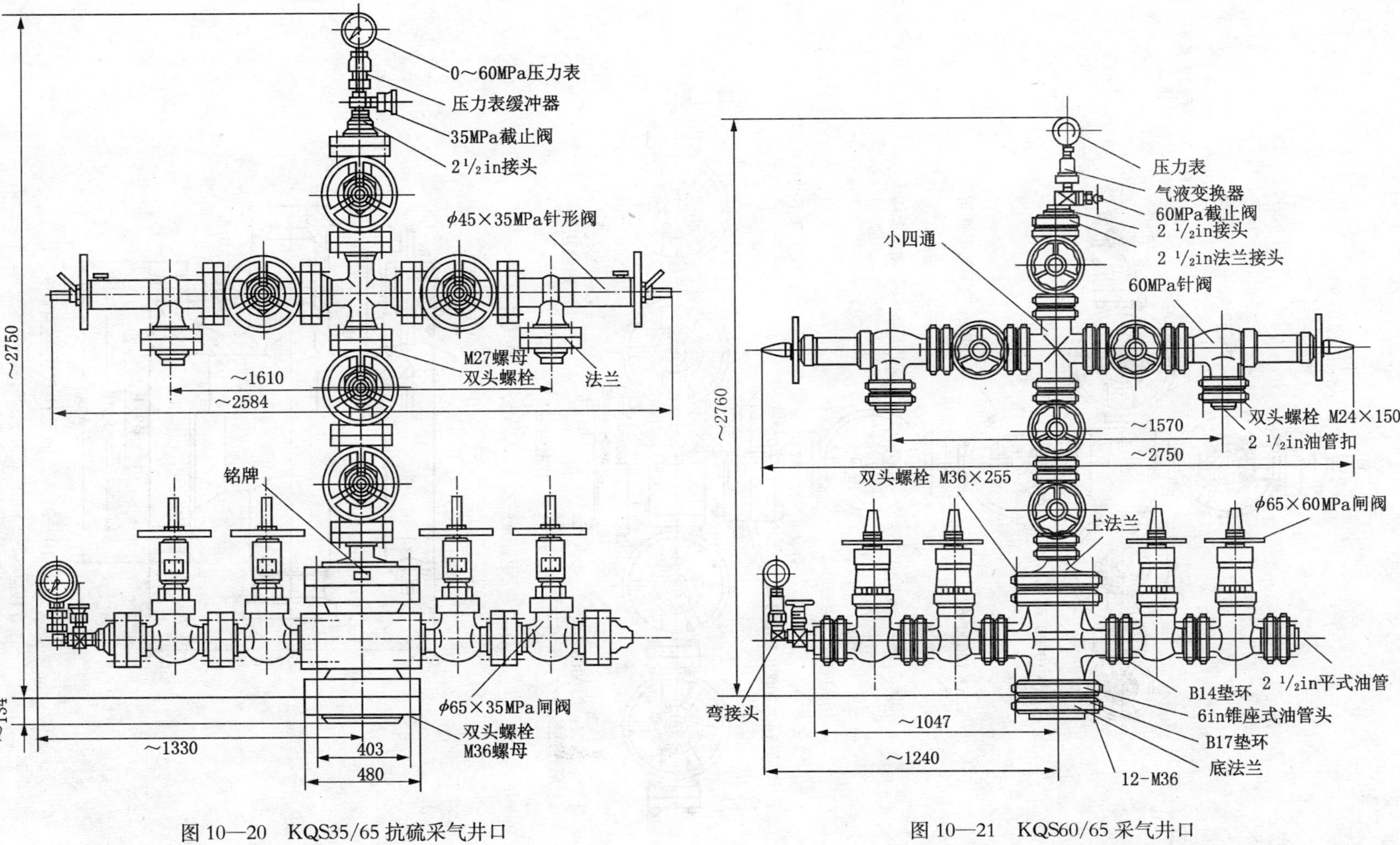

图 10—20 KQS35/65 抗硫采气井口

图 10—21 KQS60/65 采气井口

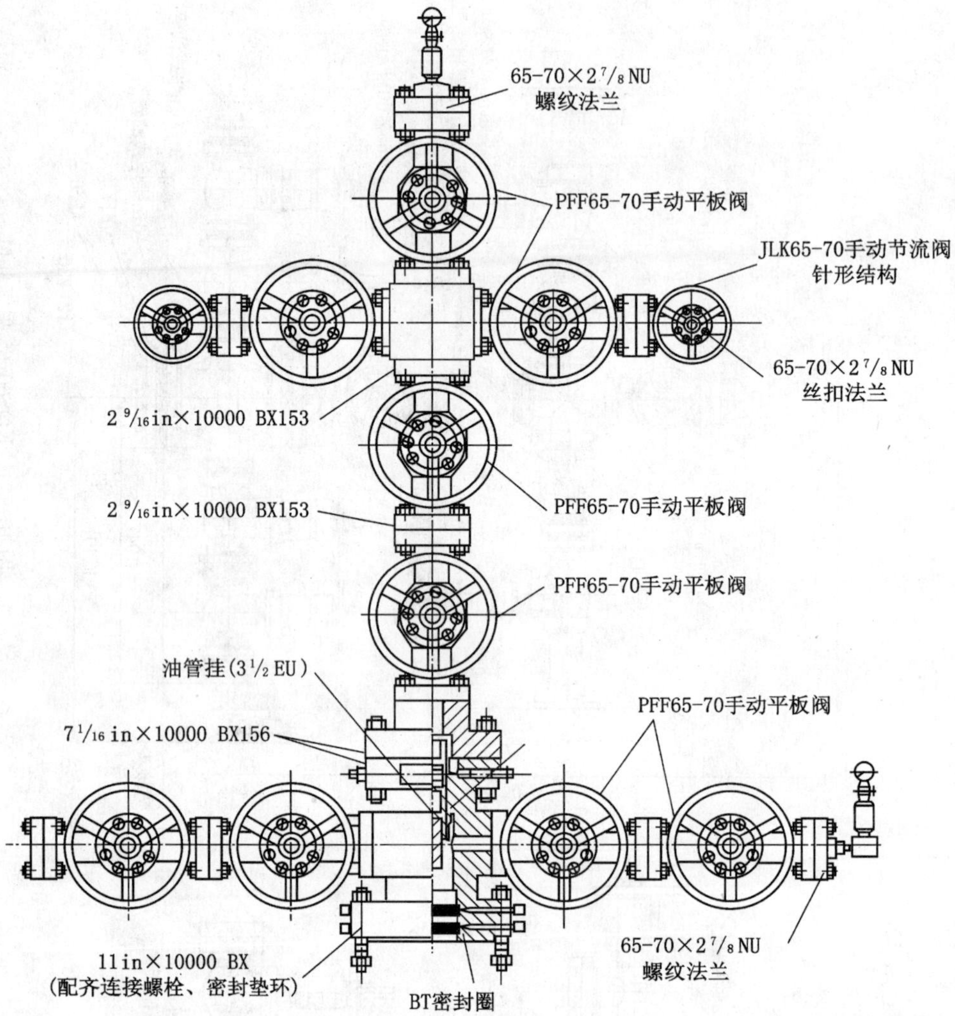

65-70×2 7/8 NU
螺纹法兰
PFF65-70手动平板阀
JLK65-70手动节流阀
针形结构
65-70×2 7/8 NU
丝扣法兰
2 9/16in×10000 BX153
PFF65-70手动平板阀
2 9/16in×10000 BX153
PFF65-70手动平板阀
油管挂(3 1/2 EU)
7 1/16 in×10000 BX156
PFF65-70手动平板阀
11in×10000 BX
(配齐连接螺栓、密封垫环)
BT密封圈
65-70×2 7/8 NU
螺纹法兰

图 10—22　KQS65/70 采气井口

1
2
3
4
5
6
7
8
9
370±1
φ65+0.5
12孔φ33均布
φ211.1
φ318
φ380

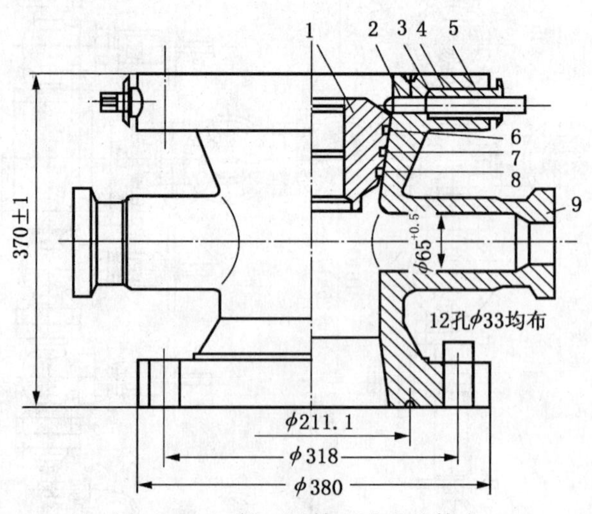

图 10—23　锥面悬挂双法兰油管头

1—油管悬挂器；2—顶丝；3—垫圈；4—顶丝密封；5—压帽；6—紫铜圈；7—“O”形密封圈；8—紫钢圈；9—大四通

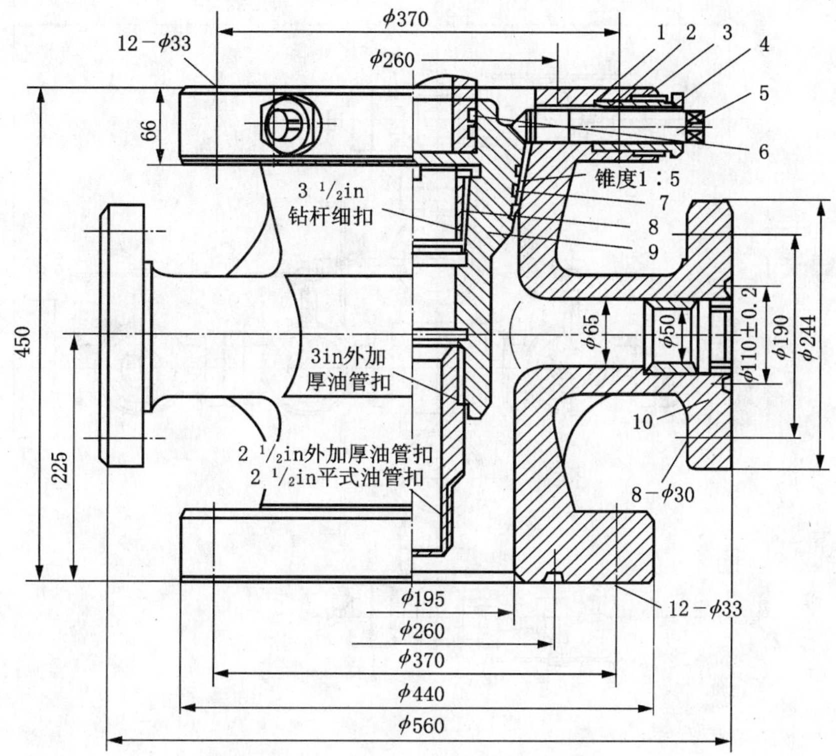

图 10—24　219.1mm 锥座式油管头

1—密封圈下座；2—密封圈；3—密封圈上座；4—压帽；5—顶丝；6，7—“O”形密封圈；8—护丝；9—油管锥挂；10—油管短节

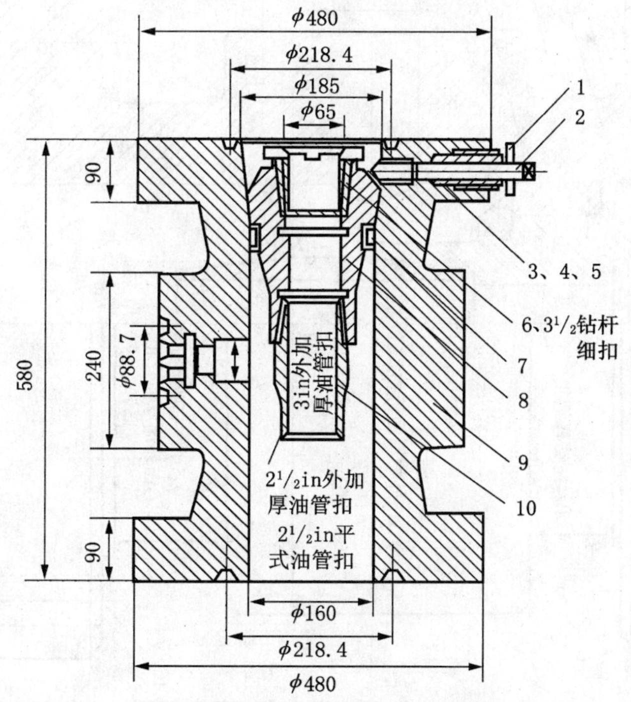

图 10—25　152.4mm 锥座式油管头

1—压帽；2—顶丝；3—密封圈下座；4—“V”形密封圈；5—密封圈上座；6—护丝；7—“O”形密封圈；8—油管挂；9—大四通；10—油管短节

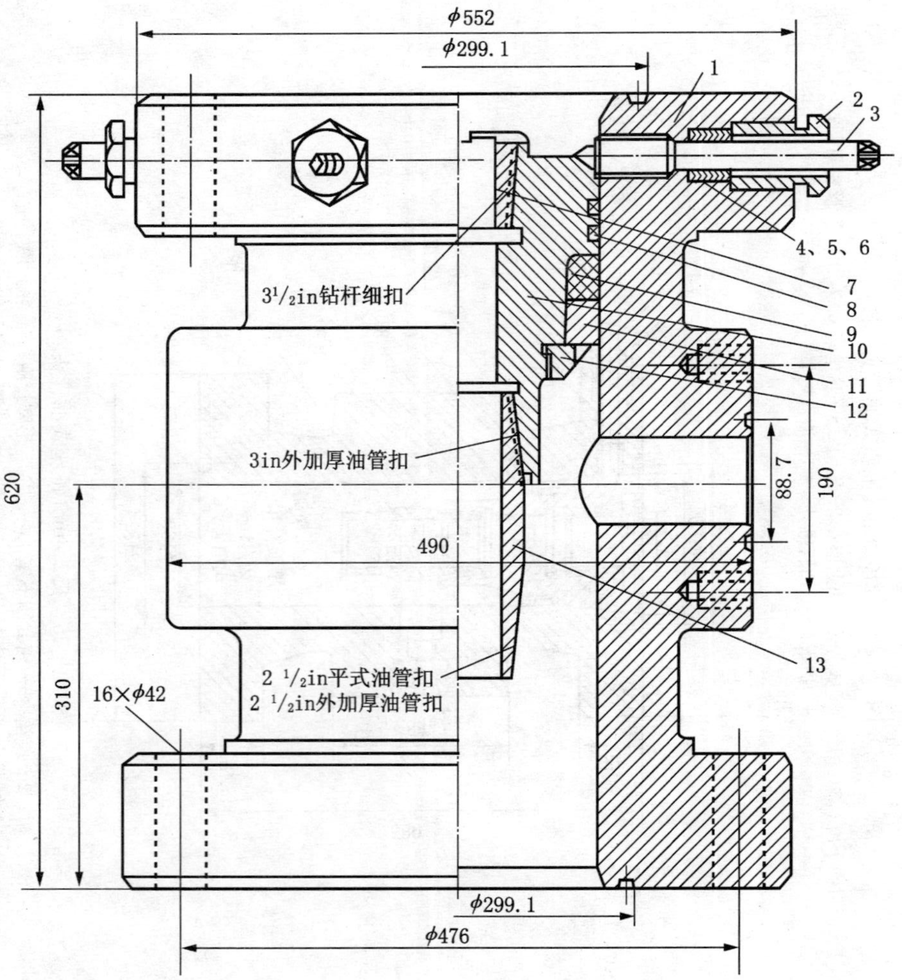

图 10—26　KQS60/65 型防硫采气井口油管头

1—大四通；2—压帽；3—顶丝；4—密封圈上座；5—密封圈；6—密封圈下座；7—护丝；8—“O”形密封圈；9—密封环；10—油管挂；11—承托环；12—圆螺母；13—油管短节

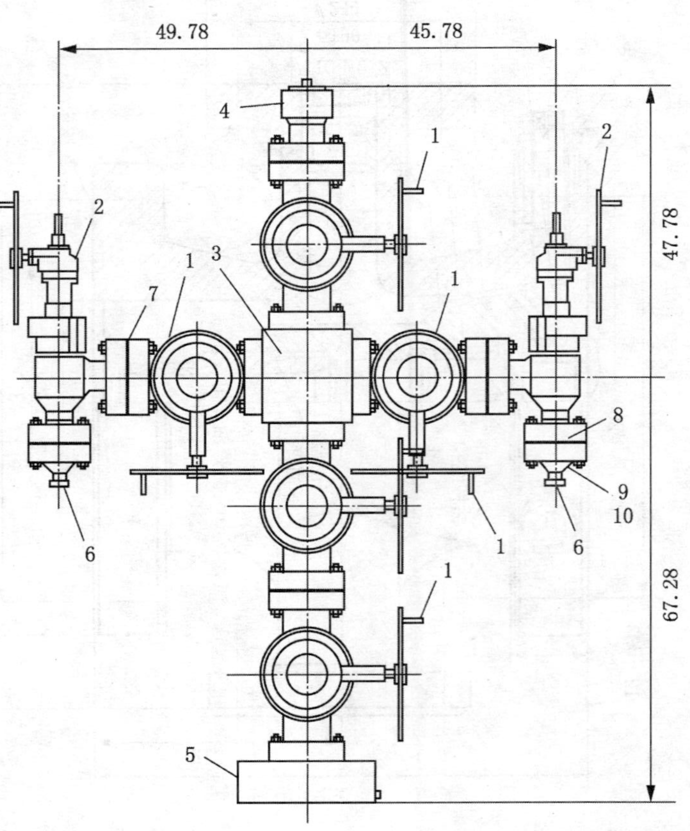

图 10—27　高压（140MPa）采气树

1—140MPa 闸阀；2—生产针阀；3—小四通；4—采气树罩；5—采气树底法兰；6—转换接头；7—法兰；8—垫圈；9—螺栓；10—螺母

1）通径：65mm；

2）耐压：140MPa；

3）耐温：－20～350℃。

2. 油管头

油管头结构见图 10—28 所示。

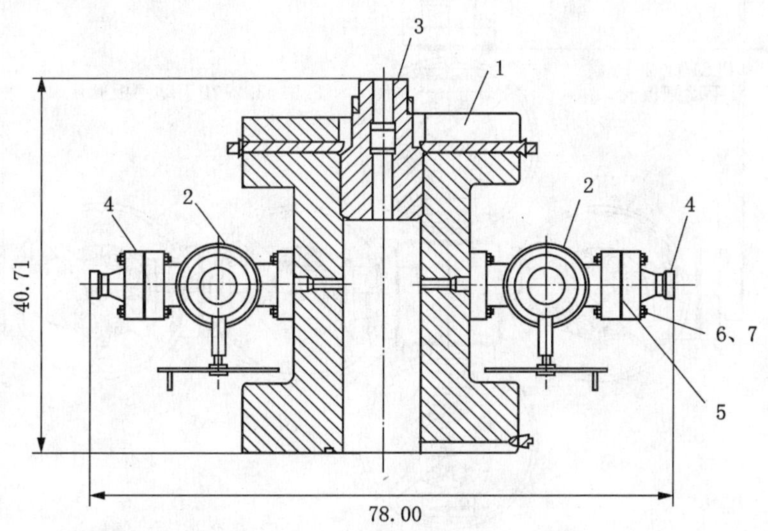

图 10—28 高压采气树油管头

1—油管头；2—闸阀；3—油管挂；4—法兰转换；5—垫圈；6—螺栓；7—螺母

1）油管头由左右翼的两个阀门及大四通组成。

2）阀门的选择及配置。油管头上的两个阀门的主要作用是作为环空井下测试工具以及洗井、压井的通道。阀门选用的工作压力为 140MPa，尺寸为 65mm，采用手动方式驱动，需装滑轮、滑杆机械，便于阀门开关。

3）油管头大四通结构：

油管头左右用载丝的方式与左右两个阀门连接，下法兰面为 BX158（279.4mm×140MPa）钢圈与 244.5mm 套管头相连接。油管头上法兰为 BX156（179.4mm×140MPa）钢圈与盖板法兰相连接。

3. 油管挂

1）油管挂与油管头内面是一级金属密封，WOM 采气树的密封靠一个“V”形压环，该金属密封环比油管挂本体及油管头内金属面硬度低，当坐上油管挂后，管柱负荷使金属密封环膨胀，起高压密封作用。

2）油管挂与盖板法兰之间靠金属锥面密封，当下完测试生产管柱，坐上油管挂后，坐上盖板法兰以上部分，上紧螺丝的同时压紧两个锥面使之达到密封。

四、高含硫采气井口

对于高含硫气井，井口装置有特殊的要求：1）所有零部件必须能抗 H_2S、CO_2 腐蚀；2）在可能情况下，安装井下和（或）井口安全阀，遇紧急情况时，可在井下和地面同时关井。

1. CAMERON 井口

见图 10—29，采油树的主阀和翼阀均为 103.2mm 10K 的 FLS 型手动闸阀，采用整体式闸板结构，可防止管线中的沉淀物进入阀体内腔。高承受能力的两个止推轴承用来吸收闸

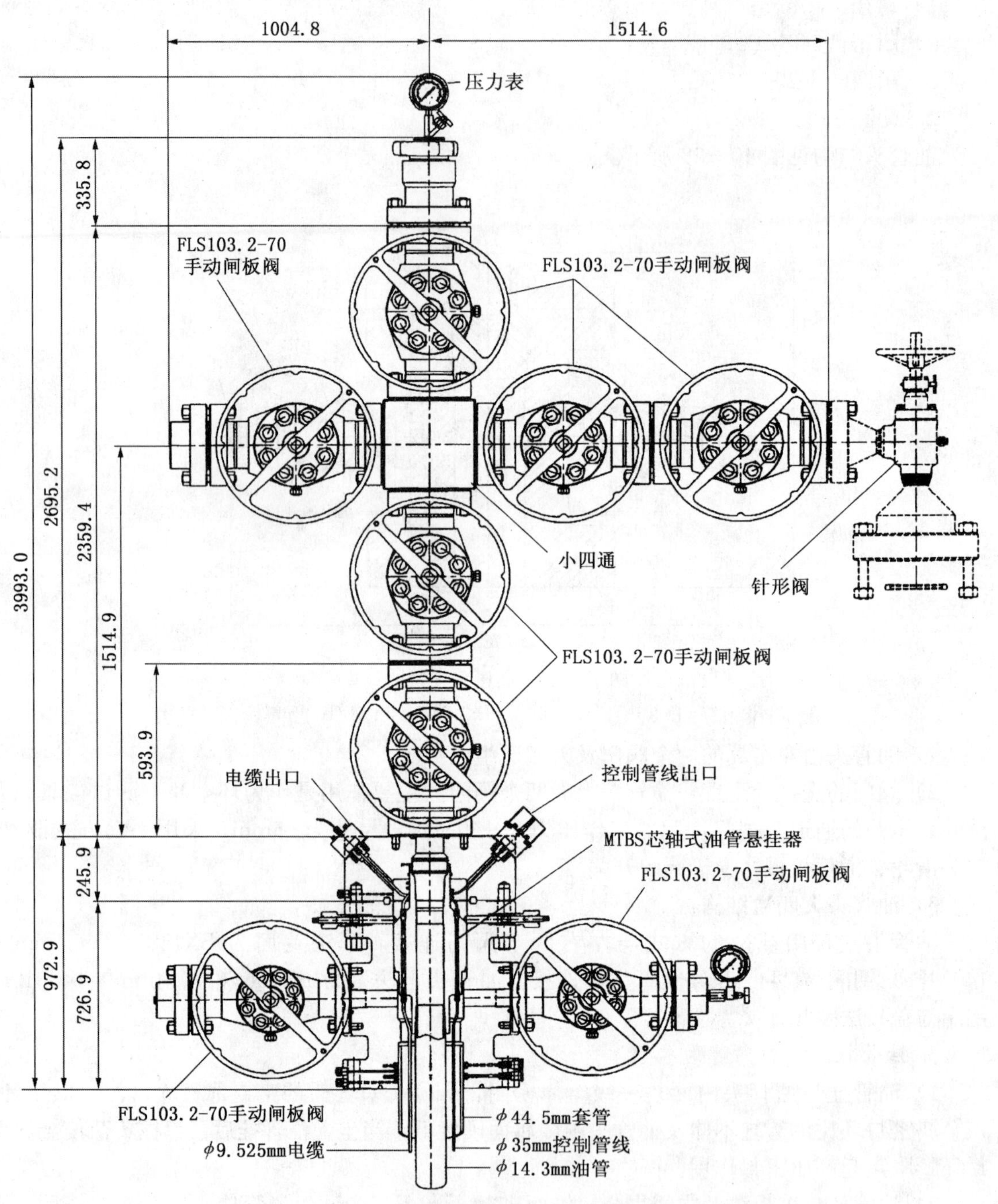

图 10—29　CAMERON 采气井口

板开启和关闭时的载荷，从而将手轮旋转力减至最小。特殊惰性材料弹簧承载的唇型密封，既能保护金属密封面又能加强低压密封性能。

MTBS 芯轴式油管悬挂器顶部为 SRL 密封，下部采用 114.3mm VAMTOP 扣，上部为 114.3mmEUE 扣。预留 2 条 6.35mm 控制管线出口和 1 条电缆出口。

MTBS 油管挂适用于工作压力高达 103MPa 的工作条件。它具有大通径，其环形密封被径向地挤入密封部位，当油管挂由与之配对的锥座内提起时，环形密封就自动地恢复到原状。油管挂的上密封是一种压力增强的金属“U”形帽式的双向密封，因而不再需要其他的辅助密封。油管挂的延伸颈部设计，可确保金属“U”形帽式密封在安装时对中可靠。

整个井口材料等级 HH，温度等级 U，规范等级 PSL－3，符合 API6A 标准的要求，其主要优点为：

1）全部承压零部件均采用合金钢锻件，在高压下工作安全可靠。

2）主要零件采用了抗硫化氢材料，其他零件也给足了足够的腐蚀余量，并通过适当的热处理，所以具有较好的抗硫化氢腐蚀能力。

3）密封元件，采用“V”形结构，用聚四氟乙烯制成，不受硫化氢气体的腐蚀，在高压下密封可靠。

4）金属密封垫环，采用低碳钢，有良好的塑性和韧性，可多次重复使用。

5）结构简单，开关扭矩小。

2. *双翼“Y”形井口采气井口装置*

“Y”形井口结构如图 10—30 所示，主要优点：

1）“Y”形结构，较普通接口油管四通“十字”结构，具有较强的抗冲蚀能力；

2）“Y”形井口采用整体锻造，承压性高，可靠性高，安全性能高；

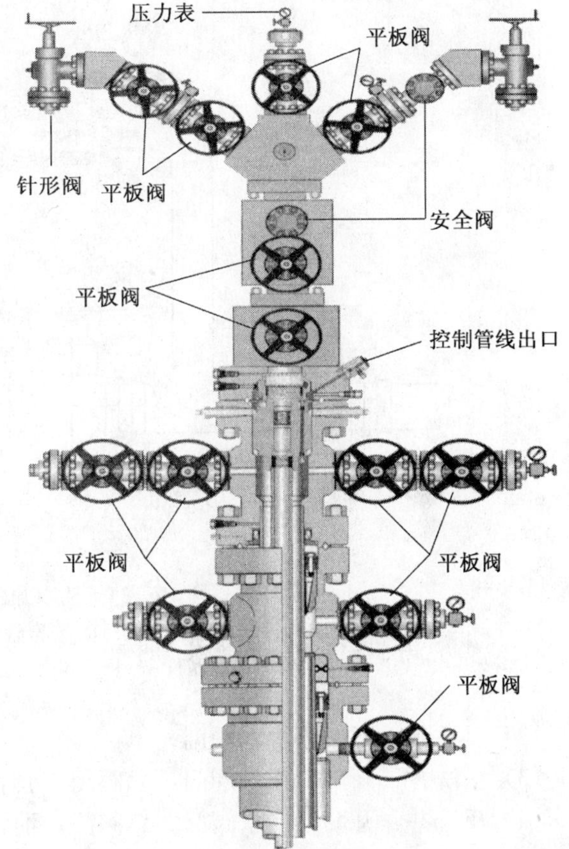

图 10—30 双翼“Y”形井口示意图

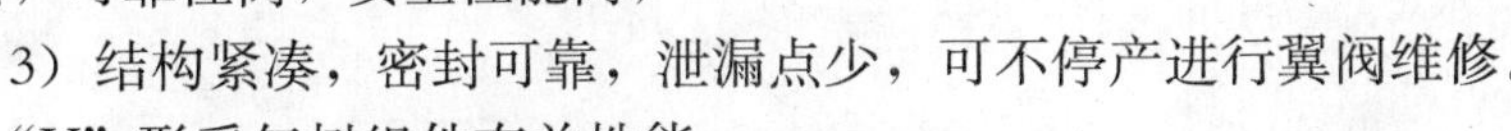

3）结构紧凑，密封可靠，泄漏点少，可不停产进行翼阀维修。

“Y”形采气树组件有关性能：

1）采气四通和管套密封全采用金属密封；

2）油管悬挂器材质要求高镍基合金钢，采用全金属密封；

3）油管挂有与井下安全阀控制管线连接通道和井下测试仪器的电缆通道；

4）平板阀的阀板、阀座与阀体间均采用金属对金属密封，可带压更换阀杆密封盘根和其他零件；

5）采气树顶部平板阀为测试阀。

第三节 注水和热采井口装置

一、注水井口装置

国内陆上油田注水采油树多从自喷井口衍化组装，如图 10—31 所示。注水井井口的主要功能：

1）正注水：开油管注水阀门和总阀门；

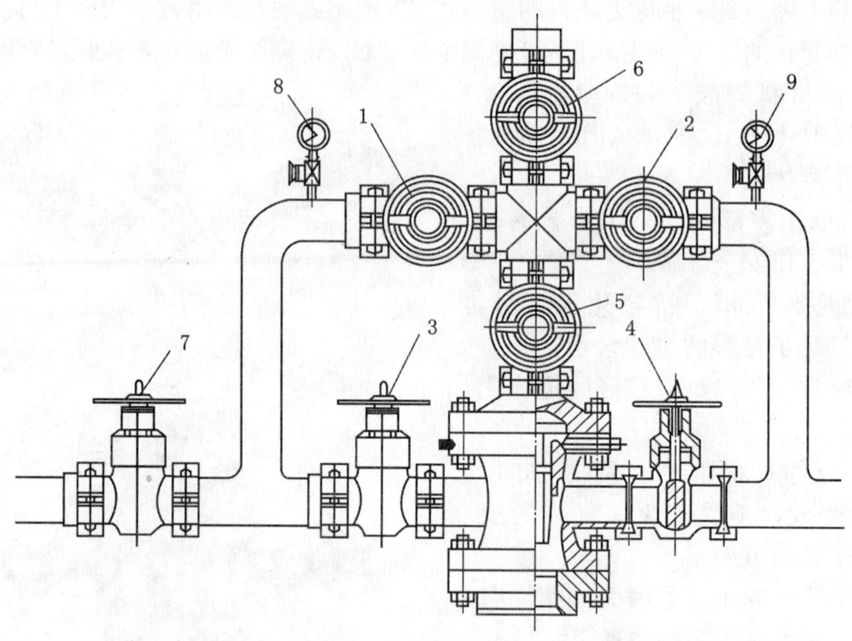

图 10—31　注水井采油树及油管头

1—油管洗井阀门；2—油管注水阀门；3—套管洗井阀门；4—套管注水阀门；5—总阀门；6—测试阀门；7—回水阀门；8—套压表；9—注水压力表

2）反注水：开套管注水阀门；

3）正洗井：开油管注水阀门、总阀门、套管洗井阀门和回水阀门；

4）反洗井：开套管注水阀门、总阀门、油管洗井阀门和回水阀门；

5）注水测试：开测试阀门和总阀门。

各油田对注水的要求不同，采油树安装形式也各异。大致从 20 世纪 60 年代以前的七阀式演变为目前的三阀式，见图 10—32 及图 10—33。

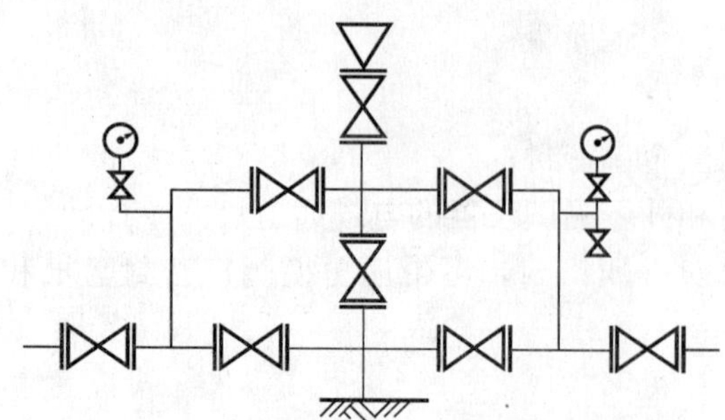

图 10—32　七阀式注水采油树及油管头

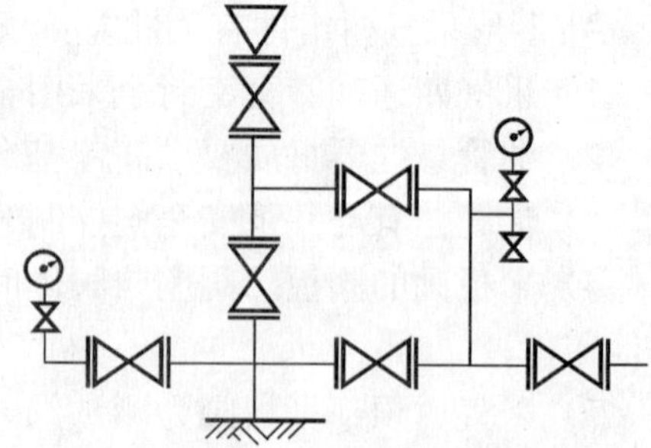

图 10—33　三阀式注水采油树及油管头

二、热采井口装置

热采井采油树及油管头是稠油井在高温高压下注蒸汽开采的专用装置。目前在我国稠油油田现场应用的热采井采油树及油管头主要有三种：KR21/380 型适用于各种稠油井，KR14/340 型和 KR14/335 型专门用于浅层稠油井。

热采井采油树及油管头经常在高温（约 360℃）高压（21MPa）下工作，一般金属易发生蠕变和强度下降现象，阀门开关几次即不密封，故主要承压部件都选用耐热不锈钢及耐热低合金钢，如 ZG20CrMo 等制成。热采井采油树及油管头各个硬密封处都采用双锥型钢圈密封，各个软密封一般选用石墨石棉填料环、金属丝与石棉编织的填料环或柔性石墨密封填料等。热采井口油管悬挂不能用锥体密封的方式，因注蒸汽时，油管受热伸长上顶，造成锥面不密封，只能将油管柱与油管挂用螺纹连接。

1. 适用范围

热采井采油树及油管头适用于蒸汽吞吐、蒸汽驱及热水循环。

2. 型号表示方法

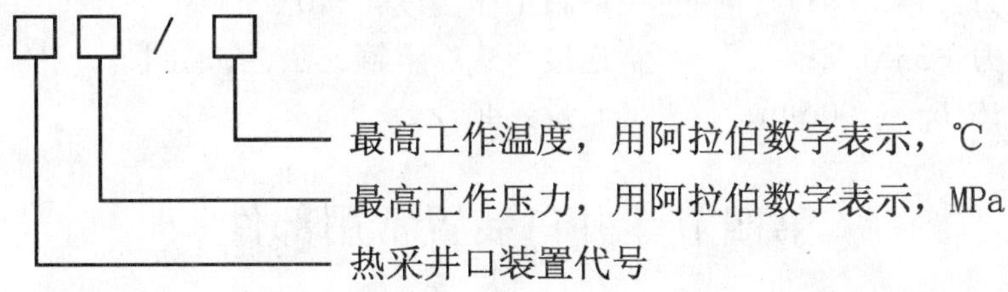

示例：KR21/380 表示：最高工作压力为 21MPa，最高工作温度为 380℃的热采井口装置。

3. 结构形式

KR21/380 型结构形式如图 10—34 所示，KR14/340 型结构形式如图 10—35 所示。

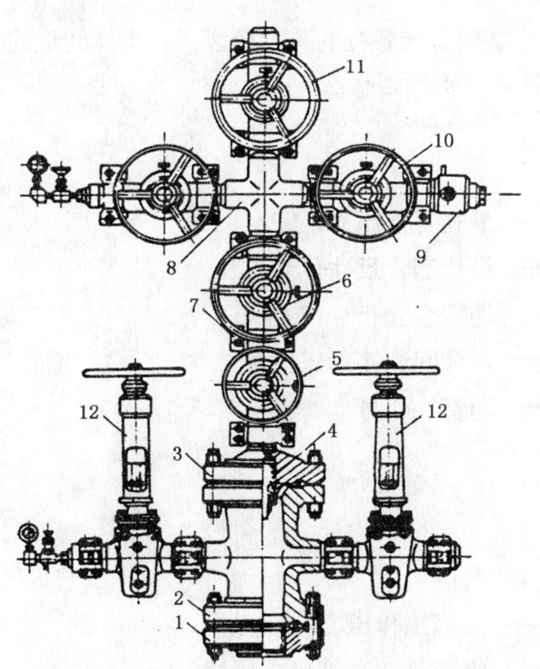

图 10—34　KR21/380 型热采井采油树及油管头结构图

1—套管头上法兰；2—油管头；3—采油树底法兰；4—油管短节；5—阀门；6—总阀门；7—卡箍；8—小四通；9—节流器总成；10—生产阀门；11—测试阀门；12—套管阀门

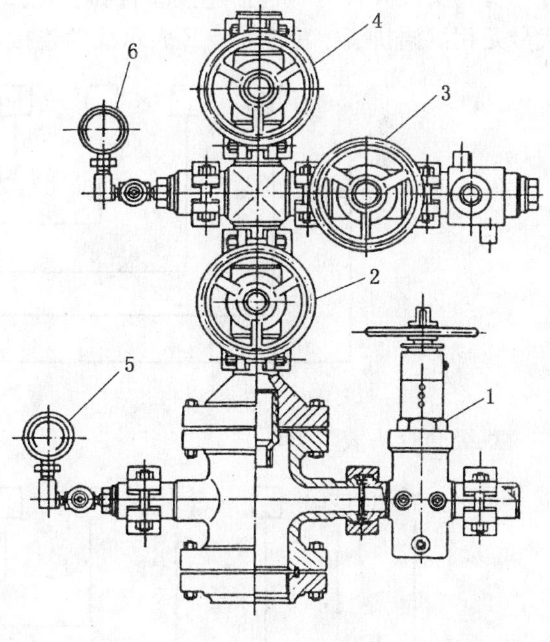

图 10—35　KR14/340 型热采井采油树及油管头装置示意图

1—套管闸门；2—总阀门；3—生产阀门；4—测试阀门；5，6—套管压力表

4. 基本参数

KR21/380 型热采井采油树及油管头基本参数：

公称通径：65mm；　油管头（大四通）通径：170mm；

最大工作压力：21MPa；　最高工作温度：380℃；

强度试验压力：42MPa；　连接形式：卡箍或法兰；

外形尺寸：1580～1577mm；　质量：1037kg。

KR14/340 型热采井采油树及油管头基本参数：

公称通径：65mm；　油管头（大四通）通径：170mm；

最大工作压力：14MPa；　最高工作温度：340℃；

强度试验压力：35MPa；　连接形式：卡箍或法兰；

外形尺寸：1516～1100mm；　质量：467kg。

第四节　井口装置常用部件

一、套管头

套管头由本体、套管悬挂器和密封组件组成，是连接套管和各种井油管头的一种部件，用以悬挂技术套管和生产套管并密封各层套管间的环形空间，为安装防喷器和油管头等上部井口装置提供过渡连接，套管头本体上的两个侧口，可以进行补挤水泥和注平衡液等作业。

1. 型号表示方法

套管头尺寸代号（包括连接套管和悬挂套管）是用套管外径的英寸值表示；本体间形式代号是用汉语拼音字母表示，F 表示法兰连接，Q 表示卡箍连接。

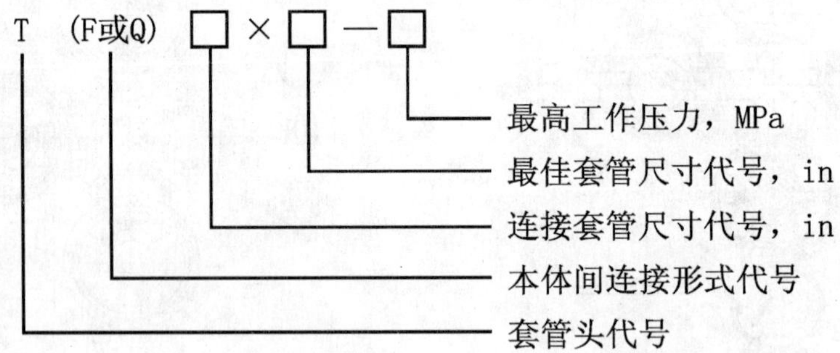

双级套管头表示方法：

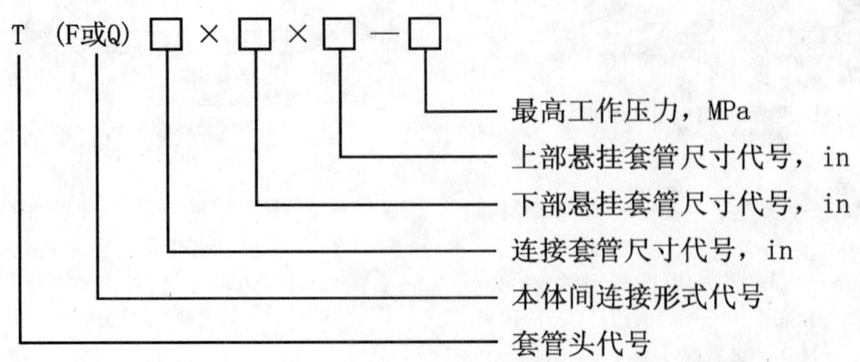

三级套管头表示方法：

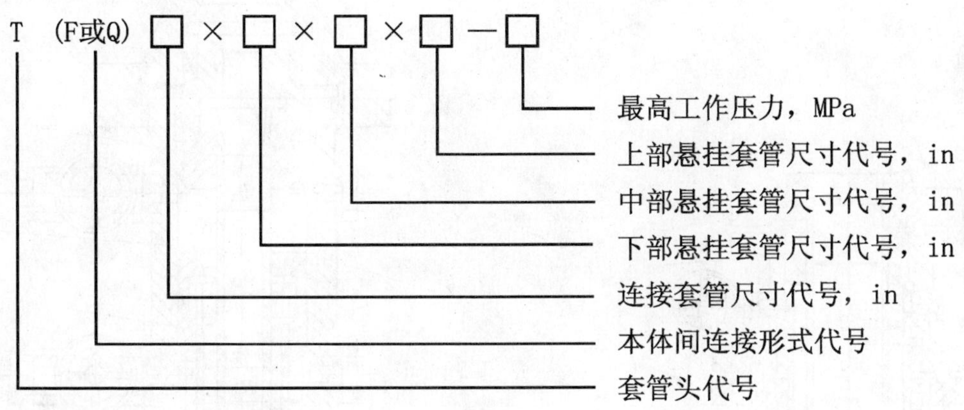

2. 结构形式分类

套管头按悬挂套管的层数分为单级套管头（图 10—36）、双级套管头（图 10—37）和三级套管头（图 10—38、图 10—39）。

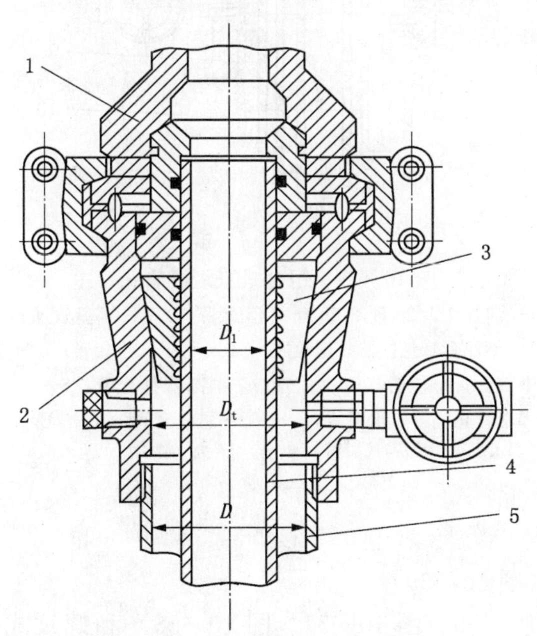

图 10—36　单级套管头示意图

1—油管头；2—套管头；3—套管悬挂器（卡瓦式）；4—悬挂套管；5—表层套管

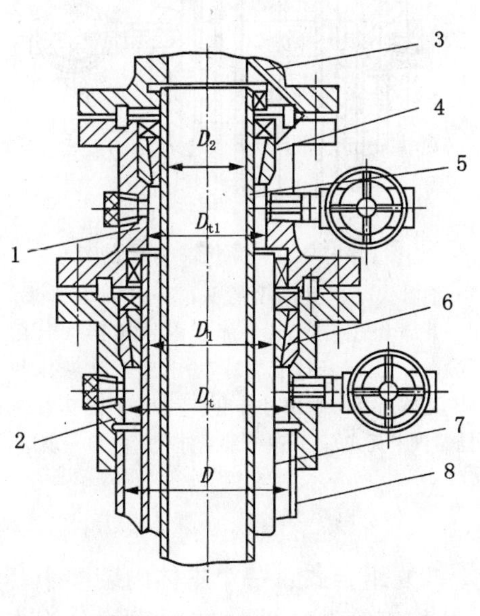

图 10—37　双级套管头示意图

1—上部套管头；2—下部套管头；3—油管头；4—上部套管悬挂器（卡瓦式）；5—上部悬挂套管；6—下部套管悬挂器（卡瓦式）；7—下部悬挂套管；8—表层套管

按本体间的连接形式分为卡箍式（图 10—36）和法兰式（图 10—37、图 10—38）。

按本体的组合形式分为：

1）单体式：一个本体内装一个套管悬挂器（图 10—36、图 10—37、图 10—38）。

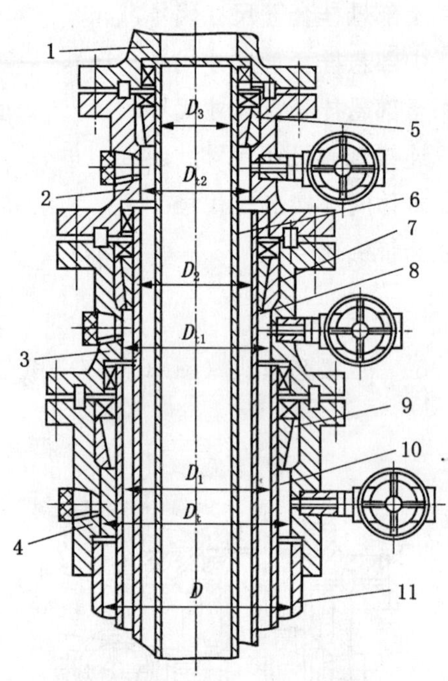

图 10—38　三级套管头示意图

1—油管头；2—上部套管头；3—中部套管头；4—下部套管头；5—上部套管悬挂器（卡瓦式）；6—上部悬挂套管；7—中部套管悬挂器（卡瓦式）；8—中部悬挂套管；9—下部套管悬挂器（卡瓦式）；10—下部悬挂套管；11—表层套管

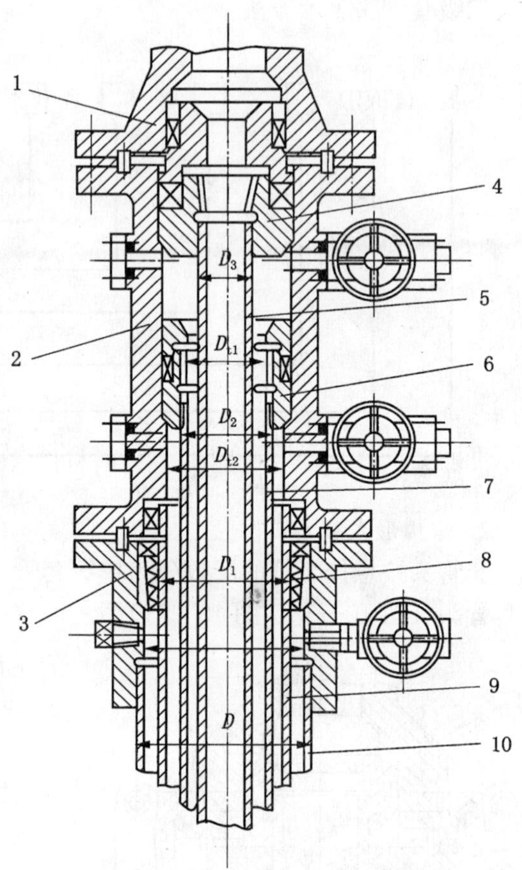

图 10—39　组合式三级套管头

1—油管头；2—上部组合式套管头；3—下部套管头；4—上部套管悬挂器（螺纹式）；5—上部悬挂套管；6—中部套管悬挂器（螺纹式）；7—中部悬挂套管；8—下部套管悬挂器（卡瓦式）；9—下部悬挂套管；10—表层套管

2）组合式：一个本体内装多个套管悬挂器（图 10—39）。

按套管悬挂器的结构形式分为卡瓦式（图 10—36、图 10—37、图 10—38）和螺纹式（图 10—40）。

TGA 型双层套管头结构见图 10—41。

3. 基本参数

单级套管头、双级套管头和三级套管头基本参数分别见表 10—13、表 10—14 和表 10—15。独立螺纹式套管头基本参数仅选用表 10—13 中，工作压力为 7MPa 和 14MPa 及相应的套管外径和本体垂直通径。

二、井口阀门

井口所用阀门有平行板阀门和斜楔阀门。连接方式分为螺纹式、法兰式和卡箍式三种。

1）斜楔式阀门结构见图 10—42，平行板阀门结构见图 10—43。

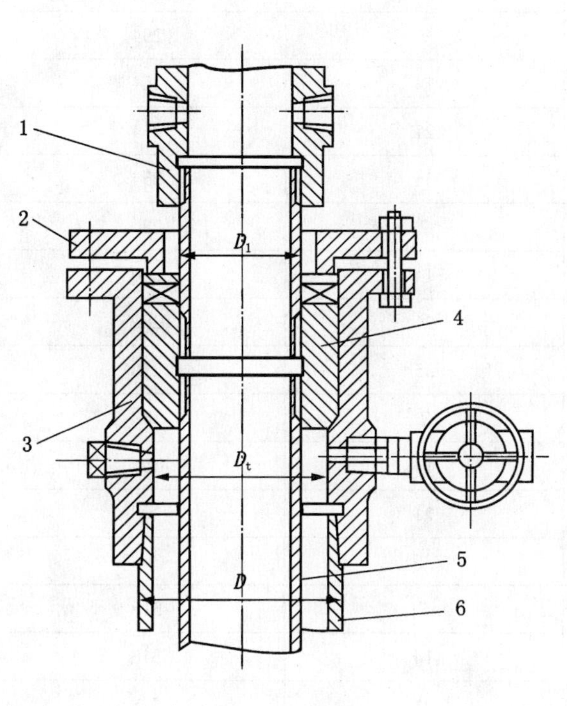

图 10—40　独立螺纹式套管头示意图

1—油管头；2—止动压盖；3—套管头；4—套管悬挂器（螺纹式）；5—悬挂套管；6—连接套管

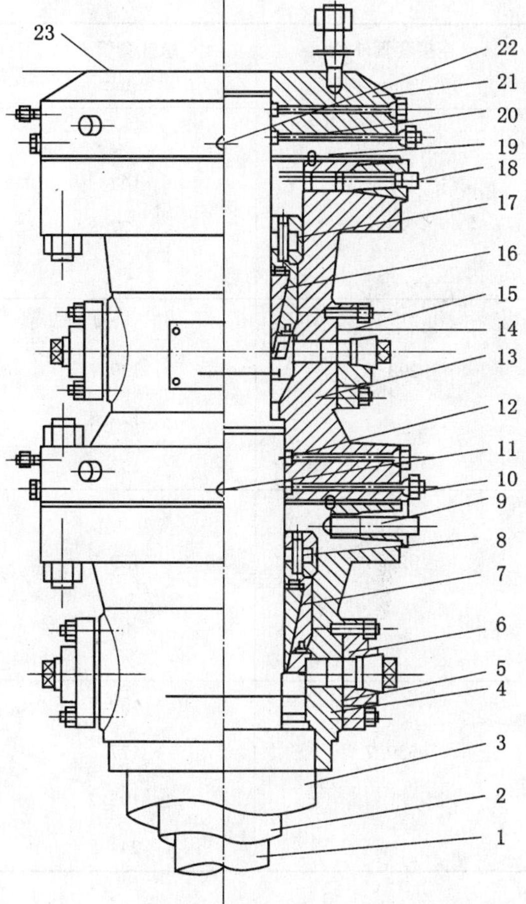

图 10—41　TGA 型双层套管头

1—油层套管；2—技术套管；3—表层套管；4—下四通；5—钢圈；6—侧法兰；7—下悬挂器；8—主密封；9—顶丝；10—钢圈；11—试压孔；12—下层副密封；13—上四通；14—钢圈；15—侧法兰；16—上悬挂器；17—主密封；18—顶丝；19—钢圈；20—上层副密封；21—转换法兰；22—试压孔；23—上接油管头

表 10—13　单级套管头基本参数

连接套管外径 mm	悬挂套管外径 mm	套管头工作压力 MPa	套管头垂直通径 mm
193.7	114.3	7	178
		14	178
		21	178
244.5	127.0 139.7 177.8	7	230
		14	230
		21	230
		35	230

续表

连接套管外径 mm	悬挂套管外径 mm	套管头工作压力 MPa	套管头垂直通径 mm
273.0	139.7 177.8	7	254
		14	254
		21	254
		35	254
298.4	139.7 177.8 193.7	7	280
		14	280
		21	280
		35	280
325.0	139.7	7	308
		14	308
		21	308
		35	308
339.7	139.7 177.8 193.7 244.5	7	318
		14	318
		21	318
		35	318

表 10—14　双级套管头基本参数

连接套管外径 mm	悬挂套管外径		下部本体工作压力 MPa	下部本体垂直通径 D_t mm	上部本体工作压力 MPa	上部本体垂直通径 D_t mm
	D_1 mm	D_2 mm				
339.7	177.8	127.0 139.7	14	318	21	162
			21	318	35	162
			35	318	70	162
339.7	193.7	127.0 139.7	14	318	21	178
			21	318	35	178
			35	318	70	178
339.7	244.5	127.0 139.7 177.8	14	318	21	230
			21	318	35	230
			35	318	70	230

表 10—15　三级套管头基本参数

连接套管外径 mm	悬挂套管外径，mm			下部本体工作压力 MPa	下部本体垂直通径 D_t mm	中部本体工作压力 MPa	中部本体垂直通径 D_t mm	上部本体工作压力 MPa	上部本体垂直通径 D_t mm
	D_1	D_2	D_3						
339.7	244.5	177.8	127.0	14	318	14	230	21	162
				14	318	21	230	35	162
				21	318	35	230	70	162
406.4	339.7	177.8	127.0	14	390	14	318	21	162
				14	390	21	318	35	162
				14	390	35	318	70	162
406.4	339.7	244.5	139.7 177.8	14	390	14	318	21	230
				14	390	21	318	35	230
				21	390	35	318	70	230
508.0	339.7	177.8	127.0	14	480	14	318	21	162
				14	480	21	318	35	162
				21	480	35	318	70	162
508.0	339.7	244.5	139.7 177.8	14	480	14	318	21	230
				14	480	21	318	35	230
				21	480	35	318	70	230

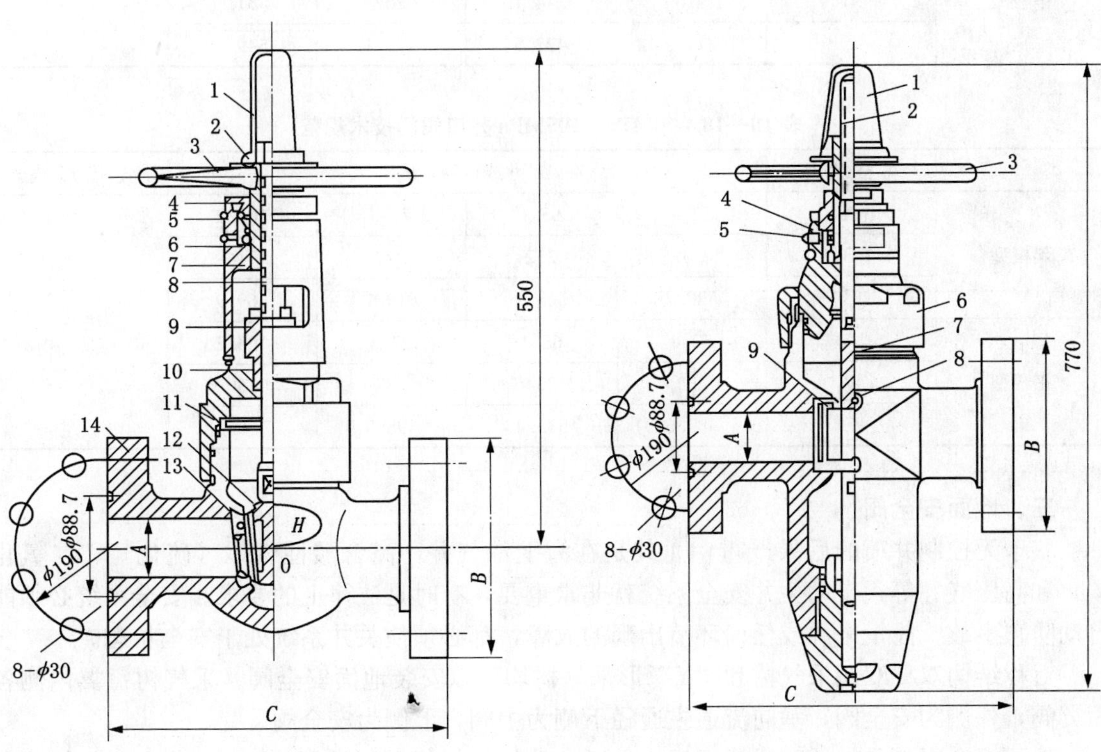

图 10—42　斜楔式阀门

1—护罩；2—螺母；3—手轮；4—轴承盖；5—轴承；6—阀杆螺母；7—轴承座；8—阀杆；9—压帽；10—密封圈；11—阀盖；12—闸板；13—阀座；14—阀体

图 10—43　平行板阀门

1—护罩；2—阀杆；3—手轮；4—止推轴承；5—黄油嘴；6—阀盖；7—阀板；8—阀座；9—密封圈

2）技术规范见表 10—16、表 10—17 和表 10—18。

表 10—16　21MPa 井口阀门技术规范

类　型	规格代号	尺寸或口径，mm				连接形式
斜楔型	A	52.4	65.1	79.4	103.2	卡箍 法兰
	B		244.1	241		
	C		422.3	435		
平板型	A	52.4	65.1	79.4	103.2	
	B	216	244.1	241	292.0	
	C	371.5	422.3	435	511.2	

表 10—17　35MPa 井口阀门技术规范

类　型	规格代号	尺寸或口径，mm				连接形式
斜楔型	A	52.4	65.1	79.4	103.2	法兰
	B		244.1	267		
	C		422.3	473.1		
平板型	A	52.4	65.1	79.4	103.2	
	B	216	244.1	267	311	
	C	371.5	422.3	473.1	549.3	

表 10—18　70MPa、105MPa 井口阀门技术规范

类　型	规格代号	尺寸或口径，mm				连接形式
斜楔型	A	52.4	65.1	77.8	103.2	法兰
	B	200	232	270	316	
	C	520.7	565.2	619.1	669.9	
平板型	A	52.4	65.1	77.8	103.2	
	B	232	254	287	360	
	C	482.6	533.4	598.5	736.6	

三、地面安全阀

鉴于无控制井喷的后果严重，尤其是在海上油气井，高含酸性气体（硫化氢、二氧化碳）和高压气井等，自动关井安全系统就非常重要，有时是法律上的要求。安全系统必须能自动防止事故。能量来源或任何环节出现的故障，都必须使关井系统处于安全状态。

对称结构双翼双阀采气树和“Y”形采气树均可以安装地面安全阀。采气树每翼内侧各为翼阀，外侧为安全阀，垂向流道主通径下侧为主阀，上侧为安全阀。

地面安全阀是具有活塞式执行机构的逆向动作的闸门阀（见图 10—44）。由于阀杆面积上所受压力较低，阀体内的压力推动闸门上升关闭阀门。控制压力作用在活塞上，推动阀门下降开启阀门。如果阀体无压力，一般用弹簧关闭阀门。阀体压力和活塞—阀杆面积比决定所需要的控制压力。

地面安全阀都有一个从执行机构缸体上面的丝扣套伸出的阀杆，其原因如下：

1）阀杆位置是观察闸板位置的一个指示器；

2）位置指示器的开关可能提供遥控反馈信号；

3）可以连接一个人工机械操作的或液压操作的压力缸，以便在控制压力源在安全阀下游的场合，或者系统出现故障，无法提供控制压力时打开关闭安全阀；

4）当通过阀进行钢丝绳起下作业时，或者当控制系统检修而不能提供控制压力时，可接上一个锁定阀帽或热敏锁定阀帽，使阀门保持开启状态。

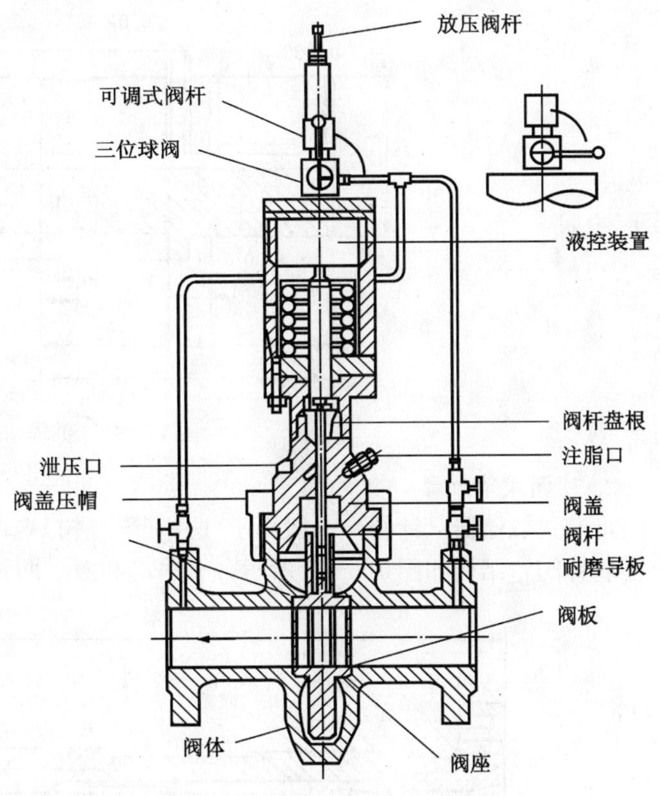

图 10—44　井口安全阀结构示意图

地面安全阀的选择：阀的大小要根据安装处的流量来决定。如果安装在采气树的垂向流道上，其大小应与下面的总阀门相同。额定压力、额定温度和其他额定参数必须与下面的总阀门相同。执行机构应考虑控制系统可提供的压力。阀体压力执行机构的比率与控制压力的关系式如下：

$$p_{\mathrm{cl}}=\frac{2p_{\mathrm{vb}}}{F_{\mathrm{ac}}}$$

式中　p_{cl}——控制压力；

p_{vb}——阀体压力；

F_{ac}——执行机构比率。

执行机构比率可由不同类型地面安全阀相关产品说明书中查出。

四、节流器

节流器是用来控制产量的部件，有固定式和可调式两种。连接形式有卡箍、法兰和螺纹等方式。

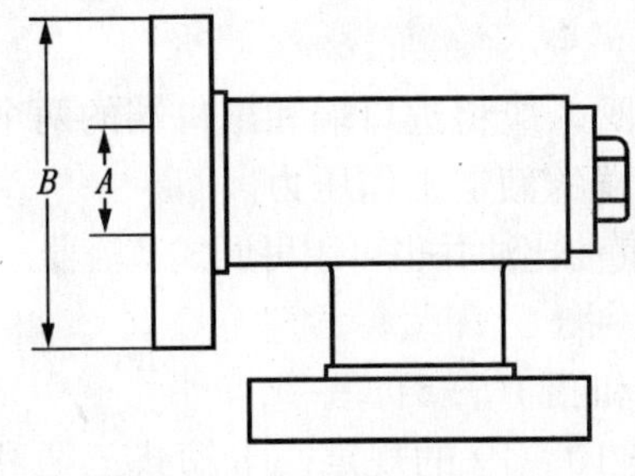

图 10—45　固定式非加热式节流器

1. 固定式节流器

固定式节流器用于油井（采油树）上，有加热式和非加热式两种。非加热式节流器如图 10—45 所示。

油嘴是节流元件，通过调换不同孔眼直径的油嘴来控制油井的合理生产压差，油嘴的结构如图 10—46 所示，是用高碳合金钢经热处理制成的。孔眼直径有从 2～20mm 多种，每相差 0.5mm 为一等级，20mm 以上为特殊油嘴。

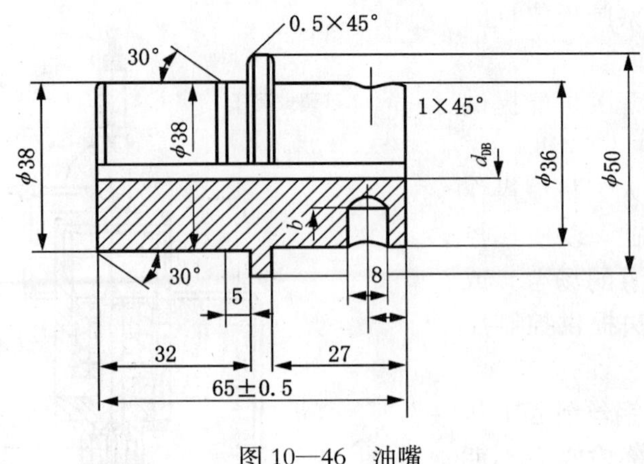

图 10—46　油嘴

2. 可调式节流器

可调式节流器（针阀）一般用于气井（采气树），调节开关大小可控制流量。可调式节流器属针阀，结构如图 10—47 所示，有手动和液动两种。

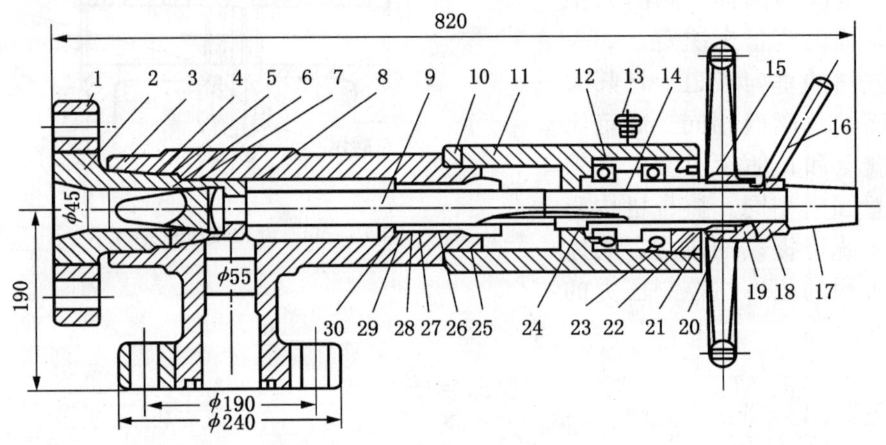

图 10—47　KQ－700 型针形阀（节流器）

1—法兰；2—阀座压套；3—螺纹；4—针阀体；5—密封圈；6—阀座；7—密封圈；8—阀针；9—阀杆；10—螺钉；11—阀盖；12—轴承；13—油杯；14—阀杆螺母；15—手轮；16—手柄；17—护罩；18—井帽；19—螺母；20—键；21—螺钉；22—轴承压盖；23—密封圈；24—槽键；25—压帽；26—密封圈；27—密封圈下槽；28—密封圈；29—密封圈；30—垫片

进出口端额定工作压力相同的节流阀，其端部连接的额定工作压力就是节流阀的额定工作压力。

进口端的额定工作压力高于出口端额定工作压力的节流阀，应将进口端和出口端的两个额定工作压力同时标出，如：进出端的额定工作压力，出口端的额定工作压力。

固定式节流器用于油井，可调式节流器一般用于气井，高气油比油井也可用可调式节流器。

五、三通和四通

三通和四通的结构见图 10—48、图 10—49、图 10—50 和图 10—51。

法兰式三通和四通的额定工作压力与公称通径应符合表 10—19 的规定。卡箍式三通和四通的额定工作压力与公称通径应符合表 10—20 的规定。

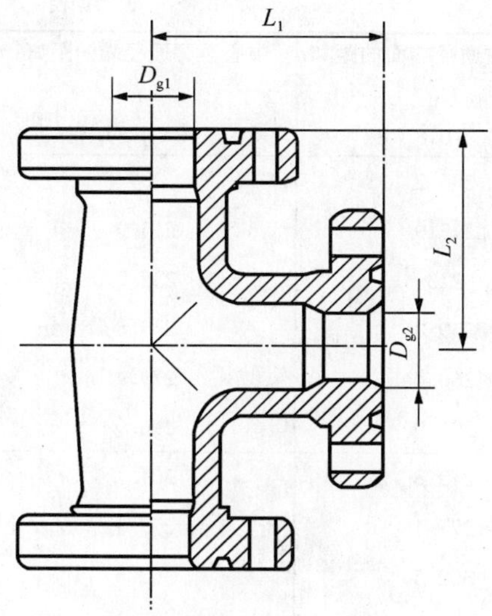

图 10—48　法兰式三通

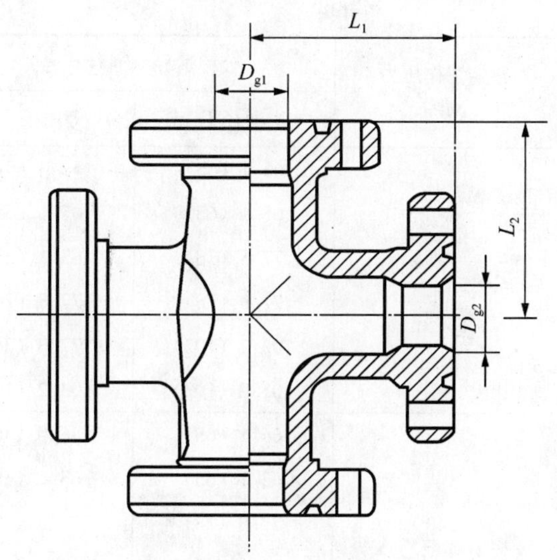

图 10—49　法兰式四通

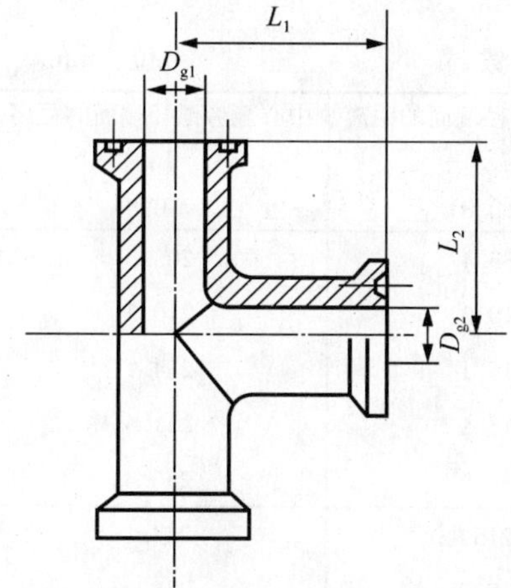

图 10—50　卡箍式三通

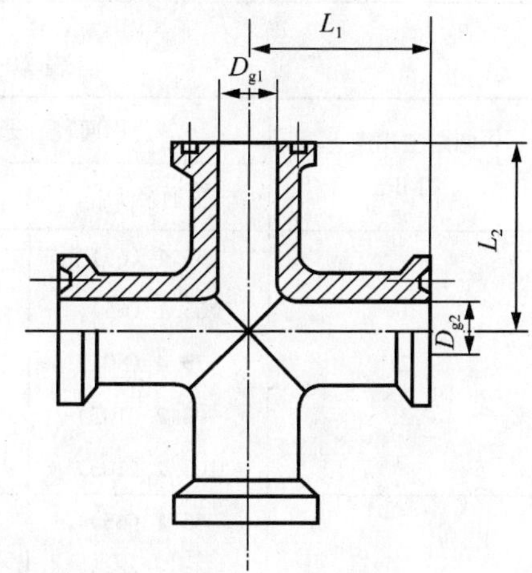

图 10—51　卡箍式四通

表 10—19　法兰式三通和四通参数　　单位：mm

额定工作压力 MPa	公称通径（通径代号）		中心至主通径端面的距离 L_2（±0.8）	中心至旁通径端的距离 L_1（±0.8）
	主通径 D_{g1}	旁通径 D_{g2}		
35	52.4（52）	52.4（52）	185.7	185.7
	65.1（65）	52.4（52）	189	200.2
	79.4（80）	79.4（80）	236.5	236.5
	103.2（103）	52.4（52）	210.7	244.4
	103.2（103）	103.2（103）	274.6	274.6
70	52.4（52）	46.0（46）	169.4	173.7
	65.1（65）	65.1（65）	198.9	198.9
	77.8（78）	77.8（78）	225	225
	103.2（103）	46.0（46）	198.4	235
	103.2（103）	103.2（103）	262.6	262.6

续表

额定工作压力 MPa	公称通径（通径代号）		中心至主通径端面的距离 L_2 （±0.8）	中心至旁通径端的距离 L_1 （±0.8）
	主通径 D_{g1}	旁通径 D_{g2}		
105	65.1（65）	52.4（52）	200.2	209
	65.1（65）	65.1（65）	215.9	215.9
	77.8（78）	65.1（65）	223	232.7
	77.8（78）	77.8（78）	239.8	239.8
	103.2（103）	77.8（78）	260.4	279.4
	103.2（103）	103.2（103）	296.9	296.9
140	65.1（65）	46.0（46）	242.8	261.1
	65.1（65）	65.1（65）	277.1	277.1
	77.8（78）	77.8（78）	302.5	302.5
	103.2（103）	46.0（46）	282.5	321.6
	103.2（103）	103.2（103）	376.9	376.9

表 10—20　卡箍式三通和四通参数　　单位：mm

额定工作压力 MPa	公称通径（通径代号）		中心至主通径端面的距离 L_2 （±0.8）	中心至旁通径端面的距离 L_1 （±0.8）
	主通径 D_{g1}	旁通径 D_{g2}		
14 21 35	65.1（65）	52.4（52）	183.4	205.5
	65.1（65）	65.1（65）	210.3	210.3
	79.4（80）	65.1（65）	215.1	234.1
	103.2（103）	65.1（65）	215.1	251.6
	103.2（103）	79.4（79）	238.9	256.4
70	65.1（65）	52.4（52）	215	234.1
	65.1（65）	65.1（65）	238.9	238.9
	77.8（78）	65.1（65）	238.9	256.3
	77.8（78）	77.8（78）	256.3	256.3
	103.2（103）	65.1（65）	254	300.7
	103.2（103）	77.8（78）	271.4	300.7

六、法兰用密封垫环及垫环槽

1. 适用范围

石油井口装置法兰用密封垫环及垫环槽。

2. 形式及尺寸

1）按作用形式，密封垫环分为 R 型机械压紧式和 RX、BX 型压力自紧式两类。R 型密封垫环用于 6B 型法兰连接，RX 型密封垫环用于 6B 型法兰连接和多管油管头扇形法兰连接，R 与 RX 型密封垫环在 6B 型法兰连接中可以互换，BX 型密封垫环用于 6BX 型法兰连接。

2）R 型密封垫环有椭圆和八角形两种截面，按图 10—52 和表 10—21 制造；RX 和 BX 型密封垫环为八角形截面，分别按图 10—53、表 10—22 和图 10—54、表 10—23 制造。

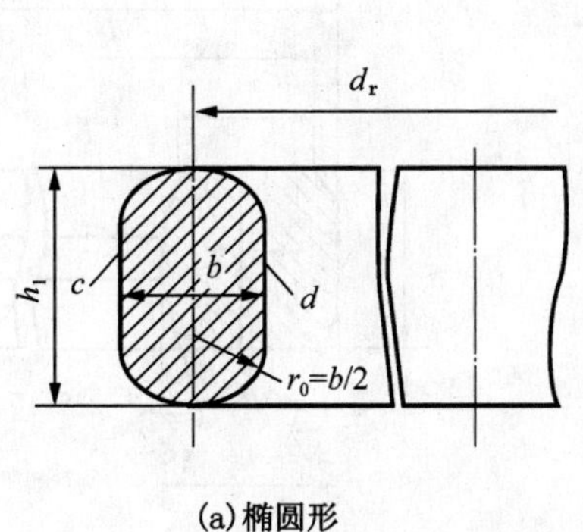

(a) 椭圆形

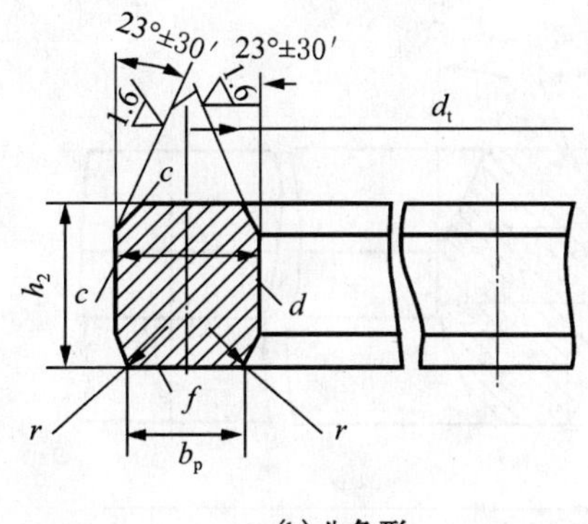

(b) 八角形

图 10—52　R 型密封垫环

注：①垫环内、外圆柱面 d、c 的圆度公差均不低于 10 级。

②八角形垫环端面 c、f 与内外圆柱面 d、c 的垂直度公差不低于 10 级。

表 10—21　R 型密封垫环　　单位：mm

<table>
<tr><th rowspan="2">垫环号</th><th colspan="6">垫环基本尺寸</th><th rowspan="2">两法兰端面近似间距
$c_1$①</th></tr>
<tr><th>环中径
d_r
±0.17</th><th>环厚
b
±0.2</th><th>椭圆形环高
h_1
±0.4</th><th>八角形环高
h_2
±0.4</th><th>八角形环平面宽度 b_p
±0.2</th><th>八角形环圆角半径 r
±0.4</th></tr>
<tr><td>R23</td><td>82.55</td><td rowspan="11">11.11</td><td rowspan="11">17.5</td><td rowspan="11">16.0</td><td rowspan="11">7.75</td><td rowspan="22">1.5</td><td rowspan="11">4.8</td></tr>
<tr><td>R24</td><td>95.25</td></tr>
<tr><td>R26</td><td>101.6</td></tr>
<tr><td>R27</td><td>107.95</td></tr>
<tr><td>R31</td><td>123.83</td></tr>
<tr><td>R35</td><td>136.53</td></tr>
<tr><td>R37</td><td>149.23</td></tr>
<tr><td>R39</td><td>161.93</td></tr>
<tr><td>R44</td><td>193.68</td></tr>
<tr><td>R41</td><td>180.98</td></tr>
<tr><td>R45</td><td rowspan="2">211.14</td></tr>
<tr><td>R46</td><td>12.7</td><td>19.0</td><td>17.5</td><td>8.66</td><td>3.3</td></tr>
<tr><td>R49</td><td rowspan="2">269.88</td><td>11.11</td><td>17.5</td><td>16.0</td><td>7.75</td><td>4.8</td></tr>
<tr><td>R50</td><td>15.88</td><td>22.4</td><td>20.6</td><td>10.49</td><td>4.1</td></tr>
<tr><td>R53</td><td rowspan="2">323.85</td><td>11.11</td><td>17.5</td><td>16.0</td><td>7.75</td><td>4.8</td></tr>
<tr><td>R54</td><td>15.88</td><td>22.4</td><td>20.6</td><td>10.49</td><td>4.1</td></tr>
<tr><td>R57</td><td>381.00</td><td rowspan="2">11.11</td><td rowspan="2">17.5</td><td rowspan="2">16.0</td><td rowspan="2">7.75</td><td></td></tr>
<tr><td>R65</td><td rowspan="2">469.90</td><td>4.8</td></tr>
<tr><td>R66</td><td>15.88</td><td>22.4</td><td>20.6</td><td>10.49</td><td>4.1</td></tr>
<tr><td>R73</td><td rowspan="2">584.20</td><td>12.7</td><td>19.0</td><td>17.5</td><td>8.66</td><td>3.3</td></tr>
<tr><td>R74</td><td>19.05</td><td>25.4</td><td>23.9</td><td>12.32</td><td>4.8</td></tr>
</table>

①c_1 值为该密封环装入法兰垫环内，用双头螺栓连接好后，两法兰端面的近似距离。

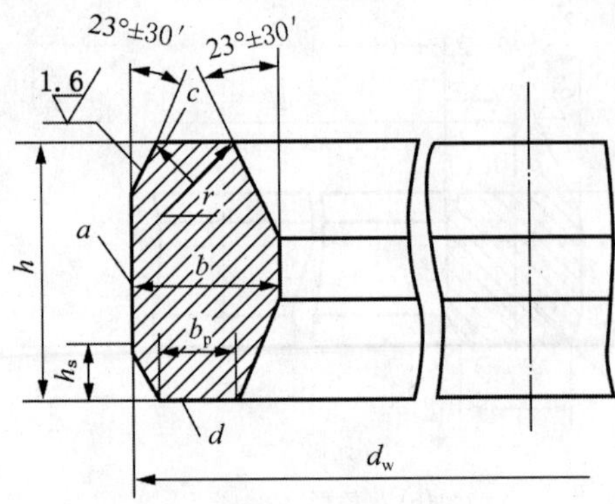

图 10—53　RX 型密封垫环

注：①垫环外圆柱 a 的圆度公差不低于 20 级。

②垫环端面 c、d 与外圆柱面 a 的垂直度公差不低于 10 级。

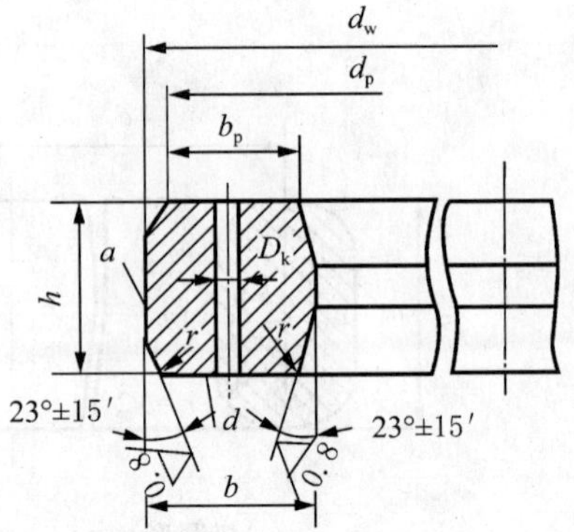

图 10—54　BX 型密封垫环

注：①环圆角半径 r 是环高 h 的 8%～12%。

②每个垫环在其中径上有一压力通孔 D_k。

③垫环外圆柱面 a 的圆度公差不低于 10 级。

④垫环端面 c、d 与外圆柱面 a 的垂直度公差不低于 10 级。

表 10—22　RX 型密封环　　单位：mm

垫环号	垫环基本尺寸						两法兰端面近似间距 c
	环外 d_w +0.50 0	环总宽 b +0.20 0	平面宽 b_p +0.15 0	外部斜面高度 h_s 0 −0.8	环高 h +0.20 0	环圆角半径 r ±0.4	
RX20	76.2	8.7	4.62	3.2	19.0		
RX23	93.27	11.9	6.45	4.2	25.4		11.9
RX24	105.97						
RX25	109.54	8.7	4.62	3.2	19.0		9.7
RX26	111.92	11.9	6.45	4.2	25.4		11.9
RX27	118.27						
RX31	134.54						
RX35	147.24					1.5	
RX37	159.94						
RX39	172.64						
RX41	191.69						
RX44	204.39						
RX45	221.85						
RX46	222.25	13.5	6.68	4.8	28.6	1.5	11.9
RX49	280.59	11.9	6.45	4.2	25.4		
RX50	183.37	16.7	8.51	5.3	31.8		
RX53	334.57	11.9	6.45	4.2	25.4		
RX54	337.34	16.7	8.51	5.3	31.8		
RX57	391.72	11.9	6.45	4.2	25.4		
RX65	480.62						
RX66	483.39	16.7	8.51	5.3	31.8		
RX69	544.12	11.9	6.45	4.2	25.4		

续表

垫环号	垫环基本尺寸						两法兰端面近似间距 c
	环外 d_w +0.50 0	环总宽 b +0.20 0	平面宽 b_p +0.15 0	外部斜面高度 h_s 0 −0.8	环高 h +0.20 0	环圆角半径 r ±0.4	
RX70	559.07	19.8	10.34	6.9	41.3	2.3	18.3
RX73	596.11	13.5	6.68	5.3	31.8	1.5	15.0
RX74	600.87	19.8	10.34	6.9	41.3	2.3	18.3
RX201	51.46	5.7	3.2	1.4	11.3	0.5	
RX205	62.31	5.6	3.05	1.8	11.1		
RX210	97.63	9.5	5.4	3.1	19.0	0.8	
RX215	140.89	11.9	5.3	4.2	25.4	1.5	

表 10—23 BX 型密封环 单位：mm

垫环号	法兰公称通径 D mm	垫环基本尺寸，mm					孔径 D_k
		环外径 d_w 0 −1.5	环高 h +0.2 0	环总宽 b +0.2 0	平面外径 d_p ±0.05	平面宽度 b_p +0.15 0	
BX151	46.0	76.4	9.6	9.6	75.03	8.26	1.5
BX152	52.4	84.68	0.2	10.2	83.24	8.79	
BX153	65.1	100.94	11.4	11.4	99.31	9.78	
BX154	77.8	116.84	12.4	12.4	115.09	10.64	
BX155	103.2	147.96	14.2	14.2	145.95	12.22	
BX156	179.4	237.92	18.6	18.6	235.28	15.98	3.0
BX157	228.6	294.46	21.0	21.0	291.49	18.01	
BX158	279.4	352.04	23.1	23.1	348.77	19.86	
BX159	346.1	426.72	25.7	25.7	423.09	22.0	
BX160		402.59	23.8	13.7	399.21	10.36	
BX162	425.4	475.49	11.2	14.2	473.48	12.24	1.5
BX163	476.2	556.16	30.1	17.4	551.89	13.11	3.0
BX164		570.56		24.6	566.29	20.32	
BX165	539.8	624.71	32.0	18.5	620.19	13.97	
BX166		640.03		26.1	635.51	21.62	
BX167	679.4	759.36	35.9	13.1	754.28	8.03	3.0
BX168		765.25		16.1	760.17	10.97	
BX169	130.2	173.52	15.8	12.9	171.27	10.69	
BX303	762.0	8575	37.9	17.4	847.37	11.61	

3. 技术要求

1）密封垫环材料应符合表 10—24 的规定。

2）08 号或 10 号钢用作采油井井口装置密封垫环时，垫环表面应镀 0.005～0.013mm 厚的镉或镉钛合金。

3）密封垫环不应重复使用。

表 10—24 密封垫环材料

钢 号	硬 度
08、10	HB⩽137
0Cr18Ni9	HB⩽160

七、法兰连接螺母

法兰连接螺母的公称尺寸和允差应符合图 10—55，表 10—25 的规定。

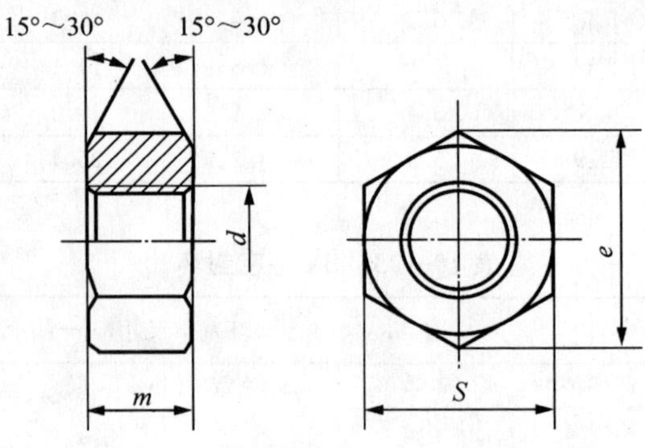

图 10—55 法兰连接螺母的公称尺寸和允差图

表 10—25 法兰连接螺母的公称尺寸和允差 单位：mm

d	S		m		e
	公称尺寸	允 差	公称尺寸	允 差	
M12	17	0 0.18	14	±0.35	19.6
M16	22		18		25.4
M20×3	27	0 0.21	22		31.2
M22×3	30		24	±0.42	34.6
M24×3	32		26		36.9
M27×3	36		28		41.6
M30×3	41	0 −0.25	32		47.3
M33×3	36		35		53.1
M36×3	50		38		57.7
M39×3	55		41	±0.50	
M42×3			44		63.5
M45×3	60		47		69.3
M48×3	65	0 −0.3	50		75.1
M50×3	68		51		78.5
M52×3	70		52	±0.60	80.8
M58×3	77		58		88.9
M64×3	84		63		97.0
M70×3	92	0 −0.35	68	±0.60	106.2
M76×3	100		74		115.4
M80×3	105		76		121.2

参考文献

1 H. B. 布雷德利主编，张柏年等译．石油工程手册（上册）．北京：石油工业出版社，1992

2 万仁溥，罗英俊主编．采油技术手册（第一分册）．北京：石油工业出版社，1994

3 万仁溥，罗英俊主编．采油技术手册（第八分册）．北京：石油工业出版社，1996

4 万仁溥主编．现代完井工程（第一版）．北京：石油工业出版社，1996

5 杨东川主编．采气工程．北京：石油工业出版社，1997

第十一章　油气井的腐蚀与防腐

在现代工业中，腐蚀是一种严重的损坏因素。油气井生产系统的腐蚀除造成经济损失外，还必须考虑到腐蚀带来的安全和资源保护问题。有的油气井的工作环境恶劣，其使用寿命和性能严重影响勘探开发和油气田经营效益。对于含硫气田，还有可能导致重大安全事故和环境问题。所以对油气井的腐蚀机理和规律的认识和防腐设计显得十分重要。本章主要讨论油气井在设计阶段如何考虑腐蚀与防腐问题。

油气井生产系统的腐蚀可分为内腐蚀和外腐蚀，二者均具有普遍性。内腐蚀指油管、套管、采油树系统、站场设备与管道的内壁腐蚀。外腐蚀指套管外壁和水泥环受地层水或注入污水中腐蚀性组分的腐蚀（对于非封隔器完井的油气井内的油管也存在外壁腐蚀的问题）。一些油气井产出物中二氧化碳或/和硫化氢及元素硫、高矿化度地层水等含量高，使得油气井生产系统及站场设备的腐蚀问题十分严重。此外，元素硫沉积、水合物、结垢等堵塞流道也常导致生产不正常和复杂的井下作业问题。

第一节　油气井腐蚀的相关计算

在油气井腐蚀分析研究和防腐设计中，常常要用到一些组分含量的计算或转换。人们根据习惯或不同的目的，往往采用不同的表示方法。

一、气体的体积分数与质量浓度的换算

气体含量常采用以下两种描述方法：

1）气体的质量浓度：标准状态（20℃和 101.3kPa）下每立方米容积所含的某种气体的克质量数，g/m^3。

2）气体的体积分数，用%表示。

上述两种浓度表示方法常常需要互换计算，式（11—1）为气体的体积分数与质量浓度的换算关系。

$$X=\frac{GV}{M\times 10} \tag{11—1}$$

式中　X——体积分数，%；

G——某种气体的质量浓度，g/m^3；

M——某种气体的摩尔质量，g/mol；

V——1mol 该种气体在标准状态（20℃和 101.3kPa）下的体积，L/mol。

例 1　硫化氢气体浓度的换算，由气体的质量浓度换算成体积分数。

1mol 硫化氢气体在标准状态（20℃和 101.3kPa）下的体积：$V=23.76$L/mol；

硫化氢气体摩尔质量：$M=34.08$g/mol；

$$X_{H_2S}=\frac{G\times 23.76}{34.08\times 10}=0.0697G \tag{11—2}$$

对于质量浓度 $75mg/m^3$ 硫化氢来说，其体积分数为：

$$X_{H_2S}(\%) = 0.0697 \times 75 \times 10^{-3} = 52 \times 10^{-4}(\%)$$

对于理想气体，摩尔分数等于体积分数。

例 2 二氧化碳气体浓度的换算。

二氧化碳气体在标准状态（20℃和 101.3kPa）下的体积：$V = 23.89L/mol$；

二氧化碳气体摩尔质量：$M = 44.00g/mol$。

$$X_{CO_2} = \frac{G \times 23.89}{44.00 \times 10} = 0.054G \tag{11—3}$$

二、具有气相时气体分压的计算

在分析和研究腐蚀时，二氧化碳和硫化氢等腐蚀性气体对腐蚀严重程度的影响需要用分压（Partial Pressure）来表示。仅从体积百分比浓度看，二氧化碳和硫化氢等腐蚀性气体浓度高而总压不高的环境对腐蚀的影响不会比体积百分比浓度低而总压高的腐蚀环境严重。硫化氢（或二氧化碳）分压表示硫化氢（或二氧化碳）在天然气总压力中所占的压力份额。一般说来分压越大，腐蚀越严重。一个硫化氢（或二氧化碳）含量低的系统并不能说明腐蚀不严重，如果系统总压高，那么硫化氢（或二氧化碳）分压也高，腐蚀也会比硫化氢（或二氧化碳）含量高而总压低的系统严重。

在气体混合物中，每个组分的分压是假定在同一温度下单独存在于混合物占据的总体积中所呈现的压力。每个组分的分压等于绝对总压乘以它在混合物中的摩尔分数。对于理想气体，其摩尔分数等于该组分的体积分数。

气体分压的计算：

$$p_x = p_t \times \frac{X}{100} \tag{11—4}$$

式中 p_x——硫化氢（或二氧化碳）分压，MPa；

p_t——系统总的绝对压力，MPa；

X——硫化氢（或二氧化碳）在气体中的摩尔分数，%。

例如，气体总压为 70MPa，气体中硫化氢摩尔分数为 10%，那么硫化氢分压为 7MPa。如果系统中的总压和硫化氢的浓度是已知的，硫化氢分压就可用图 11—1 进行计算。

三、无气相液体系统中硫化氢气体分压的计算

对于无气相液态系统，有效的硫化氢热力学活度可以通过硫化氢真实分压计算，其方法如下：

1）用适当的方法测量某一温度下液体的泡点压力（p_B）。在分离器下游的充满液体管线中，泡点压力可以近似取为最后一个分离器的总压。

2）在泡点条件下，测定气相中硫化氢的摩尔分数。

3）由以下公式计算泡点状态下天然气中硫化氢分压：

$$p_{H_2S} = p_B \times \frac{X_{H_2S}}{100} \tag{11—5}$$

式中 p_{H_2S}——硫化氢分压，MPa；

p_B——泡点压力，MPa；

X_{H_2S}——硫化氢在气体中的摩尔分数，%。

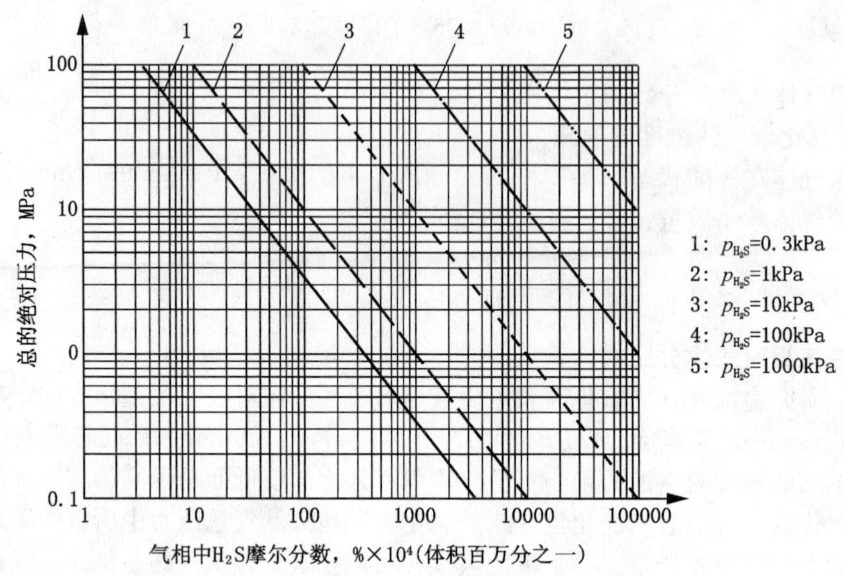

图 11—1　酸性气体系统硫化氢分压等压线

4）用此方法测定液态系统中的硫化氢分压，可用此值判断系统是否为酸性环境系统。

四、pH 值测定与计算

pH 值是影响腐蚀的关键因素之一，现场腐蚀状况的诊断分析或者防腐设计经常要涉及 pH 值。pH 值受组分的溶解、逸出和温度、压力、相变等因素的影响，因此，油管外环空及油管内不同井深的 pH 值均有差异。pH 值也是定量描述腐蚀严重程度和材料评选的基本依据之一。因此，pH 值测定与计算非常重要。通常从分离器后取出的无压水样中测量的 pH 值，不能代表井下某一点实际的 pH 值。因此把取样点的 pH 值用到其他环境时要作必要的转换，以下为简要的确定方法。

图 11—2～图 11—6 给出了不同条件下确定水相 pH 值近似值的一般方法，如果不能确切计算或者测量 pH 值，那么可用本节推荐的方法来进行计算，可能的误差范围为±0.5pH 值。图 11—2 到图 11—6，纵坐标为“原位 pH 值”。图 11—2 到图 11—6 没有考虑原位 pH 值可能受有机酸存在的影响，例如乙酸、丙酸（和它们的盐）等。为了修正考察点计算的 pH 值，有必要对可能存在的有机酸进行分析。

产出流体的 pH 值受组分及相态变化的影响，下列组合可供 pH 值计算时参考：

1）二氧化碳含量对 pH 值有显著的影响，但是仅仅依靠二氧化碳含量计算 pH 值有较大的误差，因为体系中含有某些酸式碳酸盐。由图 11—2 至图 11—6 可以看出，酸式碳酸盐的含量对系统的 pH 值影响显著。在分析井下腐蚀状况时，需要同时考虑油气组分的影响。

2）同时含有硫化氢和二氧化碳时，必须考虑两者溶于水时 pH 值的降低。但是，这一物理化学变化过程极其复杂，因为在不同压力和温度下，硫化氢在溶液中的溶解度差异甚大。

3）温度对系统 pH 值的影响不如压力的影响大。

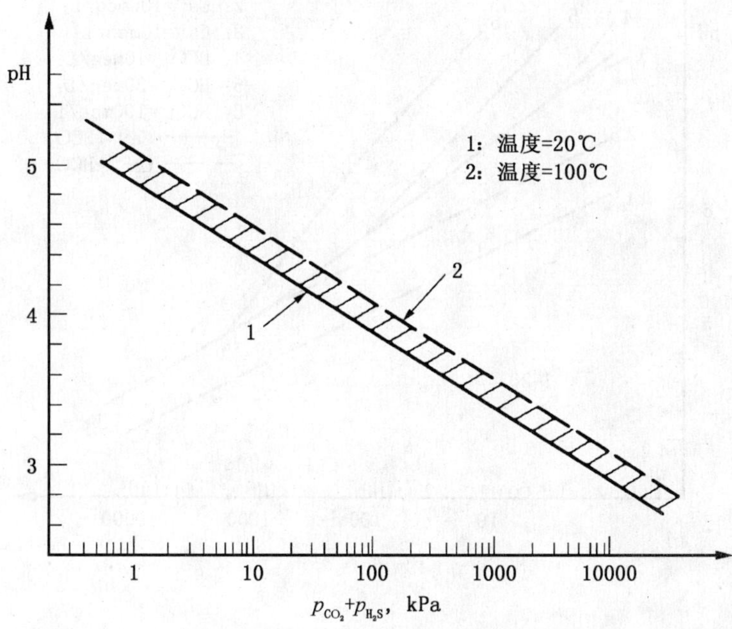

图 11—2　二氧化碳和硫化氢分压对凝析水中 pH 值的影响

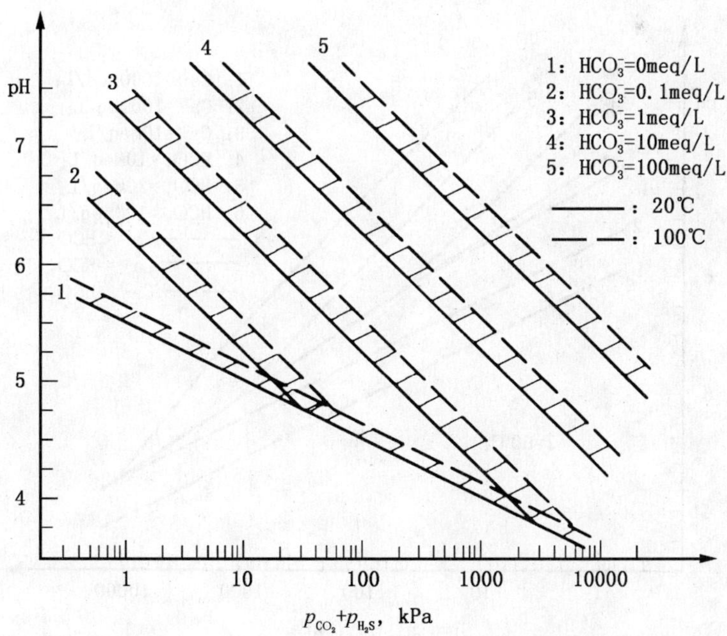

图 11—3　二氧化碳和硫化氢分压对凝析水或含有碳酸氢盐（不饱和 $CaCO_3$）地层水中 pH 值的影响

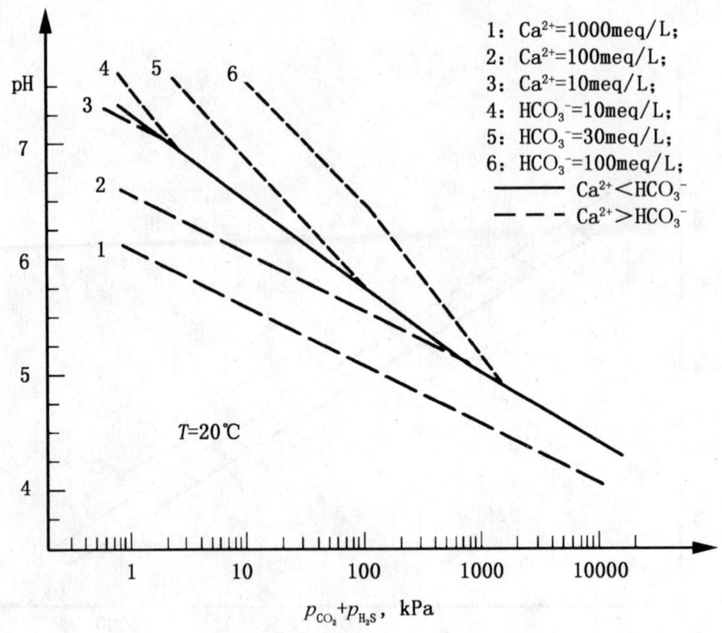

图 11—4　20℃时在二氧化碳和硫化氢分压下的（过）饱和 $CaCO_3$ 地层水的 pH 值

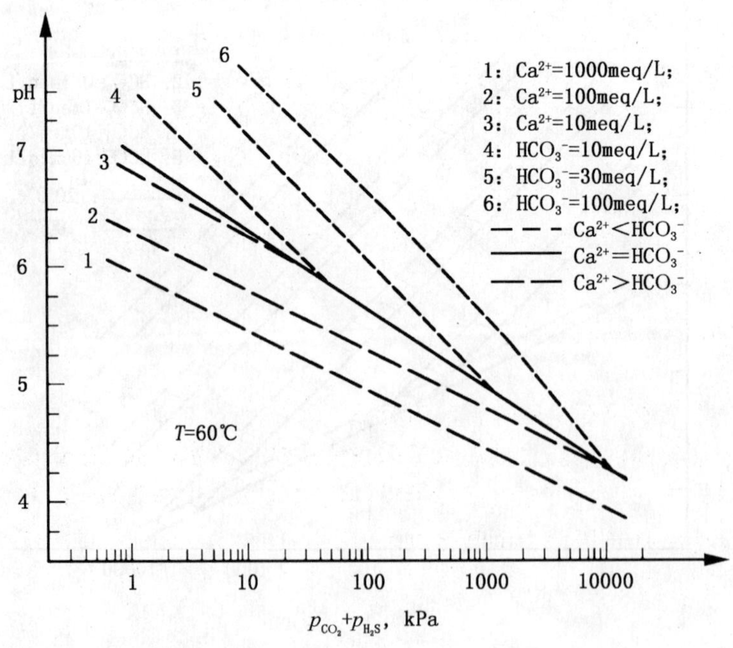

图 11—5　60℃时在二氧化碳和硫化氢分压下的（过）饱和 $CaCO_3$ 地层水的 pH 值

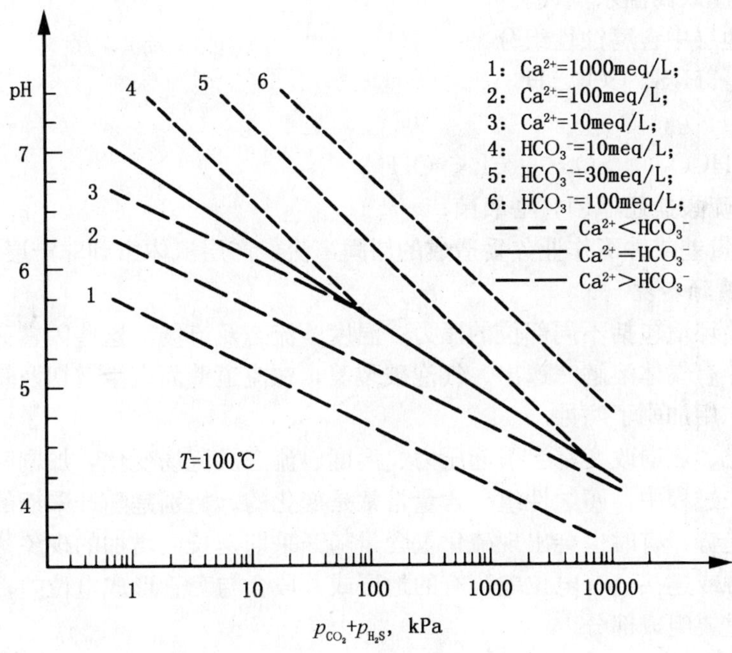

图 11—6 100℃时在二氧化碳和硫化氢分压下的（过）饱和 $CaCO_3$ 地层水的 pH 值

第二节 油气井的腐蚀机理、腐蚀现象及分类

一、油气井的腐蚀介质和腐蚀环境

油气井的腐蚀与产出流体中的腐蚀介质、腐蚀环境及材料的选用和结构等因素有关。各因素间存在交互作用，使井与井之间、同一口井的不同部位、同一口井的不同开采时间的腐蚀严重程度会有差异甚至差异较大。

油气井生产系统中还有许多非金属零部件，如塑料或橡胶制品，它们的腐蚀也应重视。

1. 油气井的腐蚀介质

（1）动态产出物的腐蚀性组分

1）二氧化碳；

2）硫化氢、元素硫及有机硫等含硫组分；

3）氯离子浓度较高的地层水或注水开采过程中的注入水以及气井的凝析水；

4）建井和井下作业中进入的氧或其他酸性材料（如酸化作业）；

5）硫酸盐及硫酸盐还原菌、碳酸盐类。

（2）注入的腐蚀性组分

1）注入水；

2）增产措施：酸化作业时的残酸、注聚合物提高采收率时注入的聚合物、回注二氧化碳强化采油工艺时注入的二氧化碳等；

3）凝析气藏、干气回注、气体回注中的二氧化碳；

4）稠油热采注入高温水蒸气。

（3）非产层地层中含腐蚀性组分

1）酸性气体：H_2S、CO_2、H^+；

2）溶解氧气：O_2；

3）盐粒子：HCO_3^-、SO_4^{2-}、Cl^-、OH^-；

4）细菌：如硫酸盐还原菌，嗜氧菌；

5）注水泥质量差或井下作业欠妥造成的层间窜流，产层流体窜到非产层段。

2. 油气井的腐蚀环境

油气井的腐蚀环境包括不同部位的压力、温度、流态及流场。这些因素又引起系统相态变化，变化过程伴有气体溶解、逸出、气泡破裂等，在流道壁面产生剪切及气蚀，机械力与电化学腐蚀协同作用加剧了腐蚀。

流道直径变化、流向改变都会引起压力、温度、流态及流场变化，加剧腐蚀。

在油气井开采过程中，腐蚀性组分含量常常是变化的。特别是随开采期的延长，地层水含量往往呈增加趋势，有时也会出现硫化氢含量随开采期延长而增加的现象。

不同材料接触或连接会有电位差，有的地层或井段会与套管形成电位差，电位差是油气井的腐蚀环境的重要组成部分。

构件（油管、套管、采气井口、采油（气）树等）的应力状态和应力水平也是重要的腐蚀环境。

3. 材料选用与结构

针对具体的腐蚀组分和腐蚀环境选用合适的材料是最重要和最基本的防腐设计。合理的结构设计可降低应力水平和减小流场与相变引起的腐蚀。

二、基本的腐蚀分类和腐蚀机理

金属和它所处的环境介质之间发生化学或电化学作用而引起金属的变质或损坏称为金属的腐蚀。油气井生产过程中的腐蚀机理或类型可以归纳为以下几个类型：

1）电化学腐蚀；

2）化学腐蚀；

3）环境断裂和应力腐蚀；

4）流动和相变诱导腐蚀。

1. 电化学腐蚀概念

（1）电化学腐蚀机理

油套管及设备的钢材是良导电体，油气井产物所含的水溶解有多种盐类或二氧化碳、硫化氢等。钢与上述介质接触时，金属在空气中已生成的保护性氧化膜会溶解在电解质溶液中。当白金属露出后，金属作为电的良导体与溶液作为离子的良导体组成了一个回路。带正电荷的铁离子趋向于溶解在电解质溶液中，生成铁盐。电子趋向于聚集在金属端，形成一定的电位差，电子流向溶液。这是一个氧化反应过程，称为阳极反应，金属端称为阳极区。

另外，进入溶液中的电子被氢离子结合，生成分子氢，这是一个还原反应过程，称为阴极反应，溶液端称为阴极区。在有氧环境中，生成氢氧根。

铁原子以铁离子形式进入溶液，并以 $Fe_2O_3 \cdot (H_2O)_x$、FeS_x、Fe_2CO_3 等形式存在。腐蚀产物可能在金属表面沉积，形成保护膜。保护膜的稳定性决定了腐蚀是继续还是受抑制。图 11—7 表示上述电化学腐蚀的过程。

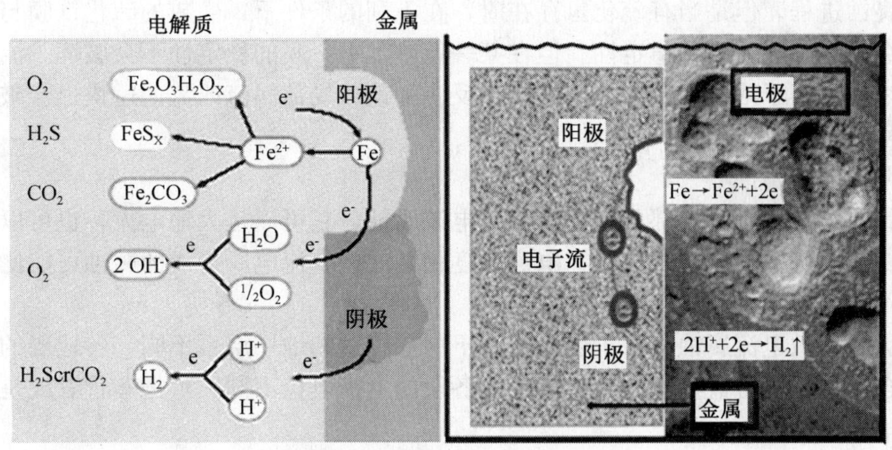

图 11—7　电化学腐蚀示意图

(2) 均匀电化学腐蚀

如果电化学腐蚀发生在整个金属表面，就称为均匀腐蚀。目前的腐蚀预测软件也主要是针对均匀腐蚀开发的，均匀腐蚀较容易预测和预防，例如增加壁厚，留有腐蚀余量。外加电场的阴极防护也主要是针对均匀腐蚀的。

(3) 局部腐蚀

有两类边界条件会引起或加速电化学腐蚀：

1) 电位能级差较大的两种金属间有电解质溶液，或直接接触并浸没在电解质溶液中，会产生电位差腐蚀，或称电偶腐蚀。

2) 金属内部缺陷或缝隙暴露在电解质溶液中会引起局部电化学腐蚀。

上述边界条件衍生的电化学腐蚀会引起局部腐蚀穿孔或断裂，是造成油套管、抽油杆及设备腐蚀失效的主要形式。

2. 环境因素对电化学腐蚀的影响

由于外部环境的多样性，实际的电化学反应十分复杂。上述电化学反应是持续进行、停止、减缓或加剧，主要取决于腐蚀介质和外部环境。在此只讨论一些与油气井腐蚀相关的重要概念。

(1) 腐蚀产物及其相互作用

腐蚀产物在金属表面形成覆盖膜，由于覆盖膜可阻止电化学腐蚀持续发生，因此又称钝化膜。钝化膜的稳定性与下列因素有关：

1) 钝化膜导电性影响。电化学反应伴生电子流和离子流，能阻止二者流动的一定是不良导体，具有较好的保护作用。但是在常用工业产品中，仅有金属铝和钛氧化物同时是电子流和离子流的不良导体。钢材中铁的氧化物是电子流的良导体，离子流的不良导体可阻止金属阳极溶解。

2) 外加电场影响。上述离子和电子的导电性质与覆盖膜两侧电位差有关。大地电位、电位能级差大的两种金属间的电位差，较强的电位差仍会驱动电子或离子穿过膜流动。施加反向电场，可以阻止电子和离子流，这也是阴极保护的原理。

3) 膜的稳定性。在温度高于 70℃时，碳酸铁膜具有高稳定性和对金属的附着力，可阻止电化学腐蚀进程。但是当有硫化氢存在时，在不利的条件下，生成的硫化铁膜与碳酸铁膜协同作用会破坏碳酸铁膜的稳定性。但在某一低浓度下，膜的稳定性不会破坏。流体扰动会促使金属表面处离子浓度降低，促使电化学反应加速。局部涡流或流速过快也会破坏膜的稳定性，加剧腐蚀。

（2）杂散电流腐蚀

输送管或油气井套管外部可能存在杂散电流腐蚀，它可以是大地电流，也可以是阴极保护的杂散直流电源。值得注意的是在电流强度相同时，直流电所造成的腐蚀可能比交流电大数十倍。

区域大地杂散电流腐蚀：由于套管在地下所穿越过的地层层系不同，各地层的干湿程度不同，各含水层位的含盐量不同，使套管的各段的电极电位不同，可把套管看成是阳极。

（3）电偶腐蚀

电偶腐蚀（Galvanic corrosion），也叫异种金属的接触腐蚀（Bimetallic contact corrosion），是指两种具有不同电位能级的材料在与周围环境介质构成回路的同时，也构成了电偶对。由于腐蚀电位不相等有电偶电流流动，使电位较低的金属溶解速度增加，而电位较高的金属，溶解速度反而减少的现象称为电偶腐蚀。造成电偶腐蚀的原因是：两种材料之间存在着较大的电位差，存在的电解质溶液构成电子和离子的传导体，由此形成了腐蚀原电池。

（4）缝隙腐蚀

缝隙腐蚀也是一种普遍的局部腐蚀。遭受缝隙腐蚀的金属，在缝隙内呈现深浅不一的蚀坑或深孔，其形态为沟缝状。缝隙可以有以下几种类型：

1）金属构件之间连接处的缝隙；

2）金属裂纹缝隙；

3）金属与非金属间缝隙。

产生缝隙腐蚀必须具备两个条件：

1）要有危害性的阴离子，如氯离子等；

2）要有缝隙，且其缝宽必须使侵蚀液能进入缝内，同时又必须窄到能使液体在缝内停滞。

引起腐蚀的缝隙并非是一般肉眼可以观察到的缝隙，而是指能使缝内介质停滞的特小缝隙，其宽度一般在 0.025～0.1mm 范围内。

油气田井口装置由于金属之间衔接（铆接、焊接、螺纹连接等）、金属与非金属相接触（衬里、衬垫等）以及井筒流体中含有大量的氯离子，容易产生缝隙腐蚀，如钻杆接头、油管和套管螺纹连接处存在缝隙，经常发生缝隙腐蚀。

油井管由于结构的局部差异，在管道内壁的局部位置常常出现砂泥、积垢、杂屑等沉积物或附着物，无形中形成了缝隙，给缝隙腐蚀创造了条件。

（5）点蚀

点蚀又称点腐蚀、小孔腐蚀或孔蚀，其特征是表面几乎无腐蚀的情况下形成许多小孔，孔的深度往往大于孔的直径，严重时发生穿孔。腐蚀介质含氧和氯离子及金属金相组织缺陷协同作用是产生点蚀的主要根源。

三、环境断裂与应力腐蚀

在油管、套管和地面装置中可能会出现一种严重的破坏现象，称为环境断裂（environment assisted fracture）。环境断裂的本质是材料某些化学物质或元素使材料丧失其原有物理和力学性质，特别是使材料韧性降低。它是结构的应力、材料的选择性、腐蚀介质和环境参数相互激励导致的一种材料突发性断裂或爆裂现象，一般习惯性称为应力腐蚀开裂。粗略地说，环境断裂包括应力腐蚀和氢脆。应力腐蚀和氢脆之间并没有严格的区分，二者可同时发生，也可以说氢脆是应力腐蚀的本质因素或机理之一。应力腐蚀是一个一般性腐蚀类型，它还包括疲劳腐蚀、冲击腐蚀、空泡腐蚀等。

1. 应力腐蚀断裂

金属材料在应力和化学介质的协同作用下，导致滞后开裂或断裂的现象称为“应力腐蚀断裂”。应力腐蚀断裂是一种脆性断裂，带有突发性，它是所有工业结构设计要优先考虑的问题。应力腐蚀断开裂具有下述特征：

1）必须有应力，可以是外加应力或残余应力，危害最大的是拉应力。断裂时的拉应力值会比材料屈服强度低。断裂前没有显著塑性变形，应力越大，发生断裂的时间越短。

2）应力腐蚀断裂是否发生主要决定于腐蚀介质、金属材质和温度、pH 值之间的选择性组合。例如含氯离子腐蚀介质可导致 13Cr、super13Cr 和 22Cr、25Cr 油管和输送管的突发应力腐蚀断裂，但一般不会造成低合金钢（如 J55、N80、P110 油管和套管）应力腐蚀断裂。常见材料的应力腐蚀和腐蚀环境有：氢环境中的高强度钢，高氯离子含量和高温溶液中的不锈钢，$CO_2 + CO + H_2O$ 或 $CO_2 + HCO_3^- + H_2O$ 湿环境下高强度钢和不锈钢，含 NH_4^+ 溶液中的铜合金等。

2. 腐蚀疲劳

当金属在腐蚀环境中遭受循环应力时，在给定应力下引起损坏所需要的循环次数减少，这种通过腐蚀而使得疲劳加速的现象称为腐蚀疲劳。也可以说腐蚀疲劳就是腐蚀和疲劳的联合作用引起金属发生断裂。

材料即使在不太严重的腐蚀环境中，疲劳极限也会显著降低，特别是有保护膜的金属更是如此。这种情况主要是由于交变应力的作用而使得表面膜反复破裂，新金属不断遭受腐蚀的结果。

金属构件发生腐蚀疲劳时，局部位置出现宏观裂纹。和机械疲劳相比，腐蚀疲劳的危害性更大。因为纯机械疲劳是在一定临界循环应力值以上才产生疲劳破坏，该临界循环应力值称为疲劳极限。但腐蚀疲劳可以在低于临界循环应力很多的情况下产生破坏。油气井钻杆或深井泵的抽油杆等在低应力的条件下所发生的损坏，通常是腐蚀疲劳所引起的。油管内非稳态流或井口管汇节流及弯管处高速气流会诱发流固耦合振动，可能导致在无明显腐蚀损伤情况下的腐蚀疲劳断裂。

四、流动诱导腐蚀和冲刷腐蚀

流动诱导腐蚀和冲刷腐蚀是流动、电化学与机械力协同作用加速腐蚀的现象。流动诱导腐蚀和冲刷腐蚀彼此关联，但两者的腐蚀类型或机理又有区别。油管内流动和经过控制管汇的流动引起腐蚀、冲蚀是油气井防腐设计的重要组成部分，如果说流体介质和电化学腐蚀是客观存在，那么流动诱导腐蚀和冲刷腐蚀在很大程度上是可以通过合理设计而得到控制的。

1. 流动诱导腐蚀

流体流过壁面时，在近壁处形成湍流边界层，在边界层内涡流的形成和演变造成对壁面的冲击和剪切。上述过程加速腐蚀介质向金属表面移动，而腐蚀产物加速离开原位置，这就是俗称的增大了传质系数，从而加速腐蚀。流动诱导腐蚀是否发生和严重程度决定于以下两个因素：

1）多相流流态。多相流流态是流动诱导腐蚀的主要决定因素，其中有水相存在，并且水相可润湿管壁。除了腐蚀性组分含量外，多相体系中油、水和气的比例及相态变化影响腐蚀的严重程度。

2）扰流。流道截面变化、管壁面瘤、弯管等会造成流场变化，导致扰流。扰流导致多相流边界层平衡被打破，使传质系数增大，由此在扰流区加速腐蚀。

2. 冲刷腐蚀

粗略地说，冲刷腐蚀可以包含在流动腐蚀类型中。但是在更严格的概念意义上，冲刷腐蚀主要指流动的机械力破坏金属的保护膜。金属的保护膜被腐蚀介质溶解，或保护膜与金属基体附着力差，再加上流动的机械力冲刷，二者协同作用就会加剧腐蚀。

油、水、气的多相体系及固体颗粒会形成若干类型的冲刷腐蚀。主要的冲刷腐蚀类型有空泡腐蚀、湍流腐蚀、液滴冲击、气泡冲击和固体颗粒冲击。

（1）空泡腐蚀

空泡腐蚀，又称为气蚀，发生的条件是：液相与管壁接触且与管壁存在一定的相对速度。在流动过程中，流场发生突变，产生较大的扰动。在局部低压区域形成气泡或者气穴，气泡或者气穴在高压区域迅速破灭而造成的一种局部腐蚀。流场发生突变，产生涡流，并形成局部低压区域。在局部低压区域，非溶解性气泡从液相中溢出。

空泡腐蚀是力学因素和化学因素协同作用的结果。空泡腐蚀现象通常伴随着噪声和振动，在此基础上，还同时伴随着化学腐蚀过程。上述腐蚀现象在API圆螺纹接箍中部的直径变化处、油管挂及四通、三通、弯头等部位经常出现。

（2）湍流腐蚀

湍流腐蚀是指冲蚀和腐蚀共同作用而引起的钢铁表面损伤现象。因为冲蚀与腐蚀的协同作用，这种损伤要比冲蚀和腐蚀单独作用时所造成的损伤的总和大。在实际生产中存在许多冲蚀腐蚀现象，如油管、管道弯头、阀杆、阀座等处易产生冲蚀腐蚀。

冲蚀腐蚀主要是由较高的流速引起的，当腐蚀性液体中含有固体颗粒（如不溶性盐类、砂粒、钻井液等）就更容易产生这种破坏作用。由于腐蚀产物被直接冲击的流体带走，新的金属面不断裸露，即不断从金属表面剥去保护膜（包括腐蚀产物膜和钝化膜），从而加重腐蚀。此外，高速流体也能迅速传递阴极反应物（如溶解氧），从而加速腐蚀。

（3）固体颗粒冲击

油气井出砂形成了固体颗粒冲蚀腐蚀。高速流动的微小固体颗粒冲向金属壁面，通过微力学形变和微断裂，使金属材料被剥离。

五、主要腐蚀性组分的腐蚀机理及腐蚀类型

1. 硫化氢腐蚀机理及腐蚀类型

硫化氢的主要来源有含硫天然气井、油井的原油及其伴生气中可能含有元素硫、硫化氢、硫醇、硫醚、二硫化物、噻吩类化合物及更复杂的硫化物。地层中硫酸盐及硫酸盐还原菌分解生成硫化氢，或含磺酸盐类油气井工作液在高温下分解生成硫化氢。

（1）硫化氢的物理性质

硫化氢是可燃性无色气体，具有典型的臭鸡蛋味，对空气的相对密度为1.19，由于比空气重，趋向于在低凹处聚集。易溶于水，并生成氢硫酸，显弱酸性。与空气混合可燃烧或爆炸。硫化氢是强烈的神经毒气，对黏膜有强刺激作用。

（2）硫化氢环境中主要的腐蚀类型及破坏特征

一般称游离水和硫化氢同时存在的情况为湿硫化氢，只有湿硫化氢才产生腐蚀。在设计或评估含硫化氢油气井的腐蚀时应注意硫化氢含量和分压是动态变化的，一般情况下，随着开采期地层压力的降低，硫化氢体积百分浓度会增加。硫化氢环境中主要的腐蚀类型及破坏特征见表11—1。

表11—1　硫化氢环境中主要的腐蚀类型及破坏特征

类　型	破坏特征
硫化物应力开裂（SSC）	（1）材料受外载拉伸应力作用，或存在制造残余应力，环境中硫化氢分压高于0.0003MPa； （2）破坏形式是材料脆性断裂； （3）低应力下破裂、无先兆、周期短、裂纹扩展速度快； （4）主裂纹垂直于受力方向，呈沿晶和穿晶形式、有分支； （5）裂纹发生在应力集中部位或者马氏体组织部位； （6）一般断裂处材料硬度高； （7）对低碳低合金钢，发生在低于80℃的工作温度
氢致开裂（HIC）、应力定向氢致裂纹（SOHIC）	（1）环境中硫化氢分压高于0.002MPa； （2）材料未受外应力（氢致开裂（HIC））或者受拉伸应力（SOHIC）； （3）裂纹发生在金属内部带状珠光体内，为台阶状、平行于金属轧制方向，裂纹连通后造成失效； （4）裂纹扩展速率慢，在外力作用下促使扩展（SOHIC）； （5）常发生在低强钢，S、P含量高，夹杂物多的钢中； （6）表面常伴有氢鼓泡； （7）常温下发生
电化学腐蚀	（1）表面有黑色腐蚀膜、多为FeS、FeS_2、Fe_9S_8等； （2）金属表面均匀减薄及局部坑点腐蚀，严重的呈溃疡状； （3）腐蚀速度受硫化氢浓度、溶液pH值、温度、腐蚀膜的形态、结构等影响； （4）腐蚀体系中二氧化碳、氯离子会加速腐蚀； （5）管内积液、管道低洼、弯头段、气体流速低，气带液冲蚀段加速腐蚀

（3）电化学腐蚀

硫化氢易溶于水，其溶解度与分压和温度有关。图11—8为硫化氢在水中的溶解度。在含硫气井中，一旦产层出水，水的酸度会很高，腐蚀严重。

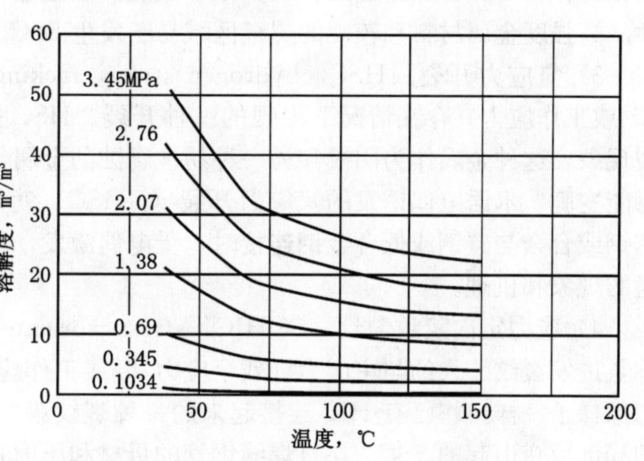

图11—8　硫化氢在水中的溶解度

溶解的硫化氢很快电离，其离解反应为：

$$H_2S \rightarrow HS^- + H^+$$

$$HS^- \rightarrow S^{2-} + H^+$$

氢离子是强去极化剂，它在钢铁表面夺取电子后还原成氢原子，这一过程称为阴极反应。失去电子的铁与硫离子反应生成硫化铁，这一过程称为阳极反应，铁作为阳极加速溶解反应而导致腐蚀。上述电化学反应常表示为：

阳极反应：$Fe \rightarrow Fe^{2+} + 2e$

阴极反应：$2H^{+} + 2e \rightarrow 2H$

阳极产物：$Fe^{2+} + S^{2-} \rightarrow FeS$

总反应为：$Fe + H_2S \rightarrow FeS + 2H$

上述反应造成的严重后果是：

1）生成氢原子，导致钢铁氢脆。H_2S 和/或 HS^- 的存在阻止氢原子生成氢分子。过量氢原子形成氢压，向金属缺陷处渗透和富集。

2）硫化氢分压越高，H^+ 浓度也越高，溶液 pH 值越低，由此加剧金属的腐蚀。

阳极产物 FeS 或 FeS_2 是比较致密保护膜，它将阻止腐蚀的持续进行。遗憾的是由于腐蚀环境的差异，阳极产物还有其他结构形式的硫化铁，如 Fe_3S_4、Fe_9S_8 等。它们的结构有缺陷、对金属附着力差，甚至作为阴极端而与钢表面形成电位差，产生电偶腐蚀。在二氧化碳、氯离子、氧共存环境中，硫化铁膜可能被破坏，从而加快电化学腐蚀。

（4）钢材在硫化氢中的环境断裂行为

以下的硫化氢导致的环境断裂现象及概念均与氢渗入和使材料变脆有关，因此又俗称氢脆。

1）氢致开裂（HIC，hydrogen－induced cracking）：当原子氢扩散进钢铁中并在缺陷处结合成氢分子（氢气）时，所出现在碳钢和低合金钢中的平面裂纹。裂纹是由于氢的聚集点压力增大而产生的，氢致开裂的产生不需要施加外部的应力。能够引起 HIC 的聚集点常常发生在钢中杂质含量较高的地方，通常称为缺陷。由于杂质偏析，在钢中形成的具有较高密度的平面型夹渣和/或具有异常微观组织（如带状组织）的区域。富集在陷阱中的氢原子一旦结合成氢分子，积累的氢气压力很高（有研究报导，该压力可能高达 300MPa），促使金属脆化，局部区域发生塑性变形，萌生裂纹导致局部开裂。

2）硫化物应力开裂（SSC，sulfide stress cracking）：在有水和 H_2S 存在的情况下，与腐蚀和拉应力（残余应力和/或工作应力）有关的一种金属开裂。SSC 是氢应力开裂（HSC）的一种形式，它与金属表面的因酸性腐蚀所产生的原子氢引起的金属脆性有关。在硫化物存在时，会加速氢的吸收。原子氢能扩散进金属，降低金属的韧性，增加裂纹的敏感性。高强度金属材料和较硬的焊缝区域易于发生 SSC。

3）氢应力开裂（HSC，hydrogen stress cracking）：金属在有氢和拉应力（残余应力和/或工作应力）存在情况下出现的一种开裂。HSC 描述对 SSC 不敏感的金属中的一种开裂现象，这种金属作为阴极和另一种易被腐蚀的金属作为阳极形成电偶，在有氢时，金属就可能变脆。术语电偶诱发的氢应力开裂（GHSC）就是这种机理的开裂。HSC 用于描述不锈钢或合金与碳钢或低合金钢连接时，受电偶激发，不锈钢或合金中的组织缺陷聚集氢和变脆的现象和机理。

4）应力定向氢致裂纹（SOHIC，stress－oriented hydrogen－induced cracking），有的称氢透发裂纹。大约与主应力（残余应力和/或工作应力）方向垂直的一些交错小裂纹，形态像梯子一样，将已有 HIC 连接起来的一种裂纹簇。这种开裂为由外应力和氢致开裂周围的局部应变引起的 SSC。在直焊缝钢管的母材和压力容器焊缝的热影响区都观察到 SOHIC。SOHIC 并不是一种常见的现象，其通常与低强度铁素体钢管和压力容器用钢有关。

应力导向氢致开裂易发生在材料的高应力部位（例如高残余应力和应力集中部位）。氢在应力梯度下通过应力诱导扩散，将向高应力区聚集。在缺口或裂纹尖端存在着应力集中现象，故氢将通过应力诱导扩散富集在裂纹前端。

在实际应用中，由于阳极溶解型裂纹和氢致开裂型裂纹产生的机理不同，其产生和发展随钢材所处的环境也会互相转化，条件适合时可以同时产生和存在。

5）软区裂纹（SZC，soft zone cracking）：SZC 是 SSC 的一种形式，当钢中含有屈服强度较低的局部“软区”时，可能会产生 SZC。在操作的载荷作用下，软区会屈服，并且局部塑性应变扩展，这一过程加剧了非 SSC 材料对 SSC 的敏感性。这种软区与碳钢的焊接有密切关系。

6）应力腐蚀开裂（SCC，stress corrosion cracking）：在有水和 H_2S 存在的情况下，与局部腐蚀的阳极过程和拉应力（残余应力和/或工作应力）相关的一种金属开裂。氯化物和/或氧化剂和高温能增加金属产生应力腐蚀开裂的敏感性。

7）氢致鼓泡（HIB，hydrogen - induced blister）：当介质 pH 值呈酸性时，由于阴离子的大量存在，FeS 保护膜被溶解，材料表面处于活性溶解状态，有利于反应过程中产生的氢原子向管材内部渗透。这些氢原子渗入金属管材内部后，在金属材料的薄弱部位（例如孔穴、非金属夹杂物处）聚集，结合成氢分子。随着聚集过程的进行，在某些部位，氢气压力可达上百兆帕。此外，氢原子还能与材料中夹杂的 Fe_3C 反应生成 CH_4，同样产生气体并聚集。气体所产生的压力，在材料中形成很高的内应力，以致使材料较薄弱面发生塑性变形，造成钢夹层鼓起，即为“鼓泡”。“鼓泡”也是一种“开裂”，是应力腐蚀析氢所引起的断裂。“鼓泡”可以在无外部载荷下发生。

2. 元素硫腐蚀

高含硫化氢天然气藏常常伴有元素硫存在。元素硫可能在近井地带析出和堵塞，造成储层伤害，使产量降低。在油管内或地面管汇中析出和堵塞，给气井生产造成极大麻烦。此外元素硫的沉积造成管道系统的腐蚀。元素硫析出及堵塞，腐蚀的机理、规律研究尚不充分，目前还没有可靠的预测模型或经验可供应用。元素硫是分子晶体，很松脆，不溶于水，其导电性很差。它有几种同分异构体，天然硫是黄色固体，叫做斜方硫。斜方硫和单斜硫的分子都是由 8 个硫原子组成的。具有环状结构。

温度高于 88℃时，硫化氢与元素硫反应，生成聚硫化氢。随着温度、压力的降低，聚硫发生分解，生成元素硫。反应式为：

$$H_2S_x \rightarrow H_2S + S_{(x-1)}$$

这个反应是一个动态的化学平衡反应，高压使反应向左进行，低压向右进行。在井眼上部、流道截面变化，特别是节流阀后方，压力降低及流场变化会使反应向右进行，即硫析出和沉积。

对于碳钢和低合金钢与元素硫体系中，未见元素硫导致应力开裂的报导。在该体系中的主要反应是：

阳极反应：$Fe \rightarrow Fe^{2+} + 2e$

无元素硫时的阴极反应：$2H^+ + 2e \rightarrow 2H$（$\rightarrow H_2$）

附加阴极反应，生成硫离子：$S + 2e \rightarrow S^{2-}$

硫与氢反应生成 HS^-：$S^{2-} + H^+ \rightarrow HS^-$

氢被还原反应消耗掉，因此不会增加氢压及随后的硫化物应力开裂和氢致开裂。但是，元素硫在金属表面沉积，在接触处元素硫可能加速阳极反应过程。主要的腐蚀机理可能是金属表面保护性硫化物钝化膜的稳定性降低，增加了腐蚀速度。如果气井产干气，同时产地层水，水中氯根含量大于5000μg/g时，氯离子的存在将大大增强元素硫的腐蚀性，元素硫点蚀穿孔可能会很严重。壳牌加拿大公司曾报导元素硫点蚀穿孔速度达30mm/a。另一方面，含凝析油的气井，凝析油促使元素硫呈溶解态，阻止其析出，由此减缓与元素硫有关的腐蚀。

元素硫可使某些种类耐蚀合金产生环境断裂，因此在ISO 15156—3中特别注明了具体的合金是否抗元素硫。据报导，普通奥氏体和高合金奥氏体不锈钢在温度25℃、60℃、66℃时不抗元素硫。根据国外元素硫沉积的研究，油管或流道中流速可能是主要的控制因素。产量较低，流道内流速偏低可能是造成流道内元素硫沉积的主要因素。此外，流道直径变化，特别是节流阀后，由于流场和相态的变化，会加剧硫的析出和沉积，并堵塞管道。

3. 二氧化碳腐蚀

二氧化碳腐蚀在油气工业中叫甜腐蚀（Sweet Corrosion），是相对于硫化氢腐蚀（Sour Corrosion）而言的，其实质是二氧化碳溶于水形成碳酸，金属在碳酸水溶液中发生电化学腐蚀。在没有电解质（水）存在的条件下，干燥的二氧化碳本身并不腐蚀金属。但是随着油气田开发的进行，含水率逐渐上升，二氧化碳溶解于水，变成碳酸，具有较强的腐蚀性。

二氧化碳溶解在水相中生成碳酸，与管壁发生化学反应，产生二氧化碳腐蚀。水相中二氧化碳的含量与气液平衡中二氧化碳的分压紧密相关（如果没有自由气体存在，水中二氧化碳含量将由与水相保持接触的气相二氧化碳压力来决定）。因而，预测二氧化碳腐蚀速度应以气相中的二氧化碳分压为基础：

1）$p_{co_2}>0.2$MPa，严重腐蚀；

2）$p_{co_2}=0.02\sim0.2$MPa，有腐蚀；

3）$p_{co_2}<0.02$MPa，没有腐蚀。

当$p_{co_2}=0.05\sim0.1$MPa且有地层水存在时，将地层水中Ca^{2+}、HCO_3^-离子的摩尔浓度乘以其电价数后相比，其比值大小可以判断腐蚀的强弱：

1）$Ca^{2+}/HCO_3^->0.5$时，腐蚀速率较低；

2）$Ca^{2+}/HCO_3^->1000$时，腐蚀速率中等；

3）$0.5<Ca^{2+}/HCO_3^-<1000$时，腐蚀速率较高。

二氧化碳对石油管的腐蚀主要包括：均匀腐蚀、坑蚀，其腐蚀产物通常为$FeCO_3$和Fe_3O_4。

均匀腐蚀：一定温度、压力条件下，管内流体中的水或天然气中的水凝析并吸附于管壁形成水膜。二氧化碳溶解于水中，形成具有较低pH值的水膜，使金属发生氢去极化腐蚀。其反应为：

$$CO_2+H_2O \rightarrow HCO_3^- + H^+$$

$$H^+ + e \rightarrow H$$

点腐蚀：二氧化碳不仅会引起钢铁的均匀腐蚀，还可能引起钢铁的局部腐蚀。二氧化碳腐蚀最典型的特征是呈现局部的点蚀、轮癣状腐蚀和台面状坑蚀。其中，台面状坑蚀是腐蚀过程最严重的一种情况。这种腐蚀的穿透率很高，给油田生产造成巨大的经济损失。在油气井生产过程中，如不及时检修、更换管串等有效措施，将导致油气井停产甚至报废。二氧化碳蚀坑常为半球形深坑，且边缘呈陡角，如图 11—9 所示。产生台面状腐蚀的原因为：在腐蚀反应进行的同时，也存在着腐蚀产物$FeCO_3$，Fe_3O_4等在金属表面形成保护膜的过程。因膜生成的不均匀或破损，则常常出现局部的（无膜）台面状腐蚀。

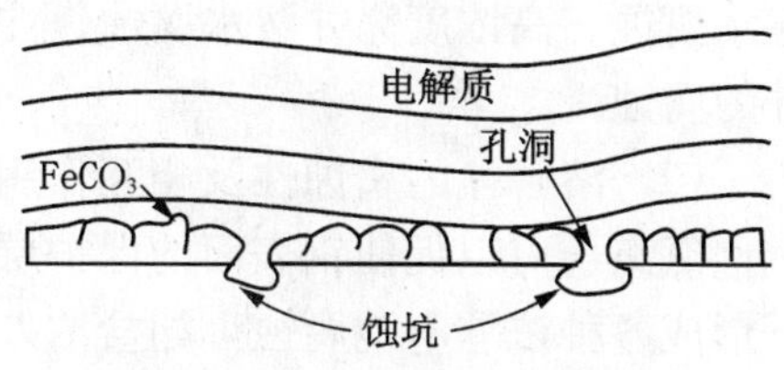

图 11—9　台面状腐蚀示意图

温度对二氧化碳的腐蚀速率影响较大，主要体现在腐蚀产物膜的生成方面。随着压力的升高，腐蚀性介质的腐蚀性增强。二氧化碳的分压增大，溶解度增大，本来腐蚀轻微的管段也将发生严重腐蚀。

在气体处理装置中，存在一种 CO_2+CO+H_2O 或 $CO_2+HCO_3^-+H_2O$ 湿环境下高强度钢和不锈钢的应力断裂行为。这是因为腐蚀产物氢在一氧化碳诱导下，钢的吸氢能力显著提高，本质上还是氢脆断裂。在含二氧化碳气井中，测井钢丝、承受高应力或存在残余应力（如焊缝、结构引起的应力集中）的高强度低合金钢管件应注意这类断裂的可能性。

温度对二氧化碳的腐蚀速率影响较大，主要体现在腐蚀产物膜的生成方面。二氧化碳腐蚀过程中，可以根据温度的差异分为三个区间：

1）小于 60℃的低温区：在低温区内，金属表面生成不具保护性的少量松软且不致密的$FeCO_3$，而且钢的腐蚀速率在此区域出现极大值（含 Mn 钢在 40℃附近，含 Cr 钢在 60℃附近），此区间主要发生均匀腐蚀，腐蚀速率随温度的增加而增大。

2）在 100℃左右的中温区：在中温区内，由于$FeCO_3$膜分布不均匀，生成粗糙疏松的结晶，因而出现严重的局部腐蚀，腐蚀速率达到一个极大值。

3）温度高于 150℃的高温区：在高温区内，由于生成了附着力强、致密的$FeCO_3$和Fe_3O_4膜，抑制了腐蚀的进行，腐蚀速率下降。

出现这一复杂情况的原因是：因为$FeCO_3$的溶解度随温度的升高而降低，在金属表面形成腐蚀产物膜，这层腐蚀产物膜从疏松到致密，从而在一定的温度范围内有一个腐蚀速率过渡区，出现一个腐蚀速率极大值，此后由于腐蚀产物膜的生成和加固，腐蚀速率下降。

值得注意的是，不同钢种和环境介质参数的差异可以导致不同的腐蚀温度规律，所以研究应该具体问题具体分析。图 11—10 给出了不同二氧化碳分压条件下的腐蚀速率。

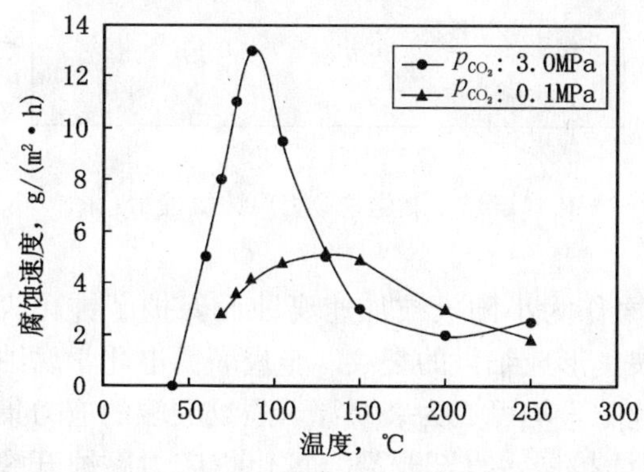

图 11—10　温度、二氧化碳分压与腐蚀速度的关系

4. 地层水及氯化物等盐类的腐蚀

（1）高矿化度盐水腐蚀的普遍性

大部分油气井产出物中都不同程度的含地层水，其腐蚀的普遍性远大于前述硫化氢、二氧化碳等的腐蚀。地层水中可能不同程度地溶解有氯化物、硫酸盐、碳酸盐等可溶性盐类，它们对油套管及设备的腐蚀大致有下列类型：

1）电化学腐蚀；

2）对某些钢材的应力腐蚀及应力腐蚀开裂；

3）在与硫化氢或/和二氧化碳或/和共存时，相互作用，加剧腐蚀和应力腐蚀开裂。

4）与地层水腐蚀类似的还有：海水腐蚀、

注水腐蚀、高浓度完井液水腐蚀、注热蒸汽稠油开采的水腐蚀、地热井开采的腐蚀、盐化工井的腐蚀。

（2）溶解盐的腐蚀性及相互作用

氯离子可以促使钢表面的保护层不稳定，使得管壁形成的腐蚀产物很疏松。在疏松的垢下形成各种浓差电池腐蚀，如盐浓差、氢浓差、氧浓差电池、缝隙腐蚀等腐蚀形式。细菌的大量活动以及细菌分泌黏液的增多，使得结垢更为严重，进而造成恶性循环。由于 FeS、$FeCO_3$、Fe（OH）$_2$等腐蚀产物和垢物的电位都比铁的电位高而成为阴极，铁则成为阳极，腐蚀就这样持续进行。

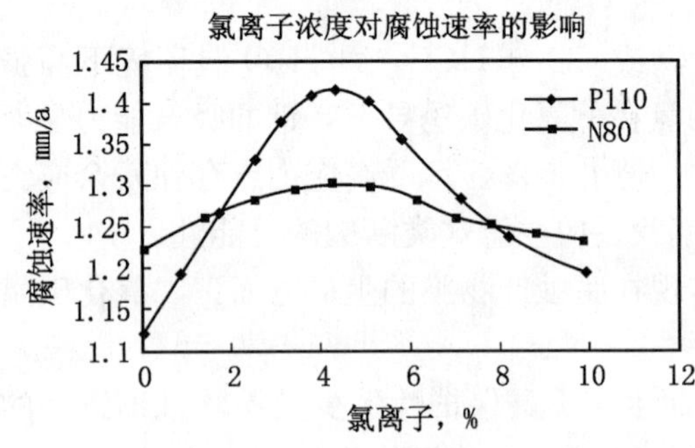

图 11—11　氯离子浓度对腐蚀速率的影响

氯离子浓度对金属腐蚀速率有一定的影响。常温下加入氯离子，会使溶液中二氧化碳的溶解度降低，使碳钢腐蚀速度降低。图 11—11 说明：在高矿化度介质中，氯离子的含量在 4%左右时，N80 和 P110 钢的腐蚀较严重。当氯离子的含量在 0～4%时，随着氯离子的含量的增大，钢材的腐蚀速度增大。当氯离子的含量大于 4%时，随着氯离子的含量的增大，钢材的腐蚀速度下降。

在含硫化氢腐蚀介质中，氯离子使金属的腐蚀速度加快，这是因为氯离子增加了溶液的导电性，并使溶液中 H^+ 活度加大、导电性增强，阻止致密的 FeS_2 和 $Fe_{(1-x)}S$ 的生成，使腐蚀加速。但是当氯离子浓度很高时，金属腐蚀反而减缓。原因是氯离子吸附能力强，它大量吸附在金属表面，完全取代了吸附在金属表面的 H_2S、HS^-，因而腐蚀减缓。

（3）氯化物应力开裂

氯离子和某些不锈钢和耐蚀合金的选择性组合，在适合的温度、氯离子浓度、pH 值范围的，会产生氯化物应力开裂。点蚀是不锈钢的主要腐蚀现象，在氧和氯离子协同作用下，点蚀坑底部常会出现裂纹，或最终导致断裂。如果说地下氯离子是客观存在，那么控制吸入氧是防止或减缓应力开裂的重要环节。

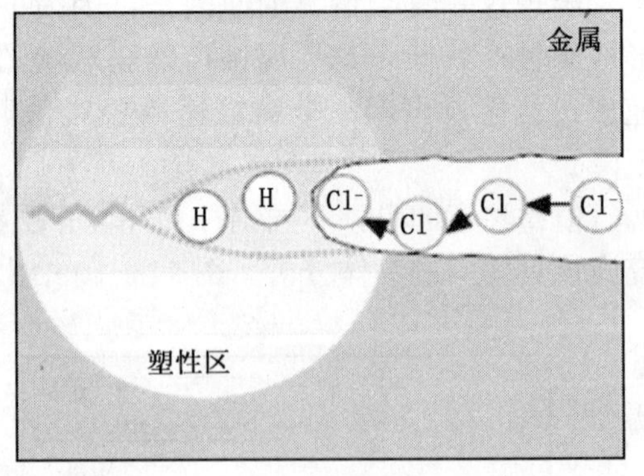

图 11—12　氯化物应力腐蚀机理示意图

图 11—12 为应力腐蚀示意图。在工作应力和 Cl^- 的作用下，发生局部塑性变形，形成滑移阶段。当应力足够大时，把表面膜拉破，露出崭新的基体表面，使金属内表面萌生裂纹。新表面与钝化的表面构成电位差，形成电偶腐蚀。新表面作为小阳极被加速腐蚀而保护了钝化表面。溶解生成的腐蚀沟与拉伸应力成垂直方向伸展，形成细微的裂纹。金属表面电化学腐蚀的不均匀性以及表面缺陷部分，如划痕、小孔或缝隙，均可成为裂纹源。裂纹尖端的应力集中区加速电化学溶解（腐蚀），使应力腐蚀裂纹继续扩展，直至开裂。氯化物应力腐蚀开裂是穿晶型的，不受合金金相组织变化的影响。裂纹形状常为分支状，裂纹细微，沿环向不规则延伸。

根据试验评价，任何氯化物的酸性水溶液都有可能成为不锈钢的应力腐蚀介质。应力腐蚀敏感性最高的氯化物是氯化镁 $MgCl_2$，其次 Fe、Ca、Na、Li 的氯化物。现场已发现 22Cr 油管应力腐蚀开裂，其工作环境是 22Cr 油管外环空充填氯化钙 $CaCl_2$ 水溶液，由于高温，井口环空多次放压。环空吸入空气，氧和氯协同作用导致应力开裂。

一般说来，屈服强度 125ksi 以下的低碳合金钢，如 P110、N80、J55、C95、L80、K55 等油管、套管钢不发生氯化物应力腐蚀开裂。但是屈服强度 135ksi、140ksi、150ksi 以上的高强度钢应考虑对氯化物应力腐蚀开裂敏感性。在高温高深井中若产出物氯化物含量高、油套管环空采用氯化物加重液或环空保护液，用卤水作压井液等，应慎重使用高强度钢，防止突发性的氯化物、硫化物和氢致应力腐蚀断裂。

5. 氧腐蚀

在注入水或者注入的其他工作液中，不可避免地混入氧，此外，某些地下水因与地面水连通，可能混入氧。在含氧气溶液中，在电极表面将发生氧去极化反应，其反应机理十分复杂，通常有中间态粒子或氧化物形成，在不同的溶液中其反应机理也不一样。

以氧气的还原反应为阴极过程的腐蚀，叫做吸氧腐蚀。与氢原子还原反应相比，氧还原反应可以在正的电位下进行。大多数金属在中性或碱性溶液中，以及少数正电位的金属在含氧气的弱酸中的腐蚀都属于吸氧腐蚀或氧去极化腐蚀。

6. 细菌腐蚀

由细菌的生命活动引起或促进材料的腐蚀破坏称为细菌腐蚀。地层水中可能含有硫酸盐还原菌（简称：SRB）、铁细菌、硫细菌等菌种，这些菌潜伏在地层水和岩石中。油田最常见的微生物腐蚀是硫酸盐还原菌的腐蚀。

7. 腐蚀性组分相互作用及对腐蚀的影响

开采流体中可能存在以下腐蚀性组分：

酸性气体：H_2S、CO_2、H^+；

溶解氧气：O_2；

盐粒子：HCO_3^-、SO_4^{2-}、Cl^-、OH^-；

细菌：如硫酸盐还原菌，嗜氧菌。

上述腐蚀性组分一般都不是单独存在的，某些组分的相互作用可能是加速腐蚀或减缓腐蚀。

（1）硫化氢和二氧化碳共存对腐蚀的影响

含硫生产井生产实践表明，只要选用了抗硫碳钢或低合金钢，H_2S/CO_2 共存腐蚀的主要矛盾将转化为电化学腐蚀（金属的减薄和坑蚀等）。由于腐蚀性组分的相互作用，电化学腐蚀并不是完全取决于 H_2S、CO_2 的含量和它们的分压，而与每口井、每个气藏的具体动态腐蚀环境有关。实验室评价与现场情况可能会有较大的差别，软件预测与现场差别会更大，软件预测可能会过高估计腐蚀严重度。

硫化氢对二氧化碳腐蚀的影响具有双重作用，硫化氢既可以通过阴极反应加速二氧化碳腐蚀，也可以通过 FeS 的沉积而减缓腐蚀，其变化与温度和硫化氢含量直接有关。一般情况下，低温（30℃）时，少量硫化氢（0.2%）将使二氧化碳腐蚀成倍加速，而高含量硫化氢（例如 21.5%）则使腐蚀速率降低；高温下，当硫化氢含量大于 2.1%时，腐蚀速度反比纯二氧化碳低；温度超过 150℃时，腐蚀速度则不受硫化氢含量影响。同时，在低浓度硫化氢时，由于硫化氢可以直接参加阴极反应，导致腐蚀加剧；高浓度时，由于硫化氢可与铁反应生成 FeS 膜，从而减缓腐蚀。此外硫化氢对含 Cr 耐蚀钢的抗蚀性有很大的破坏作用，可使其发生严重的局部腐蚀，甚至应力腐蚀开裂。

（2）氧气和二氧化碳的共存对腐蚀的影响

氧气和二氧化碳的共存会使腐蚀程度加剧，氧气在二氧化碳腐蚀的催化机制中起很大的作用。当钢铁表面未生成保护膜时，氧气的含量越高腐蚀速率越大；当钢铁表面已生成保护膜时，氧气的含量对其腐蚀的影响较小，几乎不起什么作用。而在饱和氧气的溶液中，二氧化碳的存在会大大提高腐蚀速率，此时，二氧化碳在腐蚀溶液中起催化作用。

从图 11—13 中可以看出：相同溶解量的情况下，氧气腐蚀性比二氧化碳强 80 倍，比硫化氢强 400 倍；随着水相中气体含量的增大，腐蚀速率也急剧增大。对于注水井来说，如果注入水处理不好，氧气含量太多，则管壁腐蚀速率较大。

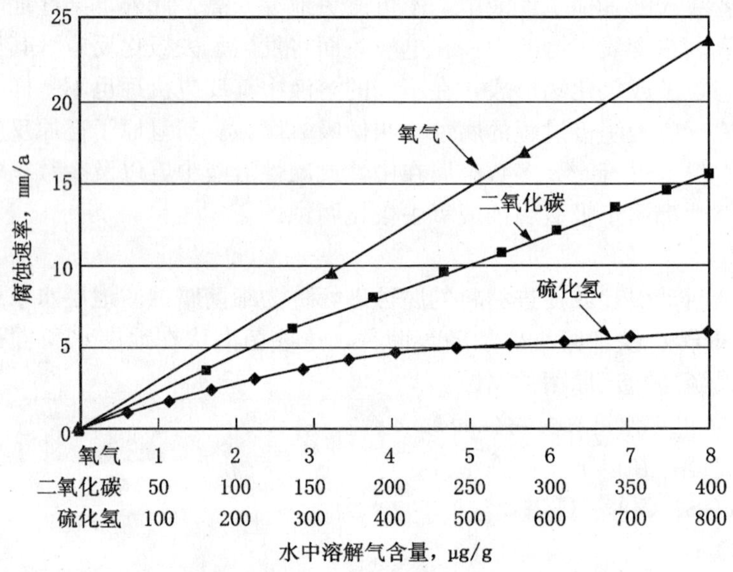

图 11—13 不同气体水溶液腐蚀速率曲线（引自 Schlumberger）

对于高温高压气井，当进行井口开关阀门、井下作业时，必须考虑吸入氧气对腐蚀的影响。特别是采用 Super 13Cr、22Cr 等不锈钢时，应避免井筒倒抽吸入或混入空气。

（3）硫化氢、二氧化碳与氯化物共存对腐蚀的影响

氯离子对钢铁的影响随材质的不同而不同，可导致钢铁发生严重的孔蚀、缝隙腐蚀等局部腐蚀。成膜理论的观点认为，由于氯离子半径小，穿透能力强，故它最容易穿透氧化膜内极小的孔隙，到达金属表面，并与金属相互作用形成了可溶性化合物，使氧化膜的结构发生变化，金属产生腐蚀。此外，氯化物可能引起耐蚀钢的应力腐蚀开裂。

8. 酸腐蚀

油井酸化一般采用浓度 13%～16%的盐酸。酸的腐蚀机理：

$$Fe + 2HCl \rightarrow FeCl_2 + H_2 \uparrow$$

$$Fe + 2HF \rightarrow FeF_2 + H_2 \uparrow$$

在高温高压下，铁与酸的反应剧烈，造成腐蚀损坏。

在酸化作业中，由于排液不彻底，挤入地层的酸没有被完全排出，并在井底形成积液，

使下部 pH 值下降，氢离子浓度增加，使油管腐蚀速度增加。如果井下同时有硫化氢存在，那么水溶液的 pH 值可能会降到 3.5～4.5，在强酸性环境，硫化物应力腐蚀开裂将是一个严重的问题。同时，井的下部温度较高，氢去极化腐蚀加剧。

第三节　油气井腐蚀性环境的材料选用

一、概述

1. 油气井腐蚀性环境常用材料类型

（1）碳钢和低合金钢

碳钢（carbon steel）是一种铁碳合金，其中含碳小于2%、含锰小于1.65%，和其他微量元素，但不包括为了脱氧而有意加入的一定量的脱氧剂（通常是硅或/和铝）。石油工业中所用碳钢的含碳量通常低于 0.8%。

低合金钢（low alloy steel）也是一种铁碳合金，其中合金元素总量少于 5%（大约），但多于碳钢规定含量的钢铁。

近年来在碳钢和低合金钢系列中，推出了一类称为微合金钢新钢种，或称 3Cr 钢。在低碳钢中铬的含量增至 3%和进行合适的合金设计后，材料表面生成稳定的富铬氧化膜，抗二氧化碳腐蚀性能显著提高。同时抗硫化氢和氯化物腐蚀性能也有显著改善，厂家介绍 3Cr 钢符合 ISO 15156—2 标准中 SSC 2 区（中度酸性环境）的套管、油管和管件材料标准（见图 11—14），但是目前 3Cr 钢还未列入抗硫钢种。

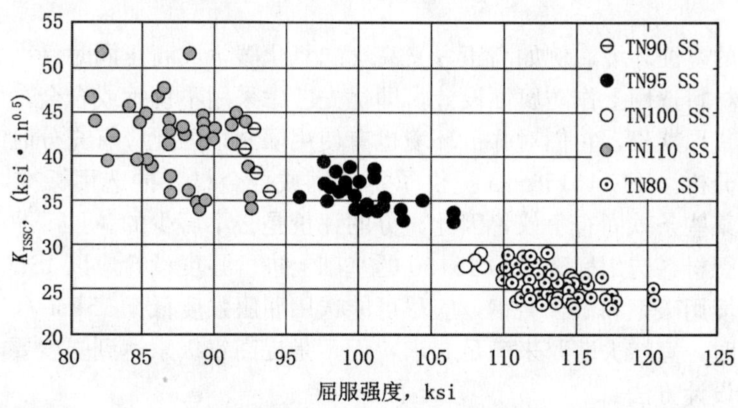

图 11—14　常用低合金钢强度影响硫化氢环境材料临界应力强度因子 K_{ISSC}（NACE 200511）

ISO 11960（原 API 5CT 等同于 ISO 11960，2001 年版）列出了常用抗硫化氢应力开裂碳钢和低合金钢油管、套管钢级。它们可分为高抗硫型和有限抗硫型两类：

高抗硫型：抗硫化氢应力开裂性能较好，设计优先使用的钢级类型：J55、K55、M65、L80 1 型、C90 1 型、T95 1 型。

有限抗硫型：屈服强度等于或高于 100ksi（例如 110ksi、125ksi）的油管、套管。很多钢管公司推出屈服强度等于或大于 110ksi 的抗硫化氢应力开裂油管和套管，但是应注意满足使用条件。

（2）耐蚀合金

耐蚀合金（CRA，corrosion - resistant alloy）能够耐油田环境中的一般和局部腐蚀的合金材料，在这种环境中，碳钢和低合金钢会受到腐蚀。ISO 15156—3 将不锈钢和合金统称为耐蚀合金，该标准提供了详尽的耐蚀合金油管、套管和耐蚀合金制造的零部件技术规范。耐蚀合金材料有：

不锈钢：高合金奥氏体不锈钢、马氏体不锈钢、双相不锈钢。

合金：镍基合金等类别。

2. 油气井腐蚀性环境材料选用原则

（1）以引用和执行标准为设计依据

正确选用油管、套管及各种井下附件、采油树及地面设备的材料是油气井防腐的最重要环节，选材不当不仅造成浪费，而且隐藏安全风险。本节重点讨论碳钢和低合金钢，不锈钢和耐蚀合金的选用。

碳钢和低合金钢是硫化氢酸性环境中使用最普遍的钢种，研究比较充分，同时也已积累了较丰富的现场经验。在含硫化氢酸性环境防腐设计中，环境断裂是材料选择最重要和优先考虑的因素，其中酸性环境抗开裂的材料选择已有国际公认的标准 ISO 15156—2。本节将重点阐述以 ISO 15156—2 为依据的材料选择的原则和设计方法。

选用了抗硫的碳钢和低合金钢后，电化学腐蚀将成为重点考虑的因素，可用加缓蚀剂的技术防止或减缓电化学腐蚀。加缓蚀剂防止或减缓电化学腐蚀是否可行决定于技术的可行性和可靠性及风险评估，中长期累积投入与投资回报率，修井更换油管的代价及损失评估。

对于较恶劣的腐蚀环境，例如高压，又高含二氧化碳，或高压同时又高含二氧化碳与硫化氢，应优先从材料选用上作防腐蚀设计，即优先考虑采用不锈钢或合金。由于不锈钢或合金价格昂贵，供货周期长，它们对井下环境也有使用限制，因此应有充分时间进行试验评价和进行技术经济分析。ISO 15156—3 提供了不锈钢或合金材料的选用标准，该标准应视为一种指导原则，某些条款尚有争议，因此充分的评价是必不可少的。

在引用和执行材料选用标准 ISO 15156 的基础上进行强度设计应以 ISO 10400 标准为依据。对于酸性环境用碳钢和低合金钢，应尽可能选用屈服强度低于 95ksi（655MPa）的抗硫钢种，强度不够时，宜增大壁厚来满足要求，而不是提高钢级来达到强度要求。

（2）适用性设计方法

对于某些腐蚀环境，按前述 ISO 15156 标准选不到合适的材料，或受供货与技术经济限制得不到按标准应选用的材料。NACE（美国防腐工程师协会）方法 A 和 A 溶液是一种最苛刻的抗硫化物应力开裂评价方法。大量实践证明，按 NACE 方法 A 和 A 溶液不合格的材料，在现场长期工作并未开裂。因此在货源受限制，或技术经济评价不宜采用更高级的材料时，只要能确切模拟现场环境做评价选材应该是允许的。通常情况下腐蚀性组分、温度是客观存在的，但是优化结构设计使工作应力降低就可为选材提供方便，或提高可靠性。

ISO 15156—1 提供了适用性设计的一个原则，即可以根据现场经验资料进行材料的判别。但需符合下述条件：

提供的现场经验至少持续两年时间，并且包括现场使用之后全面的检查。

拟使用环境苛刻程度不能超过提供的现场经验所处的环境。

在含硫的高压深井中，已采用了屈服强度 125ksi 级别的标准抗硫油管和套管，其设计方法均为“适用性设计”（Fit for service，Fit for purpose）。屈服强度125ksi级别的油管和套管不能通过NACE方法A和A溶液的最苛刻的抗硫化物应力开裂评价试验，但是只要含硫油气井硫化氢含量和井下pH值不超过钢材的硫化物应力开裂耐受极限，该材料是可以采用的。

3. 油气井腐蚀环境与材料选用的相关性

为了便于在宏观上选材，并同时考虑环境断裂和电化学腐蚀，以下油气井腐蚀环境与材料选用的相关性可供参考。

（1）轻微腐蚀环境

油气井产出物含地层水、凝析水和微量硫化氢、二氧化碳、注水井等属于轻微腐蚀环境，可用符合ISO 11960规定的任何套管，常用的有J55、N80、P110、Q125等。采用3Cr钢可能会取得显著技术经济效果，与常用N80等比较，成本提高1.2～1.5倍，但寿命可提高3～5倍。

（2）硫化氢酸性环境和硫化物应力开裂是主要的控制因素

符合第三节规定的不同含量硫化氢环境，其中井下温度和二氧化碳及地层水含量低。硫化物应力开裂是主要的控制因素，可以选用表11—4中适用温度对应的抗硫化物应力开裂的钢级。

（3）湿二氧化碳环境

不同含量二氧化碳及地层水，以电化学腐蚀为主的井下条件。常用13Cr或Super13Cr、22Cr等更高铬含量的马氏体不锈钢。

（4）湿二氧化碳和微量硫化氢环境

双向不锈钢22Cr可用于含微量硫化氢的湿二氧化碳环境，硫化氢和氯根含量更高时可选25Cr。

（5）高含硫化氢和高含二氧化碳恶劣的腐蚀环境

在不利的油气井腐蚀介质类型组合及含量、压力、温度等相互作用下，抗硫化物应力开裂的碳钢和低合金钢可能会出现严重失重腐蚀、点蚀，需要优先设计使用耐蚀合金。这是最恶劣的腐蚀环境，总体来说只可选用镍基合金类材料。

二、油气井腐蚀性环境材料断裂的评价方法和判据

1. 引用标准

在工程上需要评价某种材料在一定硫化氢酸性水溶液环境中不会发生开裂的拉伸应力值，这个应力值称为断裂临界应力，它与材料屈服强度的百分比称为临界应力百分比。NACE TM0177—2005标准提供了断裂临界应力试验方法和判别标准。碳钢和低合金钢在室温下对SSC敏感性高，因此通常只做常温常压的抗裂性能试验。对于不锈钢和耐蚀合金，情况比较复杂，不能套用上述标准。NACE TM0177—2005标准规定了试验使用的试剂、试样和设备、需遵循的试验程序等，该标准包括四种试验方法：

方法A：拉伸试验，应用最普遍，是材料抗硫化物应力开裂性能的基本评价方法。

方法B：弯梁试验，较少应用。

方法C：C形环试验，主要用于评价直焊缝管

方法D：双悬臂梁（DCB）试验，目前应用不普遍。但该方法以断裂力学理论和方法为基础，可用于定量的设计计算，在适用性设计方法中普遍采用。

除了上述方法外，还有一种称为慢拉件应变（SSR，slow strain rate）试验法。试件在

极缓慢的拉伸（应变速率低到10^{-4}到$10^{-7}s^{-1}$）状态下，在数小时至几天将发生断裂。

2. NACE 方法 A（拉伸试验）

NACE方法A又称为恒载荷试验，通过对试件加载到某一指定的应力水平，将试件浸没在特定腐蚀介质中，控制试验温度为24℃（75 ℉），记录断裂时间。经过大量试验积累的经验确定，如果经720h不断裂，那么该材料在所施加应力水平下具有抗断裂能力。事实上非抗硫钢材在施加屈服强度80％的应力水平时，数小时就断裂，例如S135在1h内断裂，P110在3h内断裂。

NACE方法A试验所用溶液称为A溶液，其组成为5％氯化钠和0.5％冰乙酸（以上均为质量分数），用蒸馏水或去离子水配制，充硫化氢至饱和。由此得到的溶液在与试样接触前，pH值为2.6～2.8。

对油管和套管，只需根据屈服强度施加某一应力，用NACE方法A和A溶液，经720h不断，该应力即为临界应力。由于用应力的绝对值不方便，因此常采用被测试件施加的拉应力与该试件屈服强度的百分比表示。例如规定J55和K55套管管体和接箍抗硫化物应力开裂的临界应力应大于或等于管材屈服强度的80％，对L80，C90和T95，临界应值应为屈服强度的90％。

3. NACE 方法 B（弯梁试验）

在试件上钻小孔，将试件弯曲后放入前述A溶液中。小孔处产生应力集中，该方法可检测应力集中对硫化物应力开裂的敏感性。此方法不能求开裂临界应力，很少用于材料选择与评价。

4. NACE 方法 C（C 形环法）

带切口的圆环试样，用螺栓加压使其产生周向拉应力。将试件弯曲后放入前述A溶液中，检测材料对硫化物应力开裂的敏感性。直焊缝管的焊缝对硫化物应力开裂敏感，宜用此法评价。此法的缺点是断裂时间不确切知道，管件太大或太小都不便使用此方法。

5. NACE 方法 D（双悬臂梁（DCB）试验）

在一般强度设计中，假设外载应力达到材料屈服强度时，构件就会失效。当构件中存在裂纹时，其强度判据就转变成了材料抗裂纹扩展的能力和裂纹尖端某种力学参量之间的关系。促使裂纹扩展的驱动力称为应力强度因子，用下式表示：

$$K_{\mathrm{I}}=\sigma Y\sqrt{a} \tag{11—6}$$

式中 Y——一个和裂纹形状、加载方式以及试样几何尺寸有关的量；

σ——应力，MPa；

a——裂纹尺寸，m；

K_{I}——应力场强度因子，$\mathrm{MPa\cdot m^{0.5}}$。

当K_{I}小于某一临界值K_{IC}时，裂纹不会扩展失稳。

$$K_{\mathrm{IC}}=Y\sigma_{\mathrm{c}}\sqrt{a_{\mathrm{c}}} \tag{11—7}$$

式中 σ_{c}——临界状态的断裂应力，MPa；

a_{c}——临界状态的裂纹尺寸，m；

K_{IC}——裂纹失稳扩展的临界应力强度因子，或称为断裂韧性，它是材料自身的力学性质。

在腐蚀介质中，即使外载应力比上述K_{IC}小很多，裂纹尖端仍存在某种驱动力，使裂纹扩展。在一定时间后使裂纹失稳并断裂。如果外载应力低到某一值，材料在腐蚀介质中工作足够长的时间，裂纹虽有扩展，但不会失稳，对应于此状态的应力强度因子称为某腐蚀介质环境的临界应力强度因子，某腐蚀介质环境的临界断裂韧性，记为 K_{IEC}。如果是硫化氢环境，记为 K_{ISSC}。

在酸性气井中，油管、套管存在内压作用下的环境腐蚀爆裂倾向，即管材的横向临界应力强度因子决定硫化物应力开裂。由于油管、套管壁太薄，一般断裂力学临界应力强度因子测量方法不便使用。

NACE 方法 D 测量已有裂纹构件在腐蚀介质中的材料抗裂纹扩展性能。通过断裂力学试验，获得硫化物环境的临界应力强度因子 K_{ISSC}，这种方法所需时间很短。方法 D 直接给出了裂纹扩展速率值，不再用断裂/未断裂结果进行评价。

NACE 方法 D 标准双悬臂梁（DCB）试验可用于设计计算，即针对一定腐蚀环境求得临界应力强度因子 K_{ISSC}，将外载应力降低到 K_{ISSC}以下，这就是稍后要讨论的减应力设计。

NACE 方法 D 标准双悬臂梁（DCB）试验较复杂，要能得到可靠结果，测试单位还须做很多研究工作。

三、影响材料在腐蚀性环境开裂的主要因素

钢材性能中影响开裂的主要因素有：

1）冶金因素：化学成分、热处理/微观结构、屈服和拉伸强度/硬度、冷变形加工、制造流程；

2）应力状态的影响：残余应力、外部应力；

3）硫化氢环境材料临界应力强度因子 K_{ISSC}。

1. 合金设计、有害元素控制及金相组织

材料特性，包括化学成分、制造方法、成形方式、强度、材料的硬度和局部变化、冷变形加工量、热处理条件、材料微观结构、微观结构的均匀性、晶粒大小和材料的纯净度等。影响 SSC 的单个元素的评价比较复杂，应与其他元素以及热处理等结合起来考虑。有害元素含量控制是抗 SSC 碳钢和低合金钢套管油管质量的关键，其中硫、磷是有害元素。比较公认的是 S、P 含量降低到（P + S）＜0.008％就算达到纯净钢的水平。钢中有害气体包括氢、氧和氮，夹杂物主要是氧化物和碳化物。其他有害元素还有：As、Sb、Bi、Sn、Pb 等，通过精选原料矿石可最有效的控制其含量。有上述有害成分使钢的韧性降低，特别是在酸性环境中抗裂性能降低。热处理时上述有害成分易偏聚在晶界，降低晶间结合能，在酸性环境中可能导致沿晶界断裂。

油套管中有害元素 S 含量降低到 0.001％以下时，就可以改善恒载荷拉伸试验的抗 SSC 性能。

P 含量的控制与 S 含量有关，极低 S 含量下 P 含量可稍放宽。由于铬钼钢中钼的作用，在低 Mn（＜0.75％）、加入 Mo（0.20％～0.80％）的 4130 钢中，P 含量可小于 0.030％。

C、Mn、Ni 不是有害元素，而是需要控制在合适的范围。如果含量控制不当，将有可能增加钢材对硫化物应力开裂的敏感性。表 11—2 为一种常用抗硫钢材有害元素和控制元素的含量。

实际上，目前的冶金技术水平较高，各厂家提供的油管、套管（含抗硫油管、套管）的硫、磷含量都远远低于表 11—2 的规定。这说明了标准并不是最高技术要求，它是厂家、用户在现有条件下相互妥协的产物。用户有权提出比 ISO 15156 更高的补充技术条件。

表 11—2　常用抗硫钢材有害元素和控制元素的含量

钢	H40	J55	K55	L80（1 型）	C90（1 型）	T95（1 型）
C	0.35	0.35	0.35	0.32		
Mn	1.40	1.40	1.40	1.40		
P	0.020	0.020	0.020	0.020		
S	0.015	0.015	0.015	0.010		
Ni					0.35	0.35

2. 强度和硬度

强度和硬度是材料抗硫化物应力开裂的重要性能参数。强度和硬度太高和太低都会导致开裂，适当低的强度和硬度是确定碳钢和低合金钢抗开裂的重要指标。通过限制强度等级可以避免硫化物应力开裂。因为硬度与强度有关，硬度能用非破坏性的和较简便的方法确定，因此硬度在酸性环境材料的选择和质量控制的规范中广泛使用。

图 11—14 表示随着强度增加，硫化氢环境材料临界应力强度因子 K_{ISSC} 降低。由图中数据看出屈服强度大于 100ksi 后，硫化氢环境材料临界应力强度因子 K_{ISSC} 变得小于 33 MPa・$m^{0.5}$（注：1ksi・$in^{0.5}$ = 1.098MPa・$m^{0.5}$）。鉴于屈服强度对开裂影响较大，因此适合硫化氢环境使用的材料除满足最小屈服强度要求外，还限制最大屈服强度值。

硬度低于 HRC22 或 HB237 的材料在非常高的应力状态下或非常恶劣的环境中对 SSC 也敏感。

最大强度/硬度许可值与施加的拉伸应力和酸性环境的恶劣程度有关。硬度增加，而材料承受拉伸应力降低到某一值后，不会发生 SSC。表 11—3 为 ISO 11960 规定的常用抗硫钢材硬度值。

表 11—3　ISO 11960 规定的常用抗硫钢材的硬度值

钢	J55 K55	L80 1 型	C90 1 型	T95 1 型
硬度最大值	HRC22	HRC23	HRC25	HRC25
硬度平均值	HRC22	HRC22	HRC25	HRC25

注：1 型指基于最大屈服强度 1036MPa（150ksi），Cr－Mo 钢，Q&T 处理。

3. 酸性环境不同钢级套管和油管适用的温度条件

硫化氢对碳钢和低合金钢应力腐蚀开裂的影响因素中，温度是一个关键的参数。一般来说，硫化物应力开裂的敏感温度是室温至 65℃，因此前述试验标准都设置在 24℃。如果温度低于 24℃，开裂趋势会更加严重。表 11—4 为在含硫气井设计中，在温度高于 65℃ 的井段可以采用较高强度的非抗硫油套管。表 11—4 列出了按 ISO 11960 钢级标准套管和油管适用的温度条件。

利用高温下硫化物应力开裂的敏感降低，在深井段采用非抗硫管存在下述风险：

（1）电化学腐蚀问题

在高温井段硫化物应力开裂虽然不会发生，但是随着井温的增加，电化学腐蚀加剧。因此，在高含硫化氢、二氧化碳或地层水井中，油套管的设计十分复杂。在合适井段设计和采用合适的抗硫钢材仅仅是解决了硫化物应力开裂问题，但电化学腐蚀并没有解决。如果因电化学腐蚀，管子截面积减小或蚀坑处应力集中，由于应力原因，表 11—4 套管和油管钢级适用的温度条件提高，仍会有开裂问题。考虑到这种情况，有必要采用镍基耐蚀合金管或采用注缓蚀剂的办法防止腐蚀。

表 11—4　酸性环境套管和油管适用的温度条件

适用于所有温度	≥65℃（150 ℉）	≥80℃（175 ℉）	≥107℃（225 ℉）
钢级 H40 J55 K55 M65 L80 1 型 C90 1 型 T95 1 型	钢级 N80 Q 型 C95	钢级 N80 P110	钢级 Q125①
符合图 11—15 中 3 区的使用条款	最大屈服强度小于等于 760MPa（110ksi）专用 Q&T 钢	最大屈服强度小于等于 965MPa（140ksi）专用 Q&T 钢	

①基于最大屈服强度 1036MPa（150ksi），化学成分为 Cr－Mo 的 Q&T 钢。不可采用碳锰钢。

（2）由高温到低温仍会发生应力开裂

用在深井段的非抗硫套管在注入冷流体时的降温可能导致开裂，这在修井或井下作业时难于避免。从井内取出油管时在井口处低温段，或起出地面后由于动载也有可能引起油管开裂。

4. *应力水平和应力状态*

金属材料在应力和化学介质的协同作用下，导致滞后开裂或断裂的现象称为“应力腐蚀断裂”。应力腐蚀断裂的特征是必须有应力，可以是外加应力或残余应力，危害最大的是拉应力。断裂时的拉应力值会比材料屈服强度低很多。断裂前没有显著塑性变形，应力越大，发生断裂的时间越短。

如果把应力再降低，那么用 NACE 方法 A 和 A 溶液，某些高强度钢也不会产生应力开裂。对某一种钢，一般都可以测试出在某种腐蚀介质中不产生应力开裂的最大应力值，这就是临界腐蚀断裂应力。NACE 方法 D 可较好的定量描述不同腐蚀介质和不同应力水平对裂纹扩张和断裂的影响。

四、碳钢和低合金钢在硫化氢酸性环境中开裂严重度判据

在含硫化氢环境中，碳钢和低合金钢性能多种因素及其相互作用的影响，这些参数包括：

1）化学成分、制造方法、成形方式、强度、材料的硬度和局部变化、冷加工量、热处理条件、材料微观结构、微观结构的均匀性、晶粒大小和材料的纯净度；

2）硫化氢分压或在水相中的当量浓度；

3）水相中的氯离子浓度；

4）水相酸碱值（pH 值）；

5）是否存在元素硫或其他氧化剂；

6）非产层流体侵入或与非产层流体接触；

7）温度；

8）应力状态及总拉伸应力（外加应力加残余应力）；

9）暴露时间。

在酸性环境碳钢和低合金钢性能的诸多影响因素中，最关键的是分压和 pH 值，因此 ISO 15156 以这两个参数为开裂严重度判据。ISO 15156 只涉及材料的断裂问题，未考虑一般的腐蚀问题。在材料选用设计中，如果不知道开采系统的 pH 值，就要根据组分分析报告计算出 pH 值再用本节方法判别开裂严重度。最好是能得到井下取样数据，但是硫化氢井取样较困难。

1. 碳钢和低合金钢的硫化物应力开裂（SSC）判据图

图 11—15 为碳钢和低合金钢在硫化氢酸性环境中开裂严重度判据图，该图分为四个区间。

图 11—15 反映硫化氢分压太低和太高的情况。硫化氢分压低于 0.3kPa 可能会存在测量不确定性。硫化氢分压高于 1MPa 的选用钢材要立足适用性评价，即根据井下工况通过试验选用合适的材料。

选用碳钢和低合金钢时，应根据酸性工作环境或按 SSC 1 区、SSC 2 区、SSC 3 区的条件进行评价试验。若待选钢油管和套管以前已有现场使用经验，也可以参考该酸性工作环境选用钢材。在确定含有硫化氢环境的严重程度时，应考虑非正常操作或停产形成凝析水，凝析水可能会降低 pH 值。还应考虑增产酸化酸液 pH 值，硫化氢溶于酸液后 pH 值再降低，特别要注意的是返排不及时和井底滞留残酸的可能性。

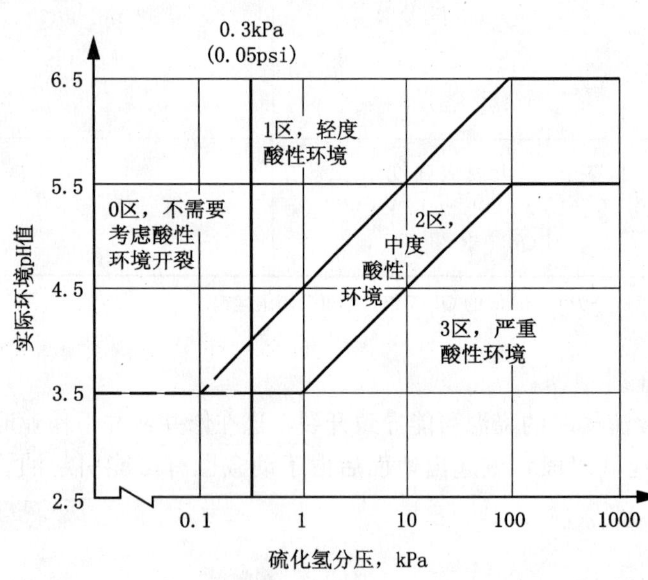

图 11—15 碳钢和低合金钢在硫化氢酸性环境中开裂严重度判据图

2. “0”区，代表硫化氢分压较小的环境（p_{H_2S}<0.3kPa）

通常情况下，对钢材的选用无特殊要求。但是毕竟含有硫化氢，因此应考虑以下因素导致开裂的可能性：

1）对 SSC（硫化物应力开裂）和 HSC（氢应力开裂）高度敏感的钢材。

2）钢材的物理和冶金性能影响抗 SSC 和 HSC 性能。

3）在不含硫化氢的液相环境中，特高强度的钢材可能发生 HSC。屈服强度在高于 965MPa（140ksi）以上时，可能需要注意要求钢材的化学成分和热处理，以保证在“0”区环境工作不出现 SSC 或 HSC。

4）应力集中增加开裂的风险。

3. 适用于SSC3区，严重酸性环境的套管、油管和管件材料的选用

SSC 3区的环境特征是：pH值/p_{H_2S}从3.5/0.01 bar到5.5/≥1.0bar。只要pH值低于3.5，任何可测到的微量硫化氢含量均属SSC 3区。同时含有硫化氢和二氧化碳及水的环境中，pH值有可能低到3.5以下。

适用于SSC3区，严重酸性环境的套管、油管和管件材料应满足以下条件：

1）可以采用屈服强度为690MPa（100ksi），720MPa（105ksi）和760MPa（110ksi），淬火和回火的Cr－Mo低合金钢制成的管子和管件，但是硬度不超过HRC30。严格控制屈服强度偏差，实际最大屈服强度与最小名义屈服强度（SMYS）之差不能大于103MPa（15ksi）。每个试验批次的抗SSC性能试验要记录在案，需要按NACE方法A和A溶液进行单向拉伸的抗硫化物应力开裂检验。

2）如果硬度不超过HRC26，可以采用淬火和回火的Cr－Mo低合金钢制成的管子和管件。需要按NACE方法A和A溶液进行单向拉伸的抗硫化物应力开裂检验。

3）如果管子及其管件在等于或小于510℃（950 ℉）温度下进行冷矫直，应在最小480℃（900 ℉）温度进行应力消除。如果管子及其管件是冷成形（公扣和/或母扣）并且导致永久性外层纤维变形大于5%，冷成形区域要在最低595℃（1100 ℉）的温度下进行热处理消除内应力。

如果硬度超过HRC22的高强度管子连接件是冷成形的，连接件要在最低595℃（1100 ℉）的温度下消除内应力。

可用于SSC3区的套管和油管钢级有：H40、J55、K55、M65、L80 1型、C90 1型、T95 1型，并可用于井下的任何温度条件。此外温度大于60℃的井段也可选用钢级N80Q型、C95，但是实际最大屈服强度应小于或等于760MPa（110ksi），经特殊Q&T热处理。

4. 适用于SSC 2区，中度酸性环境的套管、油管和管件材料的选用

适用于SSC3区的材料均可用于SSC2区。此外也可选用符合以下条件的材料：

淬火加回火状态的Cr－Mo低合金钢制成的套管、油管和管件可以用于SSC 2区。应注意材料实际最大屈服强度不超过760MPa（110 ksi），这对应于最小名义屈服强度550MPa（80 ksi），相当于材料屈服强度偏差最大偏为30ksi。硬度不超过HRC27，其他的技术要求应符合相关规定。

5. 适用于SSC 1区，轻度酸性环境的套管、油管和管件材料的选用

SSC 1区的环境特征：pH值3.5和H_2S分压（p_{H_2S}）0.001bar至pH值6.5和H_2S分压（p_{H_2S}）1.0bar；pH值高于6.5和任意H_2S分压。

适合上述SSC3区和SSC2区的材料均可用于SSC 1区，此外还可放宽到符合下述条件的材料：

淬火加回火状态的Cr－Mo低合金钢制成的套管、油管和管件可以用于SSC 1区。应注意材料实际屈服强度不超过896MPa（130 ksi），这对应于名义最小屈服强度760MPa（110 ksi），即允许屈服强度偏差为20ksi。并且硬度不超过HRC30。其他的技术要求应符合相关规定。

五、常用抗硫化氢应力开裂碳钢和低合金钢油管、套管检测要求

1. J55、K55无缝管

应在尽可能靠近管内壁处取样，按NACE方法A和A溶液检验，检测临界应力百分比不低于80%。

2. K55 电阻焊管体及接箍

对焊缝按 NACE 方法 C 和 A 溶液检验，检测临界应力百分比不低于 80%。

3. L80 1 型、C90 1 型、T95 1 型套管及接箍

按 NACE 方法 D 和 A 溶液检验，其中 L80 1 型、C90 1 型应按 NACE 方法 D 作预置疲劳裂纹的疲劳试验，T95 1 型不必作预置疲劳裂纹试验。电阻焊管 L80 1 型的母材和焊缝均应作预置疲劳裂纹的疲劳试验。所有钢级母材和焊缝用标准尺寸试样检测硫化物临界断裂强度因子 K_{ISSC}，K_{ISSC}平均值不应小于 33.0MPa・$m^{0.5}$，单个试样值不应小于 29.7MPa・$m^{0.5}$。

J55、K55 和 ERW L80 1 型套管和接箍为低强度钢，有可能出现应力定向氢致裂纹（SOHIC，stress－oriented hydrogen－induced cracking）或氢致开裂（HIC）。是否会发生 SOHIC 或 HIC 与制造方法和热处理有关。

六、耐蚀合金材料油套管

耐蚀合金包括不锈钢、合金两大类。在一般意义上，似乎耐蚀合金具有更高的抗腐蚀性能。但实际上，某些耐蚀合金对腐蚀环境引起的点蚀和应力腐蚀开裂较为敏感。在石油工业使用耐蚀合金的历史中，曾经发生过由于耐蚀合金材料选材欠妥导致油管应力开裂和点蚀穿孔的严重事故。

耐蚀合金的腐蚀失效的主要形式是局部腐蚀和断裂。由于耐蚀合金品种多、价格贵、价格差异大，对使用环境的适应性差异大，在油气井中尚缺乏使用经验，因此选用耐蚀合金的决策需要有充分依据。针对具体的腐蚀环境选用适合的耐蚀合金材料，并尽可能模拟使用环境进行实验室评价，吸取类似油气田开发的经验等均十分重要。

1. 用于油气井油、套管耐蚀合金类型及基本成分

耐蚀合金中 Cr、Ni、Mo 是最重要的基本合金成分，它们的含量百分比及制造方法构成了不同类型的耐蚀合金。上述元素对构件表面形成的保护性腐蚀产物膜的稳定性起关键作用，腐蚀都是从保护性腐蚀产物膜破坏开始的。

表 11—5 列出了油套管用耐蚀合金的主要成分。奥氏体不锈钢类型用于制造零部件，不用于制造油管，因此表中未列出。

表 11—5 油套管用耐蚀合金的主要成分

类型		UNS	关键性合金含量，%			
			Cr	Ni	Mo	其他
马氏体不锈钢	ISO 11960 L80 13Cr		12～14	0.5		Si＝1，Mn＝0.25～1，Cu＝0.25
	13CrS	S41426	11.5～13.5	4.5～6.5	1.5～3	Ti＝0.01～0.5，V＝0.5
	S/W 13Cr	S41425	12～15	4～7	1.5～2	Cu＝0.3
双相不锈钢	22Cr	S31803	21.0～23.0	4.5～6.5	2.5～3.5	Mn、Si 等
	25Cr	S32550 S32750 S32760	24.0～27.0 24.0～26.0 24.0～26.0	4.5～6.5 6.0～8.0 6.0～8.0	2.0～4.0 3.0～4.0 3.0～4.0	Mn、Si 等
镍基合金	Alloy C－276	N10276	14.5～16.5	R_{em}	15～17	W＝3.0～4.5，Co＝2.5
	Alloy 625	N06625	20.0～23.0	R_{em}	8.0～10	Nb＝3.15～4.15
	Alloy 718	N07718	17.0～21.0	50.0～55.0	2.8～3.3	Nb＝4.75～5.50

续表

类型		UNS	关键性合金含量,%			
			Cr	Ni	Mo	其他
镍基合金	Alloy 825	N08825	19.5～23.5	38.0～46.0	2.5～3.5	Ti＝0.6～1.2
	G－2	N06975	23.0～26.0	47.0～52.0	5.0～7.0	
	G－3	N06985	21.0～23.5	R_{em}	6.0～8.0	W＝5.0，Co＝1.5
	G－30	N06030	28.0～31.5	R_{em}	4.0～6.0	W＝5.0，Co＝1.5～4.0
	028	N08028	26.0～28.0	29.0～32.5	3.0～4.0	Cu＝0.6～1.4
	2550	N006255	23.0～26.0	47.0～52.0	6.0～9.0	W＝3.0，Cu＝1.2，Ti＝0.69
	G－50	N06950	19.0～21.0	50.0	8.0～10.0	W＝1.0，Cu＝0.5，Ti＝0，Co＝2.5

.注：UNS为统一编号体系（依据SAE－ASTM，美国金属和合金编号体系）。R_{em}为余量。

2. 耐蚀合金的腐蚀模式和影响因素

耐蚀合金在实际使用过程中，可能的腐蚀机理或现象有点蚀和应力腐蚀开裂。应力腐蚀开裂包括硫化物应力腐蚀开裂、氯化物应力开裂等。

ISO 15156—1给出了选用耐蚀合金时需要考虑的因素，主要包括：

1）气相中二氧化碳分压；

2）气相中硫化氢分压；

3）使用的温度；

4）水相的碱值（pH值）；

5）Cl^-或其他卤化物（F^-、Br^-）的浓度；

6）是否有元素硫存在。

（1）耐蚀合金的应力开裂

表11—6列出了各类耐蚀合金应力开裂机理或类型。

表11—6　耐蚀合金类别及应考虑的开裂机理

材料类别	在硫化氢环境中潜在的开裂机理			备注
	硫化物应力井裂（SSC）	应力腐蚀开裂（SCC）	电偶诱发的氢应力开裂（GHSC）	
高合金奥氏体不锈钢	—	P	—	通常不会发生SSC和HSC。不要求低温开裂试验
马氏体不锈钢	P	S	P	不管是否含有残余的奥氏体，含Ni和Mo的合金都可能遭受SCC
双相不锈钢	S	P	S	当温度高于最高使用温度时，开裂敏感性可能最高，因此应考虑在可能的服役温度范围内进行试验
固溶镍基合金	S	P	S	某些镍基合金在冷加工状态和/或时效状态含有次生相。而且当与钢接触形成电偶时，可能对HSC敏感

注：P指主要的开裂机理；S指次要的，可能的开裂机理。

（2）耐蚀合金的点蚀

耐蚀合金点蚀是一个较为普遍的问题，点蚀坑处应力水平相对较高，可能形成裂纹源。在较高工作应力、氯离子或氧的协同作用下，可能导致开裂。为了评价抗点蚀的能力，采用抗点蚀当量数（PREN，pitting resistance equivalent number）来描述。

PREN（F_{PREN}）可以采用下列公式计算：

PREN = %Cr + 3.3（%Mo + 0.5%W） + 16%N

其中，

%Cr：合金中铬的质量分数，用总成分的百分率表示；

%Mo：合金中钼的质量分数，用总成分的百分率表示；

%W：合金中钨的质量分数，用总成分的百分率表示；

%N：合金中氮的质量分数，用总成分的百分率表示。

注：PREN 有若干变量。它的提出完全是为了反映和预测 Fe/Cr/Mo 不锈钢（CRA）在有溶解的氯化物和氧的情况下（如在海水中）的抗点蚀性能。该数值虽然有用，但不能直接预示在含硫化氢环境中的抗腐蚀性能。

（3）影响耐蚀合金点蚀及开裂的环境因素

影响耐蚀合金点蚀及开裂的环境因素比较复杂，在设计和井下作业中应该考虑的因素有：

1）Cl^- 或其他卤化物（F^-、Br^-）的浓度：有的地层水中氯根含量高，有的井用高浓度盐水或天然卤水压井。例如酸化液中含氢氟酸，用溴化物作压井液、储层保护液等。Cl^- 或其他卤化物（F^-、Br^-）离子单独或在氧的协同作用下使不锈钢表面钝化膜破坏，导致钢直接吸附氢原子。不锈钢和合金在使用中都有一定 Cl^- 或其他卤化物（F^-、Br^-）的浓度限制。

如果要在油套环空或井内注入 $CaCl_2$、NaCl、$ZnCl_2$、$CaCl_2-CaBr_2$ 等溶液，应首先进行模拟井下条件，并与硫化氢和二氧化碳协同作用的耐蚀合金点蚀和开裂评价。对于马氏体不锈钢和双向不锈钢，Cl^- 或其他卤化物（F^-、Br^-）的上述影响应列入评价要求。

2）井下硫化氢分压及环境 pH 对开裂的影响：对于镍基合金，原则上环境 pH 值不影响材料的开裂。但是对马氏体不锈钢和双向不锈钢必须考虑潜在的开裂问题。

3）元素硫对点蚀和环境开裂的影响：元素硫是某些耐蚀合金开裂和点蚀的影响因素。元素硫对耐蚀合金的影响机理和规律研究得不充分，只有针对具体环境加强评价。

4）氧对点蚀和开裂的影响：氧与硫化氢反应生成硫酸，对不锈钢点蚀和应力开裂有一定影响。如果用了不锈钢油管，向井内注入流体应考虑除氧或加入氧抑制剂。

3. 耐蚀合金的使用环境限制

（1）马氏体不锈钢的使用环境

马氏体不锈钢是一种在室温下保持马氏体显微组织的铬不锈钢，可以通过热处理强化改善强度、硬度、弹性和耐磨性等力学性能。在耐蚀合金油、套管中，马氏体不锈钢的用量最大，它主要用于以二氧化碳为主的腐蚀环境。表 11—5 中的 L80 13Cr 已列入 ISO 11960、ISO 15156 和 ISO 10400 等标准，它是基本的马氏体不锈钢。S/W 13Cr 和 13CrS 是以 L80 为基础，加入镍、钼等合金元素和经适当热处理后得到高性能马氏体不锈钢，因此又称为超级 13Cr 不锈钢。它们的机械性能、抗点蚀、硫化物应力腐蚀开裂，氯化物应力开裂性能和耐高温等比 L80 13Cr 好。

马氏体不锈钢为二氧化碳腐蚀环境用钢，其中 L80 13Cr 不可用于含硫化氢环境，超级 13Cr 在低氯离子含量下具有一定抗硫化物应力开裂性能，允许使用的最大硫化氢分压为 10kPa、pH≥3.5。高温和高氯根含量可能导致点蚀或氯化物应力腐蚀开裂，同时存在高温和高氯根含量和微量硫化氢时可能会加剧点蚀。需要根据井下具体的温度、氯化物和硫化氢含量作电化学腐蚀和开裂评价，以便确定具体的应用范围。

有限的试验表明，在温度低于 80℃和 pH≥3.5，硫化氢分压小于 10kPa 条件下，氯化钠含量高至 20%未观察到点蚀。在温度高于 120℃时微量硫化氢可能会导致点蚀。任何马氏体不锈钢都要考虑在低 pH 值和高温环境的氯化物、微量硫化氢点蚀和氯化物应力开裂；同时也要考虑在低 pH 值和低温下高强度钢的硫化物应力腐蚀开裂。

（2）双相不锈钢的使用环境

双相不锈钢的固溶组织中含铁素体和奥氏体组织。双相不锈钢综合了奥氏体和铁素体的特点，把奥氏体不锈钢的优良韧性与铁素体不锈钢的高强度和耐氯化物应力腐蚀性能结合在一起，因此具有较好的耐腐蚀性和机械性能。

常用的双相不锈钢有 22Cr，25Cr，其中以 22Cr 应用较多。双相不锈钢抗高温、高二氧化碳和高氯化物含量的腐蚀性能，抗高速气流冲蚀性高于马氏体不锈钢。但是双相不锈钢 22Cr 抗硫化物应力开裂性能不一定比超级 13Cr 不锈钢好，ISO 15156—3 提出当 30≤PREN≤40，Mo≥1.5%（例如 22Cr）时，最大硫化氢分压 p_{H_2S}应小于 2kPa。对于 40<PREN≤45 的双相不锈钢（例如 25Cr），最大硫化氢分压为 20kPa，但是氯化物浓度应小于 120000mg/L。双相不锈钢抗开裂性能在很大程度上与屈服强度和制造过程质量控制有关，PREN 值越高，抗蚀能力就越高，但是，在制造期间 PREN 也会使材料的铁素体相中形成 σ 和 α 基本相的危险增加。

与马氏体钢类似，双相不锈钢也应考虑在低 pH 值和高温环境的氯化物、微量硫化氢点蚀和氯化物应力开裂；同时也要考虑在低 pH 值和低温下高强度钢的硫化物应力腐蚀开裂。氯根含量与硫化氢分压的不利组合可能导致双相不锈钢的应力开裂。如果双相不锈钢与带阴极保护的碳钢或低合金钢连接，双相不锈钢会产生氢诱导应力开裂（HISC，hydrogen induced stress cracking）。

（3）镍基合金的使用环境

镍具有极大的转入钝态的倾向，在一般温度下镍的表面覆盖一层氧化膜，这层氧化膜使它具有极强的耐蚀性。镍含量 25%～45%的镍基合金具有高耐腐蚀及抗环境开裂性能，同时具有较高强度。油管和套管用的镍基合金是镍铬钼系列合金，其中的铬有利于改善高温环境的使用性能，钼提高在低 pH 值下的抗腐蚀性能。

适合于制造油管和套管的镍基合金是一种固溶镍基合金，它是两种或两种以上合金元素组成的一种单一晶相结构。固溶镍基合金经过冷轧加工后获得很高的强度，其屈服强度可高达 150～180ksi。表 11—7 中列出了可用于制造油套管的固溶镍基合金材料类型，它以镍钼含量为准划分为 4c、4d 和 4e 三类。耐蚀合金抗点蚀、硫化物应力腐蚀开裂、氯化物应力开裂、抗元素硫腐蚀等性能合金元素组成、制造方法、屈服强度、使用环境温度和硫化氢浓度等有关。

从表 11—7 可以看出以下基本相关性：

4c 和 4d 在高温（例如高于 177℃）下不抗元素硫腐蚀，但是 4e 在温度高于 204℃以上仍抗元素硫腐蚀。但是在较低温度（例如低于 132℃）时，4c、4d 和 4e 三类均耐元素硫腐蚀。

温度高于 204℃后，能抗腐蚀的硫化氢分压也显著降低。

表 11—7　油管、套管用固溶镍基合金的材料类型

材料类型	Cr 质量分数最小值,%	Ni+Co 质量分数最小值,%	Mo 质量分数最小值,%	Mo+W 质量分数最小值,%	典型材料商品名和冶金状态
4c 类型	19.5	29.5	2.5		028 固溶退火或退火加冷加工
4d 类型	19.0	45		6	825、625、2550、718、G-2 固溶退火或退火加冷加工
4e 类型	14.5	52	12		C-276、G-3、G-30 固溶退火或退火加冷加工

表 11—8 列出了退火加冷加工的固溶镍基合金耐蚀性能。

表 11—8　固溶镍基合金用作井下管件，封隔器和其他井下装置的环境和材料限制

材料类型	最高使用温度 ℃	最大硫化氢分压 p_{H_2S} kPa	最大氯化物浓度 mg/L	pH	是否抗元素硫?	备注
4c，4d 和 4e 类型的冷加工合金	232	0.2	见备注	见备注	不	可适用于井下任何氯化物浓度和 pH 值的组合
	218	0.7	见备注	见备注	不	
	204	1	见备注	见备注	不	
	177	1.4	见备注	见备注	不	
	132	见备注	见备注	见备注	是	可适用于井下任何硫化氢、氯化物浓度和 pH 值的组合
4d 和 4e 类型的冷加工合金	218	2	见备注	见备注	不	可适用于井下任何氯化物浓度和 pH 值组合
	149	见备注	见备注	见备注	是	可适用于井下任何硫化氢、氯化物浓度和 pH 值的组合
4e 类型的冷加工合金	232	7	见备注	见备注	是	可适用于井下任何氯化物浓度和 pH 值组合
	204	见备注	见备注	见备注	是	可适用于井下任何硫化氢、氯化物浓度和 pH 值的组合

经锻造或铸造的固溶镍基产品应为退火加冷加工状态，并且应满足以下要求：

a）允许最大硬度值为 HRC40；

b）通过冷加工后获得的允许最大屈服强度为：

～4c 类型：1034MPa（150ksi）；

～4d 类型：1034MPa（150ksi）；

～4e 类型：1240MPa（180ksi）。

注：本表中的材料类型 4c，4d 和 4e 的应用限制有重叠。

表 11—9 列出了固溶镍基合金材料类别的分类，共分为 4a、4b、4c、4d、4e 类型。

ISO 15156—3 只按合金元素组成和制造方法提出耐蚀合金的耐腐蚀性能和限制使用环境。部分合金的耐蚀性排序为：C-276＞050＞625 及 G-3＞825＞028＞2550。

表 11—9　固溶镍基合金的材料类型

材料类型	Cr 质量分数最小值 %	Ni + Co 质量分数最小值 %	Mo 质量分数最小值 %	Mo + W 质量分数最小值 %	冶金状态
4a	19.0	29.5	2.5		固溶退火或退火
4b	14.5	52	12		固溶退火或退火
4c	19.5	29.5	2.5		固溶退火或退火加冷加工
4d	19.0	45		6	固溶退火或退火加冷加工
4e	14.5	52	12		固溶退火或退火加冷加工

注：表中列出的某些合金的化学成分能满足这些类型中的一种或多种的限制，但不是必需的。在某些情形下，将需要更为严格地限制化学成分。

镍基合金的价格十分昂贵，首次投入高，但具有最高安全性和长期运行成本低。镍基合金的选用与评价较复杂，以上镍基合金的耐蚀性能和使用限制和 ISO 15156—3 只用作指导性的选材依据，设计者应咨询或委托该技术领域单位进行评价和论证，以便针对井下环境选出合适的材料。

七、非金属材料的腐蚀

在井下和井口装置中常要用到一些非金属材料作密封件或零件，防腐设计要考虑非金属材料的抗腐蚀性能。当橡胶密封材料和介质相接触时，由于它们的氧化作用而引起橡胶密封材料和添加剂的分解，有些介质还能引起橡胶密封材料的溶胀，使橡胶密封材料分子产生断裂、溶解以及添加剂的分解、溶解、溶出等现象。

第四节　油气井的防腐设计

一、套管外防腐

1. 套管外腐蚀源及腐蚀机理

套管外腐蚀主要发生在未注水泥的自由套管段，水泥环可较好的保护套管免受腐蚀。在注水泥质量差的井段，或井下作业损伤了水泥环的井段，套管也可能受到腐蚀。套管外腐蚀一旦发生，均匀腐蚀和局部腐蚀坑会同时存在，危害最大的是坑蚀穿孔，并且腐蚀会发生在相当长的井段。

套管外腐蚀的腐蚀源十分复杂，但是最基本和最普遍的是未封固段地层水发育、地层水处于流动态和地层水含腐蚀性组分。

（1）地层中含腐蚀性组分的腐蚀

地层水中可能含腐蚀性组分：H_2S、CO_2、H^+、O_2、HCO_3^-、SO_4^{2-}、Cl^-、OH^-，以及硫酸盐还原菌、嗜氧菌等细菌。

腐蚀性组分可通过下述路径腐蚀套管：

1）水泥环在生产过程中发生破坏，如：井下作业造成水泥环脆性破裂、地层水中硫酸盐及硫酸盐还原菌使水泥腐蚀降解，由此导致地层流体与套管外壁接触；

2）在未注水泥段，钻井液在长期的高温作用下，性能发生破坏，由此导致对地层的压力降低，地层中的流体进入环空。

(2) 区域大地杂散电流或局部电位差腐蚀

由于套管在地下所封隔的地层层系不同，各地层含水层位的含盐量不同，使套管的各段的电极电位不同。此外，当套管为碳钢或低合金钢，与其接触的井下封隔器、采气井口、采油树、油管为不锈钢或耐蚀金属镀层，套管将作为阳极而受到电化学腐蚀。

(3) 环空滞留钻井液的腐蚀

滞留在套管外环空中的钻井液或顶替水泥浆的冲洗液、隔离液可能含有某些腐蚀性组分或分解出腐蚀性组分，例如磺酸盐类可能分解生成硫化氢。此外，上述流体在地面配制或泵入的过程还会混入空气，造成氧腐蚀。

一些钻井液完井液为饱和或欠饱和盐水泥浆、重晶石或铁矿粉加重钻井液，它们是电流和离子流的良好导体，使电化学腐蚀加剧。铁矿粉或重晶石沉降后，导致套管外壁点接触腐蚀。管外环空钻井液密度降低，又导致地层流体侵入环空，导致套管腐蚀。

(4) 套管自身钢材的金属学缺陷、操作损伤及局部应力集中引起的腐蚀

API和ISO标准强调套管的最低强度标准，但对长期抗腐蚀性没有具体规定。同样机械性能，不同合金设计及制造技术的套管，抗腐蚀性有一定差异。需注意在某些腐蚀介质环境中，套管制造过程中的金相缺陷，如偏析等合金化缺陷造成点蚀。制造残余应力过大或套管钳牙咬伤会加快局部腐蚀。套管接箍及外螺纹螺牙消失段存在应力腐蚀、缝隙腐蚀和电偶腐蚀，这个区域会过早穿孔或断裂。

2. 套管外防腐设计

(1) 避免裸眼段过长

目前的勘探开发井较多注重油气层的评价，而对钻过地层剖面地层水的评价未引起充分重视。如果裸眼段过长，难免存在含高矿化度或腐蚀性地层水的渗透性地层，这就为以后的套管外腐蚀埋下了隐患。有的深井因钻井周期长，井还未完钻，技术套管就有外腐蚀穿孔的情况发生。

(2) 用水泥封固腐蚀性井段

提高水泥返高需克服注水泥井漏问题，可用分级箍分段注水泥防止井漏。分级箍上下50m井段地层应为非漏透性地层，因为分级箍处难于保证注水泥质量。

(3) 采用套管外涂层或外缠绕保护膜保护带

涂层或外缠绕保护膜具有极高的耐腐蚀性，要求下入时耐擦伤，耐套管钳牙咬伤，或咬伤处可在钻台适时修补。Tubocote公司开发的一种套管外缠绕保护膜具有极高耐腐蚀性。长庆油田地区油层上部有一洛河水层，盐水总矿化度86000mg/L，pH值为5.6，属酸性水，对套管腐蚀严重。多年来曾采用注水泥封固，阴、阳极保护等措施都无济于事。最后，采用环氧树脂玻璃布将套管缠绕并同时采用阳极（Zn）保护，下井后经多年考验，再没有发现套管腐蚀问题。

(4) 提高注水泥质量和采用合适的抗硫水泥

注水泥可有效防止套管腐蚀，但必须是注水泥质量良好，水泥不被地层中硫酸盐等组分腐蚀。地层水对水泥的腐蚀分两个阶段：

水泥胶凝期：水泥泵送结束后，如果凝结时间过长或水泥失重，地层水就会侵入。受水侵的水泥形不成水泥石或胶结强度差。常可见到泥岩段声幅测井显示注水泥质量好，对应的砂岩段注水泥质量差，这是水侵破坏水泥凝结的结果。

地层水后期侵蚀：水泥石总有一定的渗透性，地层水中的Cl^-、SO_4^{2-}、HCO_3^-侵入水

泥石后有可能产生溶蚀、离子交换和结晶膨胀等破坏作用。此外，地层水中的二氧化碳也会侵蚀水泥。地层水渗过水泥后与套管接触，腐蚀套管。

提高注水泥质量和采用合适的抗硫水泥是防止或减缓套管外腐蚀的重要技术。

二、油套环空（油管外壁和套管内壁）腐蚀

1. 开口环空

油管下部不带封隔器的完井结构称为开口环空。油套环空套管内壁和油管外壁的腐蚀取决于产出流体和环空油气水的相态变化。一些油气田油管外壁比内壁腐蚀严重，可见从外壁向内延伸的局部腐蚀穿孔。上述腐蚀现象可能与湿润和相态有关。二氧化碳溶于凝析水，可使凝析水 pH 值降到 4.0 以下。由于环空无流动，该凝析水可稳定的附着在油管外壁，造成失重腐蚀或点蚀穿孔。

气井底部的油管和套管在气水界面附近溶解与析出产生的传质动力因素会加剧腐蚀。

2. 闭口环空

油管下部带封隔器的完井结构称为闭口环空。闭口环空的环空保护液应具有如下性能：

（1）防腐蚀性能

采用淡水作环空保护液是比较通行的做法，在淡水中加烧碱将 pH 值提至 11，由此不需加除氧剂和杀菌剂即可防止环空腐蚀。此外，柴油也是良好的环空保护液。

此外，氯化钙溶液对碳钢和低合金钢有较好的防腐性能。但是如果油管有泄漏，二氧化碳与氯化钙反应生成碳酸钙，碳酸钙沉淀在管壁上有可能产生严重点蚀。如果油管或油管附件采用了不锈钢材料，可能产生氯化物应力腐蚀开裂。

封隔器之上环空滞留的钻井液、完井液替出不完全将是十分有害的。如果加重钻井液含重晶石或铁矿粉，在长期高温作用下，钻井液分解，重晶石或铁矿粉沉降，并与普通低合金钢或不锈钢钢油管外壁接触，形成大面积点蚀坑，并导致井下作业时卡油管。

在高温高压及腐蚀性气井中，如果封隔器失效，油管螺纹泄漏，油层套管泄漏，环空保护液设计欠妥也会造成油套环空腐蚀。

（2）稳定性

在高温或长期井眼温度条件下应具有稳定性，包括加入无分解、加重料无沉降的聚合物材料。

（3）压力平衡

在某些高温高压井中，要求环空保护液具有一定的密度，以平衡油管内的高压和对封隔器施加一定回压，平衡封隔器过大的上顶力。

三、考虑油管冲蚀、腐蚀的流速限制

1. 油管内流速对腐蚀影响的复杂性

高产气井油管设计中，若对油管冲蚀考虑不够或受井身结构限制不能下大直径油管，高速气体在管内流动时会发生冲蚀/腐蚀。产生明显冲蚀、腐蚀作用的流速称为冲蚀流速，有的称为临界流速或极限流速。在工程实际中，流速往往是唯一可以控制的力学指标。控制了流速就可以控制管壁的冲蚀腐蚀引起的管壁减薄。

流速限制问题十分复杂，它与下列因素密切相关：

1）气相二氧化碳和硫化氢分压、含量及比例；

2）含水量；

3）氯离子含量；

4）凝析气藏不同开采期气油比；

5）温度分布；

6）是否有元素硫析出和沉积，产层出砂情况等。

（1）油管内的气流速度超过冲蚀流速的冲蚀、腐蚀问题

1）流动加剧油管冲蚀和腐蚀：特别当含二氧化碳、硫化氢和地层盐水时，初始腐蚀产物膜被不断冲掉，腐蚀膜起不到保护作用。二氧化碳腐蚀物疏松，更容易被冲掉。因此含二氧化碳气井的油管直径选用和产量控制要特别重视。当需加入缓蚀剂防止油管腐蚀时，若油管内流速太高，管壁缓蚀剂膜将不稳定。严重时不得不缩短注缓蚀剂周期，甚至改为连续注入。

疏松产层或测试、生产压差过大，气流带砂时冲蚀严重，加剧冲蚀腐蚀。对二氧化碳、氯根或地层水含量较高的产层，正确评估出砂不仅对储层保护有价值，而且对防止油管冲蚀腐蚀也十分重要。

2）局部流场诱导冲蚀腐蚀：油管中任何变径、流向改变都会产生流场诱导冲蚀腐蚀。油管螺纹、油管附件都可能是易冲蚀腐蚀部位。

3）高速气流诱发流固耦联振动：在流道中任何变径、流向改变或流速变化都会产生流固耦联振动，即流动诱发振动。油管持续的振动，机械波在管道中的裂纹处将有可能造成动态断裂，例如，导致螺纹疲劳断裂，加速本体裂纹或蚀坑的延伸与发展，最终导致爆裂。在实践中已发生高产和腐蚀性气井油管断裂和爆裂的案例，有的油管在没有可见严重腐蚀痕迹的情况下断裂。主要的振动源有：

在高产气井中，采油树及管汇系统流道变化剧烈，振动较大，振动波将沿油管传播。当油管下部坐于封隔器时，轴向受压段屈曲，高速气流在弯曲的油管内流动会引起振动。

气井和凝析气井油管内的流动均为非稳态流，即流速是变化的。温度压力变化导致气液相比变化，气相体积变化，由此引起流速变化并诱发振动。

（2）油管内的气流速度过低引起的腐蚀问题

在下述情况下，油管内气流速度过低也会加剧腐蚀：

1）凝析水膜腐蚀：在含二氧化碳气井或凝折气井中，井眼中上部井段温度压力降到露点以下时，则有凝析水析出。管壁上凝析水膜的附着，凝析水膜的厚度及其分布与热力学、电化学及流速有关。油管内流速越低，凝析水开始析出的井深点越深，同时吸附在管壁的水膜也越稳定。在较高流速下，气流温度高，凝析水开始析出的井深浅，同时管壁附着的水膜易被冲走，管壁不易形成稳定的水膜。

二氧化碳溶于凝析水时，pH 值会比地层水的 pH 值低，腐蚀性更严重。地层水往往含碳酸氢盐，碳酸氢盐提高了水相 pH 值，对减轻腐蚀是有利的。

2）井底积水及动液面腐蚀：在含二氧化碳、硫化氢及产层出水的井中，油管内流速不足以将井底积水即时举出时，井底积水段，特别是动液面处油管腐蚀严重。

3）元素硫析出与油管内沉积阻塞：前已阐述，在气流中的元素硫对腐蚀影响不大，但是沉积在管壁的元素硫会造成点蚀。在高含硫化氢气井中，流速是影响元素硫沉积的主要因素。当流速较高时，油管内析出的硫会被气流带出地面。流速低时，元素硫可稳定的附着在管壁上，造成管内沉积阻塞。

（3）多相流冲蚀、腐蚀

含二氧化碳、硫化氢及地层水或凝析水的油气多相体系的腐蚀为多相流冲蚀和（或）腐

蚀。当水相为连续相，或压力温度低于露点，有凝析水析出，二氧化碳溶于凝析水中，水润湿管壁，腐蚀加快。

气井中水溶解于气、气溶解于水等物理过程将会影响腐蚀。温度、压力降低后，溶解于气中的水析出，凝析水对腐蚀的影响起着决定性的作用。通过对水和烃相之间的传质问题的研究发现：当气相与水相共存时，气相中的二氧化碳、硫化氢和甲烷等组分会溶解于水相，导致气相的组成发生变化，气相的某些特性（如：饱和压力、气油比和体积系数）也发生变化，从而引起管壁腐蚀状态发生变化。在气井正常生产过程中，受井筒温度、压力的影响，流体将可能发生相态的变化。如果水的露点线处于凝析相包络线以内，则不会有凝析水析出，此时管壁的腐蚀较轻；当水的露点线处于凝析相包络线以外，则有凝析水析出，此时管壁的腐蚀较重，见图 11—16。

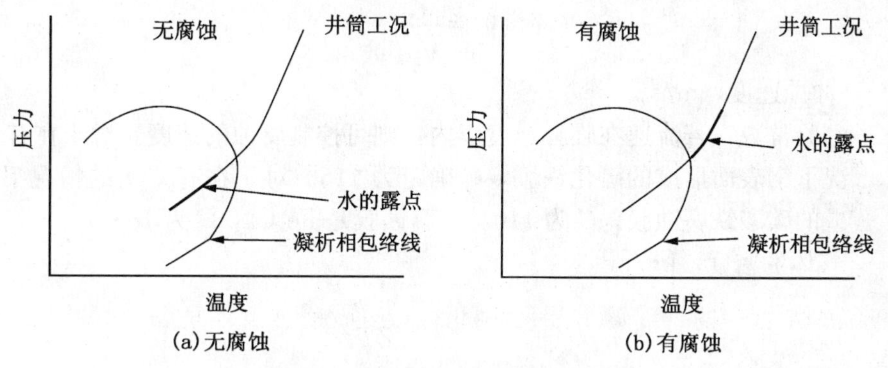

图 11—16　气井相态对腐蚀影响的示意图

井内产出物可以是油包水乳状液，将水包裹在乳状液内，防止水润湿，继而大大降低了腐蚀速度。而当含水量或其他参数发生变化时，有可能形成水包油乳状液，结果导致钢铁表面被水润湿。有一个经验法则：当含水率低于 30%（质量分数）时，油气井管壁完全是油润湿，腐蚀速度较低；当含水率高于 50%时，是水润湿，腐蚀较严重。在这两个值之间，水对油气井的润湿是间隙出现的。含水率较高时，水相可能分散在液相中，也可能以液膜或其他形式存在于管内。即使形成水滴，如果不能完全被液流携带出去，水相也可能产生液膜。一旦管内存在水膜，则腐蚀速度将急剧增大。因此，局部含水率、水相速度、水膜厚度以及水相在管壁的润湿性计算对管壁腐蚀速率预测是至关重要的。

对于油井，当压力高于泡点压力时，气体没有被释放出来，为单相流，腐蚀速率低；当压力低于泡点压力时，含硫化氢和二氧化碳的气体从原油中脱出，并溶解在水中，从而形成多相流腐蚀环境，腐蚀速度急剧增大。

在含二氧化碳凝析气井中，如果用了低合金钢油管，那么通过生产压差控制，使凝析油随气流带出，凝析油吸附于管壁对防止或减缓油管腐蚀可起到一定作用。

（4）油管和设备材料性能对腐蚀、冲蚀的影响

如果发现腐蚀、冲蚀坑呈薄片状剪切形貌，或起皮剥落，就需考虑选材问题。宜优先选用材料表面能形成致密及高附着力的腐蚀产物膜和高延展性材料。在低合金钢中，增加铬的含量可生成致密和光滑的保护膜，提高抗冲蚀的性能。在较严重腐蚀和高产量气井中，依腐蚀、冲蚀严重程度分别选用马氏体不锈钢（例如超级 13Cr），双相不锈钢（如 22Cr），直至

镍基合金材料，它们的腐蚀产物膜和延展性比低合金钢更具抗冲蚀能力。工业界在长期实践和研究的基础上，提出了防止油管冲蚀、腐蚀破坏的流速限制。对普通低合金碳钢和产干气时，防止冲蚀的流速限制为 14m/s。但是对含二氧化碳产气井，用 13Cr 油管，防止冲蚀、腐蚀的流速限制可提高到为 35m/s。

2. 防止腐蚀、冲蚀的油管内流速计算

实际上油管选定后，人们往往只从采油工程角度考虑参数控制，对腐蚀几乎未考虑。主要原因是腐蚀问题太复杂，缺乏可靠的预测模型。本节介绍的流速限制不能完全包括以上分析的各项因素，因此在应用本节极限流速的基础上，推荐进行铁离子浓度等手段的在线监测。根据在线监测腐蚀严重程度及演变，调整油管内流速。

美国石油学会建议的两相流（气/液）管道中冲蚀极限速度（API RP14E）为：

$$V_e = \frac{C}{\sqrt{\rho_g}} \tag{11—8}$$

式中 V_e——冲蚀速度，m/s；

C——经验常数（若流速在临界速度以内，则可控制腐蚀的速度。对于在有 H_2S 的情况下钢表面形成的硫化铁膜，C 确定为 116。对于在有 CO_2 的情况下钢表面形成的碳酸铁腐蚀膜，C 为 110。若腐蚀膜是 Fe_3O_4，C 为 183）；

ρ_g——气体的密度，kg/m^3。

$$\rho_g = 3484.4\frac{\gamma_g p}{ZT} \tag{11—9}$$

式中 γ_g——混合气体的相对密度；

p——油（套）管流动压力，MPa；

Z——气体偏差因子；

T——气体绝对温度，K。

若令 $C=120$，则：

$$V_e = 2.0329\left(\frac{ZT}{\gamma_g p}\right)^{0.5} \tag{11—10}$$

气流从井底流向井口，由于重力及摩阻的影响，井口流动压力要比井底流动压力小，而流动速度却愈来愈大。因此只要井口处的气流速度能满足不产生明显冲蚀的条件，则井筒中管柱任何断面处的速度也一定能满足该条件。井口处油管的冲蚀流速与气井相应的冲蚀流量和油管内径的关系式可由下式表示：

$$V_e = 1.4736\times10^5\frac{q_e}{d^2} \tag{11—11}$$

式中 q_e——气井井口处的冲蚀流量，$10^4m^3/d$；

d——油管内径，mm。

整理上面各式得：

$$q_e = 1.3794\times10^{-5}\left(\frac{ZT}{\gamma_g p}\right)^{0.5}d^2 \tag{11—12}$$

据井口处冲蚀流量与地面标准条件下体积流量的关系式：

$$q_{max} = \frac{Z_{sc}T_{sc}}{p_{sc}}\frac{p}{ZT}q_e \tag{11—13}$$

当地面标准条件为：$p_{sc}=0.101$MPa，$T_{sc}=293$K，$Z_{sc}=1.0$，则有：

$$q_{max} = 0.04\left(\frac{p}{ZT\gamma_g}\right)^{0.5} d^2 \tag{11—14}$$

式中　q_{max}——地面标准条件下气井受冲蚀流速约束确定的产气量，$10^4m^3/d$。

实例计算，假设井口油压和温度分别为 5.5MPa 和 60℃，天然气的相对密度为 0.65，压缩因子：0.91。则，对于壁厚 5.51mm 的 $2\frac{7}{8}''$油管来说，油管冲蚀流速对应的产气量为：

$$q_{max} = 0.04\left(\frac{5.5}{0.91 \times (273+60) \times 0.65}\right)^{0.5} \times (73-5.51\times 2)^2 = 25.7\times 10^4 m^3/d$$

四、油套管连接螺纹的腐蚀与防腐设计

油套管柱中，螺纹连接是首先被腐蚀的部位。在很多情况下，油管管体可再下井使用，但因螺纹腐蚀，必须重车螺纹或整体报废。以下简述 API 圆螺纹和偏梯型螺纹及金属接触气密封螺纹失效现象及机理、防腐设计。

1. 螺纹腐蚀现象及机理

（1）API 圆螺纹和偏梯型螺纹腐蚀现象及机理

当流体通过油管柱接箍中部时，截面变化，即截面的突然放大和突然缩小，流体流速及流场将发生变化。在该区域产生以下类型的腐蚀、冲蚀：

机械力冲蚀、腐蚀：湍流、悬浮液滴、悬浮砂粒、悬浮气泡对壁面的冲击或空蚀伴随汽化后的爆炸。应力腐蚀、缝隙腐蚀、电偶腐蚀、相变诱导腐蚀。

图 11—17 为螺纹部位流道结构示意图，其中右图为数值模拟的流场图。

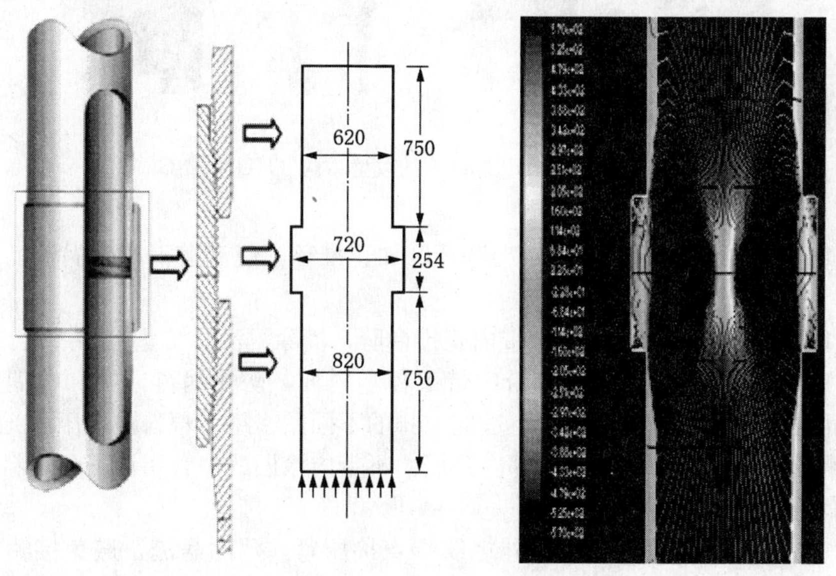

图 11—17　油管接箍中部“J”环区流道

（2）金属接触气密封螺纹失效现象及机理

在气井中常采用金属接触气密封螺纹，但是仍然存在密封部位的腐蚀和密封失效问题。气密封外螺纹端部（鼻部）与接箍内台阶压紧接触。有的气密封外螺纹鼻部壁偏薄，接触应力水平可超过金属材料屈服极限。在前述电偶腐蚀讨论中已提到应力集中、局部冷作硬化部位将作为电偶对的阳极加速腐蚀。此外接箍与管体用不同材料和不同工艺制造，其间也存在电位差。

本书第五章中讨论了金属接触气密封螺纹各部位的应力状态，气密封外螺纹端部（鼻部）在紧扣后处于多向应力状态。

2. 油管螺纹选用与防冲蚀、腐蚀设计

螺纹是最先腐蚀失效的部位，估计仅仅是改进螺纹防腐蚀性能这一项就可提高油管寿命一倍以上。

（1）API 标准螺纹

为了解决图 11—19 中油管接箍中部“J”环区流道引起的流动和相变诱导腐蚀、应力腐蚀、缝隙腐蚀，几家油井管公司已推出了在 API 螺纹上的改型结构。图 11—18 在 API 螺纹上的改型结构（HUNTING）。

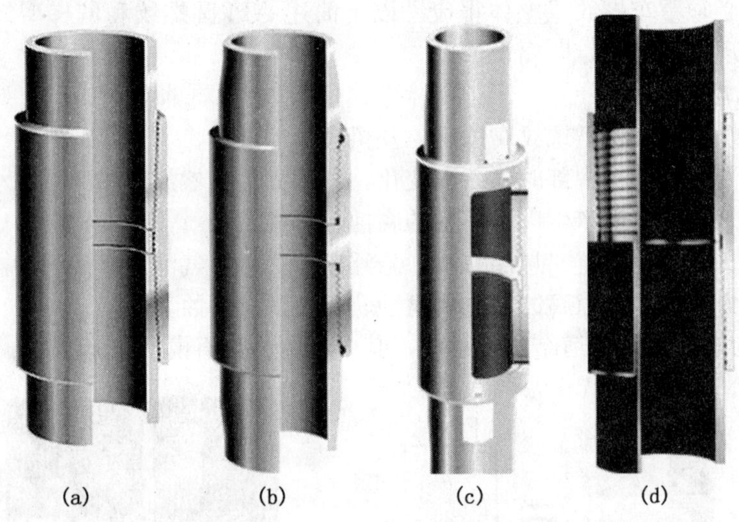

图 11—18　在 API 螺纹上的改型结构（HUNTING）

图 11—18（a）：API 偏梯型螺纹“J”环区加止推环，使流道不产生涡流，避免上扣扭矩过大。

图 11—18（b）：API 圆螺纹接箍带内止推台阶，消除涡流和防止上扣过紧。

图 11—18（c）：API 圆螺纹接箍带内带工程塑料环，防止涡流冲蚀和电偶腐蚀，降低缝隙腐蚀。工程塑料环有较大变形量，适应上扣的不同紧密距。塑料被挤压填充间隙，提高密封性。工程塑料环可保护外螺纹端都内涂层。不带内涂层的油管用该工程塑料环可防止涡流冲蚀和电偶腐蚀。

图 11—18（d）：API 偏梯螺纹，外螺纹端直接压紧，消除涡流，避免接箍产生过大周向应力。

（2）电偶腐蚀隔离环

图 11—19 为气密封螺纹和电偶腐蚀隔离环结构。工程塑料隔离环可防止电位腐蚀。所用工程塑料具有抗温、抗蠕变、抗腐蚀特性。工程塑料隔离环可以在每次起下油管时更换。

3. 优选螺纹结构，降低螺纹局部应力集中

油套管螺纹连接的应力集中及应力状态是酸性环境设计必须考虑的因素。局部过大的应力集中，或者 VME（VON MISES EQUIVALENT）应力的主应力的拉应力值过大，可能增加应力开裂敏感性。

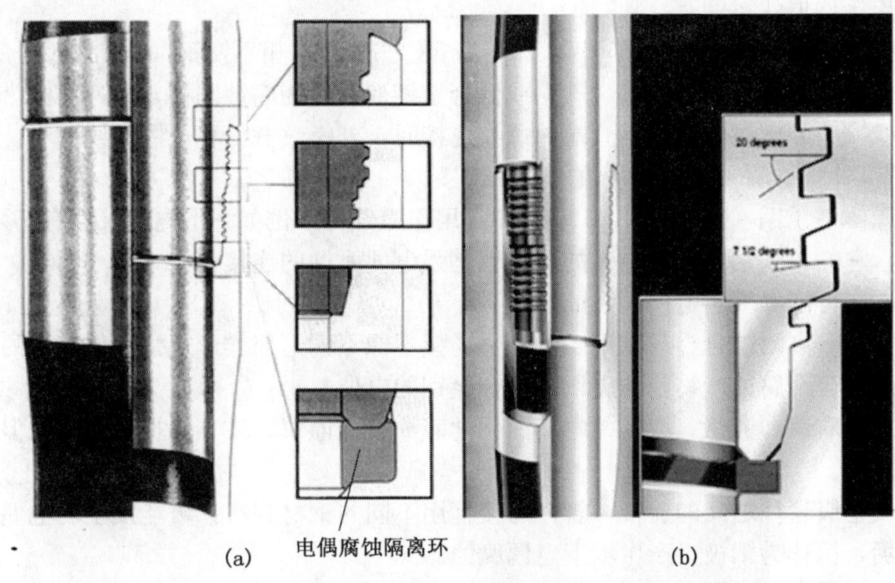

图 11—19　气密封螺纹及非金属隔离环结构

(a) 气密封螺纹加隔离环，防止电偶腐蚀；(b) 带内涂层的油管气密封螺纹加非金属隔离环结构

(1) API 标准圆螺纹连接的应力集中

API 标准圆螺纹用于硫化氢酸性环境存在以下问题：接箍承受较大周向张应力或局部应力集中过大，可能导致纵向开裂。API 圆螺纹靠螺牙两侧紧密接触形成密封，为了达到足够的密封压力，接箍产生周向拉应力，因此，该种螺纹不宜用于酸性环境抗应力腐蚀开裂和电化学腐蚀。API 圆螺纹的外螺纹最末完全扣处存在较大的应力集中，如果油管环空暴露于腐蚀介质中，该点将成为应力开裂敏感点。

(2) 适用于硫化氢气井的螺纹结构

螺纹和接头是油套管的薄弱环节，如果说设计管体应力应低于环境断裂的应力水平，但螺纹和接头的应力水平和应力集中会比管体大很多。非 API 标准的气密封螺纹一般采用偏梯形扣或其他特殊扣型，与 API 圆螺纹相比，接箍的周向应力较低。降低应力集中系数和避免局部过大拉应力列入设计要求。

适用于硫化氢气井油套管的螺纹和接头应具有以下特征：

1) 外螺纹端部在满足一定接触应力和密封的条件下应尽可能厚，过大的压应力会导致应力腐蚀和穿孔。

2) 接箍承受拉应力，应尽可能降低拉应力水平，防止应力开裂。如果 API 标准接箍不能满足要求，应采用厚壁油套管和厚壁接箍。

五、防止电偶腐蚀的设计

1. 电偶腐蚀的普遍性

油气井生产系统中有各式各样的连接或构件间的接触，金属间不同程度的存在电位差，因此电偶腐蚀具有普遍性。构件间接触必然有缝隙，因此电偶腐蚀与缝隙腐蚀往往同时发生，加剧了腐蚀。

(1) 有可能发生强电偶腐蚀的连接件

电位差大的金属连接会导致强电偶腐蚀，即阳极端加速腐蚀。油气井生产系统中强电偶腐蚀的连接件失效案例有：

马氏体不锈钢（例如 API 13Cr、Super13Cr 等）、双相不锈钢（例如 22Cr、25Cr、28Cr 等）油管与低合金钢油管连接：碳钢或低合金钢油管作为腐蚀阳极，加速腐蚀。当碳钢或低合金钢管端为外螺纹与不锈钢管端内螺纹连接时，外螺纹截面积比内螺纹的小，即“小阳极大阴极”，外螺纹腐蚀形成最严重的腐蚀连接。

奥氏体不锈钢（例如 304，316 等）常用作零部件，例如井下电潜泵、有杆泵、阀、杆、封隔器。它们与碳钢或低合金钢的连接也是强电偶腐蚀的连接件。

（2）有可能发生弱电偶腐蚀的连接

镍、钛等高耐蚀合金与碳钢、低合金连接不像不锈钢那样形成强电偶腐蚀的连接件，这是因为耐蚀合金腐蚀产物膜与碳钢、低合金钢的电位差小。

采用镍磷镀、镀铬，或其他电镀、化学镀油管应谨慎，防止保护了油管，但加速了其他连接件腐蚀。

不同钢级管柱之间的连接，管体与接箍用不同的钢材制造，可能发生弱电偶腐蚀。油管内壁结垢，钢作为阳极，产生垢下电偶腐蚀。

油管、套管或设备中的应力集中、局部冷作硬化（如钳牙咬伤的坑痕、钢印）部位与相邻金属间也有电位差，应力集中、局部冷作硬化处作为阳极加速腐蚀。这是外加厚油管加厚过渡带易腐蚀穿孔的主要原因之一。

如果有焊接，焊缝区域与母材在电解质溶液中存在电位差，腐蚀首先从根焊面熔合线开始，形成点蚀，进而从局部点蚀形貌向线腐蚀发展。

2. 防止电偶腐蚀措施

（1）“大阳极小阴极”的连接设计

在有可能发生强电偶腐蚀的连接中，只要结构允许，应尽可能将易被腐蚀端（阳极）体积或质量做大，不易腐蚀端（阴极）做小，这种结构称为“大阳极小阴极”。由于阳极端电流密度的降低可以减缓腐蚀。此外，阳极端做大后，对应的装配应力、外载应力可降低，这也可以降低应力腐蚀和提高承载能力与使用寿命。在井下油管及附件的连接中可能会有不锈钢与低合金钢的连接，根据上述原理，应该尽可能将不锈钢端做成外螺纹，低合金钢端做成内螺纹，即接箍。只要结构允许，低合金钢端内螺纹连接件壁厚或直径应尽量增大。

（2）在异种金属连接或接触间加绝缘材料或密封填料

在异种金属连接或接触间加绝缘垫、套或密封填料可防止或减缓电偶腐蚀和应力腐蚀。如果结构空间允许，应采用尽可能长或厚的绝缘垫、套。

（3）局部牺牲阳极保护

在具有腐蚀倾向的阳极端喷涂或镀锌、铝或镁可起到局部保护作用。锌、铝或镁电子流向钢，使原来的电偶极性逆转，这也是一种局部牺牲阳极保护技术，该技术应在实验评价有效后方可实施。

六、腐蚀环境的强度设计安全系数

1. 以临界应力百分比为基础的安全系数设计

油套管额定强度指从 ISO 10400 或 API 5C3 中查出的强度值。需要注意的是酸性环境油气井套管和油管设计安全系数的取值与一般井不同，ISO 10400 和 API 5C3 中的套管和油管强度是按材料名义屈服强度计算的，抗内压设计安全系数可取为 1.0。但是抗硫管材的性能要求只保证在一定硫化氢酸性水溶液环境中不会发生开裂的拉伸应力值，这个应力值称为环境断裂临界应力，它与材料屈服强度的百分比称为临界应力百分比。不同套管的临界应力百分比不同，但至少不低于80%。用NACE方法A和A溶液，规定J55和K55套管管体和接箍抗硫化物应力开裂的临界应力为管材屈服强度的80%，对L80，C90和T95，临界应力值应为屈服强度的90%，这是材料评判的标准。更高钢级油、套管的临界应力百分比应参照厂家提供的性能指标。

因此，为了保证工作应力不大于环境断裂临界应力，应按ISO 10400或API 5C3中的套管和油管抗内压强度乘以临界应力百分比，如0.8或0.9的系数，在此基础上考虑设计安全系数。对J55和K55钢级，若设计抗内压安全系数为1.0，那么考虑环境断裂的实际设计安全系数至少应为1.0/0.8＝1.25。

生产套管和技术套管、油管均应按上述方法取抗内压设计安全系数，并且不考虑外挤压力或水泥环对内压强度的补偿。在加拿大硫化氢酸性油气井套管和油管设计标准中，规定二氧化碳分压＞2000kPa和硫化氢分压＞0.34kPa时抗内压安全系数应大于1.35。

2. *以临界环境断裂韧性K_{ISSC}为基础的安全系数设计*

（1）断裂安全系数

在本章中曾介绍了NACE方法D双悬臂梁（DCB）试验可用于设计计算，即针对一定腐蚀环境求得临界应力强度因子K_{ISSC}。应力强度因子可根据断裂力学方法计算。前已阐述，如果外载应力低到某一值，材料在腐蚀介质中工作足够长的时间，裂纹虽有扩展，但不会失稳，对应于此状态的应力强度因子称为某腐蚀介质的临界环境应力强度因子或某腐蚀介质的临界环境断裂韧性K_{ISSC}。临界环境断裂韧性K_{ISSC}与外载作用下应力强度因子K_I的比，即为以临界环境断裂韧性K_{ISSC}为基础的安全系数设计，或称为断裂安全系数。NACE双悬臂梁（DCB）试验提供了材料的临界环境断裂韧性K_{ISSC}评价方法和标准。提高环境断裂安全系数要求提高临界环境断裂韧性K_{ISSC}，同时尽量降低应力强度因子。以临界环境断裂韧性K_{ISSC}为基础的安全系数设计十分复杂和需要较多的实验数据，以下的定性分析对提高断裂安全系数有一定价值。

（2）提高环境断裂韧性K_{ISSC}的措施

1）注意环境断裂的温度敏感性：表11—4提供了酸性环境中碳钢和低合金钢抗开裂的温度条件，这是基于经验制定的材料选用标准，它不能用于定量的强度计算。根据本章第三节的试验方法，一种低碳合金钢，屈服强度为805MPa（117ksi），硬度为HRC27.2，温度对临界环境断裂韧性K_{ISSC}的影响见图11—20。根据图11—20，温度降低10℃，K_{ISSC}降低约5ksi·in$^{1/2}$。关井、注入冷流体或相态变化制冷，对井口段油管和套管或管汇都应特别注意环境断裂韧性K_{ISSC}降低导致断裂。

对于不锈钢和耐蚀合金，氯化物或其他卤化物（F^-、Br^-）等应力开裂主要发生在高温环境。

2）减小初始表面缺陷：油套管制造过程难免存在初始表面缺陷，例如缝、折叠、裂纹、咬伤刻伤等。裂纹尖端的局部塑性应变会造成高的晶格位错密度，由此

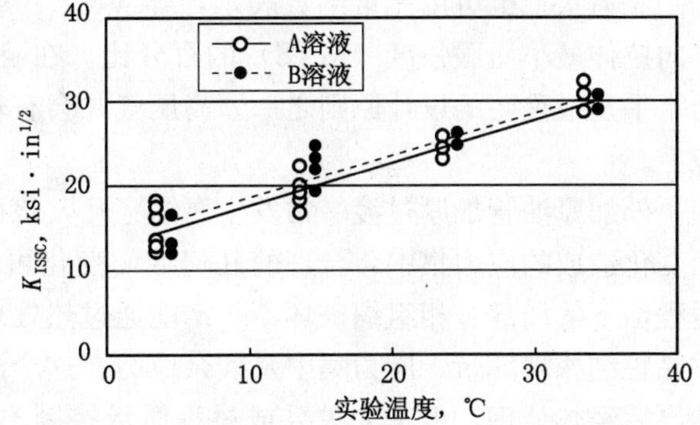

图11—20　某种金属材料的抗开裂能力

导致高的吸氢量和氢聚集，因此裂纹控制至关重要。ISO 11960 将这些表面缺陷的最大允许深度划分为以下两组：

第一组：一般使用环境，表面缺陷的最大允许深度小于壁厚的 12.5%。适用钢级：H40、J55、K55、2M65、N80 Type 1、N80Q、L80、C95、P110。

第二组：重要使用环境，表面缺陷的最大允许深度小于壁厚的 5.0%。适用钢级：C90、T95、P110、Q125。

上述分类标准是用户与厂家相互妥协的产物，建议用于气井、酸性环境的任何钢级均应要求表面缺陷的最大允许深度小于壁厚的 5.0%。表面缺陷的最大允许深度小于壁厚的 5.0%时，抗内压强度分别用屈服准则和韧性断裂准则计算。但是表面缺陷的最大允许深度大于壁厚的 5.0%和小于壁厚的 12.5%时，抗内压强度按裂纹失稳破裂计算。此时的抗内压强度低于按屈服准则计算的抗内压强度。裂纹越深，应力强度因子越大，断裂安全系数越小。

上述尽量降低初始缺陷的要求也适用于已在井下作业对油管和套管的保护。特别是在深井和酸性油气井中的生产套管内进行任何作业都要考虑可能的入井工具刮划、胀管、碰撞诱发裂纹和扩大初始裂纹问题。

3）采用厚壁低强度材料的油套管：如果采用薄壁高强度材料与厚壁低强度材料的油套管具有相同的强度安全系数，那么从环境断裂的意义上说，应优先采用厚壁低强度材料。厚壁低强度材料对氢脆和裂纹扩展的敏感性会显著降低，或者说具有较高的临界环境断裂韧性 K_{ISSC}。

七、降低应力水平的设计

1. 应力水平概念

应力水平应包括下述三类：

结构 VME（VON MISES EQUIVALENT）应力，即当量复合应力。例如按 ISO 10400 计算的油管或套管管体在拉压弯和内外压外载下的当量复合应力，有关计算公式可参见第五章。

局部 VME（VON MISES EQUIVALENT）应力，主要指应力集中。油管连接螺纹和加厚消失点会产生较大应力水平或应力集中。

拉伸残余应力（residual tensile stresses），残余应力与制造方法有关。ISO 15156 已规定了不同制造方法消除残余应力的要求。

应力水平也可用无量纲数表示，即 VME（VON MISES EQUIVALENT）应力与钢材单向拉伸最小屈服强度（MYS）的百分比。在硫化氢、氯化物及二氧化碳环境中，降低应力水平是最重要的设计原则之一。高压气井会有较大内压力，井眼上部油套管承受较大拉伸应力。

外加厚油管加厚过渡带常发生腐蚀穿孔，该截面处发生穿孔的原因是加厚过渡带存在截面变化造成的应力集中，合理的几何截面变化可使应力集中系数降至 1.00，但是端部加厚过程留下的局部金相组织破坏不一定能通过热处理消除。冷挤压加厚后未作热处理，留下严重晶粒结构破坏带、应力集中及残余应力。这个区域作为电偶腐蚀的阳极加快腐蚀；热挤压加厚后经热处理，但工艺欠妥或过程质量控制不严格，留下了局部破坏的晶粒结构及残余应力。

2. 降低工作应力水平的重要性

降低结构的应力水平可提高酸性环境材料的抗开裂能力，或延长服役寿命。在低应力水平下，裂纹扩展速度降低或发生断裂的时间延长。在低应力水平下，材料可抗较高分压的硫化氢含量；而在较高应力水平下，即使硫化氢分压很低，材料也可能发生断裂。在硫化氢环境中，如果构件有裂纹存在，即使外部应力低于材料的屈服强度，断裂也会发生。根据NACE MR 0175－88，ARP（Alberta Recommended Practices、加拿大）1. 6 和 ARP2. 3 标准及一些专家的研究，将应力水平和硫化氢含量与适用钢级分为三个区间：轻微、一般和严重。三个区间的量值如下：

1）轻微：硫化氢含量低于 0. 5mol ％和应力水平低于 50％，可选用低于 110ksi 的任何API 管材。但是当硫化氢含量达到 10mol ％时，应力水平应降至 30％。

2）一般区：硫化氢含量达到 2. 0mol ％，采用 API 抗硫钢种，应力水平可达到 70％。硫化氢含量达到 20mol ％时，应力水平应降至 60％。

3）严重：硫化氢含量达到 5. 0mol ％，用 API 抗硫钢材，应力水平 90％。硫化氢含量大于 20mol ％，应力水平应降至 70％。应力水平大于 90％时，应视为不可接受的设计。

3. 降低应力水平的井身结构设计

改进井身结构设计是降低应力水平最有效的方法，降低应力水平有三种方案：

第一种：套管回接。

在深井中一次下入全部套管柱，特别是油层套管，必然会遇到井口部分轴向拉力大，需要用高钢级套管。但在酸性环境，又不允许使用高钢级套管，而应采用较低屈服强度的钢种。采用套管回接技术，尾管部分用钻杆下入，下入回接套管就可减少一部分井段的重力，因此可用厚壁低钢级套管以提高应力腐蚀开裂抗力。例如：有的油层套管为了提高应力腐蚀开裂，设计需要使用 C125 以上的钢种，采用回接技术后，不用 C125，就可使用 C95、L80。因此使用尾管长度应综合考虑全套管柱的应力分配。

第二种：在上部采用特厚壁套管同时降低钢级，以提高硫化物开裂抗力，一些含硫化氢的气井应优先采用这些方法。例如，美国 1972 年在派尼伍兹西南气田气井下 6⅝″（168mm）油层套管，由于含硫化氢，不宜用高强度套管。因此采用了钢材屈服强度仅586MPa 的特厚壁套管，壁厚 28. 6mm。

第三种：上大下小的复合套管柱和油管柱。这不仅有利于降低应力水平，以便采用较低钢级的套管，而且有利于下入大直径油管以适应高产气井抗冲蚀的要求。

硫化氢气井和高压气井的油层套管不应采用分级箍注水泥。因为采用分级箍存在以下风险：

1）分级箍之上的套管应力水平高，很难选到高强度抗硫管材。应力水平高，安全裕量降低。

2）分级箍抗内压强度和密封压力远低于套管，一旦油管封隔器失效或油管泄漏、断裂，分级箍可能会泄漏或爆裂。

3）在多数情况下，分级箍外水泥环质量差，或不能形成水泥石。可能的环空腐蚀性流体窜流，引起套管外腐蚀，导致泄漏或爆裂。

如可能发生注水泥井漏时，应设计尾管回接套管技术。

八、采油采气树系统腐蚀

采油树系统由阀门、法兰、油管挂、四通、变径管、弯管和节流阀等组成，它们都是压力控制的关键部件。对于高压气井，高压部件冲蚀、腐蚀会造成严重后果。采油树系统防腐的关键是正确选型，针对不同腐蚀环境，选用相应的采油采气树等级。表 11—10 为引自 API Spec 6A 的采油采气树腐蚀划分等级，该标准给出了腐蚀环境的划分指标。

表 11—10 采油（采气）树防腐蚀等级划分（引自 API Spec 6A）

材料类别	工　况
AA	一般环境——无腐蚀
BB	一般环境——轻度腐蚀
CC	一般环境——中腐蚀到高腐蚀
DD	酸性环境——无腐蚀
EE	酸性环境——轻度腐蚀
FF	酸性环境——中度到高度腐蚀
HH	酸性环境——严重腐蚀

在高产和以二氧化碳为主的腐蚀性气井中，流动诱导腐蚀和冲刷腐蚀是最突出的问题。采油采气树及管汇系统中有甚多的弯管、流道截面变化、节流装置等，必要时宜选用“Y”形采油树，避免直角形弯管、易冲蚀部位采用不锈钢或合金管汇等。

第五节　酸气气藏油套管防腐蚀

酸气气藏油套管防腐蚀是一项系统工程，单纯依靠金属材质或缓蚀剂不能达到预期的防护效果，防腐工作应是耐蚀材料（金属和非金属）、化学药剂、阴极保护、涂料的综合运用。油田主要采用耐蚀金属材料辅以缓蚀剂的联合保护，取得了较好效果。

一、酸气气藏油套管腐蚀的主要分类

1. H_2S 腐蚀

H_2S 腐蚀主要表现在如下两个方面：

1）电化学反应过程中阳极铁溶解导致全面腐蚀或局部腐蚀，表现为金属油套管、金属设施、管道壁厚减薄或点蚀穿孔等局部腐蚀破坏。

2）电化学反应过程中，阴极析出氢原子，由于 H_2S 的存在，阻止其结合成氢分子逸出，而进入钢中，导致氢脆及 H_2S 环境开裂，其表现形式为硫化氢应力开裂（SSC）、氢诱化裂纹、氢鼓泡、应力导向氢诱发裂纹。

由大量生产实践可知，硫化氢的应力开裂是酸性环境中，危害油气井安全生产最严重的潜在危险之一。

导致敏感材料产生 SSC 的含 H_2S 酸性油气环境，在 NACE MR0175《油田设备抗硫化物应力开裂的金属材料》和 SY/T 0599—1998《天然气地面设施抗硫化物应力开裂金属材料要求》等标准中都作了明确规定。

按照《含硫化氢的油气生产和天然气处理装置作业的推荐作法》（API RP55，与 NACE 标准 MR0175 相同）的规定，符合下列条件的系统可称之为为酸性环境：

（1）酸性天然气系统

含有水和 H_2S 的天然气，当气体总压力大于或等于 0.4MPa（绝），气体中的 H_2S 分压

大于或等于 0.00034MPa（绝）时，称为酸性天然气。酸性天然气可引起敏感材料的硫化物应力开裂，见图 11—21。

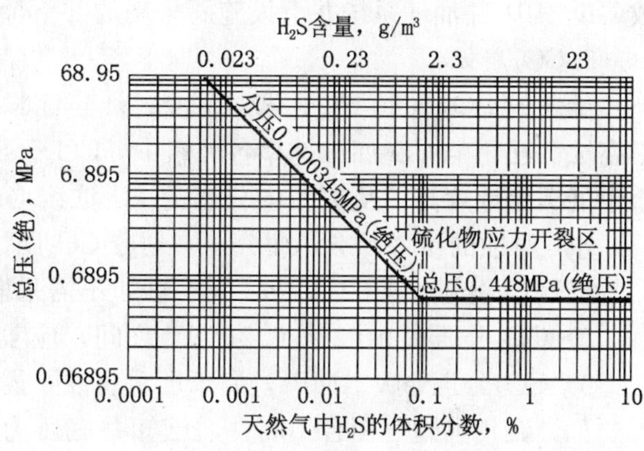

图 11—21　酸性天然气系统硫化物应力开裂区示意图

（2）酸性天然气—油系统

含有水和 H_2S 的天然气—油系统可引起敏感材料的硫化物应力开裂，见图 11—22。当天然气与油之比大于 890m³/m³ 时，能否引起硫化物应力开裂按上述（1）条的规定进行判定。当天然气与油之比等于或小于 890m³/m³（1000m³/t、5000ft³/bbl）时，符合下列条件之一的环境，可能引起敏感材料硫化物应力开裂：

1）系统总压大于 1.8MPa（绝），天然气中 H_2S 分压大于 0.00034MPa（绝）时；

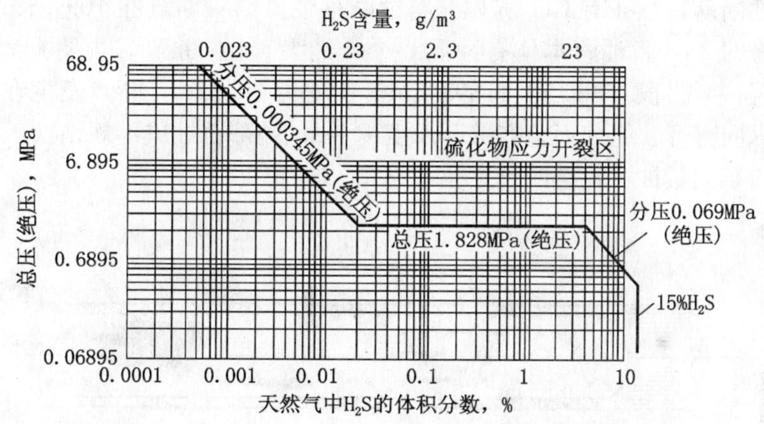

图 11—22　酸性天然气—油系统硫化物应力开裂区示意图

2）天然气中 H_2S 分压大于 0.07MPa（绝）时；

3）天然气中 H_2S 体积含量大于 15%时。

如四川盆地 DL－101 井为油气同产井，油气生产系统中气油比为 48m³/m³，硫化氢含量为 0.0312%，井底压力为 12.5MPa。按上述值计算，气相中硫化氢分压为（12.5MPa×0.0312%）0.0039MPa。

气油比为 48m³/m³＜890m³/m³。

系统总压＝12.5MPa＞1.8MPa。

硫化氢分压为 0.0039MPa＞0.00034MPa。

由上列数据，根据酸性环境的定义可判断：

当 DL－101 井井下油气系统不含水时，不属于酸性环境，不会导致材料硫化物应力开裂等问题。故本井油气系统井下设施所采用的金属材料可不考虑硫化物应力开裂的问题，标准设备（与抗硫设备对应）即可满足要求。

当 DL－101 井井下油气系统含水，属于酸性环境，会导致材料硫化物应力开裂等问题。

故 DL－101 井油气系统井下设施所采用的井下金属材料应考虑硫化物应力开裂的问题。

2. CO_2 腐蚀

干燥的 CO_2 不会产生电化学腐蚀，只有与水共存时，CO_2 溶于水生成碳酸才会发生电化学腐蚀。在影响 CO_2 腐蚀速率各因素中，CO_2 分压起着重要的作用。CO_2 分压高时，溶解于水中的碳酸浓度高，从碳酸中分解的 H^+ 浓度必然高，因而腐蚀被加速。根据 NACE 有关 CO_2 分压腐蚀的参考标准，按分压来划分 CO_2 腐蚀环境：

1）CO_2 分压＜0. 021MPa，无腐蚀，不需采取防 CO_2 腐蚀的措施。

2）CO_2 分压在 0. 021～0. 21MPa 之间，应考虑防腐。

3）CO_2 分压＞0. 21MPa，属于严重腐蚀，需采用特殊防腐管材。

如，四川盆地气田合 100 井，已知井底压力为 $p=37.5$MPa，含 CO_2 1. 143％，则该井 CO_2 的分压为：

$p_{CO_2}=p\times CO_2\%=37.75\times 1.143\%=0.43$（MPa）＞0.21（MPa）

由计算结果知，该井将发生严重 CO_2 腐蚀。已知该井 1100～1500m 处的油管已有 3 处因严重 CO_2 腐蚀断落，蚀孔有 CO_2 沉积。腐蚀断落油管第一断点在 1099. 5m 处，其断口不规则，腐蚀减薄约 3mm，油管本体有蚀洞 6 个，最大直径 20mm，内壁有大量类似麻袋孔眼的蚀坑和小洞；第二段 1099. 5～1189. 45m，长度为 89. 95m，断点发生在 1189. 45m 处，上断口沿油管纵向劈开，纵截面整齐劈开长度 1. 8m，端部锈蚀成不规则状，可见蚀孔两个，并胀大减薄，内布大量蚀坑，有的已穿孔，见图 11—23。

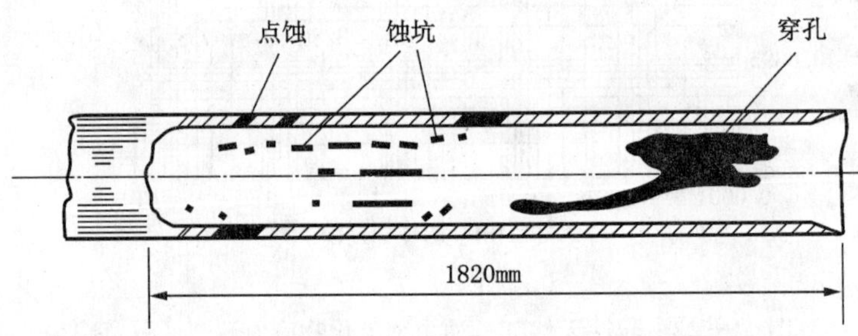

图 11—23　四川气田合 100 井 CO_2 腐蚀穿孔

3. H_2S/CO_2 共存条件下的腐蚀

一般而言，气藏天然气中含 H_2S 的同时，往往也会含一定量的 CO_2。如塔中Ⅰ号带奥陶系气藏，根据气井地层压力及 H_2S、CO_2 含量计算的 H_2S 和 CO_2 分压，见表 11—11。

表 11—11　塔中Ⅰ号带奥陶系气藏已完钻部分井 H_2S 和 CO_2 分压

井　号	地层压力，MPa	H_2S 含量，%	H_2S 分压，MPa	CO_2 含量，%	CO_2 分压，MPa
TZ82	63. 164	0. 011	0. 007	3. 42	2. 160
TZ622	47. 2	0. 15	0. 071	4. 21	1. 987
TZ62－1	57. 17	0. 001	0. 0006		
TZ621	57. 253	0. 034	0. 019	2. 7	1. 546
TZ62－2	55. 636	0. 230	0. 128	2. 29	1. 274
TZ44	59. 4	0. 092	0. 055		
TZ62	57. 835	0. 200	0. 156	3. 14	1. 816

由塔中Ⅰ号带奥陶系气藏CO_2分压和H_2S分压来看，既要考虑CO_2防腐也要考虑H_2S防腐。需要考虑采用抗腐蚀性介质的材质。

由于H_2S/CO_2共存条件下的腐蚀机理研究较少，目前对H_2S/CO_2腐蚀的技术研究，往往处于对抗H_2S腐蚀措施上的改进上，没有防止H_2S腐蚀（包括HIC、SSCC等）及CO_2腐蚀的技术措施那样完整。

近年来，人们已经提出了开发经济型抗H_2S/CO_2腐蚀新钢种的设想。提出应尽快调查各油气田H_2S/CO_2共存条件下的腐蚀特征及现状，从失效分析入手，在分析钢材失效机制的基础上，通过优化化学成分和生产工艺，开发出一系列抗H_2S/CO_2腐蚀性能良好、价格便宜的经济型低合金钢，已使油气开发的需求得到解决。

此外还有人提出采用价格低廉的低合金钢为基础，在钢材表面施镀一层保护层的新方案。除了抗H_2S/CO_2专用钢材开发之外，缓蚀剂的使用及表面处理的研究工作也需要加强。

在H_2S、CO_2腐蚀环境下，不同防腐技术在防腐效果、成本、作业的难易程度和相关风险上都有所不同，一个气田采用的防腐技术不同，其防腐费用及效果差异很大。因此，有必要对现有的各种在H_2S、CO_2防腐技术进行评价，从而优选出适合油气田开发的防腐技术。

这些措施必须在着手开发油气藏时就决定，如井下管柱及地面设备管线是否采用昂贵的抗蚀材料，或进行涂层保护等。特别是海上油、气藏的开发，如果最初决定的措施不当，补救就很困难。因此，在油气藏开发方案制定时就必须根据首先完钻的第一、二口井的资料预测今后腐蚀性的大小，确定最经济的防蚀措施。

尽管在引起酸性油气田设施腐蚀的众多因素中，H_2S和CO_2是最危险的，特别是H_2S不仅会导致金属材料突发性的硫化物应力开裂，造成巨大经济损失，而且硫化氢的毒性将威胁着人身安全。但也不能低估矿化水的腐蚀作用，特别是在油气田这个特定的运行条件下，水在油气田金属材料腐蚀过程中起着主导作用。

4. 水和其他因素引起的腐蚀

酸性油气田开发实况表明，采用NACE MR 0175规定的抗硫化物应力开裂材料的酸性天然气井，在开采初期由于产水量小，均匀腐蚀和点蚀等均表现轻微，随着开采时间增长，产水量的增加，导致氢诱发裂纹增加，腐蚀也随之严重。特别是积水部位，因腐蚀导致局部壁厚减薄和穿孔的速度有时是惊人的。

水在腐蚀中的主导作用主要表现在三个方面：

1）水是电化学腐蚀的充分必要条件。从酸性气体的腐蚀机理的研究可知，H_2S和CO_2对钢材的腐蚀，本质上属于电化学腐蚀，而H_2S和CO_2只有溶于水，导致腐蚀的电化学反应才有可能进行。而且，一旦H_2S和CO_2溶于水便释放出氢原子。氢原子是強去极化剂，极易夺取电子还原，促进阳极铁溶解而导致腐蚀。因此，水是电化学腐蚀的充分必要条件。

2）H_2S和CO_2的強可溶性加重了腐蚀的危害性。H_2S和CO_2在水中的溶解度极高，特别是H_2S，在760mmHg，30℃时，H_2S在水中的饱和浓度大约为3580mg/L。大量的研究表明，溶有盐类、残酸、H_2S、CO_2的水溶液往往比单一的H_2S、CO_2水溶液腐蚀要严重得多，腐蚀速率要高几十倍，甚至几百倍。在气水两相酸性系统中，可以说水是大危害。

3）地层中水所含Cl^-对金属的严重腐蚀。研究表明Cl^-浓度越高，腐蚀速度越大，特别是在Cl^-浓度$>3\times10^4$mg/L时尤为明显。这种现象可解释为金属表面吸附Cl^-，延缓了$FeCO_3$保护膜的完成。Cl^-含量<50000mg/L，可采用普通13Cr以防CO_2腐蚀，当Cl^-含量

>50000mg/L，应采用超级 13Cr 以防 CO_2 腐蚀。

如塔中 62－塔中 82 井区大多数井在试油和试采中都已经产水，塔中 62－塔中 82 井区地层水性质见表 11—12。由表 11—12 可知，塔中 62－塔中 82 井区 Cl^- 浓度均>4.8×10^4 mg/L。随着塔中 62－82 井区的继续开采，已经有含水上升的趋势（塔中 62－3 井日产 11t 水），高矿化度地层盐水中的 Cl^- 所产生的点蚀可以导致各种形式的应力腐蚀。

表 11—12 塔中 62－82 井区地层水数据

井区	井号	pH	密度	阳离子，mg/L			阴离子，mg/L			总矿化度 mg/L	水型
				$K^+ + Na^+$	Mg^{2+}	Ca^{2+}	Cl^-	SO_4^{2-}	HCO_3^-		
TZ62	TZ622	7.12	1.0646	23000	1695	6176	48900	2779	637	85100	$CaCl_2$
	TZ62	7.05	1.071	36100	439	3029	61900	492	96	110000	$CaCl_2$
TZ82	TZ82	7.18	1.0727	38500	291	3637	65300	1110	941	110000	$CaCl_2$

塔中 62－82 井区地层水 Cl^- 含量（3.28～8.49）$\times10^4$ mg/L。Cl^- 对钢材有腐蚀作用，当水中含 Cl^- 时对 CO_2 腐蚀有促进作用。因此制定防腐措施时对地层出水的情况要加以考虑，选择防 CO_2 腐蚀材质时应考虑 Cl^- 含量的影响。

这里特别应注意的是，在开采初期，少数尚不产地层水的气井，天然气中水汽的存在也会加速 H_2S、CO_2 对管线和阀门的腐蚀。一般在水汽露点部位腐蚀比较严重。在地层条件下，天然气往往含有一定量的水汽，生产过程中，天然气流入井筒，随着温度、压力的下降，天然气的饱和含水汽量也将下降，当达到其露点温度时，即会出现冷凝水，如果天然气中含有 CO_2 等腐蚀性组分，在合适的条件下就会产生腐蚀。牙哈凝析气田就是这样一个典型的例子。另外，在开采油气田的过程中，有时必须对低渗透地层进行酸化处理，残留于井下的无机酸，使产出液的 pH 值很低；某些特定的部位，由于微生物活动，特别是硫酸盐还原菌，也会生成强腐蚀性的 H_2S；修井、添加化学药剂等作业均可能把氧带入井下，这些因素都会促进酸性油气的腐蚀进程。

二、防腐工艺选择及油套管材质适应性评价

鉴于国内外气藏天然气相当部分都含有一定量的 H_2S 和 CO_2，存在着酸性气体的应力腐蚀和电化学腐蚀。因此，含有酸性气体气井的油套管应选择抗酸性介质的材质或者添加缓蚀剂防腐。防治腐蚀环境中的油套管常用防腐技术的适用性分析见表 11—13。

1. 耐蚀合金钢油管

（1）耐蚀合金钢防腐工艺的优点

对于大产量的重点部位的井，为确保气井的长期、安全、稳定生产，尽量避免修井，以确保稳定供气，可选用耐蚀合金钢管材，延长气井的免修期。利用耐蚀材料主要有以下优点：

1）不需要缓蚀剂的注入系统；

2）耐蚀合金钢有较高强度和薄的管壁，在同样外径尺寸下，耐蚀合金油管将比碳钢油管有更大的内径，因此，油管的通过能力相对要大一些；

3）油管的生命周期和井的寿命几乎相同；

4）在服役期内，耐蚀合金可靠性高；

5）耐蚀合金油管的质量一般比低合金油管的质量好；

表 11—13　各种防腐技术的适用性分析

防腐技术	优　点	缺　点	适用性分析
①耐蚀合金钢	简化了缓蚀剂的繁杂添加工艺，不需要腐蚀监测。在整个生产过程中很可靠且稳定	一次性投入大。与碳钢管连接时存在电偶腐蚀现象	适合高产量气井在苛刻的腐蚀环境下使用
②高抗硫管材	成本较低，在整个生产过程中抗 SSC 可靠	应与添加缓蚀剂同时使用	适合在苛刻的腐蚀环境下使用
③普通抗硫管材	成本低	须与添加缓蚀剂同时使用	适合在腐蚀不苛刻，且产能较低的气井使用
④内涂层油管	使用内涂层油管，配合封隔器完井工艺，可以使油套管腐蚀降低到最低限度	成本较高。 在接头处保护不完善。 不耐磕碰	由于不耐磕碰，涂层脱落处加速腐蚀，不宜使用
⑤内衬玻璃钢油管	具有优异的耐腐蚀性	有温度使用范围。需特殊的接头连接	深层气井的高温条件，不宜使用内衬玻璃钢
⑥双金属复合油管	使用双金属复合油管，配合封隔器完井工艺，可以使油套管腐蚀降低到最低限度	工艺较复杂，需特殊的连接方式	J55/304 双金属复合油管技术成熟，P110/825、SM2535 双金属复合油管尚在实验阶段
⑦缓蚀剂	向腐蚀介质中添加少量的缓蚀剂就能使金属腐蚀速率显著降低。初期投资少，不需要连续加注	不能防止套管外腐蚀，工艺较复杂，对生产影响较大	适合在腐蚀不苛刻，且产能较低的气井使用

6）耐蚀合金材料完全不需要进行腐蚀监测；

7）耐蚀合金材料完全不存在防腐剂连续注入和运输的问题。

（2）耐蚀合金钢的分类

近年来，国外在金属材料的腐蚀研究方面取得了一些成果，相继开发和研制了一些耐蚀合金材料，主要有马氏体不锈钢、马氏体—铁素体双相钢、奥氏体不锈钢、镍基合金钢。

1）马氏体不锈钢：常用的有 13%Cr 和超级 13%Cr 两种材料。主要用于井下含有 CO_2，且碳钢已不能满足要求的情况。

使用条件：①p_{H_2S}（分压）＜0.01MPa。

②温度＜150℃（经验值）。

③没有 O_2 的情况（注入缓蚀剂时有点蚀的危险）。

超级 13Cr Grade 95（用于更为严酷的条件），在相同 H_2S 分压和较高温度下可以采用较高屈服强度的材质。

2）马氏体—铁素体双相钢：主要有 22%Cr、25%Cr 和超级 25%Cr。

使用范围：有 CO_2 存在的高温井，且有少量 H_2S 的情况。

使用条件：用于马氏体不锈钢不能解决的 CO_2 腐蚀情况。

①可使用较高强度的材质及允许较高的井下温度。

②对 Cl^- 和 O_2 有更好的抵抗能力。

限制条件：

① p_{H_2S}（分压）<0.02MPa，且要考虑材料的屈服强度。

②温度：200℃以下。

③没有或少量的 O_2，不能有 H_2S。

④可用材质级别：448MPa 到 965MPa。

3）奥氏体不锈钢：主要有 28%Cr 一种材料。

使用条件：CO_2，H_2S 和 Cl^- 同时存在的情况，温度<204℃。

4）镍基合金钢：

主要材料品种：Incoloy 825、925，SM2535，Hastelloy G3、G50 和 C276。

使用条件：用于 H_2S，Cl^- 和温度组合下腐蚀性过强，且有游离 S 存在的情况。

2. 高抗硫钢油管

川渝气田针对罗家寨气田的腐蚀环境，通过对油管在相应环境下的腐蚀实验，有针对性地选择了 HP13Cr 油管、L80 油管和高抗硫钢 NT80SS 油管进行 SSC 性能评价和电化学失重腐蚀性评价试验。三种管材的化学成分和力学性能见表 11—14。

表 11—14 实验材料化学成分及力学性能

材料名称	规格	状态	化学成分，%									力学性能		
			C	Si	Mn	P	S	Cr	Ni	Cu	Mo	σ_s MPa	σ_b MPa	HRC
HP13Cr	ϕ73×5.5	—	0.02～0.03	2.21	0.17～0.23	0.005～0.014	0.001	12.3	4.8		1.6～1.7	717	799	25
NT80SS	ϕ177.8×11.5	调质	≤0.30	≤0.30	≤1.5	≤0.02	<0.007					639（实测）	705（实测）	≤22
L80	ϕ73×5.5	调质	0.25	0.23	0.99	0.01	0.005	0.68	0.04	0.1	0.18	625	720	≤22

注：三种材料的实测平均硬度值分别为：HP13Cr 为 HRC25.5；NT－80SS 为 HRC18.7；L－80 为 HRC19。

试验重点针对首先投入开发的罗家寨气田，同时兼顾渡口河气田的开发环境，因此确定试验压力为 32MPa，试验温度 40～100℃，天然气中 H_2S：15%左右，CO_2：10%左右。采用渡 5 井、罗家 8 井水分析资料作参考。配制 10%NaCl 蒸馏水溶液进行试验。主要离子含量为：K^+ 992mg/L，Na^+ 14811mg/L，HCO_3^- 1665mg/L，SO_4^- 3154mg/L、Cl^- 20429mg/L，pH＝8.0，试验数据见表 11—15 和表 11—16。

根据 NACE MR 0175、日本住友金属耐蚀性的三级分类标准（表 11—17）以及我国石油天然气工业 SY/T 5329—1994 关于井下工作液腐蚀速率应小于 0.076mm/a，由表 11—15、表 11—16 试验评价结果可以看出：HP13Cr 油管抗 SSC 性能不能满足罗家寨高酸性天然气田的使用性能要求，L80、NT80SS 油管抗 SSC 性能满足川东北高酸性天然气田使用要求，但 L80 抗电化学腐蚀性能不能完全满足川东北高酸性天然气田使用要求。在蒸气相中的腐蚀速率为 0.74mm/a，液相中的腐蚀速率为 0.48mm/a。

表 11—15 抗硫性能评价试验数据

<table>
<tr><th>试验材料</th><th>试验方法及标准</th><th>试验参数</th><th>介质溶液</th><th colspan="2">试验结果</th><th colspan="2">通常的判据</th><th>备注</th></tr>
<tr><td>HP13Cr 油管</td><td rowspan="5">NACE0177A 法</td><td>80%σ_s 恒负荷拉伸，24 ± 3℃，常压</td><td>NACE0177
标准溶液 A</td><td>断裂时间</td><td>1h
15h
15h</td><td colspan="2" rowspan="5">≥720h</td><td>实际断裂时不足 15h</td></tr>
<tr><td>L80 油管</td><td>80%σ_s 恒负荷拉伸，24 ± 3℃，常压，720h</td><td>NACE0177
标准溶液 A</td><td>断裂时间</td><td rowspan="3">>720h</td><td></td></tr>
<tr><td>NT80SS 套管</td><td>80%σ_s 恒负荷拉伸，24 ± 3℃，常压，720h</td><td>NACE0177
标准溶液 A</td><td>断裂时间</td><td></td></tr>
<tr><td>NT80SS 套管</td><td>85%σ_s 恒负荷拉伸，24 ± 3℃，常压 720h</td><td>NACE0177
标准溶液 A</td><td>断裂时间</td><td></td></tr>
<tr><td>NT80SS 套管</td><td>90%σ_s 恒负荷拉伸，24 ± 3℃，常压</td><td>NACE0177
标准溶液 A</td><td>断裂时间</td><td>613h
610h
417h</td><td></td></tr>
<tr><td>NT80SS 套管</td><td>NACE0177B 法</td><td>24 ± 3℃，常压 72h</td><td>NACE0177
标准溶液 A</td><td>虚拟应力 S</td><td>13
14
15
16
18
20</td><td>所有试件均未裂</td><td>$S_c \geqslant 10$</td><td></td></tr>
<tr><td>NT80SS 套管</td><td>NACE0177B 法
改变试验温度，试验温度 40℃</td><td>试验温度 40℃
$p_{H_2S} = 4.0MPa$
72h</td><td>NACE0177
标准溶液 A</td><td>虚拟应力 S</td><td>10
11
14
16
18</td><td>所有试件均未裂</td><td>$S_c \geqslant 10$</td><td></td></tr>
</table>

表 11—16　静态电化学失重腐蚀试验数据

试验材料	试验方法及标准	介质溶液	试验结果	备　注
NT80SS 套管	p_{H_2S} = 4.8MPa p_{CO_2} = 3.2MPa $p_{总}$ = 32MPa 100℃，72h	10%NaCl 蒸馏水溶液	气相平均腐蚀率：0.3184mm/a 液相平均腐蚀率：0.4690mm/a	H_2S 15% CO_2 10%
L80 油管	p_{H_2S} = 3.6MPa p_{CO_2} = 3.2MPa $p_{总}$ = 32～31MPa 100℃，72h	模拟罗家 8 井气田水	气相平均腐蚀率：1.2311mm/a 液相平均腐蚀率：0.4186mm/a	H_2S 15% CO_2 10% 气相试件有较严重的局部腐蚀
NT80SS 套管	p_{H_2S} = 3.6MPa p_{CO_2} = 3.2MPa $p_{总}$ = 32～31MPa 100℃，72h	模拟罗家 8 井气田水	气相平均腐蚀率：0.2954mm/a 液相平均腐蚀率：0.5112mm/a	H_2S 11.3% CO_2 10%
L80 油管	p_{H_2S} = 5.6MPa p_{CO_2} = 3.2MPa $p_{总}$ = 32～31MPa 80℃，72h	模拟罗家 8 井气田水	气相平均腐蚀率：0.4714mm/a 液相平均腐蚀率：0.8654mm/a	H_2S 15.9% CO_2 10% 液相试件有局部腐蚀
NT80SS 套管	p_{H_2S} = 5.6MPa p_{CO_2} = 3.2MPa $p_{总}$ = 32～31MPa 80℃，72h	模拟罗家 8 井气田水	气相平均腐蚀率：0.3239mm/a 液相平均腐蚀率：0.4561mm/a	H_2S 15.9% CO_2 10%
NT80SS 套管	p_{H_2S} = 4.8MPa p_{CO_2} = 3.2MPa $p_{总}$ = 32MPa 60℃，72h	模拟罗家 8 井气田水	气相平均腐蚀率：0.2199mm/a 液相平均腐蚀率：0.3343mm/a	H_2S 15% CO_2 10%
L80 油管	p_{H_2S} = 4.0MPa p_{CO_2} = 3.2MPa $p_{总}$ = 32MPa 40℃，72h	模拟罗家 8 井气田水	气相平均腐蚀率：0.7464mm/a 液相平均腐蚀率：0.4784mm/a	H_2S 12.5% CO_2 10% 气相试件有局部腐蚀
NT80SS 套管	p_{H_2S} = 4.0MPa p_{CO_2} = 3.2MPa $p_{总}$ = 32MPa 40℃，72h	模拟罗家 8 井气田水	气相平均腐蚀率：0.6224mm/a 液相平均腐蚀率：0.3626mm/a	H_2S：12.5%；CO_2：10% 气相试件有局部腐蚀

表 11—17　日本住友金属耐蚀性的三级分类标准

腐蚀速度，mm/a	适用范围
＜0.1	用于严格要求耐蚀性
0.1～1.0	用于不严格要求耐蚀性
＞1.0	耐蚀性差、实用价值低

图 11—24、图 11—25 是模拟罗家寨气田水腐蚀环境中的 80 级井下管材在不同温度条件下的腐蚀速率。

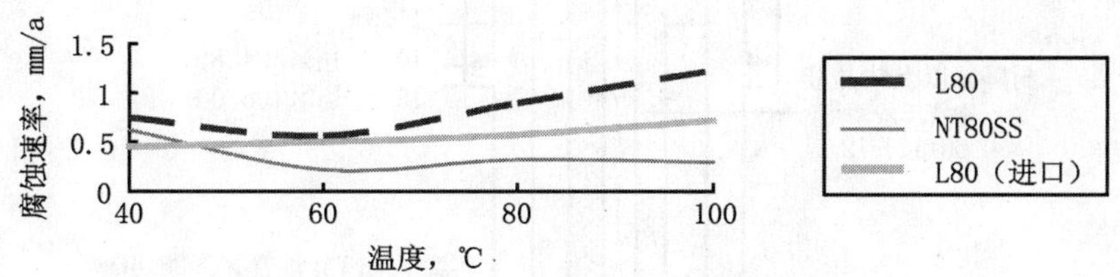

图 11—24 气相腐蚀速率与温度的关系

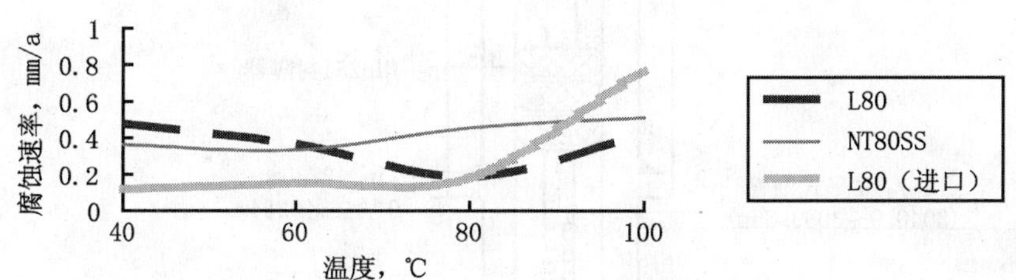

图 11—25 液相腐蚀速率与温度的关系

从以上试验数据可以看出，这三种材料在液相的腐蚀速率相差不大。这是由于在液相环境中，试片表面被连续的液膜包裹，容易生成腐蚀产物膜，对试片表面形成保护。

在气相环境中，随着温度升高，NT80SS 在气液相的电化学腐蚀速率最低，这与 NT80SS 的化学组分有关，NT80SS 相对其他材料容易形成保护膜。

根据以上评价试验结果，塔中Ⅰ号带奥陶系气藏可以采用 SS 油管材质，但应在使用时同时加注缓蚀剂。

3. 普通抗 H_2S（俗称抗硫）油管

（1）四川盆地中坝雷三凝析气藏普通抗硫油管的应用情况

中坝雷三气藏于 1982 年 3 月投产。气藏埋藏深度 3140～3510m。雷三气藏为封闭有限弹性能量较小的边水白云岩气藏，原始地层压力 35.304MPa，地层温度 89℃，原始含水饱和度 8%～25%。气藏为高含硫低含凝析油的凝析气藏。天然气相对密度为 0.657～0.686，H_2S 含量 4.90%～7.75%，CO_2 含量 4.18%～5.82%。气藏边水属 $CaCl_2$ 水型，总矿化度 117g/L，Cl^- 含量约 60000mg/L，H_2S 含量 520mg/L。凝析水中 Cl^- 含量约 400～4500mg/L。气藏凝析油含量约 60g/m^3。H_2S 分压为 1.73～2.74MPa，CO_2 分压 1.48～2.05MPa。

完井情况：中坝雷三气藏属高压、高含硫气藏。从 1981 年 6 月至 1985 年 5 月，对雷三气藏的中 7、中 18、中 42、中 46 四口井采用封隔器完井，全部获得成功，取得良好效果。并在中 42 井、中 18 井的封隔器管柱中采用了气密封性好的 VAM 特扣油管。

完井管柱及井口装置：在对中 42 井（H_2S 含量 6.86%）、中 18 井（H_2S 含量 6.75%）的完井封隔器管柱中（见图 11—26、图 11—27），采用了油管材质 C75 或 SM90S 的厚壁 VAM 特扣油管。它具有密封性好，耐高温、高压和抗 H_2S 腐蚀以及不易脱扣、错扣、接头和管体是等强度等优点，特别适合于封隔器管柱，适用于高温、高压、高含硫气井。

井口装置：国产 KQ35 抗硫采气井口。

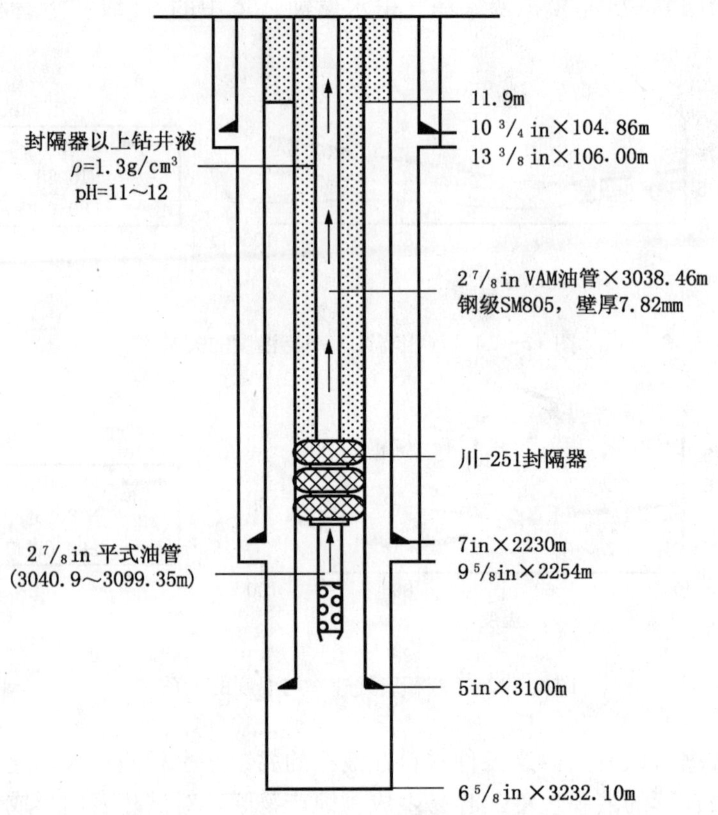

图 11—26　中 42 井井身及管柱结构示意图

截止到 2004 年底，气藏累计产气 $69.71\times10^8m^3$，累计产凝析油 37.72×10^4t，累计产水 $67566m^3$。天然气采出程度达 80.78%，已进入气藏开发后期。气藏自 2001 年开始进入递减开发阶段，产能持续递减，2004 年初气藏日产气 $70\times10^4m^3$，年底递减至 $56\times10^4m^3/d$，产能递减 $14\times10^4m^3/d$。2004 年气藏实测地层压力为 7.401MPa，地层压力总压降 27.903MPa。

(2) 卧龙河气田嘉陵江气藏普通抗硫油管的应用情况

卧龙河气田嘉陵江气藏较典型的含硫气井是卧 63 井，天然气中 H_2S 含量高达 31%，1978 年 10 月开钻，1979 年 7 月完钻，井深 2306.29m，产层为嘉五^1～嘉四^3，该井一直未投入正规开发，只是在 1994—1995 年进行了开井试生产及研究试验一个月左右。

完井方法：采用 API 标准钢级为 C－75 的 ϕ177.8mm 抗硫套管射孔完井，套管总长 2301.96m，没有下入完井封隔器。

井口装置：采用国产 KQ－35 型抗硫采气井口。

完井管柱：选用钢级为 C－75 的 ϕ63.5mm 抗硫油管下至井深 2269.29m。产层中部井深 2285.00m。1979 年 9 月进行了二次酸化测试：9mm 孔板，在套压 5.64MPa、油压 4.27MPa，产气 $4.81\times10^4m^3/d$，产水 $10\sim20m^3/d$，井下流压 7.325MPa，井口最大关井压力 18.849MPa，地层压力 24.862MPa。

对卧龙河气田，由于嘉五^1～嘉四^{3}气藏其它气井 H_2S 含量均在 5%以下，CO_2 含量一般不到 2%，且产少量的凝析油，生产时对管柱有一定的保护作用，采用高抗硫和普通油管，

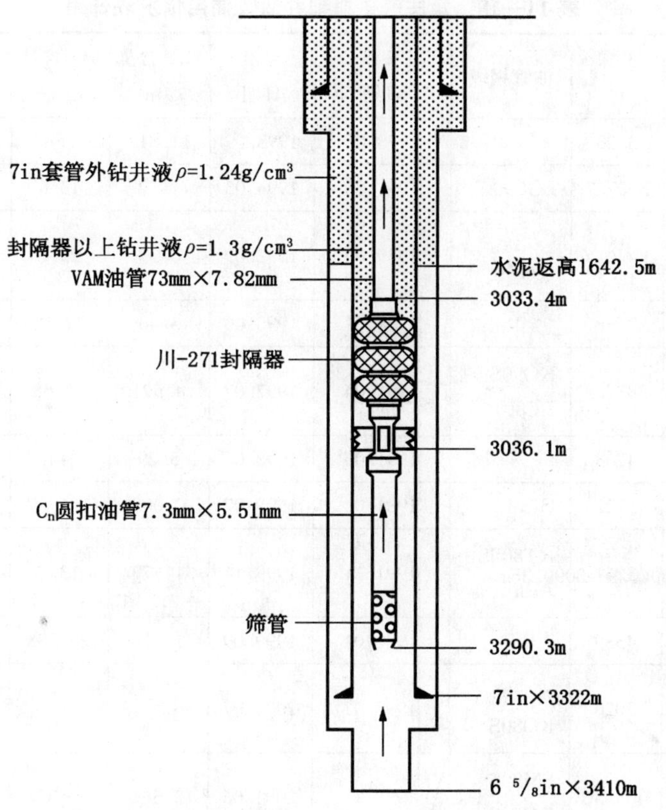

图 11—27　中 18 井井身及管柱结构示意图

如果能科学地采用加注与流体性质相适应的缓蚀剂技术，开采 10 年左右气井也仍能基本正常开采，见表 11—18。

4. *内涂层油管*

为了解决塔里木油田油管腐蚀严重，影响生产的问题，2005 年采用三层复合涂镀防腐油管和内涂层类型为 AOC - 2000T 以及内涂层型号为 CK - 54 的内涂层防腐油管，油、水井进行现场防腐工业性应用。内涂层油管涂层后符合原材料 API 强度标准，要求适应塔里木油田的井况：井温 140℃，耐酸、碱、盐、Cl^-、CO_2、H_2S 腐蚀，管体内部与介质接触部位全部涂镀。

2005 年，针对塔里木油田腐蚀环境进行了大量的模拟实验和现场试验，最后筛选出 MPS 特种高分子涂料，进行了抗高含量 H_2S 试验和油管 MPS 涂层抗硫化物应力腐蚀断裂试验：

压力：32 ± 1MPa；p_{CO_2} = 3.2MPa；p_{H_2S} = 4.0MPa；温度：100℃；时间：72h；试验介质：模拟四川盆地罗家寨气田水。试验目的：模拟四川盆地罗家寨腐蚀情况（罗家寨气田 H_2S 含量 7.13%～13.74%，平均 10.44%，CO_2 含量 5.13%～10.41%，平均 6.79%，总压大于 40MPa，是高含 H_2S 和中含 CO_2 气井）。

试验结果：MPS 涂层外观无颜色变化，涂层下未见金属腐蚀；采用刻 V 形槽法检测涂层附着力，涂层试件附着力“轻微损失附着力”。

MPS 涂层虽然具有较高的抗腐蚀能力，可以保护管材免受电化学腐蚀和硫化物应力开裂，但是目前不推荐采用 MPS 涂层来替代抗硫化物应力开裂钢材。

表 11—18　重庆气矿典型井油管使用情况统计表

序号	井 号	生产层位	井深 m	油管钢级	下井日期	起出日期	H_2S 含量 g/m^3	CO_2 含量 g/m^3	腐蚀描述
1	卧 47	P1m2	3295		1978. 08	1995. 09	11. 817	7. 849	坑蚀、穿孔
2	铁山 12	C2h1	3997. 7	BGC90	1991. 05	1994. 03	15. 2	13. 6	坑蚀、断落
3	池 4	P1m2	3367. 26	C75 C95	1979. 09	1992. 09	6. 37	25. 6	失重、挤扁变形、断落
4	成 2	C2h1	2258		1978. 01	1995. 06	3. 43	29. 51	多处破裂、断落
5	七里 43	C2h1	3877. 3	KO90S AC80	1991. 04	1997. 07	4. 591	37. 68	弯曲变形、接箍破裂、断落
6	云和 3	C2h1	4768		1991. 06	1998. 06	5. 29	44	坑蚀、穿孔
7	张 6	P2ch	3722	C75	1981. 02	1999. 07	0. 005	101. 87	失重、断落
8	铁山 14	P2ch	3261	NT80SS Ac80	1991. 11	1999. 11	11. 77	13. 7	失重、断落
9	卧 88	C2h1	4389		1986. 01	1999. 09	1. 478	20. 588	失重、断落
10	七里 25	C2h1	5020	SM90S KO80S	1993. 01	2000. 07			断落
11	成 34	C2h1	4045. 6	SM90S KO80S	1987. 11	2001. 06	3. 566	50. 724	失重、坑蚀、断落
12	成 33	C2h1	4021. 2	SM80S SM95S	1987. 06	2001. 11	5. 458	52. 017	失重、坑蚀、断落
13	铁山 12	C2h1	3997. 7	BGC90 NT80SS	1994. 03	2001. 11	15. 16	16. 501	失重、坑蚀、断落
14	卧 93	C2h1	4030	KO80S	1985. 03	2002. 04	2. 735	27. 227	失重、坑蚀
15	罐 3	C2h1	4652	NT80SS	1984. 11	2002. 06	6. 618	26. 395	坑蚀、断落
16	成 32	C2h1	3997. 43	SM90S	1986. 08	2002. 08	4. 721	52. 832	失重、坑蚀、变形、断落
17	成 18	C2h1	3945	C75 C95	1982. 11	2002. 09	3. 59	51. 199	坑蚀、失重
18	罐 2	C2h1	4350		1983. 08	2003. 05	9. 428	23. 207	失重、坑蚀、断落
19	七里 4	C2h1	4835. 71	SM80S	1987. 03	2003. 05	3. 001	48. 293	失重、坑蚀、断落
20	池 12	P1m	3461. 6	C75	1984. 02	2003. 05	4. 827	15. 947	失重、坑蚀、断落
21	罐 7	C2h1	4234		1984. 05	2003. 07	5. 467	25. 118	失重、坑蚀、断落
22	池 18	C2h1	2689	KO95SS	1986. 04	2003. 07	0. 058	15. 057	失重、坑蚀、变形、断落
23	七里 9	C2h1	4953	AC90 AC80	1988. 12	2004. 05	4. 453	44. 242	失重、坑蚀、断落

在含硫气井中，优先采用抗硫化物应力开裂的钢材，用这种钢材来喷涂涂层以防止电化学腐蚀。一旦涂层有损伤，在井下只发生电化学腐蚀，而不会发生灾难性的硫化物应力开裂断裂。涂料有较好的抗腐蚀能力，但不耐磨蚀。在油管的伸缩和温度变化下容易脱落，使有效性迅速降低，甚至失效，见图 11—28。为了提高抗磨蚀能力可以加厚涂层，但只能在较低压力下采用，否则可能引起鼓泡或脱层等现象。因此，尽管喷涂成本低，但在塔中Ⅰ号带奥陶系气藏可能出现严重腐蚀、机械摩擦、高温、高压力的环境下，目前一般不推荐采用内涂层油管。它在油井生产中也较少采用，只适应于一些起下作业少、不需要井下钢丝作业的油气井。

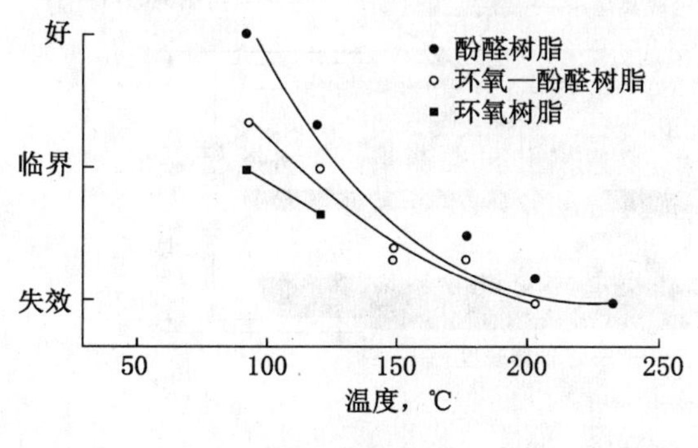

图 11—28　喷涂的有效性

5. 内衬玻璃钢油管

罗家 1、6、7 井采用了英国 MAXTUBE 公司的 DUOLINE20、DUOLINE35 两种内衬油管组合使用，其完井管柱见图 11—29。

井下工具（伸缩器、滑套、坐放短节、球座接头）采用 718 材质，封隔器以上采用内衬油管，外部钢管采用 L80 油管，封隔器以下油管采用 Cr13S－95 油管。

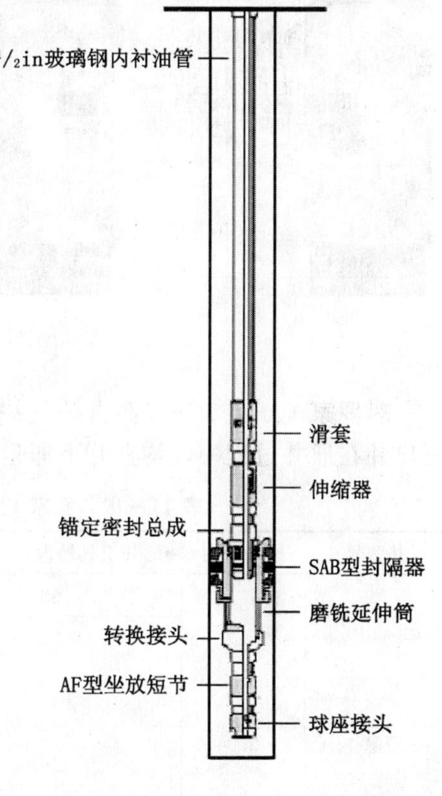

图 11—29　罗家 1、6、7 井完井管柱示意图

DUOLINE 增强型环氧树脂玻璃钢内衬管主要是对油、气井井下钢管内壁防护，提高其抗磨、抗腐蚀能力，也用于旧钢管的修复，延长钢管使用寿命。

DUOLINE 内衬管的抗内压能力主要依靠自身高的环向强度和它与钢管内壁的连接。安装时，在内衬管与钢管管壁之间的环空部位注入水泥浆，管端加上喇叭口状衬垫；根据 API 扣型和优质气密封扣型的不同，在接箍两管连接处加上抗腐隔离环。这样就在钢管内壁形成一个连续完整的防护层，腐蚀性介质只能与内衬管、喇叭口状衬垫、抗腐蚀隔离环接触，从而保护了钢管。使用便携式 DUOLINE 内衬管安装设备，可进行现场安装，DUOLINE 内衬管有 DUOLINE10、DUOLINE20、DUOLINE30、DUOLINE35 等类型。罗家 1、6、7 井使用的是 DUOLINE20 和 DUOLINE35 两种，外部钢管材质为 L80 型。

DUOLINE20 是一种增强型环氧树脂玻璃钢内衬系统，采用纤维绕法和高温处理制成。在注水井、注 CO_2 井、生产气井、气举生产油井和化学处理井等含有 CO_2 和 H_2S 环境下使用，具有优良的抗腐蚀性。其服役极限温度为 144℃，DUOLINE35 是比 DUOLINE30 更为先进的内衬管，它的抗高温性、耐腐蚀性都进一步的提高。在温度超过 180℃，CO_2 和 H_2S 的浓度高达 15%的井下环境中都可以使用。内衬油管结构见图 11—30。

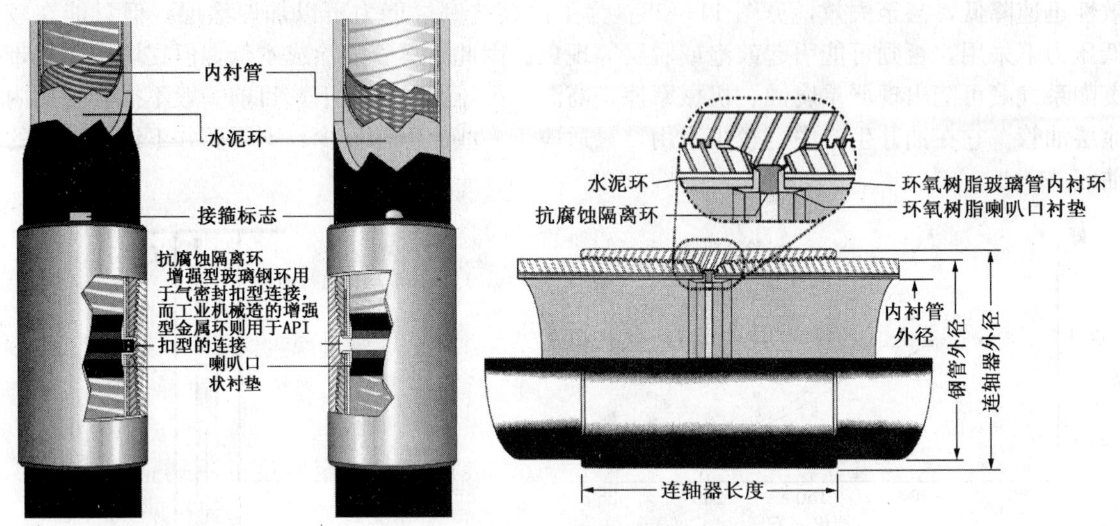

图 11—30　内衬油管结构示意图

对罗家 1、6、7 三口高含硫气井酸化后测试，在试井前对罗家 1、6、7 井进行了通井，三口井在通井过程中，均在井下遇阻，见表 11—19。

表 11—19　罗家 1、6、7 井通井工具串遇阻情况统计分析表

井　号	通井时间	通井工具最大外径，mm	油管内径，mm	通井遇阻井深，m	位　置
罗家 1	2004.6	58	68.6	2061	接箍附近
		36	68.6	2679	接箍附近
			68.6	2689	接箍附近
			68.6	2699	接箍附近
			68.6	2949	管体中部
			68.6	2988	管体中部
			68.6	3007	管体中部
			68.6	3346	管体中部
罗家 6	2003.10	35	68.6	3413	接箍附近
			68.6	3413	接箍附近
罗家 7	2003.12	56	68.6	1522	接箍附近
		35	68.6	1758	接箍附近
			68.6	1758	接箍附近
			68.6	1633	管体

由于当时在完井管柱中没有考虑加装安全阀，加上在通井中发现的遇阻现象，怀疑玻璃钢内衬已经损坏，对这 3 口井进行了起出油管封井作业。在起出的油管发现了玻璃钢内衬损坏和接箍处密封变形现象，见图 11—31。分析其原因，可能是由于酸化所引起的。

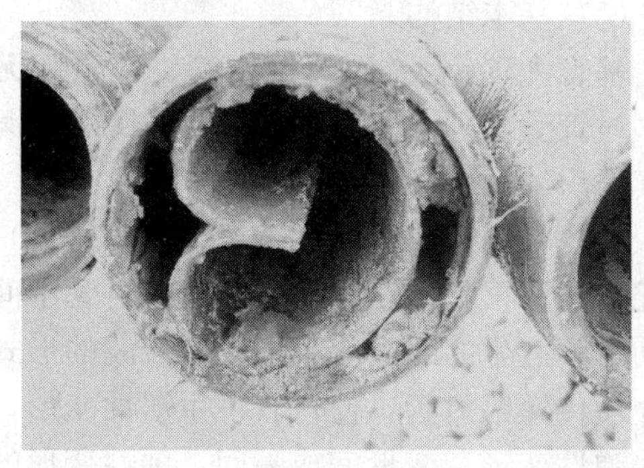
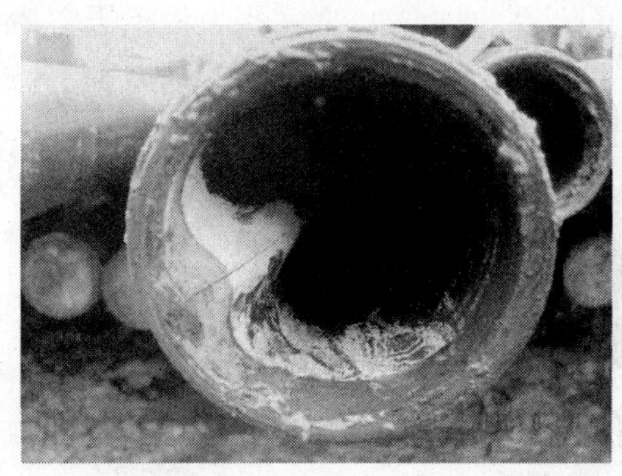

图 11—31　罗家寨气田起出玻璃钢内衬损坏图

鉴于川渝气田内衬油管的使用情况、完井管柱内要进行的绳索作业，对内衬或涂层有损伤，影响管材的防腐能力，不推荐使用内衬玻璃钢油管。

6. 双金属复合油管

双金属复合油管是以碳素钢管为基管，在其内表面覆衬一定厚度的不锈钢、钛合金、铜、铝等耐蚀合金管而成的一种双层金属管道。该产品具有优良的机械性能和耐蚀性能、可焊性好、施工便捷、安全性高的特点，它将表面覆盖技术（制造成本低、适用范围广）与耐蚀合金化技术（结构完整、材料致密无气孔）进行了有机融合，实现了这两项技术的优势互补，使该产品在管道领域有很高的应用价值。

（1）双金属复合管油管的应用

双金属复合管油管与碳钢管相比，具有较好的耐蚀性能，同时与双相不锈钢、镍基合金钢相比又有相当的价格优势，因此在石油、天然气工业中应用相当普遍，特别是对于高 Cl^- 腐蚀环境，具有极高的性价比。

国外在双相不锈钢的研究与应用方面已有多年的发展历史，而且取得了很好的应用业绩，为适应不同环境对材料性能的要求，国外企业有针对性的研制生产了不同环境要求的油套管。如：抗 SSC 油套管、特级抗 SSC 油套管，抗 CO_2 油套管，抗 SSC、Cl^-、CO_2 腐蚀油套管等。

通过国外研究和经验证明，虽然镍基合金钢在高酸环境下的油气田生产系统中具在非常高的耐蚀性能，但由于镍基合金钢的价格是抗硫管材的 20～25 倍，因此使其应用受到了极大的限制。为解决此问题国内外通过大量的研发，所开发成功的双金属复合管很好的将耐蚀合金优异的耐蚀性能和碳钢管或低合金管高的机械性能进行了有机的结合，其优点为：

1）与镍基合金管相比，强度增强重量减少，成本成倍减少；

2）与碳钢管相比，耐蚀性能明显增强，很好地解决了困扰油气田的腐蚀问题；

3）具有极高的性价比，将碳钢管与耐蚀合金材料的优异性能集于一体。

防腐性能与耐蚀合金管材相同，价格下降 70%～80%，使用寿命是原抗硫管材的 10～15 倍。

超级双相不锈钢在油气田开发中已经使用，如 UR52N+（S32520）已用在北海油田的油气集合管和输送管线；SAF2507 钢用在阿拉斯加、北海、墨西哥湾等地的油气井生产、海上采油平台设施以及油气输送管线等，该材料多用在没有缓蚀剂的苛刻酸性环境。

双金属复合管技术和选材技术的应用则使耐蚀合金技术的应用成本大幅下降，使用更加方便，从而有力地促进了耐蚀合金技术在石油、天然气工业中的应用，使耐蚀合金的大范围推广应用成为可能。

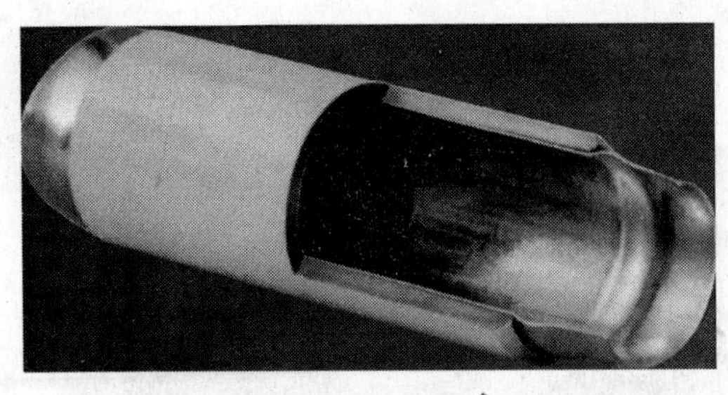

图 11—32　双金属复合管油管基本结构图

（2）基本结构

基管为碳钢无缝/焊接钢管、合金钢无缝钢管；衬管为普通/特种不锈钢管、钛/铝/铜合金管其他耐蚀合金管材。见图 11—32。

首先将基管与薄壁耐蚀合金管（衬管）同轴装配，然后再将液压动力管装配在衬管中间，液压动力管产生的瞬间化学能以爆轰波的形式，通过介质传递给衬管，使衬管发生塑性变形，基管发生弹性变形，变形完成瞬间，弹性变形的基管的回弹量远大于衬管，从而使基、衬管贴合紧密，达到复合状态。

（3）主要性能指标

1）材质要求：

①基管材质（机械性能）：碳钢、合金钢无缝/焊接钢管。

②衬管材质（耐蚀性能）：不锈钢、钛合金、铝合金、铜合金。

③环境温度：－35～＋300℃。

2）几何尺寸指标：

①复合管管壁总厚度≥3mm；

②基管壁厚不小于 2.5mm；

③衬管厚度 0.5～2mm；

④复合管外径 ϕ20～ϕ1200mm；

⑤复合管长度≤10m；

⑥复合管外径、壁厚及其允许偏差：按基管国标材质允许偏差。

3）力学性能指标：

①复合界面剪切强度≥0.5MPa；

②复合管拉伸强度：略高于基管拉伸强度；

③复合管抗内压能力：略高于基管抗内压能力；

④复合管抗外压能力：等于基管抗外压能力。

4）复层表面性能指标：

①耐蚀能力：等同于衬层材料耐蚀能力；

②复层表面度粗糙度：$Ra \leqslant 0.07\mu m$；

③复层表面硬度：不低于衬层硬度。

（4）连接方式

油管是通过螺纹连接成油管柱的，在整个油管柱中，连接部位是薄弱环节，因而要求连接部位与管体等强度、等密封。复合油管接箍螺纹的 J 部位密封不好，小阳极大阴极会加速螺纹腐蚀穿孔。

通过对工厂生产的油管 J 值范围和现场上扣扭矩范围的大量实测分析，针对复合油管接箍螺纹的 J 部位密封，研制出适用于不同井况的接箍专用密封结构，该结构包括专用聚四氟乙烯自适应密封圈和和耐蚀合金钢制内衬密封环，见图 11—33。专用聚四氟乙烯自适应密封圈具有良好的耐磨性、抗撕裂性、耐油性、密封性和耐腐蚀性，适用于复合油管的不同端面处理方式的配套密封；耐蚀合金钢制内衬密封环密封接箍裸露螺纹部分，结合专用聚四氟乙烯自适应密封圈的过盈配合密封，能够很好的解决复合油管接箍螺纹J部位的电偶腐蚀。

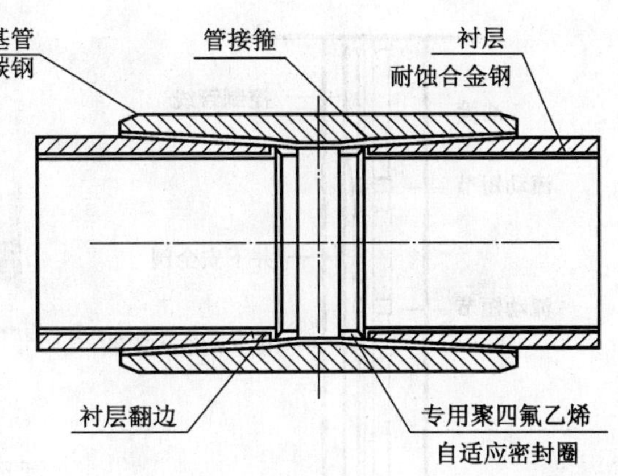

图 11—33　双金属复合管油管连接方式示意图

三、缓蚀剂防腐

采用缓蚀剂防腐其保护膜层应尽可能快地产生在金属表面上，否则将有大量的腐蚀产物可能生成，它将干扰后膜的生成；如果表面某部分未被保护，腐蚀可能加强，并产生坑蚀。

四川气田在含 H_2S、CO_2 油气田应用 CT2－1 和 CT2－14、CT2－15 油气井缓蚀剂已取得良好的效果。

大港千米桥凝析气田天然气中 H_2S 含量为 71.4～188mg/m^3，CO_2的平均含量为 10%，Cl^- 含量为 12496～73927mg/L，井底温度 160～170℃，地层压力 43MPa。从已投入的试采井生产情况看，气井油水气同产，腐蚀环境非常恶劣和复杂。因此，气田腐蚀防护是迫切需要解决的问题。在千米桥气田板深 6、8 井进行了 CT2－15 缓蚀剂的应用。从应用结果看，板深 6、8 井 CT2－15 缓蚀剂加量分别为 3.34L/d、10L/d、13.3L/d，可以有效抑制腐蚀。试验结果如表 11—20 所示。从表 11—20 的试验结果看，加入缓蚀剂后的试片腐蚀速率大大降低，缓蚀率大于 90%以上。

表 11—20　板深 6、8 井井口挂片结果

井 号	缓蚀剂加量 L/d	试验材质	腐蚀速率 mm/a	缓 蚀 率 %	试验周期，d
板深6井	0	NT80SS	0.0215	—	12
		P110	0.0245	—	
	3.34	NT80SS	0.0007	96.7	20
		P110	0.0009	96.3	
板深8井	0	NT80SS	0.5684	—	13
		P110	0.7440	—	
	13.3	NT80SS	0.0214	96.2	20
		P110	0.0465	93.8	
	10	NT80SS	0.0115	97.9	34
		P110	0.0918	87.7	

在选择理想的缓蚀剂后，往往由于加注方法不当，造成防腐效果不佳的情况，加注方法的重要性在于它能充分发挥缓蚀剂效果，减少经济损失的有效措施。

1）毛细管加注法。对于装有封隔器的油气井，为实现缓蚀剂的连续加注，从套管环空安装一根从井口到井下的毛细管，见图 11—34，用泵将缓蚀剂注入井内，从油管返出。这种方法费用高，但防腐效果好，是国内外普遍推荐采用的方法。

2）注入阀加注法。对有封隔器的井，在油管封隔器以上安装一单向阀，当地层与油套

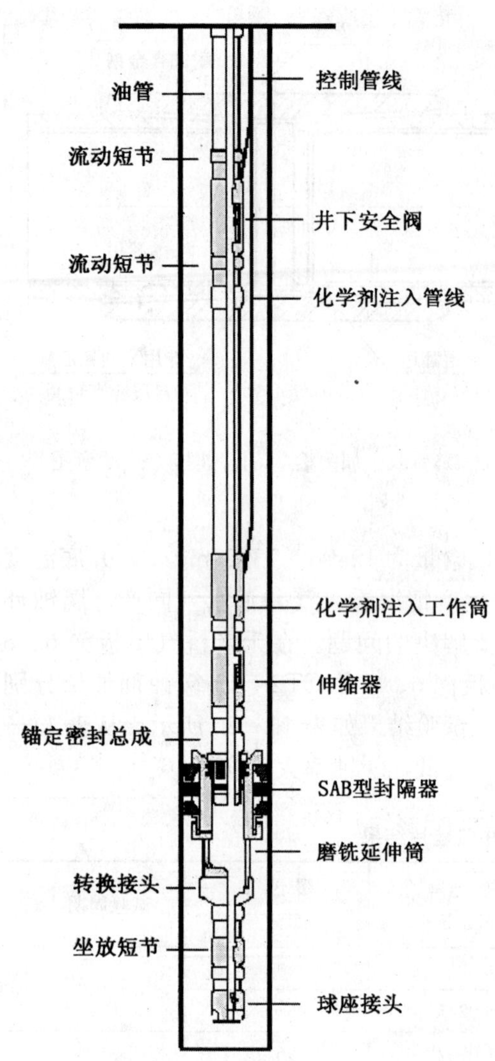

图 11—34　化学药剂注入系统示意图

图 11—35　棒状缓蚀剂加注装置

管环形空间压力平衡或环形空间压力低于气层压力时，环形空间的液体留存其中；当外界给环形空间压力，如通过向套管加压力，使环形空间压力高于气层压力，环形空间的缓蚀剂溶液顶开单向阀，按给定速度进入气井，再随气流而上使油管内壁和集气装置内壁得到保护，把环形空间的缓蚀剂压入油管。当套管头压力解除时，注入阀就关闭着，直到下一次处理时才打开。该法使用方便，间隔周期长。

3）固体缓蚀剂的加注方法。棒状或球状缓蚀剂加注方法较为特殊。其加注方法是在井口油管柱处接一个与油管直径大小相当的加注筒，加注时先将井口放空阀关闭，把缓蚀剂放入加注筒中，关闭加注筒阀，然后再开启放空阀，棒状缓蚀剂即依靠重力掉入井中，见图 11—35。

以上几种投加方法，视现场条件、缓蚀剂的性质和效果而分别采用，也可综合采用，如批量加注和连续加注交替使用等。

对于下有封隔器的井，向环空中加入保护液既能保护油管外壁又能保护套管内壁。如果加入环空保护液，不仅能防腐，还可防止结垢。油套环空保护液介质为清水，主要含溶解氧，有氧腐蚀存在。射孔后天然气中硫化氢、二氧化碳溶解进入清水中，有硫化氢、二氧化碳腐蚀存在。因此，需要泵注抗硫化氢、二氧化碳缓蚀剂。迪拉 2、塔中Ⅰ号带奥陶系气藏采用的环空加注保护液的类型见表 11—21。

表 11—21　三种环空保护液室内评价结果

型　号	加量,%	缓蚀率,%	阻垢率,%	杀菌率,%
TZH－1	5	93.1	92	100
TH－1	3	86.07	—	100
XBT－2	3	－687.7	—	0

从表11—21中可以看出，TZH－1性能较好，推荐使用该种环空保护液，推荐加量5%。

罗家寨含硫化氢、二氧化碳气藏，$p_{H_2S}=1.5MPa$，$p_{CO_2}=1.0MPa$，$p_{总}=10.0MPa$，温度为60℃，材质NT80SS，在没加缓蚀剂时，NT80SS钢材在气相中的腐蚀速率为1.02mm/a，在液相的腐蚀率为0.936mm/a，当加入10%的CT2－4时，腐蚀速率为0.0066mm/a，在液相的腐蚀率为0.0066mm/a。在罗家寨推荐10%缓蚀剂溶液作为环空保护液，可以采用两种方案：

10%CT2－4水溶性缓蚀剂＋90%清水；

10%CT2－5油溶性缓蚀剂＋90%柴油。

依次将计量的缓蚀剂、清水（柴油）加入到储液罐中混合均匀，即配制成缓蚀剂保护液。如果现场有配置设备，可以将配置好的保护液由油套环空一次替入，如果没有配置设备可以分段替入，即：清水（柴油）＋缓蚀剂＋清水（柴油）。

表11—22给出了油田常用的几种缓蚀剂的应用情况。

表11—22　油田常用缓蚀剂应用情况

缓蚀剂	主要用途	应用区块
油溶性缓蚀剂CT2－1	适用于油气井及集输管线H_2S、CO_2、Cl^-腐蚀	中坝、卧龙河气田、长庆气田
水溶性缓蚀剂CT2－4	适用于油气井及集输管线H_2S、CO_2、Cl^-腐蚀	中坝、大天池气田、南海油田
杀菌剂CT10－1、CT10－2、CT10－3	适用于回注水系统内SRB腐蚀	磨溪气田、华北、胜利、中原油田
气液两相缓蚀剂CT2－15	油溶水分散型，适用于油气井及集输管线内H_2S、CO_2、Cl^-腐蚀	磨溪、中坝、大天池气田、大港油田
水溶性棒状缓蚀剂CT2－14	适用于大产水量井中H_2S、CO_2、Cl^-腐蚀	中坝气田、长庆气田、中原油田
抗CO_2腐蚀缓蚀剂CT2－17	适用于油气井及集输管线CO_2、Cl^-腐蚀	大天池气田、海上油田

四、防腐措施的技术界限

1. 抗酸性油气田设施腐蚀的技术界限

在引起酸性油气田设施腐蚀的众多因素中，H_2S和CO_2是最危险的，特别是H_2S不仅会导致金属材料突发性的硫化物应力开裂，造成巨大的经济损失，而且硫化氢的毒性将威胁着人身安全。

对导致敏感材料产生SSC及CO_2腐蚀的油气田酸性环境的规定及判定，见本节“一、含酸气气藏油套管腐蚀的分类”部分。

2. 油气田的允许腐蚀速率及腐蚀速率的综合治理与控制技术界限

国内外一般认为，对地面设施腐蚀速率不超过0.127mm/a、对井下设施腐蚀速率不超过0.076mm/a在工程上是可以接受的。油气田防腐工程师和油田管理的决策者，都应该知道，迄今还没有一种包治油气田腐蚀百病的良药，需要将多种方法综合利用，才能有效控制油气田的腐蚀，使腐蚀速率不超过工程上可以接受的腐蚀速率。

腐蚀预测和腐蚀控制有两个主要目的，腐蚀预测是有限腐蚀寿命设计和防止腐蚀灾害的基础；腐蚀控制是减弱腐蚀的必要手段。腐蚀机理和规律研究，是建立腐蚀预测模型和开发腐蚀控制措施的必要基础。腐蚀监测与检测和腐蚀模拟试验是建立和校正腐蚀预测模型的两个支柱。油气田的允许腐蚀速率及腐蚀速率的综合治理可按图11—36程序进行。

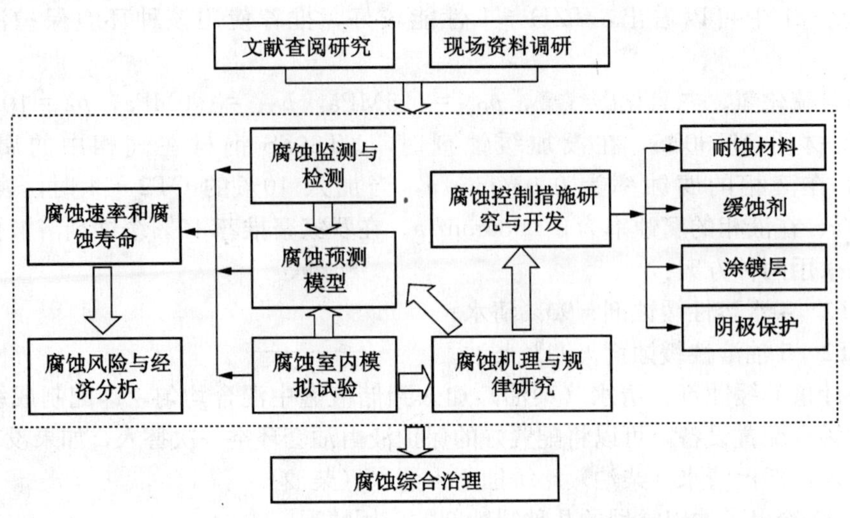

图 11—36　油气田腐蚀综合治理结构思路和对策理念关系图

3. 防护措施的技术界限

(1) 防腐材质选择的技术界限

采用抗腐蚀材料是国内外油气井防腐的重要方法之一，在各种防腐方法中，应首先考虑。井下防腐材料的应用主要涉及以下几个方面：

1）油气井生产环境。

2）材料性能、实验室试验、评价数据、现场使用经验。

3）是否采用缓蚀剂、阴极保护、实施综合性的防护措施。

4）经济评价。

总之，材质选择应能满足工程上的防爆、强度及焊接性能等要求，同时经济上也应合理。

(2) 防腐材质选择程序、选材可按以下程序进行：

1）列出对材质的要求；

2）利用防腐软件或经验找出和评价 1）可能使用的材质；

3）选择最经济的材料。

SOCRATES/OTL 是最常用的防腐软件之一。SOCRATES 是 CLI internaidonal Inc 所研发的 SOC RATES 防腐模拟、油管材质选择软件专家系统。借助于专家系统所形成的软件，通过输入所需参数后则可基本确定出合适的材料。其优点在于不需要进行多次耐蚀试验分析，准确性较高。

应用该专家系统在对材料进行选择时应进行以下几方面的评估分析：

对材料的机械性能、热处理状态、硬度进行评估；

材料所处的工作压力、介质相对密度、流速、温度、pH 值、H_2S 和 CO_2 的分压、氯化物、碳酸盐、酸的类型；

应力腐蚀（SCC）、氢致开裂（HIC）、硫化腐蚀（SSC）评估；

耐点蚀能力评估；

基于与材料有关的其他约束限制。

同时必须尽可能输入系统所需的数据，以确保选材的准确。

使用CLI国际苏格拉底（WINSOC）选材时所需的基本输入数据如下：最高温度、最低温度、CO_2（%）、H_2S（%）、HCO_3^-（MEQ/L）。

利用SOCRATES8.0软件，根据NACE-MR0175和ISO-15156标准，计算在Cl^-浓度10000mg/L、含水0.0012%、H_2S、CO_2、单质硫环境下，几种高镍基合金钢材质管材的点蚀指数见图11—37。在该条件下，要求最低点蚀指数大于43，所选合金钢材料的点蚀指数需在最低点蚀指数以上。

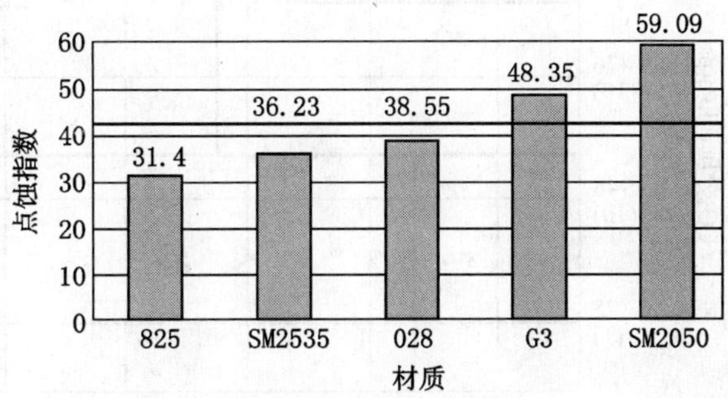

图11—37　高镍基合金钢材质管材的点蚀指数评价图

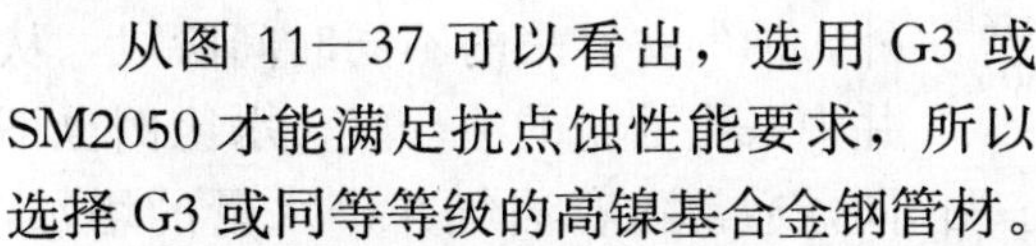
从图11—37可以看出，选用G3或SM2050才能满足抗点蚀性能要求，所以选择G3或同等等级的高镍基合金钢管材。

对于不同用途的材质，其考核项目的重点也不一样。对于含硫天然气开发中的生产管柱、井口、阀门及仪表等用材，应优先考虑材质的抗氢脆及硫化物应力腐蚀破裂性能，再考虑其他项目。

(3) 防腐方式的选择及技术要求

对类似于像罗家寨飞仙关气藏的一类高温、高压、高产、高酸气气井，为确保油气井的长期、安全、稳定生产，尽量避免修井，以确保稳定供气，防止严重的H_2S、CO_2腐蚀的主要措施是：材质选用高合金奥氏体耐蚀合金不锈钢、镍基耐蚀合金。这类耐蚀合金含铬量为20%～30%、含镍量为20%～35%。通过冷加工达到高强度，它具有所有不锈钢中最好的抗腐蚀性能和机械性能。耐蚀合金虽然价格昂贵，但使用寿命长。耐蚀合金油管的使用寿命相当几口气井的生产开采寿命，可以重复多井使用，不需加注缓蚀剂以及修井、换油管等作业。因此，从总的成本算是划算的，对腐蚀性强的高压高产油气井来说，可能是一种有效的经济的防护措施。

具体说来，耐蚀合金钢材质类型一般可根据H_2S和CO_2分压和井下温度，用日本住友公司及NKK公司有关材料选择概念图（见图11—38、图11—39）选择抗H_2S/CO_2油套管材质。

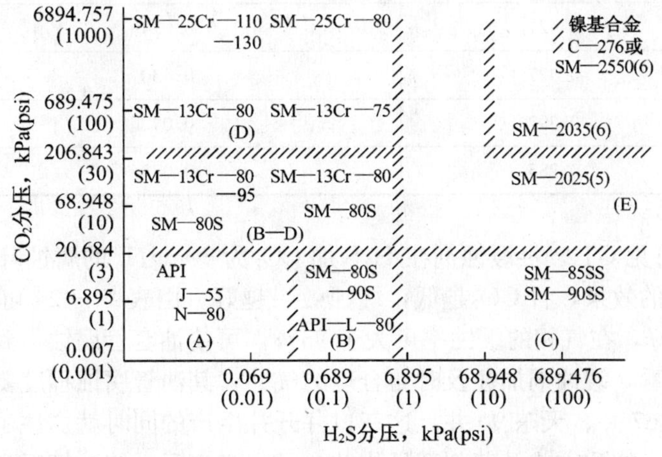

图11—38　日本住友公司在CO_2及H_2S条件下材料选择图

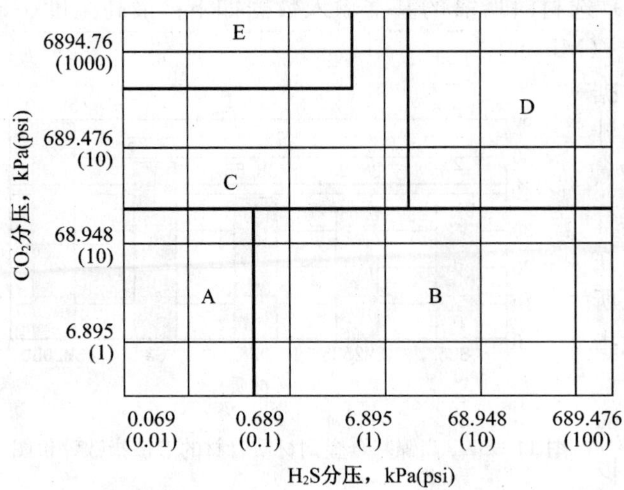

图 11—39 日本 NKK 公司在 CO_2 及 H_2S 条件下材料选择图

A 区——常规 API 钢级套管

B 区——AC85；AC85M；AC80；AC90；AC90M；AC80T；AC95；AC95M（AC 为主抗硫用）

C 区——CR13；CR9（CR 为主抗 CO_2 的不锈钢）

D 区——NIC42；NIC62；NIC32；NIC52；NIC25；NIC42M；（NIC 为抗硫抗二氧化碳共用钢级）

E 区——CR25；CR23（高含 CO_2 条件下使用）

4. 加注缓蚀剂的技术界限

（1）缓蚀剂的应用条件

不同介质或材料往往要求的缓蚀剂也不同，甚至同一种介质，当操作条件（如温度、压力、浓度、流速等）改变时，所采用的缓蚀剂可能也需要改变。在油气从井下到井口，随后进处理厂的开采过程中，温度、压力、流速都发生了很大变化，特别是深层气井，井底温度、压力高。另外，油气井开采的不同时间阶段，从井中采出油气的油、气、水比例也不同，通常随着油气井产水量的增加，腐蚀破坏将加重。因此，为了能正确选取适用于特定系统的缓蚀剂，不仅要考虑系统中介质的组成、运行参数及可能发生的腐蚀类型，还应按实际使用条件进行必要的缓蚀剂评价试验。见表 11—23、表 11—24。

表 11—23 CT2－1 缓蚀剂在不同 H_2S/CO_2 比值下缓蚀效果表

H_2S/CO_2	未加缓蚀剂的腐蚀速度，mm/a	加 CT2－1 后的腐蚀速度（50mg/L），mm/a	缓蚀率，%
100/0	0. 590	0. 015	97. 3
90/10	0. 574	0. 017	97. 0
85/15	0. 574	0. 017	97. 0
70/30	0. 557	0. 022	96. 0
50/50	0. 488	0. 020	95. 9
30/70	0. 421	0. 024	94. 4
15/85	0. 327	0. 030	90. 7
10/90	0. 292	0. 042	88. 8
0/100	0. 285	0. 073	74. 4

由表 11—23 可见 CT2－1 缓蚀剂在 H_2S 加 CO_2 为 50mg/L 的腐蚀环境中，由于两者比例不同显示出不同的效果，含 CO_2 越低，缓蚀效果越好。由表 11—24 可见，CT2－15 对含 CO_2 气蚀的效果更好，在气相的缓蚀率可大于 95%，可使油套管腐蚀得到很好控制。

从取样的油管看，缓蚀剂加注及时与合理的气井，其油管腐蚀程度要轻得多，如四川气田龙会 2 井、天东 67 井、天东 90 井，这三口井开井生产的同时就加注了缓蚀剂，其缓蚀剂加注周期、加注量、加注方式及药剂型号均结合了生产实际，使油管得到了很好保护，油管基本未见腐蚀。

表 11—24 120℃时不同类型缓蚀剂静态筛选结果

缓蚀剂	加量，mg/L	相态	腐蚀速度，mm/a	缓蚀率，%	试片表面状况
未加	0	气	0.8382	0	坑蚀
		液	0.4832	0	坑蚀
CT2－1	1000	气	0.1610	80.8	局蚀
		液	0.3899	11.5	局蚀
CT2－4	1000	气	0.3670	56.2	局蚀
		液	0.2640	45.4	匀蚀
CZ3－1	1000	气	0.1624	80.6	局蚀
		液	0.0832	82.8	坑蚀
BT－1	1000	气	0.1701	79.7	局蚀
		液	0.0798	83.5	坑蚀
CZ3－1 CZ3－3	1000（5：1）	气	0.2614	62.8	局蚀
		液	0.1082	77.6	坑蚀
CT2－15	1000	气	0.0422	95.0	光亮
		液	0.0871	82.0	匀蚀

（2）缓蚀剂效果的影响因素

在含 H_2S 酸性油气环境中，影响成膜型缓蚀剂效果的因素主要有以下几点：

1）取决于金属表面的硫化铁腐蚀产物膜是否能与缓蚀剂结合成完整的、稳定的缓蚀膜。

2）pH 值在 4～9 范围内缓蚀效果较好，pH 值再低或高都会降低其缓蚀效果。

3）温度：使用环境的温度超过成膜型缓蚀剂正常使用温度时，就会分解失效。因此对深层高温高压酸性油气井使用的缓蚀剂应具有较宽的使用温度范围。

4）缓蚀剂的浓度：缓蚀剂最低浓度应大于允许值，以确保在金属表面生成的缓蚀膜是稳定的。

（3）缓蚀剂选择技术要求

1）含元素硫、H_2S、CO_2天然气井用缓蚀剂。在高含 H_2S 的天然气中含有大量的元素硫，为防止油管堵塞，生产中常使用硫溶剂和缓蚀剂。缓蚀剂主要使用了长链咪唑啉醋酸盐、四元混合物、羟乙基长链脂肪胺、聚胺、四元长链脂肪胺、胺盐、烷基酚等。

2）高温高压腐蚀深井用缓蚀剂。这种典型的缓蚀剂是胺活化的二烃基二硫化物。采用的高分子量胺或脂肪蔟胺原则上是长链烷基胺，其结构常为偶数碳原子，并存在不饱和性。胺应含 16～30 个碳原子的碳链。

3）深热气井和抽油井二元缓蚀剂。该缓蚀剂的化学成分为环氧树脂和胺。注入井筒前 1h 内混合，进行化合后，在油管表面产生反应。对于抽油井，缓蚀剂在油管和其环空内循环。

5. 涂层技术应用的技术界限

由于涂层技术不易做到百分之百无针孔，且生产或维修保养过程中易受损伤，加之焊接接头涂覆困难，质量不易保证，所以使用覆盖层的同时，通常需添加适量的缓蚀剂。

对于高温高压的天然气井，内覆盖层易在针孔处起泡剥落而导致坑、孔腐蚀，因此认为在含 H_2S 酸性天然气气井中，使用涂层技术并不是一种好的选择，其发展趋势必将被双金属管材所取代。如13%Cr/4130双金属管材是国内外开发的复合材料之一，可用于 CO_2 腐蚀严重的油气井。该材料同时具有 AISI 4130 良好的机械性能和13%Cr 钢的抗腐蚀性能。

参考文献

1　卢绮敏等．石油工业中的腐蚀与防护．北京：化学工业出版社，2001

2　王西平，朱景川等译．油气生产中的 CO_2 腐蚀控制—设计考虑因素．北京：石油工业出版社，2002

3　岑可法，樊建人．工程气固多相流动的理论及计算．杭州：浙江大学出版社，1990

4　周力行．湍流两相流动与燃烧的数值模拟．北京：清华大学出版社，1991

5　《油气田腐蚀与防护技术手册》编委会．油气田腐蚀与防护技术手册（上册）．北京：石油工业出版社，1999

6　陈才金等编．金属应力腐蚀开裂研究的进展．杭州：浙江科学技术出版社，1983

7　刘宝俊编．材料的腐蚀及其控制．北京：北京航空航天大学出版社，1989

8　孙秋霞主编．材料腐蚀与防护．北京：冶金工业出版社，2001

9　张学元等编．二氧化碳腐蚀与控制．北京：化学工业出版社，2000

10　杨川东主编．采气工程．北京：石油工业出版社，1997 年 8 月

11　《海上油气田完井手册》编委会．海上油气田完井手册．北京：石油工业出版社，2001

12　API RP68：1998，Recommended Practice for Oil and Gas Well Servicing and Workover Operations Lnvolving Hydrogen Sulfide，MOD

13　API RP55：1995，Recommended Practice for Oil and Gas Producing Plant Operations Involving Hydrogen Sulfide

14　API RP49：2001，Recommended Practice for Drilling and Well Servicing Operations Involving Hydrogen Sulfide

15　NACE Standard mr01 75～95 Sulfide Stress Cracking Resistant Metallic Materials for Oil Equipment

16　含 CO_2 气井的防腐工艺技术研究及应用．天然气工业，Vol. 27，No. 11，2007. 11

17　SY/T 5329—1994：碎屑岩油藏注水水质推荐指标及分析方法